Lehrbuch der Chemischen Technologie und Metallurgie

Dritte, neu bearbeitete und erweiterte Auflage

Unter Mitwirkung hervorragender Fachleute

herausgegeben von

Dr. Bernhard Neumann

em. o. Professor der Chemischen Technologie an der Universität und der Technischen
Hochschule Breslau, vormals Direktor des Instituts für Chemische Technologie und
des Kokerei- und Gaslaboratoriums der Technischen Hochschule

Mit 616 Abbildungen

I

Brennstoffe
Anorganische Industriezweige

Berlin

Verlag von Julius Springer

1939

ISBN-13: 978-3-642-90199-7   e-ISBN-13; 978-3-642-92056-1
DOI: 10.1007/978-3-642-92056-1

Vorwort zur dritten Auflage.

Der Weltkrieg hatte schon zwangsweise bedeutende Veränderungen, Umstellungen und Neuerungen in den Herstellungsverfahren chemischer Produkte veranlaßt, aber eine noch wesentlich schnellere und durchgreifende Weiterentwicklung ist im letzten Jahrzehnt zu beobachten gewesen, was namentlich in der letzten Zeit durch die Erfüllung der Aufgaben des Vierjahresplanes in einer erstaunlichen Erweiterung der Erzeugungsmengen, wie auch im Hinblick auf die Ausbildung und Fortentwicklung neuer Herstellungs- und Arbeitsverfahren augenfällig in Erscheinung tritt. Ein Lehrbuch der chemischen Technologie muß also auch dieser raschen Entwicklung Rechnung tragen.

Die Anordnung des Stoffes in der dritten Auflage dieses Lehrbuches ist im allgemeinen dieselbe geblieben wie in den vorhergehenden Auflagen, auch der Grundcharakter des Buches, nämlich in erster Linie technisches Tatsachenmaterial zu vermitteln, ist beibehalten worden. Es sind im Laufe der Zeit zwar auch Versuche gemacht worden, die chemische Technologie in anderer Weise zur Darstellung zu bringen, sie haben sich aber weniger bewährt. Selbstverständlich sind auch in der vorliegenden Auflage neben der Beschreibung der in der Technik angewendeten Herstellungsverfahren die chemischen Grundlagen und Umsetzungen ausgiebig erläutert. Bei der Beschreibung der Herstellungsverfahren sind die apparativen Einrichtungen nicht getrennt, sondern an der betreffenden Stelle mitbehandelt. Dem Texte sind zum leichteren Verständnis über 600 klare schematische Schnittzeichnungen beigegeben, welche Apparatureinzelheiten, Umsetzungsvorgänge, Einrichtungen ganzer Anlagen usw. zur Darstellung bringen. Weiter sind für einzelne Erzeugnisse, wie für viele Industriezweige, statistische Angaben und Übersichten eingefügt, um auch einen Einblick in die wirtschaftlichen Verhältnisse und Zusammenhänge und über die Bedeutung der betreffenden Industriezweige zu geben. Am Schlusse jedes Abschnittes ist noch für Leser, die sich vielleicht eingehender informieren wollen, die einschlägige Buchliteratur der letzten 10—15 Jahre beigefügt.

Der gewaltige Stoff chemisch-industrieller Tätigkeit ist in 52 Abschnitten zur Darstellung gebracht. Davon betreffen 24 die chemische Großindustrie und andere anorganische Betriebszweige, 6 die Brennstoffe und deren Veredlung, 2 das Eisen und die Nichteisenmetalle, 20 die organisch-chemischen Erzeugnisse, einschließlich der sogenannten landwirtschaftlichen und Gärungsindustrien. Die erstgenannten Industriezweige sind einheitlich vom Herausgeber, die letzteren von einer Anzahl hervorragender Spezialfachleute bearbeitet worden, denen ich für ihre wertvolle Mitarbeit zu großem Danke verpflichtet bin.

Alle Abschnitte sind gründlich umgearbeitet und auf den neuesten Stand gebracht. Im zweiten Teil des Buches sind, entsprechend der neuzeitlichen

Entwicklung, einige Abschnitte über Synthesen wichtiger organischer Verbindungen (Synthesen aus Wassergas, aus Olefinen, aus Acetylen, aus Alkohol, Katalytische Verfahren), über Kunststoffe, über synthetische Treibstoffe, über Kunststoffe aus Kollagen, neu aufgenommen worden und die Abschnitte über Zellstoff und über die Herstellung künstlicher Faserstoffe, ebenso über Lederbereitung, sind, unter Berücksichtigung der neusten Forschungsergebnisse, entsprechend erweitert und ausgestaltet worden.

Der Verlagsbuchhandlung Julius Springer möchte ich noch meinen besonderen Dank zum Ausdruck bringen für das stets bewiesene Entgegenkommen und für die für das Buch sehr wertvolle Ausstattung mit neu hergestelltem, sehr schönen Abbildungsmaterial.

Darmstadt, im Juli 1939.   B. NEUMANN.

Verzeichnis der Mitarbeiter.

Dr. GUSTAV BODE. Institut für Gärungsgewerbe. Berlin.

Dr. GUSTAV DORFMÜLLER. Institut für Zuckerindustrie. Berlin.

Dozent Dr. habil. BRUNO DREWS. Institut für Gärungsgewerbe und Stärkefabrikation. Berlin.

Professor Dr.-Ing. OTTO FUCHS. Chemisch-technisches Institut der Techn. Hochschule Darmstadt.

Professor Dr. RICHARD E. HEINZE. Institut für Braunkohlen- und Mineralölforschung der Techn. Hochschule Berlin.

Dr. RICHARD HUETER. Deutsche Hydrierwerke Rodleben bei Dessau-Roßlau.

Professor Dr.-Ing. GEORG JAYME. Institut für Cellulosechemie der Techn. Hochschule Darmstadt.

Dr. OTTO KRUBER. Wissenschaftl. Laboratorium der Gesellschaft für Teerverwertung, Duisburg-Meiderich.

Professor Dr. ADOLF KÜNTZEL. Institut für Gerbereichemie der Techn. Hochschule Darmstadt.

Dr. HERMANN MIEDEL. Kolloidchemisches Laboratorium der Metallgesellschaft Frankfurt a. M.

Professor Dr. OTTO POPPENBERG. Institut für Sprengstoffchemie der Techn. Hochschule Berlin.

Professor Dr. BRUNO POSSANNER VON EHRENTHAL. Papiertechnische Abteilung der Staatl. Hochschule für angewandte Technik. Köthen (Anhalt).

Inhaltsverzeichnis.

Erster Teil.

Von Professor Dr. BERNHARD NEUMANN-Darmstadt.

Inhaltsverzeichnis. VII

Zweiter Teil.

Inhaltsverzeichnis.   IX

Die chemische Industrie.

Die technische Chemie hat die Aufgabe Stoffe zu beschaffen, welche in der Natur nicht in ausreichender Menge oder nicht in geeigneter Form vorkommen. Sie geht dabei von weniger wertvollen, meist in reichlichen Mengen vorhandenen Grundstoffen aus, wie Kohle, Kalk, Erze, Salz, Holz, Wasser, Luft usw. und erzeugt aus diesen Dingen wertvolle Roh- und Werkstoffe, außerdem schafft sie noch Tausende von Neustoffen, die die Erde nicht bietet. Die Chemie hat an allen Fortschritten im letzten halben Jahrhundert im Verkehr (Auto, Flugzeug, Telephon, Rundfunk), im häuslichen Leben (Kleidung, Wohnung, Beleuchtung, Kunststoffe, Gesundheitsschutz), bei der landwirtschaftlichen Erzeugung von Nahrungsmitteln (Düngemittel, Schädlingsbekämpfung), im Bergbau (Sprengstoffe, Aufbereitung), im Metallgewerbe (Leichtmetalle, Hartmetalle, Schleifmittel) usw. einen hervorragenden Anteil. Neuere Errungenschaften erschließen weitere Anwendungsgebiete (Treibstoffe, Kautschuk, Zellwolle, Kunststoffe, Faserstoffe).

Die **chemische Technologie** ist die Lehre, in welcher Weise die gewerbliche Verwandlung oder Veredlung der Rohstoffe des Mineral-, Pflanzen- und Tierreichs unter Substanzveränderung durch chemische Mittel durchgeführt wird, also z. B. die Umwandlung von Salpeter in Salpetersäure, Cellulose in Schießbaumwolle, Kohle in Leuchtgas und Teer, des Teers in Farbstoffe, des Kobalts in die blaue Glasurfarbe Smalte usw. Die mechanische Technologie befaßt sich mit den Formänderungen (Verarbeitung von pflanzlichen Fasern zu Geweben und Papier, Pressen von Kunstharzgegenständen, Gießen, Ziehen, Walzen von Metallen). Bei der gewerbsmäßigen Herstellung chemischer Erzeugnisse zu marktfähigen Gütern schließt sich aber öfter an die chemische Umwandlung sofort eine mechanische Veredlung an, z. B. bei der Herstellung von Paraffin die Verarbeitung zu Kerzen, bei der Glasfabrikation das Blasen, Pressen oder Gießen. Ein Lehrbuch der chemischen Technologie muß also neben den chemischen Herstellungsverfahren und den hierfür notwendigen Apparaturen auch die mechanischen Operationen berücksichtigen, die zur Gewinnung der betreffenden Handelsprodukte notwendig sind.

Die Wahl des in der Technik anzuwendenden chemischen Herstellungsverfahrens wird in der Hauptsache von wirtschaftlichen Verhältnissen bedingt. Ausschlaggebend sind fast stets die Herstellungskosten. Diese aber hängen von den Kosten der Rohmaterialien, den Kraftkosten oder dem Wärmeaufwand und den Arbeitslöhnen ab. Ein vollkommenes Bild der chemischen Technik gewinnt man also erst dann, wenn neben dem chemischen Vorgange auch Angaben über Apparateleistungen, Erzeugungsmengen usw. berücksichtigt werden.

Die Anfänge chemischer Gewerbstätigkeit reichen bis in das Altertum zurück. Man gewann schon früh Pottasche aus Holzasche zur Herstellung von Seife, ebenso Alaun und Eisenvitriol aus Mineralien und benutzte diese Stoffe als Beizen beim Färben mit Krapp, Alaun zum Gerben von Leder; man stellte Glas her, reduzierte Erze zu Metallen usw. Im Mittelalter kannte man bereits die Herstellung von Vitriolen, Kobalt- und Arsenpräparaten, auch des Phosphors. Von den Säuren gelang die Herstellung des „Nordhäuser Vitriolöls" (Schwefelsäure) und des „Scheidewassers" (Salpetersäure) um 1500. Von einer chemischen Industrie kann man aber erst reden, als ein allgemeiner Bedarf für die Hauptstoffe der heutigen sog. „Großindustrie", für Schwefelsäure, Soda, Chlor sich bemerkbar machte. Die Gewinnung von Chlor aus Kochsalz, Braunstein und Schwefelsäure wurde 1774 durch SCHEELE entdeckt. Die Herstellung von Salzsäure aus Kochsalz und Schwefelsäure machte 1772 PRIESTLEY bekannt. 1787 entwickelte LEBLANC sein Verfahren zur Erzeugung künstlicher Soda aus Natriumsulfat, Kalk und Kohle, er setzte 1791 die erste Sodafabrik in Gang. Diese billigen Grundstoffe der chemischen Industrie sind unentbehrlich zur Darstellung anderer anorganischer Säuren, des Glases, des Ätznatrons, der Sprengstoffe, der Düngemittel, der Seife, der Farbstoffe, für Bleichzwecke usw. Den ersten größeren Bedarf an diesen Stoffen veranlaßte 1791—1793 die Masseneinfuhr amerikanischer Baumwolle nach Europa. Der zum Waschen und Bleichen der Baumwollstoffe erforderliche Chemikalienbedarf drängte zur fabrikmäßigen Herstellung der genannten Produkte. Die hierdurch ins Leben gerufene chemische Industrie entstand zunächst aber nicht in Deutschland, sondern in England und Frankreich; nach jenen Vorbildern hat sich später nur langsam unsere einheimische chemische Industrie entwickelt; sie entfaltete sich jedoch von der Mitte des 19. Jahrhunderts an etwas rascher und gelangte im letzten Viertel des Jahrhunderts zu glänzender Blüte. Damit trat Deutschland auf dem Gebiete der Chemie weit in den Vordergrund. Diese Vormachtstellung konnte auch bis zum Weltkriege gehalten werden. Sie trat aber später durch den Wirtschaftsaufschwung der Vereinigten Staaten nicht mehr so in Erscheinung. Veranlaßt durch die Erfahrungen des Weltkrieges haben dann auch andere Länder sich eine chemische Industrie zu schaffen begonnen. Die deutsche chemische Industrie hat jetzt aber wieder durch die Groß-Gassynthesen und die Erfindung der vielen Kunststoffe einen mächtigen Auftrieb bekommen, dessen Umfang und Tempo durch den Vierjahresplan noch mehr erweitert und beschleunigt wird.

Bedeutende Marksteine auf dem Wege der Entwicklung unserer chemischen Industrie sind folgende: Um 1814 herum wird die Erzeugung von Leuchtgas allgemeiner; von 1830 ab liefern die chilenischen Salpeterlager ihr Produkt nach Europa, welches, als Ausgangsmaterial für Salpetersäure, sehr wichtig für das Aufblühen der Farbstoff- und Sprengstoffindustrie wurde. Seit 1827 bildete LIEBIG systematisch Chemiker aus, er trug dadurch außerordentlich zur Förderung des Aufschwunges der chemischen Industrie bei, er wurde außerdem der Begründer der Düngerindustrie. RUNGE hatte zwar schon 1834 beobachtet, daß aus einzelnen Bestandteilen des Teers Farbstoffe zu erhalten sind, aber erst die Entdeckung des Mauveins durch PERKIN 1856, des Anilinrots durch NATANSON 1856, des Fuchsins durch A. W. HOFMANN 1857 riefen die Industrie der künstlichen Farbstoffe ins Leben, die sich jedoch bei uns auch zunächst viel langsamer entwickelte als in England und Frankreich, dann aber jene bald überflügelte, wozu der Ausbau der von KEKULÉ 1865 entwickelten Benzoltheorie wesentlich beitrug. 1863 begann das SOLVAYsche Ammoniaksodaverfahren den Konkurrenzkampf gegen die LEBLANC-Soda. Die Ammoniaksoda hat dann im Verein mit der 1884 von der chemischen Fabrik Griesheim-Elektron eingeführten Chlorkali-Elektrolyse die LEBLANC-Soda völlig vom Markte verdrängt. Die Elektrolyse erschloß andrerseits durch Erzeugung eines Chlorüberschusses diesem Stoffe neue Verwendungsgebiete. 1897 brachte die Badische Anilin- und Sodafabrik rauchende Schwefelsäure, nach dem Kontaktverfahren von KNIETSCH hergestellt, und den künstlichen Indigo in den Handel. Nicht unerwähnt bleiben darf die Auffindung und Ausbeutung der Staßfurter Kalisalzlager, die ein riesiges Nationalvermögen darstellen, womit Deutschland bis zum Kriege monopolartig den ganzen Weltmarkt beherrschte. Die Begründung der Kaliindustrie durch A. FRANK fällt in das Jahr 1861. Dann sind noch zu nennen die Verfahren zur Bindung und Nutzbarmachung von atmosphärischem Stickstoff in der Form von Calciumcyanamid (Kalkstickstoff) 1899 durch FRANK und CARO, und in der Form von sog. Luftsalpetersäure und von Kalksalpeter 1903 durch BIRKELAND und EYDE, wodurch der Industrie und Landwirtschaft neue Stickstoffquellen erschlossen wurden. Weit übertroffen in bezug auf Leistungsfähigkeit und Großartigkeit wurden diese Verfahren durch die von HABER 1904—1909 ausgearbeitete Synthese des Ammoniaks aus den Elementen Wasserstoff und Stickstoff mit Hilfe von Kontaktsubstanzen. Das Verfahren wurde von der Badischen Anilin- und Sodafabrik (BOSCH, MITTASCH) für den Großbetrieb in glänzender Weise durchgebildet und 1913 begann in Oppau die Fabrikation im großen, 1917 in Leuna. 1913 zahlte Deutschland noch rund 180 Mill. Mark für Stickstoff (Stickstoffdünger) an das Ausland, 1927—1929 führte Deutschland dagegen Stickstoff im Werte von 200—250 Mill. Mark aus. Von sehr großer Wichtigkeit für die Kriegszeit war weiter das 1906 von OSTWALD angeregte Verfahren der katalytischen Oxydation von Ammoniak zu Salpetersäure, auf Grund dessen jetzt nach dem Verfahren von FRANK-CARO oder der I. G. Farbenindustrie bei uns alle Salpetersäure und die salpeterhaltigen Düngemittel hergestellt werden. Ein anderes Verfahren, welches in der Kriegszeit Bedeutung erlangte, war die Herstellung von Essigsäure aus Acetylen nach GRÜNSTEIN. Hierdurch und durch die 1922 von MITTASCH erfundene und von der Badischen Anilin- und Sodafabrik (jetzt I. G. Farbenindustrie) großindustriell durchgebildete Herstellung von Methanol (Holzgeist) aus Kohlenoxyd und Wasserstoff (Wassergas) wurde Deutschland unabhängig vom Bezuge ausländischen Holzkalkes und Holzgeistes. 1901 hatten SABATIER und SENDÉRENS gefunden, daß sich ungesättigte Fettsäuren mit Wasserstoff unter Mitwirkung von Katalysatoren in gesättigte Fettsäuren überführen lassen. Diese Reaktion ist dann durch NORMANN, BEDFORD u. a. zu einer Industrie der Fetthärtung ausgestaltet worden. Den Wasserstoff lieferte zunächst die Chloralkali-Elektrolyse, später sind aber, namentlich für den Riesenverbrauch der Ammoniaksynthese, eine ganze Reihe anderer großartiger Wasserstoffgewinnungsverfahren (aus Wassergas, aus Koksgas, durch Wasserelektrolyse) ausgebildet worden. Von besonderer Bedeutung ist dabei für die Kokerei die durch BRONN-LINDE eingeführte Zerlegung des Koksgases durch Tiefkühlung geworden.

Eines der jüngsten und wichtigsten Gebiete, welche in Angriff genommen worden sind, ist das der Kohleveredlung durch Druckhydrierung von Kohle und durch synthetische Herstellung von Treibstoffen (Benzin) aus Wassergas. Auf verschiedenem Wege ist versucht worden, Produkte aus heimischen Rohstoffen herzustellen, welche uns unabhängig machen sollten vom Bezuge ausländischen Roherdöls und seiner Destillations- und Krackprodukte. In dieser Absicht hatte BERGIUS 1913 eine „Kohleverflüssigung" versuchsmäßig durchgeführt, indem er Kohlenpulver in Pastenform bei 450° und 200 Atm. Druck mit Wasserstoff hydrierte. Die Druckhydrierung ist dann von der I. G. Farbenindustrie großtechnisch entwickelt worden; sie hydriert Braunkohle und Erdöl unter Druck, und zwar mit Kontaktsubstanzen, wobei sie nach Wunsch leicht flüchtige einfache Kohlenwasserstoffe (Leunabenzin) oder auch wertvolle Öle (Schmieröle) herzustellen vermag. 1927 kam die Großanlage in Leuna für die Benzinsynthese in Betrieb, welche schon 1934 300000 t Benzin lieferte. 1934 wurde auch die Anlage für Steinkohlenverflüssigung in Oppau in Betrieb gesetzt.

Später kam auch noch ein Verfahren von FR. FISCHER und TROPSCH zur industriellen Ausführung, nach welchem aus Kohlenoxyd und Wasserstoff (Wassergas) ohne Überdruck bei 200—300° mit Katalysatoren ebenfalls alle Produkte, die das Roherdöl liefert, synthetisch erhalten werden können. Auch ein drittes Verfahren von POTT und BROCHE, weiter entwickelt von der I. G. Farbenindustrie, hat in der Industrie Eingang gefunden. Hiernach wird feingemahlene Kohle mit einem Ölgemisch aus Naphthalin, Tetralin und sauren Ölen angemaischt und unter Druck auf Reaktionstemperatur gebracht. Dabei gehen bis 90% der Kohlenmasse in Lösung. Nach Abtrennung der Restkohle wird der pechähnliche Kohlenextrakt mit Wasserstoff bei hohem Druck und hoher Temperatur hydriert.

Zu den großen Errungenschaften der neueren und neuesten Zeit gehören weiter noch die organischen plastischen Kunstmassen, der künstliche Kautschuk, die Kunstseiden und die Zellwolle, ferner die Herstellung von Fettsäuren aus Kohle für die Seifenfabrikation.

Das erste Kunstharz von technischer Bedeutung wurde 1908 von BAEKELAND hergestellt, es war der durchsichtige „Bakelit". Neben diesem Phenoplast erschienen dann von 1920 an eine ganze Reihe anderer Kunstharze auf dem Markte, 1930 die Harnstoffharze und die Polystyrole, während jetzt die Menge der verschiedenen Kondensations- und Polymerisationsharze fast unübersehbar geworden ist.

Auf den wissenschaftlichen Untersuchungen von HARRIES und FRITZ HOFMANN aufbauend, begannen die Elberfelder Farbwerke (jetzt I. G. Farben) mit der Herstellung des synthetischen Kautschuks. Der sog. Methylkautschuk kam 1913 in den Handel und wurde im Kriege in großen Mengen hergestellt, er entsprach aber nicht allen Erwartungen. Seine Herstellung wurde infolge des riesigen Preisfalles des Naturkautschuks eingestellt. Von 1926 ab setzten neue Bemühungen der I. G. Farbenindustrie ein, synthetischen Kautschuk auf andere Weise zu erzeugen. Die Herstellung des sog. „Buna"-Kautschuks war 1934 großtechnisch gelöst. Für 1938 wird die Erzeugung schon auf 35000 t geschätzt. In Amerika brachte die Du Pont Comp. 1931 den „Dupren" genannten synthetischen Kautschuk heraus, der auch in Rußland als „Sowpren" hergestellt wird.

Ganz erstaunlich ist auch die rasche Entwicklung der Kunststoffe aus Celluloseabkömmlingen. 1910 kam die Viscoseseide auf den Markt, 1913 die Acetatseide. 1913 stand Deutschland mit einem Drittel der Weltproduktion an erster Stelle der Kunstseideerzeugung. 1920 hatte die Kunstseide an Menge bereits die Naturseide überholt. Zellwolle (Vistra) erzeugte Deutschland 1929 allein, es stand 1937 wieder an der Spitze und liefert jetzt etwa die Hälfte der Weltproduktion.

Die **chemische Industrie** umfaßt alle Betriebe, welche chemische Umsetzungen industriell ausführen. Dazu gehören nicht nur die Betriebe, welche, wie die sog. chemische Großindustrie, rein chemische Produkte herstellen, also: Mineralsäuren, Alkalien, Ammoniak, Chlor, Tonerde, Düngemittel, Farbstoffe, Explosivstoffe, Kalisalze, Kochsalz usw., sondern auch andere Betriebe, welche Zement, Glas, Tonwaren, Kautschuk, Cellulose, Kunstseide, Leder liefern, weiter die Kokereien, Schwelereien, ferner die sog. landwirtschaftlich-chemischen Gewerbe zur Erzeugung von Zucker, Spiritus, Stärke und schließlich auch die metallurgische Gewinnung des Eisens und der Nichteisenmetalle.

Anders steht es, wenn bei wirtschaftlicher Betrachtung von „chemischer Industrie" die Rede ist; hier sind vielfach nur einige chemische Gruppen gemeint, und die Anschauungen, was zur chemischen Industrie zu rechnen ist, sind recht uneinheitlich. Bei den amtlichen Berufs- und Gewerbezählungen von 1895, 1907, 1925 sind jedesmal für die chemische Industrie andere Gewerbeklassen zusammengefaßt; die berufsgenossenschaftliche Abgrenzung (25 Gewerbezweige) ist wieder eine ganz andere, noch andere Gruppierungen benutzt die Reichsarbeitsgemeinschaft Chemie und der Verein zur Wahrung der Interessen der chemischen Industrie Deutschlands.

Man kann vielleicht zweckmäßig die verschiedenen chemischen Industriezweige unter dem engeren Begriffe der chemischen Industrie zu folgenden Gruppen zusammenfassen:

1. Säuren, Alkalien, Salze;
2. Ammoniak, künstliche Düngemittel;
3. Tonerde, Leichtmetalle;
4. Sprengstoffe, Zündmittel;
5. Cellulose, Celluloid, Kunstseide;
6. Komprimierte und verflüssigte Gase;
7. Kokerei, Schwelerei, Kohleveredlung, Mineralöl, Teer;
8. Calciumcarbid, Kalkstickstoff;
9. Organische Farbstoffe, Mineralfarben;
10. Ätherische Öle, Riechstoffe;
11. Pharmazeutische, photographische, wissenschaftlich-chemische Präparate;
12. Fette und Öle;
13. Harze, Firnisse, Lacke, Klebmittel;
14. Kautschuk, Guttapercha;
15. Treibstoffe;
16. Kunststoffe.

Über die Entwicklung der chemischen Industrie in Deutschland geben folgende Zahlen Aufschluß.

1849 waren in Preußen nur 257 chemische Betriebe mit 3449 Arbeitern vorhanden, 1861 wurden im Zollverein 1480 Betriebe mit 23 464 Arbeitern gezählt, bis 1875 war die Arbeiterzahl auf 51 698, 1882 auf 72 003 gestiegen. Nach der Statistik der Berufsgenossenschaft zeigt die chemische Industrie in Deutschland dann nebenstehende weitere Entwicklung.

Neben dieser großen Menge Vollarbeiter waren außerdem noch viele Tausende kaufmännischer Angestellter in der chemischen Industrie tätig. 1930: 51 733, 1931: 48 547, 1933: 47 062, 1935: 54 878, 1937: 55 600. Diese hatten einen Arbeitsverdienst von 145 Mill. Mark. Die deutsche chemische Industrie zahlte also 1937 an Arbeiter und kaufmännische Angestellte über 1,1 Mrd. Mark.

Jahr	Betriebe	Vollarbeiter	Arbeits-verdienst Mill. Mark	Jahresverdienst eines Vollarbeiters Mark
1895	5 947	114 581	97,6	852
1900	7 169	153 011	143,6	938
1905	8 272	185 820	191,6	1031
1913	15 042	277 629	351,5	1266
1924	14 357	360 390	540,3	1499
1927	14 377	377 992	838,2	2217
1929	14 762	401 158	1018,5	2539
1932	15 245	259 969	554,2	2132
1933	15 442	279 389	579,6	2075
1934	15 748	324 566	682,8	2104
1935	16 099	367 031	788,3	2148
1936	16 469	413 197	906,0	2193
1937	16 790	483 393	1066,9	2207

Wie auch obige Zahlen zeigen, war 1929 das Rekordjahr der chemischen Industrie, von da an war die Konjunktur bis 1933 rückläufig, dann setzte eine ungewöhnlich rasche Aufwärtsbewegung ein. Einen Überblick über die amerikanische chemische Industrie gibt zum Vergleich nebenstehende Tabelle.

Der Wert der amerikanischen Chemieerzeugung betrug 1935: 7, 1936: 8, 1937: 8,5 Mrd. Mark.

Jahr	Betriebe	Arbeiter	Löhne Mill. Mark	Wert der Erzeugung Mrd. Mark
1914	2461	86 788		2,231
1921	7582	199 000	840	7,840
1925	7597	247 000	1156	11,324
1929	8906	298 000	1404	14,028
1931	7962	242 000	1040	10,056

Der Wert der von der gesamten chemischen Industrie Deutschlands erzeugten Produkte läßt sich für frühere Jahre nur schwer feststellen. 1897 fand die erste genaue amtliche Aufnahme statt, es wurde der Wert der rein chemischen Erzeugnisse (Säuren, Alkalien, Mineralfarben, Düngemittel,

Sprengstoffe, Fette, Seifen, Teerprodukte usw.) zu 948 Mill. Mark, der von anderen chemischen Industriezweigen (Zement, Glas, Tonwaren, Kautschuk, Cellulose, Leder) zu 793 Mill. Mark und der der landwirtschaftlich-chemischen Gewerbe (Zucker, Spiritus, Stärke) zu 620 Mill. Mark ermittelt, im ganzen für die gesamte chemische Industrie rund $2^1/_2$ Mrd. Mark, für die eigentliche chemische Industrie rund 1 Mrd. Mark. Man schätzt, daß bis zum Kriegsbeginn der letztere Wert auf etwa 2 Mrd. heraufgegangen ist, da die Ausfuhr an Chemikalien einen Wert von fast 1 Mrd. (956,6 Mill. Mark) erreichte. Für die Jahre nach der Inflationszeit ist der Gesamtumsatz der deutschen chemischen Industrie wie folgt ermittelt worden.

1924 . . . . . . 3 Mrd. Mark	1932 . . . . . . 2,7 Mrd. Mark
1926 . . . . . . 3,6 „ „	1933 . . . . . . 2,8 „ „
1927 . . . . . . 4,1 „ „	1934 . . . . . . 3,2 „ „
1928 . . . . . . 4,6 „ „	1935 . . . . . . 3,7 „ „
1929 . . . . . . 4,8 „ „	1936 . . . . . . 4,2 „ „
1930 . . . . . . 3,9 „ „	1937 . . . . . . 5,0 „ „
1931 . . . . . . 3,3 „ „	

An der gesamten deutschen Gütererzeugung ist die chemische Industrie mit 5—6% beteiligt.

Der Gesamtwert der chemischen Erzeugung der Welt wird 1913 auf 10, 1924 auf 18, 1927 auf 22,5, 1928 auf 24, 1934 auf 19, 1935 auf 21 Mrd. Mark geschätzt.

Von der Welterzeugung an chemischen Erzeugnissen entfiel anteilig auf die Hauptländer in Prozenten:

	1913	1924	1927	1934	1935
Vereinigte Staaten .	34,6	44,4	43,4	32,0	32,4
Deutschland	24,4	15,9	16,5	16,0	17,6
Großbritannien . . .	11,2	11,4	10,5	9,5	9,3
Frankreich	8,5	6,6	6,6	8,4	7,6
Japan	1,5	2,3	2,4	5,7	6,2
Rußland	3,0	2,5	3,5	5,2	5,7
Italien	3,0	2,5	3,1	4,2	4,3

Die Stellung der chemischen Industrie im deutschen Außenhandel zeigt folgende Tabelle:

	Ausfuhr			Einfuhr		
	Gesamt Mill. Mark	Chemie Mill. Mark	Anteil der Chemie %	Gesamt Mill. Mark	Chemie Mill. Mark	Anteil der Chemie %
1929	13 483	1744	12,9	13 447	700	5,2
1930	12 036	1487	12,4	10 393	782	7,5
1931	9 599	1267	12,4	6 727	782	8,2
1932	5 739	901	15,7	4 667	347	7,4
1933	4 871	841	17,3	4 204	310	7,4
1934	4 167	776	18,6	4 451	346	7,8
1935	4 270	778	18,2	4 159	332	8,0
1936	4 768	820	17,2	4 218	333	7,1
1937	5 911	889	15,0	5 468	—	—

An der deutschen Aus- und Einfuhr waren in der Hauptsache folgende Warengruppen mit nachstehenden Beträgen in Mill. Mark beteiligt:

	Ausfuhr					Einfuhr			
	1929	1931	1933	1935	1937	1929	1931	1933	1935
Schwerchemikalien . . .	309,9	215,5	177,0	158,4	176,6	67,8	37,9	28,8	23,9
Stickstoffdünger	280,2	140,7	52,7	53,7	60,0	30,0	20,1	1,1	10,6
Teerfarben und Zwischen- produkte	211,6	179,5	136,7	134,3	151,6	21,9	15,8	10,9	12,2
Mineralfarben	107,9	83,7	57,2	53,9	46,4	15,1	8,6	6,7	6,1
Pharmazeutika.	131,1	124,8	105,8	108,6	139,8	9,4	10,5	6,8	7,2
Kunstseide	90,5	38,3	28,0	20,4	24,0	66,6	62,7	40,3	27,6
Phosphordüngemittel . .	16,2	5,1	1,5	2,0	2,2	8,9	8,7	3,0	3,3
Ätherische Öle	22,4	16,0	10,1	8,9	10,2	34,4	20,2	16,4	14,3
Gerbstoffe.	5,1	3,7	2,2	2,1	1,6	16,5	14,3	13,0	13,0
Mineralöle	46,8	—	21,7	24,3	—	295,8	—	144,1	165,0
Mineralölprodukte . . .	33,7	—	24,4	18,7	—	37,0	—	12,2	12,4

Der Anteil am Weltexport chemischer Erzeugnisse verteilt sich auf die hauptsächlichsten Länder wie folgt (in Mill. Mark):

	1913		1925		1929		1932		1934		1935	
		%		%		%		%		%		%
Welt	3200	100,0	4050	100,0	5439	100,0	2579	100,0	2408,3	100,0	2374,4	100,0
Deutschland . .	910	28,4	930	23,0	1744	32,0	726	28,2	776,0	32,2	778,0	32,8
Vereinigte Staaten . . .	310	10,0	650	16,0	776	14,2	358	13,9	285,8	11,9	313,3	13,2
Großbritannien	500	15,6	550	13,6	711	13,1	355	13,8	329,0	13,7	320,0	13,5
Frankreich . .	310	9,7	540	13,3	510	9,4	291	11,3	278,4	11,6	252,8	10,6
Belgien	180[1]	5,6	175	4,3	181	3,3	121	4,7	101,3	4,2	83,3	3,5
Niederlande . .	180[1]	5,6	140	3,5	186	3,4	128	5,0	103,6	4,3	99,2	4,2
Italien	65	2,0	170	4,2	235	4,3	117	4,5	118,1	4,9	106,7	4,5
Schweiz	60	1,9	130	3,2	177	3,3	114	4,4	121,6	5,1	116,5	4,9

Unter den Ländern, welche chemische Erzeugnisse exportieren, steht Deutschland an erster Stelle (mit 32,8%). Unsere Ausfuhr an Schwerchemikalien, Düngemitteln, Teerfarben, Mineralfarben und Farbwaren, Lacken, Firnissen, pharmazeutischen und photochemischen Erzeugnissen übertrifft diejenige aller anderen Länder.

Vom Weltchemikalienhandel entfallen auf die einzelnen Stoffgruppen folgende Anteile. Dem Jahr 1935 ist dabei das Rekordjahr 1929 gegenübergestellt (in Mill. Mark). Die Hauptgruppen sind:

	1929		1935	
		%		%
Schwerchemikalien	998,4	18,3	492,8	20,8
Stickstoffdüngemittel	1056,3	19,4	239,9	10,1
Teerfarben.	357,4	6,6	252,4	10,6
Pharmazeutische Erzeugnisse	462,9	8,5	284,4	12,0
Mineralfarben	464,7	8,5	193,1	8,1
Kunstseide.	414,9	7,6	200,7	8,4
Photochemische Erzeugnisse	165,9	3,0	86,1	3,6
Sprengstoffe, Zündstoffe	234,5	4,3	105,8	4,5

Die Herstellungskosten chemischer Produkte werden durch eine ganze Reihe Faktoren beeinflußt. Große Preisveränderungen werden weniger durch Rohstoffpreise, Arbeitslöhne oder Verbesserungen der Arbeitsweise bedingt, als durch das Aufkommen neuer Herstellungsverfahren. Hierfür bietet die Preisbewegung bei einigen Produkten der chemischen Großindustrie einige augenfällige Beispiele.

---

[1] Enthält auch Durchfuhr.

Die Herstellungskosten der Schwefelsäure betrugen 1770: 64 Mark für 100 kg, Ende des 18. Jahrhunderts 43 Mark. Die Preise sanken durch Verbesserung des Bleikammerprozesses bis 1878 auf 6,6 Mark, 1885: 3,9 Mark, 1895: 2,7 Mark, 1905: 2,5 Mark für 100 kg Säure von 60° Bé (78%). Die Preise für dieselbe Säure betrugen bei Beginn des Krieges (1913/14) 2,5 Mark, nach dem Kriege 1924: 6 Mark, 1927: 4,5 Mark, 1930: 4,5 Mark, 1937: 6,25 Mark. Die von manchen Seiten beim Aufkommen des Kontaktprozesses gehegte Befürchtung, daß dieses Verfahren den Bleikammerprozeß ganz verdrängen würde, hat sich nicht erfüllt; der Kontaktprozeß erzeugt die starken Säuren billiger, der Bleikammerprozeß die schwächeren.

Soda, und zwar die wasserhaltige Krystallsoda, kostete 1814 in England, solange sie noch aus der Asche von Seepflanzen gewonnen werden mußte, 120 Mark für 100 kg. Das LEBLANC-Verfahren lieferte 1823 calcinierte (wasserfreie) Soda für 36 Mark, 1850—1860 für 22 Mark. Durch den Konkurrenzkampf der Ammoniaksoda gingen die Preise 1888/89 bis auf 8 Mark herunter, sie stiegen dann wieder etwas, betrugen 1900: 10 Mark, dann 9,50 Mark. 1929 kosteten 100 kg Ammoniaksoda 11,88 Mark, 1937: 9,50 Mark.

Was der 1798 von TENNANT zuerst hergestellte Chlorkalk gekostet hat, ist nicht zu ermitteln; er blieb fast 100 Jahre ein Monopol der englischen Industrie. 1861 kostete der Doppelzentner (100 kg) noch 42 Mark; der Preis fiel vorübergehend 1870 auf 33 Mark, 1882 und 1883 auf 20 Mark, während später die Preise wieder etwas höher gehalten wurden. Durch Konkurrenz des Elektrolytchlors mußte der 1888—1895 auf 25—26 Mark gehaltene Preis 1898 auf 18—19 Mark heruntergesetzt werden; 1900 kostete Chlorkalk 11—12 Mark, 1913 schließlich 8 Mark, 1937: 12,15 Mark. Inzwischen war aber flüssiges Chlor so billig geworden (1 kg 20—30 Pf.), daß an Stelle von Chlorkalk flüssiges Chlor von einigen Industriezweigen zum Bleichen (Papier, Zellstoff) usw. verwendet wurde. Dadurch ging der Chlorkalkverbrauch zwar zurück, die Herstellung von Chlorkalk ist aber keineswegs ganz verdrängt worden.

Salzsäure war nach Angabe GLAUBERs in der zweiten Hälfte des 17. Jahrhunderts die kostbarste Säure; seit Einführung des LEBLANC-Prozesses ist sie die billigste unter den Säuren geworden, sie war in der Blütezeit dieses Prozesses zeitweise sogar ziemlich wertlos, schließlich kosteten 100 kg etwa 2,50 Mark. Der Preis für die Säure, nachdem der LEBLANC-Prozeß verschwunden ist, war trotz der Konkurrenz einiger anderer Herstellungsverfahren 1929 4,5 Mark für 100 kg, er beträgt 1937: 2,37 Mark. Die Preissenkung im letzten halben Jahrhundert ist, neben der Produktionsausweitung, geradezu ein Gradmesser für die volkswirtschaftliche Leistung der chemischen Industrie geworden. Das ergeben auch nachstehende Beispiele. Es kosteten:

Salpetersäure .	1877 40,	1900 29,	1907 32,	1937 12,60 Mark/100 kg
Salzsäure . . .	1890 10,	1900 4,50,	1937 2,37 Mark/100 kg	
Ätznatron . . .	1890 50,	1900 30,	1937 20,90 Mark/100 kg	
Ammonsulfat .	1877 29,	1907 25,50,	1937 9,80 Mark/100 kg	
Indigo	1877 22,	1902 7,50,	1913 1,25, 1937 1,05 Mark/kg	
Viscoseseide . .	1924 16,	1930 6,92,	1937 4,25 Mark/kg	
Acetatseide . .	1928 19,	1937 5,30 Mark/kg		
Zellwolle . . .	1921 5,85,	1937 1,45 Mark/kg		

Zu keiner Zeit haben auf dem Gebiete der chemischen Technik so viele und so große Umwälzungen in bezug auf die Herstellungsverfahren chemischer Großprodukte stattgefunden, als in den letzten 20 Jahren.

Unter den chemischen Betrieben in Deutschland sind alle Größen vertreten. Nach den Aufstellungen der Berufsgenossenschaft waren 1930: 15078, 1936: 16469 Betriebe vorhanden. Die Anzahl der kleinen Betriebe überwiegt also ganz bedeutend (s. Tabelle S. 9).

Nach der vom Verein Deutscher Chemiker aufgestellten Statistik waren am 1. Januar 1930 4335 männliche und 70 weibliche Chemiker bei 569 Firmen angestellt, 1933: 3674 bzw. 41, dazu kommen leitende selbständige Chemiker 566 bzw. 437. Zwei Drittel der angestellten Chemiker wird von 26 Großfirmen beschäftigt. Nach derselben Aufstellung standen 1928: 12500, 1933: 10550 deutsche Chemiker im Berufsleben, und zwar in der chemischen Industrie 5500 bzw. 4400, in anderen Industriezweigen 4500 bzw. 4000, in öffentlichen Laboratorien 500 bzw. 350, im Lehrfach und beamteten Stellen 1500 bzw. 1300, im Auslande 500 bzw. 500.

Anzahl der Betriebe		Zahl der Arbeiter	Anteil an der Gesamtzahl der Arbeiter 1936
1930	1936		%
44	66	über 1000	43,6
53	66	500—999	11,2
397	425	100—499	21,8
1048	1085	21— 99	11,5
13545	14827	1— 20	11,9
15087	16469		

Die Rentabilität des in der chemischen Industrie investierten Kapitals läßt sich aus den Geschäftsergebnissen der Aktiengesellschaften berechnen; sie war früher sehr hoch, und zwar höher als z. B. bei Berg- und Hüttenwesen und bei der Textilindustrie. Die Erträgnisse beliefen sich bei der chemischen Industrie (im Mittel) 1907/08 auf 14,95%, 1912/13 auf 16,33%, 1917/18 auf 16,49% (die Ergebnisse der Farbstoff-, Spreng- und Zündstofferzeugung lagen noch höher). Nach der Inflationszeit sind die Erträge aber stark heruntergegangen, sie betrugen nur noch:

1925	1926	1927	1928	1929	1930	1931	1933/34	1934/35
5,5%	4,3%	7,5%	8,4%	7,0%	4,8%	2,3%	4,77%	5,13%

(1934/35 betrug die Rentabilität beim Bergbau 2,82%, Metallindustrie 3,59%, Textilindustrie 4,15%).

Keine andere Industrie zeigte bis zum Kriege eine so glänzende Entwicklung wie die deutsche chemische Industrie. Auch während und nach dem Kriege sind alle großen, umwälzenden chemischen Erfindungen von Deutschland ausgegangen. In ganz hervorragender Weise ist dabei der Konzern der I. G. Farbenindustrie beteiligt gewesen. Es sind aber nicht äußere günstige Bedingungen, die diesen Erfolg veranlaßt haben, sondern in erster Linie deutscher Forschergeist, strenge Wissenschaftlichkeit, deutscher Fleiß und deutsche Gründlichkeit.

Literatur über die chemische Industrie.

BASTIN: Kartellbildung in der chemischen Industrie Deutschlands. 1920. — EBERT: Chemische Industrie Deutschlands 1926. — FESTER: Entwicklung der Chemischen Technik bis zu den Anfängen der Großindustrie 1923. — MÜLLER: Die chemische Industrie. 1909. — SCHULTZE: Die Entwicklung der chemischen Industrie in Deutschland seit 1875. — WALLER: Probleme der deutschen chemischen Industrie. 1928. — WIEDENFELD-RASSOW: Die deutsche Wirtschaft (die chemische Industrie und ihre Führer). 1925. — WITT: Die chemische Industrie des Deutschen Reiches im Beginn des 20. Jahrhunderts. 1902. — Ferner die Zeitschrift: Die Chemische Industrie.

Literatur über die chemische Technologie.

BADGER u. McCABE: Elemente der Chemie-Ingenieur-Technik. 1932. — BERL: Chemische Ingenieurtechnik, 3 Bände. 1935. — DAMMERs Technologie der Neuzeit, 2. Aufl., 5 Bände. 1926—1932. — EUCKEN u. JAKOB: Chemie-Ingenieur 1933/34. — HENGLEIN: Grundriß der chemischen Technik. 1936. — HOPPMANN: Rationelle Gestaltung, 3 Bände. 1935. — KIESER: Handbuch der chemisch-technischen Apparate 1934—1938. — MUSPRATTs Enzyklopädisches Handbuch der technischen Chemie, Ergänzungswerk (NEUMANN-BINZ-HAYDUCK), 4 Bände. 1917—1922. — OST-RASSOW: Lehrbuch der chemischen Technologie, 19. Aufl. 1937. — RIEGEL: Industrial Chemistry. 1937. — SCHMIDT: Die industrielle Chemie. 1934. — ULLMANN: Enzyklopädie der technischen Chemie, 2. Aufl., 10 Bände. 1928—1932.

Wasser.

Chemisch reines Wasser wird in der Natur nicht angetroffen, da das Wasser sehr leicht Gase aufnimmt und Salze löst. Infolgedessen ist alles Wasser, was wir auf der Erdoberfläche antreffen, sei es, daß es als Tau, Reif, Nebel, Regen, Schnee oder Hagel aus der Atmosphäre zu uns kommt, oder aus Quellen und Brunnen aus der Erde als Grundwasser zutage tritt, mit Gasen und Salzen mehr oder weniger beladen. Chemisch reines Wasser, wie es für manche wissenschaftliche Untersuchungen gebraucht wird, kann nur durch Destillation unter ganz besonderen Vorsichtsmaßregeln erhalten werden.

Wasser in reinem Zustande ist geruch- und geschmacklos, wird bei 0° fest (Eis) und siedet bei 760 mm Druck bei 100°, wobei es sich in Dampf verwandelt, der so lange als gesättigt gilt, als er noch mit der Flüssigkeit in Berührung ist; Dampf nimmt das 1650fache Volumen ein. 1 Liter Wasserdampf wiegt 0,597 g. Die größte Dichte besitzt das Wasser bei $+ 4°$. Beim Gefrieren dehnt sich das Wasser um 10 % aus. Die Schmelzwärme beträgt 79,67 kcal/kg, die Verdampfungswärme 539 kcal/kg. Um Wasser von 0° in Dampf von 100° überzuführen, sind rund 639 kcal/kg erforderlich.

Alles Wasser, welches wir auf der Erdoberfläche besitzen, war einmal Meteorwasser (Nebel, Regen, Schnee). Die Niederschlagsmenge ist an verschiedenen Orten je nach ihrer Lage und Höhe verschieden; die mittlere Niederschlagshöhe in Deutschland beträgt etwa 660 mm, was einer jährlichen Regenmenge von 660 Liter für 1 m² entspricht. Einzelne Orte haben nachstehende durchschnittliche Regenhöhe: Berlin 583, Bonn 595, Breslau 585, Köln 619, Dresden 571, Heidelberg 693, Leipzig 616, Karlsruhe 723, Aachen 857 mm; nur in gebirgigen Gegenden steigt diese Menge erheblich: Oberhof (Thüringen) 1113, Schreiberhau (Riesengebirge) 1102, Clausthal (Harz) 1491 mm. Im allgemeinen verdunstet von dem gefallenen Regen ein Drittel, ein Drittel versickert in den Boden und ein Drittel sammelt sich in Flüssen, Teichen, Seen und im Meere.

Das **Regenwasser** ist zwar gegenüber anderen Arten von Wasser verhältnismäßig rein und wird gern wegen seiner großen Weichheit (0,5—1,5° Härte) für das Waschen von Wäsche, für Kochzwecke, für Kesselspeisung usw. verwendet, es ist aber längst nicht chemisch rein, denn es enthält stets allerlei Verunreinigungen aus der Luft, wie Ammoniak, Salpetersäure, salpetrige Säure, Chloride, Sulfate, Wasserstoffsuperoxyd, in der Nähe großer Städte und in Industriegegenden auch oft schweflige Säure, Schwefelwasserstoff, Schwefelsäure, Salzsäure, Staub, Ruß, Kalksalze, Silicate, daneben auch noch Bakterien und Pilze. Der Geschmack von Regenwasser ist fade, manche Gegenden, wie die Marschen, die kein geeignetes Grundwasser haben, müssen aber trotzdem das Regenwasser für Trinkzwecke verwenden. Durch Kohlensäure-Imprägnation kann man den faden Geschmack beseitigen. Das in Talsperren aufgesammelte Wasser ist größtenteils Meteorwasser, dem aber etwas Grundwasser beigemischt ist; es ist ebenfalls ein sehr weiches Wasser (1—3° Härte).

Grundwasser. Von den meteorischen Niederschlägen versinkt der eine Teil in den Boden, bis er auf wasserundurchlässige Schichten trifft; diese Wassermengen fließen dann als Grundwasserstrom entsprechend der Lagerung der undurchlässigen Schichten tiefer liegenden Punkten zu. Beim Durchgang durch die Bodenschichten nimmt das Wasser je nach der Beschaffenheit der Schichten mehr oder weniger fremde Bestandteile auf; aus Kalk und Gipsschichten werden große Mengen sog. härtebildender Stoffe herausgelöst, während granitische Gesteine, Basalte, Buntsandstein usw. nur wenig Bestandteile abgeben. Grundwasser aus Urgestein und Buntsandstein weist nur etwa 20—30 mg Kalk im Liter, entsprechend 2—3° Härte, auf, während Grundwasser aus kalkigem Boden bis zu 600 und 800 mg Kalk aufnehmen, also 60—80 Härtegrade aufweisen kann. Die Menge der im Grundwasser gelösten Stoffe kann, je nach der Niederschlagsmenge in den verschiedenen Jahreszeiten, starken Schwankungen unterworfen sein.

Viele Grundwässer, namentlich die der Norddeutschen Tiefebene, enthalten große Mengen gelöstes Eisen, und zwar in der Regel in Form von Oxydulbicarbonat, gelegentlich auch als Phosphat oder Sulfat oder an Huminstoffe gebunden (Moorwasser); ebenso tritt nicht selten neben Eisen noch Mangan auf, und zwar ebenfalls als Bicarbonat oder Sulfat, oder auch an Huminstoffe gebunden.

Für Trink- und Brauchzwecke muß Eisen und Mangan aus dem Wasser entfernt werden, was in später beschriebener Weise geschieht.

Kommt das Meteorwasser beim Versickern mit salzhaltigen Schichten in Berührung, so entsteht eine natürliche Versalzung des Grundwassers. Bei Salzgehalten bis zu 1,2 g Kochsalz im Liter wird das Wasser ohne weiteres für Trinkzwecke benutzt, bei höheren Gehalten aber nicht mehr, wenn nicht die besondere Zusammensetzung der gelösten Salze eine heilkräftige Wirkung (Mineralwasser) für Trinkkuren und Badezwecke verspricht.

Grundwasser aus größeren Tiefen ist in der Regel bakterienfrei, da schon Bodenschichten von wenigen Metern Stärke die Bakterien zurückhalten; gelöste organische Stoffe verlangen zur Zurückhaltung und Zersetzung schon stärkere Schichten.

Nach Ausscheidung von Eisen und Mangan und nach Beseitigung zu großer Mengen der Härtebildner (Kalk und Magnesia) kann Grundwasser zu allen technischen Zwecken verwendet werden.

Quellwasser ist zutage tretendes Grundwasser.

Flußwasser kann von sehr wechselnder Beschaffenheit sein. Gletscherbäche sind meist ziemlich arm an mineralischen Bestandteilen. Vereinigen sich kalkreiche Quellen zu Bächen, so kann nach kurzem Laufe durch Entweichen von Kohlensäure ein Teil des gelösten Kalkcarbonats ausfallen und das Flußwasser ist weicher als das ursprüngliche Quellwasser. Auch Zufluß weichen (Moor-) Wassers kann die ursprüngliche Härte verringern. In der Aller fällt z. B. auf eine Entfernung von 25—30 km die Härte von 40 auf 10°. Andererseits können Flüsse durch salzhaltige Zuflüsse außerordentlich versalzen, z. B. die Saale, die zeitweise mehr Salz enthält als die Ostsee. Gewisse Mineralstoffe, namentlich Magnesiumverbindungen, können durch chemische oder biologische Vorgänge aus den Flußläufen wieder ziemlich verschwinden.

Werden organische Stoffe, wie pflanzliche und tierische Abfälle (Kot, Urin, Pflanzenreste, Abfälle aus Gerbereien, Schlachthöfen, Zuckerfabriken, Zellstoff- und Papierfabriken) in Flüsse oder stehende Gewässer geleitet, so kann bei geringer Wassermenge oder bei stehenden Gewässern, namentlich im Sommer, sog. stinkende Fäulnis eintreten, die dem Wasser einen dumpfen, ekelerregenden Geschmack und Geruch verleiht. Bei wasserreichen fließenden Gewässern wird die organische Substanz zwar auch durch Bakterien zersetzt, dabei entsteht aber keine Fäulnis, sondern in der Hauptsache Kohlensäure und Wasser. Diesen Vorgang bezeichnet man mit dem Namen „Selbstreinigung" der Flüsse. Die selbstreinigende Kraft wasserreicher Flüsse ist so groß, daß man die gesamten Fäkalien großer Städte, wie München, Hamburg, in die Flüsse leitet und schon nach einigen Kilometern unterhalb vielfach nichts mehr von diesen Stoffen nachweisen kann; kleinere Flußläufe mit wenig Wasser können allerdings dadurch dauernd verunreinigt werden. Abwässer aus Zucker-, Stärke- und Zellstoffabriken bringen viel Kohlehydrate mit und bewirken die sekundäre

Fäulnis dadurch, daß sie einen ausgezeichneten Nährboden für Algen und Pilze liefern, die sich auf größeren Strecken dann massenhaft entwickeln, absterben und in Fäulnis übergehen. Die Härte des Wassers einiger deutscher Flüsse (Elbe, Oder, Rhein) schwankt zwischen 4 und 16° (Leine 21°), der Gesamtgehalt an organischen Stoffen zwischen 135 und 333 mg/l (Leine 675 mg/l).

Das **Wasser der Landseen** (Süßwasserseen) ähnelt im großen und ganzen denen der Flüsse; so haben z. B. die Schweizer und bayerischen Gebirgsseen und die ostpreußischen Seen durchschnittlich eine Härte von nur 4,5—13° und Mineralgehalte von 125—200 mg/l. Die grüne Farbe der Seen ist auf Kalkboden zurückzuführen, die blaue entspricht der natürlichen Farbe des reinen Wassers, schwarze Farbe tritt nur bei moorigem Untergrunde auf. Salzseen sind abgeschlossene Becken, in welche salzige Zuflüsse einmünden; der Salzgehalt ist außerordentlich verschieden; das Wasser des Toten Meeres ist direkt als Steinsalzmutterlauge anzusehen (vgl. „Kochsalz"). In den sog. Sodaseen (vgl. „Soda") tritt neben Chlornatrium und Natriumsulfat in größeren Mengen Natriumcarbonat und Bicarbonat, auch Borax auf.

Meerwasser. Der Salzgehalt der großen Ozeane beträgt 32—38 g im Liter, der der eingeschlossenen Meere weniger (Ostsee, Bosporus, Schwarzes Meer 11—25 g/l). Die prozentige Zusammensetzung des Meerwassers ist fast überall genau die gleiche. Auf 100 Teile Chlor kommen rund 74,5 Natrium, 11,2 Magnesium, 3,0 Calcium, 11,7 Schwefelsäure (SO_3), 0,3 Brom und bis zu 0,27 Kohlensäure. Die Zusammensetzung verschiedener Ozeane ist bei „Kochsalz" näher besprochen.

Trinkwasser.

Für Trinkzwecke eignen sich mit Ausnahme des Meerwassers alle vorgenannten Wasserarten, sofern sie nicht einen zu hohen Salzgehalt oder sonstige Verunreinigungen aufweisen. In manchen Gegenden wird aber auch Wasser mit 1—1,2 g Chlornatrium und 0,5—0,8 g anderen indifferenten Salzen dauernd ohne Schaden als Trinkwasser verwendet (Bernburg), ebenso gewöhnt sich der menschliche Organismus an eine ziemlich hohe Härte des Wassers. Größere Mengen Eisen und Mangan müssen aus dem Wasser entfernt werden, ehe es für Trinkzwecke verwendet wird.

Trinkwasser soll klar, farblos und geruchlos sein. Es darf fäulnisfähige Stoffe überhaupt nicht und andere organische Stoffe nicht über eine gewisse Grenze enthalten. Auf alle Fälle ist es wichtig, die Herkunft oder Art der organischen Substanz zu kennen. Das Wasser soll nicht mehr wie 100 bis 200 Bakterien im Liter enthalten und von pathogenen Bakterien frei sein; es soll sich bei zweitägigem Stehen nicht trüben, oder irgendwelche Stoffe ausscheiden.

Als Grenzzahlen für die Beurteilung eines Trinkwassers gelten im allgemeinen folgende Werte, bezogen auf 1 Liter Wasser:

Der feste Rückstand soll nicht mehr wie				500 mg	betragen
Chlor	,,	,,	,, ,,	20— 30 mg	vorhanden sein
Schwefelsäure	,,	,,	,, ,,	80—100 mg	,, ,,
Salpetersäure	,,	,,	,, ,,	15 mg	,, ,,
Salpetrige Säure	,,	,,	,, ,,	0,01 mg	,, ,,
Ammoniak	,,	,,	,, ,,	Spuren	,, ,,
Organische Substanz	,,	,,	,, ,,	8—10 mg	Permanganat verbrauchen

Wenn mehr wie Spuren von salpetriger Säure oder Ammoniak vorhanden sind, ist das Wasser verdächtig. Die Beurteilung darf sich aber nicht starr an obige Zahlen klammern, auch reicht die chemische Analyse allein zur Beurteilung nicht aus, es muß eine mikroskopische und bakteriologische Untersuchung nebenhergehen.

Zur Herstellung von Nahrungs- und Genußmitteln in gewerblichen Betrieben muß man an die Beschaffenheit und Güte des Wassers natürlich dieselben Anforderungen stellen wie an Trinkwasser. Andere Industriezweige verlangen von dem zu verwendenden Wasser besondere Weichheit (Brauereien, Zuckerfabriken) oder außerdem noch weitgehende Abwesenheit von Eisen (Färbereien, Bleichereien, Papierfabriken).

Die Analysenergebnisse von Wasseruntersuchungen werden in Milligramm in 1 Liter angegeben, die Einzelbestandteile pflegt man als Ionen (Na·, Ca··, Mg··, Fe··, Mn·· bzw. CO_3'', HCO_3', NO_3', NO_2', SO_4', Cl', SiO_3'') anzuführen.

Trinkwasserreinigung. Oberflächenwasser (Fluß-, See- oder Talsperrenwasser) wird von Schwebstoffen in Absatzbecken (Klärbecken), durch Grobfilter und Feinfilter (Sandfilter) oder durch Chemikalien befreit. Die Sandfilter sind so aufgebaut, daß unten grober Kies, darüber gröberer Sand und obenauf feiner Filtersand zu liegen kommt. Wenn das Filter sich zu verstopfen beginnt, läßt man das Rohwasser ab und kratzt zur Reinigung die oberen 8—15 mm des Sandes mit den Verunreinigungen herunter. Die Filterschicht muß mindestens 30—40 cm stark sein. Zur schnelleren Filtration sind auf Wasserwerken auch große Druckfilter in Anwendung. Für den Hausgebrauch verwendet man Kohlefilter, Tonfilter, Kieselgurfilter (Berkefeldfilter) und Asbestfilter. Trübungen und Färbungen durch Huminstoffe (moorige Wässer) können nur durch Chemikalien entfernt werden, wozu meist Tonerdesulfat, bisweilen auch Eisensalze, verwendet werden (Groningen, Schiedam, Bremen, Hamburg). Aluminiumsulfat setzt sich wie folgt um:

$$Al_2(SO_4)_3 + 3\,Ca(HCO_3)_2 = 2\,Al(OH)_3 + 3\,CaSO_4 + 6\,CO_2\,.$$

Das feinverteilte Tonerdehydrat hüllt die Schwebestoffe ein und reißt sie mit zu Boden. Man nimmt in der Regel 20—40 g Aluminiumsulfat auf 1 m³ Wasser. Sind Bakterien, insbesondere pathogene Keime, im Wasser vorhanden, so muß man das Wasser, um es für Trinkzwecke genügend keimfrei zu bekommen, einer Vorbehandlung mit Ozon, Chlor oder ultravioletten Strahlen unterwerfen, um es zu entkeimen bzw. zu sterilisieren. Die Ozonisierung des Trinkwassers war bei verschiedenen städtischen Wasserwerken eingeführt (Wiesbaden, Paderborn, Petersburg, Paris). Ozonisierte Luft (mit 1,3—3 g Ozon im Kubikmeter Luft) wurde in Sterilisationstürmen einem feinverteilten Wasserregen entgegengeführt. 1894 hat M. TRAUBE das Chlorkalkverfahren ausprobiert und begründet, welches besonders in Amerika in größtem Maßstabe zur Sterilisation von Wasser benutzt wurde. In Deutschland kam das Chlorkalkverfahren 1911 auf dem Wasserwerk Dortmund zur Sterilisation von Fluß- und Talsperrenwasser des Ruhrreviers zur Einführung. Es sind 0,2—0,6 g Chlorkalk für 1 m³ vorgereinigtes bzw. ungereinigtes Wasser erforderlich. Die Sterilisation mit Chlorkalk ist dann verdrängt worden durch die Verwendung von Chlorgas, welches 1912 von ORNSTEIN eingeführt wurde und sich schnell über die ganze Welt verbreitet hat, es ist das billigste und einfachste Verfahren. Der Chlorzusatz erfolgt auf zweierlei Weise: Man stellt eine konzentrierte Chlorgaslösung her und mischt diese dem Wasser bei (indirektes Verfahren nach ORNSTEIN) oder man zerstäubt eine gemessene Chlormenge in dem zu behandelnden Wasser (direktes Verfahren nach Bamag-Meguin). Zur Sterilisation reichen in der Regel 0,1 bis 0,3 g Chlor für 1 m³ aus; nur wenn viel organische Substanz, Ferro- und Manganverbindungen vorhanden sind, tritt eine höhere Chlorzehrung auf. Bei den genannten Chlormengen verschwindet das Chlor gänzlich aus dem Wasser; sind aber Spuren von Phenol vorhanden, dann bildet sich Chlorphenol, welches selbst bei äußerster Verdünnung dem Wasser einen unangenehmen jodoformähnlichen Beigeschmack gibt. Zur Wegnahme von eventuell vorhandenem Überschußchlor filtriert man vielfach mit Erfolg über aktive Kohle. In Amerika ist in mehreren Städten das Chloraminverfahren eingeführt, d. h. es wird neben Chlor noch Ammoniak ($3\,Cl_2 : 1\,NH_3$) verwendet. Die Keimabtötung ist die gleiche wie beim Chlor. Das Verfahren beseitigt aber nicht in allen Fällen den dem Rohwasser anhaftenden Geschmack.

Die Sterilisation mit ultravioletten Strahlen hat nur geringe Bedeutung erlangt.

Zur Herstellung brauchbaren Trinkwassers benutzt man für militärische Zwecke auch fahrbare Sterilisationsapparate (Trinkwasserbereiter), die durch Erhitzen das Wasser keimfrei machen. Meerwasser muß für Trinkzwecke destilliert werden. Soll Grundwasser für Trinkzwecke verwendet werden, so ist fast ausnahmslos Eisen und Mangan zu entfernen. Sind Eisen und Mangan als Oxydulsulfate ($FeSO_4$, $MnSO_4$) vorhanden, so werden sie durch ausgiebige Durchlüftung in unlösliche Hydroxyde übergeführt, die abfiltriert werden können; ganz vollständig ist aber die Entfernung auf diesem Wege meist nicht zu erreichen. 0,2 mg/l sind zwar unbedenklich in gesundheitlicher Beziehung, größere Mengen geben aber Veranlassung zur Entwicklung von Eisenalgen (Crenothrix), die die Rohrleitung verstopfen, in Wäsche Flecke erzeugen und das Wasser unappetitlich machen. Die Enteisenung geschieht in offenen oder geschlossenen Anlagen. Zur Entmanganung benutzt man die Filtration über manganhaltige Sande oder über Manganpermutit (vgl. „Permutit").

Die Entsäuerung von stark kohlensäurehaltigem Wasser, welches Eisenrohre, Metallteile und Baustoffe erheblich angreift, nimmt man durch Filtration des Wassers durch Marmorschichten hindurch vor, wobei die Kohlensäure von dem Kalkcarbonat als Bicarbonat gebunden wird.

$$CO_2 + CaCO_3 + H_2O = Ca(HCO_3)_2.$$

Für denselben Zweck verwendet man jetzt auch Magnofilter. Die Magnomasse ist ein Dolomit, der im Drehrohrofen so gebrannt wird, daß alles Magnesiumcarbonat in Oxyd übergeht, das Kalkcarbonat aber intakt bleibt. Die Filtration des Wassers geschieht in offenen Filterbehältern oder unter Druck.

$$3\,CO_2 + CaCO_3 \cdot MgO + 2\,H_2O = Ca(HCO_3)_2 + Mg(HCO_3)_2.$$

Dabei findet auch noch eine weitgehende Enteisenung statt.

Kesselspeisewasser.

Grobdisperse Verunreinigungen des Speisewassers müssen entfernt werden, da sie sonst beim Verdampfen des Wassers im Kessel verbleiben. Bei den chemischen Reinigungsverfahren fallen sie zwar mit den abgeschiedenen Niederschlägen aus, bei dem Permutitverfahren aber müssen sie vor Eintritt in das Permutitfilter abfiltriert werden. Zu diesem Zwecke benutzt man offene oder meist geschlossene sog. Schnellfilter, die dann in der Regel für Druckfiltration eingerichtet sind. Abb. 1 zeigt ein solches Schnellfilter nach REISERT. Auf einer durchlochten Unterlage ist als Filtermaterial Kies verschiedener Körnung aufgeschichtet. Bei der Filtration durchfließt das Rohwasser von A aus die Kiesschicht und tritt durch Rohr B aus. Zum Auswaschen des Filters bläst man von D aus einen kräftigen Luftstrom aus den Öffnungen des Rohres durch den Kies, der die Verunreinigungen aufwirbelt und in umgekehrter Richtung durch Rohr S hinausspült.

Kesselspeisewasser soll rein sein, und zwar nicht nur frei von sog. Kesselsteinbildnern, sondern auch von Gasen und öligen Beimengungen. Im Rohwasser sind in der Regel folgende Bestandteile anzutreffen:

Gelöste Gase	Schwerlösliche Stoffe (Kesselsteinbildner)	Leichtlösliche Stoffe	Lokale Verunreinigungen
Kohlensäure Sauerstoff Stickstoff	Calciumcarbonat Magnesiumcarbonat Gips Kieselsäure Tonerde Eisenoxydulcarbonat	Natriumchlorid Magnesiumchlorid Calciumchlorid Magnesiumsulfat	Ammoniak Salpetrige Säure Salpetersäure Organische Stoffe

Von diesen Bestandteilen sind zunächst die gelösten Gase höchst unerwünscht, namentlich Sauerstoff und Kohlensäure, da sie das Eisen der Kessel, Leitungen, Vorwärmer usw. zerfressen. Die in obiger Tabelle als Kesselsteinbildner bezeichneten schwerlöslichen Stoffe, namentlich Kalk- und Magnesiumcarbonat, zusammen mit dem Gips, scheiden sich beim Verdampfen des Wassers im Kessel aus, brennen zu harten Krusten (Kesselstein) fest, die den Wärmedurchgang außerordentlich erschweren und zum Erglühen des Kesselbleches, zu Beulen und Rissen Veranlassung geben können. 1 mm Kesselsteinbelag verursacht einen um 6—10% höheren Wärmeverbrauch. Da die Beseitigung des Kesselsteins große Mühe und

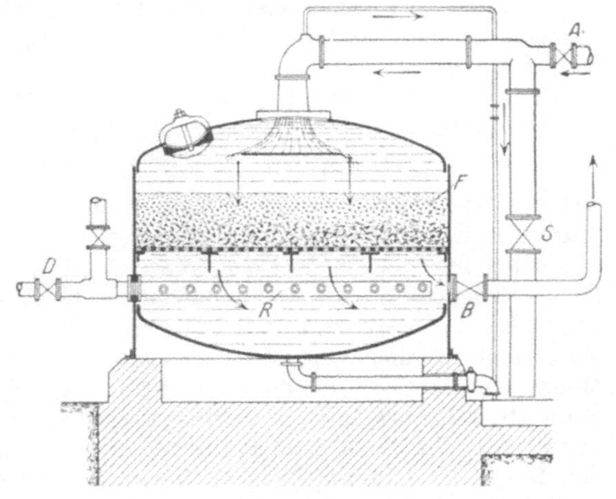

Abb. 1. Geschlossenes Schnellfilter (Reisert).

Kosten verursacht, so sollte jedes Wasser mit mehr als 6 Härtegraden auf chemischem Wege vor der Verwendung von Kesselsteinbildnern bzw. Härtebestandteilen befreit werden. Unter „Härte" des Wassers versteht man den Gehalt an Kalk- und Magnesiasalzen, deren Summe man als Gesamthärte bezeichnet. Man rechnet die Härte nach Härtegraden; ein deutscher Härtegrad entspricht 1 Teil Calciumoxyd in 100 000 Teilen Wasser (= 10 mg CaO oder entsprechend 7,1 mg MgO im Liter), ein französischer Härtegrad entspricht 1 Teil Calciumcarbonat in 100000 Teilen, ein englischer in 70000 Teilen Wasser. Man unterscheidet vorübergehende und bleibende Härte; erstere ist bedingt durch die kohlensauren, letztere durch die schwefelsauren alkalischen Erden. Die Carbonate von Calcium und Magnesium sind zwar an und für sich in Wasser nur äußerst wenig löslich, sie gehen aber in kohlensäurehaltigem Wasser in Form von Bicarbonaten erheblich in Lösung. Durch Kochen zerfallen die Bicarbonate, und die einfachen Carbonate scheiden sich aus. Diese auskochbare, vorübergehende Härte bezeichnet man auch als Carbonathärte. Die in der Hauptsache durch Calciumsulfat (Gips) bedingte bleibende Härte ist nicht durch Kochen wegzubringen, sondern kann nur durch Chemikalien beseitigt werden.

Für die chemische Wasserreinigung kommen folgende Wasserreinigungsverfahren in Betracht: 1. Verfahren mit Ätzkalk und Soda, 2. mit Ätzkalk und

Ätznatron, 3. mit Ätzkalk und Bariumcarbonat, 4. mit Trinatriumphosphat und 5. mit Permutit.

Kalk-Sodaverfahren. Man setzt dem Rohwasser Kalkmilch und Soda zu. Die Umsetzungen sind folgende:

$$Ca(HCO_3)_2 + Ca(OH)_2 = 2\,CaCO_3 + 2\,H_2O,$$
$$Mg(HCO_3)_2 + 2\,Ca(OH)_2 = 2\,CaCO_3 + Mg(OH)_2 + 2\,H_2O.$$

Der Ätzkalk bindet auch noch freie Kohlensäure und setzt sich mit Magnesiumchlorid zu Calciumchlorid um:

$$CO_2 + Ca(OH)_2 = CaCO_3 + H_2O,$$
$$MgCl_2 + Ca(OH)_2 = Mg(OH)_2 + CaCl_2.$$

Gips und Magnesiumsulfat können nur durch Soda beseitigt werden.

$$CaSO_4 + Na_2CO_3 = CaCO_3 + Na_2SO_4,$$
$$MgSO_4 + Na_2CO_3 = MgCO_3 + Na_2SO_4.$$

Es fallen also Calciumcarbonat und Magnesiumhydroxyd als Schlamm aus, dagegen gelangt, abgesehen von überschüssiger Soda, Natriumsulfat in den Kessel.

Das Kalk-Sodaverfahren ist das verbreitetste Wasserreinigungsverfahren. Man kann auch mit einem Sodaüberschuß allein (ohne Kalk) fällen:

$$Ca(HCO_3)_2 + Na_2CO_3 = CaCO_3 + 2\,NaHCO_3.$$

Das entstehende Natriumbicarbonat zerfällt beim Kochen im Kessel in Kohlensäure und Soda, diese wird also sozusagen „regeneriert"; man braucht demnach eigentlich nur die Menge Soda, die sich für die Nichtcarbonathärte berechnet. Dieses Regenerativverfahren ist vielfach unter dem Namen „Neckarverfahren" oder „Kesselwasserrückführungsverfahren" zur Einführung gekommen. Man zieht nämlich periodisch von der tiefsten Stelle des Kessels eine gewisse Menge Kesselwasser mit dem ausgeschiedenen Schlamm und der überschüssigen Soda ab und führt dasselbe dem Reiniger wieder zu, wo es neues Rohwasser vorwärmt und die Soda neue Fällungen von Kesselsteinbildnern veranlaßt. Die in den Kessel eingeführte Soda spaltet sich bei der hohen Temperatur im Kessel in NaOH und CO_2.

$$Na_2CO_3 + H_2O = 2\,NaOH + CO_2 \quad\text{und}\quad Ca(HCO_3)_2 + 2\,NaOH = CaCO_3 + Na_2CO_3 + H_2O$$
$$\text{oder}\quad Ca(HCO_3)_2 + Na_2CO_3 = CaCO_3 + 2\,NaHCO_3 \quad\text{und}\quad 2\,NaHCO_3 = Na_2CO_3 + H_2O + CO_2$$

Bei 3 Atm. Druck ist die Spaltung noch kaum bemerkbar, bei 15 Atm. beträgt sie jedoch schon 65% und ist bei 50 Atm. vollständig. Das rückgeführte Wasser enthält also auch Ätznatron, welches die Magnesiumsalze, die nur als Hydroxyd vollständig gefällt werden können, zur Ausscheidung bringt.

Abb. 2 zeigt schematisch die Einrichtung einer solchen Kesselwasserrückführanlage. Das Kesselwasserrückführungsverfahren empfiehlt sich nur bei geringer Magnesiahärte und bei höheren Kesseldrucken. Dieses Sodarückführungsverfahren wird heute mehr und mehr verdrängt von dem später zu besprechenden Phosphatverfahren mit Kesselwasserrückführung.

Man kann auch mit Ätznatron die Härtebestandteile des Kesselwassers beseitigen.

$$Ca(HCO_3)_2 + 2\,NaOH = CaCO_3 + Na_2CO_3 + 2\,H_2O,$$
$$Mg(HCO_3)_2 + 4\,NaOH = Mg(OH)_2 + 2\,Na_2CO_3 + 2\,H_2O.$$

Die hierbei entstehende Soda zersetzt dann den Gips:

$$CaSO_4 + Na_2CO_3 = CaCO_3 + Na_2SO_4.$$

Ätznatron ist aber teurer als Soda.

Auch Bariumsalze sind zur Ausfällung der Kesselsteinbildner geeignet (REISERTsches Barytverfahren). Es können Bariumcarbonat (allerdings nur gefälltes), -chlorid, -hydroxyd und -aluminat verwendet werden, und zwar in Verbindung mit Ätzkalk. Die Umsetzung ist folgende:

$$CaSO_4 + BaCO_3 = BaSO_4 + CaCO_3.$$

Es entstehen also zwei unlösliche Körper; das gereinigte Wasser ist infolgedessen sehr salzarm. $BaCO_3$ ist aber nur sehr wenig in Wasser löslich, deshalb ist praktisch ein großer Überschuß (mindestens 10%) zu verwenden. Die Materialkosten sind deshalb höher als beim Kalk-Sodaverfahren. Das Barytverfahren und das Ätznatronverfahren sind von untergeordneter Bedeutung.

Bei allen diesen Wasserreinigungsverfahren wird also Calciumcarbonat und Magnesiumhydroxyd ausgeschieden; beide sind aber auch nicht ganz unlöslich in Wasser, infolgedessen bleibt bei diesen Verfahren nach der Reinigung, auch

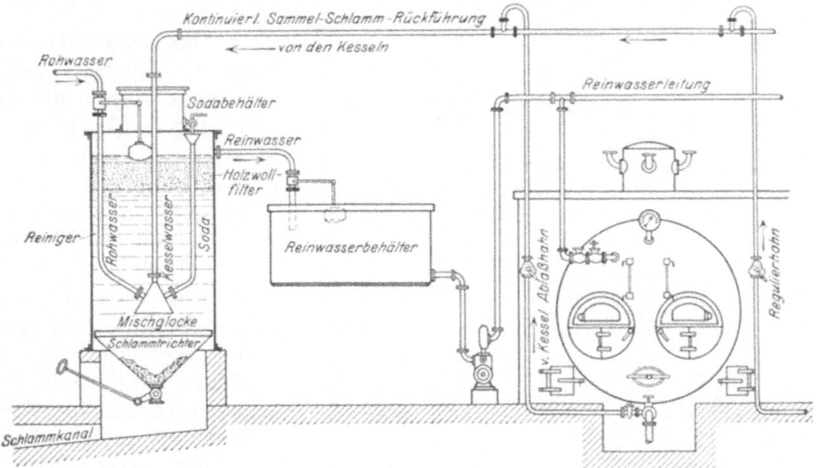

Abb. 2. Sodaverfahren mit Kesselwasserrückführung (Neckar-Verfahren).

wenn kein Kalkmilchüberschuß zugegeben worden ist, eine geringe Härte (bis zu 3°) im Kesselwasser zurück. Eine Kesselwasserreinigungsanlage arbeitet dauernd nur richtig unter ständiger chemischer Kontrolle.

Wasserreinigungsapparate gibt es in großer Anzahl; Konstruktion und Arbeitsweise sind aber nicht wesentlich verschieden. Nachstehend ist ein nach dem Kalk-Sodaverfahren arbeitender Wasserreinigungsapparat der **Sukrofilter-Gesellschaft** näher beschrieben (Abb. 3).

Dem zu enthärtenden Rohwasser wird die Soda in Form einer konzentrierten Lauge, der Kalk als Kalkwasser, welches automatisch hergestellt wird, zugeführt. Der Zufluß wird so eingestellt, daß die beiden Lösungen dem Wasser automatisch in solcher Menge zufließen, daß die Härtebildner vollständig ausgefällt werden.

Das zu reinigende Wasser tritt durch eine Rohrleitung a bei Schieber b in den Wasserverteiler c. Dort wird es in drei Teile zerlegt, und zwar fließt die Hauptwassermenge in den darunter befindlichen Vorwärmer d, wo das Wasser auf 60—70° angewärmt wird. Diese Erwärmung geschieht mit Rücksicht auf eine vollständigere Ausscheidung der Magnesia.

Ein anderer Teil des Wassser gelangt durch die Rohrleitung e in den Kalksättiger f, tritt an der tiefsten Stelle des konischen Bodens ein und wirbelt in dem Sättiger den lagernden Kalk auf, wobei es sich mit ihm sättigt. Es steigt langsam aufwärts und klärt sich unterwegs. Der zu verwendende gebrannte Kalk wird oben auf das Sieb g geschüttet, löscht sich dort, fällt in den konischen Boden des Sättigers und wird dort von dem neu zugeführten Wasser zu Kalkwasser gelöst. Durch die Rohrleitung h fließt alsdann das Wasser nach dem Klärbehälter.

Ein kleiner Teil der ursprünglichen Wassermenge läuft nach der Laugendosierungsvorrichtung, und zwar nach dem Kippapparat i, welcher sich füllt und leert und dabei einen Schöpfbecher in den Laugenmeßapparat k eintaucht, heraushebt und dessen Inhalt gleichfalls in den Klärbehälter ergießt. Der Laugenmeßapparat k steht mit dem Laugenbehälter l in Verbindung, und zwar derart, daß durch ein Schwimmerventil immer die Laugenmenge nachgelassen wird, welche der Schöpfbecher entnommen hat.

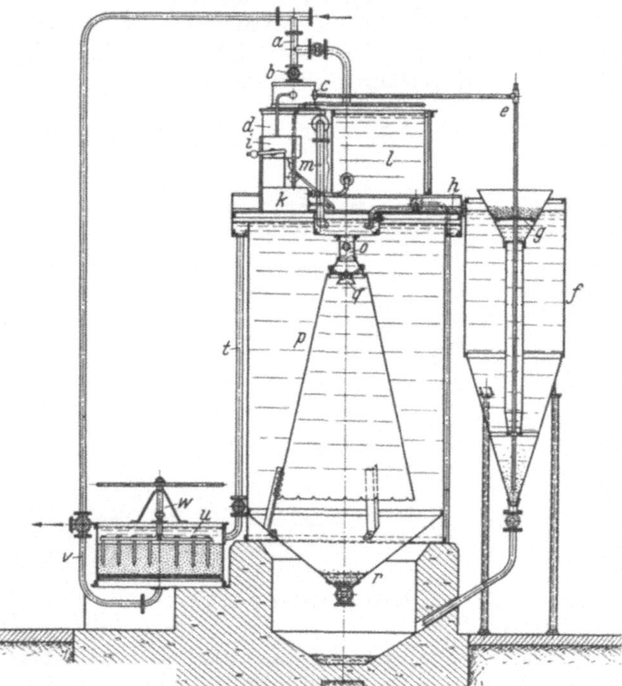

Abb. 3. Wasserreinigungsapparat für das Kalk-Sodaverfahren.

Das vorgewärmte Wasser aus dem Vorwärmer gelangt durch die Rohrleitung m gleichfalls nach dem Klärbehälter, und zwar treffen sich vorgewärmtes Wasser, Sodalauge und Kalkwasser in der Mischschale n. Dort werden sie durcheinandergewirbelt, so daß eine innige Mischung stattfindet. Hierauf fallen sie in das trichterförmige Zirkulationsrohr p, nachdem das Wasser zuvor auf das Wellblech q aufgeschlagen ist, wodurch noch eine weitere Durcheinanderwirbelung und Mischung herbeigeführt wird. Die sich erweiternde Zirkulationsglocke verringert die Strömungsgeschwindigkeit des Wassers und bewirkt die für die Klärung erforderliche geringe Bewegung. Die ausgeschiedenen Kesselsteinbildner fallen in Schlammform in den Konus r des Klärbehälters. Sobald das zirkulierende Wasser den unteren Rand der Zirkulationsglocke p erreicht hat, ändert es seine Strömungsrichtung und steigt aufwärts. Infolge des sich ständig erweiternden Querschnitts der Apparatur verlangsamt sich die Bewegung, so daß die von der Strömung mitgeführten leichteren Bestandteile ebenfalls zur Ausscheidung gelangen.

Zum Schluß fällt das vorgeklärte Wasser über den Rand des Klärbehälters und gelangt in den ringförmig angeordneten Kasten s. Das Wasser wird auf diese Weise gezwungen, sich über den ganzen Querschnitt zu verteilen, so daß eine einseitige Wasserzirkulation nicht stattfinden kann. Von dem Überfall gelangt das vorgeklärte Wasser durch die Rohrleitung t nach dem Filter n, welches die letzten Trübungen zurückhält, um durch die Rohrleitung v alsdann den Apparat gereinigt zu verlassen. Wenn sich das Filter verstopft, erfolgt die Reinigung durch Rückspülung, indem man das Rohwasser von unten in das Filter eintreten läßt und zugleich das Rührwerk w in Bewegung setzt, welches die verschlammten Filtermassen lockert, so daß das Spülwasser die

Verunreinigungen entfernen kann. Der Schlamm, der sich im Filter, im Kalksättiger und im Klärbehälter bildet, wird durch Ventile in eine Grube unter dem Klärbehälter abgelassen.

Alkaliphosphatverfahren. Natriumphosphat ist früher schon als Mittel zur Verhinderung von Calciumsulfatkesselstein von HALL empfohlen worden, jetzt wird aber seit einiger Zeit nach einem Vorschlage der Chem. Fabrik Budenheim das Trinatriumphosphat ($Na_3PO_4 \cdot 12\,H_2O$) auch direkt zur Wasserenthärtung an Stelle von Kalk und Soda verwendet. Die Umsetzungen des Phosphats mit den Härtebildnern sind folgende:

$$3\,Ca(HCO_3)_2 + 2\,Na_3PO_4 = Ca_3(PO_4)_2 + 6\,NaHCO_3$$
$$3\,Mg(HCO_3)_2 + 2\,Na_3PO_4 = Mg_3(PO_4)_2 + 6\,NaHCO_3$$
$$3\,CaSO_4 \quad\;\; + 2\,Na_3PO_4 = Ca_3(PO_4)_2 + 3\,Na_2SO_4$$
$$3\,MgCl_2 \quad\;\; + 2\,Na_3PO_4 = Mg_3(PO_4)_2 + 6\,NaCl$$

Der Vorteil der Verwendung des Natriumphosphats besteht darin, daß man nur ein Reagens zuzusetzen braucht, daß der Kalkwassersättiger ganz wegfällt, so daß man also mit einer sehr einfachen Apparatur auskommt und ohne weiteres vorhandene Kalk-Sodareiniger verwenden kann. Die Härte geht auf 0° zurück. Der Zusatz an Trinatriumphosphat beträgt für je 1 Härtegrad 16—20 g Salz für je 1 m³ Rohwasser. Die Reaktionszeit zur Ausfällung der Härtebestandteile beträgt bei 70° nur 1 h gegenüber 2—3 h bei den Carbonatenthärtungsverfahren. Die Leistung ist also größer. Kalk und Magnesia werden als Phosphate ausgeschieden, die Niederschläge fallen kolloidal oder großflockig aus, ein Festbrennen als Kesselstein ist ausgeschlossen. Man kann umgekehrt durch mehrstündige Einwirkung von einem Überschuß an Trinatriumphosphat vorhandenen Kesselstein auflösen und beseitigen. Infolge des höheren Preises des Phosphates arbeitet man wirtschaftlich am besten so, daß man eine Vorenthärtung mit Kalk oder Soda vorausgehen läßt und dann erst phosphorsaures Natrium zugibt. Korrosion der Kesselwand findet nicht statt. Abb. 4 zeigt einen Schnitt einer für Phosphatenthärtung umgebauten Kalk-Sodaanlage mit Kesselwasserrückführung. Der Phosphatzusatz erfolgt durch Rohr k im unteren Teile des Apparates, wo durch die Temperaturerhöhung und durch das Alkali des rückgeführten Kesselwassers die Vorenthärtung des Rohwassers bereits durchgeführt ist. Dieses Phosphatreinigungsverfahren breitet sich rasch aus.

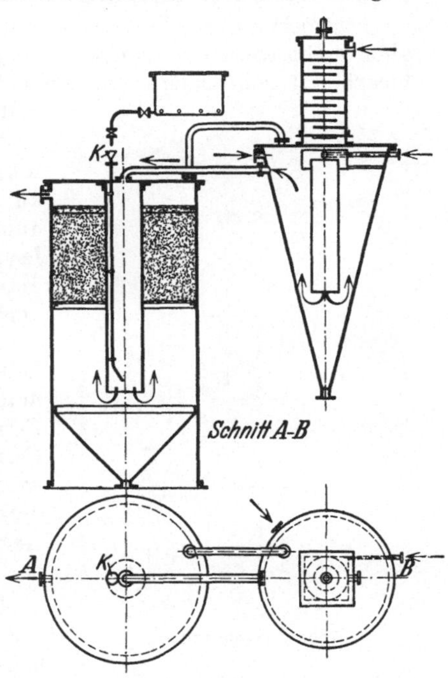

Abb. 4. Für Phosphatenthärtung umgebauter Kalk-Sodareiniger.
(BERL: Chemische Ingenieurtechnik, Bd. II.)

Das **Permutitverfahren**, in Amerika Zeolithverfahren genannt, beruht auf völlig anderer Grundlage als die vorher besprochenen Verfahren. Permutite sind künstlich hergestellte wasserhaltige Alkali-Tonerdesilicate (Zeolithe), in denen die Basen an die Tonerde gebunden sind; die Alkalibasen sind bei Berührung mit Salzlösungen gegen andere Basen (z. B. alkalische Erden) leicht austauschbar (vgl. „Permutit"). Diese Austauschbarkeit der Basen wird für die Wasserreinigung nutzbar gemacht, indem das Rohwasser einfach durch eine Schicht gekörnter Permutitmasse kalt filtriert wird. Die Enthärtung geht dabei auf 0° herunter. Bei der Verwendung von Natriumpermutit wird also Natrium gegen Kalk und Magnesia ausgetauscht. Der große Vorteil der Permutitwasserenthärtung besteht weiter darin, daß sich die gebrauchte Masse regenerieren läßt, und zwar einfach dadurch, daß man durch dasselbe Filter eine 10%ige Kochsalzlösung laufen bzw. $^1/_2$—1 h darauf stehen läßt.

$$Na_2O \cdot Al_2O_3 \cdot 2\,SiO_2 + Ca(HCO_3)_2 = CaO \cdot Al_2O_3 \cdot 2\,SiO_2 + 2\,NaHCO_3$$
$$Na_2O \cdot Al_2O_3 \cdot 2\,SiO_2 + CaSO_4 = CaO \cdot Al_2O_3 \cdot 2\,SiO_2 + Na_2SO_4$$
$$CaO \cdot Al_2O_3 \cdot 2\,SiO_2 + 2\,NaCl = Na_2O \cdot Al_2O_3 \cdot 2\,SiO_2 + CaCl_2$$

Der Verbrauch an Filtermaterial ist äußerst gering.

Das permutierte Wasser ist nun zwar ein von Härtebildnern freies Wasser, aber nicht etwa ein salzfreies, denn an Stelle von Calcium- und Magnesiumbicarbonat geht Natriumbicarbonat, an Stelle von Gips Natriumsulfat in das Filtrat. Beim Kochen spaltet das Bicarbonat Kohlensäure ab und geht in Soda über. Permutitwasserreinigungsanlagen finden sich auch auf zahlreichen städtischen Wasserversorgungsanlagen. Die Permutitgesellschaft stellt zur Entfernung von Eisen und Mangan einen besonderen Mangan - Permutit her. Permutiertes Wasser verhindert die Entstehung von Kalkseifen und erspart in der Textilfabrikation große Mengen Seife. Abb. 5 zeigt die Einrichtung eines Permutitfilters der Permutit A G. Berlin. Die Permutitgesellschaft bringt jetzt einen Neo-Permutit in den Handel. Der Neo-Permutit weist eine bedeutend größere Reaktionsgeschwindigkeit auf, der Austausch erfolgt schneller, die Regeneration erfordert nur 20—60 min, wobei der Salzbedarf nur $^1/_2$ so groß ist wie früher.

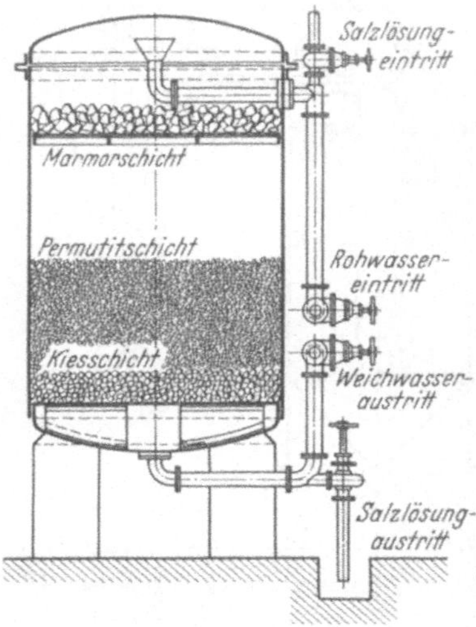

Abb. 5. Permutitfilter.

Man hat vielfach auch versucht, an Stelle des künstlich hergestellten Permutits (künstlichen Zeolith), natürlich vorkommende, eisen-, kali- und tonerdehaltige Silicate zu verwenden. So wurde bei uns unter dem Namen Allagit ein natürlicher Eifeltraß empfohlen, der aber ziemlich unwirksam ist. Weit größere Bedeutung hat ein in New Jersey vorkommender Grünsand (Glaukonit) für die Wasserreinigung gewonnen, der unter dem Namen Neo-Permutit auch bei uns zur Einführung gekommen ist.

Die thermischen Verfahren zur Enthärtung von Kesselspeisewasser, bei welchen durch alleinige Erhitzung des Wassers (meist durch rinnen- oder schalenförmige Einbauten im Dampfkessel) die Enthärtung bewirkt werden soll, können nur die Carbonathärte entfernen, die Sulfathärte (Gips) ist hierdurch nicht wegzubringen.

Die Beseitigung der Resthärte ist bei chemischer Aufbereitung mit Kalk-Soda nur bis auf 1—3 Härtegrade, mit Phosphat (bei 95—100°) bis auf 0,1—0,15 Härtegrade, mit Permutit durch Basenaustausch bei gewöhnlicher Temperatur bis auf 0,04—0,06 Härtegrade möglich.

Für den Dampfkesselbetrieb ist vielfach auch die Entfernung von Luftsauerstoff notwendig. Hierzu benutzt man Eisenspanfilter; wirksamer sind jedoch besondere Entgasungsanlagen, in denen das Wasser bei Unterdruck (Vakuum) aufgewirbelt und zerstäubt wird.

Am idealsten wäre die Verwendung destillierten Wassers im Dampfkessel. Tatsächlich findet auch bei Großkraftwerken die Verwendung destillierten Wassers als Zusatzwasser immer weitere Verbreitung, so wird z. B. bei Dampfturbinenbetrieb etwa 90—95% des zugeführten Wasserdampfes durch Oberflächenkondensation wiedergewonnen und wieder verwendet. Es sind aber auch besondere Verdampf- und Kondensieranlagen für diesen Zweck in Betrieb.

In der Praxis hat sich gezeigt, daß beim Einspeisen von lufthaltigem Wasser in die Kessel Korrosionen an den Eisenteilen auftreten. Das kann durch Einhaltung einer gewissen Alkalität des Wassers verhindert werden. Diese Alkalität drückt man durch die sog. Natronzahl aus. Sie berechnet sich nach der Formel

$$\text{mg NaOH} + \frac{\text{mg Na}_2\text{CO}_3}{4,5} \text{ im Liter.}$$

Man verlangt einen Mindestgehalt von 20 mg NaOH und eine Natronzahl von 100—250 oder eine Natronzahl von 50—100, wenn mindestens 10 mg Phosphat (P_2O_5) vorhanden sind.

Kesselsteinverhütungsmittel werden unter den wildesten Phantasienamen immer wieder angepriesen. Vor denselben ist im allgemeinen nur zu warnen; meist sind sie wertlos. Man kann jedoch soviel als richtig anerkennen, daß eine ganze Anzahl organischer Kolloide, wie Leim, Gelatine, Leinsamen, Pflanzenextrakte mit oder ohne Zusatz von Soda die Härtebildner fein verteilt in kolloidaler Umhüllung zu halten vermögen, so daß sich kein oder wenig fester Kesselstein, sondern nur Schlamm abscheidet. Die großen Schlammengen sind aber störend und die organischen Substanzen im Kesselwasser vermehren die Neigung zum Schäumen. Prinzipiell richtig ist allein die Beseitigung der Härtebildner vor der Einspeisung des Wassers in den Kessel.

Abwässer.

Die eigentlichen Abwässer aus Städten und Fabriken sind mit fäulnisfähigen organischen Stoffen mehr oder weniger überladen. Unter ihnen sind diejenigen die bedenklichsten, welche pathogene Keime enthalten (aus Städten, Schlachthöfen, Gerbereien). Durch diese können Seuchen für Menschen und Tiere verbreitet werden, sobald sie ohne vorausgegangene Abtötung der Keime einem Wasserlaufe zugeführt werden. Diese Gefahr ist jedoch bei sehr starker Verdünnung im Wasserlaufe nicht groß, so daß man z. B. die Abgänge aus Großstädten, welche an einem wasserreichen Flusse liegen (z. B. Köln am Rhein, München an der Isar), ohne große Bedenken in nahezu ganz ungereinigtem Zustande dem Flusse zuleitet. Hier werden sie bald durch die Vorgänge der Selbstreinigung beseitigt. Nur die gröberen ungelösten Stoffe pflegt man vorher in Klär- oder Absetzbecken mechanisch abzuscheiden. In gleicher Weise kann man wasserreichen Flußläufen auch andere mit organischen, fäulnisfähigen Stoffen beladene Abwässer zuführen, z. B. solche aus Zucker-, Stärke-, Zellstoffabriken, aus Färbereien, Bleichereien, Wolle- und Tuchfabriken usw. Diese müssen vor ihrer Ableitung in einen Wasserlauf aber einer Reinigung unterworfen werden. In Fällen, wo dem Abwasser pathogene Bakterien beigemischt sein können, müssen Vorkehrungen getroffen sein, die in jedem Augenblick (z. B. beim Auftreten von Epidemien) eine Abtötung aller Keime gestatten. Das geschah mit Kalkmilch oder mit Chlorkalk, jetzt besser mit Chlor.

Man kann zwei große Gruppen von Abwässern auseinanderhalten:
Abwässer mit organischen fäulnisfähigen Stoffen,
Abwässer mit vorwiegend mineralischen Stoffen.

Zu den Abwässern mit organischen fäulnisfähigen Stoffen gehören die hauswirtschaftlichen bzw. städtischen Abwässer, die Abwässer von

Viehhöfen, Schlachthäusern, Gerbereien, Leder- und Leimfabriken, Molkereien, Stärke- und Zuckerfabriken, Brennereien, Brauereien, Cellulose- und Papierfabriken, Wäschereien und Textilwerken.

Zu den Abwässern mit vorwiegend mineralischen Stoffen gehören die Abwässer aus dem Bergbau (Grubenwässer, Aufbereitungswässer), Abflüsse aus Salzbergwerken und Salinen (hauptsächlich NaCl), Grubenwässer bei Steinkohlen- und Braunkohlenzechen, Abflüsse der Kohlenwäsche, Abwässer der Kaliindustrie (Endlaugen mit sehr viel $MgCl_2$), Abwässer von Gasanstalten und Kokereien (NH_4-, CN-, Ca-Salze, Phenole).

Bei der Reinigung der mit organischen Stoffen beladenenen Abwässer verwendet man 3 Arten der Reinigung: die mechanische, die chemische und die biologische Reinigung. Bei der ersteren wird in großen Absitzbecken (Klärbecken, Klärbrunnen, Klärtürmen) eine möglichst weitgehende Absonderung der ungelösten Trübstoffe bewirkt, wodurch im praktischen Betriebe die Ausscheidung von 70—80% der Trübstoffe erreicht werden kann. Bei der sog. chemischen Reinigung bedient man sich gewisser Reagenzien, durch welche ein Teil der gelösten Stoffe ausgefällt wird. Das verbreitetste Reagens dafür ist Kalkmilch, für sich allein, oder in Verbindung mit den Sulfaten des Eisens und der Tonerde, auch Kohlebrei. Das Resultat ist aber meist mangelhaft. Eine wirklich gründliche Reinigung kann man nur mit Hilfe der sog. biologischen Verfahren erreichen, nämlich der Rieselung, der Bodenfiltration und der biologischen Verfahren im engeren Sinne (Oxydationsverfahren).

Bei der Rieselung leitet man das Abwasser auf Landflächen, die möglichst geebnet und so umgrenzt sind, daß das Abwasser nicht wieder oberirdisch abfließt, sondern durch den Boden sickern muß, was durch regelrechte Drainage unterstützt wird. Der Boden wird landwirtschaftlich oder mit Gartenfrüchten bebaut. Das Verfahren ist nur anwendbar bei städtischen und solchen Abwässern aus Fabriken, die reich an stickstoffhaltigen organischen Stoffen sind. Solche Abwässer enthalten auch stets Kali, dagegen sind sie meist relativ arm an Phosphorsäure und Kalk. Infolge des großen Überschusses an Stickstoff wachsen die Pflanzen zwar sehr rasch und üppig, ihre Zusammensetzung ist dagegen keine normale, was sich z. B. beim sog. Rieselgemüse deutlich am Geschmack bemerkbar macht. Mit Rücksicht auf den Pflanzenwuchs müssen sehr große Flächen Landes zur Verfügung stehen, da der Boden während der Vegetationszeit nicht ununterbrochen bewässert werden kann. Auf geeignetem Boden, bei hinreichend großer Ausdehnung der Rieselflächen und sorgsamer Bewirtschaftung leistet das Rieselverfahren vorzügliche Dienste. Städtisches Abwasser wird auf Rieselfeldern derart gereinigt, daß es klar, fast farblos und von allen fäulnisfähigen Stoffen befreit aus den Drainrohren abläuft.

Bei der Bodenfiltration wird der Boden landwirtschaftlich nicht ausgenutzt. Man kann ihn deshalb immer wieder nach ganz kurzer Ruhepause benutzen und kommt infolgedessen mit viel kleineren Landflächen aus als beim Rieselverfahren. Die Reinigung der Abwässer ist eine gleich gute wie bei letzteren. Eine solche Anlage ist z. B. für die Reinigung der Abwässer der Stadt Celle (Hannover) gebaut. Auch Fischteiche sind von HOFER zur Abwasserreinigung mit Erfolg benutzt worden.

Bei den sog. künstlichen biologischen Verfahren (auch Oxydationsverfahren genannt) läßt man das Abwasser in Faulräumen mehr oder weniger vorfaulen und leitet es dann durch aufgeschichtete grobporige Substanzen (Koks, Schlacke, Steinbrocken, Kies usw.). Die aus diesen Substanzen gebildeten Reinigungsvorrichtungen nennt man „biologische Körper". Man unterscheidet zwischen Füllverfahren (Füllkörper) und Tropfverfahren (Tropfkörper). Bei ersteren läßt man das zu reinigende Abwasser in den Füllkörper einlaufen, bis alle Poren desselben damit angefüllt sind. Es verweilt darin dann etwa 1 h. Während dieser Zeit wird das Abwasser infolge biologischer Vorgänge einer intensiven Reinigung (Oxydation) unterworfen. Bei dem Tropfverfahren fällt das Abwasser tropfenweise oder in dünnem Strahl auf den Tropfkörper auf, um nach dem Durchsickern (wobei sich dieselben biologischen Vorgänge abspielen, wie beim Verweilen im Füllkörper) unten in gereinigtem Zustande wieder abzufließen. Die im Abwasser enthaltenen Bakterien werden bei diesem Verfahren jedoch nicht mit Sicherheit abgetötet.

Eine bedeutende Verbesserung des Füll- und Tropfverfahrens ist die Abwasserreinigung mit belebtem Schlamm; es ist ein künstliches Humusverfahren oder Kohlebreiverfahren mit Luftzufuhr. Die Abwässer werden durch Körper geschickt, die aus schwebendem Schlamm bestehen, wobei der Schlamm durch Einblasen von Luft oder durch Rührapparate oder durch beide zusammen in Schwebe gehalten wird. Das fäulnisfähige Abwasser geht senkrecht durch die schwebende Schlammschicht. Die fäulnisfähigen Stoffe werden adsorbiert und durch biologische Vorgänge und chemische Oxydation abgebaut. Die erste deutsche Anlage von der Emscher Genossenschaft in Essen-Recklinghausen reinigt täglich 40000 m³ Abwasser. Die dabei entwickelten Gase enthalten viel Methan und werden an das Gaswerk abgegeben. Die in Kokereiabwässern enthaltenen Phenole werden aber hierdurch nicht zerstört. Man wäscht deshalb im Ruhrbezirk das Gaswasser zur Entphenolung vorher mit Benzol, welches dann mit Natronlauge von Phenol befreit wird; auch Trikresylphosphat und aktive Kohle werden zur Beseitigung der Phenole verwendet.

Die Reinigung der hauptsächlich mit anorganischen Stoffen beladenen Abwässer, welche in größerer Menge Salze gelöst enthalten, wie z. B. die Abwässer der Chlorkaliumfabriken ($MgCl_2$) oder Sodafabriken ($NaCl$ und $CaCl_2$) kann nicht in der vorher beschriebenen Art erfolgen. Eine „Reinigung" dieser Abwässer ist nicht möglich, da die genannten Chloride nicht ausgefällt werden können. Man kann sie nur verdünnen. Sie sind dann bei einer Verdünnung der Salze von 1—2 g Salz im Liter in Flußläufen in der Regel vollständig unschädlich. Es ist deshalb gesetzlich eine bestimmte Versalzungshöchstgrenze der Flüsse festgelegt.

Für die verschiedenen Abwässer der einzelnen chemischen Industriezweige haben sich vielfach auch besondere Verfahren herausgebildet, auf die aber hier nicht eingegangen werden kann.

Neuere Literatur.

BACH: Abwässerreinigung. 1934. — BALKE: Neuzeitliche Speisewasseraufbereitung. 1930. — BLACHER: Das Wasser in der Dampf- und Wärmetechnik. 1925. — LE BLANC: Ergebnisse der angewandten physikalischen Chemie, Bd. IV. 1936 (SIERP: Trink-Brauchwasser; SPLITTGERBER: Kesselwasserpflege; BACH: Abwässerreinigung). — BÖHM: Gewerbliche Abwässer. 1928. — F. FISCHER: Das Wasser, seine Gewinnung, Verwendung und Beseitigung. 1917. — HOLLUTA: Chemie und chemische Technologie des Wassers. 1937. — KLUT: Trink- und Brauchwasser. 1924. — LEHR: Trink- und Gebrauchswasser. 1936. — MUSPRATT-BUNTE: Das Wasser. Enzyklopädisches Handbuch der technischen Chemie, Bd. 11. 1917. — OHLMÜLLER-SPITTA: Untersuchung und Beurteilung des Wassers und Abwassers, 5. Aufl. 1931. — STUMPER: Physikalische Chemie der Kesselsteinbildung. 1930. — STUMPER: Speisewasser und Speisewasserpflege. 1931. — TILLMANNS: Chemische Untersuchung des Wassers und Abwassers, 2. Aufl. 1932. — Verein der Großkesselbesitzer: Speisewasserpflege. 1926. — Kesselbetrieb, 2. Aufl. 1931.

Ferner: Abschnitte Wasser und Abwässer in DAMMER: Chemische Technologie der Neuzeit, 2. Aufl., Bd. 1. 1924. — ULLMANN: Enzyklopädie der technischen Chemie, 2. Aufl., Bd. 1 u. 10. 1928 u. 1932.

Flüssige Luft, verflüssigte und verdichtete Gase.

Die Industrie der verflüssigten Gase ist noch verhältnismäßig jung. Das erste Gas, welches verflüssigt wurde, war Chlor, durch NORTHMORE (1805). Es gelang FARADAY 1823 schweflige Säure, Kohlensäure, Cyan, Ammoniak und andere Gase durch starken Druck in flüssige Form überzuführen, einige auch durch große Kälte. Aber weder ihm, noch NATTERER (1830) mit seiner Kompressionspumpe glückte es, Wasserstoff, Sauerstoff, Stickstoff, Luft zu verflüssigen. Erst als 1869 ANDREWS gezeigt hatte, daß alle Gase einen kritischen Punkt, d. h. eine bestimmte Temperaturgrenze haben, oberhalb welcher eine Verflüssigung auch durch stärkste Drucke nicht mehr möglich ist, daß also außer hohem Drucke noch eine genügend tiefe Temperatur erforderlich ist, gelang es 1877 CAILLET und auch PICTET die bis dahin als „permanent" bezeichneten Gase zu verflüssigen. Fluor wurde 1897 durch MOISSAN verflüssigt, Wasserstoff durch DEWAR 1898. Die Verflüssigung atmosphärischer Luft wurde in technischer Weise erst durch C. VON LINDE (1895) ermöglicht. Der wichtigste Kunstgriff für die industrielle Verflüssigung war die Benutzung des durch WILHELM SIEMENS 1857 gefundenen Regenerativprinzips. Das Prinzip besteht darin, daß man komprimierte Luft nach Beseitigung der Kompressionswärme expandieren läßt und die hierdurch erzeugte Temperaturverminderung dazu benutzt, um mit dieser kälteren expandierten Luft im Gegenstrom neue Druckluft vorzukühlen; läßt man diese sich entspannen, und verwendet man die so erzeugte niedrigere Temperatur zur weiteren Abkühlung, so kann man durch beliebige Wiederholung des Vorganges zu niedrigsten Temperaturen und zur Verflüssigung der Luft selbst gelangen. Die Luftverflüssigungsmethode von LINDE war die Grundlage für die Technik der Erzeugung der tiefsten Temperaturen. Es gelingt jetzt, alle die früher als „permament" bezeichneten Gase zu verflüssigen, man kann aber nicht alle Gase verflüssigt in den Handel bringen. Da nämlich die kritische Temperatur diejenige Temperatur vorstellt, oberhalb deren ein Gas nicht mehr in verflüssigter Form existenzfähig ist, so können nur diejenigen Gase in verflüssigter Form in den Handel gebracht werden, deren kritische Temperatur über 30° liegt, das sind: Schweflige Säure, Ammoniak, Chlor, Kohlensäure, Stickoxydul. Gase, deren kritische Temperatur unter unserer Durchschnittstagestemperatur liegt, würden, wenn man sie als Flüssigkeit in die üblichen Stahlgefäße brächte, beim Temperaturausgleich so bedeutende Drucke entwickeln, daß kein Gefäßmaterial den Druck aushalten würde. Diese Gase, z. B. Sauerstoff, Wasserstoff, Stickstoff, Kohlenoxyd, Methan, bringt man deshalb in verdichtetem oder komprimiertem Zustande in den Handel, wobei jedoch aus praktischen Gründen Drucke von 150 Atm. nicht überschritten werden. 1902 gelang C. v. LINDE noch eine weitere Erfindung von grundlegender Bedeutung, nämlich die Zerlegung der flüssigen Luft in ihre Bestandteile Sauerstoff und Stickstoff durch Rektifikation. Verschiedene Industriezweige sind hierdurch erst möglich und lebensfähig geworden.

Die Einrichtungen zur Verdichtung und Verflüssigung von Gasen. Die im Handel befindlichen komprimierten oder verflüssigten Gase sind in den meisten Fällen unter Atmosphärendruck hergestellt. Ihre Verdichtung und Verflüssigung erfolgt in Kompressoren. Nur bei wenigen Gasen, wie Chlor und Stickoxydul, kann die Verflüssigung durch äußere Tiefkühlung erfolgen. Bei der Kompression der Gase tritt Temperatursteigerung (Kompressionswärme) auf, die man bei der isothermen Kompression durch Kühlung beseitigt. Gase, deren kritische Temperatur höher liegt als die Kühlwassertemperatur, gehen dabei in den flüssigen Zustand über und kommen als verflüssigte Gase in den

Handel. Die Apparate, in denen die Verflüssigung stattfindet, heißen Kondensatoren oder Kühler. Ist das Kompressionsverhältnis bei der Verflüssigung zwischen Anfangs- und Enddruck nicht größer als 1:5, so kann man die Kompression in einem einzigen Arbeitsgange durchführen (einstufige Kompressoren). Müssen die Gase aber auf höhere Enddrucke gebracht werden, wie bei den Hochdrucksynthesen (vgl. „Ammoniak"), dann sind mehrstufige Kompressoren (liegender oder stehender Bauart) notwendig; bei diesen wird nach jeder Kompressionsstufe das Gas durch einen Zwischenkühler geleitet, um die durch die Kompression entstandene Wärme wegzunehmen. Der ungefähre Kraftbedarf für die Verflüssigung der Gase ist etwa für 100 kg/h folgender: Kohlensäure 12 PS, Ammoniak 22 PS, schweflige Säure 4 PS, Chlor 5 PS, Luft (auf 150 Atm.) 33 PS, und die entsprechenden Kühlwassermengen sind: 2,4; 4,2; 1,2; 1,5; 1,8 m³. Bei Chlor, welches, namentlich wenn es nicht ganz trocken ist, das Stahlmaterial der Kompressoren angreifen würde, sind Kompressoren in Anwendung, bei denen das Chlor nicht mit den bewegten Teilen, sondern nur mit einer Zwischenflüssigkeit, nämlich konzentrierter Schwefelsäure, in Berührung kommt. Chlor wird vielfach aber auch nach einem andern Verfahren verflüssigt, indem das Gas in Kühlschlangen durch Kältemaschinen auf —30 bis —50° abgekühlt wird, wobei es ohne, oder bei ganz mäßiger Kompression in den flüssigen Zustand übergeht.

Kältetechnik. Seit den ältesten Zeiten verwendet man zur Erzeugung niedriger Temperaturen Natureis, welches während der wärmeren Jahreszeit in Eiskellern aufbewahrt werden muß. Es sind zwar seit 1607 auch Kältemischungen bekannt, die zwar tiefere Temperaturen, als durch Eiskühlung möglich ist, erzeugen (Auflösen von Salzen bis —20°, Mischungen von Schnee und Kochsalz, Salmiak, Chlorcalcium bis zu —30° und —40°, feste

Physikalische Konstanten der Gase.

Gas	Formel	Dichte bei 0°, 760 mm Luft = 1	Gewicht von 1 Liter bei 0°, 760 mm g	1 kg Gas entspricht Liter Gas bei 0°, 760 mm	Spez. Gewicht des flüssigen Gases bei 15° Atm.	Dampfdruck des flüssigen Gases bei 15° Atm.	Siedepunkt Kp 760 mm °C	Schmelzpunkt °C	Kritische Temperatur °C	Kritischer Druck Atm.
Acetylen	C_2H_2	0,8988	1,620	617	0,420 (10°)	37,9	—84	—81	37	68
Äthan	C_2H_6	1,038	1,3421	746	0,466	32,3	—84	—171	35	45
Ammoniak	NH_3	0,5895	0,7621	1 312	0,614	7,14	—38,5	—75	131	113
Argon	Ar	1,379	1,782	561	1,212 (—186°)	—	—186	—190	—121	51
Chlor	Cl_2	2,4494	3,1666	316	1,427	5,75	—33,95	—100,5	146	93,5
Helium	He	0,1382	0,1787	5 596	0,122 (—269°)	—	—269	—272	—268	2
Kohlenoxyd	CO	0,9672	1,2506	800	0,767 (—184°)	—	—190	—207	—140	36
Kohlensäure	CO_2	1,5201	1,9652	509	0,814	52,17	—78	—65	31,35	72,9
Methan	CH_4	0,5539	0,7160	1 396	0,466 (—160°)	—	—160	—184	—96	50
Sauerstoff	O_2	1,1055	1,4292	700	1,106 (—183°)	—	—183	—218	—119	51
Schweflige Säure	SO_2	2,2131	2,8611	350	1,396	2,72	—10	—79	155	79
Stickstoff	N_2	0,9701	1,2542	789	0,791 (—196°)	—	—196	—211	—147	35
Stickstofftetroxyd	N_2O_4	3,1812	4,1126	243	1,451	0,76	26	—11	171	100
Wasserstoff	H_2	0,0697	0,0900	11 106	0,076 (—253°)	—	—253	—259	—234	20

Kohlensäure und Äther —80°, diese und Aceton —110°), sie eignen sich aber nicht für industrielle Kälteerzeugung. Vor mehreren Jahrzehnten schon ist es gelungen, eine Industrie der Kälteerzeugung ins Leben zu rufen, die nicht nur künstliches Eis erzeugt, sondern für eine ganze Reihe Industriezweige die nötige Kälte beschafft (Brauereien, Schlachthäuser, Fleisch-, Fisch-, Obsttransport in Schiffen und Bahnen, Gärtnereien, Paraffin-, Kunstbutter-, Leimfabriken, Farbwerke, Hochofenwerke). Zur Kunsteisgewinnung hängt man mit Wasser gefüllte Zellen in gekühlte Salzlösungen; aus gewöhnlichem Wasser erhält man nur Trübeis, aus entlüftetem destillierten Wasser durchsichtiges Krystalleis. Große Räume kühlt man, indem man gekühlte Salzlösungen, Kaltdampf oder Kaltluft durch Kühlschlangen oder Kühlkörper leitet.

Die Technik der künstlichen Kälteerzeugung hängt eng zusammen mit der Industrie der flüssigen Gase. Die Kältetechnik beruht auf der Ausnützung der Verdampfungswärme der verflüssigten Gase. Wenn 1 kg einer Flüssigkeit, z. B. eines verflüssigten Gases, in Dampfform übergeht, so wird dabei eine gewisse Wärmemenge gebunden, die Verdampfungswärme; sie ist genau so groß, wie die Kondensationswärme, die bei der Verflüssigung frei wird. Zur Kälteerzeugung benutzt man Flüssigkeiten, die billig zu haben und bequem zu handhaben sind, die das Material der Maschinen nicht angreifen und die bei gewöhnlicher Temperatur schon dampfförmig sind, deren Siedepunkt bei Atmosphärendruck im allgemeinen unter 0° C liegt, Es sind das in der Hauptsache: Ammoniak. Kohlensäure und schweflige Säure, für Kleinmaschinen auch Methyl- und Äthylchlorid. Die Siedepunkte betragen bei Ammoniak —38,5°, Kohlensäure —78°, schweflige Säure —10°, Methylchlorid —24°, Äthylchlorid +12,5°.

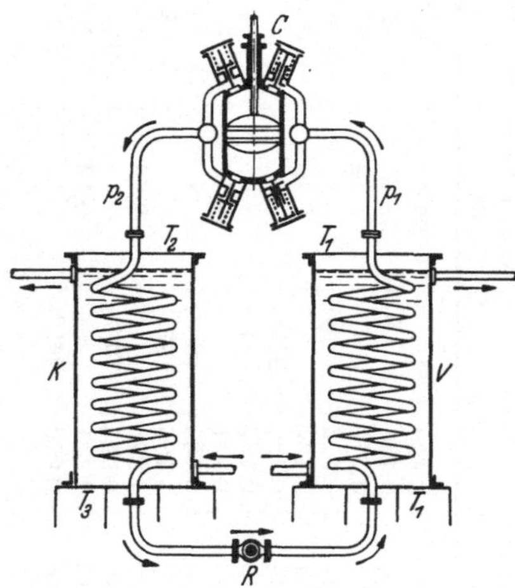

Abb. 6. Kompressionskühlmaschine.

Alle neueren Kältemaschinen sind Kompressionsmaschinen. Das Schema einer Kompressionskühlmaschine zeigt Abb. 6. C ist der Kompressor, er steht durch eine Rohrleitung sowohl mit dem Verdampfer V, wie mit dem Kondensator K in Verbindung. Der Verdampfer besteht aus einem Rohrschlangensystem, welches mit dem verflüssigten Kälteträger gefüllt ist und welches von der zu kühlenden Flüssigkeit (Kochsalz- oder Chlorcalciumlösung) umgeben wird. Bei dem Betriebe saugt der Kompressor C aus dem Verdampfer Dämpfe der Kühlflüssigkeit an; die zur Verdampfung nötige Wärme wird der, das Rohrsystem umgebenden Flüssigkeit entzogen, die dabei etwa auf —10° abkühlt. Der Kompressor drückt auf der anderen Seite diese Dämpfe weiter in den Kondensator, wo sich dieselben unter Druck und unter Abgabe der Kompressionswärme an das das Rohrsystem umspülende Kühlwasser wieder verflüssigen. Das verflüssigte Kältemittel fließt durch das Regulierventil R wieder dem Verdampfer zu, um von neuem zu verdampfen, dabei Wärme zu binden und diese im Kondensator wieder abzugeben. Im allgemeinen arbeiten die Kältemaschinen praktisch mit einer Verdampfungstemperatur von —10° und einer Verflüssigungstemperatur von +25°, wobei das verflüssigte Kältemittel durch das mit +10° zufließende Kühlwasser auf +12° heruntergekühlt wird. Tritt die Flüssigkeit mit +12° durch das Regulierventil in den Verdampfer, so wird ein Teil der Verdampfungswärme dazu verbraucht, das flüssige Kältemittel von +12° auf —10° abzukühlen. Dieser Betrag der Flüssigkeitswärme ist natürlich für die nutzbare Kälteleistung verloren.

Kohlensäuremaschinen haben kleine Zylinder, die aber große Drucke auszuhalten haben; Schwefligsäuremaschinen haben große Zylinder und nur geringe Drucke, Ammoniakmaschinen stehen etwa in der Mitte.

Die Schwefligsäuremaschine besteht nur aus Kompressor, Kondensator und Verdampfer und ähnelt dem besprochenen Schema am vollkommensten. Der Druck beträgt höchstens 4 Atm. Die Schwefligsäuremaschine ist wegen ihrer einfachen Bauart und Betriebsweise viel in Anwendung. Schweflige Säure ist außerordentlich billig; eine Ölschmierung ist nicht erforderlich. Sehr viel benutzt wird auch die Ammoniakmaschine, die durch LINDE eine vorzügliche konstruktive Durchbildung erfahren hat. Sie arbeitet mit einem Kompressionsdruck von 8—10 Atm. und einem Absaugedruck von 1,6—1,8 Atm. Ein Vorzug ist die große latente Wärme des Ammoniaks als Kälteträger; als Nachteil fällt ins Gewicht die Rostbildung an den eisernen Konstruktionsteilen. Die Kohlensäuremaschine arbeitet mit 60—70 Atm. Kompressionsdruck, ihr Kraftverbrauch ist höher, sie ist nur am Platze bei Erzeugung von Temperaturen unter —30°. Die theoretische Kälteleistung von 1 PS am Kompressor ist bei der Kohlensäuremaschine nur 3570 kcal, bei den beiden anderen Maschinen 4350 kcal; der effektive Kraftverbrauch ist etwa 15% größer als der theoretische.

Flüssige Luft.

Mit Kältemaschinen lassen sich Temperaturen bis —100° technisch bequem erreichen, für die Erzeugung tieferer Temperaturen aber mußten andere Wege eingeschlagen werden. Bis 1895 erreichte man die Verflüssigung der Luft durch das sog. Kaskadenverfahren von PICTET, nach welchem man nacheinander verschiedene Kälteträger mit stetig abnehmenden Siedepunkten (Kohlensäure —78°, Äthylen —130°, Sauerstoff —183°) benutzte und so zu sehr tiefen Temperaturen, also auch zur Verflüssigung der Luft (kritische Temperatur —141°) gelangte. Das 1895 von C. v. LINDE ausgebildete Verfahren der Luftverflüssigung gründet sich auf die von THOMSON und JOULE gemachte Beobachtung, daß bei Gasen, welche den Gasgesetzen nicht streng gehorchen, beim Ausströmen, d. h. beim Übergang von höherem auf niederen Druck infolge Leistung von innerer Arbeit eine gewisse Abkühlung eintritt. Die Abkühlung beträgt aber nur etwa 0,25° für 1 Atm. Druckunterschied. Auch bei sehr großen Drucken ist also die Verflüssigung der Luft bei einmaligem Ausströmen nicht zu erreichen. Man vereinigt deshalb durch Verwendung des Gegenstromprinzips die Wirkung beliebig vieler Ausströmungen in der Weise, daß jede vorhergehende Abkühlung zur Vorkühlung der Luft vor der folgenden Ausströmung benutzt wird. Die Temperaturen sinken hierdurch, bis die Verflüssigungstemperatur erreicht ist. Der Wärmeaustausch erfolgt sehr vollkommen in einer aus mehreren ineinandergesteckten Rohren bestehenden, senkrecht stehenden Doppelspirale.

Später ist es auch gelungen, die Luftverflüssigung unter Leistung äußerer Arbeit vor sich gehen zu lassen und schließlich auch beide Arbeitsweisen zu kombinieren. Man kann deshalb die verschiedenen Luftverflüssigungssysteme in folgende 3 Klassen gruppieren:

1. Apparate, bei denen die Verflüssigung nur unter innerer Arbeitsleistung mittels Drosselventil oder einfacher Expansionsdüse geschieht (LINDE, HAMPSON, HEYLANDT, HILDEBRAND).

2. Solche, bei denen die Verflüssigung unter Leistung äußerer Arbeit in einem Expansionszylinder vor sich geht (CLAUDE, PICTET, MEWES).

3. Solche, bei denen beide Methoden kombiniert sind (HEYLANDT).

In der Technik sind hauptsächlich die Luftverflüssigungsapparate von LINDE, CLAUDE und HEYLANDT in Anwendung.

LINDE gebührt zweifellos das große Verdienst, die erste industriell brauchbare Maschine zur Luftverflüssigung konstruiert zu haben.

Die Arbeitsweise der LINDE-Maschine soll anhand nachstehender schematischer Zeichnung (Abb. 7) kurz erläutert werden.

Die aus der Umgebung angesaugte Luft wird durch einen mehrstufigen Kompressor 1 vom Atmosphärendruck p_1 auf einen höheren Druck p_2 verdichtet, geht dann durch eine von Kühlwasser umflossene Schlange 2, wo die Kompressionswärme beseitigt und die Temperatur der verdichteten Luft nahezu auf die Kühlwassertemperatur gebracht wird. Nun tritt die verdichtete Luft in den Gegenstromwärmeaustauscher 3, wird hier durch den entgegenströmenden, bei der Entspannung dampfförmig gebliebenen Luftrest weitergekühlt und durch Drosselung in einem Ventil 4 auf den Anfangsdruck p_1 entspannt. Bei der Drosselung tritt, wenn man von Zimmertemperatur und einem Anfangsdruck von 200 Atm. ausgeht, eine Abkühlung der Luft (THOMSON-JOULE-Effekt) von 40° ein. Dadurch, daß die eintretende komprimierte Luft im Gegenstromwärmeaustauscher der entspannten Luft aus Rohr 6 entgegenfließt und deren Kälte aufnimmt, gelangt sie mit immer tieferer Temperatur zum Drosselventil. Die Temperatur hinter dem Drosselventil fällt dadurch immer weiter, bis schließlich die Verflüssigungstemperatur erreicht wird und nun die durch die Ausströmung bewirkte Kälteleistung zur Verflüssigung eines Teiles der Luft ausreicht. Die verflüssigte Luft wird dem unteren Behälter 5 entnommen. In der Praxis wird die Verdichtung auf so hohe Drucke stets in mehreren Stufen vorgenommen und dabei schon nach jeder Stufe der Kompression die Kompressionswärme durch Kühlwasser weggenommen. Diese einfache, ursprüngliche Apparatur verlangte hohen Arbeitsaufwand. Die Leistung der Luftverflüssigungsapparate wurde von LINDE wesentlich gesteigert durch Einführung des Hochdruckkreislaufes und der Vorkühlung. Hierbei wird die angesaugte Luft auf einen mittleren Druck p_2 gebracht und diese dann, vereinigt mit der aus dem Verflüssigungsapparat zurücktretenden Mitteldruckluft, auf den hohen Druck p_3 verdichtet. Die Hochdruckluft geht durch den Vorwärmeaustauscher und wird nachher auf Mitteldruck p_2 entspannt. Ein Teil der Mitteldruckluft geht durch den Wärmeaustauscher zum Kompressor zurück, der andere Teil wird auf Atmosphärendruck entspannt, wobei sich ein Teil der Luft verflüssigt. Die Kälteleistung wird weiter noch dadurch gesteigert, daß durch eine besondere Kältemaschine die Temperatur der Luft vor Eintritt in den Gegenstromkühler auf —50° erniedrigt, d. h. die Luft also vorgekühlt wird. Der THOMSON-JOULE-Effekt ist nämlich bei einer Eintrittstemperatur von —50° doppelt so groß wie bei +15°. Während der Arbeitsaufwand bei einfacher Entspannung bei Luft von 15° und einem Kompressionsdruck von 200 Atm. 3,38 PS für 1 kg flüssige Luft erfordert, sinkt derselbe durch den Hochdruckkreislauf auf 1,83 und bei gleichzeitiger Verwendung einer Vorkühlung (auf —50°) auf 1,07 PS/h.

Während die Linde-Maschinen die Verflüssigung der Luft durch einfache Abdrosselung erreichen, geht bei dem Luftverflüssigungsverfahren nach CLAUDE (1902) die Verflüssigung durch Entspannung unter Leistung äußerer Arbeit vor sich. CLAUDE komprimiert die Luft auf 40—50 Atm. und führt sie in einen

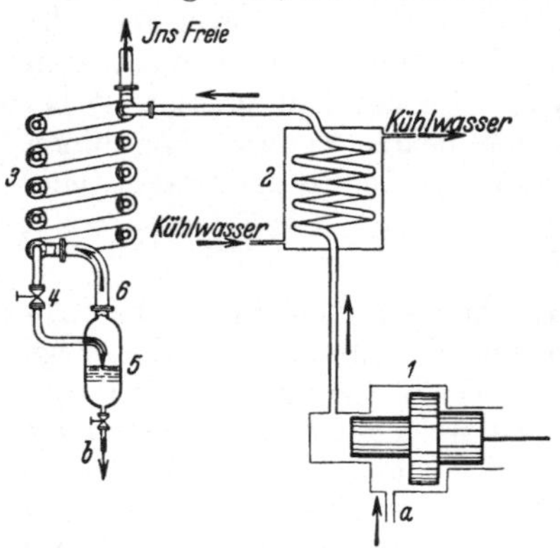

Abb. 7.
Schema der Luftverflüssigung nach LINDE.

Gegenstromapparat (Abb. 8). Der eine Teil der komprimierten Luft A geht in eine zweistufige Expansionsmaschine D, wo sie unter Leistung äußerer Arbeit auf Atmosphärendruck entspannt wird. Die entspannte, stark abgekühlte Luft, wird nun dem andern, nicht entspannten Teile entgegengeführt, der dadurch verflüssigt wird.

Die CLAUDEsche Expansionsmaschine wurde zuerst mit Petroläther geschmiert, der bei der tiefen Temperatur noch flüssig bleibt; jetzt wird auf die Schmierung verzichtet. Die Erzeugung von 1 kg flüssiger Luft soll 1,2 PS/h erfordern. HEYLANDT arbeitet mit hohen Anfangsdrucken von 200 Atm. und höherer Anfangstemperatur (Kühlwassertemperatur) als CLAUDE, er kann deshalb mit Öl schmieren. In seiner Expansionsmaschine werden 60% der Druckluft von 200 auf 3 Atm. entspannt und kühlen sich dabei von 20° auf —160° ab. Mit dieser Temperatur geht das expandierte Gas in den Temperaturaustauscher und verflüssigt die entgegenströmende Luft unter Druck. Die Arbeit für 1 kg flüssige Luft erfordert etwa 1,13 PS/h.

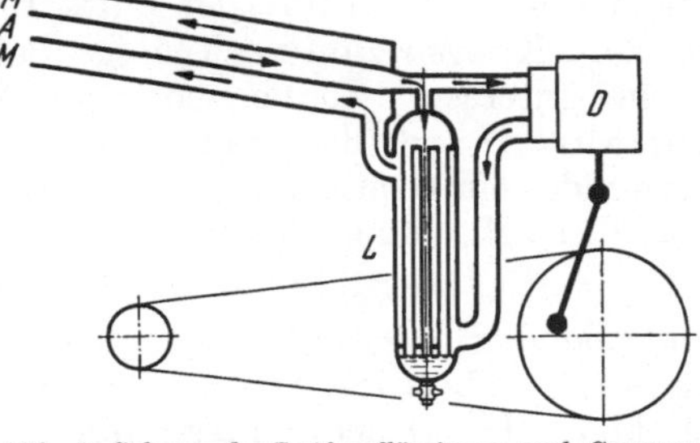

Abb. 8. Schema der Lutfverflüssigung nach CLAUDE.

Die vorher beschriebenen Apparaturen lassen sich ohne weiteres auch zur Verflüssigung von Sauerstoff und Stickstoff oder von anderen Gasen mit tiefliegenden Siedetemperaturen verwenden. Auch Wasserstoff und Helium lassen sich so verflüssigen, jedoch erfordert die Wasserstoffverflüssigung eine Vorkühlung mit flüssigem Stickstoff oder flüssiger Luft, die Heliumverflüssigung eine Vorkühlung durch flüssigen Wasserstoff, der unter vermindertem Druck siedet. Die Stickstoffverflüssigung hat große Bedeutung erlangt für die Zerlegung des Koksofengases zur Ammoniaksynthese.

Eigenschaften und Verwendung der flüssigen Luft.

Flüssige Luft bildet eine klare, farblose Flüssigkeit mit einem bläulichen Schimmer. Beim Stehen unter Atmosphärendruck ändert sie ihre Zusammensetzung, da der Stickstoff schneller verdampft als der Sauerstoff. Deshalb ändert sich auch das spezifische Gewicht. Flüssige Luft, von der Zusammensetzung der Atmosphärenluft, würde ein spezifisches Gewicht von 0,87—0,90 haben, sie hat aber frisch verdichtet (etwa 54% O) 0,99, bei längerem Stehen bis 1,11 (mit 93% O). Flüssige Luft siedet bei —192,2°, der kritische Druck liegt bei 38,4 kg/cm², die kritische Temperatur bei —140,7°. Die Verdampfungswärme beträgt beim Siedepunkte 48,4 kcal/kg.

Die in der flüssigen Luft aufgespeicherte Kälte ist zu teuer zur Verwendung als Kühlmittel im Haushalt oder in der Technik, auch als Treibmittel in Kraftmaschinen ist die flüssige Luft unwirtschaftlich und bleibt auf Sonderfälle (U-Boote, Taucherarbeiten) beschränkt; in wissenschaftlichen Laboratorien ist sie ein unentbehrliches Hilfsmittel zur Erzeugung tiefer Temperaturen, ferner für Gasfallen, zur Reinigung von Gasen (von Wasserdampf, Kohlensäure, Stickoxyd usw.), zur Erzeugung von Hochvakuum usw. In der Technik wird die flüssige Luft bei der Evakuierung der Birnen der Metalldrahtlampen zur Beseitigung von Quecksilberdampf-Resten benutzt. Des Sauerstoffgehaltes wegen verwendet man die flüssige Luft in Rettungsapparaten und Atmungsapparaten. Auch als Sprengmittel (Oxyliquit) dient die flüssige Luft, indem man fein zerteilte poröse Kohle (Ruß) in Papierpatronen füllt, diese in ein Gefäß mit flüssiger Luft taucht, in ein Bohrloch einsetzt und entzündet.

Die technisch wichtigste Anwendung ist die Zerlegung in ihre beiden Bestandteile Sauerstoff und Stickstoff durch ein Rektifikationsverfahren. Hierfür sind in der Industrie Riesenapparate tätig, die stündlich bis 5000 m³ Stickstoff oder 1300 m³ Sauerstoff liefern.

Aufbewahrt wird flüssige Luft in WEINHOLD-DEWAR-Gefäßen. Das sind doppelwandige Gefäße, deren Zwischenraum völlig luftleer gemacht ist, sie bestehen für geringere Fassungsmengen aus Glas (oder auch Porzellan) und tragen einen spiegelnden Silber- oder Kupferbelag; für größere Mengen flüssiger Luft benutzt man (für Sprengzwecke) doppelwandige, kugelige Metallgefäße, bei welchen das Vakuum in dem Zwischenraume noch durch aktive Kohle oder Silika-Gel unterstützt wird.

Sauerstoff.

Die industrielle Darstellung von Sauerstoff erfolgt heute fast ausschließlich durch Rektifikation flüssiger Luft. Die chemischen Verfahren hatten höchstens bis zum Kriegsbeginn noch einige Bedeutung, sie haben heute nur noch historisches Interesse. Zu nennen wäre hier nur das KASSNERsche Plumboxanverfahren und das BRINsche Bariumsuperoxydverfahren. Ersteres verwendet ein Gemisch von metableisaurem Natrium und mangansaurem Natrium; diese Mischung, das Plumboxan, wird bei 500—550° mit Dampf zersetzt:

$$2\,Na_2PbO_3 \cdot Na_2MnO_4 = 2\,Na_4PbO_4 + 2\,MnO + O_2$$

und nachher mit Luft regeneriert, wobei reiner Stickstoff entweicht. Das BRINsche Bariumsuperoxydverfahren war früher die einzige technische Methode der Sauerstoffherstellung. Bariumoxyd nimmt aus der Luft bei 500—600° Sauerstoff auf und geht in Bariumsuperoxyd über, welches dann bei stärkerem Glühen (etwa 800°) oder Überleiten von Wasserdampf wieder in Bariumoxyd und Sauerstoff zerfällt.

$$2\,BaO + O_2 \rightleftarrows 2\,BaO_2; \quad 2\,BaO_2 \rightleftarrows 2\,BaO + O_2.$$

Ein geringer Bruchteil technischen Sauerstoffs wird auch noch durch elektrolytische Zersetzung des Wassers (bzw. Kalilauge) gewonnen; da aber der Energieverbrauch 10—12 kWh für 1 m³ Sauerstoff gegenüber 0,5—1,5 kWh bei der Luftzerlegung beträgt, so ist diese Art der Sauerstoffherstellung nur an ganz wenigen Stellen mit äußerst billigen Wasserkräften möglich. Die hierfür verwendete Apparatur ist (S. 38/39) bei „Wasserstoff" besprochen.

Gewinnung von Sauerstoff durch Luftverflüssigung.

Bei der Luftverflüssigung verflüssigen sich Sauerstoff und Stickstoff gleichzeitig und in demselben Verhältnis wie sie in der Luft verhanden sind; bei der Wiederverdampfung der Flüssigkeit expandiert der Stickstoff schneller als der Sauerstoff infolge der verschiedenen Siedepunkte (O_2 —183,0°, N_2 —195,8°), die Flüssigkeit wird also immer sauerstoffreicher. Läßt man von flüssiger Luft, in der sich annähernd 80% N_2 und 20% O_2 befinden, $^2/_3$ der Flüssigkeitsmenge verdampfen, so besteht der Rest nachher aus 50% N_2 und 50% O_2. Es läßt sich also in einfachster Weise eine an Sauerstoff stark angereicherte Luft herstellen, die für manche technische Zwecke (als Gebläsewind in der Eisenindustrie) wertvoll ist. Um ziemlich reinen Sauerstoff in dieser Weise zu gewinnen, müßte man bei der fraktionierten Verdampfung mindestens $^9/_{10}$ der Flüssigkeit verdampfen; man wendet deshalb zur vollkommenen Trennung von Sauerstoff und Stickstoff andere Verfahren an. Man kann die Trennung auf verschiedene Weise erreichen. LINDE hat das Verfahren der Rektifikation, wie es z. B. bei der Trennung von Alkohol und Wasser gebräuchlich ist, auf flüssige Luft übertragen, PICTET arbeitete nach dem Verfahren der fraktionierten Destillation (ist nicht mehr in Anwendung), CLAUDE wendet das Prinzip der fraktionierten Kondensation (Liquéfaction partielle avec retour en arrière) an, wobei komprimierte Luft aufwärts in eine immer kälter werdende Temperaturzone geleitet wird, so daß sie sich schon während der Verflüssigung in eine herabfließende sauerstoffreiche Flüssigkeit und fast reines, aufwärts strömendes Stickstoffgas trennt.

LINDE benutzte zuerst den sog. Einsäulenfraktionierapparat, bei welchem die Fraktioniersäule aus einer Glaskugelfüllung bestand. Diese einfache Anordnung lieferte zwar sehr hochprozentigen Sauerstoff, aber die Ausbeute war schlecht ($^2/_3$) und der gewonnene Stickstoff enthielt 7—8% Sauerstoff. Seit 1910 wird deshalb ein Zweisäulenapparat mit doppelter Rektifikation gebaut, dessen Einrichtung an Hand der Abb. 9 kurz erläutert werden soll. *B* ist die untere, unter 4 Atm. Druck arbeitende Rektifikationssäule, *G* die obere, unter Atmosphärendruck stehende Rektifikationssäule, *F* der Kondensator, *A* der Wärmeaustauscher (Gegenstromapparat), der konzentrisch um den Trennapparat herum angeordnet ist. In der unteren Säule erfolgt nur eine Vorzerlegung der Luft in flüssigen Stickstoff und eine Flüssigkeit mit etwa 35—40% Sauerstoff, die entgültige Zerlegung in reine Gase geht dann erst in der oberen Säule vor sich. Durch den Wärmeaustauscher treten die getrennten kalten Gase aus und geben ihre Kälte an die eintretende komprimierte Luft ab. Diese wird auf 4 Atm. entspannt und in die untere Rektifikationssäule eingeführt. Am Kopfe dieser Säule ist der Kondensator *F* angeordnet, dessen Kühlflächen von Sauerstoff gekühlt werden. An ihm verflüssigen sich die von unten aufsteigenden Dämpfe, weil der Sauerstoff bei Atmosphärendruck (in der oberen Säule) siedet und dabei eine etwas niedrigere Temperatur hat als die sich an den unteren Kondensatorflächen kondensierenden Stickstoffdämpfe. Der flüssige Stickstoff wird im Betriebe immer reiner (93—99%), er sammelt sich

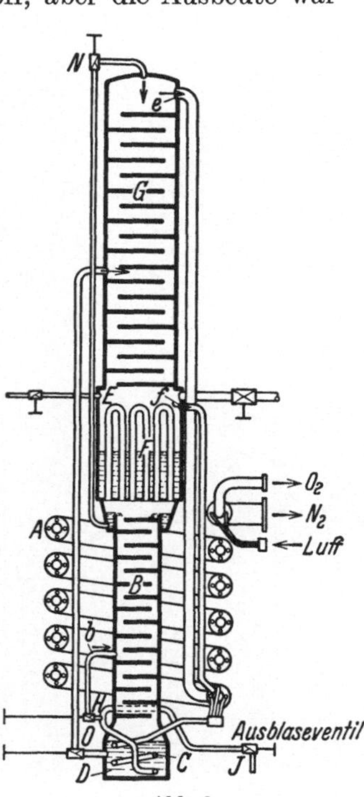

Abb. 9.
Zweisäulen-Luftzerlegungsapparat
von LINDE.

in dem Ringraum und wird durch die Druckdifferenz zwischen den beiden Säulen (etwa 3 Atm.) auf den Kopf der oberen Säule gedrückt und dort auf 1 Atm. entspannt. Gleichzeitig wird der 50—60%ige Sauerstoff, der sich im Unterteil angesammelt hat, nach Entspannung im Ventil *O* auf die obere Kolonne gedrückt und in diese in etwa halber Höhe eingeführt. In der oberen Säule findet nun eine zweite Rektifikation statt, deren Endprodukt reiner Stickstoff oder auch reiner Sauerstoff sein kann. Legt man die Eintrittsstelle des Sauerstoffs in der oberen Kolonne tiefer, so wird der Weg bis zum oberen Ende länger, es zieht oben ein von Sauerstoff fast freier (99,5%iger) Stickstoff ab (neben 85—90%igem Sauerstoff). Durch Höherlegen der Einlaufstelle, kann man umgekehrt reinen Sauerstoff mit 99,5—99,8% erhalten (neben Stickstoff von 96—97%). Der Kraftverbrauch beträgt bei großen Anlagen 1—1,3 PS/h für 1 m³ Sauerstoff bzw. 0,25—0,3 PS/h für 1 m³ Stickstoff.

Abb. 10a und b geben einen Schnitt durch die ganze Apparatur einer Linde-Anlage für Sauerstoff- bzw. Stickstoffgewinnung, die mit 200 Atm. Höchstdruck und Vorkühlung arbeitet und mit einem Zweisäulenapparat für doppelte Zerlegung ausgestattet ist. *1* ist ein Luftfilter, *2* der Kompressor, welcher die Luft in 5 Stufen auf 200 Atm. komprimiert, *3* sind Ölabscheider, *4* ist ein Kohlensäurewäscher, der bei 15 Atm. Druck die CO_2 der Luft mit Natronlauge entfernt. In dem Gegenstromkühler *5* wird die Luft durch kalten Stickstoff, der aus dem Trennungsapparat *8* kommt, auf —20° abgekühlt; im Vorkühler *6* wird dann die Temperatur der Luft durch flüssiges Ammoniak, welches die Kältemaschine *7* erzeugt, weiter auf etwa —40° heruntergebracht; sie tritt von hier in den Trennungsapparat *8*, wo in dem Wärmeaustauscher die Ver-

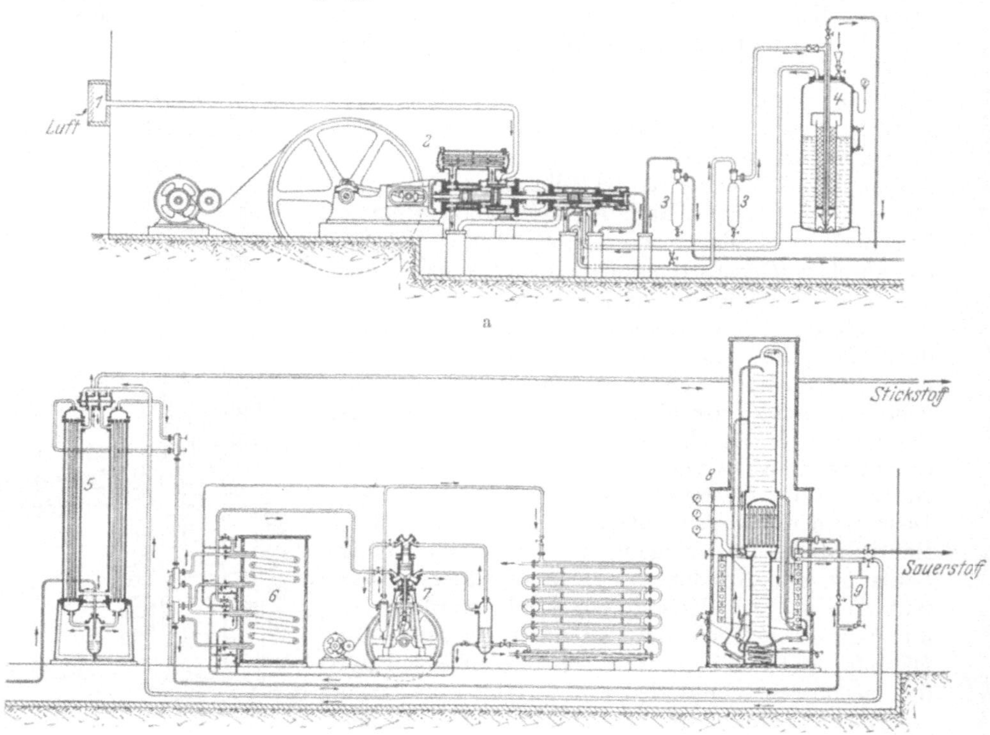

Abb. 10a und b.   Anlage der Linde-AG. zur Gewinnung von Sauerstoff und Stickstoff durch doppelte Zerlegung der Luft bei 200 Atm. und Vorkühlung.

flüssigung und in den Reaktionssäulen die Zerlegung in Sauerstoff und Stickstoff erfolgt. Im Dauerbetrieb, wenn Beharrungszustand erreicht ist, arbeiten die Kompressoren nur mit 35—45 Atm. Druck. Diese Anlagen verarbeiten stündlich etwa 500 m³ Luft. Für ganz große Leistungen verwendet man Anlagen mit doppelter Zerlegung und Hoch- und Niederdruckluft, bei denen die Hauptmenge der Luft nur auf 5—6 Atm. und nur ein kleiner Teil auf 200 Atm. komprimiert wird.

Bei dem bisher ausschließlich angewendeten Verfahren geschieht der Wärmeaustausch zwischen der (warmen) Luft bzw. dem Gasgemisch und den (kalten) Zerlegungsprodukten kontinuierlich im Gegenstrom nach dem Rekuperativsystem in Wärmeaustauschern, die aus einer Anzahl Röhrenbündel bestehen. Der Wärmeaustausch erfolgt durch die Rohrwand hindurch. Nach einem Patent von FRÄNKL benutzt jetzt das LINDE-FRÄNKL-Verfahren bei der Verflüssigung und Zerlegung von Gasgemischen Kältespeicher; das sind Regeneratoren (wie die Winderhitzer der Hochöfen), die periodisch betrieben werden. Diese Speicher sind 4—5 m hohe Türme, die mit geriffelten, spiralig aufgewickelten Eisen- oder Aluminiumbändern gefüllt sind und die auf 1 m³ Raum mehr als 1000 m² Kühlfläche aufweisen. Durch diesen Kunstgriff verbilligt sich die Herstellung des Sauerstoffs wesentlich. Man kann 1 m³ Rohsauerstoff mit 85% O_2 nach dem LINDEschen Gegenstromverfahren mit 2,90 Pf., nach dem LINDE-FRÄNKLschen Regenerativverfahren mit 1,93 Pf. herstellen. Im Großbetrieb ist jetzt 98%iger Sauerstoff mit rund 1,5 Pf. herstellbar, wenn die Energie mit 2 Pf./kWh zur Verfügung steht. Es sind schon Anlagen mit 8000 m³/h für 98%igen Sauerstoff gebaut. Dadurch wird die Anwendung von Sauerstoff auch für metallurgische und manche chemische Betriebe möglich.

CLAUDE benutzt, wie schon angegeben, ein anderes Prinzip der Luftverflüssigung. Nach diesem Verfahren erfolgt die Entspannung der komprimierten Gase unter Leistung äußerer Arbeit. Die expandierenden Gase treiben bei ihrer Expansion eine Arbeitsmaschine an und erzielen so einen Arbeitsgewinn, der den Nutzeffekt der Verflüssigungsanlage steigert. Die Claude-Maschinen werden aber weniger zum Zwecke der Luftverflüssigung betrieben, als zur bequemen Erzeugung von Sauerstoff und Stickstoff. Die Trennung von Sauerstoff und Stickstoff nach CLAUDE geschieht in einem Apparat, in welchem sozusagen die untere Säule des Zweisäulenapparates durch einen stehenden Röhrenkessel ersetzt ist. Die Wirkung beruht in der Hauptsache auf

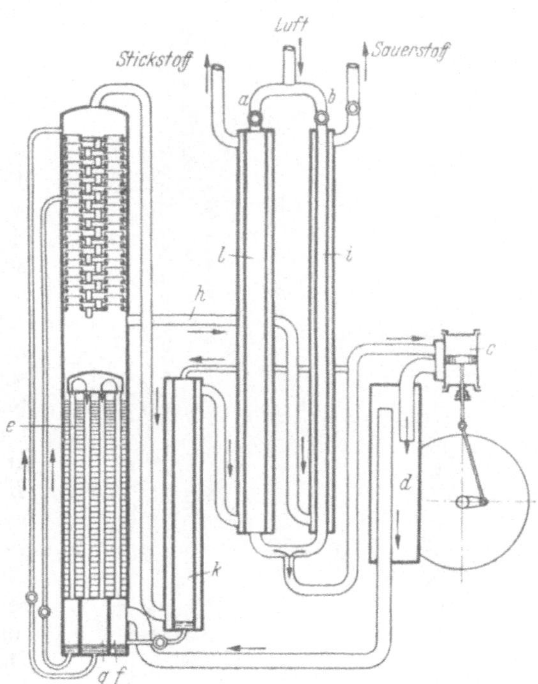

Abb. 11. Luftzerlegung nach CLAUDE.

einer fraktionierten Kondensation und nur teilweise auf einer Rektifikation. Die Arbeitsweise wird an der vorstehenden schematischen Zeichnung (Abb. 11) leicht verständlich werden. Die auf 20 Atm. verdichtete, gereinigte und getrocknete Luft tritt bei a und b in zwei Gegenstromkälteaustauscher, wird hier durch den abgehenden kalten Stickstoff und Sauerstoff vorgekühlt und gelangt in den Expansionsmotor c, wobei sie durch Arbeitsleistung einen bedeutenden Temperaturabfall erfährt. Sie durchstreicht dann den Schmierfänger d und gelangt zu dem Kondensator im unteren Teile der Kolonne. Hier steigt sie in den äußeren Rohren des Rohrbündels, das vom flüssigen Sauerstoff umgeben ist, auf, und fällt in den mittleren Rohren wieder herab, wobei eine getrennte Verflüssigung der Luft eintritt. Sauerstoff verflüssigt sich zuerst und nimmt beim Zurückströmen aus der nachströmenden Luft fast allen Sauerstoff weg, so daß sich im Raum f eine Flüssigkeit mit etwa 47% Sauerstoff sammelt, während in den Raum g nahezu reiner, flüssiger Stickstoff gelangt. Die Flüssigkeit aus f wird auf die Mitte der Reaktionskolonne, die Flüssigkeit aus g auf den obersten Teil der Kolonne befördert; es rieselt reiner, flüssiger Sauerstoff herab und sammelt sich in e; ein Teil verdampft, tritt durch die Leitung h, kühlt dann in i die ankommende Luft und geht zum Gasbehälter. Der oben aus der Kolonne abgehende Stickstoff geht durch den Zusatzverflüssiger k, kühlt in l die ankommende Luft vor und geht mit 95—96% Reinheit zu seiner Verwendung. Die Claude-Maschine kommt mit wesentlich kleineren Drucken aus (anfangs 40 Atm., später 20 Atm.) als die Linde-Maschine (anfangs 200 Atm., später 80 Atm.) und kühlt nicht viel tiefer als auf die kritische Temperatur —141° ab. Um den Sauerstoff transportieren zu können, wird derselbe vom Behälter durch einen Abfüllkompressor abgesaugt und in Stahlflaschen auf 125 Atm. komprimiert.

Die Heylandtsche Sauerstofferzeugungsanlage besteht aus dem Kompressor, der Entspannungsmaschine und dem Trennungsapparat, der sich seinerseits aus einem Gegenstromaustauscher, der Trennungssäule, gebildet aus einer eigenartigen Rohrschüttung, und einem Schlangenrohr als Sauerstoffverdampfer, zusammensetzt. Abb. 12 zeigt das Schema einer Sauerstofferzeugungsanlage der Heylandt-Gesellschaft. Der vom Motor A angetriebene Hochdruckluftverdichter B ist ein vierstufiger Kompressor, welcher die durch ein Filter vom Staub gereinigte Luft auf 200—220 Atm. verdichtet. (Der Betriebsdruck nach erreichtem Beharrungszustand beträgt nur 40—70 Atm.) Nach der zweiten Druckstufe, bei 12—15 Atm. wird die Luft im Kohlensäureabscheider C durch Natronlauge von Kohlensäure befreit. Die Hochdruckluft durchströmt den Ölabscheider D und die Trockenbatterie E, deren Stahlflaschen mit Ätzkali oder Ätznatronstücken beschickt sind. Die jetzt trocken und kohlensäurefreie Hochdruckluft wird geteilt; etwa 60% gehen in die Entspannungsmaschine F, der Rest in den Trennungsapparat G. In der Entspannungsmaschine wird von 200 Atm. auf 0,3—0,5 Atm. entspannt, wobei die Temperatur der Luft auf —140 bis —160° heruntergeht. Die kalte Niederdruckluft geht über einen kleinen Ölabscheider durch Rohr m in den unteren Teil des Wärmeaustauschers h. Dieser hat die Form eines doppelwandigen Trichters, in dessen Innern die Rohre für die eintretende Hochdruckluft, wie für den austretenden Sauerstoff liegen, diese werden von abströmendem kalten Stickstoff umspült, der bei n den Apparat verläßt. Die Niederdruckluft kühlt sich im Wärmeaustauscher bis zur Verflüssigung ab, läuft durch Rohr q in die Trennungssäule i. Der andere Teil

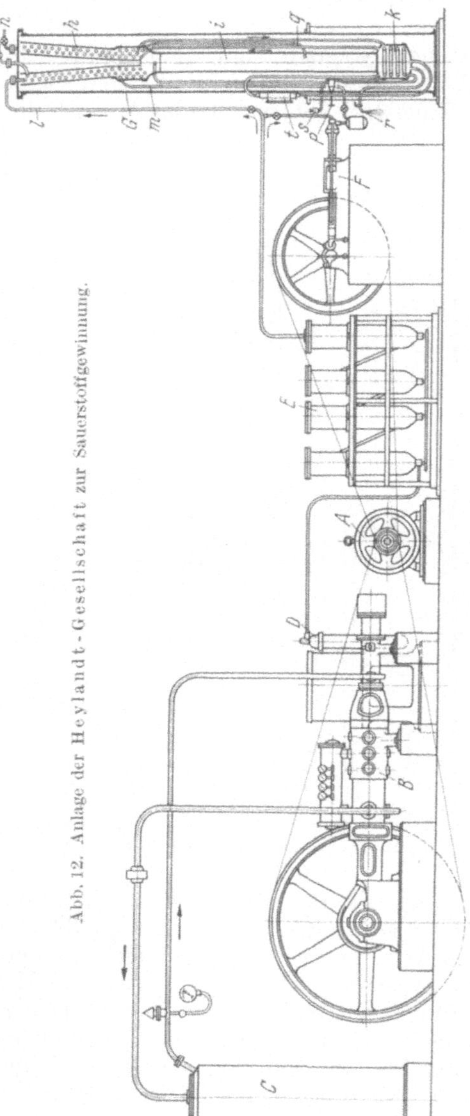

Abb. 12. Anlage der Heylandt-Gesellschaft zur Sauerstoffgewinnung.

der Hochdruckluft geht durch Rohr l in den oberen Teil des Austauschers h, und gelangt in die Rohrspirale k im Verdampfer, wird in Ventil p entspannt und verflüssigt, sie fließt oben auf die Trennungssäule i. Der Heylandtsche Sauerstoffapparat liefert einen 98—99%igen Sauerstoff. Durch geringe Änderungen kann auch 98—99%iger Stickstoff erhalten werden.

Die Linde-Apparaturen mit Vorkühlung brauchen für 1 kg flüssigen Sauerstoff 1,8 PS; Claude-Anlagen 1,46 PS, Heylandt-Anlagen 1,17 PS. Die Vorzüge dieses Systems sind offensichtlich.

Bemerkt zu werden verdient, daß HEYLANDT jetzt auch flüssigen Sauerstoff in besonderen Transportgefäßen in den Handel bringt.

Stickstoff.

Die Gewinnung des Stickstoffs für Großbetriebe geschieht heute ausschließlich durch fraktionierte Verdampfung flüssiger Luft, wobei mit Leichtigkeit ein 99,5%iger Stickstoff dadurch erhalten werden kann, daß man die Rektifikationssäule verlängert. Der so hergestellte Stickstoff wird in der Hauptsache zur Erzeugung von Kalkstickstoff verwendet. Die Ausführung der Trennung von Stickstoff und Sauerstoff aus flüssiger Luft ist eben bei „Sauerstoff" beschrieben. Große Linde-Einheiten (3000—3600 m³ Stickstoff in der Stunde) brauchen für 1 m³ Stickstoff 0,2 kWh, die Heylandtschen Stickstoffanlagen ungefähr ebensoviel, Claude-Apparate 0,176 kWh. Moderne Stickstoffanlagen liefern den Stickstoff in einer Reinheit von 99,8% (mit 95% Ausbeute) neben Sauerstoff von mehr als 99% (mit 75% Ausbeute).

Stickstoff wurde in den Anfängen der Kalkstickstoffindustrie auch aus Luft gewonnen, jedoch nur in der Weise, daß man den Sauerstoff der Luft durch Überleiten über auf Rotglut erhitztes Kupfer beseitigte und das entstandene Kupferoxyd durch Wassergas, Generatorgas oder Naturgas wieder reduzierte. Dieses Verfahren wird nicht mehr angewandt. Für die Ammoniaksynthese gewinnt CASALE Stickstoff durch Luftverbrennung mit billigem Wasserstoff, und FAUSER verwendet die Restgase der Oxydation von Ammoniak zu Salpetersäure, welche neben Stickstoff noch 3% Sauerstoff enthalten, der gleichfalls mit Wasserstoff verbrannt wird. Zur Gewinnung von Stickstoff kann auch Generatorgas ($N_2 + CO$) als Ausgangsgas dienen; das geschieht in größtem Maßstabe nach einem Verfahren der I. G. Farbenindustrie zur Herstellung eines Stickstoff-Wasserstoffgemisches für die Ammoniaksynthese aus wassergashaltigem Generatorgas durch katalytische Oxydation des Kohlenoxyds zu Kohlensäure und Wegnahme der letzteren. Das Verfahren ist bei „Ammoniak" genauer beschrieben. Auch durch Verbrennung von Phosphor in Luft hat man großtechnisch Stickstoff zu erzeugen versucht.

Großverbraucher für Stickstoff sind Kalkstickstoff und Ammoniak. Stickstoff wird auch verwendet als Schutzgas für brennende Flüssigkeiten und zur Füllung von Glühlampen.

Stickstoff ist ein farb- und geruchloses Gas, 1 l wiegt 1,2505 g, er siedet unter Atmosphärendruck bei —195,8° und erstarrt bei —210,5°; die kritische Temperatur liegt bei —147°, der kritische Druck beträgt 34,6 kg/cm². Das spezifische Gewicht des flüssigen Stickstoffs ist 0,791. Die Verdampfungswärme beträgt 47,65 kcal/kg.

Stickoxyde.

Stickoxydul, N_2O, Lachgas, wurde früher wegen seiner berauschenden Wirkung (in der zahnärztlichen Praxis) als Anästhetikum benutzt, findet aber bei uns keine Verwendung mehr. Es kam seit 1885 verflüssigt in den Handel.

Erhalten wird das Gas durch Erhitzen von reinem Ammonnitrat oder von Natronsalpeter mit Ammonsulfat. Nach Entfernung des Reaktionswassers wird das Gas bei —60 bis —70° mit 12—14 Atm. Druck verflüssigt. Kritische Temperatur 36°, kritischer Druck 75 Atm.

Stickoxyd, erhalten durch Luftverbrennung im Flammbogen (vgl. „Salpetersäure"), wird nur noch an einer Stelle, bei der Nitrum A.G. in Rhina, durch Tiefkühlung bei —70° verflüssigt bzw. in feste Form übergeführt (als N_2O_4). Das feste Produkt wird vorsichtig verflüssigt und in eiserne Kessel oder Stahlflaschen gefüllt. Die Handhabung ist nicht ungefährlich, wie die großen Explosionen in Zschornewitz (1917) und Bodio (1921) bewiesen haben.

Edelgase.

Das Wort „Edelgase" ist eine Sammelbezeichnung für die Elemente Argon, Helium, Krypton, Neon, Xenon. Diese Gase sind alle von RAMSAY 1895—98 nachgewiesen, er fand Helium in Mineralien (Cleveit), KAYSER 1894 in der Luft. Krypton, Neon und Xenon wurden bei der fraktionierten Destillation flüssiger Luft und flüssigen Argons 1898 entdeckt. Argon wurde aus der Luft isoliert. Die letztgenannten vier Elemente finden sich praktisch ausschließlich in der Luft, Helium tritt dauernd aus dem Erdinnern in die Atmosphäre über, es ist ein Produkt radioaktiven Zerfalls.

In 1 m³ Luft sind durchschnittlich enthalten neben 780,3 l Stickstoff und 209,9 l Sauerstoff noch 0,3 l Kohlensäure und 0,005 l Wasserstoff, an Edelgasen 9,33 l Argon, 0,016 l Neon, 0,005 l Helium, 0,001 l Krypton und 0,0001 l Xenon.

Die größten Mengen von Helium finden sich in Erdgasen, die in den Vereinigten Staaten, wo Helium allein in großtechnischem Maßstabe gewonnen wird, Gehalte von 0,27—2,13 Vol.-% Helium aufweisen. Helium ist immer vergesellschaftet mit Stickstoff. Seit 1918 gewinnt das Marineamt in den Vereinigten Staaten Helium nach einem von LINDE ausgearbeiteten Verfahren (Kompression, Gegenstromkühlung, Drosselung). Man erhält dabei unter Verflüssigung des Methans ein Rohgas mit 97—98% Helium. Zur Raffination bindet man die andern Gase bei —100 bis —120° an Kohle und erhält so ein 99%iges Helium. Die gesamte Erzeugung der Vereinigten Staaten an Helium betrug in der Forth Worth-Anlage 1921—1929 1,38 Mill. m³, in der Amarillo-Anlage 1929—1937 2,21 Mill. m³. 1931 und 1932 wurden, hauptsächlich für Luftfahrtzwecke, 0,425 Mill. m³, 1936 und 1937 nur 0,132 bzw. 0,134 Mill. m³ gewonnen. Bei der Verwendung des Heliums in Luftschiffen diffundiert etwas Luft durch die Zellwände in das Helium und vermindert die Tragkraft. Die Reinigung geschieht durch Tiefkühlung in einer Linde-Anlage. Bei der Abkühlung friert etwas Wasser aus, bei der Tiefkühlung mit Stickstoff auf —196° verflüssigt sich die Luft. Das Helium verläßt die Reinigungsanlage mit ½% Luft und wird wieder in die Zellen gefüllt (vgl. auch S. 108).

Aus der Luft läßt sich bei der Rektifikation flüssiger Luft ein Gemisch von Helium und Neon erhalten, da die Siedepunkte der andern Edelgase wesentlich höher liegen.

He	Ne	N	Ar	O	Kr	Xe
—269°	—246°	—196°	—187°	—183°	—172°	—109°

Das Helium-Neongemisch enthält neben 50% Edelgas noch 50% Stickstoff, von dem es durch wiederholte Abkühlung und Reinigung mit Kohle befreit wird. Die vollständige Trennung des Helium-Neongemisches gelingt durch Adsorption an aktiver Kohle bei Kühlung mit flüssigem Wasserstoff und nachfolgender fraktionierter Desorption.

Argon reichert sich bei der Luftverflüssigung im sauerstoffreichen Anteil an (3—4% Ar). Durch ein Rektifikationsverfahren erhält man ein Gemisch mit 35—49% Argon, 1—15% Stickstoff und 50% Sauerstoff, was nochmals rektifiziert wird. Das Handelsargon (Linde-Gesellschaft) hat jetzt 90—95% Argon und 10—5% Stickstoff. Es dient zur Füllung von Halbwattlampen.

Die Darstellung von Krypton und Xenon hatte zunächst nur wissenschaftliches Interesse. Jetzt stellt die I. G. im Anschluß an die Sauerstofferzeugung durch Rektifikation ein Produkt aus 50—60% Krypton und Xenon mit 40—50% Sauerstoff her, welches in einer besonderen Feinreinigungsanlage fast völlig von Sauerstoff befreit und an die Glühlampenindustrie abgegeben wird. Durch eine Kryptonfüllung steigt die Lichtausbeute der Glühlampen erheblich.

Von den Edelgasen dient Helium für wissenschaftliche Zwecke zur Erzeugung tiefster Temperaturen (bis zu 0,9° abs.) und zur Füllung von Gasthermometern. Technisch findet es Verwendung hauptsächlich zur Füllung von Luftschiffen, weil es unentzündlich ist. Der Auftrieb ist nur 7% geringer als bei Wasserstofffüllung. Auch bei Taucherarbeiten und medizinisch wird es verwandt.

Die Edelgase werden auch vielfach in Edelgasglimmröhren (technische Geisler-Röhren) für Beleuchtungszwecke verwendet. Helium-Neon gibt Orangefarbe, mit Zusatz von Quecksilber Blau, bei braunem Glase Grün. Helium-Kohlenoxydlampen dienen als Tageslichtlampen in Färbereien. Reines Helium strahlt gelb.

Helium und Argon sind seit 1914 als komprimierte Gase im Handel. Die Ges. f. Lindes Eismaschinen lieferte 1927 bereits Helium mit 98—99% He und 1 bis 2% Ne, Neon mit 99% Ne und 1% He, und ein Helium-Neongemisch mit 75% Ne und 25% He.

Wasserstoff.

Wasserstoffgas ist seit langer Zeit schon technisch verwendet worden, zuerst wohl 1783 als Füllgas für Luftballons, aber auch die Verwendung der Wasserstoff-Flamme zum Bleilöten (Schwefelsäurekammern) ist schon recht alt. Seit einigen Jahrzehnten gibt es auch Großverbraucher von Wasserstoff: Ballonfüllungen für Luftschiffe, Fetthärtung, Ammoniaksynthese, autogene Schweißung, katalytische Hydrierung usw. Hierdurch ist die Notwendigkeit hervorgerufen worden, neue Wasserstoffgewinnungsverfahren zu ersinnen. Die Anzahl der vorgeschlagenen, möglichen Verfahren zur Gewinnung von Wasserstoff ist riesengroß. Die technisch verwendeten Verfahren lassen sich in folgende große Gruppen einteilen:

Einwirkung von Säuren oder Alkalien auf Metalle.

Elektrolyse von Wasser- oder Salzlösungen.

Zersetzung von Wasser durch Metalle und Metallhydride.

Zerlegung von Wassergas durch Kohlenoxyd-Oxydation oder Tiefkühlung.

Zerlegung von Koksofengas durch Tiefkühlung.

Thermische Spaltung von Kohlenwasserstoffen.

Andere Einzelverfahren.

1. Einwirkung von Säuren und Alkalien auf Metalle.

Die Einwirkung von Schwefelsäure oder Salzsäure auf Zink oder Eisen spielt technisch keine Rolle mehr, da die Kosten sehr hoch sind und die Gase immer etwas Arsenwasserstoff und bei Eisen stinkende Kohlenwasserstoffe enthalten.

Für Kriegszwecke, wo die Kosten nebensächlich sind, hat man früher für Ballonfüllungen auch Wasserstoff erzeugt durch Einwirkung von Natronlauge auf feinzerteiltes Aluminium

$$Al_2 + 6\,NaOH = 2\,Al(ONa)_3 + 3\,H_2$$

oder von Natronlauge auf feinzerteiltes Silizium

$$Si + 2\,NaOH + H_2O = Na_2SiO_3 + 2\,H_2.$$

Bei dem französischen Silikolverfahren war das Silizium durch hochprozentiges Ferrosilizium ersetzt.

Der französische Hydrogenit war ein Gemisch aus feingepulvertem Ferrosilizium und Natronkalk, welches trocken unter Luftabschluß abgebrannt wurde.

$$Si + Ca(OH)_2 \cdot 2\,NaOH = Na_2SiO_3 \cdot CaO + 2\,H_2.$$

2. Elektrolyse von Wasser und Salzlösungen.

Die Elektrolyse des Wassers ist zwar schon seit 1789 bekannt, aber erst 100 Jahre später hat sie technische Verwendung gefunden. Sie liefert sehr reinen Wasserstoff, der nur 0,1—0,5% Sauerstoff enthält, und ebenso reinen Sauerstoff; Verunreinigung mit Arsen- oder Schwefelwasserstoff ist ausgeschlossen. Der Kraftverbrauch mit 4,4—5,6 kWh für 1 m³ Wasserstoff ist aber recht hoch. Die Bedeutung der Elektrolyse zur Erzeugung von Wasserstoff und Sauerstoff ist deshalb jetzt gegen früher stark zurückgegangen. Zur Erhöhung der schlechten Leitfähigkeit reinen Wassers setzt man Alkalilauge oder Alkalicarbonat zu; man benutzt heute ausschließlich alkalische Elektrolyten, in denen man eiserne oder vernickelte Anoden verwenden kann. Es gibt eine große Anzahl verschiedener Zellenkonstruktionen, die sich aber alle auf wenige Grundtypen zurückführen lassen, nämlich: Apparate, bei denen Anoden- und Kathodenraum durch nichtleitende oder leitende Scheidewände (Diaphragmen) getrennt sind, und andererseits Apparate, bei denen die Elektroden unipolar oder bipolar benutzt werden. Die Apparate gehen sämtlich auf die beiden Grundtypen von SCHUCKERT und von SCHMIDT zurück, die hier kurz erläutert werden sollen. SCHUCKERT (1896) verwendete eine gußeiserne Wanne, in welcher eine Anzahl Anoden und Kathoden eingebaut waren, welche ihrerseits von Glocken zum Auffangen der entwickelten Gase umgeben wurden. Zwischen den Glocken befanden sich isolierende Scheidewände, die aber bei modernen Konstruktionen meist in Wegfall kommen.

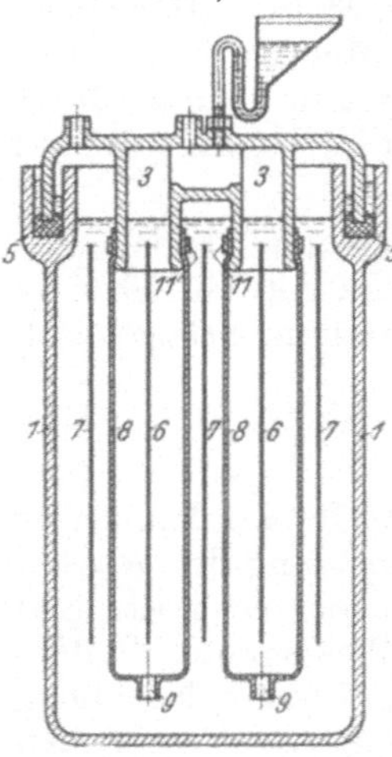

Abb. 13. Holmboe-Zelle. (Nach ULLMANNS Enzyklopädie).

Eine moderne Zelle dieser Bauart ist die Zelle von HOLMBOE, welche Abb. 13 im Schnitt zeigt. Die Kathoden 6 sind von Diaphragmensäcken 8 umhüllt, welche oben an die Gasauffangglocken 3 anschließen. Unten haben die Diaphragmensäcke eine Öffnung 9 zum Eintritt des Elektrolyts. Die Anoden 7 sind getrennt davon angeordnet, der entwickelte Sauerstoff sammelt sich in besonderen Räumen. Der Deckel ist vom eigentlichen Elektrolisiergefäß isoliert.

O. SCHMIDT (1899) benutzte einen mehrzelligen Apparat, der nach Art einer Filterpresse zusammengebaut ist. Abb. 14 zeigt eine Seitenansicht und einen Horizontalschnitt. Die verdickten Rahmenteile der aneinandergereihten doppelpoligen Elektroden e umschließen die zwischengeschalteten Diaphragmen d. Jede Platte e hat im verdickten Rande oben und unten 2 Bohrungen, so daß der zusammengebaute Apparat oben und unten von je 2 Kanälen durchzogen ist. Die unteren Kanäle dienen zur Zufuhr des Elektrolyten, der eine obere zur Abführung des Sauerstoffs, der andere zur Abführung des Wasserstoffs. Nach dem letztgenannten Bipolar-Filterpressensystem sind z. B. die Großelektrolyseure von Pechkranz und Bamag-Zdanski eingerichtet.

Nach dem erstgenannten System arbeiten heute die Großzellen von Knowles, Holmboe, Casale, Siri, Fauser usw. Die Abb. 15 und 16 zeigen Schnitte durch die Zellen von Fauser und Casale, welche beide in außerordentlich großem Maßstabe zur Wasserstoffgewinnung für die Ammoniaksynthese in Verwendung sind. In der Fauser-Zelle (Abb. 15) sind in einem Eisenbehälter A 3 Anoden und 4 Kathoden D, bestehend aus je zwei parallelen Eisenblechen, eingebaut. Sie sind umgeben von Glocken G, an denen Asbesttuchsäcke hängen, die als Diaphragmen dienen und die Auseinanderhaltung der beiden Gase bewirken; Elektrolyt ist eine 28%ige Kalilauge.

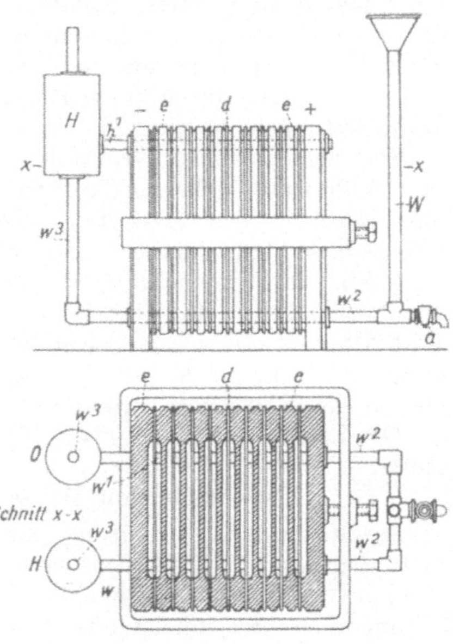

Abb. 14. Zelle von O. Schmidt.

Abb. 16 zeigt einen Längsschnitt durch die Elektroden einer Casale-Zelle, welche ohne Diaphragmen arbeitet. Um die Durchmischung der Anoden- und

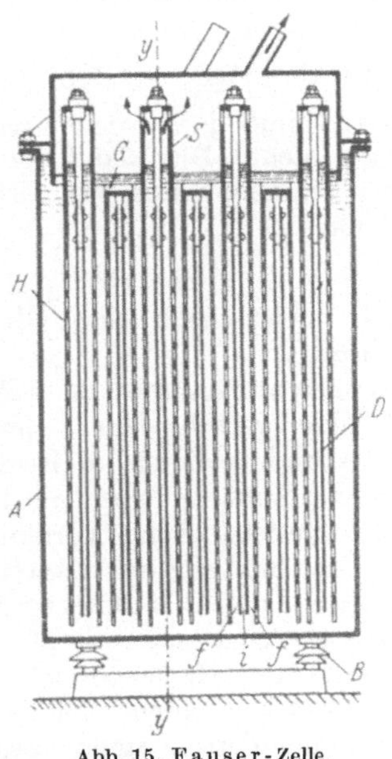

Abb. 15. Fauser-Zelle.
(Nach Ullmanns Enzyklopädie.)

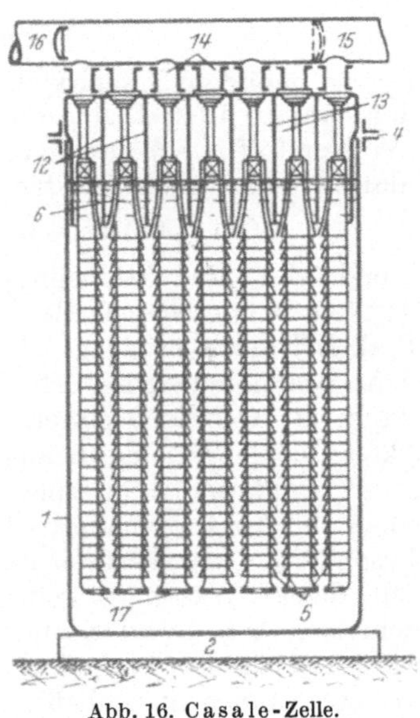

Abb. 16. Casale-Zelle.
(Nach Ullmranns Enzyklopädie.)

Kathodengase zu verhindern, sind die Elektroden hier jalousieartig ausgebildet und abwechselnd als Anode und Kathode geschaltet; sie besitzen unten eine kleine Öffnung *17*, durch welche, veranlaßt durch den Auftrieb der Gasblasen, immer neuer Elektrolyt einströmt und aufsteigt; er fließt dann wieder zwischen den Elektroden abwärts, nachdem sich die entwickelten Gase abgetrennt haben. Die Gase sammeln sich in den Kammern *13*, welche durch Bleche *12*, die im Deckel eingeschweißt sind und bis in den Elektrolyten tauchen, gebildet werden. Die Gase treten durch kurze Rohrstücke in die beiden über der Zelle laufenden Hauptleitungen *15* und *16*.

Die verschiedenen Großzellen werden in Typen zur Aufnahme von 1500 bis 15000 Amp. gebaut, die Spannung an den Zellen beträgt 2,25—2,50 V. Die Reinheit des erzeugten Wasserstoffs erreicht 99,5—99,9%, die des Sauerstoffs 99,0—99,6%. Der Kraftverbrauch schwankt zwischen 4,4 und 5,6 kWh. In Crotone ist für die Ammoniaksynthese eine Fauser-Zellenanlage von 30000 kW in Betrieb, bei der Norsk-Hydro eine Pechkranz-Anlage von 100000 kW. Zu erwähnen ist noch, daß auch Druckelektrolyseure (NOEGGERATH) gebaut werden, welche nur 3,8—4,5 kWh brauchen und dabei den Wasserstoff, ebenso den Sauerstoff, direkt auf 150—300 Atm. verdichtet liefern.

Die Elektrolyse liefert etwa 16% des in der Industrie verbrauchten Wasserstoffs.

3. Zersetzung von Wasser durch Metalle und Metallhydride.

Großtechnische Bedeutung hat nur die Zersetzung von Wasserdampf mit glühendem Eisenmetall erlangt. Diese Umsetzung hat schon 1794 COUTELLE während der Revolutionskriege zur Wasserstoffgewinnung für Ballonfüllungen benutzt, zu einem technisch brauchbaren Verfahren ist die Umsetzung:

$$4\,Fe + 4\,H_2O \rightleftarrows Fe_3O_4 + 4\,H_2$$

aber erst im Weltkrieg ausgestaltet worden. Die verschiedenen Verfahren arbeiten alle prinzipiell in der gleichen Weise, nur die Apparaturen und die verwendeten Eisenmassen sind etwas verschieden.

Eisen setzt sich bei 650—850° mit Wasserdampf wie folgt um:

$$Fe + H_2O \rightleftarrows FeO + H_2 \quad und \quad 3\,Fe + 4\,H_2O \rightleftarrows Fe_3O_4 + 4\,H_2.$$

Das so gebildete Eisenoxydul und Oxyduloxyd muß dann wieder reduziert werden, was in allen Fällen durch Wassergas geschieht. Die Reduktion durch den Wasserstoff des Wassergases erfolgt in umgekehrtem Sinne wie vorher die Oxydation; die Reduktion durch Kohlenoxyd nach

$$FeO + CO \rightleftarrows Fe + CO_2 \quad und \quad Fe_3O_4 + 4\,CO \rightleftarrows 3\,Fe + 4\,CO_2.$$

Während der Reduktionsphase scheidet sich meist nach der Gleichung $2\,CO \rightleftarrows CO_2 + C$ etwas Kohlenstoff auf dem Eisen ab.

Praktisch sehr wichtig ist die Wahl des Eisenoxydmaterials. Benutzt werden Brauneisensteine, Röstspat, Kiesabbrände verschiedener Herkunft. Bei längerem Gebrauch sintern die Massen etwas und verlieren an Reaktionsfähigkeit; sie müssen dann ausgewechselt werden. Zunächst geschah Reduktion und Oxydation in eisernen Retorten, die von außen beheizt wurden; jetzt kommen nur noch gemauerte Schächte mit Innenbeheizung zur Anwendung.

Besonders weite Verbreitung hat das Verfahren von MESSERSCHMITT gefunden, dessen Wasserstoffgenerator in der Bauart der Francke-Werke in beistehender Abb. 17 im Schnitt wiedergegeben ist. Der Generator ist ein aus feuerfesten Schamottesteinen gemauerter Ofen, welcher einen oben offenen Schamottezylinder umschließt, dessen Innenraum mit Gittersteinen ausgesetzt ist. Dieser dient als Überhitzer für den Dampf. Der Zwischenraum zwischen Ofenmantel und Innenzylinder ist mit Eisenerz ausgefüllt. Zur Reduktion des Erzes wird Wassergas mit einer unzureichenden Luftmenge von unten in die erhitzte Erzmasse eingeführt; überschüssiges Reduktionsgas verbrennt am oberen Zylinderrande mit dem eingeblasenem Winde und heizt beim Abwärtsstreichen im Zylinder das Gitterwerk auf. Die verbrannten Heizgase werden dann unten in das seitliche Schornsteinrohr abgeleitet. Nun folgt auf die Reduktionsperiode die Gasungsperiode. Dampf tritt von unten in den Heizschacht ein, überhitzt sich am Gitterwerk und strömt in den Kontaktraum, welcher das reduzierte Eisen enthält. Es bildet sich hier sofort Wasserstoff. Zunächst läßt man die ersten Anteile, die noch Reste von Reduktionsgasen enthalten, durch das linke seitliche Spülrohr ins Freie, dann tritt der

gebildete Wasserstoff durch den Wasserverschluß aus und geht zur Befreiung von Schwefelwasserstoff durch einen mit Gasreinigungsmasse gefüllten Reiniger. Die Periode des Gasmachens dauert 8—10 min. Dann lüftet man zur Verbrennung ausgeschiedenen Kohlenstoffs 3—5 min und beginnt wieder mit der Reduktion der Eisenoxydmasse. Ein Arbeitsgang dauert etwa $^1/_2$ h. Die Erzfüllung eines Generators nimmt 3000—3500 kg Brauneisenerz auf; sie kann unter günstigen Umständen 60000—100000 m³ Wasserstoff von 98,5—99% liefern. Durch Oberflächensinterung nimmt aber die Wirksamkeit im Laufe der Zeit ab, dann muß das Erz ausgewechselt werden. Ähnliche Schachtofenanlagen werden auch von Pintsch und Bamag-Meguin gebaut.

Von Metallhydriden, die sich mit Wasser unter Wasserstoffbildung zersetzen, ist nur das Calciumhydrid für militärische

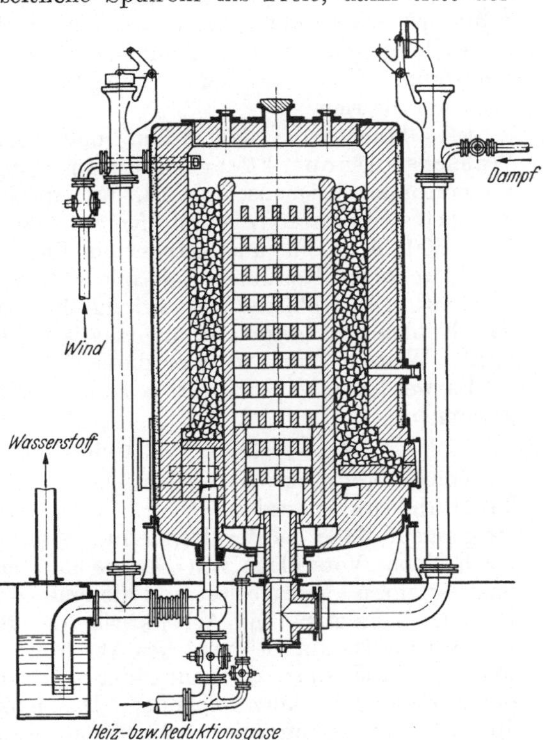

Abb. 17. Wasserstofferzeuger, FRANCKE-MESSERSCHMITT.

Zwecke namentlich in Frankreich benutzt worden. Unannehmlichkeiten verursacht die auftretende große Reaktionswärme. 1 kg Hydrid liefert 1123 l Wasserstoff.

4. Wasserstoffgewinnung aus Wassergas.

Wassergas entsteht beim Zersetzen von Wasserdampf an glühendem Koks (s. „Wassergas") nach den Gleichungen:

$$1.\quad C + H_2O = CO + H_2 \quad \text{und} \quad 2.\quad C + 2\,H_2O = CO_2 + 2\,H_2.$$

Oberhalb 1000° geht vorwiegend die Umsetzung nach der ersten Gleichung, bei etwa 800° diejenige nach der zweiten Gleichung vor sich. Man arbeitet in der Hauptsache nach der ersten Gleichung und erhält ein Wassergas mit etwa 50 Vol.-% Wasserstoff, 40% Kohlenoxyd, 5—7% Kohlensäure und 3—5% Stickstoff.

Im Jahre 1909 führte die Ges. f. Lindes Eismaschinen auf einen Vorschlag von FRANK und CARO ein Verfahren ein, durch Tiefkühlung und partielle Verflüssigung den Wasserstoff des Wassergases von den Nebenbestandteilen zu isolieren. Das in einem Kompressor verdichtete Wassergas wird durch Waschen mit Wasser unter Druck von Kohlensäure befreit, dann geht es durch einen Vorkühler in einen LINDEschen Gegenstromaustauscher, wo es durch Verdampfung von flüssigem Stickstoff auf etwa —200° abgekühlt wird. Kohlenoxyd (—190°) und Stickstoff (—196°) werden verflüssigt, während der Wasserstoff (—253°) gasförmig bleibt. Man erhält zwei Fraktionen, eine wasserstoffreiche mit 97—97,5% Wasserstoff, und eine kohlenoxydreiche mit 80—90% Kohlenoxyd. Nach diesem Verfahren sind Anlagen mit Jahresleistungen von 3 Mill. m^3 Wasserstoff gebaut worden; auch die erste Anlage in Oppau zur Herstellung synthetischen Ammoniaks gewann den Wasserstoff nach diesem Verfahren. Heute ist keine Anlage des FRANK-CARO-LINDE-Verfahrens, mehr im Betrieb.

1915 brachte die Bad. Anilin- und Sodafabrik das jetzt noch ausgeübte Wasserstoffkontaktverfahren in Gang, nach welchem dem Wassergas Generatorgas beigemischt wird, um direkt ein für die Ammoniaksynthese geeignetes Stickstoff-Wasserstoffgemisch zu bekommen. Das Gemisch wird bei 550—600° über eine aus aktiviertem Eisenoxyd bestehende Kontaktmasse geleitet, wobei ein Rohwasserstoff mit 30% Kohlensäure und 2—3% Kohlenoxyd entsteht. Die Kohlensäure wird durch Druckwaschung mit Wasser beseitigt, das Kohlenoxyd durch ammoniakalische Cuprosalzlösung unter Druck entfernt. Weitere Angaben über dieses Verfahren finden sich bei „Ammoniak".

Es werden etwa 55% des gesamten erzeugten Wasserstoffs aus Wassergas gewonnen.

5. Zerlegung von Koksofengas durch Tiefkühlung.

Von größter praktischer Wichtigkeit ist die Zerlegung von Koksgas durch Tiefkühlung geworden. Dieses Verfahren der Wasserstoffgewinnung wird in steigendem Maße bei der Herstellung synthetischen Ammoniaks herangezogen. Nach einem Vorschlage von BRONN hat die Ges. f. Lindes Eismaschinen das Verfahren ausgearbeitet und die erste Anlage 1921 auf der Zeche Concordia in Betrieb gesetzt. Die Arbeitsweise der BRONN-LINDEschen Koksofengaszerlegung ist am Schlusse des Abschnitts „Kokerei" ausführlich besprochen und an Hand einer Zeichnung der neueren Apparatur erläutert. Der Gang der Zerlegung ist kurz folgender: Das Koksofengas wird im Kompressor auf 10—12 Atm. komprimiert, die Kompressionswärme durch Kühlwasser beseitigt, und Kohlensäure durch Druckwasserwäsche und Natronlauge entfernt. In Gegenstromkühlern wird das Gas durch kalte Zerlegungsprodukte, im Vorkühler durch Verdampfen von Ammoniak auf —30 bis —40° heruntergekühlt. Im Zerlegungsapparat erfolgt dann die Kühlung bis auf Kondensationstemperatur und mit flüssigem Stickstoff bis auf —90°, wobei sich Propylen und höhere Kohlenwasserstoffe, dann die Hauptmenge Äthylen ausscheiden, schließlich folgt die Hauptmenge des Methans in flüssiger Form und ein Teil des Kohlenoxyds und Stickstoffs. Das erhaltene Wasserstoff-Stickstoffgemisch wird vom flüssigen Reste getrennt. Letzteren entspannt man auf Atmosphärendruck und verwendet ihn zum Kühlen des eintretenden Koksofengases. Es wird so Wasserstoff mit 95—98,5% erhalten. Die meisten Anlagen stellen aber gleich ein Wasserstoff-Stickstoffgemisch mit 75% H_2 und 25% N_2 her. Die andere Hälfte der Apparatur dient zur Gewinnung von flüssigem Stickstoff. Neben dem Wasserstoff-Stickstoffgemisch erhält man noch folgende Fraktionen: Methan (mit etwa 75%), Äthylen (31% C_2H_4, 31% C_2H_6, 31% CH_4), Kohlenoxyd (18% CO, 73% N).

Auch CLAUDE hat ein prinzipiell ähnliches Verfahren zur Zerlegung von Koksofengas technisch ausgearbeitet, er bewirkt auch hier wieder die Abkühlung der Gase in einer Expansionsmaschine durch Leistung äußerer Arbeit.

Die im Ruhrgebiet errichteten Koksofengaszerlegungsanlagen konnten 1931 schon über 1 Mrd. m³ Koksgas verarbeiten.

6. Thermische Spaltung von Kohlenwasserstoffen.

Beim Erhitzen auf 1000° zerfallen die meisten Kohlenwasserstoffe, auch Methan und Acetylen, in Kohlenstoff und Wasserstoff. Praktisch erzielt man bei dieser Art der Zerlegung aber nur Gase mit angereichertem Wasserstoffgehalte, z. B. beim Erhitzen von Koksofengas. Die jetzt zur Einführung gelangenden Spaltmethoden beruhen auf anderer Grundlage. Diese Spalt- oder Krackverfahren betreffen sowohl die Weiterzerlegung der bei der Verflüssigung von Koksofengas erhaltenen Methanfraktion als auch die des Koksofengases selbst. Es kommen dafür folgende Umsetzungen in Frage:

Die partielle Verbrennung von Methan mit ungenügender Luftmenge

$$CH_4 + \tfrac{1}{2} O_2 = CO + 2 H_2 + 6{,}5 \text{ kcal}$$

und die Umsetzung mit Wasserdampf oder Kohlensäure über Nickel- oder Kobaltkatalysatoren:

$$\begin{aligned}
(1) \qquad & CH_4 + H_2O && = CO && + 3 H_2 - 61{,}8 \text{ kcal}, \\
(2) \qquad & CH_4 + 2 H_2O && = CO_2 && + 4 H_2 - 60{,}5 \text{ kcal}, \\
(3) \qquad & CH_4 + CO_2 && = 2 CO && + 2 H_2 - 63{,}1 \text{ kcal}.
\end{aligned}$$

Die Gesellschaft für Kohlentechnik (GLUUD) betreibt seit 1927 eine Spaltanlage für Koksgas auf der Zeche Viktoria in Lünen. Die Koksgase werden mit Wasserdampf und wenig Luft nach Gleichung (1) in einer Spaltretorte, die mit Raschig-Ringen gefüllt und auf denen Nickel- und Magnesiumoxyd aufgetragen ist, umgesetzt. Die Spaltretorte wird von außen mit Gas beheizt, die Temperatur im Unterteil beträgt 600—800°, im oberen rund 1000°. Die Spaltung wird dann in Schachtöfen, die mit gebranntem Dolomit gefüllt sind, zu Ende geführt. Dabei nimmt der Dolomit die nach Gleichung (2) entstandene Kohlensäure auf. Auf jede Gasungsperiode folgt wieder eine Brennperiode (zur Austreibung der CO_2). Das Endgas hat neben Wasserstoff noch 25—28% Stickstoff und 0,1% andere Verunreinigungen.

Nach dem Verfahren von KUHLMANN wird Koksgas in einem Schachtofen bei 1200° in der Weise gespalten, daß man den mit Schamottesteinen ausgesetzten Ofen aufheizt und dann ein Gemisch von Wasserdampf und Koksgas durchleitet. Das entstehende Gasgemisch, bestehend aus CO und H_2 mit etwas CO_2 und CH_4, wird komprimiert, CO_2 durch Wasserabsorption entfernt und das Kohlenoxyd durch Waschen mit flüssigem Stickstoff beseitigt. (Die letzten CO-Reste werden mit einem Nickelkatalysator zu Methan umgesetzt). Das Verfahren wird in Frankreich zur Ammoniaksynthese, jetzt auch zur Methanolsynthese (HARNES) verwendet. Es war bei uns in Waldenburg eine Zeitlang in Betrieb.

Zu erwähnen ist noch das sog. Koksofenwassergas (POTT). Es wird erhalten, wenn man Koksofengas mit Wasserdampf bei 800—1000° katalytisch umsetzt (also nur den 1. Teil des Kohlentechnikverfahrens ausführt), dabei entsteht aus 1 m³ Koksgas (4700 kcal) 1,5 m³ Koksofenwassergas (2830 kcal) mit 75% H_2 und 18,6% CO (statt 50% H_2 und 25% CH_4 im gewöhnlichen Koksgas).

In Amerika gewinnt die Standard Oil Company auf ihren beiden Ölhydrierungsanlagen in Bayway, NJ, und Baton Rouge, La, Wasserstoff aus Erdgas durch Umsetzung mit Wasserdampf. Das Naturgas mit 80% Methan, 8% Äthan und 1,5% Stickstoff wird mit gleichen Teilen Wasserdampf bei 870° über einen Nickelkontakt geführt und in ein Gasgemisch von ungefähr 75% Wasserstoff und 21% Kohlenoxyd umgewandelt. Zur Entfernung des CO wird das Gas mit der mehrfachen Menge Wasserdampf bei 453° über einen anderen (vermutlich Cu—Co-) Kontakt geleitet. Die entstandene Kohlensäure wird in Bayway durch Druckwasserwäsche, in Baton Rouge durch Triäthanolamin unter Druck ausgewaschen. Der Wasserstoff enthält noch 1,9% Stickstoff und 1,2% Methan.

Nur noch historisches Interesse hat die Spaltung von Acetylen in Wasserstoff und Ruß nach MACHTOLF, die durch Funkenzündung in einem auf 4 bis 7 Atm. verdichteten Acetylen erreicht wurde. Das Verfahren lieferte in den Jahren 1909—1912 den Wasserstoff für die Füllungen der Zeppelinluftschiffe. Auch die in Amerika ausgeübte thermische Spaltung von Methan (Erdgas) in Ruß und Wasserstoff (bei 900—1100°) hat sich überlebt, da der Wasserstoff sehr unrein (70—85%) ist.

Von weiteren Verfahren zur Erzeugung von Wasserstoff wäre vielleicht noch zu nennen die katalytische Zersetzung von Ammoniak, die von Amerika aus für Kleinverbraucher empfohlen wird, in Fällen, wo der Stickstoffgehalt nicht stört.

Das von LILJENROTH ausgearbeitete, von der I. G. Farbenindustrie übernommene Verfahren, Wasserstoff durch Einwirkung von Phosphor auf Wasser zu erzeugen

$$P_4 + 10\,H_2O = 2\,P_2O_5 + 10\,H_2$$

bot bei der praktischen Durchführung erhebliche Schwierigkeiten und ist nicht mehr in Anwendung.

Verwendung des Wasserstoffs. Wasserstoff ist das leichteste Gas, geruch- und geschmacklos; es verbrennt mit kaum leuchtender, jedoch sehr heißer Flamme. Die Verbrennungswärme von 1 kg Wasserstoff zu flüssigem Wasser ist 33 928 kcal, zu Wasserdampf 28 819 kcal, die entsprechenden Zahlen für 1 m³ sind 3029 bzw. 2573 kcal. Die Explosionsgrenzen eines Gemisches von Wasserstoff-Sauerstoff (Knallgas) liegen zwischen 9,5 und 66,3%. Der JOULE-THOMSEN-Effekt tritt erst bei —80,5° ein, deshalb muß verdichteter Wasserstoff, bevor er verflüssigt werden kann, am besten mit flüssiger Luft, abgekühlt werden; er siedet bei —252,8° und erstarrt bei —259°.

Wasserstoff findet Verwendung zur Füllung von Luftschiffen, aber auch in der Weise, daß man die Hitze der Wasserstoff-Flamme, z. B. zum Bleilöten, oder die Hitze der Wasserstoff-Sauerstoff-Flamme ausnutzt für autogenes Schweißen und Schneiden von Metallen, zur Herstellung synthetischer Edelsteine, zum Schmelzen von Quarz zu Geräten. Der größte Wasserstoffverbraucher ist die Ammoniaksynthese, die rund 7—8 Mrd. m³ Wasserstoff beansprucht. Große Mengen braucht auch die Fetthärtung und die Hydrierung von Naphthalin, Braunkohlen, Ölen und Teeren. Synthetische Salzsäure wird ebenfalls mit reinem Wasserstoff hergestellt.

Kohlensäure.

Kohlensäure findet sich in allen Vulkangasen, sie tritt auch an der Erdoberfläche als Gasquelle oder mit Wasser zusammen als Sprudel oder Säuerling aus. In der Luft findet sich ebenfalls Kohlensäure (0,03%), die zum Teil Verbrennungsprozessen organischer Substanzen oder Gärungsvorgängen entstammt. Ganz ungeheuer sind die Mengen Kohlensäure, die sich in gebundener Form als Carbonate auf der Erde vorfinden, z. B. an Calciumoxyd gebunden als Kalkstein, Kalkspat, Marmor, Kreide, an Magnesia gebunden als Magnesit, an Calciumoxyd und Magnesia als Dolomit. Alle diese Quellen sind auch schon technisch zur Gewinnung der Kohlensäure herangezogen worden. Chemische Prozesse liefern Kohlensäure bei der Verbrennung von festen Brennstoffen (Rauchgase) und Heizgasen (Auspuffgase der Gichtgasmaschinen), als Nebenprodukt beim Glühen von Bicarbonat zu Soda (Ammoniaksodaprozeß), bei der Gewinnung von Wasserstoff aus Wassergas durch Druckauswaschung (Ammoniaksynthese der I. G. Farbenindustrie), durch Glühen von Kalkstein (Kalköfen) oder Magnesit.

Die Kohlensäure wurde zuerst von FARADAY und DAVY 1823 verflüssigt, in größeren Mengen 1830 von NATTERER. Auf die Verwendung flüssiger Kohlensäure zum Bierausschank und zur Herstellung künstlicher Mineralwasser machte 1880 RAYDT aufmerksam. Die Fabrikation flüssiger Kohlensäure kam 1881 durch Kuhnheim & Co. in Gang. Seit Mitte der 80er Jahre benutzt man die den natürlichen Quellen, Säuerlingen, entströmende Kohlensäure zu industriellen Zwecken. Solche „natürliche“ Kohlensäure aus Quellen wurde zuerst in Hönningen a. Rh., in Niedermending (Eifel), Burgbrohl a. Rh. verflüssigt; später sind noch ergiebige Gasquellen in Herste (Westfalen), Salzungen (Thüringen), ferner in Württemberg und Schlesien hinzugekommen. Der direkten Verflüssigung der austretenden reinen Kohlensäure geht ein Trocknen in Röhrenkühlern und durch Chlorcalcium oder in Kokstürmen, die mit Schwefelsäure berieselt sind, voraus.

Gärungskohlensäure, die sich bei der alkoholischen Gärung in Brauereien und Brennereien entwickelt, wird ebenfalls in einigen Betrieben (Brauereien) nach eingehender Reinigung für den Eigenbedarf verflüssigt.

Die Zersetzung von Carbonaten mit Säuren wird technisch überhaupt nicht mehr verwendet, das Glühen von Carbonaten ist nur noch in Amerika in Gebrauch.

Beim Brennen von Kalk in großen technischen Kalköfen entsteht ein kohlensäurereiches Gas mit etwa 30% Kohlensäure. Verbrennt man Generatorgas, so enthalten die Verbrennungsgase 16—18% Kohlensäure, Rauchgase aus gewöhnlichen Feuerungen haben höchstens 12% CO_2. Soll die so gewonnene Kohlensäure zur Verflüssigung dienen, so muß man sie von den beigemengten Luft- und Stickstoffmengen befreien. Dies geschieht durch Absorption der Kohlensäure aus den Verbrennungsgasen durch Lösungen von Pottasche. Dabei wird die Kohlensäure als Bicarbonat gebunden und später durch Erhitzen wieder als Gas ausgetrieben, worauf die Kompression erfolgt. Die Pottaschelösung geht immer wieder in den Betrieb zurück.

$$CO_2 + K_2CO_3 + H_2O \rightleftarrows 2\,KHCO_3.$$

In den eigentlichen Kohlensäurefabriken geschieht die Gewinnung von Kohlensäure durch Verbrennung von Koks (Koksverfahren von SCHÜTZ, Wurzen). Man vergast Koks in einem Generator und verbrennt das Generatorgas in einer Verbrennungskammer mit vorgewärmter Luft zu Kohlensäure. Die heißen, 16—18% CO_2 haltenden Verbrennungsgase streichen durch die Rohre eines Flammrohrkessels, der als Kocher zur Austreibung der Kohlensäure aus der Bicarbonatlösung dient, sie treten dann ziemlich gekühlt in einen mit Kalkstein ausgesetzten, mit Wasser berieselten Waschturm, wo sie von Flugstaub und schwefliger Säure befreit werden. Nun werden sie durch ein Gebläse in einen oder mehrere bis 20 m hohe Absorptionszylinder gedrückt, die mit Koks oder Füllkörpern ausgesetzt sind; in diesen fließt feinzerstäubte, etwa 40° warme Pottaschelösung dem aufsteigenden Gasstrome entgegen. Die so an Kohlensäure gesättigte Lauge gelangt in den schon erwähnten Kocher, wo die als Bicarbonat gebundene Kohlensäure größtenteils wieder ausgetrieben wird. Die zurückbleibende „arme“ Lauge wärmt beim Abfließen wieder gesättigte kalte Lauge vor, wird auf etwa 40° mit Wasser gekühlt und wieder auf die Absorptionstürme gepumpt. Die wasserdampfhaltige Kohlensäure muß noch gekühlt und getrocknet werden, ehe sie zum Kompressor geht. Bei dem besprochenen Verfahren kann nur etwa die Hälfte der in den Gasen enthaltenen Kohlensäure gebunden werden. Mit 1 kg Koks kann man, einschließlich aller Betriebskraft, bis zu 2 kg flüssige Kohlensäure erhalten. Nach dem Verfahren von BEHRENS (Sürther-Verfahren) wird die Absorption bei höherer Temperatur (100°) und hohem Druck (4—5 Atm.) vorgenommen, auch werden als Rohgase die Auspuffgase von Sauggasmotoren verwendet.

Die schlechte Ausbeute bei den genannten Verfahren ist verursacht durch die langsame Aufnahme der Kohlensäure durch die Lauge. In Amerika hat deshalb die MACMAR-Corporation einen anderen Weg versucht. Man bringt Ammoniak in den oberen Teil der Absorptionstürme. Bei 55° setzen sich Ammoniak, Kohlensäure und Wasserdampf wie folgt um:

$$2\,NH_3 + H_2O + CO_2 \rightleftarrows (NH_4)_2CO_3 .$$

Das Ammoncarbonat wird von der Kaliumcarbonatlauge rasch gelöst, bei 55—60° setzen sich beide um:

$$(NH_4)_2CO_3 + K_2CO_3 = 2\,KHCO_3 + NH_3$$

es bildet sich Bicarbonat und Ammoniak wird wieder frei. Letzteres bindet wieder neue Kohlensäure, so daß sich der Absorptionskreislauf immer wiederholt. Die Bicarbonatlauge enthält 28—41% des Carbonats als Bicarbonat, aber auch etwas Ammoniak. Im Laugenkocher geht das Ammoniak mit Wasserdampf heraus und wird mit diesem kondensiert. Die letzten Spuren verlieren sich bei der Verflüssigung der Kohlensäure. Die Leistung dieses MACMAR-Verfahrens ist doppelt so hoch wie beim bisherigen Verfahren, es sollen bis zu 90% der Kohlensäure aus den Gasen gewonnen werden können. Das Verfahren soll sich auch für ärmere Rauchgase eignen.

Die Verflüssigung der auf eine der genannten Arten erhaltenen, getrockneten Kohlensäure erfolgt durch Kompression in drei Stufen unter Wasserkühlung. Zur Verflüssigung ist bei 0° ein Druck von 36 Atm. oder bei Atmosphärendruck eine Abkühlung auf — 87° notwendig. Feste Kohlensäure schmilzt bei — 56,6°, sie liefert bei der Verdunstung Temperaturen von — 78°, mit Äther im Vakuum bis zu — 110°.

Die übliche Größe der Stahlflaschen für den Transport flüssiger Kohlensäure ist 10 und 20 kg; Kesselwagen fassen bis 10000 kg. Die Hauptmenge der flüssigen Kohlensäure dient zum Ausschank von Bier und zur Bereitung kohlensäurehaltiger Getränke und kohlensaurer Bäder; weiter dient sie als Kälteträger in Eismaschinen, zum Feuerlöschen und zum feuersicheren Lagern und Umfüllen von Benzin, als Druckmittel in Handfeuerlöschapparaten, zum Ausspritzen flammenerstickender Substanzen.

Seit einiger Zeit führt sich auch die Verwendung von fester Kohlensäure, Kohlensäureschnee, ein. Bei den verschiedenen Verfahren zur Herstellung von fester Kohlensäure läßt man flüssige Kohlensäure in geschlossenen Zylindern ausströmen, wobei etwa $1/_3$ zu lockerem Schnee erstarrt; die andern $2/_3$ verdampfen gasförmig, werden abgefangen und wieder verflüssigt. Der Schnee wird in einer hydraulischen Preßvorrichtung zu Blöcken von etwa 20—50 kg Gewicht gepreßt, welche ein spezifisches Gewicht von 1,1—1,4 haben. Sie können in Pappschachteln verschickt werden. Die feste Kohlensäure, „Trockeneis", wird nur als Kühlmittel verwendet. Ein Block von 10 kg soll in einem Haushaltskühlschrank 1 Woche reichen. Trockeneis wird seit etwa 10 Jahren industriell hergestellt. Trotz der großen Vorteile (tiefe Temperatur — 79°, Verdampfung ohne Rückstand, große Kälteleistung je Volumen, indifferente Atmosphäre) hat es Kältemaschinen und Wassereis nicht verdrängen können. Hauptverbraucher sind die Eiscremeindustrie, Konditorgewerbe und die Transportkühlung von Lebensmitteln. Die Welterzeugung an Trockeneis hat 1934 80000 t erreicht. Amerika erzeugte 1926: 525 t, 1927: 1715 t, 1928: 7000 t, 1929: 22000 t, 1930: 40000 t, 1934: 60000 t. An zweiter Stelle steht England mit 9500 t, dann erst kommt Deutschland mit 1500 t. In Amerika gehen 90% der Erzeugung in die Eiscreme-industrie.

In Deutschland sind etwa 40 Produktionsstätten zur Kohlensäureerzeugung vorhanden, welche 1929 36000 t flüssige Kohlensäure lieferten. Davon ver-brauchen 90% die Mineralwasserfabriken, der Bierausschank und die Kälte-erzeugung.

Ammoniak.

Die Gewinnung von Ammoniak wird später unter „Ammoniak" besprochen. Das für die Verdichtung bestimmte Ammoniakgas wird von Wasserdampf befreit, die letzten Anteile Feuchtigkeit werden durch Ätznatron oder ge-brannten Kalk, empyreumatische Stoffe durch Holzkohle weggenommen und in einem zweistufigen Kompressor unter Wasserkühlung erst auf 3 Atm., dann auf 8 Atm. verdichtet, wobei Verflüssigung eintritt.

Bei der synthetischen Herstellung von Ammoniak nach den verschiedenen Verfahren fällt das Ammoniak direkt in flüssiger Form an. Das flüssige synthetische Ammoniak wird in Kesselwagen versandt, soweit es nicht an Ort und Stelle auf Ammonsalze bzw. Düngemittel verarbeitet wird.

Flüssiges Ammoniak hat ein großes Lösevermögen für anorganische und organische Salze, ebenso für Alkalimetalle. Der Druck des verflüssigten Am-moniaks bei 0° ist 4,19 Atm., bei 15° 7,14 Atm., bei 30° 11,45 Atm. Das spezifische Gewicht ist bei 0° 0,6341, bei 30° 0,5918.

Man verwendet flüssiges Ammoniak für Kältemaschinen (S. 27), zur Her-stellung von Natriumamid, in der Metallfadenlampenfabrikation und bei der Farbstoffgewinnung.

Chlor.

Die Gewinnungsmethoden des Chlors werden eingehend im Abschnitt „Chlor" besprochen. Durch die großartige Entwicklung der Chloralkali-Elektrolyse werden so große Mngen Chlor verfügbar, daß man sich zeitweilig nach neuen Verwendungszwecken umsehen mußte. Hierbei war es ein großer Vorteil, daß sich Chlor leicht verflüssigen läßt und das verflüssigte Chlor bequem ver-sandt werden kann. Die meisten großen Bleichereien (Cellulose- und Papier-fabriken), welche früher ausschließlich Chlorkalk zum Bleichen verwendeten, beziehen heute flüssiges Chlor. 1 Vol. Chlorkalk entspricht nur 100 Vol. Chlorgas, 1 Vol. flüssiges Chlor jedoch 463 Vol. Gas. Da trockenes Chlor weder Eisen noch Bronze oder Kupfer angreift, so ist der Versand in eisernen Flaschen von 50 kg Inhalt (unter 6—8 Atm. Druck) oder in Kesselwagen möglich. Flüssiges Chlor brachte 1888 zuerst die Chemische Fabrik Rhenania in den Handel.

Chlor läßt sich sehr leicht verflüssigen. Bei — 35° reicht schon gewöhnlicher Druck aus, bei 0° 6 Atm., bei 12,5° 8,5 Atm. Flüssiges Chlor ist eine grünlichgelbe Flüssigkeit, die bei — 33,95° siedet und bei — 105° zu einer gelben krystallinen Masse erstarrt. Die kritische Temperatur beträgt 146°, der kritische Druck 93,5 Atm. Die Chlorverflüssigung kann mit oder ohne Kühlung erfolgen; in letzterem Falle sind natürlich höhere Drucke erforderlich.

Die Arbeitsweise bei der Chlorverflüssigung durch Kompression läßt sich sehr gut an einem älteren Kompressionsapparat der Badischen Anilin- und Sodafabrik erläutern (Abb. 18). Bei der Chlorkompression verwendete man konzentrierte Schwefelsäure als Sperrflüssigkeit. Diese befindet sich in den Apparateteilen B und A. Im Teile B ist die Schwefelsäure mit Petroleum oder einer ähnlichen Flüssigkeit überschichtet, welche als Schmiermittel für die bewegten und mit Luft in Berührung kommenden Teile der Apparatur dient. D ist der Pumpenkolben. Bei der Aufwärtsbewegung des Kolbens wird trockenes Chlor durch Rohr g und Ventil i angesaugt; beim Niedergehen wird das Gas durch Ventil k in den Raum m gedrückt, ebenso ein Teil Schwefelsäure. Das komprimierte Chlor geht durch f in eine kupferne Kühlschlange K und von da als flüssiges Chlor in die Stahlflasche L. Ein auf 50—80° erwärmtes Wasserbad im Mantel A_2 dient dazu, die Absorption von Chlor durch die Schwefelsäure zu vermindern. Die Kompressoren bestanden aus Stahl und Schmiedeeisen, die Ventile aus Phosphorbronze.

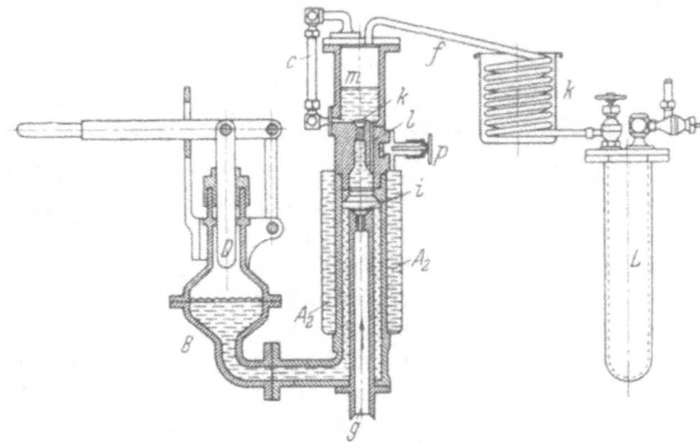

Abb. 18. Chlorverflüssigung durch Kompression.

Neuere Chlorkompressoren benutzen nicht mehr Schwefelsäure als Sperrflüssigkeit, sondern arbeiten ganz ohne Sperrflüssigkeit. Sie verwenden konzentrierte Schwefelsäure nur noch zum Schmieren. So ist es beispielsweise der

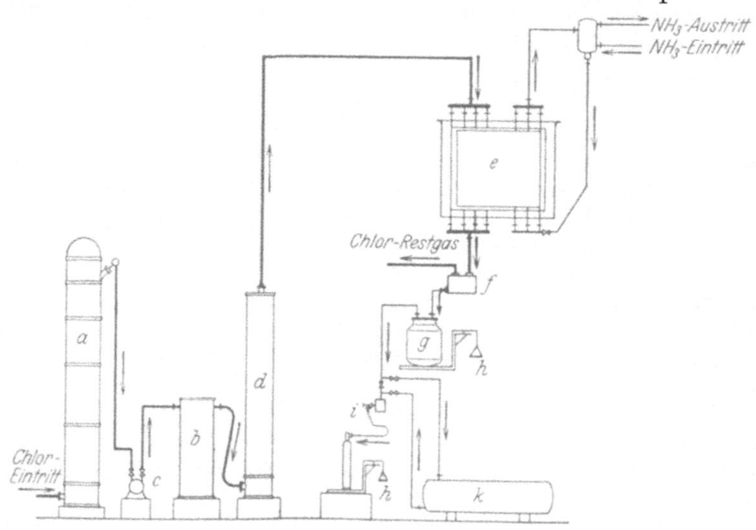

Abb. 19. Chlorverflüssigung durch Tiefkühlung. (Nach BERL: Chemische Ingenieurtechnik, Bd. II.)

Amag Hilpert in Pegnitzhütte gelungen, nach einem Patent der I. G. Farben solche Kompressoren bis zu 50 kg Stundenleistung zu bauen. Diese arbeiten mit einem Differentialkolben dreistufig, die Kolbenstange und die Stopfbüchse bestehen aus Thermisilid.

Man beschreitet in der Technik auch den anderen Weg und verflüssigt das Chlor durch Tiefkühlung bei atmosphärischem Druck, wenn man die Verwendung von Chlorkompressoren vermeiden will. Eine solche Tiefkühlungsverflüssigung von Chlor bringt die Abb. 19 schematisch zur Darstellung. Das im Trockenturm *a* vorgetrocknete Chlorgas wird von der Pumpe *c* durch den Schwefelsäurewascher *b* und den Abscheiderturm *d* in die Kühlschlange des Verflüssigers *e* gedrückt, wo tiefgekühlte Sole, deren Temperatur durch verdampfendes Ammoniak in einer zweiten Schlange auf etwa — 40 bis —50° gebracht wird, die Verflüssigung herbeiführt. Das verflüssigte Chlor fließt durch das Sammelgefäß *f* in den Behälter *g* auf der Waage *h*, von wo aus das Chlor in Stahlflaschen gefüllt oder in dem Lagerkessel *k* aufgespeichert wird. In der ganzen Anlage herrscht fast nur Atmosphärendruck.

Im allgemeinen ist aber die heutige Arbeitsweise so, daß man bei der Verflüssigung meist auf —15° abkühlt und mit 4—5 Atm. komprimiert. Gute Kompressoren werden heute von verschiedenen Maschinenfabriken hergestellt.

Flüssiges Chlor findet Verwendung als gasförmiges Chlor, hauptsächlich für Bleichzwecke, zur Bromgewinnung, zur Weißblechentzinnung, in der Farbindustrie, für Chlorpräparate und chemische Kampfstoffe, zur Wasserentkeimung usw. Die Bleicherei von Zellstoff und Papier verbraucht etwa 65%, die der Textilien 20% der gesamten Chlorerzeugung.

Die deutsche Erzeugung an flüssigem Chlor ist unbekannt. In den Vereinigten Staaten steigerte sich die Erzeugung in den letzten Jahren wie folgt: 1931: 164100, 1933: 194200, 1935: 288485, 1936: 326587 t.

Phosgen (Chlorkohlenoxyd).

Phosgen, $COCl_2$, von DAVY 1812 entdeckt, ist bei gewöhnlicher Temperatur ein Gas, welches sich leicht zu einer Flüssigkeit kondensieren läßt, die einen Siedepunkt von 8,2° hat. Der Schmelz- bzw. Erstarrungspunkt liegt bei — 126°. 1 l Phosgengas wiegt 4,4 g, es ist also $3^1/_2$mal so schwer wie Luft. Phosgen wird von heißem Wasser schnell in Salzsäure und Kohlenoxyd zersetzt; beim Erhitzen zerfällt es in Kohlenoxyd und Chlor, und zwar ist es bei 500° zu $^2/_3$, bei 800° völlig zerfallen. Phosgen ist stark giftig, es greift heftig die Lungen an. Gegenmittel in chemischen Betrieben ist sofortige Einatmung von Sauerstoff. Es diente im Weltkriege auch als Kampfgas, zu dessen Unschädlichmachung zumeist aktive Kohle verwendet wurde. Wegen seiner großen Reaktionsfähigkeit wird es vielfach in der chemischen Industrie angewendet. Beim Gebrauch von Tetrachlorkohlenstoff-Feuerlöschern können unter Umständen größere Mengen Phosgen entstehen.

Im großen gewinnt man Phosgen aus Chlor und Kohlenoxyd unter Verwendung von Kohle als Kontaktsubstanz. Geht man von verdünntem Kohlenoxyd (Generatorgas mit 30% CO) aus, so muß man einen beträchtlichen Chlorüberschuß anwenden. Man schickt die Gase durch große mit präparierter Kohle (Knochenkohle) gefüllte Reaktionstürme, wo die Reaktion bei 125° vor sich geht. Das austretende Gasgemisch enthält nur 10—12% Phosgen, dieses wird durch Tetrachloräthan absorbiert und später durch Erwärmen wieder abgetrieben. Die Kondensation erfolgt durch Abkühlen auf — 20°. Bei Verwendung von reinem Kohlenoxyd (aus $CO_2 + C = 2 CO$) kann man mit geringem Chlorüberschuß und kleinen, mit aktiver Kohle beschickten Reaktionskammern arbeiten. Das austretende Gas läßt sich zu 90% verflüssigen und nur der Rest braucht von Tetrachloräthan absorbiert zu werden. Phosgen wird verflüssigt in Stahlflaschen mit Eisenventilen versandt.

Schweflige Säure.

Die in den Handel kommende flüssige schweflige Säure wird im Großbetriebe hauptsächlich nach dem Verfahren von HÄNISCH und SCHRÖDER dargestellt, und zwar dienen dafür als Ausgangsmaterial Röstgase der Abröstung von

Schwefelkiesen, Zinkblenden usw. (vgl. „Schwefelsäure"). Die aus dem Röstofen kommenden Gase werden gekühlt und gereinigt, dann folgt die Absorption der schwefligen Säure aus den 6—7 Vol.-% SO_2 haltenden Gasen durch Waschen mit Wasser, indem das Röstgas in Reaktionstürmen, von unten aufsteigend, einem Wasserregen wiederholt entgegengeführt wird, wobei die Entsäuerung bis auf 0,05% gelingt. Die so erhaltene wäßrige Lösung von schwefliger Säure hat etwa 10 kg SO_2 im Kubikmeter. Um nun das Gas aus dem Absorptionswasser rein zu gewinnen, wird die Lösung in einem aus dünnen Bleiplatten bestehenden Gegenstromapparate auf 85—90° vorgewärmt und zum Sieden gebracht, wobei fast alles Gas ausgetrieben wird. Das heiße Absorptionswasser dient wieder zum Vorwärmen neuer wäßriger Lösung; die wasserdampfhaltige gasförmige schweflige Säure wird in Röhrenapparaten zur Abscheidung des Wassers gekühlt, mit Calciumchlorid oder Schwefelsäure getrocknet und später in Kompressionsmaschinen verflüssigt, wozu Drucke von 2—3,5 Atm. notwendig sind. Der Versand geschieht in Stahlflaschen mit Füllungen von 100 kg oder in Kesselwagen mit 10000—14000 kg.

Nach einer neueren Arbeitsweise von SCHRÖDER-GRILLO wird die schweflige Säure auf 4—5 Atm. komprimiert und mit Wasser unter Druckwaschung ausgewaschen, wobei 30 kg SO_2 im Kubikmeter in Lösung gehen. Durch Erhitzen auf 90—100° und Entspannung wird die SO_2 wieder ausgetrieben.

Es ist jetzt auch gelungen, die schweflige Säure aus Röstgasen mit Hilfe **organischer Lösungsmittel**, nämlich mit aromatischen Aminen, hauptsächlich Toluidin und Xylidin, auszuwaschen, die wesentlich mehr schweflige Säure binden als Wasser. Das **Sulfidinverfahren der Gesellschaft für Chem. Industrie und der Metallgesellschaft** benutzt ein Gemisch von **Rohxylidin** und Wasser 1 : 1, welches die vielfache SO_2-Menge wie Wasser aufnimmt (1 m³ Xylidingemisch nimmt aus 1%igen Röstgasen 140 kg SO_2, aus 7%igen Gasen 200 kg, Wasser nur 2—3 bzw. 6—10 kg SO_2 auf). Erhitzt man dann das beladene Absorbens auf 100°, so wird die schweflige Säure leicht und vollständig wieder abgegeben. Das Xylidin siedet erst bei 213—218°. Bei wiederholter Benutzung des Xylidingemisches bildet sich etwas Xylidinsulfat, durch Zugabe von etwas Soda bei der Absorption wird aber die Base wieder frei gemacht. Das Verfahren wird so ausgeführt, daß man das Absorbens auf zwei mit Raschig-Ringen beschickte Absorptionstürme aufgibt, denen von unten im Gegenstrom das Röstgas entgegengeführt wird. Dem Röstgase wird im ersten Turme SO_2 bis auf 1—1,5 Vol.-%, im zweiten Turme bis auf 0,1 Vol.-% entzogen. Das mit SO_2 beladene Gemisch gelangt dann auf eine Abtreibkolonne, die mit einem Dephlegmator versehen ist und die mit indirektem Dampf beheizt wird. Bei 90—100° geht die schweflige Säure als 100%iges Gas über, das Absorptionsmittel kehrt nach Kühlung auf 20° in den Kreislauf zurück. Soll die schweflige Säure verflüssigt werden, so wird das Gas noch mit Schwefelsäure gewaschen und getrocknet. Das Verfahren steht bei der Norddeutschen Affinerie in Betrieb zur Gewinnung der SO_2 aus armen Konvertergasen. Da das Sulfidinverfahren gerade auch für arme Gase geeignet ist, so erscheint es sehr aussichtsreich, zumal heute die Reduktion der schwefligen Säure zu Schwefel (im Koksgenerator) praktisch durchführbar ist (vgl. „Schwefel").

Nach einem **Verfahren der ICI** (Imperial Chemical Industries) werden auf der Kupferhütte von Outokumpu Röstgase auf flüssige SO_2 verarbeitet, indem die gewaschenen und gekühlten Gase bei niedriger Temperatur mit alkalischer **Aluminiumsulfatlösung** zur Absorption der schwefligen Säure behandelt werden. Die gesättigte Lösung wird in Wärmeaustauschern vorgewärmt und dann mit Dampf SO_2 ausgetrieben. Nach Kühlung und Trocknung verflüssigt man das Gas. Die Anlage verflüssigt täglich 50 t SO_2 (= 15 000 t im Jahr), es ist die größte SO_2-Anlage der Welt.

Die Absorption von SO_2 mit konzentrierter Ammonsulfitlösung (GUGGEN-HEIM-Prozeß) wird auf der Kupferhütte in Garfield für Konvertergase angewandt. Diese Methode eignet sich nicht für ärmere Gase, da die Oxydation zu Sulfat sehr stört.

Das spezifische Gewicht der flüssigen schwefligen Säure beträgt bei — 40° 1,5331, bei 0° 1,4350, bei + 20° 1,3822.

Flüssige schweflige Säure wird hauptsächlich als Kälteflüssigkeit in Eismaschinen verwendet; die schweflige Säure muß für diesen Zweck völlig wasserfrei sein. Sie ist ferner von Bedeutung für die Raffination von Erdölprodukten nach den Verfahren von EDELEANU. Gasförmige schweflige Säure findet sonst noch Verwendung zum Bleichen von Wolle, Seide, Federn, Zellstoff und zum Ausschwefeln. An verflüssigter schwefliger Säure wurden erzeugt:

	1929 t	1931 t	1933 t	1935 t	1936 t
Deutschland	19 052	15 714	5927	8 871	13 652
Vereinigte Staaten	7 984	7 305	8872	11 172	

Technisch viel verwendet werden auch die Salze der schwefligen Säure, nämlich Natrium- und Calciumbisulfit. Zur Herstellung von Natriumbisulfit sättigt man eine Sodalösung mit dem Gase, zur Herstellung von Calciumbisulfit läßt man die schweflige Säure in Türmen auf Kalkstein einwirken.

Ozon.

Ozon ist eine Modifikation des Sauerstoffs, bei welchem 3 Atome Sauerstoff labil im Molekül vereinigt sind, O_3. Damit das beständige Sauerstoffmolekül O_2 in O_3 übergeht, müssen freie Sauerstoffmoleküle abgespaltet werden, diese vereinigen sich zum allergrößten Teile zu O_2 und nur wenige zu O_3; die besten Ozonapparate liefern daher höchstens einen Sauerstoff mit etwa 15% Ozon. Ozon entsteht in geringen Mengen bei verschiedenen chemischen, thermischen, elektrolytischen und photochemischen Vorgängen; die beste Ozonisierung wird jedoch durch sog. stille elektrische Entladungen erreicht, wie sie zuerst SIEMENS 1858 und KOLBE anwandten. Alle technischen Ozonapparate beruhen heute noch auf diesem Prinzip. Die Siemensschen Ozonröhren, die heute noch für Laboratoriumszwecke benutzt werden, bestehen aus zwei ineinandergesteckten Glasrohren; durch den ringförmigen Zwischenraum läßt man die zu ozonisierende Luft bzw. Sauerstoff strömen. Die Außenseite des äußeren Rohres und die Innenwand des inneren, unten geschlossenen Rohres ist mit Stanniol belegt, das mit den Enden eines Induktoriums bzw. bei Großanlagen mit den Hochspannungsklemmen eines Transformators verbunden ist. Später ist der Stanniolbelag des Außenrohres durch Wasser ersetzt worden (KOLBE), welches gleichzeitig zum Kühlen der Röhren dient. In dem engen Ringraum entstehen die stillen elektrischen Entladungen. Man schaltet für technische Zwecke mehrere Ozonröhren hinter- oder nebeneinander; so wird z. B. der in Deutschland meist verwendete Siemenssche Ozonisator mit 1—10 Röhren ausgestattet. Technische, bewährte Ozonapparate sind die von Siemens & Halske, TINDALL-SCHNELLER, ABRAHAM-MARNIER und MARIUS-OTTO. Die Konstruktionen unterscheiden sich in der Hauptsache nur dadurch, daß die Glimmentladung bei den einen zwischen Glaswänden (SIEMENSscher Glasröhrenapparat, ABRAHAM-MARNIER Glasplatten), bei den anderen zwischen Metallwänden (MARIUS-OTTO

Eisenzylinder und Aluminiumscheiben, TINDALL-SCHNELLER), bei noch anderen zwischen Metall- und Glaswänden vor sich geht. (Der älteste Siemens-Halske-Ozonisator benutzte Glas-Aluminium.) Die Luft muß weitgehend getrocknet werden, ehe sie in die Ozonbatterien treten darf. Technische Apparate arbeiten mit Betriebsspannungen von 8000—15000 V. Der ältere Siemens-Halske-Ozonisator (Abbildung in voriger Auflage, S. 36), lieferte 40 g Ozon mit 1 kWh und einem Ozongehalt von 2—3 g im Kubikmeter Luft, die neuere Konstruktion liefert höhere Konzentrationen von 12—13 g/m³ bei einer Ozonausbeute von 40—60 g/kWh.

Ozon wird in der Hauptsache hergestellt für Luftozonisierung zur Luftverbesserung (Theater, Schulen, Hospitäler) und zur Konservierung von Fleischwaren und Nahrungsmitteln, zum Desodorieren und Bleichen von Ölen, Fetten usw., ferner zur Sterilisation von Trinkwasser bei Mangel bakterienfreien Grundwassers. Man rechnet zum Entkeimen von 1 m³ Wasser 1—1,5 g Ozon.

Große städtische Wassersterilisationsanlagen hatten Paris, Petersburg, Nizza, Wiesbaden, Paderborn usw. Heute noch besitzt Paris eine Wassersterilisationsanlage für 90000 (später 400000) m³ Wasser täglich, Yawata (Japan) für 24000 m³/Tag, kleinere Anlagen sind in Soerabaya und in Bilbao in Betrieb. Auch in Schlachthäusern, Kühlhäusern, Brauereien sind Ozonanlagen in Anwendung.

Die Wassersterilisation durch Ozon ist durch Einführung des viel einfacheren und billigeren Chlorungsverfahrens (vgl. „Trinkwasser") stark zurückgegangen. Ozon tötet mit Sicherheit alle pathogenen Keime ab. Die Wassersterilisation erfolgt in der Weise, daß man ozonisierte Luft mit dem zu entkeimenden Wasser zusammenbringt. Zur Sterilisation des Rohwassers sind je nach der Beschaffenheit des Rohwassers 0,5—2 g Ozon nötig. Auch zur Veredlung von Holz für Geigenbau ist Ozon vorgeschlagen worden.

Ozon läßt sich auch bei etwa — 120° zu einer dunkelblauen Flüssigkeit verflüssigen. Ozondampf explodiert sehr leicht, wobei er plötzlich unter starker Wärmeentwicklung in O_2 übergeht. Die Verwendung des Ozons beruht auf seinem außerordentlichen Oxydationsvermögen.

Acetylen.

Reines Acetylen, C_2H_2, hat eine Dichte von 0,906 und eine Verbrennungswärme von rund 14100 WE. Es ist in Mischungen mit Luft explosiv, und zwar, wenn diese praktisch mehr als 80% Acetylen enthalten. Die Entzündungstemperatur für Acetylen-Luftgemische ist 429°. Acetylen ist in Wasser, Alkohol, Aceton löslich; es läßt sich leicht verflüssigen (kritische Temperatur 37°, kritischer Druck 68,0 Atm.), das flüssige Acetylen ist wohl durch Funken, nicht aber durch Stoß und Schlag zur Explosion zu bringen. Das im Handel in Stahlflaschen zur Versendung kommende Acetylen ist, wie später angegeben wird, nicht direkt verflüssigtes Acetylen.

Acetylen aus Calciumcarbid.

Das technisch hergestellte Acetylen wird in der Hauptsache durch Zersetzung von Handelscalciumcarbid (s. „Calciumcarbid") mit Wasser gewonnen:

$$CaC_2 + 2\,H_2O = Ca(OH)_2 + C_2H_2,$$

wobei rund 400 WE frei werden. Diese Wärmeentwicklung kann bei Anwesenheit von zu wenig Wasser leicht Polymerisationen und explosive Zersetzung herbeiführen, weswegen man bei der technischen Acetylenentwicklung einen mehrfachen Überschuß der zur Zersetzung des Carbids notwendigen Wassermenge anwendet, damit die Temperatur nicht über 60° ansteigt. 1 kg reines

Calciumcarbid würde, bei einem spezifischen Gewicht des Acetylens von 1,17, theoretisch 348 l Acetylen liefern können, technisches Carbid ist aber nie rein. Man verlangt im Handel nur, daß 1 kg Carbid bei gewöhnlicher Temperatur 300 l Acetylen gibt.

Das so gewonnene Rohacetylen enthält noch Phosphorwasserstoff, Schwefelwasserstoff, Siliziumwasserstoff, manchmal auch Arsenwasserstoff. Diese Verunreinigungen sucht man dadurch unschädlich zu machen, daß man das Rohgas durch sog. Reinigungsmassen streichen läßt, welche die Verunreinigungen durch Oxydation oder Ausfällung beseitigen. Die Reinigungsmassen Agacin, Puratylen und Griesogen enthalten als Oxydationsmittel Chlorkalk; Heratol,

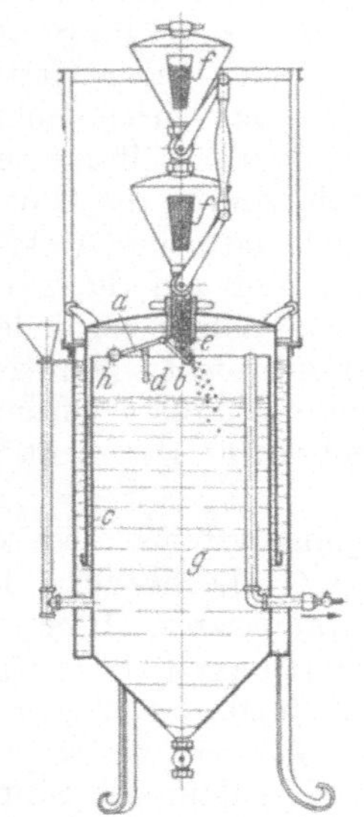

Abb. 20. Acetylenentwickler von Keller & Knappich.

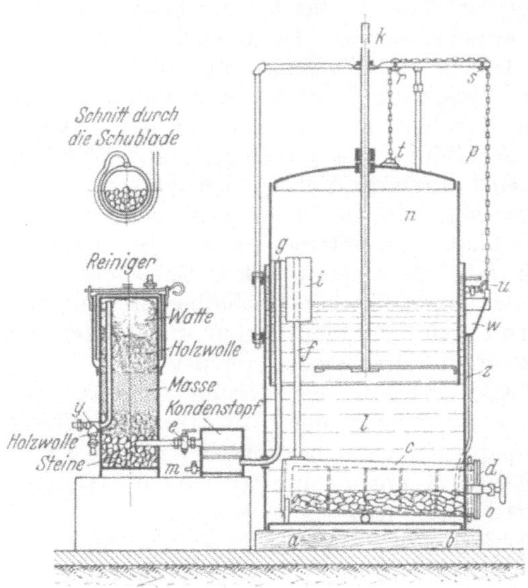

Abb. 21. Acetylenentwickler von Butzke.

Carburylen, Hagag, I. G.-Reinigungsmasse, Chromsäure; Katalysol Eisenoxychlorid; Frankolin als Fällungsmittel Kupferchlorür. Chlorkalkmassen dürfen heute aus sicherheitstechnischen Gründen nicht mehr verwendet werden. Hauptsächlich werden Bichromat- und Eisenchloridmassen gebraucht. 1 kg Reinigungsmasse kann 10—40 m³ Acetylen reinigen.

Die Herstellung des Acetylens geschieht, wie schon angegeben, durch Zersetzung von Calciumcarbid mit Wasser. Die Ausführung dieser Umsetzung kann in dreierlei verschiedener Weise erfolgen:

1. Carbid wird dem Wasser zugeführt,
2. Wasser fließt auf das Carbid,
3. Carbid und Wasser kommen abwechselnd miteinander in Berührung.

Hiernach hat man auch drei verschiedene Gruppen von Acetylenentwicklungsapparaten zu unterscheiden.

Die erste Gruppe umfaßt Apparate mit „Einwurfsystem". Man läßt abgemessene Carbidmengen in größere Wassermengen fallen, wo sie sich zersetzen. Eine Nachentwicklung von Acetylen findet nicht statt. Abb. 20 zeigt einen Apparat dieser Art der Firma Keller & Knappich. Den Wasserbehälter g umgibt schwimmend eine Glocke c, welche mit Rollen in einer Führung läuft und die Carbidbehälter f trägt, deren Auslauf e durch eine Klappe b mit Gegengewicht a geschlossen gehalten wird. Sinkt bei Gasentnahme die Glocke, so legt sich der Hebel a auf den Anschlag d, die Klappe b öffnet sich und Carbid rutscht aus e in den Wasserbehälter g. Beim Steigen der Glocke schließt sich die Klappe b wieder. Der Kalkschlamm wird von Zeit zu Zeit unten abgelassen.

Zu der zweiten Gruppe gehören die „Zulaufsysteme", wie die Fahrradlaterne und der Apparat von BUTZKE, den Abb. 21 im Schnitt (Abb. 23 in der Außenansicht) zeigt. Das eigentümliche des Apparates sind zwei am Boden nebeneinander liegende verschließbare Schubladen c, in die ein auswechselbarer Blecheinsatz mit einer bestimmten Menge Carbid d eingesetzt wird. Von w aus fließt durch das Rohr z Wasser (in der links oben in der Abbildung besonders angegebenen Weise) zu dem Carbid im Schubladeneinsatz. Es entwickelt sich Acetylen, welches durch Rohr f unter die Kappe i und von da unter die Gasometerglocke n tritt. Diese wird geführt durch das Abzugsrohr k. Beim Steigen der Glocke schließt sich vermittels der über die Rollen r und s laufenden Kette p der Wasserzufluß bei u. Aus dem Gasometer strömt das Gas durch Rohr g zum Kondenstopf, von hier durchstreicht es den Reiniger, dessen Füllungsweise die Abbildung deutlich zeigt, und tritt bei y aus. Sinkt hierdurch die Glocke, so wird durch die Kette p der Wasserzufluß wieder geöffnet und neues Acetylen entwickelt. Nach einiger Zeit schaltet man den Wasserzufluß auf die zweite Schublade und entleert die andere. Die Kappe i über dem Rohr f verhindert, daß dabei Acetylen aus dem Gasometer zurücktritt und entweicht. Man setzt wieder einen frischen Carbidbehälter ein und verschließt die äußere Öffnung, wartet dann, bis das Carbid im anderen Behälter aufgebraucht ist, stellt die Wasserzuleitung wieder um usw.

Ein Vertreter der dritten Gruppe, des „Verdrängungssystems", ist der Beagid-Apparat der Bosnischen Elektrizitäts A.G. Lechbruck. Das Prinzip ist das des bekannten KIPPschen Gasentwicklungsapparates. Hier sind mehrere in Form von Patronen gebrachte Carbidstücke (Beagid- oder Carbidid-Patronen) aufeinander gestellt; bei Gasentnahme steigt das Wasser zu den Patronen, bei verschlossenem Apparat drückt das Gas das Wasser von den Patronen weg. Diese Apparate dienen vielfach als Tischlampen, Sturmfackeln usw. Auch der von Messer & Co. konstruierte Hochdruckacetylenentwickler „Lota" gehört zu dieser Apparatengruppe. Er ist für kleine Schweißereien und Reparaturwerkstätten bestimmt.

Der rapid anwachsende Verbrauch von Acetylen zur Großsynthese zahlreicher neuer Stoffe veranlaßte die Konstruktion besonderer Großacetylenentwickler. Es gibt heute solche, welche täglich bis 50 t Carbid automatisch zersetzen. Besondere Schwierigkeiten machte dabei die Beseitigung der riesigen Mengen des anfallenden Kalkschlammes. Der A. G. für Stickstoffdünger ist es jetzt gelungen, auch die sog. Trockenvergasung von Carbid (DRP. 530111) zu erreichen. Hiernach wird das Carbid dauernd in Bewegung gehalten und auf dasselbe wird so viel feinverteiltes Wasser aufgespritzt, daß außer der zur Vergasung notwendigen Menge noch eine weitere Menge Wasser vorhanden ist, die zur Vernichtung der Reaktionswärme ausreicht. Das Kalkhydrat fällt dabei in praktisch trockener Form an, es kann, zu Preßlingen geformt, wieder dem Carbidofen zugeführt werden oder auch als Baukalk oder Düngekalk Verwendung finden.

Die Gewinnung von Acetylen durch thermische Spaltung von Paraffin-Kohlenwasserstoffen.

Das Aufblühen der sog. „Acetylenchemie" im letzten Jahrzehnt führte auch zur Entwicklung eines neuen technischen Verfahrens zur Herstellung von Acetylen. Es beruht auf der thermischen Spaltung von Methan, Äthan oder Propan. Das Verfahren hat vorläufig in Deutschland noch nicht die Bedeutung erlangt wie das Carbidverfahren, weil bei uns die dazu nötigen Kohlenwasserstoffe nicht so reichlich zur Verfügung stehen wie in den Naturgas-Ländern Amerika, Rumänien, Ungarn, wir sind nur auf Kokereigase und Abfallgase der Benzinsynthese angewiesen. Die thermische Spaltung erfolgt im Lichtbogen bei 5000°, der Zerfall ist aber kein vollständiger, sondern es bildet sich nur eine Gleichgewicht zwischen Bildung und Zerfall heraus (ähnlich wie bei der Herstellung der Luftsalpetersäure), man muß deshalb das gebildete Acetylen so schnell wie möglich aus der Reaktionszone herausbringen und sofort abkühlen, damit der Wiederzerfall gering bleibt. Man erhitzt also die zu spaltenden Kohlenwasserstoffe kurze Zeit auf die genannte Temperatur und kühlt sofort ab. Dabei erhält man je nach dem Ausgangsgas ein 15—30%iges Acetylen, also nur ein verdünntes Acetylen. Man braucht dasselbe aber nicht weiter anzureichern, es kann direkt zu den später besprochenen Synthesen verwandt werden. In bezug auf die Reaktion nimmt man an, daß bei der hohen Temperatur das Carboniumradikal $C \equiv C$ auftritt, welches mit freiem Wasserstoff Acetylen bildet.

Des bequemeren Transportes wegen bringt man das Acetylen auch in komprimierter Form in den Handel, da aber komprimiertes Acetylen explosibel ist, so muß man hier einen anderen Weg als bei anderen Gasen einschlagen. Man preßt das Gas mit 12—15 Atm. Druck in Aceton, welches etwa die 250fache Menge aufnimmt; da aber auch diese Lösung nicht ganz explosionssicher ist, bringt man in die Stahlflaschen eine poröse Masse aus Holzkohle und Kieselgurzement, die das gelöste Acetylen aufsaugt. Eine 100-Liter-Flasche enthält dann 12—15 m³ Gas. Das ist das sog. „gelöste Acetylen" (Dissous-Gas), welches in tausenden von Automobilen zur Verwendung kam, und heute im größten Maßstabe für Schweißzwecke gebraucht wird.

Das Acetylen fand zunächst hauptsächlich Verwendung für Beleuchtungszwecke. Es hat aber nicht alle Hoffnungen erfüllt, und die Bedeutung als Leuchtgas ist nur noch sehr gering (Bergbau, Fischerei). 1912 wurden 32000 t Carbid für Beleuchtungszwecke und 17000 t für andere Zwecke verbraucht, 1926 dagegen 20000 t für Beleuchtung und andere Verwendung, und 45000 t für autogene Metallbearbeitung. Heute werden von den rund 600000 t Carbid, die Deutschland erzeugt, 50—60% auf Kalkstickstoff verarbeitet, 15—20% verbraucht die organische Synthese, 20% gehen für die Bedürfnisse der autogenen Schweißerei, der Rest für Beleuchtung weg.

Technisch wichtig sind folgende Chlorierungsprodukte des Acetylens geworden.

Durch abwechselndes Einleiten von Chlor und Acetylen in Antimonpentachlorid, Schwefelchlorür oder Eisenchlorid (als Katalysatoren) erhält man Acetylentetrachlorid (Tetrachloräthan $C_2H_2Cl_4$). Das Tetrachlorid ist unentzündlich und besitzt ein außerordentlich großes Lösevermögen für Fette, Öle, Harze, Celluloseacetat; es wird in der Lack-, Kunstseiden- und Filmindustrie verwendet. Das Acetylentetrachlorid ist Ausgangsmaterial für das noch wichtigere Trichloräthylen, C_2HCl_3, aus dem es durch Kochen mit Kalk erhalten wird. Die chloroformähnliche Flüssigkeit ist unentzündlich, greift Metalle nicht an, ist ein ausgezeichneter Ersatz für Benzin, Tetrachlorkohlenstoff und wird viel in der Extraktions- und Waschtechnik und zur Füllung von Seifen verwendet, es löst nicht nur Fette, Öle, Harze, Bitumen, sondern auch Kautschuk, Schwefel, Phosphor. Dichloräthylen, $C_2H_2Cl_2$, wird als Ersatz für Äther verwendet. Außerdem werden noch hergestellt: Pentachloräthan, C_2HCl_5, durch Einleiten von Chlor in Trichloräthylen; Perchloräthylen, C_2Cl_4, durch Kochen von Pentachloräthan mit Kalk; Hexachloräthan, C_2Cl_6, durch Behandeln von Acetylentetrachlorid oder Perchloräthylen mit

Chlor bei Gegenwart von Katalysatoren. Die Eigenschaften sind dem Trichloräthylen ähnlich.

Seit 10—15 Jahren gewinnt das Acetylen steigende Bedeutung als Ausgangsmaterial für zahlreiche Synthesen der organischen Chemie. So wird z. B. heute
bei uns die ganze Essigsäure und ihre Derivate aus Acetylen hergestellt, ferner
Aceton, Äthylalkohol, Kunstseide, synthetischer Kautschuk, die verschiedensten
Lacke und Kunstharze, was später noch ausführlich besprochen wird. Es ist
eine ganze ,,Acetylenchemie" entstanden.

Autogenes Schweißen und Schneiden.

Die technisch vervollkommnete Herstellung von komprimiertem Sauerstoff
und Wasserstoff hat ein neues Arbeitsverfahren ins Leben gerufen, die autogene
Schweißung von Metallen an Stelle der bisherigen Schweißung, Nietung
oder Lötung. Sie wird deshalb ,,autogen" genannt, weil die Schweißnaht aus
dem Metall selbst besteht und weder Flußmittel noch Lot zur Verwendung
kommen. Das Schweißen kann durch eine Flamme von Wasserstoff-Sauerstoff
oder Leuchtgas-Sauer-
stoff oder Acetylen-
Sauerstoff geschehen.
Weniger häufig werden
Benzin, Benzol oder
Blaugas mit Sauerstoff
verwendet. Zur Ver-
meidung einer Oxyda-

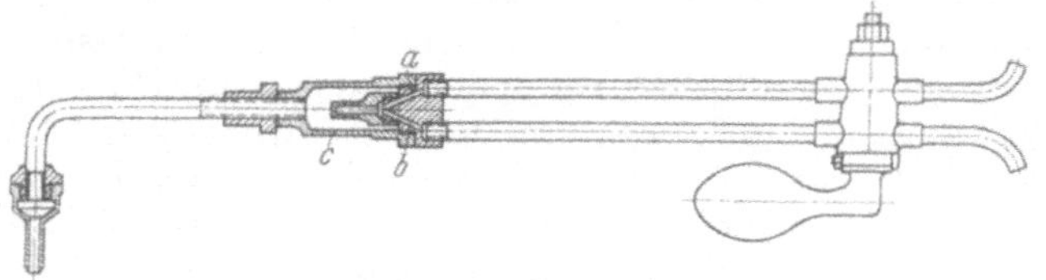

Abb. 22. Schweißbrenner.

tion der Schweißstelle nimmt man Wasserstoff im Überschuß, und zwar
4—5 Vol. Wasserstoff auf 1 Vol. Sauerstoff. Hierbei entsteht eine Temperatur von rund 2000° (ebenso bei Leuchtgas-Sauerstoff). Bei der Acetylen-
Sauerstoffschweißung nimmt man zur Erzeugung einer neutralen Flamme
3 Teile Acetylen auf 4 Teile Sauerstoff und erzielt Temperaturen von 3000°.
Die letztere Art der Schweißung ist die verbreitetste. Aus Stahlflaschen, die
mit Reduzierventilen versehen sind, treten die Gase durch Druckschläuche
in Schweißbrenner oder Schweißpistolen, die nach Art des DANIELschen
Brenners für Knallgas eingerichtet, für die verschiedenen Gasmischungen jedoch
etwas verschieden konstruiert sind. Verwendet man nicht gelöstes Acetylen, so
schaltet man eine Wasservorlage als Sicherheitsventil zwischen den Acetylenentwickler und den Brenner; der ausströmende Sauerstoff saugt das Acetylen
selbsttätig an. Man schweißt mit Wasserstoff-Sauerstoff Eisenbleche in Stärke
bis 10 mm, mit Acetylen-Sauerstoff bis 25 mm. Heute werden auch Nichteisenmetalle, wie Kupfer, Messing, Bronze, Nickel und Aluminium (letzteres
aber nur mit Hilfe eines Schweißpulvers) autogen geschweißt.

Einen Schweißbrenner für Wasserstoff-Sauerstoff (Mischdüsenbrenner)
zeigt Abb. 22. Die getrennt zugeführten komprimierten Gase, die den Stahlflaschen entnommen sind, treten aus den Kanälchen a und b in die Mischkammer c
und von da in die auswechselbare Schweißbrennerspitze. Bei Verwendung
von gelöstem Acetylen (Dissous-Gas) kommt derselbe Mischdüsenbrenner zur
Verwendung. Benutzt man dagegen Acetylen aus einem Entwickler, so muß
der ausströmende Sauerstoff das Brenngas von niedrigerem Druck ansaugen,
man verwendet dann Injektorbrenner, bei welchen sich der Sauerstoff mit dem
mitgerissenen Acetylen ebenfalls vor dem Austritt in einer Mischkammer mischt.
Abb. 23 zeigt den Acetylenentwickler A mit Kondenstopf K, Reiniger R und
die Wasservorlage E, die Sauerstoff-Flasche B und den Injektorbrenner D.

Das autogene Schneiden und Durchbohren von Eisen geschieht in der Weise,
daß man mit einem Schweißbrenner eine kleine Stelle zur Weißglut erhitzt, dann

die Heizflamme abstellt und nur mit Sauerstoff weiterbläst. Das Eisen verbrennt zu Oxyd und wird weggeblasen, die dabei auftretende Verbrennungswärme liefert die nötige Schmelzhitze, es entsteht ein scharfer sauberer Schnitt. Das Verfahren ist überall in der Technik in Anwendung und dient zum Ausschneiden von Kesselböden, Durchlochen von Profileisen, Demontieren alter Brücken

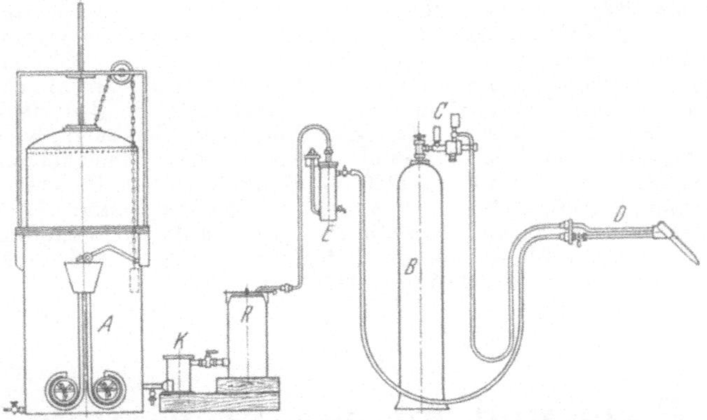

Abb. 23. Acetylenentwickler mit Sauerstoff-Flasche und Schweißbrenner.

und Schiffe, Schneiden von Panzerplatten usw. Seit 1909 kann man auf diese Weise auch unter Wasser schneiden. Man benutzt zum Schneiden meist Wasserstoff-Sauerstoff-Flammen zum Vorwärmen, da der Acetylenschneidbrenner in diesem Falle keine Vorteile bietet. Wie die Abb. 24 erkennen läßt, benutzt man

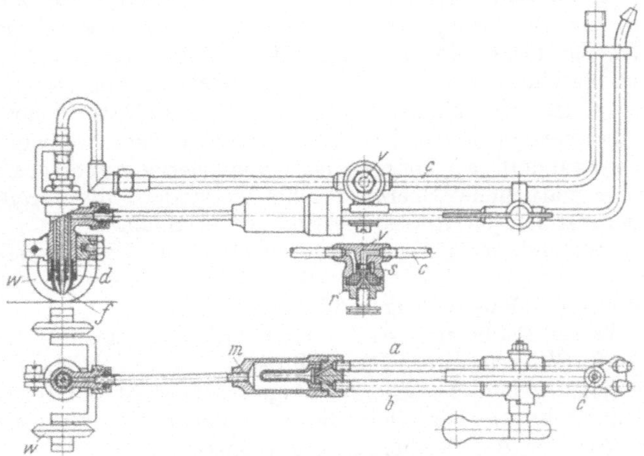

Abb. 24. Wasserstoff-Sauerstoff-Schneidbrenner.

für den Wasserstoff-Sauerstoff-Schneidbrenner dieselbe Einrichtung wie beim Schweißbrenner (Mischdüse). Wenn das zu schneidende Eisen durch die Flamme des Wasserstoff-Sauerstoffbrenners, der den unteren Teil des Schneideapparates bildet, erhitzt ist, öffnet man den Regulierhahn v der oberen Sauerstoffleitung c und führt den Schneidsauerstoff durch die Vorwärmeflamme hindurch auf das Eisenstück.

Andere Gase, wie Methan, Propan, Butan, die in der Hauptsache für Heiz- und Treibzwecke benutzt werden, sind später bei den gasförmigen Brennstoffen besprochen.

Neuere Literatur.

CARO, LUDWIG u. VOGEL: Das Acetylen als Ausgangsmaterial für Produkte der chemischen Industrie. 1924. — CLAUDE: Air liquide, Oxygène, Azote, Gaz rares, 2. Aufl. 1926. — DIEDERICH: Flüssige Luft als Sprengstoff. 1917. — DREWS: Verdichtete und verflüssigte Gase. 1928. — EVING-BANFIELD: Mechanische Kälteerzeugung. 1910. — Gesellschaft für Lindes Eismaschinen: 50 Jahre Kältetechnik. 1929. — GIESE: Verflüssigung der Luft und ihre Zerlegung 1909. — KAUSCH: Herstellung, Verwendung und Aufbewahrung flüssiger Luft. 1919. — KOLBE: Flüssige Luft. 1920. — LASCHIN: Der flüssige Sauerstoff. 1929. — J. MEYER: Gaskampf und die chemischen Kampfstoffe. 1926. — MÖLLER: Das Ozon. 1921. — MOSER: Reindarstellung von Gasen. 1920. — MUHLERT-DREWS: Technische Gase. 1928. — PABST: Flüssiger Sauerstoff und seine Verwendung im Bergbau. 1917. — PLANK: Amerikanische Kältetechnik. 1929. — PINCASS: Industrielle Herstellung von Wasserstoff. 1933. — REINACKER: Acetylen-, Sauerstoff-, Schweiß- und Schneidbrenner. 1927. — SCHIMPKE: Neueres Schweißverfahren. 1926. — SCHIMPKE-HORN: Praktisches Handbuch der Schweißtechnik, 2. Aufl. 1928. — STAVENHAGEN: Der Wasserstoff. 1925. — STILLIG: Werden und Wachsen der Kohlensäureindustrie. Festschrift ROMMENHÖLLER. 1928. — TAWERS: The rare gases. 1924. — TAYLOR: Industrial Hydrogen. 1921. — ZEMKE: Autogenes Schweißen und Schneiden, 2. Aufl. 1927.

Feste und flüssige Brennstoffe, Heiz- und Kraftgase.

Alle industriellen Operationen verlangen zu ihrer Durchführung einen bestimmten Aufwand an Energie, der in verschiedener Form zur Anwendung kommen kann. Man verwendet Wärme zum Schmelzen von Metallen oder zum Brennen keramischer Produkte, mechanische Energie zur Zerkleinerung, zum Pressen, zur Bewegung aller Art Stoffe, elektrische Energie bei der Erzeugung der Leichtmetalle, bei der Edelmetallraffination, Licht zur Beleuchtung und für photochemische Prozesse, chemische Energie zur Erzeugung mannigfaltiger Stoffe, wie Explosivstoffe, künstliche Farbstoffe usw. Es gelingt zwar leicht, die verschiedenen Energiearten mehr oder weniger vollständig ineinander zu verwandeln, wir können aber keine Energie neu erschaffen, sondern sind an gewisse natürliche Energiespeicher gebunden, die ihrerseits wieder ihren Energievorrat letzten Endes der Sonne verdanken.

Man kann folgende scheinbar sehr verschiedene Energiequellen auseinanderhalten:

Belebte Motoren (Mensch, Zug- und Lasttiere).

Bewegtes Wasser (Ebbe und Flut, Wasserfälle, Flüsse).

Bewegte Luft (Windmotoren, Segelschiffe).

Stoffe, in denen chemische Energie aufgespeichert ist (Brennstoffe).

In Wirklichkeit ist es aber allein die Sonnenenergie, welche uns in dieser verschiedenen Art der Aufspeicherung entgegentritt.

Die Sonne liefert an Wärme etwa 1800 cal in der Stunde auf 1 m² Fläche. Hierdurch werden sowohl die Wasserverdunstung und die Niederschläge, die Windbewegung, als auch der Pflanzenwuchs auf der Erde und damit die Ernährung und Erhaltung von Tier und Mensch ermöglicht. Untergegangene Pflanzen- und Tierkörper bilden die Energievorräte, die wir in den Kohlen und dem Erdöl besitzen. Auch heute noch wird durch Sonnenlicht und -wärme auf der Erde an Pflanzenwuchs weit mehr erzeugt, als der heutige Gesamtkohlenverbrauch der Welt beträgt.

Die wichtigste Energiequelle für die ganze Zeit, in welcher menschliche Kultur sich betätigt, sind bisher die Brennstoffe gewesen. Zwar tritt in den letzten Jahrzehnten nach dem Aufblühen der Elektrotechnik in steigendem Maße die dem fallenden Wasser innewohnende Kraft als Energiequelle mit den

Brennstoffen in Konkurrenz, dazu kommen noch das Erdöl und das Erdgas; für die nächsten Jahrhunderte aber werden die vorhandenen Kohlenvorkommen noch die Hauptenergiequelle bleiben.

Nachstehende Zahlen geben einen Überblick über die derzeitigen Verhältnisse der Weltenergiewirtschaft.

Die Weltgewinnung von Steinkohle ist während der letzten Jahrzehnte durch die Gewinnung von Erdöl und Wasserkraft dauernd zurückgedrängt worden. Schon vor dem Kriege blieb das Wachstum der Weltförderung von Kohle hinter dem der Erdölgewinnung zurück. Um 1890 betrug die Erdölgewinnung der Welt (auf Steinkohleneinheiten umgerechnet) etwa 3,1% der Weltkohlenförderung, im Jahre 1913 dagegen 4,5%, 1930 schon 13,9%, 1935 16,2%. Ebenso hat die Gewinnung von Energie aus Wasserkraft und Naturgas rascher zugenommen, als die aus Kohle. Die im Wettbewerb mit der Steinkohle stehenden Energieträger lieferten 1913 487 Mill. t Steinkohleneinheiten, 1935 877 Mill. t, während die Steinkohlenmenge selbst von 1216 auf 1116 Mill. t zurückgegangen ist.

Weltgewinnung an Energieträgern.

Jahr	Steinkohle	Braunkohle	Erdöl	Erdgas	Brennholz	Wasserkraft	Summe
In Mill. t Steinkohleneinheiten							
1913	1216	46	77	24	300	40	1703
1925	1186	66	213	46	250	75	1836
1929	1329	82	295	74	250	135	2165
1930	1219	70	281	69	250	137	2026
1931	1077	65	271	67	250	132	1862
1932	957	60	258	63	250	132	1720
1933	998	62	282	63	250	136	1791
1934	1089	68	297	72	250	148	1924
1935	1116	73	323	75	250	156	1993
In % der Gesamterzeugung							
1913	71,4	2,7	4,5	1,4	17,6	2,4	100
1925	64,6	3,6	11,6	2,5	13,6	4,1	100
1929	61,4	3,8	13,6	3,4	11,6	6,2	100
1930	60,1	3,5	13,9	3,4	12,3	6,8	100
1931	57,8	3,5	14,6	3,6	13,4	7,1	100
1932	55,6	3,5	15,0	3,6	14,6	7,7	100
1933	55,7	3,5	15,7	3,5	14,0	7,6	100
1934	56,6	3,5	15,5	3,7	13,0	7,7	100
1935	56,0	3,6	16,2	3,8	12,6	7,8	100

Energieerzeugung Deutschlands.

Jahr	Steinkohle	Braunkohle	Holz	Mineralöl	Wasserkraft	Insgesamt
Mill. t Steinkohleneinheiten						
1913	156,0	28,9	8,1	0,5	0,8	194,3
1927	107,3	50,0	7,8	1,9	3,8	170,8
1929	115,0	57,0	8,6	2,9	3,6	187,1
1930	90,4	44,7	7,8	4,0	4,0	150,9
1931	78,9	43,0	7,0	3,7	4,3	136,9
1932	71,8	39,1	—	2,8		
In % der Gesamterzeugung						
1913	80,2	14,9	4,2	0,3	0,4	100
1927	62,8	29,3	4,6	1,1	2,2	100
1929	61,5	30,5	4,6	1,5	1,9	100
1930	59,9	29,6	5,2	2,7	2,7	100
1931	57,6	31,4	5,1	2,7	3,1	100
1936	65,5	23,2	4,4	4,4	2,5	100

Energieerzeugung der Vereinigten Staaten von Amerika.

Jahresdurchschnitt	Anthrazit-kohle	Weichkohle	Mineralöl	Naturgas	Wasserkraft	Insgesamt
Mill. metr. t Steinkohleneinheiten.						
1901—1905	65	257	22	12	8	364
1911—1915	87	415	56	22	21	601
1921—1925	76	454	160	37	40	767
1927—1930	73	478	216	68	66	901
1933—1937	80	566	345	116	119	1226
% der gesamten Energieerzeugung						
1901—1905	17,9	70,6	6,0	3,3	2,2	100
1911—1915	14,5	69,0	9,3	3,7	3,5	100
1921—1925	9,9	59,2	20,9	4,8	5,2	100
1927—1930	8,1	53,0	24,0	7,6	7,3	100
1933—1937	6,5	45,8	28,0	9,4	9,6	100

Es lieferten zu Deutschlands Erzeugung an elektrischem Strom 1936:

	Mill. kWh	%
Steinkohlenkraftwerke	7 145,66	30,5
Braunkohlenkraftwerke	11 091,24	47,3
Wasserkraftwerke	5 099,22	21,8
Ölkraftwerke	68,83	0,3
Gaskraftwerke	16,83	0,1
Sonstige Kraftwerke	0,34	0,0
	23 422,12	100,0

Die Umwandlung der in den Brennstoffen aufgespeicherten chemischen Energie in Wärme geschieht durch Verbrennung, d. h. durch einen Oxydationsvorgang. Die Oxydation kann durch Sauerstoff der Luft oder den in den Oxyden gebundenen Sauerstoff erfolgen. Im allgemeinen versteht man unter Brennstoffen nur kohlenstoffhaltige feste und flüssige Substanzen, oder kohlenwasserstoff- und wasserstoffhaltige Gase. Es dienen in der Technik aber auch noch andere Stoffe infolge ihrer hohen Verbrennungswärme als Wärmespender, z. B. bituminöse Stoffe beim Rösten von Kohleneisenstein (Blackband) und beim Brennen von Mansfelder Kupferschiefer, Schwefel beim Rösten von Eisen- und Kupferkiesen, Zinkblenden, Kupfer- und Bleistein und beim Pyritschmelzverfahren, Silizium beim Bessemerprozeß, Phosphor beim Thomasprozeß, Aluminium in der Aluminothermie, Eisen beim Schneiden von Eisenblechen mit Sauerstoff usw.

Jede Verbrennung ist eine Umwandlung chemischer Energie in Wärme. Für praktische Zwecke ist es wichtig, die Menge und auch die Intensität der bei solchen Vorgängen erzeugten Wärme zu kennen. Die Wärmeintensität, d. h. die Temperatur, wird in Celsiusgraden gemessen; die Wärmemenge in Calorien. Die Verbrennungswärme bei technischen Umsetzungen gibt man in „großen" Kilogrammcalorien oder Wärmeeinheiten an und bezeichnet diese als „kcal" oder WE", worunter man diejenige Wärmemenge versteht, die 1 kg Wasser von 15° C um 1° C erwärmt. Die große Calorie ist äquivalent 427 mkg oder 4186 VC. Die Verbrennungswärme von Brennstoffen bezeichnet man als Heizwert und bezieht diesen bei festen Stoffen auf 1 kg, bei gasförmigen Brennstoffen auf 1 m³.

Bestimmung und Berechnung des Heizwertes. Die Ausführung der Heizwertbestimmung geschieht in „calorimetrischen Bomben". Diese Verbrennungscalorimeter sind zuerst von BERTHELOT und VIEILLE angegeben worden; man benutzte anfänglich aus Platin bestehende Bomben; die späteren für den technischen Gebrauch bestimmten Bomben nach HEMPEL, MAHLER,

Kroeker, Langbein, waren aus Stahl (Chromnickelstahl) gefertigt und trugen auf der Innenwand einen Emailüberzug oder hatten, wie die Langbeinsche, einen dünnen Platineinsatz. Jetzt werden die Bomben allgemein aus nichtrostendem Kruppschen V2A-Stahl hergestellt.

Es sind im allgemeinen zwei verschiedene Bombenformen im Gebrauch, nämlich Modell Kroeker, bestehend aus dem Becher und Deckel, und das Modell von Langbein, bestehend aus Becher und Deckel, wobei letzterer jedoch nicht durch ein Gewinde im Deckel, sondern durch eine Überwurfschraube aufgepreßt wird. Die Dichtung geschieht in beiden Fällen durch einen Bleiring.

In beiden Fällen ist der Deckel zweimal durchbohrt für den Ein- und Austritt des Sauerstoffs, ferner führt für die elektrische Zündung eine isolierte Elektrode bis in das Innere, während das Sauerstoffzu- oder -abführungsrohr, welches mit dem Gehäuse in leitender Verbindung steht, die andere Stromzuleitungselektrode bildet. Die Abb. 25 zeigt die Einrichtung einer etwas abgeänderten Kroekerschen Bombe. Die Bomben fassen in der Regel etwa 300 cm³. In die beiden seitlichen Öffnungen a im Deckel werden Ansatzrohre zur Zu- bzw. Ableitung des Sauerstoffs eingeschraubt. Das Zuleitungsrohr a hat eine rohrförmige Verlängerung d, die fast bis zum Boden reicht. Die Kegelventile b und b' verschließen nach der Durchspülung die Ein- und Austrittsöffnungen, so daß der Sauerstoff in der Bombe unter einem Druck von 25 Atm. steht. Die isolierte Elektrode e besteht aus einem zum Ring gebogenen starken Platindrahte, der das jetzt meist aus Quarz, Porzellan usw. bestehende Verbrennungsschälchen trägt. Platindraht e und Platinrohr d sind in den neueren V2A-Stahlbomben durch Silberteile, die mit Silberbromid überzogen sind, ersetzt. Zwischen diesen beiden Elektroden wird ein 0,1 mm starkes Platin- oder Nickeldrähtchen befestigt, welches zum Glühen kommt, sobald an den beiden Polklemmen C und C' Strom (meist 2 Akkumulatoren) angelegt wird. Die zu verbrennende Substanz kommt entweder lose in das Verbrennungsschälchen (eventuell auch Flüssigkeiten), in diesem Falle vermittelt ein kurzer Baumwollfaden, der über das Nickeldrähtchen geschlungen ist, die Verbrennung; oder aber man preßt die Substanz zu einer Pastille und legt dabei das Nickeldrähtchen mit ein. In dem komprimierten Sauerstoffe geht die Verbrennung der Substanz momentan vor sich. Die in der Bombe bei der Verbrennung entstehende Wärme wird nun zunächst von den Metallteilen aufgenommen und diese übertragen sie an eine genau gemessene Wassermenge, die sich in einem aus vernickeltem Messing- oder Nickelblech bestehenden Calorimetergefäße befindet, in welchem die Bombe untertaucht. Diejenige Wärmemenge, welche die Metallteile des Apparates aufnehmen, wird vorher bestimmt und wird als „Wasserwert" des Apparates in Rechnung gesetzt.

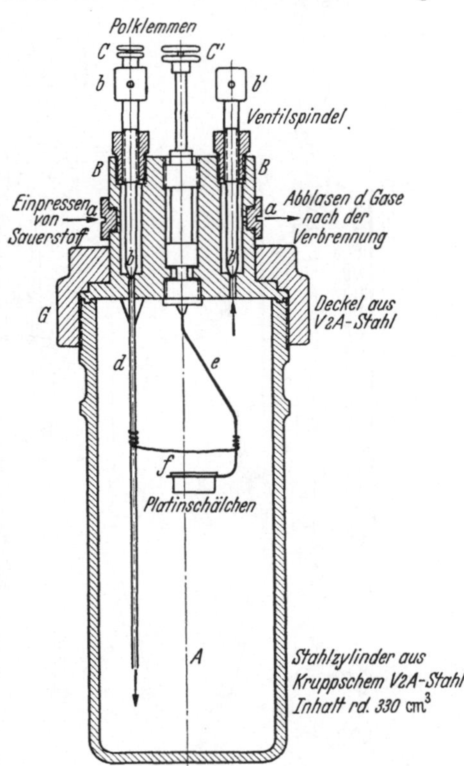

Abb. 25. Calorimetrische Bombe.

Die Gewichtsmenge des in der Bombe und im Calorimeter befindlichen Wassers, multipliziert mit der beobachteten Temperaturerhöhung des Calorimeterwassers, gibt, nach Anbringung verschiedener Korrekturen für Abkühlung, Zündung, Schwefel- und Salpetersäurebildung, die Verbrennungswärme des Brennstoffs. Da das Verbrennungswasser in der Bombe sich flüssig niederschlägt, in einer Feuerung aber dampfförmig entweicht, so muß man die Menge des kondensierten Wassers mit der Verdampfungswärme 600 multiplizieren und diese Zahl von der Verbrennungswärme in Abzug bringen, um den technischen Heizwert des betreffenden Brennstoffs zu erhalten. Bei Steinkohlen beträgt die für die Verdampfungswärme abzuziehende Wärmemenge rund 270 WE. Diese Art der Heizwertbestimmung in der Bombe eignet sich für feste und auch für flüssige Brennstoffe.

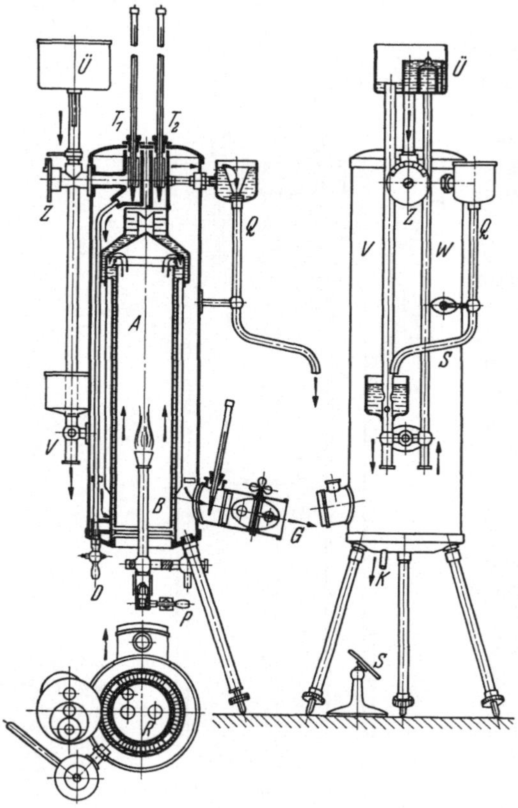

Die Firma Janke & Kunkel, Köln, bringt jetzt eine automatische Calorimeterbombe aus V2A-Stahl in den Handel, welche die Unannehmlichkeiten der Bleiringdichtung vermeidet. Die neue Bombe dichtet ohne Gewaltanwendung nach Aufschrauben des Deckels durch den Druck des einströmenden Sauerstoffs von selbst.

Für gasförmige Brennstoffe (Heizgase, Kraftgase, Koksgas, Leuchtgas) ist allgemein das JUNKERSsche Gascalorimeter in Anwendung. In diesem Apparat, dessen Einrichtung Abb. 26 zeigt, wird die bei der Verbrennung entwickelte Wärme des in einer Gasuhr gemessenen Gases auf fließendes Wasser übertragen, dessen Menge und Temperaturerhöhung leicht festzustellen ist. Das Gas tritt aus der Uhr durch einen Regulator bei

Abb. 26. Gascalorimeter von JUNKERS.

P in den Brenner B. Das Calorimeterwasser steigt durch Rohr W in einen Überlauf $Ü$, der Überschuß fließt durch Rohr V ab. Die durch den Apparat zirkulierende Wassermenge wird durch das Zeigerrad Z reguliert und eingestellt. Die Temperatur wird beim Eintritt durch Thermometer T_1, beim Austritt durch Thermometer T_2 festgestellt; das Wasser tritt dann durch Rohr Q aus und wird, wenn der Versuch im Gange ist, in einem Meßzylinder aufgefangen und gemessen. Die Verbrennungsgase umspülen innen und außen, ähnlich wie in einem Röhrenkessel R, den der Schnitt in Abb. 26 links unten in der Ecke zeigt, die aufsteigenden Wassersäulchen; sie geben ihre Wärme an diese vollständig ab und treten bei G schließlich aus. S ist ein Spiegel zur Beobachtung der Flamme im Innern des Calorimeters. Man läßt nach Einstellung des Apparates z. B. 10 l Gas im Calorimeter verbrennen, notiert nach jedem Liter Gasdurchgang die beiden Temperaturen, und mißt die erwärmte Wassermenge. Die Differenz der Mittelwerte der beiden Temperaturen multipliziert mit der Wassermenge (in Kilogramm) gibt die Verbrennungswärme für die 10 l Gas. Der so gefundene Wert ist der sog. „obere Heizwert", bei welchem diejenige Wärmemenge mitgemessen ist, welche bei der Kondensation des in den Verbrennungsgasen enthaltenen Wasserdampfes entsteht. Die Menge dieses Kondensates, welches im JUNKERSschen Calorimeter direkt aus dem Röhrchen K abtropft und gemessen werden kann, ergibt, mit 600 multipliziert und vom „oberen Heizwert" in Abzug gebracht, den „praktischen" oder „unteren Heizwert". Es darf bei diesen Rechnungen nicht übersehen werden, daß das Gasquantum noch auf Normalvolum (0° und 760 mm)

reduziert und der Heizwert auf das reduzierte Volum bezogen werden muß. Das Calorimeter von JUNKERS ist auch als selbsttätig anzeigendes Calorimeter zur fortlaufenden Kontrolle des Heizwertes von Leuchtgas, Koksofengas usw. vielfach in Anwendung.

Das Calorimeter von JUNKERS kann auch zur Heizwertbestimmung flüssiger Brennstoffe benutzt werden. Die Einrichtung ist dieselbe wie in Abb. 26 angegeben, nur wird an Stelle des Gasbrenners ein Brenner eines mit flüssigem Brennstoff beschickten Gefäßes, welches an einer Waage hängt (Abb. 27), in das Calorimeter eingeführt. Man preßt in den Flüssigkeitsbehälter Luft bei m ein, so daß der Brennstoff von selbst ausströmt. Die zu verbrennende

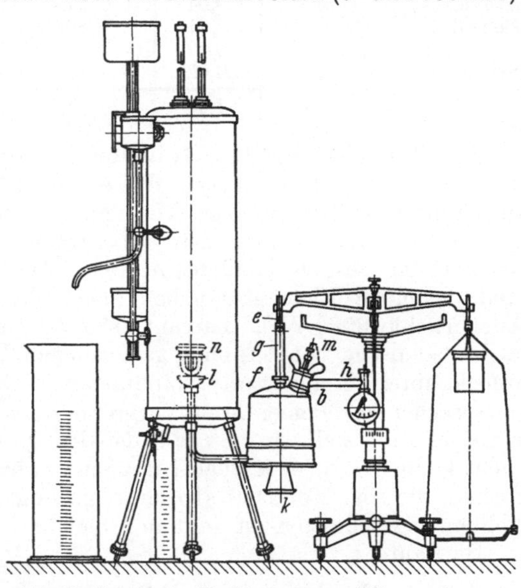

Abb. 27. Calorimeter für flüssige Brennstoffe von JUNKERS.

Menge wird durch ein Gegengewicht, welches abgenommen wird, bestimmt.

Die Berechnung des Heizwertes kann bei Gasgemischen in sehr einfacher Weise nach der chemischen Zusammensetzung geschehen. Hierzu ist nur erforderlich, daß man die einzelnen Verbrennungswärmen kennt.

Verbrennungswärmen[1].

	Formel	1 kg verbrennt zu	WE	1 m³ verbrennt zu	WE
Kohlenstoff .	C	CO_2	8 060	(0,536 kg) 1 m³ CO_2	4 320
		CO	2 431	(0,536 kg) 1 m³ CO	1 303
Kohlenoxyd.	CO	CO_2	2 415	1 m³ CO_2	3 017
Wasserstoff .	H_2	a H_2O flüssig	34 156	H_2O flüssig	3 048
		b H_2O Dampf	28 576	1 m³ H_2O Dampf	2 550
Methan . . .	CH_4	a $CO_2 + H_2O$ flüssig	13 270	1 m³ $CO_2 + H_2O$ flüssig	9 495
		b $CO_2 + H_2O$ Dampf	11 904	1 m³ $CO_2 + 2$ m³ H_2O Dampf	8 499
Äthylen . .	C_2H_4	a $CO_2 + H_2O$ flüssig	12 307	2 m³ $CO_2 + H_2O$ flüssig	15 377
		b $CO_2 + H_2O$ Dampf	11 509	2 m³ $CO_2 + 2$ m³ H_2O Dampf	14 381
Acetylen . .	C_2H_2	a $CO_2 + H_2O$ flüssig	11 970	2 m³ $CO_2 + H_2O$ flüssig	13 887
		b $CO_2 + H_2O$ Dampf	11 541	2 m³ $CO_2 + 1$ m³ H_2O Dampf	13 389
Benzol . . .	C_6H_6	a $CO_2 + H_2O$ flüssig	10 026	6 m³ $CO_2 + H_2O$ flüssig	34 896
		b $CO_2 + H_2O$ Dampf	9 597	6 m³ $CO_2 + 3$ m³ H_2O Dampf	33 402

Die mit a bezeichneten Verbrennungswärmen sind „obere", b „untere" Werte.

[1] Die Verbrennungswärmen sind nach den neuesten und zuverlässigsten Bestimmungen (ROSSINI, ROTH) berechnet.

Der Heizwert eines Steinkohlengases berechnet sich hiernach wie folgt:

	1 m³ enthält	Verbrennungswärme von 1 m³		Heizwert	
		zu flüssigem Wasser WE	zu Wasser- dampf WE	oberer WE	unterer WE
Wasserstoff	0,49	3 048	2 750	1494	1250
Methan	0,34	9 495	8 499	3228	2890
Kohlenoxyd	0,08	3 017	3 017	241	241
Äthylen	0,04	15 377	14 381	615	575
Benzol	0,01	34 896	34 402	349	344
Kohlensäure	0,02	—	—	—	—
Stickstoff	0,02	—	—	—	—
	1,00			5927	5300

Die Berechnung des Heizwertes von festen und flüssigen Brennstoffen läßt sich in dieser Weise jedoch nicht mit derselben Genauigkeit
durchführen. Die uns zur Verfügung stehenden Verbrennungswärmen sind
nämlich Verbrennungswärmen von einzelnen Elementen, also z. B. gasförmigem
Wasserstoff, festem Kohlenstoff usw. Die verschiedenen Modifikationen ein
und desselben Elementes geben aber schon ganz verschiedene Werte, z. B.
Zuckerkohle 8060 WE, Diamant 7873 WE, Graphit 7856 WE. Da nun Kohlen
nicht Gemische von Graphit, gasförmigem Wasserstoff usw. sind, sondern aus
unbekannten Kohlenstoffverbindungen bestehen, so gibt eine Addition der
entsprechenden elementaren Verbrennungswärmen (DULONGsche Formel) kein
richtiges Bild, weil wir die zur Aufspaltung der Moleküle nötigen Wärmemengen
nicht kennen. Die deutschen Ingenieure haben sich deshalb auf eine Näherungs-
formel, die sog. Verbandsformel, geeinigt, die aber eigentlich nur für Steinkohlen zugeschnitten ist und nur hierfür annähernd richtige Werte liefert.
Sie lautet:

$$\text{Der Heizwert} = 81\,\text{C} + 290\left(\text{H}_2 - \frac{\text{O}_2}{8}\right) + 25\,\text{S} - 6\,\text{W}.$$

Für Kohlenstoff, Wasserstoff und Schwefel sind abgerundete Zahlen
eingesetzt, die mit den durch Analyse gefundenen Prozentzahlen zu multiplizieren
sind. Der im Brennstoff vorhandene Sauerstoff wird als an Wasserstoff gebunden
angenommen und daher vom Wasserdampf nur die übrigbleibende Menge, der
sog. „disponible" Wasserstoff, in Rechnung gestellt. Andererseits kommt die
für das beigemengte hygroskopische Wasser aufzuwendende Verdampfungswärme
in Abzug. Nachstehend ein Beispiel der Heizwertberechnung einer Steinkohle:

	%	WE
Kohlenstoff	72,03	$72{,}03 \cdot 81 = 5834{,}43$
Wasserstoff	4,94	$4{,}94 - \dfrac{8{,}80}{8} \cdot 290 = 1113{,}60$
Sauerstoff (einschl. Stickstoff)	8,80	—
Schwefel	0,96	$0{,}96 \cdot 25 = \quad 24{,}00$
		6972,03
Hygroskopisches Wasser	4,32	$- 4{,}32 \cdot 6 = -25{,}92$
		6946,11
Asche	8,95	

Die Abweichung der Verbandsformel vom calorimetrisch bestimmten
Heizwerte betragen bei Steinkohlen $\pm 2\%$, bei Braunkohlen $\pm 5\%$, bei Torf
$\pm 8\%$, bei Holz $\pm 12\%$. Die Verbandsformel liefert „untere" Heizwerte.

Die Verbandsformel gibt also nur für kohlenstoffreiche und wasserstoffarme Brennstoffe, wie Steinkohle und Koks, brauchbare Werte. Es sind deshalb noch zahlreiche andere Formeln aufgestellt worden. Von diesen soll nur die von STEUER aufgestellte Formel angegeben werden, welche sehr gute Werte auch für sauerstoffreichere jüngere Brennstoffe wie Braunkohle, Torf, Lignit liefert. In der Formel ist angenommen, daß der Sauerstoff zur Hälfte in Hydroxylgruppen, zur anderen Hälfte in Carbonylgruppen gebunden sei.

$$H_o = 81\left(C - \frac{3}{8}\,O_2\right) + 57 \cdot \frac{3}{8}\,O_2 + 345\left(H_2 - \frac{O_2}{16}\right) + 25\,S.$$

$$H_u = 81\left(C - \frac{3}{8}\,O_2\right) + 57 \cdot \frac{3}{8}\,O_2 + 345\left(H_2 - \frac{O_2}{16}\right) + 25\,S - 6\,(W + 9\,H_2).$$

Eine andere bisweilen benutzte Formel ist die von GOUTAL, welche sich auf die einfache Bestimmung von Asche, Wasser, festem Kohlenstoff und flüchtige Bestandteile durch die Verkokungsprobe gründet (während für die vorher angegebenen Formeln eine exakte Elementaranalyse notwendig ist); sie arbeitet mit einem veränderlichen Faktor, welcher von der Menge der flüchtigen Bestandteile abhängig ist; sie liefert zufriedenstellende Annäherungswerte.

Messung und Berechnung von Verbrennungstemperaturen. Das Normalinstrument, mit dessen Angaben alle anderen Thermometer und Pyrometer geeicht werden, ist das Gas- oder Luftthermometer, welches jedoch für praktische Zwecke zu unhandlich ist. Der Meßbereich des gewöhnlichen Quecksilberthermometers reicht nur bis + 350°; durch Verwendung von Borosilicatglas und Füllung mit Stickstoff von 20 Atm. Druck gelingt es allerdings Quecksilberthermometer bis 550° benutzbar zu machen; jetzt gibt es auch Quarzglasthermometer mit Quecksilber, deren Meßbereich bis 750° geht. Für die Zwecke der Heiztechnik reichen aber diese Art Thermometer noch nicht aus. In Einzelfällen hat man die Schmelzpunkte von Metallen dazu benutzt, gewisse Temperaturen festzustellen. In der Keramik werden die Erweichungspunkte von Silicatgemischen in Form der sog. Segerkegel (vgl. Abschnitt „Tonwaren") zur Temperaturbestimmung benutzt; sie sind für diesen Spezialzweck ganz brauchbar, sie sind aber keine allgemein verwendbaren Temperaturmeßgeräte.

Für die Messung höherer Temperaturen werden heute in der Hauptsache thermoelektrische Pyrometer und optische Pyrometer verwendet.

Thermoelektrische Pyrometer. Diese Art der Temperaturbestimmung beruht darauf, daß beim Erhitzen der Lötstelle zweier aus verschiedenen Metallen bestehenden Drähte in diesen thermoelektrische Kräfte erregt werden, die mit steigender Temperatur anwachsen. Der Thermostrom ist zwar nur schwach und beträgt nur einige Millivolt, mit feinen Millivoltmetern ist aber auf diese Weise die Temperaturhöhe recht genau zu ermitteln. Das heute noch am meisten verwendete Thermoelement ist das von LE CHATELIER eingeführte Thermopaar, Platin und Platin-Rhodium (10:1). Die Thermokraft erreicht bei 1600° 16,65 mV.

Für praktische Zwecke hat man sich bald nach billigeren, aus Unedelmetallen bestehenden Thermoelementen umgesehen. Davon sind eine ganze Reihe in praktischem Gebrauch, ihr Temperaturmeßbereich reicht jedoch (mit Ausnahme von Wolfram-Molybdän) nicht bis zum Platin-Platinrhodiumelement herauf, das ist aber für viele Fälle auch nicht notwendig. Zu diesen Nichtedelmetallpaaren gehören z. B. die Thermoelemente aus Eisen und Konstantan (Cu-Ni-Mn-Legierung) mit einem Temperaturbereich von — 190 bis + 900°, Kupfer-Konstantan bis 600°, Silber-Nickel bis 900°, Nickel-Nickelchrom bis 1300°, Platin-Platinnickel bis 900°. In seltenen Fällen wird für ganz hohe Temperaturen ein Element aus Iridium und Iridium-Ruthenium (9 + 1) verwendet, dessen Angaben bis 2100° reichen, oder Iridium und Iridium-Rhodium (40 + 60), welches von 500—2000° benutzbar ist. Erst in letzter Zeit ist es der Platinschmelze G. Siebert gelungen, auch ein Wolfram-Molybdänelement mit praktisch brauchbarer Thermokraft zu konstruieren, welches Temperaturen bis zu 2200° zu messen gestattet. Das Element kann aber nur in einer gasdichten Schutzhülle unter Schutzgas verwendet werden.

Je höher die Thermokraft eines Metallpaares bei einer bestimmten Temperatur ist, desto genauer und schärfer ist die Temperaturablesung auf dem Meßinstrument möglich. In dieser Beziehung ist das viel gebrauchte Pt-PtRh-Element nicht sonderlich günstig (16,65 mV bei 1600°). Die Firma G. Siebert bringt jetzt zwei neue Edelmetallelemente aus Platin und Rhenium auf den Markt, die (H$_1$) bei 1600° 40,65 bzw. (H$_2$) bei 1250° sogar 81,85 mV ergeben. Beide Thermoelemente verlangen aber auch einen Gasschutz. Die Thermokräfte verschiedener Thermoelemente (in Millivolt) sind in nachstehender Tabelle zusammengestellt. Das Diagramm Abb. 28 zeigt graphisch den Verlauf der Thermospannungen dieser Metallpaare in Abhängigkeit von der Temperatur. Die Thermopaare werden meist in Form von Drähten verwendet, von denen der eine in einem Röhrchen aus Hartporzellan (bzw. MARQUARDTscher Masse) oder Quarz steckt, um

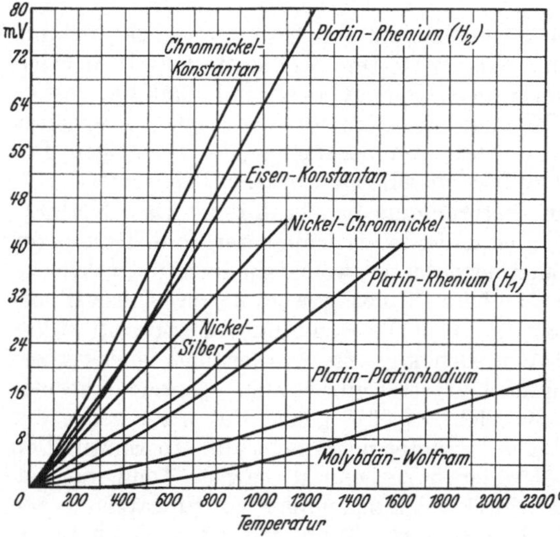

Abb. 28. Normalspannungen verschiedener Thermoelemente.

eine Berührung mit dem anderen Drahte zu verhindern; über das Element wird in der Regel noch eine Schutzhülle aus Porzellan oder Quarzglas (und in der Technik darüber außerdem noch ein Eisenrohr) geschoben, um den schädigenden Einfluß mancher Gase auf die Lötstelle auszuschließen. Die freien Enden der Drähte werden bei genauen Messungen auf 0° abgekühlt, sie sind mit Kupferdrähten verlötet, die zu einem empfindlichen Millivoltmeter führen, auf welchem neben den Millivoltzahlen in vielen Fällen auch gleich die Temperaturgrade verzeichnet sind.

Außer thermoelektrischen Pyrometern findet in der Technik auch ein Widerstandspyrometer (Heraeus) Anwendung. Bei diesem Instrument

Normalspannungen von Thermoelementen (Millivolt)

Thermopaar	20°	100°	200°	300°	400°	500°	600°
Platin-Platinrhodium . .	0,00	0,54	1,33	2,22	3,15	4,12	5,13
Eisen-Konstantan	0,00	4,4	10,2	15,8	21,4	27,0	32,80
Nickel-Nickelchrom . . .	0,00	3,30	7,50	12,20	16,40	20,25	24,20
Chromnickel-Konstantan .	0,00	4,8	12,0	20,0	27,75	35,80	44,05
Silber-Nickel	0,00	2,18	4,96	7,52	9,83	12,04	14,50
Platin-Rhenium (H$_1$). . .	0,00	1,25	3,15	5,20	7,35	9,65	12,10
Platin-Rhenium (H$_2$). . .	0,00	3,45	8,70	14,65	20,80	27,65	34,50
Platingold-Platinrhodium .	0,00	2,30	5,94	9,98	14,39	19,12	24,08
Wolfram-Molybdän. . . .	—	—	—	—	—	0,60	1,20

[1] Wolfram-Molybdän zeigt dann noch weiter bei 1800° 13,50 mV, bei 2000° 15,90 mV

ist eine Platinspirale von ganz bestimmtem Widerstande in Quarzglas eingeschmolzen, deren Widerstand bei Abkühlung oder Erhitzung sich ändert und durch eine Meßeinrichtung nach Art der WHEATSTONEschen Brücke bestimmt wird. Der Meßbereich reicht von — 200 bis + 700°.

Optische Pyrometer. Die Temperaturbeurteilung nach der Glühfarbe ist sehr unsicher. Man schätzt: Dunkelrot zu 600°, Kirschrot zu 700°, Hellrot zu 850°, Gelbglut zu 950°, Hellgelb zu 1050°, Weißglut zu 1200°. Für genaue Messungen sind optische Pyrometer in Gebrauch, die eine genaue und bequeme Temperaturbestimmung gestatten, selbst in Gebieten, wo die thermoelektrischen Pyrometer versagen. Allerdings kann mit optischen Pyrometern nur die Temperatur sog. „schwarzer Körper" bestimmt werden; aber praktisch verhalten sich allseitig geschlossene Ofenräume annähernd wie schwarze Körper. Flammen lassen sich also in dieser Weise nicht messen. Die Messung der Temperatur glühender Körper beruht darauf, daß die Helligkeit der Glühstrahlung sich mit der Temperatur stark ändert und zwar wächst die Lichtstrahlung eines physikalisch schwarzen Körpers mit der 4. Potenz der absoluten Temperatur. Die Messung der leuchtenden Strahlung kann in verschiedener Weise bewerkstelligt werden, indem man nämlich entweder die Gesamtstrahlung oder nur bestimmte Spektralbereiche mißt.

a) **Gesamtstrahlungspyrometer.** Strahlungspyrometer, welche die Gesamtstrahlung benutzen, erlauben nach dem STEFAN-BOLTZMANNschen Gesetz die Temperatur zu bestimmen. Die Strahlung eines glühenden Körpers wird durch eine Flußspatlinse (oder auch eine Glaslinse) hindurch auf ein sehr empfindliches Thermoelement, welches im Sehrohr untergebracht ist, konzentriert. Im Brennpunkt der Linse ist an der Lötstelle des Thermoelements ein geschwärztes Plättchen zur besseren Absorption der Strahlung angebracht. An einem empfindlichen Millivoltmeter kann dann wie bei Thermoelementen die Temperatur abgelesen werden.

Das erste Pyrometer dieser Art war das von FÉRY. Jetzt sind verschiedene andere Gesamtstrahlungspyrometer in Gebrauch, z. B. das **Ardometer (Siemens & Halske)**, das **Pyro (Hase)**, das **Pyrradio (Hartmann & Braun)**, das **Mikrotherm (Kaiser & Schmidt)**. Die Einrichtung des Ardometers wird schematisch durch Abb. 29 erläutert. *a* ist die Objektivlinse, *b* eine Blende, *c* die Lötstelle des Thermoelements, *d* ein Grauglas, *e* die Okularlinse. Die Enden des Thermoelements führen zu einem Millivoltmeter. Im allgemeinen können mit diesen Pyrometern nur Temperaturen von 800° aufwärts gemessen werden.

b) **Teilstrahlungspyrometer.** Die Teilstrahlungspyrometer gründen sich auf den Vergleich der Intensität eines aus dem Spektrum des einfallenden Lichtstrahls ausgesonderten Strahles bestimmter begrenzter Wellenlänge (rot) mit der Intensität eines Vergleichsstrahles derselben Wellenlänge, welcher von

bei verschiedenen Temperaturen.

700°	800°	900°	1000°	1100°	1200°	1300°	1400°	1500°	1600°
6,16	7,24	8,36	9,52	10,69	11,87	13,06	14,25	15,45	16,65
38,90	45,20	51,90							
28,20	32,30	36,40	40,50	44,40					
52,15	60,05	67,90							
17,30	20,73	24,19							
14,65	17,30	20,00	22,80	25,75	28,60	31,55	34,60	37,55	40,65
41,70	48,95	56,40	63,80	71,10	78,30	81,85 (bei 1250°)			
29,18	34,35	39,53	44,66	49,71	54,66	59,56			
1,90	2,60	3,40	4,20	5,20	6,30	7,40	8,60	9,80	11,00[1]

und bei 2200° 18,40 mV.

einem Glühfaden, gespeist von einer Akkumulatorenbatterie, geliefert wird. Der Vergleich der Intensität kann in zweierlei Weise vorgenommen werden: entweder hält man die Temperatur des Glühfadens konstant und schwächt die Intensität des Bildes des leuchtenden Körpers durch einen Rauchglasring, bis beide Helligkeiten gleich sind, oder man reguliert durch Änderung des Widerstandes im Stromkreise die Intensität der Glühfadenstrahlung, bis sie mit derjenigen des glühenden Gegenstandes gleich ist.

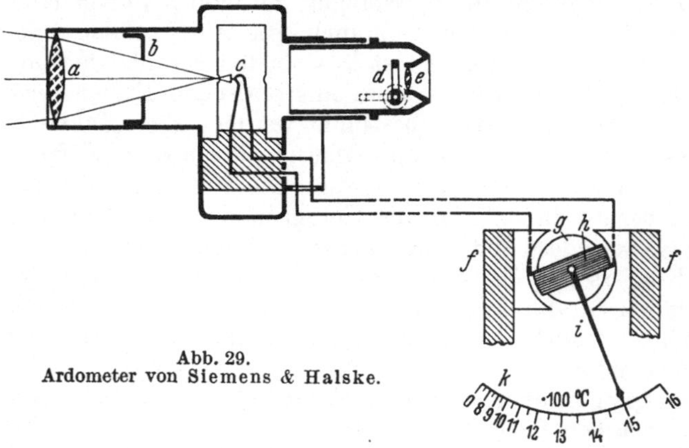

Als Beispiel eines Pyrometers der letztgenannten Art sei hier die Einrichtung des Glühfadenpyrometers nach HOLBORN-KURLBAUM in der Bauart von Siemens & Halske erläutert (Abb. 30). In einem Fernrohr ist eine Glühlampe c eingebaut, die mit einem regulier-

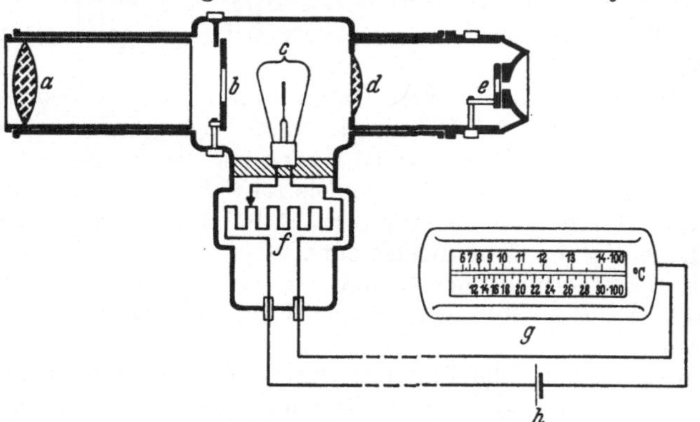

Abb. 29.
Ardometer von Siemens & Halske.

baren Widerstand f in Serie mit dem Meßinstrument g an einer Stromquelle (Akkumulator, Taschenlampenbatterie) liegt, durch die sie zum Leuchten gebracht wird. Die Helligkeit des Glühfadens kann durch den Drehwiderstand nach Belieben geändert werden. a ist die Objektivlinse, b ein Rauchglas, d die Okularlinse. Visiert man den glühenden Gegenstand scharf an, so erscheint der Glühfaden, solange die Lampe stromlos ist, schwarz auf rotem Grunde. Man reguliert nun durch Drehung des Widerstandes die Helligkeit des Glühfadens so lange, bis sich der Glühfaden vom Hintergrunde nicht mehr abhebt; dann liest man auf dem Meßinstrument die Strom-

Abb. 30. Glühfadenpyrometer von HOLBORN-KURLBAUM,
Bauart Siemens & Halske.

stärke, bzw. da es in °C geeicht ist, die Temperatur direkt ab. Vor dem Okular d ist noch ein Farbfilter e (Rotglas) eingebaut, welches nur Licht eines bestimmten Wellenlängenbereiches hindurchläßt. Von 600—800° mißt man ohne das Rotglas, über 1400° muß man vor die Objektivlinse Rauchgläser vorsetzen, um die Helligkeit zu schwächen. Zur Eichung benutzt man geeichte Wolframhandlampen.

Zu den Teilstrahlungspyrometern gehören auch das früher viel gebrauchte Wanner-Pyrometer, welches jetzt durch das Optix-Pyrometer von Hase ersetzt ist, das Pyrophot von Braun & Co. und das Kreuzfadenpyrometer von Siemens & Halske. Das Prinzip der Temperaturmessung dieser Pyrometer läßt sich sehr schön erläutern an der nebenstehenden schematischen Darstellung der Einrichtung des Kreuzfadenpyrometers von Siemens & Halske

(Abb. 31). Die einfallende Strahlung des glühenden Körpers wird durch Drehen eines Graukeils (Rauchglaskeilring) in ihrer Helligkeit geschwächt, und zwar so lange, bis die Helligkeit mit der eines Normalstrahlers (hier des Kreuzfadens) übereinstimmt. Die beiden Strahlungen vergleicht man bei einer bestimmten Wellenlänge, die durch ein Rotglas herausgefiltert wird. Der Graukeil ist mit einer Temperaturskala versehen. Beim Kreuzfadenpyrometer stellt man auf den breiten Faden, beim Optix-Pyrometer auf einen Leuchtpunkt ein. Abb. 32 erläutert schematisch den Zusammenbau des Optix. In einem fernrohrartigen Gehäuse ist in der Mitte der drehbare Rauchglaskeilring mit der Temperaturskala sichtbar. Die Strahlung tritt links oben durch das Objektiv ein, geht durch den Keilring in das rechts sichtbare Linsensystem und von hier durch einen Rotglasschieber zum Okular. Zwischen Keilring und Linsensystem ist die Vergleichsglühlampe angeordnet, welche von der links eingebauten Taschenlampenbatterie gespeist wird und deren Helligkeit mit Widerstand und Meßeinrichtung eingestellt und ab und zu mit einer Normallampe geeicht wird. Der Meßbereich der

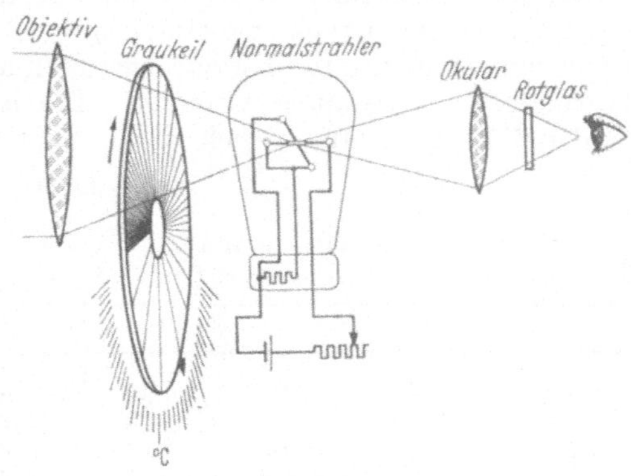

Abb. 31.
Kreuzfadenpyrometer von Siemens & Halske.

Kreuzfadenpyrometer geht von 900—1500°, der des Optix von 750—1200° bzw. 1100—1800°.

Alle diese Instrumente haben den einen Mangel, daß sie nichts darüber angeben, wieweit die abgelesene Temperatur von der wahren Temperatur abweicht, d. h. bis zu welchem Grade die Strahlung des zu messenden Körpers von der schwarzen Strahlung abweicht. Das führt namentlich beim Messen der Temperaturen von Abstichen an flüssigem Eisen, Stahl und Schlacken zu

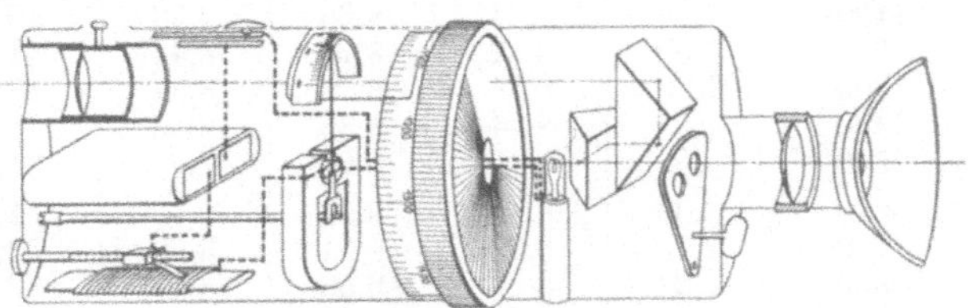

Abb. 32. Optix-Pyrometer von Hase.

erheblichen Fehlern. NAESER hat jetzt im K.-W.-Eisenforschungsinstitut ein neues kombiniertes Farb-Helligkeitspyrometer „Bioptrix" konstruiert, welches die wahre Temperatur aller nicht selektiv strahlenden Temperaturstrahler mit einer Genauigkeit von $\pm 10°$ zu messen gestattet.

Die Berechnung der Verbrennungstemperatur oder des pyrometrischen Heizeffektes eines Brennstoffes ist nach folgender Überlegung leicht möglich. Ein bestimmtes Wärmequantum, beispielsweise eine Wärmeeinheit (WE), erwärmt 1 kg Wasser um 1°, 1 kg Kupfer dagegen um 1:0,0936 = 10,7°, 1 kg Platin um 1:0,0324 = 30,8°, weil die Wärmekapazität von Kupfer und Platin kleiner ist als die des Wassers. Bei Verbrennungen überträgt sich die entwickelte Wärmemenge auf die gebildeten Verbrennungsprodukte. Wenn man die Menge derselben und ihre spezifische Wärme kennt, dann ist also auch die theoretisch erzielbare Temperatur leicht zu berechnen. Nachstehend sind für eine Anzahl Gase die spezifischen Wärmen von 0—3000° mitgeteilt, und zwar sind hier die nach den neuesten und genauesten Bestimmungen von JUSTI neu berechneten spezifischen Wärmen der wichtigsten Gase und Dämpfe zusammengestellt, welche auch für den deutschen Normenausschuß die Grundlage bilden.

Die Wärmekapazitäten ändern sich mit steigender Temperatur, aber nicht geradlinig, auch nicht bei Sauerstoff, Stickstoff, Wasserstoff, Luft, wie man bisher annahm. Ganz abweichend ist die Änderung bei Kohlensäure und Wasserdampf, welche gerade bei feuerungstechnischen Berechnungen eine große Rolle spielen.

Während man für feuerungstechnische Rechnungen die spezifischen Wärmen bei konstantem Druck benötigt, braucht man für die Berechnungen von Explosionstemperaturen bei Sprengstoffen und in Gasmaschinen die spezifischen Wärmen für konstantes Volumen. Die letzteren sind aus den angegebenen Zahlen für konstanten Druck durch Subtraktion von 1,986 zu erhalten.

$$m\,c_p - 1{,}986 = m\,c_v.$$

Wahre spezifische Wärme C_{p_0} der Gase und Dämpfe in kcal/Mol bei verschiedenen Temperaturen $t\,(^\circ\mathrm{C})$ und konstantem Druck $p = 0$ Atm.

t	H_2	N_2	O_2	CO	H_2O	CO_2	Luft
0	6,86	6,96	6,99	6,96	7,98	8,61	6,94
100	6,96	6,98	7,13	7,00	8,10	9,69	6,99
200	6,99	7,05	7,37	7,09	8,32	10,47	7,10
300	7,01	7,16	7,61	7,23	8,56	11,23	7,24
400	7,03	7,31	7,84	7,40	8,84	11,79	7,40
500	7,06	7,47	8,02	7,57	9,12	12,25	7,57
600	7,12	7,63	8,18	7,75	9,41	12,63	7,72
700	7,20	7,78	8,31	7,90	9,72	12,94	7,87
800	7,28	7,91	8,41	8,03	10,02	13,20	7,99
900	7,38	8,03	8,50	8,15	10,30	13,41	8,10
1000	7,49	8,14	8,60	8,24	10,58	13,60	8,21
1100	7,59	8,24	8,66	8,33	10,84	13,74	8,29
1200	7,69	8,32	8,73	8,41	11,08	13,87	8,37
1300	7,80	8,38	8,79	8,47	11,31	13,98	8,43
1400	7,89	8,44	8,85	8,53	11,52	14,07	8,49
1500	7,98	8,49	8,90	8,57	11,71	14,15	8,54
1600	8,08	8,54	8,96	8,62	11,88	14,22	8,59
1700	8,16	8,59	9,01	8,66	12,04	14,28	8,64
1800	8,24	8,63	9,08	8,69	12,19	14,33	8,68
1900	8,32	8,66	9,14	8,72	12,33	14,38	8,72
2000	8,38	8,70	9,19	8,75	12,45	14,42	8,77
2200	8,51	8,76	9,29	8,81	12,68	14,49	8,83
2400	8,62	8,80	9,39	8,85	12,87	14,54	8,89
2600	8,73	8,84	9,47	8,89	13,02	14,59	8,94
2800	8,83	8,88	9,55	8,91	13,14	14,63	8,98
3000	8,93	8,90	9,62	8,93	13,23	14,66	9,02
Mol	2,02	28,03	32,00	28,00	18,02	44,00	28,964

Aus diesen Zahlen lassen sich nun ohne weiteres die wahren spezifischen Wärmen sowohl für konstanten Druck wie für konstantes Volumen, und zwar für 1 kg, wie für 1 m³ Gas, bei den verschiedenen Temperaturen berechnen, indem man die betreffenden Zahlen durch das Molekulargewicht (in der untersten Zeile der Zahlentafel angegeben) bzw. durch 22,414 (ergibt Normalkubikmeter von 0° und 760 mm) dividiert.

In der Gas- bzw. Feuerungstechnik werden jedoch meist nicht die wahren spezifischen Wärmen c_p bzw. c_v gebraucht, sondern die mittleren spezifischen Wärmen zwischen 0° und $t°$, und zwar in der Hauptsache für 1 m³, also c_{p_m}/m^3. Die folgende Tabelle gibt die mittleren spezifischen Wärmen in kcal/Mol.

Mittlere spezifische Wärme der Gase und Dämpfe in kcal/Mol zwischen 0° und $t°$ bei konstantem Druck $p = 0$ Atm.

Zwischen 0° und $t°$	H_2	N_2	O_2	CO	H_2O	CO_2	Luft
100	6,92	6,97	7,05	6,97	8,03	9,17	6,96
200	6,95	7,00	7,15	7,00	8,12	9,65	7,01
300	6,97	7,04	7,26	7,06	8,22	10,06	7,06
400	6,98	7,09	7,38	7,12	8,34	10,40	7,13
500	6,99	7,15	7,49	7,19	8,47	10,75	7,20
600	7,01	7,21	7,59	7,27	8,60	11,03	7,27
700	7,03	7,27	7,68	7,34	8,74	11,28	7,34
800	7,06	7,35	7,77	7,43	8,89	11,50	7,42
900	7,09	7,42	7,85	7,50	9,04	11,70	7,49
1000	7,12	7,49	7,92	7,57	9,18	11,88	7,56
1100	7,15	7,56	7,98	7,64	9,32	12,05	7,62
1200	7,20	7,62	8,04	7,70	9,45	12,19	7,68
1300	7,24	7,67	8,11	7,76	9,58	12,32	7,73
1400	7,28	7,73	8,16	7,81	9,72	12,45	7,78
1500	7,32	7,78	8,20	7,85	9,84	12,56	7,84
1600	7,36	7,82	8,24	7,90	9,96	12,66	7,88
1700	7,40	7,86	8,28	7,94	10,09	12,75	7,92
1800	7,45	7,91	8,33	7,98	10,20	12,84	7,96
1900	7,49	7,94	8,38	8,02	10,30	12,92	7,99
2000	7,53	7,98	8,42	8,05	10,41	12,99	8,03
2200	7,62	8,05	8,48	8,12	10,61	13,13	8,08
2400	7,70	8,10	8,56	8,18	10,79	13,24	8,14
2600	7,78	8,17	8,63	8,24	10,96	13,34	8,20
2800	7,85	8,22	8,68	8,28	11,11	13,43	8,25
3000	7,92	8,26	8,76	8,32	11,23	13,52	8,29

Mittlere spezifische Wärmen c_{p_m}/m^3.

Zwischen 0° und $t°$	H_2	N_2	O_2	CO	H_2O	CO_2	Luft
100	0,309	0,311	0,314	0,311	0,358	0,409	0,310
200	0,310	0,312	0,319	0,312	0,362	0,430	0,313
300	0,311	0,314	0,323	0,315	0,366	0,448	0,315
400	0,311	0,316	0,329	0,317	0,372	0,464	0,318
500	0,312	0,319	0,334	0,320	0,377	0,479	0,321
600	0,313	0,321	0,339	0,324	0,383	0,492	0,324
700	0,314	0,324	0,342	0,327	0,389	0,503	0,327
800	0,315	0,328	0,346	0,331	0,396	0,513	0,331
900	0,316	0,331	0,350	0,334	0,403	0,522	0,334
1000	0,317	0,334	0,353	0,337	0,409	0,530	0,337
1100	0,319	0,337	0,356	0,340	0,415	0,538	0,340
1200	0,321	0,340	0,359	0,343	0,421	0,543	0,342
1300	0,323	0,342	0,362	0,346	0,427	0,549	0,344
1400	0,325	0,345	0,365	0,348	0,433	0,555	0,347
1500	0,326	0,347	0,366	0,350	0,439	0,560	0,349
1600	0,328	0,349	0,367	0,352	0,444	0,564	0,351
1700	0,330	0,351	0,369	0,354	0,450	0,569	0,353
1800	0,332	0,353	0,371	0,356	0,455	0,573	0,355
1900	0,334	0,354	0,373	0,358	0,459	0,576	0,356
2000	0,336	0,356	0,375	0,359	0,464	0,579	0,358
2200	0,340	0,359	0,377	0,362	0,473	0,585	0,360
2400	0,343	0,361	0,381	0,364	0,481	0,590	0,363
2600	0,347	0,364	0,385	0,366	0,489	0,595	0,366
2800	0,350	0,366	0,387	0,369	0,495	0,599	0,368
3000	0,353	0,369	0,390	0,371	0,501	0,603	0,370

Aus diesen Zahlen lassen sich dann genau wie vorher bei den wahren spezifischen Wärmen alle gewünschten Werte berechnen. In der letzten Tabelle sind dann die meist gebrauchten Zahlen der mittleren spezifischen Wärmen für 1 m³ zusammengestellt.

In Abb. 33 sind die mittleren spezifischen Wärmen (voll ausgezogen) und die wahren spezifischen Wärmen (gestrichelt) bezogen auf 1 m³ graphisch zur Darstellung gebracht.

Die theoretisch erzielbare Verbrennungstemperatur, die sog. „Grenztemperatur", ist $t = W/c$. Dabei ist W die

Mittlere spezifische Wärme von Methan, Äthylen, Acetylen, Benzol.

$0°-t°$	CH_4	$0°-t°$	C_2H_4	$0°-t°$	C_2H_2	$0°-t°$	C_6H_6
100	0,386	100	0,502	100	0,490	100	0,93
200	0,415	200	0,556	200	0,520	200	1,05
300	0,450	300	0,604	300	0,546	300	1,05
400	0,480	400	0,650	400	0,566	400	1,16
500	0,509	500	0,691	500	0,583	500	1,39
600	0,536	600	0,729	600	0,601		
700	0,563	700	0,762	700	0,615		
800	0,587	800	0,799	800	0,629		
900	0,610	900	0,823	900	0,642		
1000	0,632	1000	0,851	1000	0,654		

bei der Verbrennung entstehende Wärmemenge, c die Wärmekapazität der Verbrennungsprodukte. Wenn 1 kg Kohlenstoff mit Luft verbrennt, so werden (S. 63) 8060 WE entwickelt und es entstehen (S. 93) 3,666 kg Kohlensäure und 8,925 kg Stickstoff, die theoretisch zu erreichende Temperatur würde also

$$t = \frac{8060}{(3,660 \cdot 0,329) + (8,925 \cdot 0,312)} = 2032°$$

sein. In Wirklichkeit wird diese Flammentemperatur nicht erreicht, weil man praktisch nicht mit der theoretischen Luftmenge auskommt, wenn die

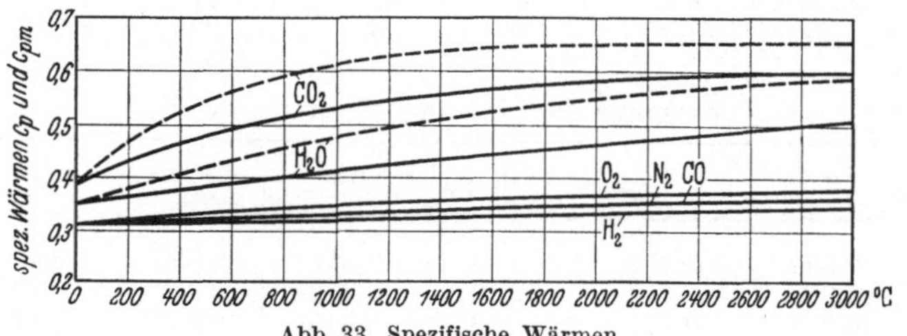

Abb. 33. Spezifische Wärmen.

Verbrennung vollständig sein soll, weil durch Leitung und Strahlung Wärme verloren geht und weil über 2000° die Dissoziation von Wasserdampf und Kohlensäure schon eine Rolle spielt.

Die Dissoziation der Kohlensäure $CO_2 \rightleftarrows CO + O$ beträgt nach BJERRUM bei 1300° 0,1%, bei 1700° 2%, bei 1800° 5%, bei 2000° 10%, bei 2200° 17%, die des Wasserdampfes $H_2O \rightleftarrows H_2 + O$ bei 1400° 0,1%, bei 1800° 1%, bei 2000° 2%.

Für solche Rechnungen ist vielfach das Rechnen mit Volumverhältnissen bequemer. Verbrennt z. B. Kohlenstoff mit Luft zu 1 m³ Kohlensäure, so werden (S. 63) 43020 WE entwickelt. Das entstehende Rauchgas müßte theoretisch aus 21% CO_2 und 79% N_2 bestehen; praktisch sind aber nur meist 12% Kohlensäure vorhanden. Das Rauchgas würde sich also aus 12% CO_2, 9% O_2 und 79% N_2 zusammensetzen. Da nur 0,12 m³ CO_2 entstanden sind, so ist auch im Zähler als Verbrennungswärme nur 4320 · 0,12 WE einzusetzen; die erreichbare Verbrennungstemperatur würde also sein:

$$t = \frac{4320 \cdot 0,12}{(0,12 \cdot 0,555) + (0,09 \cdot 0,365) + (0,79 \cdot 0,345)} = 1393°.$$

Verbrennt ein Steinkohlengas der S. 64 angegebenen Zusammensetzung, welches einen Heizwert von 5300 WE hat, mit der theoretischen Menge Luft, so entsteht

(S. 97) ein Verbrennungsgas von 0,58 m³ CO_2, 4,38 m³ N_2 und 1,28 m³ H_2O. Das trockene Gas besteht aus 11,4% CO_2 und 88,6% N_2. Wenn bei der Verbrennung von 1 m³ dieses Steinkohlengases 5300 WE entwickelt werden und zwar unter Bildung von 0,58 kg CO_2, so würde bei Bildung von 1 m³ CO_2 9138 WE frei werden. 11,4% CO_2 liefern also $0,114 \cdot 9138$ WE. Zu erhitzen sind auf die Flammentemperatur 0,114 CO_2, 0,886 m³ N_2 und 0,258 m³ H_2O-Dampf. Die Verbrennung obigen Steinkohlengases ergibt also rechnungsmäßig eine Temperatur von

$$t = \frac{0,114 \cdot 9138}{(0,114 \cdot 0,579) + (0,886 \cdot 0,356) + (0,258 \cdot 0,464)} = 2079°.$$

Praktisch wird mit Steinkohlengas eine so hohe Temperatur nicht ganz erreicht, da zur Verbrennung ein geringer Luftüberschuß notwendig ist, der miterhitzt werden muß, und da bei 2000° auch schon die Dissoziation der Kohlensäure ins Gewicht fällt.

(Steinkohlengase dieser Art sind: Koksofengas und Ferngas. Das Nachkriegs-Leuchtgas, wie es die städtischen Gasanstalten liefern, ist kein reines Steinkohlengas mehr, sondern ein Gemisch von Steinkohlengas und Wassergas, mit einem oberen Heizwerte von nur 4200 WE.)

A. Feste Brennstoffe.

Die eigentlichen Brennstoffe lassen sich in folgender Weise gliedern.

Brennstoffe	Natürliche	Künstliche
Feste. . . .	Holz, Torf, Braunkohle, Steinkohle, Anthrazit	Holzkohle, Grudekoks, Gaskoks, Zechenkoks, Briketts, Naßpreßsteine
Flüssige . .	Erdöl, Benzin aus Erdgas	Teer, Steinkohlenteeröle, Braunkohlenteeröle, Benzol, Benzin, Petroleum, Heizöl (Masut), Spiritus, Methanol
Gasförmige .	Erdgas	Generatorgas, Hochofengichtgas, Wassergas, Mischgas (Kraftgas), Leuchtgas, Koksofengas, Sauggas, Mondgas, Doppelgas, Trigas, Acetylen, Wasserstoff, Methan und die sog. Flüssiggase Butan, Propan, Ruhrgasol

Alle natürlichen festen Brennstoffe stammen von Pflanzen. Verholzte Pflanzen bestehen zu rund 50% aus Cellulose, der Rest besteht aus Lignin und zuckerartigen Kohlehydraten. Während man früher allgemein annahm, daß durch Vermoderungsvorgänge die Kohle in der Hauptsache durch Abbau von Cellulose entstanden sei, entwirft FRANZ FISCHER und SCHRADER von der Entstehung der Kohle folgendes Bild. Von den Pflanzenstoffen Lignin und Cellulose verschwindet im Laufe der Zeit die Cellulose, vorwiegend durch Bakterientätigkeit, und es bildet sich die Kohle hauptsächlich durch den Übergang des Lignins in Huminstoffe, ferner aus den durch Verschwinden der Cellulose angereicherten Beimengungen von Wachsen und Harzen. Das sog. Humin geht dann weiter unter Abspaltung von Wasser und Kohlensäure bzw. Methan in Braunkohle bzw. Steinkohle über. Diesen Vorgang bezeichnet man als Inkohlung. Gegen diese Theorie, daß das Lignin als alleinige Muttersubstanz der Kohle anzusehen sei, hat namentlich BERL sehr starke Einwände erhoben. Er zeigte, daß nicht nur das Lignin, sondern auch die aliphatische Cellulose die aromatischen Carbonsäuren der Kohle liefern kann; andererseits finden sich in der Steinkohle neben aromatischen Verbindungen auch aliphatische Stoffe, die nicht gut aus einer Umwandlung des aromatischen Lignins erklärt werden können. Nach BERL sind an der Bildung der Humusanteile der verschiedenen Kohlenarten sowohl die Cellulose, wie das Lignin beteiligt gewesen; für die Bildung von Steinkohlen haben harz-, wachs- und ligninarme Pflanzen das Urmaterial abgegeben, für die Braunkohle höher organisierte, ligninreiche Pflanzen. Die Lignintheorie hat also höchstens für die Braunkohlenbildung Geltung. Die Humuskohle ist demnach aus Lignin und Cellulose, das Bitumen aus Harzen, Wachsen und Fetten entstanden. Die heutigen Braunkohlen gehen niemals allein durch längere Zeitdauer der Inkohlung in Steinkohlen über, bei der Steinkohlenbildung müssen noch andere Faktoren, wie Druck und erhöhte Temperatur, wesentlich mitgewirkt haben. Nach Untersuchungen von B. NEUMANN haben die Temperaturen bei der Braunkohlenbildung jedoch bei der erdigen Braunkohle nicht 180°, bei der Pechbraunkohle nicht 230°, bei der Steinkohlenbildung nicht 300° überschritten. Auch die Geologen sind der Ansicht, daß der Bildungsprozeß der Vertorfung pflanzlicher Substanz mit anschließender Braunkohlenbildung, den man als Humifikation bezeichnet, unter normalen Umständen zu einem stabilen Endzustande, der „alten Braunkohle", führt, aber über diesen in noch so langen Zeiträumen nicht hinausgeht. Die Steinkohlenbildung, die Metamorphose der Kohle, wird als eine Art von Verschwelung unter Druck bei höherer Temperatur aufgefaßt, wobei das Entweichen der Schwelprodukte ausgeschlossen war.

Nach TERRES ist die Braunkohle unter vorwiegend aerober Zersetzung im wesentlichen aus Lignin entstanden, dagegen hat sich die Steinkohle in flachen offenen Gewässern anaerob gebildet, der Humusanteil entstammt in der Hauptsache dem Lignin, das Bitumen dem Protoplasma von Makroorganismen und Abbauprodukten der Cellulose. Maßgeblich für die Bildung der Steinkohlen bzw. der Braunkohlen sind die primären biologischen Zersetzungsprozesse. Druck und Temperatur übten lediglich auf die Inkohlung einen beschleunigenden Einfluß aus.

Bei der Humifikation tritt Abspaltung von Kohlensäure und Wasser ein (sog. schwere Wetter in der Braunkohle), bei der Metamorphose Methanabspaltung (Grubengas, schlagende Wetter in der Steinkohle). Je älter die Kohle ist, desto sauerstoffärmer und kohlenstoffreicher ist sie.

Wenn tierische Lebewesen, hauptsächlich kleine Wassertierchen, deren Körper in der Hauptsache aus Eiweiß und fettartigen Stoffen besteht, der Fäulnis anheimfallen und mit Algen usw. im Wasser zu Boden sinken, so bilden sich dicke Lagen von faulendem Schlamm, der als Faulschlamm oder Sapropel bezeichnet wird. Dieser verwandelt sich in geologischen Zeiträumen in Kohlengesteine, die man zum Unterschiede von den Humuskohlen als Sapropelite oder Sapropelkohlen bezeichnet. Zu den echten Sapropelkohlen gehören die Kennelkohlen (Sporenkohlen) und die Bogheadkohlen (Algenkohlen). Die Sapropelkohlen können bei starker (vulkanischer) Erwärmung auch flüssige Destillationsprodukte abscheiden, nämlich Erdöl. Es besteht auch die Möglichkeit, daß sich aus dem angehäuften Sapropel direkt Erdöl gebildet hat (TERRES).

Die Humuskohlen (aus Humusstoffen und Bitumen bestehend) liefern bei der trockenen Destillation einen an Phenolen reichen Urteer. Die Sapropelkohlen (aus Fettsäuren und Umwandlungsprodukten) geben keine Phenole bei der trockenen Destillation. Kohlen gemischten Ursprungs, wie z. B. die bogheadähnlichen Brandschiefer, weisen je nach dem Anteil an humitischen und sapropelitischen Bestandteilen geringe Mengen Phenole (5—7%) im Teer auf.

Man unterscheidet vegetabilische Brennstoffe (Holz) und fossile Brennstoffe (Torf, Braunkohle, Steinkohle, Anthrazit). Für die Einteilung der fossilen Kohlen ist in erster Linie ihre chemische Zusammensetzung, d. h.

das Verhältnis ihres Gehaltes an Kohlenstoff, Wasserstoff und Sauerstoff maßgebend. Nachstehende Tabelle gibt eine Übersicht über die Durchschnittsgehalte der Cellulose, des Holzes und der fossilen Brennstoffe an Kohlenstoff, Wasserstoff und Sauerstoff, bezogen auf Reinkohle, d. h. auf die wasser- und aschefreie Substanz.

Eine Einteilung der Brennstoffe nach dem geologischen Alter ergibt dieselbe Reihenfolge. Beim Torf spielt sich die Umwandlung aus lebenden Pflanzen noch heute ab; die Bildung der Braunkohle fand in der Hauptsache im Tertiär statt,

	Kohlenstoff %	Wasserstoff %	Sauerstoff %
Cellulose. . .	44,4	6,2	49,4
Holz	50,0	6,0	44,0
Jüngerer Torf	54	6	40
Älterer Torf .	60	6	34
Braunkohle .	65—70	5,5—6,0	20—25
Steinkohle. .	80—90	4,0—5,5	4—15
Anthrazit . .	95	2—3	2—3

die der Steinkohlen hauptsächlich im Carbon, während die Anthrazite dem Carbon, Devon und Silur angehören.

Die Brennstoffe bestehen nun aber leider nicht aus lauter „brennbarer Substanz" oder „Reinkohle", sondern enthalten stark wechselnde Mengen von Wasser (1—50%) und mineralischen Stoffen (Asche 3—30%), wodurch der Heizwert des Materials stark heruntergedrückt wird. Außerdem sind stets Stickstoff und Schwefel vorhanden.

Holz.

Holz kommt in Mitteleuropa für industrielle Heizzwecke kaum in Frage, anders liegen die Verhältnisse in einigen holzreichen Ländern wie Schweden, Rußland, Kanada. Erst in jüngster Zeit geht man bei uns dazu über, Holz in Generatoren für motorische Zwecke zu vergasen.

Der gesamte Holzverbrauch Deutschlands beträgt zur Zeit 81,0 Mill. Festmeter Rohholz. Davon werden verbraucht als Brennholz 35,5 Mill., als Bauholz 23,0 Mill., als Schwellen und Masten 0,7 Mill., für den Bergbau 4,8 Mill., für Zellstoff und Holzschliff 8,4 Mill., für die Holzverkohlung 0,7 Mill., für andere holzverarbeitende Industriezweige 7,9 Mill. Festmeter.

Holz besteht aus Cellulose, Kohlehydraten, Lignin, Harz, Fett und Asche. Der Cellulosegehalt der verschiedenen Hölzer schwankt in verhältnismäßig engen Grenzen, dagegen variieren die Gehalte an Lignin und Pentosan bei Nadel- und Laubhölzern erheblich.

	Pentosan %	Cellulose %	Lignin %	Harz, Fett %	Fett, Wachs %
Fichte	14,30	57,84	28,29	2,34	—
Kiefer	13,25	54,25	26,35	3,32	—
Buche	25,88	53,46	22,46	—	1,26

Nadelhölzer sind also pentosanarm, ligninreich und harzhaltig, Laubhölzer pentosanreich, ligninärmer und harzfrei.

Die Durchschnittszusammensetzung des Holzes kann man nach Abzug der $\frac{1}{2}$% betragenden Asche zu 49,9% C, 6,2% H_2 und 43,9% O_2 annehmen. Die Cellulose hat nur 44,4% C, 6,2% H_2 und 49,4% O_2; dagegen ist das Lignin, dessen Durchschnittszusammensetzung zu 55,6% C, 5,8% H_2 und 38,6% O_2 angegeben wird, wesentlich kohlenstoffreicher. Charakteristisch für das Lignin ist das Vorhandensein von Methyl- und Methoxylgruppen, welche für die Essigsäure- und Methylalkoholbildung bei der Holzdestillation sehr wichtig sind.

Die Zusammensetzung getrockneten Holzes ist eine ziemlich gleichmäßige.

	C %	H$_2$ %	O$_2$ %	Asche %
Eiche . . .	50,16	60,2	43,45	0,37
Buche . .	49,06	6,11	44,17	0,57
Birke . . .	48,88	6,06	44,67	0,29
Tanne . .	50,36	5,92	43,39	0,28
Fichte . .	50,31	6,20	43,08	0,37

Der Heizwert der reinen Holzsubstanz beträgt rund 4500 WE, der reiner Cellulose 3855 WE (beide Werte auf dampfförmiges Wasser bezogen) (S. 63). Bei der Verwendung von Holz als Brennstoff ist dessen Wassergehalt sehr störend. Der Harzgehalt (1,2 bis 1,8%) und der Aschengehalt (0,4%) sind sehr unbedeutend. Frisch gefälltes älteres Holz enthält 30—50% Wasser; durch zweijähriges Liegen an der Luft geht der Wassergehalt höchstens bis auf 20% herunter. Ein Holz mit 20% Wasser gibt nur noch einen Heizeffekt von 3600 WE, ein solches mit 30% Wasser 3000 WE. Man rechnet für lufttrockenes Eichenholz 2400 bis 3000 WE., für Fichte 2800—3700 WE. Lufttrockenes Holz entzündet sich bei 300°. Die harten Hölzer (Buche, Eiche, Esche, Ulme, Ahorn) geben beim Verbrennen eine kräftigere und länger dauernde Glut als die leichteren, weichen Hölzer (Fichte, Tanne, Kiefer, Lärche, Linde). Man setzt das Durchschnittsgewicht des Kubikmeters harten Holzes zu 400—500 kg, Nadelholz zu 300 bis 400 kg, weichen Laubholzes zu 200—300 kg an.

In größerer Menge wird in holzarmen Ländern Holz eigentlich nur in Form von Sägespänen zur Dampf- und Krafterzeugung verwendet. Vor einigen Jahren kamen bei uns Holzbriketts aus Sägemehl oder Sägemehl und Kokspulver in den Handel, sie haben die Form der Braunkohlenbriketts, der Heizwert beträgt 4000 bzw. 4500 WE. Sie sind ohne Bindemittel hergestellt, der Harzgehalt übernimmt bei der erhöhten Preßtemperatur die Bindung.

Über die Vergasung des Holzes zu motorischen Zwecken finden sich Angaben später bei den Kraftgasen.

Torf.

Torf ist das jüngste Glied der fossilen Brennstoffe, er besteht aus halbvermoderten Moosen und anderen Sumpfgewächsen. Je nach Art der untergegangenen Pflanzen spricht man von Moostorf (Sphagnumarten), Wiesentorf (Carex, Eriophorum), Heide- oder Erikentorf (Erica und Calluna).

Der organische Anteil des Torfes besteht aus Huminstoffen (45—50%), Cellulose (15%), Pentosane (5—10%), Zucker, Lignin, Pektin, Aminosäuren, Wachs, Harz. Die reine aschenfreie Torfsubstanz weist ziemlich gleichmäßig eine Zusammensetzung von 58% C, 5,5% H$_2$ und 34,5% O$_2$ auf.

Die Torfbildung geht in der Weise vor sich, daß Überreste der an den Rändern von Gewässern wachsenden und absterbenden Pflanzen zu Boden sinken. Dadurch bildet sich ein schlammiger Boden, der unter Luftabschluß bei Gegenwart von Wasser mehr und mehr vertorft. Diese unterste Schicht bildet das Niedermoor, herrührend aus Sumpf- und Schilfpflanzen. Auf diesem ist eine eigene Vegetation nicht mehr möglich, es siedeln sich nur noch die eigentlichen Moorpflanzen, Sphagnum- und Carexarten, Eriophorum an, die dann die Hochmoorschichten bilden. Zwischen beiden Schichten ist meist eine Grenzmoorschicht mit Bruchwaldresten (Birken, Föhren, Erlen) eingelagert. Moore wachsen in 30 Jahren etwa 1^1/$_2$ m; sie haben meist eine Mächtigkeit von 2—4 m, es gibt aber auch (in Ostpreußen) solche bis 24 m Mächtigkeit. Bedeutende Torfmoore finden sich bei uns in Deutschland besonders in Nordwestdeutschland (Hannover, Schleswig-Holstein, Oldenburg), die dort von Mooren bedeckte Fläche wird auf rund 900000 ha geschätzt; aber auch in Pommern, Ost- und Westpreußen und besonders in Bayern sind noch beträchtliche Moorvorkommen vorhanden. Außerhalb Deutschlands weisen noch Rußland, Finnland, die Ostseeländer, Skandinavien und Irland bedeutende Torfmoore auf.

Man unterscheidet nach den äußeren Eigenschaften: 1. Rasentorf (auch Weißmoortorf genannt), er bildet eine leichte, graugelbe, schwammige Masse aus wenig vermodertem Moose. 2. Jungen braunen oder schwarzen Torf, dieser tritt als Faser- oder Wurzel-, Blätter- oder Holztorf auf; die Vertorfung ist weiter fortgeschritten, man erkennt aber noch die organischen Elemente. 3. Alten Torf (Erdtorf, Pechtorf), bei dem die ursprünglichen Strukturelemente fast ganz verschwunden sind. Die Beschaffenheit ist beim Erdtorf eine erdige mit mattem Bruch (Sumpftorf), während der Pechtorf dicht, schwer, pechschwarz ist, mit scharfem Bruch.

Die Moore haben vor der Entwässerung durch künstlich angelegte Gräben und Kanäle 90—95% Wasser; durch Entwässerung sinkt der Wassergehalt nur auf 85%. Die Gewinnung des Torfes geschieht mit dem Spaten (Stichstorf)

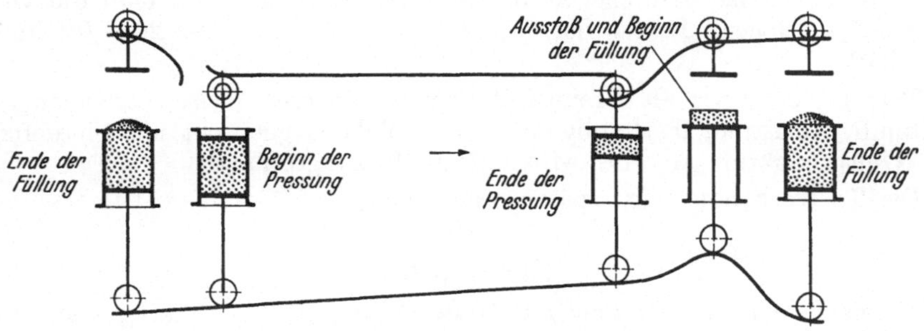

Abb. 34. Arbeitsweise der Madruckpresse.

oder für industrielle Zwecke durch Bagger, die denselben auf Torfpressen bringen, die nach Art der Ziegelpressen konstruiert sind und aus denen der durch ein Vorschneidwerk durchgearbeitete Torf durch ein Mundstück in Form eines Stranges von $10^1/_2 \times 11^1/_2$ cm ausgepreßt wird, der in 40 cm lange Stücke geschnitten wird. Diese „Soden" werden kreuzweise aufgestellt und der Lufttrocknung ausgesetzt, wodurch der Wassergehalt bis auf 18—25% heruntergebracht werden kann. Je nach dieser Gewinnungsart spricht man von Stichtorf, Baggertorf, Maschinentorf. Infolge des meist sehr großen Wassergehaltes (25—50%) und reichlichen Aschengehaltes (1—50%) ist der Heizwert ein sehr wechselnder, nie aber ein sehr hoher. Torf mit 30% Wasser und 10% Asche liefert nur noch 2500 WE; ein lufttrockener Torf enthält immer noch 15—20% Wasser und gibt praktisch nur etwa 3000—3500 WE. Torf ist deshalb zum Transport ungeeignet und dient nur lokal als Brennmaterial für Hausbrand, Zentralheizung, für Großkrafterzeugung (Auricher Überlandzentrale), dasselbe gilt für Preßtorf und Torfbriketts. Die Bestrebungen, den Torf künstlich zu entwässern, sind großenteils deshalb nicht erfolgreich gewesen, weil die stark kolloide Torfmasse das Wasser durch Abpressen nur langsam und sehr unvollkommen abgibt. Man hat deshalb versucht, durch allmählich steigernden, lange dauernden Druck oder auch durch Zumischung von Trockenmaterial die Entwässerung zu befördern. Die karusselartig gebaute Madruckpresse, deren Arbeitsweise in Abb. 34 schematisch erläutert ist, liefert bei zweimaliger Pressung nach Zumischung von 10% Trockentorf ein Preßgut mit 54—56% Wasser, welches, nach weiterer Trocknung auf 12—15%, in Pressen mit 1000 bis 1500 Atm. zu Briketts verarbeitet wird. Am Starnberger See arbeitet seit 1913 eine hydraulische Großraumpresse. Man hat auch versucht, durch Zusatz von

Elektrolyten, durch Ausfrieren, durch Hitze (Naßverkohlung), durch Elektro-
endosmose die künstliche Entwässerung zu erreichen, jedoch ohne Erfolg.

Lufttrockener Torf verdampft 4,5—6,5 kg Wasser. Die Verbrennung geschieht
auf schrägen Treppenrosten. Die Überlandzentrale im Wiesmoor bei Aurich
verbrennt jährlich 60000—70000 t Torf unter Dampfkesseln und versorgt
ganz Ostfriesland und Oldenburg mit Strom. Zur Erzeugung von Heiz- und
Kraftgasen wird Torf in Ziegeleien, Glashütten und Eisenwerken benutzt. Die
Vergasung des stark wasserhaltigen Torfes mit Gewinnung von Nebenprodukten,
die im Schweger Moor in einer großen Anlage nach dem Mondgasverfahren
in Gang gesetzt wurde, ist hauptsächlich an der Beschaffung der notwendigen
riesigen Torfmengen gescheitert. Die Verkokung zu Torfkoks ist zwar angängig,
aber zu teuer.

Das spezifische Gewicht lufttrockenen Torfes ist sehr verschieden: Rasentorf
0,11—0,26, junger brauner Torf 0,24—0,68, Erdtorf 0,41—0,90, Pechtorf 0,64
bis 1,00; durch mechanische Aufbereitung (Reinigung) kann man die Dichte
bis auf 1,4 bringen. Poröse Sorten entzünden sich schon bei 200° (Steinkohle
bei 325°).

Torf findet außer als Brennstoff noch in anderer Weise Verwendung als
Torfmull, Torfstreu, Torfmullgewebe, mit Melasse gemischt als Pferdefutter.
Die Weltproduktion an Torf wird auf 10 Mill. t geschätzt.

Die Torfvergasung wird später besprochen.

Braunkohle.

Als nächste Stufe der kohligen Umwandlung ist die Bildung von Braunkohlen anzusehen. Sie sind entstanden aus Nadelhölzern, Palmen, Zypressen,
später aus Laubhölzern; sie treten im unteren Tertiär auf und sind bei uns in
Deutschland weit verbreitet. Für die deutschen Verhältnisse haben besondere
technische Bedeutung die Braunkohlenvorkommen in der Umgegend von Halle
und Leipzig (zwischen Altenburg, Braunschweig und Dessau), in der Lausitz
(Elsterwerda bis Görlitz und Cottbus) und in der Gegend von Köln (Bonn,
bis München-Gladbach), daneben finden sich noch größere Vorkommen bei
Frankfurt a. d. Oder und in Oberbayern. Die älteren mitteldeutschen Braun-
kohlenlager gehören dem Oligozän und Eozän an, die anderen dem Miozän.
Besonders wichtig sind auch noch die Braunkohlen an der Südseite des Erz-
gebirges. Die größten Braunkohlenvorkommen der Welt finden sich in Nordamerika (Texas, Nord-Dakota und Kanada).

Die Braunkohlen kommen meist dicht unter der Erdoberfläche vor, so daß
sie durch Tagebau gewonnen werden können. In Braunkohlengruben treten
bisweilen auch Grubenwetter auf, sie bestehen aber in der Hauptsache aus
Kohlensäure (und nicht aus Methan wie in Steinkohlengruben).

Braunkohle ist dunkelbraun bis braunschwarz gefärbt, sie hat einen braunen
Strich und löst sich in Natronlauge mit brauner Farbe (Unterschied von Steinkohle). An der Luft nimmt Braunkohle leicht Sauerstoff auf und gibt Kohlensäure ab; durch diese Oxydation wird nicht nur der Heizwert kleiner, sondern
es kann auch bei größeren Haufen zur Selbstentzündung kommen.

Die in der Tertiärformation vorkommenden Braunkohlen gehören zu den
Humuskohlen. Einzelne Braunkohlen sind aber den Sapropel- oder Faulschlammkohlen zuzurechnen. Wichtig für die technische Verarbeitung mancher
Braunkohlen sind auch noch die Lipobiolithe oder Wachskohlen, entstanden
aus den in den untergegangenen Pflanzen enthaltenen Wachsarten. Die Grund-
substanz dieser Lipobiolithe ist der Pyropissit, eine gelblichweiße, wachs-

artige Substanz, welche die Grundlage der Schwelindustrie der mitteldeutschen Braunkohlen bildet.

Die verschiedenen Arten der Braunkohle kann man in folgende große Gruppen teilen:

1. Lignit oder faserige Braunkohle (bituminöses Holz mit deutlicher Holzstruktur), die jüngste Braunkohle.

2. Gemeine und erdige Braunkohle, hell- bis dunkelbraun mit mattem, unebenem Bruche.

3. Pechkohle, fast schwarz mit muscheligem Bruche, steht schon der Steinkohle nahe.

Eine besondere, der erdigen Braunkohle zuzurechnende Art ist die Schwelkohle, deren bitumen- d. h. pyropissitreiche Partien der trockenen Destillation, „Schwelerei" genannt, zur Gewinnung von Paraffin, Benzin, Solaröl, Grudekoks usw. unterworfen werden. Bitumenarme Braunkohlen werden dadurch veredelt, daß man sie in Briketts (Preßkohlen) oder Naßpreßsteine überführt. Aus bitumenreichen Sorten wird bisweilen auch das Bitumen (Montanwachs) durch Benzol extrahiert, es dient als Ersatz für ausländisches Carnaubawachs.

Der zu Schmucksachen verarbeitete pechschwarze politurfähige Gagat oder Jet ist ebenfalls eine Braunkohle, desgleichen das als Malerfarbe verwendete Kasselerbraun (Kapuzinerkohle).

Frisch geförderte Braunkohlen haben meist einen sehr großen Wassergehalt (30—60%), der beim Trocknen an der Luft auf 10—30% heruntergeht. Bei guten Sorten beträgt der Aschengehalt 5—10%; die meisten Braunkohlen enthalten Gips, hauptsächlich aber Schwefelkies (1—2% verbrennlichen Schwefel). Im Durchschnitt weist eine mittlere Braunkohle 50—65% Kohlenstoff, 1—2% Wasserstoff, 20—30% chemisch gebundenes Wasser, 10—25% hygroskopisches Wasser und 5—10% Asche auf und liefert nur 3000—4000 WE. Nachstehend noch einige Sonderbeispiele:

	Kohlenstoff %	Wasserstoff %	Sauerstoff %	Schwefel %	Wasser %	Asche %	Heizwert WE
Lignit	29	2,5	10	2,5	40	16	2600
Sächsische Braunkohle . .	44	3	15	1,7	28	8	4000
Böhmische Braunkohle . .	66	5	15	0,7	10	3	6200
Schwelkohle (trocken). . .	65	7,6	19	0,5	—	8	6900

Braunkohlen vertragen ökonomisch, vielleicht nur mit Ausnahme der böhmischen, keinen weiten Transport; sie werden deshalb an Ort und Stelle ausgenutzt, sei es, daß sich die Industrie dort hinzieht (Bitterfeld, Halle, Merseburg, Bonn, Senftenberg) oder daß man große elektrische Zentralen errichtet und die Energie auf weitere Strecken überträgt (Bonn, Halle, Bitterfeld, Hirschfelde). Die Verbrennung geschieht auf Treppen- oder Muldenrosten (S. 89, Abb. 41 und 42).

Die Braunkohlenförderung nimmt bei uns in Deutschland stark zu, besonders angeregt durch die Not des Krieges und die Härte der Friedensbedingungen. So förderte Deutschland (in Mill. t):

	1913	1920	1929	1932	1934	1936	1937
Steinkohlen	182	131,3	163,4	104,7	124,8	158,3	184,5
Braunkohlen . . .	87	111,6	174,5	122,6	137,2	161,4	184,7

Die Braunkohlenförderung und die Preßbraunkohlenherstellung (Briketts) in Deutschland betrug in Mill. t:

	Braun-kohle	Preß-braunkohle		Braun-kohle	Preß-braunkohle		Braun-kohle	Preß-braunkohle
1913	87,1	21,4	1927	150,6	36,4	1934	137,3	31,4
1917	95,5	22,0	1929	174,4	42,0	1935	147,1	32,8
1920	111,6	24,3	1932	122,6	29,8	1936	161,4	36,0
1924	124,6	29,2	1933	126,8	30,1	1937	184,7	42,0

Die Welterzeugung an Braunkohlenbriketts beträgt 42,7 Mill. t, davon erzeugt Deutschland allein 99%.

Die Braunkohlenförderung Deutschlands verteilt sich wie folgt auf die einzelnen Wirtschaftsgebiete (in Mill. t):

	Rheinland	Mittel-deutschland	Ostelbien	Übriges Deutschland	Summe
1929	52,85	71,28	47,45	2,87	174,46
1932	38,66	48,67	32,75	2,53	122,62
1933	39,77	51,31	33,11	2,61	126,79
1934	42,62	55,68	35,93	3,03	137,27
1935	45,42	60,42	38,37	2,85	147,01
1936	48,75	68,42	41,40	2,83	161,40
1937	54,88	80,72	46,28	2,79	184,68

Die Braunkohlenindustrie Deutschlands wies 1937 199 Betriebe auf und beschäftigte 27 829 Personen, die 128,4 Mill. RM. an Löhnen und Gehältern bezogen.

Die größten Verbraucher von Rohbraunkohle waren (1930) die Elektrizitätswerke (21,8 Mill. t), die chemische Industrie (7,7), Zucker- (2,5) und Zellstoff- und Papierfabriken (2,4 Mill. t). Von Braunkohlenbriketts verbrauchte der Hausbrand 20,7 Mill. t, die Metallerzeugung und -verarbeitung 2,0, die chemische Industrie, Glas, Porzellan, Ziegel, Textilstoffe, Papier, zusammen 6,2 Mill. t.

Die Gesamtvorräte an Braunkohle in Deutschland werden nach einer durch die Geologische Landesanstalt Berlin 1933—1935 durchgeführten Vorratsermittlung auf 65,7 Mrd. t geschätzt. Davon entfallen auf Tagebau 17,7 Mrd. t, auf den Tiefbau 39,0 Mrd. t. Bei einer Braunkohlenförderung von 137 Mill. t (1934) errechnet sich eine Lebensdauer von etwas über 400 Jahren. Der Anteil der einzelnen Bezirke am Gesamtvorrat ist recht verschieden. An erster Stelle steht das niederrheinische Gebiet mit 31,1%, dann folgt die Lausitz mit 28,8%, Halle-Leipzig mit 16,9% und Ostdeutschland mit 14,8%, während die Vorräte in Hessen, Bayern, Schlesien, Norddeutschland zusammen nur 8,2% ausmachen.

Braunkohlenförderung der Welt (in Mill. t):

1900 . . .	68,0	1925 . . .	186,2	1933 . . .	174,4
1910 . . .	104,5	1929 . . .	233,6	1934 . . .	189,0
1913 . . .	129,4	1931 . . .	182,6	1935 . . .	202,9
1920 . . .	156,7	1932 . . .	170,6	1936 . . .	222,8

An der Weltbraunkohlenförderung sind hauptsächlich folgende Länder beteiligt (in Mill. t) (1936):

Deutschland	161,4	Ungarn	7,1	Vereinigte Staaten . .	2,0
Tschechoslowakei . .	16,0	Jugoslavien	3,7	Kanada	3,4
Österreich	2,1	Rußland	8,0	Australien	3,1

Um die rohe erdige Braunkohle für Stubenöfen und Küchenherde besser geeignet zu machen, stellt man sog. Naßpreßsteine her. Die grubenfeuchte

Kohle geht durch ein Brechwalzenpaar und ein Glattwalzenpaar und wird von da (eventuell unter Wasserzusatz) durch das Mundstück einer Art Ziegelpresse als Strang ausgepreßt. Dieser wird mit Drähten in Stücke geschnitten, die man an der Luft (bis auf 25—27% Wasser) trocknen läßt. Die Erzeugung an Naßpreßsteinen belief sich vor dem Kriege auf rund $^1/_2$ Mill. t, sie ist sehr zurückgegangen und betrug 1931 nur noch 35000 t.

Einen großen Fortschritt in der Braunkohlenverwertung brachte die in den 70er Jahren des vorigen Jahrhunderts eingeführte Brikettierung der Braunkohle auf trockenem Wege. Dadurch wurde es möglich, ein minderwertiges Rohmaterial in ein höherwertiges Produkt zu verwandeln, welches mit anderen Brennstoffen konkurrenzfähig war. Rohe deutsche Braunkohle hat nur einen Heizwert von 2500—3000 WE., durch Brikettierung steigt derselbe bis auf rund 5000 WE; das ist natürlich nur möglich durch eine vorhergehende intensive Trocknung der Kohle. Bei den sächsisch-thüringischen Braunkohlen genügen die in der Kohle selbst enthaltenen harzigen und bituminösen Stoffe, um beim

Pressen das dichte Gefüge der Briketts zu ergeben; bei den böhmischen Braunkohlen sind zum Teil fremde Bindemittel notwendig. Während man allgemein annimmt, daß das Bitumen, welches unter dem Preßdruck von 1500 Atm./cm² erweicht, im wesentlichen die Rolle des Bindemittels spielt, ist auch be-

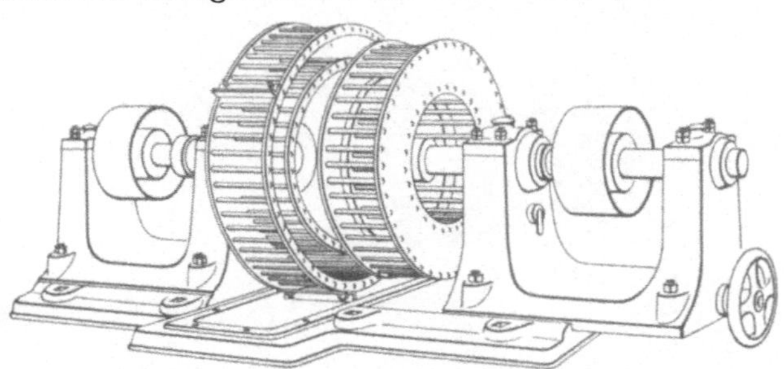

Abb. 35. Schleudermühle (Humboldt-Deutzmotoren AG.). (Mahlkörbe auseinandergezogen.)

hauptet worden, daß die Brikettbildung nur auf eine Oberflächenanziehung der Staubteilchen zurückzuführen sei, daß also der Zusammenhalt rein auf Adhäsionswirkungen beruhe. Daß man dem Bitumen eine Mitwirkung nicht absprechen kann, zeigt die schlechte Beschaffenheit der Briketts, wenn beim Pressen die Temperatur im Brikett zu hoch steigt und das Bitumen sich zersetzt.

Die Arbeiten bei der Herstellung der Preßbraunkohle (Brikettierung) zerfallen in den sog. Naßdienst und den Trockendienst.

Der Naßdienst umfaßt das Zerkleinern und Absieben der Rohbraunkohle. Das Zerkleinern geschieht auf Stachelwalzen, dann auf glatten Quetschwalzenpaaren, Schleuder- oder Schlagmühlen. Abb. 35 zeigt eine für weiche und mittelharte Kohlen viel gebrauchte Schleudermühle (Desintegrator), Bauart Humboldt, die auch sonst in der chemischen Industrie verwendet wird. Die Schleudermühle besteht in der Hauptsache aus zwei ineinandergreifenden, im entgegengesetzten Sinne umlaufenden Mahlkörben, von denen jeder für sich auf einer besonderen Welle befestigt ist. Die Mahlkörbe haben mehrere gleichachsige Kreise von Stahlstäben. Das seitlich durch einen Trichter eingeführte Material wird beim Durchgang durch die zahlreichen, in entgegengesetzter Richtung sich bewegenden Stäbe vollständig zu Mehl zerschlagen. Von den Schlägermühlen werden für Braunkohle vielfach Parforcemühlen verwendet. Das Absieben der Kohle geschieht auf Plansieben mit Schüttelvorrichtungen.

Der Trockendienst hat zunächst die Aufgabe, die feuchte Brikettierkohle gleichmäßig, aber nur bis zu einem bestimmten Feuchtigkeitsgrade (von 55 auf 15%), herunterzutrocknen. Das Trocknen geschieht mit Dampf (Abdampf von 120°). Hierfür sind zwei Einrichtungen in Anwendung: Die Zeitzer

Dampftellertrocken-öfen und die Schultz-schen Röhrentrock-ner. Abb. 36 zeigt den Schnitt durch einen Zeitzer Dampf-tellertrockner; es sind übereinander eine ganze Anzahl mit Dampf geheizter hohler Dampfteller angeord-net, auf welche die Kohle oben aufgetragen wird. Die an der Mittel-welle befestigten Rühr-arme mit schräggestell-ten Schaufeln bewegen das Material über die Teller von der Mitte nach außen, auf dem nächsten Teller von der Peripherie nach der Mitte usw. Die Kohle verläßt unten getrock-net den letzten Teller. Die Dampfteller haben einen äußeren Durch-messer von 5 m, ein Ofen

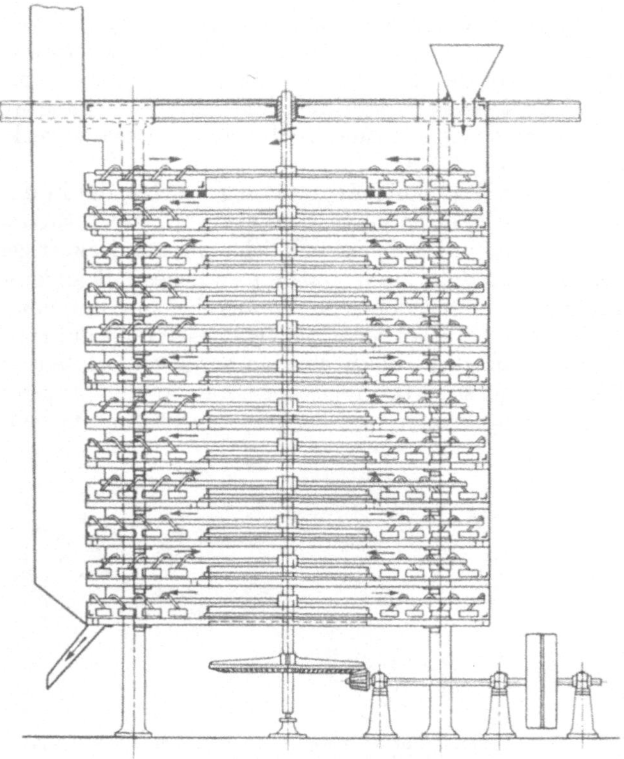

Abb. 36. Zeitzer Dampftellertrockner.

leistet 50—70 t getrocknete Kohle in 24 h. Abb. 37 zeigt einen Schnitt durch einen Röhrentrockner. In einem etwas schräg liegenden 7 m langen und 2,5 bis

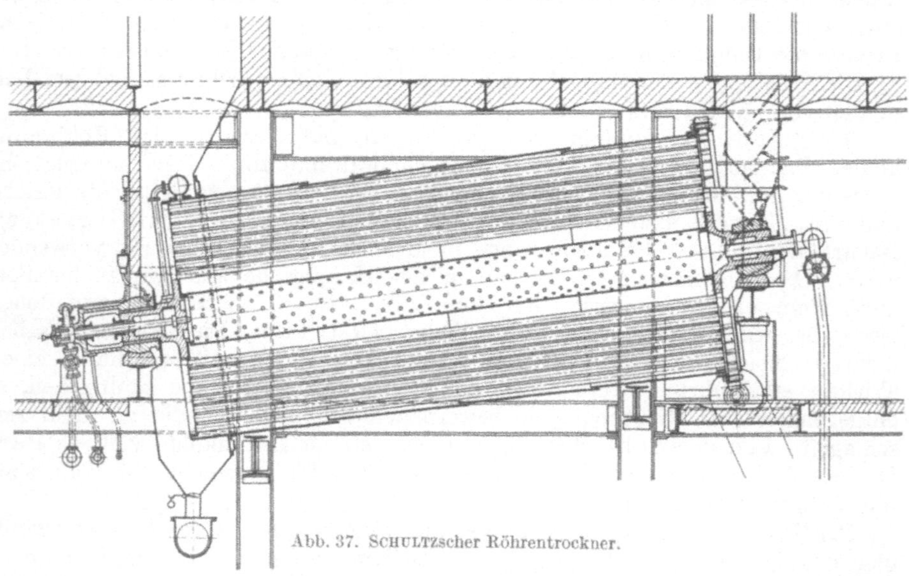

Abb. 37. Schultzscher Röhrentrockner.

3 m weiten drehbaren Zylinder sind 250—350 Rohre von etwa 10 cm Durchmesser eingesetzt. Die aus einer Fülleinrichtung kommende Kohle gelangt in die dünnen

Rohre, die von außen, von dem durchlochten Mittelrohr aus, mit Dampf umspült werden. Die Kohle braucht nur 25—30 min zum Durchgang; beim Tellerofen

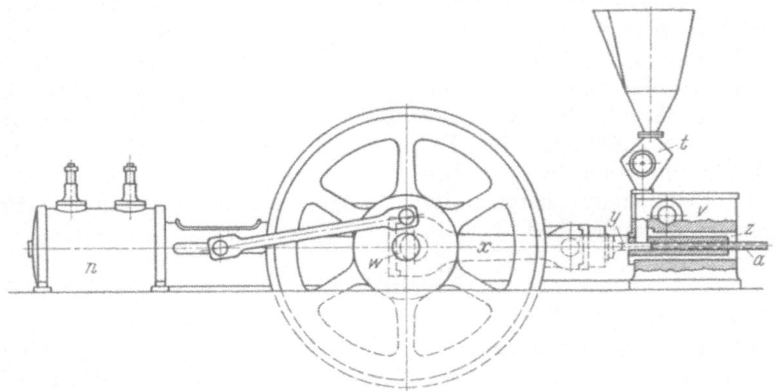

Abb. 38. Braunkohlenbrikettpresse.

ebenfalls nur 25 min. Ein Schultzscher Trockner leistet bis zu 90 t. In der Regel wird die getrocknete Kohle erst noch gekühlt, bevor sie in die Presse geht. Die Temperatur des abgehenden Wasserdampfes, des Wrasens, ist bei Tellertrocknern etwa 70°, bei Röhrentrocknern 85—95°. In Steiermark ist eine andere Art der Trocknung, die Entspannungstrocknung nach Fleissner, in Anwendung.

Die bis auf 15% getrocknete Kohle gelangt mit einer Temperatur von 38—50° in den Fülltrichter einer Exterschen Strangpresse und von da in den Preßrumpf der Preßvorrichtung (Abb. 38). Ein hin- und hergehender Druckstempel preßt die abgemessene Menge Braunkohle in einem länglichen Kanal, der an beiden Seiten offen ist, mit 1500 Atm./cm²

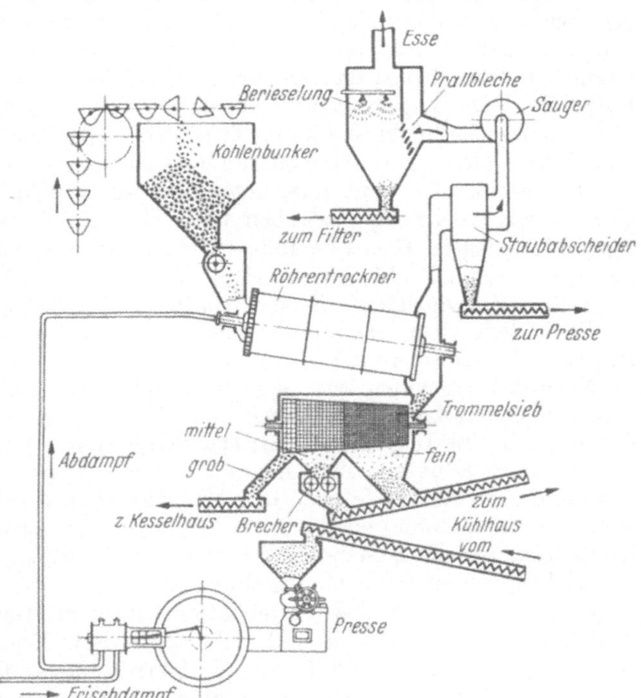

Abb. 39. Einrichtung einer Braunkohlenbrikettfabrik. (T. W. L.)

zusammen und zwar so, daß das eben gepreßte Brikett das Widerlager für das nachfolgende noch zu pressende Brikett bildet. Abb. 39 gibt eine schematische Übersicht über die Einrichtung einer Braunkohlenbrikettfabrik. Die Hausbrandbriketts haben folgende Abmessungen: 18 cm lang, 6 cm breit und 4,5 cm stark. Industriebriketts haben meist andere Formen.

Eine sehr unangenehme Zugabe bei der Brikettherstellung ist der entstehende feine Staub, den man durch Filterschläuche, neuerdings auch durch Elektrofilter (vgl. „Schwefelsäure") unschädlich zu machen sucht; namentlich führt auch der Wrasen eine Menge Staub mit weg, der wiedergewonnen werden muß. Der Staub kann direkt in Staubfeuerungen verwendet werden. Hierbei soll nicht unterlassen werden, zu bemerken, daß die absichtliche Vermahlung von Braunkohle zu Staub für Staubfeuerungen immer größere Bedeutung gewinnt, wobei auch die Bemühungen, den Kohlenstaubmotor betriebstüchtig zu machen, schon Erfolge zu verzeichnen haben.

Die in Deutschland hergestellten Mengen an Preßbraunkohle (Briketts) sind schon S. 80 angegeben.

Steinkohle.

Die älteren fossilen Kohlen mit schwarzer Farbe und lebhaftem Glanze bezeichnet man als Steinkohlen. Sie kommen hauptsächlich im Carbon, aber auch im Keuper, Jura und in der Kreide vor, und sind entstanden durch kohlige Vermoderung von Gefäßkryptogamen, von denen hauptsächlich Farne, Equisetaceen (Calamites) und Lycopodiaceen (Lepidodendron, Sigillaria) beteiligt sind. Die Entzündungstemperatur der Steinkohlen liegt höher als die der Braunkohlen. Die Steinkohlen erscheinen strukturlos; sie geben einen schwarzen Strich. Die Destillationsprodukte der Steinkohle reagieren ihres hohen Ammoniakgehaltes wegen alkalisch, die der Braunkohlen vorwiegend sauer. Alle Steinkohlen enthalten Gase mechanisch eingeschlossen, die frisch geförderten hauptsächlich Methan; bei gelagerten findet sich Stickstoff als Rest der aufgenommenen Luft, die beim Lagern einen langsamen Oxydationsprozeß durchführt. Die hierbei entwickelte Wärme kann, eventuell unter Mitwirkung von Schwefelkies und Feuchtigkeit, zur Selbstentzündung führen.

Die Steinkohlen sind nun unter sich so verschiedenartig, daß man eine gewisse Klassifizierung anstreben muß. Diese fällt aber je nach dem dabei zugrunde gelegten Gesichtspunkte verschieden aus, nämlich je nachdem man die Beschaffenheit des Urmaterials oder das Aussehen oder das chemische Verhalten (Gasgiebigkeit, Koksbeschaffenheit) ins Auge faßt.

Nach dem Urmaterial unterscheidet man bei den Steinkohlen: **Humuskohlen, Faulschlammkohlen (Sapropelite)** und **Mischtypen.**

Nach dem Aussehen bzw. der petrographischen und mikroskopischen Untersuchung unterscheidet man bei den Steinkohlen: **Glanzkohlen (Vitrit,** früher auch **Clarit** genannt), **Mattkohlen (Durit)** und **Faserkohlen oder Rußkohlen (Fusit).** Zwischen diesen drei Typen finden auch Übergänge statt und man spricht je nach den Mengenverhältnissen von duritischem Vitrit (streifiger Glanzkohle) oder von vitritischem Durit (streifiger Mattkohle). Diese Kohlenbestandteile kommen meist in Lagen (Streifen) vor; die häufigsten und die wichtigsten sind die Glanzkohlenlagen.

1. Die **Glanzkohle** weist lebhaften Glasglanz, tiefschwarze Farbe, leichte Spaltbarkeit auf, ist spröde und nicht abfärbend. Die Glanzkohlen sind in der Hauptsache aus Holz und Rinde (Periderm) entstanden.

2. Die **Mattkohle** ist wenig glänzend, grauschwarz bis bräunlichgrau, zeigt keine Spaltbarkeit, ist sehr fest, hat unebenen muscheligen Bruch und ist nicht abfärbend. Ihr Kohlenstoffgehalt ist niedriger als der der Glanzkohle, dagegen ist der Wasserstoff- und Sauerstoffgehalt höher, sie liefert niedrigere Koksausbeuten aber größere Teermengen (Sinterkohle). Zu den Mattkohlen gehören auch die **Cannel-** und die **Bogheadkohlen.**

3. Die **Faser-** oder **Ruß**kohle ist sammet- bis seidenglänzend, weich, grauschwarz, stark abfärbend. Sie findet sich auf den Schichtflächen der Glanzkohle.

Ein anderes, für die praktische Verwendung sehr wichtiges Einteilungsprinzip ist dasjenige nach der chemischen Zusammensetzung, der Gasgiebigkeit und dem Verhalten beim Verkoken. Die nachstehende Tabelle gibt hierüber Aufschluß.

Zusammensetzung der verschiedenen Steinkohlen.

Nr.	Steinkohlenarten	Wasser- und aschenfreie Substanz			Heizwert WE	Feuchtigkeit frisch %	Flüchtige Bestandteile %	Koksausbeute	Beschaffenheit des kokigen Rückstandes
		chemische Zusammensetzung							
		Kohlenstoff %	Wasserstoff %	Sauerstoff %					
1	Sandkohle, mager, langflammig	75—80	5,5—4,5	15—12	8200	3—4	40—50	50—60	schlecht frittend, gesintert
2	Gaskohle, fett, langflammig	80—85	5,8—5,2	14—10	8600	2—3	32—35	60—80	schwach backend
3	Schmiedekohle, fett, mittelflammig	84—89	5,5—5,0	11—6	9000	2	26—32	68—74	gut backend
4	Kokskohle, fett, kurzflammig	88—91	5,5—4,5	7—5,5	9400	1	18—26	74—82	dicht, schmelzend
5	Magerkohle, mager, kurzflammig	90—93	4,5—4,0	5,5—3,0	9300	1	10—18	82—92	schlecht frittend
6	Anthrazit	93—95	2—4	3	9100	0,5	5—10	95	nicht backend

Das rheinisch-westfälische Kohlensyndikat unterscheidet: Gasflammkohle, Fettkohle (Koks und Eßkohle), Magerkohle und Anthrazit; das Amerikanische Bureau of Mines: Fettkohle (bituminous), Halbfettkohle (Semibituminous), Magerkohle (Semianthrazit) und Anthrazit, außerdem noch eine mindere Steinkohle (Subbituminous), die aber schon als Braunkohle anzusehen ist. Die Fettkohle bildet den Hauptanteil der amerikanischen Kohlen.

Die im Handel üblichen Bezeichnungen: Förderkohle, melierte Kohle, Stückkohle, Nußkohle, sind nur der Ausdruck für bestimmte Stück- bzw. Korngröße.

Sandkohle wird für Flammöfen, Gaskohle für Leuchtgasherstellung, für metallurgische Zwecke und für Kesselfeuerungen, Fettkohle hauptsächlich für die Kokerei, Magerkohle als Hausbrand und Kesselkohle, Anthrazit für Dauerbrenner und Generatoren, auch in Hochöfen verwendet.

Der Wassergehalt frisch geförderter Steinkohlen schwankt auch, aber bedeutend weniger als bei Braunkohlen und Torf. Lufttrockene Steinkohle hat durchschnittlich nur 2—4% Wasser. Der Aschengehalt wechselt zwischen 2 und 20%.

Steinkohlenlager sind über die ganze Erde verbreitet. Die größten Vorkommen liegen in den Vereinigten Staaten, in Deutschland, Großbritannien und China (letztere unvollkommen aufgeschlossen). Unsere ganze industrielle Tätigkeit baut sich augenblicklich noch auf der Verwendung von Steinkohle auf; die Entwicklung der Eisenindustrie in den einzelnen Ländern ist direkt abhängig von den vorhandenen Kohlenvorräten. Über die erstmalige Verwendung von Steinkohlen als Brenn- und Heizstoff liegen nur sehr dürftige

Nachrichten vor. Die älteste Nachricht stammt wohl von dem Aristoteles-schüler Theophrast 315 v. Chr. Marco Polo berichtet 1295 in seinem Reisebericht, daß in Nordchina schon seit langer Zeit die Bäder mit dem schwarzen Mineral Kohle geheizt wurden. Aus Europa wissen wir, daß 1113 die Äbte des Augustinerklosters Klosterrode (Klosterrath im Aachener Bezirk) Bergbau auf Steinkohle betrieben.

Welterzeugung an Steinkohle (in Mill. t):

1870 . . . 235	1910 . . . 1058	1929 . . . 1321	1933 . . . 998,4
1880 . . . 365	1915 . . . 1063	1930 . . . 1207	1934 . . . 1093,8
1890 . . . 564	1920 . . . 1167	1931 . . . 1052	1935 . . . 1128,8
1900 . . . 846	1925 . . . 1188	1932 . . . 955	1936 . . . 1226,6
			1937 . . . 1248,0

Steinkohlenvorräte der Welt. Sichere Vorräte bis 2000 m Teufe in Mrd. t:

Welt	4600	Deutschland	289
Vereinigte Staaten	1975	Polen	138
Rußland	1075	China	220
Großbritannien . .	200	Kanada	286

Steinkohlenförderung Deutschlands:

Jahr	Fettkohle		Gas- und Gasflammkohle		Eß- und Magerkohle		Anthrazit		Zusammen Steinkohle
	1000 t	%	1000 t	%	1000 t	%	1000 t	%	1000 t
1933	56 779	51,8	39 639	36,1	8 445	7,7	4831	4,4	109 692
1934	69 555	55,7	40 986	32,8	9 777	7,8	4539	3,6	124 857
1935	82 000	57,3	45 000	31,5	10 800	7,6	5085	3,6	143 003
1936	91 135	57,6	49 802	31,5	11 629	7,3	5717	3,6	158 283

Deutsche Steinkohlengewinnung nach Kohlengruppen und Bergbaubezirken 1936 (in 1000 t):

	Fettkohle	Gas- und Gasflammkohle	Eß- und Magerkohle	Anthrazit	Zusammen Steinkohle
Ruhrgebiet	73 572	21 364	9201	3342	107 479
Oberschlesien	4 231	16 834	—	—	21 065
Saarrevier	8 250	3 423	—	—	11 673
Aachener Revier	4 045	—	1214	2375	7 634
Niederschlesien	670	4 373	—	—	5 043
Sachsen	—	3 462	—	—	3 462
Niedersachsen	363	347	1142	—	1 852
Übriges Deutschland . . .	5	—	72	—	77

Die deutsche Steinkohlengewinnung nach Bergbaubezirken hat sich wie folgt entwickelt (in Mill. t):

	1913	1929	1932	1934	1935	1936	1937
Ruhrgebiet	114,2	123,6	73,3	90,4	97,7	107,5	127,7
Aachen	3,3	6,0	7,4	7,5	7,5	7,6	7.8
Oberschlesien . . .	43,4	22,0	15,3	17,4	19,0	21,0	24,5
Niederschlesien . .	5,5	6,1	4,2	4,4	4,8	5,0	5,3
Sachsen	5,4	4,2	3,1	3,4	3,4	3,5	3,7
Niedersachsen . . .	1,2	1,5	1,3	1,7	1,8	1,9	2,0
Saarrevier	16,9	—	—	—	8,9	11,7	13.4
Übriges Deutschland	0,1	0,1	0,1	0,01	0,01	0,1	0,08
Summe	190,1	163,4	104,7	124,9	143,0	158,3	184,5

Die gewinnbaren Steinkohlenvorräte Deutschlands betragen nach der Schätzung von 1936 (in Mill. t):

	Bis 2000 m Teufe	Bis 1000 m Teufe
Ruhrgebiet	213 600	55 100
Nord-Krefeld	—	7 100
Brüggen-Erkelenz	10 500	1 746
Aachen.	—	1 546
Saarrevier	9 205	9 205
Westoberschlesien	52 000	10 900
Niederschlesien	2 944	1 240
Mitteldeutschland	472	472
Summe	288 721	87 330

In welcher Weise sich die Steinkohlenförderung der verschiedenen Länder in den letzten 90 Jahren gegeneinander verschoben hat, zeigt folgende Tabelle (in Mill. t):

	1850	1860	1870	1880	1890	1900	1910	1920	1929	1934	1936	1937
Deutschland . . .	5	14	26	47	70	109	153	141	163	125	158	185
Österreich und Tschechoslowakei	1	2	4	6	9	13	15	11	18	11	13	17
Belgien	6	10	14	17	20	23	23	22	27	26	28	30
Frankreich. . . .	4	8	13	19	25	33	38	24	54	59	45	44
Rußland.	—	—	1	3	6	13	24	6	35	90	126	100
Großbritannien. .	46	86	112	149	184	229	269	233	261	225	232	245
Vereinigte Staaten	6	15	36	74	140	249	455	586	552	376	443	445
Polen	—	—	—	—	—	—	9	30	46	29	30	36
Japan.	—	—	—	1	3	8	16	29	32	33	38	42
Britisch-Indien. .	—	—	—	1	2	6	12	18	23	20	21	23

Gewöhnlich wird die Kohle für Heizzwecke nur gewaschen und sortiert. Für bestimmte Fälle wird aber ein Aschengehalt von weniger als 2% verlangt, z. B. für Carbidkohle zur Kautschuksynthese, für den Kohlenstaubmotor, für Verflüssigung usw. Das ist nur durch verbesserte Aufbereitung mit Schwerelösungen oder durch Schwimmaufbereitung (Flotation) zu erreichen. Für Elektrodenkohle wird sogar ein Aschengehalt von nur 0,6—0,8% verlangt.

Ähnlich wie bei Braunkohle werden auch aus Steinkohle Briketts oder Kohlensteine hergestellt; es handelt sich aber hierbei nur um die Aufarbeitung von Kohlenklein, welches für sich schlecht verkäuflich und für die Kokerei nicht verwendbar ist (Magerkohlen). Die Brikettierung war bisher nur möglich unter Zuhilfenahme von Bindemitteln (Teer, Pech, Melasse, Asphalt, Kalk, Lehm usw.), wozu man meist etwa 5% Steinkohlenpech (Hartpech) oder auch Zellpech (eingedickte Ablauge der Cellulosefabrikation) verwendete. Der Heizwert der Steinkohlenbriketts beträgt 7600—7800 WE. Sie dienen vielfach zur Heizung von Lokomotiven, Dampfschiffen und als Hausbrand. Die Erzeugung an Steinkohlenpreßsteinen betrug 1929: 6, 1930: 4,7, 1934: 5,2, 1935: 5,5 Mill. t. Nach einem Verfahren von APFELBECK gelingt es jetzt auch ohne Bindemittel trockene Steinkohle (unter 3 mm) in Ringwalzenpressen mit 1500—1800 Atm. Druck zu dichten und festen Briketts zu pressen.

Kohlenverbrauch Deutschlands 1935. Die größten Abnehmer an Stein- und Braunkohle sind:

	Steinkohle		Braunkohle		Summe in Steinkohleneinheiten	
	1000 t	%	1000 t	%	1000 t	%
Hausbrand	23 708	23,72	67 455	45,55	38 698	29,11
Eisenbahnen	12 737	12,75	1 137	0,77	12 990	9,77
Eisenindustrie	25 947	25,97	7 853	5,29	27 692	20,83
Elektrizitätswerke	4 642	4,65	26 242	17,68	10 473	7,88
Gaswerke	6 063	6,07	202	0,14	6 108	4,60
Chemische Industrie	4 339	4,34	13 301	8,96	7 295	5,49
Industrie der Erden und Steine	5 388	5,39	4 897	3,30	6 476	4,87

Feuerungen für feste Brennstoffe.

Die festen Brennstoffe (Kohlen, Briketts, Koks) werden zur direkten Wärmeerzeugung in Öfen verbrannt. Die Übertragung der Wärme geschieht in verschiedener Weise. In gewissen Fällen mischt man den Brennstoff mit den zu erhitzenden Substanzen, z. B. in fast allen Schachtöfen für metallurgische Zwecke, in Kalkbrennöfen usw.; in anderen Fällen verbrennt man den Brennstoff auf einem Roste und bringt nur die Feuergase mit dem zu erhitzenden Körper in Berührung, wobei eine Einwirkung der Asche vermieden wird. Diese Art der Beheizung finden wir in allen Flammöfen, z. B. Puddelöfen, Röstöfen, Schmelzöfen, Brennöfen für Porzellan, Steinzeug usw. Häufig aber erhitzt die Flamme auch nur die Gefäße, in denen die zu

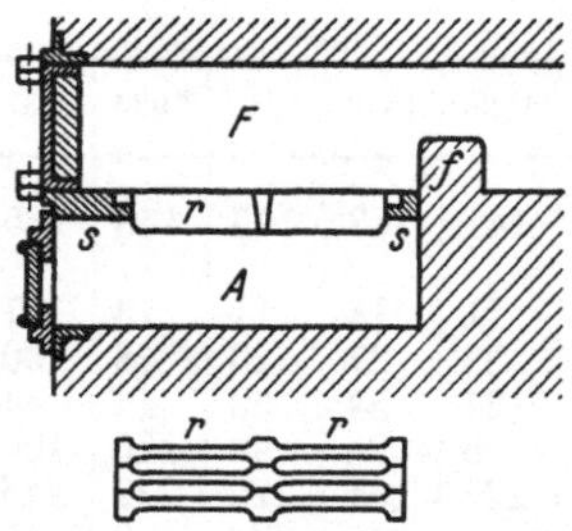

Abb. 40. Planrostfeuerung.

erhitzenden Körper, geschützt vor den Feuergasen, auf bestimmte Temperatur gebracht werden sollen; man spricht dann von Gefäßöfen oder Muffelöfen, z. B. bei Beheizung von Zinkmuffeln, Leuchtgasretorten, Salzsäureöfen, Destillierkesseln; hierher gehören auch die Dampfkessel.

Die Rostfeuerungen sind in der Regel Planrost-, Schrägrost-, Treppenrost- oder Kettenrostfeuerungen. Bei Planrostfeuerungen ist die Rostfläche (Abb. 40) waagerecht oder nur wenig geneigt. Der Rost besteht aus einzelnen nebeneinanderliegenden Roststäben r, die zwischen sich schmale Rostspalten zum Durchtritt der Verbrennungsluft freilassen. Für stückigen Brennstoff können die Spalten weiter sein als für feinkörnigen. Die Stäbe liegen auf den Rostabträgern s. Der Rost trennt den eigentlichen Feuerraum F vom Aschenraum A, die beide mit Türen verschlossen sind. Hinter dem Roste befindet sich die Feuerbrücke f, welche verhindert, daß Brennstoff oder Schlacken in den Ofenraum oder den Feuerkanal gelangen. Die Luftzufuhr erfolgt in der Regel von unten; die Verbrennungsluft tritt durch Schlitze der Aschentür ein, auch die Feuertür hat Schlitze für eine eventuelle Rauchverbrennung. Vielfach sind auch Unterwindfeuerungen in Gebrauch, bei welchen durch ein Dampfstrahlgebläse die Luft von dem geschlossenen Aschenraume aus mit schwachem Überdruck durch die düsenartigen Rostöffnungen geblasen wird. Der Rost muß von Brennstoff vollkommen bedeckt sein, und zwar gilt als beste Höhe der Beschüttungschicht bei Steinkohle 8—10 cm, Braunkohle 15—20 cm, Torf 10—30 cm. Das Aufbringen des Brennstoffs erfolgt vielfach noch mit der Hand, meist aber durch selbsttätige Beschüttung aus einem Fülltrichter und durch mechanische Wurfapparate. Die Größe der Rostfläche richtet sich nach der Art des Brennstoffs und der Zugstärke. Man rechnet für die stündliche Verbrennung von 1 kg Brennstoff bei Steinkohle 1,50 dm², Braunkohle 1,25 dm², Holz 1,00 dm². Bei Schrägrostfeuerungen hat der Rost eine Neigung von rund 40°, die Kohle rutscht aus einem Fülltrichter auf den Rost (Abb. 56, S. 111 „Halbgasfeuerung"), man wendet in der Regel noch sekundäre Luftzufuhr über dem Brennstoffe an. Von dieser Feuerung unterscheidet sich die Treppenrostfeuerung (Abb. 41) dadurch, daß der Rost nicht durch Längsstäbe, sondern durch horizontal wie die Stufen einer Treppe liegende Platten gebildet wird. Der Neigungswinkel des Pultes beträgt rund 35°. Treppenrostfeuerungen sind namentlich bei mulmigen und erdigen Brennstoffen am Platze (wie Rohbraunkohlen, Torf, Lohe, Sägespäne). Zur Verbrennung von Rohbraunkohlen sind auf Großkraftwerken auch Muldenrostfeuerungen in Gebrauch.. Sie haben rinnenartig ausgebildete Roste, denen die Kohle an den Seiten von oben zuläuft. Über den Rosten sind gemauerte Hauben angebracht, die zur Fortführung der Ver-

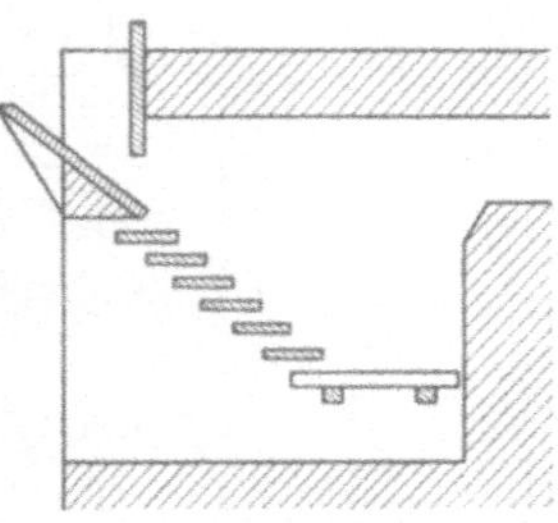

Abb. 41. Treppenrostfeuerung.

brennungsgase dienen. Die über den Hauben liegende Kohle wird vorgetrocknet und rutscht mit eigenem Gefälle auf den Rost. Die nachstehend abgebildete Muldenrostfeuerung (Abb. 42) der Firma Fränkel & Viebahn ist auch noch mit mechanischem Brennstoffvorschub versehen. Neben den genannten Feuerungen finden sich noch häufig Feuerungen mit beweglichem Rost, namentlich Kettenroste oder Wanderroste, bei denen der Rost durch ein endloses, über zwei Walzen geführtes Band gebildet wird, welches sich langsam in der Richtung des Zuges bewegt, und von dem die Schlacken am Ende selbsttätig abgestreift werden. Bei den Kettenrosten sind Roststäbe gelenkartig verbunden, bei den Wanderrosten besteht das wandernde Band aus einzelnen Tragkästen mit eingesetzten Roststäben. Der Brennstoff wird also hier wie bei Schrägrostfeuerungen allmählich erwärmt, entgast und schließlich vollständig verbrannt (Abb. 43). Auch rostlose Feuerungen finden sich, z. B. Kohlenstaubfeuerungen, bei denen feingemahlener, trockener Kohlenstaub durch irgendeine Vorrichtung in

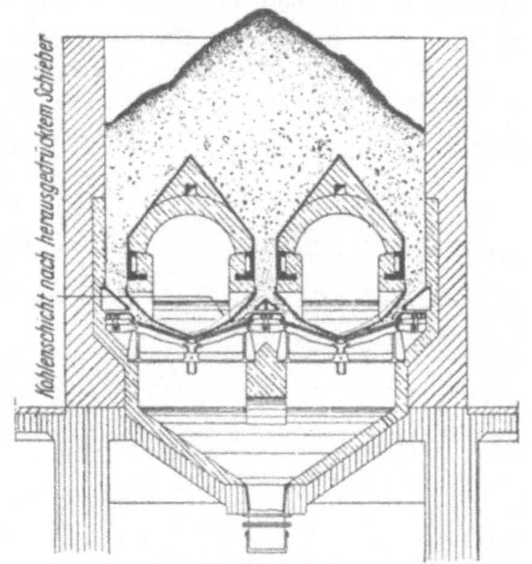

Abb. 42. Muldenrostfeuerung
von Fränkel & Viebahn.

die Verbrennungskammer geblasen und dort in der Schwebe vollständig verbrannt wird. Meist wird der gemahlene Kohlenstaub vermittelst eines Ventilators durch eine Düse in die Verbrennungskammer oder, wie bei der Zementfabrikation, in den Drehrohrofen geblasen (vgl. „Zement"). Dem Vorteile der besseren Verbrennung des Kohlenstaubes mit geringerem Luftüberschuß stehen die hohen Kosten für Trocknung und Vermahlung der Kohle als Nachteil entgegen. Die Kohlenstaubfeuerung nimmt in letzter Zeit rapid zu (Großkraftwerke).

Bei jeder Feuerung treten die Verbrennungsgase (Rauchgase), nachdem die gewünschte Wärmeabgabe an den Herd oder die Kesselwand stattgefunden hat, in den Fuchs oder Rauchkanal, der zum Schornstein führt. Die stets noch mit großer Eigenwärme in den Schornstein tretenden Gase üben infolge ihres Auftriebs eine gewisse Saugwirkung (Essenzug) aus, die durch den im Fuchs angebrachten Rauchschieber reguliert wird. Auch künstlicher Zug durch Dampfstrahl (Lokomotiven) oder Ventilatoren (Schwabachsystem) kommt zur Anwendung.

In allen Zweigen der Technik finden sich Dampfkesselanlagen, auf die hier kurz hingewiesen werden soll. Die Feuerungen sind die eben angeführten, sie

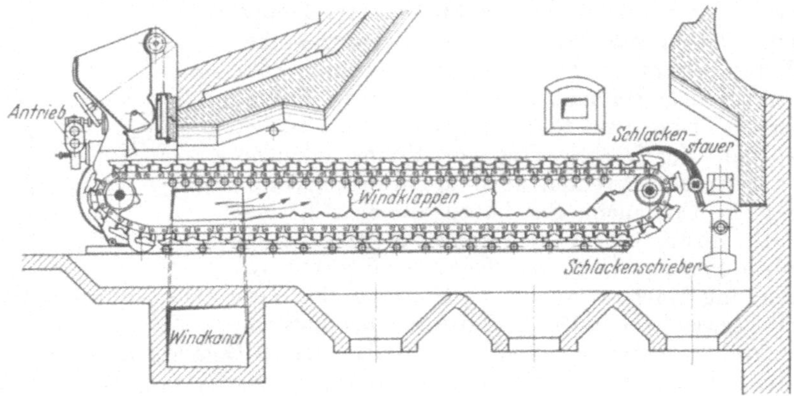

Abb. 43. Wanderrost.

müssen sich jedoch ganz dem Dampfkesselsystem anpassen. Man unterscheidet je nach der Form der Dampfkessel:

1. **Walzenkessel oder Zylinderkessel.** Die Beheizung geschieht nur von außen durch Langzüge. Sie werden nur noch in Form von Batteriekesseln gebaut. Viel gebraucht werden dagegen die

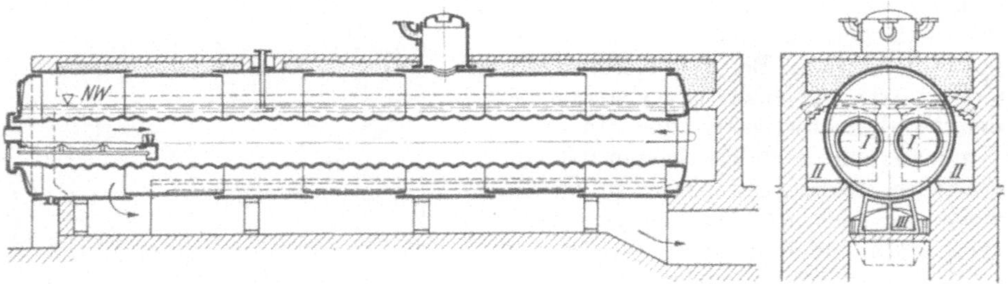

Abb. 44. Zweiflammrohrkessel.

2. **Flammrohrkessel.** Im Wasserraum des Walzenkessels liegen 1 bis 3 Flammrohre, durch welche die Feuergase streichen und in denen meist auch der Rost und die Feuerung untergebracht sind (Innenfeuerung). Am meisten werden Zweiflammrohrkessel (Abb. 44) verwendet. Die Flammrohre bestehen aus glatten oder gewellten Schüssen, die Heizfläche beträgt bis 120—150 m², der Dampfdruck bis 10 Atm. Die Erhitzung geschieht zunächst in den Flammrohren, die austretenden Heizgase bestreichen aber auch noch den Kesselmantel von außen in Seiten- und Unterzügen. Walzenkessel und Flammrohrkessel gehören zu den sog. Großwasserraumkesseln, die namentlich dort am Platze sind, wo die Dampfentnahme ziemlich stark schwankt, wo schnelles Anheizen nicht erforderlich ist und wo auf trockenen Dampf und möglichste Dauerhaftigkeit gesehen wird.

3. **Heizrohrkessel.** Um auf kleinem Raum die Heizfläche zu vergrößern, wird der Heizgasstrom durch ein in einem Walzenkessel eingebautes Röhrensystem vielmals unterteilt. Diese verhältnismäßig engen Rohre (4,5—9 cm weit)

werden innen von den Heizgasen bestrichen. Diese Kessel finden sich in der Hauptsache als Lokomotiv- und Lokomobilkessel und sind dann, wie Abb. 45 zeigt, mit einer zylindrischen Feuerbüchse versehen.

Zur bequemen Reinigung der Rohre ist das Rohrsystem ausziehbar eingerichtet. Der Schnitt zeigt weiter noch den aus Spiralrohren gebildeten Überhitzer, der von den die Heizrohre verlassenden Heizgasen bestrichen wird.

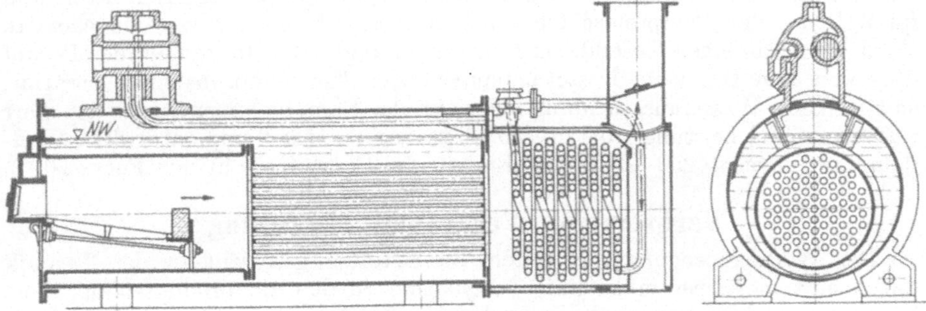

Abb. 45. Heizrohrkessel.

Der gesättigte Dampf wird dem Dampfdome entnommen, geht durch den Überhitzer und dann in den Schieberkasten des Hochdruckzylinders. In dieser Weise konstruierte Heißdampflokomobilen kommen mit außerordentlich geringem

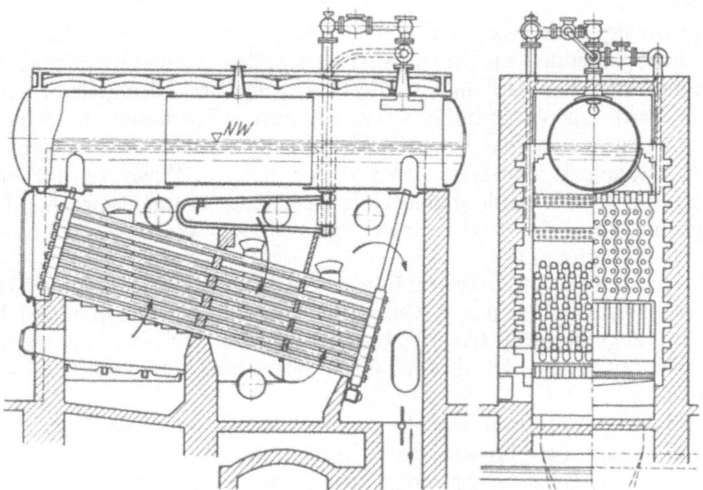

Abb. 46. Wasserrohrkessel.

Kohlenverbrauche aus. Wolfsche Lokomobilen haben bereits 0,404 kg, Lanzsche 0,366 kg Kohle für die effektive PSh erreicht.

4. Wasserrohrkessel sind die eigentlichen Kleinwasserraumkessel. Der wesentliche Teil des Kessels ist eine große Anzahl enger Rohre, die mit Wasser gefüllt sind und die durch Kammern oder Kopfstücke an den Enden untereinander verbunden sind. Die Kammern stehen durch Stutzen mit einem größeren Oberkessel mit Dampfraum in Verbindung. Der Wasserinhalt ist hier vielfach unterteilt, es findet ein kräftiger Wasserumlauf statt; die Wasserrohrkessel bieten eine große Heizfläche auf kleinem Raume, gestatten große Rostflächen (Kettenroste, Wanderroste), sie heizen sich schnell an; allgemein gebräuchlich sind Zweikammerkessel. Abb. 46 läßt alle Einzelheiten eines solchen

Kessels erkennen. Unter dem Oberkessel ist meist ein Überhitzer eingebaut. Zu der Klasse der Wasserrohrkessel gehören auch die jetzt vielfach angewandten Steilkessel.

Bei fast allen Kesselarten, deren Dampf zum Maschinenbetriebe gebraucht wird, ist ein **Überhitzer** mit eingebaut; zur Überhitzung des Dampfes wird die Wärme der abziehenden Feuergase nutzbar gemacht. Der gewöhnliche Dampfkessel liefert nämlich nassen „Sattdampf". In den Rohrleitungen und im Zylinder der Dampfmaschine würde sich also Kondenswasser ausscheiden. Wird jedoch in einem besonderen Rohrsystem (vgl. Abb. 45 und 46) der Dampf über den dem Druck im Kessel entsprechenden Kondensationspunkt erwärmt, so tritt keine Wasserausscheidung mehr ein, das Dampfvolumen wird vergrößert und damit die Leistung (um 15—30%) gesteigert. Die Temperatur des „Heißdampfes" erreicht 250—350° (bei Einbau des Überhitzers in den Fuchs 200°).

Verbrennung, Vergasung, Entgasung.

Die Wärmeerzeugung aus festen Brennstoffen geschieht in der Technik durch eine möglichst vollständige Oxydation zu den Endprodukten der Verbrennung: Kohlensäure und Wasserdampf. Erfolgt die Oxydation **direkt** bis zu den Endprodukten und werden die durch die Oxydation freiwerdenden Wärmemengen sofort am Reaktionsorte an den zu erhitzenden Körper übertragen, wie z. B. in Kalköfen, Ringöfen, Dampfkesseln, Muffeln, Stubenöfen, so sprechen wir von einer **Verbrennung.** Das Verbrennungsprodukt ist **Rauchgas.**

Häufig zerlegt man aber den Verbrennungsprozeß in zwei Teile; man führt den Brennstoff zunächst nur in ein wärmegebendes, Kohlenoxyd und Wasserstoff enthaltendes Gas über und bringt dieses erst später, häufig an einem räumlich getrennten Orte, zur vollständigen Verbrennung. In diesem Falle spricht man von einer **Vergasung** des Brennstoffs. Die Vergasung des Brennstoffs kann durch den Sauerstoff der Luft, oder durch den im Wasserdampf enthaltenen Sauerstoff, oder durch beide gleichzeitig geschehen; dementsprechend entstehen als Vergasungsprodukte: **Generatorgas** bzw. **Wassergas** bzw. **Halbwassergas** (Mischgas).

Durch Erhitzung von Brennstoffen **ohne** Luftzutritt (trockene Destillation) erhält man ebenfalls brennbare Gase (neben kohlenstoffreichen Rückständen), die an räumlich getrennten Orten verbrannt werden. Diesen Vorgang bezeichnet man als **Entgasung.** In dieser Weise erhaltene Gase sind: **Leuchtgas, Koksofengas.**

Nachstehend sollen nun sowohl die zur Vergasung und Verbrennung von Kohlenstoff theoretisch notwendigen Luft- bzw. Wassermengen, als auch die Mengen und Zusammensetzungen der entstehenden Reaktionsprodukte berechnet werden. Kohlenstoff wird in den seltensten Fällen mit reinem Sauerstoff verbrannt, gewöhnlich verwendet man Luft. 1 m³ Luft wiegt 1,2932 kg und besteht aus:

Sauerstoff	O_2	23,10 Gew.-%	oder	20,90 Vol.-%
Stickstoff	N_2	75,55 Gew.-%	„	78,13 Vol.-%
Argon	A	1,30 Gew.-%	„	0,94 Vol.-%
Kohlensäure	CO_2	0,05 Gew.-%	„	0,03 Vol.-%
		100,00 Gew.-%		100,00 Vol.-%

Hierzu kommt noch Wasserdampf H_2O 0,84 Gew.-% bzw. 1,30 Vol.-%.

Praktisch rechnet man $\Big\{$ Sauerstoff . . . . 21 Vol.-% oder 23 Gew.-%
 Stickstoff . . . . 79 Vol.-% „ 77 Gew.-%

I. Die **Vergasung** des Kohlenstoffs zu **Kohlenoxyd** geht nach der Gleichung $C + O = CO$ vor sich. Es treten also 12 kg Kohlenstoff mit 16 kg

Sauerstoff zu 28 kg Kohlenoxyd zusammen. 1 kg Kohlenstoff braucht also zur Vergasung 1,333 kg Sauerstoff oder, da die Luft nur 23 Gew.-% Sauerstoff enthält, 5,795 kg bzw. 4,448 m³ Luft. Das Gewicht des bei der Vergasung mit Luft entstehenden Produktes ist 1 + 5,795, also 6,795 kg eines theoretischen Generatorgases von nachstehend angegebener Zusammensetzung. Das Volumen und die Zusammensetzung des entstehenden Generatorgases kann man in folgender Weise berechnen. Jedes Molekulargewicht eines Gases (in Kilogramm) nimmt den Raum von 22,414 m³ ein; 12 kg Kohlenstoff geben also nach obiger Gleichung 22,414 m³ Kohlenoxyd, 1 kg C also 1,868 m³ CO. Weiter ist 1 Vol. Sauerstoff äquivalent 2 Vol. Kohlenoxyd; also 1 Vol. CO $= \frac{1}{2}$ Vol. O_2, 1,868 m³ CO $= 0{,}934$ m³ O_2. Zu dieser Menge Sauerstoff gehören in der Luft (im Verhältnis von 21 zu 79 Vol.-%) 3,514 m³ Stickstoff; 1 kg Kohlenstoff gibt also theoretisch 1,868 + 3,514 m³ = 5,382 m³ Generatorgas von folgender Zusammensetzung:

Kohlenoxyd . . .	2,333 kg = 34,34 Gew.-%	oder	1,868 m³ = 34,72 Vol.-%
Stickstoff	4,462 kg = 65,66 Gew.-%	„	3,514 m³ = 65,28 Vol.-%
	6,795 kg 100,00 Gew.-%		5,382 m³ 100,00 Vol.-%

Diese für theoretisches Generatorgas geltenden Zahlen sind praktisch nie zu erreichen, weil einerseits die theoretische Luftmenge nicht ausreicht und weil andererseits stets ein Teil des Kohlenoxyds zu Kohlensäure weiter verbrennt.

II. Die Verbrennung des Kohlenstoffs zu Kohlensäure geht nach der Gleichung $C + O_2 = CO_2$ vor sich. 12 kg C verbrennen mit 32 kg O_2 zu 44 kg CO_2. 1 kg Kohlenstoff braucht also zur Verbrennung 2,666 kg Sauerstoff oder 11,591 kg bzw. 8,895 m³ Luft. Es entstehen (1 + 11,591 kg) 12,591 kg oder, da 1 Vol. Sauerstoff äquivalent ist 1 Vol. Kohlensäure, 8,895 m³ Verbrennungs- oder Rauchgase, bestehend aus:

Kohlensäure . . .	3,666 kg = 29,12 Gew.-%	oder	1,868 m³ = 21,00 Vol.-%
Stickstoff	8,925 kg = 70,88 Gew.-%	„	7,027 m³ = 79,00 Vol.-%
	12,591 kg 100,00 Gew.-%		8,895 m³ 100,00 Vol.-%

Da man praktisch den Brennstoff nicht mit der theoretischen Luftmenge vollkommen verbrennen kann, und da Kohlen nicht aus reinem Kohlenstoff bestehen, so ist in technischen Feuer- oder Rauchgasen auch niemals 21 Vol.-% Kohlensäure anzutreffen.

1 kg Kohlenstoff kann also mit Luftsauerstoff entweder zu einem Gasgemisch mit 21,00 Vol.-% Kohlensäure oder mit 34,72% Kohlenoxyd verbrennen. Welche der beiden Reaktionen vor sich geht und welchen Grad der Umsetzung sie erreichen, das hängt in der Hauptsache von der Temperatur ab. Bei niederen Temperaturen bildet sich mehr Kohlensäure, bei höherer Temperatur mehr Kohlenoxyd, über 900° ist nur noch Kohlenoxyd allein anzutreffen. Es handelt sich hier um ein Gleichgewicht, nämlich das sog. Generatorgasgleichgewicht

$$CO_2 + C \rightleftarrows 2\,CO,$$

auch BOUDOUARDsches Gleichgewicht genannt, weil BOUDOUARD zuerst diese Gleichgewichtsverhältnisse genauer untersucht hat. Er gibt folgende Verhältniszahlen an:

Bei 500°	. . .	7,1% CO	16,7% CO_2
„ 600°	. . .	9,7% CO	15,1% CO_2
„ 700°	. . .	23,1% CO	6,9% CO_2
„ 800°	. . .	29,9% CO	2,8% CO_2
„ 900°	. . .	34,0% CO	0,2% CO_2

Diese Zahlen beziehen sich auf Atmosphärendruck. Das Gleichgewicht ist nämlich nicht nur stark temperatur-, sondern auch druckabhängig. In Abb. 47

sind diese Gleichgewichtsverhältnisse graphisch zur Darstellung gebracht. Da man in der Praxis den Kohlenstoff mit Luft vergast, so sind die reagierenden Gase durch die große Menge Stickstoff stark verdünnt, die niedrigen Partialdrucke von CO_2 und CO bewirken dann, daß sich das Gleichgewicht im Generator noch etwas mehr zugunsten der CO-Bildung verschiebt.

III. Die Vergasung des Kohlenstoffs durch gebundenen Sauerstoff in Form von Wasserdampf. Schickt man Dampf durch eine Schicht glühenden Kokses, so kann die Umsetzung in zweierlei Weise vor sich gehen:

$$C + H_2O = CO + H_2 \quad \text{oder} \quad C + 2\,H_2O = CO_2 + 2\,H_2.$$

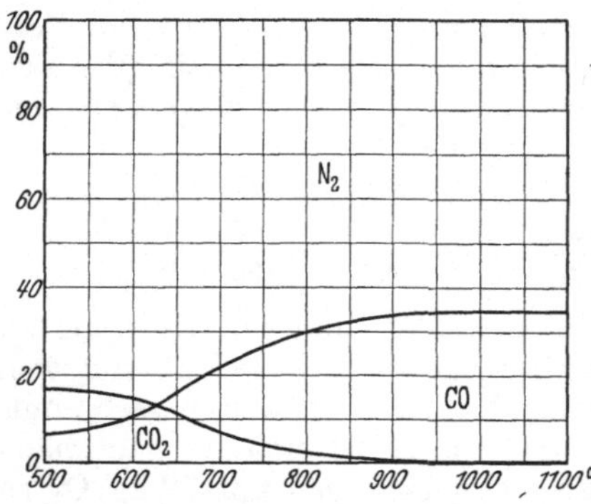

Abb. 47. Generatorgas-Gleichgewicht.

a) Bei der Vergasung nach der Gleichung $C + H_2O = CO + H_2$ sind für 12 kg Kohlenstoff 18 kg Wasserdampf, für 1 kg C also 1,500 kg Dampf nötig und es entstehen 28 kg Kohlenoxyd und 2 kg Wasserstoff, also für 1 kg Kohlenstoff 2,500 kg Wassergas. Da ferner, wie wir bei dem Generatorgas gesehen haben, 1 kg Kohlenstoff 1,868 m³ Kohlenoxyd liefert und da beim Wassergasprozeß ein dem Kohlenoxyd gleiches Volumen Wasserstoff entsteht, so beträgt die aus 1 kg Kohlenstoff entstehende Raummenge an Wassergas 3,736 m³ und dieses besteht theoretisch aus gleichen Raumteilen Kohlenoxyd und Wasserstoff.

Kohlenoxyd . . .	2,333 kg =	93,32 Gew.-%	oder	1,868 m³ =	50,00 Vol.-%
Wasserstoff . . .	0,167 kg =	6,68 Gew.-%	„	1,868 m³ =	50,00 Vol.-%
	2,500 kg	100,00 Gew.-%		3,736 m³	100,00 Vol.-%

b) Nach der Gleichung $C + 2\,H_2O = CO_2 + 2\,H_2$ erhält man als Endprodukt Kohlensäure und die doppelte Menge Wasserstoff. 1 kg Kohlenstoff braucht 3,00 kg Dampf und gibt 4 kg Wassergas. Aus 12 kg Kohlenstoff entstehen 44 kg Kohlensäure und 4 kg Wasserstoff, aus 1 kg C also 3,667 kg CO_2 und 0,333 kg H_2 oder, dem Volumen nach, 1,868 m³ CO_2 und 3,736 m³ H_2.

Das Reaktionsprodukt besteht also aus:

Kohlensäure . . .	3,667 kg =	91,67 Gew.-%	oder	1,868 m³ =	33,33 Vol.-%
Wasserstoff . . .	0,333 kg =	8,33 Gew.-%	„	3,736 m³ =	66,67 Vol.-%
	4,000 kg	100,00 Gew.-%		5,604 m³	100,00 Vol.-%

In der Praxis vergast man den Kohlenstoff nur in seltenen Fällen mit trockener Luft, sondern benutzt fast immer feuchte Luft oder man bläst gleichzeitig mit der Luft etwas Wasserdampf ein; die beiden Prozesse der Vergasung I und III durch Luftsauerstoff und Wasserdampf laufen dann nebeneinander her. Man bezeichnet deshalb den Vorgang als Mischvergasung, das Produkt als Halbwassergas (S. 95).

Für manche Fälle der Rechnung ist es bequemer, nicht von 1 kg Kohlenstoff auszugehen, sondern die Kohlenstoffmenge auf gleiche Volumina der gasförmigen Produkte zu beziehen. Man benutzt dann die auf S. 63 angegebene Zahl 0,536 kg für Kohlenstoff. Diese Menge verbrennt mit 1 m³ Sauerstoff zu 1 m³ Kohlensäure, vergast mit $^1/_2$ m³ Sauerstoff zu 1 m³ Kohlenoxyd oder mit 1 m³ Dampf zu 1 m³ Kohlenoxyd + 1 m³ Wasserstoff, also zu 2 m³ Wassergas.

Die Wärmeerzeugung bei der Verbrennung und Vergasung.

Bei der Vergasung und Verbrennung von Kohlenstoff entstehen gewisse Wärmemengen, die man mit Hilfe der in der Tabelle auf S. 63 angegebenen Zahlen berechnen kann.

I. Verbrennung von Kohlenstoff zu Kohlensäure. $(12\ \text{kg})\ C + (32\ \text{kg})\ O_2 = (44\ \text{kg})\ CO_2 + 96720\ \text{WE}$. 1 kg Kohlenstoff, zu Kohlensäure verbrannt, liefert 8060 WE. Das Verbrennungsprodukt besitzt keinen Brennwert mehr.

II. Vergasung von Kohlenstoff zu Kohlenoxyd.

a) $(12\ \text{kg})\ C + (16\ \text{kg})\ O = (28\ \text{kg})\ CO + 29172\ \text{WE}$. 1 kg Kohlenstoff, zu Kohlenoxyd vergast, liefert 2431 WE. Das erzeugte Produkt hat für 1 kg C einen Brennwert von 5629 WE.

b) $(12\ \text{kg})\ C + (44\ \text{kg})\ CO_2 = (56\ \text{kg})\ 2\ CO - 38386\ \text{WE}$. 1 kg Kohlenstoff verbraucht bei der Reduktion der Kohlensäure zu Kohlenoxyd 3199 WE. Das erzeugte Produkt hat für 1 kg C einen Brennwert von 11259 WE.

III. Vergasung von Kohlenstoff durch Wasserdampf. Verbrennen 2 kg Wasserstoff zu Wasserdampf, so erhält man eine Verbrennungswärme von 57152 WE (bei Kondensation zu flüssigem Wasser von 0° 68312 WE). Dieselbe Wärmemenge ist aufzuwenden, um Wasserdampf (bzw. flüssiges Wasser) in Wasserstoff und Sauerstoff zu spalten. Bei der Herstellung von Wassergas und Mischgas geht nun ein wärmeliefernder Vorgang ($C + O = CO$ oder $C + O_2 = CO_2$) und ein wärmeverzehrender Vorgang ($H_2O = H_2 + O$) nebeneinander her:

a) $(12\ \text{kg})\ C + (18\ \text{kg})\ H_2O = (28\ \text{kg})\ CO + (2\ \text{kg})\ H_2 + 29172 - 57152\ \text{WE}$. Reaktionswärme $- 27980$ WE, Brennwert des Produkts $+ 124700$ WE.

b) $(12\ \text{kg})\ C + (36\ \text{kg})\ 2\ H_2O = (44\ \text{kg})\ CO_2 + (4\ \text{kg})\ 2\ H_2 + 96720 - 114304\ \text{WE}$. Reaktionswärme $- 17584$ WE, Brennwert des Produktes $+ 114304$ WE.

Für praktische Fälle führt man das Wasser stets in Form von Wasserdampf ein und in den Verbrennungsprodukten zieht das Wasser als Dampf ab.

Die Wassergaserzeugung geht also nur unter Wärmebindung vor sich, sie ist ein endothermer Vorgang. Die zur Durchführung des Verfahrens nötige Wärme muß durch Verbrennung einer zweiten Menge von Kohle (oder auch auf andere Weise) aufgebracht werden. Da, wie oben berechnet, der Vorgang $C + H_2O = CO + H_2$ 27980 WE verbraucht, und andererseits der Vorgang $C + O = CO$ 29172 WE liefert, so würde theoretisch die Vergasung von 12 kg C ausreichen, den Wärmebedarf des Wassergasprozesses zu decken. Praktisch wird man aber nur etwa 10000 WE von den 29172 WE ausnutzen können. Wir werden also die in der Gleichung angegebenen Mengen dreimal nehmen müssen:

$$3\ (C + O) + C + H_2O \quad \text{oder} \quad 4\ C + 3\ O + H_2O = 4\ CO + H_2.$$

Geht die Wärmeerzeugung und die Wasserzerlegung gleichzeitig im Generator vor sich und verwendet man statt Sauerstoff Luft, so entsteht das Halbwassergas. Dieses besteht aus Kohlenoxyd, Wasserstoff und Stickstoff und liefert für 48 kg Kohlenstoff:

Kohlenoxyd . . .	112 kg	= 40,76 Gew.-%	oder	89,65 m³	= 37,58 Vol.-%
Wasserstoff . . .	2,0 kg	= 0,74 Gew.-%	,,	22,41 m³	= 9,40 Vol.-%
Stickstoff	160,7 kg	= 58,50 Gew.-%	,,	126,47 m³	= 53,02 Vol.-%
	274,4 kg	100,00 Gew.-%		238,53 m³	100,00 Vol.-%

Der Vorgang nach der Gleichung $C + 2\ H_2O = CO_2 + 2\ H_2$ verbraucht 17584 WE; um diesen Wärmebedarf zu decken, müßten wir praktisch den Kohlenstoffbetrag der Formel $C + O = CO$ zweimal aufwenden. Wir erhalten dann für das andere Halbwassergas die Gleichung:

$$3\ C + O_2 + H_2O = CO_2 + 2\ CO + 2\ H_2.$$

Bei der Verbrennung mit Luft erhält man aus 36 kg Kohlenstoff:

Kohlensäure . .	44,00 kg	= 20,85 Gew.-%	oder	22,412 m³	= 11,41 Vol.-%
Kohlenoxyd . .	56,00 kg	= 26,54 Gew.-%	,,	44,824 m³	= 22,83 Vol.-%
Wasserstoff . .	4,03 kg	= 1,84 Gew.-%	,,	44,824 m³	= 22,83 Vol.-%
Stickstoff . . .	107,13 kg	= 50,77 Gew.-%	,,	84,311 m³	= 42,93 Vol.-%
	211,16 kg	100,00 Gew.-%		196,371 m³	100,00 Vol.-%

Der Heizwert des so erhaltenen Gases ist 1270 WE, des vorherigen 1372 WE/m³.

Wenn nicht Mischgas, sondern Wassergas erzeugt werden soll, so muß man die Vergasung in der Weise durchführen, daß man abwechselnd Wärme erzeugt und dann durch den glühenden Koks den Wasserdampf zerlegt. Zuerst bläst man Luft in den Generator und verbrennt einen Teil des Koks-Kohlenstoffs zu Kohlensäure, wodurch der andere Teil des Kokses zum Glühen kommt. Das entstehende Gas ($CO_2 + N_2$) wird für sich abgeleitet. Dann bläst man durch die glühende Koksschicht eine Zeitlang Wasserdampf und fängt nun das entstehende Wassergas ($CO + H_2$) auf. Kontinuierlich würde sich der Wassergasprozeß nur gestalten lassen, wenn man den fehlenden Wärmebetrag dem Vergasungsmittel selbst mitgibt, oder wenn man zur Vergasung Sauerstoff statt Luft verwendet. Solche Verfahren sind jetzt ebenfalls in Anwendung und werden später beschrieben werden.

Die Verbrennung in Feuerungen. Bei industriellen Feuerungen erhält man eine um so bessere Wärmeausnutzung des Brennstoffs, je vollständiger die Verbrennung bis zu den Endprodukten Wasserdampf und Kohlensäure verläuft. Wie S. 93 gezeigt, verbrennt theoretisch 1 kg Kohlenstoff mit 8,895 m³ Luft zu einem Gasgemisch, welches 21 Vol.-% Kohlensäure enthält; praktisch ist das nicht möglich, denn einerseits reicht die theoretische Menge der Verbrennungsluft nicht zur vollständigen Verbrennung aus, man muß wenigstens die 1,3fache Menge verwenden; andererseits können in einem Rauchgase die den 21 Vol.-% Sauerstoff der Luft entsprechenden 21% Kohlensäure nicht vollständig wieder gefunden werden, wenn der Brennstoff Wasserstoff enthält, weil dann ein Teil des Sauerstoffs zu Wasserdampf verbrennt, welcher sich kondensiert. Enthält der Brennstoff selbst neben Wasserstoff noch Sauerstoff, so ist für die Zusammensetzung der Rauchgase nur der „disponible“ Wasserstoff $\left(H_2 = \dfrac{O_2}{8}\right)$ maßgebend und der Maximalkohlensäuregehalt (ohne Luftüberschuß) kann bei Verbrennung von Steinkohle nicht über 18,6%, bei Torf 20,4%, bei Erdöl 15%, bei Leuchtgas 12% CO_2 hinausgehen.

Entsprechend dem Luftüberschuß sind in den Rauchgasen verschiedene Sauerstoffmengen anzutreffen, man könnte also zur Kontrolle einer Feuerung den Sauerstoffüberschuß im Rauchgas ermitteln. Das geschieht aber in der Praxis meist nicht, sondern man bestimmt durch Gasanalyse direkt den Kohlensäuregehalt (besser auch noch CO und O_2); im allgemeinen benutzt man automatische Rauchgasprüfer, die entweder auf chemischem Wege die Kohlensäure fortlaufend absorbieren und registrieren (nach Art des Orsat-Apparates), z. B. der bekannte Adosapparat, oder man benutzt die physikalischen Unterschiede des spezifischen Gewichts (Ranarex der AEG.) oder die Wärmeleitfähigkeit der Rauchgase gegenüber Luft (Rauchgasprüfer von Siemens & Halske).

Bei der Verbrennung von Gasgemischen sind zur Berechnung der notwendigen Verbrennungsluft die Volumverhältnisse zu berücksichtigen.

1 Vol.		braucht	gibt als Verbrennungsprodukte	
Kohlenoxyd	CO	$^1/_2$ Vol. O_2	— Vol. H_2O	1 Vol. CO_2
Wasserstoff	H_2	$^1/_2$ Vol. O_2	1 Vol. H_2O	— Vol. CO_2
Methan	CH_4	2 Vol. O_2	2 Vol. H_2O	1 Vol. CO_2
Äthylen	C_2H_4	3 Vol. O_2	2 Vol. H_2O	2 Vol. CO_2
Acetylen	C_2H_2	$2^1/_2$ Vol. O_2	1 Vol. H_2O	2 Vol. CO_2
Benzol	C_6H_6	$7^1/_2$ Vol. O_2	3 Vol. H_2O	6 Vol. CO_2
Benzin	C_6H_{14}	$9^1/_2$ Vol. O_2	7 Vol. H_2O	6 Vol. CO_2

Die Sauerstoffmenge mal $\frac{100}{21}$ ergibt die notwendige Luftmenge, mal $\frac{79}{21}$ die in die Rauchgase eingeführte Stickstoffmenge. Für die Verbrennung von Steinkohlengas (Koksgas, Leuchtgas) berechnet sich also der Luftbedarf wie folgt:

Steinkohlengas	braucht	gibt als Verbrennungsprodukte	
49 Vol.-% H_2	24,5 Vol.-% O_2	49 Vol.-% H_2O	— Vol.-% CO_2
34 Vol.-% CH_4	68,0 Vol.-% O_2	68 Vol.-% H_2O	34 Vol.-% CO_2
8 Vol.-% CO	4,0 Vol.-% O_2	— Vol.-% H_2O	8 Vol.-% CO_2
4 Vol.-% C_2H_4	12,0 Vol.-% O_2	8 Vol.-% H_2O	8 Vol.-% CO_2
1 Vol.-% C_6H_6	7,5 Vol.-% O_2	3 Vol.-% H_2O	6 Vol.-% CO_2
2 Vol.-% CO_2	— Vol.-% O_2	— Vol.-% H_2O	2 Vol.-% CO_2
2 Vol.-% N_2	— Vol.-% O_2	— Vol.-% H_2O	— Vol.-% CO_2
100 Vol.-% Gas	116,0 Vol.-% O_2	128 Vol.-% H_2O	58 Vol.-% CO_2

1 m³ dieses Gases braucht also $1{,}16 \cdot \frac{100}{21} = 5{,}52$ m³ Luft zur Verbrennung und liefert 1,28 m³ Wasserdampf und 0,58 m³ Kohlensäure. Nach Abscheidung des Wassers besteht das Gas aus 0,58 m³ CO_2 und $0{,}02 + 11{,}6 \cdot \frac{79}{21} = 4{,}38$ m³ N_2, so daß die Zusammensetzung des trockenen Verbrennungsgases 11,4% $CO_2 + 88{,}6\%$ N_2 ist.

Wärmeverluste bei Feuerungen. Da alle Verbrennungsgase mit einer gewissen Eigenwärme abziehen, so entsteht hierdurch ein bestimmter Wärmeverlust, derselbe läßt sich bestimmen durch Multiplikation der Kubikmeter Abgase mit der Wärmekapazität (S. 71) der Bestandteile und mit der Temperaturdifferenz zwischen abgehenden Rauchgasen und der Verbrennungsluft.

Dieser Verlust durch Eigenwärme, „Kaminverlust", ist aber nicht die einzige Verlustquelle. In Rauchgasen finden sich meist auch noch unverbrannte Anteile (Kohlenoxyd, Kohlenwasserstoffe) und Ruß. Eine Rußabscheidung in den Rauchgasen, d. h. Rauchbildung kann durch ungenügende oder unrichtige Luftzufuhr bedingt sein, oder dadurch, daß durch zuviel kalte Luft im Feuerraum eine Abkühlung der Gase unter die Verbrennungstemperatur (500—700°) herbeigeführt wird. Bei der Verbrennung fester Brennstoffe ist ferner noch als Verlust die Menge Kohle in Ansatz zu bringen, die infolge unvollständiger Verbrennung oder ungeeigneter Größe durch den Rost in die Asche fällt. Bei der Vergasung von Brennstoffen treten weiter noch bei richtiger Vergasung kondensierbare Teermengen in den Gaskanälen auf, deren Heizwert zu rund 7800 WE für 1 kg zu veranschlagen ist.

Nachstehend sind als Beispiel die Wärmeverluste bzw. die Nutzeffekte einer Dampfkesselheizung (Kesselkohle), eines Stubenofens (oberschlesische Kohle) und einer Zentralheizungsanlage (Gaskoks) nebeneinandergestellt; die Zahlen haben natürlich keine Allgemeingültigkeit.

Verlust durch	Dampfkessel %	Stubenofen %	Zentralheizung %
Unverbrannte Gase	0,6—4	7	4,8
Ruß	0,4	5	6,5
Kaminverlust	15—17	10	27,1
Unverbranntes in den Rückständen	2,4—3,0	6	0,7
Leitung und Strahlung	5—12	5	2,5
Wasserdampf in den Gasen	—	—	1,4
Nutzbar gemacht	65—74	67	57

Kohlenveredlung.

In dem vorhergehenden Abschnitte sind die festen, flüssigen und gasförmigen
Brennstoffe nur von dem Gesichtspunkte aus behandelt worden, wie man die
ihnen innewohnende Energie in Wärme umsetzen, diese Brennstoffe also als
Heiz- oder Kraftstoffe verwenden kann. Bei den festen Brennstoffen, namentlich
bei den Kohlen, ist das aber nicht mehr die einzige Verwertung. Schon bei der
Verwendung der Brennstoffe als Heizstoff findet in manchen Fällen eine Veredlung auf mechanischem Wege durch Aufbereitung und auf thermisch-
mechanischem Wege durch Brikettierung statt. Auch die Vergasung

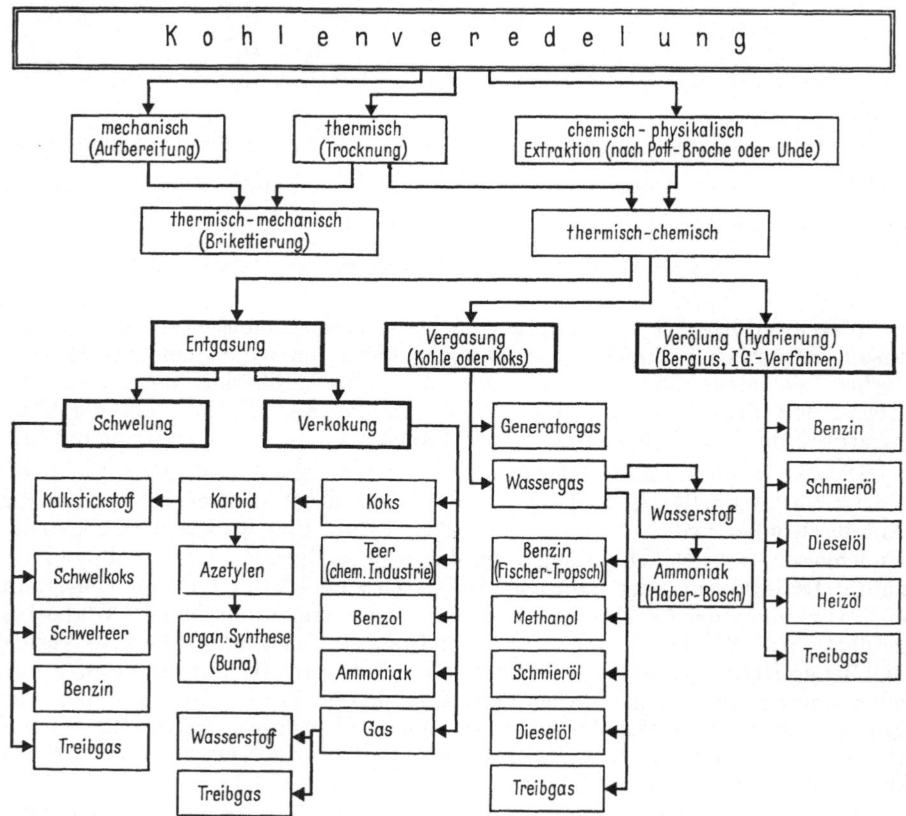

zu Generatorgas und Wassergas ist als Veredlung der festen Brennstoffe zu
bewerten. Weiter führt man schon seit langer Zeit in größtem Maßstabe eine
Veredlung der festen Brennstoffe aus durch Entgasung derselben, also durch
Verkokung in der Kokerei und in der Leuchtgasfabrikation, und durch Verschwelung in der Braunkohlen- und Schieferschwelerei. Neu hinzugekommen
sind dann die verschiedenen Verfahren der Verölung oder Hydrierung
zur Gewinnung von Ölen und Benzin.

Die einzelnen Veredlungsverfahren, soweit sie die Aufbereitung, Brikettierung
und Vergasung betreffen, sind oben besprochen, die Veredlungsverfahren der
Verkokung, der Verschwelung und der Hydrierung werden in den folgenden
Abschnitten behandelt werden. Ein sehr anschauliches Bild von den verschiedenen Arten der Kohleveredlung und den dabei zu gewinnenden Produkten
liefert die obenstehende Übersichtstafel.

B. Flüssige Brennstoffe.

Flüssige Heizstoffe finden von Jahr zu Jahr mehr Verwendung, weil sie gegenüber den festen Heizstoffen eine ganze Reihe von Vorzügen aufweisen. Ihre Verwendung würde eine noch weit größere sein, wenn nicht ihre Beschaffung und ihr Preis gewisse Grenzen zögen.

Der Hauptvertreter der flüssigen Heizstoffe ist das Erdöl und seine Destillationsprodukte; aber auch die Destillation und Hydrierung von Steinkohlen, Braunkohlen und bituminösen Schiefern liefern flüssige Heiz- und Treibstoffe; in dieser Hinsicht sind namentlich der Steinkohlenteer und die daraus erzeugten Teeröle für uns von besonderer Wichtigkeit.

Der Unterschied zwischen festen und flüssigen Heizstoffen beruht hauptsächlich in der verschiedenen Art, wie diese Stoffe in den dampf- oder gasförmigen Zustand zu bringen sind. Die flüssigen Heizstoffe erleiden diese Umwandlung beim Erwärmen ohne weiteres, bei Kohle tritt dagegen erst eine weitgehende Zersetzung ein. Naphthalin und Paraffin, die bei gewöhnlicher Temperatur fest sind, zählen ihren Eigenschaften nach eigentlich zu den flüssigen Brennstoffen und werden wie diese verwendet, namentlich das Naphthalin hat seit dem Kriege, besonders in seiner hydrierten Form als Tetralin, viel Verwendung gefunden. Die Eigenschaft, leicht in den Gas- oder Dampfzustand überzugehen, begründet die Möglichkeit der Verwendung der flüssigen Heizstoffe als Betriebsmittel für Motoren.

Die flüssigen Brennstoffe enthalten Asche und Wasser nur in ganz verschwindend geringer Menge, sie bestehen also sozusagen ausschließlich aus „brennbarer Substanz", während das bei den Kohlen bekanntlich nicht der Fall ist. Beide Brennstoffgruppen enthalten als Grundelemente Kohlenstoff und Wasserstoff; der Kohlenstoff macht den Hauptbestandteil in beiden Gruppen aus (etwa 85—90%), der Wasserstoffgehalt ist dagegen bei Kohlen viel geringer und unterliegt erheblichen Schwankungen, er bildet eines der Hauptunterscheidungsmerkmale der beiden Gruppen. Die flüssigen Brennstoffe enthalten nämlich etwa doppelt so viel Wasserstoff, im Verhältnis zum Kohlenstoff (Molekularverhältnis), außerdem bestehen sie nur aus Kohlenstoff und Wasserstoff und enthalten so gut wie keinen Sauerstoff, der gerade ein charakteristischer Bestandteil der Kohlen, namentlich der jüngeren ist.

In den flüssigen Brennstoffen sind Kohlenstoff und Wasserstoff restlos aneinander gebunden, der gesamte Kohlenstoff und Wasserstoff tritt stets zu gleicher Zeit in Reaktion (was bei der Kohle nicht der Fall ist, wo zuerst die Entgasung, dann die Verbrennung eintritt). Der Vorgang der Verbrennung ist in beiden Fällen eine Oxydation zu Kohlensäure und Wasserdampf; ein Unterschied besteht aber insofern, als die flüssigen Heizstoffe im Durchschnitt einen wesentlich höheren Heizwert (rund 10000 WE) besitzen als Kohlen und infolgedessen auch höhere Temperaturen liefern können. Ferner sind sie leicht und unmittelbar zu entzünden, lassen sich bequem durch Preßluft oder Dampfstrahl in feinste Form zerstäuben und vergasen, vermischen sich deshalb leicht mit der Verbrennungsluft; die Verbrennung ist vollständig und erfolgt momentan, sie kann mit weit geringerem Luftüberschuß erfolgen als die Verbrennung von Kohlen; die Verbrennung kann leicht ruß- und rauchlos geleitet werden. Flüssige Brennstoffe finden aus diesen Gründen neben der direkten Verheizung weitgehend Verwendung als „Treibstoffe" oder „Kraftstoffe" in Motoren.

Verladung, Transport, Aufspeicherung, Anlieferung an die Verbrauchsstelle sind außerordentlich einfach. Die Heizöle haben einen um die Hälfte größeren Heizwert als Kohlen; da ihr Gewicht für 1 m³ etwa ebenso groß ist wie das von geschichteter Kohle, so kann man in gleichem Raume rund die doppelte Menge

Heizwert aufspeichern wie bei Kohlen. Dieser Gesichtspunkt ist namentlich für den Schiffsbetrieb sehr wichtig. Die Feuerungen sind genau regulierbar, sie beanspruchen weniger Aufsicht, weniger Arbeitskräfte und keine besondere Geschicklichkeit des Arbeiters.

Als flüssige Brennstoffe und Treibstoffe kommen hauptsächlich in Betracht:

1. **Erdöl (Rohpetroleum, Naphtha) und seine Destillationsprodukte, wie Benzin, Petroleum, Gasöl, Rückstände (Masut).**

2. **Steinkohlenteer und seine Destillationsprodukte.** Hierzu gehören die Teere der Leuchtgasfabrikation, der Kokerei und Wassergasteer, ferner von den Destillationserzeugnissen: **Benzol, Teeröle, Naphthalin.**

3. **Destillationsprodukte von Braunkohle, Torf und bituminösen Schiefern, wie Braunkohlenbenzin, Solaröl, Gasöl, Paraffinöl, Kreosotöl, Ölgasteer, Schieferöl.**

4. **Hydrierungsprodukte von Stein- und Braunkohlen: Öle, Benzin, Propan, Butan.**

5. **Pflanzliche und tierische Fette und Öle, wie Palmöl, Erdnußöl, Ricinusöl, Fischtran.**

6. **Spiritus, sowohl Äthylalkohol als auch Methylalkohol (Methanol) und Spiritusmischungen mit Benzin, Benzol, Naphthalin usw.**

1. Erdöl kommt an verschiedenen Stellen der Erde vor. Die verschiedenen Erdöle sind nach ihrer chemischen Zusammensetzung und nach der Menge der gewinnbaren Destillationsprodukte recht verschieden, wie aus der nachstehenden Übersicht deutlich hervorgeht. Der Heizwert der rohen Erdöle schwankt zwischen 9500 und 11500 WE, er beträgt im Mittel 10500 WE.

Roherdöl	Benzin	Leuchtöl	Schmieröl und Gasöl
	%	%	%
Pennsylvanisches	12—15	60—70	10—20
Russisches	5	30	50
Galizisches	5—25	25—40	15—30
Rumänisches	10—20	30—50	20
Deutsches (leichtes Lüneburger)	3	20	25
Elsässer	4— 5	30—35	30—35

Bei der Destillation gehen die Benzine bis 150° über, das Leuchtpetroleum von 150—300°, Gasöl von 300—360°, Schmieröle über 360°.

Chemische Zusammensetzung des Rohöls und der Destillationsprodukte.

		Kohlenstoff	Wasserstoff	Sauerstoff + Stickstoff	Heizwert
		%	%	%	WE
Roherdöl	Pennsylvanisches .	83,6	12,9	3,0	
	Russisches	86,0	13,0	1,0	9 500—11 500
	Rumänisches . . .	85,3	14,2	0,5	
	Galizisches	85,3	12,6	2,1	
Automobilbenzin		85,1	14,9	—	10 100—10 200
Petroleum		85,3	14,1	0,6	10 500
Gasöle		86,2	12,6	—	9 830—10 200
Rückstände.		86,5—87,7	11,1—12,2	0,6—1,2	9 800—10 700

Die Zahlen sind Durchschnittswerte. Eine besonders wichtige Rolle spielen in den Erdölländern die Destillationsrückstände: **Masut, Astatki, Pacura,** die als Heizmaterial für Eisenbahnen und Schiffe, für Dampfkessel und industrielle Öfen verwendet werden.

2. Steinkohlenteer. Die bei der Leuchtgasfabrikation und der Kokerei anfallenden Teere ohne vorherige Gewinnung der wertvollen Destillationsprodukte zu verbrennen, wäre Vergeudung. Zwar lassen sich dünnflüssigere Vertikalofenteere und Kammerofenteere direkt im Dieselmotor verwenden, man zerlegt aber prinzipiell immer erst den Teer durch Destillation, und zwar gehen bis 170° Leichtöle, bis 230° Mittelöle, bis 270° Schweröle, bis 320° Anthrazenöle über, wonach Pech als Rückstand zurückbleibt. Die Leichtöle ergeben bei der Weiterbehandlung die verschiedenen Benzolfraktionen. Die Gemische von Mittel-, Schwer- und Anthrazenölen führen die Bezeichnung „Teeröle".

Chemische Zusammensetzung der Teere und Teerprodukte.

	Kohlenstoff %	Wasserstoff %	Sauerstoff + Stickstoff %	Heizwert WE
Gasanstaltsrohteer .	87—93	4,7—7,3	1,7—7,9	8100—8800
Kokereiteer	89—92	5,1—5,7	5,5—9,2	8270—8850
Wassergasteer . . .	89,3—93	5,5—9,2	0,4—1,7	8600—9500
Teeröle	87,4—91,4	6,0—7,8	1,4—4,9	8850—9125
Benzol	92,3	7,7	—	9600
Anthrazenöl	89,5	6,4	3,4	8950
Naphthalinöl	87,1	7,3	4,9	8880
Rohnaphthalin . . .	93,7	6,3	—	9200—9400

3. Braunkohlenteer. Die Braunkohlenschwelerei wird in der Hauptsache wegen der Gewinnung von Paraffin betrieben, der Teer ist also zu kostbar zur Verwendung für Heizzwecke. Die bei der Zerlegung des Teers bis 130° übergehenden Anteile von Braunkohlenbenzin (Heizwert 10780 WE) werden im eigenen Betriebe bei der Reinigung des Paraffins verbraucht. Dagegen wird das von 130—240° übergehende Solaröl an Stelle von Petroleum als Motorenöl verwendet; die Zusammensetzung ist 85,5% C, 12,3% H_2 und 2,2% $O_2 + N_2$; der Heizwert 9980 WE. In den Siedegrenzen von 200—300° gehen helle Paraffinöle, Putzöl, Gelböl, Rotöl über, deren Heizwert 9700 bis 9800 WE beträgt. Sie dienen als Gas- und Treiböle für kleine Dieselmotoren. Ein dunkles Paraffinöl ist das Gasöl, es siedet zwischen 225 und 360° und hat einen Heizwert von 10500—10800 WE, es wird ebenso wie das sog. schwere Paraffinöl (Heizwert 9800 WE) zum Karburieren von Wassergas, hauptsächlich aber als Treiböl für Dieselmotoren und auch als Heizöl, namentlich von der Marine, verwendet. Auch das als Nebenprodukt gewonnene Kreosotöl findet, außer zu Desinfektionszwecken, als Heizöl Verwendung.

Den Braunkohlenteeren nahe verwandt sind die Schwelteere der Messeler und der schottischen Schiefer, bei deren Aufarbeitung ganz ähnliche Produkte entstehen. Die deutschen Braunkohlen- und Schieferteeröle (Gasöle) gelten geradezu als Normalöle für den Dieselbetrieb; die schottischen Gasöle finden in der englischen Marine Verwendung als Treib- und Heizöle. In der folgenden Tabelle sind einige Angaben über die Zusammensetzung von Braunkohlen- und Schieferteerprodukten und auch von zwei Pflanzenölen gemacht.

		Kohlenstoff %	Wasserstoff %	Sauerstoff + Stickstoff %	Heizwert WE
Braunkohlenteeröle	Gelböl	86,3	12,0	0,8	10 004
	Gasöl	86,2	11,3	1,7	9 840
	Kreosotöl	86,7	11,0	1,9	9 773
Schieferöle	Treiböl, Messel.	86,3	12,6	1,2	10 029
	Schottisches	86,4	9,8	3,1	9 409
Pflanzenöle	Arachisöl	77,3	11,8	10,8	8 866
	Palmöl	76,3	11,8	12,0	8 866

4. Hydrierungsprodukte von Stein- und Braunkohlen. Die Hauptprodukte der synthetischen Treibstoffherstellung sind zwar Öle und Benzin, daneben werden aber etwa 10% der Menge der erzeugten Treibstoffe als sog. Flüssiggas, auch Gasol genannt, gewonnen. Dieses besteht, ebenso wie das aus dem Erdgas gewonnene Gasol, in der Hauptsache aus den gesättigten Kohlenwasserstoffen Propan, Butan und Isobutan. Der Heizwert beträgt rund 11000 WE/kg. Die genannten Kohlenwasserstoffe sind bei gewöhnlicher Temperatur und bei Normaldruck gasförmig (Siedepunkt: Propan — 44,5°, Butan — 0,7°, Isobutan — 10,8°). Der Dampfdruck bei 20° beträgt aber nur 8,8 bzw. 2,8 bzw. 3,3 Atm., so daß die Gase sich bequem zu Flüssigkeiten kondensieren lassen, wodurch die Verwendung dünnwandiger leichter Stahlflaschen zum Transport möglich wird. Die Flüssiggase finden hauptsächlich Verwendung zum Antrieb von Lastkraftfahrzeugen. Markenbezeichnungen für Flüssiggase oder Speichergase sind: Leunatreibgas, Deurag-Flüssiggas, B.V.-Treibgas, Ruhrgasol.

5. Pflanzenöle können im Dieselmotor verwendet werden, diese Art Brennstoff würde aber wohl nur in den Kolonien in Frage kommen.

6. Spiritus. Der Äthylalkohol (52,12% C, 13,14% H_2, 34,74% O_2) ist an sich ein energiearmer Brennstoff. Der Heizwert beträgt für einen 95%igen Spiritus nur 6014 WE/kg. Man hat deshalb Mischungen von Spiritus mit Benzin bzw. Benzol bzw. mit Tetralin hergestellt. Der Reichskraftstoff bestand aus 50 Gewichtsteilen Benzol, 25 Tetralin, 25 Spiritus, er lieferte 9000 WE/kg bzw. über 8000 WE/l.

Betreffs der Benzine ist noch zu bemerken, daß außer dem Erdölbenzin heute sehr viel synthetisch hergestelltes Leunabenzin bei uns verwendet wird, in Amerika das aus Erdgas durch Kompression und Abkühlung gewonnene Naturgasolin. Außerdem werden nach dem Krackverfahren aus hochsiedenden Rohölen und Rückständen recht beträchtliche Mengen Krackbenzine hergestellt. Benzin ist heute der Weltkraftstoff für Verbrennungsmotoren. 1929 betrug die Welterzeugung an Benzin rund 65 Mill. t, 1935 88 Mill. t. Benzin ist für den Kraftfahrgebrauch Markenartikel: Dapolin, Esso, Aral, Monopolin. Die meisten Autokraftstoffe sind Gemische. Motalin ist ein Benzin-Benzolgemisch (60:40) mit 0,1% Eisencarbonyl, Olexin Benzin-Benzol (60:40), Aral Benzin-Benzol (60:40), Esso Benzin-Benzol, Monopolin Benzin-Alkohol (75:25). Rennkraftstoffe haben einen erhöhten Gehalt an Äthyl- und besonders Methylalkohol.

Die Verwendung flüssiger Heizstoffe für Feuerungszwecke.

Für Feuerungszwecke kommen von den flüssigen Heizstoffen praktisch nur Roherdöl und die Rückstände der Erdölverarbeitung (Masut), ferner Teere und Teeröle in Frage. Die Verfeuerung von rohem Erdöl, wie die von rohem Teer, ist vom volkswirtschaftlichen Standpunkte aus eine Verschwendung, weil kostbare Bestandteile nutzlos vergeudet werden.

Erdöl und seine Verarbeitungsprodukte finden zu Heizzwecken natürlich hauptsächlich in Ländern Verwendung, die über reiche Erdölvorkommen verfügen, wie Nordamerika, Rußland, Rumänien, Galizien usw. Unser Vaterland gehört hierzu leider nicht, obwohl die heimische Gewinnung jetzt stark ansteigt.

Unsere hochentwickelte Kokerei und Leuchtgasindustrie muß uns Ersatz dafür liefern. Vor dem Kriege erzeugten die deutschen Kokereien 1 Mill. t Teer, die Gasanstalten 350000 t, woraus 350000—400000 t Teeröle für Heiz- und Treibzwecke gewonnen wurden. Dazu kamen noch 50000 t Treiböle aus der Braunkohlenindustrie. 1930 lieferten die deutschen Kokereien 1209000 t

Teer (und 336271 t Benzol), die Gaswerke 162000 t Teer, die Braunkohlen- und Schieferschwelerei 208000 t Teer; 1936: Kokereien 1409000 t, Gaswerke 247000 t, Braunkohlenschwelereien 426400 t.

Die Ölheizung kommt heute bei der Heizung von Dampfkesseln, von Lokomotiv- und Schiffskesseln, zur Heizung von Martinöfen, Tiegelöfen, Puddelöfen, Roheisenmischern, Schweiß- und Wärmeöfen, von Schmelzöfen in der Eisen- und Metallgießerei, von Konvertern, bei der Kupferverhüttung, für Glasöfen und keramische Öfen, für Zementdrehrohröfen, bei Teerdestillationsöfen usw. in Anwendung.

Die Verbrennung der flüssigen Heizstoffe für Feuerungs-

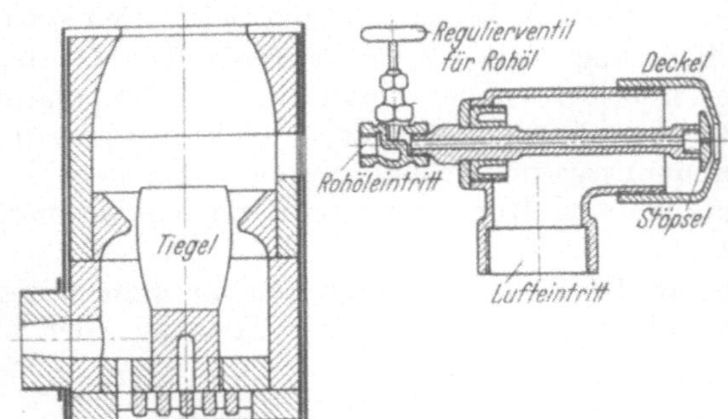

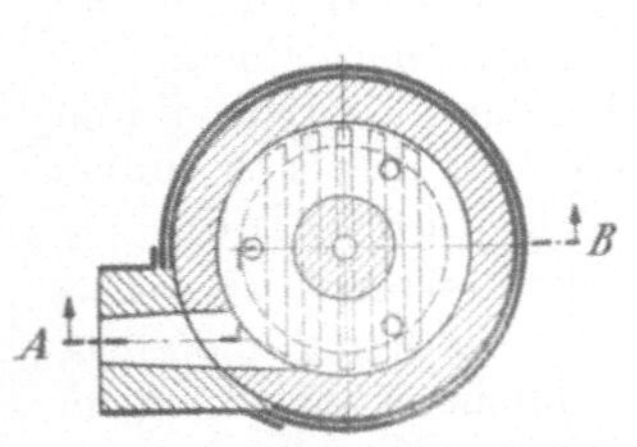

Abb. 48. Tiegelofen mit Rohölbrenner.

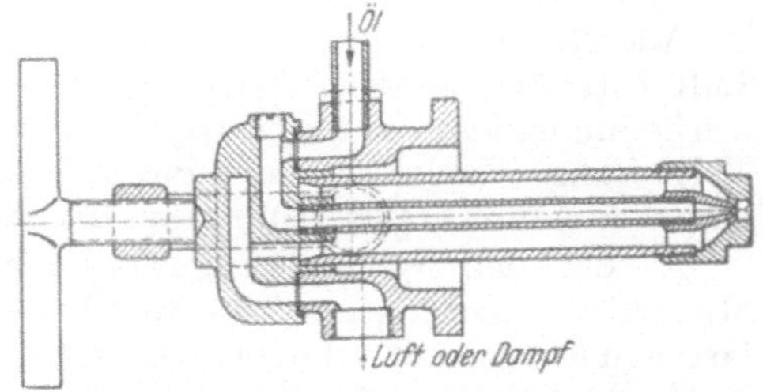

Abb. 49. Brenner mit Dampfstrahlzerstäuber (Körting).

zwecke geschieht in modernen Anlagen durchweg durch Zerstäubung. Diese Zerstäuber oder Brenner werden entweder mit Wasserdampf oder Druckluft betrieben. Für die Beheizung von Dampfkesseln, Destillierapparaten, Eindampfpfannen und sonstigen Apparaten, bei denen die Heizung von außen

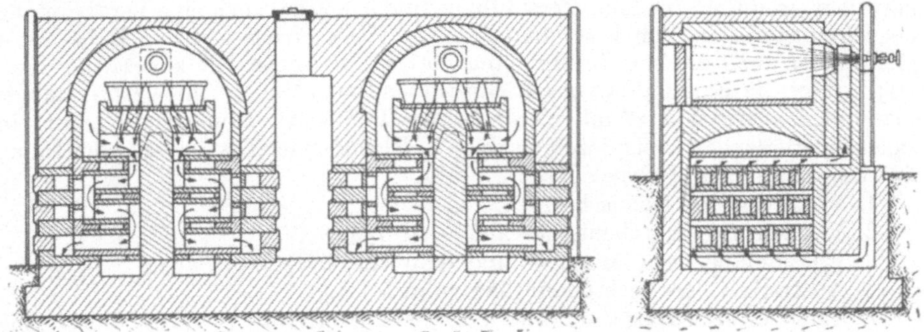

Abb. 50. Wolframschmelzofen mit Rekuperatoren für Ölfeuerung.

geschieht, wird die Zerstäubung mit Wasserdampf (selten Preßluft) vorgenommen. Der ausströmende Wasserdampf reißt dabei die zur Verbrennung nötige Luft mit. Bei der Innenbeheizung von metallurgischen Öfen und Glasöfen muß die Zerstäubung mit Druckluft geschehen, weil sonst die erforderlichen hohen Temperaturen nicht erreicht werden.

Die Konstruktion der Brenner bzw. Zerstäuber oder Heizdüsen weicht nicht viel voneinander ab, ob sie für Rohöl, Masut oder Teeröl oder Naphthalinzerstäubung bestimmt sind.

Abb. 48 zeigt die Einrichtung eines Rohölbrenners für Preßluftbetrieb, der hier zur Beheizung eines Tiegelofens dient.

Abb. 49 erläutert die Einrichtung eines Dampfstrahlzerstäubers (Körting), wie er zur Beheizung von Dampfkesseln verwendet wird. Durch eine Drehung des Griffes (links) kann der Brenner in oder außer Betrieb gesetzt werden. Die Vergasung und Verbrennung des zerstäubten Brennstoffs findet im Ofen statt.

Abb. 50 verdeutlicht die Ölfeuerung eines Wolframschmelzofens (Gebr. Körting). Zur Erreichung der erforderlichen außerordentlich hohen Temperatur wird hier die Verbrennungsluft vorgewärmt, und zwar in Rekuperatoren, die von den abziehenden Verbrennungsgasen umspült werden. Bei der Verwendung von Ölfeuerung in Glasöfen sind Regeneratoren zur Vorwärmung der Verbrennungsluft eingebaut.

Vielfach wird die Ölfeuerung (z. B. Teeröl) auch nur als Zusatzfeuerung benutzt, z. B. bei Lokomotiven auf Strecken mit starker Steigung oder in Tunneln.

Verwendung flüssiger Brennstoffe in Motoren.

Alle Motoren, die mit Gemischen von brennbaren Gasen oder Dämpfen und Luft betrieben werden, bezeichnet man als Verbrennungskraftmaschinen. Die Verbrennung kann dabei prinzipiell verschieden vor sich gehen, entweder durch Verpuffung (Explosion) oder durch langsame Verbrennung. Hiernach unterscheidet man Verpuffungsmaschinen und Gleichdruckmaschinen.

A. Bei den Verpuffungsmaschinen, auch Explosions- (Kraft-) Maschinen genannt, erfolgt im Arbeitszylinder die Verbrennung plötzlich, fast momentan, mit schneller Druckzunahme, ohne erhebliche Ausbreitung im Entflammungsraume, also nahezu bei konstantem Volumen. Die Entzündung oder Verpuffung, nach der Verdichtung der Ladung, wird durch eine von der Maschine betätigte, elektrische Zündungsvorrichtung bewirkt. Es ist prinzipiell gleichgültig, ob gasförmige Brennstoffe oder flüssige Brennstoffe zur Verwendung kommen; letztere müssen allerdings erst in dampfförmigen Zustand übergeführt werden, was in einem besonderen „Vergaser" (meist Spritzvergaser) geschieht, wodurch eine feine Zerstäubung und eventuell auch eine Verdampfung des Brennstoffs in der verfügbaren kurzen Zeit erreicht wird. Dabei wird gleichzeitig auch die zur Verbrennung nötige Luftmenge mit angesaugt, dann erst erfolgt die Entzündung des Brennstoff-Luftgemisches. Alle Verbrennungsmaschinen arbeiten jetzt mit Verdichtung. Der Verbrennungsvorgang ist ein sich wiederholender Kreisprozeß, der sich in folgende vier Takte (daher der Name Viertaktmaschinen) zerlegen läßt:

1. Ansaugen des Gemisches.
2. Verdichtung des Gemisches auf 8—10 Atm.
3. Entzündung des Gemisches und darauffolgende Explosion.
4. Austreiben der Verbrennungsprodukte.

B. Die Gleichdruckmaschinen, Dieselmotoren. Läßt man das Gemisch nicht verpuffen, sondern allmählich verbrennen, so daß der Druck fast konstant bleibt, so läßt sich der Kreisprozeß auch in vier Takte zerlegen:

1. Ansaugen der Luft.
2. Verdichtung der Luft auf 30—35 Atm.
3. Einspritzen des Öls in die auf 600° erhitzte Luft und Verbrennung bei konstantem Druck unter Expansion.
4. Austreibung der Verbrennungsprodukte.

Das Druckdiagramm zeigt aber ein wesentlich anderes Bild als im ersten Falle, wie die Darstellung (nach Güldner) in Abb. 51, in welcher die beiden verschiedenen Druckdiagramme übereinander gelegt sind, dartut. Die Flächenentwicklung weist charakteristische Unterschiede auf. In der Abbildung bedeutet V_c den Entflammungsraum, V_h den Zylinderraum, in dem der Kolben hin- und hergeht. Im Druckdiagramm verläuft beim Rückgang des Kolbens der erste Takt als Kurvenzug längs der Nullinie von links nach rechts. Beim zweiten Takt bringt der vorwärts gehende Kolben durch Verdichtung die untere stark ansteigende Druckkurve hervor; dann folgt die Zündung bzw. Verbrennung; der Kolben wird zurückgetrieben und damit ergibt sich als dritter Takt die obere abfallende Druckkurve, an die sich als vierter Takt das drucklose Ausstoßen der verbrauchten Gase und damit im Diagramm der von rechts nach links längs der Nullinie verlaufende Kurvenast anschließt.

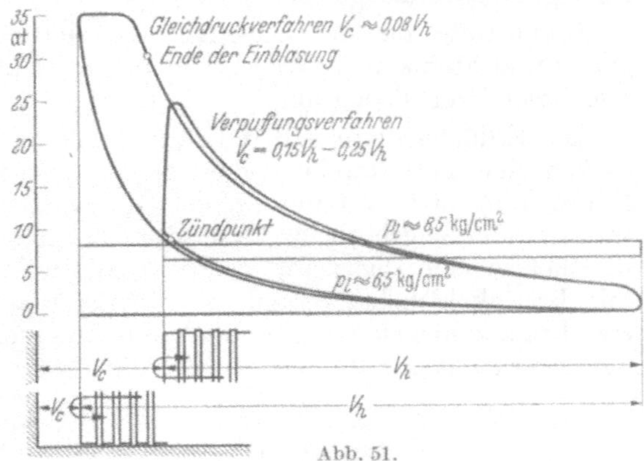

Abb. 51.
Druckdiagramm von Gleichdruck- und Verpuffungsmaschinen.

Für die Verpuffungsmaschinen kommen von den flüssigen Brennstoffen hauptsächlich in Frage: Benzin, Benzol, Spiritus, Gemische dieser Stoffe,

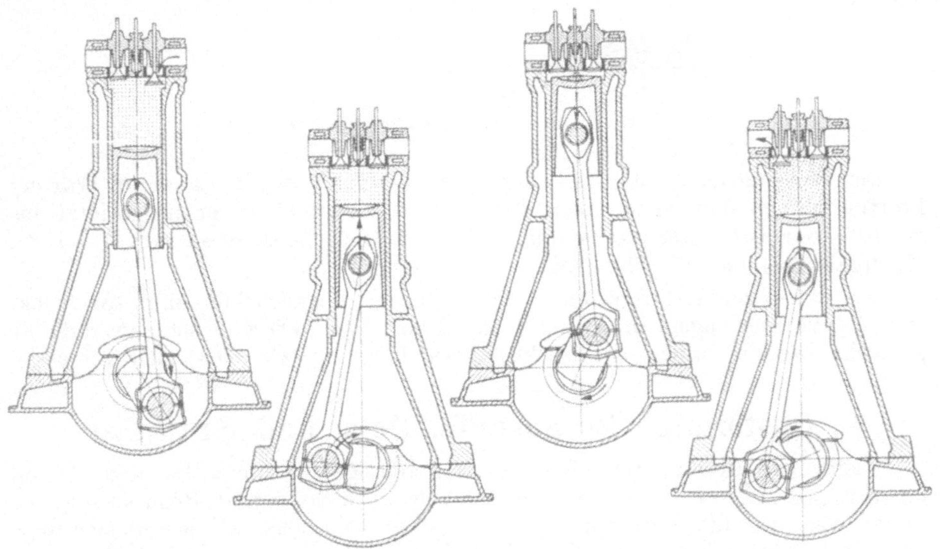
Abb. 52. Arbeitsweise des Dieselmotors.

Petroleum oder Naphthalin; für die Gleichdruckmaschinen: (Teer) Teeröle und Gasöle (Roherdöl) und Erdölrückstände.

In Verpuffungsmaschinen verbraucht man, je nachdem es sich um stationäre Anlagen oder Lastwagen, Automobilmotoren usw. handelt, für die Pferdekraftstunde (PSh) etwa folgende Brennstoffmengen: Benzin 200—270 g, Benzol 220—250 g, Naphthalin 280—320 g, Spiritus-Benzolmischungen 370—400 g, Spiritus 400—450 g, Petroleum und Gasöl 300—380 g.

Bei den Gleichdruckmaschinen (Dieselmotoren) wird am Ende des zweiten Taktes, nach der Kompression der Luft, bei der Totlage des Kolbens das Treiböl in fein verteiltem Zustande eingespritzt und verbrennt beim dritten Takte.

Ein sehr anschauliches Bild der Arbeitsweise eines Dieselmotors gibt Abb. 52. Diese Motoren werden aber nicht immer stehend gebaut, man verwendet vielfach auch liegende. Für große Leistungen sind mehrere Dieselmotoren zu einem Aggregat zusammengebaut.

Brennstoffe für die Dieselmotoren sind: Erdölrückstände, Braunkohlengasöle und Steinkohlenteeröle. Für uns in Deutschland sind die letztgenannten von besonderer Bedeutung.

Die Erdöldestillate und die Braunkohlenprodukte mit ihren Kohlenwasserstoffen der Paraffinreihe bilden beim Erhitzen Ölgas, welches die leichte Entzündung und Verbrennung des Öls im Zylinder bedingt. Die den Benzolwasserstoffen zugehörigen Bestandteile der Teeröle sind nur schwer aufspaltbar und liefern kein Ölgas, infolgedessen betreibt man kleinere Dieselmotoren nur mit Braunkohlenölen (Gasöl) oder benutzt auch bei größeren Teerölmotoren erst Braunkohlenöle als „Zündöl" zum Anlaufen des Motors. Ein guter Dieselmotor braucht für die PS-Stunde 170—200 g Gasöl oder 185—220 g Teeröl.

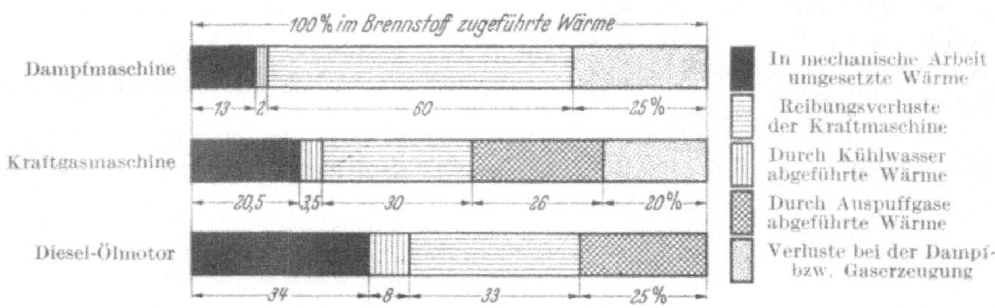

Abb. 53. Diagramm der Wärmeausnutzung.

Der Dieselmotor weist, wie bekannt, im Vergleich zu allen anderen Wärmekraftmaschinen den besten thermischen Wirkungsgrad auf, er nutzt jetzt bis zu 40% der Brennstoffwärme aus, während Dampfmaschinen nur 10—14%, Kraftgasmaschinen 18—20% umsetzen können.

Das vorstehende Diagramm Abb. 53 bringt übersichtlich zum Ausdruck, welche Wärmemengen in Dampf-, Kraftgas- bzw. Dieselmaschinen nutzbar gemacht werden, worin die Verluste bestehen und wie diese sich verteilen.

C. Gasförmige Brennstoffe, Heiz- und Kraftgase.

Gasförmige Brennstoffe teilen mit den flüssigen Brennstoffen den Vorteil einer rückstandslosen Verbrennung, leichter Zuführung und Regulierung; sie bieten aber für die Verbrennung noch weitere Vorzüge; sie lassen sich sehr leicht mit Luft mischen und brauchen deshalb den geringsten Luftüberschuß zur vollständigen Verbrennung, sie liefern höhere Verbrennungstemperaturen und kleinere Rauchgasmengen. Bei Gasfeuerungen ist aber eine weitere Temperatursteigerung noch durch Einbau von „Wärmespeichern" möglich, welche die Wärme der abziehenden Verbrennungsgase ausnutzen und mit dieser Wärme sowohl die Heizgase, als auch die Verbrennungsluft vorwärmen und diese so mit höherer Eigenwärme dem Verbrennungsprozeß zuführen. Man kann bei Gasfeuerungen die Flammenlänge für bestimmte Heizzwecke leicht regulieren, außerdem hat man es in der Hand, mit reduzierender oder oxydierender Flamme zu arbeiten. Gasfeuerungen sind leicht in Gang zu setzen und auszuschalten, sind sehr sauber und brauchen wenig Bedienung. Alle diese Vorteile bringen es mit sich, daß die Gasfeuerungen überall eingeführt werden, besonders da, wo es sich um die Erreichung sehr hoher Temperaturen handelt, wie z. B. in Martinöfen, Tiegelstahlöfen, Glasöfen, Koksöfen, Zinkdestillieröfen usw.

Als Heiz- und Kraftgase werden in der Hauptsache verwendet: Naturgas (Erdgas), die Destillationsgase der Kokerei, der Leuchtgaserzeugung und der Schwelerei, die Generatorgase in verschiedener Form (Mischgas, Sauggas, Mondgas), Hochofengichtgas und Wassergas, deren Gewinnung bzw. Erzeugung nachstehend besprochen werden soll.

In neuerer Zeit kommen hierzu noch Gase, welche bei der Trennung der Bestandteile des Koksofengases durch Kühlung und stufenweise Verflüssigung erhalten werden, ferner die sog. Synthesegase, das sind einerseits wasserstoffreichere und kohlenoxydärmere Wassergase, andererseits durch Synthese aus Kohlenoxyd und Wasserstoff hergestellte höhere Kohlenwasserstoffe, und schließlich Koksofenwassergas, welches durch Umsetzung von Methan mit Wasserdampf mit oder ohne Katalysatoren erzeugt wird. Die Herstellung dieser Gase wird am Ende dieses Abschnitts und im Abschnitt „Kokerei" besprochen.

Naturgas (Erdgas).

Unter Naturgas oder Erdgas versteht man Gase, welche in den verschiedensten Gegenden an der Erdoberfläche oder aus Bohrlöchern ausströmen und in der Hauptsache aus dampfförmigen oder gasförmigen Kohlenwasserstoffen bestehen. Solche Gase treten in allen erdölführenden Gebieten auf, sie können aber auch an Orten angetroffen werden, wo man bisher Erdöl nicht gefunden hat (z. B. Neuengamme bei Hamburg). Die gewaltigsten Erdgasvorkommen hat Nordamerika aufzuweisen (Pennsylvanien, Kalifornien, Texas, Kansas, West-Virginien, Ohio); große Mengen finden sich auch in Rußland (Kaukasus), in Rumänien, Siebenbürgen, Polen, China, Indien, Südamerika usw. In Deutschland ist nur ein bedeutenderes Vorkommen 1911 in Neuengamme bei Hamburg bisher bekannt geworden, in der Ostmark 1934 ein solches in Eurersdorf bei Wien.

In Amerika unterscheidet man „nasses", reiches, Naturgas aus den erdölführenden Schichten und „trockenes", armes, in anderen Naturgasterrains erbohrtes Naturgas. Trockene Gase sind solche, die keine flüssigen Kohlenwasserstoffe mit sich führen, sie bestehen größtenteils aus Methan, während die „nassen" Naturgase, aus denen Gasolin gewonnen wird, große Mengen Äthan, Propan, Butan und Pentan enthalten.

Die reichen amerikanischen und russischen Naturgase bestehen aus 95 bis 99% Methan neben ganz geringen Mengen Äthan; die ärmeren weisen neben etwa 35—65% Methan recht erhebliche Mengen (bis 67%) Äthan auf. Erdgas aus dem deutschen Erdölgebiet von Nienhagen hat 0,5% CO_2, 80,0% CH_4, 15,0% Methanhomologe und 4,5% N_2. Das Gas von Neuengamme hatte 91,6% Methan, 2,1% Äthan und 2,3% Wasserstoff. 1 m³ Erdgas wiegt 0,68 kg und hat einen Heizwert von etwas über 8000 WE. Man erzielt damit ohne weiteres Temperaturen von 1400—1500°.

Welche gewaltigen Mengen Erdgas gewonnen und in Industrien und Haushalt verbraucht werden, zeigen folgende Zahlen: Die Vereinigten Staaten gewannen 1907: 114, 1911: 170, 1917: 223 Mrd. m³ Naturgas, dann ließ die Ausbeute nach und es wurden nur noch gewonnen 1919: 179, 1929: 51, 1933: 44, 1937: 70 Mrd. m³. Davon verbrauchten Haushaltungen 13, die Erdölindustrie 16,5, die Erdölraffinerie 2,5, elektrische Zentralen 4,8, andere Industriezweige 23,5 Mrd. m³. 6,8 Mrd. m³ wurden auf Ruß verarbeitet. Auch in anderen Ländern werden größere Mengen Naturgas gewonnen, die aber weit hinter Amerika zurückbleiben.

Naturgaserzeugung der hauptsächlichsten Länder 1935 und 1937 (in Mrd. m³).

	1935	1937		1935	1937
Vereinigte Staaten . .	53,09	67,11	Kanada	0,70	0,84
Rumänien	1,91	2,13	Venezuela	1,70	...
Rußland	1,21	1,40	Polen	0,49	0,53
Niederländisch-Indien .	1,61	1,83			

Die Leuchtkraft ist nur halb so groß wie die von Steinkohlengas. Der Heizwert mit 8000 WE ist aber sehr hoch (1 m³ Gas verdampft 9—10 kg Wasser). Das Naturgas wird in Amerika viel zur industriellen Beheizung in der Zementindustrie, Zinkgewinnung, Eisen- und Stahlindustrie, Glas- und keramischen Industrie verwendet, besonders auch zur Heizung von Dampfkesseln.

In Neuengamme bei Hamburg traf man 1911 beim Bohren nach Wasser eine Erdgasquelle an, die bei der Erschließung täglich 670000 m³ Gas von 27,9 Atm. Druck lieferte. Die Gasmengen ließen später nach. 1918 wurde dort eine zweite Gasquelle erbohrt; die beiden Quellen lieferten dann zusammen etwa 100000 m³ täglich. Das aus über 90% Methan bestehende Neuengammer Erdgas wurde in Hamburg großenteils für industrielle Zwecke verbraucht, zum Teil aber auch in das Hamburger Gaswerk geleitet und, vermischt mit Leuchtgas und Wassergas, in das Stadtnetz gegeben. Diese Erdgasquelle hat von 1913—1930 213 Mill. m³ Gas geliefert, sie ist jetzt unergiebig geworden. 1934 erfolgte plötzlich ein Erdgasausbruch in Eurersdorf bei Wien. Diese Erdgasquelle lieferte von März 1934 bis Januar 1935 13½ Mill. m³ Erdgas an die Wiener Gaswerke.

Naturgas wird außer zur Heizung, Beleuchtung und Krafterzeugung noch zur Herstellung von Gasolin, von Ruß, zur Heliumgewinnung und zur Herstellung einer ganzen Reihe chemischer Produkte verwendet.

Die Naturgas-Gasolinerzeugung hat einen sehr bedeutenden Umfang angenommen. In Amerika wurden 1927 rund 5 Mill. m³ Gasolin erzeugt. Die Abscheidung dieser benzinartigen Kondensate geschah früher (von 1904 ab) ausschließlich durch Kompression und Kühlung. Hierzu trat später die Absorption mit Waschöl (1913) oder die Adsorption mit aktiver Kohle bzw. Silika-Gel (1918). Heute haben die Absorptionsmethoden mit aktiver Kohle die anderen Methoden fast verdrängt. Das Gasolin besteht hauptsächlich aus niedrig siedenden, benzinartigen Kohlenwasserstoffen, die meist zum Verschneiden mit anderen Benzinsorten dienen. Auch in den deutschen Erdölfeldern wird aus dem Naturgas Gasolin gewonnen, und zwar arbeitet die Gewerkschaft Elwerath nach einem Aktivkohleverfahren der Carbo-Union und gewinnt dabei nicht nur Benzin, sondern auch getrennt davon Propan und Butan. Propan mit einem Heizwerte von 23600 WE überragt mit Butan alle anderen Heizgase bei weitem.

Ruß (Kohlenschwarz) wird aus Naturgas durch unvollständige Verbrennung in Amerika in Riesenmengen gewonnen, der zur Hälfte in die Kautschukindustrie geht, große Mengen werden auch für die Druckerschwärzeherstellung verbraucht. 1930 wurden 7,6, 1936 6,8 Mrd. m³ Naturgas auf Ruß verarbeitet. Die Ausbeute ist aber sehr schlecht. 1 m³ Naturgas liefert nur 27,5 g.

Heliumgewinnung. Seit 1921 wird von der amerikanischen Regierung in Fort-Worth (Texas) aus den Naturgasen Helium gewonnen; dann hat man noch eine weitere große Anlage in Texas in Soncy bei Amarillo errichtet, welche 1932 0,43 Mill. m³ Helium lieferte. Von der ersten Anlage wurden im ganzen 1,38 Mill. m³ Helium gewonnen, welche größtenteils für Luftschiffüllung Verwendung fanden. Die Amarillo-Anlage lieferte 1929—1937 2,21 Mill. m³. Die

Gewinnungsmethode beruht auf einer fraktionierten Verflüssigung nach Art der Luftverflüssigung von LINDE (vgl. S. 28). Man verflüssigt alles bei — 195° und pumpt das heliumhaltige Restgas ab, welches dann weiter gereinigt wird. Das Heliumgas wird unter 140 Atm. Druck in Stahlflaschen oder Kesselwagen versandt (vgl. auch S. 36).

Auch durch Chlorierung von Erdgas werden eine ganze Anzahl chemischer Produkte hergestellt, wie Acetylendichlorid, Acetylenglykol (als Lösungsmittel in der Celluloselackindustrie), Amylchlorid, Amylalkohol, Amylester usw.

Generatorgase.

Je nach der Art der Vergasung der Brennstoffe im Generator, nämlich durch trockene Luft, durch Wasserdampf, oder durch Luft und Dampf, unterscheiden wir: Gewöhnliches Generatorgas (bestehend in der Hauptsache aus Kohlenoxyd und Stickstoff), Wassergas (bestehend in der Hauptsache aus Kohlenoxyd und Wasserstoff) und Halbwassergas (bestehend in der Hauptsache aus Kohlenoxyd, Wasserstoff, Stickstoff und etwas Kohlensäure).

Hinsichtlich der Verwendung teilt man die Gase in Heizgase und Kraftgase. Als Heizgas kann jedes rohe Gas verwendet werden, auch wenn es noch teerige Beimengungen enthält; es ist auch jeder Brennstoff zur Herstellung des Gases geeignet. Bei Verwendung bituminöser Brennstoffe scheidet sich bisweilen ein Teil des Teeres in den Kanälen ab. Zur Erzeugung mittlerer Temperaturen bis 700° genügt gewöhnliches Generatorgas oder Luftgas, für höhere Temperaturen wählt man Mischgas, für die höchsten Wassergas. Letzteres dient auch für Schweiß- und Beleuchtungszwecke. Seit dem Kriege mischen die Leuchtgaswerke dem Steinkohlendestillationsgase Wassergas bei; Wassergas kann auch, mit und ohne Karburation mit Benzol oder Teerölen, in Auerbrennern verbrannt werden.

Die als Kraftgas dienenden und zum Betriebe von Gasmaschinen bestimmten Gase müssen absolut teer- und rußfrei sein. Man verwandte deshalb zunächst als Brennstoff ausschließlich Anthrazit und Koks, man hat aber bald gelernt, durch Einschaltung von Reinigungsapparaten oder Verwendung besonderer Generatorkonstruktionen auch aus bituminösen Brennstoffen teerfreies Gas zu erzeugen und durch Kühlung und Trocknung in Türmen den Feuchtigkeitsgehalt fast ganz zu beseitigen. Mischgas ist als Kraftgas dem wirklichen Generatorgas (Luftgas) in verschiedener Beziehung überlegen. Das in der Industrie verwendete „Generatorgas" ist immer ein etwas Wasserstoff und Kohlensäure enthaltendes „Mischgas".

Es gibt eine ganze Anzahl prinzipiell verschiedener Generatoren. Generatoren mit natürlichem Zuge dienen ausschließlich zur Erzeugung von Heizgasen, die ganze Bewegung der Gase besorgt der Schornsteinzug. Sehr selten nur wird der Zug durch Ventilatoren oder Kapselgebläse bewirkt. Unter Sauggasgeneratoren versteht man Krafterzeuger, welche unmittelbar mit einer Gasmaschine verbunden sind. Der Kolben des Explosionsmotors bewirkt hier nicht nur die Füllung des Zylinders, sondern auch gleichzeitig die Zufuhr des Gases und die Bewegung der Luft durch den Generator. Die meisten Generatoren sind jedoch Druckgasgeneratoren; man benutzt zum Betriebe Unterwind-Gebläse, meist Dampfstrahlgebläse. Ein solches Gebläse besteht, wie Abb. 54 zeigt, aus einem Rohr, welches sich nach vorn erweitert und an dessen verjüngtem Ende eine Anzahl Düsen angeordnet sind, durch welche beim Einströmen des Dampfstrahls eine Menge Luft angesaugt und (wie bei einer Wasserstrahlluftpumpe) in das konische Rohr und schließlich unter den Rost des Generators gepreßt wird. Der zugeführte Dampf wird natürlich mit eingeblasen und im Generator mit zersetzt. Der große Vorteil des Generatorenbetriebs besteht darin, daß auch aus ganz minderwertigen Brennstoffen (Glaubberge, Kohlenschlamm, Torf usw.) ein vorzügliches Kraft- und Heizgas hergestellt werden kann.

Man hat bei einer Generatoranlage zwei getrennte Teile zu unterscheiden, den eigentlichen Gaserzeuger oder Generator, in welchem die Vergasung vor sich geht, und die Gasfeuerung, in welcher die Verbrennung der erzeugten brennbaren Gase mit einer weiteren Luftmenge (der sog. Sekundärluft) stattfindet. Der eigentliche Generator ist ein Schacht, rund oder quadratisch, welcher von Mauerwerk oder von einem mit feuerfesten Steinen ausgesetzten Eisenmantel oder einem eisernen Wassermantel gebildet wird. Der Brennstoff ruht auf einem feststehenden Rost (Plan-, Schräg-, Treppenrost) oder einem drehbaren Polygonrost

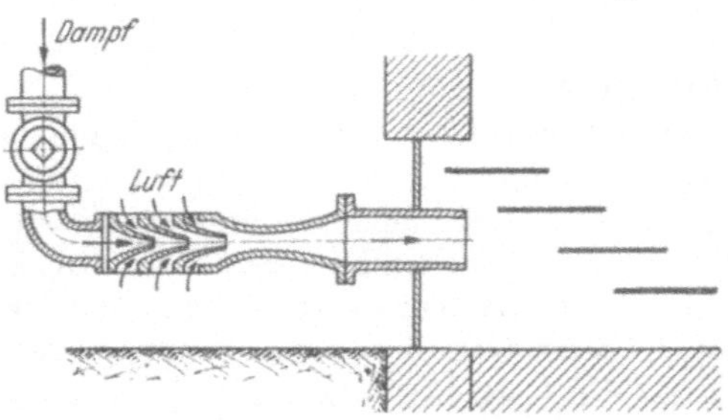

Abb. 54. Dampfstrahlgebläse.

(Drehrost), bestehend aus einem jalousieartigen, pyramiden- oder kegelförmigen Dache, unter welchem zentral die Luftzufuhr mündet. Es werden auch rostlose Generatoren gebaut.

Der Generator unterscheidet sich von einer direkten Feuerung hauptsächlich durch die Höhe der Brennstoffschicht (1—3 m), in welcher sich, wie die nebenstehende Abb. 55 schematisch zeigt, nacheinander verschiedene Vorgänge abspielen. Die oberste Schicht besteht aus frischer Kohle, Torf oder Holz; es wird zunächst das nicht chemisch gebundene Wasser ausgetrieben, dann tritt nach unten hin eine weitere Veränderung der Brennstoffe ein, es findet eine Entgasung wie in geschlossenen Retorten statt, wobei Kohlenwasserstoffe und Wasserstoff (bei Holz und Torf mehr Methan, bei Kohlen mehr Äthylen) austreten unter gleichzeitiger Verkohlung bzw. Verkokung des Rückstandes. Dieser kohlige Rückstand wird dann weiter unten vollständig zu Kohlenoxyd vergast; unmittelbar über dem Roste findet eine direkte Verbrennung zu Kohlensäure statt.

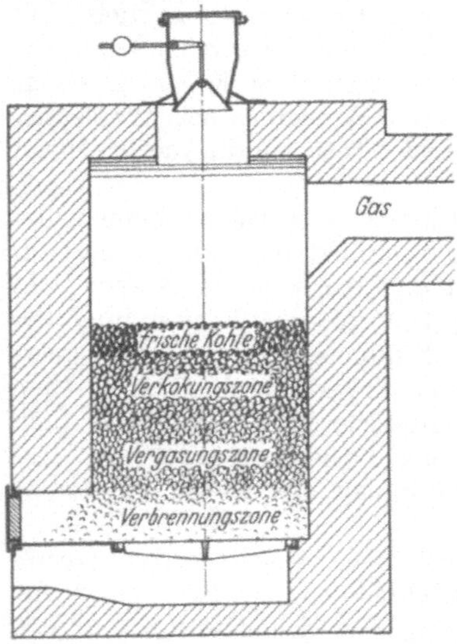

Abb. 55. Vorgänge im Generator.

Durch die Vergasung und Verbrennung des Kohlenstoffs wird soviel Wärme geliefert, daß die Kohlenschicht auf etwa 1200° erhitzt wird. Die gebildete Kohlensäure setzt sich bei etwa 1000° vollständig mit festem Kohlenstoff zu Kohlenoxyd um: $CO_2 + C = 2\,CO$. Diese endotherme Reaktion verbraucht einen Teil der vorher erzeugten Wärme. Bei einer etwa 1 m hohen Kohlenschicht wird alle Kohlensäure in Kohlenoxyd umgewandelt. Bei zu niedriger Kohlenschicht oder auch bei zu geringer Temperatur, bei ungeeigneten Abmessungen oder zu nassen Brennstoffen geht Kohlensäure unverändert in das Gas über. Man rechnet auf 1 dm² freie Rostfläche etwa 1 kg Steinkohle für die Stunde. Führt man mit der Luft absichtlich oder durch nassen Brennstoff Wasserdampf mit ein, so geht oberhalb 1000° eine Wassergasbildung

$C + H_2O = H_2 + CO$ nebenher, unterhalb $1000°$ aber bildet sich nach der Formel $2\,H_2O + C = 2\,H_2 + CO_2$ Kohlensäure und Wasserstoff. Das in der Technik erzeugte Generatorgas ist deshalb immer ein **Mischgas** und enthält etwa 3% Kohlensäure und etwas Wasserstoff.

Eine Zwischenstufe zwischen direkten Feuerungen und Generatorfeuerung bilden die sog. **Halbgasfeuerungen**; sie entstehen dadurch, daß man Schrägrost- und Treppenrostfeuerungen mit sehr starken Kohlenschichten bedeckt hält. Um nun die dabei entstehenden Vergasungsprodukte (Kohlenoxyd, Kohlenwasserstoffe) sogleich zu verbrennen, führt man durch Kanäle in der Feuerbrücke die Sekundärluft vorgewärmt dem Gase zu (Abb. 56).

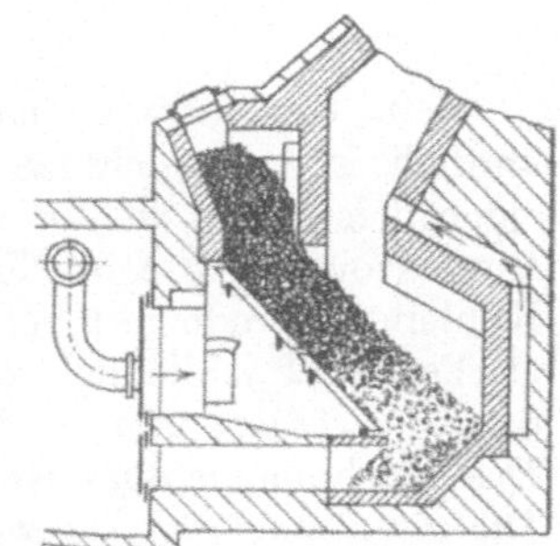

Abb. 56.
Halbgasfeuerung mit Schrägrost.

Die ersten, 1841 von EBELMEN und 1879—1890 in Witkowitz benutzten Generatoren waren Schachtgeneratoren in Form kleiner Hochöfen, denen die nötige Luft als Wind durch Düsen eingeblasen wurde und bei denen man die Schlacken flüssig abzuziehen versuchte. Die neuesten Generatoren sind wieder zu dieser Form zurückgekehrt, es sind die sog. **Abstichgeneratoren.** Einen solchen zeigt im Schnitt die Abb. 57. Es sind 5—6,5 m hohe hochofenähnliche Apparate mit doppeltem Gichtverschluß, 6—8 Windformen und einigen Abstichöffnungen für die flüssige Schlacke. Man setzt zur Schlackenbildung Kalkstein zu und bläst reichlich Luft mit großer Pressung ein. Bei uns sind namentlich **Abstichgeneratoren** dieses Systems von **WÜRTH** und **Georgs-Marienhütte** im Gebrauch. Der **Würth-Gaserzeuger** hat etwas gedrungenere Form wie der ursprüngliche **Fichet-Heurtey-Generator.** Diese Generatoren vergasen 800 bis 1000 kg Brennstoff in der Stunde für 1 m² Querschnitt.

Der **Würth-Generator** setzt täglich 60 t, der große **Georgs-Marienhütte-Generator** 100 t durch. Bei

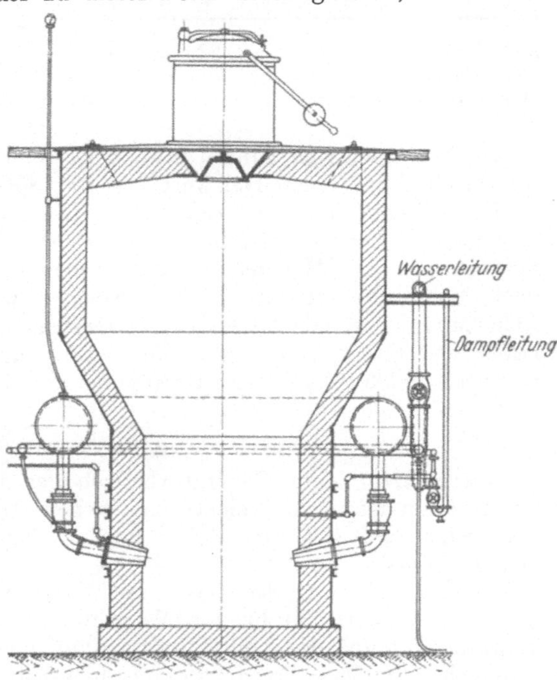

Abb. 57. Abstichgenerator.

Steinkohle, Braunkohle, Lignit wurden entsprechend Gase mit 31,0, 28,3, 29,5% CO neben 1,0, 1,4, 2,5% CO_2, 6,0, 6,7, 7,7% H_2, 6,5, 3,2, 7,5,% CH_4 erzielt; bei Verwendung von Koks Gase mit 32,0% CO, 2,0% CO_2, 7,5% H_2, 0,5% CH_4 und 58% N_2. Der untere Heizwert der Gase beträgt 1100—1200 WE. Die Firma **Pintsch** baut jetzt auch kleine Abstichgeneratoren.

Der Erzeugung von Generatorgas haftet dadurch ein prinzipieller Nachteil an, daß bei der Vergasung zu Kohlenoxyd eine erhebliche Menge Wärme frei wird, die als **fühlbare** Wärme mit den Vergasungsprodukten abzieht. Man muß also, wenn man diese Wärme nicht verlorengehen lassen will, die Gase der Feuerung auf kürzestem Wege zuführen, d. h. den Gaserzeuger möglichst nahe an den Ofen stellen.

Hochofengichtgas.

Dem Generatorgas nach Art der Erzeugung und Zusammensetzung sehr ähnlich ist das Gichtgas der Eisenhochöfen (vgl. „Eisen"); der Hochofen ist eigentlich nichts weiter als ein mit Koks, Eisenerz und Zuschlag beschickter Generator. Das beim Einblasen des Windes in den Hochofen entstehende Kohlenoxyd reduziert beim Aufsteigen im Schachte das Fe_2O_3 zu Fe_3O_4, dieses zu FeO und schließlich zu Eisenschwamm, ein Teil des vorhandenen Kohlenoxyds oxydiert sich dabei zu Kohlensäure: $Fe_2O_3 + 3\,CO = 2\,Fe + 3\,CO_2$. Das Hochofengichtgas ist ein stets mit Kohlensäure vermischtes Generatorgas. Die Zusammensetzung wechselt mit dem Kokssatz, der Erzgattung und der herzustellenden Roheisensorte; sie schwankt beim Hochofengichtgas in folgenden Grenzen. Holzkohlenhochöfen-Gichtgase sind anders zusammengesetzt.

Koksofengichtgas	CO %	CO_2 %	H_2 %	CH_4 %	N_2 %	Unterer Heizwert WE
90% Koks	22	15	2	bis 0,8	61	783
160% Koks	31	7	2	bis 0,8	58	1054
Holzkohlenhochofengas . .	19,6	10,6	9,3	—	61,5	829

Hochofengichtgase führen etwa 6—7% Wasserdampf mit sich und haben im Durchschnitt einen Heizwert von nur 800—900 WE/m³.

Der Eisenhochofen ist der größte Generator. Für jede Tonne (1000 kg) erzeugtes Roheisen entstehen rund 4500 m³ Gichtgas. Ähnliche Gichtgase liefern auch die Mansfelder Kupferschachtöfen. Hochofengichtgase werden nach vorhergehender mehr oder weniger weitgehender Staubreinigung zur Beheizung der Winderhitzer, zur Kesselheizung und vor allen Dingen zum Betriebe von Großgasmaschinen (für Wind- und Krafterzeugung) benutzt. Man rechnet rund 3 m³ Gas zur Erzeugung von 1 PSh.

Halbwassergas.

Mischt man beim Generatorbetrieb der Primärluft Wasserdampf bei, so entsteht ein Mischgas, welches eine höhere Konzentration an brennbaren Bestandteilen aufweist und daher höheren Heizwert besitzt als gewöhnliches Generatorgas.

Die Anreicherung des Gases an Wasserstoff erreicht jedoch eine Grenze dadurch, daß die Zufuhr von Wasserdampf die Temperatur im Gaserzeuger heruntersetzt und daß, sobald etwa 1000° unterschritten werden, der Kohlensäuregehalt im Gase und auch der Kohlenstoffgehalt in den Rückständen steigt. Aschenarme, gasreiche und nichtbackende Kohlensorten vergasen sehr leicht, aber auch die anderen können heute in den sehr vervollkommneten Generatorsystemen gut verarbeitet werden. Die Einführung von Wasserdampf bewirkt eine weniger hohe Temperatur im Generator und schont diesen. Die Temperatur soll im unteren Teile auf 1200—1400° gehalten werden. Man rechnet 0,45 kg Dampf auf 1 kg Kohle bzw. 0,5—0,6 kg auf 1 kg Koks.

Bei der außerordentlichen Wichtigkeit, welche die Herstellung des Mischgases für die verschiedenen industriellen Zwecke besitzt, hat auch die Konstruktion der Generatoren weitgehende Durchbildung erfahren. Neuere Generatoren sind stets für kontinuierlichen Betrieb eingerichtet. Zuerst ging TAYLOR dazu über, an Stelle des Rostes einen drehbaren flachen Teller zu benutzen und die Asche und Schlacke mechanisch zu entfernen. Einen großen Fortschritt bedeutete dann der **Kerpely-Drehrostgenerator**, welcher namentlich in der Eisenindustrie als Großgaserzeuger weite Verbreitung gefunden hat.

Die in der Industrie benutzten Generatorkonstruktionen sind meist Drehrostgeneratoren, sie sind fast alle nach dem gleichen Prinzip gebaut, wie ihn (Abb. 58) der Drehrostgenerator, System **Körting**, erläutert. Den Abschluß

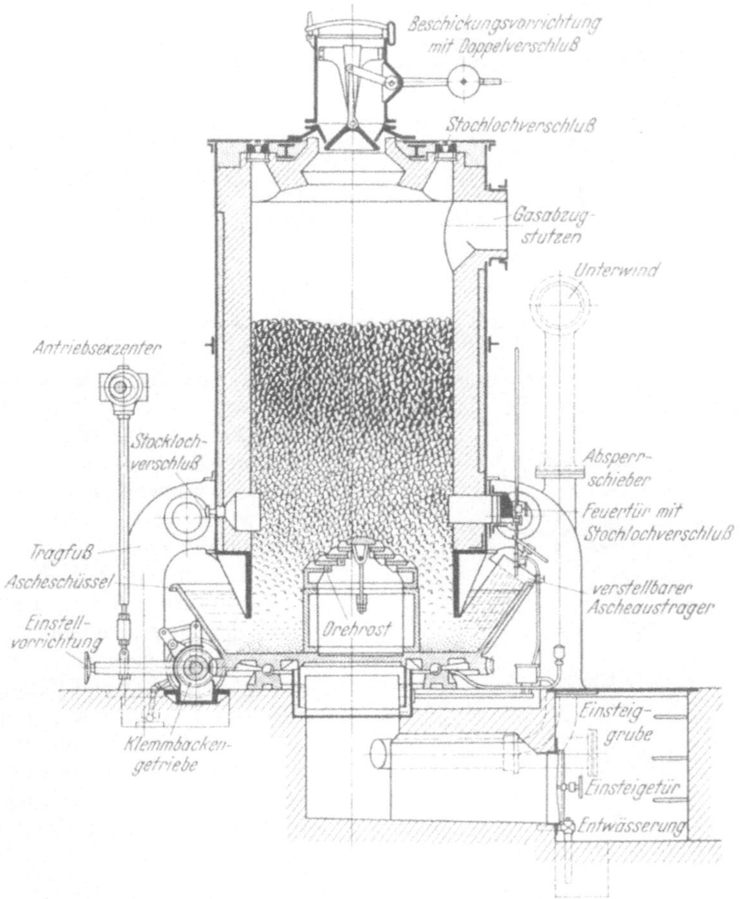

Abb. 58. Drehrostgenerator (System **Körting**).

des Generators nach unten bildet eine Eisenschüssel, auf deren Mitte sich der Rost aufbaut. Die Schüssel ist mit Wasser gefüllt. Schüssel und Rost werden durch einen Motor langsam gedreht, die gebildete Schlacke wird dabei zwischen dem exzentrischen Rost und dem Mantelring zerquetscht und fällt in die Schüssel, von wo sie mechanisch ausgetragen wird. Die Generatoren haben in der Regel 2—3 m lichten Durchmesser, vergasen in 24 h 9—22 t Steinkohle oder 20—30 t Braunkohle. Die verschiedenen Systeme der Drehrostgeneratoren unterscheiden sich in der Hauptsache nur durch die Konstruktion des Drehrostes, bei welchem die verschiedenartigst geformten dachförmigen Rostkegel, unter denen die Luft- und Dampfzuführungsöffnungen münden, zur Verwendung kommen. Abb. 59 zeigt die Einrichtung eines solchen Drehrostes genauer. Der **Hilger-**

Generator weist außerdem noch eine vor- und rückläufige „Pilgerschritt-bewegung" auf. Für stark backende Kohlen sind bisweilen auch noch

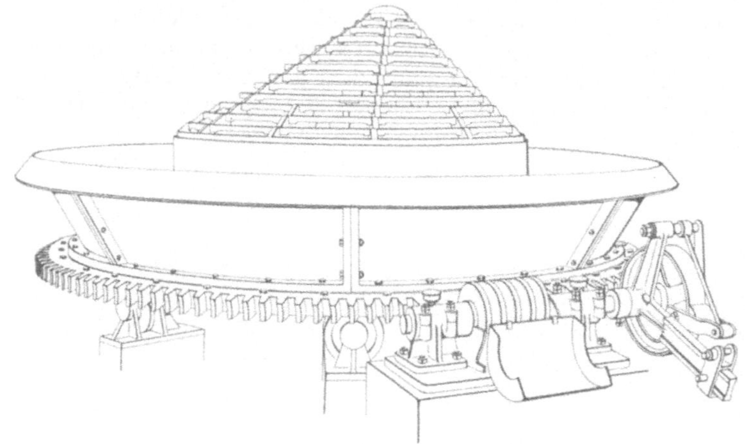

Abb. 59. Drehrost eines Generators.

mechanische Stocheinrichtungen in Anwendung. In Amerika ist an Stelle der Kegelroste auch ein flacher Rost, der sog. A-B-C-Rost (ANDREW, BRASSERT, CHAPMAN) in Anwendung. Er besteht aus einer ortsfesten Rostscheibe, über welcher ein schwerer, pflugartiger Rührer sich dreht, der alle Schlacke zermalmt.

Der mit der Luft unter den Rost einzublasende Dampf wird bei den verschiedenen Generatorsystemen in verschiedener Weise erzeugt. In einzelnen Fällen wird der Dampf Dampfkesseln entnommen. Man überhitzt bisweilen auch noch den Dampf in einem durch die abziehenden Gase geheizten Überhitzer und erzielt damit ein heizkräftigeres Gas (1350 WE). Bei Sauggasgeneratoren bildet die mit Wasser beschickte Haube des Generators (vgl. Abb. 62) den Dampferzeuger, bei größeren Sauggasgeneratoren erhitzt das abziehende Gas einen besonderen Verdampfer zur Erzeugung der nötigen Dampfmengen. Während nun bei dem oben abgebildeten Körting-Generator und dem nachstehend beschriebenen Sauggasgenerator der ganze Ofenschacht aus feuerfesten Steinen besteht, der mit einem

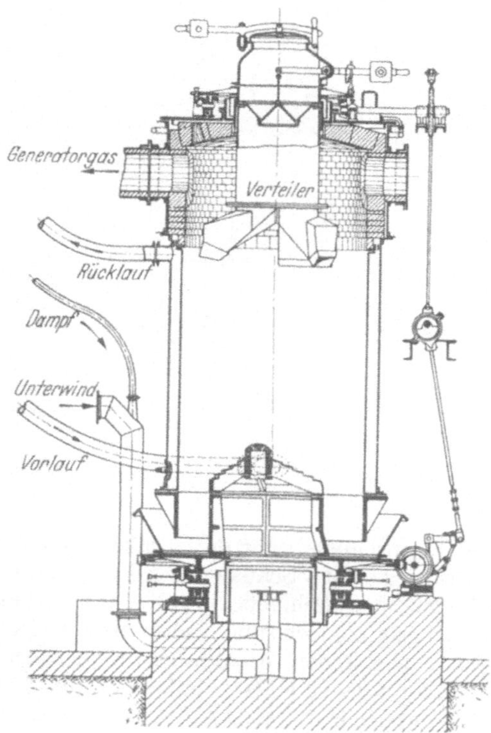

Abb. 60. Generator mit Niederdruckdampferzeugung, Bauart Koppers.

Eisenblechmantel umkleidet ist, hatte der Kerpely-Generator von vornherein unten in der heißesten Zone einen Wassermantel. Dieser Wassermantel dient vielfach nur als Kühlmantel, bei verschiedenen Konstruktionen wird er aber auch als Dampferzeuger benutzt. Er liefert Niederdruckdampf. Das Endglied dieser Entwicklung ist der Kerpely-Marischka-Generator, bei welchem der ganze Schachtmantel als Wassermantel ausgebildet ist; er wirkt wie ein Röhrenkessel und liefert heute Dampf von mehreren Atmosphären Druck (Hochdruckdampf-Gaserzeuger). Die nebenstehend beigegebenen Abbildungen zeigen die beiden heute gebräuchlichen Drehrostgeneratoren nach KERPELY in moderner Ausführung der Firma Koppers. Abb. 60 zeigt einen Kerpely-Generator mit einem verhältnismäßig hohen Wassermantel für Niederdruckdampferzeugung. Die Koppers-Generatoren besitzen unterhalb der Einfüllöffnung für den Koks noch einen besonderen Verteiler, den andere Generatoren selten aufweisen; derselbe ist besonders vorteilhaft bei Verarbeitung von Kleinkoks. Die Bewegungsvorrichtung für den Drehrost und dessen Form ist deutlich sichtbar. In den Dampfmantel läßt KOPPERS nicht kaltes Wasser, sondern solches von 90° einfließen; es tritt oben mit 110° aus und steigt in den Dampfsammler auf. Der entspannte Dampf tritt mit 0,3 atü in die Unterwindleitung ein und wird mit dem Winde unter den Drehrost geleitet. Die Kühlung des Generatormantels verhindert das Anbacken der Schlacke am Mantel und ermöglicht die Verarbeitung von aschenreichem Koks. Bei dem angegebenen Generator wird die sonst durch Leitung und Strahlung verlorengehende Wärme aus-

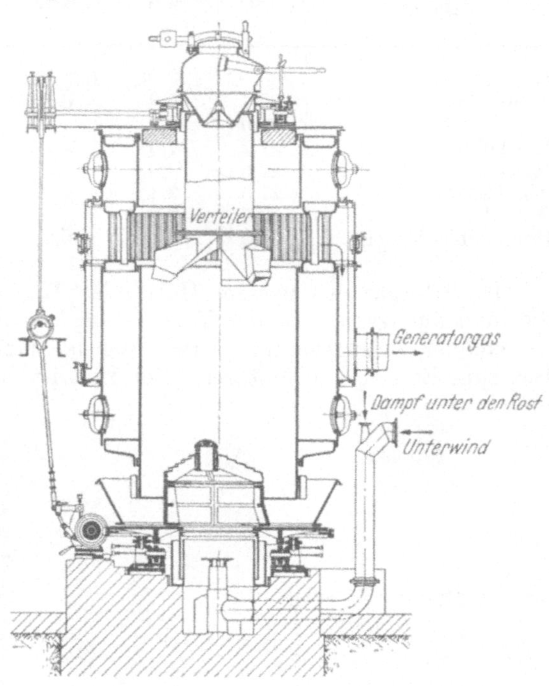

Abb. 61. Generator mit Hochdruckdampferzeugung, Bauart Koppers.

genutzt, um den zum Betrieb des Generators erforderlichen Dampf zu erzeugen.

Bei dem Kerpely-Marischka-Generator wurde der Generatormantel als stehender Röhrenkessel ausgebildet, bestehend aus einem Oberkessel und einem Unterkessel, die durch Wasserrohre miteinander in Verbindung stehen. Abb. 61 zeigt die Einrichtung eines solchen Generators mit Hochdruckdampferzeugung, Bauart Koppers, in welchem Dampf von etwa 10 Atm. erzeugt werden kann. Diese Art Generatoren werden vielfach in Zentralgeneratorenanlagen verwendet, wobei der erzeugte Hochdruckdampf auch noch für den Betrieb von Luft- und Gasgebläsen benutzt wird. Solche Generatoren haben Durchmesser von 2,1—2,6 m, sie leisten je nach der Korngröße des Kokses 10—17,5 t bzw. 15—25 t Durchsatz in 24 h.

Die Firma Zahn & Co. baut jetzt auch einen (rostlosen) „Reingaserzeuger", bei welchem die Gasabführung von der Brennstoffzufuhr abgetrennt ist; hierdurch wird das entstehende Generatorgas fast rein von Flugstaub erhalten.

Bei der Vergasung roher Brennstoffe treten in den Gasen Teerdämpfe und Kohlenwasserstoffe auf, die die Verwendung des Gases für Explosionsmotoren erschweren. Für Sauggasbetrieb verwendet man deshalb meist nur Anthrazit und Verkokungsprodukte: Holzkohle, Koks. Man kann aber die Teerdämpfe usw. zersetzen, indem man das Gas durch einen zweiten mit Koks gefüllten Generator gehen läßt, oder sie in demselben Generator unten an der heißesten Stelle wieder einbläst.

Zusammensetzung und Heizwert der Mischgase. Diese schwanken je nach dem vergasten Brennstoff, der Dampfzufuhr, Ofentemperatur usw. Nachstehend sind einige Beispiele angegeben.

Mischgas	CO %	CO_2 %	C_2H_4 %	H_2 %	CH_4 %	N_2 %	Unterer Heizwert WE
Durchschnitt.....	26—32	1,5—4,2	0,3—0,5	8—12	1—3	55—63	1000—1500
Steinkohle.......	23,7	5,3	0,3	6,5	1,9	62,6	1085
,, ...	28,0	3,7	—	5,0	3,0	61,0	1227
Saarkohle	31,2	1,0	—	12,0	2,4	55,4	1451
Koks	27,6	4,8	—	7,0	2,0	58,6	1190
Abfallkoks......	27,5	3,4	—	8,5	—	60,6	1046
Braunkohle	30,5	2,8	—	14,0	2,0	60,7	1447
Braunkohlenbriketts .	31,5	3,4	0,2	11,0	2,5	61,4	1472

Generatorgas aus nassem Holz oder Torf enthält 25—30% Feuchtigkeit, die man am besten vor der Verwendung zur Abscheidung bringt.

Sauggas. Sauggasgeneratoren dienen ausschließlich zur Erzeugung von Gas zum Betrieb von Motoren. Der Eintritt der mit Wasserdampf gesättigten

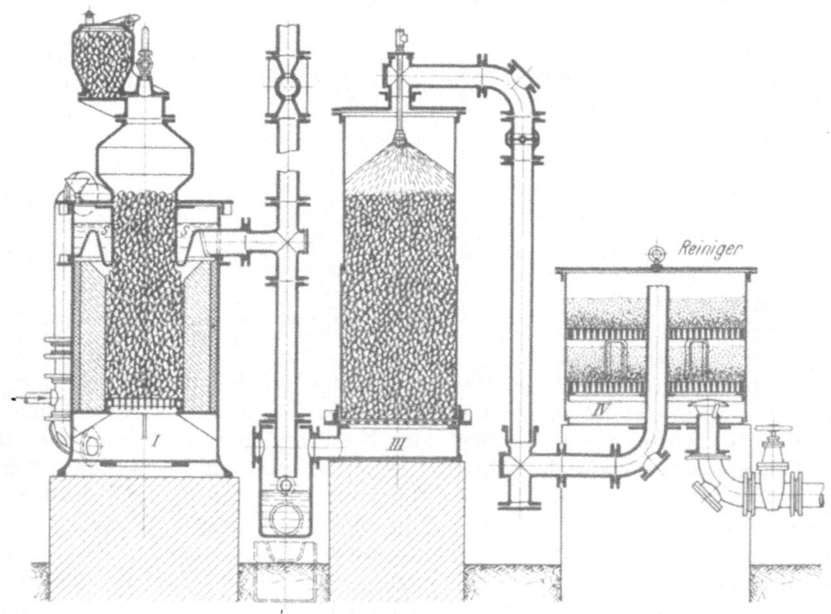

Abb. 62. Sauggasanlage (Pintsch).

Luft in den Generator erfolgt hier im Gegensatz zu den vorher besprochenen Druckgasgeneratoren durch den Ansaughub des Motors. Da das Gas unbedingt teerfrei sein muß, so verwendete man zunächst ausschließlich Koks und Anthrazit als Brennstoff, während es später gelungen ist, auch Generatoren zur Saug-vergasung bituminöser Brennstoffe und für Torf zu konstruieren. Die Abb. 62 zeigt eine Sauggasanlage von der Pintsch AG. für Koks und Anthrazit, und zwar eine solche für kleinere Leistungen bis zu 45 PS. Bei größeren Anlagen erhitzt das aus dem Generator *I* kommende Gas einen Verdampfer zur Entwicklung reichlicher Dampfmengen. Bei den kleineren Anlagen sieht man hiervon ab, baut aber dafür im oberen Teile des Generators eine mit Wasser gefüllte Schale *S* ein, welche einerseits mit der Atmosphäre, andererseits durch eine Rohrleitung mit dem Raume unter dem Planrost in Verbindung steht. Ist die Anlage im Gange, so wird bei jedem Saughub Luft über die erhitzte Wasserfläche gesaugt, diese tritt dann mit Wasserdämpfen beladen durch den Rost in die glühende Brennstoffsäule des Generators und bildet, wie früher angegeben, Mischgas; dieses gelangt noch heiß in den Skrubber *III*, einen mit Koksstücken gefüllten Waschturm, wo es durch einen Wasserregen gereinigt und gekühlt wird, es geht dann zur Trocknung und zur Befreiung von Staubteilchen in den mit Sägemehl beschickten Reiniger *IV* und weiter in einen sog. Gastopf und zum Motor.

Da Steinkohle viel billiger ist als Koks und Anthrazit und da durch Beimengung der Entgasungsprodukte ein höherwertiges Gas entsteht, so wird auch für Sauggasanlagen Steinkohle verwendet, man muß dann aber besonders konstruierte Generatoren benutzen, entweder solche, bei welchem die abgesaugten teerhaltigen Gase unter dem Rost wieder eingeblasen werden oder sog. Doppelfeuergeneratoren, Generatoren mit zwei Brennzonen (Abb. 63), bei denen Luft sowohl von oben wie von unten zugeführt wird und das Sauggas in der Mitte bei *a* abzieht. Auf diese Weise entstehen zwei Brennzonen; die aufsteigenden kondensierbaren Kohlenwasserstoffe (Teernebel) zerlegen sich an den glühenden Kohlenschichten und das Gas tritt teerfrei durch die Reinigungsapparate. Diese Generatoren vergasen auch Braunkohle und Braunkohlenbriketts, Holz und Torf. Solche Doppelfeuergeneratoren werden jetzt auch mit Wanderrosten ausgestattet.

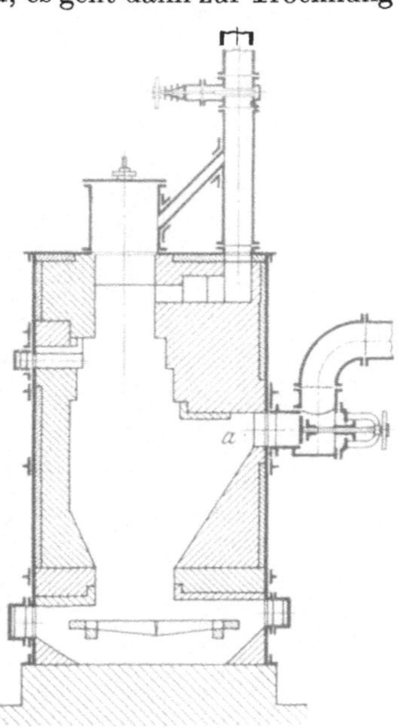

Abb. 63.
Generator mit zwei Brennzonen.

Ein Deutzer Sauggasmotor von 12 PS brauchte für 1 effektive PSh 0,8 kg Braunkohlenbriketts, ein 80-PS-Motor nur 0,62 kg.

Sauggas	CO	CO$_2$	H$_2$	CH$_4$	O$_2$	N$_2$	Unterer Heizwert
	%	%	%	%	%	%	WE
Aus Anthrazit (Deutz) . .	23,3	5,5	17,4	2,0	0,5	51,3	1307
Aus Braunkohlenbriketts .	20,1	9,4	15,6	1,7	0,1	53,1	1148
„ „ .	16,4	11,5	27,0	2,8	—	42,3	1422
Aus Torf	12,3	16,0	22,4	1,9	0,2	47,1	1104

Mondgas. In jedem Generator tritt eine Entgasung bituminöser Brennstoffe ein, man erhält aber dabei nicht die normalen Entgasungsprodukte der Kokerei und Leuchtgasfabrikation (Ammoniak, Benzol, Naphthalin, Cyan), sondern nur Teer. Mond ist es nun gelungen, auch die Vergasung im Generator so zu leiten, daß man Ammoniak in befriedigender Menge aus den Gasen gewinnen kann. Dies wird erreicht durch Einblasen außerordentlich großer Mengen von Wasserdampf (etwa 2,5 kg auf 1 kg Kohle). Solche Mengen Wasserdampf würden den Vergasungsprozeß zum Stillstand bringen, wenn nicht durch vorherige

Überhitzung des Dampfes eine ausreichende Wärmezufuhr geschaffen würde. Der Wasserdampf wird nur zum Teil durch die glühende Kohle zersetzt, ein großer Teil tritt unzersetzt in das Gas und schützt das gebildete Ammoniak weitgehend vor Zerfall. Die Ammoniakausbeute beträgt 30—40 kg Ammonsulfat für 1 t Kohle, d. h. der Mond-Generator bringt von dem in der Kohle vorhandenen Stickstoff 60—70% aus (gegen 15—25% bei der Kokerei und der Leuchtgasfabrikation). Das Mondgas ist sehr wasserstoffreich und hat einen hohen Heizwert von rund 1350 WE. Das Mondgasverfahren ist aber trotz der höheren Ammoniakausbeute nur wirtschaftlich bei Durchsätzen von wenigstens 50 t Kohle in 24 h; es hat übrigens durch

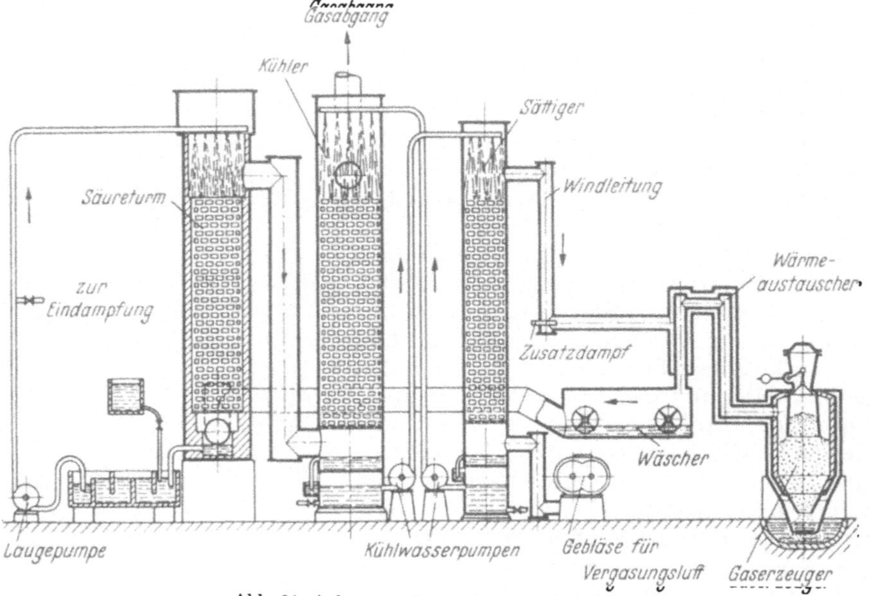

Abb. 64. Anlage zur Erzeugung von Mondgas.

die Erzeugung des billigen synthetischen Ammoniaks wesentlich an Bedeutung verloren.

Der Mond-Generator ist, wie aus der Abb. 64 zu erkennen ist, ein unten verengter Schacht, welcher in eine Wasserschüssel taucht, er besteht aus feuerfestem Material und ist umgeben von einem Blechmantel. Zwischen Mantel und Mauerwerk ziehen Luft und Dampf nach dem Unterteil, um von dort durch den Korbrost in den Generator zu treten. Die aus dem Generator austretenden Gase passieren zunächst einen Wärmeaustauscher (Röhrenrekuperator), treten in einen mit Flügelrädern versehenen Wäscher, wobei die Temperatur auf 90° sinkt, gehen dann in einen mit Ziegeln ausgesetzten, mit Schwefelsäure und Ammonsulfatlösung berieselten Säureturm, wo das Ammoniak absorbiert wird. In dem Sättiger fällt Ammonsulfat beim Eindampfen aus. Das Gas tritt aus dem Säureturm in den mit kaltem Wasser berieselten Kühlturm, in welchem der größte Teil der Feuchtigkeit kondensiert wird. Das Gas ist nun für den Gebrauch fertig und geht zum Gasometer. Das auf 80° erwärmte Kühlwasser wird auf den Lufterwärmungsturm (Sättiger) gepumpt, in diesem wird die aufsteigende Verbrennungsluft vorgewärmt und mit Wasserdampf gesättigt; sie durchströmt mit einem Dampfüberschusse den Wärmeaustauscher und tritt mit 250° in den Generator.

Mondgas hat je nach dem verwendeten Brennstoffe folgende Zusammensetzung:

	CO_2 %	CO %	H_2 %	CH_4 %	N_2 %	Unterer Heizwert WE
Westfälischer Anthrazit, Steinkohle . . .	15,50	12,60	26,00	2,90	42,85	1320
Oberschlesische Steinkohle	16,00	11,80	24,50	3,30	44,10	1300
Braunkohle	17,22	12,11	26,53	4,42	39,10	1445
Torf	18,40	11,40	23,30	3,30	43,05	1265

In dem etwas abgeänderten Mond-Gasgenerator von LYMN gelingt es auch, Torf mit über 40% Wasser zu vergasen unter Gewinnung von Ammonsulfat als Nebenprodukt. Im Schweger Moor bei Osnabrück war (seit 1914) eine solche Anlage eine Zeitlang im Gange. Die Vergasung eines so wasserreichen Materials im Generator ist nur möglich durch den Kunstgriff, das Luft- und Wasserdampfgemisch in besonderen Überhitzern auf etwa 400° zu überhitzen, bevor es in den Generator tritt. Das Gas hatte einen Heizwert von 1150—1250 WE und wurde in Gasmaschinen verbrannt zur Erzeugung von Strom, der nach Osnabrück und anderen Orten geleitet wurde.

Holzgas. Abfallholz, wie Sägemehl und Hobelspäne, ebenso andere pflanzliche Abfallstoffe, wie Reishülsen, Kokos- und Kaffeeschalen, Baumwollsamenabfälle, Oliventrester, Sisalabfälle, Papierabfälle usw. lassen sich unter Kesseln nur schwer und mit schlechtem Nutzeffekt verbrennen. Es gelingt aber heute leicht, diese Stoffe zu vergasen. Zur Vergasung verwendet man meist Doppelfeuergeneratoren (vgl. Abb. 63); diese Generatoren werden auch mit zylindrischem Schacht und festem Planrost, oder auch mit Korbrost (für Reis- und Getreidehülsen, Kaffeeschalen), oder auch als Drehrost-Doppelfeuergeneratoren ausgeführt und werden meist als Sauggasanlagen betrieben (Humboldt-Deutz).

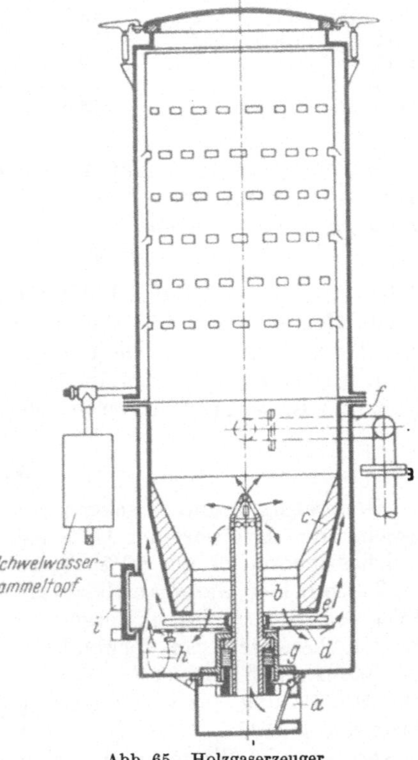

Abb. 65. Holzgaserzeuger
(Alfelder Maschinenfabrik).

In letzter Zeit wendet sich nun das allgemeine Interesse vornehmlich der Verwendung des Holzes zum Antrieb von Nutzfahrzeugen zu. Von solchen auf dem Fahrzeug selbst montierten Gaserzeugern sind schon eine Reihe verschiedener Bauarten in Gebrauch. Abb. 65 zeigt den schematischen Schnitt durch einen Holzgaserzeuger der Alfelder Maschinenfabrik. Die Holzgaserzeuger arbeiten alle mit absteigender Vergasung. Der Generator besteht aus einem zylindrischen Eisenblechmantel, welcher oben durch einen Deckel verschlossen ist. Im Innern des Oberteils des Generators findet sich ein durchlochter Blechmantel zur Aufnahme des Holzes, durch dessen Öffnungen das Schwelwasser und die Kondensate abziehen, die in einer Sammelflasche aufgefangen werden. Der untere Teil enthält den Feuerkorb c aus feuerfestem Werkstoff und die Mitteldüse b aus hitzebeständigem Stahl für die Zuführung der Vergasungsluft, d ist der Rost und e ein Aschenräumer. In der Glühzone verengt sich der Schacht, das Gas muß durch diese Zone hindurchtreten, was für die Erzeugung von teerfreiem Gas erforderlich ist. Die Gase steigen dann in dem Ringraum zwischen Feuerkorb und Mantel auf und werden etwa in halber Höhe des Generators am Umfange abgesaugt. Beschickt werden die Generatoren mit lufttrockenem, auf passende Länge geschnittenem „Tankholz“. Für 1 PS werden 0,9—1,2 kg Holz gebraucht.

Kraftgas aus	CO	CO_2	H_2	CH_4	N_2	Unterer Heizwert
	%	%	%	%	%	WE
Torfbriketts	13,7	14,3	16,2	3,5	52,3	1124
Torf	15,6	12,2	17,0	0,7	64,5	964
Torf, naß	9,5	15,0	16,5	4,2	54,8	1064
Eichenabfälle	13,9	16,0	21,6	2,6	47,1	1191
Tannenholz, frisch	· 12,9	18,4	16,8	2,5	50,3	1030

Generatorgas kann man auch gewinnen durch Reduktion von Kohlendioxyd durch festen Kohlenstoff zu Kohlenoxyd, indem man dem Unterwinde Rauchgase beimischt.

$$CO_2 + 3{,}76\,N_2 + C = 2\,CO + 3{,}76\,N_2 - 38386\ \text{kcal.}$$

Theoretisch müßte dabei ein Generatorgas mit 34,7% CO und 65,3% N_2 mit einem Heizwert von 1054 WE entstehen. Praktisch erhält man nur einen Nutzeffekt von rund 80%. Diese Regeneration von Feuergasen wird bei uns nicht ausgeübt, wohl aber in Amerika, wo man Gemenge von gleichen Teilen Luft und Rauchgasen unten in einen mit Kohle beschickten Generator einbläst.

Wassergas.

Generatorgas und Mischgas enthalten einen großen Prozentsatz Stickstoff, welcher den Heizwert der Gase naturgemäß herunterdrückt; reines Wassergas, welches theoretisch aus 50% Wasserstoff und 50% Kohlenoxyd bestehen sollte, muß also beiden Gasen an Heizkraft weit überlegen sein. Wassergas wurde zuerst 1871 von Lowe technisch hergestellt, und zwar wurde es als karburiertes Wassergas für Leuchtzwecke verwendet. Blass baute bei Schulz, Knaudt & Co. in Essen 1886 die erste Wassergasanlage für Schweiß- und Heizzwecke. Die Herstellung des Wassergases geschieht diskontinuierlich. Die Wassergasreaktion $H_2O + C = H_2 + CO$ verbraucht, wie schon auf S. 95 auseinandergesetzt ist, viel Wärme und verläuft nur bei 1200° in der angegebenen Weise. Unter 1200° setzt die Reaktion $2\,H_2O + C = 2\,H_2 + CO_2$ ein und geht unter 1000° nur noch allein vor sich. Man muß also zunächst in der ersten Periode durch Verbrennung von Kohlenstoff die nötige Temperatur und Wärmemenge erzeugen (Heißblasen), die für die Durchführung des eigentlichen Wassergasprozesses in der zweiten Periode (das Gasen oder Gasmachen) notwendig ist. Dies geschieht in zweierlei Weise:

1. man vergast den Kohlenstoff des Kokses nur zu Kohlenoxyd, macht dabei allerdings von den 8060 WE nur 2431 WE frei, gewinnt aber dabei eine Menge Generatorgas mit bestimmtem Wärmeinhalt;

2. man verbrennt den Kohlenstoff direkt zu Kohlensäure, die mit einer gewissen Eigenwärme ins Freie entweicht und nutzt so die ganzen 8060 WE aus.

In erster Weise arbeitete das ältere Blasssche Verfahren, ebenso aber auch neuere Verfahren zur Herstellung von karburiertem Wassergas, welche das

Generatorgas zum Aufheizen der Wärmespeicher brauchen. Die meisten in der Industrie tätigen Wassergasanlagen benutzen jedoch das von DELLWIK-FLEISCHER (1895) entwickelte Verfahren, bei welchem das Heißblasen durch Verbrennung des Kohlenstoffs zu Kohlensäure geschieht.

Bei dem älteren Verfahren, wo 1 kg C zu CO verbrennt, sind von den frei werdenden 2431 WE nur 1150 WE für die Wassergaserzeugung verfügbar, beim Blasen auf CO_2 aber von den 8060 WE 4500 WE. Infolgedessen muß bei dem Kohlenoxydverfahren zur Durchführung des Prozesses 11 min lang auf Generatorgas geblasen werden, und nur 4 min lang kann man Gas machen; es überwiegt also die Erzeugung von Generatorgas derartig, daß für so große Mengen dieses Gases Verwendung vorhanden sein muß, was in vielen Fällen nicht der Fall ist. Nach DELLWIK-FLEISCHER dauert das Warmblasen nur 1—2 min, die Periode des Gasmachens 5—7 min. Nach dem Kohlenoxydverfahren erhält man aus 1 kg Koks 1,1 m³ Wassergas mit 2630 WE und 3,1 m³ Generatorgas; nach DELLWIK-FLEISCHER aus 1 kg Koks 1,9—2,3 m³ Wassergas, nach KRAMERS und AARTS 2,25—2,5 m³ Wassergas. Die Zusammensetzung der Gase ist im Durchschnitt folgende:

	CO %	CO_2 %	H_2 %	CH_4 %	N_2 %
BLASS Generatorgas	28,2	4,2	2,4	0,3	64,9
BLASS Wassergas	44,0	3,3	48,6	9,4	3,7
DELLWIK-FLEISCHER, Wassergas. . .	39,0	5,0	49,0	0,7	6,3
PINTSCH, Wassergas	40,0	4,0	50,0	—	6,0
Bamag-Meguin, Wassergas . . .	40,0	5,0	50,0	0,5	4,5
KRAMERS und AARTS, Wassergas . .	42,9	3,4	48,8	—	4,9
Wassergas aus Anthrazit.	43,2	3,8	49,0	1,0	5,2

Der Heizwert beträgt durchschnittlich 2500—2700 WE. Wassergas brennt mit schwach leuchtender bläulicher Flamme, es führt deshalb auf Gaswerken (zum Unterschied von dem karburierten Wassergase) die Bezeichnung Blauwassergas; Wassergas ist durch seinen hohen Kohlenoxydgehalt giftig. Gemische mit Luft sind (zwischen 12,3 und 66,9% Wassergas) explosiv.

Abb. 66 zeigt einen Schnitt durch eine kleine ältere Wassergasanlage, System Dellwik-Fleischer, gebaut von der Bamag-Meguin-A.G. mit gemauertem Generator und feststehendem Rost. Hieran ist die Arbeitsweise sehr deutlich zu ersehen. Der im Generator befindliche Koks wird durch den vom Gebläse 1 durch Rohr 2 und den geöffneten Windschieber 3 und Rohr 4 kommenden Wind heiß geblasen. Die kohlensäurehaltigen Abgase entweichen durch die geöffnete Kaminklappe 5 in den Kamin 6, der mit einem Prellschirm 7 für mitgerissene Koksteilchen versehen ist. Nach genügendem Heißblasen wird die Kaminklappe 5 und der Schieber 3 geschlossen, das untere Gasventil 9 geöffnet und bei 10 Dampf von oben eingeblasen. Das gebildete Wassergas entweicht unten aus dem Generator, tritt durch Wasserabschluß 11 in den Skrubber und durch Leitung 12 in den Gasometer. Nach einiger Zeit wird wieder umgestellt und das Heißblasen beginnt von neuem. Bei dem nun folgenden Gasmachen öffnet man das obere Gasventil 9, bläst Wasserdampf unter den Rost ein und zieht das Wassergas oben ab. Kleinwassergasgeneratoren mit etwa 5—200 m³/h Leistung baut die Bamag heute in etwas anderer, gedrungener Form als Festrost-Generatoren ohne Dampfmantel oder mit Mantel-Dampferzeuger, bei welchem wie beim Marischka-Generator der Dampfmantel den Dampf für die Wassergasbildung selbst erzeugt. Abb. 67 zeigt den Schnitt durch einen kleinen Wassergas-Festrostgenerator mit Mantel-Dampferzeuger, bei welchem das Gasen nur in einseitiger Richtung erfolgt. Größere Wassergasanlagen (Pintsch,

Bamag-Meguin) sind immer mit Drehrostgeneratoren ausgestattet, die stets mit Dampfmänteln zur Dampferzeugung ausgerüstet sind. Die Abb. 68

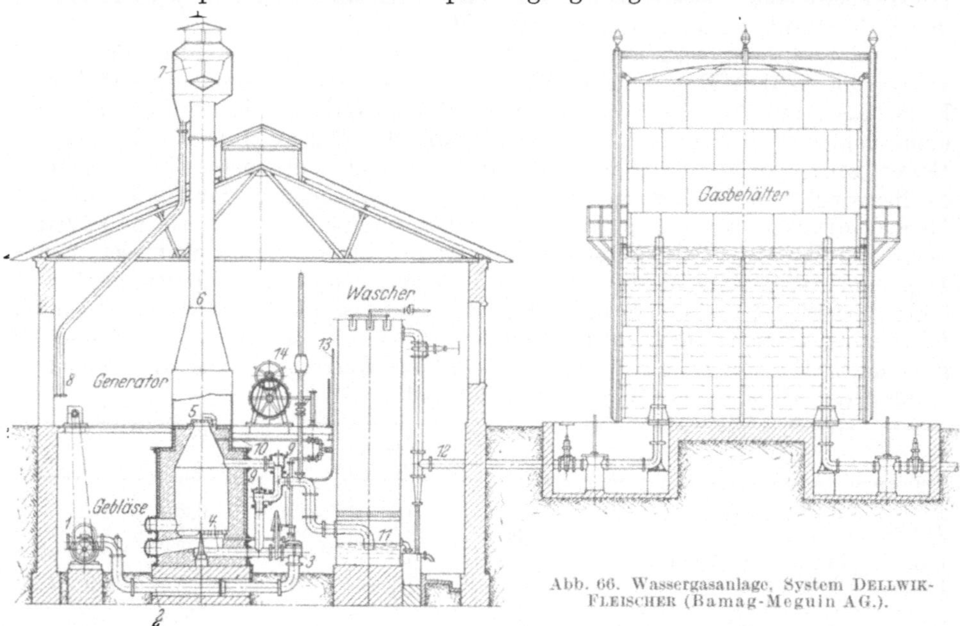

Abb. 66. Wassergasanlage, System DELLWIK-FLEISCHER (Bamag-Meguin AG.).

und 69 geben eine schematische Darstellung einer größeren Wassergasanlage der Firma Pintsch mit Abhitzeverwertungseinrichtung. Die Abb. 68 zeigt die Arbeitsweise beim „Heißblasen", Abb. 69 diejenige beim „Gasen". Beim Heißblasen tritt der Wind durch den geöffneten Windschieber in den Generatorschacht durch den Drehrost von unten ein und heizt die Koksfüllung auf. Das entstehende Verbrennungsgas strömt in die Verbrennungskammer, wo Reste von CO mit Sekundärluft vollends verbrannt werden. Die heißen Abgase gelangen in den Abhitzekessel und geben dort den größten Teil ihrer fühlbaren Wärme zur Dampferzeugung ab. Hierbei wird so viel Dampf gewonnen wie der Wassergasprozeß nachher beim Gasen braucht. Der hochgespannte Dampf kann auch erst noch in einer Turbine zum Antrieb des Windgebläses ausgenutzt werden. Auf die Periode des Heißblasens folgt nun die Periode des Gasens. Der Windschieber wird geschlossen, ebenso der Schieber vor der Verbrennungskammer, dann wird zunächst von unten in den Generator Wasserdampf eingeblasen („Aufwärtsgasen"), nachdem zuvor der untere Gasschieber (vor dem Skrubber) geschlossen worden ist. Das entstandene Wassergas tritt durch den Wasserabschluß in den Skrubber,

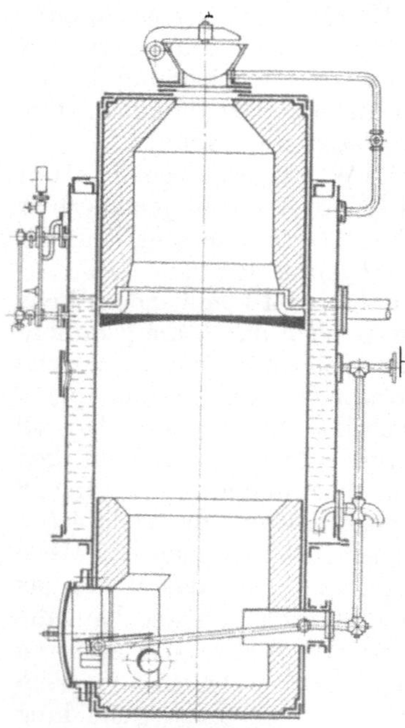

Abb. 67. Wassergas-Festrostgenerator (Bamag-Meguin AG.).

wo es durch einen Wasserregen gekühlt und von Staub befreit wird. Nach einiger Zeit schließt man den oberen Gasschieber und öffnet den unteren und bläst den Dampf jetzt oben in den Generator ein („Abwärtsgasen"). Das erzeugte Wassergas gelangt nun durch die untere Gasaustrittsöffnung in den Skrubber.

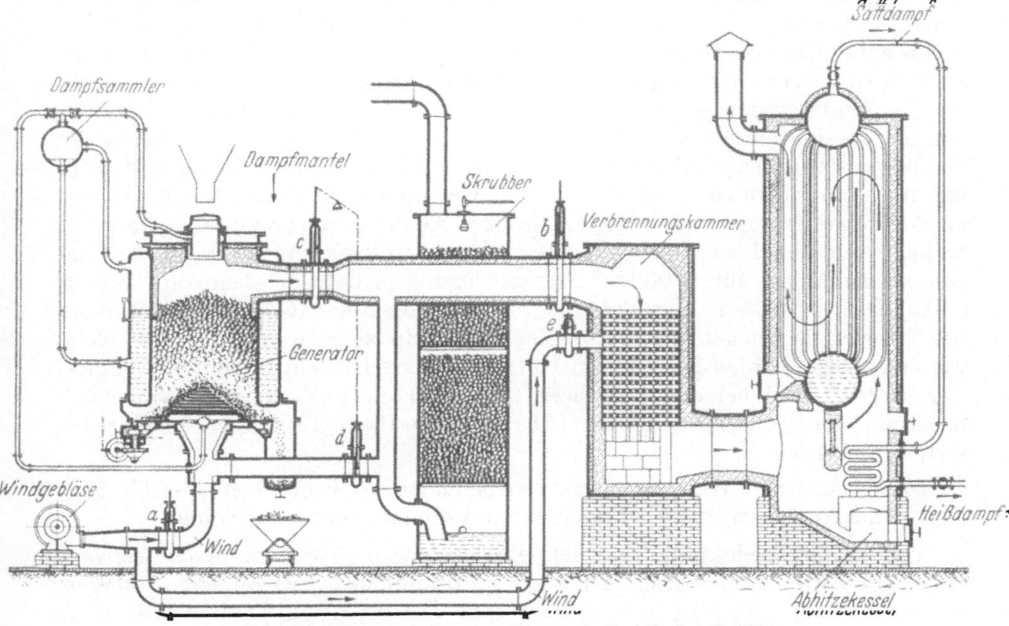

Abb. 68. Große Wassergasanlage von Pintsch. Periode des Heißblasens.

Die Wassergasverfahren verwenden im allgemeinen verhältnismäßig niedrige Brennstoffschichten, großen Winddruck und große Windgeschwindigkeiten,

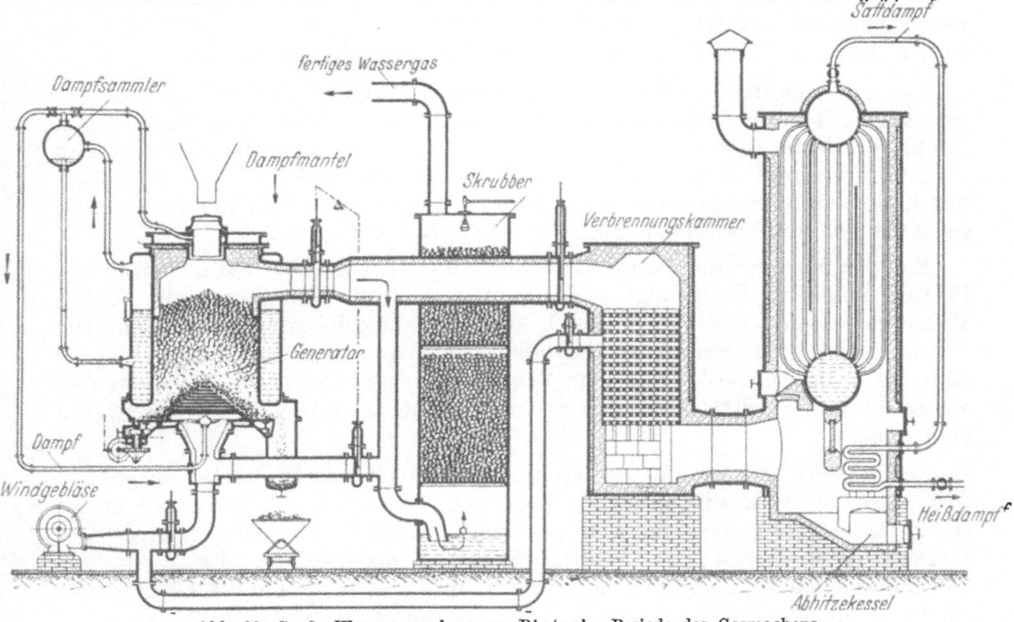

Abb. 69. Große Wassergasanlage von Pintsch. Periode des Gasmachens.

damit die gebildete Kohlensäure nicht reduziert werden kann. Bei niederen Brennstoffschichten dauert aber beim Gasmachen die Berührung zwischen

Wasserdampf und Brennstoffschicht nicht lange genug, um allen Dampf zu ersetzen; erhöht man die Brennstoffschicht, so ist beim Heißblasen die Reduktion von Kohlensäure zu Kohlenoxyd nicht ganz zu vermeiden. KRAMER und AARTS suchten diese Mängel zu beseitigen, indem sie 2 Generatoren mit niedriger Brennstoffschicht nebeneinanderstellten, jeder wurde für sich von unten heiß geblasen, die Verbrennungsgase zogen oben ab. Bei der darauf folgenden Gaseperiode wurden die beiden Generatoren aber verbunden und hintereinandergeschaltet, der Wasserdampf hatte also einen relativ langen Weg. Hinter jedem Generator war noch ein Überhitzer angeordnet. Der Gedanke war richtig. Die Ausbeuten an Wassergas betrugen 2,5 m³/kg Kohle bzw. 2,6 m³/kg Anthrazit bzw. 2,5 m³/kg Koks, waren also höher als bei anderen Wassergasverfahren. In Amsterdam war eine solche Anlage für 50000 m³ Tageserzeugung in Betrieb, ebenso in anderen holländischen Städten. Man vergaste aber schließlich nur Koks, da Kohle offenbar Schwierigkeiten gemacht hatte. Dieses Prinzip ist dann in einfacherer Weise weiter benutzt worden bei den von DELLWIK-FLEISCHER entwickelten „Trigasverfahren" und bei den Verfahren der „restlosen Vergasung" und den neueren „Kohlenwassergasverfahren", die bei „Leuchtgas" näher besprochen werden.

Die eigentlichen Wassergasverfahren benutzen als Brennstoff ausschließlich Koks und Anthrazit, die eben genannten Verfahren dagegen Kohle.

Von großer Bedeutung ist auch ein Verfahren geworden, nach welchem staubförmige Brennstoffe, insbesondere Braunkohle, zu Wassergas vergast werden können. Das ist gelungen in dem von der I. G. Farbenindustrie verwendeten Winkler-Generator, bei welchem Luft und Dampf unter solchem Druck eingeblasen werden, daß der Kohlenstaub in ständiger wirbelnder Bewegung bleibt und sozusagen im Schwebezustande vergast wird. Die Asche wird vom Gasstrom mitgerissen und setzt sich in einer Staubkammer ab. Einen schematischen Schnitt und weitere Angaben über den Winkler-Generator finden sich im Abschnitt über das synthetische Ammoniak.

Das abwechselnde Heißblasen und Gasen beim diskontinuierlichen Wassergasbetriebe ist unbedingt ein Nachteil. Es hat deshalb nicht an Vorschlägen gefehlt, den Wassergasbetrieb ununterbrochen zu gestalten. Bei einem solchen Verfahren muß selbstverständlich der Wärmeverbrauch der Wassergasreaktion durch die Verbrennungswärme eines anderen Vorgangs dauernd gedeckt werden, sonst ist der kontinuierliche Betrieb nicht möglich.

Bei der Verwendung von Steinkohlenkoks ist nur ein diskontinuierlicher Betrieb möglich. Es gelingt aber jetzt auch mit Braunkohle die zweite Wassergasreaktion $C + 2 H_2O = CO_2 + 2 H_2$ technisch, und zwar kontinuierlich durchzuführen, wenn man bei niedriger Temperatur arbeitet und wenn man die erforderliche Wärme dem Vergasungsmittel mitgibt, indem man den Wasserdampf überhitzt. Das Verfahren arbeitet bei der I. G. Farbenindustrie in Leuna.

Eine andere Möglichkeit zur kontinuierlichen Betriebsweise besteht darin, daß man die stark exotherme Verbrennung von C zu CO_2 nebenher gehen läßt. Das ist aber erst möglich geworden, nachdem es gelingt, nach dem FRÄNKL-LINDE-Verfahren billigen Sauerstoff herzustellen. Diese Art der kontinuierlichen Wassergaserzeugung wird in Leuna in größtem Maßstabe mit einem Gemisch von Sauerstoff und Wasserdampf im Winkler-Generator ausgeführt.

Folgende Tabelle (nach BÜTEFISCH) gibt einen guten Überblick über die verschiedenen Verfahren.

Steinkohlenkoks			Braunkohle + O_2			Braunkohle + H_2O		
diskontinuierlich			kontinuierlich			kontinuierlich		
$1300 \rightarrow 900°$			$900 \sim 1070°$			$900 \rightarrow 500°$		
$C + H_2O = CO + H_2 - 28$ kcal			$1\frac{2}{3}C + H_2O + \frac{2}{3}O_2 =$ $= CO + H_2 + \frac{2}{3}CO_2 + 42$ kcal			$C + 2H_2O = CO_2 + 2H_2 - 21$ kcal		

Zusammensetzung der Gase in %

	beobachtet	berechnet		beobachtet	berechnet		beobachtet	berechnet
CO_2	4	—	CO_2	22	26	CO_2	30	31
CO	42	50	CO	38	36	CO	4	3
H_2	42	50	H_2	38	38	H_2	65	66

Seit einigen Jahren ist ein ähnliches kontinuierliches Verfahren von PINTSCH-HILLEBRAND auf dem Gaswerk Hamburg in Betrieb. Hier wird der erforderliche Wärmebedarf durch einen hocherhitzten Wälzgasstrom aufgebracht.

Den Wassergasgenerator dieser Anlage zeigt Abb. 70 im Schnitt. Ausgangsmaterial sind Braunkohlenbriketts, sie gehen vom Bunker über eine automatische Waage und einen Kohleverteiler in 8 schmiedeeiserne Schwelschächte, werden bis 700° entgast, rutschen dann in den senkrechten Vergasungsschacht (Ringgenerator), wo ihnen an der engsten Stelle aus 48 Schlitzen von unten mit Wasserdampf beladene Gase (Wälzgase) von 1250—1300° entgegengeführt werden, welche sich mit den entgasten Braunkohlenbriketts zu Wassergas umsetzen. Der Aschenaustrag erfolgt wie bei Drehrostgeneratoren.

Das entstandene Gas, Klargas genannt, verläßt den Generator mit 700—750°. Von dem gewonnenen Nutzgas wird ein bestimmter Teil abgezweigt, er tritt von oben her mit Luft gemischt in 4 Kammern des unten liegenden Regenerators (Wärmespeicher) ein und verbrennt hier zu Rauchgas, welches mit 250° austritt und zum Schornstein geht. Ein Teil der den Vergasungsschacht (Generator) durchströmenden Gase entgast beim Aufsteigen in den Schwelschächten die Briketts und tritt oben mit dem Schwelgas beladen aus. Dieses sog. Spülgas wird nach Entstaubung und Entteerung zusammen mit einem Teil des Klargases durch ein Gebläse in die aufgeheizten

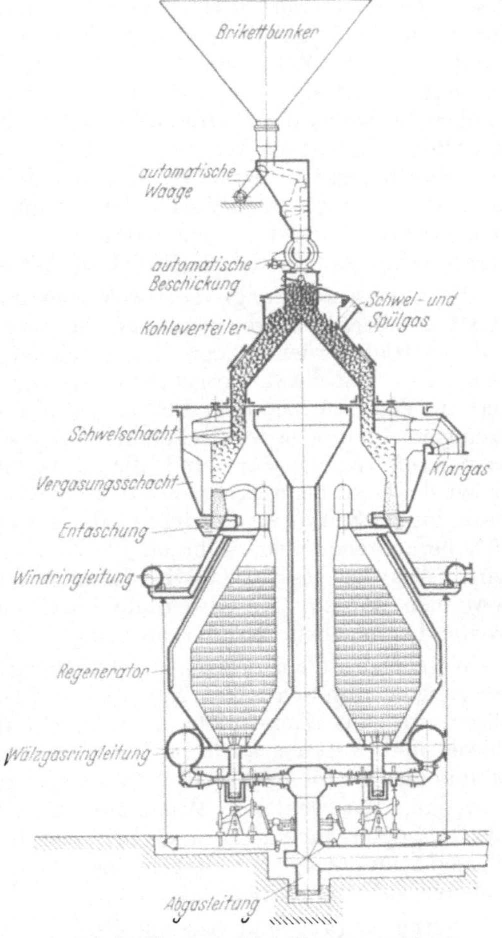

Abb. 70. Kontinuierliches Wassergasverfahren PINTSCH-HILLEBRAND.

Generatorkammern gedrückt (Wälzgas), wo es auf 1250—1300° erhitzt wird und dann in den Vergasungsraum tritt. Bei dem kontinuierlichen Verfahren wird also Gas verbrannt, um das Wälzgas im Regenerator vorzuwärmen (beim diskontinuierlichen Verfahren wird Koks verbrannt). In 24 h werden 50 t Ilsebriketts (4900 WE) durchgesetzt, die Gasausbeute beträgt 850—900 m³/t, der obere Heizwert der Gase ist 2600—2750 WE der untere 2430—2560 WE; die Zusammensetzung dieses Wassergases ist: CO_2 4,2—8,6%, CO 39,4—34,5%, H_2 50,4—51,1%, CH_4 1,0%, N_2 4,8—5,0%.

Zu den kontinuierlich arbeitenden Wassergasverfahren gehört auch das BUBIAG-DIDIER-Verfahren, welches in Deutschland und im Auslande in Anwendung ist. In einer Anlage in Petfürdö in Ungarn wird eine lignitische Braunkohle in langen, schmalen Vertikalretorten, die von außen von einer Generatorgasfeuerung beheizt werden, im Dauerbetriebe mit überhitztem Wasserdampf verkohlt und vergast. Die oben aufgegebene Kohle wird im Oberteile des Ofens entwässert und entteert, im unteren Teile, dessen Temperatur im Innern auf 1000° gehalten wird, verkohlt und durch den zuströmenden Wasserdampf vergast. Man zieht die teerhaltigen Gase oben ab und bläst sie unten, zusammen mit dem überhitzten Wasserdampfe, in die glühende Kokssäule wieder ein, wobei die Teerdämpfe aufgespalten werden. Das in mittlerer Höhe des Ofens abgezogene Wassergas hat 33—35% CO und 50—52% H_2. Es kann als „Synthesegas“ verwendet werden, oder man stellt Wasserstoff her, indem man das CO durch katalytische Oxydation in CO_2 überführt und dieses durch Wasserwäsche entfernt. Die erste aus 12 Einzelkammern bestehende (jetzt vergrößerte) Anlage lieferte 75000 m³ Wasserstoff in 24 h.

Das technisch hergestellte Wassergas enthält immer Schwefelwasserstoff und Kohlensäure, die, wenn das Gas als Synthesegas verwendet werden soll, beseitigt werden müssen. Das geschieht jetzt in größtem Maßstabe in Leuna nach dem von BÄHR ausgearbeiteten Alkacitverfahren. Man wäscht die Gase in Waschtürmen oder Desintegratoren in der Kälte mit aminosauren Salzlösungen (Alkalisalze des Glykokolls, Alanins). Diese Lösungen nehmen Schwefelwasserstoff, Kohlensäure und Blausäure bis zum 60fachen Volumen auf und geben die Gase beim Erhitzen auf 100° wieder vollständig ab. Läßt man nur ganz kurze Zeit (1 s) einwirken, dann wird der Schwefelwasserstoff bis zu 95% herausgenommen, während die Kohlensäure viel langsamer aufgenommen wird. Aus der gesättigten H_2S-Lösung kann H_2S in großer Reinheit (95%) gewonnen werden. Er wird dann im Claus-Ofen auf Schwefel verarbeitet, wovon Leuna allein 20000 t ausbringt (vgl. S. 188, Abb. 133).

Wassergas ist ein ausgezeichnetes Heizgas, es wird verwendet in Industriefeuerungen, zum Schweißen von Röhren, Blechen, Ketten, in Glühöfen, in Glasbläsereien, zum Glasschmelzen, in der Glühlampenfabrikation, in Preßöfen für Bolzen und Muttern, auch als Motorgas. In städtischen Gaswerken wird dem Steinkohlengas bis zu 30—40% Wassergas zugesetzt. In Amerika und England wird das nichtleuchtende Wassergas zur Verwendung als Leuchtgas vielseitig mit Öldämpfen karburiert, auch bei uns führt sich die Karburation jetzt wieder ein und man erzeugt auf einigen Gaswerken „teerkarburiertes Wassergas“ (näheres vgl. „Leuchtgas“ S. 151).

Synthesegase sind wasserstoffreichere und kohlenoxydärmere Wassergase, bei deren Herstellung von vornherein auf ein bestimmtes Verhältnis von H_2:CO hingearbeitet wird. Die Herstellung dieser Synthesegase als Ausgangsmaterial für die Gewinnung von Methanol, Synthol, Benzin usw. ist in den betreffenden Abschnitten näher erläutert.

Gasfeuerungen und Gasmaschinen.

Als Heizgas wurde Generatorgas zuerst 1893 von Bischof in Mägdesprung am Harz angewandt. Die Vorzüge der Gasfeuerung sind schon angegeben (S. 106). Man erzielt bei der Verbrennung leicht Kohlensäuregehalte in den Rauchgasen von 18% und mehr. Abb. 71 zeigt eine Gasfeuerung (System Terbeck) für einen Flammrohrkessel. Bei Wasserrohrkesseln tritt an Stelle der gewöhnlichen Rostfeuerung eine direkt an den Ofen angebaute Generatorfeuerung. Die Anwendung und Konstruktion von Generatorfeuerungen für verschiedene Heizzwecke finden sich noch in zahlreichen Beispielen in den nachfolgenden Abschnitten bei Öfen der Kokerei, der Leuchtgasfabrikation, in der Keramik, Eisenindustrie usw. Abb. 72 zeigt Einzelheiten eines Gasbrenners für Starkgasbeheizung.

Um die Wärmeökonomie der Gasheizung noch weiter zu treiben, nutzt man auch die in den abziehenden Rauchgas enthaltene Wärme zur Vorwärmung der Verbrennungsluft und der Heizgase aus. Man überträgt die Wärme an feuerfeste Steine, und

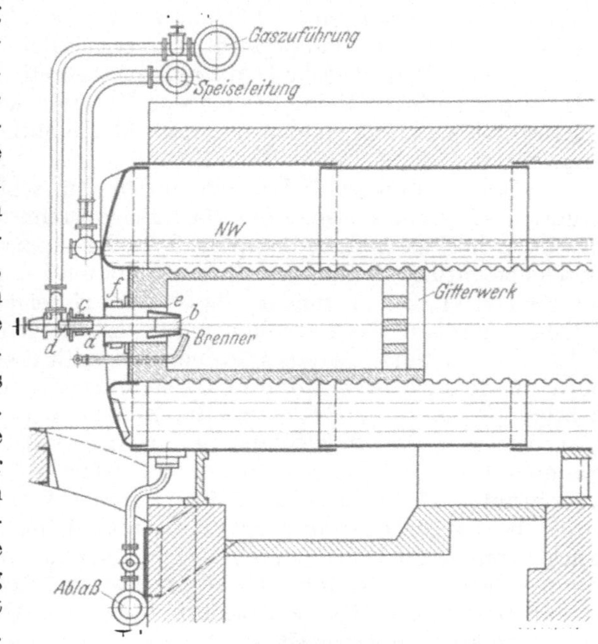

Abb. 71. Gasbeheizter Flammrohrkessel.

zwar liegen entweder die Kanäle für das abziehende heiße Abgas und für die zu erwärmende strömende Luft nebeneinander, so daß ein beständiger Wärmeausgleich stattfindet (Gegenstrom-Wärmeaustauscher); ein solches System nennt man einen Rekuperator (z. B. bei Zinkdestillieröfen, bei dem S. 103 Abb. 50 abgebildeten Wolfram-Schmelzofen, bei Leuchtgasretortenöfen usw.). Oder man überträgt die Wärme an ein Gitterwerk aus Schamottesteinen in sog. Regeneratoren oder Wärmespeichern.

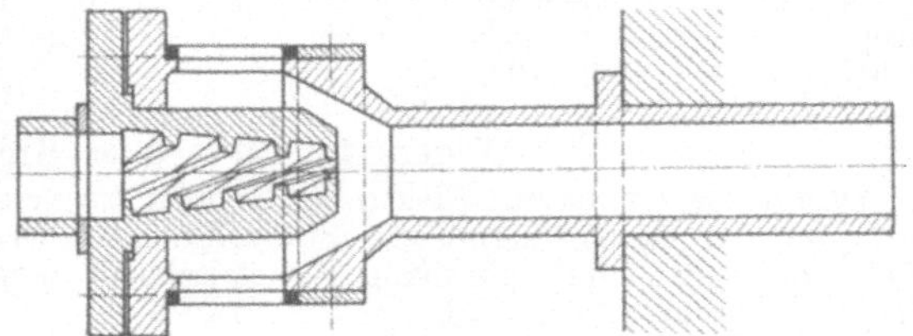

Abb. 72. Brenner für Starkgas.

In letzterem Falle leitet man die heißen Abgase so lange in den Wärmespeicher, bis die Steinmasse eine bestimmte Temperatur hat, dann steuert man um, leitet die Abgase in einen zweiten solchen Wärmespeicher und führt nun im Gegenstrome die zu erhitzende kalte Verbrennungsluft durch den ersten aufgeheizten Wärmespeicher, bis die Temperatur der Steine auf einen bestimmten Grad gesunken ist; dann steuert man wieder um, leitet die Abgase wieder in den ersten Wärmespeicher und führt die anzuwärmende Verbrennungsluft durch den aufgeheizten zweiten Wärmespeicher usw. Wärmeaufnahme und Wärmeabgabe der Steinmasse findet im Regenerator also abwechselnd statt. Solche

Wärmespeicher finden sich an Siemens-Martin-Öfen, Tiegelöfen, Glasschmelzöfen, Koksöfen, auch die steinernen Winderhitzer für die Eisenhochöfen (Cowper-
Apparate) sind solche Regeneratoren.

Flammenlose Oberflächenverbrennung. Diese Feuerungsart (SCHNABEL,
BONE, LUCKE) macht seit 1912 von sich reden, hat die Erwartungen aber nicht
erfüllt. Sie besteht darin, daß ein theoretisch richtig zusammengesetztes Gas-Luftgemisch unter Druck in eine Schüttung von porösem, feuerfestem Material hineingeblasen und darin verbrannt wird. Man erzielt dadurch eine Verbrennung ohne
Flamme, ohne Luftüberschuß, mit nahezu theoretischer Höchsttemperatur, die
sich auf den geringen Raum des porösen Materials konzentriert und von diesem
ausgestrahlt wird. Es werden nur noch kleine Muffelöfen mit dieser Feuerung
ausgestattet.

Gasmaschinen sind Verbrennungskraftmaschinen von ähnlicher Konstruktion wie Explosionsmotoren für flüssige Brennstoffe. Während bei Dampfmaschinen hochgespannter Dampf im Zylinder expandierend den Kolben vor sich
herschiebt, wird im Zylinder der Gasmaschine ein komprimiertes Gas-Luftgemisch
durch einen Funken entzündet; die bei der explosiven Verbrennung auftretende
Wärme vergrößert das Gasvolumen bzw. erhöht den Gasdruck und bewegt den
Kolben. Die Arbeitsweise eines Gasmotors zerfällt ebenso wie bei dem Explosions-
motor für flüssige Brennstoffe in 4 Abschnitte: 1. Ansaugen des Gases, 2. Verdichtung (Generator- und Gichtgas 10—12 Atm., Leucht- und Koksgas 8—9 Atm.),
3. Verbrennung und Ausdehnung unter Arbeitsleistung, 4. Ausstoßen der verbrannten Gase. Es findet also nur bei jedem 4. Takte Arbeitsleistung statt,
man nennt deshalb Maschinen, die in dieser Weise arbeiten, Viertaktmaschinen. Es gibt aber auch Zweitaktmaschinen; bei diesen wird das Ausdrücken und Füllen nicht durch eigene Kolbenwirkung, sondern durch äußere
Pumpen bewirkt; hier folgt bei jedem zweiten Takte eine Arbeitsleistung.

Zur Herstellung eines explosionsfähigen Gemisches ist eine gewisse Menge
Luft erforderlich, andererseits erfolgt auch bei zu großer Verdünnung des brennbaren Gases keine Explosion mehr (obere und untere Explosionsgrenze). Explosion tritt nur ein, wenn nachstehende Mengen brennbaren Gases (in Prozenten) im Gemische vorhanden sind (nach EITNER):

Kohlenoxyd . .	16,6—74,8	Äthylen	4,2—14,5	Benzol	2,7—6,3
Wasserstoff . .	9,5—66,3	Alkohol	4,0—13,6	Pentan	2,5—4,8
Wassergas. . .	12,5—66,6	Methan	6,2—12,7	Benzin	2,5—4,8
Acetylen . . .	3,5—52,2	Äther	2,9— 7,5	Äthan	4,2—9,5
Leuchtgas. . .	8,0—19,0				

Neuere Literatur über Brennstoffe.

Pyrometer: KLEINATH: Elektrische Temperaturmessungen. 1923. -- KLEINATH: Meß-
verfahren der Elektrothermie (in PIRANI, Elektrothermie). 1930. — OSTWALD-LUTHER:
Hand- und Hilfsbuch für physikalisch-chemische Messungen. 1931. — Prospekte Heraeus,
Siebert, Siemens & Halske und R. Hase.

Holz: HÄGGLUND: Holzchemie. 1938. — HESS: Chemie der Cellulose und ihrer Begleiter.
1928. — v. MONROY: Das Holz. 1929. — SCHORGER: The Chemistry of Cellulose and Wood. 1926.

Torf: RAHM: Torfstreu und Torfmull. 1922. — SCHREIBER: Moorkunde. 1927. —
STADNIKOFF: Neuere Torfchemie. 1930. — STEINERT: Torf und seine Verwendung. 1925. —
STEINERT: Torfveredlung. 1926. — TACKE: Grundlagen der Moorkultur. 1929. — TACKE
u. KEPPELER: Die niedersächsischen Moore und ihre Nutzung. 1930.

Braunkohle: BLEIBTREU: Kohlenstaubfeuerungen, 2. Aufl. 1930. — ERDMANN-DOLCH:
Chemie der Braunkohle. 1927. — FÜRTH: Braunkohle und ihre chemische Verwertung.
1926. — GRAEFE: Einführung in die chemische Technologie der Brennstoffe. 1927. —
DE GRAHL: Wirtschaftliche Verwertung der Brennstoffe, 2. Aufl. 1923. — KLEIN: Handbuch des Braunkohlenbergbaus, 3. Aufl. 1927. — RICHTER-HORN: Mechanische Aufbereitung
der Braunkohle. 1926. — SCHÖNE: Braunkohlenbrikettfabrikation. 1930. — STRACHE-
ULMANN: Leitfaden der Technologie der Brennstoffe. 1927.

Steinkohle: AUFHÄUSER: Brennstoffe und Verbrennung. 1926—1928. — BORCHARDT
u. BONIKOWSKY: Handbuch der Kohlenwirtschaft. 1926. — FUCHS: Die Chemie der Kohle.

1931. — HEINZE: Stand der Kohlenschwelung in Deutschland. 1928. — POTONIÉ: Entstehung der Steinkohle und der Kaustobiolithe. 1924. — REDLICH: Entstehung, Veredlung und Verwertung von Kohle. 1930. — SCHENNEN-JÜNGST: Lehrbuch der Erz- und Steinkohlenaufbereitung. 1930. — STADNIKOW: Entstehung von Kohle und Erdöl. 1930. — STADNIKOW: Die Chemie der Kohlen. 1931. — STRACHE-LANT: Kohlenchemie. 1924. — THAU: Die Schwelung von Braun- und Steinkohle. 1927.
    Generatorgase: BERTELSMANN-SCHUSTER: Technische Behandlung gasförmiger Stoffe. 1930. — DOLCH: Wassergas. 1936. — FABER: Braunkohlengeneratorgas. 1928. — FLOROW: Gaserzeuger und Vergasung der Brennstoffe. 1927. — GWOSDZ: Kohlenwassergas. 1930. — HEINZE, R.: Neuere Verfahren zur Veredlung von Brennstoffen (in LE BLANC: Ergebnisse der angewandten physikalischen Chemie, Bd. I u. II). 1931 u. 1934. — HERMANNS: Vergasung und Gaserzeuger. 1924. — RAMBUSH: Modern Gasproducers. 1923. — SCHMIDT, J.: Kohlenoxyd. 1935. — SCHUSTER: Energetische Grundlagen der Gastechnik. 1932. — TRENKLER: Gaserzeuger. 1923.

Leuchtgas (Stadtgas).

Die primitivste Lichtquelle war der Kienspan. Bei den Völkern des Altertums verbrannte man jedoch schon zu Beleuchtungszwecken flüssige Fette und Öle in Dochten. Harzreiche Hölzer, pflanzliche Öle und tierische Fette zerfallen unter dem Einfluß der Hitze ihrer eigenen Flamme und entwickeln brennbare Gase, sie liefern also das Material zur Erzeugung leuchtender Flammen. Eine besondere Rolle spielte hier die Rüböllampe. Im frühen Mittelalter kam die Talgkerze auf, die ganz allgemeine Verwendung fand, während die später hergestellte Wachskerze mehr für kirchliche und höfische Luxusbeleuchtung diente. Nachher ersetzte die Walrat-Kerze die wenig vollkommenen Talgkerzen und nach CHEVREULs Entdeckung des Stearins (1820) und nach v. REICHENBACHs Auffindung des Paraffins (1830) verdrängten Stearinkerzen und zuletzt die Paraffinkerzen alle ihre Vorgänger. Die Öllampe, welche sich jahrhundertelang in keinerlei Weise fortentwickelt hatte, erfuhr 1789 durch ARGAND eine außerordentliche Verbesserung durch Einführung des Hohldochtbrenners und des gläsernen Zugzylinders. Diese Erfindung erwies sich als besonders vorteilhaft, als nach Mitte des vorigen Jahrhunderts die Pflanzenöle durch das Solaröl, ein bei der Braunkohlenschwelerei erhaltenes petroleumähnliches Destillationsprodukt, und später durch das aus Amerika zu uns kommende Petroleum ersetzt wurden.

Daß Steinkohle beim Erhitzen unter Luftabschluß ein brennbares Gas entwickelt, hatte schon BECHER 1680 beobachtet, aber erst im letzten Jahrzehnt des 18. Jahrhunderts wurden von verschiedenen Seiten Versuche unternommen, das Steinkohlengas im Dauerbetriebe für Beleuchtungszwecke zu benutzen, nämlich von MINKELERS in Holland, LEBON in Paris (1791), MURDOCH in England (1792), LAMPADIUS in Freiberg (1797), HENFREY in Baltimore (1802). Am erfolgreichsten war der Engländer MURDOCH, welcher 1798 die erste Gasbeleuchtungsanlage in Soho bei Birmingham einrichtete, 1802 wurde das neue Licht anläßlich des Friedens von Amiens zum ersten Male öffentlich gezeigt. Auf dem Kontinent kam die erste Gasanlage 1811 in Betrieb. Die Gaswerke von Berlin (1826), Aachen (1838), Köln (1841) und Frankfurt (1841) wurden von der Imperial Continental Gas Association errichtet. Für die städtischen Verwaltungen baute BLOCHMANN die Gaswerke in Dresden (1825), Leipzig (1838) und Berlin (1847). Das Pariser Gaswerk (1819) wurde von der englischen Chartered Gaslight and Coke Company erbaut.

In den Schnittbrennern kommen als Strahler nur die in der Gasflamme ausgeschiedenen glühenden Kohlenstoffteilchen in Betracht; man suchte deshalb auch nach unverbrennlichen Strahlern; einen dauernden, durchschlagenden Erfolg hatte aber erst das von AUER VON WELSBACH erfundene Gasglühlicht (1886), für welches JUL. PINTSCH den Auerbrenner konstruierte. Diese Erfindung wehrte noch eine Zeitlang den drohenden Wettbewerb des elektrischen Glühlichtes (der von EDISON erfundenen und durchgebildeten Kohlenfadenglühlampe) ab, ebenso trat das durch SALZENBERG, POPP, ROTHGIESSER u. a. 1900 eingeführte Preßgaslicht in Konkurrenz mit der für große Lichtstärken von v. HEFNER-ALTENECK 1879 konstruierten Bogenlampe. 1896—1905 kam als neues Leuchtgas das Acetylen auf, konnte sich aber nicht auf die Dauer halten. Heute dürfte der Wettkampf zwischen Gas und Elektrizität für Beleuchtungszwecke bereits zugunsten des elektrischen Lichtes entschieden sein. Das Gas sucht sich andere Verwendungsgebiete: zum Heizen, Schmelzen, als Treibgas usw.

Unter Leuchtgas schlechthin versteht man Steinkohlengas (es gibt nämlich auch noch andere Leuchtgase wie Ölgas, Acetylen, Luftgas usw.).

Während des Weltkrieges und in den ersten Jahren danach hat man bei dem Mangel an Gaskohle vielfach auch Holz, Torf, Braunkohlen und bituminöse Schiefer zur Leuchtgaserzeugung herangezogen, ist davon jedoch wieder abgegangen, da die Verarbeitung dieser jungen Brennstoffe wegen ihres hohen Wassergehalts und wegen des hohen Kohlensäuregehalts im Gase unwirtschaftlich ist. Jetzt ist es aber auch gelungen, normgemäßes Stadtgas aus Braunkohle herzustellen.

Die Gaskohlen. Für die Leuchtgasbereitung wählt man aschenarme Steinkohle, die für 1000 kg Kohlensubstanz mindestens 300 m³ Gas von etwa 5000 kcal und möglichst dichten großstückigen Koks liefern. Anthrazitische Kohlen sind unverwendbar; auch die für die Kokserzeugung benutzten Fett- oder Backkohlen und die halbfetten Eßkohlen benutzt man selten. Als eigentliche Gaskohlen sind in der Hauptsache nur die mageren Gaskohlen und die Gas- und Gasflammkohlen anzusehen.

Die Lehr- und Versuchsgasanstalt Karlsruhe gibt als Grenzwerte der Zusammensetzung deutscher Gaskohlen (auf asche- und wasserfreie Substanz bezogen) folgende Werte an:

	Ruhrkohle %	Saarkohle %	Sächsische Kohle %	Schlesische Kohle %
Kohlenstoff	82,6—87,3	80,6—87,0	81,7—84,3	81,3—84,5
Wasserstoff	4,8— 5,7	4,7— 5,6	5,1— 5,6	4,8— 5,5
Sauerstoff	5,3— 9,0	5,8—12,1	8,0—10,2	8,2—10,7
Schwefel	0,5— 3,7	0,3— 1,0	0,6— 1,9	0,3— 1,1
Stickstoff	1,4— 2,0	0,7— 1,7	1,4— 1,9	1,4— 1,9
Koksausbringen	66,0—74,0	63,0—70,0	59,0—63,0	64,0—68,0

Die Vergasungsprodukte der Steinkohle sind:

1. **Leuchtgas**, besteht vorwiegend aus Wasserstoff, Methan, Kohlenoxyd und kleinen Mengen von Äthylen und Benzoldampf. Letztere werden auch als „Lichtgeber" bezeichnet. Lediglich als Verunreinigungen sind enthalten: Kohlensäure, Ammoniak, Schwefelwasserstoff, Schwefelkohlenstoff, Cyan, Naphthalindampf, Stickstoff, Wasserdampf.

2. **Gaswasser**, ist eine wässerige Lösung von Ammoniak und Ammonsalzen, namentlich Ammoncarbonat und Schwefelammon, bisweilen auch Chlorammon.

3. **Teer.** Steinkohlenteer besteht aus zahlreichen Kohlenwasserstoffen, namentlich der Benzolreihe: Benzol, Toluol, Xylol, Thiophen, Phenol (Kresole), Basen (Pyridin) und pechartigen Rückständen.

4. **Koks** (auch Graphit) bildet den festen Rückstand.

Der Vergasungsvorgang. Erhitzt man Steinkohle ohne Luftzutritt in geschlossenen Gefäßen, so spaltet sich bei 200—300° Wasser ab, dann treten ölige, teerige Destillate auf und von etwa 400° an entwickeln sich brennbare Gase; bei etwa 1000° ist die vollständige Zersetzung erreicht und es hinterbleibt ein sehr kohlenstoffreicher, hochmolekularer Rückstand, der Koks.

Die Destillationsprodukte sind der Menge, wie der Zusammensetzung nach, je nach der Art der Kohle, der Destillationstemperatur und -dauer recht verschieden. 1000 kg Gaskohle liefern ungefähr:

	bei 450°	bei 1200°		bei 450°	bei 1200°
Wasser	43 kg	51 kg	Gas	234 m³	350 m³
Teer	75	52	Koks	843 kg	661 kg

Destilliert man bei niedriger Temperatur, so entstehen in der Hauptsache Paraffinkohlenwasserstoffe, Derivate des Anthrazens, höhere Phenole und Pyridinabkömmlinge. Bei der Hochtemperaturdestillation erhält man dagegen von den Paraffinkohlenwasserstoffen nur Methan, die anderen Kohlenwasserstoffe sind sämtlich aromatischer Natur; daneben treten noch Zerfallsprodukte, nämlich Kohlenstoff, Wasserstoff und Stickstoff auf, ferner bilden sich Ammoniak, Cyanwasserstoff, Schwefelwasserstoff, Schwefelkohlenstoff. Die Destillationsprodukte sind nicht fertig vorgebildet in der Kohle vorhanden, sondern sind das Ergebnis zahlreicher Zerfalls- und Polymerisationsvorgänge. Je höher die Temperatur bei der Destillation ist, um so mehr

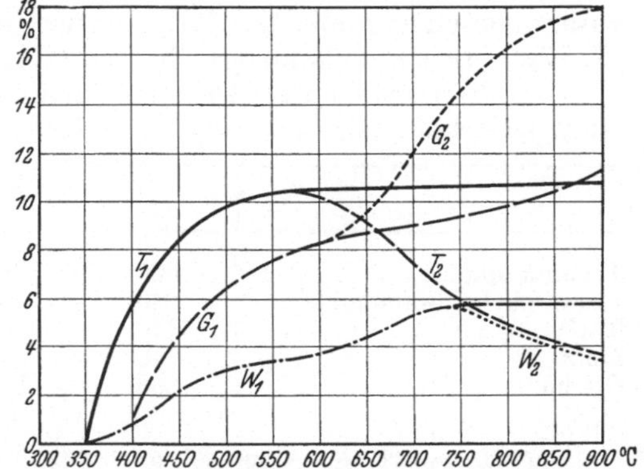

Abb. 73. Zersetzung der Kohle bei der Destillation. (Nach DAMM.)

Gas und um so weniger Teer und Koks erhält man. Mit steigender Temperatur wird der Teer dickflüssiger, der Koks wird härter und fester, das Ammoniakausbringen fällt, der Cyangehalt im Gas steigt. Das obenstehende Diagramm Abb. 73 (nach DAMM) erläutert sehr anschaulich die primäre und sekundäre Zersetzung, welche bei der trockenen Destillation einer Steinkohle (Kokskohle) vor sich geht. Kurve T_1 kennzeichnet die Urteerentwicklung, die bei 550° bereits beendet ist. Kurve G_1 zeigt die Gasbildung, die ungefähr bei 400° einsetzt und ansteigend bis 900° verläuft; Kurve W_1 entspricht der Wasserbildung. Bis etwa 600° ist der Werdegang der primären Zersetzungsprodukte ganz eindeutig. Oberhalb dieser Temperatur treten an dem glühenden Kokse sekundäre Veränderungen ein. Aus dem primär gebildeten Urteer entsteht Hochtemperaturteer, Kohlenstoff, Wasser und Gas, die Teermenge geht also zurück, der Pechgehalt nimmt zu. Die wasserstoffreichen, aliphatischen Kohlenwasserstoffe gehen in aromatische (Benzol, Naphthalin, Anthrazen) über. Auch die im Gase enthaltenen schweren Kohlenwasserstoffe zerfallen in Kohlenstoff und Wasserstoff, auch Methan wird angegriffen. Die Gasmenge wächst also durch den sekundären Zerfall stark an. G_2. Das aus Wasserstoff und Sauerstoff gebildete Zersetzungswasser setzt sich am glühenden Koks bei hohen Temperaturen zu Wassergas um und vermehrt die Gasmenge, während die Wassermenge W_2 abnimmt. Aus praktischen Gründen führt man die Destillation bei der Leuchtgasherstellung bei 1000—1200° durch. Vom

Stickstoffgehalt der Kohle gewinnt man nur 10—25% als Ammoniak, 1,5—4,5%
als Cyanwasserstoff.

Destilliert man unter den üblichen Verhältnissen 1000 kg Steinkohle, so erhält
man rund 300 m³ (170 kg) Gas (enthaltend 12,5 kg Rohbenzol, d. h. ³/₄ Benzol
und ¹/₄ Toluol), 50 kg Teer (enthaltend 0,5 kg Benzol, 0,4 kg Toluol, 3 kg Naphthalin, 0,7 kg Phenol, 0,2 kg Anthrazen) und 110 kg Gaswasser.

Das Steinkohlenrohgas besteht im Durchschnitt aus

Wasserstoff . . . 50%	Kohlensäure . . . 2,0%
Methan 32%	Schwefelwasserstoff 0,75%
Kohlenoxyd . . . 9%	Stickstoff. 1,25%
Äthylen 2,5%	Ammoniak 1,10%
Benzol 1,25%	Cyanwasserstoff . . 0,15%

Die Gaszusammensetzung ändert sich während der Dauer der Destillation,
der Wasserstoffgehalt nimmt auf Kosten der schweren Kohlenwasserstoffe
und des Methans erheblich zu. Ein Schaubild dieser Veränderung der Gaszusammensetzung mit der Temperatur findet sich im Abschnitt „Kokerei"
(S. 174). Das Steinkohlengas hat ein spezifisches Gewicht von etwa 0,5.

Destilliert man unter denselben Bedingungen Braunkohlen, Torf, Holz
usw., so erhält man aus 1000 kg Substanz folgende Ergebnisse:

	Koks kg	Gas m³	Heizwert WE	Spez. Gewicht des Gases	Kohlensäure im Gas
Pechbraunkohle	500	315	5100	0,58	12,5
Gewöhnliche Braunkohle . .	240	300	3400	0,60	14,0
Torf	150	300	3400	0,75	22,0
Holz	150	300	4000	0,80	25,0
Ölschiefer	(600)	300	3800	0,90	32,0

Der Heizwert der Gase ist geringer, in der Hauptsache wegen des großen
Kohlensäuregehaltes. Muß man in Ausnahmefällen diese Stoffe zur Destillation
verwenden, so werden sie meist für sich destilliert und die Rohgase werden dann
durch eine mit glühendem Koks gefüllte Retorte geleitet, damit der Wasserdampf
in Wassergas, die Kohlensäure in Kohlenoxyd übergeht.

Die Öfen.

Die ersten Gaswerke benutzten senkrecht stehende gußeiserne Kessel und
Rostfeuerung. Die umständliche Entleerung führte zu waagerecht liegenden
eisernen Röhren, die aber wegen ihrer Temperaturempfindlichkeit bis zum Jahre
1860 überall durch rohrförmige Retorten aus feuerfestem Ton (Schamotte)
ersetzt wurden. Sie waren etwa 2 m lang und meist einseitig geschlossen, sie
wurden dann bis 5 m verlängert, an beiden Seiten mit Verschlüssen versehen
und mit Lade- und Ausdrückmaschinen bedient. Diese horizontal liegenden
Retorten sind bei kleinen Gaswerken auch heute noch in Gebrauch. In den
70er Jahren wurde namentlich durch SCHILLING und BUNTE die Generator-
gasbeheizung der Retorten ausgebildet. 1884 führte COZE die schräg liegenden
Retorten ein, die in Längen von 3,5—6 m benutzt wurden und eine Neigung
von 32° gegen die Waagerechte hatten. Die Kohle wird am oberen Ende eingefüllt und der Koks am unteren Ende ausgezogen; diese Retorten fassen bis
400 kg Ladegewicht und sind ebenfalls noch in Anwendung. Dann bauten 1901
die deutsche Kontinentalgesellschaft und BUEB Öfen mit senkrechten
Retorten. Die Retorten sind 4—6 m lang und nehmen etwa 600 kg Ladung
auf. 1907 kam der Kammerofen von RIES mit schräg liegender Kammer in
Betrieb, der dann auch mit senkrechten und waagerechten Kammern gebaut

worden ist. Die Kammern bestehen wie bei den Koksöfen aus Schamotte-steinmauerwerk. Fast alle Gaserzeugungsöfen sind zur besseren Ausnutzung der Wärme mit Rekuperatoren ausgerüstet. Die Weiterentwicklung der Groß-raumöfen hat dann 1909 direkt zur Verwendung von Regenerativ-Koks-öfen (KOPPERS) geführt. Letztere nehmen 11000 kg, die Schrägkammer-öfen 8000 kg Kohle auf. Bis zur Jahrhundertwende wurden alle diese Gas-erzeugungsöfen periodisch geladen und entleert, 1905 hat jedoch WOODAL und DUCKHAM einen Ofen konstruiert, der mit senkrecht stehenden Retorten aus-gerüstet ist und der ununterbrochenen Betrieb aufweist. Solche stetig betriebene Vertikalkammeröfen werden jetzt von verschiedenen Firmen gebaut und sind vielfach in Anwendung. Statt Schamotte wird seit 1920 mehr und mehr Silikamaterial als Baustoff für Retorten und Kammern verwendet.

Die fortschreitende Entwicklung im Ofenbau ergibt sich aus folgender Aufstellung:

	Lade-gewicht je Ent-gasungs-raum kg	Zahl der Fül-lungen in 24 h	Kohlen-durchsatz je Ent-gasungs-raum in 24 h kg	Gas-erzeugung je Ent-gasungs-raum in 24 h m³	Unter-feuerungs-koks je 100 m³ Gas kg	Arbeiter-schichten je 100 000 m³ Gas
Horizontalretortenofen . . .	150	6	900	270	60	135
Schrägretortenofen	350	3	1 050	315	50	114
Vertikalretortenofen	570	2	1 140	429	35,5	24
Schrägkammerofen (3 Kam-mern), seit 1907	8 000	1	8 000	2700	40	22
Horizontalkammerofen, Kammerbreite 450 bis 500 mm, seit 1909 . . .	11 000	1	11 000	3300	30,3	19
Horizontalkammerofen, Kammerbreite 350 mm, seit 1913	10 500	2	21 000	7000	27	. . .
Vertikalkammerofen, perio-disch betrieben, seit 1919	2 400	2	4 800	2000	31	. . .
Vertikalkammerofen, stetig betrieben, seit 1920 . . .	12 000	1	12 000	5750	20	22

Die älteren Ofensysteme führen die trockene Destillation der Kohle in Retorten, die neueren, leistungsfähigeren in Kammern aus. Die Beheizung der Retorten und der Kammern erfolgt heute bei größeren Öfen ausschließlich mit Generatorgas. In der Regel hat jeder Ofen seinen eigenen Generator, der unter oder vor dem Heizraum angeordnet ist; der Generator wird mit dem aus einer Retorte gezogenen heißen Koks beschickt. Größere Anlagen haben aber auch Zentralgeneratoren, welche das Heizgas für die ganze Anlage liefern und die auch mit anderen (minderwertigen) Brennstoffen betrieben werden können.

Abb. 74 gibt 2 Schnitte durch einen Retortenofen mit Horizontalretorten, die einseitig geschlossen sind. Der Schnitt rechts zeigt den flaschenförmigen Generator und die drei übereinander liegenden Retortenreihen. Das aus dem Heizraum austretende Generatorgas steigt auf und erhält beim Eintritt in den Ofenraum durch seitliche Schlitze vorgewärmte Verbrennungsluft (Ober-luft) zugeführt. Die verbrennenden Gase werden zu beiden Seiten der mitt-leren Retortenreihe eingeführt, steigen zwischen den mittleren und äußeren Retorten bis zur Decke hoch und fallen dann zwischen der Ofenwand und den äußeren Retorten herunter, sie ziehen durch ein Rekuperativsystem zur Vorwärmung der Verbrennungsluft ab und treten, nachdem sie auch noch zur Dampferzeugung für den Generator zwei seitlich eingebaute Dampfentwickler erhitzt haben, in den Kamin. Auch dem Generator wird vorgewärmte Luft (Unterluft) zugeführt.

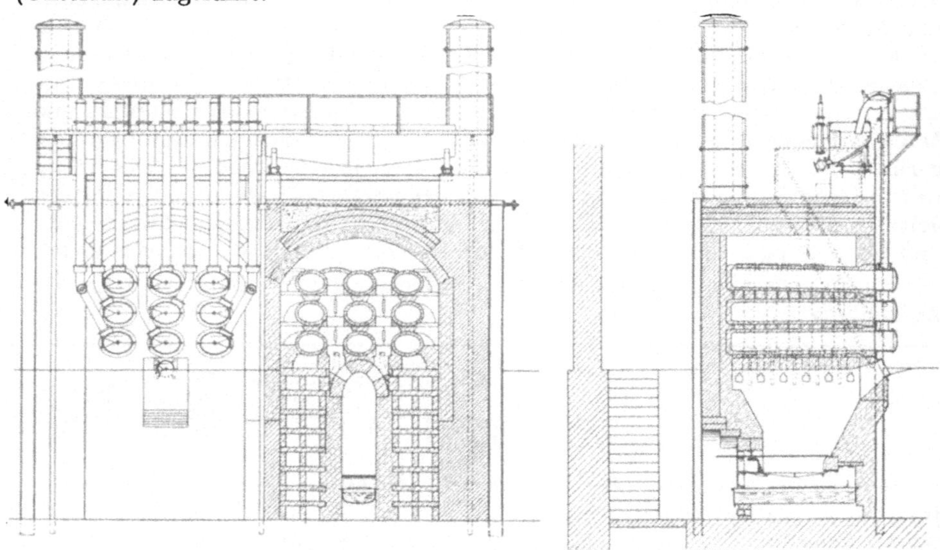

Abb. 74. Horizontalretortenofen (Bamag-Meguin).

Jede Retorte trägt vorn ein eisernes Mundstück mit selbstdichtendem sog. MORTON-Verschluß und einen Gasabzugsstutzen, an den sich, wie Abb. 75

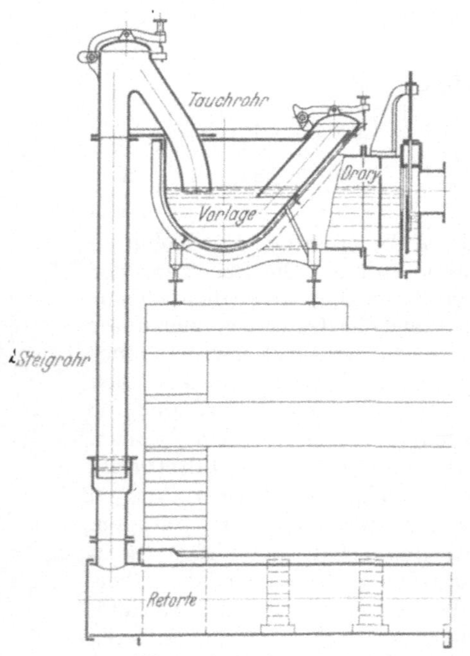

Abb. 75. Steigrohr und Vorlage.

zeigt, das Steigrohr anschließt. Die Gase und Dämpfe aus der Retorte treten durch das Steigrohr und Tauchrohr in die Vorlage, einen über den ganzen Ofenblock sich hinziehenden Eisentrog, in welchem sich durch Abkühlung Teer und Wasser abscheiden. Dünnteer und Wasser fließen seitlich durch den Teerabgang von DRORY ab, Dickteer wird durch das andere Tauchrohr zeitweilig entleert, das Gas geht in die Rohgasleitung. Die jetzt gebrauchten Horizontalretorten haben meist keinen Boden, sondern tragen an beiden Enden Mundstücke, ebenso die Schrägretorten, Horizontalretorten und Kleinkammeröfen. Bei Schrägretorten befindet sich der Gasabzugsstutzen am unteren Mundstück. Bei Horizontalretorten geschieht das Laden mit Schaufeln oder mit Lademulden, Muldenlademaschinen oder Schleudern, das Entleeren mit mechanisch betätigten Haken, oder bei beiderseits offenen Retorten und Kammern durch maschinelle Ausdrück- oder Ausstoßvorrichtungen. Schräge und senkrechte Retorten und Kammern lädt man von oben durch Einfallenlassen der Kohle. Abb. 76 zeigt einen Schnitt durch einen Schrägretortenofen, dessen Einrichtung jetzt ohne weiteres verständlich ist. Einen großen technischen Fortschritt bedeutete der von BUEB konstruierte Dessauer Vertikalretortenofen, welcher meist mit 18 Retorten von 5 m Länge in 3 Reihen zu je 6 Stück gebaut wurde (Abb. 77). Der Koks ist dichter, härter und großstückiger, die Ammoniakausbeute etwas höher, der Naphthalingehalt des Gases erheblich geringer, der Teer dünnflüssiger, er enthält viel leichte Öle und weniger Pech. Eine Steigerung der Gasausbeute wird dadurch erreicht, daß man am Ende der Ausstehzeit 1—2 h lang Wasserdampf in den unteren Teil der Retorte einführt und dadurch in der Retorte Wassergas an dem glühenden Kokse erzeugt, welches mit dem erzeugten Steinkohlengase zusammen gleich ein Mischgas von 4000—4300 WE

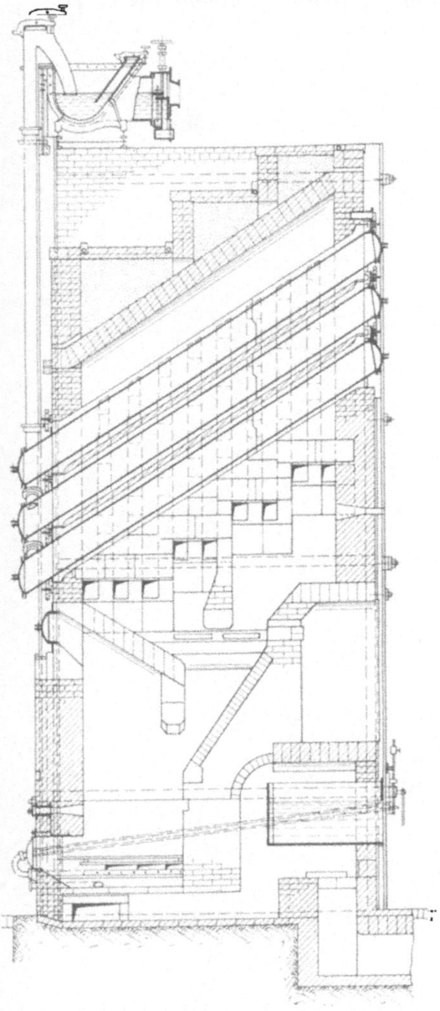

Abb. 76. Schrägretortenofen.

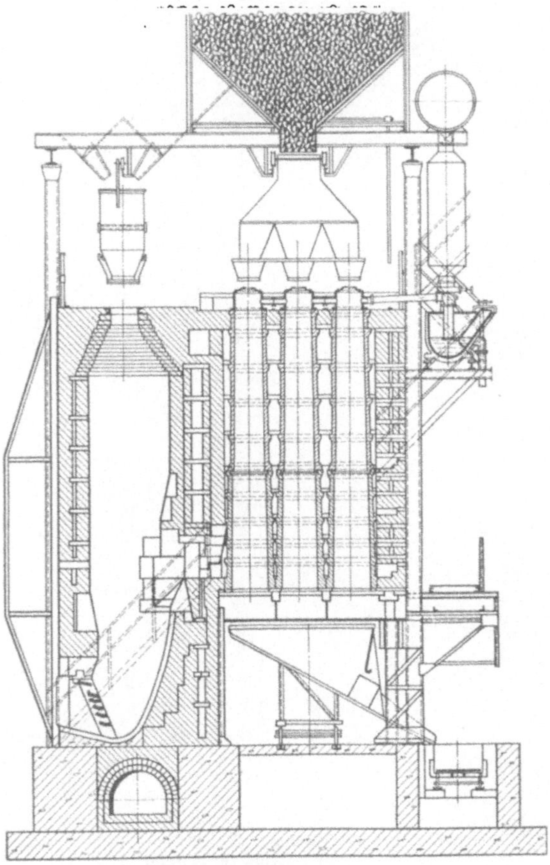

Abb. 77. Vertikalretortenofen.

liefert. Man erhält 340—400 m³ Gas/t Kohle. Diese sog. nasse Vergasung ist dann auch von den Großraumöfen übernommen worden. Aus den Vertikalretortenöfen entwickelten sich die Vertikalkammeröfen dadurch, daß man die drei in einer Querreihe stehenden Retorten durch Herausnahme der Zwischenwände zu einem einzigen Entgasungsraum zusammenzog. In ähnlicher Weise sind die waagerechten und schrägen Kleinkammeröfen aus Horizontal- und Schrägretortenöfen entstanden, da sie größere Durchsätze zu entgasen gestatten als die Retorten.

Zu den Großraumöfen zählen die mit schrägen oder waagerechten oder senkrechten Kammern gebauten Kammeröfen. Von diesen ist der verbreitetste

Ofen der Münchner Schrägkammerofen von Ries, gebaut von der Ofenbaugesellschaft, dessen Einrichtung aus Abb. 78 zu ersehen ist. Gewöhnlich
erhält jeder Ofen 3 Kammern und seinen eigenen Gaserzeuger, mehr und mehr
werden aber diese Kammeröfen von Zentralgeneratoren aus mit Heizgas versorgt.
Die Horizontalkammeröfen stimmen baulich weitgehend mit den Koksöfen
der Zechenkokereien überein, bzw. man verwendet heute vielfach direkt bestimmte Koksofensysteme auf städtischen Gaswerken, z. B. Kopperssche

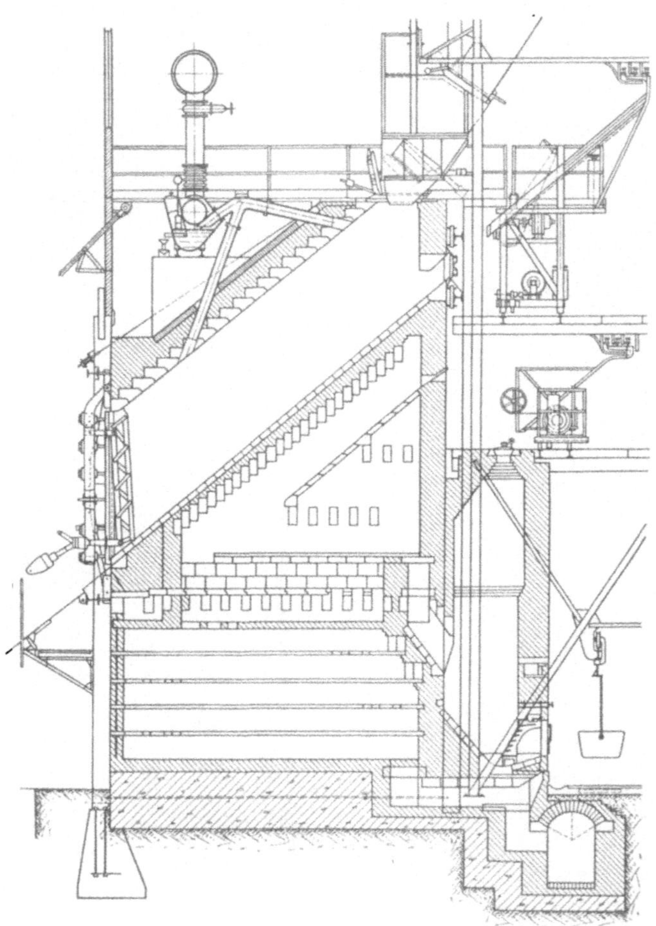

Abb. 78. Schrägkammerofen der Ofenbaugesellschaft.

Regenerativ- und Verbundöfen (vgl. „Kokerei") in Innsbruck, Wien,
Budapest, Berlin, Königsberg, Düsseldorf, Frankfurt a. M.

Am Ende der Entwicklung steht heute der stetig betriebene Vertikalkammerofen, der namentlich in der Bauart von Koppers gegenüber den
englischen Öfen und dem System Dresden den Vorzug eines größeren Entgasungs-
raumes und stärkerer Wassergaserzeugung in der Kammer aufweist. Abb. 79 zeigt
einen Schnitt durch eine Kopperssche stetig betriebene Vertikalkammerofenanlage, wie sie auf den Gaswerken Berlin, Glatz, Mannheim, Salzburg, Breda,
Grevenbroich, Konstanz, Heilbronn in Anwendung stehen. In dem Entgasungsraum b wird vom Bunker a aus Kohle (auf unter 10 mm gemahlen) eingeschleust.

Der Koks wird unten über eine Walze in Kokstaschen abgezogen, die mit Tauch-
verschluß versehen sind. Oberhalb der Austragevorrichtung wird Wasser auf den
heißen Koks gespritzt; er fällt in gelöschtem Zustande in den Koksbehälter, aus
dem er etwa stündlich abgezogen wird. Der gebildete Dampf zersetzt sich an dem
heißen Koks zu Wassergas, welches oben mit den übrigen Destillationsprodukten
durch die Vorlage *h* hindurch in die Steigleitung abzieht. Jeder Ofen besteht aus
einer oder zwei Kammern *b*, von 9 m Höhe, 2,7 m Breite und 0,4 m Querschnitt.

Abb. 80 verdeutlicht die Art und Weise der Koksbildung und Entgasung in
der schmalen Kammer. Die Beheizung geschieht von dem Generator *f* aus;
d und *e* sind die Regene-
ratoren zur Vorwärmung
von Luft, von denen je
zwei nebeneinander liegen.
Die aufgeheizten Gase verbrennen in senkrechten
Heizzügen längs der Kam-
merbreitseiten, abwech-
selnd von unten nach oben
und umgekehrt: im ersteren

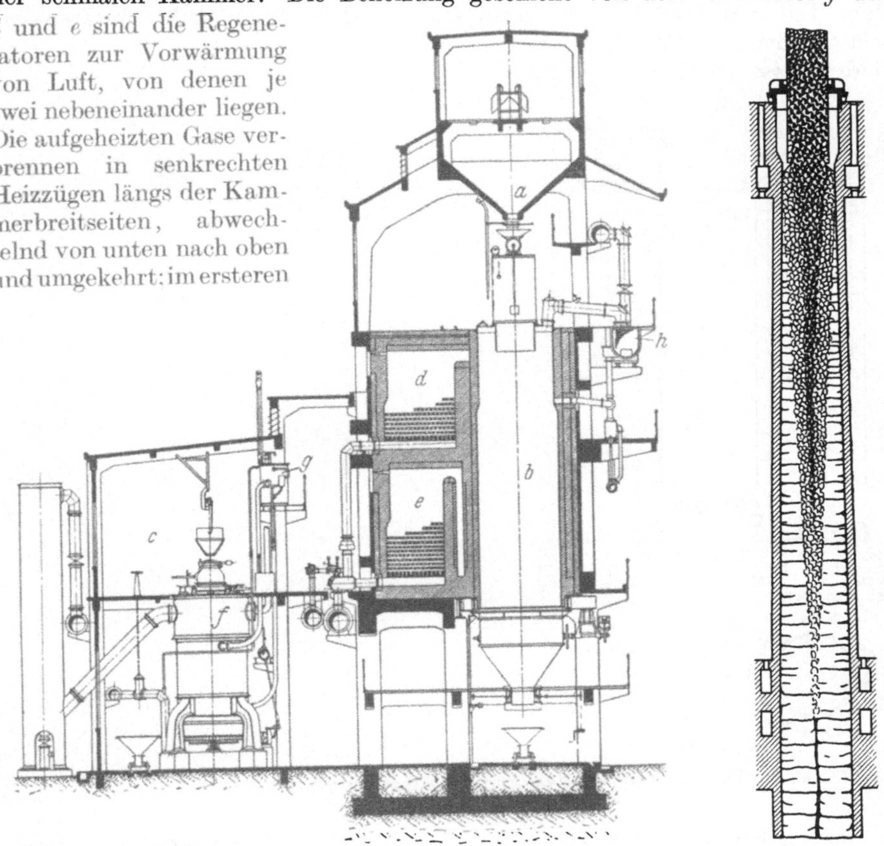

Abb. 79. Stetig betriebene Vertikalkammerofenanlage, Bauart Koppers.

Abb. 80. Koksbildung
in der Schmalkammer.

Falle heizen die verbrannten Gase die oberen Regeneratoren auf und ziehen
durch sie ab, im anderen Falle die unteren. Der Kohlendurchsatz einer Kammer
beträgt in 24 h maximal 12 t, die Gasleistung 5750 m³.

Die Garungsdauer beträgt bei Horizontal- und Schrägretorten 4—5 h
bei Vertikalretorten 8 h, bei Kammeröfen 24 h.

Die Reinigung des Gases.

Das rohe Leuchtgas stellt beim Verlassen der Retorte ein gelbbraunes Ge-
misch von Gasen und Dämpfen dar. Die wichtigsten Bestandteile sind Methan,
Wasserstoff, Kohlenoxyd, schwere Kohlenwasserstoffe und Benzoldampf. Als
Verunreinigungen treten auf: Teerdampf, Wasserdampf, Naphthalindampf,

Kohlendioxyd, Ammoniak, Cyanwasserstoff und Schwefelwasserstoff, deren Menge etwa ein Drittel des rohen Gases ausmacht.

In den Steigröhren ist das Rohgas noch 300° warm, doch sinkt die Temperatur schon in der Vorlage infolge von Luftkühlung auf 90—80°, in der Rohgasleitung auf 70—60°. Dann setzt die künstliche Kühlung ein, die durch Luft und Wasser bewirkt wird und die Temperatur des Gases bis auf 15° herunterbringt.

Durch die Kühlung scheiden sich Wasserdämpfe und Teerdämpfe aus. Ein kleiner Teil von Teer, der als Nebel schwebend im Gase bleibt, muß später durch Stoßverdichtung oder auf andere Weise entfernt werden.

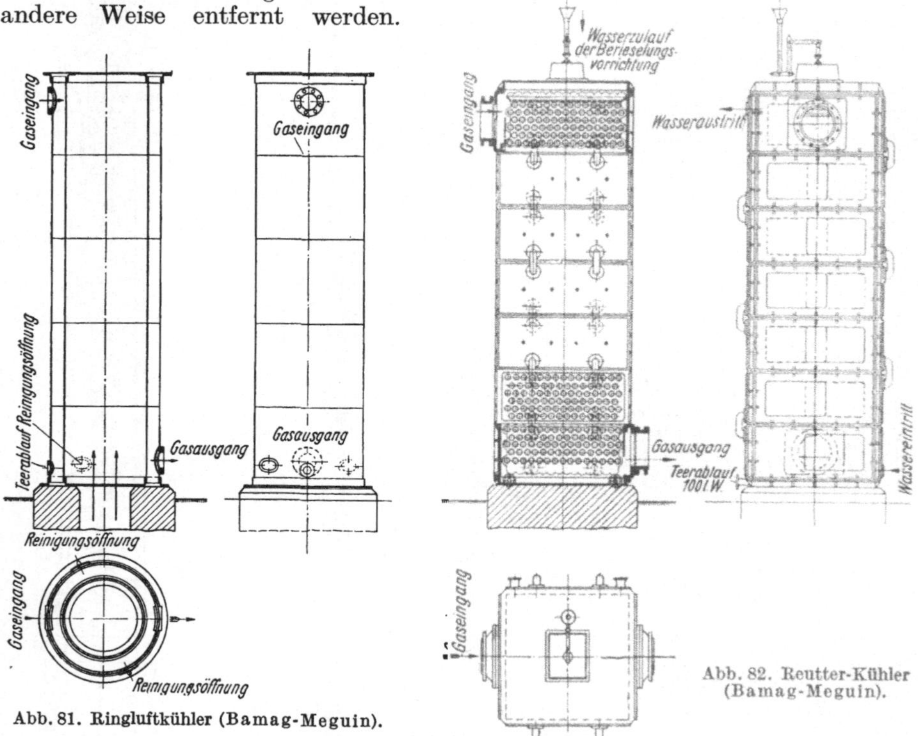

Abb. 81. Ringluftkühler (Bamag-Meguin).

Abb. 82. Reutter-Kühler (Bamag-Meguin).

Nachher werden durch chemische Mittel beseitigt: Cyanwasserstoff durch Eisensalze, Ammoniak durch Wasser, Schwefelwasserstoff durch Eisenverbindungen, Benzol und Naphthalin durch Auswaschung mit Ölen.

Man kühlt entweder langsam und stufenweise, oder intensiv mit Nachschaltung eines Großraumkühlers. Öfter findet man noch Ringluftkühler (Abb. 81), die aus zwei ineinandergeschobenen Eisenblechzylindern so zusammengesetzt sind, daß ein 10—15 cm breiter Ringspalt für den Durchtritt des Gases bleibt. Die Luft bespült den Kühler von außen und steigt auch im inneren Schachte hoch. Man gibt den Kühlern 70—300 cm Außendurchmesser und bis zu 8 m Höhe. Für 100 m³ Gas in 24 h rechnet man 3 m² Luftkühlfläche, um die Gastemperatur auf 30° zu erniedrigen.

Die Kühlung durch Wasser findet in Wasserröhrenkühlern statt, d. h. in runden oder viereckigen Blechkörpern, die längs oder quer von Eisenröhren durchzogen werden. Das Wasser fließt durch die Rohre, das Gas durch den Mantel. In den einfachen Wasserröhrenkühlern mit stehenden Röhren zieht das Gas von oben nach unten, das Wasser fließt in umgekehrter Richtung, so daß das

kälteste Gas mit dem kältesten Wasser zusammentrifft (Gegenstrom). Die
Wasserkühler haben einen Durchmesser von 60—300 cm und eine Höhe bis zu
15 m und mehr. Viel wirksamer als die genannten Röhrenkühler mit stehenden
Rohren sind die viel verwendeten Reutter-Kühler mit waagerecht angeordneten Röhrenbündeln (Abb. 82). (Andere auf Kokereien verwendete Kühler-
konstruktionen sind bei „Kokerei" auf S. 175 und 176 abgebildet.)

Die in den Kühlern verdichtete, aus Teer und Wasser bestehende Flüssigkeit
wird durch mit Glashauben bedeckte Überläufe in Teertöpfe geführt und gelangt
aus diesen durch Rohrleitungen zu den Sammelgruben. Je
nach der Art der entgasten Kohle und den Entgasungs-
bedingungen erhält man 3,5—15% Gaswasser und 3,5 bis
9% Teer.

Da die Reinigungsvorrichtungen dem Durchgang des
Gases einen erheblichen Widerstand entgegensetzen, baut
man hinter die Kühlanlage Maschinen ein, die das Gas von
den Öfen absaugen und in die Reinigungsanlage drücken.
Man verwendet für diesen Zweck Kolbenpumpen, Flügel-
sauger oder Ventilatoren, die mit Vorrichtungen zur selbsttätigen Regelung der Saugwirkung versehen sind.

Durch den Kühlvorgang wird nicht die gesamte im
Gase enthaltene Teermenge tropfbar flüssig abgeschieden,
es bleiben etwa 3—4 kg Teer in Nebelform in 1000 m³
Gas; diese Mengen sucht man in Teerscheidern durch
Stoßverdichtung zur Abscheidung zu bringen, d. h. man
läßt den in viele feine Ströme zerteilten Gasstrom gegen
feste Wände prallen, wodurch die winzigen Tröpfchen an-
einander kleben, sich verflüssigen und ausgeschieden werden.
Der am meisten verbreitete Teerscheider, welcher auf
Stoßverdichtung beruht, ist der von Audouin und Pelouze,
Abb. 83. Er besteht aus einem zylindrischen Gefäße mit
Querboden. Der Boden ist in der Mitte mit einem nach
oben gerichteten Rohrstutzen versehen, so daß ein ringförmiges Gefäß entsteht, das mit Teer gefüllt wird. Den
Stutzen umfaßt eine pendelnd aufgehängte, sechseckige
Glocke, deren Unterkante in den Teer eintaucht. Die
Seiten der Glocke werden von ein oder zwei Blechpaaren
gebildet, deren Bleche 1 mm Abstand haben. Das jeweils
innere Blech ist mit vielen 1 mm weiten Löchern versehen,
das äußere Blech besitzt, gegen die Lochreihen versetzt,
Reihen weiterer Schlitze. Das von unten in die Glocke

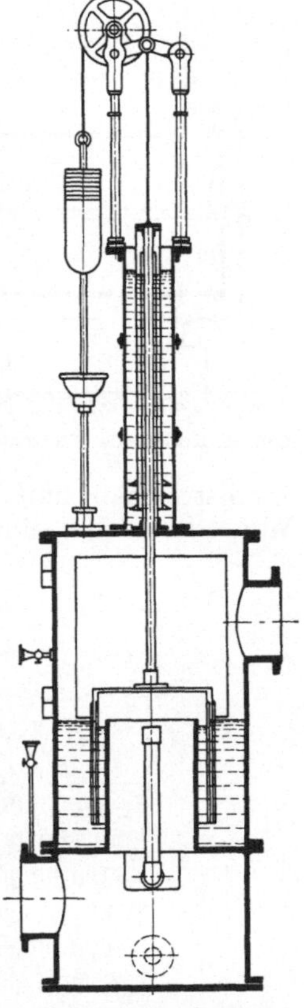

Abb. 83. Teerscheider
nach Pelouze.

eintretende Gas muß durch die Öffnungen der Bleche gehen und wird im
ersten Blech in viele feine Ströme zerteilt, die auf die 1 mm entfernte feste
Wand des zweiten Bleches aufprallen, um dann durch die Schlitze zum Ausgang zu entweichen. Der Gasdruckunterschied des Ein- und Ausganges in
diesem Teerscheider beträgt etwa 70 mm Wassersäule. Die Teerabscheidung
erreicht 98—99% der im Gas enthaltenen Teermenge.

Die Gasindustrie verwendet auch zur Teerscheidung bisweilen in Anlehnung
an die Kokerei (s. dort) rotierende Teerscheider mit einer liegenden,
umlaufenden Stoßtrommel (Koppers) (Abb. 84), Zentrifugalventilatoren
(Theissen), Heißteerwäscher (Bamag) und elektrische Entteerungs-
anlagen.

Auf die Teerabscheidung folgt die Waschung des Gases, welche die Entfernung
des Naphthalins, Cyanwasserstoffs und Ammoniaks zum Zweck hat. Zu ihrer

Ausführung benutzt man stehende oder liegende Wascher. Die stehenden sind runde oder viereckige Eisenblechzylinder von 1,5—2 m Durchmesser und 6—10 m Höhe, die völlig mit Holzhorden (Abb. 85) ausgesetzt oder mit Raschig-Ringen (Abb. 86) gefüllt werden. Die Waschflüssigkeit fließt oben ein und tropft von einer Horde zur anderen, das Gas steigt zwischen den Horden bzw. den Ringen von unten herauf (Gegenstrom). Abb. 87 zeigt Einzelheiten der Form der Holzhorden von ZSCHOCKE. Raschig-Ringe sind im Abschnitt „Salzsäure" abgebildet.

Der liegende sog. Standardwascher Abb. 88 besteht aus einem Gußeisenzylinder, der durch senkrechte Zwischenwände, mit Öffnungen in der Mitte, in mehrere Kammern geteilt ist. Durch sämtliche Kammern geht eine mit Stopfbüchsen in die Stirnplatten eingedichtete Welle, auf welcher in jeder Kammer Holzhorden, Blechscheiben od. dgl. so angebracht sind, daß das in der Mitte eintretende Gas diese durchstreichen muß. Der Wascher ist zur Hälfte mit Waschflüssigkeit gefüllt, die sich beim Drehen der Welle an die Holzhorden oder Raschig-

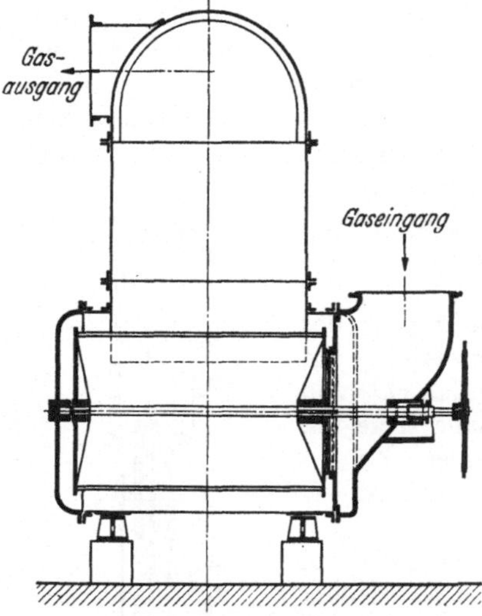

Abb. 84. Rotierender Teerscheider von Koppers.

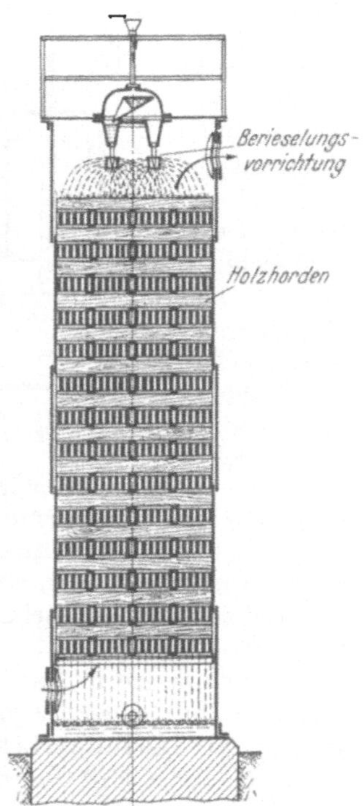

Abb. 85. Ammoniakwascher (Bamag-Meguin).

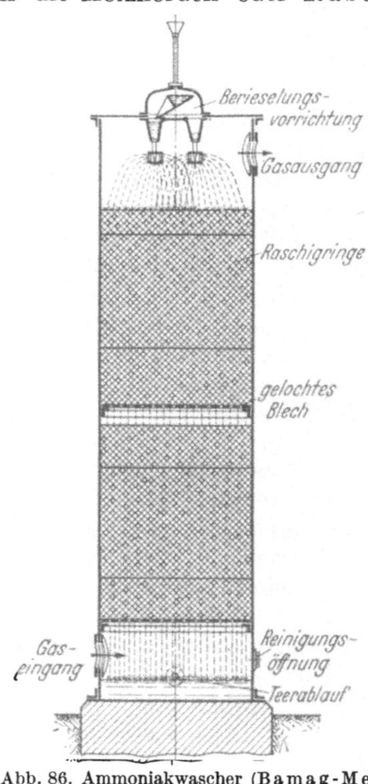

Abb. 86. Ammoniakwascher (Bamag-Meguin).

Ringe anhängt, sie überzieht und dem Gase eine große Oberfläche bietet. Die Flüssigkeit fließt entweder dem Gasstrom dauernd entgegen durch den

Wascher oder wird in gewissen Zeitabständen von einer Kammer zur anderen gepumpt.

An Naphthalin enthält das Gas hinter dem Teerscheider etwa 1 g in 1 m³; diese Menge genügt, um bei starker Abkühlung des Gases Rohrverstopfungen durch Abscheidung festen Naphthalins hervorzurufen. Man wäscht daher das Naphthalin aus dem Gase mit einem über 270° siedenden Anthrazenöl aus. Dieses Öl hat ein spezifisches Gewicht von 1,113—1,118; während der Waschung nimmt das Gewicht infolge der Absorption von Kohlenwasserstoffen allmählich ab, hat es 1,06 erreicht, so entfernt man es aus dem Wascher und gibt es zum Teer. In der letzten Waschkammer muß das Gas stets mit frischem Öl in Berührung kommen, da es aus gebrauchtem wieder Naphthalin aufnehmen würde. Das Öl absorbiert in der Praxis 20 bis 25 % Naphthalin und reinigt das Gas bis auf 2 g in 100 m³. Man verbraucht für 1000 m³ Gas 4—8 kg Waschöl.

Von dem im Rohgase enthaltenen Cyanwasserstoff (Blausäure) werden vom Gaswasser bei der Kühlung 8—9 % absorbiert, das gekühlte Steinkohlengas enthält noch 200—400 g HCN in 100 m³. Man beseitigt den Cyanwasserstoff,

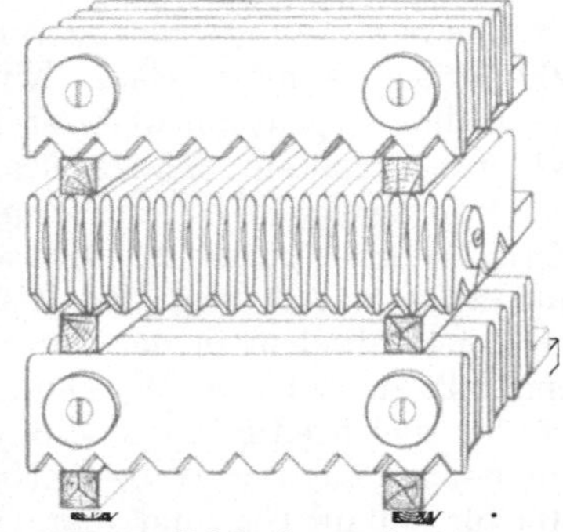

Abb. 87. Holzhorden nach Zschocke.

um die Anfressungen zu vermeiden, die er an den Gasbehältern und Gasmessern verursacht. Zu seiner Absorption dient eine Eisenvitriollösung, die im Liter

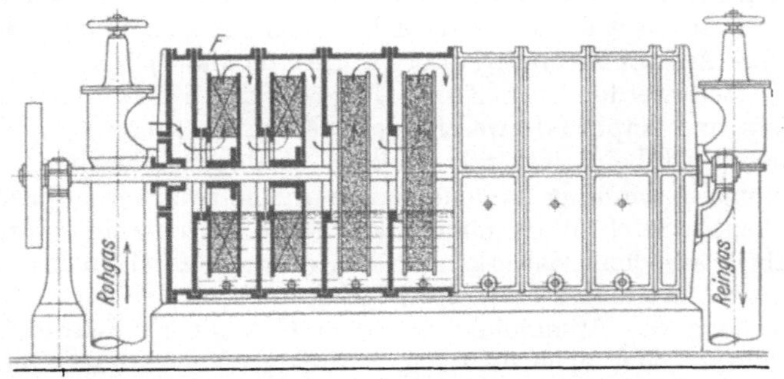

Abb. 88. Standard-Gaswascher mit Raschig-Ringen. (Nach Berl, Ing.-Technik).

280 g $FeSO_4 \cdot 7\,H_2O$ enthält. Auf diese wirken zunächst Ammoniak und Schwefelwasserstoff unter Bildung von Ammoniumsulfat und Schwefeleisen ein.

$$FeSO_4 + 2\,NH_3 + 2\,H_2O = Fe(OH)_2 + (NH_4)_2SO_4$$
$$Fe(OH)_2 + H_2S = FeS + 2\,H_2O.$$

Dann erst kommt der Cyanwasserstoff, und zwar ebenfalls unter dem Einfluß von Ammoniak, zur Absorption:

$$FeS + 2\,NH_3 + 2\,HCN = Fe(CN)_2 + (NH_4)_2S$$
und $$2\,FeS + 6\,NH_3 + 6\,HCN = (NH_4)_2Fe_2(CN)_6 + 2\,(NH_4)_2S.$$

Beide Verbindungen sind unlöslich und scheiden sich als Schlamm ab. Auf diese Weise werden 97—98 % des Cyanwasserstoffs absorbiert, das gewaschene Gas hat dann noch 4—7 g HCN in 100 m³. Daneben nimmt die Waschflüssigkeit noch ⅓ des Ammoniaks auf. Im gesättigten Zustand ähnelt sie dünnflüssigem Teer und ist dunkelbraun bis schwarz, enthält 12—14 % Cyan (als Berlinerblau $Fe_7(CN)_{18}$ berechnet) und 6—7 % Ammoniak. Man kocht in eisernen Gefäßen mit Dampf das Ammoniak heraus, preßt in Filterpressen ab und erhält so die Blaukuchen, welche feucht 24—27% Berlinerblau, in getrocknetem Zustande etwa 70% enthalten. Die Auswaschung des Cyanwasserstoffs wird nur noch selten ausgeführt, weil sie meist unlohnend ist. Die Cyanmenge (50 g/100 m³) im heutigen Mischgase entfernt man zugleich mit dem Schwefelwasserstoff in den Trockenreinigerkästen.

Ammoniak. In der Vorlage sind im Rohgas rund 500—800 g NH_3 in 100 m³ enthalten, etwa 25% davon werden bei der Kondensation in der Kühlanlage im Gaswasser ausgeschieden; infolgedessen sind hinter dem Teerscheider noch 300—350 g/100 m³ im Gase. Nimmt man die Cyanwäsche vor (was nicht immer geschieht), so geht ein weiterer Teil Ammoniak heraus. Reingas soll nur 1—3 g NH_3/m^3 enthalten. Man sucht das Ammoniak deshalb möglichst vollständig zu entfernen, weil es Anfressungen im Gasometer, im Rohrnetz und an den Fernzündern verursacht. Man absorbiert das Ammoniak meistens mit Wasser, und zwar wäscht man das Gas in Hordenwaschern oder Standardwaschern zunächst mit dem in der Kühlanlage verdichteten sog. schwachen Gaswasser und läßt darauf eine Waschung mit Reinwasser folgen. Mit dem Ammoniak werden gleichzeitig Kohlendioxyd und etwas Schwefelwasserstoff vom Wasser aufgenommen. Der Wasserverbrauch beträgt in gut geführten Betrieben 5 bis 10 l für 100 m³ Gas und man erhält ein Waschwasser mit 2—4% Ammoniak. Das Waschwasser nimmt aus 100 m³ Gas noch ungefähr 300 g Kohlendioxyd und 15 g Schwefelwasserstoff auf, die mit dem Ammoniak Carbonate und Sulfide bilden. Das von den Ammoniakwaschern ablaufende sog. starke Gaswasser wird in einer gemauerten Grube gesammelt, mit dem zum Waschen nicht benutzen Verdichtungswasser aus der Kühlanlage gemischt und dann durch Destillation auf Ammoniak verarbeitet (s. „Ammoniak").

In neuerer Zeit werden auch Zentrifugal- oder Schleuderwascher für die Ammoniak- und Naphthalinwaschung in Gebrauch genommen. Ein solcher Schleuderwascher ist beim Kapitel „Kokerei" näher beschrieben.

Die Ammoniakgewinnung, welche früher einen recht erheblichen Gewinn abwarf, ist heute durch die Ammoniaksynthese unrentabel geworden. Die Ammoniakfabrik auf den Gaswerken ist heute nur noch ein notwendiges Übel zum Zwecke der Ammoniakwasserbeseitigung.

Die Entfernung des Ammoniaks aus dem Gase durch Schwefelsäure (sog. direktes Verfahren) oder nach dem sog. indirekten Verfahren kommt für Gaswerke kaum in Frage. Auch die Verfahren von FELD und BURKHEISER, welche das Ammoniak wie den Schwefelwasserstoff des Gases zur Ammonsulfatherstellung ausnutzen wollten, haben auf die Dauer keinen Erfolg gehabt. In jüngster Zeit sind aber zwei neue Verfahren im Kokereibetriebe zur Einführung gekommen, das Katasulfverfahren der I. G. Farbenindustrie (BÄHR) und das Verfahren der Gesellschaft für Kohlentechnik, nach denen es gelingt, das Ammoniak und den Schwefelwasserstoff der Gase als Ammonsulfat in sicherer Weise auszubringen. (Näheres hierüber im Abschnitt „Kokerei".)

Der Teer trennt sich in den Teergruben vom Wasser (Horizontalretortenteer hat ein spezifisches Gewicht von 1,2, Schrägretortenteer von 1,15, Vertikalretorten- und Kammerteer 1,1). Man sucht den Wassergehalt des Teeres durch Schleudern in Teerzentrifugen auf unter 5% herunterzubringen. Der Teer geht dann an Dachpappenfabriken, zur Straßenteerung, als Heizstoff für Teerbrenner, Vertikalofenteer auch als Treibstoff für Dieselmotoren.

Nach den verschiedenen Waschprozessen enthält das Gas noch als Verunreinigung Schwefelverbindungen. Diese bestehen zu 94—97% aus Schwefelwasserstoff und zu 6—3% aus organischen Schwefelverbindungen (davon etwa $^4/_5$ Schwefelkohlenstoff). Bei der Schwefelreinigung beschränkt man sich ausschließlich auf die Beseitigung des Schwefelwasserstoffs. Aus 100 m³ Gas sind etwa 3500 g Schwefel zu entfernen. Die Absorption des Schwefelwasserstoffs führt man auf den Gaswerken allgemein noch mit feuchten **eisenhydroxydhaltigen Massen** in flachen eisernen Kästen, den sog. **Trockenreinigern** aus, in denen auf übereinanderliegenden Holzrosten die Reinigungsmasse in 15—30 cm starken Schichten ausgebreitet ist (Abb. 89). Das Gas tritt oberhalb und unterhalb der Roste ein, durchstreicht die Masseschichten in der Pfeilrichtung und zieht aus der Mitte ab. Man schaltet gewöhnlich 3 Reiniger derart hintereinander, daß das Gas zuletzt mit frischer Masse in Berührung kommt (Gegenstrom) und erreicht dadurch eine vollständige Absorption des Schwefelwasserstoffs. Das gereinigte Gas darf nicht mehr auf feuchtes Bleiacetatpapier reagieren. (Dieses zeigt noch 1 Teil H_2S in 1 Mill. Teilen Gas an.)

Als Reinigungsmasse benutzt man in Norddeutschland, Holland usw. hydratische Eisenerze (**Raseneisenerze**, Wiesen- und Sumpferze), sonst meist **Eisenoxydhydrat**, das bei der Bauxitverarbeitung abfällt (**Luxmasse, Lautamasse**). Dichte Massen werden mit Sägemehl, Koksasche, Streutorf usw.

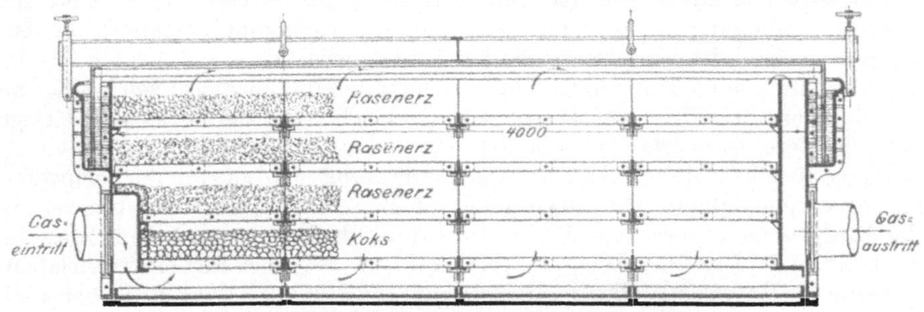

Abb. 89. Schwefelwasserstoffreiniger (Hordenreiniger).

aufgelockert. Bei der Schwefelwasserstoffabsorption bildet sich Eisensesquisulfid nach der Gleichung:

$$2\,Fe(OH)_3 + 3\,H_2S = Fe_2S_3 + 6\,H_2O$$

und bei Gegenwart von Ammoniak Einfachschwefeleisen

$$2\,Fe(OH)_3 + 3\,H_2S = 2\,FeS + S + 6\,H_2O.$$

Die Reaktion ist exotherm, für je $1\,m^3\ H_2S = 1520\,g$ werden 222 WE frei. Wächst man den Cyanwasserstoff nicht vorher aus, so wird er vom Schwefeleisen ebenfalls absorbiert:

$$FeS + 2\,HCN = Fe(CN)_2 + H_2S.$$

Nach einiger Zeit der Sättigung nimmt man die Masse aus den Kästen, breitet sie flach auf dem Boden aus, befeuchtet sie und schaufelt sie fleißig um. Das Schwefeleisen oxydiert sich dann unter Schwefelabscheidung wieder zu Eisenoxydhydrat:

$$Fe_2S_3 + 1^1/_2\,O_2 + 3\,H_2O = 2\,Fe(OH)_3 + 3\,S$$

und
$$2\,FeS + 1^1/_2\,O_2 + 3\,H_2O = 2\,Fe(OH)_3 + 2\,S.$$

Das Cyaneisen geht dabei in Berlinerblau über:

$$9\,Fe(CN)_2 + 1^1/_2\,O_2 + 3\,H_2O = Fe_7(CN)_{18} + 2\,Fe(OH)_3.$$

Die Oxydation des Schwefeleisens verläuft ebenfalls exotherm, und zwar werden 2160 WE für die einem $m^3\ H_2S$ entsprechende Menge Schwefeleisen frei; daher muß man bei der sog. **Wiederbelebung** die Masse gut anfeuchten und umwenden, sonst tritt Selbstentzündung ein. Die wiederbelebte Masse kann sogleich wieder gebraucht werden. $1\,m^3$ guter Masse vermag 4000—5000 m³ Gas zu reinigen, bevor man sie wiederbeleben muß. Setzt man dem Gase vor dem Eintritt in die Reinigeranlage $1^1/_2\%$ Luft zu, so tritt schon bei der Absorption eine Wiederbelebung ein und man kann dann mit 1 m³ Masse 12000—15000 m³ Gas reinigen. Der Schwefelgehalt der Masse steigt mit jeder Wiederbelebung. Die Wiederbelebung hat aber den Nachteil, daß 2—3% Stickstoff in das Gas kommen. Bei Stadtgas und Ferngas schadet das nichts, bei Gasen für Kohlehydrierung und Treibstoffsynthese ist das aber unerwünscht. Hat die Anreicherung 40 bis 50% Schwefel erreicht, dann wird die Masse als gebrauchte Gasreinigungsmasse an Schwefelsäurefabriken abgegeben, oder es wird auch der Schwefel mit Schwefelkohlenstoff extrahiert. Der Gehalt an Berlinerblau ist bei dem heutigen Mischgas so gering (2%), daß eine Verwertung nicht lohnt.

Außer der Trockenreinigung des Gases gibt es für die Entfernung des Schwefelwasserstoffs auch noch andere Verfahren. Man oxydiert den H_2S an aktiver Kohle mit Luft zu Schwefel und laugt denselben mit Ammonsulfidlösung aus. Durch Auskochen der Lösung unter Druck scheidet sich der Schwefel wieder aus und wird zusammengeschmolzen. Für sehr große Gasmengen sind für die Schwefelreinigung auch verschiedene nasse Reinigungsverfahren in Anwendung, sie sind im Abschnitt „Kokerei“ beschrieben.

Benzol und seine Homologen sind aus dem Steinkohlengase seit 1889 von den Kokereien mit Hilfe von Teerölen ausgewaschen worden. Erst im Kriege wurden größere Gaswerke vom Staate dazu veranlaßt, ebenfalls die Benzolgewinnung durchzuführen. Die Benzolauswaschung wird nach der Schwefelreinigung vorgenommen. Die Gewinnung von Benzol erfolgt auf den Gaswerken in der Hauptsache in derselben Weise wie auf den Kokereien nach dem Waschölverfahren und ist im Abschnitt „Kokerei“ (S. 180) ausführlich beschrieben. Auf mehreren Gaswerken (Berlin, Basel, London, Budapest) hat sich aber auch in letzter Zeit die Gewinnung des Benzols mit aktiver Kohle eingeführt. Als besonders geeignet für diesen Zweck hat sich die Benzorbonkohle erwiesen. Sie nimmt bei langsamer Beladung das Benzol restlos heraus (adsorbiert aber auch H_2S, NH_3, HCN). Das Benzol wird durch Ausdämpfen bei 250° wieder abgetrieben. Man rechnet für die tägliche Entbenzolung von 1000 m³ Gas eine Benzorbonfüllung von 20—25 kg. Die Feinreinigung gelingt mit aktiver Kohle besser als mit Waschöl, auch Naphthalin wird vollständig entfernt. Eine Benzorbonanlage ist im Abschnitt „Kokerei“ (S. 182) bildlich erläutert.

Das gereinigte Leuchtgas enthält in 100 m³ noch 0—0,1 g Ammoniak, 10—50 g Schwefel, 10—30 g Cyanwasserstoff, 2—20 g Naphthalin. Spezifisches Gewicht 0,4. In das Stadtnetz wird nach Vereinbarung der Gaswerke heute ein Mischgas abgegeben, bestehend aus etwa 60% Kohlengas und 40% Wassergas.

Die durchschnittliche Zusammensetzung des Steinkohlengases und des Mischgases ist aus nebenstehender Tabelle ersichtlich.

	Steinkohlengas	Mischgas
Kohlensäure	2 %	3 %
Sauerstoff	bis 0,5%	bis 0,5%
Stickstoff	5 %	8 %
Schwere Kohlenwasserstoffe .	3,5%	2 %
Methan	32,5%	20 %
Kohlenoxyd	7 %	17 %
Wasserstoff	50 %	50 %
Oberer Heizwert	5360 kcal/m³	4243 kcal/m³
Unterer Heizwert	4750 kcal/m³	3775 kcal/m³

Das Mischgas wird hergestellt durch Mischen von Wassergas mit Steinkohlengas oder durch nasse Vergasung, wie angegeben.

Entgiftung des Stadtgases. Da Steinkohlengas und Mischgas infolge ihres Kohlenoxydgehalts giftig sind, so sind schon seit längerer Zeit Versuche im Gange, das Stadtgas durch Beseitigung des Kohlenoxyds zu entgiften. Ein technischer und wirtschaftlicher Erfolg ist bisher nur auf der gleich zu beschreibenden

Anlage in Hameln erzielt worden. Die Entfernung des CO kann theoretisch auf verschiedenem Wege erreicht werden, z. B. durch stufenweise Verflüssigung, durch Auswaschen mit Cuprosalzlösungen oder auch durch chemische Umwandlung, nämlich durch Umsetzung von Kohlenoxyd mit Wasserdampf zu Wasserstoff und Kohlensäure oder Umsetzung mit Wasserstoff zu Methan. Mit der Beseitigung des Kohlenoxyds ist es aber allein nicht getan, weil dadurch die Brenneigenschaften des Gases geändert werden. BERTELSMANN hat (1927) richtig erkannt, daß die Entgiftung des Stadtgases nur dann technisch und

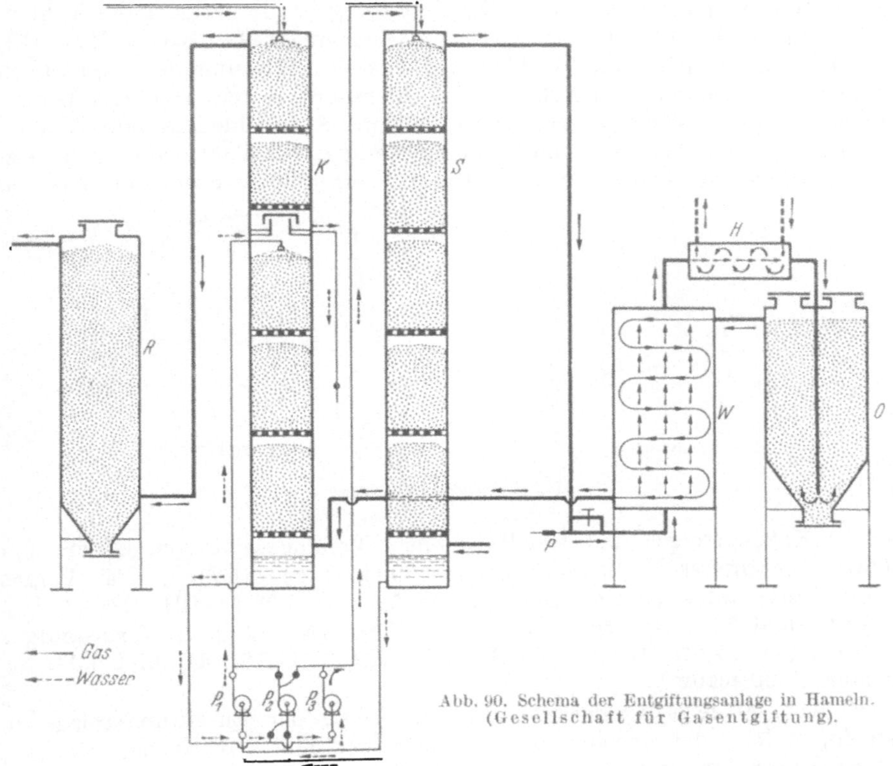

Abb. 90. Schema der Entgiftungsanlage in Hameln. (Gesellschaft für Gasentgiftung).

wirtschaftlich gelingt, wenn man erreichen kann, daß das Gas nach der Entgiftung denselben Heizwert, dieselbe Dichte und die gleiche Zündungsgeschwindigkeit aufweist wie das giftige Gas, damit alle bisher verwendeten Gasgeräte unverändert weiter benutzt werden können. Diese Bedingungen erfüllt bisher nur das Verfahren der Gesellschaft für Gasentgiftung, welches in der Hauptsache auf der Katalyse des Wassergases und des Methangleichgewichts fußt und welches den für das verschwindende Kohlenoxyd gleichmäßig ansteigenden Kohlensäure- und Methangehalt durch eine entsprechende Erhöhung des Wasserstoffgehalts brenntechnisch ausgleicht (SCHUSTER). Die erste Stadtgasentgiftungsanlage nach diesem Verfahren ist Ende 1934 in Hameln in Betrieb gekommen. Man mischt Steinkohlengas und Wassergas in einem Verhältnis mit höherem Heizwert als dem üblichen des Stadtgases, reinigt wie gewöhnlich und schickt das Gas nach dem Verlassen des letzten Reinigers in die Entgiftungsanlage. In einem Sättiger, d. h. einem mit Füllmaterial ausgesetzten und mit Heißwasser berieselten Waschturme wird durch einen Dampfinjektor das Gas mit dem nötigen Wasserdampf beladen, dann folgt in einem Wärmeaustauscher die Aufwärmung des Gas-Dampfgemisches durch die heißen Reaktionsgase auf 400° und hierauf in einem 2,5 m hohen und 2 m weiten Kontaktofen die Umsetzung des Kohlenoxyds mit Wasserdampf in Wasserstoff und Kohlensäure. Die Kontaktmasse besteht aus Kugeln von kolloidalem Eisenhydroxyd, welche mit Alkalien aktiviert ist. Die heißen Reaktionsgase werden dann in einem Kühler, welcher genau wie der Sättiger konstruiert ist und mit Frischwasser berieselt wird, abgekühlt, woran sich noch eine Nachkühlung mit Frischwasser und eine Nachreinigung zur Beseitigung der geringen Schwefelwasserstoffmengen, die bei der Katalyse entstehen, anschließt. Die Entgiftung und Beseitigung des Kohlenoxyds geht in der Hauptsache nach der Gleichung $CO + H_2O = H_2 + CO_2$ vor sich. Auf einen Raumteil Kohlenoxyd entstehen 2 Raumteile Gas, nämlich 1 Raumteil Wasserstoff und 1 Raumteil Kohlensäure, es tritt also eine Volumvermehrung ein. Während man sonst 6750 m³ Steinkohlengas und 3350 m³ Kokswassergas mischen muß, um 10000 m³ Stadtgas von 4300 kcal oberen Heizwert zu bekommen, benötigt man in Hameln nur 7830 m³ Steinkohlengas und

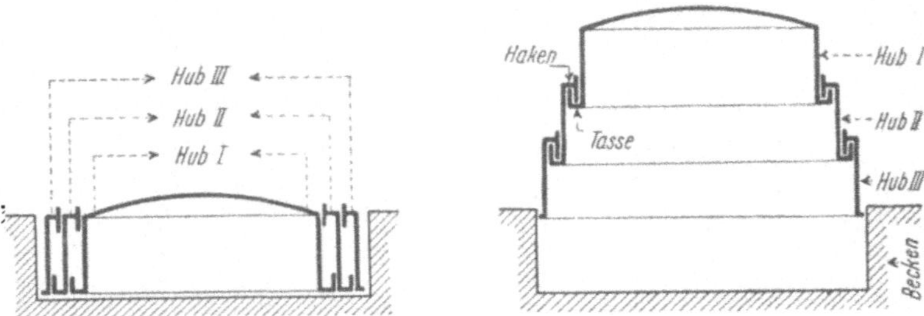

Abb. 91. Glockengasbehälter.

1280 m³ Kokswassergas und erzielt so einen Volumgewinn von 890 m³, um 10000 m³ entgiftetes Normstadtgas von 4300 kcal zu erhalten. Das Vorgas der Entgiftungsanlage besteht aus 10,8% CO, 53,5% H_2, 23,7% CH_4, 2,0% C_nH_m, 3,1% CO_2 und 6,9% N_2. Heizwert 4725 kcal/m³. Das entgiftete Normstadtgas hat 1,0% CO, 57,6% H_2, 21,6% CH_4, 1,8% C_nH_m, 11,7% CO_2 und 6,3% N_2. Heizwert 4300 kcal/m³.

Die Abb. 90 zeigt schematisch die Anordnung der Entgiftungsanlage in Hameln, welche die Arbeitsweise klar erkennen läßt. S ist der Sättiger, P der Injektor (Dampfstrahlpumpe), W der Wärmeaustauscher, O der Kontaktofen. Zwischen diesen beiden befindet sich die Anheizvorrichtung H. K ist der Kühler, R ein Nachreiniger, P_1, P_2, P_3 sind die Pumpen für das Umlaufwasser. Der Fluß von Gas und Wasser ist durch entsprechende Pfeile kenntlich gemacht. Auf dem Gaswerk Nordhausen ist Anfang 1938 eine ähnliche Gasentgiftung nach einem Verfahren der Deutschen Continental-Gasgesellschaft zur Einführung gekommen.

Zur Aufspeicherung des Gases dienen allgemein sog. Gasbehälter, die aus einem Wasserbecken mit einer unten offenen, im Wasser schwimmenden Eisenblechglocke bestehen. Das Gas wird durch ein Rohr ins Stadtrohrnetz abgeleitet. Die Wasserbecken stellt man aus Beton oder aus Eisenblech her. Die Glocke wird aus Blechtafeln zusammengenietet und in ihrem zylindrischen Teil meistens in mehrere Abschnitte zerlegt, die sich fernrohrartig zusammenschieben und ausziehen lassen (Abb. 91). Die Oberkanten der Abschnitte biegt man hakenförmig nach innen, die Unterkanten ebenso nach außen um, beim Ausziehen greifen die Haken ineinander, der Abschluß des Gases geschieht dabei durch Wasser. Die senkrechte Führung der Glocken wird durch Rollen bewirkt, die an den Oberkanten der Glocke und der Zylinderabschnitte befestigt

sind und auf senkrecht stehenden Schienen laufen (Abb. 92). Der Fassungsraum der Gasbehälter beträgt etwa die Hälfte bis Dreiviertel des höchsten
Tagesverbrauchs. Der Gasbehälter in Berlin-Tegel
faßt 225000 m³.

Seit einigen Jahren werden auch **wasserlose
Gasbehälter** gebaut. Bei diesen Behältern bewegt
sich eine in waagerechter Lage gehaltene Eisenblech-
scheibe in einem polygonalen Behältermantel auf und
nieder. Solche Behälter haben bis zu 50 m Durchmesser und 81 m Höhe, sie fassen bis 120000 m³
Gas (Zeche Matthias Stinnes). Die Scheibe schwimmt
also sozusagen auf dem Gase. Die seitliche Abdichtung
der Scheibe gegen den Mantel geschieht durch Flach-
eisenstücke, die beweglich sind und an die Wand
durch Hebel und Gegengewichte angedrückt werden.
Dieser Dichtungsring wird ständig mit Teer berieselt.
Der an der Innenwand niederfließende Teer gelangt
in einen Sammelbehälter, aus welchem er wieder
hochgepumpt wird (Abb. 93). Vom Dache aus führt
eine zusammenklappbare Leiter bis auf die Scheibe.

Auf Gaswerken finden sich jetzt auch **Kugelgas-
behälter** in Anwendung. Sie dienen als Speicher
für Hochdruckgas zur Deckung von Abgabespitzen.
Der Betriebsdruck beträgt 5 Atm. Den größten Gasbehälter dieser Art hat Stettin, er hat 26,3 m Durchmesser und 25000 m³ Nutzinhalt.

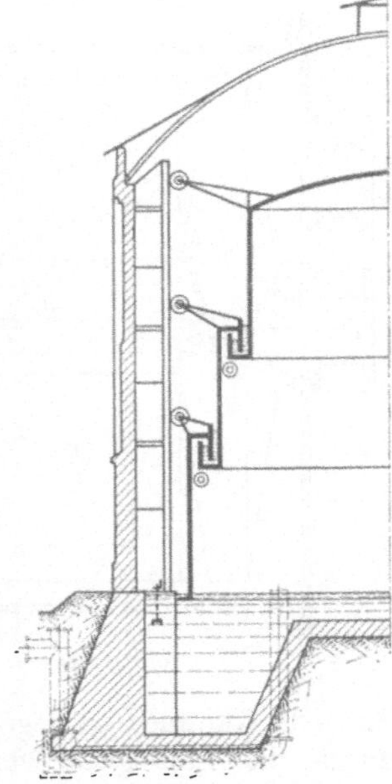

Abb. 92. Glockengasbehälter.

Die **Messung des Gases** geschieht auf dem Gaswerk in großen Stations-
gasmessern, im Haushalt in kleinen Hausgasmessern, in welchen eine durch den
Gasdurchgang in Drehung versetzte
Meßtrommel, welche in einer Sperrflüssigkeit (Wasser, Glycerin) liegt,
das durchgeschickte Gasvolumen zur
Anzeige bringt. Im Gegensatz zu
diesen **nassen Gasmessern** gibt es
auch für Kleinverbraucher (Münz-
gasmesser) **trockene Gasmesser,**
die 2 Lederbälge besitzen, welche
durch eine Schiebersteuerung abwechselnd gefüllt und entleert werden.
Vorwiegend benutzt man sog. **nasse
Gasmesser** (Abb. 94). Das Gas
tritt durch den Rohrkrümmer I in
einen Zylinder ein, der auf der einen
Seite offen, auf der anderen Seite
mit einer Kugelkappe verschlossen
ist und sich in einem festen, zur
Hälfte mit Flüssigkeit gefüllten Gehäuse um die Welle W drehen kann.
Die Drehung wird durch ein Zähl-
werk R auf sichtbarem Zifferblatt

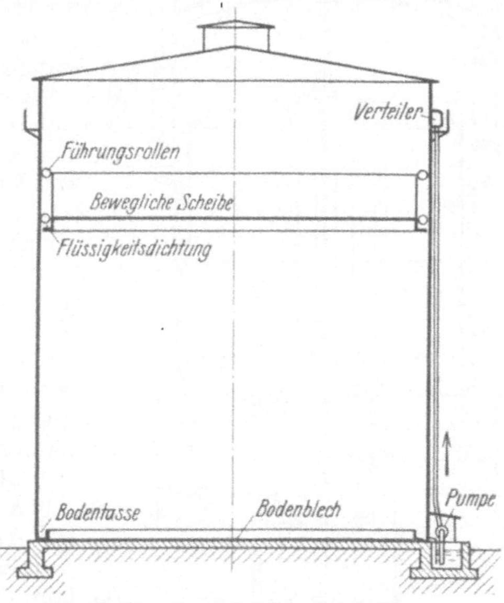

Abb. 93. Wasserloser Scheibengasbehälter.

vermerkt. Das Gas tritt rechts auf der offenen Seite des drehbaren Zylinders
ins Gehäuse und verläßt dieses durch den oberen Rohrstutzen. Als Meßorgan
ist in den drehbaren Zylinder ein mit vier gleichen Schaufeln K versehener

Körper eingesetzt, dessen Schaufelkanten an die Zylinderperipherie gasdicht angelötet sind; dadurch entstehen im Innern des Zylinders vier gleich große Kammern. Sie besitzen auf der Kappenseite weite Eingangsschlitze, an der anderen Seite Ausgangsschlitze, die

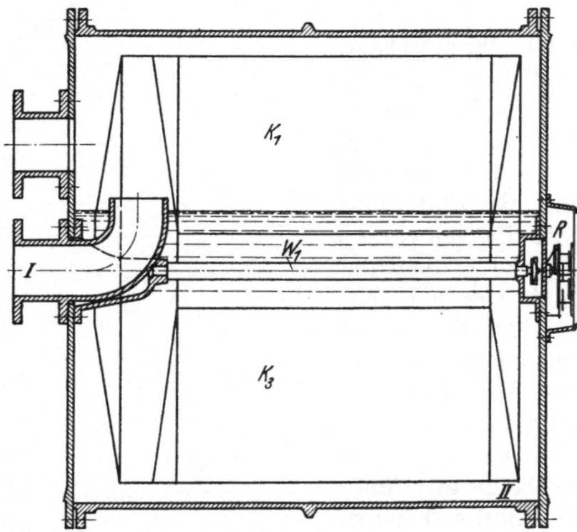

Abb. 94. Nasser Gasmesser.

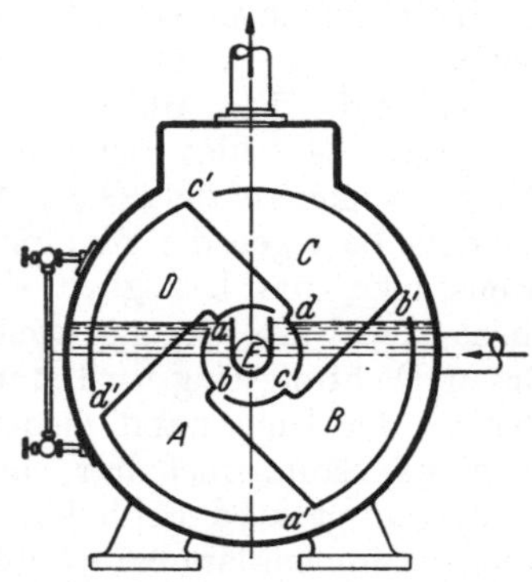

Abb. 95. Gasmessertrommel.

für jede Kammer so gegeneinander versetzt sind, daß immer einer von ihnen durch die Flüssigkeit verschlossen wird, das Gas also niemals durch eine Kammer unmittelbar vom Eingang zum Ausgang strömen kann. Es füllt sich stets eine Kammer mit Gas, wobei sich die Trommel unter dem Einfluß des Gasdrucks dreht, gleichzeitig wird aus der vorhergehenden gefüllten Kammer durch die eintretende Flüssigkeit das Gas zum Ausgang gedrängt. Bei der üblichen Ausführung der Gasmesser (nach GROSSLEY) haben die Schaufeln in den Meßtrommeln ebene Flächen, sie sind aber schräg, mit 70° Neigung eingesetzt.

Ein Querschnitt durch die Trommel eines nassen Gasmessers, wie ihn Abb. 95 zeigt, macht die Arbeitsweise noch verständlicher. E ist der Gaseintritt, A, B, C, D sind die Meßkammern, a, b, c, d die Eintrittsöffnungen für das Gas, a', b', c', d' die Austrittsöffnungen.

An Stelle der riesigen Trommelgasmesser, wie sie jetzt noch allgemein als Stationsgasmesser benutzt werden, kommen in letzter Zeit auch Drehkolbengasmesser (Pintsch) in Anwendung, welche außerordentlich wenig Platz beanspruchen und auch recht große Meßgenauigkeit aufweisen.

Die Abgabe des Gases ins Rohrnetz kann nicht unmittelbar vom Behälter aus erfolgen, da dann der Gasdruck zu hoch und zu ungleichmäßig sein würde. Beträgt doch der Behälterdruck 250 mm Wassersäule und mehr und verändert sich jedesmal, wenn ein Glockenabschnitt

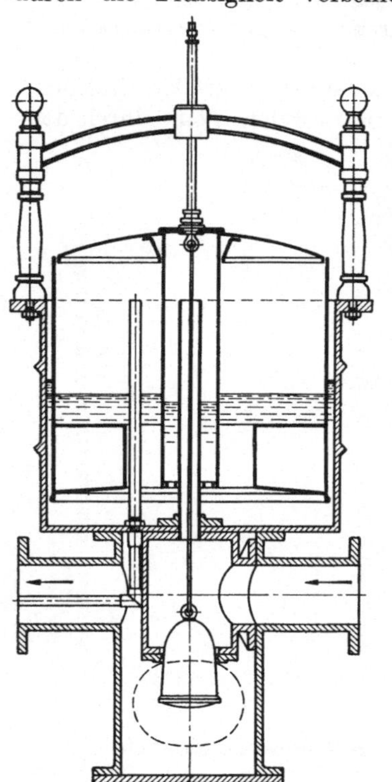

Abb. 96. Stadtdruckregler.

ein- oder aushakt. Im Straßenrohrnetz soll der Druck dagegen möglichst gleichmäßig etwa 35—40 mm betragen. Um ihn auf das gewünschte Maß herabzusetzen, baut man in die Leitung vom Gasbehälter zum Rohrnetz den sog. Stadtdruckregler ein (Abb. 96). Das Gas tritt durch das Rohr rechts unten ein, gelangt in das Innere der Glocke eines kleinen Gasbehälters und hebt die Glocke. An dieser ist im Zentrum ein Kegel aufgehängt, welcher beim Steigen der Glocke, also bei zu großem Drucke, das Ventil zum Gasaustritt abdrosselt. Fällt der Druck, so sinkt die Glocke, der Kegel öffnet wieder das Ventil. Wenn man also die Reglerglocke in bestimmter Weise belastet (meist ist jetzt auf der Glocke ein Gefäß für Wasserbelastung aufgesetzt), so kann man den Regler auf einen bestimmten Abgabedruck einstellen, der sich dann selbsttätig regelt.

Die Gaserzeugung der Deutschen Gaswerke betrug 1859: 45, 1868: 152, 1877: 325, 1885: 479, 1896: 734, 1900: 1200 Mill. m³ Leuchtgas.

Absatz deutscher Gaswerke an Gas, Gaskoks, Teer, Ammoniak und Benzol.

Jahr	Gas	Gaskoks		Rohteer		Ammoniak		Benzol	Gasreinig. Masse
	Mill. m³	1000 t	Mill. Mark	1000 t	Mill. Mark	1000 t	Mill. Mark	1000 t	1000 t
1905	—	201	3,1	60,0	14,1	—	—	—	—
1913	2660	486	8,8	104,6	3,3	43,7	3,7	—	10,3
1918	—	690		193,0		85,1	—	—	—
1925	2965	954	20,3	105,5	5,1	71,8	2,1	—	—
1927	3237	941	24,2	151,5	12,5	50,8	2,1	22,7	30,0
1929	3265	938	27,2	177,4	8,1	33,9	3,1	20,8	37,4
1931	2910	941	25,9	149,7	5,2	31,2	2,2	21,7	36,0
1932	2790	921	—	142,6	5,0	26,4	—	—	26,2
1933	2751	912	21,1	149,2	5,5	24,5	1,3	27,0	28,0
1934	2746	875	20,6	152,0	6,1	80,8	1,5	—	27,8
1935	2826	1016	22,5	163,8	6,6	135,2	1,7	33,0	29,6
1936	2953	1172	—	201,2	—	146,7	—	38,8	37,9
1937	3194	—	—	290	—	—	—	45,0	—

Die Erzeugung an Gaskoks betrug in den Jahren 1932—1937: 4,89, 4,42, 4,23, 4,61, 4,87, 5,35 Mill. t.

1937 waren bei uns in Deutschland 997 erzeugende Gaswerke vorhanden. Sie stellten 3194 Mill. m³ Stadtgas her und bezogen 838,8 Mill. m³ Kokereigas. Nach Abzug von etwa 500 Mill. m³ für Selbstverbrauch und Verlust, standen demnach rund 3,5 Mrd. m³ Gas für den Absatz zur Verfügung. 1936 wurden 2953 m³ Mischgas erzeugt und 749 Mill. m³ Kokereigas und 15 Mill. m³ Klär- und Schwelgas bezogen; zum Absatz kamen also, nach Abzug für Selbstverbrauch und Verlust, rund 3,2 Mrd. m³ Gas. Davon verbrauchten Haushalte und öffentliche Gebäude 63,9%, Gewerbe und Industrie 25,2%, die Straßenbeleuchtung 10,9%.

In England erzeugten 1936 714 Gaswerke 7770 Mill. m³ Steinkohlengas 776 Mill. m³ Wassergas und bezogen 904 Mill. m³ Kokereigas (1935 auch noch 171 Mill. m³ Mondgas), so daß 9,45 Mrd. m³ Gas abgegeben werden konnten.

Die Gaswerke der Vereinigten Staaten gaben 1937 als Stadtgas 10060 Mill. m³ Steinkohlengas und 37840 Mill. m³ Naturgas (Erdgas) ab, so daß also der Absatz an Haushalte, Industrie und Gewerbe 47,9 Mrd. m³ Gas betrug.

Der Gasverbrauch pro Kopf ist in Deutschland kleiner als in anderen Ländern, derselbe betrug 1930 in Großbritannien 241, in den Vereinigten Staaten 213, Frankreich 110, Schweiz 107, Deutschland 104 m³.

Kokereigas als Stadtgas. Da das Steinkohlengas dasselbe ist, ob man es in der Leuchtgasretorte, im Kammerofen oder im Koksofen erzeugt, so sind verschiedene Gaswerke schon seit Jahren dazu übergegangen, von den Zechen Steinkohlengas der Koksöfen (Ferngas) zu beziehen und dasselbe als Stadtgas, unvermischt oder mit Wassergas vermischt, abzugeben. Die Beträge an bezogenem Kokereigas sind schon ganz erheblich, die Mengen betrugen in Deutschland 1924: 280, 1929: 445, 1932: 570, 1936: 749, 1937: 839 Mill. m³.

Andere als Leuchtgas dienende Gase.
Ölkarburiertes Wassergas.

Schon 1830 benutzte Donovan Wassergas, karburiert, zur Beleuchtung von Dublin. Das Verfahren hielt sich aber nur kurze Zeit. Dann wurde Mitte der 70er Jahre von Lowe und Strong in Nordamerika karburiertes Wassergas in die Praxis eingeführt. Anthrazit lieferte das Wassergas, billige Erdölrückstände das Karburiermittel, um die nicht leuchtende Wassergasflamme leuchtend zu machen. Um die Jahrhundertwende verwendeten in Amerika $^2/_3$ aller Gaswerke karburiertes Wassergas. In England wurde dieses Verfahren 1890 eingeführt, in Deutschland um 1900. Bei uns ist die Karburation mit Gasölen (weil sie mit hohem Einfuhrzoll belegt waren) nicht recht in Gang gekommen. In Deutschland wurde mit einem Verfahren von Humphreys und Glaskow gearbeitet. Erst in neuerer Zeit ist es gelungen, auch teerkarburiertes Wassergas aus heimischen Rohstoffen herzustellen und auf Gaswerken einzuführen.

Man unterscheidet kalte und heiße Karburation. Bei der kalten Karburation handelt es sich um Sättigung von Wassergas mit Benzol oder Benzin-

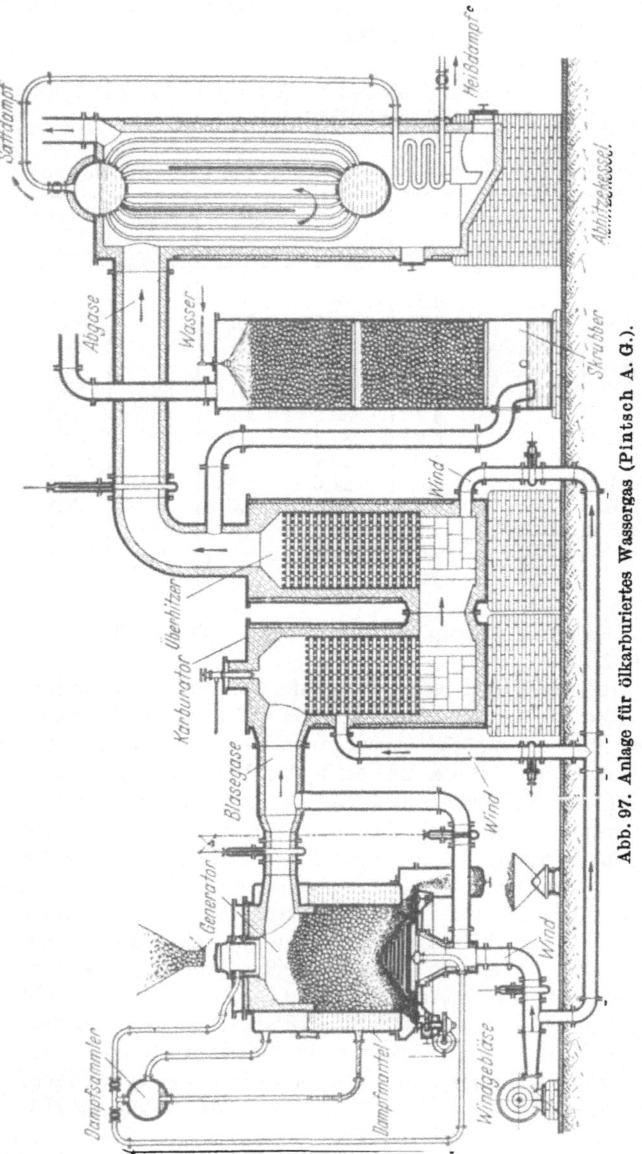

Abb. 97. Anlage für ölkarburiertes Wassergas (Pintsch A. G.).

dämpfen, namentlich Benzol. Die Benzolaufnahme darf höchstens 84 g/m³ betragen, weil dann noch der Taupunkt des Gasgemisches —5° beträgt, andernfalls können Benzolausscheidungen vorkommen. Der Heizwert des Wassergases steigt dadurch um etwa 900 WE.

Die viel wichtigere Heißkarburation benutzt Mineralöle (Gasöle) oder Braunkohlenteeröle. Das eingespritzte Öl wird am Gitterwerk eines

Verdampfers (Karburators) bei 700—800° zersetzt, und das entstandene Ölgas mischt sich dem Wassergas bei. Eine moderne Anlage zur Erzeugung von karburiertem Wassergas aus Koks und Gasöl der Firma Jul. Pintsch zeigt Abb. 97, und zwar mit einer Ventilstellung in der Periode des Heißblasens des Drehrostgenerators. Man bläst hier den Koks im Generator mit Wind heiß und zwar durch Blasen auf Kohlenoxyd (wie früher S. 120 auseinandergesetzt). Die Blasegase gehen in die beiden Gittersteinschächte, den Karburator und den Überhitzer, unter gleichzeitiger Verbrennung des CO-Gases mit Sekundärwind; diese Verbrennungsgase heizen den Karburator und Überhitzer auf und dienen noch zur Dampferzeugung in dem nachgeschalteten Dampfkessel. In der Gaserzeugungsperiode wird Dampf abwechselnd von oben und unten in den Generator eingeblasen und Öl oben in den Karburator eingespritzt. Der Wassergasstrom nimmt die Ölgase mit in den Überhitzer, wo das Verkracken (Aufspalten) des Öles zu Ölgas erfolgt. Das fertige karburierte Gas geht von da zur Kühlung und Reinigung durch den Skrubber. Karburiertes Wassergas hat Heizwerte (untere) von 3600—5400 WE.

Die Erzeugung von karburiertem Wassergas ist in Deutschland nicht sehr bedeutend, in England und Amerika liegen die Verhältnisse aber anders. In Kalifornien werden jährlich mehrere Milliarden Kubikmeter karburiertes Wassergas als Ersatz für Steinkohlengas hergestellt. Man arbeitet nach einem Verfahren der Oil Gas Process Company. Das Öl wird zur Zersetzung in hocherhitzte Reaktionsräume unter gleichzeitiger Zuführung von Wasserdampf eingespritzt. Es sind zwei große, hinter einander geschaltete, zylindrische, mit Gitterwerk ausgesetzte Generatoren vorhanden, in denen ununterbrochen, abwechselnd Aufheizung und Gasung stattfindet. Man erzeugt mit 1 l Öl 1,13 m³ Ölgas. Das erzeugte Gas ist kein reines Ölzersetzungsgas wie das später beschriebene Ölgas oder Blaugas, weil hier durch die Einführung von Wasserdampf auch eine Wassergasreaktion mit dem Spaltkohlenwasserstoff stattfindet. Das Gas hat etwa folgende Zusammensetzung: 2,5—5% CO_2, 2,5—4,9% C_nH_m, 0,2—0,3% O_2, 11,4—15,5% CO, 44,0—54,2% H_2, 22,2—32,2% CH_4 und 2,3 bis 2,6% N_2. Der obere Heizwert beträgt 4450—5340 WE.

Teerkarburiertes Wassergas.

Seit 1925 ist auf den Frankfurter Gaswerken von SCHUMACHER ein Verfahren zur Herstellung karburierten Wassergases entwickelt worden, welches inländische Karburiermittel, wie Teer, Teeröle, Abfallöle usw., verwenden kann. Der Natur dieser Karburiermittel entsprechend ist auch die Apparatur grundlegend geändert. Abb. 98 zeigt die Einrichtung der Frankfurter Teer-Karburierungs-Wassergasanlage. Das Kernstück ist der koksgefüllte Doppelschachtgenerator. Der Unterschacht dient zur Wassergaserzeugung, der Oberschacht übernimmt die Rolle des in Wegfall kommenden besonderen Verdampfers und des Überhitzers. An der Übergangszone zwischen Ober- und Unterschacht erfolgt die Einführung des mit Dampf innigst gemischten, fein zerstäubten Schwelteeres. Beim Heißblasen tritt der Wind von unten in den Unterschacht ein, gleichzeitig wird aber Sekundärwind in den Ringkanal unterhalb der Schachteinschränkung eingeblasen, welcher das aufsteigende CO verbrennt und die Koksböschungsfläche im Unterteil wie die Koksmenge im Oberteil, die sozusagen das Steingitterwerk der seitherigen Apparate ersetzt, heiß bläßt. Dann wird beim Gasmachen Wasserdampf abwechselnd von oben und unten in den Unterteil des Generators eingeblasen und in Wassergas verwandelt. Die Zuführung des mit Dampf zerstäubten Karburiermittels durch die in den Ringkanal mündenden Zerstäubungsdüsen erfolgt in der Regel nur beim Aufwärtsgasen. Die im

Ringkanal entstehenden Ölgasdämpfe strömen, gemischt mit dem im Unterschacht gebildeten Wassergase, durch das glühende Koksgitterwerk des Oberschachtes, wobei die Zersetzung der Kohlenwasserstoffdämpfe stattfindet. Das austretende Mischgas (Teerwassergas) geht in die Vorlage und durch einen

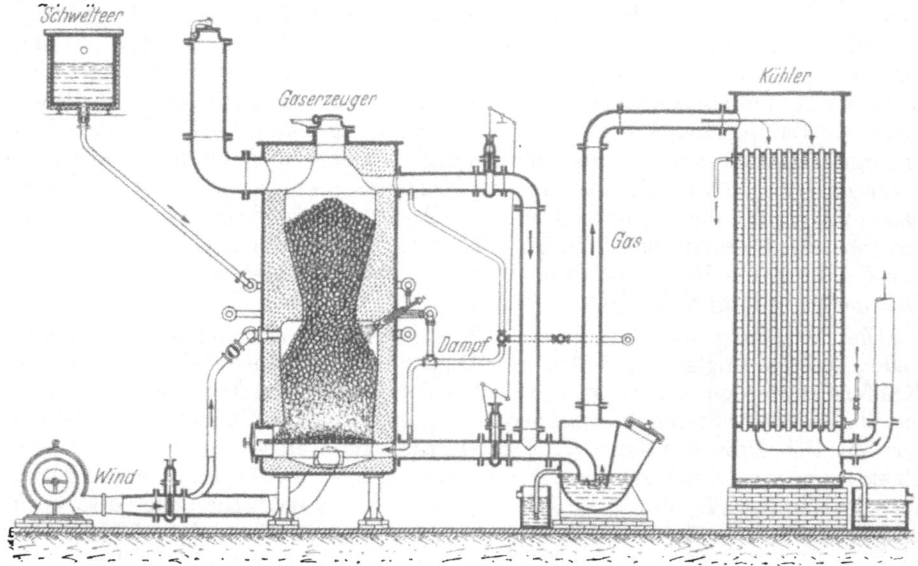

Abb. 98. Anlage für teerkarburiertes Wassergas (nach SCHUMACHER).

Kühler. Die Zusammensetzung von teerkarburiertem Wassergas ist bei Verwendung von verschiedenen Teeren folgende:

	C_mH_n	CO	H_2	CH_4	CO_2	O_2	N_2	Verbrennungswärme WE
Generatorteer	5,4	35,8	42,6	6,8	4,2	0,4	4,8	4100
Braunkohlenschwelteer . .	6,0	36,2	45,0	6,4	3,0	0,6	2,8	4500
Vertikalkammerofenteer . .	1,4	39,0	47,3	4,9	3,2	0,3	3,9	3700

Der entsprechende Teerverbrauch für 1 m³ Gas beträgt 311, 387 und 343 g. In den neueren, von der Firma Pintsch gebauten Anlagen wird bei größeren Generatoren der Oberschacht durch vier radiale Trennwände in mehrere Abteilungen unterteilt (Gaswerk Stuttgart), wie sie sich auch bei den größeren Kohlenwassergasgeneratoren bewährt haben.

Restlose Vergasung. Doppelgas. Kohlenwassergas.

Wird Steinkohle entgast, so erhält man rechnungsmäßig aus 100 kg Kohle etwa 30 m³ Steinkohlengas zu 5500 WE und 70 kg Koks; letzterer liefert bei der Vergasung mit Wasserdampf rund 120 m³ Wassergas zu 2850 WE; zusammengemischt entstehen also 150 m³ Mischgas von 3380 WE. Für dieses Gasgemisch wurde der Namen „Doppelgas" von STRACHE eingeführt, der auch zuerst solche Anlagen zur restlosen Vergasung der Kohle in ununterbrochenem Arbeitsgange auf den Gaswerken Brünn und Graz ausführte.

Man bezeichnet diese Art der Verarbeitung der Kohle als restlose Vergasung (Totalvergasung), weil die Kohle im oberen Teil eines solchen Doppelgaserzeugers entgast und der kokige Rückstand im Unterteil mit

Wasserdampf vergast wird, so daß nur Heizgas und Asche als Endprodukte erhalten werden. Für das entstehende Mischgas hat sich dann der Namen Kohlenwassergas eingebürgert.

Der von STRACHE benutzte Doppelgasgenerator war in der Hauptsache ein Drehrostgenerator mit einem in den oberen Innenschacht eingebauten Schweleinsatz (Schwelretorte) (Abb. 99). Die Kohle wird in die Schwelretorte eingefüllt, entgast hier, und rutscht als entgaster Koks in den Unterteil des Generators, wo er zu Wassergas vergast wird. Der Betrieb ist auch hier diskontinuierlich. Beim Heißblasen bläst man infolge der hohen Koksschicht auf CO, d. h. Generatorgas, dieses wird am unteren Retortenende verbrannt, die Verbrennungsgase umspülen von außen die Schwelretorte und besorgen so die Destillation (Entgasung) der Kohle im Schwel-
schacht. Die Verbrennungsgase ziehen (rechts) durch einen Dampf-überhitzer ab. Nach einigen Minuten wird der Gebläsewind abgestellt, der Schieber für den Abgang der Verbrennungsgase geschlossen und Wasserdampf durch die glühende Kokssäule im Unterteile des Generators geblasen, und zwar nur in aufwärtssteigender Richtung. Das gebildete Wassergas nimmt dann seinen Weg durch die Schwelretorte, unterstützt dabei durch seine fühlbare Wärme die Entgasung und zieht vermischt mit dem Destillationsgas (links oben) gemeinsam in die Vorlage ab. 100 kg Steinkohle geben etwa 150 m³ Gas von rund 3300 WE und 7,6 kg Teer. Man arbeitete anfangs auf Gewinnung von Tiefentemperaturteer hin. Nach dem Kriege trat die Teergewinnung zugunsten der

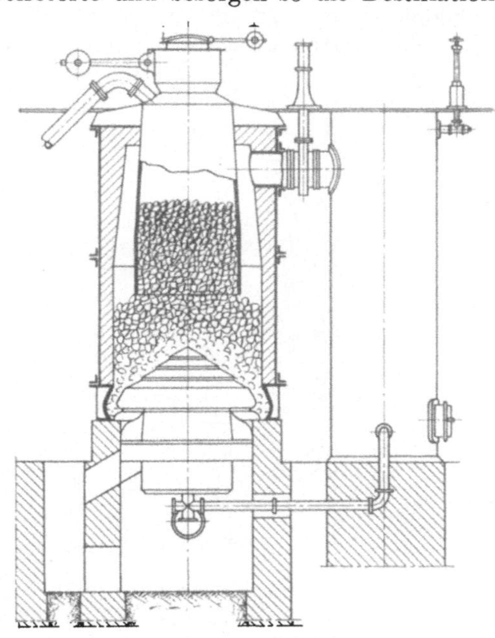

Abb. 99. Doppelgasgenerator von STRACHE.

Erzielung eines heizkräftigeren Gases bald zurück. Die Erzeugung von Doppelgas bzw. Kohlenwassergas ist dann auch von andern Konstruktionsfirmen weiter verfolgt und verbessert worden (Kohlenwassergas, System Staßfurt, Trigas, System Dellwik-Fleischer, usw). Als moderne Ausführung einer solchen Kohlenwassergasanlage soll nachstehend nur eine solche der Firma Julius Pintsch erläutert werden und von der in ganz gleicher Weise ausgerüsteten Anlage der Bamag-Meguin A.G. der neue, abgeänderte Generator.

Abb. 100 zeigt schematisch einen Schnitt durch die Kohlenwassergasanlage der Pintsch A G., und zwar für gleichzeitige Teerverkrackung. Wiedergegeben ist die Schaltung in der Gasperiode. Die Anlage umfaßt den Drehrostgenerator mit eingebauter Schwelretorte, einen mit Gittersteinen ausgesetzten Karburator, einen ebenfalls mit Gittersteinen ausgerüsteten Überhitzer und einen Abhitzekessel. Beim Heißblasen wird Gebläseluft unten in den Generatorschacht eingeblasen, welche den dort befindlichen Koks aufheizt. Die aufsteigenden (CO-) Generatorgase umspülen die Schwelretorte und gehen zum Karburator, wo sie mit Sekundärluft zu Rauchgas verbrannt werden und dadurch den Wärmespeicher auf die nötige Temperatur bringen, die Abgase gehen dann durch den Überhitzer zum Abhitzekessel, wo sie soviel

Dampf erzeugen, wie nachher zum Gasen gebraucht wird. Vor dem Gasen schließt man den Windschieber, die Schieber zwischen Generator und Karburator, zwischen diesen und dem Überhitzer, und zwischen diesem und dem Abhitzekessel, dagegen öffnet man die Schieber der oberen Gasleitung zum Karburator. Der Dampf des Abhitzekessels geht durch den Überhitzer und tritt hochüberhitzt unten in das Koksbett des Generators ein. Das entstehende Wassergas durchstreicht die Schwelretorte, entgast die aufgegebene Kohle und tritt, beladen mit Destillationsgas und Teerdämpfen, in den aufgeheizten Karburator; der Teer wird hier zu Ölgas verkrackt und das Gemisch aus Wassergas Destillationsgas und Ölgas, welche zusammen das Kohlenwassergas bilden, gelangen nun in die Vorlage, in einen Kühler und den Vorratsbehälter. Bei Kohlenwassergasanlagen ohne Teerverkrackung fehlt der Karburator.

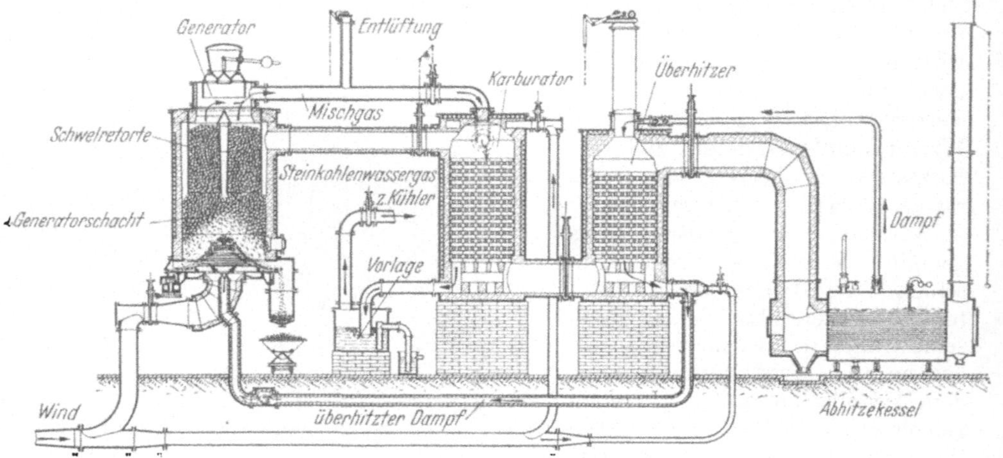

Abb. 100. Kohlenwassergasanlage von Pintsch.

Eine Anlage oben beschriebener Art arbeitet seit 1930 im Gaswerk Plauen. Aus oberschlesischer Nußkohle wurden 149 m³ Gas für 100 kg Kohle von einem Heizwert von 3540 kcal und folgender Zusammensetzung erhalten: 37,3% CO, 6,7% CH_4, 47,8 % H_2, 3,4% CO_2, 1,2% C_nH_m, 0,1% O_2 und 3,5% N_2.

Im allgemeinen eignen sich zur Verarbeitung am besten wenig backende und wenig blähende, nicht zerfallende Kohlen in Größen über 1 cm.

Auf dem Gaswerk Dresden ist seit 1932 eine Anlage der Bamag-Meguin A.G. in Betrieb, sie weist dieselben Konstruktionsteile auf, nur der Generator hat einige grundlegende Änderungen erfahren, durch welche es jetzt möglich ist, auch billige Kleinkohle, Feinkorn- und Grießkohle zu verarbeiten. Der Generator hat einen verhältnismäßig niedrigen verbreiterten Schacht, der Schwelaufbau ist ganz weggefallen. Typisch ist, daß die frisch zugeführte Kohle in großer Ausdehnung und dünner Schicht auf der entgasten glühenden Kohle ausgebreitet wird. Die Dresdner Anlage hat aber keine Eigenteerkarburierung. 100 kg Fein- und Grießkohle liefern 120 m³ Gas mit 3150—3200 kcal und folgender Zusammensetzung: 33,6% CO, 5,7% CH_4, 48,0% H_2, 5,2% CO_2, 0,2% C_nH_m, 0% O_2, 7,3% N_2. Mit Eigenteerverkrackung würde der Heizwert um wenigstens 200 kcal höher ausfallen.

Stadtgas aus Braunkohle.

Der Plan der Ruhrzechen, ganz Deutschland durch eine großzügige Ferngasversorgung mit Koksofengas zu versorgen, war der Anlaß, daß von 1927 ab die Braunkohlenindustrie sich mit der Frage der Herstellung von Stadtgas aus Braunkohle beschäftigte. Auf mehreren Gaswerken sind auch tatsächlich einige derartige Verfahren in Gang gekommen. Aus Braunkohle wird sowohl Generatorgas (1100—1400 kcal/m³ Heizwert) als auch Doppelgas (rund 3200 kcal/m³ Heizwert) hergestellt und industriell verwendet, beide Gase eignen sich aber nicht direkt als Stadtgas. Bei der Verschwelung entsteht das sehr heizkräftige Schwelgas (rund 5400 kcal/m³), welches jedoch in der Regel im Schwelereibetriebe selbst verbraucht wird; nur die Schwelerei Edderitz liefert Schwelgas (rund 6800 kcal) durch eine Fernleitung an das Gaswerk Dessau, wo es dem Stadtgas beigemischt wird.

Auf dem Gaswerk Halle wird die Entgasung der Braunkohle in 2 Vertikalretorten, auf dem Gaswerk Dresden in einem stehenden Kammerofen mit wandernder Ladung vorgenommen, in Grevenbroich in einem KOPPERSschen stetig betriebenen Kammerofen. Man verwendet kleine Gasbriketts oder Staubbriketts, die bei der Koksbildung eine Schrumpfung bis auf 45% erleiden. Die Entgasungstemperatur liegt höher als bei der Schwelerei, aber tiefer als bei der Steinkohlenentgasung; die Gasausbeuten sind wesentlich höher infolge der leichten Aufspaltbarkeit des Braunkohlenteers. Bei der Entgasung wird überhitzter Wasserdampf eingeblasen zur Bildung von Wassergas und als Spülgas. Die stehenden Retorten haben $4^{1}/_{2}$ h Ausstehzeit, der stetig betriebene Kammerofen $7^{1}/_{2}$ h. Für die Tonne Briketts werden 600—780 m³, im Kammerofen 850 m³ Gas erhalten. Zur Aufspaltung der Teerdämpfe läßt man das gebildete Gas noch eine Schicht glühenden Braunkohlenkokses durchstreichen. Das Rohgas ist sehr reich an Kohlensäure (17—21% CO_2), die aber durch Auswaschen bis auf 5% herunter gebracht wird. Das gewaschene Stadtgas hat dann folgende Zusammensetzung.

	Stehende Retorte Halle	Kammerofen Dresden	Lurgi-Druckgaserzeuger Hirschfelde	
			Rohbraunkohle	Briketts
CO_2	5,0%	5,0%	2,0%	2,0%
C_nH_m	4,3%	1,9%	0,5%	0,5%
O_2	0,1%	—	0,8%	1,5%
CO	17,6%	20,5%	20,3%	23,7%
H_2	47,4%	39,2%	53,8%	46,7%
CH_4	19,2%	24,7%	20,0%	22,7%
N_2	6,4%	8,7%	3,0%	3,0%
Oberer Heizwert . .	4642 WE	4550 WE	4280 WE	4610 WE

Das Gas enthält 20—30 cm³ Benzolkohlenwasserstoffe im Kubikmeter, aber nur Spuren von NH_3 und CN. Der erhaltene Koks läßt sich sehr gut in Drehrostgeneratoren verwenden und liefert Generatorgas mit 1110 WE.

Auf dem Gaswerk Kassel ist seit 1934 das sog. Gleichstrom-Entgasungs-Verfahren BUBIAG-DIDIER in normalem Betrieb und versorgt die ganze Stadt mit diesem Gase. Man verwendet vorgetrocknete Braunkohle oder Briketts. Auch hier wird reichlich Wasserdampf zur Wassergasbildung eingeblasen und die entstehenden Teerdämpfe werden weitgehend an dem glühenden Koks aufgespalten. Wenn auch ein Teil des CO_2 hierbei zu CO reduziert wird, so muß doch die Hauptmenge der CO_2 nachher noch auf nassem Wege entfernt werden. Man verwendet ebenfalls einen stetig betriebenen Kammerofen und führt die Destillationserzeugnisse im Gleichstrom mit der nach unten wandernden Braunkohle, daher der Name Gleichstromentgasung. Das Verfahren wird so geleitet, daß aller Teer zersetzt wird. Mitteldeutsche Briketts geben ein Rohgas mit 14—24% Kohlensäure. Das Rohgas enthält 15% CO_2, 4,4% C_nH_m, 1,2% O_2, 22,0% CO, 41,3% H_2, 11,9% CH_4 und 4,2% N_2, daneben 15—20 g Benzol/m³.

Der obere Heizwert beträgt nur 3860 kcal. Durch das Auswaschen der Kohlensäure entsteht ein Reingas mit nur 0—0,5% CO_2 und einem oberen Heizwert von 4180—4200 kcal. Böhmische Braunkohlen liefern direkt ein so kohlensäurearmes Gas, daß das Auswaschen der CO_2 unterbleiben kann. Zum Auswaschen der CO_2 sind drei mit Raschig-Ringen gefüllte Wäscher hintereinander geschaltet, die mit 20%iger Pottaschelösung berieselt werden. Diese bindet die CO_2. Aus der Pottaschelösung wird die Kohlensäure in Abtreibkolonnen mit einer Reinheit von etwa 99% abgetrieben. Die Anlage liefert 300—375 kg Koks je Tonne Briketts; dieser wird kontinuierlich abgelöscht und abgezogen.

Nach demselben Gleichstromentgasungsverfahren arbeitet seit 1932 eine Anlage in Ungarn mit 12 Kammern auf täglich 70000 m³ Synthesegas.

Man erzeugt auch Stadtgas durch Vergasung von Braunkohle unter Zuführung von reinem Sauerstoff und Wasserdampf unter Druck von 10—20 Atm. Die Lurgi-Gesellschaft hat in Hirschfelde nach einem von HUBMANN und DANULAT ausgearbeiteten Verfahren eine Anlage errichtet, die täglich 20000 m³ Gas erzeugen kann. Man benutzt einen 3 m hohen Drehrostgaserzeuger von 1 m² Schachtquerschnitt, der in ein Druckgefäß eingebaut ist; auch der Wassermantel liegt im Druckgefäß. Das Gemisch von Sauerstoff und Wasserdampf wird auf 500° überhitzt und unten eingepreßt, der Wasserdampf wird dem Dampfmantel entnommen. Dem gekühlten Gase entzieht man in einer Waschölanlage unter Druck das Benzol und entfernt durch Druckwasserwäsche CO_2 und den größten Teil des H_2S, den Rest im Raseneisenerzreiniger. (Das Rohgas hat vorher etwa 30% CO_2 + H_2S.) Es werden aus einer Tonne Rohbraunkohle 760 m³ Gas von 4280 WE erhalten. Die Zusammensetzung des aus Rohbraunkohle bzw. aus Briketts erhaltenen Reingases ist in der vorher angegebenen Tabelle mit aufgeführt. Das Gas wird in einer Ferngasleitung nach Zittau gedrückt und liefert den gesamten Stadtgasbedarf dieser Stadt.

Ölgas und Blaugas.

Ölgas und Blaugas werden durch Zersetzung von Kohlenwasserstoffen bei hoher Temperatur erzeugt. Ursprünglich benutzte man Pflanzenöle, dann Destillate des Roherdöls, später Braunkohlen- und Schieferschwelteere, bei uns fast ausschließlich die letzteren. Seit 1909 wurde das Ölgas in zwei mit Gittersteinen ausgesetzten und miteinander verbundenen Generatoren hergestellt, indem man zuerst die Generatoren mit einer Ölgasteerfeuerung auf 750° anheizte, dann Wind und Teergebläse abstellte und nun Öl in den ersten Generator (den Ölverdämpfer) einspritzte, welches an den heißen Gittersteinen verdampfte und im zweiten Generator (dem Überhitzer) in Gas überging. Nach einiger Zeit wurde die Ölzufuhr abgestellt, und die beiden Generatoren wurden wieder heißgeblasen. Das Ölgas war sehr reich an Kohlenwasserstoffen und hatte eine Verbrennungswärme von 10—12000 WE/m³; es enthielt 33% schwere Kohlenwasserstoffe, 46% Methan, 15% Wasserstoff, 2,5% Kohlenoxyd, 1% Kohlensäure, 0,5% Sauerstoff, und 2% Stickstoff. Das Ölgas wurde mit 10 kg/cm² verdichtet und in Stahlflaschen für Zwecke der Beleuchtung von Eisenbahnwagen und Seezeichen versandt. Eine Abart des Ölgases ist das Blaugas (nach dem Erfinder BLAU so genannt). Gasöl wird bei niedriger Temperatur vergast, dann stärker `(20 kg/cm²) verdichtet, wobei sich benzinartige Kohlenwasserstoffe abscheiden, und schließlich mit 100 kg/cm² verflüssigt und in Stahlflaschen versandt. Blaugas hat eine Verbrennungswärme von 14800 WE und etwa folgende Zusammensetzung: 48% schwere und 36% leichte Kohlenwasserstoffe, daneben 6% Wasserstoff, 2% Kohlensäure und 8% Luft. Beide Gase haben zeitweilig eine nicht unbedeutende Rolle gespielt, sind aber heute bedeutungslos. 1934 verwandte die Zeppelinwerft Blaugas in Mischung mit Propan und Butan als Treibstoff.

Acetylen als Leuchtgas.

Acetylen, dessen Herstellung schon früher (S. 52) beschrieben ist, schien einmal große Aussichten als Leuchtgas zu haben, einzelne Häuser, kleine Ortschaften, Eisenbahnwagen usw. wurden eine Zeitlang mit Acetylen beleuchtet. Heute kommt Acetylen für Beleuchtungszwecke nur noch für Bergmannslampen und Fahrradlaternen in Betracht.

Luftgas (Benoidgas, Aerogengas)

wurde ebenfalls für Zwecke der Kleinbeleuchtung eine Zeitlang angewandt. Die Herstellung ist sehr einfach: Man karburiert Luft kalt mit Petrolbenzin (Benoidgasapparate), wobei ein Luftgas mit 8 Vol.-% mit einer Verbrennungswärme von 3300 WE Benzindampf erhalten wird. Luftgas hat heute keine Bedeutung mehr.

Propan, Butan und Pentan als Leuchtgas.

Bei der Gewinnung von Gasolin aus nassem Erdgas (S. 107) werden seit etwa 10 Jahren in den Vereinigten Staaten steigende Mengen Propan und Butan gewonnen (1932: 121000 m³ verflüssigtes Gas). Ebenso gewinnt die I. G. Farbenindustrie als Nebenprodukt aus den Abgasen der Öl- und Kohlehydrierung jährlich etwa 10000 t dieser Gase. Die Gase lassen sich leicht verflüssigen. Der Dampfdruck von Propan beträgt bei 20° 8,6 Atm., für n-Butan 2,24 Atm. und für i-Butan 3,0 Atm. 1 kg flüssiges Propan hat einen unteren Heizwert von 11300 kcal/kg, liefert 0,55 m³ Propangas, entspricht also rund 3 m³ Stadtgas mit 3800 kcal/m³ unterem Heizwert. Verflüssigtes Propan- und Butangas kommt in Stahlflaschen von 15 und 30 kg Inhalt in den Handel. Brenntechnisch ähneln die Gase dem Benzin-Luft-Gemisch. Das Gas ist hauptsächlich gedacht als Ersatz des Stadtgases für Siedlerwohnungen; die Flaschen werden über ein Druckminderventil mit Aluminium- oder Kupferleitungen direkt an das Hausnetz angeschlossen. Es dient auch zur Seezeichenbeleuchtung, für Signallampen und im Gewerbe für Glasbläserlampen, zum Glühen usw. Im Gemisch mit Wasserstoff oder Methan findet es als Treibgas für Zeppelinluftschiffe (spezifisches Gewicht = 1) Verwendung. Die Verbrennungswärme eines solchen Gemisches beträgt 16000 kcal/m³. Weit größer ist heute aber die Verwendung des Propans und Butans als Treibgas für Lastkraftfahrzeuge.

Verwendung des Leuchtgases für Beleuchtungszwecke.

Leuchtgas wird auch heute noch viel zur Lichterzeugung benutzt, aber in anderer Weise wie früher. Ursprünglich war die leuchtende Flamme des verbrennenden Gases der Lichtspender; seit Erfindung des Gasglühlichtes hat sich das völlig geändert; heute dient die entleuchtete Flamme nur zur Erzeugung hoher Temperaturen, womit der Glühstrumpf, das Skelett aus einem Gemisch von Thoroxyd mit 1% Ceroxyd, zum Glühen und Leuchten gebracht wird. Die Strahlung des Auerglühstrumpfes ist eine reine Temperaturstrahlung. Die Lichtwirkung ist etwa 10—20mal größer als die der Gasflamme.

Der Brenner zur Erzeugung heißer Gasflammen ist der alte Bunsenbrenner (1850). Das Gas tritt am Fuße durch eine Düse in das weite Brennerrohr ein; dieses hat in der Höhe der Düse in der Wand des Brennerrohres Löcher, durch welche die zur Verbrennung nötige Luft injektorartig vom Gasstrahl eingesaugt wird. Das Gasgemisch wird oben am Ende des Brennerrohres entzündet. Die Bunsenflamme ist zweiteilig. Im Innern befindet sich ein leuchtender grüner Kern, in welchem das Leuchtgas zu Wassergas verbrennt. Der Kern ist von einem

blaßblauen Mantel eingehüllt, in ihm verbrennt durch die von außen zutretende
Luft das Wassergas zu Kohlensäure und Wasserdampf. Die Temperatur beträgt
an der Spitze des grünen Kegels 1500°, am Übergang vom Kern zum Flammen-
mantel etwa 1900°.

Aus dem Bunsenbrenner entwickelte sich der Stehlichtbrenner (C-Brenner,
PINTSCH 1887). Er besteht aus einem Bunsenbrenner mit einem Aufsatz zum
Halten des Glühstrumpfes. Der Stehlichtbrenner ist aber auch schon wieder
aus der Straßenbeleuchtung verschwunden und durch das abwärts brennende
Hängelicht ersetzt. Die Einrichtung eines Hängelichtbrenners (Grätzin-
Brenner) zeigt die Abb. 101. Die Düse F ist hier oben angebracht; das
ausströmende Gas saugt auch hier durch Löcher L im Mischrohr M Luft
an und tritt am unteren Ende durch ein Mundstück B aus Magnesia aus.

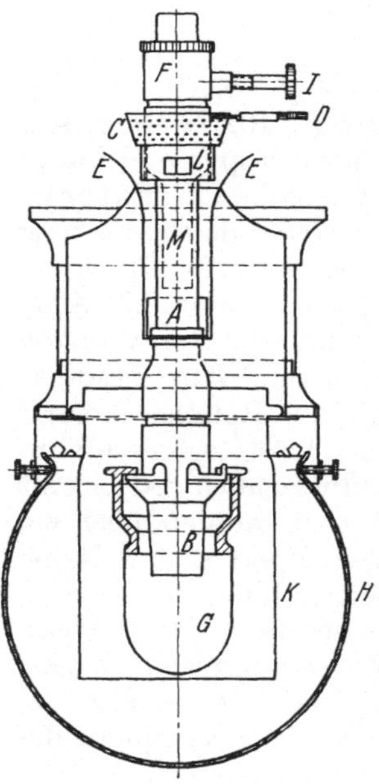

Abb. 101. Hängelichtbrenner.

An diesem hängt der an einem Magnesiaring be-
festigte Glühkörper G, welcher von dem Glas-
zylinder K umgeben ist. Die Flamme kehrt im
Glühkörper um, und die Verbrennungsgase treten
nicht durch das Glühkörpergewebe, sie ziehen zwischen Tragring und Mundstück nach oben und
werden seitlich bei E abgeführt, um die Luftzufuhr
zum Mischrohr nicht zu hindern.

Man unterscheidet Niederdrucklicht und Hochdrucklicht. Niederdrucklicht ist das allgemein
in Wohnungen und zur Straßenbeleuchtung verwendete Licht, welches mit dem üblichen Betriebs-
drucke von 50 mm Wassersäule erzeugt wird; ein
Einzelbrenner verbraucht rund 50 Liter Gas (von
3800 WE) in der Stunde. Zur Erzielung höherer
Lichtstärken baut man mehrere einzelne Brenner
zu Gruppenbrennern zusammen, z. B. bei Straßenbeleuchtung; sie sind dann in der Regel unter
einem baldachinartigen Hut vereinigt, eine Einrichtung, die man auch als Pilzbrenner bezeichnet.

Bei dem Hochdrucklicht kommt Preßgas oder
Preßluft zur Verwendung. Auf diese Weise werden
die lichtstärksten und wirtschaftlichsten Gaslampen
erhalten. Die Hochdruckbrenner unterscheiden sich
von den Niederdruckbrennern in der Hauptsache dadurch, daß der Glühkörper den Brennerkopf fest umschließt, so daß die Flammengase durch
das Glühkörpergewebe hindurchtreten müssen; außerdem sind Vorwärmevor-
richtungen vorhanden. Man verwendet Preßgas mit einem Druck von 600
bis 2000 mm Wassersäule.

Leuchtgas wird heute in sehr großen Mengen zum Kochen, Backen und Rösten,
für Heißwasserbereiter, in Zimmerheizöfen und auch in der Industrie verwendet,
da sich mit Leuchtgas Arbeitstemperaturen bis etwa 1800° erzeugen lassen.
Diese Art des Gasverbrauchs wird voraussichtlich weiter zunehmen, während
das Gebiet der Beleuchtung auf die Dauer der Konkurrenz des elektrischen
Lichtes nicht gewachsen ist.

Man geht jetzt auch dazu über, Leuchtgas (Stadtgas) als Treibstoff
für Kraftwagenbetrieb zu verwenden. In einer ganzen Reihe Städte
sind bereits Gastankstellen eingerichtet. Das Gas wird an der Tankstelle
durch einen fünfstufigen Kompressor auf 350 Atm. komprimiert und von einem
Speicherbehälter aus mit 200 Atm. in die Transportgasflaschen (Leichtstahl-
flaschen) gedrückt.

Neuere Literatur.

BERTELSMANN u. SCHUSTER: Behandlung gasförmiger Stoffe. 1930. — BERTELSMANN u. SCHUSTER: Leuchtgas. In ULLMANN, 2. Aufl., Bd. 7. — BRONN: Von den Kohlen und den Mineralölen. 1929. — BRÜCKNER: Handbuch der Gasindustrie. 1938. — FÜRTH: Leuchtgastechnik. 1925. — GRAEFE: Chemische Technologie der Brennstoffe. 1927. — GWODSZ: Kohlenwassergas. 1930. — LITINSKY: Kokerei- und Gaswerköfen. 1928. — PFEIFFER: Leuchtgas. In MUSPRATT-NEUMANN: Erg.-Bd. 1. — SCHÄFER u. LANGTHALER: Errichtung und Betrieb eines Gaswerkes. 1929. — SCHOLZ-FRICK: Volkswirtschaftliche Bedeutung der deutschen Gasindustrie. 1934. — SCHUSTER: Energetische Grundlagen der Gastechnik. 1932. — SCHUSTER: Stadtgasentgiftung. 1935. — STARKE: Erzeugung und Verwendung der Gase. 1926. — STRACHE u. ULMANN: Chemische Technologie der Brennstoffe. 1927. — VOLLBRECHT u. STERNBERG-RAASCH: Das Gas in der deutschen Wirtschaft. 1929.

Kokerei.

Das Verfahren zur Gewinnung von „Zechenkoks" oder „Hüttenkoks" ist eigentlich dasselbe wie das der Verkokung von Steinkohlen zur Erzeugung von Leuchtgas; nur war vor Einführung des Auerstrumpfes in der Leuchtgasindustrie die Herstellung eines stark leuchtenden Gases die Hauptsache, bei der Kokerei die Gewinnung eines für Hüttenzwecke besonders geeigneten Kokses. Heute haben sich beide Verfahren außerordentlich genähert; man baut für Leuchtgaszwecke direkt Leuchtgaskokereien, deren Kammeröfen oder Großraumöfen nichts anderes sind, wie Koksöfen. SCHNIEWINDT hatte in den Vereinigten Staaten schon 1895—1901 in Everett bei Boston 400 Stück Koksöfen aufgestellt, die zur Gasversorgung von Städten dienten. Auch bei uns werden, ungefähr seit 1904, im Ruhrgebiet, an der Saar und in Schlesien eine Reihe von Städten mit Koksgas versorgt; diese verwenden zur Beleuchtung teils ausschließlich Koksgas (Ferngas), teils Koksgas in Mischung mit Retortengas.

Die Kokerei ist wesentlich älter als die Leuchtgasfabrikation. Den ersten Koks aus Steinkohlen stellte HERZOG JULIUS VON BRAUNSCHWEIG-LÜNEBURG 1584 auf der Grube Hohenbüchen am Harz her. Auf die Gewinnung von Nebenprodukten (Pech und Teer) erhielt zuerst JOH. JOACHIM BECHER mit H. SERLE zusammen 1681 ein englisches Patent; gewonnen wurden aber die Nebenprodukte zuerst 1763 bei New Castle on Tyne (England). Die Kokerei kam 1766 zu uns nach Sulzbach bei Saarbrücken. In Oberschlesien wurde der erste Koks 1778, in Westfalen um 1788 hergestellt.

Die Verkokung geschah anfänglich in Meilern, wie bei den Holzkohlenmeilerbetrieben. Später verkokte man Steinkohle in niedrigen, von Mauern umgebenen Haufen, die mit Kohlenklein und Erde bedeckt waren (sog. Schaumburger Öfen); man zündete von unten an, ein Teil Kohle verbrannte und lieferte die für die Verkokung des übrigen Teils nötige Wärme. Ausbeute und Qualität waren schlecht. Nicht viel besser arbeiteten die gleichzeitig eingeführten halbkugeligen sog. Burgunder Backöfen, die in England und Amerika heute noch gebraucht werden und dort den Namen Bienenkorböfen führen, bei denen zwar in Bodenkanälen etwas Ammoniakwasser und Teer gewonnen wird, wobei die Gase aber nutzlos verbrennen. Später sind die Bienenkorböfen in bezug auf die Gewinnung von Teer und Ammoniak zwar etwas verbessert worden, sie reichen aber bei weitem nicht an Leistungsfähigkeit und Ausbringen an die modernen Nebenproduktgewinnungs-Koksöfen heran. Sie hätten sich auch in Amerika und England nicht so lange halten können, wenn dort nicht eine ganz ausgezeichnete Kokskohle zur Verfügung stände. Bis 1893 wurde in Amerika nur Bienenkorbkohle erzeugt, nach dem Kriege machte die Menge des im Bienenkorbofen erzeugten Kokses noch 40% aus, 1929 noch 12%, 1936 nur noch 3,5%. 1929 waren noch 30082 Bienenkorböfen vorhanden. In England waren 1911 143000 Bienenkorböfen in Betrieb, 1929 nur 1401, 1930 1153. Bei uns in Deutschland sind die Bienenkorböfen schon seit Mitte der 90er Jahre verschwunden.

Die nächste Entwicklungsstufe der Koksöfen war die Ausbildung stehender oder liegender Kammern, die von außen mit den Destillationsgasen geheizt wurden (Öfen von APPOLT, SEMET und COPPÉE). Den ersten geschlossenen Ofen mit Gewinnung der Nebenerzeugnisse (Teer und Ammoniak) baute KNAB 1856; er hatte nur Feuerzüge unter der Ofensohle; CARVÈS baute hohe, schmale Kammern und führte die Seitenzüge ein. Ein technischer Erfolg war aber erst der von HÜSSENER umgebaute Carvès-Ofen, welcher 1881/82 in Deutschland (Ruhr, Ober- und Niederschlesien, Saar) zur Einführung kam. Einen weiteren wesentlichen Fortschritt verdankt die Kokerei C. OTTO und G. HOFFMANN, welche durch Entwicklung ihres Regenerativkoksofens 1887 die Wiedergewinnung der Wärme der heißen Abgase in Wärmespeichern nach dem Regenerativsystem ermöglichten. Die heutige gewaltige Ferngaserzeugung wäre ohne diese Beheizungsart unmöglich. Bei den einfachen Koksöfen, den Abhitzeöfen, verwendete man die Gesamtmenge des entstehenden Destillationsgases zur Beheizung der Koksofenkammern und leitete die abziehenden, etwa 1000° heißen Verbrennungsgase unter Dampfkessel zur Dampferzeugung (Abhitzekessel). Da aber die Koksofengase viel mehr Wärme liefern können als die Verkokung erfordert, so kann bei der Regenerativheizung bis über 50% des Destillationsgases als Überschußgas gewonnen und zu anderen Zwecken (Heizgas, Ferngas) freigemacht werden. Als die wirtschaftliche Verwendung des hochwertigen Koksofengases um die Jahrhundertwende herum einsetzte, tauchte auch der Gedanke auf, zu versuchen, die Koksöfen mit fremdem Schwachgas (Generatorgas, Hochofengichtgas) zu beheizen, um die ganze Menge des Koksofengases (Starkgas) frei zu bekommen. Das gelang auch. Während bei den bisherigen Regenerativöfen nur die Luft in den Wärmespeichern vorgewärmt wurde (da Starkgas sich zersetzen würde), müssen bei der Verwendung von Schwachgasen zur Beheizung Luft und Gas vorgewärmt werden. Die erste brauchbare Konstruktion eines solchen Verbundofens, d. h. eines Koksofens, der nach Wunsch entweder mit Koksgas oder mit Schwachgas betrieben werden konnte, wurde 1911 von HEINRICH KOPPERS in die Technik eingeführt. Heute bauen die verschiedenen Ofenbaufirmen Koppers, Otto, Hinselmann, Still, Collin usw. alle Arten von Abhitze-, Regenerativ- und Verbundöfen; die Unterschiede der Konstruktionen liegen, abgesehen von der Anordnung der Wärmespeicher, hauptsächlich in der Art, wie jede Firma die ganz gleichmäßige Beheizung der etwa 10 m langen Heizwände zu erreichen versucht.

Die Entwicklung der modernen Kokerei hat besonders in Deutschland stattgefunden. Schon 1925 waren 98,6% aller deutschen Koksöfen mit Nebenproduktgewinnung ausgestattet, während in Amerika und England, wie die Zahlen der Bienenkorböfen zeigen, noch reichlich viel Öfen in Betrieb sind, bei denen die Nebenprodukte verloren gehen.

Die Kokskohlen. Die bestgeeigneten Kohlen für die Herstellung eines technisch verwertbaren, namentlich für den Hochofenbetrieb brauchbaren Kokses sind die (in der Tabelle auf S. 85 unter Nr. 4 genannten) kurzflammigen Fettkohlen, welche daher auch die Bezeichnung Kokskohlen führen. Sie weisen neben 80—90% Kohlenstoff 18—26% flüchtige Bestandteile auf. Es werden aber auch mittelflammige backende Schmiedekohlen und langflammige Gaskohlen und Gasflammkohlen verkokt. Magere Sandkohlen können für sich allein nicht verkokt werden, sie lassen sich aber unter Umständen als Zusatz zu den Backkohlen verwenden. Um Gaskohle verkoken zu können, muß man sie mit gasärmerer Kohle vermischen, umgekehrt müssen Eßkohlen mit gasreichen Kohlen vermengt werden. Im allgemeinen sind Kohlen mit mehr als 35% und weniger als 15% flüchtigen Bestandteilen nicht mehr zur Verkokung geeignet. Die chemische Zusammensetzung einer Kohle kann nicht allein als Grundlage für die Beurteilung der Brauchbarkeit als Kokskohle dienen. Maßgebend ist vor allem die sog. Backfähigkeit, d. h. die Eigenschaft einer Kohle, in der Hitze zusammenzubacken und einen mechanisch sehr festen Entgasungsrückstand, den Koks, zu liefern. Die Backfähigkeit hängt von der Menge und der Beschaffenheit des Bitumens in der Kohle ab, worüber näheres nachher bei dem Verkokungsvorgange gesagt ist. Wichtig ist ferner für die Verkokung, daß die Kohle nicht mehr als 10—12% Wasser hat und der Aschengehalt 6% nicht übersteigt, eine Grenze, die bei den ausschließlich verwendeten

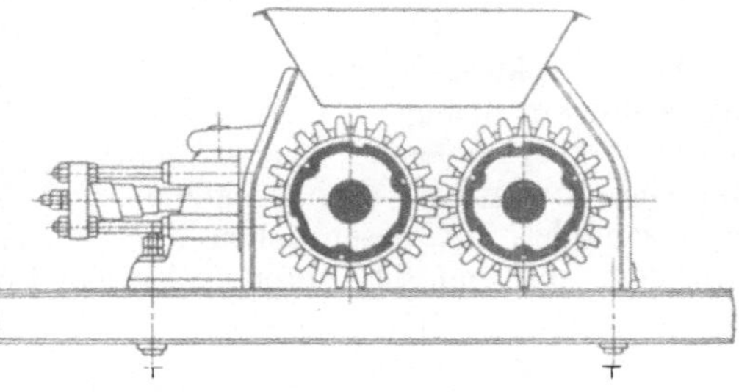

Abb. 102. Walzenbrecher. (Nach Koppers.)

„gewaschenen", d. h. durch Aufbereitung in der Kohlenwäsche vorbehandelten Kohlen leicht innegehalten werden kann. Kokskohlen liefern bei uns die Becken an der Ruhr, der Saar, in Ober- und Niederschlesien, Aachen und Zwickau.

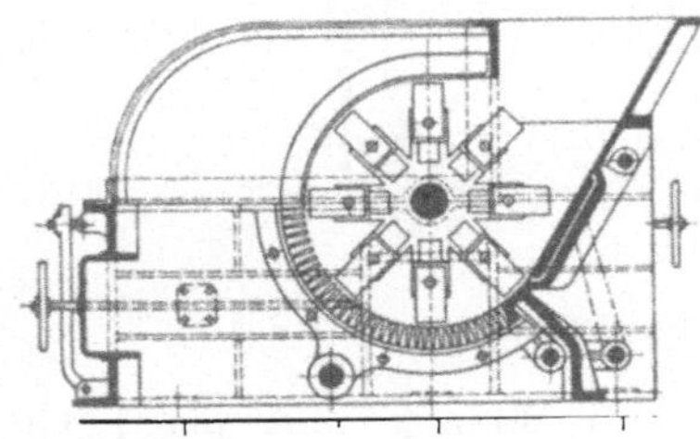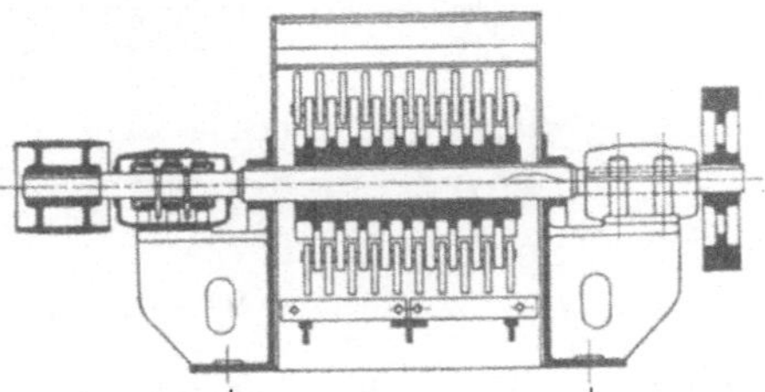

Abb. 103. Hammermühle. (Nach Koppers.)

In der Kokerei verwendet man die Rohkohle nicht in Stückform wie bei der Gasfabrikation, sondern als Feinkohle, in Größen von 1—10 mm. Es wird immer gewaschene Kohle verwendet, d. h. die Kohle wird durch Aufbereitung im aufsteigenden Wasserstrom von schiefrigen und erdigen Beimengungen möglichst weitgehend befreit, um den Aschengehalt auf 5—7% (und gleichzeitig den Schwefelgehalt) herunterzubringen. Vielfach wird aber auch fremde Kohle mitverarbeitet, welche in Stücken angeliefert wird; diese muß zerkleinert werden. Das geschieht in Brechern bis auf Nußgröße. Abb. 102 zeigt einen viel gebrauchten Walzenbrecher. Die weitere Zerkleinerung erfolgt in Hammermühlen, deren Einrichtung und Wirkungsweise Abb. 103 zeigt. Auf der Welle sitzen Achsenkreuze mit schwenkbaren Schlägern; diese bewegen sich bei der Rotation in einem Zylinder, der rostartig mit Zähnen besetzt ist; die Kohle wird seitlich aufgegeben und solange zerschlagen, bis sie durch die Rostspalten fällt. Zum Vermischen der verschiedenen Kohlensorten werden Mischwerke, Mischteller, auch Schleudermühlen (Desintegratoren) verwendet (Abb. 104). In einem Gehäuse mit seitlichem Eintrag bewegen sich zwei Mahlkörbe gegeneinander. Die Körbe bestehen aus Kreisscheiben, auf denen in 2 Kreisringen Bolzen aufgesetzt sind. Die Kohle wird von der Mitte aus durch Zentrifugalkraft in die Körbe geschleudert, dort zerschlagen und vermischt (vgl. auch Abb. 35, S. 81).

Die Kohlen kommen mit 12—14% Feuchtigkeit in den Koksofen. Sie werden entweder durch mehrere Öffnungen in der Decke in die Kokskammern geschüttet und die Oberfläche wird mit der Planierstange geebnet, oder man stampft die Kohle zuerst in Eisenblechkästen, welche genau die Form der Kokskammer haben und schiebt nachher den fertigen Kohlekuchen in die Kammer. Durch das Stampfen kann man 850—890 kg Kohle statt 630 kg bei geschütteter Kohle je Kubikmeter Ofenraum einsetzen; man erhält einen festeren Koks (140 kg statt 60 kg/cm²) und (3%) weniger Abbrand.

Der Verkokungsvorgang. Koksbildung tritt beim Erhitzen der Kohle nur ein, wenn ein genügender Anteil des Bitumens in Schmelzfluß übergeht und sich weiter in kohlenstoffreiche, nichtflüchtige Bestandteile und in Teerdämpfe und Gase aufspaltet (bei Gaskohlen und Kokskohlen). Wenn das Bitumen zwar schmilzt, im wesentlichen aber unzersetzt destilliert, dann bildet sich kein oder nur ein schlechter Koks (bei jungen Kohlen, Flammkohlen). Ist

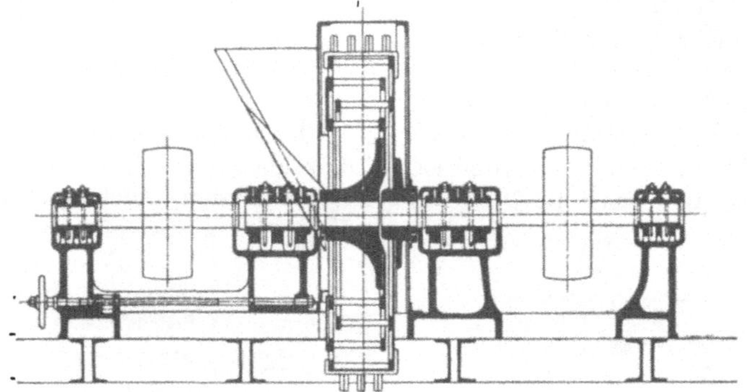

Abb. 104. Mischwerk für Kohlen. (Desintegrator.)

die Menge an Bitumen zu gering, so daß sie zur Bildung einer plastischen Masse nicht ausreicht, oder die Zersetzung des Bitumens setzt schon vor dem Schmelzen ein, dann bildet sich ebenfalls kein Koks (bei Eßkohlen und Anthrazit). Dieser plastische Zustand der Koksbildung tritt zwischen 350 bis 420° ein, bei jüngeren Kohlen früher, bei älteren später; die Wiederverfestigung, der Halbkokspunkt, wird zwischen 400 und 430° (höchstens 480°) erreicht, dann erfolgt mehr oder weniger rasch die Umbildung des Halbkokses zu Hochtemperaturkoks. Wesentlich für das Schmelzverhalten ist der Anteil der petrographischen Grundbestandteile in der Kohle. Glanzkohlen zeigen einen starken Schmelzfluß, Mattkohle nur einen geringen, Faserkohle zeigt überhaupt keine Schmelzerscheinungen.

Die Verkokung der Kohle tritt auch nur dann ein, wenn die Erhitzung schnell genug erfolgt, im anderen Falle schwelt die Kohle langsam ab und es hinterbleibt ein pulvriger, leicht verbrennlicher Koksrückstand. Man setzt deshalb die feuchte Kohle direkt in die hocherhitzten Kammern ein. Die an den heißen Wänden entwickelten Wasser- und Teerdämpfe wandern in die angrenzenden kälteren Kohleschichten und treffen schließlich in der Mitte des Kokskuchens aufeinander, wo sich aus verkokender Kohle und Dickteer die sog. Verkokungsnaht ausbildet (Abb. 105). Die von unten nach oben gehende Verkokungsnaht trennt den ausgegarten Kokskuchen in 2 Hälften, in welche er in der Regel beim Ausstoßen des Kokses aus der Kammer auseinanderfällt. Während des Verkokungsvorganges tritt gewöhnlich eine gewisse Volumenvergrößerung des

Einsatzes ein, die jedoch schon unterhalb 600° ihr Maximum erreicht, so daß der fertige Kokskuchen einen geringeren Raum als die ursprüngliche Kohlenmasse einnimmt. Einige Kohlen weisen allerdings einen übertriebenen Blähgrad auf und liefern dann einen aufgetriebenen unbrauchbaren Koks. Magere blähende Kohlen soll man mit Fettkohlen mischen und das Gemisch schnell und heiß verkoken; umgekehrt muß man gasreiche Kohlen zur Beseitigung der zu großen Schwindung mit Magerkohlen mischen und langsam verkoken.

Der Verkokungsvorgang läßt sich sehr schön an der Hand der beistehenden schematischen Skizze (nach DAMM) erläutern (Abb. 106). Die 3 Teilskizzen stellen den Zustand im Kokskuchen am Anfang, in der Mitte und am Ende der Ausstehzeit dar. An den beiden Heizwänden bildet sich zunächst, wenn die Temperatur am Rande des Kohlenkuchens 400° erreicht hat, die erweichende plastische Zone C aus, während in der Mitte noch nasse Kohle A (20°) und trockene Kohle B (etwa 200°) vorhanden ist. Bis zur halben Garungszeit ist die plastische Zone C schon stark nach innen gewandert, an ihrer Rückseite tritt bei 500° Wiederverfestigung der weichen Kohle ein und bei 600° bildet sich Halbkoks D, welcher bei 900° in Hochtemperaturkoks E übergeht. Am Ende der Garungszeit ist nur noch Koks und etwas Halbkoks in der Gegend der Teernaht vorhanden. Hohe Kammertemperaturen und langes Überstehen des Brandes verursachen die Schwerverbrennlichkeit des Kokses.

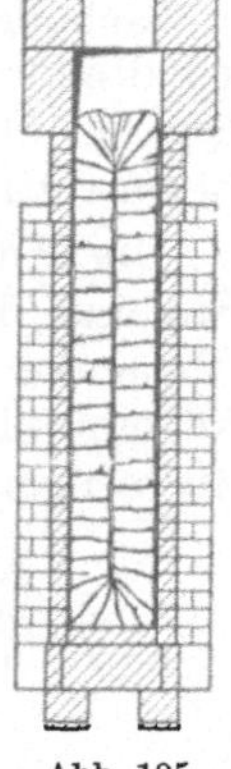

Abb. 105.
Verkokungs-
naht.

Bei der Verkokung treten Wasserdampf und die flüchtigen Bestandteile aus der Kohle aus. Ein kleiner Teil des Wasserdampfes setzt sich mit dem glühenden Koks zu Wassergas um, ein anderer Teil bildet mit dem Stickstoff Ammoniak, außerdem entstehen aus den flüchtigen Stickstoffverbindungen Pyridin und andere Stickstoffbasen. Die primär gebildeten Kohlenwasserstoffe zerfallen in Kohlenstoff und Wasserstoff, oder verwandeln sich in Methan, Äthan, Benzol. Die Schwefelverbindungen der Kohle gehen in Schwefelwasserstoff und Schwefelkohlenstoff über, ein Teil des Ammoniaks setzt sich zu Cyan um. Die Destillationsgase enthalten also viel Methan und Wasserstoff, weniger Kohlenoxyd, wenig schwere Kohlenwasserstoffe, Stickstoff, Kohlendioxyd, Ammoniak und Cyanwasserstoff, neben dampfförmigem Benzol und Wasser, und Teernebeln, die aus einem Gemisch aromatischer Kohlenwasserstoffe bestehen.

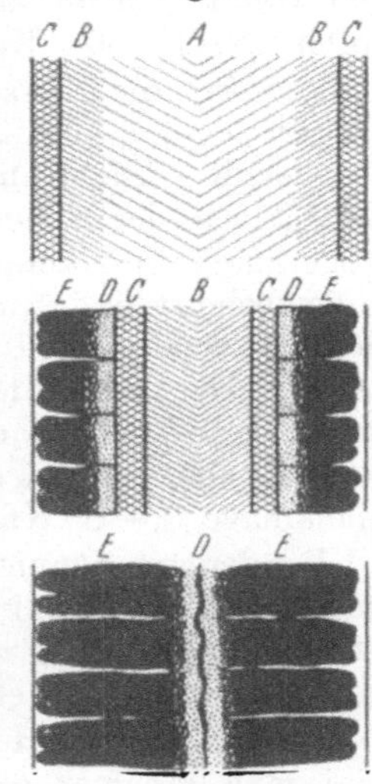

Abb. 106.
Verkokungsvorgang
(nach DAMM).

Die Art und Menge der entstehenden festen und gasförmigen Produkte ist von der Natur der Kohle abhängig. Je höher der Sauerstoffgehalt der Kohle, desto größer ist die Ausbeute an Teer und Ammoniakwasser, desto geringer die Menge an Koks. Von bedeutendem Einfluß ist auch der Grad der Erhitzung. Am Anfang tritt wenig Gas auf und bei niederer Temperatur bilden sich mehr methylierte Derivate des Benzols und Phenols. Bei höherer Temperatur steigt die Menge der Gase und die Bildung von Benzol, Naphthalin, Anthrazen nimmt zu, aber auch die Menge des freien Kohlenstoffs wächst; es steigt ferner die Menge des Teers, dessen spezifisches Gewicht und der Rußgehalt. Bei höchster Erhitzung tritt Zerfall ein, wobei einerseits sehr kohlenstoff-, andererseits sehr wasserstoffreiche Produkte entstehen. Die Ausbeute an Teer sinkt. Ammoniak tritt anfangs wenig, bei mittlerer Temperatur in großen Mengen, bei den höchsten Temperaturen wieder weniger auf.

Die **Temperatur**, welche die Herstellung eines ausgegarten Kokses erfordert, ist 1000—1200° in der Kokskammer. Da nun eine gewisse Zeitdauer erforderlich ist, bis die Temperatur der heißen Ofenwände bis zur Mitte des Kokskuchens dringt, so ist eine bestimmte Garungszeit notwendig; sie ist je nach der Breite der Kammer, der Art der Ofenbeheizung und dem Wassergehalte der Kohle verschieden; sie betrug bei den Bienenkorböfen 2—3 Tage, bei den älteren Nebenproduktkoksöfen 24—48 h, sie konnte bei den neueren Regenerativkoksöfen bis auf etwa 12 h heruntergebracht werden.

Die Koksöfen. Wie schon einleitend angegeben, sind in Amerika und England immer noch zahlreiche Koksöfen ohne Nebenproduktgewinnung (Bienenkorböfen) in Betrieb. Die wirtschaftliche Überlegenheit der neueren Nebenproduktkoksöfen ergibt sich sofort aus folgender Gegenüberstellung des Ausbringens, bezogen auf 100 t Rohkohle.

Im Bienenkorbofen:	Im Nebenproduktkoksofen:
65 t Koks	79 t Koks
keine Nebenprodukte	2,5 t Teer
	1000 kg Ammonsulfat
	450 kg Benzol
	13 500 PS Gaskraftstunden
	(gleich 20 t Kesselkohle)

Der Bienenkorbofen nimmt 4,5—7 t Beschickung auf und liefert jährlich etwa 350 t Koks; die älteren Nebenproduktkoksöfen faßten etwa 7,5 t Kohle, brauchten nur die halbe Garungszeit und lieferten 1200 t Koks im Jahre. Neuere Regenerativöfen in Deutschland fassen 13,3 t Kohle und liefern bei einer Garungszeit von $14^1/_2$ h im Jahre 7500 t Koks. Die größten bisher gebauten Koksöfen sollen täglich 50 t Koks liefern können.

Die für die Herstellung von Hüttenkoks benutzten Koksöfen sind sog. liegende, d. h. die Koksofenkammern sind besonders in horizontaler Richtung entwickelt. Die Kammern messen in der Regel 9—13 m in der Länge, 1,7 bis 4,3 m in der Höhe (im Höchstfalle 6 m), sie haben 0,35—0,55 m Breite. Bisweilen sind die Kammern an der Ausstoßseite etwas erweitert. Sie werden von außen beheizt, und zwar in der Hauptsache durch zahlreiche Heizzüge in den beiden Seitenkammern, oft finden sich auch in der Sohle und in der Decke noch Heizkanäle. Die verschiedenen Koksofensysteme unterscheiden sich vor allen Dingen in der Konstruktion der Heizzüge in den Seitenkammern. Die heutigen Öfen werden nur noch mit senkrechten Heizzügen gebaut. Meist sind in einer Koksofenanlage 30—80 Kammern zu einer Batterie zusammengebaut.

Bei den amerikanischen Bienenkorböfen erfolgt die Verkokung von oben nach unten, der Koks sinkt in der in der Abb. 107 angegebenen Weise zusammen, ist sehr langstengelig und wird maschinell ausgedrückt; Nebenprodukte werden, mit Ausnahme von etwas Teer, nicht gewonnen.

Bei den Koksöfen mit Nebenproduktgewinnung treten heute noch zwei verschiedene Bauarten auf: Abhitzeöfen und Regenerativöfen. Beim Abhitzeofen gehen, nach Abscheidung von Ammoniakwasser, Teer, Benzol, die gesamten Koksgase zur Beheizung der Kammern wieder durch den Koksofen, und die Abhitze der heißen Gase wird zur Dampferzeugung in dahinter geschalteten Kesseln ausgenutzt. Es bleibt fast kein Überschußgas (höchstens bei gasreicher Kohle) übrig. Beim Regenerativofen geht nach Abscheidung der Nebenprodukte nur ein Teil der Koksofengase durch den Ofen, ein anderer dient in den eingebauten Regeneratoren zum Vorwärmen der Verbrennungsluft, und 40—60% der ganzen Gasmenge bleiben für andere Zwecke frei, sie werden unmittelbar zum Betriebe von Gasmaschinen oder als Ferngas benutzt. Der Abhitzeofen ist zur reinen Dampferzeugung vorteilhafter, der Regenerativofen für Kraft- und Ferngas. Bei Verwendung von Gasmaschinen werden im Regenerativofen aus 1 t Kohle 305 PSh gewonnen, im Abhitzeofen auf dem Wege über den Abhitzekessel in der Dampfturbine 168 PSh, in der Kolbendampfmaschine nur 103 PSh. Die Entwicklung der Koksöfen hat sich also fast ganz in der Richtung der Regenerativöfen vollzogen. Das Endglied dieser Entwicklung sind die Öfen für Schwachgasbeheizung, bei denen auch noch der Anteil an hochwertigem Koksgas (Heizwert 4500—4800 WE) für Zwecke der Beleuchtung von Städten (Ferngas) und zur Beheizung von Martinöfen und anderen Öfen auf Hüttenwerken frei wird, der bei den gewöhnlichen Regenerativöfen noch zur Heizung des Koksofens gebraucht wird. In diesen Öfen erfolgt die Beheizung der Kammern durch fremdes Gas, Schwachgas, nämlich Generatorgas (Mischgas) aus Kohle oder Koks, oder Hochofengichtgas. Der Heizwert der Mischgase beträgt aber nur 1000—1200 WE, der des Gichtgases 800—900 WE;

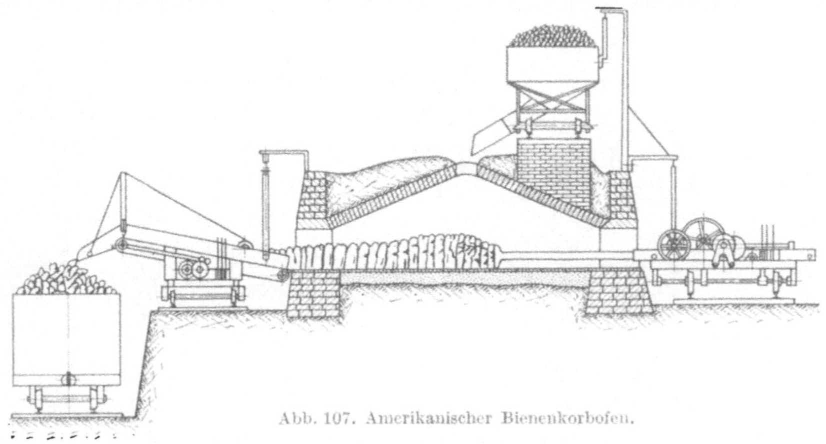

Abb. 107. Amerikanischer Bienenkorbofen.

die nötige hohe Temperatur in den Heizzügen ist durch Vorwärmung der Verbrennungsluft auf 900° nicht zu erreichen, man wärmt deshalb auch die Gase, namentlich Gichtgas, in den Regeneratoren vor. Ein solcher Koksofen für Schwachgas hat also 4 Regeneratoren (Wärmespeicher): je einen zum Anwärmen von Brenngas und von Luft, und zwei, in denen gleichzeitig die Gittersteine wieder aufgeheizt werden. Diesem Zwecke dienen die sog. Verbundöfen, die sich wahlweise mit Starkgas (Koksofengas) oder Schwachgas (Generatorgas, Hochofengichtgas) heizen lassen.

Von den zahlreichen, auf deutschen Kokereien in Verwendung stehenden Ofenkonstruktionen können hier nur einige typische Vertreter ausgewählt und besprochen werden. In der Praxis sind immer eine größere Anzahl der langen schmalen Verkokungskammern zu einer Batterie zusammengebaut, und zwar so, daß jede Verkokungskammer mit den Langseiten an Heizkammern grenzt, so daß also im Ofenblock ständig Koks- und Heizkammern abwechseln. Die in der Heizkammer aufsteigenden Verbrennungsgase erhitzen die Wände der Verkokungskammer auf über 1000°. Da die gleichmäßige Beheizung aller Stellen einer 10 m langen Ofenwand keine ganz einfache Aufgabe ist, so sind hierfür zahlreiche Konstruktionen erfunden worden. Die verschiedenen Ofentypen unterscheiden sich daher in der Hauptsache durch die Art, wie die Beheizung der Kammerwände erreicht wird, während die Formen der Verkokungskammern kaum große Unterschiede aufweisen.

In den folgenden Abbildungen ist aus den rechts stehenden Schnitten der Zusammenbau der Koks- und Heizkammern deutlich zu erkennen.

Die langen schmalen Verkokungskammern sind an beiden Enden mit eisernen Türen verschlossen, welche mit feuerfesten Steinen ausgefüttert sind, sie werden, wenn der Koks ausgegart ist, maschinell gehoben und der fertige, glühende Kokskuchen wird durch eine Ausdrückmaschine aus der Kammer herausgeschoben und sofort mit Wasser abgelöscht. Die Füllung der Kammern mit frischer Kohle geschieht durch drei in der Ofendecke angeordnete Füllöffnungen von einem über die ganze Länge der Batterie fahrenden Füllwagen. Wenn die Kohlenqualität es erforderlich macht (Schlesien, Saar), stampft man auch die Kohle vor dem Einsatz in einen eisernen Kasten, der in der Form genau dem Innenraum der Kammer entspricht, und schiebt den gestampften Kohlenkuchen in die heiße Verkokungskammer ein. Nach Schließung der Türen entwickeln sich Destillationsgase, welche (wie bei den Leuchtgasöfen) durch ein Steigrohr am Ende der Kammer abziehen und in eine über die ganze Ofenbatterie laufende

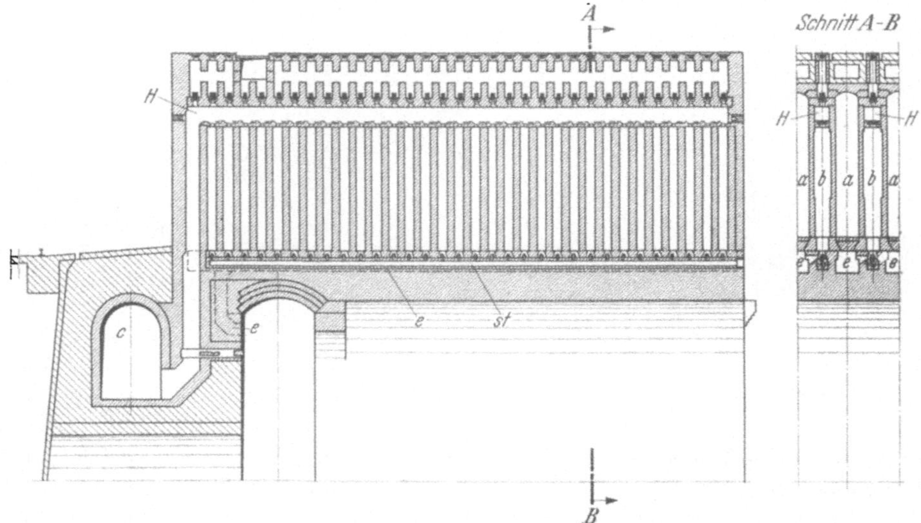

Abb. 108. Abhitzekoksofen von Koppers.

gemeinsame „Vorlage" treten, wo sich ein Teil des Teers und des Ammoniakwassers kondensieren.

Abb. 108 zeigt links einen Längsschnitt durch die Heizkammer eines Abhitzekoksofens von Koppers, rechts einen Querschnitt durch die nebeneinanderliegenden Heizkammern b und die Kokskammern a. Unterhalb der Heizkammern sind die Brenner der einzelnen Heizzüge und die Starkgasleitung st angeordnet. Unter den Verkokungskammern verlaufen die Sohlkanäle e, durch welche von dem unter dem Ofen liegenden Begehungskanal aus den Brennern die nötige Verbrennungsluft zugeführt wird. Die Verbrennungsgase steigen in den Heizzügen auf, werden im oberen Horizontalkanal H gesammelt und fallen am Kopfende der Heizwand durch einen senkrechten Kanal in den Abhitzekanal c. Sie durchströmen dann eine Batterie Abhitzekessel, wo die noch ungefähr 1000° heißen Gase ihre Wärme zur Dampferzeugung abgeben. Die Verkokungskammern haben im allgemeinen eine Länge von 10 m, eine Höhe von 2 m und eine Breite von 0,5 m. Die Abhitzeöfen spielen heute nicht mehr dieselbe Rolle wie früher, sie werden aber auf Zechen, die einen großen Dampfverbrauch haben, immer noch gebaut.

Ganz anders eingerichtet sind die Regenerativkoksöfen. Als Beispiel ist in Abb. 109 ein Regenerativofen der Firma Heinrich Koppers im

Schnitt wiedergegeben. Dieser Regenerativofen ist so eingerichtet, daß er auch als Verbundofen betrieben werden kann, d. h. die Beheizung kann wahlweise mit Starkgas (Koksgas) oder Schwachgas (Generatorgas, Gichtgas) durchgeführt werden.

Bei den Regenerativöfen dient der Wärmeinhalt der Verbrennungsgase nicht zur Dampferzeugung, sondern zur Vorwärmung der Verbrennungsluft, wenn mit Starkgas geheizt wird; er dient zum Anheizen der Verbrennungsluft und des Schwachgases, wenn Generatorgas oder Gichtgas als Heizgase Verwendung finden.

Die Abb. 109 zeigt einen Längsschnitt und einen Querschnitt durch den Ofen. Im Längsschnitt geht links der Schnitt durch die Verbrennungskammer, rechts durch die Verkokungskammer.

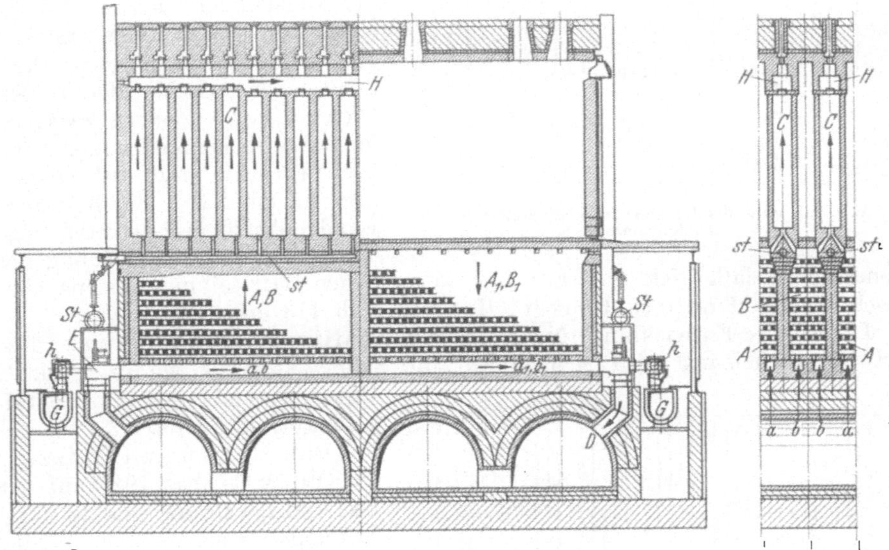

Abb. 109. Regenerativkoksofen von Koppers.

Die Regeneratoren, das sind die mit feuerfestem Material ausgesetzten Wärmespeicher, sind bei den verschiedenen Ofenkonstruktionen ganz verschieden angeordnet. Bei den Koppers-Öfen erstrecken sich die Regeneratoren in der Längsrichtung der Kammern. Die Seitenwände derselben sind zugleich Tragpfeiler des Oberbaues. Wenn der Ofen in Betrieb ist, tritt (in der linken Hälfte des Ofens) die Verbrennungsluft durch das Kniestück E und die Kanäle a, b in die Wärmespeicher A und B, heizt sich hier an der heißen Steinfüllung auf und gelangt zu den Brennern, wo sie mit dem Koksgas aus der Leitung St zusammentrifft und dieses verbrennt. Die Verbrennungsgase steigen in den Heizzügen C hoch und sammeln sich im Horizontalkanal H. Es wird also nur die eine Hälfte des Ofens aufgeheizt. In dieser Zeit ziehen die heißen Verbrennungsgase im Horizontalkanal H in die andere, genau so eingerichtete Ofenhälfte, verteilen sich dort über die Heizzüge C und gelangen absteigend in die Regeneratoren A_1 und B_1, wo sie ihre Wärme an die Steinfüllung abgeben; dann verlassen sie durch die Kanäle a_1, b_1 und den Abhitzekanal D den Ofen. Nach Verlauf einer halben Stunde wird umgeschaltet. Jetzt wird die rechte Ofenhälfte aufgeheizt und die Gase ziehen unter Aufwärmung der Wärmespeicher der linken Seite dort in den Abhitzekanal. Den Gang der Heizgase in einem Koppersschen Regenerativofen illustriert die Skizze Abb. 110 sehr anschaulich.

Soll der Ofen als Verbundofen betrieben werden, soll also das vorher zur Beheizung notwendige Starkgas auch noch für andere Zwecke verwendet und Schwachgas zur Beheizung benutzt werden, so muß außer der Luft auch noch das Schwachgas vorgewärmt werden. Das Schwachgas kommt durch Leitung G zum Ofen und tritt durch Hahn h in die Verteilungskanäle a, b unter die Regeneratoren. Jetzt werden aber die nebeneinander liegenden Regeneratoren nicht für den gleichen Zweck benutzt, sondern es dient z. B. die Gruppe A zur Anwärmung des Schwachgases, die Gruppe B zur Anwärmung der Luft. Die Starkgasleitung ist selbstverständlich abgesperrt.

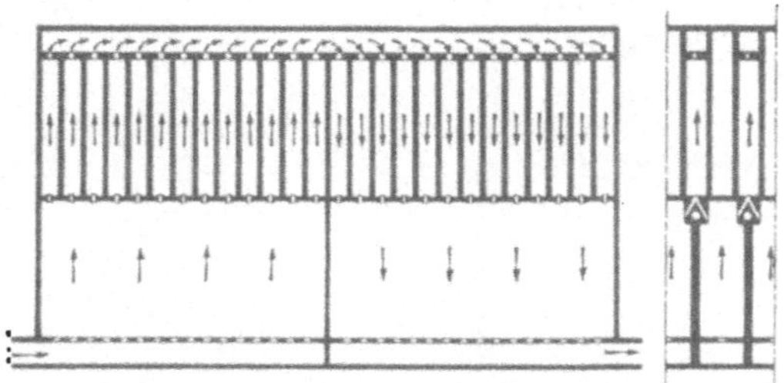

Abb. 110. Gang der Heizgase im Regenerativofen von Koppers.

Bei den Kopperssschen Doppelöfen (1927) wurde weiter noch die Heizkammer in der Längsachse in 4 Einzelregeneratoren aufgeteilt, es findet der Gaswechsel nicht mehr zwischen den beiden Ofenhälften, sondern zwischen je zwei nebeneinander liegenden Ofenvierteln statt, wir haben also auf der Länge der Kammerwand 2 Aufstiege und 2 Abstiege der Gase. Diese Anordnung der Generatoren läßt sich gut aus der körperlichen Darstellung des nachher beschriebenen Koppers-Becker-Ofens in Abb. 113 erkennen.

Die weitere Entwicklung führte zur sog. Zwillingszugbeheizung. Diese Art der Beheizung wird schematisch durch die Abb. 111 veranschaulicht.

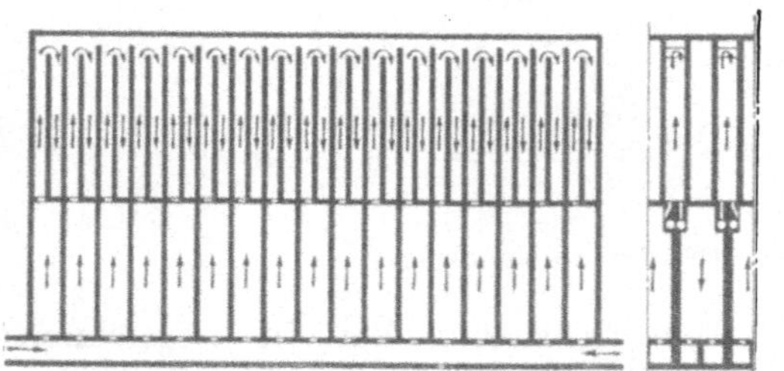

Abb. 111. Gang der Heizgase bei Zwillingszugbeheizung.

Unter Wegfall des Horizontalkanals erfolgt hier der Zugwechsel von Heizzug zu Heizzug. Dr. Otto & Co. hat 1927 auf der Zeche Bruchstraße eine Batterie Zwillingszugverbundöfen gebaut, welche seiner Zeit die ersten Großkammeröfen von außergewöhnlichen Abmessungen waren: 13,6 m Länge, 4,5 m Höhe, 0,45 m Breite, Ofenfüllung 18,25 t trockene Kohle, Ofenleistung 26,4 t/Tag.

Jede Heizgasflamme weist nach oben zu einen geringen Temperaturabfall auf, was bei zunehmender Kammerhöhe den Nachteil verursacht, daß die obersten Kokspartien nicht völlig ausgaren. Diesem Umstande hat man in verschiedener Weise entgegenzuarbeiten versucht. Bei den Koppers-Öfen geschieht das durch die Beckersche Überführung der Verbrennungsgase über die Ofendecke. Der Koppers-Becker-Ofen ist namentlich in Amerika viel in Anwendung. Bei dieser Ofenkonstruktion treffen vorgewärmte Luft und Starkgas wie beim Koppersschen Regenerativofen zusammen, die Heizflamme steigt in den Zügen auf und die Verbrennungsgase sammeln sich in dem Horizontalkanal. Von diesem gehen nun aber Überführungskanäle K (Schnitt Abb. 112), von denen etwa fünf auf der ganzen Kammerlänge verteilt sind, über die Kammerdecke hinüber zu der Heizkammer auf der anderen Seite der Verkokungskammer, steigen in den Heizzügen abwärts und treten durch die Regeneratoren nach Abgabe ihrer Wärme aus. Es wird also immer eine ganze Heizkammer von Frischgasen, die andere von Abgasen durchströmt. Bei Beheizung dieser Ofenart mit Fremdgas dient auch, wie vorher in Abb. 109 schon beschrieben, der eine

Regenerator (*A*) zur Luftvorwärmung, der andere (*B*) zur Schwachgasvorwärmung. Der Verlauf von Frischgas und Luft, der Verbrennungs- und Abgase in einem solchen Koppers-Becker-Ofen ist sehr anschaulich an dem in Abb. 113 zur Darstellung gebrachten Modell zu erkennen.

Die weitere Fortentwicklung in bezug auf die Notwendigkeit, die hohen Kokswände, namentlich bei Starkgasbeheizung, gleichmäßig zu erhitzen, hat noch zu zwei weiteren Beheizungsarten geführt.

Beim Koppersschen Verbundkreisstromofen (1929) wird von dem Kunstgriff Gebrauch gemacht, dem Heizgase oder der Verbrennungsluft einen Teil der Verbrennungsgase, d. h. der Abgase, beizumischen, indem Verbrennungsgase aus dem Abgasheizzug durch eine Öffnung am unteren Ende der Zwischenwand in den beflammten Heizzug hinübergesaugt werden; hierdurch entsteht der sog. Kreisstrom. Die Anwendung des Kreisstroms ist nur bei Koksöfen mit Zwillingsheizzügen möglich. Die Konstruktion des Koppersschen Verbundkreisstromofens zeigt Abb. 114 in einem Schnitt durch die Heizwand und in einem Querschnitt.

Bei Starkgasbeheizung wird das Starkgas auf beiden Seiten der Koksofenbatterie durch die Kanäle *c* im Kopfe der Regeneratorwand den Heizzügen jeder einzelnen Heizwand zugeführt; einer dieser Kanäle ist immer unter Gas, der andere ist abgesperrt. Die Verbrennungsluft durchströmt den Regenerator *A* und verteilt sich zur Hälfte auf die oberhalb des Regenerators liegenden und mit ihm unmittelbar in Verbindung stehenden Heizzüge, die andere Hälfte geht

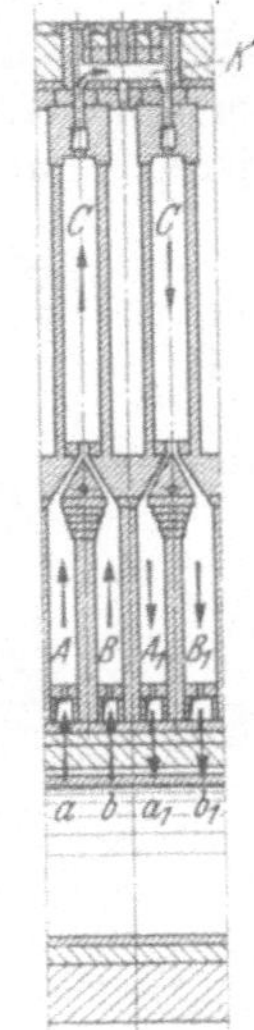

Abb. 112.
Koppers-
Ofen mit Überführungskanal.

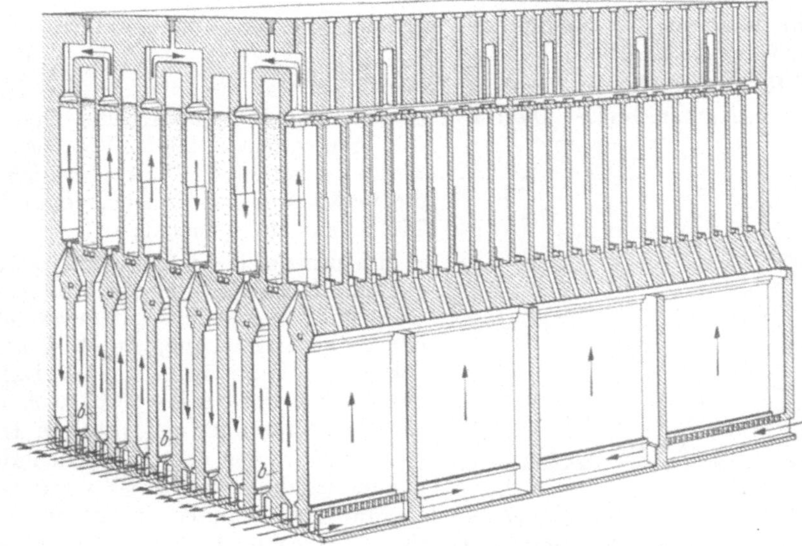

Abb. 113. Modell eines Koppers-Becker-Koksofens.

durch den Verteilungskanal *a* zur anderen Wandhälfte und verteilt sich auf die dortigen Heizzüge. Das Starkgas brennt auf der ganzen Wandseite und steigt in den ungradzahligen Heizzügen hoch, während die Verbrennungsgase durch die gradzahligen Heizzüge der Heizwand abziehen; sie strömen direkt oder durch den Verbrennungskanal *b* dem Regenerator *B* zu und verlassen den Ofen.

Bei Schwachgasbeheizung dienen die nebeneinander liegenden Regeneratoren einer Ofenhälfte zur Vorwärmung von Schwachgas und Verbrennungsluft, der Luftregenerator liegt immer neben dem Schwachgasgenerator.

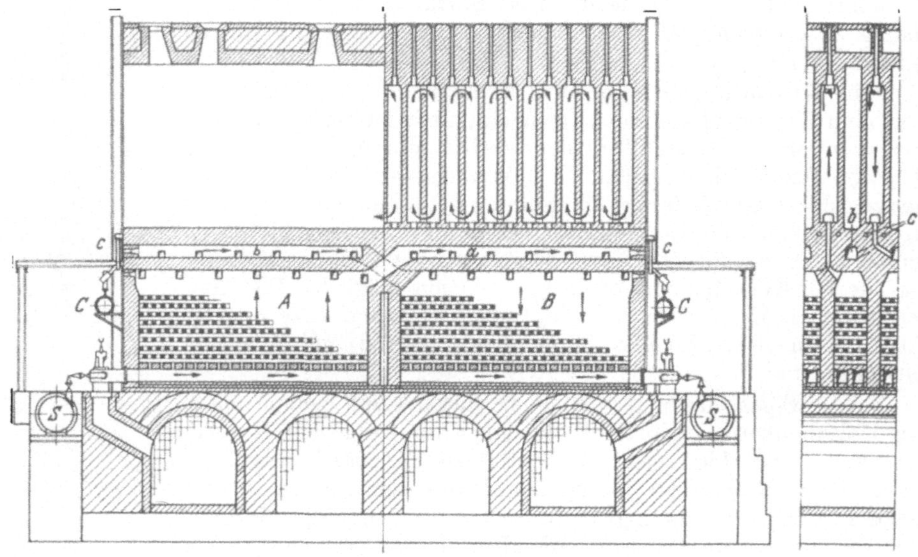

Abb. 114. Verbundkreisstromofen von Koppers.

Zum besseren Verständnis des Strömungsverlaufs im Verbundkreis stromofen ist die Abb. 115 beigefügt.

Die Kreisstromöfen in Hamborn haben 3,5 m Kammerhöhe, 10,15 m Länge und 0,45 m Kammerbreite. Die Garungszeit beträgt 18 h, die Arbeitstemperatur mit Schwachgas 1290°. Von der gesamten zugeführten Wärme werden für die Verkokung und Wasserverdampfung 74,2% nutzbar gemacht.

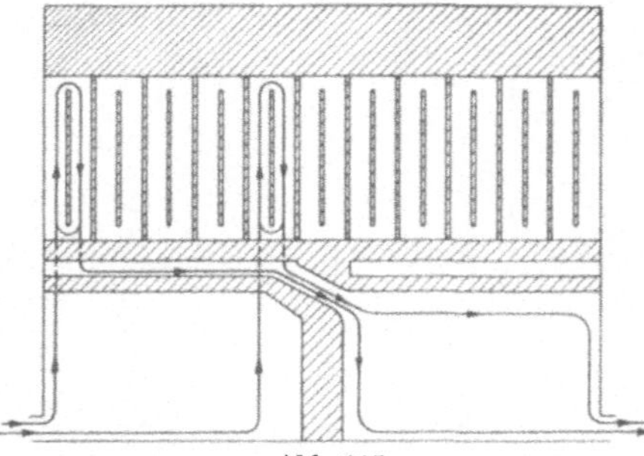

Abb. 115.
Strömungsverlauf im Verbundkreisstromofen.

In prinzipiell anderer Art bewerkstelligt die Firma Carl Still die gleichmäßige Beheizung der Kammerwand in der Höhenerstreckung, durch stufenweise Verbrennung der Heizgase (Abb. 116). Der Stillsche Koksofen ist ein Regenerativofen mit oberem Horizontalkanal. Aus dem unter den Heizkammern hinlaufenden Gasverteilungskanal tritt das Gas (Starkgas) durch zahlreiche Gasdüsen in die einzelnen Heizzüge. In den Heizwandbindern sind senkrechte Luftzufuhrkanäle ausgespart, welche vier übereinanderliegende, beiderseits in die Heizzüge einmündende Luftaustrittsstellen aufweisen. Die Luftkanäle in den Bindern stehen durch Seitenkanäle am Boden mit dem Sohlkanal unter der Kokskammer in Verbindung. In jedem Heizzuge strömt durch eine Düse am Boden das Heizgas aus, die Verbrennungsluft wird ihm an vier übereinanderliegenden Stellen in 4 Teilmengen zugeführt, die nach bestimmten Grundsätzen bemessen sind. Auf diese Weise gelingt die gewünschte Auseinanderziehung der Flamme für alle möglichen Betriebsverhältnisse und Ofengrößen. Über den Heizzügen verläuft der Sammelkanal für die Verbrennungsgase.

Die 60 Still-Öfen der Odertalkokerei in Deschowitz messen 3,9 m in der Höhe, haben 13 m Länge und 0,49—0,52 m Breite. Dagegen sind 1930 auf der Kokerei Nordstern 96 STILLsche Regenerativverbundöfen von 6 m Höhe, und 12,44 m Länge, bei 0,45 m Breite in Betrieb genommen worden. Jede Kammer faßt 28 t Kokskohle; bei einer Garungsdauer von 21 h leistet eine solche Kammer 25 t Koks täglich.

Die Breite der Ofenkammern beträgt bei 60% der Öfen des Ruhrgebiets 450—500 mm, 27% haben 400—450 mm, und nur 13% arbeiten mit schmäleren Kammern. Die Schmalkammeröfen in Waldenburg verarbeiten ungestampfte niederschlesische Kohle in Kammern von 350 mm. Die Höhe der Kammern beträgt bei $^2/_3$ aller Kammern 2—3 m, $^1/_4$ hat 3—4 m Höhe.

Bei anderen Koksofenkonstruktionen sucht man durch Verjüngung der Kokskammer nach oben zu (KOPPERS) oder durch Überführung der Heizgase über die Kammerdecke (BECKER) eine bessere Erhitzung der oberen Kokspartien (die sonst leicht ungar bleiben) zu erreichen.

Andere Koksofenbaufirmen suchen die gleichmäßige Beheizung auf andere Weise zu erzielen. Im Verbundofen von COLLIN läßt man das Gas in den Heizzügen von unten nach oben und nach Umstellung der Zugrichtung von oben nach unten brennen. HINSELMANN verwendet bis zu Kammerhöhen von 3 m gewöhnliche Beheizung in den Zügen, bei größeren Höhen

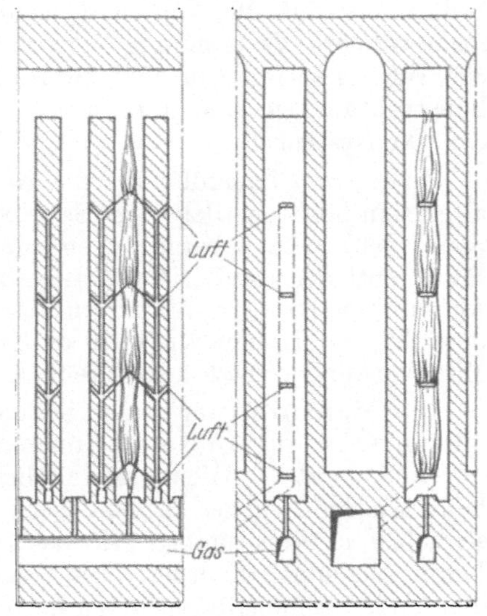

Abb. 116.
Stufenweise Gasverbrennung von S t i l l.

ist eine Beheizung der Ofenkammern in verschiedener Höhe vorgesehen. 75 Hinselmannsche Verbundöfen mit Stufenbeheizung und Gruppenzug (4,5 m Höhe, 13 m Länge, 0,48 m Kammerbreite) sind auf dem Steinkohlenwerk Rheinpreußen der Gewerkschaft Rheinland in Betrieb.

Wie die Leistungsfähigkeit der Koksöfen gesteigert worden ist, ergibt sich aus folgender Tabelle:

Ofensystem	Baujahr	Länge m	Höhe m	Breite m	Garungs-zeit h	Leistung einer Ofen-kammer in 24 h (Trockenkohle) t
Coppée-Ofen	1860	8	1,2	0,9	40	4
Otto-Hoffmann-Ofen. . . .	1883	9	1,6	0,6	48	3
Ottos Unterbrennerofen. . . .	1896	10	1,9	0,5	30	5
Koppers-Verbundofen	1911	10	2,9	0,53	28	8,9
Koppers-Verbundofen mit verjüngter Kammer	1917	10	2,9	0,40	18	10,5
Koppers-Becker-Verbundofen	1922	11,3	3,4	0,36	12	19
Stills Regenerativofen	1925	12,6	4	0,38	14,5	21,6
Ottos Zwillingszugofen	1927	13,6	4,5	0,45	—	26,4
Koppers Kreisstromofen . . .	1929	13	4	0,40	13	26,6

Über die Beteiligung der verschiedenen Ofensysteme an der Gesamtkokserzeugung im Ruhrbezirk und über die fortschreitende Verschiebung in

der Bevorzugung der einzelnen Systeme gibt nebenstehende kleine Übersicht Aufschluß.

	1932		1937	
	Öfen	%	Öfen	%
Abhitzeöfen . . .	3 546	22,6	2 799	21,5
Regenerativöfen .	7 980	50,9	5 877	44,7
Verbundöfen . .	4 113	26,5	4 468	33,8
	15 639	100	13 144	100

Der Wärmebedarf zur Verkokung von 1 kg Kokskohle erforderte vor einigen Jahren noch 600—700 WE. Bei den neueren Ofenkonstruktionen ist es jetzt gelungen, den Wärmebedarf bis auf 400 WE und weniger herunterzudrücken. Still-Öfen mit mehrstufiger Verbrennung erfordern 366—400, Koppers-Kreisstromöfen 374 WE. Diese Werte sind zwar das Kennzeichen einer zweckmäßigen Ofenkonstruktion, sie sind aber nicht ausschlaggebend für die Wirtschaftlichkeit des Ofensystems.

Zubehör. Baustoffe für die Koksöfen sind feuerfeste Steine, früher ganz allgemein hochtonerdehaltige Schamottesteine. In den letzten Jahrzehnten ist man mehr dazu übergegangen für die Kammern saure, 94—96% Kieselsäure enthaltende Silikasteine oder Dinassteine zu verwenden. Diese weisen eine bessere Wärmeleitfähigkeit auf und werden viel weniger von dem in den Kohlen vielfach enthaltenen Kochsalz angegriffen und zerstört. Man verwendet jetzt ausschließlich saures Steinmaterial.

Die Ofentüren auf beiden Seiten der Kammern bestanden bei den niedrigen älteren Öfen aus Gußeisen, innen mit feuerfesten Steinen ausgemauert, die durch eine auf der Ofenbatterie fahrbare Kabelwinde zur Öffnung der Kammer beim Ausdrücken des Kokskuchens gehoben wurden. Da die Türen luftdicht schließen müssen, mußten sie nach der Füllung der Kammer von Hand mit Lehm verschmiert werden. Die neueren hohen Kammern haben meist „selbstdichtende“ schmiedeeiserne Türen, die durch Asbestdichtungen gedichtet sind, oder bei denen Eisen auf Eisen gepreßt wird. Sie werden durch die Ausdrückmaschine abgehoben und bedient.

Das Ausdrücken des Kokskuchens geschieht durch eine fahrbare Ausdrückmaschine, welche eine auf Rollen laufende Zahnstange mit einem den Querschnitt der Kammer ausfüllenden Druckkopf in die Kammer hineinschiebt und den Koks auf der Gegenseite herausdrückt. Diese Ausdrückmaschine trägt und betätigt in der Regel auch noch die Planierstange zur Einebnung der eingeschütteten Kohlenmasse, ebenso die Türabhebevorrichtung, vielfach auch die Stampfeinrichtung des Kohlekuchens.

Das Ablöschen des ausgestoßenen Kokskuchens muß sofort geschehen. Es geschah und geschieht teilweise noch mit der Hand durch Bespritzen mit Wasser. Bei neueren Anlagen fällt der rotglühende Koks auf einen Löschwagen, der unter einen Löschturm gefahren und dort durch eine abgemessene Wassermenge abgelöscht wird. Auch Trockenkühlung ist versucht worden. Der Koks geht als Stückkoks (über 80 mm) weg oder wird gebrochen und in Würfel (50—80 mm), Nuß I (30—50 mm), Nuß II (20—35 mm), Nuß III (10—20 mm), Nuß IV (5—10 mm) und Koksasche (unter 5 mm) sortiert.

Der **Koks** der Kokereien hat silbergraue Farbe; er ist nicht so dicht wie Gaskoks; letzterer dient hauptsächlich für Feuerungszwecke. Guter Hochofenkoks muß weniger als 9% Asche, unter 4% Feuchtigkeit, unter 1% Schwefel, Gießereikoks unter 8% Asche, unter 4% Feuchtigkeit, unter 0,8—0,9% Schwefel, enthalten, der Abrieb darf bei beiden 6% nicht überschreiten. Hochofenkoks muß porös, Gießereikoks dicht sein, poröser Koks fördert die Kohlenoxydbildung, dichter die Kohlensäurebildung. Dichter Koks hat einen Porenraum von 26%, poröser von 50%; das scheinbare spezifische Gewicht ist 0,84—0,96, das wirkliche (ohne Porenraum) 1,2—2,0. 1 m³ Koks wiegt rund 450 kg. Die Entzündungstemperatur liegt bei 700° (Kohle bei 326°). Die Festigkeit, welche bei Hochofenkoks sehr wichtig ist, beträgt bei Ruhrkoks 120—175 kg/cm², bei gestampftem Saarkoks 120—140 kg, ungestampft 60—80 kg/cm², bei gestampftem ober-

schlesischem Koks 120—170 kg, bei niederschlesischem Koks 160—180 kg. Die Abhängigkeit der Zusammensetzung der Kokssubstanz von der Verkokungstemperatur zeigt nebenstehende Abb. 117.

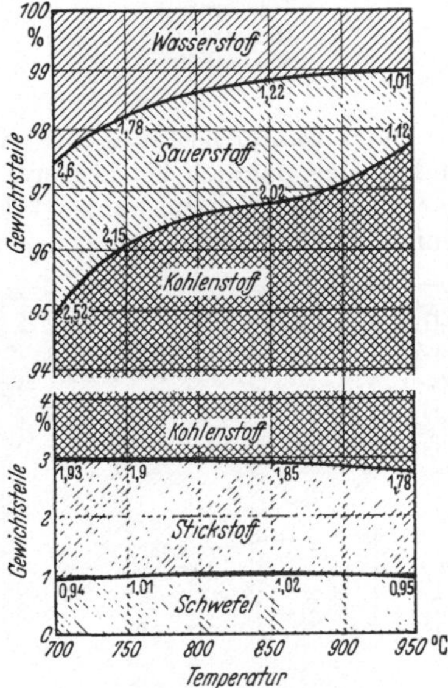

Abb. 117. Zusammensetzung des Kokses bei verschiedenen Temperaturen.

Als „Hüttenkoks" oder „Koks" bezeichnet man im technischen Sprachgebrauch nur den bei mindestens 1000—1100° gewonnenen Verkokungsrückstand, andere Koksarten werden als „ungar" angesehen. Gießerei- und Hochofenkoks haben im Mittel 96,2—97,2% Kohlenstoff, 0,3—0,6% Wasserstoff, 0,9—1,0% Sauerstoff, 0,6—1,4% Stickstoff und 0,7 bis 1,4% Schwefel, bezogen auf wasser- und aschefreie Substanz. Der Heizwert der Kokssubstanz beträgt 7860—7970 WE. Der Heizwert des technischen Kokses mit dem durchschnittlichen Aschen- und Wassergehalte beträgt dagegen nur 6700—7300 WE, im Mittel 7000 WE.

Rohgas und Teer. Aus 1000 kg trockener Kokskohle erhält man bei der Verkokung etwa 300—330 m³ Rohgas; dieses führt ungefähr 100—125 g Teer, 30 g rohe Benzolkohlenwasserstoffe, 7—11 g Schwefelwasserstoff, 8—9 g Ammoniak und 0,5—1 g Cyanwasserstoff je m³ mit sich.

Als Beispiel sind nachstehend die Destillationsergebnisse zweier deutscher Kohlen angeführt.

	Zeche Matthias Stinnes Gew.-%	Zeche Deutschland Gew.-%
Koks	75,43	85,38
Ammoniak.	0,386	0,341
Wasser	6,21	2,57
Kohlensäure	1,46	0,67
Schwefelwasserstoff	0,31	0,20
Teer	2,49	1,12
Rohbenzol	1,27	0,54
Koksofengas	12,44	9,18

Die verschiedenen deutschen Kohlenvorkommen zeigen bei der Verkokung gewisse typische Unterschiede. Aus 100 kg trockener Kokskohle erhält man im Durchschnitt in:

Westfalen . . . 2,7 kg Teer, 1,2 kg Ammonsulfat, 0,5 kg Benzol, 76 kg Koks
Oberschlesien . 4,2 kg „ 1,3 kg „ 0,5 kg „ 68 kg „
Saarrevier . . . 4,2 kg „ 0,8 kg „ 0,5 kg „ 70 kg „

Die Zusammensetzung der Destillationsgase beider obiger Kohlen war folgende:

	Zeche Matthias Stinnes %	Zeche Deutschland %
Schwere Kohlenwasserstoffe .	4,6	1,7
Kohlenoxyd	7,1	3,9
Wasserstoff	51,4	65,3
Methan	34,7	26,8
Stickstoff	2,2	2,3

Die Zusammensetzung des Koksgases kann ziemlich stark schwanken, sie ändert sich nämlich bei längerer Dauer der Garungszeit in der Weise, wie das nachstehende Schema anzeigt (Abb. 118). Anfangs treten viel Methan und einige Prozent schwere Kohlenwasserstoffe auf, die bei höheren Temperaturen, d. h. längeren Garungszeiten, mehr und mehr zerfallen. Dabei tritt Kohlenstoffabscheidung und eine Zunahme der Wasserstoffbildung ein. Der obere Heizwert des Koksofengases beträgt im Rohzustand etwa 5000 WE, nach der Entfernung der Nebenprodukte (Benzol) rund 4500 WE. Im allgemeinen hält sich die Zusammensetzung des Rohgases in folgenden Grenzen.

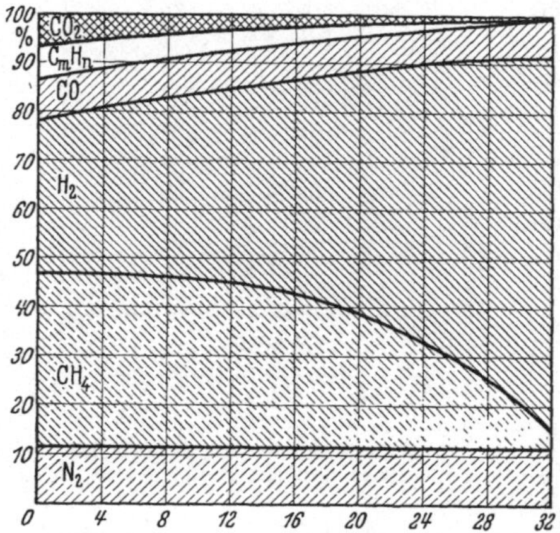

Abb. 118. Zusammensetzung der Koksgase.

Schwere Kohlenwasserstoffe + Teer 1—5%
Benzol. . . . . 0,6—1,5%
Methan . . . . 30—36%
Wasserstoff . . . . 50—59%
Kohlenoxyd . . . . 5—10%
Kohlensäure . . . . 0,7—1,5%
Schwefelwasserstoff . . . . . 0,1—0,4%
Stickstoff und Ammoniak . . . 1—6%

Der **Steinkohlenteer** ist eine schwarze, ölig-zähflüssige Masse, die in Hauptsache aus Kohlenwasserstoffen, Säuren, Phenolen und Basen besteht. Zusammensetzung und Menge wechseln je nach der Art der Kohle, Garungsdauer, Temperatur usw. Die Ausbeute an Teer beträgt bei Kokereien 2,5—4,5% (bei Gaswerken 3,5—6%, bei der Schwelerei von Braunkohlen 10—15%). Der Heizwert beträgt rund 8500 WE (weiteres über Teer bringt der Abschnitt „Steinkohlenteer").

Gewinnung der Nebenprodukte. Bei der Kokerei wurden früher als Nebenprodukte nur gewonnen: Teer, Ammoniak und Benzol. Solange das Koksgas allein zur Beheizung der eigenen Öfen diente, lag keine Veranlassung vor, sich mit der Beseitigung von Naphthalin, Cyan und Schwefel zu beschäftigen, wie es die Leuchtgasfabrikation tun muß. Seitdem aber Koksgas als Ferngas auch für Beleuchtungszwecke abgegeben wird, sind auch ähnliche Reinigungsmethoden in der Kokerei eingeführt worden. Die Beseitigung von Teer und Ammoniak geschieht auf Kokereien in prinzipiell derselben Weise wie bei der Leuchtgasherstellung.

Das **Rohgas** ist ein gelbbraunes Gemisch von Gasen und Dämpfen, es enthält: Wasserstoff, Methan, ungesättigte Kohlenwasserstoffe, Kohlensäure, Stickstoff, Ammoniak, Schwefel- und Cyanwasserstoff in Gasform, Wasserdampf, Benzol nebst Homologen und Teer in Dampfform. Das heiße Gas tritt aus den Öfen durch Steigrohre in eine der ganzen Ofenbatterie gemeinsame muldenförmige Vorlage (vgl. Abb. 130, S. 184) kühlt sich dabei auf 400—350° ab, wobei sich ein Teil des Teeres kondensiert. Zur Vermeidung von Ansätzen von Dickteer in der Vorlage wird ununterbrochen mit dünnem Teer aus der Sammelgrube nachgespült; der Teer fließt in die Teergrube. Die Gase werden in eine Sammelleitung abgesaugt, wobei sie sich auf 180° abkühlen. Die weitere Abkühlung bis auf Luft- bzw. Wassertemperatur geschieht in ähnlichen Ringluftkühlern und Röhrenwasserkühlern wie auf den Gaswerken. Heute verwenden Gaswerke wie Kokereien meist Wasserkühler mit horizontal eingebauten Kühlröhren nach Reutter, Otto, Still, Koppers u. a. Abb. 119 erläutert die Einrichtung eines Intensivkühlers von Otto. Das Gas wird bei diesen Kühlern immer von oben nach unten geleitet. Die Kühler haben eine gute Kühlwirkung, gleichzeitig wird durch Stoßwirkung des Gases eine intensive Teerscheidung erzielt. Die Reinigung der Kühlrohre kann leicht durch die außen angebrachten Krümmer erfolgen, jeder Wasserrohrstrang ist für sich ausschaltbar. Der Kühler von Koppers hat vertikale Rohre, das Gas tritt unten ein und aus, muß aber im Kühler zwangsläufig zweimal auf- und absteigen (Abb. 120). Bei Abkühlung der Gase bis auf 20° sind 90—95% des Teers und etwa $^3/_4$ des Ammoniaks als Ammoniakwasser (mit 0,8 g NH_3 im Liter) kondensiert. Teer und Ammoniakwasser fließen nach den Teer- und Ammoniakwassergruben ab, wo sie sich nach ihrem spezifischen Gewicht trennen. Das Gas wird von einem Gassauger zur Befreiung von den noch vorhandenen Teerresten in einen Teerscheider und dann nach nochmaliger Kühlung in die Ammoniakwäscher gedrückt. Als Teerscheider dient in der Mehrzahl der Fälle der Apparat von PELOUZE und AUDOUIN (s. Abb. 83, S. 139). Andere ähnlich konstruierte Apparate benutzen ebenfalls die Stoßverdichtung von PELOUZE. Der Teerscheider von Koppers (vgl. Abb. 84, S. 140) ist mit liegenden drehbaren Stoßverdichtungsglocken ausgestattet. Die Teerscheider, welche die Entteerung durch Einspritzen oder Zerstäuben eines feinen Teerstrahles erreichen, werden bei dem Ammoniakgewinnungsverfahren besprochen werden. Schnell laufende Turbosauger (Schleudergebläse), welche

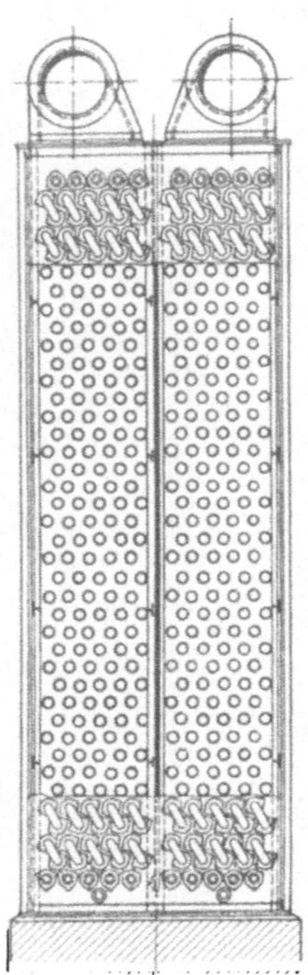

Abb. 119.
Intensivkühler von
Dr. Otto & Co.

jetzt zum Ansaugen und Weiterdrücken des Koksgases benutzt werden, entteeren ebenfalls durch ihre Schleuderwirkung recht kräftig. Mehr und mehr führt sich auch die elektrische Gasreinigung nach COTRELL-MÖLLER (Bauart Lurgi) ein, deren Prinzip später bei „Schwefelsäure" näher erläutert ist. Mit Pelouze-Apparaten kann man den Teer bis auf 0,2—0,5 g, mit Turbogebläsen bis 0,08—0,2 g, mit elektrischer Reinigung bis 0,06 g/m³ Gas entfernen. Auch Rieseltürme, die mit Raschig-Ringen (vgl. Abb. 86, S. 140) gefüllt sind, werden verwendet. Das Gas tritt unten heiß ein, von oben tropft kalter Teer über die Ringe.

Ammoniak wird bei dem sog. „indirekten" Verfahren (nachdem aus dem Rohgas Teer und Ammoniak durch Abkühlung soweit wie möglich entfernt ist) in Waschtürmen anfangs durch schwaches Gaswasser, zum Schluß mit frischem Wasser, aus dem Gase völlig ausgewaschen. Diese Waschtürme sind stehende Hordenwascher, wie ihn die Abb. 121 in stark verkürzter Form zeigt. Sie haben 2—3 m Durchmesser, 15—35 m Höhe und sind mit Holzhorden (ZSCHOCKE) ausgesetzt (vgl. auch Abb. 87, S. 141). Das von den Horden-

waschern, von denen immer mehrere hintereinander geschaltet sind, abfließende
Ammoniakwasser, das sog. „Starkwasser", hat einen Gesamtammoniakgehalt
von 1—2% (davon sind etwa 1,5% freies NH_3, 0,4% gebundenes NH_3). Dieses
Ammoniakwasser geht später auf die Destillierapparate zur Herstellung von
„verdichtetem" Ammoniakwasser, meist aber zur Verarbeitung auf Ammonsulfat (s. Ammoniak). In Kolonnenapparaten wird das freie Ammoniak durch
Dampf, das gebundene, nach Zersetzung durch Kalkmilch, ausgetrieben. Das
Ammoniakgas wird nach Durchgang durch einen Wasserabscheider in Sättigungsapparaten in Schwefelsäure aufgefangen und als Sulfat gebunden.

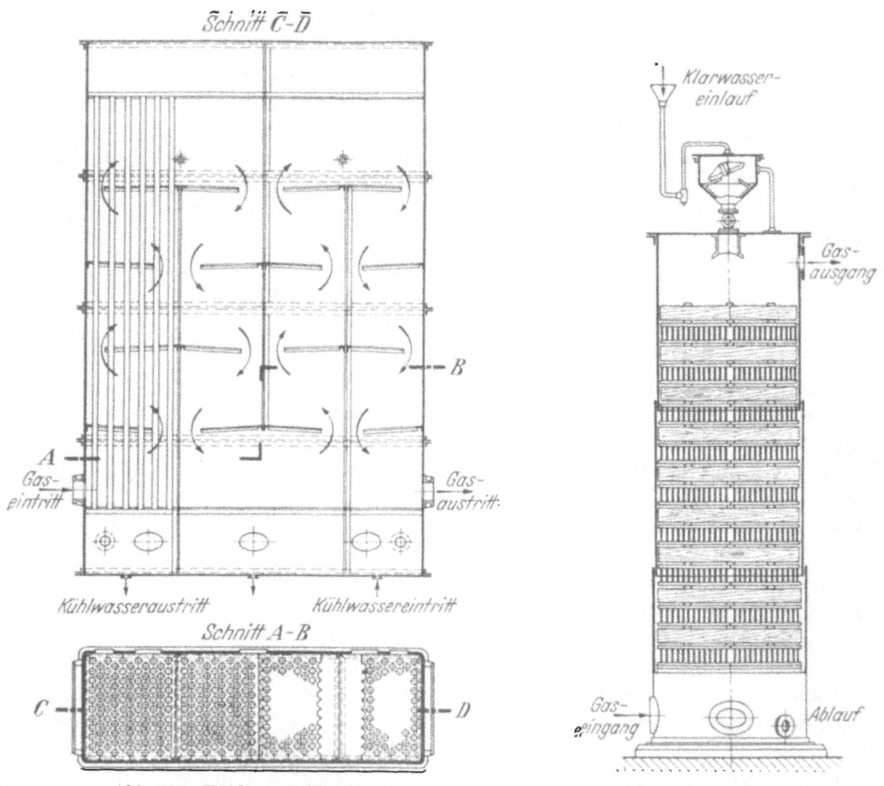

Abb. 120. Kühler von Koppers.   Abb. 121. Hordenwascher.

An Stelle des eben beschriebenen „indirekten" Verfahrens der Ammoniakgewinnung, bei dem alles Ammoniak in Wasser aufgefangen und nachher
durch Destillation wieder ausgetrieben werden muß, bevor es in Schwefelsäure geleitet wird, hat man versucht, ein „direktes" Verfahren einzuführen, welches die Destillation umgehen sollte. Diesen Weg ging zuerst
BRUNCK; er leitete direkt die teerhaltigen Gase in den Schwefelsäuresättiger,
das Sulfat war aber unverkäuflich. Später sind mehrere Anlagen des direkten
Verfahrens von Otto & Co. gebaut worden. Das mit 180° von den Öfen kommende
Gas wurde zur Ausscheidung der Teerdämpfe mit 70—76° warmem Waschteer
behandelt, was durch einen Teerstrahlapparat geschah. Das 80—85° warme
Gas ging noch durch einen Teerscheider und trat dann in den Sättiger, um
Sulfat zu liefern. Wegen betrieblicher Schwierigkeiten hat sich das direkte
Verfahren nicht durchgesetzt. An seine Stelle ist das „halbdirekte" Ver-
fahren getreten. Bei dem halbdirekten Verfahren wird der Teer nicht heiß,

sondern durch Abkühlung entfernt. Bei der Abkühlung kondensiert sich mit dem Teer auch etwas Ammoniakwasser, aus welchem das Ammoniak wieder abgetrieben werden muß, daher die Bezeichnung „halbdirektes Verfahren". Koppers kühlt die Destillationsgase bis unter den Taupunkt (76°) ab, erwärmt dann in Austauschern durch andere vom Ofen kommende heiße Destillationsgase das entteerte Gas wieder auf 40—80° und leitet es in den Sättiger. Aus dem Ammoniakwasserkondensat wird auf Abtreibapparaten das Ammoniak abgetrieben und den von den Öfen kommenden Destillationsgasen zugemischt. Das „halbdirekte" Ottosche Regenerativverfahren arbeitet etwas anders. Es kommen zwei mit Horden ausgefüllte Wascher zur Anwendung. Im ersteren werden Teer, Wasserdämpfe und Ammoniak durch herabrieselndes kaltes Gaswasser kondensiert, die Kondensate laufen in einen Teerabscheider. Mit dem erwärmten Gaswasser aus dem Teerabscheider wird der zweite Wascher berieselt, wodurch das unten eintretende, entteerte Gas das flüchtige Ammoniak aus dem Gaswasser und Wasserdampf aufnimmt und mit diesen zum Sättiger geht. In dem ständig kreisenden Berieselungswasser reichern sich allmählich fixe Ammonsalze an, die dann im Abtreibapparat durch Kalkmilch zersetzt werden, wobei das freie Ammoniak ausgetrieben wird. Halbdirekte Verfahren sind auch von Still und von Collin ausgearbeitet und in den Betrieb eingeführt worden. Die nebenstehende Abb. 122 gibt schematisch ein Bild von der Arbeitsweise einer Koppersschen halbdirekten Nebenproduktgewinnungsanlage. Typisch für das halbdirekte Verfahren ist die „kalte" Teerscheidung. Das ankommende Gas wird deshalb im Vorkühler unter den Taupunkt gekühlt. Das hierbei anfallende Ammoniakwasser läuft, ebenso wie der Teer vom Teerscheider, in einen Sammelbehälter; beide trennen sich, das Ammoniakwasser wird später für sich abgetrieben, wobei das Ammoniak-Dampfgemisch dem von Teer befreiten Gasstrome wieder einverleibt wird, bevor derselbe in den mit Schwefelsäure beschickten Sättiger tritt.

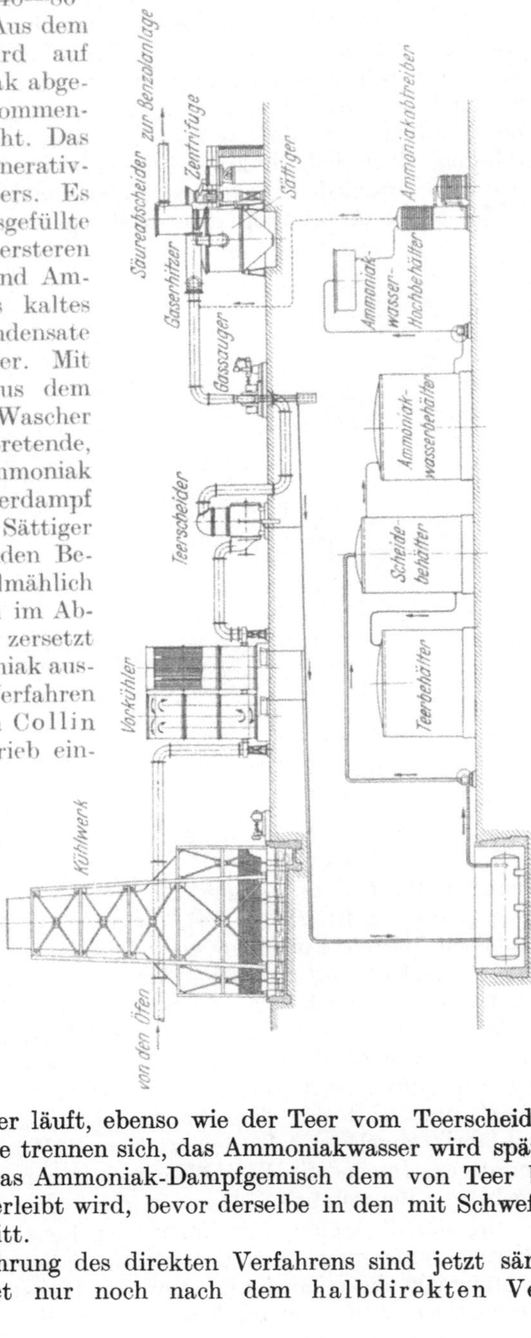

Abb. 122. Halbdirektes Verfahren zur Gewinnung von Ammonsulfat, Bauart Koppers.

Die Anlagen zur Durchführung des direkten Verfahrens sind jetzt sämtlich umgebaut; man arbeitet nur noch nach dem halbdirekten Verfahren.

Die Überführung des Ammoniaks in Ammonsulfat geschieht auf allen modernen Kokereien heute in großen, geschlossenen, gußeisernen, innen verbleiten etwa 3 m weiten Sättigungsapparaten, in denen das Gas aus dicken Bleirohren mit schlitzartigen Öffnungen in das Schwefelsäurebad (30—32° Bé) austritt. Das ausgeschiedene Ammonsulfat sinkt in dem konischen Boden nach unten, wird mittels eines mit komprimierter Luft bzw. Dampf betriebenen Ejektors auf die Abtropfbühne gehoben und in Zentrifugen abgeschleudert, worauf noch ein Darren in beheizten Trockentrommeln folgt. Die Einrichtung eines solchen modernen Sättigers Koppersscher Bauart zeigt Abb. 123.

Zum Unterschied von der eben in schematischer Darstellung mitgeteilten Anordnung einer halbdirekten Ammoniakgewinnungsanlage von Koppers, wie sie auf verschiedenen neueren Kokereien eingeführt ist, soll nachstehend auch die ältere Anordnung einer Nebenproduktgewinnungsanlage nach dem

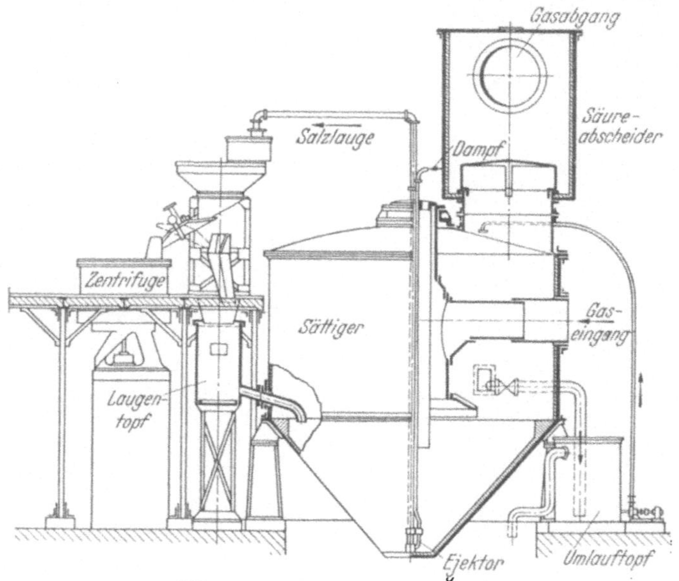

Abb. 123. Sättiger, Bauart Koppers.

indirekten Verfahren, Bauart Dr. Otto & Co., in schematischer Darstellung wiedergegeben werden (Abb. 124), da diese Anordnung und Arbeitsweise auf den meisten älteren Kokereien noch angetroffen wird. Das von der Vorlage kommende Rohgas durchstreicht vier hintereinandergeschaltete Wasserkühler mit horizontalen Kühlrohren *1*, wird im Teerstrahler *2* entteert und dann vom Turbogebläse *9* durch 2 Schlußkühler *10* in 3 Hordenwascher *11* zum Auswaschen des Ammoniaks geschickt. Das Wasser, welches oben zur Berieselung aufgegeben wurde, läuft unten als Ammoniakwasser ab, sammelt sich im Behälter *12* und wird mit dem Ammoniakwasser der Gaskühlanlage der Ammoniakfabrik zugeleitet. In den weiteren 3 Waschtürmen *11* wird das Benzol mit entgegenströmendem Waschöl ausgewaschen, letzteres sammelt sich in *13* und geht zur Benzolfabrik. Das gereinigte Gas tritt bei *14* aus, es dient zur Beheizung der Koksöfen oder (nach der Befreiung von Schwefelwasserstoff) zur Ferngasversorgung. Aus dem Ammoniakwasser wird in der Kolonne *15* das Ammoniak abgetrieben und geht zur Herstellung von Ammonsulfat in den Sättiger *17*, das entstandene Ammonsulfat über die Zentrifuge *18* in das Lager *19*. Zur Herstellung von verdichtetem Gaswasser führt man das abgetriebene Ammoniak mit Wasserdampf dem Plattenkühler *21* zu, in dessen Unterteil sich das gesamte NH_3 zu einer 20%igen Ammoniaklösung verdichtet. *20* ist der sog. Entsäuerer zur Befreiung von CO_2 und H_2S.

Benzol. Nachdem das Ammoniak aus den Gasen entfernt ist, folgt die Absorption des Benzols. Die Entziehung und Gewinnung des Benzols geschieht in ähnlicher Weise wie die des Ammoniaks, nur wird hier als Absorptionsmittel ein Teeröl, sog. Mittelöl (bei 200—300° übergehend) benutzt, welches zunächst Benzol und seine Homologen aus dem Gas aufnimmt und später beim Abtreiben bei höherer Temperatur wieder abgibt. In Amerika verwendet man statt des Steinkohlenteerwaschöls ein Erdöldestillat das sog. Strohöl (straw oil), bei uns (seltener) auch Braunkohlenteeröle, Gasöle, Spindelöle.

Die Wascher zur Absorption des Benzols (Abb. 125) sind 20—25 m hohe, 3 m weite Waschtürme, ähnlich denen für Ammoniak (s. Abb. 85, S. 140),

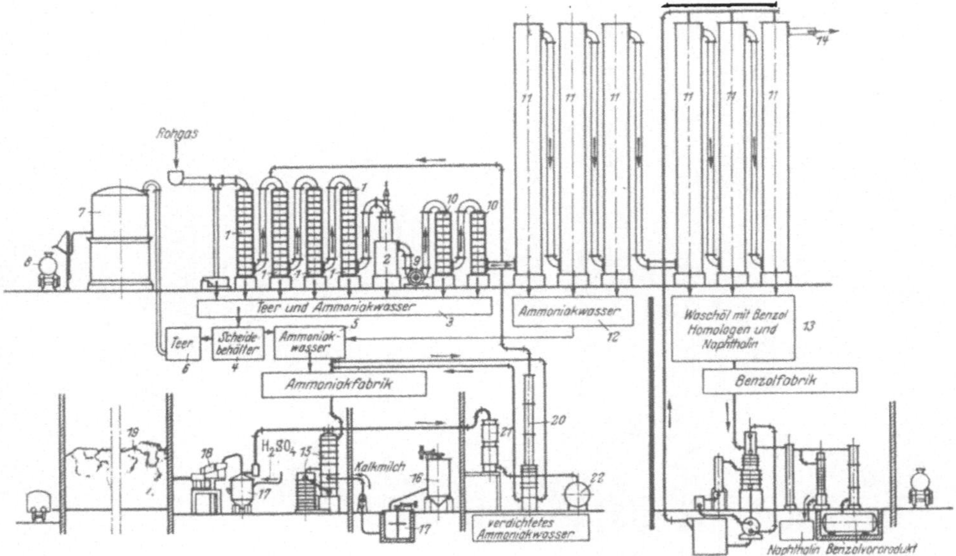

Abb. 124. Indirektes Verfahren zur Gewinnung von Ammoniak, Bauart Dr. Otto & Co.

die mit Horden ausgesetzt sind, über welche von oben her durch Streudüsen zerstäubtes Waschöl heruntertropft, während das Gas unten ein- und oben austritt. In der Regel sind 3 Waschtürme hintereinandergeschaltet. Reines Waschöl wird auf Waschturm *III* gepumpt, fließt dem aufsteigenden Gasstrom entgegen, sammelt sich in einem schmiedeeisernen Behälter *b*, wird auf Waschturm *II*, und nachher noch auf Waschturm *I* gepumpt. Das von der Ammoniakfabrik kommende Gas macht den entgegengesetzten Weg, tritt unten in den Waschturm *I* seitlich ein, oben seitlich aus, durchströmt ebenso die Waschtürme *II* und *III* und geht nach Passieren eines Ölfängers zu den Koksöfen als Heizgas. Das angereicherte Waschöl kommt also nur mit frischem Gas in Berührung, während im Waschturm *III* die letzten Benzolreste mit neuem Waschmittel entfernt werden (Gegenstromprinzip). Das gesättigte Öl durchfließt nun zur Erwärmung auf 75—80° einen Wärmeaustauschapparat (Gegenstromvorwärmer) *c*, weiter zur Erhitzung auf 125—140° einen Dampfvorwärmer (ein zylindrisches Mantelgefäß mit stehenden Röhren) *d* und tritt oben in den Abtreibeapparat *e*. Letzterer ist ein Kolonnenapparat, der in ähnlicher Form bei der Ammoniakanreicherung in Anwendung ist. Das gesättigte Waschöl läuft in der Kolonne durch die mit Glocken bedeckten Durchgänge von Etage zu Etage abwärts, während direkter Dampf unten eingeführt wird. Es steigen also Wasser- und Benzoldämpfe aufwärts, sie gelangen in einen auf die Kolonne aufgesetzten Kühler, in welchem höher siedende Waschölbestandteile niedergeschlagen werden und zurückfließen. Die Wasserdampf-Benzoldämpfe werden in einem Wassergegenstromkühler kondensiert, sammeln sich in einer Vorlage und trennen sich nach dem spezifischen Gewicht. Das von Benzol befreite warme Öl geht durch den Wärmeaustauschapparat f (Abkühlung auf 60°) in den Ölkühler h (Abkühlung auf 20°) und wird solange wieder auf die Wascher

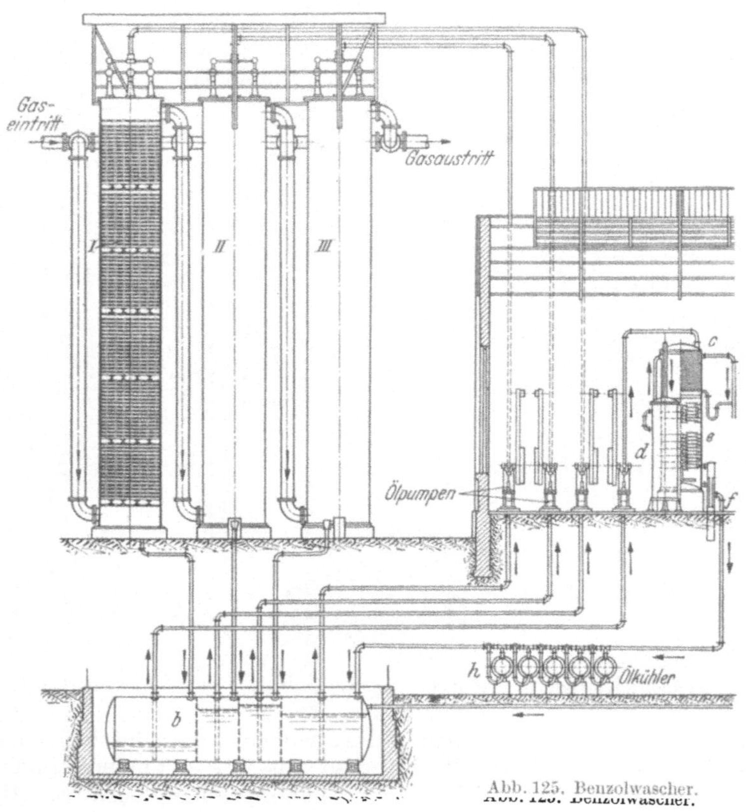

Abb. 125. Benzolwascher.

gepumpt, bis es durch Aufnahme von Naphthalin und Teerprodukten nicht mehr gebrauchsfähig ist, es muß dann umdestilliert werden.

In den letzten 10 Jahren sind in die Technik der Benzolauswaschung auch eine Reihe mechanischer Waschvorrichtungen eingeführt worden, so z. B. der Stufenwascher von WALTER FELD, der Drehwascher von WEINDEL, der Stufenwascher von KOPPERS und von OTTO, der Glockenwascher von KOPPERS.

Der von der Firma Dr. Otto & Co. in die Praxis eingeführte Intensiv-Otto-Stufenwascher (kurz Intos genannt) ist statt mit Holzhorden mit Paketen großoberflächigen Streckmetalls ausgerüstet. Einen solchen Intos-wascher zeigt im Schnitt Abb. 126. Das Waschöl läuft über mehrere Stufen von oben dem aufsteigenden Gasstrome entgegen. Jede Stufe ist mit mehreren Lagen des Intosmaterials ausgerüstet. Die einzelnen Stufen sind durch Überlaufrohre miteinander verbunden. Das Waschöl wird auf jeder Stufe von neuem

gehoben und durch eine besondere Berieselungseinrichtung fein zerstäubt und
über die ganze Oberfläche verteilt. Die Waschwirkung soll eine sehr gute sein.

Da die Leistungssteigerung der Großkokereien immer größere Höhen der Hordenwascher für Ammoniak und Benzol (40 m und mehr) erfordert, so sind auch statt der Türme leistungsfähige kleine r o t i e r e n d e W a s c h e r zur Einführung gekommen. Auf einer Zeche wurden für eine stündliche Leistung von 25000 m³ 4 F e l d sche S c h l e u d e r w a s c h e r an Stelle der Türme aufgestellt, auch die Großgaserei Magdeburg ist 1931 mit F e l d -Waschern ausgerüstet worden. Abb. 127 zeigt einen Schnitt durch einen solchen Wascher und erläutert die Arbeitsweise.

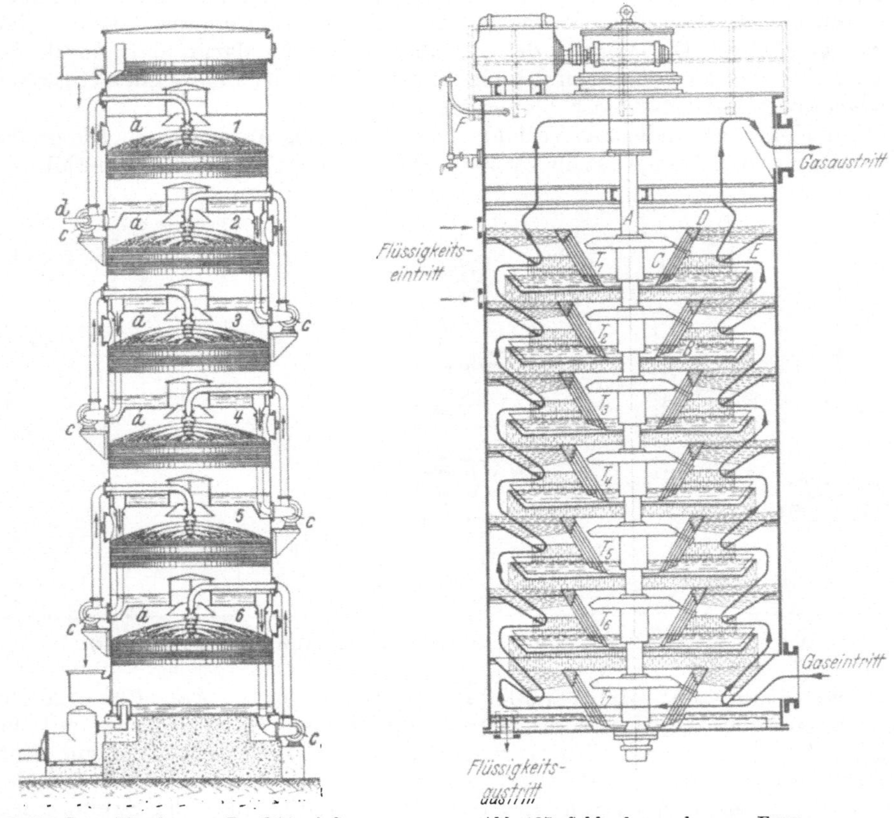

Abb. 126. Intos-Wascher von Dr. O t t o & C o.   Abb. 127. Schleuderwascher von FELD.

Das auf verschiedene Teller verteilte Waschmedium wird durch die Fliehkraft in dünne Schleier zerstäubt, durch welche die Gase hindurchstreichen müssen. Die F e l d -Wascher sind 8,7 m hoch bei 4 m Durchmesser. Es sind 2 Wascher für Ammoniak, 2 für Benzol vorgesehen. Für dieselbe Leistung wären 3 Hordenwäscher für Ammoniak von 37 m Höhe und 3 Hordenwascher für Benzol von 40 m Höhe bei 5 m Durchmesser notwendig. Im allgemeinen betragen die Ammoniakgehalte im Gase hinter dem Hordenwascher auf verschiedenen Anlagen 3—6 g/100 m³, beim F e l d -Wascher sollen sie 2 g/100 m³ betragen. Bei Benzol schwankt der Gehalt im Gase hinter den Hordenwaschern (je nach der Temperatur) zwischen 1,5—3 g/m³, beim F e l d -Wascher etwa 2 g pro 1 m³. Den Schleuderwaschern wird das Gas kalt zugeführt.

Das übliche Teerölwaschverfahren bringt im günstigsten Falle 80% des im Gas vorhandenen Benzols aus. Der Grund hierfür ist die hohe Tension des Benzoldampfs, die bei 0° noch 25,3 mm Quecksilber beträgt; es bleiben also selbst bei 0° noch 116 g (= 3,3 Vol.-%) Benzol im Kubikmeter Gas unabsorbiert zurück. In Bulmke kühlt man deshalb mit einer Linde-Maschine das Absorptionsmittel auf 0° herunter und erzielt Ausbeuten von 93% im Durchschnitt.

Die Gewinnung des Rohbenzols aus den Kokereigasen erfolgt fast überall noch nach dem Waschölverfahren.

In neuerer Zeit kommt aber auch ein Verfahren zur Gewinnung des Benzols mit Hilfe von Aktivkohle (Benzorbonverfahren der Carbo-Union), vornehmlich in der Gaswerkspraxis in Aufnahme. Die Gewinnung des Benzols mit Aktivkohle verlangt aber ein von Schwefelwasserstoff vorher gereinigtes Gas. Ein Vorzug des Verfahrens besteht darin, daß durch die Aktivkohle das Naphthalin und auch ein großer Teil der organischen Schwefelverbindungen aus dem Gase herausgenommen wird.

Auf Kokereien findet das Verfahren jetzt ebenfalls Anwendung. Die größte Carbo-Union-Anlage hat die Großkokerei Beckton (1932), die täglich 2 Mill. m³

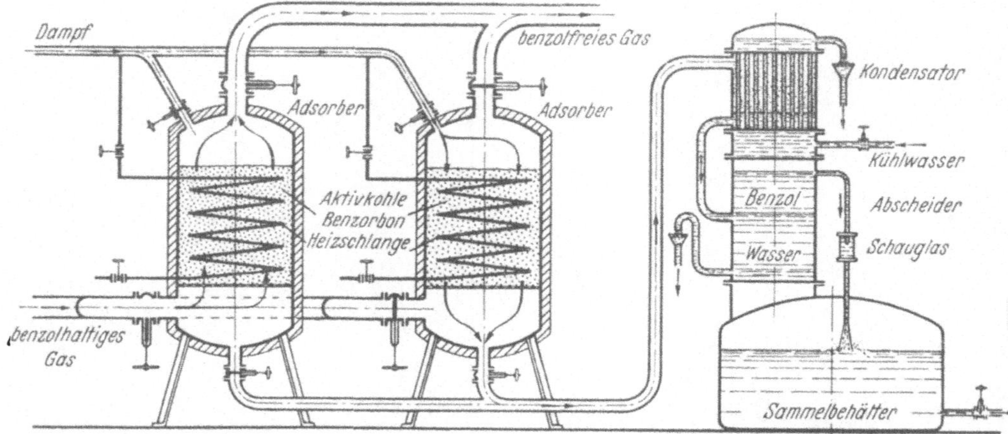

Abb. 128. Benzolgewinnung nach dem Benzorbonverfahren (Lurgi-Gesellschaft).

Gas verarbeitet und dabei 80000 kg Benzol gewinnt. Abb. 128 erläutert schematisch die Arbeitsweise des Benzorbonverfahrens. Es sind zwei mit der Aktivkohle gefüllte Adsorber vorhanden. Das Gas durchstreicht zur Entbenzolung den ersten Adsorber von unten nach oben, bis nach einigen Stunden die Kohle beladen ist. Dann wird der erste Adsorber aus-, der zweite eingeschaltet. Nun dämpft man den ersten Adsorber mit Wasserdampf aus. Das austretende Benzol-Wasserdampfgemisch verflüssigt sich im Kondensator und trennt sich in dem nachfolgenden Abscheider. Nach der Ausdämpfung kann der Adsorber sofort wieder beladen werden.

Ein besonderes Benzolgewinnungsverfahren, namentlich für größere Anlagen, ist das Vakuumdestillationsverfahren von Raschig in der Bauart Koppers. Der Apparatur wird das Waschöl ununterbrochen zugeführt. Das entstehende Dampfgemisch besteht etwa zu gleichen Teilen aus Benzolkohlenwasserstoffen und Waschölbestandteilen. Man erhält eine Trennung in ein waschölfreies Benzolvorprodukt, von welchem bis 180° 90% überdestillieren, und das ohne weitere Destillation mit Schwefelsäure gereinigt werden kann; weiter liefert die Vakuumdestillation ein völlig von Naphthalin befreites Waschöl, welches dadurch wieder sehr absorptionsfähig wird, und ein sehr reines Naphthalin. Die sonst notwendige Naphthalinwäsche ist überflüssig. Abb. 129 zeigt schematisch die Raschig-Kopperssche Vakuumdestillationsapparatur, welche wie folgt arbeitet. Das angereicherte Waschöl wird von dem Behälter a in den Hochbehälter c gehoben, fließt in den Wärmeaustauscher d, wird dort durch aus der Destillierkolonne g kommendes heißes Waschöl auf 110° vorgewärmt und tritt in den Überhitzer e ein, wo es auf 130° erhitzt wird. Im Dampfabscheider f destillieren unter einem mittleren Vakuum die Leichtbenzole ab und gehen in die Rektifiziersäule l, während das noch Schwerbenzole und Naphthalin enthaltende Waschöl in die Destillierkolonne g fließt, wo sich unter hohem Vakuum die Schwerbenzoldämpfe vom Waschöl trennen und zum Kondensator k gehen, während das Waschöl dem Wärmeaustauscher d zufließt. Das Kondensat von Schwerbenzol und Naphthalin aus k wird in der

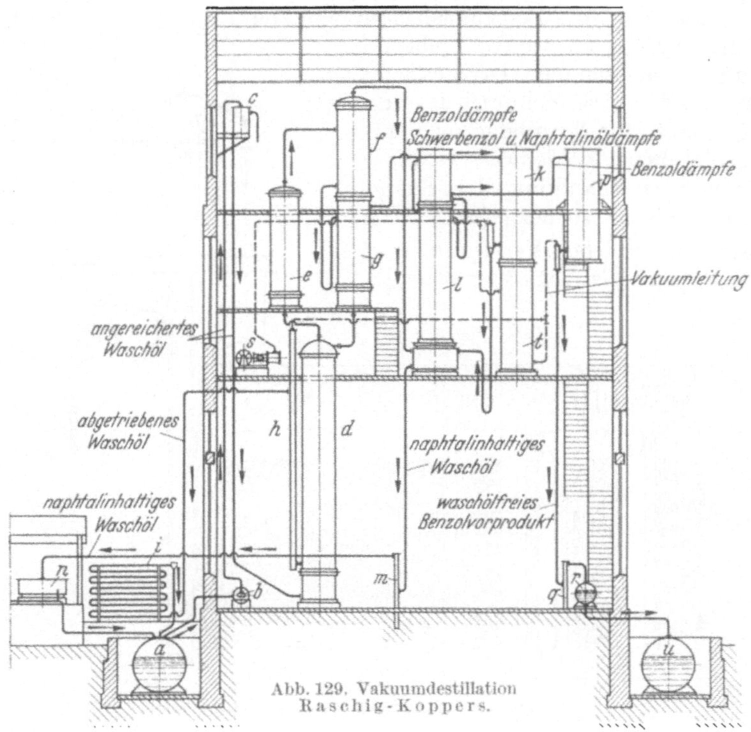

Abb. 129. Vakuumdestillation Raschig-Koppers.

Rektifiziersäule l durch indirekten Dampf von etwa noch vorhandenen Benzolresten befreit. Das naphthalinhaltige Waschöl läuft in die Naphthalinpfannen n, wo sich das Naphthalin absetzt. Das Waschöl geht in den Betrieb zurück. Die aus f kommenden Benzoldämpfe werden im Kühler p kondensiert, in der Scheideflasche q vom Wasser getrennt und gehen über die Vorlage r zum Lagerbehälter u.

Zur Erhöhung der Benzolausbeute sind von der Firma C. Still auf den Kokereien Wolfsbank und Achenbach die Koksöfen mit Innenabsaugung der Gase eingerichtet worden. Während bei der üblichen Verkokung die Destillationsgase ihren Weg fast ausschließlich durch die heiße Kokszone am Außenrande des Kokskuchens nehmen und dabei weitgehend zersetzt werden, wird bei der Innenabsaugung das Gas, wie aus der beigegebenen Skizze (Abb. 130) ersichtlich ist, innerhalb der plastischen Zone aus der kalten und verkokten Kohle abgezogen. Zu diesem Zwecke werden von der Ofendecke aus in die eben eingefüllte Kohle 10—12 Löcher gestoßen und in diese Löcher von oben her Absaugrohre 30 cm tief eingesetzt; durch diese wird das Gas abgesaugt und in

eine besondere Sammelleitung und Vorlage abgezogen. Die Benzolausbeute
steigt auf diese Weise um 30—40%, der Teer um 10—15%, und zwar handelt
es sich dabei um einen Innenteer mit Paraffinkohlenwasserstoffen, welcher
leicht spaltbar ist und bei der späteren Spaltung Spaltbenzin und Pech oder
auch Waschöl und andere Öle liefert.

Denselben Zweck erreichen auch andere Arbeitsweisen, nämlich die Innenabsaugung durch Rohre durch die Koksöfentüren (NIGGEMANN), oder die
Deckenabsaugung durch besondere Abzugskanäle in der Ofendecke (OTTO, GOLD-
SCHMIDT), oder auch der Druckausgleich in den Kammern und die Tempe-
raturregelung (OTTOs Ausgleichvorlage). Tatsächlich sind in Deutschland von 1926—1936 die Benzolausbeuten von 0,9% auf 1,175% durch diese
Verbesserungen gestiegen. Im Ruhrgebiet
sind schon 15% der Öfen mit Absaugevor-
richtungen versehen. Das Mehrausbringen
wird weniger auf eine Verhinderung der
Zersetzung der Benzolkohlenwasserstoffe
als auf eine Nachbehandlung der Gase
bei Kracktemperatur zurückgeführt.

Das bei dem üblichen Verfahren erhaltene Rohbenzol ist sog. 50er Benzol

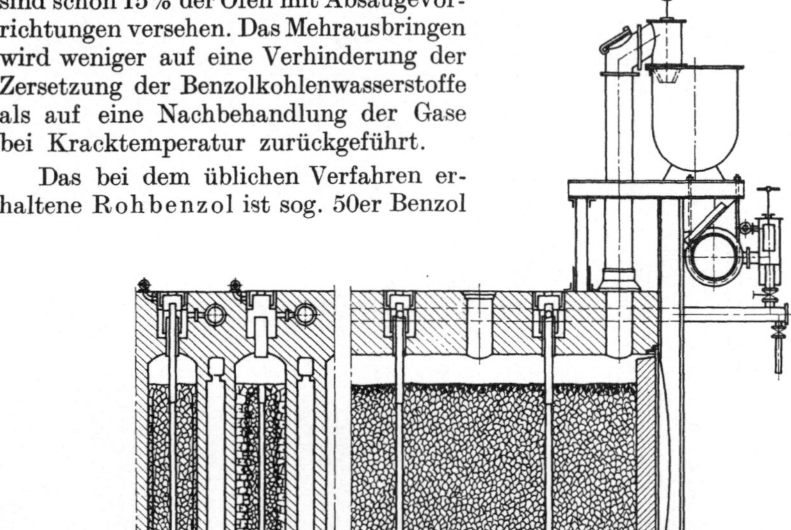

Abb. 130. Gasinnenabsaugung von C. Still.

(50% Benzol, 40% Toluol, 10% Xylol), es wird in kleineren Kolonnenapparaten auf 90er Benzol angereichert (75% Benzol, 24% Toluol, 1% Xylol);
die Rückstände werden auf Toluol, Xylol und Cumol verarbeitet. Das 90er
Benzol wird durch Natronlauge von sauren Ölen, durch Schwefelsäure (66 Bé)
von basischen Bestandteilen befreit. Weiteres über Benzol s. „Steinkohlenteer“.

Reinbenzol ist ein Benzol, von welchem zwischen 80 und 81° mindestens
95% übergehen (spezifisches Gewicht 0,885—0,883), Handelsbenzol (90er), von
dem bis 100° mindestens 90% übergehen (spezifisches Gewicht 0,88—0,883),
Lösungsbenzol (50er), bei dem bis 100° 50% bis 120° 90% übergehen (spezifisches Gewicht 0,875—0,877), Schwerbenzol, Siedebeginn nicht unter 160°.
Benzol ist eine leicht bewegliche farblose Flüssigkeit, die früher zur Karbu-
rierung von Leuchtgas und Wassergas diente, jetzt aber hauptsächlich in
Farbenfabriken, für Beleuchtung, Automobil- und Motorenbetrieb, in chemischen Wäschereien, in der Lackfabrikation, Sprengstoffindustrie, in Kautschuk-
fabriken, zur Entfettung von Knochen, zur Extraktion für Montanwachs
usw. gebraucht wird.

Zur **Naphthalinabscheidung** kühlt die Firma Dr. Otto & Co. das vom Sättiger kommende, 50° warme Gas im Vorkühler (Abb. 131) mit Wasser auf 35° herab, wobei sich noch kein Naphthalindampf niederschlägt. Hierauf folgt die Auswaschung des Naphthalins mit benzolgesättigtem Waschöl. Das Gas wird dann im sog. Tiefkühler durch Berieselung mit kaltem Wasser soweit heruntergekühlt, daß es zur Benzolwäsche gehen kann. Die Reinigung von Ferngas erfordert einen höheren Reinigungsgrad von mindestens 0,5 g/m³. Hierfür reicht die Waschung des unverdichteten Gases mit Teerwaschöl nicht aus. Man muß unter Druck auswaschen. Die genannte Firma baut für diesen Zweck Hochdruck-Entnaphthalinungsanlagen, in denen Tetralin oder andere Öle als Lösungsmittel für Naphthalin durch die Verdichtungswärme im Gase verdampft und nachher durch Tiefkühlung (erst mit Wasser, dann durch verdampfendes Ammoniak) die mit Naphthalin beladenen Öldämpfe kondensiert und abgeschieden werden, wobei gleichzeitig eine weitgehende Trocknung des Gases erreicht wird. Auf der Zeche König Ludwig arbeitet eine solches Hochdruckverfahren mit Tetralin und Tiefkühlung, auf Zeche Emscher-Lippe in Datteln mit Hochdruckkühlung und Anthrazenwäsche.

Phenolgewinnung auf Kokereien (und Gaswerken). Die Phenolgewinnung geschah auf den Kokereien zunächst nur zur Beseitigung des Phenols aus den Abwässern, weil Phenole im Vorfluter schädlich wirken. Mit der zu nehmenden Bedeutung der Phenole für die Kunststoffherstellung hat sich das aber geändert. Die Gewinnung aus den Abwässern beruht darauf, daß die Phenole (Karbolsäure und Homologe), die wasserlöslich sind, bei der Kondensation der

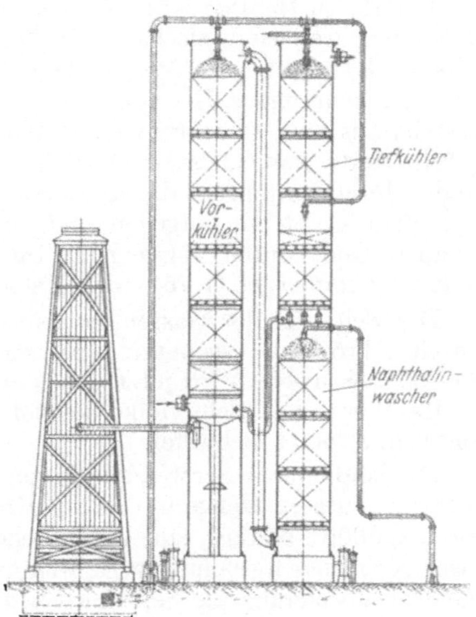

Abb. 131. Gaskühl- und Waschanlage
von Dr. Otto & Co.

Teerdämpfe in das Gaswasser übergehen. Sie können aus den Gaswässern durch Lösungsmittel extrahiert werden, die mehr Phenol aufnehmen als das Wasser. Man nahm hierzu zunächst Benzol, dieses ist aber selbst ein wenig wasserlöslich, was zu Verlusten führt. Das phenolbeladene Benzol trennt man dann vom Phenol durch Waschen mit Natronlauge, wobei die Phenole als Natriumphenolat gewonnen werden. Man trennt beide auch durch Destillation. Beide Verfahren sind in Anwendung. Nach POTT-HILGENSTOCK entphenolt man vorteilhafter nicht das Abwasser nach der Ammoniakabtreibung, sondern das Rohwasser vor dem Abtreiben. Die I.G. Farbenindustrie hat jetzt noch ein anderes Entphenolungsverfahren eingeführt durch Verwendung von Trikresylphosphat als Lösungsmittel, kurz Triphosverfahren genannt. Dieses Lösungsmittel nimmt 14mal soviel Phenol auf wie Benzol und ist weniger wasserlöslich. Bei dem hohen Siedepunkte des Trikresylphosphats geschieht die Trennung am besten durch Destillation in Kolonnen. Die Auswaschung beträgt 98,5%. Das Verfahren ist auch in Anwendung auf Braunkohlenschwelereien, Hydrieranlagen und einem Gaswerk (Bautzen).

Schwefelwasserstoff. Die Kokereigase enthalten 5—15 g Schwefel im Kubikmeter, und zwar die aus oberschlesischer und solche aus Saarkohle 4—6 g, aus Ruhrkohle 6—15 g. (Mitteldeutsche Braunkohlengase haben 20—50, Koks-

wassergas 3—4, Hydrierabgase der Steinkohlenhydrierung 20—40, der Braun-
kohlenhydrierung 50—100 g/m³.)

A. Trockene Entschwefelung. Auf den Kokereien wurden zunächst nur
diejenigen Gasmengen entschwefelt, welche als Ferngas abgegeben wurden, und
zwar geschah und geschieht das großenteils noch mit den Eisenhydroxyd-Rei-
nigermassen (Lux-Masse, Lauta-Masse, Raseneisenerz) wie bei der Leuchtgasfabrikation in den flachen kastenförmigen Reinigerkästen. Da die Flachreiniger
aber viel Platz beanspruchen und für große Gasdurchsätze nicht recht geeignet
sind, so hat man für die Trockenreinigung auch Turmreiniger konstruiert.
Auf Zeche Nordstern stehen neben zahlreichen Kastenreinigern 2 Turmreiniger,
System Lanze-Bamag, für die tägliche Reinigung von 1,2 Mill. m³ Koksgas
in Betrieb. In Hamborn hat Thyssen Turmreiniger aufgestellt, die 16 m hoch
und 5,9 m weit sind, sie haben je 14 Einsatzkörbe mit je 2 Lagen Reinigungsmasse. 4 Türme bewältigen täglich 300000 m³ Gas, sie leisten das vierfache
wie die Flachreiniger. Der von RAFFLOER konstruierte Intensiv-Entschwefler
besteht aus zwei turmartigen Zylindern, die mit Kugeln aus Reinigungsmasse
gefüllt sind. Das Gas streicht in dem ersten von unten noch oben, im zweiten
findet durch Luftzutritt die Regeneration der Masse statt. Die Kugeln bewegen
sich dem Gasstrom entgegen und werden, wenn sie genügend mit Schwefel
beladen sind, unten abgezogen. Im Ruhrbezirk macht heute die Trockenreinigung immer noch 75% der Entschwefelungsanlagen aus.

Der Schwefel der Gasreinigungsmasse wird meist in Schwefelsäurefabriken
durch Abrösten ausgenutzt. Die ausgebrauchte Reinigungsmasse mit etwa
50—60% Schwefel wird jetzt aber auch auf einigen Ruhrzechen (in Horst und
in Hamborn) mit Schwefelkohlenstoff extrahiert. Die beiden Anlagen liefern
7000 und 2500 t Schwefel.

Da die deutsche Schwefelbilanz zur Zeit noch stark passiv ist, so könnte der
Schwefel, dessen Menge in den aus Kohlen gewonnenen Gasen, der schätzungsweise 130000 t beträgt, eine wesentliche Erleichterung bringen. Die meisten der
bisherigen Entschwefelungsverfahren arbeiteten aber nicht so wirtschaftlich, daß
die Entschwefelung als Selbstzweck durchgeführt werden konnte. Das ändert
sich aber in letzter Zeit. Es sind eine Anzahl nasser Schwefelreinigungs-
verfahren eingeführt worden, von denen einige nur den Schwefel gewinnen,
andere, die Kombinationsverfahren, sowohl den Schwefel als auch gleichzeitig das Ammoniak ausnutzen. Einige dieser Verfahren, die sich in der Praxis
durchgesetzt haben, sollen nachstehend kurz besprochen werden.

B. Nasse Entschwefelung. Zu den nassen Entschwefelungsverfahren
gehört das von der Koppers Co. in Pittsburg entwickelte Seabord-Ver-
fahren, welches auf einigen amerikanischen Anlagen in Betrieb gekommen ist.
Der Schwefelwasserstoff wird aus dem Gase mit einer 1—3%igen Sodalösung
ausgewaschen, wobei der H_2S unter Bildung von Natriumhydrosulfid absorbiert
wird.

$$Na_2CO_3 + H_2S = NaHS + NaHCO_3.$$

Mit einem Wascher werden mit frischer Lauge 90%, mit zwei hintereinandergeschalteten Waschern 98—99% des H_2S ausgebracht. Nachher behandelt
man diese Lösung kräftig mit der 2—3fachen Menge Luft, wodurch der H_2S
wieder ausgetrieben und die Lösung regeneriert wird. Im Laufe des Betriebes
wird aber die Aufnahme und Abgabe des H_2S ziemlich unvollkommen; auch
wird namentlich bei armen Gasen, immer etwas H_2S zu Thiosulfat und Thionat
oxydiert, so daß ein Verlust an Soda unvermeidlich ist.

Ein anderes neues Verfahren der Koppers Co., welches auf zwei amerikanischen Anlagen in Betrieb steht, ist das Phenolatverfahren. Man ver-

wendet eine **Natriumphenolatlösung**, die infolge ihrer starken Hydrolyse begierig Schwefelwasserstoff aufnimmt.

$$NaOC_6H_5 + H_2O = NaOH + C_6H_5OH$$
$$NaOH + H_2S = NaHS + H_2O.$$

Ein einziger Wascher wäscht schon 95% des H_2S aus. Durch Erhitzen der gebrauchten Lösung spaltet sich fast reiner Schwefelwasserstoff ab und die Lösung regeneriert sich unter Rückbildung des Natriumphenolats.

Das Verfahren von GIRDLER, welches ebenfalls auf mehreren Anlagen in Amerika in Anwendung steht, verwendet zur Bindung des H_2S ein Gemisch von **Di- und Triäthanolamin** (auch die Tetraminbase), später auch **Diaminopropanol**, in 50%iger Lösung.

$$(C_2H_5O)_2NH + H_2S = (C_2H_4OH)_2NH_2HS + H_2O.$$

Beim Erwärmen auf Temperaturen über 50° spaltet sich der H_2S wieder ab und die freie Base wird zurückgebildet. Die Apparatur ähnelt der einer gewöhnlichen Benzolgewinnungsanlage. Die erste Großanlage dieses Verfahrens wurde für die Entschwefelung von Raffiniergasen der Erdölraffinerie in Kalifornien errichtet.

Alle Verfahren, die mit **alkalischen Kupfer-** oder **Nickelsalzen** die Entschwefelung vornehmen wollten, sind nicht zum Ziele gekommen.

Ein anderes Verfahren von KOPPERS arbeitete in Amerika mit einer 0,2- bis 3%igen **Sodalösung**, in welcher **Eisenhydroxyd** aufgeschlämmt war. Bei der Regeneration mit Luft bildet sich Schwefelschlamm, der abgeschöpft und getrocknet wurde. Ein ähnliches Verfahren hat die **Gesellschaft für Kohlentechnik** auf der **Zeche Mont Cenis** und der **Zeche Hibernia** im Großbetriebe durchgeführt. Man ver-

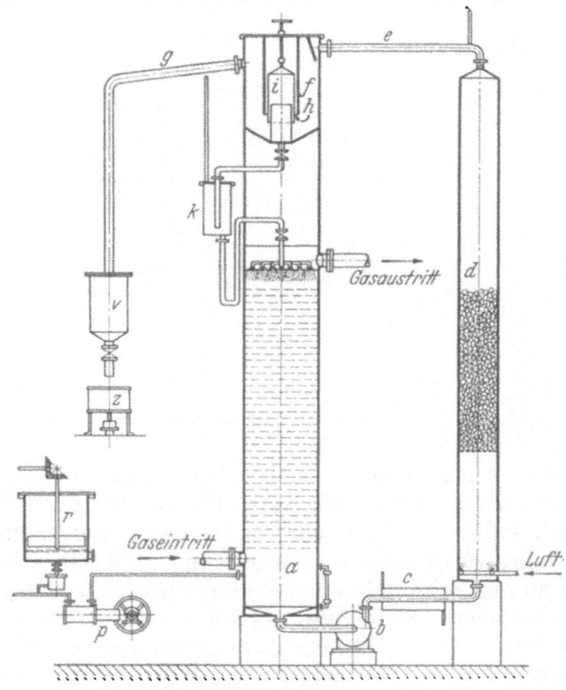

Abb. 132.
Schwefelgewinnung der Gesellschaft für Kohlentechnik.

wendet eine mit **Soda** alkalisch gemachte **Aufschlämmung von Eisenhydroxyd**. Die Oxydation der angereicherten Lauge geschieht mit Luft in einem hohen, ganz mit Flüssigkeit gefülltem Turme. Abb. 132 zeigt schematisch die auf der Zeche Victoria in Lünen benutzte Apparatur. Im Wascher a rieselt die alkalische Waschlauge, welche mit der Eisenhydroxydaufschlämmung versetzt ist, dem von unten aufsteigenden Gasstrome entgegen. Die Pumpe b drückt die mit H_2S angereicherte Lauge durch den Vorwärmer c in den Oxydationsturm d. Hier geht durch Preßluft die Oxydation des Schwefeleisens zu Schwefel und Eisenhydroxyd vor sich. Das oben überlaufende Flüssigkeitsgemisch fließt in den Schwefelscheider f, wo sich der aufschwimmende Schwefelschaum von der Flüssigkeit trennt. Er läuft durch Rohr g zur

Zentrifuge z, während die Waschlauge wieder durch h, i und k in den Wascher gelangt.

Zu den nassen Entschwefelungsverfahren gehört auch das von Bähr ausgearbeitete, von der I. G. Farbenindustrie in Leuna und in vier anderen Anlagen in größtem Maßstabe durchgeführte Alkacidverfahren. Das Verfahren beruht auf der Verwendung von aminosauren Salzlösungen (Alkalisalze des Glykokolls, des Alanins und anderer Amine), welche die Eigenschaft haben, schwache Säuren, wie Schwefelwasserstoff und Kohlensäure, in der Kälte zu absorbieren. Derartige Lösungen nehmen bis zum 60fachen Volumen H_2S auf. Beim Erhitzen geben diese Lösungen das aufgenommene H_2S wieder ab. Bei der praktischen Durchführung wird das Rohgas in Waschtürmen oder Desintegratoren bei gewöhnlicher Temperatur mit der Absorptionsflüssigkeit gewaschen. Die aus den Waschtürmen austretende gesättigte Lauge wird in einem anderen Turme mit Dampf auf 100° erhitzt, wobei die absorbierten Gase wieder entbunden werden. Die Lösung geht nach Wärmeaustausch und Kühlung aufs

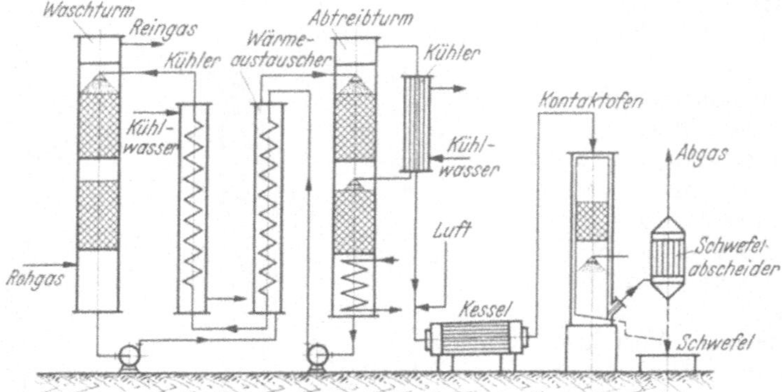

Abb. 133. Alkacidverfahren der I. G. Farbenindustrie.

neue in den Prozeß zurück. Wählt man die Berührungszeit zwischen Rohgas und Lösungsmittel sehr kurz (1 s), so wird fast allein H_2S (bis 95%) gebunden, während die CO_2 nur sehr viel langsamer aufgenommen wird. Aus einer solchen Lösung erhält man dann ein sehr reines (95%iges) Schwefelwasserstoffgas. Dieses kann auf Schwefel oder Schwefelsäure verarbeitet werden. In Leuna wird der abströmende Schwefelwasserstoff in einer neuzeitlichen, von der I. G. verbesserten Claus-Anlage in Schwefel übergeführt. Man verbrennt etwa $1/3$ des H_2S unter Dampfkesseln zu SO_2, mischt dann diese 200—300° heißen Gase mit dem Rest des H_2S und oxydiert das Gasgemisch in einem mit Bauxit als Katalysator beschickten Turme (Claus-Ofen) zu Schwefel. Das Alkacidverfahren reinigt in Deutschland schon 4 Mill. m³ Gas täglich und liefert 30000 t Schwefel im Jahre. Abb. 133 zeigt die schematische Skizze einer Alkacidanlage, die nun ohne weiteres verständlich ist. Das Rohgas tritt im Waschturm unten ein und verläßt denselben oben als Reingas. Die unten abfließende gasbeladene Lösung wird durch einen Wärmeaustauscher hindurch auf den Abtreibturm gepumpt, wo sie durch eine Dampfschlange vom Gase wieder befreit wird. Sie kehrt durch den Wärmeaustauscher und einen Kühler auf den Waschturm zurück. Der vom Abtreiber kommende Schwefelwasserstoff wird gekühlt und ein Teil davon mit Luft im Kessel zu SO_2 verbrannt, dann gelangt das heiße Gemisch von SO_2 und H_2S in den Kontaktturm (Claus-Ofen), aus dem unten flüssiger Schwefel abfließt, während Reste noch im folgenden Schwefelabscheider abgefangen werden.

Ein für Kokereien sehr wichtig gewordenes Entschwefelungsverfahren ist das von der Koppers Co. entwickelte Thyloxverfahren, welches auf mehreren Werken in Deutschland und in Amerika in Anwendung ist. Das Auswaschen des H_2S geschieht mit Natrium- oder besser mit Ammoniumsalzen der Thioarseniate. Man verwendet als Waschflüssigkeit eine schwache Soda- oder Ammoniaklösung, welche 0,5—1% arsenige Säure gelöst enthält. Durch Aufnahme von H_2S bildet sich die Thioarsenitverbindung, welche weiter H_2S aufnimmt:

$$Na_4As_2S_5O_2 + H_2S = Na_4As_2S_6O + H_2O$$
$$Na_4As_2S_6O + H_2S = Na_4As_2S_7 + H_2O.$$

Durch Druckluft wird die Lauge regeneriert:

$$Na_4As_2S_7 + \tfrac{1}{2}O_2 = Na_4As_2S_6O + S$$
$$Na_4As_2S_6O + \tfrac{1}{2}O_2 = Na_4As_2S_5O_2 + S.$$

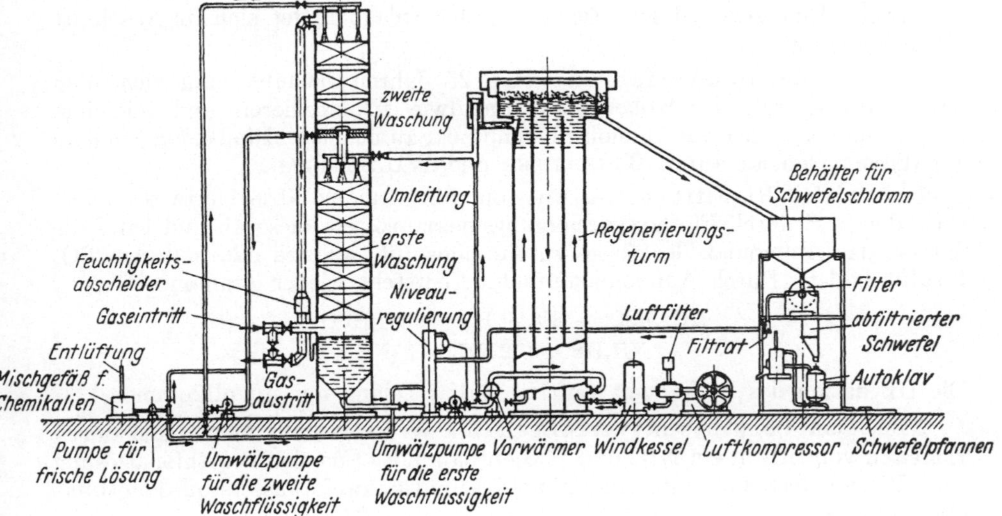

Abb. 134. Thyloxverfahren der Koppers Co.

Der Schwefel scheidet sich als Schlamm ab und wird auf Saugfiltern abfiltriert. Abb. 134 gibt schematisch die Einrichtung einer großen amerikanischen Thyloxanlage wieder. Das auszuwaschende Gas tritt in drei parallel geschaltete Waschtürme von 27 m Höhe und 4,5 m Durchmesser. Die Auswaschung geschieht zuerst durch eine Waschlauge mit 0,3% As_2O_3, danach mit 0,76% As_2O_3. Die unten abfließende Lauge geht dann zur Regeneration in zwei parallel geschaltete Oxydationstürme von 20 m Höhe und $3^3/_4$ m Durchmesser. Der abgeschiedene, obenauf schwimmende Schwefelschlamm läuft auf ein Saugfilter, wird in einem Autoklaven ausgeschmolzen und liefert unmittelbar festen verkäuflichen Schwefel. Das gewaschene Endgas hat nur noch 0,05—0,1 g S/m^3. Es bestehen zur Zeit fünf deutsche Anlagen. Die Anlage in Datteln hat eine Tagesleistung von 240000 m^3, sie hat nur einen Wascher mit nachgeschaltetem Ammoniakwascher und drei 20 m hohe Oxydationstürme. Die Auswaschung erreicht 98,4% des vorhandenen H_2S.

Bei den vorgenannten Verfahren wurde der anfallende Schwefelwasserstoff auf Schwefel verarbeitet. In anderer Weise verarbeitet jetzt die Lurgi nach einem Verfahren von Siecke den Schwefelwasserstoff direkt auf Schwefelsäure. Es handelt sich dabei um die Ausnützung des Schwefelwasserstoffs der stinkenden, aus H_2S und CO_2 bestehenden Abgase der Sättiger bei der Ammonsulfatherstellung, die früher verbrannt werden mußten. Diese Abschwaden enthalten 20—30% H_2S und 70—80% CO_2 (aus Sättigern mit Luftrührung nur 11% H_2S und 16% CO_2). Der Schwefelwasserstoff wird bei 700 bis 800° mit überschüssiger Luft zu schwefliger Säure verbrannt. $H_2S + 1^1/_2 O_2 = SO_2 + H_2O$. Die Verbrennungsgase mit 4—7% SO_2 und 5—8% CO_2 treten mit 400° in einen mit Vanadinkontaktmasse gefüllten Kontaktapparat, wo sie sich zu SO_3 oxydieren:

$$SO_2 + {}^1/_2 O_2 + H_2O = SO_3 + H_2O.$$

Die Reaktionsgase werden in einem Röhrenkondensator auf 80—100° abgekühlt, wobei eine Schwefelsäure von 80—90% erhalten wird, die dann zur Herstellung von Ammonsulfat verbraucht wird. Das Verfahren ist auf der Zeche Emil (Hoesch-Köln-Neuessen) und auf dem Gaswerk Frankfurt a. M., in Betrieb. Eine schematische Zeichnung der Anlage findet sich im Abschnitt „Schwefelsäure".

C. Kombinationsverfahren. Seit 25 Jahren bemüht man sich, den Schwefelwasserstoff der Kokereigase irgendwie zu oxydieren und mit dem Ammoniak zusammen als Ammonsulfat nutzbar zu machen. Die beiden Pioniere auf diesem Gebiete waren BURKHEISER und WALTER FELD.

Das Sulfit-Bisulfitverfahren von BURKHEISER absorbierte aus dem Gase den H_2S durch Eisenoxydreinigungsmasse, röstete diese ab und band die SO_2 an das Ammoniak des Gases zu Ammonsulfit, welches mit weiterem SO_2 Bisulfit bildet. Durch Ammoniakaufnahme entsteht wieder Ammonsulfit.

$$(NH_4)_2SO_3 + SO_2 + H_2O = NH_4HSO_3$$
$$NH_4HSO_3 + 2 NH_3 = 2 (NH_4)_2SO_3.$$

Die Oxydation des Sulfits mit Luft zu Sulfat gelang nur unvollkommen.

Nach dem Polythionatverfahren von W. FELD stellt man zuerst durch Einleiten von SO_2 in ein NH_3 und H_2S enthaltendes Gas eine Polythionatlösung her. Diese liefert mit weiterem Ammoniak und Schwefelwasserstoff Thiosulfat und Schwefel:

$$(NH_4)_2S_4O_6 + (NH_4)_2S_2O_3 + 4 NH_3 + 2 H_2S = 4 (NH_4)_2S_2O_3 + S.$$

Der Schwefel wird verbrannt und SO_2 wieder eingeleitet:

$$2 (NH_4)_2S_2O_3 + 3 SO_2 = (NH_4)_2S_4O_6 + (NH_4)_2S_3O_6.$$

Die auf 100° erhitzte Lösung liefert durch Umsatz von Thionat und Thiosulfat Ammonsulfat und Schwefel:

$$(NH_4)_2S_4O_6 + (NH_4)_2S_3O_6 + 4 (NH_4)_2S_2O_3 = 6 (NH_4)_2SO_4 + 9 S.$$

Die Absorption von H_2S und NH_3 war aber nur dann vollständig, wenn das Molverhältnis 2,3 NH_3:1 H_2S ist, was aber bei Kokereigasen stark schwankt. Auch durch Verbesserungen der I. G. hat sich das Feld-Verfahren auf die Dauer nicht durchsetzen können. Dasselbe Schicksal hatte das von HANSEN und KOPPERS versuchte sog. C.A.S.-Verfahren. Besondere Störungen verursachte bei diesen drei Verfahren die Nichtentfernung des Cyans.

In letzter Zeit ist nun dieses alte Problem von zwei neuen Verfahren erfolgreich gelöst worden, nämlich durch das Gasentschwefelungsverfahren mit Ammoniakgewinnung der Gesellschaft für Kohlentechnik und das Katasulfverfahren der I. G. Farbenindustrie.

Das Verfahren der Kohlentechnik entfernt zunächst die störende Blausäure aus dem Gase, indem man das Gas im Hordenwascher mit einer wässerigen Aufschlämmung von elementarem Schwefel wäscht. NH_3 und H_2S

bilden Ammonsulfid, welches den S zu Polysulfid löst, HCN und NH_3 geben Ammoncyanid:

$$(NH_4)_2S + S = (NH_4)_2S_2$$
$$(NH_4)_2S_2 + NH_4CN = (NH_4)_2S + NH_4CNS.$$

Die Auswaschung des Cyanwasserstoffes als Ammonrhodanid ist bei 25—40° praktisch vollständig. Die eigentliche Entschwefelungsanlage (Abb. 135) besteht aus Entschwefler, Oxydationstürmen und Ammoniaknachwascher. Im Entschwefler, einem Hordenwascher, rieselt dem Gas eine ammoniakalische Aufschlämmung von Eisenhydroxyd entgegen, wobei der H_2S zu FeS gebunden wird:

$$2 Fe(OH)_3 + 3 H_2S = 2 FeS + S + 6 H_2O.$$

Die Waschflüssigkeit geht auf die Oxydationstürme, wo durch Einblasen von Luft das Schwefeleisen unter Abscheidung von Schwefel in Eisenhydroxyd zurückverwandelt wird:

$$2 FeS + {}^3/_2 O_2 + 3 H_2O = 2 Fe(OH)_3 + 2 S.$$

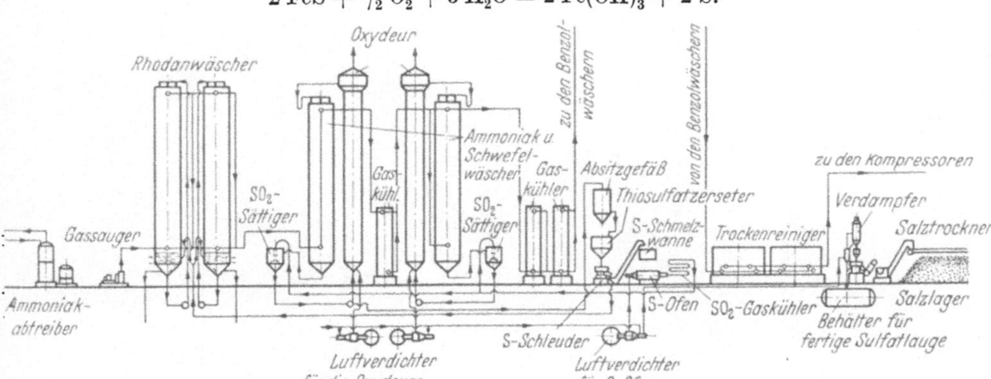

Abb. 135. Ammonsulfat-Gewinnungsverfahren der Gesellschaft für Kohlentechnik.

Der stark eisenhaltige Schwefel wird aber nach dem neuen Verfahren nicht abgeschieden, sondern man leitet SO_2 in die Waschflüssigkeit und erhält Ammonsulfit, welches den Schwefel bei 30—40° zu Ammonthiosulfat löst:

$$2 NH_3 + SO_2 + H_2O = (NH_4)_2SO_3$$
$$(NH_4)_2SO_3 + S = (NH_4)_2S_2O_3.$$

Man pumpt die Waschflüssigkeit so lange um, bis das Ammonthiosulfat auf 300 bis 400 g/l angereichert ist. Ein Teil der klaren Thiosulfatlösung wird bei 100° mit 60grädiger Schwefelsäure zersetzt und liefert Ammonsulfat und Schwefel.

$$3 (NH_4)_2S_2O_3 + H_2SO_4 = 3 (NH_4)_2SO_4 + 4 S + H_2O.$$

Der Schwefel wird in einer gummierten Zentrifuge abgeschleudert, dann verbrannt und geht wieder als SO_2 in die Entschwefler. Das Gas aus dem Schwefelwascher passiert noch einen Nachwascher, wo die Reste von Ammoniak mit saurer Ammonsulfatlauge entfernt werden. Die Anlage auf Zeche Kaiserstuhl, die seit 1933 in Betrieb ist, reinigt täglich mit nur einem Wascher (21 m hoch, 3 m Durchmesser), 2 Klärbehältern und 2 Zersetzern (von nur 15 m³ Fassungsraum) 170000 m³ Gas. Das Ammonsulfat ist rein weiß und sehr rein.

Das von H. Bähr ausgearbeitete Katasulfverfahren der I. G. Farbenindustrie erzeugt aus Ammoniak und Schwefelwasserstoff in etwas anderer Weise Ammonsulfat. Das Verfahren steht in einer Großanlage auf der I. G.-Zeche Auguste Victoria in Hüls mit einer Tagesleistung von 150000 m³ seit

1936 in Betrieb. Abb. 136 erläutert schematisch die Apparatur und den Arbeitsgang. Das vom Koksofen kommende Gas wird wie üblich gekühlt und entteert, geht durch ein Elektrofilter in einen Vorwascher, wo es mit einer im Kreislauf geführten Sulfit-Bisulfitlauge gewaschen wird. Dadurch wird das Ammoniak absorbiert und von dem Schwefelwasserstoff wird je nach dem Ammonbisulfitgehalt ein gewisser Anteil unter Bildung von Ammonthiosulfat gebunden. Das an H_2S verarmte Gas gelangt, nach Zusatz von 8% Luft und nach Vorwärmung auf 350°, in den Kontaktofen, wo der H_2S zu SO_2 verbrannt wird. Das Gas geht dann zur Kühlung wieder durch den Wärmeaustauscher und wird nun dem Hauptwascher zugeführt. Hier wird dem Gasstrome durch Berieselung mit der im Kreislauf befindlichen Sulfit-Bisulfitlauge das SO_2 entzogen. Nachdem dann noch in einem Nachwascher mit Wasserberieselung die Reste von NH_3, H_2S und HCN entfernt sind, geht das Gas als Reingas zur Benzolwäsche. Die anfallende Lauge, enthaltend Ammonsulfit, Ammonbisulfit und

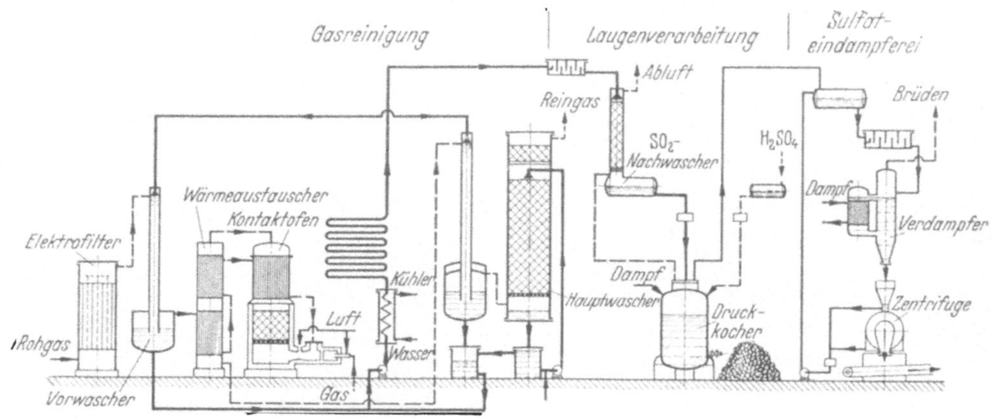

Abb. 136. Ammonsulfatgewinnung nach dem Katasulfverfahren der I. G. Farbenindustrie.

Ammonthiosulfat, wird mit Schwefelsäure angesäuert und bei 130° unter Druck zwecks Umsatz der genannten Salze auf Ammonsulfat und Schwefel verkocht. Der Schwefel wird von Zeit zu Zeit flüssig aus dem Verkocher abgezogen und die Ammonsulfatlösung in einem Verdampfer auf festes Ammonsulfat eingedampft. Dieses wird dann noch geschleudert und getrocknet. Die chemischen Vorgänge sind folgende:

$$2\,NH_3 + SO_2 + H_2O = (NH_4)_2SO_3$$
$$2\,NH_3 + 2\,SO_2 + 2\,H_2O = 2\,NH_4HSO_3.$$

Diese Sulfit-Bisulfitlauge nimmt H_2S unter Bildung von Thiosulfat auf:

$$2\,(NH_4)_2SO_3 + NH_4HSO_3 + 2\,H_2S = 3\,(NH_4)_2S_2O_3 + 3\,H_2O$$
$$4\,NH_4HSO_3 + 2\,NH_3 + 2\,H_2S = 3\,(NH_4)_2S_2O_3 + 3\,H_2O.$$

Beim Erhitzen auf 130° setzen sich Sulfit-Bisulfit und auch Thiosulfat zu Ammonsulfat und Schwefel um:

$$(NH_4)_2SO_3 + 2\,NH_4HSO_3 = 2\,(NH_4)_2SO_4 + S + H_2O$$
$$(NH_4)_2S_2O_3 + 2\,NH_4HSO_3 = 2\,(NH_4)_2SO_4 + 2\,S + H_2O.$$

Bemerkenswert ist beim Katasulfverfahren die Blausäurebeseitigung. Diese wird über dem Kontakt mit Wasserdampf zu NH_3 und CO aufgespalten:

$$HCN + H_2O = NH_3 + CO.$$

Dabei wird auch der als CS_2 und COS vorhandene Schwefel zu SO_2 verbrannt. Im Reingas sind nur noch 0,01—0,02 g H_2S/m^3 (im Rohgas 10 g) vorhanden.

Der Heizwert des Reingases beträgt 4800—4850 WE (Rohgas 5050—5100 WE). nach der Benzolwäsche 4650—4750 WE.

Ferngas. 1929 erzeugten die deutschen Kokereien rund 7,5 Mrd./m³ Überschußgas, während zu gleicher Zeit die Gaswerke nur 3,6 Mrd. m³ Gas herstellten und absetzten. Die Städte könnten also alles Gas, und zwar viel billiger, von den Kokereien beziehen. Eine ganze Reihe Städte werden auch ausschließlich mit Koksgas beleuchtet (Essen, Gelsenkirchen, Elberfeld und Barmen, Bochum, Dortmund usw.). Andere Städte haben städtische Kokereien errichtet (München, Innsbruck, Wien, Berlin, Königsberg usw.). Vom rheinisch-westfälischen Bergbau aus führen 2000 km Leitungen nach Osten und Süden, durch welche jährlich etwa 1,5 Mrd. m³ Koksgas nach auswärts abgegeben werden.

Die Zusammensetzung der Ferngase ist folgende:

	CO_2 %	C_nH_m %	CO %	CH_4 %	H_2 %	N_2 %	O_2 %
Rheinisch-westfälisches	2,10	2,00	5,07	22,78	52,44	14,84	0,77
Niederschlesisches	3	2,5	8	25	49	12	0,5

Über die Erzeugung und den Absatz von Kokereigas in Deutschland gibt die statistische Übersicht über die Nebenprodukte der deutschen Kokereien in den Jahren 1929—1937 Aufschluß (S. 197).

Die Verteilung der Gesamterzeugung verlief im einzelnen wie folgt. 1936 wurden im ganzen 15219 Mill. m³ Koksofengas gewonnen. Davon verbrauchten die Kokereien selbst für Unterfeuerung 6818 Mill. m³, an Gaswerke wurden 749 Mill. m³ abgegeben. Die eigenen Werke verbrauchten (Großgasmaschinen, Kesselfeuerungen) 6131 Mill. m³. An Stickstoffwerke, Industrie und Städte gingen 1521 Mill. m³.

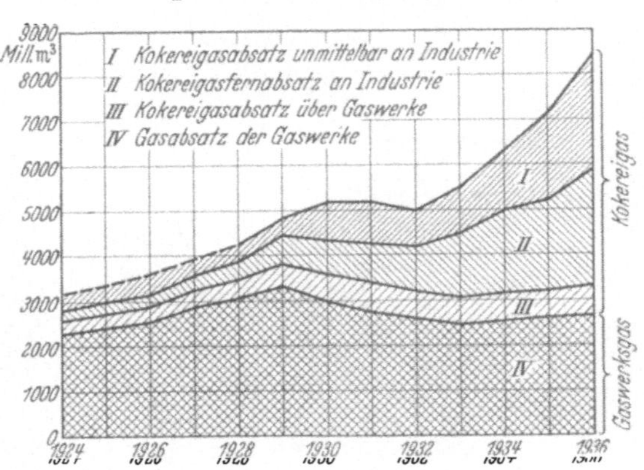

Abb. 137. Deutscher Gasabsatz (nach ROELEN).

Beistehendes Diagramm, Abb. 137, zeigt in sehr anschaulicher Weise die verschiedenen Arten des deutschen Gasabsatzes 1924—1936 in Mill. m³ (nach ROELEN).

Die Abgabe von Koksgas an die Städte als Stadtgas betrug 1905 nur 1 Mill. m³, 1910: 22 Mill. m³, 1916: 187 Mill. m³. Der weitere Verlauf ist aus Feld III des Diagramms zu ersehen.

Koksofengas wird seit einer Reihe von Jahren auch als Ausgangsstoff zur Gewinnung billigen Wasserstoffs für die Ammoniaksynthese in riesigen Mengen verwendet. Die Zerlegung des Koksgases geschieht durch Tiefkühlung in nachstehend angegebener Weise.

Koksofengas-Zerlegung. Das Linde-Bronn-Concordia-Verfahren zur Zerlegung von Koksofengas beruht auf der Tatsache, daß sich Wasserstoff erst bei sehr viel tieferer Temperatur verflüssigt als alle übrigen Bestandteile des Koksofengases. Abb. 138 zeigt schematisch einen Schnitt durch eine neue Koksofengas-Zerlegungsanlage Linde-Bronn-Concordia. Das

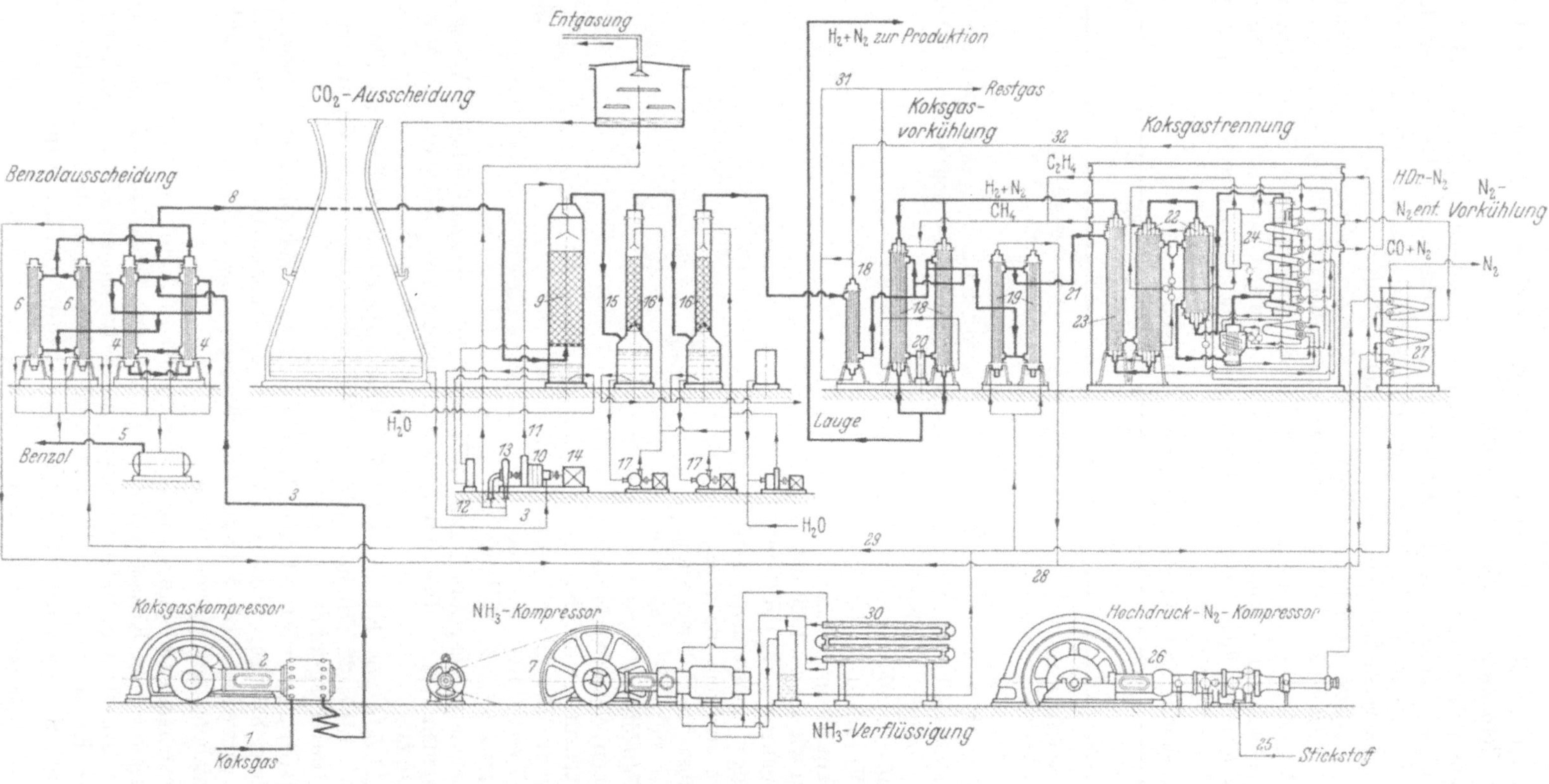

Abb. 138. Koksofengas-Zerlegungsanlage Linde-Bronn-Concordia.

Koksofengas tritt nach der üblichen Reinigung von Staub, Teer, Ammoniak, Schwefelwasserstoff durch Leitung *1* in den zweistufigen Kompressor *2* ein, wo es auf 12 Atm. komprimiert wird. Es geht dann durch Leitung *3* in die Benzolgewinnungsanlage, bestehend aus einem Ammoniakkühler *6*, worin das Gas auf —45° gekühlt wird, und aus den Gegenstromkühlern *4*, in denen frisches Gas vorgekühlt wird. Dann folgt die Kohlensäurewäsche, bestehend in einer Druckwasserwäsche. Das Gas tritt durch Leitung *8* unten in den Absorptionsturm *9* ein, welcher mit Druckwasser berieselt wird. Das noch 0,1—0,2% CO_2 enthaltende Gas geht dann durch Leitung *15* zur Feinreinigung von CO_2 und H_2S durch einige mit Natronlauge berieselte Laugenwascher *16*. Nach der Kohlensäureausscheidung folgt eine Vorkühlung, durch welche das Gas in Gegenstromkühlern *18* durch kalte Zerlegungsprodukte vorgekühlt wird, um alles Wasser abzuscheiden. Dann wird das auf —25° abgekühlte wasserfreie Gas im Ammoniakkühler *19* durch verdampfendes Ammoniak auf —50° weiter gekühlt und nun erst gelangt es in den eigentlichen Zerlegungsapparat. Der Trennungsapparat besteht einerseits aus Gegenstromkühlern *22* und *23* und andererseits aus einer Anlage zur Verflüssigung von atmosphärischem Stickstoff, mit welchem in der Waschsäule *24* das auf tiefere Temperatur abgekühlte Koksgas zur Ausscheidung der letzten Verunreinigungen berieselt wird. Der aus flüssiger Luft gewonnene Stickstoff wird im fünfstufigen Hochdruckkompressor *26* verdichtet, gelangt in den Ammoniakkühler *27*, wo er auf —50° vorgekühlt wird. Er durchläuft mehrere Gegenstromkühler und wird in verflüssigtem Zustande oben auf die Kolonne *24* aufgegeben, wo er alle Verunreinigungen des ihm entgegenkommenden Wasserstoffs aufnimmt. Die Menge des Waschstickstoffs wird so eingestellt, daß ein für die Ammoniaksynthese geeignetes Volumverhältnis $H_2:N_2 = 3:1$ herauskommt. Das Gemisch tritt unter einem Druck von 10 Atm. aus und wird weiter komprimiert. Das Koksofengas kühlt sich beim Durchgang durch die Gegenstromwärmeaustauscher *22* und *23* soweit ab, daß sich zunächst ein Rohäthylen (mit Butan, Propan, Propylen, Äthan) ausscheidet, bei weiterer Abkühlung auch Methan (65% CH_4), und schließlich bei —209° die Stickstoff-Kohlenoxydfraktion (21% CO und 71% N_2). Zuletzt wird nach der Waschung mit flüssigem Stickstoff ein 98—99%iger Wasserstoff erhalten.

Das vorher genannte Rohäthylen wird auf der Zeche Nordstern mit 13 bis 14 Atm. verflüssigt und unter dem Namen Ruhrgasol (Gemisch aus Propan, Butan, Propylen, Butylen, Äthan und Äthylen) in Stahlflaschen von 108 l Inhalt verschickt. Der obere Heizwert des Ruhrgasols ist 17500 kcal/m³. Das bei der Zerlegung des Koksofengases anfallende Methan wird, auf 150 bis 200 Atm. verdichtet, als „Motoren-Methan" auf den Markt gebracht. Heizwert 10000 kcal/m³.

Das von Claude in Frankreich angewandte Verfahren zur Zerlegung von Koksofengas unterscheidet sich von dem Linde-Verfahren in der Hauptsache dadurch, daß statt der äußeren Kühlung durch flüssigen Stickstoff die erforderliche Kälte durch Expansion von tief gekühltem und unter Druck stehendem Wasserstoff unter Arbeitsleistung in einer Expansionsmaschine erfolgt.

Die Welterzeugung an Koks betrug:

1903	. . .	60 Mill. t	1932 . . .	79 Mill. t
1913	. . .	107 Mill. t	1934 . . .	108 Mill. t
1918	. . .	120 Mill. t	1935 . . .	118 Mill. t
1925	. . .	108 Mill. t	1936 . . .	136 Mill. t
1927	. . .	118 Mill. t	1937 . . .	157 Mill. t
1929	. . .	134 Mill. t		

Zur Welterzeugung an Koks trugen in der Hauptsache folgende Länder bei (in Mill. t):

	1929	1933	1936		1929	1933	1936
Deutschland . . .	39,42	21,15	} 35,83	Tschechoslowakei	3,16	1,26	1,96
Saarbezirk . . .	2,43	1,88		Polen	1,68	1,17	1,62
England	13,64	8,92	13,97	Rußland	4,71	10,24	18,00
Vereinigte Staaten	54,33	25,03	42,02	Holland	1,70	2,61	2,27
Belgien	5,99	4,39	5,08	Kanada	2,43	1,36	2,40
Frankreich . . .	4,78	2,85	3,93	Japan	1,09	1,32	1,90

Deutschland erzeugte an Zechenkoks (Mill. t):

1913 . . . 34,63	1929 . . . 39,42	1934 . . . 24,48
1918 . . . 34,43	1930 . . . 32,70	1935 . . . 29,80
1922 . . . 30,23	1931 . . . 23,19	1936 . . . 35,83
1925 . . . 28,40	1932 . . . 19,55	1937 . . . 40,92
1927 . . . 33,24	1933 . . . 21,15	

Im Jahre 1913 waren bei uns 22818 Koksöfen mit Nebenproduktgewinnung vorhanden neben 2704 ohne solche. 1928 war das Verhältnis 16862 zu 33, im Jahre 1930 13785 zu 31, dann sind die Öfen ohne Nebenproduktgewinnung bei uns ganz verschwunden.

Die Verhältnisse bei der Deutschen Kokerei-Industrie lassen sich sehr deutlich aus nachstehenden Tabellen erkennen.

Jahr	Zahl der Betriebe	Beschäftigte Personen	Löhne und Gehälter Mill. Mark	Betriebene Koksöfen	Kokserzeugung Mill. t	Kokserzeugung Mill. Mark	Jahresleistung je Ofen t
1929	144	23 721	64,7	16 388	39,42	840,8	2405
1930	140	21 451	62,3	13 785	32,70	684,8	2372
1931	115	15 662	42,5	10 046	23,19	439,0	2319
1932	97	13 279	30,8	8 439	19,55	307,4	2265
1933	92	15 280	32,6	8 582	21,15	315,8	2441
1934	96	16 939	37,3	9 648	24,49	345,5	2538
1935	103	20 745	47,4	11 629	29,80	429,0	2563
1936	110	22 985	54,1	13 227	35,83	523,2	2709
1937	115	25 108	59,0	14 340	40,92	885,7	2853

Zur deutschen Kokserzeugung trugen 1936 und 1937 die einzelnen Wirtschaftsgebiete folgende Mengen bei:

	Zahl der Kokereien	Kokserzeugung		Anteil an der Gesamterzeugung	
		1936	1937	1936	1397
		Mill. t		%	
Ruhrgebiet	78	27,34	31,57	76,3	77,2
Saarland	7	2,74	2,84	7,6	7,0
Aachen	3	1,25	1,34	3,5	3,2
Oberschlesien	7	1,51	1,94	4,2	4,7
Niederschlesien	4	1,12	1,30	3,1	3,2
Sachsen	2	0,28	—	0,8	—
Übriges Deutschland	9	1,59	1,90	4,5	4,7
		35,83	40,90	100,0	100,0

An Nebenprodukten erzeugten die deutschen Kokereien:

Jahr	Teer		Rohbenzol		Ammonsulfat		Kokereigas Mill. m³	
	1000 t	Mill. Mark	1000 t	Mill.Mark	1000 t	Mill.Mark	erzeugt	abgesetzt
1929	1425,3	59,0	386,3	110,4	532,0	85,3	7 500	—
1930	1209,1	46,1	336,3	90,6	455,5	60,1	—	—
1931	911,2	26,2	247,3	59,2	335,5	29,3	7 590	2403
1932	773,9	21,9	210,6	53,1	285,7	23,1	6 413	2178
1933	824,7	28,8	234,3	57,1	298,6	21,8	8 272	2588
1934	951,1	37,7	270,0	60,1	347,6	24,7	10 209	3316
1935	1196,4	43,1	350,2	75,6	412,1	31,1	12 737	7020
1936	1426,9	51,0	421,0	90,8	478,8	40,6	15 219	8401
1937	1594	58,8	529,4	107,3	535,9	38,0	17 350	

Der Gesamtwert der Erzeugung der deutschen Kokereien betrug 1933: 459, 1934: 503, 1935: 618, 1936: 706, 1937: 1090 Mill. Mark (ohne Gas).

Die Vereinigten Staaten erzeugten 1929: 54,33 Mill. t Koks, davon 48,46 Mill. t in Nebenproduktöfen, 5,87 Mill. t in Bienenkorböfen. In diesem Jahre waren noch 30082 Bienenkorböfen neben 12649 Nebenproduktöfen vorhanden. 1936 erzeugten die Vereinigten Staaten 42 Mill. t Koks, davon 40,5 Mill. t in Nebenproduktöfen und nur noch 1,5 Mill. t in Bienenkorböfen. England erzeugte 1929 13,64 Mill. t Koks, davon in Nebenproduktöfen 13,03 Mill. t und 0,61 Mill. t in Bienenkorböfen. Von letzteren waren noch 1401 vorhanden, Nebenproduktöfen 7860, andere Koksöfen 278. Von 1928 bis 1935 nahmen die Abhitzeöfen von 3485 auf 2274 ab, während sich die Zahl der Regenerativöfen auf derselben Höhe (3922) hielt.

Das Koksausbringen aus der eingesetzten Kohle errechnete sich in Nebenproduktöfen 1929 in Deutschland zu 78,38%, in Amerika zu 69,6%, in den Bienenkorböfen Amerikas zu 64,5%, in den englischen zu 67,1%.

Welterzeugung an Benzol (in 1000 t).

	1930	1931	1932	1933	1934	1935	1936
Welt	1169	1040	826	793	983	1193	1507

Dazu lieferten die Hauptländer

	1930	1931	1932	1933	1934	1935	1936
Vereinigte Staaten .	510	420	270	206	269	386	587
Deutschland	336	247	211	234	270	} 350	} 421
Saargebiet	40	31	28	30	33		
Großbritannien . .	120	100	119	119	168	184	259
Frankreich	82	78	68	74	75	75	75
Belgien	35	35	34	37	36	41	45

Neuere Literatur.

BERTELSMANN-SCHUSTER: Technische Behandlung gasförmiger Stoffe. — GLUUD-SCHNEIDER: Handbuch der Kokerei. 1927/28. — HOCK: Kokereiwesen. 1930. — Kalender für Kokerei. — KURZ und SCHUSTER: Koks. 1938. — LITINSKY: Kokerei- und Gaswerksöfen. 1928. — ROSENTHAL: Motorenbenzol. 1936. — SIMMERSBACH-SCHNEIDER: Kokschemie. 1930. — SPILKER-DITTMAR-KRUBER: Kokerei und Teerprodukte, 5. Aufl. 1933. — Veröffentlichungen der Koksofenbaufirmen Heinrich Koppers, Dr. Otto & Co., Carl Still, Hinselmann.

Schwelerei.

A. Braunkohlenschwelerei.

Das Rohmaterial für die Schwelerei sind bituminöse Substanzen. Hierzu gehören die Schwelkohle (Braunkohle) Mitteldeutschlands, die bituminösen Schiefer in Süddeutschland, Schottland, Frankreich, Estland, Australien, der Torf und der Seeschlick. Bei Schiefern und Seeschlick ist die bituminöse Substanz animalischen Ursprungs, bei Schwelkohle und Torf vegetabilischer Herkunft. Die Schwelkohle besteht wohl in der Hauptsache aus Umwandlungsprodukten von Harzen und Wachsen der Laub- und Nadelhölzer der Tertiärperiode, während die mit der Schwelkohle zusammen vorkommende Feuerkohle vorwiegend umgewandelte Holzsubstanz ist. Die bituminöse Substanz der Schwelkohle in ihrer reinsten oder konzentriertesten Form bezeichnet man als Pyropissit, es ist eine gelbbraune, fettige, brennbare, bei 150—200° schmelzende Masse, die leider in größeren Mengen nicht mehr gefunden wird. Pyropissit besteht zu rund 88% aus organischer Substanz. Gute Schwelkohle hat eine helle Farbe, die Feuerkohle ist dunkel gefärbt. Beide Kohlenarten kommen in parallelen Bändern übereinander gelagert in muldenförmigen Lagern vor, es sind aber nicht zwei durchaus verschiedene Kohlensorten, sondern der Unterschied besteht in der Hauptsache nur in einer quantitativ verschiedenen Anreicherung an Bitumen. Der Abbau geschieht durch Tagebau oder unterirdischen Bruchbau. In beiden Fällen bemüht man sich, beide Kohlenarten möglichst auseinander zu halten, denn die Destillationsresultate sind bei beiden recht verschieden. Der Heizwert lufttrockener Schwelkohle ist 6180 WE, dagegen der der feuchten Kohle mit 50—55% Wasser, wie sie von der Grube kommt, nur 3000—3200 WE; der Heizwert trockner Feuerkohle ist 6081 WE, der nassen Kohle, wie sie zum Beheizen von Kesseln und Schwelöfen dient, 2600—3000 WE 100 kg mitteldeutscher bitumöser Braunkohle (Schwelkohle) mit 50% Grubenfeuchtigkeit liefern bei der Verschwelung 5—14 kg Schwelteer. Bei der Schwelerei legt man das Hauptgewicht auf die Menge und Güte des zu erzeugenden Teers; die Gase und der Schwelkoks (Grudekoks) sind Nebenprodukte.

Die deutsche Schwelindustrie hat ihren Hauptsitz im sächsisch-thüringischen Braunkohlengebiet; außerdem wird noch seit 1885 auf der Grube Messel bei Darmstadt ein Vorkommen bituminöser Schieferkohle verarbeitet. In den 60er Jahren wurde versucht, bituminöse Schiefer von Reutlingen zu verschwelen; diese Versuche sind im Kriege wieder aufgenommen worden. Die Schieferschwelerei ist in Deutschland ohne Bedeutung.

Die Schwelindustrie wurde 1850 durch JAMES YOUNG begründet, welcher zunächst schottische Bogheadkohle zur Teergewinnung verschwelte; hieraus entwickelte sich dann bald die großartige schottische Schwelindustrie von Ölschiefern des Lothiangebietes.

Die Destillation von Braunkohle zur Gewinnung von Paraffin wurde im sächsisch-thüringischen Bezirk 1855 in Gerstewitz eingeführt (Sächsisch-thüringische AG. für Braunkohlenverwertung). Bald folgte die Werschen-Weißenfelder Braunkohlen AG. und 1858 gründete RIEBECK die Riebeckschen Montanwerke. RIEBECK hat sich um die Ausbildung der deutschen Schwelindustrie außerordentliche Verdienste erworben.

Anfangs arbeitete man auf die Gewinnung von Leuchtöl hin; das (1859) aufkommende amerikanische Petroleum zwang aber zu einer Änderung. Dann war das Paraffin das Hauptprodukt, wie auch großenteils heute noch. Die dabei anfallenden schweren Braunkohlenteeröle waren zunächst schwer absetzbar;

Ende der 60er Jahre begann die Verwertung derselben zur Ölgaserzeugung (Eisenbahnbeleuchtung), um die Jahrhundertwende die Verwendung zur Karburation von Wassergas und als Heizöl für Dieselmotoren. Heute sind sie sehr gesucht zur Druckhydrierung (Leuna-Benzin).

Der Schwelprozeß ist eine Art trockener Destillation bei niedriger Temperatur, durch welche das Bitumen der Braunkohle zur Paraffingewinnung zunächst in Teer übergeführt werden soll. (Bei der Destillation schottischer Schiefer arbeitet man beim Schwelprozeß auf Teer und Ammoniak.) Während sich bei der Hochtemperatur-Steinkohlendestillation hauptsächlich Produkte der aromatischen Verbindungen bilden, arbeitet man bei der Braunkohle auf die Gewinnung aliphatischer Verbindungen hin. Der Schwelprozeß verläuft in 2 Phasen: 1. Die Trocknung und Entwässerung des Materials, und 2. die Austreibung des Bitumens und seine Zerlegung in Teer, Wasser, Gas, und die Aufspaltung der Kohlensubstanz in Koks, gasförmige und flüssige Destillationsprodukte. Die Aufspaltung des Bitumens erfolgt schon bei relativ niedriger Temperatur. Die dabei entstehenden Kohlenwasserstoffdämpfe zerfallen aber bei höherer Temperatur weiter, man muß daher versuchen, durch niedrige Schweltemperatur die Entstehung dieser sekundären Zersetzungsprodukte, die minderwertiger sind, zu vermeiden. In den Schwelteer soll noch eine geringe Menge unzersetzten Bitumens mit überdestillieren, da man nur dann sicher ist, daß von den festen Kohlenwasserstoffen der Fettreihe, der Paraffine, keine größeren Mengen durch Zersetzung verloren gegangen sind.

Die Menge und Beschaffenheit der Schwelprodukte hängt aber nicht nur von der Zusammensetzung der Kohle ab, sondern auch von der Art des Schwelvorganges, und hierbei ist nicht nur die Temperatur, sondern vor allem auch die Art der Beheizung, d. h. die Art der Wärmezufuhr von Bedeutung.

Die Schwelverfahren.

Die heute verwendeten Schwelverfahren lassen sich einteilen in:

1. Verfahren mit Außenbeheizung (Verschwelung in Retorten bzw. auf Heizplatten).

2. Verfahren mit Spülheizung.

Bei den erstgenannten Verfahren findet eine mittelbare Wärmeübertragung durch Schamottewände oder eiserne Herdplatten auf das Schwelgut statt, dazu sind höhere Temperaturen erforderlich als bei den Spülgasverfahren, bei welchen heiße Gase und Dämpfe unmittelbar die Wärme auf das Schwelgut übertragen und die entstehenden gas- und dampfförmigen Schwelprodukte mit sich wegführen.

Der typische Vertreter einer von außen beheizten Schwelretorte ist der bekannte Schwelofen von ROLLE, welcher 1858 eingeführt wurde und sich grundsätzlich unverändert bis heute in der mitteldeutschen Schwelindustrie gehalten hat. Vor 10 Jahren waren noch 1250 Rolle-Öfen in Betrieb, jetzt etwa 800, durch neuere, leistungsfähigere Öfen geht die Zahl aber weiter zurück. Abb. 139 zeigt die Einrichtung eines neuzeitlichen Rolle-Ofens. Der Ofen umfaßt die eigentliche Schwelretorte im Innern, bestehend aus dem Zylindermantel aus feuerfesten Steinen, die mit Nut und Feder ineinandergreifen und besonders sorgfältig abgedichtet sind. Dieser Zylindermantel ist umgeben von einem zweiten Mantel, dem Zugmantel, in welchem die Feuerzüge, etwa 10 waagerechte Ringzüge, eingebaut sind. Zur Vermeidung von Wärmeverlusten ist der eigentliche Ofen von einem starken Mauerblock umgeben. Am unteren Ende der Retorte ist die Feuerung angebracht. Sie war früher eine gewöhnliche Planrostfeuerung, später eine gemischte Feuerung für Kohle und Gas, jetzt vielfach eine reine

Gasfeuerung. Die Feuergase ziehen durch Ringzüge, den Zylindermantel um-
spülend, nach oben. Die Höhe des Zylinders schwankt zwischen 6 und 14 m,
die Weite zwischen 1,25 und 1,88 m; normale Öfen haben einen Zylinder von
11 m Höhe und 1,57 m Durchmesser. In der Regel sind 8—12 Öfen zu Gruppen
aneinander gebaut und meist stehen zwei solcher Ofengruppen in einem Ofenhause
parallel nebeneinander. Um die Kohle in dünner Schicht an der heißen Retorten-
wand herabgleiten zu lassen, enthält jeder Ofen einen zylindrischen Einbau aus
eisernen Schwelglocken, so daß sich ein schmaler, 7—10 cm weiter Ringraum
bildet. Die gußeisernen Schwelglocken lassen sich einzeln herausnehmen und
einsetzen, sie bestehen aus Ringen mit Stegen, die über die Mittelachse geschoben

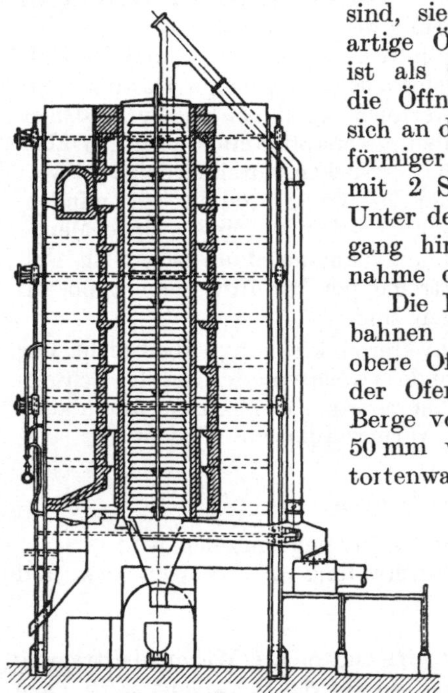

Abb. 139. Schwelofen von Rolle.

sind, sie lassen gegen den Mantel hin jalousie-
artige Öffnungen frei, nur die oberste Glocke
ist als Glockenhut ausgebildet und verschließt
die Öffnung des Glockenzylinders. Unten setzt
sich an die Schwelretorte ein gußeiserner trichter-
förmiger Fortsatz, der sog. Konus, an, der in einen
mit 2 Schiebern versehenen Kokskasten endet.
Unter den Ofengruppen läuft ein gewölbter Koks-
gang hin, in welchem sich die Wagen zur Aufnahme des Schwelkokses auf Schienen bewegen.

Die Kohle gelangt durch Aufzüge oder Seil-
bahnen auf den Schwelboden und wird auf die
obere Ofenmündung gekippt, und zwar so, daß
der Ofendeckel des Glockeneinsatzes mit einem
Berge von Kohle bedeckt ist. Die Kohle ist auf
50 mm vorzerkleinert. Sie rutscht zwischen Re-
tortenwand und Glockeneinsatz herunter, entschwelt und sammelt sich als Schwelkoks im Konus. Die Gase ziehen in das
Innere des Glockeneinsatzes.

Die zu verschwelende Kohle hat gewöhnlich einen Wassergehalt von 40 bis
50%, die Hauptarbeit des Schwelofens
besteht also in der Austreibung des
Wassers bzw. in der Trocknung der
Kohle für die eigentliche Schwelung,
die nur sehr wenig Wärmezufuhr braucht. Das Wasser entweicht beim Durchgang der Kohle im oberen Drittel des Ofens und geht durch das lange Ableitungs-
rohr oben ab. Die eigentliche Schwelung setzt bei etwa 850° ein, die letzten Reste
der flüssigen Destillationsprodukte werden im untersten Teile der Retorte bei
900° abgetrieben; Schwelgas und Teerdämpfe ziehen unten ab zur Kondensation,
nachdem sich beide Rohre vereinigt haben. Die vereinigten Destillationsprodukte bestehen nach Greafe aus 80% Wasserdampf, 10% Schwelgas und
2% Teerdampf. Die Hauptarbeit der Kondensation besteht also im Nieder-
schlagen von Wasserdampf. Die Kondensationsanlage wird gebildet aus einer
großen Anzahl stehender und liegender dünner Eisenrohre, die im Freien aufgestellt sind und allein durch Luft gekühlt werden. Der Teer läuft in einen
Kasten ab, die nicht kondensierten Schwelgase werden nach Durchgang durch
Wascher zu den Feuerungen der Schwelöfen gedrückt. Da es nicht vollständig
gelingt, in diesen einfachen Kondensationseinrichtungen die Teernebel nieder-
zuschlagen, verwendet man auf den meisten Schwelereien noch rotierende
Teerwascher oder auf vielen Anlagen jetzt auch das elektrische Niederschlags-
verfahren Cottrell-Möller in der Bauart Lurgi (vgl. „Schwefelsäure"),

wodurch die Teernebel bis auf 0,01 g mit sehr geringem Kraftbedarf entfernt werden.

Bei Verwendung grubenfeuchter Kohle beträgt der Durchsatz eines Rolle-Ofens nur 4,5—6 t Kohle/Tag. Man ist deshalb dazu übergegangen, die Kohle in besonderen Trocknern [Röhrentrockner (S. 82), Tellertrockner (S. 82), Büttner-Trommel] auf etwa 18% vorzutrocknen oder auch Braunkohlenbriketts in Eierform zu verwenden. Hierdurch steigt die Leistung desselben Ofens auf etwa 12 t. Die Teerausbeute nimmt zu, man erhält soviel Gas (600—700 m³ statt 400—500 m³), daß dasselbe zur Beheizung nicht nur ausreicht, sondern auch noch einen Überschuß liefert. Im Rolle-Ofen wird aber immer noch ein großer Teil Teer thermisch zu Schwelgas zersetzt. Die Schwelerei wendete sich daher nach dem Kriege mehr und mehr größeren, leistungsfähigeren Schwelöfentypen zu, die größeren Durchsatz ermöglichen, höheres Teerausbringen aufweisen und wärmewirtschaftlich überlegen sind. Besonders erfolgreich ist in dieser Beziehung der lotrechte Drehschwelofen von GEISSEN der Kohlenveredlungs AG. geworden, welcher in 6 Jahren schon in 32 Einheiten in den Schwelbetrieb übernommen worden ist. Der Durchsatz an Rohbraunkohle beträgt 100—115 t, also 20mal soviel wie beim Rolle-Ofen. 1929 verarbeiteten nach HEINZE 896 Rolle-Öfen 1,7 Mill. t Rohbraunkohle und erzeugten 75000 t Teer, in demselben Jahre die genannten Geißen-Öfen 1,3 Mill. t und lieferten 100000 t Teer.

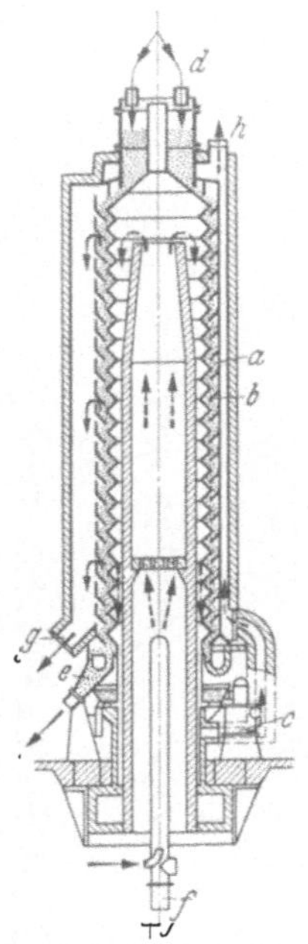

Abb. 140. Schwelofen von GEISSEN.

Die Einrichtung des Schwelofens von GEISSEN ist aus Abb. 140 zu ersehen. Der Schwelofen ähnelt in gewisser Weise dem Rolle-Ofen, die Heizung ist aber hier nach innen verlegt. In einen hohen Schamottezylinder ragt von unten ein Gasbrenner f (für Schwelgas oder Fremdgas) hinein. Der Schamottezylinder ist umgeben von einem drehbaren Eisenzylinder a, welcher aus gasdicht aufeinander gelegten Eisenringen besteht und der etwa die Form eines Wellblechrohres hat. Er ist oben durch eine Glocke abgeschlossen, endet unten in eine Wassertasse und wird unten von c aus in Drehung versetzt. Die Verbrennungsgase steigen im Schamottezylinder hoch, kehren oben um und ziehen im Ringraum zwischen dem Schamottezylinder und dem inneren Eisenmantel a abwärts. Der Abzug für die verbrannten Gase findet sich bei h. Zwischen der Außenwand des Ofens und dem drehbaren Eisenzylinder a ist noch ein anderer, feststehender Eisenzylinder angeordnet, der aus einzelnen Ringen besteht, die innen Ringleisten b besitzen, deren Neigungswinkel den Wellen des Drehzylinders entsprechen. Die auf 15% Wasser vorgetrocknete Kohle wird oben bei d aufgegeben, sie rutscht zwischen den beiden Eisenzylindern nach unten, wobei sie auf den Leisten b jedesmal umgewendet wird. Die abgeschwelte Kohle sammelt sich unten in einem Ringkanal und wird seitlich bei e ausgetragen. Die Schwelgase treten unter den Ringleisten durch Öffnungen in den Mantelraum und werden bei g abgezogen. 1 t Rohbraunkohle liefert 250 kg Schwelkoks, 100 kg Schwelteer, 60 m³ Schwelgas und 2,8 kg Gasbenzin. Die Öfen haben 7 m Höhe und 2 m Durchmesser, sie setzen täglich rund 150 t Rohbraunkohle durch. In Deutschland sind mehr als 30 Geißen-Öfen in Betrieb.

Eine neue Abart des Geißen-Ofens ist der Borsig-Geißen-Ofen. Derselbe hat (statt des Schamottezylinders) innen ein glattes, sich langsam drehendes Heizrohr aus Sicromalstahl (= Stahl mit Si, Cr, Al), welches in geringem

Abstande von einem feststehenden, gußeisernen Rohr mit kegelförmigen Rutschflächen, dem sog. Rieselkörper, umgeben ist. Die Kohle rutscht in dem Ringraum zwischen beiden Rohren unter fortwährender Umwendung nach unten. Im oberen Teile des Ringraumes wird der Wasserdampf, im unteren das Schwelgas abgezogen. Die Beheizung erfolgt von oben. Die Heizgase ziehen im Heizrohr nach unten und steigen dann zwischen Außenmantel und Rieselkörper wieder hoch. Die Heizflächenleistung soll sehr groß sein.

Von den Spülgasverfahren hat sich namentlich das Verfahren der Lurgi-Gesellschaft in in- und· ausländischen Anlagen bewährt. Im Lurgi-Ofen findet eine Unterteilung des Arbeitsvorganges in 3 Abschnitte statt: Trocknung, Schwelung der Kohle und Kühlung des Schwelkokses. Der Ofen besteht aus zwei übereinander liegenden Schächten und ist ganz aus feuerfestem Steinmaterial hergestellt. Die Einrichtung eines Spülgasschwelofens, Bauart LURGI, erläutert die Abb. 141. Von einem Kohlenbunker e gelangt die Kohle durch einen Verteiler in den oberen Schacht a, wo in der Trockenzone b die Trocknung bis auf 0% Feuchtigkeit stattfindet. Diese vollständige Trocknung entlastet den Schwelvorgang und verringert den Anfall an lästigem Schwelwasser. Der von l aus mit gereinigtem Spülgas betriebene Heizgasofen i liefert die heißen Gase, welche durch das Umlaufgebläse h durch den Trockner getrieben werden. Die mit Wasserdampf beladenen Gase ziehen durch den Abzug n ins Freie. Die Kohle gleitet getrocknet in die Schwelzone c, wo die Erhitzung mit gereinigtem Spülgas von dem Heizgasofen k der Schwelzone aus stattfindet. Das Spülgas-Schwelgasgemisch zieht bei m ab. In die Schwelkokskühlzone d wird unten von l aus kaltes gereinigtes Spülgas eingeblasen. Der Schwelkoks fällt durch die Austragsvorrichtung f in den konischen Ofenabschluß und wird durch die Schwelkoksschleusen g ausgebracht. In Deutschland sind etwa 40, im Auslande 15 Lurgi-Öfen in Betrieb. Sie haben Tagesleistungen von 500—600 t Braunkohle. 1935 ist auf dem Braunkohlenwerk Böhlen bei Leipzig eine Großanlage für die Schwelerei von Briketts nach dem Lurgi-Spülverfahren errichtet worden. Sie gewinnt aus 1,5 Mill. t Briketts jährlich 200000 t Braunkohlenteer, der zu Benzin hydriert wird, während der größte Teil des Schwelkokses in die Staubfeuerungen des Großkraftwerkes geht.

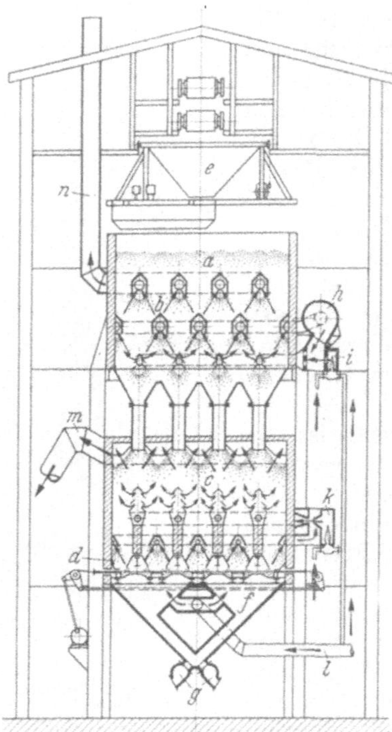

Abb. 141. Spülgasschwelofen der Lurgi-Gesellschaft.

Ähnlich arbeitet das Verfahren von SEIDENSCHNUR-PAPE, nur werden hier vorgetrocknete Formlinge und Preßlinge verschwelt. Eine Anlage mit einer Tagesleistung von 150 t steht seit 1927 in Harbke in Betrieb. LIMBERG benutzt als Wärmeüberträger nicht Verbrennungsgas, sondern überhitzten Wasserdampf. PINTSCH und die Reichsbahngesellschaft verschwelen in Muldenstein mit Spülgas in einem waagerecht liegenden Kanalofen täglich 100 t Rohbraunkohle. Die Deutsche Erdöl AG. arbeitet mit Spülgas-Schwelgeneratoren für Brikettschwelung.

Die Erzeugnisse der Braunkohlenschwelerei.

Bei der Schwelerei entstehen Koks (Grudekoks), Schwelwasser, Teer, Leichtöl und Schwelgas.

Das Schwelwasser bildet die Hauptmenge des Destillates, es ist eine gelbliche, milchig-trübe Flüssigkeit von etwas teerigem Geruch. Es enthält nur 0,07% Ammoniak, außerdem eine Reihe organischer Körper (Alkohole, Aldehyde, Phenole, Pyridinbasen usw.), aber auch nur in sehr geringen Mengen. Schwelwasser läßt sich weder nutzbringend verarbeiten noch reinigen, seine Beseitigung verursacht Kosten. Die Verwendung für Düngezwecke hat sich nicht eingeführt.

Der Rückstand aus den Schwelöfen ist der sog. Grudekoks, ein körniges, mattschwarzes Produkt mit etwa 15—25% Asche und mit 20% Wasser (vom Ablöschen her), mit einem Heizwert im trocknen Zustande von 6000 WE. Grudekoks neigt zur Selbstentzündung; das sucht man durch einen gewissen Wassergehalt, durch künstliche Alterung usw. zu verhindern. Es führen sich jetzt auch Trockenlöschverfahren ein. Der Grudekoks ist ein beliebtes Heizmaterial für kleine, besonders konstruierte Haushaltungsöfen, in denen er ohne Flamme, Rauch oder Ruß langsam verglüht. Man brikettiert auch Grudekoks mit Sulfitlauge usw. oder verwendet zum Brikettieren nicht völlig entschwelten Koks (Seidenschnur) oder mit Wasser angemachte Rohbraunkohle (Kolloidbrikettierung Delkeskamp). Bei den steigenden Mengen des anfallenden Schwelkokses muß man sich nach Großverbrauchern umsehen. Hierfür kommen in Frage: die Staubkohlenfeuerung, die Feuerung auf besonderen Rosten in Kraftwerken und die Vergasung von Schwelkoks im Winkler-Generator (vgl. „Ammoniak").

Der Braunkohlenteer ist eine in der Kälte braune bis schwarze Masse von butterartiger Konsistenz, die bei 25—35° zu einer braunen, grün fluorescierenden Flüssigkeit schmilzt; sie hat einen eigenartigen Geruch. Das spezifische Gewicht ist 0,85—0,91. Die Hauptmenge des Teers besteht aus Paraffinkohlenwasserstoffen der Paraffin- und Olefinreihe, daneben sind noch kleine Mengen durch Zersetzung entstandener aromatischer Kohlenwasserstoffe (Naphthene, Phenole, Pyridinbasen), Schwefelwasserstoff und organische Schwefelverbindungen (0,5—1,5%) vorhanden. Die Hauptmenge des Teers geht zwischen 250—350° über, nur wenige Anteile schon bei 150°. Auch Braunkohlengeneratoren liefern Schwelteer. Die Weiterverarbeitung des Teeres ist später bei „Braunkohlenteer" behandelt.

Seit 1923 gewinnt man aus den Schwelgasen Leichtöle durch Ölwaschung, Kompression, Tiefkühlung, Adsorption der dampfförmigen Kohlenwasserstoffe mit aktiver Kohle oder Silika-Gel; die Menge beträgt etwa 15% des vorhandenen Teers. Das gereinigte Leichtöl, welches bei 160° übergeht, wird als Automobilbetriebsstoff in Mischung mit Alkohol verwendet.

Das Schwelgas der Rolle-Öfen ist stets mehr oder weniger mit Luft vermengt und enthält im Durchschnitt 10—20% Kohlensäure, 0,1—3,0% Sauerstoff, 1—2% schwere Kohlenwasserstoffe, 5—15% Kohlenoxyd, 10—25% Methan, 10—30% Wasserstoff, 10—30% Stickstoff, 1—3% Schwefelwasserstoff. Der Heizwert schwankt zwischen 2000 und 3500 WE, er beträgt im Mittel 2500 WE. Das Gas dient in der Hauptsache zum Heizen der Schwelöfen. 1 t Rohkohle liefert im Rolle-Ofen 135 m³ Schwelgas, im Geißen-Ofen 90 m³; letzteres ist zwar praktisch luftfrei, enthält aber auch bis 34% Kohlensäure, welche durch Druckwasserwäsche (zusammen mit H_2S) entfernt wird. Hierdurch erhält man ein Gas mit 18% CO, 28% H_2, 24,8% CH_4, 9,4% C_2H_6, 6,2% C_nH_m und 6,7% CO_2. Dieses gereinigte Gas wird als Ferngas abgegeben oder mit Wassergas vermischt, normiert, als Stadtgas verwendet.

Erzeugung der deutschen Braunkohlenschwelereien.

| Jahr | Betriebe | Be-schäftigte Personen | Löhne, Gehälter | Ver-brauchte Kohle | Erzeugung | | | | |
| | | | | | Teer | | Koks | | Neben-produkte |
			1000Mark	1000 t	1000 t	1000 Mark	1000 t	1000 Mark	1000Mark
1913	31	1022	—	—	79	—	435	—	—
1925	22	1209	—	—	74	—	405	—	—
1929	31	2266	5 758	2 587	197	16 474	760	10 598	2320
1931	28	1774	4 314	2 824	202	12 234	807	9 978	2862
1933	24	2217	4 422	3 442	209	11 191	838	8 605	2910
1934	19	2803	5 506	3 771	221	13 207	896	7 870	3318
1935	20	3074	6 582	4 215	251	15 487	994	8 901	4120
1936	23	3943	8 622	8 373	426	26 867	2004	16 107	5961
1937	23	4747	10 816	12 381	643	45 978	3021	25 411	13586

In der Spalte „Nebenprodukte" sind zusammengefaßt: Leichtöle, Schwelgas und Ammonsulfat. Es wurden gewonnen:

	Ammonsulfat t	Leichtöle t	Schwelgas Mill. m³		Ammonsulfat t	Leichtöle t	Schwelgas Mill. m³
1929	4300	8 600	553	1935	—	33 263	1281
1934	2800	27 800	982	1936	—	59 318	1527
				1937	—	—	2277

Die Braunkohlenschwelerei hat also in den letzten Jahren einen kräftigen Aufschwung genommen, es sind in Auswirkung des Vierjahresplanes 1936 und 1937 mehrere neue große Schwelereien in Betrieb genommen worden. Der Schwelteer wurde bis vor einem Jahrzehnt ausschließlich durch Destillation auf verkäufliche Produkte verarbeitet (vgl. „Teerdestillation"). 1930 lieferte der deutsche Braunkohlenteer durch Destillation 105 700 t Heiz-, Gas-, Treib- und Solaröle, 400 t Schmieröle, 6300 t Benzine, 15 500 t Paraffine, 2100 t Pech- und Kreosotöle und 6800 t Halbfabrikate. 1928 wurde noch der ganze anfallende Teer destilliert. 1929 wurden aber 20 000 t, 1930 47 000 t Teer mehr erzeugt, als die Destillationen verarbeiteten. Diese Mengen sind offenbar der Druckhydrierung unterworfen worden.

Gewinnung von Montanwachs.

Das in der Braunkohle enthaltene Bitumen wird in einigen wenigen Anlagen mit Lösungsmitteln wie Benzol, Benzol-Alkohol oder Toluol-Alkohol extrahiert; dazu muß die Kohle (wie bei der Brikettierung) bis auf etwa 20% Wasser getrocknet werden. Die Kohle kommt in ein Extraktionsgefäß, welches dann mit Lösungsmittel gefüllt wird; das mit Bitumen beladene Extraktionsmittel fließt in den Destillator, der durch Dampfschlangen geheizt wird, das Benzol verdampft, umspült den Mantel des Extraktors, wird in einem Kühler konden-siert, trennt sich vom Wasser und fließt in den Extraktor zurück. Das im Destillator bleibende flüssige Bitumen wird abgelassen, erstarrt und wird, in Stücke zerschlagen, versandt. Das Montanwachs ist eine dunkle stückige Masse mit muscheligem Bruche, die bei 80—85° schmilzt, es besteht aus einer Art Wachs etwa 20% Harz und huminsäureartigen Körpern. Es werden in Deutschland 1200—1500 t Montanwachs hergestellt. Man verwendet Montan-wachs an Stelle von Carnaubawachs für Schuhcremes, für Isolierzwecke, Bohner-massen, Starrschmieren, Fettstifte usw. Die I. G. Farbenindustrie stellt helleres, gebleichtes Montanwachs her.

B. Schieferschwelerei.

Es gibt in verschiedenen Ländern bitumenreiche Schiefer, Mergel, Kalke und Dolomite, die bei trockener Destillation Öle liefern. Selten aber ist der Bitumengehalt groß genug, daß sich die Verarbeitung lohnt. In Deutschland wird nur an einer Stelle, auf der Grube Messel bei Darmstadt (seit 1887), Öl- schiefer industriell verarbeitet. Ganz bedeutend ist dagegen die schottische Ölschieferindustrie, die früher 3 Mill. t Ölschiefer jährlich verarbeitete, jetzt aber auch zurückgeht. Neuerdings werden die Estländischen Ölschiefer (am Finnischen Meerbusen), die in ungeheueren Mengen und hochwertiger Beschaffenheit vorhanden sind, von steigender Bedeutung; sie wurden früher als Brennstoffe benutzt, seit 1924 aber werden sie auch auf Öl verarbeitet (in Schwelgeneratoren der Firma Pintsch). Ein ähnlich reiches Vorkommen von Öl- schiefern stellen die Deckschichten der Kohlenvor- kommen der Fushun-Gruben bei Mukden vor, dort arbeitet man seit 1930 mit 80 Schwelgeneratoren. 1932 wurden an Ölschiefern gewonnen in England 1,368 Mill. t, in Mandschuko 1,39 Mill. t, in Estland 0,493 Mill. t, in Frankreich 0,086 Mill. t.

Die Schwelprodukte der Schieferdestillation sind paraffinreiche Öle (Schottland, Fushun, Messel) oder paraffinarme, kreosotreiche Öle (Estland), Ammo- niak, wertloses Schwelwasser und ein tonig- kalkiger Schwelrückstand, der ab und zu für Mörtelzwecke verwendet werden kann. Die Teer- ausbeute (Öl) aus den Schiefern ist je nach ihrem Vorkommen sehr verschieden. Schottische Schiefer liefern etwa 8—13%, französische von Antun 5—7%, Messeler Kohlenschiefer 7—8%, Schandelaher Schiefer 4—5%, Reutlinger 2—4%, der Mandschurische Schiefer 5%, der estländische 16% Teer.

Die schottische Schieferindustrie verwendet Ölschiefer der Gegend von Edinburgh. Guter Schiefer weist bis 25% flüchtige Bestandteile auf und enthält 3% Stickstoff. Die Destillation geschieht in Schwel- retorten von HENDERSON oder BRYSON. Einen Schnitt durch einen Ofen letzterer Art zeigt Abb. 142. Es sind schmale 10 m hohe Retorten, deren oberer Teil

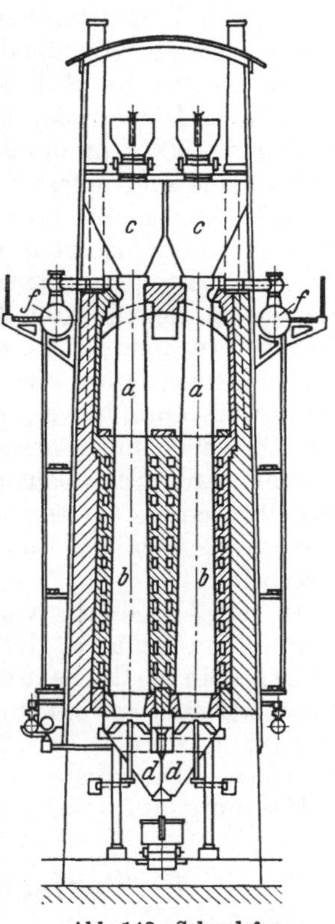

Abb. 142. Schwelofen von BRYSON. (Nach ULLMANN, Enzyklopädie, Bd. 9).

aus Eisen, deren unterer Teil aus feuerfesten Steinen hergestellt ist. Im oberen Teile erfolgt bei etwa 400° die Zersetzung des Bitumens und die Verflüchtigung der entstandenen Öle, im unteren Teile, wo man Wasserdampf (350 kg/t Schiefer) einbläst, wird hauptsächlich der Stickstoff des Schiefers in Ammoniak übergeführt. Der ausgeschwelte Schiefer fällt in den Kasten d und wird aus- gezogen. Die Gase mit den Öldämpfen und dem Ammoniak werden abgesaugt (400 m³/t Schiefer) und in einer aus vielen stehenden Rohren bestehenden Kondensationsanlage verdichtet, Teer und Ammoniakwasser scheiden sich ab und trennen sich; die unkondensierten Gase werden mit Gasöl gewaschen und gehen zur Beheizung der Schwelöfen. Das Ammoniakwasser wird mit Schwefel- säure neutralisiert und auf Ammonsulfat verarbeitet.

In der schottischen Schieferindustrie sind etwa 2000 Schwelöfen vorhanden. 1 t Schiefer liefert etwa 93 l Rohöl und Benzin und 18 kg Ammonsulfat. Nach der Destillation des Öles liefert 1 t Schiefer: 9—10 l Benzin, 15—16,5 l Leuchtöl, 32—35 l Gas- und Heizöl, 5—6 l Schmieröl und 6—8,5 kg Paraffin. 1910 wurden noch 3,2 Mill. t Schiefer verarbeitet und 300000 t Öl und 59000 t Ammonsulfat erzeugt. Die Förderung an Ölschiefern betrug aber 1928 nur noch rund 2 Mill. t.

In Estland wendet die Estnische Steinöl-AG. zum Abschwelen der Schiefer mit gutem Erfolge jetzt Tunnelöfen an. Die Schiefer werden in kleine Wagen geladen und diese durchwandern den Tunnelofen, wobei sie durch Spülgas entschwelt werden. Als Spülgas dient das eigene Schwelgas, es wird in besonderen Röhrenerhitzern aufgeheizt. In Estland sind vier solcher Tunnelöfen in Betrieb, von denen jeder täglich 250—400 t Schiefer abschwelt.

Die deutsche Schieferindustrie beschränkt sich auf das Vorkommen bei Messel. Hier werden jährlich 100000 t Schiefer verschwelt und etwa 16000 t Teer und 1900 t Ammonsulfat gewonnen. Der Schiefer hat 40—42% Grubenfeuchtigkeit und liefert 0—7% Zersetzungswasser, 7—8% Rohöl, 7—8% Gas, 30—32% Asche, die noch 7—8% fixen Kohlenstoff enthält (Messelerschwarz). Die Schwelung erfolgt in Öfen, die den schottischen Öfen sehr ähnlich sind; die Retorten bestehen in den oberen zwei Dritteln aus Eisen, unten aus Schamottesteinen. In der obersten Zone, der Trockenzone, wird bei 120—140° entwässert, die mittlere Zone ist die eigentliche Schwelzone, hier wird bei 500—600° überhitzter Wasserdampf aus der Trockenzone eingeleitet. Der unterste Teil ist der Vergasungsraum, in welchem das entölte, aber noch kohlenstoffhaltige Schwelgut bei 700—800° mit Wasserdampf behandelt und zum Teil in Wassergas verwandelt wird. Schwelgas und Wassergas werden abgesaugt, durch Kondensation und Ölwaschung entteert, sie dienen dann zur Beheizung der Öfen. Der Schwelteer wird später auf Benzintreibstoff, Gasöl, Heizöl, Paraffin und Blasenkoks verarbeitet.

In der Umgebung von Seefeld in Tirol wird seit alten Zeiten aus einem bituminösen Schiefer, der Ölstein oder Stinkstein genannt wird, durch Hausindustrie ein als Dürstenblut oder Dürschenöl bekanntes Hausmittel gegen Rheumatismus gewonnen. Die Destillation erfolgte früher in kleinen eisernen Tiegeln, jetzt auf der Maximilianshütte in retortenähnlichen Destillationszylindern. Die Ausbeute an Teer beträgt 9% des Schiefers; derselbe wird in Hamburg auf Ichthyolpräparate verarbeitet.

C. Torfschwelerei bzw. Torfverkokung.

Neben der heutigen Verbrennung von Torf auf Treppenrosten und der Vergasung des Torfes in Generatoren spielt die trockene Destillation des Torfes nur eine untergeordnete Rolle. Die Destillation des Torfes entspricht nicht im eigentlichen Sinne der Teerschwelerei, denn das Hauptprodukt ist der Koks und nicht die Destillationserzeugnisse, man spricht also auch von Torfverkokung. Der Torfkoks steht in seinen Eigenschaften der Holzkohle ziemlich nahe; er hat einen sehr geringen Aschengehalt (2,5—3,5%) und ist sehr arm an Schwefel, er wird sehr gern für metallurgische Zwecke und für Metallverarbeitung verwendet. Die bei der Schwelung (etwa 600°) erhaltenen Nebenprodukte ähneln denen der Braunkohlenschwelerei, sind aber nicht viel wert; es lohnt nicht, die geringen Mengen Ammoniak, Essigsäure und Holzgeist zu gewinnen. Die Teerausbeute beträgt 3—8%, der Teer wird meist als solcher verkauft, und nicht durch Destillation (wobei 100 Teile 60% Gasöl, 10% Paraffin und 10% Pech liefern) aufgearbeitet.

Die Torfschwelerei bzw. Verkokung wurde 1894 durch ZIEGLER eingeführt. Ziegler-Öfen wurden in Oldenburg, Oberbayern und in Rußland verwendet, sind aber wegen Unwirtschaftlichkeit wieder stillgelegt worden. Bei uns arbeitet seit 1908 nur eine einzige Torfverkokungsanlage mit einem Ofen von WIELAND in Elisabethfehn in Oldenburg. Dieser Ofen (ähnlich auch der Ziegler-Ofen) besitzt schmale, stehende Verkokungskammern, oben aus Eisen, unten aus Schamotte bestehend, die von Heizkanälen umgeben sind und die im laufenden Betriebe mit Schwelgas beheizt werden. Die Schwelgase werden im obersten Drittel des Schachtes abgezogen. Die Torfverkokungsöfen ähneln im Prinzip den Schieferschwelöfen. Bei der Verkokung lufttrockenen Torfes (25—30% H_2O) entstehen 30—35% Torfkoks, 3—6% Teer, 30—40% Schwelwasser und 20 bis 30% Gase (Heizwert 2000—2800 kcal/m³).

In neuester Zeit sollen in Rußland wieder Torfverkokungsanlagen errichtet worden sein.

Die Torfkohle bzw. der Torfkoks ist sehr porös und leicht (spezifisches Gewicht 0,23—0,38), sie ist leicht entzündlich und glimmt fort, der Heizwert ist 6500—7000 WE. Man hat Torfkohle auch zum Entfuseln von Branntwein und für Entfärbungszwecke verwendet, auch für die Herstellung aktiver Kohle.

D. Steinkohlenschwelerei (Tieftemperaturverkokung).

Erhitzt man Steinkohle unter Luftabschluß bei steigender Temperatur, so macht sich, wie bereits bei „Leuchtgas" (S. 131) und „Kokerei" (S. 163) auseinandergesetzt ist, schon unterhalb 250° die beginnende Zersetzung bemerkbar. Ein Teil des Sauerstoffs tritt mit Kohlenstoff zu Kohlensäure zusammen, Schwefel spaltet sich als Schwefelwasserstoff ab, von 300° ab werden Kohlenoxyd und Kohlenwasserstoffe frei, bei 350° beginnt das Auftreten flüssiger Kohlenwasserstoffe (Teer), was sich etwa bis 480° fortsetzt. Oberhalb 500° entweichen zwar auch noch Gase mit zunehmenden Wasserstoffgehalten, aber keine Öldämpfe mehr. Bei Temperaturen über 600° gehen die primär abgespaltenen Bestandteile mehr und mehr unter Wasserstoffabspaltung in aromatische Kohlenwasserstoffe über.

Gibt man den bei so niedriger Temperatur entstehenden Teerdämpfen die Möglichkeit, sich sofort abzukühlen, so erhält man Teer in der Form und Beschaffenheit, wie wir ihn als Tieftemperaturteer oder Urteer bezeichnen, die Hauptkennzeichen eines solchen sind das Fehlen aromatischer Kohlenwasserstoffe (Benzol, Toluol, Xylol, Naphthalin, Anthrazen), die erst bei höherer Temperatur entstehen. Bei seiner Zerlegung erhält man Öle (Schmieröle, Gasöl, Leuchtöl), Phenole, Benzin, Paraffin, also ähnliche aliphatische Substanzen, wie sie die Erdöldestillation liefert.

Daß die Teere verschieden zusammengesetzt sind, je nachdem bei der Verkokung niedere oder höhere Temperatur angewendet wurde, wußte man schon lange. Für Steinkohlen wurden diese Verhältnisse aber erst 1901 durch BÖRNSTEIN, 1911 durch PIETET, 1912/14 durch WHEELER und später namentlich durch F. FISCHER im Mülheimer Kohlenforschungsinstitut systematisch untersucht.

In England hatte man schon seit Beginn dieses Jahrhunderts Schwelversuche mit Steinkohlen technisch durchzuführen versucht, allerdings nicht in der Absicht, Urteer als Hauptprodukt zu erhalten, sondern um einen rauchlos verbrennenden, leicht entzündlichen Brennstoff zu erhalten, der als Hausbrand, namentlich für die in England üblichen offenen Kaminfeuer, geeignet war. Der Gesichtspunkt der Ölgewinnung tauchte erst viel später auf. In Deutschland dagegen beschäftigte man sich erst im Kriege mit der Verschwelung von Steinkohle, hier aber mit der ausgesprochenen Absicht, auf diese Weise aus dem Teer Treib- und Heizöle zu erhalten, wobei der dabei anfallende sog. Halbkoks das Nebenprodukt war.

1906 führte Parker in England sein Coalite-Verfahren ein, indem er Steinkohle bei 430° unter schwachem Vakuum verkokte und darauf mit Wasserdampf kühlte. Der Zweck war die Herstellung eines rauchschwachen Haushaltungsbrennstoffs. Der erhaltene Coalite, ein Mittelding zwischen Kohle und Koks, mit 80—82% Kohlenstoff und 8—9% flüchtigen Bestandteilen, war aber zunächst nicht transport- und lagerbeständig. Die Destillation geschah in stehenden Retorten, die von außen mit Gas beheizt waren. Inzwischen hat sich das Coalite-Verfahren durch Verbesserungen weiter entwickelt und hat seit Jahren die bezweifelte Wirtschaftlichkeit erwiesen. Es ist das meist verwendete System für Steinkohlenschwelung in England. Abb. 143 zeigt die Einrichtung eines heutigen Coaliteschwelofens. Flache stehende Retorten sind in größerer Anzahl nebeneinander gereiht, sie werden von außen durch Erhitzung des sie umgebenden Gitterwerks beheizt. In der Abb. 143 sind a die Schwelretorten, e die Heizkanäle. Feingemahlene Steinkohle wird von einem Beschickungswagen b aus in die Retorten gefüllt. In 3—4 stündiger Garungszeit wird die Steinkohle abgeschwelt und der Schwelkoks, Coalite, wird bei c abgezogen, und zwar in stückiger Form. Die Schwelgase ziehen bei d in eine Vorlage ab. Der Schwelkoks hat nur noch 4 bis 6% flüchtige Bestandteile.

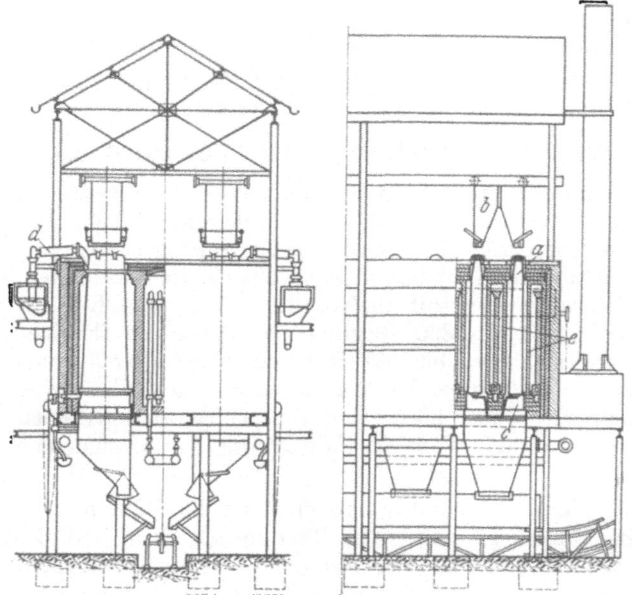

Abb. 143. Coalite-Schwelofen.

1 t Einsatzkohle liefert: 711,2 kg Schwelkoks (71,2%), 81,7 kg Schwelteer (8,47%), 13,6 l Leichtöl, 1,8 kg Ammonsulfat, 90,8 l Schwelwasser und 112 m³ Schwelgas (Heizwert 6675 WE). Fünf solcher Anlagen in England stellen 675000 t Schwelkoks und 60000 t Schwelteer her. In England waren 1935 13 Unternehmungen für Kohleverschwelung tätig, die nach verschiedenen Verfahren arbeiten, und zwar sowohl mit Außenbeheizung der Retorten als auch nach dem Spülverfahren.

In Amerika kam 1916 in South Clinchfield (Va) eine große Anlage des Karbokohle-Verfahrens in Betrieb. Kohle wird in waagerechten, 6 m langen Retorten 3 h lang bei 450—510° abgeschwelt und durch 2 Förderschnecken weiter bewegt. Die erhaltene Karbokohle (Halbkoks) wird in Eierform brikettiert und diese in einem Schrägkammerofen 6 h bei 980° verkokt.

In Deutschland beschäftigte sich Roser seit 1915 bei der Firma Thyssen mit der Verschwelung von Steinkohle. 1918 wurde in Eislingen ein Drehofen für eine tägliche Verschwelung von 100 t in Gang gesetzt. Das Drehrohr hatte 24 m Länge, $2^1/_2$ m Durchmesser, lag vollständig waagerecht, hatte innen auf der Rohrwand eine schneckenartige Fortbewegungsleiste (vgl. 2. Aufl. S. 140). Das Drehrohr wurde durch eine Anzahl Brenner mit den Abgasen der Schwelerei beheizt. Es waren mehrere solcher Anlagen in Betrieb, auch Kanalöfen und eine

Reihe anderer Konstruktionen kamen praktisch zur Anwendung, sie sind aber alle wieder stillgelegt worden. Es hat sich nämlich herausgestellt, daß der Schwelbetrieb mit Steinkohlen, welcher nur 6—8% Schwelteer liefert, bei uns unrentabel ist, wenn nicht gleichzeitig ein hochwertiger, fester, großstückiger Schwelkoks anfällt, dessen Absatz gesichert ist.

Technisch gut bewährt hat sich von den **Drehrohröfen** der Ofen der **Kohlenscheidungs-Gesellschaft**, von welchem bei uns einige Anlagen von 1924 ab in Bottrop und Karnap in Betrieb waren. Diese sog. **KSG.-Schwelanlagen** sind in Deutschland zwar auch wieder eingestellt worden, in England und Amerika, wo die Kohlenbeschaffenheit eine andere ist, sind aber noch solche KSG.-Anlagen in Betrieb. Die Anlage in Piscataway N. J. hat acht der nachher beschriebenen Drehöfen, von denen jeder täglich 650 t Kohle durchsetzt. Der Schwelkoks wird in New York unter dem Namen **Disko** als Anthrazitersatz an Haushaltungen abgesetzt, das Schwelgas wird, mit Wassergas verschnitten, von Gasanstalten als Leuchtgas abgegeben. Der KSG.-Ofen besteht aus zwei ineinandergebauten, geneigt liegenden, drehbaren Trommeln oder Rohren. Das Innenrohr bildet das Traggerüst für das äußere Rohr, es ist auf Rollen gelagert und wird von einem Motor in Drehung versetzt. Das Außenrohr hat eine Länge von 23 m und einen Durchmesser von 3 m, das Innenrohr einen solchen von 1,7 m. Das Doppeldrehrohr ist von einer Beheizungsanlage umgeben. Die Kohle wird von einer Förderschnecke in das Innenrohr am unteren Ende eingespeist, durch Schneckenbleche, die auf der Innenfläche des Innenrohres angebracht sind, nach dem oberen Ende transportiert, dabei getrocknet und auf 200° vorgewärmt, sie fällt dann dort durch Löcher in die äußere Trommel und rutscht beim Drehen auf der glatten Innenwand der Außentrommel nach dem unteren Ende, wobei sie abschwelt. Der Schwelkoksaustrag findet sich am unteren Ende der Trommel. Die Beheizung der Schweltrommel geschieht von außen durch Generatorgas (aus Schwelkoks), dem zur Vermeidung von Überhitzung Rauchgase beigemischt werden. Die Schwelgase, Schweldämpfe und Wasserdampf saugt man am oberen Ende der Trommel ab.

Nachdem sich bei uns die Erkenntnis durchgesetzt hat, daß mit jeder Art Drehöfen oder Öfen mit Rührwerk, also durch **Schwelung in Bewegung** mit unseren Kohlen nur ein **Schwelkoks von poröser, weicher und kleinstückiger Beschaffenheit** zu erzielen ist und daß der Schwelteer stark mit Staub verunreinigt ist, geht die neuere Entwicklung der Steinkohlenschwelung in Deutschland dahin, andere Öfen zu konstruieren, welche die **Schwelung in Ruhe und in dünner Schicht** durchzuführen gestatten, wobei sich weiter herausgestellt hat, daß nur die Verwendung von **Stahlblech** als **Baustoff** für die Schwelzellen zum Ziel führt.

Man hat nun auf verschiedenem Wege versucht, diese Aufgabe praktisch zu lösen. Es sind mehrere Verfahren in der Praxis erprobt worden, um die Kohle in ruhendem Zustande abzuschwelen. Die beiden Verfahren von **Krupp-Lurgi** und der **Brennstofftechnik** benutzen schmale rechteckige, von außen indirekt beheizte Kammern aus Stahlblech, in denen die Ladung durch vorsichtige Beheizung vor Überhitzung geschützt wird. Nachstehend soll nur der **Krupp-Lurgi-Schwelofen** beschrieben werden, der bis jetzt die meiste Anwendung gefunden hat. Abb. 144 zeigt die Einrichtung dieses Ofens. In einem Ofenblock sind 6 Schwelzellen a von 2 m Länge, 1,8 m Höhe (auch 3 m Länge und 2 m Höhe) und 50—100 mm Breite (auf Zeche Amalie für Ruhrkohle 85 mm, für Saarkohle 70 mm), die sich unten schwach erweitern, von 7 Heizkammern d umgeben. Der Ofen ist oben durch den Verschluß b, unten durch den Verschluß c verschlossen, letzterer wird von g aus betätigt. f ist die Beschickungsmaschine. Die Beheizung der Heizkammern geschieht mit Schwelgas oder auch durch

Schwachgas. Durch eine genau regelbare Umlaufheizung ist dafür gesorgt, daß die Erhitzung 650° nicht übersteigt. *e* ist der Gaskanal für den Heizgasumlauf. Die Schwelung geht bei 500—550° vor sich. Nach 4—6 h ist die Schwelung beendet, der Schwelkoks fällt durch den unteren Zellenverschluß als fester grobstückiger Plattenkoks auf eine Transportvorrichtung und wird trocken gekühlt oder naß gelöscht. Ein Ofenblock hat einen Tagesdurchsatz von 12—15 t. 1 t Kohle liefert 75—80 % Schwelkoks, 8 % Schwelteer und 110 m³ Gas von 7000 kcal. Der Schwelkoks hat 6—12 % flüchtige Bestandteile, der Heizwert des aschefreien Kokses beträgt 8200—8500 kcal/kg. Man verschwelt gut backende Feinkohle (2 mm) oder auch nichtbackende gasreiche Kohlen, diese aber nur in gestampften Zustande. Es sind bei uns vier große **Krupp-Lurgi**-Anlagen bereits in Betrieb.

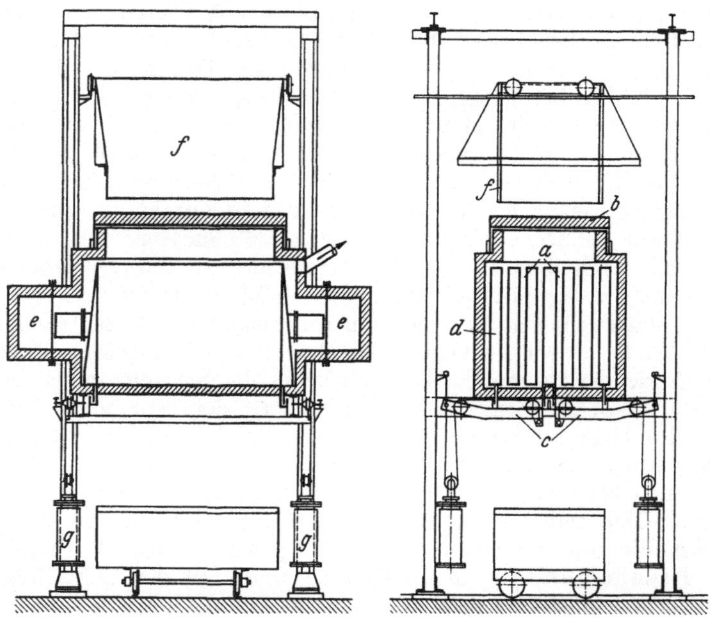

Abb. 144. **Krupp-Lurgi**-Schwelofen.

Der **Schwelkoks** ist sehr reaktionsfähig und deshalb gut geeignet als Vergasungsrohstoff für Synthesen, für Fahrzeuggeneratoren, für Fließkohle (Mischung von Kohlenstaub und Öl), für den Kohlenstaubmotor usw. Der **Schwelteer** wird entweder unmittelbar als Heizöl verwandt oder durch Destillation, Druckspaltung oder Druckhydrierung weiter verarbeitet.

Das für Braunkohle bewährte **Spülgasverfahren** kann nur für nichtbackende Steinkohlen oder für Briketts verwendet werden, weil backende Kohlen den Gasdurchgang verhindern. Für schlechtbackende Steinkohlen sind in Deutschland mehrere Spülgasschwelanlagen in Betrieb.

Es ist nicht möglich, die Steinkohlenschwelung in normalen Kokereiöfen durchzuführen, da die erforderliche niedrige Entgasungstemperatur nicht zu halten ist. Man hat sich deshalb so zu helfen versucht, mit Kohle gefüllte Eisenblechbehälter in die Kokskammern einzuschieben (Dr. Otto, Still). Koppers erzeugt eine Art Schwelkoks in ganz schmalkammerigen Kreisstromöfen, Didier im Vertikalkammerofen bei 650—700°; es handelt sich hier aber nicht um ein eigentliches Schwelverfahren, sondern um eine Mitteltemperaturverkokung, deren Erzeugnisse von denen der Verschwelung verschieden sind.

Man gewinnt einen marktgängigen Schwelrückstand, der einen rauchlos brennnenden Hausbrand bzw. einen künstlichen Anthrazit vorstellt; und nebenbei Teer mit hohen Phenol- und Kresolgehalten, außerdem hochwertige Gase. Die Firma Koppers hat eine Großanlage dieser Art Mitteltemperaturverkokung in Barsinghausen errichtet, weitere in Frankreich und der Türkei. Das Verfahren wird als Carbolux-Verfahren bezeichnet. Man verschwelt Gasflammkohlen bei 500—600° im Koppersschen Verbund-Kreisstromofen (vgl. S. 170), dessen Kammern aber nur eine Breite von 200 bis 250 mm haben. Die Kohle wird fein gemahlen, getrocknet, ein Teil der Kohle im Drehofen angeschwelt, beide Teile vermischt und eingesetzt. Die Öfen werden in 24 h 1—2mal beschickt. Das Schwelprodukt ist eine gute Stückkohle mit etwa 9% flüchtigen Bestandteilen (Magerkohle 8—12%) und einer Entzündungstemperatur von 430° (Magerkohle 440—460°). Außer der zur Ofenheizung gebrauchten Menge des Schwelgases bleiben noch 75 m³ Überschußgas von 5600 kcal übrig. In ähnlicher Weise arbeitet die von der Firma Didier in Pecs (Ungarn) errichtete Anlage, welche aus schlecht verkokbarer Kohle durch Mitteltemperaturverkokung im Vertikalkammerofen einen stückigen, leichtentzündlichen Hausbrand herstellt.

In England und Amerika verschwelt man auch ein inniges Gemisch von Kohle und Öl (Mineralöl oder Schweröl aus dem Betriebe) im Verhältnis 1:1. Das Öl wird thermisch zersetzt, es entsteht Leichtöl; der in der Kohle verbleibende Ölrückstand bewirkt die Bildung eines stückigen Kokses.

Neuere Literatur über Schwelung.

Bube: Von den Kohlen und Mineralölen. 1930. — Fürth: Braunkohle und ihre chemische Verwertung. 1926. — Hausding: Handbuch der Torfgewinnung und Torfverwertung. 1921. — Heinze: Neuere Verfahren zur Veredlung von Brennstoffen. In Le Blanc: Ergebnisse der angewandten physikalischen Chemie. 1931. — Hilliger: Trocknung und Schwelung der Braunkohle durch Spülgase. 1926. — Klever u. Mauch: Der estländische Ölschiefer Kukersit. 1927. — Limberg: Praxis des wirtschaftlichen Verschwelens und Vergasens. 1925. — Redlich-Heinze: Entstehung, Veredlung und Verwertung der Kohle. 1930. — Scheithauer: Die Schwelteere, ihre Gewinnung und Verarbeitung. 1922. — Schneider: Extraktion und Destillation der Braunkohle. Stadnikoff: Neuere Torfchemie. 1930. — Thau: Schwelung von Braun- und Steinkohle. 1927. — v. Winkler: Der estländische Brennschiefer. 1930.

Druckhydrierung fester Brennstoffe (Kohleverflüssigung).

Die Steigerung des Verbrauchs von Schmiermitteln und Motorbetriebsstoffen gab Veranlassung zu Versuchen, aus festen Brennstoffen unter Vermeidung der Verkokung flüssige Brennstoffe zu gewinnen. Ganz besonders erfolgreich für die Gewinnung von Ölen und Kraftstoffen war die Hochdruckhydrierung der Brennstoffe, auch Verölung oder Kohleverflüssigung genannt. Es handelt sich dabei in der Hauptsache um die thermische Aufspaltung des Kohlemoleküls bei hoher Temperatur (500°) und eine Hydrierung, d. h. Wasserstoffanlagerung an die Spaltstücke unter hohem Druck (200 Atm.) und Zuhilfenahme von Katalysatoren.

Der erste, welcher die technische Möglichkeit der Umwandlung fester Brennstoffe in flüssige praktisch ins Auge faßte, war Fr. Bergius, der 1913 das Pionierpatent DRP. 30123 „Verfahren zur Herstellung von flüssigen und löslichen organischen Verbindungen aus Steinkohle" anmeldete. Das Bergin-Verfahren bestand darin, feingemahlene Steinkohle mit 30—40% Mittel- und Schweröl und schwefelbindendem Eisenoxyd zu einer dickflüssigen Paste anzurühren, diese durch Hochdruckpressen in doppelwandige Reaktionsgefäße einzuführen und dort bei 450—470° und 200 Atm. Druck zu hydrieren.

Die I. G. Farbenindustrie wandte sich zunächst der Druckhydrierung flüssiger Brennstoffe, wie Braunkohlenschwelteer, Erdölrückstände usw. zu, und zwar unter Verwendung von Katalysatoren. Inzwischen ist es aber auch gelungen, feste Brennstoffe, nämlich Braunkohle, und zuletzt auch Steinkohle, in technischem Großbetriebe zu hydrieren. Zwischen BERGIUS und der I.G. hat ein Abkommen stattgefunden. Neben Benzin können je nach Bedarf mehr oder weniger große Mengen Gasöl, Leuchtöl, oder Schmieröl durch meist nur geringfügige Änderungen der Temperatur und der Betriebsbedingungen gewonnen werden. Das ist ein bedeutendes Ergebnis der langjährigen Forschungen der I. G. Farbenindustrie. Aus 100 kg Braunkohlenteer lassen sich heute 90 kg Leichtöl erzielen. Aus 1 t Braunkohle (aschen- und wasserfrei) erhält man etwa 650 kg Gasöl und Benzin oder 590 kg Benzin, man kann auch 20% Schmieröl gewinnen. 1924 gelang es der I.G Farbenindustrie,

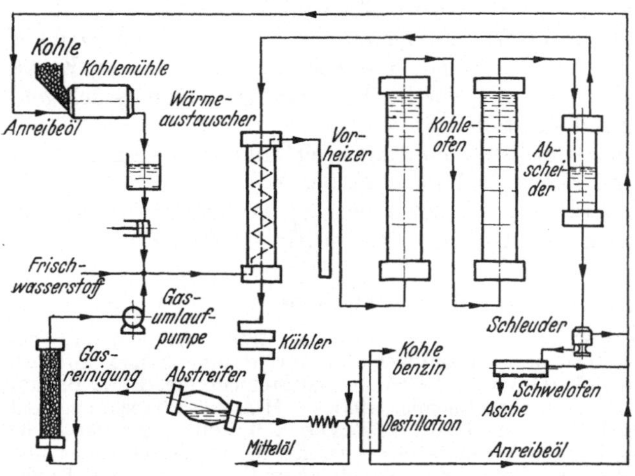

Abb. 145. Kohlehydrierung der I.G. Farbenindustrie (Sumpfphase).

Braunkohlenteer mit Wasserstoff unter Druck von 200 Atm. mit Verwendung von Molybdänsulfid als Katalysator bei 450° in einem Arbeitsgange in Benzin überzuführen. Auf diesem Wege aber waren nur geringe Durchsätze bei hohem Wasserstoffverbrauch zu erreichen. Man zerlegte den Vorgang der Benzinbildung daher später in zwei Stufen: 1. Die sog. Sumpfphase, in welcher Teere und schwere Öle in flüssigem Zustande, oder Kohle in flüssigem Öl suspendiert, mit fein verteilten Katalysatoren in ein Zwischenprodukt, das Mittelöl übergeführt werden. 2. Die Gasphase, in welcher das Mittelöl in Dampfform, mit fest angeordnetem Katalysator in Benzin umgewandelt wird. Zur Herstellung von Benzin arbeitet man bei Verwendung von Braunkohlenteer und Erdölen in der Sumpfphase bei 450—470° und 200 Atm. Druck, das erhaltene Mittelöl wird dann in der Gasphase in Benzin umgewandelt. Bei niederer Temperatur in der Gasphase kann man auch Mittelöl unter schwacher Spaltung zu Leuchtöl hydrieren; oberhalb 500° erhält man wasserstoffarme Treibstoffe. Beim Arbeiten bei niedriger Temperatur von etwa 400° kann man in der Sumpfphase schwere Öle zu dicken Schmierölen hydrieren. Man hat später auch andere, noch besser wirkende Katalysatoren gefunden, die auch Steinkohlenmittelöle schnell benzinieren.

Die Hydrierung der Kohle erfolgt grundsätzlich in derselben Weise wie die von schweren Ölen; die Kohle wird, etwa im Verhältnis 1:1, mit schweren Ölen angepastet. Die Apparatur und die Arbeitsweise der von der I. G. Farbenindustrie durchgeführten Kohlehydrierung erläutern schematisch die Abb. 145

und 146 (nach PIER). Vorgebrochene Kohle wird mit Anreibeöl und unter Zugabe des mit Öl angeriebenen Katalysators in Stangenmühlen zu einem Kohlebrei vermahlen, der 50—60% feste Bestandteile enthält, sich aber in angewärmtem Zustande noch gut pumpen läßt. Derselbe wird in Hochdruckpumpen auf 300 Atm. gebracht und in warmen Leitungen dem Ofen zugeführt, d. h. er wird mit dem Wasserstoff in einem Wärmeaustauscher auf 410° erwärmt und tritt dann erst in zwei hintereinandergeschaltete, 12 m hohe Reaktionsöfen, wo sich die Kohle unter Steigerung der Temperatur auf 460° zu Mittelöl, Benzin und geringen Mengen gasförmiger Kohlenwasserstoffe abbaut. Die Reaktionsprodukte gelangen aus dem zweiten Ofen in einen Abscheider, die flüssig gebliebenen Öle mit Asche und Restkohle werden unten abgezogen, die Dämpfe niedrig siedender Öle und Gase ziehen oben ab; die letzteren gehen durch den Wärmeaustauscher, geben ihre fühlbare Wärme ab, passieren einen Kühler und werden in dem Abstreifer in flüssige und gasförmige Produkte getrennt. Das Gas geht mit frischem Wasserstoff wieder in den Kreislauf; der verflüssigte Anteil, welcher das ganze gebildete Neuöl enthält, wird entspannt und destilliert. Bei 170° wird Benzin abgetrieben, bis 325° geht Mittelöl über, Schweröl bleibt übrig, welches wieder als Anreiböl in den Prozeß zurückgeht. Der aus dem Heißabscheider abgezogene Abschlamm wird nach Verdünnung des Schweröls geschleudert, der Hauptteil des Öles geht wieder zum Anreiben, der Rest

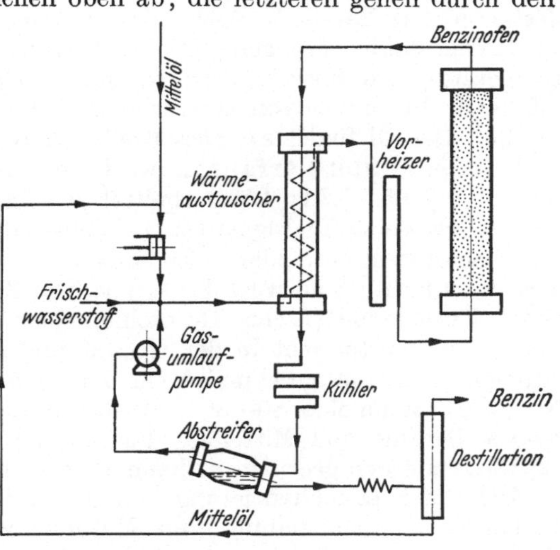

Abb. 146.
Kohlehydrierung der I. G. Farbenindustrie (Gasphase).

wird durch Erhitzen mit Wasserdampf in einem Schwelofen von den Rückständen abgetrieben. Das erhaltene Mittelöl wird dann in einer zweiten, ganz ähnlichen Apparatur in der Gasphase mit Wasserstoff und fest angeordnetem Kontakt in Benzin umgewandelt (Abb. 146).

In Leuna wurden 1935 täglich 20 t Steinkohle verarbeitet und 13—14 t Öle erhalten. Die Kohlensubstanz wird zu 96% abgebaut. 1 t Reinkohle liefert rund 700 kg Öl und hieraus etwa 600 kg Benzin. Die bei der Steinkohlenhydrierung anfallenden Kohlenwasserstoffe bestehen zu rund 60% aus Methan und Äthan und zu 40% aus Propan und Butan. Bei der Hydrierung von Braunkohlen liegen die Verhältnisse einfacher und günstiger als bei Steinkohlen; Braunkohlen eignen sich besser für die Herstellung wasserstoffreicherer Produkte (Schmieröle), Steinkohle mehr für wasserstoffärmere. Die Kohlenhydrieranlage der Leunawerke stellte in den letzten Jahren im Durchschnitt 120000 t Benzin her, sie ist jetzt auf eine Erzeugung von 300000 t ausgebaut.

Es gibt auch noch andere Hydrierungsverfahren, welche technisch in Anwendung sind.

Das Druckextraktionsverfahren von A. POTT und H. BROCHE ist in Gemeinschaft mit der I. G. Farbenindustrie zu einem Großverfahren entwickelt worden und steht auf der Zeche Welheim in Bottrop-Boy in Betrieb. Feingemahlene, getrocknete Kohle (1—2 mm) wird mit einem Ölgemisch aus Naphthalin, Tetralin und sauren Ölen angemaischt, das Gemisch durch

Druckpumpen in eine geheizte Vorwärmeanlage geleitet, hier unter Druck auf
Reaktionstemperatur gebracht und dann im Autoklaven eine bestimmte Zeitlang
auf hohe Temperatur unter Druck erhitzt. Dabei gehen bis 90% der Kohlenmasse in Lösung. Nach bestimmter Verweilzeit wird das Reaktionsprodukt
ausgeschleust, gekühlt und von der Restkohle abfiltriert. Der im Filtrat, also
im Lösungsmittel, gelöste Extrakt enthält nicht nur das eigentliche Bitumen der
Kohle (Wachse, Harze), sondern überwiegend die Kohlenmasse selbst. Das
Lösungsmittel wird vom Extrakt abdestilliert, gekühlt und wieder als Anmaischöl
benutzt. Die beim Abdampfen des Lösungsmittels verbleibenden Kohlen-
extrakte sind pechähnliche Erzeugnisse, aschefrei. Die Steinkohlenextrakte
haben einen Schmelzpunkt von 200°, die Braunkohlenextrakte von 100°. Die
Restkohle hat 25—30% Asche, ist staubfein und eignet sich ausgezeichnet
für Kohlenstaubfeuerungen. Die Hydrierung des Extraktes erfolgt bei hoher
Temperatur und höchstem Druck mit geringem Wasserstoffverbrauch. Das
anfallende Benzin ist von hervorragender Beschaffenheit, klopffest, Oktanzahl
80—90. Das Öl findet als Dieseltreibstoff oder als Heizöl Verwendung.

Bei dem UHDE-Verfahren wird ebenfalls Feinkohle mit Lösungsmittel
angerührt (0,65—1,2 kg Lösungsmittel je 1 kg Kohlenstaub). Der Kohle-Ölbrei
wird mit wasserstoffhaltigem Gas bei 390—410° und 400 Atm. Druck in einem
Reaktionssystem behandelt. Es entstehen Gase, Leichtöl und Wasser, diese
werden entfernt, dann wird das Gemisch in Zentrifugen oder Druckfiltern vom
festen Rückstande (Asche, Restkohle) abgetrennt und das Filtrat destilliert.
Das Lösungsmittel geht in den Prozeß zurück, das zurückbleibende „Primärbitumen" wird in geschmolzenem Zustande abgezogen. Braunkohle liefert
70—75%, Steinkohle 80—85% Ausbeute an Primärbitumen, daneben noch
2—5% Benzine und Mittelöle. Das Primärbitumen ist direkt als Treibstoff
für Dieselmotoren geeignet, es kann aber auch noch weiter verarbeitet werden.

Außer der Druckhydrierung von festen Brennstoffen gibt es noch andere
Verfahren zur Herstellung von Motortreibstoffen und Schmierölen. Diese
Verfahren sind später im Abschnitt „Synthetische Treibstoffe" besprochen.

Literatur.

GALLE: Hydrierung der Kohlen, Teere, Mineralöle. 1932.

Holzverkohlung.

Die Verkohlung des Holzes zur Gewinnung von Holzkohle ist ein in den
frühesten Zeiten der Menschheit ausgeübtes Verfahren, es geht soweit zurück
wie die Anfänge der Metallgewinnung. Die Verkohlung geschah zunächst in
einfachen Gruben, aus denen sich später der wesentlich vollkommenere Meiler
entwickelte, die „Köhlerei" wurde ein Gewerbe. Auch Destillationsprodukte
der Holzverkohlung sind frühzeitig bekannt gewesen; die Ägypter benutzten
bereits Holzteer und Holzessig zum Einbalsamieren, die Römer Holzteer zum
Kalfatern der Schiffe. Bis zum Jahre 1800 diente die Holzverkohlung nur zur
Gewinnung von Holzkohle, welche namentlich für die Reduktion der Metalle,
besonders des Eisens, bis dahin fast allein in Frage kam, höchstens gewann man
noch etwas Teeröl und Kienöl. Um jene Zeit fanden mehrere größere Versuche
statt, das Destillationsgas des Holzes für Leuchtzwecke zu benutzen (LAMPADIUS),
das Holzgas konnte aber gegen das fast gleichzeitig eingeführte Steinkohlen-
leuchtgas nicht aufkommen. Auch die anderen Destillationsprodukte der Stein-

kohle, Koks und Teer, zeigten sich den entsprechenden Produkten der Holzdestillation überlegen, dafür sicherten der Holzverkohlung aber die flüchtigen
Destillationsprodukte: Essigsäure, Holzgeist (Methylalkohol) und Aceton
ihre weitere Entwicklung. Diese Erzeugnisse sind für die Teerfarbenindustrie,
für Celluloid, rauchschwache Pulver usw. unentbehrlich geworden. In dem
Maße, wie die flüchtigen Destillationsprodukte in den Vordergrund traten,
mußte man vom Meiler zum Ofen übergehen. REICHENBACH führte 1819
Metallretorten für die Verkohlung ein, die später in verschiedener Weise
verbessert wurden. Auch gemauerte Öfen, Meileröfen, sind in Anwendung
gekommen. Während stehende und liegende Retorten bis 50 m³ fassen, gehen
die Meileröfen bis zu Fassungen von 400 m³. Alle diese Öfen arbeiten mit Unter-
brechungen. Später ist auch kontinuierlicher Betrieb in Aufnahme gekommen
durch Verwendung der sog. Großraumretortenöfen oder Wagenöfen, bei denen
holzbeladene Wagen in eine lange liegende Retorte eingefahren und nach
24stündiger Verkohlung in eine ähnliche Kühlkammer gezogen werden. Sie
leisten bis 50 rm in 24 h.

Als Material für die Verkohlung kommen alle Formen von Holz: Scheite,
Rohholz, Knüppel, Reisig, Wurzeln, ferner Schwarten und Latten zur Verwendung; Sägemehl ist dagegen für die Verkohlung in den genannten Apparaten
ungeeignet. Für kleinstückige Holzabfälle benutzt man besondere Verkohlungsretorten. Laubhölzer geben höhere Essigsäure- und Holzgeistausbeute, Nadelhölzer geben mehr Teer (und Terpentinöl), die Ausbeute an Kohle ist bei Nadelholz etwas geringer. Dieses Verhalten hängt mit dem chemischen Aufbau des
Holzkörpers zusammen. Nach KÖNIG und BECKER ist die Zusammensetzung
von Nadel- und Laubholz folgende:

	Cellulose	Lignin	Hexosane	Pentosane	Harz und Wachs	Protein	Asche
Tanne . . .	43,44	29,17	13,58	8,67	2,38	1,21	1,10
Kiefer	44,01	29,52	12,78	8,70	3,17	1,27	0,53
Buche . . .	51,93	22,69	4,36	17,79	0,70	1,58	0,96
Birke. . . .	44,53	28,27	4,61	23,20	2,47	1,29	0,68

Das zur Verkohlung kommende Holz hat immer noch 20—30% Wasser.
Bei der trockenen Destillation liefern nun Cellulose und vor allen Dingen die Pentosane die Essigsäure, während Lignin infolge der in ihm enthaltenen Methoxylgruppen als alleiniger Lieferant von Methylalkohol in Frage kommt. Da nun
Laubholz (Hartholz: Buche, Birke) mehr Pentosane enthält als Nadelholz und
sein Lignin reicher an Methoxylgruppen ist, so sind die Laubholzdestillate reicher
an Essigsäure und Methylalkohol als die der Nadelhölzer; der Unterschied beträgt
mehr als das doppelte. Bei der Nadelholzdestillation dagegen gehen anfangs
mit den Wasserdämpfen Terpene unzersetzt über, bei höherer Temperatur
treten dann noch neben den anderen Produkten auch Harzdestillations-
produkte auf; dieses dem rohen Holzessig aufschwimmende Gemisch ist das
rohe Kienöl.

Die Destillation bei 400° liefert für:

	1 m³ Laubholz kg	1 m³ Nadelholz kg	100 kg Laubholz kg	100 kg Nadelholz kg
Essigsauren Kalk (80%ig)	25	9	7	3,3
Holzgeist (100%ig)	5,4	2	1,5	0,73
Teer	22	18	6	6,2
Holzkohle	110	93	31	34

Nur das Nadelholz liefert Kienöl (1 m³ 5—8 kg). Bei der Nadelholzverkohlung müssen Kienöl und der besser bezahlte Teer den Ausfall der Mindererzeugung an Kohle, Holzkalk und Holzgeist decken.

Holz beginnt bei der trockenen Destillation sich bei 232° zu bräunen, geht zwischen 270 und 350° in Rotkohle und bei höherer Temperatur in Schwarzkohle über. Über die Vorgänge bei der Holzverkohlung gibt folgende Tabelle von Juon Aufschluß:

| Temperatur in der Retorte °C | Vorgänge in der Retorte | Kohlenstoffgehalt der Holzkohle % | Gaszusammensetzung | | | | Heizwert des Gases für 1 m³ WE | Kondensierbare Gasbestandteile | Gasmengen |
			Kohlensäure %	Kohlenoxyd %	Wasserstoff %	Kohlenwasserstoffe %			
150—200	Wasserabgabe	60	68	30,5	—	2	1100	Wasserdampf	sehr klein
200—280	Entwicklung sauerstoffhaltiger Gase	68	66,5	30,0	0,2	3,3	1210	Wasserdampf und Essigsäure	nicht groß
280—380	Beginn der Kohlenwasserstoffentwicklung	78	34,5	20,5	5,5	36,5	3920	Essigsäure, Holzgeist, leichter Teer	bedeutend
380—500	Entwicklung von Kohlenwasserstoffen	84	31,5	12,3	7,5	48,7	4780	große Mengen dickflüssiger Teer	bedeutend
500—700	Zerfall der Kohlenwasserstoffe	89	12,2	24,5	42,7	20,4	3630	große Mengen Teer mit Paraffin	spärlich
700—900	Auftreten von Wasserstoff	91	0,4	9,6	80,7	8,7	3160	wenig Kondensate	sehr klein

Die Holzdestillation in Öfen oder Retorten wird praktisch bei 380—400° beendet. Man kann dabei vier verschiedene Abschnitte unterscheiden. Zuerst verdampft bei 170° das im Holz enthaltene Wasser, Gase bilden sich dabei noch nicht. Ist durch äußere Wärmezufuhr die Temperatur auf etwa 270—280° gebracht, so tritt in der Holzmasse eine exotherm verlaufende Reaktion ein, die „Selbstverkohlung", unter Entwicklung von sauerstoffhaltigen Gasen (CO und CO_2) und Bildung von etwas Essigsäure. Im 3. Abschnitt, der ebenfalls ohne Wärmezufuhr (exotherm) verläuft, findet eine Konzentration des Kohlenstoffs in der Kohle statt, und es entwickeln sich rasch große Mengen Kohlenwasserstoffe (brennbare Gase), Essigsäure, Holzgeist, Teer; dann wird die Destillation wieder ruhig und man steigert die Temperatur auf 380—400°. Die letzte Periode besteht in einer Abkühlung der Kohle in der Kohlenwasserstoffatmosphäre in der Retorte, wobei die Holzkohle Kohlenwasserstoffe als festen Kohlenstoff in sich verdichtet (5—6%).

Wird die Verkohlung in Meilern ausgeführt, so liegt die Endtemperatur hoch über 500°, die Kohlenwasserstoffe zerfallen, in den Endgasen tritt viel Wasserstoff auf.

Die Verkohlung liefert um so weniger Kohle, bei je höherer Temperatur sie erfolgt (bei 250° 65 Gew.-%, bei 300° 51%, bei 400° 38%, bei 500° 33%). Der Kohlenstoffgehalt der Holzkohle steigt mit der Temperatur an, wie die obige Tabelle zeigt. Praktisch wird man also langsam und bei mäßiger

Temperatur die trockene Destillation durchführen, wenn man möglichst
viel Essigsäure, Holzgeist und Kohle erzielen will.

Die Gewinnung von Holzkohle wird in holzreichen Ländern noch lebhaft
betrieben, da die Erzeugung von Holzkohlenroheisen (Schweden, Kanada,
Vereinigte Staaten, Bosnien, Alpenländer) immer noch tausende von Tonnen
Holzkohle benötigt. Aus diesem Grunde ist auch die Waldköhlerei, d. h. die
Holzverkohlung in Meilern ohne Gewinnung von Nebenprodukten noch vielfach in Anwendung (auch vereinzelt in Deutschland noch). Der Meiler wird
auf einem geebneten oder in der Mitte etwas vertieften Platze aufgebaut. In die
Mitte kommt bei slavischen Meilern ein starker, gerader Stamm, der Quandel,
oder bei welschen Meilern ein von 3 Stangen gebildeter schachtförmiger Raum,
der Quandelschacht. Auf einer Unterlage von Kohlenklein werden die Scheite
in mehreren Lagen aufgestellt, wie Abb. 147 zeigt; die Zwischenräume stopft
man mit kleinen Scheiten und Astholz aus. Auf die Außenseite kommt der
Rauchmantel, bestehend aus Laub, Nadeln, Rasen, darüber der Erdmantel
aus Erde, Sand und Kohlenlösche. Am Fuße des Quandels ist ein Zündkegel
aus Kienspänen, Holz usw. an-
gehäuft, der durch Einwerfen
von glühender Holzkohle in den
Quandelschacht zur Entzündung
gebracht wird. Ist die Masse
in Brand geraten, füllt man den
Schacht mit Holz und schließt
ihn. Durch Verdampfung des
Wassers schwitzt der Meiler
zuerst, dann treten saure Gase
und brennbare (explosible) Gase

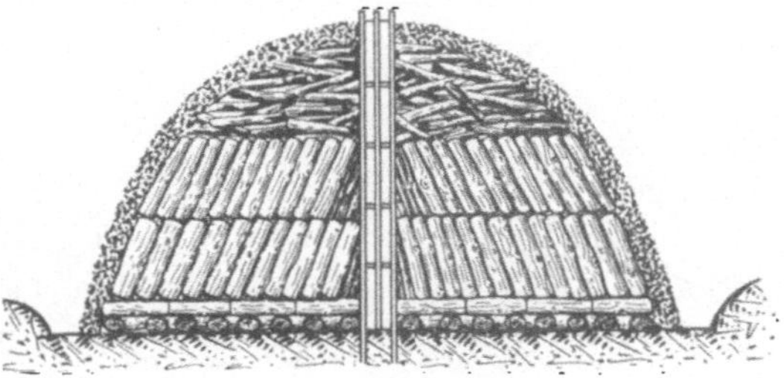

Abb. 147. Holzkohlenmeiler.

aus, der Meiler wirft oder stößt. Man zieht das Feuer, durch Einstechen
von Öffnungen in den Mantel, mehr und mehr nach unten, das ist das
Treiben des Meilers, dem zum Schluß das Ziehen der Kohlen folgt, indem
man eine Seite öffnet und die glühenden Kohlen mit Wasser ablöscht. Die
Brenndauer für Meiler von 120—300 m³ beträgt 15—20 Tage.

Dem Meiler in Gestalt und Betrieb ähnlich waren in Nordamerika (Michigan)
die früher viel gebrauchten sog. Kilns. Es waren große, gemauerte Körper
von Bienenkorbform, sie faßten 180—300 rm Holz und brauchten zur Durchführung des Prozesses, einschließlich Einfüllung und Entleerung, 17—20 Tage.
Die Wärmeerzeugung geschah durch Verbrennen eines Teiles der Holz-
füllung. Sobald die Dämpfe einen Säuregehalt aufwiesen, schloß man alle
Öffnungen und saugte die Gase mit einem Exhaustor durch Kanäle in eine
Kondensationsanlage. In Schweden und Rußland waren große, gemauerte
Verkohlungsanlagen mit gewölbtem Dache in Anwendung (Öfen von SCHWARTZ
und von LJUNGBERG), bei denen durch eine Feuerung außerhalb des Ofens, die
mit Sägemehl und Abfällen beschickt war, die nötige Wärme zugeführt wurde.

Bei allen diesen Öfen ist der Betrieb intermittierend, d. h. man muß den Ofen
und den Inhalt erst abkühlen lassen, ehe eine neue Beschickung stattfinden kann.
Zu dieser Art Öfen gehört auch der schwedische Karboofen, bestehend aus einer
großen stehenden schmiedeeisernen Retorte, die 300—400 m³ (150 t) Holz faßt
und in welche durch Öffnungen in der Decke das Holz eingeführt wird. Die
Feuergase werden in Kanälen spiralig um die Retorte herumgeführt, treten
dann durch ein in der Mitte des Ofens eingebautes senkrechtes Zentralrohr
nach unten, steigen wieder auf und gehen zum Schornstein. Die nicht kondensierbaren Holzgase werden hier mit verheizt. Die Kohle bleibt nach dem
Abtreiben im Ofen, bis sie erkaltet ist, und wird am Boden ausgezogen. In

Nordamerika verkohlt man auch Holz in stehenden schmiedeeisernen Retorten von 2,5—3,0 m Höhe und 0,8—1,2 m Durchmesser, von denen 6 Stück nebeneinander in einen Ofen eingemauert sind. Die Heizgase einer direkten Feuerung bestreichen in mehreren Zügen die Retorten und erhitzen gleichzeitig einen eingebauten Dampfüberhitzer. Man bläst in den ersten 5—6 h Wasserdampf durch die mit entrindetem Holz beschickte Retorte, wodurch die Destillationszeit so stark abgekürzt wird, daß man in 24 h dreimal laden kann; man steigert die Temperatur in den Retorten auf 800° und zieht schließlich die glühenden Kohlen durch den unteren Verschluß in luftdicht verschließbare Kühlwagen ab.

Der Nachteil der beschriebenen Öfen ist der unterbrochene Betrieb, die teure Handarbeit für das Füllen und Entleeren und der erhöhte Brennstoffverbrauch. Das drängte zum kontinuierlichen Betrieb. Heute sind in allen Holzverkohlungsländern sog. Wagenöfen die eigentlichen Großverkohlungsöfen. Solche Wagenöfen oder Großraumretortenöfen sind in Amerika und England seit den 60er Jahren in Anwendung. In eine etwa 15 m lange, früher runde, jetzt meist rechteckige Retorte werden 4—5 mit Holz beladene

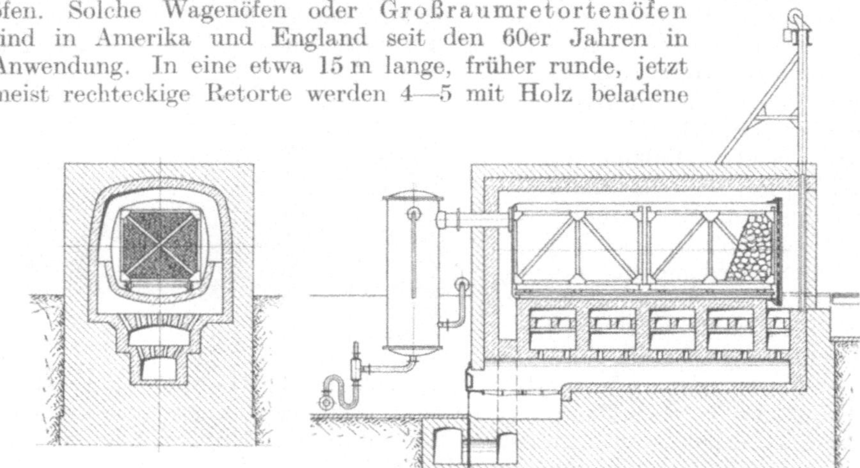

Abb. 148. Großraumretortenofen (Wagenofen) der Sudenburger Maschinenfabrik.

Wagen eingefahren, wie es die Abb. 148 (für nur 2 Wagen) zeigt. An beiden Enden der Retorte sind Schieber oder gut schließende Türen angebracht, die dicht verschmiert werden. Bisweilen sind auch 2 Retorten nebeneinander in einen Ofen eingebaut. Die Beheizung der Retorten geschieht durch freies Feuer. Die ausgetriebenen Destillationsprodukte treten in seitlich angeordnete Kühler. Es werden 15—50 rm Holz eingesetzt (6000—20000 kg). Nach beendigtem Abtrieb (24 h) werden die mit glühender Holzkohle gefüllten Wagen in eine Kühlkammer, d. h. in eine eben solche durch Luft gekühlte Retorte gezogen und bleiben luftdicht abgeschlossen darin, bis eine neue Füllung in der Retorte fertig geworden ist. Die Entleerung der Retorte dauert nur Bruchteile einer Minute, so daß der Abbrand an Holzkohle sehr gering ist. Diese Öfen arbeiten in bezug auf Ausbeute und Kohlenqualität sehr gut. Die Abb. 148 zeigt einen Großraumofen der Firma Mayer-Hannover (Sudenburger Maschinenfabrik), der nur 2 Wagen aufnimmt und nur an einer Seite eine Türe besitzt.

In Amerika sind meist zwei rechteckige Großraumretorten (System Struther-Wells) in einem Ofen zusammengebaut. Sie bestehen aus zusammengenieteten Flußeisenblechen und sind an einer Tragkonstruktion an der Decke aufgehängt. (Abb. 149). Die Retorten von 17 m Länge, 2 m Breite und 2,5 m Höhe nehmen 4 Wagen auf. Türen und Türrahmen sind aus Gußeisen. Die Feuergase bestreichen nicht direkt die Retortenwände, sondern werden durch Heizkanäle um die Wände geführt. Die Destillationsgase treten seitlich aus der Retorte in die Kühler;

unkondensierbare Gase werden unter den Retorten verbrannt. Vielfach nimmt man auch eine künstliche Trocknung des einzusetzenden Holzes vor, indem man die beladenen Wagen in retortenähnliche Vortrockner schiebt, wo sie von den abziehenden Rauchgasen der Feuerung der Verkohlungsretorten bestrichen werden.

In Amerika hat die **Ford Motor Company** ein **kontinuierliches Holzverkohlungsverfahren** in Iron Mountain (Mich.) in Gang gesetzt, welches ganz abweichend von den bisher üblichen Verfahren arbeitet. Die Wärme für die Durchführung der Verkohlung wird ausschließlich von der exothermen Reaktion geliefert, welche im Laufe der Verkohlung auftritt. Man verwendet **stehende Retorten von Stafford.** Das sind 12 m hohe, 3 m weite Stahlblechzylinder, die mit einer 36 cm starken Wärmeschutzschicht aus feuerfesten Steinen, Kieselgur und Isoliersteinen ausgekleidet sind. Neu in Betrieb kommende Retorten heizt man mit Holzgas soweit an, daß sie eine Temperatur von 540°

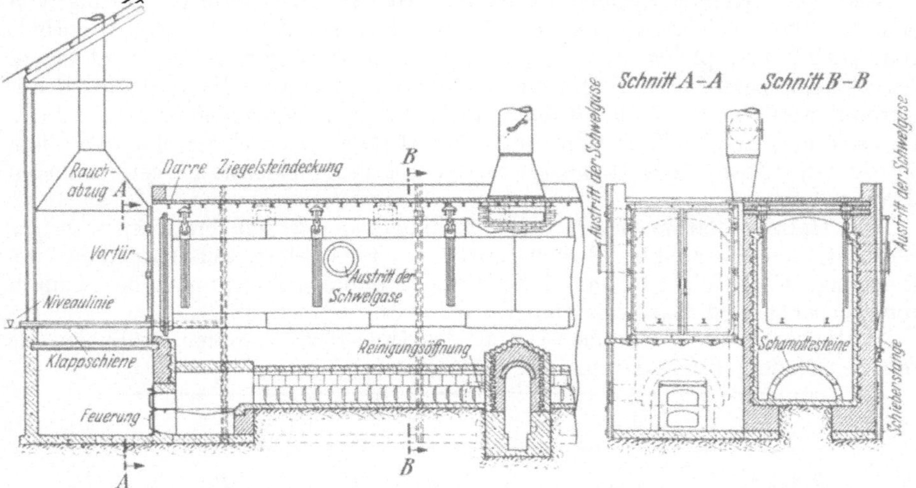

Abb. 149. Holzverkohlungsofen, System STRUTHER-WELLS. (Nach HAWLEY: Holzdestillation.)

im Innenraum haben, dann ist für das weitere Verfahren keine äußere Wärmezufuhr mehr nötig. Abfallholz aus der Automobilfabrik wird maschinell zerkleinert (20 · 5 · 2 cm), in einem 30 m langen Drehrohrofen getrocknet (bis 0,5% H_2O) und durch einen besonders konstruierten gasdichten Verschluß oben in die Retorte eingespeist. Die exotherme Reaktion erzeugt in der Mitte der Retorte eine Temperatur von 515°. Die mit dieser Temperatur aufsteigenden Gase und Dämpfe wärmen die neue Beschickung soweit vor, daß in ihr die Reaktion von selbst einsetzt. Am Boden beträgt die Temperatur 255°. Durch einen ähnlichen Verschluß wie oben gelangt unten die Holzkohle in einen 9 m langen, 1,8 m weiten, mit Wasserrohren ausgestatteten Kühler und von diesem in einen rotierenden Behälter, wo sie etwas Sauerstoff aufnimmt. Die hier auftretende Wärme wird ebenfalls durch äußere Wasserkühlung beseitigt. Auf diese Weise ist die Kohle in 5 h verwendungsfähig, wozu in den üblichen Kanalkühlretorten 48 h notwendig sind. Die Holzkohle wird dann gesiebt und brikettiert. Die aus der Retorte abziehenden Gase und Dämpfe gehen in eine Kondensationsanlage. Das Holzgas wird unter Kesseln verbrannt oder ein Teil zur Anheizung neuer Retorten verwendet. Nach 2 Wochen muß jede Retorte einmal ausgeschaltet und der Teer, der sich innen angesetzt hat, ausgebrannt werden. Dann wird die Retorte 24 h lang wieder aufgeheizt.

Alle Versuche, Sägespäne zu brikettieren und zu verkohlen, sind ohne Erfolg geblieben.

Die bei der Holzverkohlung sich bildenden Dämpfe gehen zu Kondensatoren, die in der Hauptsache aus stehenden kupfernen Röhrenkühlern, meist aber nur aus einer in einen Kühlkasten eingebauten Kupferrohrschlange bestehen. Das Kondensat tritt vom Kühler in ein mit Wasserverschluß versehenes Gefäß (Gasscheider), wo sich Gas und Kondensat trennen. Die Gase werden unter den Retortenöfen oder in Kesselfeuerungen verbrannt, nachdem sie zur Entziehung kleiner, noch vorhandener Mengen Holzessig und Holzgeist in Rieselwaschtürmen (Skrubber) gewaschen worden sind.

Die Zusammensetzung des Holzgases wechselt sehr stark mit der Destillationstemperatur. Im Durchschnitt kann man annehmen: 50—56% CO_2, 28 bis 30% CO, 11—18% CH_4, 2—3% C_2H_4, 0,5—1% H_2. Der Heizwert beträgt etwa 2000 kcal, auch mehr.

Das vom Kühler abfließende Kondensat ist eine wäßrige Lösung von Säuren, Alkoholen, Aldehyden, Ketonen und teerigen Verbindungen, es enthält aber auch Teertröpfchen in Suspension, die sich bei längerem Stehen absetzen. Bei Nadelholzdestillaten schwimmen noch Öle oben auf, die mechanisch abgetrennt werden und die das Rohmaterial für das zu gewinnende Kienöl bilden. Den sich absetzenden Teer nennt man Absatzteer, zum Unterschied von dem bei der Destillation des Rohessigs in der Blase als Rückstand verbleibenden Blasenteer.

Die Holzdestillation liefert also: 1. Holzgas, 2. ein braunes, wäßriges Destillat, den Holzessig, 3. den Holzteer, teils gelöst, teils suspendiert im Holzessig, 4. Holzkohle und 5. bei Nadelholz das aufschwimmende Gemisch von Terpenen und Harzölen, das Rohkienöl.

Holzessig. Die Zusammensetzung des Holzessigs von der Laubholz- wie von der Nadelholzdestillation ist etwa folgende:

	Buchenholz %	Nadelholz %
Wasser	81	91
Holzgeist	2,5	1,25
Aceton	0,56	0,28
Essigsäure	7—9	3,5
Teerige Produkte	7 und mehr	4

Holzkohle. Zusammensetzung und Heizwert der Holzkohle können ziemlich stark schwanken, wie nachfolgende Zahlen zeigen.

	Meiler-Holzkohle %	Retorten-Holzkohle (350°) %
Kohlenstoff	90,36	81,15
Wasserstoff	2,74	4,24
Sauerstoff + Stickstoff . . .	5,72	13,64
Asche	1,1	0,97

Der Heizwert der Holzkohle schwankt zwischen 7500 und 8000 WE. 1 rm Holzkohle aus Buchenholz wiegt 180—190 kg, aus Fichtenholz 110—120 kg.

Holzteer. Sowohl der Absatzteer als auch der Blasenteer (Rückstandsteer) haben bei der Destillation von Laubholz (Buchenholzteer) nur geringen Handelswert, man benutzt sie als Brennmaterial. Dagegen erzielt der viel hellere Nadelholzteer bessere Preise und wird oft absichtlich hergestellt, er dient zum Teeren von Tauen, Anstrich von Schiffen, er geht unter dem Namen schwedischer, russischer, finnischer Teer. Früher gewann man Schusterpech und Brauerpech aus demselben. Der Teer dient auch zur Erzeugung von Holzölen und Kreosot.

Holzessig ist nicht direkt verkäuflich, sondern wird weiter verarbeitet. Neutralisiert man nur den Holzessig mit Kalkmilch, schäumt ab, kocht ein und trocknet, so erhält man teerhaltigen Braunkalk mit 67% Calciumacetat. In den meisten Fällen entfernt man jedoch den Teer durch Destillation oder auf andere Weise und sättigt das Destillat (Buchenholzessig 8,5% Essigsäure, 3,2% Holzgeist, 87,8% Wasser) mit Kalkmilch, dampft ein und trocknet. Man erhält so einen 80%igen Graukalk, Calciumacetat, [Ca(C$_2$H$_3$O$_2$)$_2$]. Dieser Graukalk war bis vor kurzer Zeit das wichtigste Ausgangsmaterial für die Gewinnung konzentrierter Essigsäure. Der Graukalk wurde, und wird noch, in dampfbeheizten Vakuumapparaten mit Schwefelsäure zersetzt und liefert dabei eine 80%ige Rohessigsäure. Die Herstellung von Graukalk geht in den letzten Jahren aber stark zurück, da die amerikanischen Holzverkohlungsanlagen dazu übergegangen sind, direkt aus den Dämpfen (nach SUIDA), bzw. aus dem Destillat, dem Holzessig (nach BREWSTER-MELLE oder OTHMER-CLAMECY) Essigsäure zu gewinnen. Nach dem Verfahren von SUIDA wird aus der dampfförmigen Phase die Essigsäure mit phenolhaltigen Holzteerölen in Rieselkolonnen extrahiert. Nachher wird die Essigsäure aus dem hochsiedenden Extraktionsmittel abdestilliert. Die anderen beiden Verfahren gewinnen die verdünnte Essigsäure aus dem Holzessig unter Umgehung der Graukalkherstellung, indem sie die Essigsäure mit niedrigsiedenden Stoffen (Äther) extrahieren und das Lösungsmittel abdestillieren, oder mit hochsiedenden Stoffen (Holzteeröle) extrahieren und die Essigsäure abdestillieren. Die Kosten der Essigsäuregewinnung nach diesen Verfahren sind nur halb so hoch wie nach dem Graukalkverfahren. 1937 wurden schon 63% des verkohlten Holzes so behandelt.

Die Verkohlung von Nadelholz in Retorten liefert etwas anders zusammengesetzte Destillationsprodukte. Harzreiche Koniferen haben einen Gehalt an Terpentinöl und Harz von 15—20%. Verletzt man Koniferenstämme, so fließt Terpentin, eine gelbliche, dicke, klebrige Masse aus, ein Gemisch von Terpentinöl und Harz. Durch Wasserdampf läßt sich das Terpentinöl abtreiben, zurück bleibt ein nicht flüssiges Harz, Kolophonium, Geigenharz, das Anhydrid der Abietinsäure. Terpentinöl ist ein gutes Lösungsmittel für Harze und wurde früher in der Lack- und Firnisindustrie viel verwendet. Heute benutzt man andere billigere organische Lösungsmittel. Kolophonium dient zum Leimen von Papier, als Zusatz zu Seifen und zu vielen anderen Zwecken.

Wird Nadelholz der trocknen Destillation unterworfen, so liefern die Holzbestandteile ebenfalls Essigsäure und Holzgeist, wenn auch weniger als Laubholz, daneben aber treten noch Zersetzungsprodukte des Harzes auf. Terpentinöl siedet zwar erst bei 160—170°, geht aber schon mit Wasserdampf über. Bei der Destillation des Holzes treten deshalb zuerst Wasserdampf und Terpentinöl aus. Von 180° ab mischen sich Zersetzungprodukte des Harzes, Pinolin, und später schwer siedende Harzöle dem Destillate bei. Diese terpenreichen Gemische bezeichnet man als rohes Kienöl oder deutsches, auch russisches Terpentinöl. Bei der Nadelholzdestillation in Großanlagen wird manchmal das Holz vor der Verkohlung mit überhitztem Wasserdampf vorbehandelt um Rohterpentin abzutreiben, worauf noch eine Extraktion der Harze und des nicht entfernten Kienöls folgt.

In den russischen Grenzgouvernements waren Anfang des Krieges gemauerte, kuppelförmige Öfen (ähnlich den amerikanischen Kilns) von 4,2 m Durchmesser und ebensolcher Höhe in Betrieb, welche aus Stubben (Wurzelstöcke von Kiefern) Terpentinöl gewannen. Die Öfen wurden unten durch umlaufende Feuerkanäle geheizt. Das Terpentinöl geht mit den Wasserdämpfen durch einen in der Spitze der Kuppel eingebauten kupfernen Helm über. Nach 3—4 Tagen schließt man die obere Öffnung und beginnt mit der eigentlichen Verkohlung.

Nach KLASON liefern die nachstehend genannten europäischen Hölzer bei der Verkohlung folgende Mengen Holzkohle und Nebenprodukte.

Holzart	Holzkohle %	Teer %	Methylalkohol %	Essigsäure %	Aceton %	Gase %
Fichte	37,81	8,08	0,96	3,19	0,20	14,88
Kiefer	37,83	11,79	0,88	3,50	0,18	14,69
Birke	31,80	7,93	1,60	7,08	0,19	14,01
Buche	24,97	8,11	2,07	6,04	0,20	15,79

Die Holzverkohlungsindustrie war in Deutschland nie so stark entwickelt wie in manchen anderen holzreichen Ländern. Vor dem Kriege wurden bei uns etwa 18000 t Graukalk und 3600 t Holzgeist, neben 66000 t Holzkohle erzeugt. Wir mußten deshalb aus dem Auslande, vornehmlich aus den Vereinigten Staaten und aus Schweden erhebliche Mengen Graukalk und Roherzeugnisse der Holzdestillation einführen. Während des Krieges war Deutschland vom Bezuge von Graukalk aus Amerika abgeschnitten und die für rauchlose Pulver und Sprengstoffe, für pharmazeutische Präparate usw. notwendigen Essigsäureprodukte mußten auf anderem Wege synthetisch hergestellt werden. (vgl. Essigsäure). Diese Herstellungsmethode ist später weiter ausgebaut worden, so daß heute bei uns gar keine Essigsäure mehr aus Graukalk hergestellt wird.

Inzwischen hat sich auch die synthetische Erzeugung von Methanol aus Wassergas in einer so großartigen Weise entwickelt, daß von Deutschland Methanol nach Amerika exportiert werden konnte und auch in Amerika selbst die Methanolerzeugung aufgenommen wurde und konkurrenzfähig mit dem bei der Holzdestillation gewonnenen Produkte war. Schon 1930 hielten sich in Amerika die erzeugten Mengen von synthetischem und natürlichem Methanol die Waage. Die Verschiebung zugunsten der synthetischen Herstellung macht seitdem aber gewaltige Fortschritte. 1933 wurden 74,5%, 1934: 79%, 1935 über 80% des Methanols synthetisch gewonnen, ebenso 70% der Essigsäure und das ganze Aceton. Auch bei der Acetongewinnung kann die Holzdestillation nicht mehr konkurrieren. Die Holzdestillationsindustrie ist also auch in den großen Holzländern in eine sehr bedrängte Lage gekommen, da die Holzkohle allein die Kosten der Herstellung nicht tragen kann.

Diese Verschiebung der Dinge läßt sich an den Zahlen der amerikanischen Statistik gut verfolgen. In Nordamerika, dem Lande mit der größten Holzverkohlungsindustrie, haben sich die Verhältnisse wie folgt entwickelt. Es wurden erzeugt:

	Calciumacetat t	Rohmethanol Mill. l	Teer Mill. t	Holzkohle Mill. m³	Terpentinöl Mill. l	Aceton t
1904	55 192	31,22	—	1,09	—	—
1914	81 760	36,28	—	1,63	—	—
1925	75 562	32,67	33,64	1,59	11,97	1822
1927	69 016	30,24	31,91	1,54	16,38	1302
1929	58 072	29,98	28,24	1,52	16,37	—
1930	38 440	20,75	—	—	—	—
1935	25 900	13,70	—	1,23	—	—

Neuere Literatur.

BUGGE: Holzverkohlung. 1925. — BUGGE: Industrie der Holzverkohlungsprodukte. 1927. — BUNBURY: The destructive distillation of Wood. 1923. — BUNBURY-ELSNER: Die trockene Destillation des Holzes. 1925. — HAWLEY: Wood Destillation. 1923. — HAWLEY-SCHREIBER: Holzdestillation. 1926. — KLAR: Technologie der Holzverkohlung. 1920, 1923. — KOLLMANN: Technologie des Holzes. 1936. — MARILLER: La Carbonisation des Bois, Lignites et Tourbes. 1924.

Kochsalz.

Die wichtigsten Natriumsalze, welche uns die Natur zur Verfügung stellt, sind das Chlornatrium (Kochsalz) und das Natriumnitrat (Chilesalpeter). Kochsalz findet sich in fester Form als Steinsalz, oder in gelöstem Zustande in Salzsolen und in ungeheueren Mengen im Meerwasser. Kochsalz wird nicht nur für Speisezwecke verbraucht, es dient auch als Ausgangsmaterial für eine Reihe technisch sehr wichtiger Stoffe: Soda, Ätznatron, Salzsäure, Chlor, Natriumsulfat, Borax, Wasserglas usw. Der Kulturmensch braucht 7,8 kg Kochsalz jährlich. Alle Körperflüssigkeiten, wie Blut, Speichel, Galle, enthalten Salz, das beim Ausscheiden aus dem Körper wieder ergänzt werden muß. Das im Magensaft enthaltene Pepsin vermag die Verdauung, d. h. die Umwandlung der unlöslichen Eiweißstoffe in lösliche Peptone, nur mit Hilfe freier Salzsäure zu vollziehen. Teilweise führen wir schon durch den Genuß von Fleisch und Gemüsen eine gewisse Menge Kochsalz dem Körper zu, wir müssen aber außerdem noch unsere Speisen mit Salz würzen. In unserem Blute finden sich 4,82 g Kochsalz im Liter.

Bei dem im Altertum ziemlich spärlichen Bekanntsein von Solquellen war der Besitz solcher Salzquellen von großer nationaler Bedeutung, er gab auch bei deutschen Stämmen nicht selten Anlaß zu Kämpfen. Salz war ein wertvoller Handelsartikel. In den am Mittelmeer gelegenen Ländern ließ man Meerwasser in sog. Salzgärten von der Sonne eintrocknen und erhielt so ein unreines Kochsalz. Die alten Germanen gossen salzhaltige Solen auf glühende Kohlen von Eichenholz und erzielten so ein schwarzes, durch den Aschengehalt stark beißendes Salz. In Europa haben die Kelten seit Urzeiten die Salzbereitung in größerem Maße betrieben. Direkte Beweise hierfür lassen sich in den Österreichischen Alpen erbringen; andererseits zeigt unsere ganze Salinenterminologie eine große Menge keltischer Sprachwurzeln (man denke nur an das Wort Hall in Hallstadt, Hallein, Halle). Abgesehen von den seit langer Zeit in den Alpengebieten (Salzkammergut) und in Wieliczka (Galizien) abgebauten Salzlagern, ging man in Deutschland erst sehr spät an die Ausbeutung der Steinsalzlager. 1819 erbohrte GLENCK das erste Salzlager Ludwigshall bei Wimpfen am Neckar, vorher ist alles Salz bei uns aus Solen gewonnen worden. Seit 1889 hat die Siedesalzerzeugung aus Steinsalz diejenige aus Solen überflügelt. In Mitteldeutschland wurde Steinsalz 1824 bei Köstritz erbohrt und 1839 das mehrere hundert Meter mächtige Steinsalzlager bei Staßfurt angetroffen.

Deutsche Solen und Salzwässer weisen folgende Kochsalzgehalte auf: Sole von Dürkheim 12,7 g, Dürrenberg 75,9 g, Königsborn 63,4 g, Kreuznach 14,2 g, Oeynhausen (Bülowbrunnen) 90,7 g, Kissingen 11,8 g, Nauheim 21,8 g, Edelsole von Reichenhall 224,4 g im Liter.

Mit Ausnahme der granitischen Grundgesteine sind alle Erdschichten mehr oder weniger mit Salz durchtränkt, deshalb führen alle Quellen (Trinkwasser) und alle Flüsse Kochsalz mit sich (Donau 0,004 g, Spree 0,026 g, Rhein 0,016 g im Liter), das sich schließlich im Meer oder an manchen Stellen im Binnenlande in Salzseen sammelt. Über den Gehalt des Meerwassers an Kochsalz und anderen Salzen gibt nachstehende Tabelle Aufschluß.

1 l Wasser enthält g	Atlantischer Ozean	Mittelmeer	Ostsee	Nordsee	Indischer Ozean
Gesamtsalz	35,58	39,26	11,03	33,10	35,33
Davon: Chlornatrium	28,14	30,76	8,70	25,80	27,83
Chlorkalium	0,69	0,66	0,11	0,70	0,51
Chlormagnesium . .	3,44	3,74	1,41	2,90	3,53
Calciumsulfat. . . .	1,42	1,64	0,62	1,30	1,18
Magnesiumsulfat . .	2,28	2,39	0,18	2,20	2,38

Außerdem sind im Meerwasser noch kleinere Mengen von Bromsalzen und kieselsauren Salzen vorhanden. Alle großen Ozeane und Meere weisen einen Salzgehalt von 3,3—4,0% auf, nur in den kleineren, eingeschlossenen Meeren (Ostsee, Schwarzes Meer) ist der Salzgehalt geringer (1 bzw. 1,7%). Die innerasiatischen Salzseen weisen ganz ähnliche Salzgehalte von 2,5—3,0% auf wie die Ozeane, nur enthalten einige, wie das Tote Meer, neben 7,9% Natriumchlorid große Mengen Chlormagnesium (10,8%), Brommagnesium (0,42%) und Chlorcalcium (2,98%); diese lassen das Tote Meer als eine Mutterlaugen-Ansammlung erscheinen.

Betreffs der Entstehung von ozeanischen Salzablagerungen und deren Vorkommen sei auf die Einleitung des folgenden Abschnittes über „Kalisalze" verwiesen.

Salzlager sind über die ganze Erde verbreitet. In Deutschland zieht sich ein riesiges Steinsalzlager unter der ganzen norddeutschen Tiefebene hin und reicht von Holstein bis nach Hessen, von Pommern bis Westfalen. Weitere Steinsalzvorkommen finden sich zwischen Jagst, Kocher und Neckar, an der Schweizer Grenze, in Elsaß-Lothringen und in Bayern an der Grenze gegen das Salzkammergut.

Die **Gewinnung von Stein- oder Kochsalz** in möglichst reiner Form kann erfolgen durch:

1. Bergmännischen Abbau von Steinsalzlagern,
2. Verdunstung von Meerwasser oder Wasser von Salzseen durch Sonnenwärme,
3. Eindampfen von Salzsolen, die als Salzquellen zutage treten, oder die aus Steinsalz gewonnen werden, mit Hilfe von Brennstoff.

Steinsalz wird bergmännisch gewonnen, indem man die Salzlagerstätte durch Schächte aufschließt und bei der Gewinnung in den Abbauräumen Stützpfeiler aus Salz stehen läßt (Pfeilerabbau). Das rohe Steinsalz ist meist stark mit Anhydrit (Calciumsulfat) und Magnesiumsalzen verunreinigt, für gewisse Zwecke muß es also gelöst und gereinigt werden. Ein sehr reines Steinsalz liefert das Salzwerk Heilbronn, ebenso das sog. „jüngere" Steinsalzlager in Staßfurt (97,8% NaCl). Nachdem man dieses gefunden hat, wird „älteres" Steinsalz (90—95% NaCl) dort nur noch als Bergeversatz zum Ausfüllen abgebauter Kalistrecken benutzt. Als Gewerbe- und Viehsalz geht das Steinsalz direkt (vermahlen oder in Stücken) in den Handel, in der Regel mit einem Gehalt von 98—99% NaCl, als Speisesalz erst nach Wiederausscheidung aus der wäßrigen Lösung oder nach Schmelzung, obwohl es auch jetzt gelungen ist, ohne Wiederauflösung durch Vermahlen und Aufbereitung mit Plansichtern, (das sind in der Siebebene schwingende Siebsätze) ein Speisesteinsalz mit 99% NaCl herzustellen.

Die Gewinnung von Salz aus Meerwasser geschieht noch heute in ausgedehntem Maße in südlichen Ländern, besonders in den Südstaaten von Nordamerika (Kalifornien), in Ägypten usw. in sog. Salzgärten. Man läßt Meerwasser durch eine Schleuse in ein großes, tieferliegendes Bassin 0,6—1,8 m hoch einlaufen. Hierin klärt sich das Wasser, mechanische Verunreinigungen setzen sich ab; dann tritt das Meerwasser in eine Reihe flacher Vorteiche, die alle, wie die späteren Verdunstungsbassins, mit einer gut geglätteten Tonschicht ausgestampft und ausgefüttert sind. Nach einiger Zeit läuft der Inhalt dieser Teiche. in ein Sammelbassin ab und wird von hier in eine große Anzahl Verdunstungsbassins gehoben. Der Meerwasserzufluß wird so geregelt, daß in den letzten Reihen der genannten Bassins die Sole ihre Sättigung (25,0° Bé = 316 g Salz im Liter) erreicht. In den ersten Teichen scheiden sich Eisenoxyd und kohlensaurer Kalk aus, denen dann in den Bassins Gips folgt. Die gesättigte Lauge wird nun in ganz flache, sorgfältig hergestellte Kristallisationsbassins gehoben, wo die Ausscheidung des Salzes beginnt. Während sich die Lauge durch Verdunstung von 25,6° auf 27° Bé (324—349 g/l) konzentriert, scheidet sich ein verhältnismäßig reines Speisesalz mit 97,1% NaCl ab, bei weiterer Konzentration von 27—29° Bé (349—384 g/l) folgt ein Gewerbesalz mit 94,2% NaCl, von 29—32° Bé (384—420 g/l) grobes Salz für Einsalzzwecke mit nur 91,2% NaCl. In dem zweiten und dritten Salz steigt mit der Abnahme des Kochsalzgehaltes namentlich der Gehalt an Magnesiumsalzen (0,9% bzw. 1,9%) und dementsprechend auch die Feuchtigkeit. Die Mutterlauge läßt man wieder ins Meer laufen. Das ausgehobene Salz wird auf Haufen geschichtet, damit es abtropfen kann. Die Gewinnungskosten sind sehr gering. Bei guter Jahreszeit kann man täglich eine Salzschicht von 1 mm Stärke gewinnen. Große Anlagen liefern jährlich 50000—100000 t Salz, wozu natürlich riesige Verdunstungsflächen notwendig sind.

Die Gewinnung des Kochsalzes aus Solen geschieht durch Siedereibetrieb. Man gewinnt Solen: 1. aus natürlichen Solquellen, die frei zutage treten oder durch Bohrlöcher oder Bergwerksbetrieb freigelegt sind; 2. man löst Steinsalz auf, und zwar in schwachen Solen über oder unter Tage, oder in Bohrlöchern die im Steinsalz stehen, oder auf der Lagerstätte des Steinsalzes in sog. Solbergwerken; 3. man laugt salzhaltige Gebirgsmassen durch sog. Sinkwerksbetrieb aus, z. B. in den Österreichischen und Bayrischen Alpen das „Haselgebirge", einen salzführenden Ton (Ischl, Hall, Aussee, Hallein, Berchtesgaden).

Die natürlich auftretenden Solquellen sind meist zu arm und bedürfen einer Anreicherung. Diese wird entweder durch Auflösen von Steinsalz in ihnen oder durch Gradierung (Dorngradierung) erreicht. Sowohl bei der Gradierung als auch beim Versieden tritt eine gewisse Reinigung der Solen ein.

Bei der Gradierung läßt man die Sole über ein Gradierwerk laufen. Dieses besteht aus einem hohen Holzgerüst mit zwei nur wenig geneigten Wänden aus Reisig (Schwarzdorn). Die Sole tropft aus einer Verteilungsrinne bei der Dorngradierung gleichmäßig über die Wände, welche eine außerordentlich große Verdunstungsfläche bieten. Mit fortschreitender Anreicherung scheidet sich zunächst Gips in festen Krusten ab, dann scheiden sich durch Zerfall der Bicarbonate die einfachen Carbonate von Calcium und Magnesium, und Eisen als Hydroxyd aus. Die gereinigte Sole wird unten in „Solfängen" aufgefangen und 3—4mal wieder oben aufgegeben. Der graue bis rötlichbraune Überzug des Reisigs heißt Dornstein, er besteht in der Hauptsache aus Gips. Gradierwerke finden sich nur noch in geringer Zahl in Badeorten.

Die Gewinnung der Sole aus Steinsalz geschieht durch Auflösen von Steinsalz in hölzernen Lösekästen, welche terassenförmig hintereinander angeordnet sind. Wasser, oder besser dünne Sole, fließt durch die Kästen, bis die Sole mit Salz gesättigt ist; dies ist erreicht, wenn sie bei 18,5° einen Salzgehalt von 26%, oder einen Gehalt von 312,4 kg Rohsalz im m³ erlangt hat.

Zur Entfernung der Verunreinigungen aus der (nicht gradierten) Salzsole wendet man allerlei Mittel an. Organische Stoffe werden nach Zusatz koagulierender Stoffe beim Sieden der Sole als Schaum abgezogen, Eisen, Magnesiumund Calciumcarbonat sucht man durch Kalkmilch, Chlormagnesium durch Soda, Sulfate durch Chlorcalcium zu entfernen.

Die eigentliche Siederei geschieht heute immer noch allgemein in großen, offenen, rechteckigen, flachen Eisenpfannen von 8—10 m Breite, 10—15 m Länge und 40 cm Höhe, welche durch eine direkte Feuerung, die in mehreren Zügen unter der Pfanne hinläuft, beheizt wird. In Abb. 150 stellt A die flache Pfanne vor, F die Feuerzüge. Über der offenen Pfanne ist in nicht zu großem Abstande ein fast ebenso großer hölzerner Pfannendeckel B aufgehangen, der die Sole vor

Abkühlung schützt und der den Broden durch einen hölzernen Brodenfang über das Dach des Siedehauses (Kote) leitet. Der Zwischenraum zwischen Pfanne und Deckel dient als Arbeitsöffnung für das Krücken und Ausziehen (Ausschlagen) des Salzes, er kann mit hölzernen Deckladen geschlossen werden. Gewöhnlich versiedet man nur Solen mit wenigstens 19% Salz. Das Versieden geht in zwei Perioden vor sich. In der ersten, der Störperiode, wird die Sole bis zur Sättigung in der Siedehitze eingedampft, wobei aber immer neue Sole, entsprechend dem verdampfenden Wasser, nachgeschlagen wird. Den Solstand hält man auf 25—35 cm. Scheidet sich dabei noch Gips ab, so wird dieser Schlamm mit Krücken an den Rand gezogen und entfernt. Die zweite Periode ist die Soggperiode, in welcher sich das Salz ausscheidet. Das ausgeschiedene Salz S wird mit den Krücken herangezogen („angekrückt") und „ausgeschlagen", d. h. zum Abtropfen auf den Pfannendeckel gebracht. Vielfach wird die Störperiode, d. h.

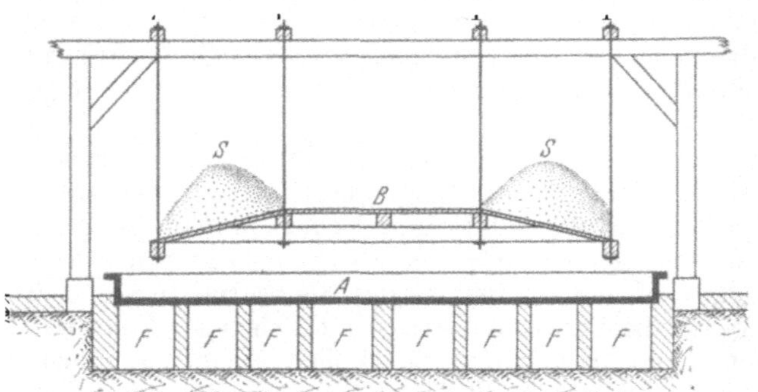

Abb. 150. Siedepfanne für Salzsole.

die Ausscheidung der Verunreinigungen, in einer Pfanne für sich und das Aussoggen des Salzes in einer anderen Pfanne ausgeführt. Will man Feinsalz gewinnen, so muß man die Sole in lebhafter Wallung halten und fleißig durchkrücken, soll dagegen gröberes Salz erzeugt werden, so läßt man die Sole bei 70—90° ruhig stehen (Mittelsalz), zur Gewinnung ganz groben Salzes (Grobsalz) läßt man die Sole 8—10 h bei 50 bis 70° verdunsten.

Das ausgeschlagene Salz wird in der Regel in Trockenpfannen weiter getrocknet, die durch die

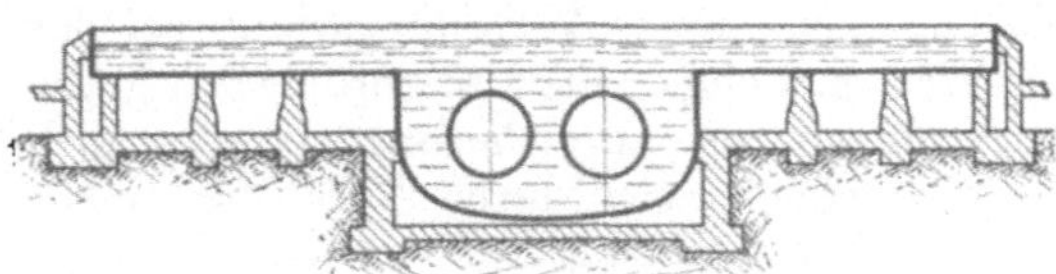

Abb. 151. Flammrohrpfanne.

Abhitze der Soggpfannen mitgeheizt werden. Die Trockenpfanne besteht einfach aus Gußeisenplatten, die auf Mauerzungen der Abzugskanäle liegen.

Da die Erzeugung der für Speisezwecke erwünschten lockeren, „blumigen" Krystalle nur durch Pfannenverdampfung erreicht werden kann, so hat man auf verschiedenen Salinen die alte, eben angegebene Beheizung des Pfannenbodens dadurch verbessert, daß man Flammrohrpfannen konstruiert hat, bei denen man, wie der Querschnitt in Abb. 151 zeigt, die Feuergase zunächst durch Flammrohre führt und dadurch (wie bei einem Flammrohrkessel) die umgebende Sole erhitzt. Die Feuergase streichen dann noch durch mehrere Feuerzüge unter dem Pfannenboden hin und gehen schließlich in den Schornstein. Solche Pfannen haben für eine Tagesleistung von 10—12 t Salz eine Länge von 20 m und eine Breite von 8 m. Die Heizfläche beträgt, einschließlich der Flammrohre, 180 m². Die Verdunstungsleistung ist für 1 m² Pfannenfläche 7—11,5 kg/h. In den alpinen Salinen der Ostmark hat man solche Pfannen bis zu 300 m² Bodenfläche gebaut.

Im allgemeinen ist die zuerst genannte primitive Art der Speisesalzgewinnung noch fast überall in Anwendung, obwohl die Kaliindustrie reichlich Vorbilder für eine rationellere Arbeitsweise liefert. Hier und da sind auch schon

Verbesserungen in wärmetechnischer und apparativer Beziehung eingeführt. Vor allem geschieht die Trennung des Salzes von der Mutterlauge vielfach in Zentrifugen, das Trocknen wird in Tellerapparaten oder in liegenden Trockentrommeln (wie bei Kalisalzen) vorgenommen. Eine in wärmetechnischer Beziehung mustergültige Einrichtung besitzt die württembergische Saline Friedrichshall bei Jagstfeld. Dort wird der aus der riesigen Pfanne (130 m²) abziehende Broden dazu benutzt, die aus dem Bohrloch kommende, in der Kälte gesättigte Sole anzuwärmen, dann wird die Sole durch die von der Pfannenheizung kommenden Feuergase auf 85° gebracht, mit Steinsalz bei dieser Temperatur nachgesättigt und in die Pfanne geleitet. Die Feuergase durchstreichen noch eine Batterie Heizrohre zur Erwärmung von Trockenluft, die schließlich das aus der Pfanne ausgezogene, in Zentrifugen abgeschleuderte Salz in schrägliegenden, rotierenden, 4 m langen Trockenzylindern vollständig abtrocknen, so daß es nur noch gesiebt zu werden braucht. Eine Rühreinrichtung mit sechs selbsttätigen Kratzern besorgt maschinell das Rühren in der Pfanne und das Ausschlagen des Salzes.

In Deutschland und in Amerika sind auch bisweilen Eisenbetonpfannen statt der Eisenpfannen in Anwendung. Auch gibt es dort und bei uns Anlagen, bei denen die Heizung der Sole durch Dampf mit Hilfe von Kupferrohren, die in die Pfanne eingehangen sind, erfolgt. Vakuumverdampfapparate kommen ebenfalls zur Anwendung, aber seltener, da sie ein dichtes feinkörniges Salz liefern. Das Publikum zieht jedoch das lockere Salz dem dichten „Vakuumsalz" vor. Auf der Saline Reichenhall ist eine große Mehrkörper-Vakuum-Verdampfanlage mit drei hintereinandergeschalteten Verdampfern und Salzabscheidern seit 1930 in Betrieb.

Die Verdampfer für Salzsolen sind etwas anders eingerichtet wie die sonst üblichen

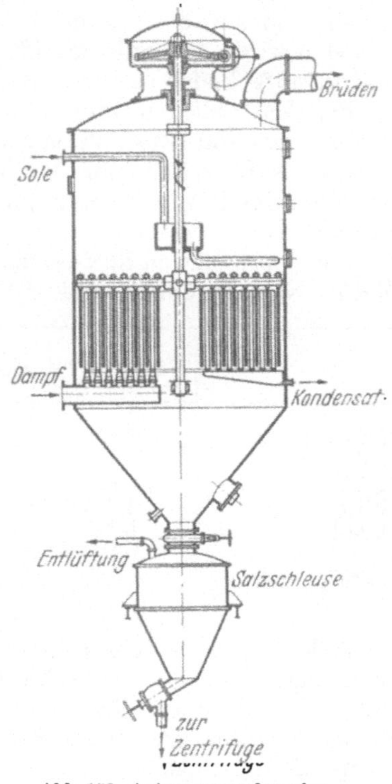

Abb. 152. Autovaporverdampfer.

Vakuumverdampfer (vgl. Chloralkali-Elektrolyse, Ätznatronherstellung durch Calcination von Soda), weil bei Verdampfung von Solen die Heizflächen gewöhnlicher Verdampfer in kurzer Zeit mit Salz vollständig verkrusten. Abb. 152 zeigt einen Schnitt durch einen solchen Autovaporverdampfer für Salzsolen. Die Heizflächen werden hier durch eine rotierende Abstreifvorrichtung, deren einzelne Abstreifer zwischen den ringförmig konstruierten Heizmänteln laufen, von Krustenansätzen freigehalten. Unten am Verdampfer ist eine Salzschleuse angesetzt, aus der Salz und Mutterlauge in die darunter stehende Zentrifuge gelangen und hier getrennt werden.

Auch in Kalifornien (San Franzisko Salt Co.) stellt man aus dem in Salzgärten gewonnenen Salze, welches nur für Industriezwecke gebraucht werden kann, durch Wiederauflösen, Reinigung und Verdampfen in Vakuumverdampfern jetzt Speise- und Tafelsalz mit 99,6—99,8% NaCl her.

Von dem Salzwerk Heilbronn wird unter dem Namen „Hüttensalz" ein gereinigtes Salz in den Handel gebracht, welches nicht auf nassem Wege, sondern durch Schmelzen gereinigt ist. Das durch Bergwerksbetrieb gewonnene

15*

Kochsalz ist mit einigen Prozenten Ton, Anhydrit und Calciumcarbonat verunreinigt. Das zerkleinerte Salz gelangt auf den oberen Herd eines zweiherdigen, mit Siemensscher Generatorfeuerung ausgerüsteten Ofens, wird hier eingeschmolzen und fließt, unter Zurücklassung des größten Teils der Verunreinigungen, auf den unteren muldenförmigen Herd, wo, unter Zusatz von etwas Kalk, 15—20 min Luft zur Oxydation und Ausfällung von Tonerde und Eisenoxyd eingeblasen wird. Nach dem Absetzen fließt das Salz mit einer Temperatur von 1000° in rotierende eiserne Pfannen ab, die mit einem eisernen Rechen versehen sind. Das Salz erstarrt in Form einer blendend weißen körnigen Masse, die nur noch durch Siebtrommeln in mehrere Korngrößen geschieden wird. Das Salz enthält 1,2—1,6% Calciumsulfat, 0,028% Calciumoxyd und 0,043% Soda; es wird als Speisesalz verwendet.

Bei dem üblichen alten Pfannenbetriebe entsteht als Nebenprodukt durch Festbrennen von Gips und Salz am Pfannenboden Pfannenstein; diese Stücke dienen als Lecksteine für das Vieh; es werden aber auch aus denaturiertem Steinsalz durch Vermischung mit Sole, durch Pressen in Formen und Brennen, Lecksteine hergestellt.

Die verschiedenen Speisesalze enthalten als Verunreinigungen geringe Mengen $MgCl_2$, Na_2SO_4, $CaSO_4$ und H_2O.

	Salz aus spanischen Salzgärten	Siedesalz Ludwigshall	Siedesalz Rheinfelden	Speisesteinsalz	Hüttensalz
NaCl	97,61	99,45	98,64	99,06	98,3—98,7
KCl	0,12	—	—	0,08	—
$MgCl_2$	0,08	—	—	—	—
$CaSO_4$	1;39	0,28	0,32	0,46	1,2—1,6
Unlösliches . . .	0,27	—	—	0,13	—
H_2O	0,53	0,27	1,00	—	—
Na_2SO_4	—	—	—	0,13	—

Viele Speisesalze des Handels sind jedoch niedriger im Kochsalzgehalt, wie eben angegeben. In der Schweiz, in Süddeutschland und der Ostmark wird sog. Vollsalz hergestellt, indem man dem Kochsalz 0,5—1 g Kaliumjodid auf 100 kg Salz zusetzt; dieses Salz soll zur Verhinderung oder Beseitigung der Kropfbildung dienen.

In Deutschland wird das Salz in der Hauptsache in Säcken versandt. In Österreich und England, bei uns erst in und nach dem Kriege, wird auch Formsalz durch Pressen des feuchten Salzes und Dörren hergestellt.

Unreinere und gröbere Salzsorten gehen unter dem Namen Gewerbesalz, Fabriksalz, Düngesalz, Viehsalz, das reinere feinkörnige Salz als Speisesalz oder Tafelsalz. Badesalze enthalten außer NaCl noch Mutterlaugensalze.

In allen Ländern ruht auf dem Speisesalz eine Salzsteuer. Die Salzsteuer ist eine der ältesten Steuern der Geschichte. Im römischen Reiche bestand 506 v. Chr. schon ein Salzmonopol. Die Salzsteuer betrug in Deutschland von 1867—1923 12 Mark/100 kg; sie wurde 1926 ganz aufgehoben, 1932 in derselben Höhe wieder eingeführt. Die Herstellungskosten betragen noch nicht $^1/_6$ der Steuer. Gewerbesalz und Viehsalz wird von der Steuer nicht betroffen, diese Salze müssen aber durch Denaturierungsmittel für den Genuß unbrauchbar gemacht werden. Hierzu werden verwendet für Viehsalz: Eisenoxyd und Wermutkrautpulver, für die verschiedenen Gewerbesalze: Mineralöl, Soda, Natriumsulfat, Seife, Abbrände, Ruß usw. Salzsteuer und Salzzoll erbrachten bei uns 1917 110 Mill. M, 1921 69 Mill. M, 1933 56 Mill. M, 1937 60 Mill. M.

Salzerzeugung der Welt und der Hauptländer (in Mill. t).

	1900	1905	1910	1915	1920	1925	1930	1935	1937
Welt	12,6	14,5	17,8	21,0	22,4	24,9	30,5	31,5	32,5
Davon:									
Deutschland	1,51	1,78	2,09	2,89	3,42	2,75	3,60	3,40	4,45
Großbritannien	1,89	1,92	2,09	2,28	2,07	1,97	2,10	2,95	2,19
Frankreich	1,09	1,12	1,15	1,28	1,27	1,72	2,10	1,41	1,37
Rußland	1,51	1,68	2,05	2,24	0,74	1,61	3,43	4,36	—
Vereinigte Staaten . . .	2,65	3,30	3,85	4,37	6,21	6,71	7,31	7,26	8,38
Britisch-Indien	1,02	1,21	1,51	1,32	1,47	1,12	1,73	1,98	1,76
Japan	0,67	0,70	0,57	0,64	0,91	1,03	0,96	0,85	0,52

Steinsalzförderung Deutschlands.

1930 . . . . 2,46 Mill. t, 18,6 Mill. Mark		1934 . . . . 2,02 Mill. t, 23,5 Mill. Mark
1931 . . . 2,09 Mill. t, 16,8 Mill. Mark		1935 . . . . 2,08 Mill. t, 20,7 Mill. Mark
1932 . . . . 2,12 Mill. t, 16,7 Mill. Mark		1936 . . . . 2,38 Mill. t, 23,6 Mill. Mark
1933 . . . . 1,84 Mill. t, 21,8 Mill. Mark		1937 . . . . 2,77 Mill. t, 26,5 Mill. Mark

Der deutsche Salzbergbau beschäftigte 1937 in 44 Betrieben 21 014 Personen, die **46,93 Mill.** Mark Löhne und Gehälter bezogen. Es waren 59 fördernde Schächte vorhanden.

Salzerzeugung Deutschlands nach Sorten (in 1000 t).

	Steinsalz	Siede-salz	Salz in Solen	Summe		Steinsalz	Siede-salz	Salz in Solen	Summe
1913	1350	676	865	2891	1933	1854	426	503	2783
1920	2597	336	482	3415	1934	2007	509	718	3234
1925	1767	457	521	2745	1935	2086	562	753	3401
1930	2456	501	647	3604	1936	2378	574	917	3869
1932	2118	485	632	2603	1937	2767	624	1211	4602

1937 waren in Deutschland 45 Salinenbetriebe vorhanden, die 3296 Personen beschäftigten und 7,26 Mill. Mark Löhne und Gehälter bezahlten.

Deutschlands Gewinnung an steuerbarem Salz 1936/37 (in 1000 t).

Steinsalz	2313,7
Hüttensalz	34,1
Siedesalz	551,8
Chemisch reines Salz	0,05
Salz als Nebenerzeugnis der chemischen Industrie . .	37,4
Salzabfälle (Pfannenstein)	4,8
Salzsole (Salzinhalt)	971,2
	3913,1

Davon wurden unversteuert abgegeben 2 552 000 t, versteuert 502 000 t, ausgeführt wurden 790 000 t.

Verwendung des steuerfrei abgegebenen Salzes 1936/37 (in 1000 t).

Zur Herstellung von Soda 1589,8		Für chlorierende Röstung 130,6
,, ,, ,, Natriumsulfat 169,3		,, Permutitregeneration 58,0
,, ,, ,, Salzsäure . . 112,6		,, Einsalzen von Fischen 60,5
,, ,, ,, Teerfarben . 67,0		

Salzausfuhr Deutschlands (in 1000 t).

1920 . . . 1276		1933 . . . 667
1925 . . . 717		1934 . . . 688
1930 . . . 989		1935 . . . 756
1931 . . . 820		1936 . . . 790
1932 . . . 717		1937 . . . 928

Deutschland steht an der Spitze aller salzausführenden Länder.

Der Salzverbrauch je Kopf der Bevölkerung beträgt in verschiedenen Ländern (im Durchschnitt 1920/25):

Norwegen . . . . 66,4 kg	Deutschland . . . 31,4 kg
Vereinigte Staaten 54,6 kg	Belgien . . . . . 29,8 kg
Kanada . . . . . 37,8 kg	Schweden . . . . 21,0 kg
Großbritannien . . 37,0 kg	Dänemark . . . . 19,4 kg
Frankreich . . . . 33,1 kg	Holland . . . . . 16,9 kg

Bei den erstgenannten Ländern wird viel Salz für das Einsalzen von Fischen, Konservierung von Fellen und für die Nahrungsmittelindustrie verbraucht. Die Zahlen stellen nicht den Speisesalzverbrauch vor.

Der Speisesalzverbrauch in Deutschland betrug 1872—1919: 7,5 bis 7,9 kg, 1930—1933: 7,98 kg, 1934/35: 7,4 kg je Kopf der Bevölkerung.

Der Salzabsatz der Salinen beträgt rund 500000 t im Werte von 20 Mill. Mark, davon sind 85—86% Speisesalz, etwa 50000 t Gewerbesalz und 20000 t Viehsalz.

In Deutschland waren 1932 56 Solquellen vorhanden, welche 4,4 Mill. m³ Solen lieferten. Davon wurden 2,2 Mill. m³ mit 619000 t Kochsalz für industrielle Zwecke verwendet, der Rest für Bäder. 1936/37 verwendeten die deutschen Ammoniaksodafabriken 957000 t Salz direkt aus Solen.

Neuere Literatur.

Balz von Balzberg: Siedesalzerzeugung. 1896. — Billep: Deutsche Kochsalzindustrie. Diss. Köln 1934. — Dammer: Chemische Technologie der Neuzeit, Bd. 3. 1926. — Fürer: Salzbergbau und Salinenkunde. 1900. — Muspratt-Neumann: Enzykl. Handb. d. Techn. Chemie, Erg.-Bd. II, 2. 1927. — Riemann: Gewinnung und Reinigung des Kochsalzes. 1909.

Kalisalze.

Kalisalze sind in der Natur ziemlich weit verbreitet und finden sich bisweilen in gewaltigen Mengen vor. Gesteine wie Granite, Gneis, Porphyr, Syenit, Basalte usw., die sich aus Mineralien wie Feldspat, Glimmer zusammensetzen, weisen Kali(K_2O)gehalte bis zu 16% auf. Das Meerwasser enthält bis 0,7 g KCl im Kubikmeter. Alle diese Kalivorkommen werden aber weit übertroffen von den deutschen Kalisalzlagerstätten. Bis zur Mitte des vorigen Jahrhunderts wurden Kalisalze fast ausschließlich aus Holzasche, aus Wollschweiß und durch Eintrocknen von Meerwasser (Frankreich, Italien), auch aus Tangaschen gewonnen. Daneben spielte höchstens noch der Bengalsalpeter (KNO_3), der auch noch heutigen Tages durch Auslaugung des Bodens gewonnen wird, eine unbedeutende Rolle. Es bestand aber auch damals keine so große Nachfrage nach Kali. Der Kaliverbrauch in größerem Maßstabe setzte erst ein, als die Kalidüngung der Pflanzen in ihrem Werte erkannt war. Auf die große Bedeutung des Kalis und der Phosphorsäure für die Landwirtschaft hat zuerst Liebig 1865 hingewiesen. Um diese Zeit war es eben gelungen, aus den Abraumsalzen der Staßfurter Steinsalzlager Chlorkalium fabrikmäßig herzustellen.

Seit Jahrhunderten bestand schon in Staßfurt Salinenbetrieb. Als im Jahre 1839 vom preußischen Staat der Betrieb der Saline, weil nicht rentierend, eingestellt wurde, versuchte man durch Niederbringung von Tiefbohrungen das Salzlager zu erschließen. Dies gelang im Jahre 1843; doch fand man nicht reines Steinsalz, sondern ein Salz, das noch Chlormagnesium und Chlorkalium enthielt.

Erst in größerer Tiefe traf man das gesuchte Steinsalzlager an. 1851—56 wurden die ersten Schächte „v. d. Heydt" und „Manteuffel" abgeteuft. Die über dem Steinsalz lagernden, magnesium- und kalihaltigen Produkte besaßen für den Bergmann keinen Wert und wurden als „Abraumsalze" entfernt. Erst im Jahre 1861 gelang es A. FRANK aus diesen Salzen fabrikmäßig Chlorkalium herzustellen, das man in erster Linie für die Industrie zu verwerten suchte. Auf seine Anregung hin wurde versucht, die Rohsalze als landwirtschaftliche Düngemittel einzuführen. Nach Beseitigung der anfänglich auftretenden vielen Schwierigkeiten erzielte man damit so gute Erfolge, daß die Landwirtschaft bereits im Jahre 1885 schon ebensoviel Kalisalze verbrauchte wie die Industrie.

In den 70er Jahren wurde, zunächst in Staßfurts Nähe, dann in anderen Gegenden ähnlichen geologischen Charakters, eifrig nach Kalisalzen gebohrt, und so entstanden bis 1909 53, bis Ende 1913 nicht weniger als 207 fördernde Kalisalzbergwerke. Ablagerungen von Kalisalzen finden sich auch an anderen Stellen der Erde: Spanien, Ägypten, Chile, Colorado, Galizien (Kalusz). Kein einziges Lager reicht aber auch nur entfernt an die deutschen Kalivorkommen in der Provinz Sachsen, Anhalt, Hannover, Thüringen heran. Anfang dieses Jahrhunderts wurde dann noch ein zweites großes Lager (im Tertiär) bei Mühlhausen im Elsaß erschlossen. Die mitteldeutschen und das elsässische Vorkommen zusammen deckten den ganzen Weltbedarf an Kali bis zu Beginn des Krieges. Auch heute noch liefern sie bei weitem die Hauptmenge an Kalisalzen. Seit 1867 liefert auch Kalusz (Galizien) eine geringe Menge Kalisalze und die bei Suria in Spanien 1912 gefundenen Kalilager fördern seit 1926 steigende Mengen. Das Kalimonopol Deutschlands besteht also nicht mehr.

Infolge der Absperrung Deutschlands während des Krieges entstand in anderen Ländern eine gewaltige Kalinot, man hat deshalb, namentlich in Amerika, versucht, Kali aus allerlei anderen Quellen zu gewinnen. Herangezogen wurden Seetange, Salzseen, Alunit, Feldspat, Flugstaub der Zementöfen und Eisenhochöfen; keine dieser Fabrikationen ist aber von nachhaltiger Bedeutung geworden. Nur die Ausbeutung des riesigen Natronsees Searles Lake durch die American Potash and Chemical Co. liefert etwa 50000 t Chlorkalium jährlich. Man verdampft die Salzsole des Sees in riesigen Dreifachverdampfern zur Ausscheidung des Kochsalzes. Aus der konzentrierten Lösung fällt dann Rohchlorkalium aus, welches durch Umkristallisieren gereinigt wird (außerdem gewinnt man noch Borax aus der Salzlösung).

Die Entstehung der Kalisalzlager. Zunächst ist sicher, daß die Salzablagerungen in der norddeutschen Tiefebene und speziell die Kalisalzlager in der Umgebung von Staßfurt durch Salzausscheidungen aus dem Meerwasser entstanden sein müssen. Da aber selbst beim Eintrocknen der tiefsten Ozeane keine so mächtigen Salzschichten (bis über 1000 m) hätten hinterbleiben können, so hat man lange Zeit nach der „Barrentheorie" von OCHSENIUS angenommen, daß zur Zeit des Zechsteins das den größten Teil Norddeutschlands bedeckende Meer bei Staßfurt eine große Bucht bildete, die durch eine eben bis zur Oberfläche des Wassers reichende Barre vom offenen Meere getrennt war, und daß, während das Wasser in der Bucht verdunstete, von Zeit zu Zeit frische Zuflüsse von Meerwasser, also neue Nachschübe von Salzmassen über die Barre hinweg erfolgten. Diese Theorie ist verlassen. Man nahm dann nach WALTHER an, daß am Schlusse des mittleren Zechsteins von dem offenen nordischen Meere ein großes salziges Binnenmeerbecken, welches vom Ural bis an die französisch-belgischen Gebirge und von Mittel-England bis an die böhmische Gebirgsmasse reichte, abgeschnürt wurde. Unter dem damaligen Wüstenklima verdunstete das Wasser, das Binnenmeer schrumpfte zusammen. Dabei wurde zuerst die Sättigung des Wassers mit Gips überschritten, dieser fiel aus, darauf folgte, wenn mehr als 99% des

Wassers verdunstet war, ein Gemenge von Gips und Steinsalz, Anhydrit und Steinsalz, Polyhalit und Steinsalz. Bis die Kalisalze zur Ausscheidung kommen konnten, mußte das Becken sich ganz bedeutend verkleinert haben; es füllte nur noch den Norden Deutschlands aus. Infolge des welligen Untergrundes haben sich schließlich mehrere verschieden große Becken abgetrennt, bei denen die Ausscheidung der Kalisalze nicht ganz in derselben Weise vor sich gegangen ist. In den Salzabscheidungen finden sich in ziemlich regelmäßigem Wechsel 8—10 cm starke Schichten von Natriumchlorid mit schwachen Calciumsulfatschichten, die sog. „Jahresringe" (etwa 3000 im älteren Steinsalz); man erklärte sie früher durch periodische Zuflüsse; viel wahrscheinlicher ist als Ursache der Wechsel der Jahrestemperatur. Im Sommer fiel $CaSO_4$ als Gips, Anhydrit oder Polyhalit aus, da Gips schwerer in wärmerem Wasser löslich ist als in kaltem; im Winter dagegen fiel das schwerer lösliche Natriumchlorid als Steinsalz aus. Erst nach Abscheidung des Steinsalzes konnten die Mutterlaugensalze, d. h. die Kalisalze oder Edelsalze zur Ausscheidung gelangen. Die allmähliche Eindunstung erfolgte bei 15—35°. Als alles eingetrocknet war, bedeckten Wüstensand oder tonige Staubmassen (der heutige „Salzton") die Salzlager und schützten sie vor späterer Auflösung. Während der

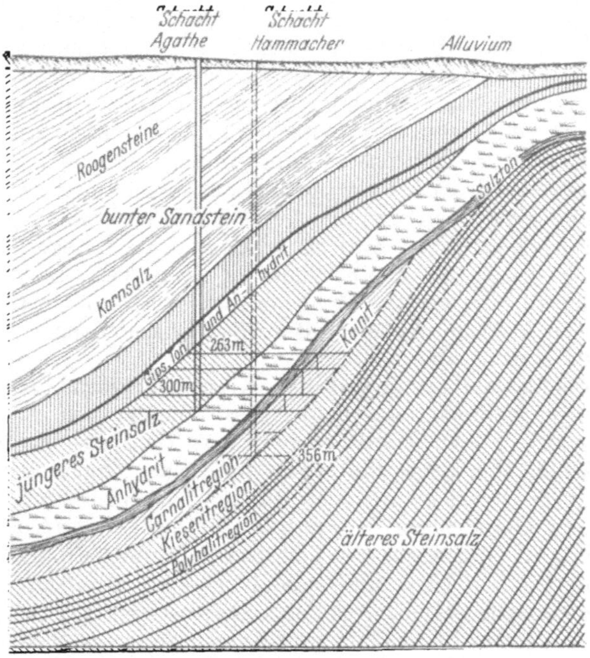

Abb. 153. Schnitt durch das Kalisalzlager von Neustaßfurt.

Ausscheidung der Salze fand eine Senkung des Bodens um 600 m statt; es folgte eine zweite, an einzelnen Stellen auch noch eine dritte Überflutung und Salzfolge. Zuerst schied sich wieder Anhydrit aus (40—80 m mächtig) und auf diesem das „jüngere Steinsalz", dessen Jahresringe oft kaum bemerkbar sind und das infolgedessen auch reiner ist als das ältere Steinsalz. Über dem jüngeren Steinsalz findet sich kein Kalilager, weshalb man annimmt, daß durch eine eingetretene Hebungsperiode die konzentrierten kalihaltigen Laugen wieder dem offenen Meere zugeführt worden sind. Die abgeschiedenen Salzlager senkten sich auf etwa 3000 m Tiefe. In den folgenden Zeiträumen sind Buntsandsteinschichten auf dem Salzlager abgelagert worden, im Tertiär begann die Hebung der Salzlager aus der Tiefe, die oft von starken Faltungen und Verwerfungen des Gebirges begleitet war (s. Profil Abb. 153). Dadurch sind auch vielfach die Salzmassen zusammengeschoben und verschoben worden.

Diese Theorie WALTERs vermag aber auch nicht alle Erscheinungen der Ausscheidungsfolge in den verschiedenen Salzlagern zu erklären; deshalb sind später noch von JÄNECKE, EVERDING, FULDA andere Theorien der Bildung aufgestellt worden. Die Kalimutterlager haben außerdem noch nachträglich Veränderungen erfahren, z. B. Umwandlung des Carnallits in Kainit, ferner

Auflösungen und weite Transporte der Laugen, wobei chlormagnesiumarme Salze (Hartsalz) und schließlich Salze, die kein $MgSO_4$ mehr enthielten (Sylvine), sich ausschieden. Hierher gehören die Elsässischen Kalisalze des Tertiärs, welche wieder gelösten Zechsteinsalzen ihre Entstehung verdanken und denen die schwer löslichen Sulfate (Kieserit) ganz fehlen. Auffällig ist das Fehlen von Jod in den Kalisalzlagern. Nach ERDMANN muß man annehmen, daß die im Meerwasser vorhandenen Jodsalze (Jodmagnesium) sich im Sonnenlichte zersetzt haben und das Jod so verschwunden ist.

Die Zeit der Eindunstung des Zechsteinmeeres wird auf rund 100000 Jahre geschätzt, davon entfallen auf die Ausscheidung der Kalisalze nur etwa 1000 Jahre.

Im Meerwasser sind nach VAN'T HOFF durchschnittlich auf 100 g NaCl etwa 12,7 g $MgCl_2$, 7,7 g $MgSO_4$ und 2,8 g KCl neben geringen Mengen $CaSO_4$ und Magnesiumcarbonat enthalten. Wird diese Lösung bei 25° abgedampft, so scheiden sich zunächst Magnesiumcarbonat, Calciumcarbonat und $CaSO_4$ aus, dann die Hauptmenge des NaCl, dann $MgSO_4$ als Kieserit $MgSO_4 \cdot H_2O$, dann Carnallit $KCl \cdot MgCl_2 \cdot 6\,H_2O$ mit NaCl vermischt; als Rest bleibt eine Chlormagnesiumlauge. In Übereinstimmung mit dieser Tatsache findet man auch bei den Staßfurter Salzablagerungen im wesentlichen dieselbe Salzfolge (s. das Profil des Salzlagers von Neustaßfurt Abb. 153). Auf das ältere Steinsalz mit den Anhydritschnüren folgt Steinsalz, das mit Polyhalitschnüren durchsetzt ist (Polyhalitregion); dann folgt Steinsalz mit Kieseritschnüren (Kieseritregion), dann Steinsalz mit Carnallit durchsetzt (Carnallitregion). Über diesen Schichten lagert dann wieder Salzton, die starke Anhydritschicht und das jüngere Steinsalz.

Nach JÄNECKE müssen 75000 Teile Wasser (im Meerwasser) auf 45000 Teile eindunsten, ehe Gips sich abzuscheiden beginnt; bei einer Einengung auf 6050 Teile H_2O beginnen sich Gips und Steinsalz, bei 3300 Teilen Polyhalit und Steinsalz und erst bei weniger als 1155 Teilen H_2O die eigentlichen Kalisalze abzuscheiden.

Durch die klassischen Untersuchungen VAN'T HOFFS und seiner Mitarbeiter über die Bildung der ozeanischen Salzablagerungen sind die Existenzbedingungen der in den natürlichen Kalisalzlagerstätten gefundenen Salzmineralien festgestellt worden. VAN'T HOFF bediente sich dabei einer graphischen Methode, (auf die später bei der technischen Gewinnung von Chlorkalium aus einem Salzgemisch noch hingewiesen werden wird), um die Ausscheidungsfolge der Salze und die Zusammensetzung der „Bodenkörper" festzulegen.

Eine sehr übersichtliche Darstellungsform der Salzausscheidung hat uns JÄNECKE gegeben. Nimmt man Ca in Form von $CaSO_4$ als abgeschieden an und zieht man in Betracht, daß alle Ausscheidungen in einer mit NaCl gesättigten Lösung vor sich gehen, so erhält man ein eindeutiges Bild, wenn man nur die Molekülsummen von $K_2 + Mg + SO_4$ ins Auge faßt und diese gleich 100 setzt. Benutzt man zur graphischen Darstellung für die wasserfreien Salze, die sich ausscheiden, ein Dreiecksdiagramm, Abb. 154, so liegen auf den Ecken A, B und C die Moleküle Mg, K_2 und SO_4, entsprechend den Salzen $MgCl_2$, K_2Cl_2 und $Na_2\,SO_4$; auf die Seiten kommen die Gemische von zweien dieser Salze zu liegen, während im Inneren alle Gemische einen bestimmten Platz finden, die sich aus drei Komponenten zusammensetzen. Die in dem Diagramm eingezeichneten Felder geben die Art des „Bodenkörpers" an, die aus den gesättigten Lösungen bei bestimmter Temperatur ausfallen. Die Angaben der Abb. 154 beziehen sich auf eine Temperatur von 25°. Die Wassermenge, die zur Bildung der gesättigten Lösungen gerade ausreicht, läßt sich nur in einer räumlichen Darstellung zur Anschauung bringen. Das ergibt dann das Sättigungsbild Abb. 155.

Die bei den ozeanischen Salzablagerungen auftretenden chemischen Verbindungen sind folgende:

Anhydrit	$CaSO_4$	Leonit	$K_2SO_4 \cdot MgSO_4 \cdot 4\,H_2O$
Astrakanit	$Na_2SO_4 \cdot MgSO_4 \cdot 4\,H_2O$	Loeweit	$2\,Na_2SO_4 \cdot 2\,MgSO_4 \cdot 5\,H_2O$
Bischofit	$MgCl_2 \cdot 6\,H_2O$	Polyhalit	$K_2SO_4 \cdot MgSO_4 \cdot 2\,CaSO_4 \cdot 2\,H_2O$
Carnallit	$KCl \cdot MgCl_2 \cdot 6\,H_2O$	Reichardtit	$MgSO_4 \cdot 7\,H_2O$
Glauberit	$Na_2SO_4 \cdot CaSO_4$	Schönit	$K_2SO_4 \cdot MgSO_4 \cdot 6\,H_2O$
Gips	$CaSO_4 \cdot 2\,H_2O$	Steinsalz	$NaCl$
Glaserit	$3\,K_2SO_4 \cdot Na_2SO_4$	Sylvin	KCl
Kainit	$KCl \cdot MgSO_4 \cdot 3\,H_2O$	Syngenit	$K_2SO_4 \cdot CaSO_4 \cdot H_2O$
Kieserit	$MgSO_4 \cdot H_2O$	Thenardit	Na_2SO_4
Langbeinit	$K_2SO_4 \cdot 2\,MgSO_4$	Vanthoffit	$3\,Na_2SO_4 \cdot MgSO_4$

Die für die Industrie wichtigsten Kalisalze sind: 1. Carnallit $KCl \cdot MgCl_2 \cdot 6\,H_2O$. 2. Hartsalz. Gemenge von Sylvin (KCl), Steinsalz (NaCl), Kieserit ($MgSO_4 \cdot H_2O$), und Anhydrit ($CaSO_4$). 3. Sylvinit. Gemenge von Sylvin und Steinsalz. 4. Kainit ($KCl \cdot MgSO_4 \cdot 3\,H_2O$). In geringeren Mengen kommen vor: Schönit ($K_2SO_4 \cdot MgSO_4 \cdot 6\,H_2O$) und Polyhalit

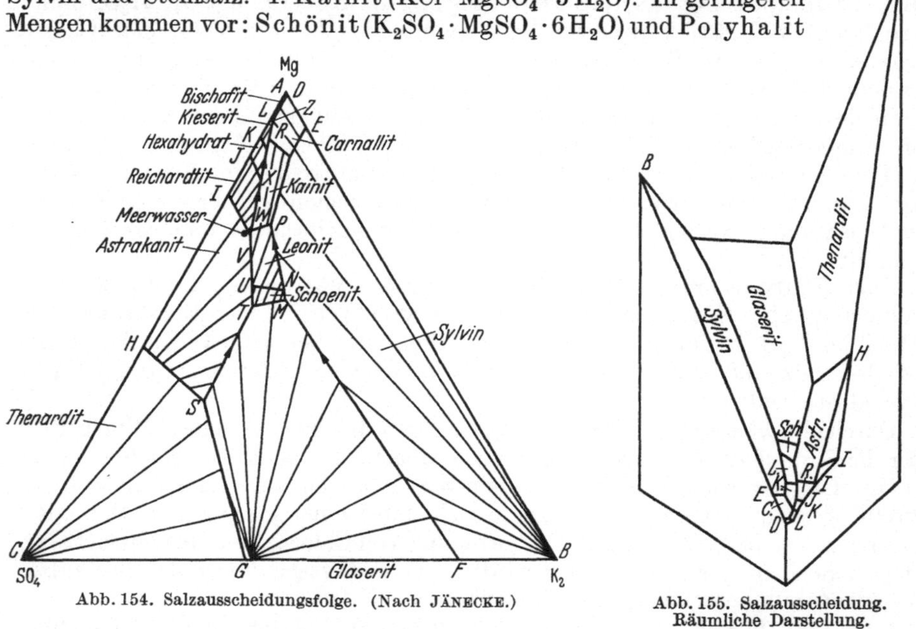

Abb. 154. Salzausscheidungsfolge. (Nach Jänecke.)

Abb. 155. Salzausscheidung. Räumliche Darstellung.

($K_2SO_4 \cdot MgSO_4 \cdot 2\,CaSO_4 \cdot 2\,H_2O$). Im Carnallit, Kainit und Hartsalz ist häufig auch Borazit ($2\,Mg_3B_8O_{15} \cdot MgCl_2$) in Form von Knollen eingewachsen. Fast immer enthält der Cárnallit eine isomorphe Beimischung von etwas Bromcarnallit ($KBr \cdot MgBr_2 \cdot 6\,H_2O$).

Die Aufschließung der Kalisalzlager erfolgt durch Schächte, deren Tiefe etwa zwischen 220 und 920 m schwankt. Die Gewinnung der Salze erfolgt ausschließlich durch Schießarbeit mit Sprengpulver. Ein Teil des Salzes bleibt stets als Pfeiler stehen; die entstehenden Hohlräume werden mit Steinsalz aus dem „älteren Steinsalz" oder mit Rückständen aus den Fabriken ausgefüllt. Ein großer Teil der geförderten Rohsalze, namentlich der kalireichen, wird gleich nach Verlassen des Schachtes gemahlen und kommt als „Düngesalz" in den Handel, während die niederprozentigen Rohsalze in den Kalifabriken auf hochprozentige Salze verarbeitet werden.

Die in der Salzindustrie zur Verwendung kommenden Mahleinrichtungen sind andere wie bei Erzen, Kohlen usw. Als Vorbrecher kommen Backenbrecher

zur Verwendung, wie sie bei „Schwefelsäure" abgebildet sind. Als Grobmühlen
werden meistens Glockenmühlen (Rundbrecher), Abb. 156 verwendet, die nach
Art der Kaffemühle eingerichtet sind, und die bis auf Walnußgröße zerkleinern.
Als Feinmühlen für Salze dienen Walzenstühle, bei denen zwei geriffelte
Hartgußwalzen sich mit verschiedener Geschwindigkeit gegeneinander drehen
oder Schlagstiftmühlen (Dismembratoren), Schlagnasenmühlen
(Dissipatoren), Schleudermühlen (Desintegratoren) oder Schlagkreuzmühlen. Bei den Schlagstiftmühlen rotiert in einem mit Stiften
besetzten Gehäuse eine mit Stiften besetzte Scheibe (Abb. 157), bei den
Dissipatoren vertreten scharfkantige Nasen die Stifte; bei den Schlagkreuzmühlen rotieren kräftige Schläger in einer flachen Trommel. Die Einrichtung
eines Desintegrators zeigt Abb. 35, S. 81 und Abb. 104, S. 162.

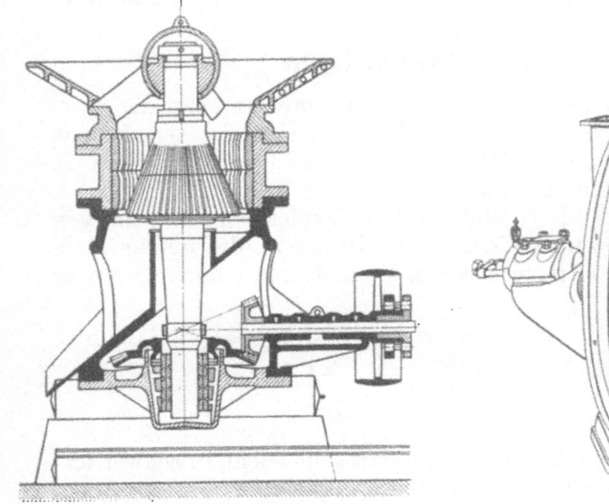

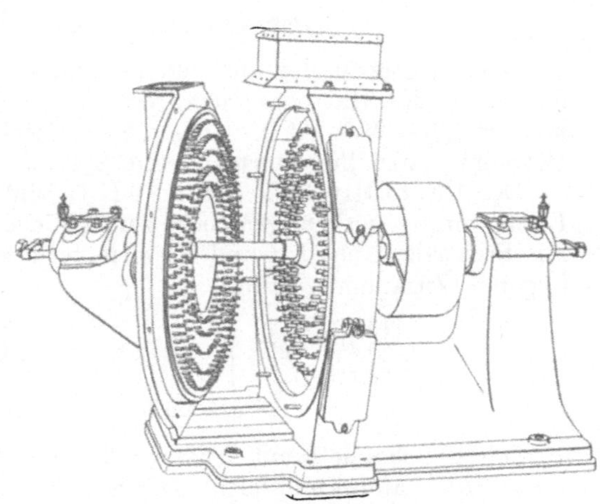

Abb. 156. Glockenmühle (Rundbrecher). Abb. 157. Schlagstiftmühle.

Vom deutschen Kalisyndikat werden als Kalirohsalze folgende Salzsorten
mit den entsprechenden Gehalten in den Handel gebracht (wobei der Gehalt
immer als „Kali" K_2O ausgedrückt ist):

Carnallit	mit	9—12% K_2O
Kainit	„	12—15% K_2O
Düngesalze	„	12—22% K_2O
„	„	28—32% K_2O
„	„	38—42% K_2O
Chlorkalium	„	50—60% K_2O (80—95%iges KCl)
„	über	60% K_2O (meist 98%iges KCl)
Schwefelsaures Kali	mit über	42% K_2O (90—96% K_2SO_4)
Schwefelsaure Kali-Magnesia	„ „	48% K_2SO_4 (26% K_2O)

Über den Absatz an diesen Sorten von Kalisalzen finden sich später bei
den statistischen Zahlen nähere Angaben.

In den verschiedenen deutschen Kaligebieten sind nun die genannten Rohsalze
nicht überall in den gleichen Mengen vorhanden, bestimmte Gebiete sind reicher
an Carnalliten, andere an Sylviniten. Anfangs bevorzugte man die ärmeren
Carnallite, in neuerer Zeit mehr und mehr die hochwertigen Salze. 1913 wurden
noch 5,48 Mill. t Carnallite und 6,12 Mill. t Sylvinite gefördert, 1935 dagegen
nur noch 1,37 Mill. t Carnallite, dafür aber 10,3 Mill. t Sylvinite. Damit hat sich
auch die Förderung der einzelnen Kalireviere gegen früher verschoben. Der
Bezirk Eisenach lieferte 1924 erst 20,2% der Gesamtförderung, 1935 aber 39,8%,
umgekehrt ist die Förderung des Bezirks Magdeburg von 20,2% auf 10,1%,

die von Halle von 11,6% auf 4,8% zurückgegangen. Ebenso bevorzugt man auch bei der Verwendung zunehmend die hochwertigen Produkte der Kalifabriken. 1913 wurden nur 65,6% der bergmännischen Gesamtförderung in den Kalifabriken der Werke weiter verarbeitet, 1935 dagegen gingen schon 80,6% der Förderung zur Anreicherung in die Fabriken. Nach dem Kriege waren in Deutschland trotz des Verlustes von Elsaß-Lothringen noch mehr als 200 Schächte vorhanden, welche Kalisalze förderten. Von diesen sind aber eine ganze Reihe stillgelegt oder mit anderen Werken vereinigt worden. Zur Zeit sind etwa 15 größere Kalikonzerne vorhanden, welche die Hauptmenge der Kalisalze liefern, die größten sind: Wintershall, Salzdetfurt und Burbach, welche an der Gesamt-förderung mit 33 bzw. 20 und 10% beteiligt sind. Eigentliche Kalisalzfabriken bestanden ungefähr 70. Im Elsaß waren bei der Übergabe 17 Schächte vorhanden.

Herstellung von Chlorkalium.

Das wichtigste der aus den natürlichen Kalisalzen fabrikmäßig erzeugten Salze ist das Chlorkalium, das in verschiedenen Marken in den Handel kommt (70—98% KCl). Zu seiner Gewinnung kommen als Rohsalze in Betracht: Carnallit, Hartsalz und Sylvinit.

Der Carnallit $KCl \cdot MgCl_2 \cdot 6 H_2O$ bildet selten farblose, meist aber von Eisenglimmer rötlich gefärbte, zerfließliche Krystallmassen, die immer innig mit Steinsalz, Anhydrit und Kieserit verwachsen sind. Durchschnittlich hat er folgende Zusammensetzung:

16,0% KCl		23,0% NaCl	Steinsalz	
20,4% $MgCl_2$	Carnallit	13,0% $MgSO_4$		Kieserit
23,1% H_2O		1,9% H_2O		

2,6% Unlösliches (Anhydrit, Ton usw.)

Durch Behandeln mit Wasser läßt sich reiner Carnallit leicht in schwer lös-liches Chlorkalium und leicht lösliches Chlormagnesium zerlegen. Die Anwesen-heit von Steinsalz und Kieserit im Rohcarnallit erschwert aber die Trennung des Chlorkaliums.

In Wasser lösen sich in 1000 cm³, wenn jedes Salz für sich allein vorhanden ist

bei 20° . . . . 358 g NaCl   320 g KCl
bei 100° . . . . 396 g NaCl   566 g KCl

d. h. bei 100° löst sich fast nur ebensoviel NaCl wie bei 20°, von KCl aber fast doppelt soviel.

Sind beide Salze gleichzeitig vorhanden, so lösen 1000 cm³ Wasser

bei 20° . . . . 203 g NaCl + 102 g KCl
bei 100° . . . . 159 g NaCl + 222 g KCl

Läßt man also eine bei 100° gesättigte Lösung beider Salze auf 20° abkühlen, so scheidet sich kein Kochsalz, aber 120 g KCl ab.

Verwendet man nicht Wasser, sondern eine 20% Chlormagnesiumlösung als Lösungsmittel, so werden von 1000 cm³ nur aufgenommen

bei 20° . . . . 58 g NaCl + 51 g KCl
bei 100° . . . . 69 g NaCl + 130 g KCl

beim Abkühlen einer solchen bei 100° gesättigten Lösung auf 20° werden sich demnach 11 g NaCl und 79 g KCl zusammen ausscheiden.

Die Chlormagnesiumlösung bewirkt ferner, daß von dem im Rohcarnallit anwesenden schwer löslichen Kieserit nur ganz wenig in lösliches Magnesium-sulfat umgewandelt wird, was von großer praktischer Bedeutung ist.

Um einen besseren Einblick in die Verhältnisse der Salzausscheidung, und damit in die Arbeitsweise der Kaliindustrie zu bekommen, zeichnet man sich nach dem Vorbilde VAN'T HOFFS die Löslichkeitsverhältnisse in nachstehender Form (Abb. 158) graphisch auf (für unsere Verhältnisse besser in Gramm, statt in Mol). Auf der Ordinate trägt man z. B. die in 1000 g Wasser bei 20° und 100° löslichen Mengen NaCl auf, also 358 und 396 g, Punkt A_1 und A_2; auf der Abszisse 320 und 566 g KCl, Punkt B_1 und B_2. Versetzt man eine gesättigte NaCl-Lösung mit KCl, so wird NaCl so lange verdrängt (ebenso umgekehrt, wenn man die gesättigte KCl-Lösung mit NaCl versetzt), bis bei 100° eine Lösung mit 257 g NaCl + 359 g KCl, bei 20° eine solche mit 292 g NaCl + 147 g KCl erhalten wird, Punkt C_2 und C_1. Punkt C ist der sog. Krystallisationsendpunkt. Linie AC entspricht also der Sättigung an NaCl bei steigendem KCl-Gehalte, BC der Sättigung an KCl bei steigendem NaCl-Gehalte. Innerhalb $OACB$ liegen also alle möglichen KCl-NaCl-Lösungen. Eine Lösung, enthaltend 150 g KCl + 150 g NaCl, würde bei Punkt c liegen. Dampft man diese Lösung bei 100° ein, so bleibt das ursprüngliche gleiche Verhältnis der beiden Salze bestehen, bis die

Konzentration den Punkt d auf A_2C_2 erreicht hat; bei weiterer Konzentration kann das ursprüngliche Verhältnis nicht mehr bestehen bleiben, es fällt NaCl aus, bis der Punkt C_2, d. h. das Verhältnis 359 g KCl + 257 g NaCl erreicht ist, es sind somit 102 g NaCl ausgefallen. Würde man unter vermindertem Drucke bei 20° abdampfen, so käme man auf den Punkt e der Sättigungsgrenze B_1C_1 an; in diesem Falle würde sich umgekehrt KCl zuerst aus-

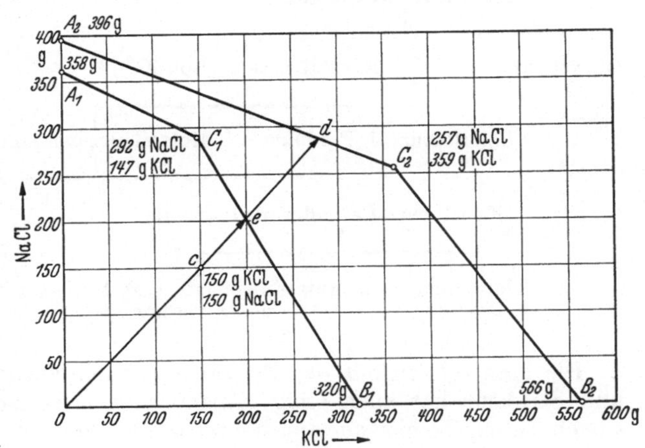

Abb. 158. Schematische Darstellung der Salztrennung.

scheiden, bis schließlich das Verhältnis 147 g KCl + 292 g NaCl, d. h. der Krystallisationsendpunkt C_1 erreicht ist; es würden sich also 145 g KCl ausscheiden. Kühlt man schließlich die bei 100° an beiden Salzen gesättigte Lösung auf 20° ab, so muß die Salzkonzentration von 359 g KCl + 257 g NaCl auf eine solche von 147 g KCl + 292 g NaCl zurückgehen, d. h. es wird in diesem Falle nur KCl ausfallen und zwar 359 — 147 = 212 g. Die hier skizzierten einfachsten Verhältnisse treffen annähernd auf die Verarbeitung von Sylvinit auf Chlorkalium zu.

Bei der Verarbeitung von Carnallit auf Chlorkalium liegen die Verhältnisse wesentlich komplizierter. Schon das Diagramm von KCl—$MgCl_2$ fällt etwas anders aus, weil hierbei ein Doppelsalz, der Carnallit, auftritt. Wir haben also im Diagramm zwei Krystallisationsendpunkte und drei Sättigungslinien, eine für KCl, eine für Carnallit und eine für $MgCl_2$; es krystallisiert also beim Eindampfen einer reinen Carnallitlösung erst der größte Teil des KCl aus, dann krystallisiert Carnallit, in der Mutterlauge bleibt Magnesiumchlorid. Hat man nun natürlichen, mit Steinsalz durchwachsenen Carnallit zu verarbeiten, so wird die Sache noch weniger durchsichtig, weil die Löslichkeitsverhältnisse von KCl und NaCl durch die $MgCl_2$-Lösung, wie vorher angegeben, beeinflußt werden. Wenn die Konzentration der $MgCl_2$-Lösung 20% beträgt, fällt mit dem KCl etwas NaCl aus, würde man schwächere $MgCl_2$-Lösungen verwenden, so würde es zwar gelingen, auch KCl kochsalzfrei auszuscheiden, praktische Gründe

(Verdampfkosten, Kieseritauflösung) verbieten es aber, mit chlormagnesium-
armen Laugen zu arbeiten.

Die praktische Ausführung der Chlorkaliumgewinnung aus Carnallit kann
in verschiedener Weise ausgeführt werden. Das hauptsächlichste Verfahren,
welches in der Vorkriegszeit allein ausgeführt wurde, ist die Methode des „vollkommenen Lösens", d. h. das gesamte KCl wird mit einer kaliarmen, aber nicht
an $MgCl_2$ zu reichen Löselauge heiß in Lösung gebracht. Beim Erkalten krystallisiert Rohchlorkalium aus, die Mutterlauge muß wegen des hohen KCl-Gehaltes
eingedampft werden. Aus der eingeengten Mutterlauge fällt KCl in Form
von „künstlichem Carnallit" aus, der wie das Carnallitrohsalz auf Chlorkalium verarbeitet wird. Nachstehendes Verarbeitungsschema erläutert diese
Arbeitsweise:

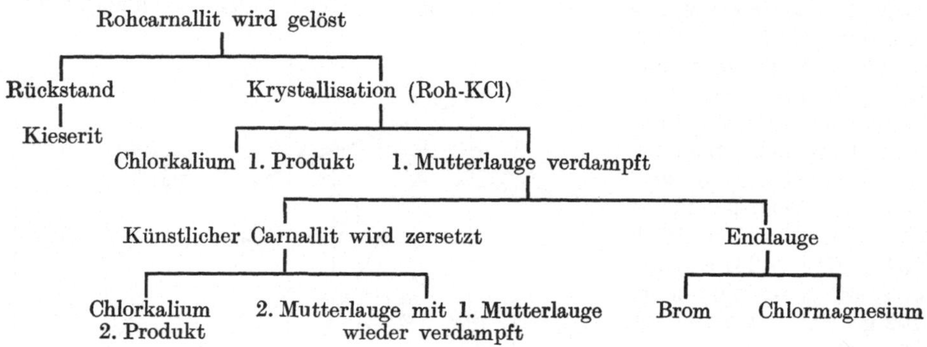

Die Mannigfaltigkeit der Rohsalze je nach Vorkommen, Zusammensetzung
und Struktur hat auch einige Abänderungen in der Verarbeitungsweise entstehen lassen, die hier nur angedeutet werden können. Es sind ältere Vorschläge,
die an einzelnen Stellen wieder aufgenommen und praktisch durchgearbeitet
worden sind. Das sog. „unvollkommene Lösen" beruht darauf, daß mit einer
Löselauge mit wenig $MgCl_2$ aber mit viel KCl gearbeitet wird. KCl wird nicht
völlig aufgenommen, sondern fällt als Zersetzungschlorkalium in den Klärschlamm, der direkt auf Düngesalz mit etwa 30% K_2O verarbeitet wird. Das
sog. „kalte Lösen" ist ein kaltes Zersetzen des Carnallits durch eine Chlormagnesiumlösung, es eignet sich nur für Werke mit reinen Carnalliten (Salz-
detfurth, Westeregeln, Solvayhall). Die kalte Löselauge zerlegt den Carnallit.
Dabei wird das Chlorkalium in sehr feiner Form ausgeschieden und bleibt als
Suspension in der Löselauge. Man erhält einen Schlammrückstand von Kieserit,
Ton und Gangart, in der Löselauge ist das Chlorkalium suspendiert, Steinsalz
bleibt ebenfalls im Rückstande. Schlamm und Suspension werden dann in
Dorr-Eindickern getrennt. Aus der Suspension scheidet sich nun das Chlor-
kalium ab. Die Mutterlauge wird eingedampft, das in ihr noch enthaltene
KCl fällt in Form eines reinen künstlichen Carnallits aus. Bei unreinen
Carnalliten macht die Trennung des feinen KCl vom Kieserit Schwierigkeiten.
Das „Lösen mit Endlauge" ist nur ein Umkrystallisieren des Carnallits. Aus
der geklärten heißen Endlauge scheidet sich beim Erkalten ein sehr reiner
Carnallit (mit 22—24% KCl) aus.

Bei der üblichen Verarbeitung des Carnallits handelt es sich in
der Hauptsache um 1. die Durchführung des Löseprozesses, 2. die Krystallisation bzw. Dekantation, oder Filtration, 3. das Decken und Trocknen des
Rohchlorkaliums, 4. das Eindampfen der Mutterlauge und 5. die Verarbeitung
des künstlichen Carnallits.

Während bis zum Kriege fast ausschließlich ein diskontinuierlicher Arbeitsgang mit Lösekesseln, Krystallisierkästen, Deckgefäßen usw. durchgeführt wurde, sind jetzt fast überall ununterbrochen arbeitende Löse-, Krystallisier- und Deckapparate in Anwendung.

Die ältere Arbeitsweise war folgende: Der in Glockenmühlen zu walnußgroßen Stücken gemahlene Rohcarnallit wird in Lösekesseln (s. Abb. 159) aufgelöst. Den Lösekesseln von etwa 12 m³ Inhalt wird zunächst die aus dem laufenden Betriebe stammende, auf 80—100° vorgewärmte, etwa 6—10% NaCl und 12—14% MgCl$_2$ enthaltende Löselauge zugeführt und diese mit Dampf durch den „Kocher" am Boden angeheizt. Hierauf läßt man durch den Einlauftrichter Rohsalz zulaufen und erhält die Lösung solange im Sieden, bis der inzwischen voll gewordene Kessel etwa 120° heiß geworden ist, wobei annähernd die Sättigung der Lösung an KCl erreicht ist. Unmittelbar darauf läßt man die Lösung durch einen Ablaßstutzen in einen eisernen, den ganzen Inhalt des Kessels fassenden Absatzkasten laufen. Hierin klärt sich die Lösung nach einiger Zeit von den mitgerissenen Mengen Kieserit- und Tonschlamm und wird dann durch einen Senkheber in eiserne Krystallisierkästen abgelassen, wo sie beim Erkalten Chlorkaliumrohstoff fallen läßt. Die Krystallisierkästen hatten Abmessungen von 3 × 5 m oder 4 × 8 m oder 3 × 10 m bei 0,6—1 m Höhe. Die Kühlung dauert 3—4 Tage. Der Rückstand wurde zur Gewinnung von Kieserit aufgearbeitet (s. Kieserit). Das in den Krystallisierkästen sich ausscheidende Krystallgut ist im wesentlichen ein Gemenge von KCl (etwa 56—58%) und NaCl. Um daraus höherprozentiges Chlorkalium zu gewinnen, muß das Salz mit Wasser je nach dem zu erzielenden Reinheitsgrad mehr oder minder oft gedeckt werden. Das Decken ist ein Auswaschen mit ganz wenig Wasser. Das Wasser

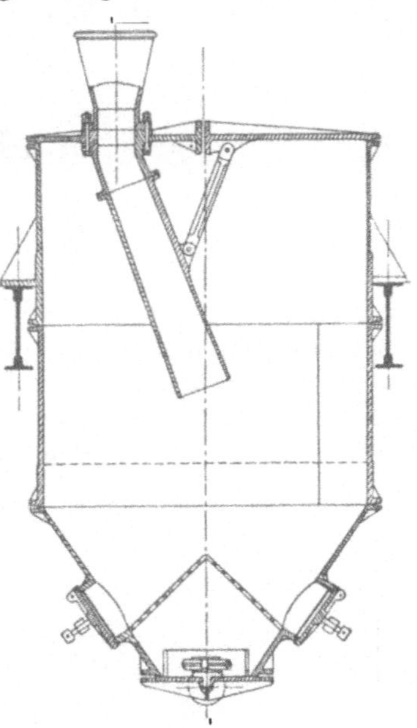

Abb. 159. Lösekessel.

verdrängt zuerst die anhaftende Mutterlauge. Da Wasser in der Kälte mehr NaCl als KCl auflöst, so findet eine Anreicherung an KCl im Deckgut statt, wobei nur die ersten Decklaugen an NaCl gesättigt sind, während die letzten, welche noch stark aufnahmefähig für NaCl sind, statt Wasser wieder zum ersten Decken benutzt werden. Zur Herstellung von 98%igem Chlorkalium sind 4—6 Wasserdecken erforderlich. Die an NaCl gesättigten Decklaugen werden mit zur Bereitung der Löselauge verwendet. Als Deckgefäße wurden eiserne Kästen mit Siebböden, auch drehbare Nutschen benutzt. In neuerer Zeit wurden dann lange Rinnen mit Transportspiralen verwendet, bei denen kontinuierlich auf der einen Seite das Salz, auf der anderen Seite Wasser zugegeben wird, so daß auf dem langen Wege, unterstützt durch eine kräftige Durcheinandermischung von Salz und Lauge, ein gutes schlammfreies Salz erhalten wird. Nach dem Verlassen der Deckgefäße wird das Salz, welches noch 7—12% Feuchtigkeit hat, in großen etwas geneigt liegenden Drehrohrtrockentrommeln, in deren Innern die heißen Feuergase das Salz überstreichen, getrocknet und dann meist in Jutesäcke verpackt. Diese Trockentrommeln sind horizontal oder etwas geneigt liegende Eisenblechzylinder von 6—10 m Länge und 1—2 m Weite, die auf Rollen gelagert sind. Das Trockengut durchzieht die Trommel mit den Feuergasen im

Gleichstrom (bei einzelnen Bauarten auch im Gegenstrom), die Brüden werden abgesaugt. Vielfach ist im Innern noch eine Welle mit Transportschaufeln angebracht um etwa festbrennende Krusten abzustoßen.

In den Spitzkesseln konnte nur jedesmal eine bestimmte Menge Rohsalz gelöst werden, dann mußte der Lösekessel entleert werden, darauf folgten wieder Füllung, Entleerung usw. Auch das Decken konnte nur satzweise durchgeführt werden. Löse- und Deckbottiche verlangten eine große Höhenentwicklung des Fabrikbaues, die vielen Kühl- und Krystallisierkästen ganz bedeutende Grundflächen, außerdem aber erforderte die satzweise Arbeit viel Bedienung und Arbeitslöhne. Man hat deshalb Apparate konstruiert, die das Lösen, Decken und

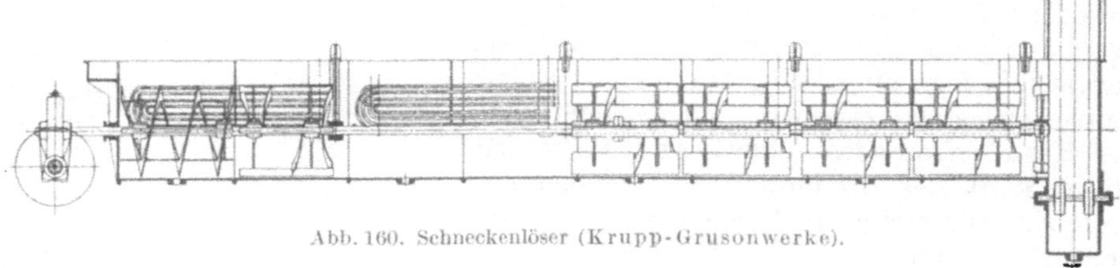

Abb. 160. Schneckenlöser (Krupp-Grusonwerke).

Auskrystallisieren in ununterbrochenem Arbeitsgange durch mechanische Einrichtungen durchführen.

Kontinuierliche Löseapparate werden von verschiedenen Maschinenfabriken gebaut, sie bestehen meist aus 10—30 m langen eisernen Trögen, in deren Längsrichtung Rühr- und Transportvorrichtungen eingebaut sind, die das an einem Ende zugeführte Rohsalz umrühren und zum anderen Ende transportieren, wo der Löserückstand durch ein Becherwerk ausgetragen wird. Die vorgewärmte Löselauge bewegt sich der Transportrichtung des Salzes entgegen (in Einzelfällen auch im Gleichstrom). Die Heizung erfolgt während des Lösevorganges in Heizrohrbündeln, die im Innern des Lösetroges eingebaut sind. Diese Löser können bis 5000 t Carnallit in 24 h lösen. Es gibt Trommellöser, Schneckenlöser und andere Konstruktionen.

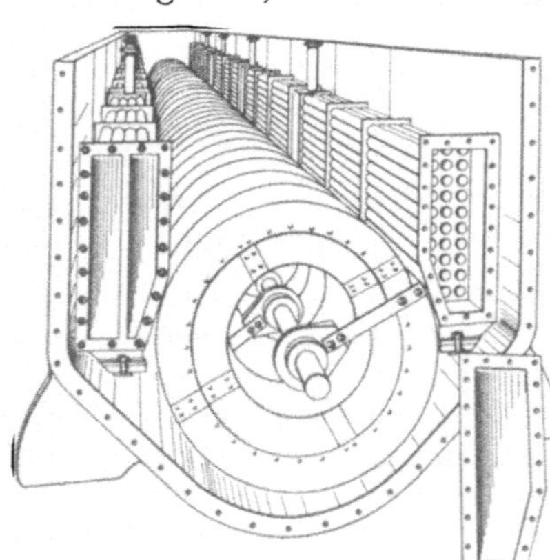

Abb. 161. Schneckenlöser.

Abb. 160 und 161 zeigen die Einrichtung eines **Schneckenlösers** der **Krupp-Grusonwerke.** In einem 10—15 m langen Troge bewegt sich eine Welle, auf welcher eine Bandspirale und Hubschaufeln befestigt sind. Diese heben bei der Umdrehung der Schnecke das Salz, lassen es wieder in die Flüssigkeit gleiten und bewegen das Salz vorwärts. An den Seiten des Troges sind, wie die Abb. 161 deutlich zeigt, Heizschlangen eingebaut. Dieser Löser leistet 50 t Carnallit oder 20—25 t Sylvinit je Stunde. Im Prinzip ganz ähnlich ist der Schneckenlöser der **Maschinenfabrik Sauerbrey.**

Etwas anderes ist der von der **Maschinenfabrik Eberhard** konstruierte Dauerlöser (Abb. 162) eingerichtet. Im zylindrischen Teile des Lösekessels sind fünf mit Schnecken ausgerüstete Lösezylinder eingebaut, denen von oben das Rohsalz zugeführt wird. Der Dampfeintritt erfolgt unten in den Konus, der Austritt der gesättigten Salzlösung oben am Rande des Kessels. Der Rückstand sinkt im Konus zu Boden und wird mit der Schrägschnecke hinausbefördert. Dieser Löser leistet stündlich 20 t Rohsalz.

Das Lösen des Sylvinits geschieht in ähnlicher Weise wie beim Carnallit, nur daß man früher statt der Spitzkessel Kessel, die mit Rührwerken ausgestattet waren, verwendete. Jetzt benutzt man auch für die Sylvinite Kruppsche Dauerlöser, die achtmal so viel leisten, wie die größten Rührwerkskessel. Der Sylvinit, ein Gemenge aus (durchschnittlich 30%, manchmal auch 60—90%) KCl mit NaCl, welches nur geringe Mengen Anhydrit, Carnallit und Kieserit enthält, läßt sich außerordentlich einfach verarbeiten (vgl. Diagramm, Abb. 158, S. 237). Das erhaltene Chlorkaliumrohprodukt ist schon verhältnismäßig sehr rein (80—85% K_2O) und liefert leicht ein sehr hochprozentiges KCl. In Carlsbad (Neumexiko) bereitet man den Sylvinit (40% KCl + 60% NaCl) in einer

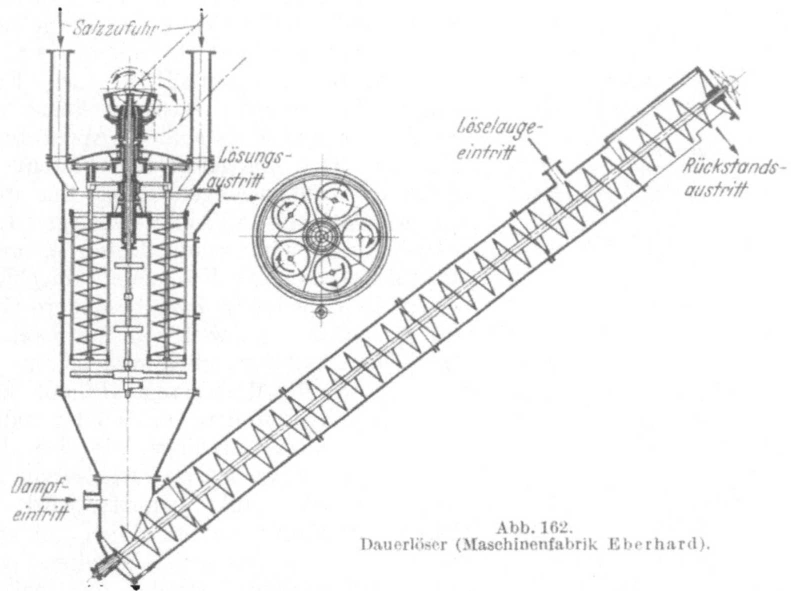

Abb. 162.
Dauerlöser (Maschinenfabrik Eberhard).

gesättigten Salzsole (spezifisches Gewicht 1,23) auf und erzielt eine Anreicherung auf 83%, mit Flotation (Schwimmaufbereitung) auf über 85% KCl. Dort werden jetzt durch Flotation rund 100000 t Chlorkalium hergestellt.

Das Lösen des Hartsalzes geschah bis zuletzt in großen Rührwerkskesseln, jetzt nimmt man das Lösen aber auch wie beim Sylvinit in Dauerlösern vor. Das Hartsalz unterscheidet sich vom Sylvinit hauptsächlich durch die Beimengung von Kieserit. Das Rohsalz besteht aus etwa 20% Sylvin, 20—25% Kieserit, 55% Steinsalz und etwas Anhydrit, es ist erheblich langsamer löslich als Carnallit. Das Hartsalz ist das Hauptkalisalz auf den Werra-Kaliwerken; die Verarbeitung des Hartsalzes hat wegen des Kieseritgehaltes großen Aufschwung genommen; Hartsalz liefert etwa $^1/_3$ des gesamten Chlorkaliums. Um beim Lösen des Rohsalzes von dem Kieserit möglichst wenig mit in Lösung zu bekommen, benutzt man eine mit NaCl stark gesättigte Löselauge, der noch größere Mengen $MgCl_2$ zugesetzt werden, und geht mit der Temperatur nicht zu hoch (90°).

Da es beim Lösen der Kalisalze sehr wichtig ist, gut vorgewärmte Löselaugen zu benutzen, so hat man auch besondere Schnellstromvorwärmer oder Großraumvorwärmer in den Betrieb eingeführt. Sie stellen eine Art Gegenstromapparate oder Wärmeaustauscher vor, in denen zahlreiche Metallrohre in einem großen eisernen Zylinder eingebaut sind; durch die Rohre fließt die Lauge, die Rohre sind außen von Dampf umspült.

Die Laugen der verarbeiteten Salze läßt man in großen Eisenkästen $^1/_4$—1 h klären. Der Klärschlamm, der noch wertvolle Salzlösung enthält, wird meist auf WOLFFschen Zellenfiltern (s. „Soda"), aber bisweilen auch noch in Filterpressen von der Lösung getrennt.

Das Kühlen der Lösungen, die mit Salz gesättigt aus den Klärgefäßen kommen, geschah früher ausschließlich in einer riesigen Zahl Krystallisierkästen, die 20—30 m³ faßten, die aber 48—72 h je nach der Außentemperatur zur Abkühlung brauchten.

An die Stelle der vielen Krystallisierkästen sind jetzt Laugenkühler getreten.

Man hat zunächst kontinuierlich arbeitende Laugenkühler in Form langer Tröge oder Rinnen konstruiert. Die Einrichtung eines solchen Apparates ist folgende. Der Laugenkühler besteht aus einem etwa 30 m langen Troge, der durch Querwände in 13—16 Abteile zerlegt ist. In jedem Abteil sind schmiedeeiserne, untereinander verbundene Kühlzellen eingehängt, die für sich wieder in zwei besondere Gruppen geschaltet sind, weil man mit zwei verschiedenen Kühlflüssigkeiten arbeitet. Auf der Seite, wo die Mutterlauge abfließt, kühlt man mit Wasser, in den Abteilen der anderen Seite mit kalter Löselauge, die sich dabei auf etwa 70° vorwärmt und wieder zur Auflösung des Carnallits benutzt wird. Am Boden des Troges befindet sich eine über die ganze Länge reichende Förderschnecke (Transportschnecke), welche das bei der Kühlung der Lauge auskrystallisierende Salz selbsttätig nach dem Ende, wo die Kühlflüssigkeit eintritt, befördert; dort wird es durch ein Becherwerk ununterbrochen ausgehoben. Die abzukühlende Chlorkaliumlösung tritt an einer Stirnseite ein, fließt

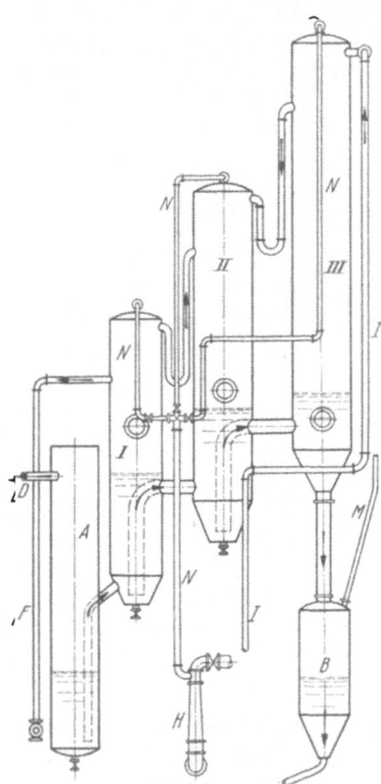

Abb. 163.
Vakuumkühlanlage (Sauerbrey A G.).

durch Überläufe von Zelle zu Zelle und verläßt den Kühler als Mutterlauge. Das Kühlmittel nimmt den Weg in umgekehrter Richtung. Ein solcher Kühler kühlt rund 600 m³ Lauge in 24 h; zur Bedienung reicht 1 Mann aus. Zur täglichen Aufarbeitung derselben Laugenmenge sind nach der älteren Arbeitsweise 50 Kästen zu je 12 m³ Inhalt notwendig; in diesen muß aber die Lauge $3^1/_2$ Tage zur Krystallisation stehen, ein halber Tag ist für das Ausschaufeln des Rohchlorkaliums erforderlich, mithin sind in 24 h 200 Kästen nötig, die ein solcher „Laugenkühler" ersetzt. Die Laugenkühler kühlen die Lauge von 90 auf 25° ab.

Diese Rinnenlaugenkühler sind aber schon wieder durch die Vakuumkühlanlagen überholt, auch diese dienen, aber viel vollkommener, dem Zwecke, die bei der Abkühlung der Rohsalzlösung freiwerdende Wärme soweit als möglich zur Anwärmung von Löselauge auszunutzen. Die Abb. 163 zeigt die Einrichtung einer dreistufigen Vakuumkühlanlage mit Mischkondensatoren der

Sauerbrey AG. Die abzukühlende heiße Salzlösung wird nacheinander durch die drei Vakuumkörper geführt, in denen die absolute Spannung stufenweise abnimmt. Entsprechend der abnehmenden Spannung kühlt sich auch die Lösung stufenweise ab. Diese abzukühlende Salzlösung durchfließt die Vakuumkörper im Unterteil, während die anzuwärmende Löselauge im Gegenstrom durch den Oberteil der Körper geführt wird. Die unter der niedrigen Spannung aus der heißen Lösung austretenden Wasserdämpfe, die ihr die Wärme entziehen, werden durch die Löselauge kondensiert, wodurch diese sich erwärmt. Die Kondensation der Wasserdämpfe erfolgt in den Mischkondensatoren. Die Arbeitsweise ist nun folgende. Die heiße Lösung fließt durch Rohr D dem Behälter A zu, aus dem sie in den Körper I eingesaugt wird und hier entsprechend der verminderten Spannung verdampft. Entsprechend der Abkühlung und der Wasserverdampfung fällt ein Teil des gelösten Salzes aus. Lösung und Salz treten durch ein Heberrohr von der ersten Stufe in die zweite und von dieser in die dritte Stufe über, wo überall entsprechend der Spannungsverminderung Salz ausfällt. Aus der dritten Stufe fällt das Gemisch von Lösung und Salz in barometrischer Säule in das Gefäß B, aus dem es durch eine Kreiselpumpe in ein Nachkühlwerk oder in die Deckgefäße befördert wird. Umgekehrt wird die kalte Löselauge mit einer Kreiselpumpe durch Rohr J in den Kondensator der dritten Stufe befördert, sie fließt aus diesem mit natürlichem Gefälle durch eine Rohrschleife in den Kondensator II und weiter in den Kondensator I. Die Höhenunterschiede der Kondensatoren entsprechen den Spannungsdifferenzen in den Vakuumkörpern. Aus dem Kondensator I fließt die Löselauge in barometrischer Säule einer Kreiselpumpe zu, die sie durch nachgeschaltete Vorwärmer drückt. N sind die Rohre der Vakuumleitung, M ist ein Entlüftungsrohr. Die Salzlösung wird in dieser Apparatur um 45—60° abgekühlt, die Löselauge um 50—65° erwärmt (die Ungleichheit der Abkühlungs- und Erwärmungstemperaturen erklärt sich durch das in der Kaliindustrie verwendete Mengenverhältnis von Löselauge zu Lösung wie 1:1,2).

Auch das Decken des Rohchlorkaliums hat man auf vielen Kaliwerken kontinuierlich, in ähnlichen Einrichtungen wie die „Löser", durchgeführt. Der Decker besteht ebenfalls aus einem sehr langen eisernen Troge, in dem sich eine aus starken Eisenblech gefertigte Schnecke bewegt, welche das zu deckende Rohchlorkalium der Deckflüssigkeit entgegenführt. Mit diesen Schneckendeckern wird aus Rohchlorkalium direkt ein Chlorkalium mit 98% erhalten. Ein Deckapparat bewältigt ungefähr 180 t Rohchlorkalium in 24 h.

Trotzdem sind viele Werke wieder zum ursprünglichen ortsfesten zylindrischen Deckgefäß zurückgekehrt; man hat dessen Fassung vergrößert (bis 200 m³) und selbsttätige Ausräumapparate konstruiert. In den Deckbottichen vollzieht sich der Deckprozeß ohne jede Bewegung nur durch Diffusion, er nimmt deshalb viel Zeit in Anspruch. Aus diesem Grunde hat man auch vereinzelt zur Beschleunigung des Deckvorganges und zur Einführung eines gleichmäßigen Verlaufs in die Deckbottiche Rührwerke eingebaut.

Die Abb. 164 zeigt die Einrichtung eines solchen zum Decken und zu anderen Zwecken in der Kaliindustrie verwendeten Standgefäßes der Maschinenfabrik Sauerbrey. Diese Standgefäße sind 8—10 m hoch bei einem Durchmesser von 4—6 m, sie sind mit einer Ausräumemaschine ausgerüstet, die aus einem in der Höhe verschiebbaren Rührwerk mit vier Armen und an diesen befestigten schräg gestellten Kratzern besteht. Die Standgefäße haben am Boden zur Entleerung ein Mannloch. Dieselben Gefäße werden nach dem Decken auch zum Abtropfen des Chlorkaliums benutzt. Sie werden jetzt aber auch zum Auflösen der Rohsalze verwendet. In diesem Fall wird das aufzulösende Salz mit der heißen Löselauge eingemaischt. Sobald das Gefäß gefüllt ist, besorgt eine Zirkulationspumpe das Auslaugen des Salzes bis zur Sättigung der Lösung. Die Auslaugung der Reste geschieht mit Frischlauge. Der Rückstand wird durch die Ausräummaschine durch das Mannloch entfernt.

Das vom Decker kommende Chlorkalium hat gewöhnlich noch etwa 5—10% Feuchtigkeit, es muß auf etwa 0,5% heruntergetrocknet werden. Das geschieht in Trockentrommeln, die etwa 10 m lang sind, bei 1,8—2 m Durchmesser. Der Transport des Salzes erfolgt entweder durch die Neigung der (hohlen) Drehtrommel, oder man verwendet horizontal gelagerte Trockentrommeln, in welchen schräggestellte Hub- oder Transportbleche, oder eine eingebaute Welle, die ähnliche Bleche trägt, die Fortbewegung des Salzes besorgen. Heizgase durchstreichen die Drehtrommel. Die Trockentrommeln trocknen stündlich bis 20 t Salz.

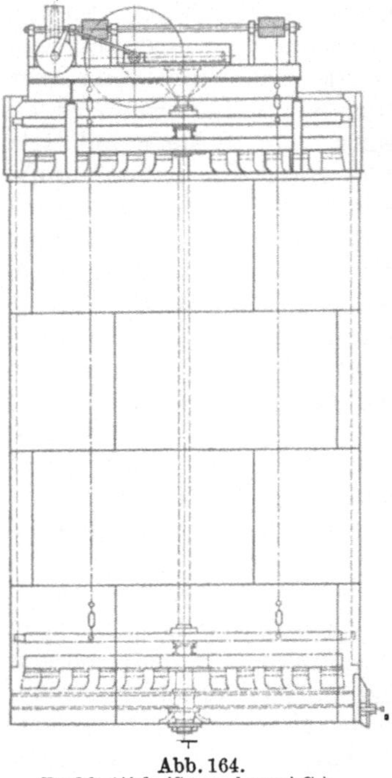

Das Verdampfen der Mutterlauge aus dem Carnallitbetriebe. Die bei der ersten Krystallisation von Chlorkalium zurückbleibende Mutterlauge, die noch etwa 45—50 g KCl im Liter enthält, wird zur Gewinnung des letzten Teiles an KCl bis zum spezifischen Gewicht 1,33 eingedampft, wobei sich fortwährend NaCl, „Bühnensalz", ausscheidet. Es wird im Salzabscheider abgezogen. Hat die Lauge dann die gewünschte Konzentration, so wird sie in Krystallisierkästen abgelassen, in denen sich „künstlicher Carnallit" neben NaCl beim Erkalten ausscheidet. Die Mutterlauge, Endlauge genannt, enthält in der Hauptsache nur noch Chlormagnesium (25 bis 30% $MgCl_2$) neben wenig KCl (etwa 1%), sie geht zur Entbromung.

Zur Verdampfung der Mutterlauge sind ausschließlich Vakuumverdampfapparate in Anwendung. Sehr verbreitet ist der von der Sauerbrey AG. gebaute Apparat (Abb. 165). Der Apparat besteht aus zwei gleichen Systemen (System I besteht aus den Apparateteilen A', D', C', B', E' und O'). Die in dem Oberflächenkondensator G vorgewärmte Mutterlauge wird

Abb. 164.
Deckbottich (SauerbreyAG.).

durch Q und durch die Salzabscheider C' und C'' den Heizkörpern A' und A'' zugeführt. Sind die Dampfabscheider B' und B'' durch Anstellen der Luftpumpe M unter Vakuum gesetzt, so steigt ein Teil der Flüssigkeiten in D' und D'' empor. Durch Beheizung des Körpers A' mit direktem Dampf gelangt die Flüssigkeit im Steigrohr D' ins Sieden und zirkuliert infolge des erhaltenen Auftriebes nach B', C', E' und A' usw. Der in B' sich entwickelnde Dampf wird in G zum Vorwärmen der Mutterlauge verwendet; der Rest wird in H durch Einspritzen von kaltem Wasser niedergeschlagen. Gewöhnlich arbeitet man so, daß man im System I vorkocht und im System II bis 1,33 spezifisches Gewicht fertig verdampft. In C' und C'' scheidet sich Bühnensalz aus, das durch Transportspiralen den Nutschen O' und O'' zugeführt wird. Die aus dem System II abgezogene Lauge geht dann zur Krystallisation.

Aus dem künstlichen Carnallit wird entweder durch Behandeln mit heißem Wasser und nachfolgender Kristallisation wieder Chlorkalium gewonnen, oder der Carnallit wird kalt mit einer aus dem Sulfatbetrieb (s. dort) stammenden $MgCl_2$-armen Lauge ausgerührt und so auf etwa 55—70% KCl gebracht. Salz und Lauge werden durch Nutschen getrennt. Die Lauge hat dieselbe

Zusammensetzung wie die KCl-Mutterlauge und kommt mit dieser zum Verdampfen.

Die magnesiumreichen „Endlaugen" wandern nach Abscheidung des künstlichen Carnallits in die Bromfabrik und laufen nach der Entbromung weg. Im

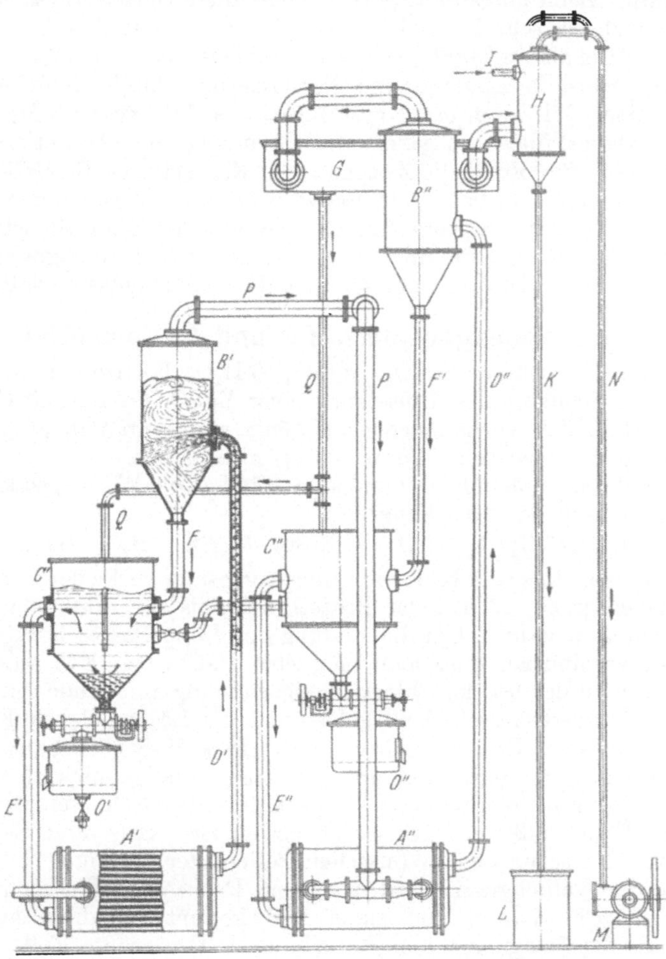

Abb. 165. Vakuumverdampfer der Sauerbrey AG.

ganzen werden etwa 99% des im Rohcarnallit enthaltenen KCl als Handelsprodukt wiedergewonnen. PRECHT hat berechnet, daß die deutschen Kaliwerke jährlich 831000 t $MgCl_2$ in die Flüsse laufen lassen.

Herstellung der schwefelsauren Salze.

Kieserit, $MgSO_4 \cdot H_2O$, findet sich im Carnallit zu 10—15%, im Hartsalz in noch größerer Menge. Findet sich der Kieserit in größerer Menge und verhältnismäßig rein vor, so geht er auch als Bergkieserit mit etwa 45% $MgSO_4$ direkt in den Handel. Den Handelskieserit gewinnt man aus den Löserückständen der Carnallit- und Hartsalzverarbeitung, indem man die Rückstände in rotierende Siebtrommeln bringt und mit Wasser bespritzt, dabei gehen die feinen Kieseritkrystalle durch die Löcher des Siebes, während Anhydrit auf dem

Siebe liegen bleibt und von Zeit zu Zeit entfernt wird. In flachen, eisernen Kästen setzt sich der spezifisch schwere Kieseritschlamm rasch zu Boden. Ein Teil des Kieserits geht zur Verarbeitung auf Sulfate, der andere Teil wird in eiserne Formen gefüllt. Beim längeren Lagern nehmen diese Blöcke Krystallwasser auf und werden dadurch sehr hart. Diese Handelsform führt den Namen Block-kieserit. Ihr Gehalt an $MgSO_4$ schwankt zwischen 55 und 60%. Der Block-kieserit wird, meist in England und Nordamerika, durch einfaches Auflösen im heißen Wasser, Filtrieren und Krystallisation auf Bittersalz $MgSO_4 \cdot 7 H_2O$ verarbeitet. Dieses findet ausgedehnte Anwendung zum Appretieren leichter Baumwollgewebe, für offizinelle Zwecke usw. Ein Teil des Blockkieserits wird auch in Trockentrommeln kalziniert und wird dann für Wasserreinigungszwecke verwendet. Der weitaus größere Teil des gewonnenen Kieserits wird als Ausgangsmaterial für die Herstellung der schwefelsauren Kalimagnesia und von Kaliumsulfat benutzt. (Die Erzeugung Deutschlands an Magnesiumsulfat s. S. 249.)

a) Kaliummagnesiumsulfat und Kaliumsulfat.

Kaliummagnesiumsulfat K_2SO_4, $MgSO_4 \cdot 6 H_2O$, Kalimagnesia genannt, wird fast ausschließlich durch Umsetzung einer $MgSO_4$-Lösung mit Chlorkalium hergestellt. Natürlich vorkommender Schönit wird selten in großen Mengen angetroffen, so daß sich seine Verarbeitung nicht lohnt.

Löst man gleiche Moleküle KCl und $MgSO_4$ in heißem Wasser, so krystallisiert beim Erkalten nach der Gleichung:

$$2\,KCl + 2\,MgSO_4 + 6\,H_2O = K_2SO_4 \cdot MgSO_4 \cdot 6\,H_2O + MgCl_2$$

Kalimagnesia aus. Das sich bildende Chlormagnesium wirkt der Zersetzung des Doppelsalzes entgegen, so daß der Prozeß nicht bis zur Bildung von Kaliumsulfat fortschreiten kann. Um die Bildung des Doppelsalzes $3\,K_2SO_4 \cdot Na_2SO_4$ (Glaserit) zu verhindern, muß man möglichst NaCl-freies KCl anwenden.

Technisch wird der bei der Chlorkaliumgewinnung anfallende schwer lösliche Kieserit in Rührwerkskesseln heiß gelöst und die Lösung durch Filterpressen geschickt. Nach dem Erkalten wird die 26—28% $MgSO_4$ enthaltende Lösung in Rührwerkskessel gepumpt und unter Rühren so lange mit Chlorkalium (aus künstlichem Carnallit gewonnenes 80%iges feuchtes KCl) versetzt, bis eben ein geringer Überschuß von KCl zu bemerken ist. Salz und Lauge werden hierauf durch Nutschen oder WOLFschen Zellenfilter getrennt.

Ein Teil der Kalimagnesia wird nach dem Decken mit Wasser in ähnlichen Apparaten wie Chlorkalium getrocknet und kommt gemahlen mit 48—51% K_2SO_4-Gehalt als Düngemittel in den Handel. Der größte Teil wird auf

b) Kaliumsulfat

verarbeitet. Eine Lösung von Kaliummagnesiumsulfat setzt sich mit KCl nach folgender Gleichung um:

$$K_2SO_4 \cdot MgSO_4 \cdot 6\,H_2O + KCl \rightleftarrows 2\,K_2SO_4 + MgCl_2 + 6\,H_2O.$$

Enthält die entstehende Lösung mehr als etwa 7% $MgCl_2$, so verläuft die umkehrbare Reaktion nicht vollständig, woraus erhellt, daß man nur hochprozentiges Chlorkalium (ohne $MgCl_2$-Gehalt) anwenden kann. Die Temperatur spielt auch eine Rolle. Die Umsetzung geht am besten bei 30—40° vor sich.

Bei der praktischen Ausführung wird die Kalimagnesia wiederum in Rührwerkskesseln bei etwa 60—70° gelöst. In diese Lösung trägt man so lange nasses 95%iges KCl ein, bis ein geringer Überschuß an diesem vorhanden ist. Salz und Lauge werden durch Nutschen getrennt. Das Salz wird mit Wasser etwas gedeckt, um den Chlorgehalt etwas herunterzudrücken, nachher in rotierenden, eisernen beheizten Zylindern getrocknet und fein gemahlen.

Das calcinierte Kaliumsulfat kommt mit 90% und 96% K_2SO_4 und $2^1/_2$ bis 1% Cl in den Handel. Es findet größtenteils Verwendung als Düngesalz für Tabak, Wein, Gemüse usw.

c) Natriumsulfat.

Glaubersalz, $Na_2SO_4 \cdot 10 H_2O$, wird ebenfalls aus den Löserückständen von Carnallit und Hartsalz hergestellt. Bei niedriger Temperatur von etwa —5 bis —10°, setzen sich NaCl und $MgSO_4$ in wäßriger Lösung fast vollständig nach der Formel:

$$2 NaCl + MgSO_4 \rightleftarrows MgCl_2 + Na_2SO_4$$

um. Man arbeitete deshalb nur im Winter. Die Löserückstände stürzt man zuerst auf eine Halde, wobei das noch anhaftende Chlormagnesium abtropft und der Kieserit durch allmähliche Wasseraufnahme leichter löslich wird. Im Winter wurde dann die Halde mit heißem Wasser überspritzt und die Lauge in geeigneten Rinnen nach einem Klärgefäß abgezogen, von wo aus sie in die eisernen oder hölzernen Kühlkästen (25—30 cm hoch) lief. Das rohe Glaubersalz muß nochmals umkrystallisiert werden, oder man verarbeitet dasselbe — und zwar ist das die Hauptmenge — auf calciniertes Glaubersalz. Beim Eindampfen einer gesättigten Glaubersalzlösung fällt bei Temperaturen über 33° nur wasserfreies Na_2SO_4 aus. Jetzt arbeitet man nicht mehr nur im Winter, sondern verwendet Kältemaschinen zur Kühlung der Salzlösung. Bei —12° könnte man eine Umsetzung von 84% erzielen, man arbeitet aber in der Praxis bei —4°. Das ausgeschiedene Rohglaubersalz wird durch Zellenfilter von der Mutterlauge getrennt, nochmals gelöst, umkrystallisiert, geschleudert und getrocknet. Da der größte Teil des Glaubersalzes aber im Handel als calciniertes wasserfreies Natriumsulfat verlangt wird, so entwässert man das krystallisierte Glaubersalz in einem Vakuumkocher, wobei es zu einem dünnflüssigen Brei schmilzt und kontinuierlich abgezogen wird. Der Brei trennt sich in Na_2SO_4 und eine gesättigte Lauge, die in Nutschen oder Zentrifugen getrennt werden. Man erhält dabei ein Produkt mit mehr als 99% Na_2SO_4.

Man schmilzt auch das Glaubersalz bei 32,5° in seinem Krystallwasser und salzt mit Steinsalz, oder besser noch mit Steinsalz und Astrakanit das Na_2SO_4 aus.

Diese Herstellung von calciniertem Natriumsulfat in der Kaliindustrie hat in letzter Zeit, namentlich auf den Werra-Werken, die in dem stark kieserithaltigen Hartsalz ein gutes Ausgangsmaterial besitzen, stark zugenommen. Das Salz geht in der Hauptsache in die Glasfabrikation, geringere Mengen braucht die Ultramarin- und Schwefelnatriumherstellung und der Sulfatzellstoff. Die Erzeugung Deutschlands an Natriumsulfat zeigt die Schlußtabelle auf S. 249.

Nebenprodukte der Kalisalzverarbeitung.

Chlormagnesium. Die Endlaugen der Chlorkaliumgewinnung enthalten im Liter etwa 14 g KCl, 12 g NaCl, 50 g $MgSO_4$ und 350 g $MgCl_2$. Man verdampft diese Lauge in Vakuumverdampfapparaten; bei zunehmender Konzentration fallen die Nebensalze als NaCl, Carnallit und Kieserit aus. Die heiß gesättigte Lösung erstarrt dann bei der Abkühlung zu einer steinharten Masse, geschmolzenes Chlormagnesium, welches etwa 45—49% $MgCl_2$ enthält. Die Vakuumverdampfer benutzt man am besten nur als Vorverdampfer und verdampft in gedeckten, direkt geheizten Pfannen bis auf einen Siedepunkt von 157° fertig. Da das Chlormagnesium durch Eisen stark gelb gefärbt erscheint, wird gegen Schluß der Operation Kaliumchlorat zur Oxydation der Eisensalze und unter Umrühren Kalkmilch zur Fällung des Eisens zugegeben. Nachdem sich die Schmelze geklärt hat, wird sie in Holzfässer abgezogen, in denen sie erstarrt.

Verwendung findet Chlormagnesium hauptsächlich in der Appretur, für Magnesiazement (Sorelzement) und zur Herstellung von Salzlösung für Kältemaschinen. Dampft man nur bis zu einem Siedepunkte von 130° ein und läßt erstarren, so erhält man krystallisiertes Chlormagnesium mit etwa 43 % $MgCl_2$. Leider ist die Menge des absetzbaren Chlormagnesiums nur sehr gering. Die Erzeugung an festem und flüssigem Magnesiumchlorid in Deutschland ist aus der Tabelle am Schluß der S. 249 zu ersehen.

Endlaugen. Der größte Teil der chlormagnesiumreichen Endlaugen fließt, nachdem das Brom daraus entfernt ist, in die Flüsse, oder wird, wenn keine Flüsse in der Nähe eines Kaliwerkes sind, eingedampft und in den Schacht als Versatzmaterial gefahren. Ein kleiner Teil findet Verwendung zur Herstellung von Magnesia und Salzsäure, von Steinholzfußböden und als Staubbindemittel zum Besprengen der Straßen.

Magnesia kann man ziemlich rein aus Endlauge gewinnen, durch Zersetzung mit Kalkmilch:

$$MgCl_2 + Ca(OH)_2 = Mg(OH)_2 + CaCl_2 .$$

Die Lauge muß aber vorher von Sulfaten und Eisen durch Versetzen mit etwas Chlorkalk und wenig Kalkmilch gereinigt werden. Die Fällung der Magnesia geschieht dann in der erwärmten Lösung mit Kalkmilch. Der $Mg(OH_2)$-Niederschlag geht durch Filterpressen und wird entweder feucht (mit 30 % MgO) oder geglüht (mit 95 % MgO) verkauft.

Wird $MgCl_2$ mit Wasserdampf erhitzt, so spaltet sich Salzsäure ab, zunächst geht die Reaktion aber nur bis zur Bildung von Magnesiumoxychlorid:

$$MgCl_2 + H_2O \rightleftarrows Mg(OH)Cl + HCl .$$

Bei höherer Temperatur zerfällt auch das Oxychlorid:

$$Mg(OH)Cl \rightleftarrows MgO + HCl,$$

so daß also über 500° die Reaktion fast vollständig nach der Bruttogleichung

$$MgCl_2 + H_2O = MgO + 2 HCl$$

verläuft. Das Verfahren ist mehrfach großtechnisch durchgeführt worden, größtenteils aber wieder aufgegeben worden. Man stellt aus den Endlaugen durch Zusatz von MgO erst Oxychlorid her und entwässert dieses in Kanalöfen ziemlich weitgehend. Die aus dem Magnesiumoxychlorid gebildeten Platten setzt man in Schachtöfen wasserhaltigen Heizgasen (Generatorgasen) aus, wobei Salzsäure entweicht. Der Glührückstand wird mit Wasser aufgeschlämmt, die Magnesia abgepreßt und getrocknet. Die Salzsäuregase sind nicht leicht zu kondensieren, sie sind verhältnismäßig arm. Der Vorschlag, diese Zersetzung in Drehrohröfen vorzunehmen, hat sich nicht in die Praxis eingeführt.

Brom. Zu den Nebenprodukten der Kaliindustrie gehört auch das Brom. Die Gewinnung desselben ist anschließend auf S. 258 behandelt.

Deutsche Kalisalzförderung.

Jahr	Menge 1000 t	Kaligehalt 1000 t	Wert Mill. Mark	Jahr	Menge 1000 t	Kaligehalt 1000 t	Wert Mill. Mark
1861	2	—	—	1926	9 408	1100	142,0
1870	292	—	2,6	1928	12 488	1424	215,1
1880	666	69	6,8	1929	13 316	1401	223,3
1890	1 275	122	16,5	1930	11 962	1380	207,7
1900	3 051	303	39,1	1931	8 051	1078	88
1910	8 312	858	91,4	1932	6 415	871	61
1913	11 607	1110	138,8	1933	7 363	1026	120
1918	9 438	1002	—	1934	9 617	1329	132
1920	11 386	924	—	1935	11 673	1597	145
1922	13 079	1295	—	1936	11 765	1624	149
1924	8 091	842	122,2	1937	14 460	1968	166

Unter den seit 1931 geförderten Kalirohsalzen waren (in 1000 t):

	Carnallitische Salze		Sylvinit und Hartsalz	
	Rohsalz	K_2O-Gehalt	Rohsalz	K_2O-Gehalt
1931	1059	100	6 992	977
1932	636	61	5 780	810
1933	642	65	6 720	961
1934	830	81	8 787	1248
1935	1372	139	10 301	1459

Im Laufe der Zeit ist in bezug auf die Salzart bei der Förderung eine bemerkenswerte Verschiebung eingetreten und damit hat sich auch die Förderleistung der einzelnen Kalibergbaugebiete verschoben. 1913 war das Verhältnis der Förderung von Carnallit gegenüber von Hartsalzen, Sylviniten und Kainiten noch 47,3% : 52,7%, 1930 aber nur noch 15,6% : 84,4%, 1935 11,8% : 88,2%.

Von den einzelnen **deutschen Kalibezirken** erzeugten 1937 an Rohsalz und absatzfähigen Kalisalzen (in 1000 t):

	Rohsalz	K_2O-Gehalt	Produkte	K_2O-Gehalt
Hannover	2 851	466	1334	425
Magdeburg.	1 307	155	796	144
Halle	832	104	307	93
Nordhausen	3 419	529	1198	470
Eisenach.	5 742	654	1365	505
Süddeutschland und Niederrhein	309	60	123	53
	14 460	1968	5123	1690

Die absatzfähige Produktion verteilte sich 1930, 1935 und 1936 auf folgende **Kalisalzsorten des Handels** (in 100 t):

	1930		1935		1936	
	Menge	K_2O	Menge	K_2O	Menge	K_2O
Kalisalze insgesamt . . .	4532	1380	4712	1396	4734	1441
Davon:						
Carnallit (9—12%). . . .	—	—	7	0,6	7	1
Rohsalze (12—15%) . . .	1680	231	2073	285	1976	275
Düngesalze (18—22%) . .	2059	734	193	42	167	35
„ (28—32%) . .			70	22	65	20
„ (38—42%) . .			1651	675	1799	738
Chlorkalium (50—60%). .	497	283	338	185	318	175
„ (über 60%) .	—	—	—	—	148	91
Schwefelsaures Kali (42%)	230	115	195	97	162	81
Kali-Magnesia	66	18	72	20	92	25

Die deutsche Kaliindustrie stellt neben den genannten Kalisalzen noch folgende Mengen an **Nebenerzeugnissen** zum Verkauf (in 1000 t, bei Boracit und Brom in Tonnen):

	Magnesiumchlorid		Natriumsulfat (Glaubersalz)	Magnesiumsulfat (Bittersalz)	Boracit	Brom
	fest	flüssig				
1913	21,87	78,58	7,21	92,21	203	—
1924	27,64	29,14	43,14	75,39	207	—
1926	38,14	60,26	85,57	84,41	44	—
1928	38,67	76,13	108,00	158,28	38	—
1930	39,38	85,32	155,34	175,80	39	—
1932	17,66	43,91	118,95	120,39	—	755
1934	19,80	66,67	118,15	166,28	11	1347
1935	22,32	154,67	152,73	186,46	15	1573

1930 waren 62 Kaliwerke mit 22196 beschäftigten Personen vorhanden, 1935: 48 Betriebe mit 17421 Personen, die 39,6 Mill. Mark an Löhnen bezogen. 1937: 44 Betriebe, 21014 Personen mit 46,9 Mill. Mark Löhnen.

Der Wert der Kalisalze betrug 1930: 207,7 Mill. Mark, der der Nebenerzeugnisse 15 Mill. Mark, 1935: 145 Mill. Mark bzw. 11,14 Mill. Mark, 1937: 166 Mill. Mark bzw. 17,6 Mill. Mark.

Die deutschen Kaliwerke förderten 1935 neben den 11,67 Mill. t Kalisalzen noch 2,08 Mill. t Steinsalz.

Deutsche Ausfuhr an Kalirohsalzen.

	1000 t	Mill. Mark		1000 t	Mill. Mark		1000 t	Mill. Mark
1913	1676	63,7	1931	541	30,8	1934	704	20,0
1929	1082	67,2	1932	461	23,4	1935	609	18,0
1930	995	60,2	1933	514	21,4	1936	644	24,7
						1937	781	30,8

Die Vorräte an Kalisalzen in Deutschland betragen nach Schätzung der Geologischen Landesanstalt:

	Reinkali
Werra-Fuldagebiet	700 Mill. t
Südharzgebiet	4 000 Mill. t
Unstrut-Saalegebiet	4 600 Mill. t
Magdeburg-Halberstädter Mulde	4 600 Mill. t
Niedersachsen südlich der Aller	2 100 Mill. t
Baden, Brandenburg, Mecklenburg, Niedersachsen	4 000 Mill. t
	20 000 Mill. t

Die Welterzeugung an Kali zeigt in den letzten Jahren folgende Veränderung (in 1000 t K_2O):

	1929	1930	1931	1932	1933	1934	1935	1936	1937
Deutschland	1401	1357	1080	871	1050	1179	1396	1441	1690
Frankreich	492	506	389	321	342	379	347	365	490
Spanien	23	26	28	55	100	132	121	—	—
Polen	35	33	30	33	35	56	73	84	100
Rußland	—	—	—	13	34	95	110	—	—
Palästina (totes Meer)	—	—	—	4	8	12	50	—	—
Vereinigte Staaten	56	55	64	62	143	135	175	224	258
Japan	1	—	—	2	2	2	2	2	4
Welt	2008	1977	1571	1361	1714	1990	2274	2400	2900

Die Kalisalzförderung der Elsässischen Werke hat sich folgendermaßen entwickelt (in 1000 t):

	Rohsalz	K_2O		Rohsalz	K_2O		Rohsalz	K_2O
1910	42		1930	1549	506	1934	2054	379
1918	333		1931	2197	368	1935	2027	347
1922	827	200	1932	1920	326	1936	2099	365
1926	1213	368	1933	1891	332	1937	2884	490

In den Vereinigten Staaten begann nach Ausfall der deutschen Zufuhr am Anfang des Krieges die Kaliherstellung aus Salzwässern, aus Zement- und Hochofenstaub, auch aus Melasse (rund 20000 t), diese Erzeugung ist aber sehr zurückgegangen. 1926 wurden Polyhalit- und Sylvinitlager in Texas und Neumexiko entdeckt, sie liefern seit 1931 Chlorkalium. Die Anlage in Trona,

Kalifornien, erzeugt aus der Lauge des Searles-Sees 40% der amerikanischen Produktion, die gewaltig im Anstieg ist. Über Erzeugung, Einfuhr und Verbrauch der Vereinigten Staaten gibt folgende Übersicht Auskunft (in 1000 t K_2O):

	Erzeugung	Einfuhr	Verbrauch		Erzeugung	Einfuhr	Verbrauch
1913	—	271	271	1933	143	214	341
1916	10	9	18	1934	144	170	297
1922	12	201	211	1935	193	243	391
1928	60	330	389	1936	247	205	390
1931	64	215	263	1937	270	352	451

In Rußland wird seit 1932 im Ural Sylvinit gewonnen.

Die Kalivorräte der Welt schätzt man (als Reinkali) wie folgt: Deutschland 20, Frankreich 0,4, Rußland 0,7, Spanien 0,3, Vereinigte Staaten 0,1, Polen 0,02 Mrd. t.

Andere technisch erzeugte Kalisalze.

Pottasche.

Aus Chlorkalium. Bis etwa Mitte der 90er Jahre geschah die Darstellung von Pottasche ausschließlich nach dem LEBLANC-Verfahren. Das auf diese Weise erzeugte Produkt war wenig rein. Heute wird Pottasche entweder aus Chlorkalium nach dem Magnesiaverfahren, oder aus Kaliumsulfat über das Formiat, oder aus elektrolytisch erzeugter Kalilauge durch Einleiten von Kohlensäure gewonnen.

Das Magnesiaverfahren von ENGEL-PRECHT wird ausschließlich vom Kaliwerk Neustaßfurt angewendet. Es beruht auf der Tatsache, daß sich unter geeigneten Bedingungen beim Einleiten von Kohlensäure in eine Chlorkaliumlösung, in welcher Magnesiumcarbonat suspendiert ist, schwer lösliches Kalium-Magnesiumcarbonat ausscheidet:

$$3\,(MgCO_3 \cdot 3\,H_2O) + 2\,KCl + CO_2 = 2\,(MgCO_3 \cdot KHCO_3 \cdot 4\,H_2O) + MgCl_2\,.$$

Das dreifach gewässerte Magnesiumcarbonat wird in eisernen Zylindern mit einer bei gewöhnlicher Temperatur gesättigten Chlorkaliumlösung (aus 98%igem KCl) zu einem dicken Brei angerührt. Dann werden so lange Kalkofengase eingeleitet, bis keine Kohlensäureaufnahme mehr stattfindet. Hierauf wird das fein kristallinische Doppelsalz abgenutscht und mit einer Magnesiumcarbonatlösung gedeckt. Diese Lösung hat die Eigenschaft, daß sie nicht wie Wasser das Doppelsalz zersetzt.

Das Kalium-Magnesiumcarbonat wird mit heißem Wasser in eine Pottaschelösung und in Magnesiumcarbonat zerlegt:

$$2\,(MgCO_3 \cdot KHCO_3 \cdot 4\,H_2O) = 2\,MgCO_3 + K_2CO_3 + 9\,H_2O + CO_2\,.$$

Das geschieht praktisch auf verschiedene Weise. Erhitzt man mit Wasser unter Druck bei Temperaturen von höchstens 80°, so erhält man neben der Pottaschelösung das $MgCO_3$ direkt als Trihydrat zurück, welches ohne weiteres wieder verwendet werden kann. Beim Erhitzen auf 115—140° entsteht jedoch ein nicht mehr reaktionsfähiges $MgCO_3$. Man zerlegt das Doppelsalz auch mit Magnesiahydrat und Wasser bei etwa 40°.

$$2\,(MgCO_3 \cdot KHCO_3 \cdot 4\,H_2O) + Mg(OH)_2 = 3\,(MgCO_3 \cdot 3\,H_2O) + K_2CO_3 + H_2O\,.$$

Hierbei entsteht neben der Kaliumcarbonatlösung wieder verwendbares Trihydrat. Nach dem Abfiltrieren wird die Lösung in Vakuumapparaten bis auf 50% vorverdampft und dann in offenen Gefäßen eingedickt, wobei sich ein Salz $K_2CO_3 \cdot {}^1/_2\,H_2O$ ausscheidet, welches, abzentrifugiert und getrocknet,

als Pottasche mit 83%, oder vollständig entwässert, als calcinierte Pottasche
mit 99% K_2CO_3-Gehalt in den Handel geht.

Jährlich werden etwa 7000—8000 t Pottasche nach diesem Verfahren
gewonnen, die zur Herstellung von Gläsern und Seifen, Brom-, Jod- und
Cyankalium und in der Farbenindustrie verwendet werden.

Aus Kalilauge wird Pottasche nur unter besonderen Umständen gewonnen. In diesem Falle wird die 50% KOH enthaltende Lauge mit Wasser
verdünnt und in eisernen Türmen mit Kohlensäure behandelt. Nach dem
Klären (Ausscheidung von $Fe(OH)_3 + Al(OH)_3$) wird die Lösung in Vakuumapparaten verdampft und wie oben weiter verarbeitet.

Pottasche aus Kaliumsulfat wird jetzt in Löderburg in einer Großanlage
nach einem neuen Verfahren von WIEDBRAUCK hergestellt. Aus Kaliumsulfat,
Ätzkalk und Kohlenoxyd stellt man erst als Zwischenprodukt **Kaliumformiat**
her und führt dieses durch Glühen in Carbonat über. Zur Ausführung des Verfahrens werden Kaliumsulfat und Ätzkalk in verdünnter wäßriger Lösung in
eisernen Rührautoklaven bei 200° und 15 Atm. so lange mit gereinigtem Generatorgas behandelt, bis keine Kohlenoxydaufnahme mehr erfolgt.

$$K_2SO_4 + Ca(OH)_2 + CO = 2\,HCOOK + CaSO_4.$$

Der schwerlösliche Gips wird aus der heißen Lösung abfiltriert. Diese Umsetzung geht aber nicht quantitativ nach obiger Gleichung vor sich, sondern
es bilden sich Kalium-Calciumdoppelsalze, welche bis zu 15% Kaliumsulfat
binden. Die Bildung des Doppelsalzes läßt sich jedoch durch eine Wärme-
druckbehandlung verhindern. Man erhitzt also nach Abstellen der CO-Zufuhr
in demselben Rührautoklaven die Lösung etwa 1 h lang auf 230°, wodurch
der Druck auf 30 Atm. steigt. Der abfiltrierte Gips ist dann praktisch kali-
frei. Das Filtrat enthält Kaliumformiat und Kaliumsulfat, daneben als Verunreinigungen lösliche Kalksalze, Eisen und Tonerde. Diese Verunreinigungen
fällt man mit Kaliumcarbonat aus, filtriert ab und dampft die Lösung ein.
Dabei scheidet sich das Kaliumsulfat ab. Man setzt dann der Lösung noch
weitere Mengen Kaliumcarbonat zu und dampft zur Trockne. Das Kaliumformiat wird dann, nachdem man zweckmäßig noch Kaliumhydroxyd zugesetzt
hat, in Thelenpfannen oder Flammöfen unter Luftzufuhr calciniert.

$$2\,HCOOK + O_2 = K_2CO_3 + CO_2 + H_2O$$
oder $\qquad HCOOK + KOH + \tfrac{1}{2}\,O_2 = K_2CO_3 + H_2O.$

Das kaliumcarbonathaltige Formiat liefert beim Glühen direkt eine weiße Pottasche.

Pottasche aus Holzasche. Früher war die Holzasche die einzige Pottasche-
quelle, die man kannte, und heute noch wird in waldreichen Gegenden (Kanada,
Rußland, Schweden, Ungarn usw.) Holzasche durch Verbrennen von Holz erzeugt
und auf Pottasche verarbeitet. Im Pflanzenkörper ist das Kalium an organische
und anorganische Säurereste gebunden. Beim Einäschern geht das an organische
Säuren gebundene Kali in Carbonat über. Der Gehalt des Holzes und seiner
Asche an K_2CO_3 ist nur sehr gering: 100 Teile Holz geben 0,2—2% Asche,
diese enthält aber je nach der Holzart nur 10—25% Kali. Die Asche wird
in sog. Äschern, das sind Holzbottiche mit doppeltem, siebartig durchlöcherten
Boden, mit Wasser mehrere Male ausgelaugt, bis der Salzgehalt der Lösung
etwa auf 20—30% gestiegen ist. In eisernen Pfannen wird die Lauge eingedampft, wobei man die sich ausscheidenden schwer löslichen Salze, K_2SO_4,
NaCl, ausschöpft. Der Eindampfrückstand wird calciniert, früher in Töpfen
(daher Pottasche), jetzt in Flammöfen. Das Calciniergut wird nochmals in wenig
Wasser gelöst und nach dem Absitzenlassen der unlöslichen Bestandteile wieder
verdampft und weiß gebrannt. Der Gehalt an K_2CO_3 beträgt nur 47—71%.

Die gesamte, heute noch aus Holzasche hergestellte Pottasche wird auf 5000—10000 t geschätzt.

Pottasche aus Schlempekohle. Die bei der Verarbeitung der Zuckerrüben verbleibende Melasse enthält etwa 50% Zucker und den gesamten Salzgehalt der Rüben. Melassebrennereien führen durch Gärung in schwach schwefelsaurer Lösung den Zucker in Alkohol über, der abdestilliert wird, und erhalten dann Schlempe. Die Schlempen werden eingedampft und in Flammöfen zu Schlempekohle geglüht. Die bis zu 10% Kohle enthaltende, hellgraue bis schwarze Schlempekohle hat etwa 40—60% K_2CO_3, außerdem enthält sie noch Na_2CO_3, KCl, K_2SO_4 und K_2S. Die Pottasche und die anderen Bestandteile gewinnt man daraus durch systematische Auslaugung und fraktionierte Krystallisation. Die calcinierte Pottasche aus Schlempe hat 80—88%, manchmal aber auch nur 60—70% K_2CO_3. Nochmals gelöste und gereinigte Sorten kommen bis 95%. Deutschland erzeugte vor dem Kriege etwa 15000 t Schlempepottasche.

Pottasche aus Wollschweiß. Der Wolle der Schafe haften oft mehr als die Hälfte ihres Gewichtes Schweiß und Schmutzstoffe an, in denen sich etwa 20% lösliche Kalisalze wie KCl, K_2SO_4, Kaliumoleat, Kaliumstearat, Kaliumacetat usw., ferner etwas K_2CO_3 und Natrium- und Ammonsalze vorfinden.

Die Rohwolle wird mit kaltem Wasser mehrmals ausgelaugt und die erhaltenen Laugen in Flammöfen eingedampft und calciniert. Hierbei resultiert eine bis zu 80% K_2CO_3 enthaltende Asche, aus der in bekannter Weise die ihr beigesellten Salze (KCl, K_2SO_4, $NaCO_3$) entfernt werden. Diese Pottasche, die nur ganz geringe Mengen Natron enthält, ist sehr rein. In Deutschland werden auf solche Weise aus Wollschweiß in Döhren bei Hannover und in Bremen etwa 1000 t Pottasche gewonnen.

Der ausgelaugten Wolle wird dann noch durch Behandlung mit heißem Seifenwasser, Benzin oder Schwefelkohlenstoff das Wollfett (Lanolin) entzogen.

Im Nordkaukasus werden größere Mengen Pottasche aus Stengeln von Sonnenblumen, die zu diesem Zwecke besonders angebaut werden, gewonnen.

Kalisalpeter (Konversionssalpeter).

In ganz unbedeutender Menge wird noch in Ungarn und Ostindien durch Auslaugen der salpeterhaltigen Erde, meist unter Zusatz von Pottasche zur Zersetzung von $Ca(NO_3)_2$, durch Verdampfen der Lauge und Auskrystallisieren natürlicher Kalisalpeter (Bengalsalpeter) gewonnen. Die gesamte in Britisch-Indien erzeugte Menge betrug 1928 nur 4000 t. Die Hauptmenge des in der Industrie besonders für Schwarzpulverherstellung verwendeten Kalisalpeters wird nach der sog. „Konversionsmethode" durch Umsetzen von Chilesalpeter oder künstlichem Natronsalpeter mit Chlorkalium gewonnen, indem man äquivalente Mengen von $NaNO_3$ und KCl in heißes Wasser bis zur Sättigung einträgt. Dabei geht folgende Umsetzung vor sich:

$$NaNO_3 + KCl = KNO_3 + NaCl.$$

Kalisalpeter bleibt in Lösung und Chlornatrium scheidet sich schon in der Hitze zum größten Teil aus. Bei 20° lösen sich nämlich 74 g KNO_3 und 104 g NaCl im Liter, bei 100° 438 g KNO_3 und 104 g NaCl.

Man trägt in runde, schmiedeeiserne Gefäße, welche mit kupfernen Heizschlangen und Rührwerken ausgerüstet sind, so lange äquivalente Mengen von Nitrat und Chlorkalium (meist 80%iges KCl) in eine aus Waschwässern und Mutterlaugen bestehende Lösung (spezifisches Gewicht 1,53) ein, bis das spezifische Gewicht der Lösung auf etwa 1,60—1,65 gestiegen ist. In einer halben Stunde ist dann die Umsetzung vollzogen. Den Kesselinhalt bringt man nun auf eine drehbare Nutsche, auf der das abgeschiedene Kochsalz zurückbleibt. Das Filtrat kühlt man in schmiedeeisernen Krystallisiergefäßen unter Rühren, wobei sich ein Rohsalpeter in feinen Kryställchen ausscheidet, der aber noch etwa 8% Kochsalz enthält. Durch Abnutschen und Abspülen mit Wasser entfernt man den NaCl-Gehalt bis auf 3—4%. Dieser Rohsalpeter wird heiß gelöst und die Lösung (mit einem spez. Gewicht von 1,35) unter Rühren zur Krystallisation gebracht; die Krystalle werden dann abgenutscht oder abgeschleudert, gewaschen und getrocknet. Das bei der Umsetzung anfallende Kochsalz hält noch 12—15% Salpeter. Durch Waschen und Decken bringt man den Gehalt bis auf 0,5% herunter. Die verschiedenen Waschwässer dienen wieder zum Lösen neuer Salzmengen.

Die eben erwähnten Nutschen sind Saugfilter, von denen sehr verschiedene Formen in Gebrauch sind. Die Abb. 166 zeigt eine kippbare Etagennutsche

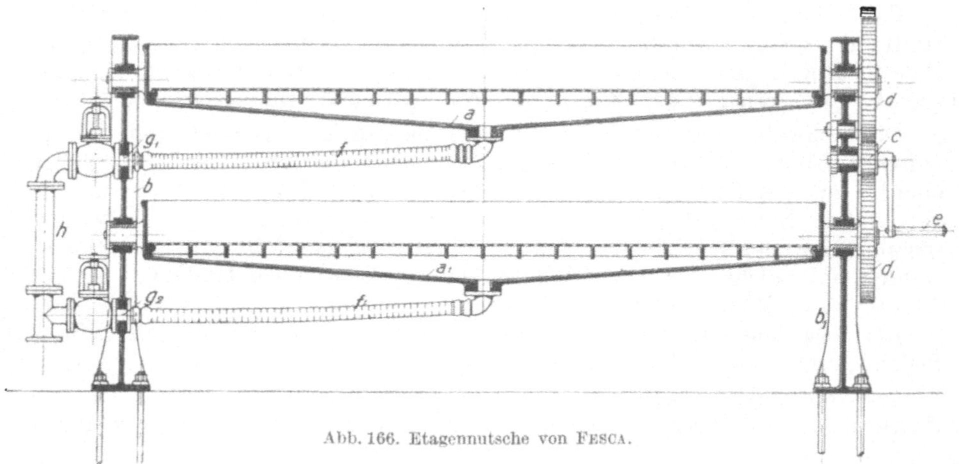

Abb. 166. Etagennutsche von FESCA.

von FESCA, wie sie in Kalibetrieben vielfach in Anwendung ist. Die flachen Nutschen a und a_1 sind in Ständern b und b_1 drehbar gelagert. Sie werden zur Entleerung durch ein Zahnradgetriebe c, d, d_1, e gekippt. Vom Nutschenboden führen biegsame Schläuche f und f_1 zu den Rohranschlüssen g und g_1 am Gestell. Zwischen dem Rohr h und der Luftpumpe ist ein tiefer liegendes Sammelgefäß für das Filtrat eingeschaltet.

Kalisalpeter wird hauptsächlich zur Fabrikation von Schwarzpulver verwendet. Natronsalpeter ist zu hygroskopisch. Deutschland stellte etwa 15000 bis 20000 t Konversionssalpeter her.

Solange Chilesalpeter zur Umsetzung verwendet wurde, gewann man aus den Mutterlaugen, die $NaJO_3$ und $KClO_4$ enthielten, Jod und $KClO_4$.

Kalium- und Natriumchromat.

Das Ausgangsmaterial für die Gewinnung von Chromaten ist der Chromeisenstein, $FeCr_2O_4$, dessen Gehalt an Cr_2O_3 meist zwischen 40 und 55% wechselt. Das fein gemahlene Material wird innig mit gebranntem Kalk oder Kalkstein und Soda gemischt und dann unter Luftzutritt in Flammöfen mit Generatorgasfeuerung auf hohe Temperatur erhitzt. Unter Kohlensäureentwicklung geht das Gemisch in Natriumchromat und Eisenoxyd (bzw. Calciumferrit) über.

$$2\,FeCr_2O_4 + 4\,Na_2CO_3 + 4\,CaO + 3^1/_2\,O_2 = Fe_2O_3 + 4\,Na_2CrO_4 + 4\,CaCO_3.$$

Um den Chromeisenstein möglichst vollständig aufzuschließen, muß er möglichst fein gemahlen verwendet werden. Man zerkleinert ihn durch Kugelmühlen und läßt dann dieses Material durch Windsichtmaschinen, sog. Feinsichter, gehen (vgl. „Tonerde"). Auch der Kalk wird ganz fein gemahlen. Dann werden Chromeisenstein, Kalk und Soda gut gemischt und in Öfen mit reichlicher Luftzufuhr auf 1100—1200° erhitzt. Der Kalkzuschlag soll nur das Schmelzen der Soda verhindern und die Masse porös halten, damit die Luft besser als Oxydationsmittel wirken kann. Man nimmt etwa 100 Teile Erz (50%), 68—75 Teile Soda und 100—115 Teile Kalk. Die Erhitzung geschieht teilweise noch in Handflammöfen, besser in mechanischen Tellerdrehöfen mit Regenerativheizung

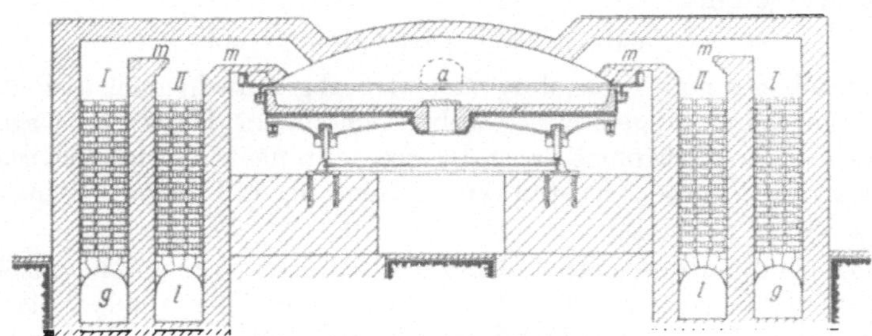

Abb. 167. Rotierender Tellerofen.

oder auch in Drehrohröfen. Abb. 167 zeigt den Schnitt durch einen Regenerativ-Tellerdrehofen.

Das Röstgut besteht dann aus Natriumchromat und Calciumchromat. Man laugt nicht mit Wasser, sondern mit einer Sodalösung zur Umsetzung des

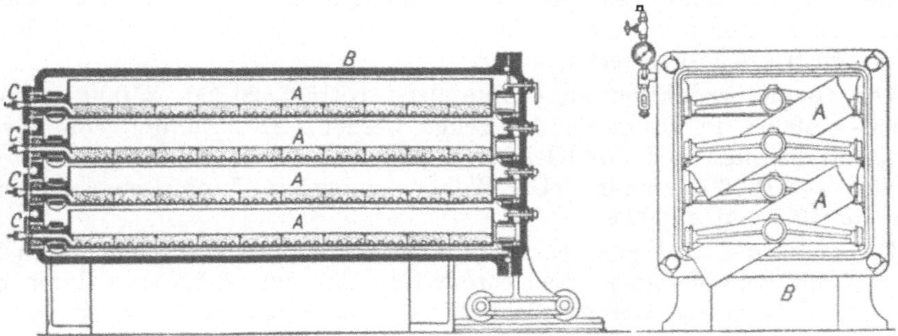

Abb. 168. Säurefestes Druckfilter von BORNETT.

Calciumchromats in Calciumcarbonat und Natriumchromat, was bei 100° oder höherer Temperatur rasch vor sich geht, und benutzt zum Auslaugen des Röstgutes Druckautoklaven. Dann filtriert man durch Filterpressen oder besser durch poröse Filtersteine in BORNETTschen Druckfiltern. Abb. 168 zeigt die Einrichtung eines solchen Filters. A sind vier herausziehbare Filterkästen, die kippbar eingerichtet sind. In ganz großen Anlagen arbeitet man mit DORRschen Gegenstrom-Dekantationseinrichtungen (vgl. „Ätznatron").

Die filtrierten Laugen von Natriummonochromat werden in flachen Eisenpfannen oder in Verdampfgefäßen, bei denen die schmiedeeisernen Dampfschlangen in die Kesselwand eingegossen sind (Frederking-Apparate), oder auch in KESTNERschen Kletterverdampfern (vgl. „Ätznatron") bis auf 48—54° Bé eingedampft und noch heiß mit konzentrierter Schwefelsäure zu Natriumchromat umgesetzt:

$$2\,Na_2CrO_4 + H_2SO_4 = Na_2Cr_2O_7 + Na_2SO_4 + H_2O.$$

Hierbei fällt der größte Teil des entstandenen Na_2SO_4 aus, während sich der andere Teil beim Eindicken der Bichromatlaugen bis zum spezifischen Gewicht 1,70 ausscheidet. Heiß filtriert, krystallisiert dann beim Erkalten das $Na_2Cr_2O_7 \cdot$ $2\,H_2O$ je nach der Schnelligkeit der Abkühlung in feinen orangeroten Nadeln oder in großen Krystallen aus. Nach dem Abschleudern werden die Krystalle entweder bei 40—50° getrocknet, oder auch geschmolzen. Natriumchromat ist das Hauptprodukt sämtlicher Chromsalze.

Zur Herstellung von Kaliumbichromat werden die Natriumchromatkrystalle gelöst und das Natriumsalz durch Zusatz von Chlorkalium in das Kaliumsalz übergeführt.

$$Na_2Cr_2O_7 + 2\,KCl = K_2Cr_2O_7 + 2\,NaCl.$$

Das Kaliumbichromat fällt sofort aus, wird abgenutscht oder abzentrifugiert und die Lauge weiter eingedampft, wobei sich in der Hitze NaCl abscheidet. Das leichter lösliche Bichromat krystallisiert dann nach Erreichung bestimmter Konzentration in eisernen Kästen aus. Nach 10—14 Tagen zieht man die Mutterlauge ab.

Da die Gewinnung der letzten Anteile von Chromat aus den verschiedenen Mutterlaugen nicht mehr lohnend ist, so wird das Chrom mit Natriumsulfid oder Magnesiumhydroxyd als Oxyd gefällt und mit neuem Rohmaterial zusammen wieder bei einer neuen Schmelze aufgegeben.

$$4\,Na_2Cr_2O_7 + 3\,Na_2S + 4\,H_2SO_4 + 8\,H_2O = 7\,Na_2SO_4 + 8\,Cr(OH)_3.$$

Die Monochromate, K_2CrO_4 und Na_2CrO_4, werden aus den heißen Bichromatlösungen durch Zusatz von KOH oder NaOH erhalten.

Die Chromate finden Anwendung zur Herstellung von Chromfarben, gelben und roten Bleichromaten, von Chromalaun, von grünem Chromoxyd, in der Lederindustrie (Chromleder) u. a. m.

Die Gesamtproduktion an Chromsalzen beträgt 20000—25000 t, wovon 10000—15000 t in Deutschland erzeugt werden. Die Einfuhr von Chromeisenstein, hauptsächlich aus Kleinasien, jetzt auch Neukaledonien, beläuft sich jährlich auf 12000—18000 t. Die Welterzeugung an Chromeisenstein schätzt man für 1934 auf 43000 t.

Chromsäure wird jetzt hergestellt aus chromsaurem Calcium durch Zersetzung mit Schwefelsäure. Das chromsaure Calcium erhält man durch oxydierendes Rösten von Chromhydroxyd mit gebranntem Kalk. Nach der Zersetzung scheidet sich die Hauptmenge des Gipses ab, der Rest beim Konzentrieren der Lösung durch Eindampfen. Man dampft bis zur Krystallhaut ein und läßt die Chromsäurekrystalle ausschießen. Chromsäure ist das Chromsäureanhydrit, das Trioxyd CrO_3; die karmoisinroten Nadeln schmelzen bei 180—190°.

Regeneration von Chromatlaugen. Eine große Menge von Natriumbichromat brauchen die Farbwerke zur Oxydation von Anthrazen zu Anthrachinon für die Alizarinfabrikation, ebenso zur Oxydation von Borneol zu Kampfer. Das benutzte Chromat geht dabei, falls die nötige Schwefelsäure vorhanden ist, in Chromisulfat über.

$$2\,H_2CrO_4 + 3\,H_2SO_4 = Cr_2(SO_4)_3 + 5\,H_2O + 1\tfrac{1}{2}\,O_2.$$

Die so erhaltenen Chromisulfatlösungen können entweder auf chemischem oder auf elektrolytischem Wege wieder in Chromsäure zurückverwandelt werden. Jetzt hat die elektrolytische Regeneration der Chromsulfatlaugen (LE BLANC) das ältere Verfahren vollständig verdrängt. Der elektro-chemische Vorgang ist hierbei dadurch etwas verwickelt, weil hier Kationen niederer Wertigkeit in Säureanionen verwandelt werden. Man kann sich den Vorgang so vorstellen, daß dreiwertiges Chrom zuerst zu sechswertigem aufgeladen wird, und daß diese hochwertigen Kationen durch Wasser hydrolytisch in das Anion CrO_4 übergeführt werden. Der Oxydationsvorgang stellt sich summarisch wie folgt dar:

$$2\,Cr^{\cdots} + 3\,O + 5\,H_2O \rightarrow 2\,CrO_4'' + 10\,H^{\cdot}\,.$$

Wesentlich für den Vorgang ist die Verwendung von Bleisuperoxyd-Anoden (an blankem Platin entwickelt sich nur Sauerstoff).

Praktisch wird die Regeneration in der Weise ausgeführt, daß man Bäder verwendet, deren Kathoden- und Anodenräume durch ein Tondiaphragma getrennt sind; als Elektroden werden Bleielektroden verwendet. Die Chromsulfatlauge durchfließt zunächst die Kathodenräume, SO_4'' wandert nach den Anodenräumen aus und versieht die dort entstehende Chromatlösung mit der nötigen Schwefelsäure; dann wird die Kathodenflüssigkeit durch die Anodenräume geschickt, wo die Oxydation zu CrO_4'' vor sich geht und wo die Lösung wieder die nötige Schwefelsäure erhält. Der Prozeß ist kontinuierlich. Man arbeitet mit 3000 A/m² und erzielt Stromausbeuten von 70—90%. Um die Schwierigkeiten mit den Diaphragmen zu umgehen, benutzt man in Aussig auch Zellen, bei denen zwischen Anoden und Kathoden eine nicht ganz bis zum Boden reichende undurchlässige Scheidewand eingezogen ist, das Diaphragma entfällt dann. Die Stromausbeuten betragen 78%.

Kaliumpermanganat.

Kaliumpermanganat, $KMnO_4$, wird gewonnen durch Schmelzen von Braunstein und Ätzkali unter Zusatz von Kaliumchlorat oder Salpeter, Auslaugen des gebildeten Kaliummanganats und Oxydieren desselben zu Permanganat. Diese Oxydation wurde früher durch Einleiten von Kohlensäure oder von Chlor in die grüne Manganatlösung oder durch Behandlung derselben mit Ozon vorgenommen. Permanganat wird jetzt ausschließlich durch elektrolytische Oxydation der alkalischen Kaliummanganatlösung dargestellt.

$$2\,MnO_2 + 4\,KOH + O_2 = 2\,K_2MnO_4 + 2\,H_2O\,.$$

Der fein gemahlene, möglichst hochprozentige Braunstein wird mit starker Kalilauge (frei von KCl) in eisernen Kesseln unter Rühren erhitzt. Sobald die Masse teigig wird, bringt man sie auf heiße Bleche und trocknet sie. In einer beheizten Mahlvorrichtung gemahlen, wird das Mahlgut noch warm mit reiner Kalilauge übergossen und die erhaltene Lösung durch Asbestfilter filtriert. Die klare Lösung fließt den elektrischen Bädern, die mit Eisenelektroden ausgerüstet sind, zu und wird so lange elektrolysiert, bis etwa $^2/_3$ des Manganats in Permanganat verwandelt sind. Die heiße Lösung läßt dann, in Krystallisiergefäße abgezogen, Permanganatkrystalle beim Erkalten fallen. Durch Abschleudern und wiederholtes Decken bekommt man das Salz rein; die Laugen werden verdampft und das ausgeschiedene Manganat und die Mutterlauge wieder dem Betriebe zugeführt. Der Vorgang der elektrolytischen Oxydation von Manganat zu Permanganat geht an der Anode nach folgendem Schema unter Ladungswechsel des MnO_4-Ions vor sich:

$$2\,MnO_4'' + O + H_2O \rightarrow 2\,MnO_4' + 2\,OH'\,.$$

Der Gesamtvorgang ist also:

$$2\,(K_2MnO_4) + 2\,H^{\cdot} + 2\,OH' \rightarrow 2\,(KMnO_4) + 2\,KOH + H_2\,.$$

An der Anode bildet sich also auch Kalilauge und vermehrt den vorhandenen Laugengehalt, wodurch das gebildete Permanganat immer unlöslicher wird und teilweise schon im Anodenraum ausfällt.

Wenn man mit Diaphragma arbeitet, füllt man in den Kathodenraum verdünnte Kalilauge, in den Anodenraum die grüne Manganatlösung, die sich bei der Elektrolyse bald rot färbt. Meist elektrolysiert man aber heute in der Praxis ohne Diaphragma, dann ist der Vorgang zwar derselbe, man muß aber, um die reduzierende Einwirkung des Wasserstoffs auf das gebildete Permanganat herabzudrücken, sehr viel größere Stromdichten an der Kathode (8500 A/m^2) als an der Anode (850 A/m^2) zur Anwendung bringen. Abb. 169 zeigt schematisch die Einrichtung einer in Amerika in Anwendung stehenden Permanganatzelle. Das Eisenrohr K dient als Kathode, durch dieses Rohr fließt der Elektrolyt kontinuierlich in die Zelle ein. Als Anode wird ein von oben in Rotation versetzter Drahtnetzzylinder verwendet, durch dessen Maschen der Elektrolyt hindurchzufließen gezwungen ist. Die gebildete Permanganatlösung fließt durch das Heberrohr H aus. Ein Teil des Permanganats fällt schon in der Zelle aus, ein anderer wird durch Einengen des ausgeflossenen Elektrolyten erhalten. S ist ein Isolierstopfen aus Schwefel. Die Zelle mißt etwa $0,75$ m in der Höhe.

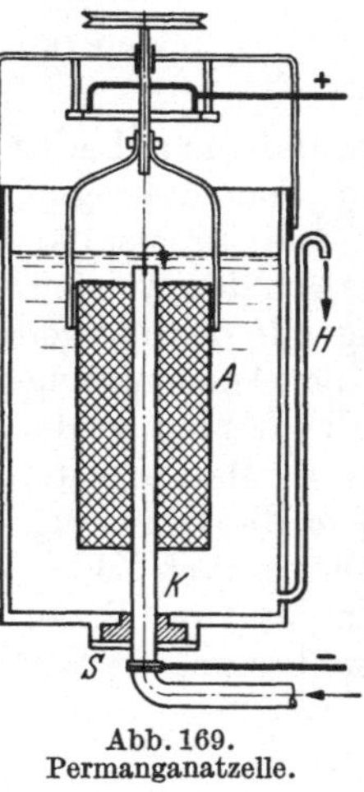

Abb. 169.
Permanganatzelle.

Kaliumpermanganat dient zum Beizen von Holz, zum Bleichen von Wachs, Fetten und Gespinstfasern, als Desinfektions- und kräftiges Oxydationsmittel.

Literatur.

D'Ans: Die Lösungsgleichgewichte der Systeme der Salze ozeanischer Salzablagerungen. 1933. — Berge: Fabrikation von Bittersalz und Chlormagnesium. 1912. — Ehrhardt: Kaliindustrie. 1907. — Feit: Darstellung des Chlorkaliums aus Hartsalz. 1909. — Hermann: Einführung in die Kaliindustrie. 1925. — Zeitschrift: Das Kali von 1923 ab. — Vgl. auch Kaliumindustrie in Muspratt-Neumann: Enzyklopädisches Handbuch der technischen Chemie, Erg.-Bd. II, 1. 1928. — van't Hoff: Ozeanische Salzablagerungen. 1909. — Jänecke: Entstehung der deutschen Kalisalzlager, 2. Aufl. 1923. — Krische: Verwertung des Kalis in Industrie und Landwirtschaft. 1908. — Kubierschky: Die deutsche Kaliindustrie. 1907. — Michels u. Przibilla: Die Kalirohsalze, ihre Gewinnung und Verarbeitung. 1916. — Precht: Die norddeutsche Kaliindustrie. 1907. — Ullmann: Enzyklopädie der technologischen Chemie, 2. Aufl., Bd. 6. 1930. — Wickop: Herstellung der Alkalibichromate. 1911. — Zerr u. Rübencamp: Handbuch der Farbenfabrikation. 1909.

Brom. Jod. Borsäure.

Brom.

Das Brom ist ein steter Begleiter des Chlors und ist in der Natur sehr verbreitet. Im Mineralreich findet es sich zusammen mit Chlorsilber als Embolit, ferner im natürlich vorkommenden Carnallit als isomorphe Beimengung, Bromcarnallit, $KBr \cdot MgBr_2 \cdot 6\,H_2O$, im Meerwasser ($0,006\%$) und in manchen Solen (Schönebeck, Kreuznach, Kissingen, Nordamerika).

Die Endlaugen von der Chlorkaliumgewinnung enthalten etwa $0,15$—$0,45\%$ Brom oder rund 3 kg im Kubikmeter, als $KBr \cdot MgBr_2 \cdot 6\,H_2O$. Sie dienen bei uns allein als Ausgangsmaterial für die Bromgewinnung. Das Brom wird durch Einwirkung von Chlor aus der Endlauge frei gemacht. Die meisten Werke arbeiten jetzt nach einem kontinuierlichen Verfahren von Kubierschky unter Verwendung von flüssigem Chlor. Die Apparatur zur Bromdestillation (Abb. 170) und die Arbeitsweise des 1907 von Kubierschky ausgearbeiteten Verfahrens sind kurz folgende. Das Kernstück der Apparatur ist die Destillations- oder Abtreibkolonne *A*, die aus Sandsteinplatten, Granit oder Volvic-Lava zusammengebaut ist und aus acht einzelnen Kammern besteht, die innen mit Lunge-Rohrmannschen Platten und Rohren ausgesetzt sind, wie das in einem besonderen Schnitt durch das Unterteil der Kolonne (Abb. 171) erläutert ist. Diese Konstruktion wurde gewählt, weil Bromdampf etwa zehnmal schwerer ist als Wasserdampf und derselbe deshalb die Neigung hat nach unten zu sinken. Diese große Gewichtsdifferenz der Dampfmassen ergab im Oberteil der früheren Kolonnen Schwierigkeiten, schlechten Abtrieb und unreines Rohbrom, welches in einer zweiten Apparatur raffiniert werden mußte. Das vermeidet die Kubierschky-Kolonne. In die Kammern sind Zirkulationsrohre eingesetzt, durch diese müssen die freigemachten Bromdämpfe den Weg nach oben nehmen, während die herabrieselnde bromhaltige Lauge über die Zwischenböden läuft und sich durch die Flüssigkeitsverschlüsse hindurch von Kammer zu Kammer nach unten bewegt. Den Bromdämpfen ist aber durch die Verschlüsse der Durchgang verwehrt, sie müssen den Weg durch die Zirkulationsrohre nehmen. Die aufsteigenden Dampfmassen werden in den Kammern von den herabkommenden Laugenmassen abgekühlt, es kondensiert sich mehr und mehr Wasserdampf und in der achten Kammer (oben) bleibt nur noch Bromdampf, mit Spuren Chlor und etwas Wasserdampf verunreinigt, übrig. Die Dampfmassen werden von Kammer zu Kammer aufsteigend, immer reiner und immer schwerer.

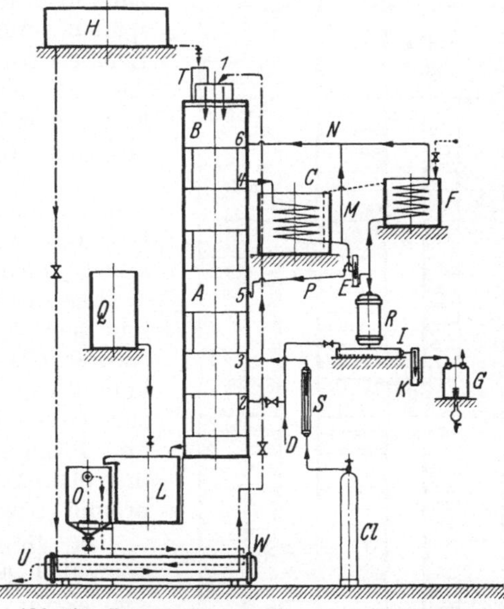

Abb. 170. Bromgewinnungsanlage nach Kubierschky.

Das war mit den üblichen alten Kolonnen (mit Füllkörpern ausgesetzte Sandsteintürme) nicht zu erreichen. Die Kubierschky-Abtreibtürme werden in Größen gebaut, die täglich etwa 300 m³ Endlauge verarbeiten. Sie brauchen zur Freimachung von 1 kg Brom 0,5 kg Chlor und 30 kg Heizdampf (3 Atm.) und erzielen eine Ausbeute von 95—98%.

Die Arbeitsweise einer solchen Bromgewinnungsanlage stellt sich wie folgt dar. Die von einem Hochbehälter *H* kommende Endlauge wird in einem Wärmeaustauscher *W* durch die entbromte, 105° warme Ablauge von 15 auf 80° vorgewärmt und oben in die Abtreibkolonne *A* eingeleitet. Gleichzeitig wird unten Chlor und Heizdampf in die Kolonne eingeführt. Bei richtiger Einstellung des Laugenzuflusses und der Dampfzufuhr ist die Temperatur in der dritten Kammer (von unten) 115°; mit dieser Temperatur verläßt die entbromte Lauge unten bei *8* den Abtreiber. Chlor wird einer Stahlflasche *Cl* entnommen und tritt durch einen Strömungsmesser *S* bei *3* in die Kolonne, der Dampf *D* wird bei *2* eingeleitet. Beim Aufsteigen des Chlor-Dampfgemisches reichert sich das Dampfgemisch mehr und mehr an Brom an und schließlich entweicht bei *4* fast reiner Bromdampf. Die Bromdämpfe werden in einer Steinzeugschlange *C* kondensiert. Das Kondensat besteht aus schwach chlorhaltigem Rohbrom und einer wäßrigen Chlor-Bromlösung, dem sog. Sauerwasser. Beide Flüssigkeiten trennen sich im

Scheidegefäß *E*, das Sauerwasser läuft über *P* bei *5* in den Turm zurück, das Rohbrom in den Raffinierturm *R*. Dieser ist ein mit Lunge-Rohrmann-Platten ausgekleidetes Steinzeugtürmchen, welches durch eine Heißwasserschlange in *I* beheizt wird. Das Rohbrom rieselt darin reinem Bromdampf entgegen und wird vollkommen vom Chlor befreit. Das heiße raffinierte Brom läuft durch die Glaskühlschlange *K* in die Sammelflasche *G* und von da in die Versandflaschen. Die aus *R* abziehenden Chlor-Bromdämpfe werden in einer Steinzeugkühlschlange *F* kondensiert, die nichtkondensierten Chlordämpfe gehen durch Rohr *N* in den Turmaufsatz *B* und das Türmchen *T*, wo sie mit frischer Lauge berieselt werden, welche die letzten Reste Brom zurückhält. Die aus dem Abtreibturm *A* unten bei *8* austretende entbromte Lauge gelangt zunächst zur Entfernung von Bromresten in den mit Eisenspänen gefüllten Topf *L*, dann wird sie von dem Behälter *Q* aus mit Thiosulfat versetzt und durch den mit Kalkstein beschickten Behälter *O* geleitet, erst dann tritt sie durch den Wärmeaustauscher *W* bei *U* ins Freie.

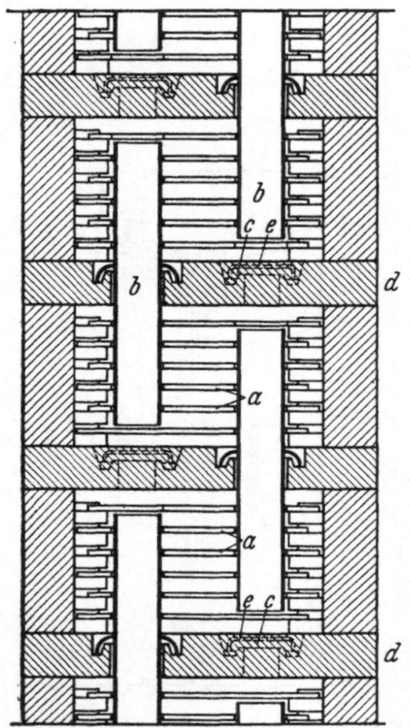

Abb. 171. Schnitt durch die Bromdestillations-Kolonne von KUBIERSCHKY.

Solange flüssiges Chlor noch sehr teuer war, wurde eine Zeitlang das Brom durch Elektrolyse aus den Endlaugen frei gemacht. Das geschieht nicht mehr.

Das raffinierte Brom ist sehr rein, es enthält nur noch 0,1% Chlor und ist frei von Jod. In starken Glasflaschen mit $2^1/_2$ und $3^3/_4$ kg Inhalt kommt es in den Handel und findet Verwendung zur Herstellung von Bromsalzen, Farbstoffen und Brompräparaten, in letzter Zeit in Amerika in großen Mengen auch zur Erzeugung von Äthylbromid bzw. Bleitetraäthyl als Antiklopfmittel.

Die Bromerzeugung begann bei uns 1865, aber auch amerikanische Salinen (Michigan und Pennsylvanien) lieferten schon seit 1867 Brom. Beide Länder erzeugten bis vor kurzem die gesamte Brommenge der Welt. Seit 1926 beginnen aber auch die elsässischen Kaliwerke in steigendem Maße Brom zu liefern. Auch in Italien, Japan, Rußland und in Palästina (Totes Meer) gewinnt man jetzt Brom.

Die Bromerzeugung der Welt und einzelner Länder hat sich wie folgt entwickelt.

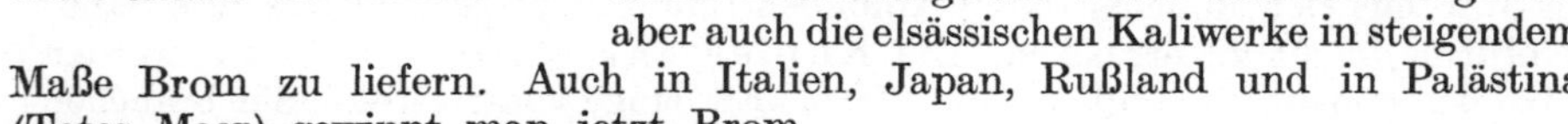

	Deutschland t	Vereinigte Staaten t	Frankreich t	Italien t	Welt t
1901—05	je 650	je 340	—	—	1000
1906—12	je 818	je 460	—	—	1300
1921	1457	322	—	—	1800
1925	1360	706	—	—	2100
1929	2197	2910	397	22	5526
1933	1170	4603	240	41	6054
1934	1347	6960	470	36	8813
1935	1573	7463	425	40	9500
1936	—	9389	622	44	—
1937	—	11884	—	—	—

In Nordamerika wird seit 1934 auch Brom aus Meerwasser in erheblichen Mengen gewonnen. Eine Anlage in Willmington, Nord-Carolina, lieferte etwa

2500 t Brom 1934. Dadurch stieg die Erzeugung der Vereinigten Staaten von 4603 t (1933) auf 6960 t (1934). Man säuert das Meerwasser an, treibt das Brom mit Chlor aus, fängt in Sodalösung auf, zersetzt mit H_2SO_4, treibt das Brom mit Dampf aus und kondensiert.

Deutschland könnte jährlich schätzungsweise 18000 t Brom gewinnen. Schon jetzt ist aber eine Übererzeugung vorhanden.

Bromeisen. Zur Gewinnung dieses schwach wasserhaltigen Eisenbromürbromids (Fe_3Br_8) wird reines Brom in einem Granitgefäß durch Einleiten von direktem Dampf vergast. Das Brom-Wasserdampfgemisch läßt man dann in ein zweites mit gereinigten Eisenspänen oder Eisendrähten gefülltes Granitgefäß eintreten, wobei unter starker Wärmeentwicklung die Reaktion von selbst vor sich geht. Im warmen Zustande als Flüssigkeit abgelassen, erstarrt das Bromeisen in Eisengefäßen zu schwarzen, metallglänzenden Krystallmassen, die sehr leicht löslich sind. In Holzfässern verpackt kommt es in den Handel; es dient zur Herstellung von Brompräparaten und Farbstoffen (Eosin).

Bromkalium und Bromnatrium. Durch Umsetzen einer Bromeisenlösung mit Kaliumcarbonat oder Natriumcarbonat, nachheriges Filtrieren in Filterpressen und Eindampfen der erhaltenen Lösungen zur Krystallisation, werden beide Salze von einzelnen Werken in großen Mengen und chemisch reinem Zustande hergestellt.

$$4\,K_2CO_3 + Fe_3Br_8 = 8\,KBr + Fe_3O_4 + 4\,CO_2\,.$$

Bromkalium dient teils für offizinelle Zwecke, teils wird es ebenso wie Bromnatrium in der Photographie verwendet.

Unter dem Namen **Bromsalz** kommt ein Produkt in den Handel, das in erheblichen Mengen zur Extraktion von Golderzen in Verbindung mit Natriumcyanid benutzt wurde. Es ist ein Gemisch von $NaBrO_3$ und $NaBr$ im Verhältnis von 1:2 und wird hergestellt durch Eintragen von Rohbrom in konzentrierte Natronlauge bis zur Sättigung.

$$6\,NaOH + 6\,Br = 5\,NaBr + NaBrO_3 + 3\,H_2O\,.$$

Das ausgeschiedene und durch Verdampfen der überstehenden Laugen gewonnene Salz (1 $NaBrO_3$ + 5 $NaBr$) wird getrocknet und mit $NaBrO_3$, das elektrolytisch hergestellt wird, im richtigen Verhältnis gemischt.

Jod.

Die Gewinnung von Kalisalzen durch Veraschung der an den Küsten der Normandie, der Bretagne, Schottlands, Irlands, Norwegens und Japans angeschwemmten Seetange (Algen) ist verhältnismäßig unbedeutend. Von einigem Belang war früher die Herstellung von Jod aus denselben; doch ist auch diese Fabrikation durch das aus Südamerika exportierte Jod sehr zurückgedrängt worden.

Die Seetange, welche das Jod aus dem Meerwasser aufnehmen, werden an freier Luft verbrannt, wodurch eine halbverglaste Masse entsteht, welche man in Frankreich Vareck, in Schottland Kelp nennt. Ein Teil des Jods geht dabei durch Verdampfung verloren. Die Asche, welche an Salzen etwa 10% K_2SO_4, 13—14% KCl, 15—16% NaCl und 0,5—2% Jod als NaJ enthält, wird mit Wasser ausgelaugt. Aus den Laugen werden die einzelnen Salze durch fraktionierte Krystallisation ausgeschieden. Die letzten Mutterlaugen enthalten die leicht löslichen Jodsalze, NaJ, aus denen durch Einleiten von Chlor das Jod ausgefällt wird.

Die Hauptmenge des Jods, etwa 75—80% des Weltbedarfs, stammt heute aus den bei dem Raffinieren des Rohsalpeters verbleibenden Mutterlaugen der südamerikanischen Salpeterfabriken. Diese Laugen enthalten den größten Teil des Jods als Natriumjodat (bis zu 25% $NaJO_3$); in geringeren Mengen sind auch

Jodnatrium und Jodmagnesium vorhanden. Man versetzt die Mutterlaugen (etwa 3 g Jod im Liter) mit der berechneten Menge eines Gemisches von Natriumsulfit und Mononatriumsulfit, wobei sich das Jod ausscheidet:

$$2\,NaJO_3 + 3\,Na_2SO_3 + 2\,NaHSO_3 = 5\,Na_2SO_4 + J_2 + H_2O.$$

Der Jodschlamm wird durch Säcke oder in Filterpressen filtriert und dann in Schraubenpressen zu harten Kuchen geformt (65—70% J), welche in zylindrischen, mit Zement ausgekleideten Eisenretorten unter Verwendung von Steinzeugvorlagen sublimiert werden. Das Natriumbisulfit und -sulfit wird durch Erhitzen von Salpeter mit Kohle und folgendes Einleiten von Schwefeldioxyd (Verbrennen von Schwefel) in die durch Auslaugen der Masse erhaltene Sodalösung gewonnen. Einige Werke arbeiten auch allein mit schwefliger Säure, um die Soda zu sparen.

$$2\,NaJO_3 + 5\,SO_2 + 4\,H_2O = Na_2SO_4 + 4\,H_2SO_4 + J_2.$$

Auf Java fällt man aus jodhaltigen Wässern, Quellen usw. das Jod als Kupferjodür, CuJ, aus, indem man Kupfervitriol zusetzt und schweflige Säure einleitet. Das CuJ läßt sich durch Behandeln mit Schwefelwasserstoff und Neutralisation mit Pottasche direkt auf Jodkalium verarbeiten.

Der größte Joderzeuger ist Chile; dieses Land lieferte 1894—1911 durchschnittlich 450 t Jod jährlich. Als nächst wichtiger Joderzeuger rückte Niederländisch-Indien (Java) auf (Jodkupfer). Seit 1932 beginnen auch die Vereinigten Staaten Jod zu liefern (1932: 67 t, 1933: 201 t), sie hatten, wie die nachstehende Tabelle zeigt, 1933 und 1934 schon Niederländisch-Indien überholt.

Die **Weltproduktion an Jod** stellte sich in den letzten Jahren wie folgt. Die Höchsterzeugung wurde 1929 mit 1700 t erreicht.

	Chile	Groß-britannien	Frankreich	Japan	Niederländisch-Indien	Vereinigte Staaten	Welt
	t	t	t	t	t	t	t
1916	1381	36	18	151	—	—	1586
1918	907	22	26	119	—	—	1074
1922	281	29	30	55	—	—	399
1926	1132	—	—	63	67	—	1350
1930	307	—	85	100	135	—	750
1934	502	—	90	280	110	129	1150
1935	587	—	90	40	110	112	1000
1936	1059	—	—	—	163	106	—
1937	1253	—	—	—	—	136	—

Der größte **Jodverbraucher** ist Deutschland. Die Einfuhr betrug 1935: 288 t, die Ausfuhr 60 t. Jod wird hauptsächlich zur Bereitung von **Jodkalium und Jodnatrium** verwendet. Diese werden hergestellt entweder aus Jod und Ätzkali oder aus Eisenjodürjodid und Pottasche.

$$6\,KOH + 3\,J_2 = 5\,KJ + KJO_3 + 3\,H_2O$$
$$Fe_3J_8 + 4\,K_2CO_3 = Fe_3O_4 + 4\,CO_2 + 8\,KJ.$$

Jodkalium findet hauptsächlich Verwendung in der Medizin und für Photographie. Jod wird ferner verbraucht zur Herstellung von Jodoform und Farbstoffen wie Jodgrün, Jodviolett usw.

Borsäure und Borax.

Borsäure findet sich in heißen Quellen in Mittelitalien (Toskana) und in den dort an vielen Stellen dem Boden entströmenden Wasserdämpfen; auch als Mineral, Sassolin $B(OH)_3$, findet sie sich namentlich auf der Insel Valcano. Seitdem indessen der große Boraxsee in Kalifornien mit riesigen Mengen von Colemanit $2\,CaO \cdot 3\,B_2O_3$, in Chile die großen Lager von Boronatrocalcit,

$Na_2O \cdot 2\,CaO \cdot 6\,B_2O_3 \cdot 18\,H_2O$ und in Kleinasien erhebliche Mengen Kalkborate (Borocalcit, Pandermit, $CaO \cdot 2\,B_2O_3 \cdot H_2O$) aufgefunden wurden, hat die toskanische Boraxindustrie ihre frühere Bedeutung verloren. Einen kleinen Teil an Borsalzen liefert auch die deutsche Kaliindustrie im Boracit, $2\,(3\,MgO \cdot 4\,B_2O_3)\,MgCl_2$, der das Rohsalz in Form von größeren und kleineren Knollen vereinzelt durchsetzt.

In Italien werden die borsäurehaltigen Dämpfe in künstlich angelegten Lagunen kondensiert und die genügend angereicherte Borsäurelösung in eisernen Pfannen verdampft. Beim Erkalten krystallisiert die Säure in perlmutterglänzenden Blättchen aus. Aus Boronatrocalcit und Boracit wird Borsäure nach vorherigem Pulverisieren durch Zersetzen mit Schwefelsäure gewonnen. Durch nochmaliges Umkrystallisieren wird sie gereinigt.

Die Borsäure, $B_2O_3 \cdot 3\,H_2O$, wird verwendet zur Herstellung von Borax, von künstlichen Edelsteinen, zum Glasieren gewisser Porzellansorten, in der Medizin und als Konservierungsmittel. Der Borax dient zur Bereitung leicht schmelzbarer Gläser, der Emaille, von Porzellanfarben; ferner wird er gebraucht zum Löten von Metallen (da er Metalloxyde löst und so reinigend wirkt) und zur Bereitung der Glanzstärke u. a. m.

Der Borax, $Na_2B_4O_7 \cdot 10\,H_2O$, kommt in der Natur vor und wurde früher unter dem Namen Tinkal aus Tibet in großer Menge in Europa eingeführt. Heute wird er meist durch Aufschließen der natürlichen Kalkborate mit kochender Sodalösung, unter Zusatz von Natriumbicarbonat, erhalten. Der Kalk scheidet sich als Carbonat ab; aus der filtrierten Lösung krystallisiert dann Rohborax aus, den man durch öfteres und sehr langsames Umkrystallisieren reinigt.

Der in Deutschland verbrauchte Borax wird größtenteils aus Boronatrocalcit in Hamburger Fabriken hergestellt.

In Amerika liefern jetzt auch einige „Boraxseen", wie der Searles Lake in Kalifornien, Borax. Die Sole wird eingedampft, schnell abgekühlt und das ausgeschiedene und abgeschleuderte Gemisch von Chlorkalium und Borax auf Grund ihrer verschiedenen Löslichkeit getrennt. In den letzten Jahren sind bei Kramer in Kalifornien ausgedehnte Lager von Rasorit, $Na_2B_4O_7 \cdot 4\,H_2O$, aufgefunden worden. Das Mineral wird in Los Angeles mit heißem Wasser unter Druck gelöst. Aus der geklärten und filtrierten Lösung krystallisiert reiner Borax, $Na_2B_4O_7 \cdot 10\,H_2O$, aus.

Durch Einwirkung von Natriumperoxyd bzw. Wasserstoffperoxyd auf Borsäure oder Borate entsteht Natriumperborat, $NaBO_3 \cdot 4\,H_2O$, das an Stelle von Wasserstoffperoxyd benutzt wird und als Zusatzmittel (10%) zur Herstellung von Waschpulvern dient, da es trotz hoher Oxydationsfähigkeit weniger zerstörend auf die Faser wirkt als Chlorkalk. Es findet, ebenso wie das Magnesiumperborat, in der Bleicherei immer mehr Eingang. Die Herstellung von Natriumperborat und Perborax ist im Abschnitt „Peroxyde und Persalze" näher besprochen.

Die Welterzeugung an Borax wird für 1929 auf 160000 t, für 1934 auf 220000 t geschätzt. Die toskanischen Vorkommen tragen nur noch 1—2% zur Weltproduktion an Borsalzen bei. Italien lieferte 1936 nur 6237 t Rohborsäure. Die Vereinigten Staaten gewannen 1937 325589 t Colemanit, die Türkei 1936 6484 t Pandermit, Argentinien 1936 1271 t Boronatrocalcit, Deutschland 1937 22 t Boracit.

Literatur.

Brom- und Borsäureverbindungen. In MUSPRATT-NEUMANN: Enzyklopädisches Handbuch der technologischen Chemie, Erg.-Bd. II, 1. 1926. — v. FELLENBERG: Vorkommen, Kreislauf und Stoffwechsel des Jods. 1926. — v. GIERSEWALD: Anorganische Peroxyde und Persalze. 1914. — HÜTTNER: Fabrikation der Bromsalze. — MEINECK: Vorkommen von Jod in der Natur. 1929. — MITREITER: Gewinnung des Broms. 1910. — SCHLÖTTER: Elektrolytische Gewinnung von Brom und Jod. 1907. — ULLMANN: Enzyklopädie der technologischen Chemie, Bd. 2. 1928.

Schwefelsäure.

Im Altertum kannte man Schwefelsäure nicht. Zuerst findet sie sich mit
Sicherheit erwähnt in den sog. Schriften GEBERs, die aber, wie wir jetzt wissen,
nicht über das 13. Jahrhundert zurückreichen. Darin ist die Darstellung
von Schwefelsäure durch Destillation des Alauns angegeben. Um diese Zeit
wird die Schwefelsäure auch von anderer Seite genannt; der spiritus vitrioli
Romani und der sulphur philosophorum des ALBERTUS MAGNUS (1193—1280)
kann nichts anderes als Schwefelsäure gewesen sein. Später lehrt BASILIUS
VALENTINUS in der „Offenbarung der verborgenen Handgriffe" die Bereitung
aus calciniertem Vitriol und Kieselsäure, im „Triumphwagen" die Verbrennung
von Schwefel mit Salpeter. Da jedoch feststeht, daß BASILIUS VALENTINUS
nicht 1450 gelebt hat, sondern diese Schriften eine Fälschung aus dem Anfang
des 17. Jahrhunderts sind, so ist die Angabe von ANGELUS SALA (1613), Schwefelsäure durch Verbrennen von Schwefel in feuchten Gefäßen herzustellen, älter.
In dieser Weise wurde nach 1600 die Säure in Apotheken gewonnen. Der 1666
eingeführte Zusatz von Salpeter war ein wesentlicher Fortschritt. Die
Fabrikation von Schwefelsäure in größerem Maßstabe nahm erst WARD 1736
in Richmond bei London auf, und 1746 ersetzte ROEBUCH die Glasgefäße
durch eine Bleikammer von 1,8 m im Quadrat, in der das Gemisch von
Schwefel und Salpeter verbrannt wurde. In England entstanden bald mehrere
solche Bleikammern, in Frankreich 1766, in Deutschland erst 1815 in Schwemsal
bei Leipzig und 1820 in Potschappel bei Dresden. Der Gay-Lussac-Kon-
densationsturm zur Absorption der aus den Kammern entweichenden stick-
oxydhaltigen Gase wurde 1842 eingeführt, der Glover-Turm 1859. Die all-
gemeinere Verwendung von Schwefelkies statt Schwefel setzte erst um 1850
ein. Am Kammerbetrieb hat sich dann in den nächsten 50 Jahren kaum
viel geändert.

Von Beginn des laufenden Jahrhunderts ab mehrten sich die Bemühungen,
durch Intensivsysteme und Reaktionstürme die Erzeugung je Kubikmeter Kammerraum bei gleichzeitiger Verringerung des Salpeterverbrauchs zu
steigern. BENKER regte 1903 an, durch größere Bauhöhen und vermehrten Stickoxydumlauf eine größere Produktion zu erzielen. Im Verfolg dieser Bestrebungen
erreichten die Intensivkammern von MORITZ, MEYER, FALDING, MILLS-PACKARD,
GAILLARD, DIOR, immer größere Leistungen (alte Systeme um 1900: 3,2—4 kg,
DIOR 34 kg, LARISON 64 kg Schwefelsäure (60° Bé) je Kubikmeter Kammerraum). Auch das Ausbringen an Schwefelsäure stieg beständig an, es betrug
(bezogen auf 100 kg Schwefel) bei der Schwemsaler Kammer 1815—20 150 kg,
1890 etwa 290 kg, jetzt 300 kg (theoretisch 305,8 kg). Zu Beginn des 19. Jahrhunderts hatten die Kammersysteme nur etwa 300 m³ Inhalt, heute 4000—6000 m³.
Seit dem Weltkriege gehen die Bestrebungen bei uns auch noch nach der Richtung,
den Kreis der zu verwendenden Rohstoffe zu erweitern (minderwertige Erze,
Gips, Kieserit, usw.).

Eine entsprechende Entwicklung hat auch die Konzentration der
dünneren Schwefelsäuresorten auf konzentrierte Schwefelsäure erfahren.
Die früher benutzten primitiven Konzentrationsapparate (Bleipfannen, Glas-
retorten, Porzellanschalen, Platinretorten, Kaskadenapparate) sind im Großbetrieb durch die Gegenstrom-Rekuperativapparate von KESSLER (1891) und
durch den Turmkonzentrator von GAILLARD (1905) und hiervon abgeleitete
Typen verdrängt worden.

Von weittragender Bedeutung war dann noch 1890 die Einführung des
Kontakt-Schwefelsäureverfahrens von KNIETSCH und der Badischen

Anilin- und Sodafabrik zur Erzeugung starker, rauchender Schwefelsäure. Die um die Jahrhundertwende verbreitete Meinung, daß das Kontaktverfahren den Bleikammerprozeß völlig verdrängen werde, hat sich als unrichtig
herausgestellt, da die alten Bleikammersysteme und die Konzentrationseinrichtungen die eben kurz skizzierten durchgreifenden Umgestaltungen zu Intensiv-
und Turmsystemen bzw. Großleistungs-Konzentrationsapparaten erfahren haben.
Das Kontaktverfahren liefert heute die hochgrädige Säure für die organische
Großindustrie, die Kammeranlagen die verdünnteren Säuren für die stark
angewachsene Kunstdüngemittelindustrie.

Die Schwefelsäureindustrie ist wohl der wichtigste Zweig der anorganischen
Großindustrie, denn die Schwefelsäure ist die Grundlage einer ganzen Reihe
anderer chemischer Erzeugnisse. Sie ist notwendig für die Herstellung der
Salzsäure und des Natriumsulfates und damit des Glases, der Salpetersäure
und hierdurch für die Explosivstofferzeugung, ferner für die Erzeugung von
Superphosphat, Stärkezucker, Pergamentpapier, Phorsphorsäure, Chromsäure,
für die Petroleumraffination und namentlich auch für die Farbstoffindustrie
und die Herstellung von Arzneimitteln.

In der Natur kommt die Schwefelsäure frei nur in geringen Mengen in einigen
heißen Quellen in Texas, Tennessee und auf Java vor, und zwar ist sie hier entstanden durch Einwirkung überhitzten Wasserdampfs auf Ferrosulfat. Die freie
Schwefelsäure in Grubenwässern ist auf die Oxydation von Schwefelerzen zu
Sulfaten zurückzuführen. Dagegen ist die Schwefelsäure in Form ihrer Salze in
der Natur außerordentlich weit verbreitet. Dazu zählen vor allen Dingen der
in riesigen Mengen in unseren Salzlagern (vgl. Kalisalze) auftretende Anhydrit
($CaSO_4$), der Kieserit ($MgSO_4 \cdot H_2O$), ferner der in großen Mengen vorkommende
Gips ($CaSO_4 \cdot 2\,H_2O$) und Schwerspat ($BaSO_4$), daneben in geringerer Menge
der Coelestin ($SrSO_4$).

Schwefelsäure, H_2SO_4, wird in reinem Zustande als Monohydrat bezeichnet;
es ist eine farblose, ölige Flüssigkeit vom spezifischen Gewicht 1,84 bei 15°,
die bei etwa 0° krystallinisch erstarrt. Die Krystalle schmelzen bei 10,5°. Beim
Erhitzen des Monohydrates geht etwas Schwefelsäureanhydrid, SO_3, weg, die
Säure wird etwas wasserhaltig, und bei 338° destilliert eine Säure, die etwa
1,5% Wasser enthält. Bei höherer Erhitzung tritt eine Zersetzung in $SO_3 + H_2O$
ein, die bei 450° fast vollständig ist. Das Monohydrat wirkt wasserziehend
und verkohlt deshalb manche organische Substanzen (Gewebe). Verdünnt
man sie mit Wasser, so tritt starke Wärmeentwicklung auf (20,4 kcal). Das
Handelsmonohydrat hat einen Schwefelsäuregehalt von 97,8—99,0%, im Durchschnitt 98,3% H_2SO_4.

Den Volumengewichten der Schwefelsäure bei 15° C entsprechen nach
LUNGE folgenden Gehalte:

Spezifisches Gewicht	° Bé	100 Gewichts-teile enthalten %	1 l enthält kg	Spezifisches Gewicht	° Bé	100 Gewichts-teile enthalten %	1 l enthält kg
1,010	1,4	1,57	0,016	1,700	59,5	77,17	1,312
1,105	13,6	15,03	0,166	1,750	61,8	81,56	1,427
1,205	24,5	27,95	0,377	1,800	64,2	86,92	1,565
1,300	33,3	39,19	0,510	1,820	65,0	90,05	1,639
1,400	41,2	50,11	0,702	1,840	65,9	95,60	1,759
1,500	48,1	59,70	0,896	1,840	—	98,72	1,816
1,600	54,1	68,70	1,099	1,838	—	99,31	1,826

In der Technik wird noch vielfach die Stärke der Säure in Baumé-Graden
angegeben. Außerdem sind in der Technik folgende Bezeichnungen für bestimmte Säuren, aus den einzelnen Fabrikationszweigen stammend, in täglichem

Gebrauch: „Kammersäure", „Gloversäure" und „66grädige Säure", welche nachstehenden Gehalten entsprechen:

	Spezifisches Gewicht	° Bé	Gehalt an H_2SO_4 %
Kammersäure . .	1,53—1,62	50—55	62—70
Gloversäure . . .	1,67—1,76	58—62	75—82
66grädige Säure .	1,83—1,84	66	93—97

Die Industrie verlangt aber auch noch stärkere Säuren, sie werden hergestellt durch Auffangen von Schwefelsäureanhydrid (SO_3) in konzentrierter Schwefelsäure. Diese „rauchende Schwefelsäure", in der Technik „Oleum" genannt, weist bei den verschiedenen spezifischen Gewichten folgende Gehalte an freiem Anhydrid auf.

Spezifisches Gewicht	Freies SO_3 %	Spezifisches Gewicht	Freies SO_3 %
1,857	10	1,956	70
1,928	30	1,888	90
1,976	54	1,837	100

Die Schwefelsäure des Handels wird heute nach zwei prinzipiell verschiedenen Verfahren hergestellt, dem „Kammerprozeß" und dem „Kontaktprozeß". Der Kammerprozeß liefert direkt nur die dünne Kammersäure und die etwas stärkere Gloversäure; erst durch besondere Konzentrationsverfahren kann man aus diesen die konzentrierte sog. 66er Säure herstellen. Der Kontaktprozeß andererseits liefert direkt nur Schwefelsäureanhydrid bzw. rauchende Schwefelsäure.

Rohmaterialien der Schwefelsäurefabrikation.

Die Rohmaterialien für beide Verfahren sind schweflige Säure und Luft, wozu beim Kammerprozeß noch Stickoxyde und Wasserdampf treten.

Die schweflige Säure erzeugt man im Großbetriebe durch Oxydation von Schwefel, und zwar von reinem natürlichen Schwefel, von Schwefel der Metallsulfide (Schwefelkies, Kupferkies, Zinkblende, Bleiglanz), von Schwefel der Gasreinigungsmasse oder von Schwefel, der auf anderem Wege aus Stein- oder Braunkohlengasen gewonnen ist, auch von Schwefel, gewonnen durch Zersetzung von Schwefelwasserstoff (Clausschwefel), oder durch direkte Oxydation des Schwefelwasserstoffs im Koksgas und Leuchtgas, und durch thermische Dissoziation von Gips.

a) Schwefel.

Gediegener Schwefel findet sich in gewaltigen Ablagerungen namentlich in Sizilien, in Nordamerika (Louisiana und Texas) und in Japan (Hokkaido). In Sizilien sind in den Provinzen Catania, Trapani und Caltanisetti riesige Lager von 3—30 m Mächtigkeit vorhanden, die leicht zugänglich sind und in ganz primitiver Weise ausgebeutet werden. Das gewonnene Rohmaterial enthält im Durchschnitt nur 20—22% Schwefel, die reichsten Erze haben höchstens 30—40%. Man schmilzt den Schwefel in ganz roher Weise in gemauerten Öfen (Calcaroni) aus, besser sind die nach Art der Ringöfen in Ziegeleien eingerichteten Gill-Öfen (Forni), in denen die notwendige Hitze ebenfalls durch Verbrennung eines Teiles des Schwefels der Erze geliefert wird. Die Calcaroni bringen dabei nur 60, die Forni 75—80% des Schwefels aus. Seit 1927 wird auch ein weit vollkommener, von Gatto konstruierter Sechskammerofen, „Sestiglia" genannt, benutzt. Der Fortschritt besteht in der besseren Wärmeausnutzung. Der Ofen arbeitet in der Art des später beschriebenen Mendheimschen Kammerofens (vgl. „Tonwaren"). Er hat eine besondere Feuerstelle, die Feuergase treten von hier in die erste Kammer, die Schmelzkammer, schmelzen dort das Erz aus, treten dann in die nächste Kammer, wo sie frisches Erz vorwärmen, und gehen schließlich zum Kamin. Ist die Ausschmelzung in der ersten Kammer vollendet, wird das Feuer in die nächste Kammer vorverlegt usw. Schwefel schmilzt bei 114° und siedet bei 444,5°. Sizilien versorgte seit Mitte des vorigen Jahrhunderts die ganze Welt mit Schwefel und erreichte 1905 seine Höchstleistung mit 538 534 t. Seit 1903 beginnt aber die amerikanische Konkurrenz sich fühlbar zu machen, 1905 kam bereits amerikanischer Schwefel nach Hamburg und Marseille. Seit dieser Zeit geht die sizilianische Erzeugung ständig zurück und hat sich auch trotz der Bemühung der Regierung nicht mehr wesentlich gehoben, während die amerikanische gewaltig aufsteigt, wie folgende Zahlen zeigen (in 1000 t).

1922 war der Preis für amerikanischen Schwefel in Hamburg nur halb so hoch wie für sizilianischen.

In Nordamerika kennt man seit 1868 die Schwefellager in den Öl-

	1913	1920	1930	1934	1936
Sizilien . .	351	189	334	246	217
Amerika. .	312	1255	2559	1444	2048

gebieten von Louisiana und Texas, die viel gewaltiger sind als die sizilianischen; sie sind 30—85 m mächtig, der Schwefelgehalt beträgt 65—80%. Der Schwefel findet sich zwar nur in Tiefen von 150—240 m, bergmännischer Abbau ist aber nicht möglich, da auf dem Schwefel eine 25—60 m starke Schwimmsandschicht ruht. Erst durch das von Hermann Frasch (1891) eingeführte Verfahren des Ausschmelzens des Schwefels im Bohrloch durch Wasserdampf ist die erstaunliche Schwefelerzeugung Amerikas möglich geworden. Man treibt ein etwa 25 cm weites Eisenrohr bis in das Schwefellager, das Rohr trägt innen, wie die Abb. 172 zeigt, noch einige konzentrische Rohre von 15 cm und 7,5 cm lichter Weite. Durch das äußere Rohr wird gespannter Wasserdampf von 160—170° eingepreßt, der den umgebenden Schwefel schmilzt; durch das innerste Rohr tritt Preßluft (28 Atm.) ein, wodurch der geschmolzene Schwefel in dem Zwischenraum zwischen Dampf- und Luftrohr hochgetrieben wird und flüssig oben ausläuft. Man läßt ihn in Bretterverschlägen zu riesigen Schwefelklötzen erstarren. Der so gewonnene Schwefel ist 98—99,6% rein. Der Frasch-Schwefel allein kann den ganzen Weltbedarf decken.

Welterzeugung an Naturschwefel (in 1000 t).

	Vereinigte Staaten	Italien	Davon Sizilien	Spanien	Japan	Chile	Welt
1900	30	—	536	—	14	—	610
1913	312	396	352	8	59	—	968
1918	1354	—	220	13	65	—	1706
1923	2036	—	206	23	37	11	2400
1927	2112	263	231	20	45	12	2550
1930	2559	375	251	10	60	18	3022
1933	1429	402	265	39	114	13	2015
1934	1444	366	246	43	135	21	2006
1935	1659	331	217	—	152	20	2200
1936	2048	349	—	—	198	26	2650
1937	2742	338	—	—	—	—	etwa 3500

Etwa 91% der Gesamtschwefelmenge liefern Amerika und Italien zusammen. Die italienische Festlanderzeugung kann man zu 100 000 t annehmen. Deutschland gewinnt wenig Naturschwefel, wohl aber werden jetzt 70 000 t Schwefel als Nebenprodukt aus Kokereigasen (Ferngas) gewonnen. Das Koksgas lieferte 1927 etwa 9000 t, 1930: 13000 t, 1934: 17000 t, 1936: 26000 t, 1937: 70000 t Schwefel. (Der Schwefelinhalt in den gesamten deutschen Koksgasen berechnet sich für 1937 zu 130000 t, es wird also erst ein Bruchteil davon nutzbar gemacht.) Außerdem ergibt die Reinigung von Braunkohlengasen noch 9000 t Schwefel. Aus Schwerspat gewinnt man in Hönningen 4250 t. Gewaltige Mengen Schwefel liefert heute in Deutschland die Reinigung der Gase für die Benzin- und Ölsynthese. Das S. 188 beschriebene Alkacidverfahren der I. G. Farbenindustrie bringt allein jetzt schon 30000 t Schwefel aus.

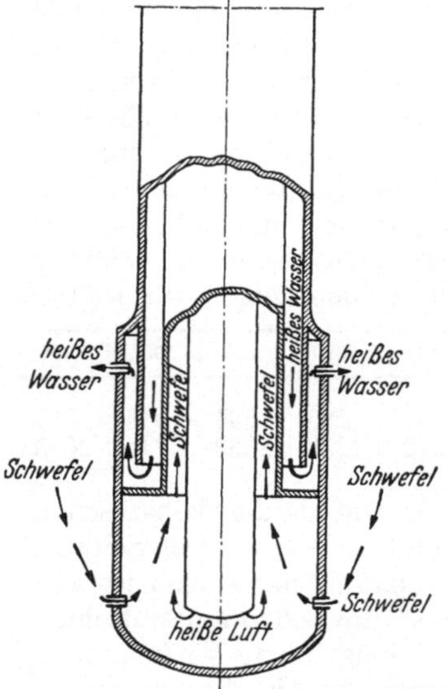

Abb. 172. Fußkörper der Schwefelpumpe von FRASCH.

Überall da, wo Schwefelwasserstoff zu Schwefel verbrannt werden soll, benutzt man auch heute noch den Claus-Ofen. Der ältere Claus-Prozeß arbeitet nach der Gleichung:

$$3\,H_2S + 1^1/_2\,O_2 = 3\,S + 3\,H_2O + 159\,kcal.$$

Diese Reaktionswärme entwickelt sich im Kontakte.

Der Claus-Ofen besteht, wie Abb. 173 zeigt, aus Mauerwerk, welches von einem Eisenmantel umschlossen ist. Über dem Boden ist ein Zwischenboden vorhanden, der von Lochplatten gebildet wird, auf denen die aus Bauxit bestehende Kontaktmasse aufgeschichtet ist. Die schwefelwasserstoffhaltigen Gase treten, mit Luft gemischt, von oben in den Ofen ein und durchstreichen die Kontaktschicht. Die Reaktionswärme verursacht in der obersten Kontaktschicht eine Temperatur von 500°, die aber nach unten schnell abnimmt. Ein Teil des Schwefels tropft flüssig aus dem Zwischenboden ab und fließt auf den schrägen Boden ab, der Rest wird in besonderen Kondensationskammern als Schwefelblume gewonnen.

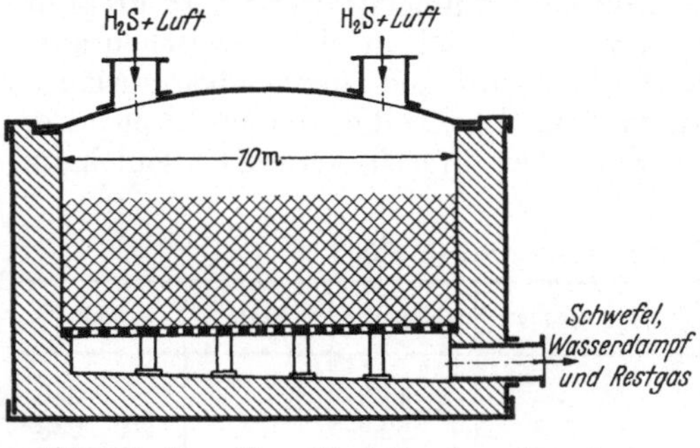

Abb. 173. Claus-Ofen. (Nach Eucken-Jacobs.)

Der neuere, von der I.G. Farbenindustrie verbesserte Claus-Prozeß teilt den Verbrennungsvorgang in zwei Teile:

$$a)\quad H_2S + 1^1/_2\,O_2 = SO_2 + H_2O + 124\,kcal.$$

Die Wärmeentwicklung der Verbrennung zu SO_2 wird in Kesseln zur Dampferzeugung ausgenutzt und nur die Reaktionswärme der weiteren Umsetzung

$$b)\quad SO_2 + 2\,H_2S = 3\,S + 2\,H_2O + 35\,kcal$$

wird im Kontakte frei. Es läßt sich also nach dem neuen Claus-Prozeß die mehr als hundertfache Menge H_2S/h umsetzen. Der Claus-Ofen hat dementsprechend jetzt, wie aus der Apparatskizze zum Alkacidverfahren (S. 188) zu ersehen ist, eine turmartige Form erhalten.

Bei Besprechung der Reinigung der Kokereigase (S. 186) von Schwefelwasserstoff sind einige dieser neuen Schwefelgewinnungsverfahren beschrieben.

Jetzt ist weiter noch auf einer deutschen Hütte, der Norddeutschen Affinerie, das sog. Sulfidinverfahren der Metallgesellschaft und der Lurgi zur Einführung gekommen, welches die schweflige Säure der Konvertergase und der Sinterapparate nach einem Zwischenstufensystem zu Elementarschwefel reduziert. Die Reduktion der SO_2 durch Kohlenstoff (Koks) nach der Gleichung

$$SO_2 + C = CO_2 + S$$

ist nicht in einem einzigen Arbeitsgange durchführbar, da durch Nebenreaktionen Kohlenoxyd und Kohlenoxysulfid auftreten und bei armen Gasen ein unwirtschaftlicher Koksverbrauch entsteht. Das Sulfidinverfahren wäscht deshalb in Waschtürmen mit Hilfe von aromatischen Aminen und Wasser die SO_2 aus den Röstgasen aus. Das Absorbens nimmt 130—180 kg SO_2/m^3 auf. Bei 95—100° wird dann in einer Abtreibkolonne das Absorbens von der schwefligen Säure wieder befreit und kehrt nach Kühlung wieder auf die Absorptionstürme zurück. Die SO_2 entweicht als 100%iges Gas, sie wird gewaschen und gekühlt. Zur Reduktion führt man die SO_2 in einen mit Koks beschickten heißen Generator, wo oberhalb 950° die Reduktion zu Schwefeldampf eintritt. Zur Beseitigung der Nebenreaktionsprodukte CO und COS schickt man die Reaktionsgase dann unter Zusatz von SO_2 in einen mit Bauxit als Katalysator beschickten Ofen, wo sich CO und COS bei 400—750° nach der Gleichung

$$2\,COS + SO_2 = 2\,CO_2 + 3\,S \quad und \quad 2\,CO + SO_2 = 2\,CO_2 + S$$

zu CO_2 und Schwefeldampf umsetzen. Den Schwefeldampf kondensiert man durch Wasserkühlung und gewinnt Schwefelreste durch elektrische Gasreinigung. Der Schwefel ist 99,9% rein.

Auf den großen Hütten in Trail, BC, absorbiert man die schweflige Säure der armen Röstgase von Blei- und Zinkerzkonzentraten mit Ammonsulfitlösung. Die entstehende Bisulfitlösung wird mit Schwefelsäure zersetzt und die ausgetriebene schweflige Säure mit geringen Mengen reinen Sauerstoffs in einen mit Koks gefüllten Generator eingeblasen. Der Sauerstoff liefert die nötige Wärme im Ofen, die Schwefligsäure zersetzt sich am glühenden Koks zu elementarem Schwefel. Die Reaktion ist aber unvollständig. Beigemengtes COS muß noch mit SO_2 katalytisch zu S und CO_2 umgesetzt werden. In Trail gewann man 1937 13500 t Schwefel. In Schweden werden aus den Röstgasen der Boliden-Erze durch Reduktion mit glühendem Koks 30000 t Schwefel erhalten.

Man gewinnt auch Schwefel aus schwefelwasserstoffhaltigen Kohlegasen mit Hilfe von aktiver Kohle. Von den aktiven Kohlen wirken die Chlorzinkkohlen besonders günstig. Die Oxydation des H_2S geschieht durch Luft, wobei geringe Mengen basischer Stoffe wie NH_3 und Amine, ferner Wasserdampf einen sehr günstigen Einfluß ausüben. Das von teerigen Bestandteilen befreite Gas wird durch einen mit 2 m^3 Aktivkohle beschickten Behälter geleitet, Schwefel schlägt sich auf der Kohle nieder, nach Durchgang von 40000—50000 m^3 Gas ist die Kohle mit Schwefel gesättigt. Der Schwefel wird dann mit Schwefelkohlenstoff, Mono- oder Dichlorbenzol extrahiert, oder, was vorgezogen wird, man benutzt als Extraktionsmittel wäßrige Lösungen von Schwefelammon, mit denen man im Kreisprozeß arbeitet. Man kann auch den Schwefel mit überhitztem Wasserdampf abtreiben.

Verwendung des Schwefels. Von dem Naturschwefel dient die Hälfte zur Schwefelsäureerzeugung (hauptsächlich in Amerika, bei uns gar nicht), ein Viertel verbraucht die Zellstoffherstellung (bei uns ganz wenig), 10—15% die Schädlingsbekämpfung, besonders der Weinbau, 10—15% die Schwefelkohlenstoffherstellung (für Viskose, Kunstseide) (bei uns rund 30000 t) und die Vulkanisation von Kautschuk. 1914 wurden in Amerika nur 2,6%, in

England 0,3% der Schwefelsäure aus Schwefel hergestellt, 1925 aber 67%
bzw. 24%, die Verwendung aus elementarem Schwefel nimmt also stark zu;
heute wird etwa $^1/_4$ der Schwefelsäure der Welt aus Schwefel gewonnen.

b) Schwefelkies.

Schwefelkies bildet die wichtigste Grundlage für die Schwefelsäureindustrie
der meisten Länder. Er findet sich in allen Weltteilen und kommt in Form von
Pyrit und Markasit vor. Der Pyrit, der Formel FeS_2 entsprechend, müßte
theoretisch 53,3% Schwefel und 46,7% Eisen enthalten, praktisch ist er aber
immer mit Gangart und anderen Sulfiden von Kupfer, Zink, Blei, Arsen, Selen
usw. verunreinigt, so daß der Schwefelgehalt bestenfalls 50—51% beträgt.
Dem Pyrit ist vielfach Magnetkies oder Pyrrhotit beigemischt, der etwa
der Formel Fe_7S_8 entspricht, er kommt auch für sich in großen Lagern vor,
steht aber an Bedeutung dem Pyrit weit nach.

Die größten Pyritlagerstätten befinden sich in Spanien und Portugal. Diese
spanisch-portugiesischen Kiese sind kupferhaltig (2—3% Cu) und enthalten mehr
Schwefel (46—49%) als andere Kiese. Die bedeutendsten Grubenbezirke sind
Rio Tinto, Tharsis, Pomarone, Huelva; die Ware kommt als Stückkies oder auch
als Feinkies zu uns. Aus spanisch-portugiesischen Kiesen wurden vor dem Kriege
$^2/_3$ unserer Schwefelsäure hergestellt. Die von den Schwefelsäurefabriken ab-
gerösteten Kiesabbrände werden durch chlorierende Röstung vom Kupfer befreit
und gehen dann nach vorheriger Brikettierung als Eisenerz in den Eisenhochofen.
Die Ausbeutung begann 1885. Die spanische Pyritförderung betrug:

1910	. . . 3,37 Mill. t		1929	. . . 3,87 Mill. t
1913	. . . 3,20 Mill. t		1932	. . . 2,15 Mill. t
1918	. . . 1,32 Mill. t		1934	. . . 1,47 Mill. t
1923	. . . 2,65 Mill. t		1935	. . . 2,25 Mill. t
1927	. . . 3,60 Mill. t		1936/37	. . unbekannt

Auch Norwegen förderte große Mengen kupferhaltiger Pyrite: 1913: 440000 t,
1923: 375000 t, 1928: 750000 t, 1934: 960900 t, 1935: 1,03 Mill. t, 1936:
734000 t, 1937: 667000 t.

Aus beiden Ländern stammt die Hauptmenge der Kieseinfuhr Deutschlands. Wir führten an Kiesen ein (in 1000 t):

1913	. . . 1026	1930	. . . 960	1934	. . . 987
1920	. . . 479	1931	. . . 706	1935	. . . 1019
1928	. . . 1200	1932	. . . 651	1936	. . . 1043
1929	. . . 1170	1933	. . . 849	1937	. . . 1464

In Deutschland findet sich nur ein großes Pyritlager bei Meggen in Westfalen, dessen Menge auf $4^1/_2$ Mill. t geschätzt wird. Dieser Kies ist kupferfrei,
er enthält aber nur rund 45% Schwefel, daneben jedoch 6—10% Zink, was die
Abröstung erschwert. Vor dem Kriege wurden bei uns nur etwa 200000 t
Meggener Kies verwendet, im Kriege wurde die Förderung auf 900000 t gebracht. Deutschland förderte 1935: 276800 t, 1936: 285500 t, 1937: 424100 t
Schwefelkies.

Der Gesamtkiesverbrauch der Schwefelsäure-Industrie Deutschlands betrug in den letzten Jahren (in 1000 t):

1929	. . . 1195	1931	. . . 737	1933	. . . 805	1935	. . . 985
1930	. . . 1003	1932	. . . 824	1934	. . . 860	1936	. . . 1113
						1937	. . . 1279

(Große Mengen Kies verbraucht auch noch die Zellstoffindustrie.)
Über eine große Anzahl (meist arsenfreier) Pyritlager verfügen auch die
Vereinigten Staaten (Kalifornien, Virginia, New York, Ohio, Georgia), die

Eigenerzeugung belief sich 1913 auf 341000 t, 1920: 311000 t, 1927: 216000 t, 1930: 347500 t, 1933: 284300 t, 1937: 593500 t, dazu kam eine Einfuhr von fremden Kiesen von 1913: 850000 t, 1920: 332000 t, 1927: 251000 t, 1930: 326000 t, 1933: 342000 t, 1937: 429300 t. Die Verwendung von Pyrit und Schwefel wechselt in Amerika stark. Als Rohstoff an der Schwefelsäuregewinnung waren beteiligt:

<table>
<tr><td colspan="5" align="center">In Amerika:</td><td colspan="2" align="center">In England:</td></tr>
<tr><td></td><td>1914
%</td><td>1918
%</td><td>1928
%</td><td>1937
%</td><td></td><td>1936
%</td></tr>
<tr><td>Schwefel . . . .</td><td>2,6</td><td>48,0</td><td>67,0</td><td>64,4</td><td>Schwefel . . . . . .</td><td>20,8</td></tr>
<tr><td>Pyrit . . . .</td><td>73,7</td><td>27,8</td><td>16,5</td><td>24,4</td><td>Pyrit . . . .</td><td>48,5</td></tr>
<tr><td>Hüttengase (Kupfer- und</td><td></td><td></td><td></td><td></td><td>Zinkblende . . . . .</td><td>12,2</td></tr>
<tr><td>Zinkhütten) . . . .</td><td>23,7</td><td>24,2</td><td>16,5</td><td>11,2</td><td>Gasreinigungsmasse. .</td><td>18,5</td></tr>
</table>

Zu einem Großkieserzeuger entwickelt sich in den letzten Jahren Japan: 1930: 0,56, 1932: 0,73, 1934: 1,09 und 1936: 1,69 Mill. t.

Die Weltproduktion an Schwefelkies betrug:

1895 . . . 2,85 Mill. t	1918 . . . 4,50 Mill. t	1933 . . . 6,71 Mill. t
1900 . . . 3,71 Mill. t	1923 . . . 4,80 Mill. t	1934 . . . 7,11 Mill. t
1910 . . . 4,80 Mill. t	1927 . . . 6,50 Mill. t	1935 . . . 7,93 Mill. t
1913 . . . 5,90 Mill. t	1932 . . . 5,39 Mill. t	1936 . . . 8,70 Mill. t
		1937 . . . 9,50 Mill. t

c) Zinkblende.

Zinkblende enthält weniger Schwefel als Pyrit (theoretisch 32,9% neben 67,1% Zink), praktisch hat sie meist nur 23—30%. Bei uns kommen Zinkblendelager namentlich in Rheinland-Westfalen, Sachsen und Oberschlesien vor. Zinkblende wird zum Zwecke der Zinkgewinnung abgeröstet, aber man darf die schweflige Säure nicht in die Luft lassen, die Röstgase müssen also auf flüssige schweflige Säure oder auf Schwefelsäure verarbeitet werden. Deutschland verbrauchte für die Schwefelsäureindustrie an Zinkblende 1913: 554700 t, 1923: 82000 t, 1929: 220000 t, 1933: 116000 t, 1935: 235000 t, 1937: 309300 t.

d) Kupferkies und Bleiglanz.

Geschwefelte Kupfererze und Bleiglanz werden nicht von der Schwefelsäureindustrie abgeröstet; Kupfer- und Bleihütten dürfen aber die schwefeldioxydhaltigen Röstgase und Konvertgase nicht mehr in die Luft lassen, und so gewinnen heute Kupferhütten aus Röst- und Konvertergasen Schwefelsäure (bei uns Oker, Mansfeld), ebenso die Bleihütten nach Einführung der Verfahren des Verblaseröstens 1898 (HUNTINGTON-HEBERLEIN, DWIGHT-LLOYD, v. SCHLIPPENBACH). Seit zwei Jahrzehnten bringen namentlich die amerikanischen Kupferhütten riesige Mengen Schwefelsäure als Nebenprodukt aus.

e) Gasreinigungsmasse.

Der im Rohgas der Leuchtgasanstalten enthaltene Schwefelwasserstoff wird in trockenen, mit einer Eisenhydroxydmasse (Luxmasse) beschickten Reinigern entfernt (vgl. Leuchtgas, S. 143 und Kokerei, S. 186), wobei sich in der früher angegebenen Weise elementarer Schwefel ausscheidet. Die ausgebrauchte Gasreinigungsmasse enthält 45—50% Schwefel. Die deutschen Gaswerke setzten 1914: 46500 t, 1926: 25800 t, 1933: 28000 t, 1936: 37900 t Gasreinigungsmasse ab. England verarbeitete 1923: 148000 t, 1934: 139000 t Gasreinigungsmasse.

In Deutschland wurden für die Schwefelsäureerzeugung an Rohstoffen verbraucht (in 1000 t):

	Schwefelkies	Zinkblende	Kupferstein, Bleierz und -stein	Gasreinigungsmasse
1925	980	125	75	25
1929	1195	222	185	50
1931	737	139	199	27
1933	805	116	185	23
1934	860	138	134	19
1935	985	235	184	19
1936	1113	258	194	22
1937	1279	309	251	26

In England:

	Schwefelkies	Zinkblende	Rohschwefel	Gasreinigungsmasse
1932	351	71	32	129
1934	363	97	44	139

Bei uns und in den meisten Ländern ist der Pyrit der Hauptrohstoff der Schwefelsäureerzeugung (1935: 80%, 1936: 85%), nur in den Vereinigten Staaten überwiegt die Schwefelverbrennung (1932: 60%). Zinkblende spielt die Hauptrolle in Belgien und Polen, bei uns werden nur 13—15% Schwefelsäure aus Blende gewonnen. Die Gasreinigungsmasse ist am wichtigsten in England, wo (1931) 23% der Schwefelsäure hieraus hergestellt wurden. In England und Frankreich werden neuerdings bedeutende Mengen Schwefelsäure aus Anhydrit gewonnen.

f) Natürliche Sulfate.

Solange noch die Leblanc-Sodafabrikation im Gange war, gewann man Schwefel aus den Rückständen nach dem Chance-Claus-Verfahren. Auch bei der Herstellung von Bariumsalzen aus Bariumsulfat gewinnt man in Hönningen Schwefel. Im Kriege versuchte man Gips bzw. Magnesiumsulfat im Drehrohrofen mit Kohle zu reduzieren, das Sulfid zu zersetzen und den Schwefelwasserstoff nach CLAUS mit Luft zu Schwefel zu verbrennen. Es sind so 1917—19 22300 t Schwefel gewonnen worden. Das Verfahren ist nicht mehr in Anwendung. In Gebrauch ist heute nur das Bayer-Zementverfahren, bei welchem Anhydrit ($CaSO_4$) mit tonhaltigen Zuschlägen und Koks im Drehrohrofen zersetzt (thermisch zur Dissoziation gebracht) wird, wobei Gase mit 6—7% SO_2 und ein als Portlandzementklinker verwendbares Nebenprodukt erhalten wird.

g) Schwefelwasserstoff.

In einzelnen Fällen wird jetzt auch Schwefelwasserstoff aus Abgasen der Schwefelgewinnung im Claus-Ofen oder aus den Abschwaden bei der Ammonsulfatgewinnung aus Kokereigasen direkt als Ausgangsmaterial für die Gewinnung von Schwefelsäure benutzt. Ein solches von SIECKE ausgearbeitetes Verfahren der Lurgi-Gesellschaft ist später (S. 303) beschrieben.

Den Weltverbrauch an Schwefel berechnet das Bureau of Mines für das Jahr 1929 zu rund 7 Mill. t. Dazu liefern die verschiedenen Naturstoffe, in Schwefel umgerechnet, folgende Mengen (in 1000 t):

Naturschwefel	2834
Schwefelkies	3080
Zinkblende, Kupfer- und Bleierze	543
Schweflige Säure	300
Gips	160
	6917

Deutschlands Schwefelbedarf und eigene Erzeugung (in 1000 t):

	1929	1931	1933	1934
Bedarf	70,9	33,7	42,1	51,3
Heimische Erzeugung . . .	10,3	13,3	25,3	27,8

Die Herstellung der Schwefelsäure.

Außer schwefliger Säure sind für den Bleikammerbetrieb noch Stickoxyde erforderlich. Früher zersetzte man Chilesalpeter durch die heißen Röstgase, um die erforderlichen Stickoxyde zu erzeugen. Heute werden die Stickoxyde allgemein in Form von Salpetersäure in den Prozeß eingeführt. Daneben aber erzeugen viele Schwefelsäurefabriken die Stickoxyde durch Verbrennung von Ammoniak an Platinkontakten (s. Salpetersäure).

Alle schwefelhaltigen Rohmaterialien werden durch Oxydation mit Luft (durch Verbrennen oder Abrösten) in schweflige Säure verwandelt. Diese muß dann mit Sauerstoff und Wasser zu Schwefelsäure umgesetzt werden:

$$SO_2 + \tfrac{1}{2} O_2 + H_2O = H_2SO_4.$$

Die Oxydation der schwefligen Säure vollzieht sich aber nicht ohne weiteres, es sind Sauerstoffüberträger nötig und diese sind:

a) beim Kammerprozeß Stickoxyde, b) beim Kontaktverfahren Platin, Eisenoxyd, Vanadinsäure, Silbervanadat usw.

A. Der Bleikammerprozeß.
Theorie des Kammerprozesses.

Schon 1806 kamen CLÉMENT und DESORMES zu dem Schlusse, daß die aus dem Salpeter entwickelten Gase als Sauerstoffüberträger wirken müßten. DAVY erkannte 1812 die Wichtigkeit des Wassers und erklärte die Kammerkrystalle (Nitrosylschwefelsäure) als wesentliche Zwischenverbindung. Später haben sich um die Theorie des Kammerprozesses namentlich R. WEBER, C. WINKLER, LUNGE, BERL, RASCHIG, M. NEUMANN, MATSUI, WOISIN, TRAUTZ, FORRER, NORDENGREN, ABEL, W. J. MÜLLER u. a. bemüht. Die Ansichten über die Reaktionsvorgänge und die auftretenden Zwischenprodukte sind aber bis heute noch nicht einheitlich.

Die Bruttoformel der Schwefelsäurebildung in der Bleikammer und in den Reaktionstürmen ist:

$$SO_2 + 2\,NO + \tfrac{1}{2} O_2 + H_2O = H_2SO_4 + 2\,NO.$$

Auf beiden Seiten der Formel steht NO. Das NO ist also der Katalysator, d. h. der Sauerstoffüberträger. Da wir jetzt wissen, daß die Oxydationsreaktion in flüssiger Phase vor sich geht, so ist der primäre Träger der Oxydationsreaktion die salpetrige Säure HNO_2 (das Hydrolysenprodukt der Nitrosylschwefelsäure).

Die von LUNGE aufgestellten einfachen Formeln über die Vorgänge bei der Schwefelsäurebildung gehen ebenfalls davon aus, daß sich zuerst intermediär Nitrosylschwefelsäure ($HSNO_5$) bildet:

$$2\,SO_2 + N_2O_3 + O_2 + H_2O = 2\,SO_2\!\!\begin{array}{l} \diagup OH \\ \diagdown NO_2 \end{array}.$$

Herrscht Wassermangel in der Kammer, so kann sich die Nitrosylschwefelsäure in Form von „Bleikammerkristallen" ausscheiden. Mit Wasser, ebenso mit

verdünnter Kammersäure, setzt sich die Nitrosylschwefelsäure unter Rückbildung der Stickoxyde in Schwefelsäure um:

$$2\,SO_2\!\!<^{OH}_{NO_2} + H_2O = 2\,H_2SO_4 + N_2O_3\,.$$

Von starker Schwefelsäure wird die Nitrosylschwefelsäure unverändert aufgenommen und entführt, dieses Gemisch ist die „Nitrose".

RASCHIG hatte später eine andere Theorie der Schwefelsäurebildung aufgestellt, wobei als Zwischenverbindungen nicht die Nitrosylschwefelsäure, sondern
die Nitroso- und die Nitrosisulfosäure angenommen wurden. Diese Theorie
hat keinen Anklang gefunden.

Ein sehr einfaches, übersichtliches Bild über die Vorgänge beim Bleikammerprozeß hat kürzlich W. J. MÜLLER gegeben, welches mit modernen,
physikochemischen Vorstellungen in guter Übereinstimmung ist. Als Reaktions-
zwischenprodukt tritt dabei ebenfalls nur die Nitrosylschwefelsäure auf. Die
direkte Oxydation der SO_2 durch Nitrosylschwefelsäure verläuft sehr langsam:
die Nitrosylschwefelsäure hydrolysiert aber sehr leicht und ihr Hydrolysenprodukt, die salpetrige Säure, vermittelt die Oxydationsreaktion. Die einzige
reine Gasreaktion beim Kammerprozeß ist die Reaktion $2\,NO + O_2 = 2\,NO_2$.
Darauf folgen an den Grenzflächen gasförmig-flüssig die hauptsächlichsten
Auflösungsreaktionen von schwefliger Säure in Wasser und von Stickoxyden
in Wasser bzw. Schwefelsäure. Die eigentliche Oxydation geht in flüssiger
Phase durch die salpetrige Säure, das Hydrolysenprodukt der Nitrosylschwefelsäure, vor sich.

Die Hauptreaktionen in den Türmen und in den Kammern sind nach
MÜLLER folgende:

	Art der Reaktion	Reaktionsgleichung	Ort der Reaktion
I	Gasreaktion (Gasphase)	$2\,NO + O_2 = 2\,NO_2$	In allen Teilen des Systems
II	Auflösungsreaktionen (Phasengrenze gasförmig-flüssig)	a) $SO_2 + H_2O = H_2SO_3$	Glover, Kammern und Reaktionstürme
		b) $NO + NO_2 + H_2O = 2\,HNO_2$	Glover, Kammern und Reaktionstürme
		c) $NO + NO_2 + 2\,H_2SO_4 = 2\,HSNO_5$	Gay-Lussac, teilweise in Kammern und Reaktionstürmen
III	Hydrolysenreaktion (flüssige Phase)	$HSNO_5 + H_2O = H_2SO_4 + HNO_2$	Glover, Kammern und Reaktionstürme
IV	Oxydationsreaktion (flüssige Phase)	$H_2SO_3 + 2\,HNO_2 = H_2SO_4 + 2\,NO + H_2O$	Glover, Kammern und Reaktionstürme

Praktische Ausführung des Kammerprozesses.

Die vorher genannten Schwefelrohmaterialien müssen zunächst in schweflige
Säure übergeführt werden. Das geschieht bei elementarem Schwefel anders
als bei Kiesen oder Blenden.

Schwefelverbrennung. Flüssiger Schwefel wird einfach mit einem regulier-
baren Luftstrome verbrannt. Ein viel verbreiteter Schwefelverbrennungsofen
zur Erzeugung von SO_2 für Bleichzwecke ist der Schwefelofen der Maschinenfabrik Mako (Erfurt), den man häufig in Zuckerfabriken antrifft. Diese
Öfen werden auch in doppelter Länge mit zwei Füllöffnungen gebaut, sie
können je nach Größe 75—925 kg Schwefel in der Stunde verbrennen. Für
Schwefelsäurefabriken verwendet man Öfen mit größeren Leistungen, die

mehrere Tonnen Schwefel täglich verbrennen können. Dafür kommen liegende rotierende Zylinder in der Art der Drehrohröfen in Frage. Einen Schnitt durch einen solchen rotierenden Schwefelverbrennungsofen der Maschinenfabrik Mako zeigt Abb. 174. Der Schwefel läuft aus einer Schwefelschmelzpfanne in den langen rotierenden Schwefelverbrennungsofen, die Verbrennungsluft tritt am hinteren Ende des Ofens ein. Die entstandene schweflige Säure geht nun noch durch eine Nachverbrennungskammer, für die Nachverbrennung

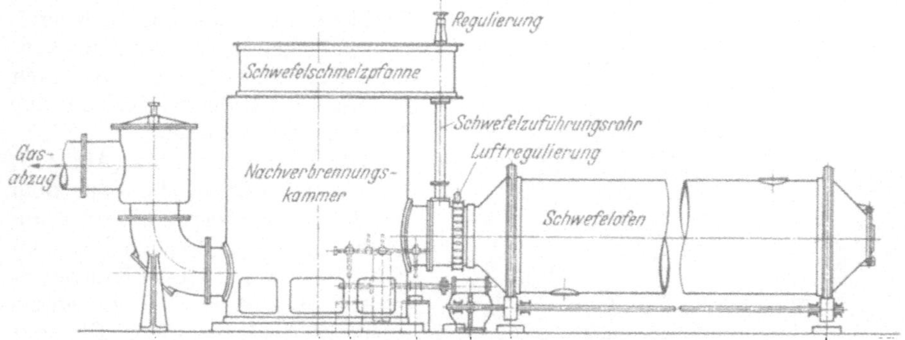

Abb. 174. Rotierender Schwefelverbrennungsofen (Mako).

findet am Kopfe des Drehofens eine nochmalige Luftregulierung statt. Bei anderen ähnlichen Schwefelverbrennungsanlagen wird am hinteren Ende des Drehofens fester Schwefel durch eine Zuführungsschnecke eingeführt. In Amerika wird vielfach auch ein Vertikalofen mit mehreren übereinander liegenden Schalen für die Schwefelverbrennung benutzt, den in ähnlicher Weise auch die Humboldt-Deutz AG. baut (Abb. 175). Der 1,80 m hohe Ofen besteht aus fünf Gußeisenschalen. Die oberste hat in der Mitte ein Loch, welches durch eine verstellbare Spindel verschlossen werden kann. Der Rohschwefel wird auf die oberste Schale aufgegeben, schmilzt durch die Wärme des verbrennenden Schwefels, tropft auf die nächste tiefere Schale und läuft durch Überlauf auf die anderen Schalen weiter. Die Geschwindigkeit der Verbrennung

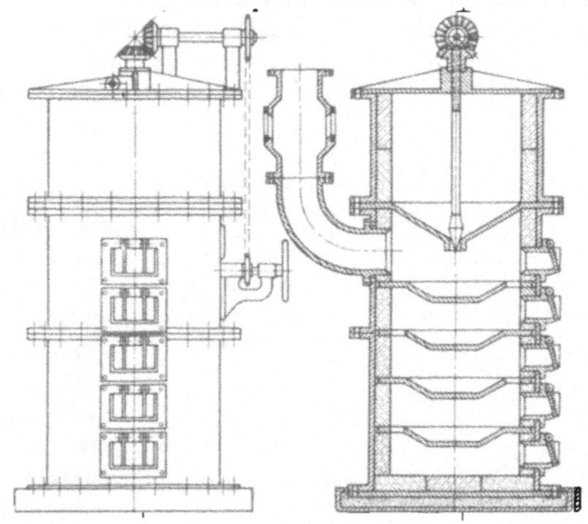

Abb. 175.
Schwefelverbrennungsofen (Humboldt-Deutz AG).

wird durch Regulierung des Luftstromes mittels der seitlichen Klappen eingestellt; die Verbrennungsgase ziehen durch das seitliche Rohr ab.

Die Texas Gulf Sulphur Co. hat für die Verbrennung von geschmolzenem Schwefel einen besonderen Brenner konstruiert, der täglich 13 t Schwefel zu schwefliger Säure verbrennen kann. Der Brenner ähnelt im Prinzip dem in Abb. 49, S. 103, abgebildeten Körtingschen Dampfstrahlzerstäuber für flüssige Brennstoffe, nur hat der Schwefelbrenner noch einen äußeren Dampfmantel. Das Zerstäuben des durch eine Zentrifugalpumpe unter Druck eingeführten geschmolzenen Schwefels wird von Preßluft besorgt. Die Verbrennung erfolgt dann in einer Verbrennungskammer, die mit Gittersteinen ausgesetzt ist. Es entsteht ein konstanter Gasstrom mit 19—20% SO_2. Sublimationsprodukte und SO_3 treten nicht auf. Solche „Sulphur-Atomizer" werden jetzt von anderen Firmen ebenfalls gebaut und sind bei mehreren Kontaktschwefelsäureanlagen in Anwendung (Chemico-Brimstone-Prozeß).

Kiesabröstung. Der Schwefelkies kommt in die Fabriken in verschiedener Stück- bzw. Korngröße. Der Kies wird daher erst zerkleinert und separiert, d. h. Feines und Grobes werden von einander in Siebtrommeln getrennt. Zur Zerkleinerung wenden Schwefelsäurefabriken in der Regel Backen- und Walzenbrecher an, die auch in anderen Industriezweigen zur Verwendung kommen.

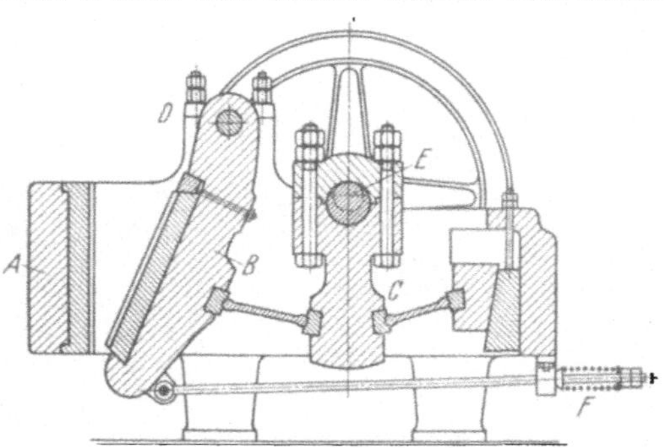

Abb. 176. Backenbrecher.

Der Backenbrecher (Abb. 176) besteht im wesentlichen aus dem feststehenden Körper A, einer um D beweglichen Brechbacke, dem Schwinger B und einem Kniehebelgelenk, das durch eine Exzenterwelle E betätigt wird. Die mit zwei Schwungrädern versehene Exzenterwelle verursacht eine Auf- und Abwärtsbewegung der Zugstange C, wodurch die bewegliche Brechbacke B mit dem unteren Ende gegen den Brechkörper A gepreßt wird, worauf sie die Feder F wieder zurückzieht. Der Kies wird in das durch beide Brechbacken gebildete Brechmaul geworfen und hier zertrümmert; er fällt dann zur Trennung des Feinen vom Groben in schräg angeordnete, durchlochte, drehbare Siebtrommeln. Es finden auch Kegel-, Kreisel- oder Rundbrecher Verwendung, bei denen sich ein gerippter, auf einer senkrechten Welle sitzender Kegel in einem gerippten Hohlkegel bewegt, wodurch das zwischen die beiden Kegel gebrachte Gut zerkleinert wird (vgl. „Kalisalze" Abb. 156, S. 235).

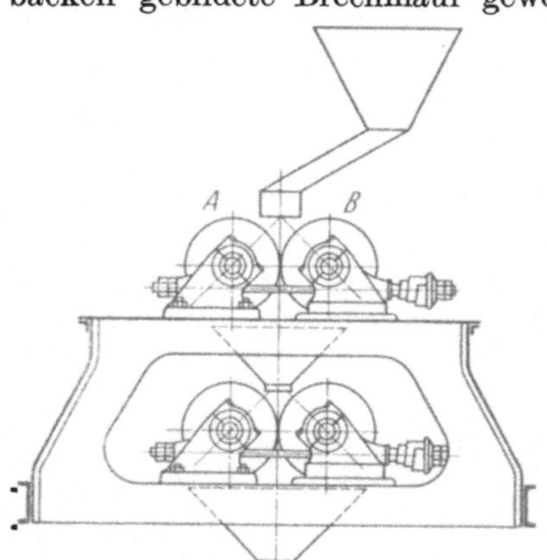

Abb. 177. Walzenbrecher.

Beim Walzenbrecher (Abb. 177) sind zwei nebeneinander liegende Walzen A und B vorhanden, die, entgegengesetzt rotierend, den dazwischen gebrachten Kies zerquetschen. Gewöhnlich verwendet man zwei Walzenpaare, von denen das oben liegende den Kies vorbricht.

Der Grobkies oder Stückkies (5—8 cm) wurde früher in besonderen Kiesöfen abgeröstet, die ein sehr staubfreies Gas lieferten. Da heute nur wenig Erze als Stücke in den Handel kommen und die Entstaubung des Röstgases durch elektrische Gasreinigung leicht erreicht wird, so sind diese Öfen heute ohne Bedeutung. Feinkiese (3—10 mm) und Schlicke müssen in besonderen Feinkiesöfen abgeröstet werden.

Die Abröstung von Feinkies geschah früher ausschließlich in Plattenöfen System Delplace oder Maletra, bei denen, ähnlich wie bei den für die Abröstung von Zinkblende (vgl. „Zink") benutzten Rhenania-Röstöfen, der auf die oberste Herdplatte aufgegebene Feinkies durch Handarbeit umgewendet und auf die nächst tieferliegende Platte weiterbefördert wird, bis er unten abgeröstet ankommt. Die Handröstung ist sehr beschwerlich und erfordert geübte Arbeiter. Man verwendet deshalb jetzt für Feinkies allgemein mechanische Röstöfen nach dem von MacDougall angegebenen Prinzip, von denen heute eine ganze Reihe verschiedener Bauarten [Herreshoff, Wedge, Metallbank (Lurgi), Bracq-Moritz, Humboldt-Deutzmotoren, Erzröstgesellschaft] in Anwendung sind. Auch bei diesen Öfen sind mehrere Herdplatten P übereinander angeordnet (Abb. 178). Der Feinkies wird auf die oberste Platte gebracht, von Rührarmen R, die an einer zentralen senkrechten Welle W befestigt sind, erfaßt und durch die an den Armen sitzenden, schräg gestellten Zähne über die Platte gleichmäßig verteilt und umgerührt. Nun haben die Platten abwechselnd Öffnungen O, einmal in der Nähe der zentralen Welle, dann an der Peripherie der Platte.

Der Kies wandert durch die Schräg-stellung der Zähne einmal nach außen, fällt dort auf die nächsttiefere Platte, wandert nach der Mitte, fällt durch die vorhandene Öffnung auf die nächste Platte und so fort, bis er unten ab-geröstet ankommt und ausgetragen wird. Der in Abb. 178 abgebildete Ofen hat fünf Platten; es kommen auch solche mechanische Röstöfen mit sieben, aber auch solche mit weniger als fünf Platten (z. B. für Gasreinigungsmasse) vor. Der Durchmesser der Öfen ist rund 6—6,5 m, sie rösten täglich 12—30 t Schwefelkies ab. Das Rührwerk macht etwa alle $2^1/_2$ min eine Umdrehung. Die verschiedenen Bauarten unterscheiden sich hauptsächlich durch die Art der Kühlung der Welle und der Arme, und durch die verschiedene Art der Befestigung oder Einsteckung der (aus-wechselbaren) Arme in die Welle; dabei wird sowohl Wasser-, als auch Luft-kühlung verwendet. Bei jeder Abröstung

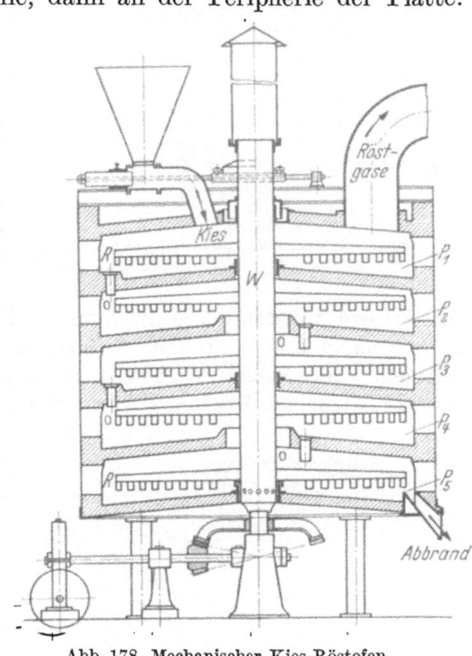

Abb. 178. Mechanischer Kies-Röstofen.

von Schwefelkies in irgend einem Ofen bleibt als Ergebnis der Röstung ein eisenoxydreicher Rückstand, der Kiesabbrand, oder kurz Abbrand (purple ore), übrig. Der Abbrand hat einen Eisenoxydgehalt von 83—97% (= 55 bis 67% Fe) und geht, meist in brikettierter oder sonstwie agglomerierter Form, in die Eisenhochöfen. Es ist aber praktisch nicht möglich, den Kies ganz tot zu rösten, d. h. vollständig schwefelfrei zu machen. Feinkiese lassen sich bis auf $1/_2$—$1^1/_2$% Schwefel abrösten, Stückkiese nur bis auf 3—4%. Sind kupferhaltige (spanische) Kiese abgeröstet worden, so läßt man absichtlich einen gewissen Schwefelgehalt (3—4%) in den Abbränden, weil diese dann noch mit Kochsalz chlorierend geröstet und einer Laugerei zur Gewinnung der Edelmetalle und des Kupfers unterworfen werden (vgl. „Kupfer"). Meggener Kiese hinterlassen Abbrände mit etwa 10% Zink, welches als Sulfat aus-gelaugt und zur Lithoponefabrikation benutzt wird. Eine Zeitlang wurden diese Rückstände chlorierend geröstet, das Chlorzink ausgelaugt und durch Elektrolyse das Zink daraus gewonnen.

Seit 1918 verwendet man auch Drehrohröfen für die Pyritabröstung (Kauffmann). Der Drehofen arbeitet aber erst wirtschaftlich, nachdem man erkannt hat, daß man die Röstzeit durch Einbau von Stauringen verlängern muß. Abb. 179 zeigt die Außenansicht eines **Pyritabröstungsofens** der **Lurgi AG.** Der Drehofen ist auf zwei Rollen gelagert, die Kiesaufgabe befindet sich an der Kopfseite, der Abbrandaustrag an dem anderen Ende. Die Röstgase ziehen am Kopfende ab und gehen durch einen Staubausscheider und eine elektrische Staubscheidung. Der Ofen ist hinten geschlossen. Das besondere Kennzeichen dieser Art Drehöfen sind die zahlreichen, über den Trommelumfang verteilten Luftzuführungsdüsen, die ungefähr bis in die Mitte des Ofens reichen und die das Herausfallen der Beschickung verhindern. Die Luftzufuhr ist regulierbar. Das Mauerwerk im Innern des Ofenrohrs ist so ausgestaltet, daß das Röstgut von Wendern hochgehoben wird und in

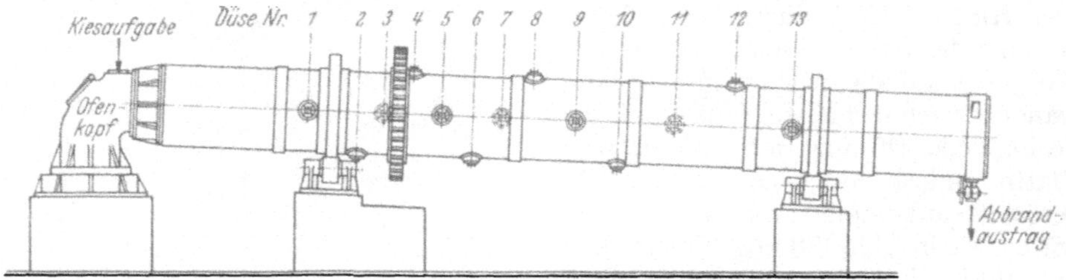

Abb. 179. Drehrohr-Pyrit-Röstofen der Lurgi AG.

Schleierform niederfällt, außerdem sind Stauringe eingebaut. Abb. 180 zeigt einige Querschnitte durch die Ausmauerung an verschiedenen Stellen eines Drehofens der Maschinenfabrik **Gröppel.** In Leverkusen (**I. G. Farbenindustrie**) arbeitet seit 1929 ein Lurgi-Drehofen von 2 m Durchmesser und

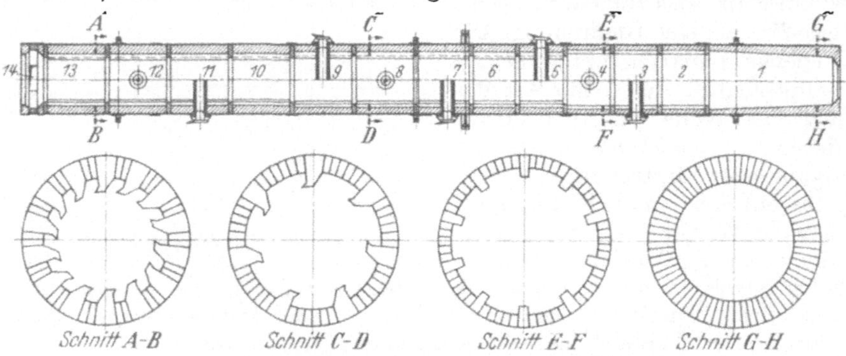

Abb. 180. Drehrohr-Röstofen der Maschinenfabrik Gröppel.

24 m Länge, 1935 ist dort weiter ein solcher Ofen von 3,6 m Durchmesser und 40 m Länge in Betrieb genommen worden, welcher täglich 60 t Kies bis auf 0,7—1,6%, im Mittel bis auf 1% Schwefel abröstet. Die Röstgase haben 7,5—8,5% SO_2. Die Ofentemperatur in der heißesten Zone beträgt rund 850°.

Die Abröstung der Zinkblenden geschieht heute entweder noch im **Rhenania-Handröstofen** oder in Amerika im mechanisierten **Hegeler-Muffelröstofen** mit beweglichen Krählern, vielfach auch in mechanischen Röstöfen, besonders im **Spirlett-Ofen**, die bei „Zink" näher beschrieben sind. Bei der Abröstung der Zinkblende führt sich aber jetzt auch die sog. Kombinationsröstung ein. Die mechanischen Röstöfen rösten die Blende meist nicht weitgehend genug ab. Man benutzt sie deshalb nur zur Vorröstung und behandelt das Röstgut dann auf **Dwight-Lloyd-Sinterherden** weiter, wobei eine recht gute Entschweflung der Blende erreicht wird. Ein solcher **Dwight-Lloyd-v. Schlippenbach-Apparat** wird ebenfalls bei „Zink" beschrieben.

Die bei der hüttenmännischen Verarbeitung von Mischerzen (Zinkblende
mit Kupfer oder Bleierzen), Bleierzen usw. angewandten Verblase-Röst-Ein-
richtungen sind bei „Zink“ und „Blei“ nachzusehen. Auf Kupferhütten werden
ebenfalls schwefligsaure Gase erhalten, und zwar beim Abrösten von Kupfer-
konzentraten in der Schwebe (flash roasting) nach FREEMAN (Montreal, Trail,
Copperhill), beim Verschmelzen der Kupfererze im Schachtofen (Tennessee
Copper Co., Ducktown Chemical Co.) und beim Verblasen von Kupferstein
im Konverter (Mansfelder Gewerkschaft, Norddeutsche Affinerie, Mond
Nickel Co. in Coniston, Internat. Nickel Co. in Copper Cliff).

Die Abröstung der Gasreinigungsmasse geschieht in denselben mechanischen Rundöfen wie die der Feinkiese, meist in Mischung mit Feinkiesen, und
zwar nur für den Kammerbetrieb.

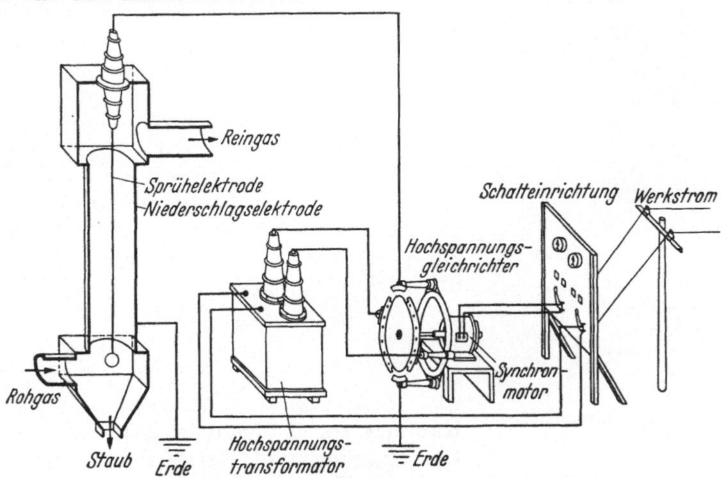

Abb. 181. Elektrische Entstaubung nach COTRELL-MÖLLER (Lurgi).

Die Röstgase. Theoretisch geht die Abröstung in folgender Weise vor sich:

Schwefel	$S + O_2 = SO_2$	Röstgas 14% SO_2, 7% O_2, 79% N_2
Schwefelkies	$2FeS_2 + 5\frac{1}{2}O_2 = Fe_2O_3 + 4SO_2$	„ 11,4% SO_2, 5,9% O_2, 82,4% N_2
Zinkblende	$ZnS + 1\frac{1}{2}O_2 = ZnO + SO_2$	„ 11,1% SO_2, 5,5% O_2, 83,4% N_2

Praktisch kann man nicht ohne einen Luftüberschuß arbeiten und erhält
deshalb etwas verdünntere Gase, nämlich bei Schwefel solche mit etwa 9%,
bei Schwefelkies und Zinkblende solche mit 7—7,5% SO_2.

Die aus den Röstöfen kommenden Gase, namentlich die aus den mechanischen
Röstöfen, führen eine Menge Flugstaub mit sich, bestehend aus festen Staub-
partikelchen, flüchtigen Körpern (As_2O_3) und Nebeltröpfchen (SO_3). Die Entstaubung der Gase geschieht im allgemeinen in Staubkammern. Das sind
gemauerte Räume mit eingebauten Scheidewänden, durch welche die Gase einen
ständigen Richtungswechsel erleiden, und wodurch sie einen großen Teil des
Staubes fallen lassen. Demselben Zwecke dienen auch vertikal eingesetzte Prall-
wände bzw. Prallbleche. An Stelle der Staubkammern führen sich mehr und mehr
andere Einrichtungen ein, nämlich mit stückigem Material gefüllte Schächte,
Gasfilter (BARTH) und vor allen Dingen elektrische Entstaubungsanlagen. Die
ersten elektrischen Entstaubungsanlagen für Kiesofenröstgase baute 1913
die Metallgesellschaft (Lurgi) nach dem Verfahren COTRELL-MÖLLER. Das
Schema einer elektrischen Gasreinigung verdeutlicht die Abb. 181. Hier ist
(links) eine sog. Rohrelektrode abgebildet, welche einen ausgespannten Draht
im Innern trägt. Durch einen Hochspannungstransformator wird Wechselstrom

von 50000—60000 V erzeugt, den ein Hochspannungsgleichrichter in pulsierenden Gleichstrom von 50000—60000 V umwandelt. Der negative Pol wird mit dem isolierten Hochspannungssprühdraht, der positive Pol mit der geerdeten Niederschlagselektrode verbunden. Die schwebenden Staubteilchen (ebenso flüssige und nebelförmige Teilchen, z. B. Teertröpfchen) werden gegen die geerdete Außenelektrode getrieben, haften dort und gleiten nach Erreichung einer gewissen Schichtdicke ab. Statt der Rohrwände benutzt man auch glatte Platten oder Netze (Abb. 182). Rohrapparate verwendet man bei weniger heißen Gasen (bis 320°), Plattenapparate vornehmlich bei heißen Röstgasen der Schwefelsäureerzeugung. Solche elektrische Entstaubungsanlagen bauen heute in der Hauptsache die Lurgi Apparatebau G. m. b. H. und die Siemens-Schuckertwerke, außerdem die Oski AG. Den Einbau eines Elektrofilters der Siemens-Schuckertwerke zwischen Röstöfen und Gloverturm zeigt die Abb. 183. Die Gase treten mit 450—480° ein und gehen mit 400—430° aus der Entstaubung in den Glover. Arsen (As_2O_3) wird dabei jedoch nicht völlig aus den Gasen entfernt (das gelingt nur bei einer Abkühlung der Gase auf 30—40°, was wohl beim Kontaktprozeß, nicht aber bei dem Kammerprozeß angängig ist). Die elektrische Gasreinigung und Entstaubung wird auch für Gase der Blei- und Kupferhütten, in Tonerdefabriken, Zementwerken, für Hochofengichtgase und zur Entteerung von Koksofengasen angewandt.

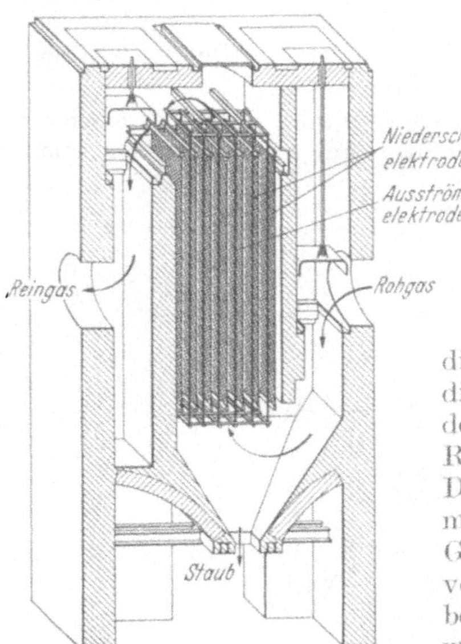

Abb. 182. Elektrische Entstaubung. Plattenapparat (Lurgi).

Der **Gloverturm** ist ein Reaktionsturm von etwa 3 m Durchmesser und einer Höhe von 7—15 m, mit meist rundem, selten viereckigem Querschnitt.

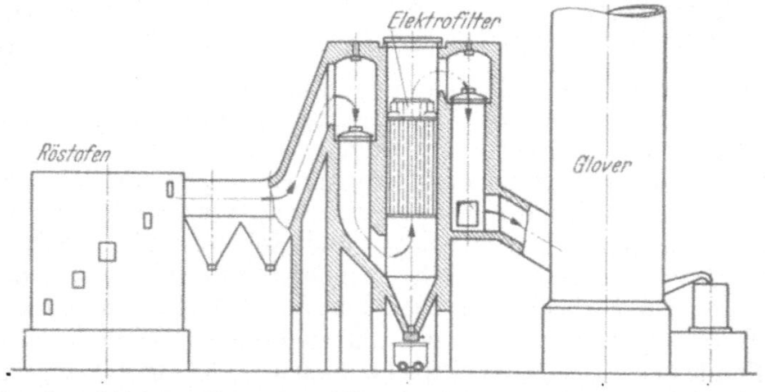

Abb. 183. Einbau einer elektrischen Entstaubung (Siemens-Schuckert) zwischen Röstofen und Gloverturm.

Das von einem dicken Bleimantel umgebene Mauerwerk besteht aus besonders guten, säurefesten Steinen, die sorgfältig mit Quarzpulver und Wasserglas verbunden und verkittet werden. Bei den früher gebauten Glovertürmen wies das Steinfutter drei Abstufungen auf. Am Fuße des Turmes, wo die heißen Gase eintreten, war das Mauerwerk etwa 50 cm stark, es nahm nach oben bedeutend ab. Die neueren Glovertürme haben diese Abstufung nicht mehr. Der Innenraum des Gloverturmes ist zur besseren Berührung zwischen Gas und herabrieselnder Flüssigkeit mit Füllkörpern (früher Flintsteine, Quarzbrocken, jetzt prismatische Steine, Ringe, Dreiecksprismen, Platten usw. aus säurefestem keramischem Material) ausgesetzt. Auf den Gloverturm wird die in der Kammer erzeugte dünne Säure, ferner die vom Gay-Lussac-Turm kommende nitrose Säure aufgegeben, auch erfolgt hier der notwendige Ersatz und Nachschub der verbrauchten Stickoxyde in Form von Salpetersäure. Damit nun diese Säuren möglichst gleichmäßig über den Querschnitt des Turmes herunterrieseln, ist der Turm oben mit einer fächerartig ausgebildeten Decke versehen, die zahlreiche Öffnungen hat. Die Berieselung geschieht durch SEGNERsche Räder, Überlaufrinnen, Röhrenverteiler, mechanische Säureverteiler und Turbozerstäuber. Die Stickoxydzufuhr geschieht seit Beginn des Krieges auch direkt durch Ammoniakoxydation in Platinkontaktelementen (vgl. „Salpetersäure").

Abb. 184 zeigt die Form eines Gloverturmes von PETERSEN. Der Turm hat 12 m Höhe bei 3 m Durchmesser. Das Steinfutter ist gleichmäßig stark, der Rostunterbau ruht auf Säulen aus Normalsteinen; die Füllung des Turmes besteht aus Prismensteinen; die Säureverteilung geschieht durch einen Sternverteiler unterhalb der Turmdecke, der selbsttätig die Säure über den ganzen Turmquerschnitt verteilt.

Die Aufgabe des Gloverturmes ist eine mannigfache; er soll die Röstgase abkühlen, soll die dünne Kammersäure durch Verdampfung von Wasser konzentrieren, soll die aufgegebene Nitrose vergasen, die schweflige Säure der Röstgase oxydieren, das in den Röstgasen enthaltene Schwefelsäureanhydrid absorbieren und auch noch Stickoxyde in die Kammer einführen. Die Denitrifikation der Nitrose unter der Einwirkung der Wärme der Röstgase, der schwefligen Säure und des Wasserdampfes geht im oberen Teile des Glover nach folgender Gleichung vor sich:

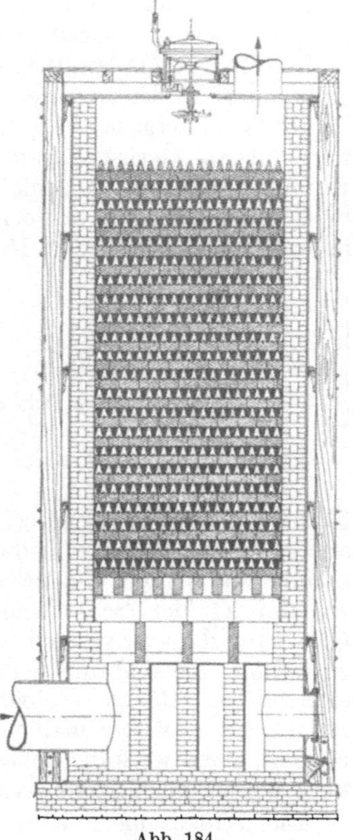

Abb. 184.
Gloverturm von PETERSEN.

$$2\,SO_2 \Big\langle{}^{OH}_{NO_2} + SO_2 + 2\,H_2O = 3\,H_2SO_4 + 2\,NO$$

$$2\,NO + \tfrac{1}{2}\,O_2 = N_2O_3 .$$

Die Konzentration der Säure findet im unteren Teile des Glovers statt. Im Glover sind alle Bedingungen für eine intensive Schwefelsäurebildung gegeben, und der Gloverturm ist tatsächlich ein starker Schwefelsäureerzeuger, er liefert 15—19% des ganzen Kammersystems.

Aus dem Gloverturme fließt die von nitrosen Gasen befreite (denitrierte) Gloversäure von 1,71 spezifischem Gewicht (60° Bé) mit einem Schwefelsäuregehalte von rund 78% und mit einer Temperatur von 120 bis 140°, bei Intensivbetrieb mit 140—150° ab; sie läuft durch Kühler in Absatzgefäße, wo sich noch etwas Schlamm von staubförmigen Verunreinigungen niederschlägt.

Die Gloversäure ist, wenn die betreffende Schwefelsäurefabrik nicht speziell für die Kunstdüngerfabrikation arbeitet, das Hauptprodukt, und sie wird, mit Ausnahme derjenigen Menge, die zur Berieselung der Gay-Lussac-Türme dient, dem Verbrauche zugeführt.

Die aus dem Glover austretenden Gase sollen nur noch eine Temperatur von 70—90° aufweisen, sie treten durch ein oder mehrere Bleirohre in die Bleikammern.

Die Bleikammern.

Die Bleikammern sind gewaltige, aus 2—3 mm starken Bleiblechen (mit der Wasserstofflamme, ohne Lot) zusammengelötete Reaktionsräume, die bei uns des Klimas wegen in Gebäuden untergebracht sind. Die Kammern sind aber nicht allseitig geschlossen wie eine Kiste, sondern bestehen aus einem Bodenteil, dem Kammerschiff, welches an den Rändern 40—50 cm nach oben gebogen ist, und einer Art Glocke, die von den Seitenwänden und der Decke gebildet wird und die frei in das Schiff hineinhängt. Die Kammersäure, in welche die Wände eintauchen, bildet in einer 10 cm hohen Schicht den hydraulischen Abschluß für die Kammergase. Wände und Decken werden durch ein aus Holz oder Eisen konstruiertes Gerüst getragen. Man rechnet für 1 kg Pyritschwefel etwa 1,2 m³ Kammerraum, für Schwefel etwa 0,9 m³. Die älteren Kammern waren etwa 6—6,5 m breit, 5—6 m hoch und 30—35 m lang, neuere Kammern baut man höher, bei 5—7 m Breite 15—20 m hoch und 30—45 m lang. Gewöhnlich sind

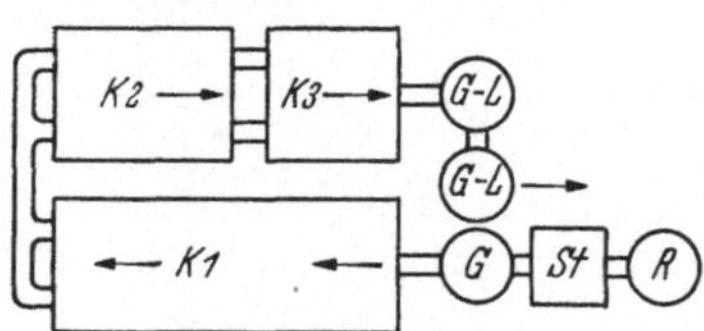

Abb. 185. Bleikammer-System.

eine Anzahl Kammern zu einem System vereinigt, meist 3—4 gleich große Kammern, es kommen aber auch Systeme mit drei ungleichen Kammern vor, in diesem Falle ist vielfach die erste Kammer die größte, die letzte, fast nur als Trockenraum für die nitrosen Gasen dienende Kammer die kleinste. Die Kammern sind untereinander durch weite Bleirohre verbunden. Die Skizze der Abb. 185 zeigt schematisch die Anordnung einer solchen Bleikammeranlage. Dabei bedeutet R den Röstofen, von dem die Röstgase durch eine Staubkammer St in den Gloverturm G treten, dann folgen die drei Kammern K_1, K_2 und K_3, den Schluß bilden die beiden Gay-Lussac-Türme $G\text{-}L_1$ und $G\text{-}L_2$. Glover- und Gay-Lussac-Türme kommen bei dieser Anordnung in einer Reihe zu stehen. Sie sind immer erhöht auf gemauerten Pfeilern aufgestellt. Dadurch erhalten die Röstgase einen guten Auftrieb und der Kammerboden ist frei zugänglich. Solange man mit natürlichem Zuge arbeitete, war die Pfeilerhöhe 5—8 m, jetzt, wo künstlicher Zug von Ventilatoren angewandt wird, verwendet man immer noch Höhen von 3,5—5 m.

Die Bleikammern sind ausgestattet mit Thermometern, Glasglocken zur Beobachtung der Farbe der Kammergase, ins Innere hineingehenden, schmalen Bleistreifen zum Auffangen und Abführen der gebildeten Säure nach außen, zur fortlaufenden Kontrolle der Säure-Stärke. Ferner sind am Boden in den Seitenwänden Nischen vorgesehen. Durch Einhängen von Hebern wird hier Kammersäure zur Kontrolle entnommen.

Der Dampf, welcher aus dem Gloverturm als Folge der Konzentrationsarbeit mit in das Kammersystem gelangt, genügt nicht für den Betrieb. Es sind deshalb an den Decken der einzelnen Kammern, an verschiedenen Stellen gleichmäßig verteilt, Dampfeinströmungsröhren, jetzt meist Wasserzerstäubungsdüsen angebracht.

Die Kontrolle des Betriebes geschieht durch Analyse der Röst- und Endgase, Ermittlung der Temperatur und des Gasdruckes in den einzelnen Teilen des Systems, der Stärke der Tropf- und Bodensäure und der Feststellung des Stickoxydgehaltes der verschiedenen Säuren.

Man arbeitet so, daß die sich im Kammerschiff ansammelnde Säure, die Bodensäure, keine höhere Konzentration als 50—52° Bé = 1,53—1,56 spezifisches

Gewicht annimmt; wesentlich stärkere oder dünnere Säuren nehmen Stickoxyde auf, bringen sie in die Bodensäure und bewirken eine vorzeitige Zerstörung des Bleies.

Die Erzeugung eines normalen älteren Kammersystems ist etwa 2,34—3,06 kg H_2SO_4 oder 3,80—4,90 kg Kammersäure (50° Bé) oder 3,00—3,90 kg Gloversäure (60° Bé) für 1 m³ Kammerraum. Heute benutzt man vielfach Systeme mit höherer Erzeugung, die sog. Intensivsysteme, die später noch zu besprechen sind.

In die erste Kammer eines Systems treten, wie bereits auseinandergesetzt, die Gase aus dem Gloverturm: Schweflige Säure, Luft, Wasserdampf und nitrose Gase. Die Schwefelsäurebildung erfolgt, trotzdem die Reaktion exothermisch ist, nur langsam. Man hält die Temperatur zweckmäßig möglichst hoch, 70—80°, geht aber zur Schonung des Bleies nicht über 95° C. Schwefligsäure herrscht hier in der Kammeratmosphäre vor, die Farbe der trüben Gase ist daher noch weiß. Von der ersten Kammer streichen die Gase durch ein oder mehrere Verbindungsrohre in die zweite. Die Temperatur sinkt auf 50—55° C; die nitrosen Gase gewinnen in der Kammeratmosphäre das Übergewicht; diese wird klar und schwach rot gefärbt. Schließlich gelangen die Gase in die dritte und letzte Kammer. Hier wird bei normalem Betrieb fast keine Schwefelsäure mehr gebildet, die Temperatur ist nicht wesentlich höher als die Außentemperatur (30—40°), die Gase, die fast keine schweflige Säure mehr enthalten, sind klar und tief rot gefärbt.

Die in der letzten Kammer vorhandenen Stickoxyde müssen wieder in den Prozeß eingeführt werden. Diesem Zweck dient der Gay-Lussac-Turm.

Der **Gay-Lussac-Turm** ist bestimmt, die aus den Kammern austretenden Stickoxyde aufzunehmen. Das geschieht durch Schwefelsäure von 60—62° Bé, mit der der Turm berieselt wird. Die so entstehende nitrose Säure, die Nitrose, geht dann wieder zur Oxydation der schwefligen Säure auf den Gloverturm. Die Gay-Lussac-Türme, von denen zu jedem Kammersystem zwei oder auch drei gehören, sind, wie die Glover, runde Bleitürme, mit säurefesten Steinen ausgemauert, deren Höhe 9—15 m beträgt, bei einem Durchmesser von 1,5—3 m. Man rechnet den Kubikinhalt des Gay-Lussacs zu rund 1% des Kammerraumes (bei Intensivsystemen 3—5%). Der Innenraum ist mit säurefesten Füll- und Verteilungskörpern ausgesetzt, ähnlich wie der Glover (früher wurde Zechenkoks verwendet).

Auf den Turm läuft 60grädige Säure, d. h. die aus dem Glover kommende, denitrierte Gloversäure. Die nitrosen Gase der letzten Kammer treten von unten in den Gay-Lussac-Turm und werden von der entgegenrieselnden, kalten Schwefelsäure absorbiert. Die Absorption der nitrosen Gase erfolgt nach den Gleichungen:

$$H_2SO_4 + N_2O_4 = SO_2 \underset{NO_2}{\overset{OH}{\diagup\diagdown}} + HNO_3$$

$$2\,H_2SO_4 + N_2O_3 = 2\,SO_2 \underset{NO_2}{\overset{OH}{\diagup\diagdown}} + H_2O\,.$$

Es findet also ein fortwährender Kreislauf statt. Die aus der letzten Kammer kommenden, möglichst schwefligsäurefreien nitrosen Gase werden im Gay-Lussac-Turme durch kalte 60grädige Schwefelsäure absorbiert; die ablaufende nitrose Säure wird im Glover denitriert, die Stickoxyde werden wieder in den Prozeß gebracht und die vom Glover abfließende, denitrierte 60grädige Säure wird zum Teil als Absorptionssäure auf den Gay-Lussac gepumpt, zum Teil dem Verbrauch zugeführt.

Für den richtigen Betrieb des Gay-Lussacs ist das Niedrighalten der Temperatur, sowohl des Gases als auch der Säure, Hauptbedingung. Deshalb wird die vom Glover kommende Absorptionssäure stets gekühlt und zwar in Röhrenkühlern aus Quarz, Blei, hochsiliziertem Eisen usw.

Nach der Theorie müßte die Menge der umlaufenden Stickoxyde immer die gleiche bleiben. Praktisch entsteht aber stets ein gewisser Verlust, der durch Salpetersäure wieder ausgeglichen werden muß. Verluste entstehen bei zu starkem Salpetersäurezusatz dadurch, daß NO_2 bzw. N_2O_4 zum Teil in die Bodensäure der letzten Kammer geht, zum Teil in den Gay-Lussac übertritt und dort nicht mehr absorbiert werden kann. Bei Salpetersäuremangel, also SO_2-Überschuß, setzt die Denitrierung schon in der letzten Kammer ein und es entweichen NO und SO_2 unausgenutzt aus dem Gay-Lussac. Überschüssige SO_2 kann bei Gegenwart von Wasser die Stickoxyde auch bis zum N_2O abbauen, der Abbau kann sogar bis zum Stickstoff gehen. Diese zuletzt genannten Verluste sind aber sehr gering. 70—90% des Gesamtverlustes an Salpetersäure entfallen auf NO, hauptsächlich aber auf N_2O_4. Ein bestimmtes Verhältnis von NO und NO_2 ist notwendig, da N_2O_3 leichter von der Säure absorbiert wird als NO_2. Aber auch N_2O_3, d. h. die Nitrose, hat unter normalen Verhältnissen bei den vorhandenen Temperaturen einen bestimmten Dampfdruck (0,2 g HNO_3/m^3 Gas). Auf die mangelhafte Waschwirkung des Gay-Lussacs entfallen etwa 70% der Verluste. Die Endgase dürfen Stickoxyde nur in Spuren enthalten, sollen aber 5—6% freien Sauerstoff aufweisen, um Sicherheit zu bieten, daß kein SO_2 durch den Gay-Lussac geht. Der Stickoxydverlust wird in der Regel ausgedrückt in Kilogramm 36grädiger Salpetersäure (=57,5%ig) bezogen auf 60grädige (etwa 78%ige) Gloversäure oder 50grädige Kammersäure (etwa 65%ig). Sie betragen in den üblichen Kammersystemen 0,75—1 kg HNO_3 auf 100 kg H_2SO_4 bei 7,5 Vol.-% SO_2 im Röstgas, bei ganz modernen Systemen mit stark vergrößertem Gay-Lussac-Raum immer noch 0,3—0,6 kg. Aus 100 kg verbranntem Pyritschwefel erhält man 285—295 kg H_2SO_4 (100%ig), d. h. 93—96% der theoretischen Menge, bei Blenden und schwefelarmen Kiesen wesentlich weniger.

Im Verlaufe der Fabrikation stehen die beiden Gay-Lussac-Türme am Ende des Kammersystems, aus praktischen Gründen setzt man sie aber baulich neben den Gloverturm (vgl. Abb. 185). Hierdurch wird die Beaufsichtigung der drei Türme erleichtert. Bei richtig geleitetem Betriebe sind die aus dem Gay-Lussac austretenden Gase so wenig sauer, daß sie ohne weiteres durch den Schornstein ins Freie treten können.

Bei den großen Säuremengen, welche dauernd auf die Glover- und die Gay-Lussac-Türme gehoben werden müssen, spielt das Heben der Säure in der Praxis eine wichtige Rolle. Die früher benutzten automatisch arbeitenden Druckfässer (Emulseure) sind wegen ihres schlechten Wirkungsgrades fast vollständig durch Säurepumpen aus Thermisilid (Kolbenpumpen, Kreiselpumpen) ersetzt.

Neuere Kammersysteme und der Intensivbetrieb.

Seit Beginn dieses Jahrhunderts laufen erfolgreiche Bestrebungen darauf hinaus, das alte Kammerverfahren wirksamer zu gestalten: 1. durch abweichende Kammerformen, 2. durch mechanische Mischapparate und 3. durch gefüllte Reaktionsräume (Turmsysteme).

A. Andere Kammerformen. Die erste Anregung, bessere Umsetzungen durch Konstruktion hoher, schmaler Kammern mit besserer Außenkühlung zu erzielen, stammt von Hartmann und Benker. Die hohen Kammern veranlaßten den Ersatz der früher allein angewandten Holzgerüste durch Eisenkonstruktionen, bei denen das Kammergewicht in der Hauptsache durch die

Seitenwände getragen wird. Ein typisches Beispiel für diese Entwicklung ist die Kammer von MORITZ, Bauart BARTH (Abb. 186); sie besitzt eine tonnenförmig gewölbte Kammerdecke und wird in Höhen von 20 m bei 5 m Breite (4000 m³ Kammerraum) gebaut; sie hat innen zur Kühlung besondere Laschen und wird außen an den Wänden und an der Decke günstig durch Luft gekühlt. Die Durchmischung der Gase in der Kammer ist eine sehr gute, die Leistung der Kammer für 1 m³ Kammerraum beträgt 7 kg Kammerschwefelsäure von 50—53° Bé (etwa 65% H_2SO_4), bei einem Salpetersäureverbrauch von 0,55 kg für 100 kg Säure. Ganz ähnlich ist die Form der **Falding-Kammern**, von denen drei Stück (15 × 15 m Grundfläche und 20 m Höhe) in Mansfeld zur Verarbeitung der sehr verdünnten Röstgase (1,7% SO_2) des Kupferhüttenbetriebes aufgestellt sind.

In anderer Weise suchte TH. MEYER die Aufgabe der kräftigen Durchmischung der Gase in seiner **Tangentialkammer** zu lösen. Er baute kreisrunde, 8—12 m hohe Kammern von 10 m Durchmesser, in welche die Röstgase im oberen Teile tangential eintraten, spiralförmig nach unten zogen und am Boden in der Mitte austraten; es wurden in der Regel mehrere Kammern miteinander verbunden; in den ersten heißen Kammern waren an der Peripherie Bleikühlrohre aufgehängt. Die Leistungen dieser Kammern wurden aber von anderen Systemen übertroffen.

Die eben genannten Kammersysteme gestatten nun die Durchführung einer vorher nur unvollkommen erreichten **Intensivierung des Betriebes**. Die Säureproduktion, bezogen auf 1 m³ Kammerraum, läßt sich nämlich außerordentlich steigern, wenn man die Gasdurchmischung wirksamer gestaltet

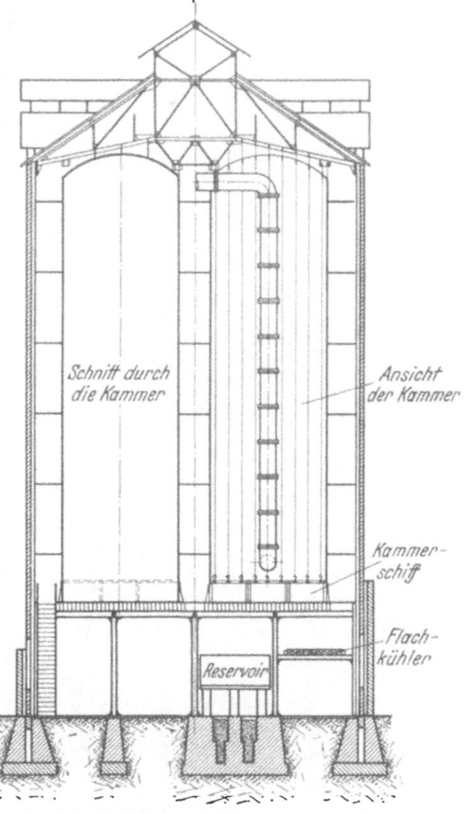

Abb. 186. Hochkammer MORITZ, Bauart BARTH.

(Erhöhung des Zuges durch Ventilatoren), die Kühlung verbessert (schmale hohe Kammerformen, Einspritzung von Wasserstaub), die Intensität der Schwefelsäurebildung durch erhöhten Stickoxydumlauf bei entsprechender Vergrößerung des Glover- und Gay-Lussac-Raumes erhöht. Wie in den hohen Intensivkammern mit dem Anwachsen der Produktion der Salpeterverbrauch steigt bzw. durch die größeren Stickoxydgaben die Schwefelsäureerzeugung gesteigert werden kann, zeigen folgende Angaben von LÜTJENS und LUDEWIG, bezogen auf 1 m³ Kammerraum.

Salpetersäureverbrauch	0,65 kg	0,71 kg	0,83 kg	1,13 kg	1,33 kg
Kammersäureerzeugung	7,0	8,0	9,0	10,0	10,5

Eine MEYERsche Tangentialkammer lieferte bei gewöhnlichem Betriebe 4 kg, bei Intensivierung bis etwa 8 kg Kammersäure je m³, eine **Moritz**-Kammer 7,4 kg, bei Intensivbetrieb 14 kg Kammersäure mit 0,75 kg

Salpetersäure, die **Falding-Kammer** leistet mit normalen Röstgasen 11 kg Kammersäure mit 0,8 kg Salpetersäure (für 100 kg Kammersäure) in 24 h.

Einen weiteren Schritt der Entwicklung stellen die **Mills-Packard-Kammern** vor, welche bei uns die Erzröstgesellschaft baut (Abb. 187). Die Kammern sind rund, nach oben konisch verjüngt. Wesentlich ist, daß hier der Bleimantel von außen mit Wasser berieselt und gekühlt wird; hierdurch wird nicht nur das Blei geschont, sondern auch infolge der Temperaturdifferenz

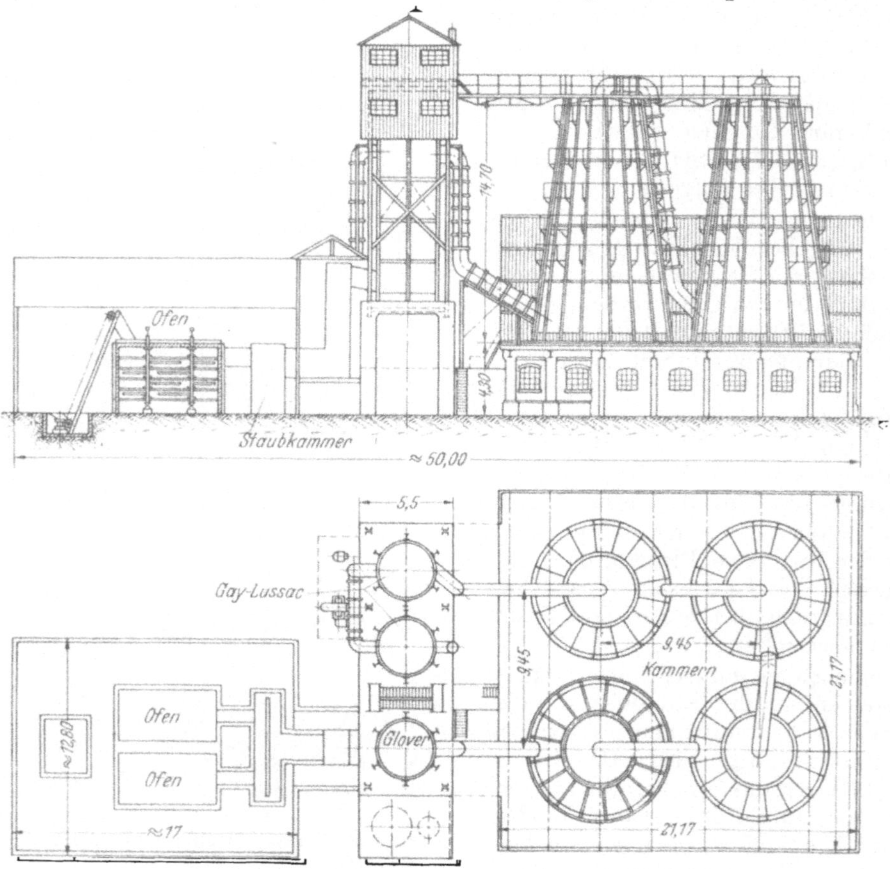

Abb. 187. Mills-Packard-Kammern. (Nach **Waeser**: Schwefelsäure.)

eine erhöhte Gaszirkulation erreicht. Die Kammern werden im Freien errichtet, und zwar sind vier Kammern, wie in der Abb. 187, oder auch neun Kammern zusammengeschaltet. Aus der Abb. 188 ergibt sich ohne weiteres alles nähere. Die Höhe der Kammern beträgt 12—14,5 m, der Bodendurchmesser 6—8,5 m, der Deckendurchmesser 3—4,8 m. Eine englische Mills-Packard-Anlage mit drei Kammern, welche Pyrit verarbeitet, erzeugt je Kubikmeter Kammerraum 21,35 kg Kammersäure in 24 h, bei einem Salpetersäureverbrauch von 0,82 kg für 100 kg Säure, eine Blende verarbeitende Anlage 16,65 kg Kammersäure mit 0,76 kg Salpetersäure. Es sind jetzt etwa 300 Mills-Packard-Kammern im Betrieb.

Bei den neuesten Mills-Packard-Kammern kommt der „geteilte Typ" zur Anwendung, d. h. die eben angegebenen runden Kammern sind von oben nach unten in 2 Hälften zerschnitten und die beiden (selbstverständlich geschlossenen)

Hälften mit 1,2 m Abstand nebeneinander gestellt. Derartige geteilte Kammern sind bereits in England, Amerika, Jugoslavien in Betrieb.

Noch etwas weiter abweichend von den alten Kammersystemen ist die Turmkammer von GAILLARD-PARRISH (Abb. 189). Die Kammern sind zylindrisch, 19—20 m hoch, haben 6 m Durchmesser und sind völlig leer. Das charakteristische Kennzeichen ist der GAILLARDsche Turbozerstäuber. Den Turbozerstäubern, die im Zentrum der flachen Decke eingebaut sind, wird kalte Kammersäure zugeführt, diese wird an die Wände der Turmkammern geschleudert und bildet einen kühlenden Schutzschleier. Gleichzeitig wirbelt der Zerstäuber auch die Kammergase durcheinander und bringt sie mit den von den Wänden zurückprallenden zerstäubten Säuretröpfchen in innigste Berührung. Es arbeiten, wie die Skizze (Abb. 190) zeigt, drei Gaillard-Parrisch-Türme mit einem Glover und zwei Gay-Lussacs zusammen; auch die Decken der

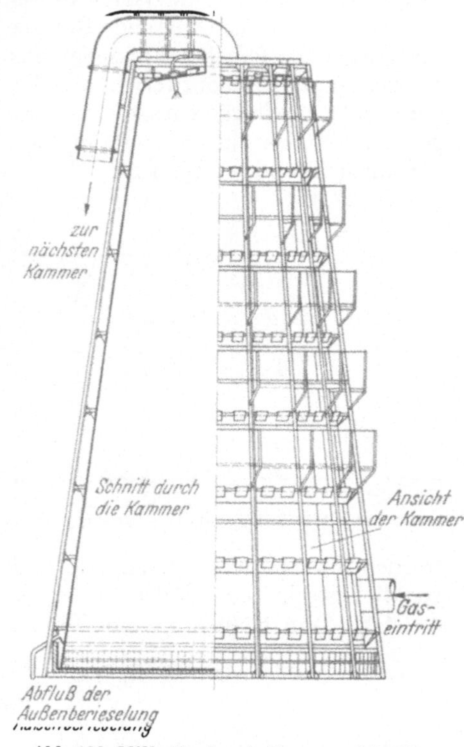

Abb. 188. Mills-Packard-Kammer, Schnitt.

Abb. 189. Gaillard-Parrish-Turmkammer.

Abb. 190. Anlage von Gaillard-Parrish-Türmen.

letztgenannten Türme sind mit Turbozerstäubern ausgerüstet. Die Turmkammer erzeugt auf 1 m³ Kammerraum 18,9 kg Kammersäure mit 0,64 kg Salpetersäure für 100 kg Säure genannter Stärke. 1930 waren schon mehr als 400 Gaillard-Parrish-Kammern in Europa in Betrieb.

B. Mechanische Mischapparate. Um die Durchmischungen der Röstgase bzw. der Reaktionsgase mit der Nitrose auf kleinem Raume möglichst vollkommen zu gestalten, hat man mechanische Mischapparate konstruiert. Betriebstechnisch erprobt wurde der Schmiedel-Klenckesche Walzenkasten, der Ströder-Wascher und der Kellersche Sprühkreisel. Das Prinzip dieser Apparate besteht darin, in flachen Kästen durch eine schnell rotierende Walze, oder durch rotierende Scheiben, oder durch einen durchlochten Kreisel die Nitrose zu feinsten Flüssigkeitströpfchen zu zerstäuben und mit den Reaktionsgasen zusammenzubringen. Bei dem Schmiedel-Klencke-Verfahren sind in einem flachen Kasten von 6,5 m Länge, 2 m Breite und 1 m Höhe drei geriffelte Walzen in horizontaler Lage eingebaut, welche ein wenig in die Säure eintauchen und mit großer Umlaufgeschwindigkeit die Säure zerstäuben (Abb. 191). Ein solcher Kasten leistet etwa 270 kg Gloversäure auf 1 m³ Raum. Man benutzt aber nicht die Walzenkästen allein, sondern kombiniert dieselben mit Türmen. Eine von der Lurgi-Gesellschaft erbaute Schmiedel-Klencke-Anlage ist in der Abb. 192 im Schnitt erläutert. Aus den mechanischen Kiesröstöfen gehen die Röstgase durch einen elektrischen Staubabscheider und

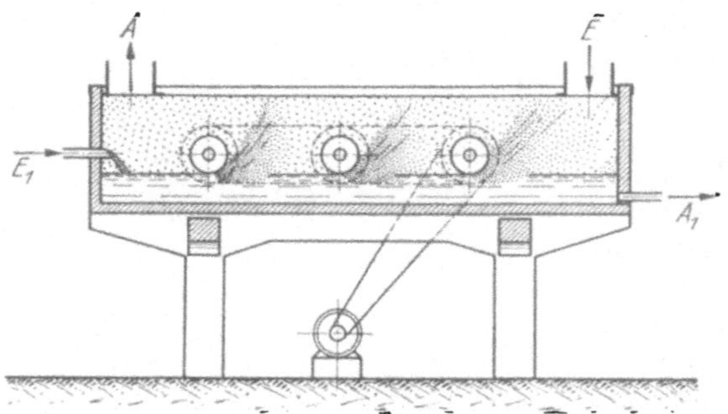

Abb. 191. Schmiedel-Klencke-Walzenkasten.

werden mit Ventilator in den Glover I befördert. Von hier treten die Gase in vier parallel geschaltete Walzenkästen W_1, gehen durch einen Reaktionsturm II, welcher 14 m Höhe und 8 m Durchmesser hat, werden nachher nochmals in

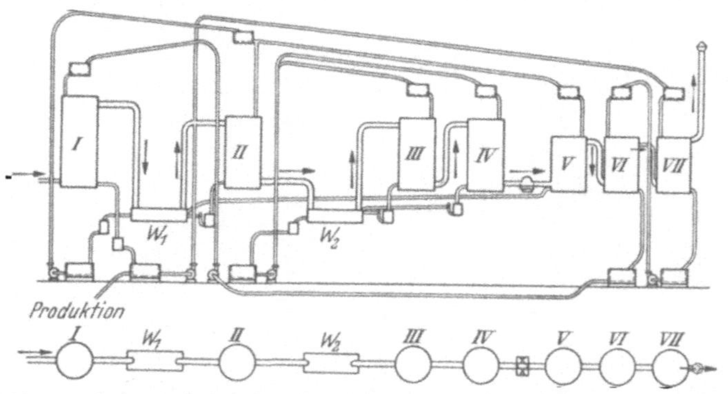

Abb. 192. Schmiedel-Klencke-Anlage. (Nach Waeser: Schwefelsäure.)

4 Walzenkästen W_2 mit Nitrose durchmischt, passieren zwei weitere Reaktionstürme III und IV und gelangen schließlich in die Gay-Lussac-Türme V—VII. Die Gesamtleistung beträgt 33,5 kg Säure (Gloversäure) je Kubikmeter Reaktionsraum; der Salpetersäureverbrauch ist etwa 1,1 kg. Bei neuen Anlagen bleiben die zweiten Walzenkästen weg.

C. **Turmsysteme (gefüllte Reaktionsräume).** Daß in gefüllten Türmen die Durchmischung von Reaktionsgas und Flüssigkeit eine intensive und die Reaktion eine sehr lebhafte ist, ist durch den Glover- und den Gay-Lussac-Turm längst bewiesen. Der Gloverturm leistet etwa $^1/_5$ der Schwefelsäureerzeugung des ganzen Kammersystems, also 20—30mal soviel wie 1 m³ Kammerraum. Der Gedanke lag also nicht fern, die ganze Schwefelsäureerzeugung sozusagen in einem Gloverturme als Reaktionsturm sich vollziehen zu lassen, während ein Gay-Lussac als Absorptionsturm wirkt. Praktisch durchgeführt ist diese Art der Schwefelsäureerzeugung in dem Turmsystem von OPL in Hruschau (seit

1908). Es sind bei einem solchen System 6 Türme von 3×3 m Grundfläche und 12 m Höhe vorhanden, von denen drei der Säureproduktion (nach dem Prinzip der Glovertürme) dienen, während die anderen drei (in der Art der Gay-Lussac-Türme) die aus den ersten Türmen entweichenden nitrosen Gase mit starker Schwefelsäure absorbieren. Die Türme sind ganz wie Glover- und Gay-Lussac-Türme eingerichtet. Turm I wirkt nicht nur denitrierend, sondern auch konzentrierend, infolgedessen geht sämtliche Säure über diesen Turm, von wo sie als 60grädige Säure (Gloversäure) abgesetzt wird. Im ersten Turm werden 20%, im zweiten Turm 30%, im dritten Turm 50% der Säure erzeugt. Auf den Kubikmeter Turmraum entfällt eine Erzeugung von 30 kg Säure in 24 h. Das Heben der Säure auf die Türme erfordert ziemlich viel Kraft, die Anlagekosten sind aber geringer als bei Kammersystemen. Durch Einführung wirksamerer Säurepumpen und der elektrischen Staubreinigung haben sich die Bedingungen für die Turmsysteme sehr gebessert. Ein anderes, in letzter Zeit viel gebautes Turmsystem ist das von PETERSEN. Es unterscheidet sich von dem OPLschen System durch die Art der Säureführung. Die Petersen-Türme sind mehr breit als hoch, 14 m Durchmesser bei 10 m Höhe, es sind also sozusagen mit Natursteinbrocken gefüllte Kammern. Das Turmsystem von PETERSEN in Mansfeld (1925) besteht aus einem Denitrierturm (Glover), 2 Produktionstürmen und 2 Gay-Lussac-Türmen. Der Denitrierturm hat 9 m Durchmesser und 10 m Höhe. Die Röstgase treten in den Denitrierturm ein. Die Berieselungssäure fließt nacheinander vom vierten über den dritten, zweiten und ersten Turm auf den Denitrierturm und von dort zurück auf den Turm 4. Die Verteilung der Säure über die großen Turmquerschnitte geschieht durch besondere Brausen. Die Leistung der ersten 3 Türme verteilt sich anders als beim Opl-System. Auf den ersten Turm entfallen 50%, auf den zweiten Turm 40% und auf den dritten Turm 10% der gesamten Erzeugung. Der Salpetersäureverbrauch beträgt 0,8—1,5 kg für 100 kg Gloversäure. Eine neuzeitliche dänische Anlage, die für normale Gase und eine Erzeugung von 180 t 60° Bé-Schwefelsäure in 24 h gebaut ist, besteht aus zwei Glovertürmen von 4 m Durchmesser, 1 Produktionsturm von 4,25 m Durchmesser, 4 Gay-Lussacs von 9 m Durchmesser; die Höhe aller Türme beträgt 18 m. Die Türme haben eine ganz kleinstückige Packung aus Quarzstücken erhalten. Charakteristisch für den Petersen-Prozeß ist, daß die Reaktion zwischen Stickoxyden und schwefliger Säure nicht in der Gasphase vor sich geht wie in der Bleikammer, sondern zwischen flüssiger Nitrose und SO_2-Gas. Solche Turmsysteme sind für Pyrit- und Blenderöstgase, aber auch für Abgase von Kupferbessemereien (Mansfeld) und Sinterapparaten errichtet, sie sind gerade für sehr arme und schwankende SO_2-Gase hervorragend geeignet.

Die Zeiten der Umsetzung im alten Kammersystem und in den Intensivsystemen verhalten sich wie folgt: alte Bleikammern 144 min, Benker-Millberg 70, Mills-Packard 40, Opl 24, Schmiedel-Klencke 2 min. Wie BERL gezeigt hat, müßte sich unter Druck die Leistung der Schwefelsäurekammern noch ganz wesentlich steigern lassen; über die praktische Durchführung dieses Vorschlags ist aber nichts bekannt geworden.

Die Reinigung der Schwefelsäure.

Die Reinigung der Schwefelsäure hat heute nicht mehr die Bedeutung wie früher, weil jetzt durch das Kontaktverfahren und durch Verbrennung von Schwefel und Schwefelwasserstoff sehr reine Säuren erhalten werden.

Die Schwefelsäure des Bleikammerprozesses ist niemals rein. Sie enthält verschiedene, aus den Rohmaterialien, besonders aus dem Pyrit stammende Verunreinigungen, nämlich Arsen, Selen, Quecksilber, Eisen, Kalk, Tonerde.

Dann ist sie stets mit schwefliger Säure oder Salpeter- und salpetriger Säure verunreinigt.

Praktisch erstreckt sich die Reinigungsarbeit meist auf die Entfernung des Arsens und der nitrosen Verbindungen.

Technisch erfolgt die Arsenreinigung durch Fällen des Arsens mit Schwefelwasserstoff als Schwefelarsen. Die zu reinigende Schwefelsäure darf dabei jedoch keine zu hohe Konzentration haben, da der Schwefelwasserstoff sonst unter Abscheidung von Schwefel zersetzt wird. Zweckmäßig hält man die Säure nicht stärker als etwa 1,53—1,56 spezifisches Gewicht (50—52° Bé). Der Schwefelwasserstoff wird durch Zersetzen von Schwefeleisen mit Schwefelsäure gewonnen; selten benutzt man Bariumsulfid als Fällungsmittel.

Die Fällung des Arsens erfolgt in Bleitürmen oder in geschlossenen Apparaten unter Druck. Die Türme sind zur besseren Verteilung der herabfließenden Säure und des entgegenströmenden Schwefelwasserstoffgases im Inneren mit verbleiten dachförmigen Holzleisten ausgerüstet. Die gereinigte, den Arsenschlamm enthaltende Säure fließt unten aus dem Turme in Klärgefäße. Es gelingt aber nicht, auf diese Weise vollständig arsenfreie Schwefelsäure zu erhalten.

Die Reinigung von nitrosen Verbindungen geschieht am einfachsten durch Einstreuen kleiner Mengen trockenen Ammonsulfates in die heiße Säure. Die nitrosen Verbindungen werden unter Stickstoffentwicklung zersetzt:

$$\mathrm{N_2O_3 + 2\,NH_3 = 3\,H_2O + 2\,N_2.}$$

Konzentration der Schwefelsäure.

Gehandelt wird sog. 60grädige Schwefelsäure (60° Bé mit 78% $\mathrm{H_2SO_4}$) und 66grädige Säure (66° Bé mit 92—93% und solche mit 96—98% $\mathrm{H_2SO_4}$).

Die älteren Kammersysteme liefern zwei Erzeugnisse, nämlich die in den Kammern sich ansammelnde Säure, die Kammersäure, und die aus dem Gloverturm fließende Säure, die Gloversäure.

Die Kammersäure (mit 50—52° Bé oder 62,5—65,4% $\mathrm{H_2SO_4}$) wird als solche in großen Mengen zur Fabrikation künstlicher Düngemittel, der schwefelsauren Tonerde und im eigenen Betriebe verwendet. Weit wichtiger ist die Gloversäure (mit 60° Bé oder 78,04% $\mathrm{H_2SO_4}$), sie dient vor allem zur Erzeugung von Natriumsulfat, Salz- und Salpetersäure, Ammonsulfat, für Farb- und Sprengstoffe usw.

Die modernen Intensivsysteme liefern die gesamte Säure in dieser Stärke von 60° Bé. Verschiedene Industrien benötigen aber noch stärkere Säuren. Man faßt diese Säuren gewöhnlich unter dem Namen 66grädige Säure zusammen und versteht darunter Säuren von 93—98% $\mathrm{H_2SO_4}$, mit einem spezifischen Gewicht von 1,834—1,840.

Solche Säuren müssen durch besondere Konzentrationsverfahren gewonnen werden. Als Material für die Apparatur kann hier nicht mehr Blei dienen, da es durch starke, hochsiedende Säure zerstört wird. Man hat deshalb als Material Glas, Porzellan, Quarz, Eisen und auch Platin verwandt. Die Apparate aus Glas, Porzellan und Platin sind ganz außer Gebrauch. Die heute noch ab und zu gebrauchten kleineren Konzentrationsapparate verwenden an Stelle dieser Stoffe Schalen aus Quarz (Quarzgut, Vitreosil) oder Siliziumeisenlegierungen mit 13—15% Silizium, die mit den verschiedensten Namen wie Neutraleisen, Esilit, Thermisilid, Narki, Acidur, Tantiron, Iromac usw. bezeichnet werden. So verwendete z. B. die KRELLsche Röhrenkonzentration 6—12 Rohre aus Siliziumeisen, die in einem Bleibade lagen. Die zu konzentrierende Säure floß durch das Rohrsystem, die sauren Destillationsgase wurden in einem Turme durch herabrieselnde Kammersäure niedergeschlagen. Bei der von HARTMANN und BENKER eingeführten Schalenkonzentration waren in eine geschlossene Feuerung eine große Anzahl Schalen kaskadenartig übereinander eingebaut. Als Material für die Schalen wurde Quarzgut oder Vitreosil, evtl. auch Siliziumeisen verwendet. In der Regel waren 2 Reihen zu je 25 Stück dieser Quarzschalen von der in Abb. 193 angegebenen halbkugeligen oder viereckigen Form in einen Ofen eingebaut. Die Säure läuft unten als 66er Säure ab. Wenn nicht ganz weiße eisenfreie Säure verlangt wird, können auch die genannten Thermisilidschalen benutzt werden.

Für den Großbetrieb kommen die genannten Verfahren heute nicht mehr in Frage. Hierfür sind nur die Apparate von KESSLER und von GAILLARD bzw. einige Abarten hiervon in praktischem Gebrauch. Bei diesen Apparaten wird der Grundgedanke GLOVERs, heiße Gase der einzudampfenden Säure entgegenzuführen, erfolgreich weitergeführt.

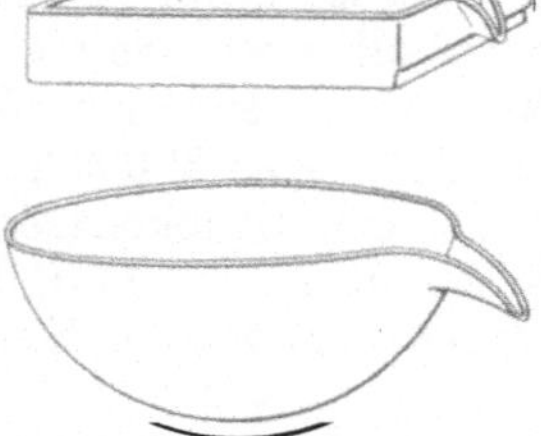

Abb. 193. Quarzgutschalen.

Im KESSLERschen Konzentrationsapparat (Abb. 194) findet die Konzentration der Schwefelsäure weit unterhalb des Siedepunktes der einzudampfenden Schwefelsäure statt (bei 95%iger H_2SO_4 170—180°, bei 98%iger 200—300°). Die Keßler-Anlage besteht aus einem mit Koks betriebenen Generator, aus dem Saturator (auch Saturex genannt), dem Rekuperator und dem Kondensator. Der Saturator S bildet den Unterteil des Apparates; er ist ein aus einzelnen Platten zusammengesetzter, mit einem Bleimantel umgebener Steintrog, welcher mit Querwänden ausgerüstet ist, die als Prellwände dienen. Der Baustoff ist eine säurefeste Lava (Volvic-Lava, Rheinische Basaltlava, Aussiger E-Masse). Auf den Saturator S ist (rechts) der Rekuperator R aufgesetzt. Er ist eine Art Rektifikationskolonne mit 5 Zwischenböden. Die zu konzentrierende Säure fließt oben in den Rekuperator ein, verteilt sich über den obersten Kolonnenboden und gelangt dann über die Zwischenböden schließlich in den Saturator. Dort fließt die Säure dem Heizgasstrome entgegen und tritt

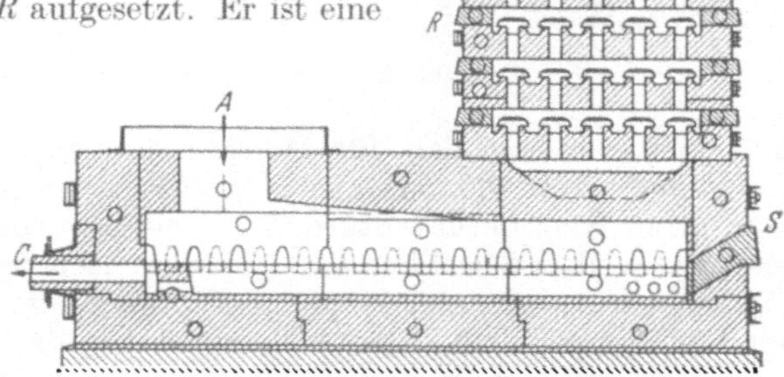

Abb. 194. Schwefelsäurekonzentration nach KESSLER.

bei C aus dem Saturator als konzentrierte Säure aus. Sie geht von dort durch einen Kühler zu dem Vorratsbehälter. Der Heizgasstrom macht den umgekehrten Weg. Die 350—450° heißen Gase der Generatorgasflamme treten bei A in den Saturator und streichen über die vom Rekuperator kommende, langsam fließende Säure. Sie werden durch die vorhandenen Einbauten (Prellwände) gezwungen, in vielfachen Windungen sich auf dem Wege über die große Säureoberfläche mit Wasserdampf und Schwefelsäure zu sättigen (daher der Name Saturator) und treten dann unten in den Rekuperator ein. Im Rekuperator nimmt die einlaufende Säure zur Vorwärmung soviel Wärme auf, daß die Gase bei B mit nur noch 85—90° den Turm verlassen. Im Rekuperator findet also keine Konzentration der Säure statt, Wasserdampf kondensiert sich aber auch nicht in wesentlicher Menge.

19*

Da die aus dem Rekuperator abziehenden Gase noch geringe Mengen Säurenebel mit sich führen, so müssen dieselben noch in dem Kondensator, d. i. in einem mit Koks oder Quarzbrocken ausgesetzten Filterkasten, verdichtet werden. Die hier aufgefangene Kondensatschwefelsäure geht in den Betrieb zurück. Die Gasbewegung wird durch einen vorn angeordneten Hartbleiventilator, oder durch einen hinter dem Kondensator stehenden Exhaustor besorgt. Der Betrieb ist sehr einfach. Die Gesamtanlage dieser wichtigen Konzentrationseinrichtung in der Ausführung der Firma Barth zeigt die Abb. 195, die jetzt ohne weiteres verständlich ist. Die Keßler-Konzentrationen leisten in 24 h, von Kammersäure ausgehend, bis 8000 kg Säure von 97—98% oder 18000 kg Säure von 92—93% oder 30000 kg von 78% (60° Bé).

Zu den Großkonzentrationsapparaten gehört neben den Keßler-Apparaten vornehmlich der Gaillard-Turm, der die Säure nach demselben Prinzip konzentriert wie der Keßler-Apparat, die Ausführung ist allerdings einfacher.

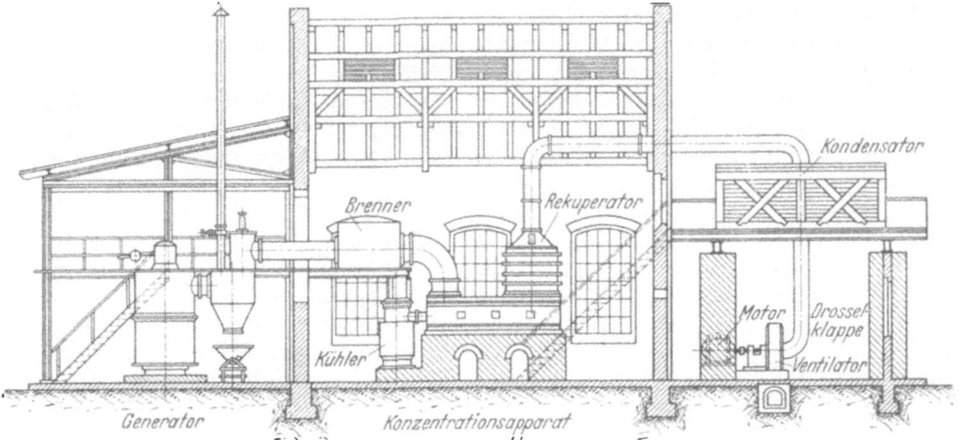

Abb. 195. Keßler-Konzentrationsanlage, Bauart Barth.

Er eignet sich besonders für Durchsatzleistungen von mehr als 20 t täglich. Wie aus der Abb. 196 hervorgeht, besteht die Apparatur aus dem Generator G, dem leeren Konzentrationsturm KT, dem ebenfalls leeren Hilfsturm R (Rekuperator) und dem Koksfilter KK. Die zu konzentrierende Säure wird in den etwa 15 m hohen, unten etwa 2 m, oben 1,7 m weiten, aus 15 Lavaringen bestehenden, mit Blei ummantelten Turm KT, der ohne jede Füllung ist, feinzerstäubt als Sprühregen von der Decke aus eingetragen, während gleichzeitig aus dem Koksgenerator G kommende heiße Verbrennungsgase dem Säureregen entgegengeführt werden. Die konzentrierte Säure sammelt sich am Boden des Turmes in einer durch eine Rohrschlange gekühlten Schüssel. Die aus dem Konzentrationsturm abziehenden heißen Säuredämpfe gelangen mit 100—200° in den leeren 1,3 m weiten, 8—10 m hohen Turm R, den Rekuperator, in welchem sich noch etwas Säure kondensiert; die letzten Säurenebel ziehen in einen mit Koks ausgesetzten Kasten KK. Ein Ventilator V bewerkstelligt die Gasbewegung in dem Apparate. Die Zerstäubung der aufgegebenen Säure im Konzentrationsturm wird von mehreren Düsen in der Decke des Turmes besorgt. Die Generatorgase treten unten mit 1000° in den Turm ein. Der Gaillard-Turm konzentriert leicht die Schwefelsäure bis auf 97—98%. Der Rekuperator konzentriert nur wenig, die dort ablaufende Säure hat etwa 73%. Statt des Koksfilters werden vereinzelt auch elektrostatische Reinigungskammern verwendet. Moderne Gaillard-Anlagen verarbeiten jetzt auch (unreine) Abfallsäuren; sie werden

auch schon zum Konzentrieren von Phosphorsäurelösungen und von Abfall-
Lösungen der Viskosekunstseidefabrikation benutzt. Über 600 Gaillard-Türme
sind (meist in Europa) bereits in Betrieb. In Amerika sind auch andere
ähnliche Konzentrationsapparate in Gebrauch. Der Chemico-Konzentrator
ähnelt z. B. dem Keßler-Apparate, der Kalbperry-Konzentrator dem
Gaillard-Apparate. Es sind auch Bemühungen im Gange, namentlich in
Amerika (Simonson-Mautius), die Konzentration der Schwefelsäure in Vakuum-
apparaturen durchzuführen (besonders für Abfallsäuren der Petroleumraffinerien).

Die Kammer- und Turmverfahren liefern immer eine wasserhaltige Schwefelsäure, die durch die vorher genannten Konzentrationseinrichtungen bis auf

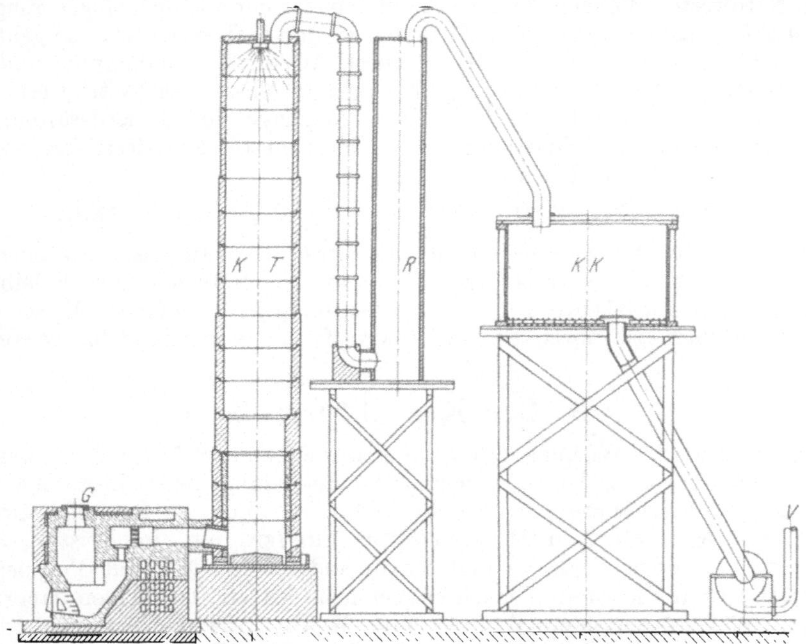

Abb. 196. Gaillard-Turm zur Schwefelsäurekonzentration.

98% gebracht werden kann. Es gibt nun viele Verwendungszwecke, wo man
zweckmäßig mit Monohydrat, H_2SO_4, also der 100%igen Säure arbeiten muß.
Seit der Entwicklung des Kontaktschwefelsäureverfahrens ist es leicht, das
Monohydrat aus konzentrierter Schwefelsäure und rauchender Schwefelsäure
(Oleum) herzustellen. Aus Kontaktschwefelsäure (Oleum) läßt sich selbstverständlich auch durch Verdünnung mit Wasser jede andere Schwefelsäurekonzentration herstellen.

Chemisch reine Schwefelsäure gewinnt man heute am einfachsten aus Kon-
taktsäure.

Der Versand der Schwefelsäure geschieht, soweit sie über 78% H_2SO_4 (60° Bé)
enthält, in eisernen Kesselwagen. Die Kammersäure wird fast immer am Ort der
Erzeugung verbraucht. Zu ihrem Transport benutzt man verbleite Kesselwagen.

Rauchende Schwefelsäure und Schwefelsäureanhydrid.

Man kann die rauchende Schwefelsäure, welche in der Technik auch die
Bezeichnung „Oleum" führt, als eine Mischung von Schwefelsäuremonohydrat-
bzw. Schwefelsäureanhydrid mit Pyroschwefelsäure auffassen. Sie war wahrscheinlich diejenige Form der Schwefelsäure, die schon die Alchimisten kannten.

Die gewerbsmäßige Herstellung von rauchender Schwefelsäure („sächsisches" oder „Nordhäuser Vitriolöl") scheint zuerst im Harz (Braunlage, Goslar) ausgeübt worden zu sein. Von hier ging 1682 das sog. Nordhäuser Vitriolöl bereits nach Wien. Vom Harz aus kam die Kunst des Vitriolölbrennens nach dem sächsischen Erzgebirge, nach Schlesien (1780) und Böhmen (1778). J. DAVID STARK richtete um 1792 mit Harzer Arbeitern die Fabrikation in Silberbach bei Graßlitz ein und brachte sie bald zu großer Blüte. Die Starkschen Werke erdrückten in der ersten Hälfte des 19. Jahrhunderts durch ihre Konkurrenz alle anderen kleinen Werke.

Im Nordwesten Böhmens findet sich ein Schiefer mit reichlich eingesprengtem Schwefelkies. Läßt man diesen auf Halden an der Luft verwittern, so geht der Pyrit in Ferro- und Ferrisulfat über. Durch Auslaugen, Eindampfen und Erstarrenlassen gewann STARK eine gelblich-grüne Masse, den Vitriolstein, bestehend aus Ferri- und Ferrosulfat, Kalk, Magnesia und Tonerdesalzen, der nach vorhergegangener Entwässerung in Retorten trocken destilliert wurde. Dabei zersetzt sich das Eisensulfat:

$$2\,FeSO_4 = Fe_2O_3 + SO_3 + SO_2 \quad \text{bzw.} \quad Fe_2(SO_4)_3 = Fe_2O_3 + 3\,SO_3.$$

Die entweichenden Säurenebel, in konzentrierter Schwefelsäure absorbiert, geben die rauchende Schwefelsäure. Das in den Retorten zurückbleibende Eisenoxyd, das sog. Caput mortuum, diente als Anstrichfarbe. Dieses Darstellungsverfahren ist durch das Kontaktverfahren gegenstandslos geworden.

B. Der Kontaktprozeß.

Die katalytische Wirkung des Platins war bereits 1817 durch HUMPHREY DAVY aufgefunden worden. Die technische Benutzung dieser Eigenschaft des Platins, schweflige Säure mit dem Sauerstoff der Luft zu Schwefelsäure zu oxydieren, regte zuerst 1831 PEREGRINE PHILIPPS jun. in Bristol (Engl. Pat. 6096) an. Seine Versuche und die in anderen Ländern mit Platinasbest und platiniertem Bimsstein gemachten Versuche hatten aber keinen dauernden Erfolg. 1852 zeigten dann WÖHLER und MAHLA, daß die Vereinigung von Schwefeldioxyd und Sauerstoff auch durch andere Kontaktsubstanzen, wie Eisenoxyd, Kupferoxyd, Chromoxyd, erreicht werden könne. Auch hiermit sind vielfach praktische Versuche gemacht worden, damals aber immer unter dem Gesichtspunkte, den Salpeter beim Kammerprozesse zu sparen und gewöhnliche konzentrierte Schwefelsäure herzustellen. Erst als in den 70er Jahren die aufblühende Farbstoffindustrie größere Nachfrage nach „Oleum" veranlaßte, wurde die Lösung des Kontaktproblems dringlicher. 1875 veröffentlichte dann CLEMENS WINKLER seine Untersuchungen über die Herstellung rauchender Schwefelsäure mit Hilfe von platiniertem Asbest. Er zerlegte zunächst Schwefelsäure durch Erhitzen in schweflige Säure, Sauerstoff und Wasserdampf, entfernte das Wasser und vereinigte dann $SO_2 + O$ zu SO_3. Ein Versuchsbetrieb war bereits 1876 auf den Mulden-Hütten bei Freiberg im Gange. Erst 1879 gelang die Herstellung von Anhydrid aus Röstgasen. Auch SQUIRE und MESSEL nahmen 1875 auf fast die gleichen Gedankengänge ein englisches Patent. Das Verdienst, die Einführung des Kontaktprozesses in den Großbetrieb veranlaßt zu haben, gebührt unzweifelhaft WINKLER. Das Monopol der Starkschen Werke auf die Oleumherstellung war damit gebrochen.

Sehr viel zur Aufklärung der theoretischen Verhältnisse beim Kontaktverfahren trugen die Untersuchungen der Badischen Anilin- und Sodafabrik (L. KNIETSCH 1891) bei, durch welche erwiesen wurde, daß nicht, wie WINKLER angenommen hatte, die besten Umsetzungen bei dem stöchiometrischen

Verhältnisse $2\,SO_2 + O_2$ erzielt werden, sondern daß mit verdünnten Röstgasen und Luftüberschuß bessere Ergebnisse erreicht werden, daß es ein Temperaturoptimum bei 400—430° gibt und daß, wenn man die auftretende Reaktionswärme durch Kühlung beseitigt, eine fast vollständige Umsetzung des SO_2 zu SO_3 zu erreichen ist. Dabei wurde auch gefunden, daß staubförmige Verunreinigungen wie Arsen, die Kontaktsubstanz unwirksam machen (vergiften) können.

Theorie des Kontaktprozesses.

Die Umsetzung zwischen schwefliger Säure und Sauerstoff

$$2\,SO_2 + O_2 \rightleftarrows 2\,SO_3 + 45{,}6 \text{ kcal}$$

ist eine umkehrbare Reaktion, die mit erheblicher Wärmeentwicklung vor sich geht. Nach dem Massenwirkungsgesetz gilt für diese Gleichung bei bestimmter Temperatur:

$$\frac{(SO_2)^2(O_2)}{(SO_3)^2} = K.$$

Daraus folgt, daß die Ausbeute an SO_3, d. h. das Verhältnis der oxydierten Menge SO_2 zu der am Schluß vorhandenen nach der Gleichung

$$\frac{SO_3}{SO_2} = \sqrt{\frac{O_2}{K}}$$

der Quadratwurzel aus dem Sauerstoffdrucke proportional ist, also mit zunehmender Sauerstoffkonzentration größer werden muß. Hieraus ergibt sich ohne weiteres, daß die WINKLERsche Annahme, die besten Ausbeuten seien mit einem stöchiometrisch zusammengesetzten Gasgemisch ($2\,SO_2 + O_2$) zu erhalten, ein Irrtum war.

Der Grad der Umsetzung ist außerordentlich von der Temperatur abhängig. Auch bei Verwendung von Katalysatoren macht sich eine Einwirkung der Komponenten erst oberhalb 200° bemerkbar, bei etwa 400° ist die Reaktionsgeschwindigkeit sehr groß und die Umsetzung eine fast vollständige; bei höheren Temperaturen beginnt der entgegengesetzte Vorgang, das gebildete SO_3 zerfällt. KNIETSCH fand bei Versuchen mit Röstgasen, die 7% SO_2, 10% O_2 und 83% N enthielten, bei Verwendung von Platinasbest als Kontaktsubstanz bei 380—400° eine fast quantitative Umsetzung von 98—99%, bis 430° blieb die Umsetzung ungefähr auf dieser Höhe, dann begann der Zerfall des SO_3 in die Komponenten SO_2 und O_2, und zwar wurden bei 700—750° nur noch 50—60% SO_3 umgesetzt, bei 900—1000° fast nichts mehr. Die Natur der Kontaktsubstanz hat auf das Gleichgewicht an sich keinen Einfluß, wohl aber auf die Reaktionsgeschwindigkeit, und diese ist bei den verschiedenen Katalysatoren verschieden groß. Den Einfluß der Temperatur auf die Umsetzung bei Verwendung von Platinschwarz als Katalysator bei Röstgasen verschiedener Zusammensetzung erläutert folgende Tabelle (BODENSTEIN und POHL):

Zusammensetzung des Röstgases in Vol.-%			Ausbeute an SO_3 in % bei verschiedenen Temperaturen				
N_2	SO_2	O_2	400°	500°	600°	700°	800°
84,85	10,10	5,05	96,2	83,2	59,1	31,9	15,0
83,00	7,00	10,00	99,3	93,4	73,3	42,5	20,5
81,40	4,00	14,60	99,4	94,9	78,3	48,1	24,2
80,00	2,00	18,00	99,5	99,5	80,5	51,3	26,3

Oberhalb des Optimums sinken mit steigender Temperatur die Ausbeuten, ein Sauerstoffüberschuß verbessert den Umsatz. Da die Natur des Katalysators auf das Gleichgewicht keinen Einfluß hat, so gelten obige für das Platin berechnete Gleichgewichtszahlen auch für andere Kontaktsubstanzen. Bei gewöhnlicher Temperatur ist die Reaktionsgeschwindigkeit zwischen SO_2 und O_2 so gering, daß eine Vereinigung nicht stattfindet, sie wird erst bei ungefähr 400° so lebhaft, daß sie technisch verwendbar wird. Die verschiedenartigen Katalysatoren beeinflussen die Reaktionsgeschwindigkeit bei ein- und derselben Temperatur aber verschieden, Platinschwarz am kräftigsten, Metalloxyde wesentlich weniger. Nachstehendes Diagramm (Abb. 197) zeigt die Wirksamkeit einiger gebräuchlicher Katalysatoren für ein 7%iges Röstgas bei kleinen Strömungsgeschwindigkeiten (B. NEUMANN).

Die besten Ausbeuten liefert das Platin, und zwar schon bei verhältnismäßig niederer Temperatur (die Kurve *Pt* gilt für 7,5% Platinasbest), eine ähnliche gute Wirkung weist das Silbervanadinat auf. Die Kurvenform dieser beiden Kontaktsubstanzen ist typisch für den Verlauf einer physikalischen Adsorptionskatalyse. Dieselbe Kurvenform weisen auch das noch eingezeichnete

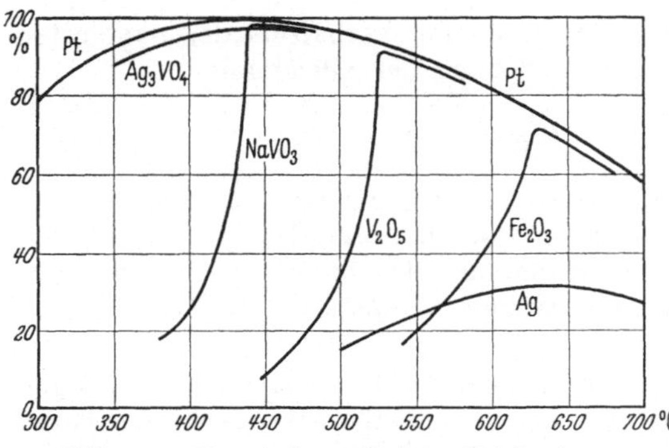

Abb. 197. Wirksamkeit verschiedener Katalysatoren.

wenig wirksame Silber und die häufig als Träger dienenden Substanzen Silika-Gel, Porzellan usw. auf. Ganz anders ist der Verlauf der Umsetzung am Eisenoxyd- und am Vanadinsäurekontakt, hier handelt es sich um chemische Zwischenreaktionskatalyse, nämlich um abwechselnde Bildung und Zersetzung von Sulfaten.

Bei der Vanadinsäure als Kontaktsubstanz handelt es sich um die Sulfatisierung des V_2O_4 und um Zersetzung des gebildeten Vanadylsulfates. Nach NEUMANN ist dabei das entstandene Vanadylsulfat das eigentliche Zwischenreaktionsprodukt, welches sich abwechselnd bildet und zersetzt:

$$V_2O_5 + SO_2 = V_2O_4 + SO_3$$
$$2\,SO_2 + O_2 + V_2O_4 = 2\,VOSO_4$$
$$2\,VOSO_4 = V_2O_5 + SO_3 + SO_2.$$

Bei Verwendung von Eisenoxyden als Katalysator ist, wie ebenfalls B. NEUMANN gezeigt hat, das Ferro-Ferrisulfat, $Fe_3(SO_4)_4$, das Zwischenprodukt der Reaktion. Der Valenzwechsel geht zwischen Fe_2O_3 und Fe_3O_4 vor sich:

$$12\,Fe_2O_3 + 4\,SO_2 = 8\,Fe_3O_4 \cdot 4\,SO_3$$
$$8\,Fe_3O_4 \cdot 4\,SO_3 = 7\,Fe_3O_4 + Fe_3(SO_4)_4$$
$$Fe_3(SO_4)_4 = Fe_3O_4 + 4\,SO_3$$
$$8\,Fe_3O_4 + 2\,O_2 = 12\,Fe_2O_3.$$

Hiernach müßten theoretisch bei Verwendung von Eisenoxyd als Katalysator bei 545° rund 91% Ausbeute zu erzielen sein, technische Eisenoxyde liefern aber infolge unvermeidlicher Oberflächensinterung nur 70% bei etwa 625°.

In dem Diagramm (Abb. 197) sind die Ausbeutekurven der reinen Vanadinsäure und des Natriumvanadats eingezeichnet. Alle technischen Vanadinkontaktmassen sind alkalihaltig und die damit zu erreichenden Ausbeuten entsprechen denen des Natriumvandats.

Völlig trockene Gase lassen sich nicht katalytisch vereinigen; eine Spur Wasser muß zugegen sein, größere Mengen schädigen aber die Umsetzung. Da die SO_3-Bildung $(2\,SO_2 + O_2 \rightleftarrows 2\,SO_3)$ mit Volumabnahme verbunden ist, so müßte eine Druckerhöhung die Ausbeute verbessern bzw. umgekehrt müßte durch Verdünnung der Gase mit Luftstickstoff oder Verminderung des Sauerstoffpartialdruckes die SO_3-Ausbeute zurückgehen. Man könnte auch die Ausbeute dadurch zu steigern versuchen, daß man die SO_3-Konzentration vermindert, d. h. also etwa das gebildete Anhydrid nach dem ersten Kontaktapparate entfernt und die Restgase durch einen zweiten Kontaktapparat leitet. Von beiden Mitteln macht die Technik keinen Gebrauch. Wohl aber arbeitet die Technik heute in der Weise in 2 Stufen, daß zuerst bei höherer Temperatur eine rasche, weitgehende Umsetzung erfolgt und dann der Rest bei tieferer Temperatur umgesetzt wird.

Die Absorption des gebildeten Schwefeltrioxyds aus den Gasen geschieht am besten durch eine Schwefelsäure mit $98^1/_3\%$ Monohydrat, die einen kleineren Dampfdruck aufweist als 100%ige oder schwächere Säure.

Die Wirksamkeit der Katalysatoren kann in vielen Fällen durch Beimischung von „Aktivatoren“ erhöht werden. Jede Veränderung der Oberflächenbeschaffenheit durch Staub oder durch Sinterung bei höherer Temperatur führt zu einer Schädigung der Wirksamkeit. Hierzu gehört bei metallischen Katalysatoren die sog. „Vergiftung“ durch Arsen (Chlor, Selen) infolge Arsenidbildung. Bei oxydischen Katalysatoren wie Vanadinsäure, Eisenoxyd, tritt durch Arsenoxyde eine „Vergiftung“ nicht ein; auch bei platiniertem Silika-Gel nicht.

Ausführung des Kontaktprozesses.

Von den Kontaktsubstanzen sind in der Technik hauptsächlich folgende zur Verwendung gekommen.

1. Platin, niedergeschlagen auf Asbest, Bimsstein, Porzellan, Silika-Gel, Magnesiumsulfat usw. Mit einem $7,5—9\%$igen Platinasbest arbeitete zunächst das Kontaktverfahren der Badischen Anilin- und Sodafabrik, die Tentelew-Werke u. a., mit Platin auf Magnesiumsulfat das Verfahren von Schröder-Grillo. Eine große Anzahl neuerer Anlagen verwenden jetzt platiniertes Silika-Gel. Beim Silika-Gel und beim Schröder-Grillo-Verfahren kommt man mit sehr viel geringeren Platinmengen aus als beim Asbest, die Trägermasse hält auf ihrer Oberfläche nur etwa $0,1—0,2\%$ Platin. Das Temperaturoptimum der Platinkontaktmassen liegt bei etwa $430°$. Der Umsatz kann mit Platin bis zu $99^1/_2\%$ gehen, praktisch erreicht man $97—98\%$.

2. Eisenoxyd. Das Verfahren des Vereins Chemischer Fabriken in Mannheim benutzte zur katalytischen Vereinigung von SO_2 und O_2 Eisenoxyd (in Form von Kiesabbränden). Man arbeitete bei etwa $700°$, konnte mit dem Eisenoxyd aber nur etwa 60% der SO_2 umsetzen und mußte deshalb den Rest der Gase bei niederer Temperatur mit Platin (platinierte Asbesttücher) in SO_3 überführen. Das Mannheimer Verfahren ist bedeutungslos geworden, die Anlagen sind zu reinen Platinkontaktanlagen umgebaut worden.

3. Vanadinsäure. Vanadinsäure wurde zuerst 1900 von DE HAEN als Schwefelsäurekatalysator vorgeschlagen (Vanadinsäure-Asbest), fand aber zunächst wegen seiner trägeren Wirkung keine praktische Anwendung. Heute wird ein sehr großer Teil der Kontaktschwefelsäure mit Vanadinsäurekontaktmassen hergestellt. Die Vanadinsäure wird auf Trägern wie Bimsstein, Kieselgur, aktiver Kieselsäure, künstlichen Zeolithen usw. abgeschieden, auch in Form von Mischkatalysatoren, zuammen mit Metallsalzen, oder in Form von Vanadylsalzen (Vanadylsulfat) zur Verwendung gebracht. Das Temperaturoptimum liegt bei den meisten Vanadinkontakten bei etwa $500°$. Der Umsatz kann $98—99\%$ erreichen, im Durchschnitt sind $97—98\%$ erzielbar. Ein Hauptvorteil

der Vanadinsäurekontaktmassen ist ihre Unempfindlichkeit gegen Arsenvergiftung.

Vanadinsaures Silber wurde zuerst von den Farbenfabriken **Friedr. Bayer & Co.** vorgeschlagen und benutzt. Die Wirksamkeit des Silbervanadates reicht, wie die betreffende Kurve in der Abb. 197 zeigt, fast an die des Platins heran.

Bei allen Kontaktverfahren sind die einzelnen Phasen des Betriebes annähernd dieselben, nämlich: Reinigung, Waschung, Kühlung und Trocknung der Gase, Vorwärmung und Umsetzung im Kontaktapparat, Kühlung der Umsetzungsprodukte und Absorption der SO_3 in Schwefelsäure. Gegen früher sind durch Einführung der elektrischen Gasreinigung und durch Verwendung der gegen Vergiftung weniger empfindlichen Vanadiumkontaktmassen wesentliche Vereinfachungen, Verbesserungen und eine Verbilligung der umfangreichen Reinigungsapparatur erzielt worden.

Die aus den mechanischen Röstöfen mit 600—800° austretenden Röstgase führen große Mengen Flugstaub mit, dessen Entfernung früher in Flugstaubkammern, jezt durch elektrische Staubniederschlagung (vgl. S. 279) besorgt wird, da die Gase mit 360—450° durch den Entstaubungsapparat gehen, so werden dabei nur 10—15% des Arsens mit dem Flugstaube abgeschieden. Zur völligen Abscheidung des Arsens muß das Gas gekühlt werden, was in 2 Kühltürmen (Bleitürmen) geschieht, die mit Schwefelsäure berieselt werden. Die Gase treten aus dem ersten Turme mit 90°, aus dem zweiten Turme mit 40—50° aus. Hinter den beiden Wasch- und Kühltürmen folgen in den Kontaktanlagen, die mit Platinkontaktmassen arbeiten, weitere elektrische Reinigungskammern, welche die letzten Arsenreste abscheiden sollen, nämlich ein elektrischer Arsenvorreiniger, ein Kühlturm und ein elektrischer Nachreiniger, und hinter diesen zur Wegnahme der Reste von Wasserdampf ein mit konzentrierter Schwefelsäure berieselter Waschturm und ein eiserner, mit Quarzstücken gefüllter Turm als Säurefänger. Diese Reinigungsapparatur fällt noch wesentlich einfacher aus, wenn man als Ausgangsmaterial nicht Kiese oder Blenden, sondern Schwefel benutzt.

Die arsenfrei gemachten Gase werden von einer Saug- und Druckvorrichtung (Windkessel) durch einen Röhrenvorwärmer in den eigentlichen Kontaktofen gedrückt, dessen Einrichtung je nach dem Kontaktverfahren sehr verschieden sein kann. Der Vorwärmer wird in manchen Fällen nur bei der Inbetriebsetzung benutzt. Die aus dem Kontaktkessel und dem Vorwärmeaustauscher austretenden Kontaktgase haben eine Temperatur von etwa 260°, sie müssen in Röhrenkühlern auf 40—60° heruntergebracht werden, bevor sie in die Absorptionsbatterie eintreten können. Man benutzt jetzt liegende Oberflächenabsorber oder Türme (und nicht mehr waschflaschenähnliche Apparaturen). In der Regel absorbiert man in 2 Stufen; in der ersten Stufe wird Oleum, in der zweiten Stufe Monohydrat hergestellt, d. h. auf den Nachabsorber fließt 60—66° Bé-Schwefelsäure, diese wird in Monohydrat oder schwaches Oleum verwandelt, und dieses fließt auf den Vorabsorber und liefert durch Aufnahme der SO_3 hier ein Oleum mit 15—25% SO_3. Von der aufgegebenen schwefligen Säure werden im Dauerbetrieb etwa 96% in SO_3 umgewandelt. Eine mittelgroße Anlage erzeugt etwa 30 t Monohydrat in 24 h.

Die **Kontaktapparate** werden für die verschiedenen Kontaktsubstanzen verschieden gebaut. Da die aus der Reinigung kommenden Gase kalt sind, so müssen sie ungefähr auf die Umsetzungstemperatur des betreffenden Katalysators (bei Platin 420—450°, bei Vanadinsäure 500°) vorgewärmt werden, bevor sie in den Kontaktapparat treten können. Da bei der Reaktion Wärme frei wird, so benutzt man den Wärme-Inhalt der abziehenden Gase, um in einer Art

Wärmeaustauscher die Frischgase auf die notwendige Temperatur anzuwärmen. Das geschieht vielfach im Kontaktkessel selbst, bisweilen ist ein besonderer Wärmeaustauscher außerhalb des Kontaktkessels vorhanden.

Der ursprünglich von KNIETSCH konstruierte und von der Badischen Anilin- und Sodafabrik verwendete Kontaktofen mit den mit Platinasbest gefüllten Kontaktrohren, die außen von den anzuwärmenden Frischgasen umspült werden, ist in der vorigen Auflage S. 224, Abb. 121, näher beschrieben. Die jetzt benutzten Kontaktkessel zeigt Abb. 198. In dem 3 m hohen und 2,6 m breiten Kessel sind 144 Kontaktrohre von 120 mm Durchmesser untergebracht. Diese Rohre sind nicht von oben bis unten mit Platinasbest vollgestopft, sondern 50 durchlochte Eisenplatten sind in Abständen übereinander eingesetzt, zwischen denen die

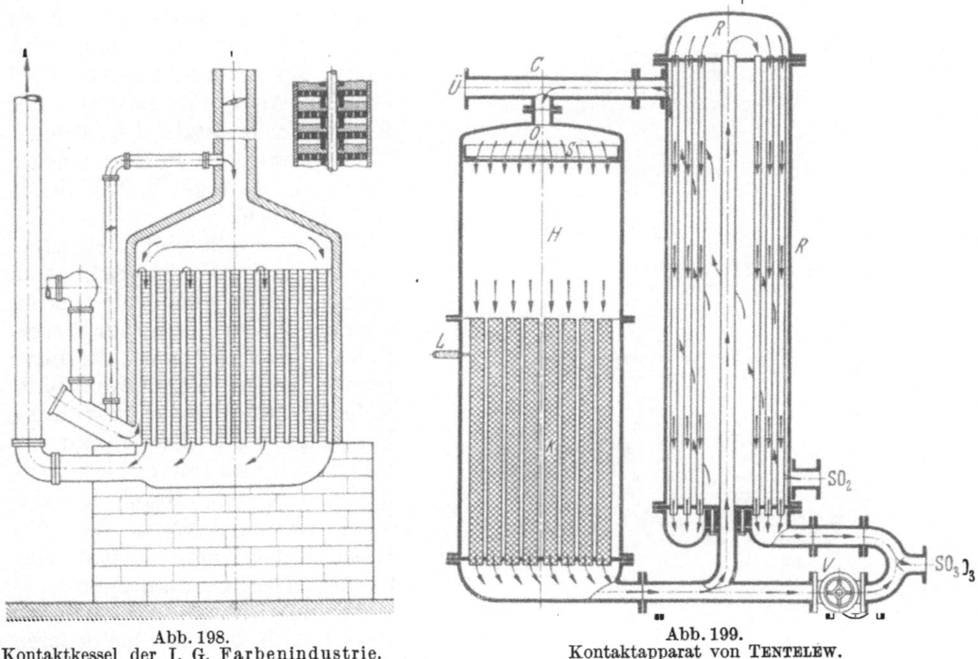

Abb. 198.　　　　　　　　　　　　　　　　Abb. 199.
Kontaktkessel der I. G. Farbenindustrie.　　　Kontaktapparat von TENTELEW.

Asbestwolle gleichmäßig in dünner Schicht ausgebreitet ist. Ein Teil der kalten Frischgase tritt unten ein, umspült das Kontaktrohrbündel, wärmt sich an, vereinigt sich unter dem Schirm mit dem restlichen Teile des Frischgases aus der Zweigleitung und tritt von oben durch die Kontaktrohre; SO_3 tritt unten aus. Die Gase treten mit 300—360° in die Kontaktrohre ein, die oberen Schichten kommen zum Glühen, die Gase kühlen sich aber durch Wärmeaustausch ab, durchlaufen das Temperaturoptimum von 430° und treten unten mit 235 bis 250° aus.

Für größere Leistungen werden auch Kontaktkammern gebaut, in denen auf großen Rosten oder Siebplatten, die in vielen Etagen übereinander angeordnet sind, die Platinasbestkontaktmasse gleichmäßig ausgebreitet ist. In diesen Fällen geschieht der Wärmeaustausch selbstverständlich in besonderen Wärmeaustauschern.

Der vorstehend abgebildete Kontaktapparat (Abb. 199) von TENTELEW zeigt einen solchen Kontaktapparat mit besonderem Wärmeaustauscher. Links ist der Röhrenkontaktapparat im Schnitt gezeichnet, rechts der Wärmeaustauscher, der sog. Regulator oder Regler R. K sind die mit Kontaktmasse beschickten Röhren, H ist der Ausgleichsraum, S eine Siebplatte, über welcher

Kontaktmasse aufgeschichtet ist. Die Frischgase treten aus dem Vorwärmer R mit 270—300° bei O in den Kontaktkessel ein, die SO_3-Dämpfe verlassen das Rohrbündel mit 350—400°, heizen im Wärmeaustauscher R die ankommenden Frischgase auf und ziehen mit 200—240° rechts unten ab. Die Öffnung D ist im laufenden·Betrieb geschlossen. Der Kontaktofen mißt bei neueren Ausführungen in der Höhe 4 m, im Durchmesser 3,10 m, er hat 200 Kontaktrohre von 120 mm Durchmesser. Der Regler ist 4 m hoch, 2,5 m weit und ist mit 270 Rohren (40 mm) ausgerüstet. Mit frischen Platinmassen werden 99% Umsetzung erhalten, im Durchschnittsbetrieb 97—98%. Für große Leistungen verwendet auch die Firma Tentelew Kontaktkessel, bei denen eine große Anzahl übereinanderliegender, den ganzen Querschnitt von 1,67 m überspannender Siebplatten, mit Kontaktmasse bedeckt, eingebaut sind. Als Kontaktmasse wird ebenfalls ein Platinasbest mit 6—7% Pt benutzt. Ein solcher Großapparat ist in der vorhergehenden Auflage S. 225 durch Abb. 122 erläutert.

Das ebenfalls weit verbreitete Verfahren von GRILLO-SCHRÖDER arbeitet zwar auch mit Platin, aber der Träger ist hier ein wasserfreies, geschmolzenes körniges bzw. stückiges Magnesiumsulfat, welches mit Platinchloridlösung besprengt wird. Das Platin befindet sich also nur an der Oberfläche. In der Regel ist nur 0,3% Platin, bezogen auf das Gemisch der Kontaktmasse, vorhanden. Der Kontaktapparat besteht aus einem zylindrischen Kessel (Abb. 200), der bei neueren Anlagen 3,8 m hoch ist und 2,2 m Durchmesser hat. Er besitzt einen Doppelmantel, durch den das eintretende (auf 320° vorgewärmte) Frischgas von unten nach oben in spiraligen Windungen aufsteigt und sich dabei von 320 auf 370° aufheizt. Der Innenzylinder ist mit 5 Lochplatten ausgerüstet, die obere ist zur besseren Gasverteilung mit (nicht platiniertem) Asbest bedeckt, auf den vier unteren Platten ist die Kontaktmasse 35—40 cm hoch aufgeschichtet. Die vorgeheizten Frischgase treten durch die oberste Verteilungsdeckplatte, durchstreichen die auf der zweiten Lochplatte liegende Kontaktmasse, treffen auf ein Prellblech, verteilen sich, durchdringen die nächste Schicht der Kontaktmasse usw. und treten unten als SO_3-Gase mit etwa 420° aus. Sie gehen dann durch einen Wärmeaustauscher, den sie mit 260—280° verlassen.

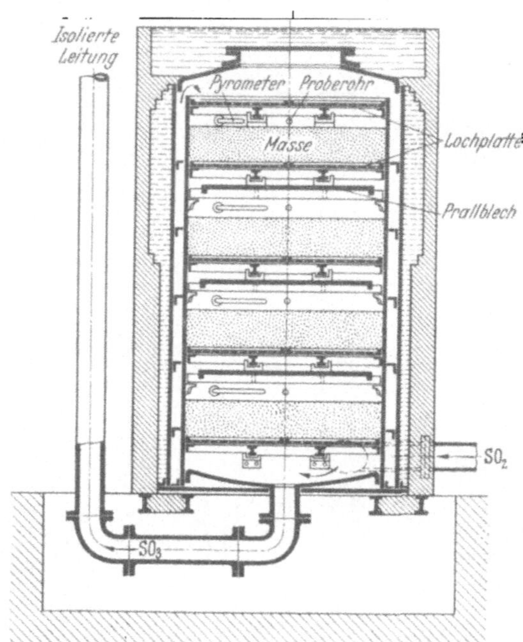

Abb. 200. Kontaktapparat von GRILLO-SCHRÖDER.
(Nach WAESER: Schwefelsäure III.)

Der Umsatz liegt bei 96—97%, maximal 97,5%. An Stelle der bisher genannten Platinkontaktmassen ist jetzt auch vielfach platiniertes Silika-Gel (Aktivkieselsäure) mit etwa 0,15—0,2% Pt in Gebrauch.

Die Kontaktapparate für die vanadinsäurehaltigen Kontaktmassen gehören in der Hauptsache auch dem Röhrentypus an. JÄGER und BERTSCH ersetzten die einfachen Kühlrohre durch doppelte, oben geschlossen in der

Kontaktmasse endigende weite Rohre, in welchen ein enges Rohr bis zur Spitze geführt ist, so daß die Frischgase zunächst im Innenrohr von unten nach oben strömen, dann im Zwischenraum herunterkommen und nun erst in die Kontaktmasse treten. Es hat sich auch hier als zweckmäßig herausgestellt, die erste Stufe der Katalyse bei hoher Temperatur schnell durchzuführen und die Reaktion in der zweiten Stufe bei niedriger Temperatur zu beenden. Die von der Selden Co. gebauten Großapparate haben deshalb, wie Abb. 201 schematisch zeigt, ihren Kontaktofen unterteilt. Im Unterteile sind die genannten Doppelwandrohre in die Kontaktmasse eingebaut, Frischgase durchstreichen die Kontaktmasse wie oben angegeben, treten ohne Zwischenkühlung in den Oberteil, dessen Kontaktmasse durch ähnliche eingebaute Doppelwandrohre, in denen Luft oder kalte SO_2-Gase als Kühlmittel zirkulieren, gekühlt wird. Die beigegebene Temperaturkurve erläutert die Temperaturverhältnisse im Kontaktapparate. Bei diesem amerikanischen Typ des Kontaktapparates mit innerem Wärmeaustausch hat man, wie aus Abb. 201 zu ersehen ist, 2 Katalysatorschichten, eine untere, die 60—65% der Kontaktmasse trägt, und eine obere mit dem Rest.

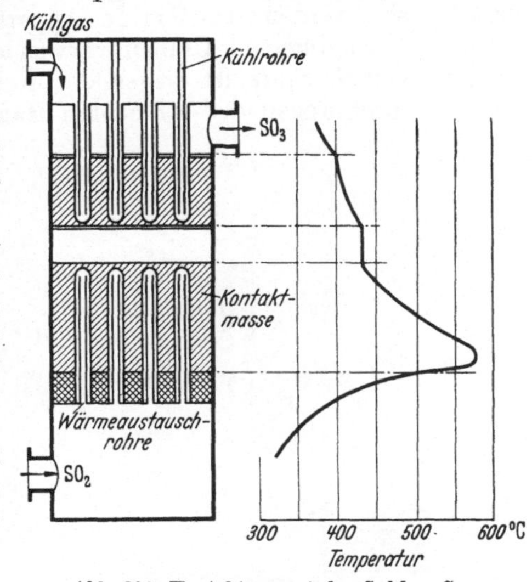

Abb. 201. Kontaktapparat der Selden Co.

Wenn, wie in Amerika, reiner Schwefel verbrannt wird, tritt das Gas ohne Reinigung, nur auf 300° heruntergekühlt, direkt in den Unterteil des Kontaktapparates. In den untersten Schichten erreicht die Temperatur 600°, die sich aber beim Austritt des Gases aus der unteren Schicht bis auf 475° gesenkt hat, im oberen Teile geht dann die Kühlung weiter bis auf etwa 300°. Man erhält Umsetzungen von $97^1/_2$—98%.

In Amerika sind aber auch Kontaktapparate mit äußerem Wärmeaustausch, System Herreshoff, in Anwendung. Die Abb. 202 erläutert die Einrichtung dieses Systems. Man verwendet kleinere Konverter, die 30% weniger Kontaktmasse aufweisen

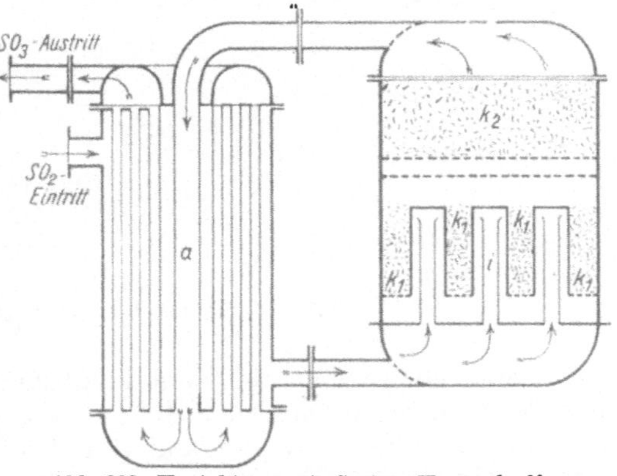

Abb. 202. Kontaktapparat, System Herreshoff.

als diejenigen mit nur innerem Wärmeaustausch. a ist der äußere Wärmeaustauscher, i der innere, k_1 und k_2 sind die beiden Kontaktmassen. Der Arbeitsgang ist ohne weiteres verständlich. Der Vorteil dieses Systems ist, daß Gase mit verschiedenen SO_2-Gehalten leichter verarbeitet werden können. Solche Anlagen sind in Einheiten bis zu 100 t täglicher Erzeugung (von 100% H_2SO_4) gebaut worden.

Die I. G. Farbenindustrie hat jetzt Kontaktkessel konstruiert, die eine Kombination von Schichtenkessel und Röhrenkessel darstellen. Solche Schicht-

Rohr-Kontaktkessel sind schon in größerer Anzahl in der Industrie verbreitet. Sie eignen sich besonders für arme Hüttengase.

Im allgemeinen sind die europäischen Kontaktanlagen klein im Verhältnis zu denen in Amerika, wo das Bestreben vorherrscht, große Einheiten zu bauen. Neue japanische Anlagen bevorzugen amerikanische Systeme. Für die Vanadinkontaktmassen werden auch Grillo-Apparate oder Tentelew-Apparate, direkt oder nach geringfügigem Umbau verwendet.

Reine Vanadinsäure ist wegen der Neigung, bei der Reaktionstemperatur zu sintern und wegen der schlechten Haftung auf den verschiedenen Träger-

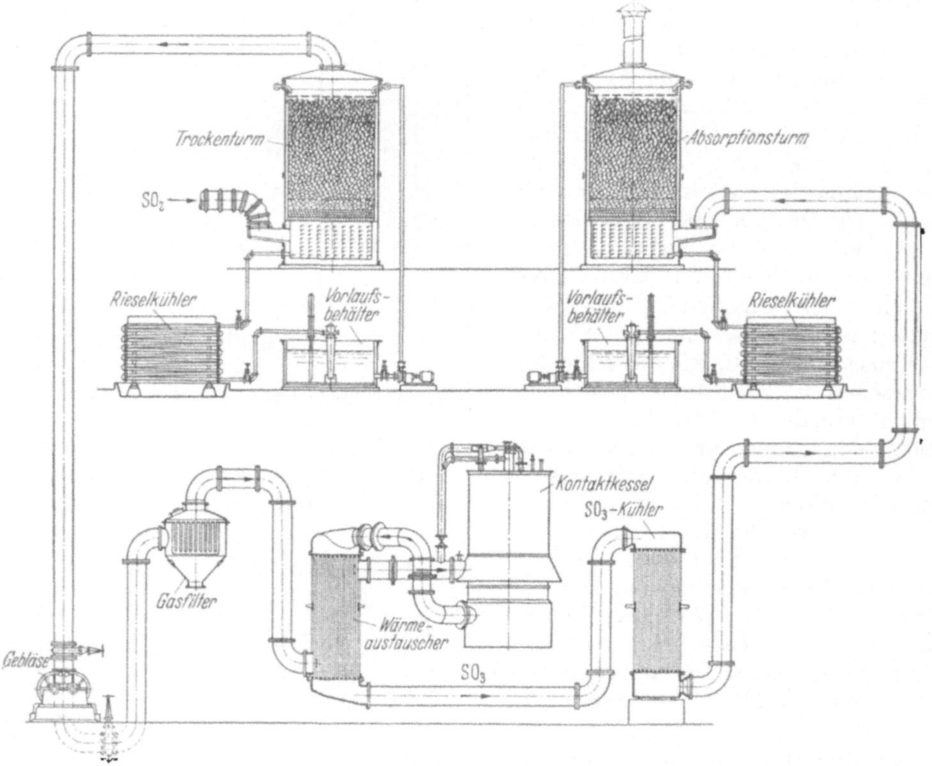

Abb. 203. Vanadin-Kontaktanlage der Lurgi AG.

substanzen weniger gut als Kontaktsubstanz geeignet als komplexe alkalihaltige Vanadinverbindungen, z. B. die besser temperaturbeständigen Zeolithkatalysatoren, welche die Vanadinsäure in nicht austauschbarer Form enthalten. Man kann damit bis zu Umsätzen von 97—99% kommen, wenn auch der Umsatz im Dauerbetriebe etwas niedriger liegt. Die Öfen werden zuerst auf 500—700° angeheizt und dann auf die richtige Arbeitstemperatur von 450—500° eingestellt.

Die Abb. 203 zeigt in sehr übersichtlicher Weise die Gesamtanordnung einer modernen Vanadin-Kontakt-Schwefelsäureanlage der Lurgi-Gesellschaft. Die Röstgase gehen zur Trocknung durch einen Trockenturm, werden durch ein Gebläse über ein Elektrogasfilter und den Wärmeaustauscher dem Kontaktkessel zugeführt. Hieran schließt sich der SO_3-Kühler und der Absorptionsturm für die SO_3. Aus dem Vorlaufsbehälter zirkuliert Schwefelsäure über die Türme und die Rieselkühler.

Bei allen Kontaktverfahren erhält man in der Absorptionsanlage eine rauchende Schwefelsäure, ein Oleum von 20—30% SO_3. Die Absorption geschah früher in waschflaschenähnlichen Absorbern, heute meist in Türmen.

Die chemische Industrie, besonders die der künstlichen Farbstoffe, benötigt aber eine noch konzentriertere rauchende Säure. Diese gewinnt man aus 20%igem Oleum durch Einleiten von weiterem Schwefelsäurehydriddampf in die rauchende Schwefelsäure. Man hat es so in der Hand, beliebig konzentriertes Oleum herzustellen. Die gebräuchlichsten Oleumsorten sind:

% SO_3	Spezifisches Gewicht	Schmelzpunkt	Zustand bei gewöhnlicher Temperatur
20	1,8919	— 11	flüssig
40	1,9584	+ 33,8	fest
65	1,9672	+ 9,0	flüssig
80	1,9251	+ 20	fest

Der Transport des Oleums geschieht bei kleineren Quantitäten in schmiedeeisernen Flaschen. Große Mengen verschickt man in heizbaren Kesselwagen.

Nasse Katalyse.

Eine neue Abart des Kontaktverfahrens ist die sog. nasse Katalyse, welche nicht auf rauchende Schwefelsäure, sondern eine Schwefelsäure von rund 90% H_2SO_4 hinarbeitet. Das Verfahren ist von SIECKE ausgebildet und von der Lurgi auf einigen Werken zur Verbrennung von Schwefelwasserstoff aus Abschwaden der Ammonsulfatgewinnung aus Kokereigasen zur Ausführung gebracht. Die Abschwaden haben 11—30% H_2S neben CO_2 oder CO_2 und Luft, man verbrennt sie mit Luft und erhält Gase mit 3—6% SO_2 und 4—7% CO_2. Diese werden abgekühlt und gehen mit etwa 400° direkt ohne Filtration mit dem beigemengten Wasserdampf und der Kohlensäure in den Kontaktofen. Der Kontaktofen ist ein Horden- oder Schichten-Kontaktkessel (ähnlich dem Grillo-Kontaktkessel), dem am unteren Ende ein Röhrenkondensator angebaut ist. Die Rohre des Kondensators sind mit Füllkörpern ausgesetzt; um die Rohre zirkuliert zur Herabsetzung der Temperatur siedendes Wasser. Bei der hierdurch erzielten Abkühlung von 400° auf 100° tritt keine Nebelbildung ein, sondern es bildet sich durch fraktionierte Kondensation direkt eine Schwefelsäure von 65 Bé (86—90% H_2SO_4), welche nur 0,1% SO_2 aufweist. Der überschüssige Wasserdampf und die inerten Gase werden abgesaugt. Der Kontaktkessel ist mit Vanadinkontaktmasse beschickt. Abb. 204 erläutert sehr anschaulich das Verfahren der nassen Katalyse.

Statistisches. Schwefelsäureerzeugung Deutschlands. Berechnet als 100%ige Säure, in 1000 t.

1878 . . . 112	1920 . . . 677	1933 . . . 1207
1898 . . . 659	1925 . . . 1239	1934 . . . 1307
1904 . . . 936	1929 . . . 1704	1935 . . . 1512
1910 . . . 1380	1931 . . . 1100	1936 . . . 1765
1913 . . . 1727	1932 . . . 935	1937 . . . 2050

Der Wert der deutschen Schwefelsäureerzeugung betrug 1933 44, 1934 46,7, 1935 53,5, 1936 67, 1937 74 Mill. Mark.

Außer Schwefelsäure wurden 1937 noch 17 041 t flüssige schweflige Säure und 8551 t gasförmige schweflige Säure gewonnen.

Zur deutschen Erzeugung von Schwefelsäure lieferte 1937 der niederrheinisch-westfälische Bezirk 42,8%, der oberrheinisch-süddeutsche 19,5%,

der sächsisch-thüringische 17,3%. Es kamen 1936 zur Verarbeitung 189000 t
inländische Kiese, eingeführt wurden noch 924000 t fremde Pyrite.

Es waren 1937 bei uns vorhanden 66 Betriebe mit 5363 beschäftigten Personen, die 14,1 Mill. Mark an Lohn und Gehalt bezogen. Davon waren 21 Kontaktbetriebe, 45 Bleikammerbetriebe (vier gemischte Betriebe). Der Anteil der

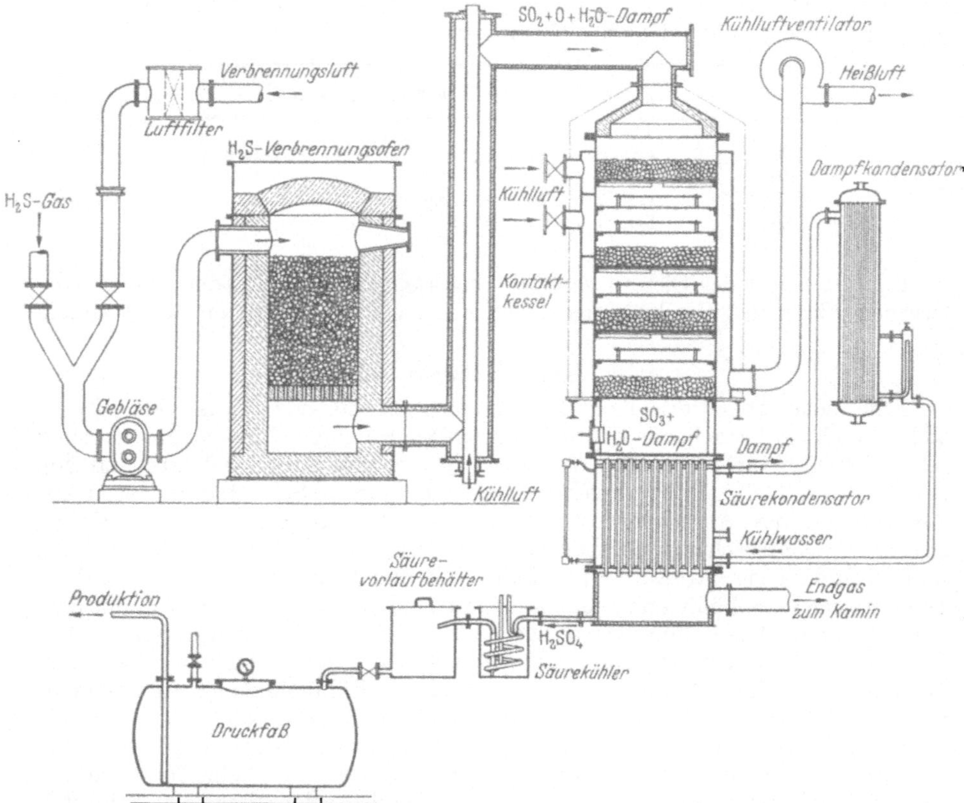

Abb. 204. Anlage zur nassen Katalyse von Schwefelsäure aus Schwefelwasserstoff der Lurgi AG.

Kontaktschwefelsäure betrug 1935: 47,5%, 1936: 51%. Nach der Grädigkeit
der erzeugten Säure entfielen 1936: 52,5% auf Säure bis 60° Bé, 47,5% auf Säure
mit 66° Bé und höher.

Die Zahl und Art der Schwefelsäurebetriebe in Deutschland hat
folgende Entwicklung genommen:

	Betriebe	Bleikammer-betriebe	Kontakt-betriebe	Betriebe mit beiden Verfahren	Erzeugung 1000 t	Wert Mill. Mark
1909	103	80	5	17	1223	43,3
1913	117	81	8	16	1727	59,5
1925	74	56	11	6	1239	55,8
1929	69	45	13	10	1704	80,5
1933	61	45	16	—	1207	44,0
1934	63	47	16	—	1307	46,7
1935	63	47	16	—	1512	53,5
1936	63	44	19	4	1765	67,0
1937	66	45	21	4	2050	74,0

Die deutschen Kontaktanlagen stellten 1929: 35—40%, 1934: 45%, 1935: 47,5%, 1936: 51% der Gesamterzeugung an Schwefelsäure her.

Die Schwefelsäureerzeugung der Welt und der Hauptindustrieländer, berechnet als 100%ige Säure, in 1000 t.

	1913	1925	1929	1932	1935	1937
Deutschland	1727	1239	1704	935	1512	2050
Großbritannien . . .	1082	848	967	850	910	1060
Frankreich	766	1214	1089	600	875	788
Italien	403	800	835	513	807	1027
Spanien	—	269	403	440	—	—
Rußland	116	100	236	495	970	1251
Vereinigte Staaten .	2476	3973	4746	2450	3700	5400
Japan	72	328	1140	745	1650	2500
Welt (Mill. t) . . .	7,5	9,1	13,4	8,0	13,8	15,5

Die Vereinigten Staaten erzeugten an Gesamtschwefelsäure und **Kontaktschwefelsäure** folgende Mengen (in 1000 mt und auf 100%ige Säure umgerechnet):

	1925	1929	1931	1935	1937
Gesamtschwefelsäure t	3973	4746	3423	3294	5400
Davon Kontaktsäure t	1153	1729	1376	1647	....
Anteil in %	29,6	36,4	40,2	50	....
Schwefelsäure in % aus { Schwefel	65,2	68,9	66,6	57,9	64,4
Metallhüttengasen .	15,6	18,1	17,7	12,3	11,2
Schwefelkies	19,2	13,0	15,7	29,3	24,4

Verwendung der Schwefelsäure.

Der größte Schwefelsäureverbraucher ist die Düngemittelindustrie, die 1929 allein etwa 40% für die Herstellung von Ammonsulfat verbrauchte. Dazu kommt dann noch die Schwefelsäuremenge zur Herstellung von Superphosphat. Großverbraucher sind weiter die Sprengstoffindustrie, Petroleumraffination, Kunstseidefabrikation. Stark zurückgegangen ist der Verbrauch für die Herstellung von Natriumsulfat und Salzsäure, und ganz ausgefallen ist die Schwefelsäure heute bei der Herstellung von Salpetersäure, die jetzt ganz durch katalytische Ammoniakverbrennung gewonnen wird. Oleum wird hauptsächlich verbraucht bei der Herstellung organischer Farbstoffe (Indigo, Alizarin).

1935 verbrauchte die Stickstoffdüngerindustrie 29,3%, die Superphosphatindustrie 13,3%, organische Produkte und Teerfarben 10,5%, Sulfate von Natrium, Kupfer, Eisen, Tonerde 10,5%, Kunstseide 7,6%, die Metallindustrie 4,4%, die Mineralölraffinerien 2,8%, Mineral- und Erdfarben 2,4% der deutschen Schwefelsäureerzeugung.

Neuere Literatur.

AITA-MOLINARI: Gli acidi inorganici. 1928. — BERL-LUNGE: Taschenbuch für die anorganische chemische Großindustrie, 7. Aufl. 1930. — BRÄUER-D'ANS: Fortschritte der anorganischen chemischen Industrie. 1921—1930. — BRAIDY: La Fabrication de l'Acide Sulfurique par le Procédé de Contact. 1925. — FAIRLIE: Sulfuric acid Manufacture. 1936. — KAUSCH: Kontaktstoffe der katalytischen Herstellung von Schwefelsäure, Ammoniak, Salpetersäure. 1931. — PARKES: Concentration of sulfurique acid. 1924. — PIERRON: Les Procédés modernes de fabrication de l'acide sulfurique chambres de plomb. 1929. — THIELER: Schwefel. 1936. — WAESER-LUNGE: Handbuch der Schwefelsäurefabrikation, 3 Bände. 1930.

Salzsäure.

Die arabischen Alchimisten kannten schon das Königswasser; die Salzsäure erwähnt jedoch erst am Ende des 16. Jahrhunderts LIBAVIUS. Sie wird in den unter dem Namen des BASILIUS VALENTINUS gehenden Schriften als Spiritus salis bezeichnet. GLAUBER nennt sie 1648 die teuerste und am schwersten zu bereitende unter allen Säuren. Er hielt ihre Darstellung aus Kochsalz und Vitriolöl geheim; erst PRIESTLEY stellte das salzsaure Gas rein her und beschrieb 1772 seine Eigenschaften.

Vorkommen, Bildung und Eigenschaften. Salzsäure findet sich in der Natur fertig gebildet im freien Zustande oder in wäßriger Lösung z. B. in den vulkanischen Exhalationen, in Quellen und Bächen. Im tierischen Organismus kommt sie durch Abscheidung aus den Labdrüsen im Magensaft vor. So enthält z. B. der Magensaft des Menschen 0,3% Salzsäure.

Salzsäure ist die Lösung von Chlorwasserstoffgas in Wasser.

Synthetisch bildet sich Chlorwasserstoff aus den Elementen, wenn gleiche Volumina Wasserstoff und Chlor (Chlorknallgas) dem Tages- oder Sonnenlicht ausgesetzt werden, oder wenn ein solches Gemisch durch den elektrischen Funken zur Explosion oder durch Erhitzung (auf 380°) zur Vereinigung gebracht wird; ferner wenn Wasser auf Chloride von nicht metallischen Elementen (Schwefel, Phosphor, Jod) einwirkt (sog. Hydrolyse). Außerdem entsteht Chlorwasserstoff durch Einwirkung von Chlor auf alle Wasserstoffverbindungen (außer Flußsäure), besonders bei organischen Substanzen.

Der Chlorwasserstoff ist ein farbloses Gas, welches durch Kälte und Druck zu einer Flüssigkeit verdichtet werden kann. Die kritische Temperatur ist 52,3°, der kritische Druck 86 Atm. Der Siedepunkt des verflüssigten Chlorwasserstoffes ist — 83,7°, der Schmelzpunkt — 112°. 1 l Gas wiegt bei 12° und 760 mm Druck 1,628 g, die Dichte (Luft = 1) ist 1,269. Chlorwasserstoff ist äußerst beständig und beginnt erst bei 1800° merklich in seine Bestandteile zu zerfallen.

Chlorwasserstoff raucht an der Luft, indem er mit Wasserdampf Nebel bildet. Im Wasser löst sich Chlorwasserstoff mit starker Erwärmung (1 Mol HCl auf 300 Mol H_2O = 17 cal). 1 Raumteil Wasser nimmt bei Zimmertemperatur 450 Raumteile HCl Gas auf, 1 g H_2O bei 20° 0,721 g HCl. Wird Wasser bei — 22° mit HCl gesättigt, so krystallisiert ein Hydrat (HCl + 2 H_2O) aus, das bei — 18° zerfällt.

Die wäßrige Salzsäure ist farblos, sie nimmt jedoch eine gelbe Farbe an, wenn sie Eisen, Chlor oder organische Substanzen aufgenommen hat. Salzsäure ist eine starke Säure, welche die meisten Metalle, mit Ausnahme der Edelmetalle, angreift.

Die konzentrierte Salzsäure verliert beim Erwärmen Gas und Wasser und wird beim Kochen schwächer, bis eine Säure von konstantem Siedepunkt erreicht ist (BINEAU). Diese hat dann ein spezifisches Gewicht 1,101, einen Gehalt von 20,2% HCl und einen Siedepunkt von 110° C bei 760 mm. Sie entspricht unter diesen Bedingungen der Formel HCl · 8 H_2O; es liegt aber keine chemische Verbindung vor. Umgekehrt verliert eine verdünntere Salzsäure beim Erhitzen mehr Wasser als Gas, bis sie genau den vorher angegebenen Gehalt und Siedepunkt hat. Die wäßrige Salzsäure des Handels hat bei gewöhnlicher Temperatur einen Gehalt von rund 30% HCl.

Chlorwasserstoff wirkt schon in Mengen von weniger als 0,5% fäulnisverhindernd. Er ist ein starkes Gift für Pflanzen, Tiere und Menschen und daher ein sehr schädlicher Bestandteil des Hüttenrauches oder der Kamingase chemischer Fabriken. Schon 0,004% HCl in der Luft erschweren das Atmen.

Darstellungsverfahren. Als Ausgangsmaterial wurde zunächst nur Kochsalz benutzt, und zwar wurden erst größere Mengen Salzsäure technisch verfügbar nach Einführung des Leblanc-Sodaprozesses (1790). Die zur Zersetzung des Kochsalzes notwendige Schwefelsäure wurde 1870 von HERGREAVES und ROBINSON durch schweflige Säure, Sauerstoff und Wasserdampf, 1907 vom Verein Chemischer Fabriken in Mannheim durch Natriumbisulfat ersetzt. Seit den 80er Jahren benutzt man auch als Ausgangsmaterial Magnesiumchlorid, und seit 1914 gelingt es auch technisch synthetische Salzsäure aus Chlor und Wasserstoff herzustellen.

Chemische Prozesse. Von den wichtigsten Umsetzungen, bei denen Salzsäure entsteht, sind zu erwähnen:

1. Die Einwirkung von Schwefelsäure auf Kochsalz. Diese Reaktion vollzieht sich nach folgender Gleichung:

$$2\,NaCl + H_2SO_4 = Na_2SO_4 + 2\,HCl.$$

Wegen der Neigung der Schwefelsäure saure Salze zu bilden, geht aber die Zersetzung nur stufenweise vor sich

$$\text{a)}\quad NaCl \quad + H_2SO_4 = NaHSO_4 + HCl$$
$$\text{b)}\quad NaHSO_4 + NaCl \quad = Na_2SO_4 \quad + HCl$$

Erst bei höherer Temperatur wirkt das saure Sulfat nach der zweiten Gleichung auf das Kochsalz, und die Umsetzung braucht ziemlich hohe Temperaturen, um eine vollständige zu werden.

Nach diesen Reaktionen arbeiten sowohl die älteren heute immer noch gebrauchten Salzsäurehandöfen (Sulfatöfen), wie auch die mechanischen Salzsäureöfen.

2. Man erhitzt ein inniges Gemisch von Kochsalz und Natriumbisulfat (Mannheimer Verfahren) nach der Gleichung:

$$NaCl + NaHSO_4 = Na_2SO_4 + HCl.$$

Diese Umsetzung benutzte man, um das saure Sulfat, welches bei der Salpetersäurefabrikation in großen Mengen anfiel, zu verwerten und hierfür wurden zunächst die mechanischen Salzsäureöfen eingeführt.

3. Während das Mannheimer Verfahren zunächst sozusagen nur die oben unter 1b angeführte Teilreaktion durchführt, arbeitete TH. MEYER in seiner Salzsäureretorte nach der Teilreaktion 1a.

$$NaCl + H_2SO_4 = NaHSO_4 + HCl.$$

Fein gemahlenes Kochsalz und Schwefelsäure reagieren schon bei 300° ohne jede mechanische Beeinflussung aufeinander, wenn man das Gemisch beständig in ein Bad von geschmolzenem Bisulfat einführt. Das Verfahren ist von der Firma Zahn weiter durchgebildet worden und wird auch als Berliner Salzsäuresystem bezeichnet. Enderzeugnis ist Bisulfat neben Salzsäuregas.

4. Um die Schwefelsäure bei der Herstellung von Salzsäure aus Kochsalz zu ersparen, ließen HARGREAVES und ROBINSON ein Gemisch von schwefliger Säure (Röstgas), Luft und Wasserdampf bei 500° auf besonders präpariertes Kochsalz einwirken (Hargreaves-Verfahren).

$$2\,NaCl + SO_2 + O + H_2O = Na_2SO_4 + 2\,HCl.$$

Das Verfahren liefert Natriumsulfat und Salzsäure.

5. Die synthetische Vereinigung von Chlorgas und Wasserstoff gelingt gefahrlos, wenn man Chlorgas in einer Wasserstoff-Atmosphäre verbrennen läßt.

$$H_2 + Cl_2 = 2\,HCl.$$

6. **Durch Zersetzung von Magnesiumchlorid mit Wasserdampf.**

$$MgCl_2 + H_2O = MgO + 2\,HCl.$$

Hierbei entsteht zwar auch arsenfreie Salzsäure, die Umsetzung geht aber praktisch nicht so glatt; das Verfahren wird nur wenig technisch ausgeübt.

7. **Aus Chlor, Wasserdampf und Koks** läßt sich ebenfalls Salzsäure gewinnen (B. NEUMANN).

$$2\,Cl_2 + 2\,H_2O + C = 4\,HCl + CO_2.$$

Man läßt in einen mit Koks gefüllten Turm, der angeheizt ist, Chlor und Wasserdampf ein. Dieses sog. **Koksverfahren** ist nur in den Vereinigten Staaten und in Italien in Verwendung.

Aus Chlor, schwefliger Säure und Wasser läßt sich ebenfalls quantitativ Salzsäure und Schwefelsäure erzeugen (B. NEUMANN)

$$SO_2 + Cl_2 + 2\,H_2O = H_2SO_4 + 2\,HCl.$$

Das Verfahren wird, soweit bekannt, technisch nicht ausgeführt.

Große Mengen Salzsäure entstehen als Abfallprodukt bei der Chlorierung organischer Verbindungen (Chloral, Chlorbenzol, Monochloressigsäure).

Bis zum Kriege wurde Salzsäure praktisch ausschließlich aus Kochsalz und Schwefelsäure hergestellt. Der Menge der Salzsäure entsprach zwangsläufig eine bestimmte Menge Natriumsulfat. Die Nachfrage nach den beiden Erzeugnissen änderte sich aber nach 1914 erheblich, weil einerseits andere Quellen für Natriumsulfat (Ablaugen der chlorierenden Röstung, besondere Löserückstände der Kaliindustrie, Salzseen) erschlossen wurden und andererseits auch andere Salzsäuregewinnungsmöglichkeiten auftauchten. Der gekoppelte Natrium-sulfat-Salzsäureprozeß hat deshalb namentlich bei uns in Deutschland an Bedeutung wesentlich verloren.

Die **technische Darstellung der Salzsäure** vollzieht sich in zwei getrennten Operationen: 1. **Die Erzeugung des Chlorwasserstoffs**, 2. **Die Absorption des Chlorwasserstoffgases in Wasser** (in der Technik „**Kondensation**" genannt). Hieran schlossen sich früher noch Reinigungsoperationen, die heute unwichtig sind, da verschiedene Verfahren (Synthese, Magnesiumchloridzersetzung, Bisulfat-Kochsalz) direkt reine (arsenfreie) Salzsäure liefern.

Die Herstellung von Salzsäuregas.

Für den Sulfat-Salzsäureprozeß verwendet man als Rohmaterial Seesalz, Steinsalz, oder besser (denaturiertes) Siedesalz, welches wegen seiner porösen Natur (1 m³ Siedesalz = 689 kg, 1 m³ Steinsalz fein gemahlen = 1120 kg) die Schwefelsäure gut aufsaugt. Die Schwefelsäure kommt am zweckmäßigsten als Gloversäure mit etwa 78% H_2SO_4 zur Verwendung.

Der heute noch immer verwendete **Salzsäurehandofen** ist ein **Muffelofen**. Die Flammengase kommen nicht mit dem Reaktionsgemisch in Berührung; man erhält so reineres Sulfat und stärkere Salzsäuregase. Statt der Koksfeuerung verwendet man auch Generatorfeuerung, und zwar meist sog. **Druckgasfeuerung**, um durch einen leichten Überdruck (außerhalb der Muffel) das Austreten von Salzsäuregas durch Fugen der Muffel in die Schornsteingase zu verhindern. Abb. 205 zeigt einen Schnitt durch einen Salzsäure- (Sulfat-) Muffelofen für Handbetrieb.

Der Muffelofen besteht aus zwei getrennten Abteilungen, dem Herd und der Pfanne. Die Pfanne ist eine flache, gußeiserne Schale. Herd und Muffelgewölbe bestehen aus dichten Schamottesteinen. Die Feuergase ziehen zuerst über das obere Muffelgewölbe, fallen dann nach unten, ziehen unter der Ofenschale hin und her, umspülen den Pfannenboden und gehen zum Schornstein.

Die Arbeitsweise ist folgende: Durch die Arbeitsöffnung wird eine bestimmte Menge Steinsalz (gewöhnlich 400—500 kg) in die Pfanne eingefüllt. Gleichzeitig läuft aus einem außerhalb des Ofens befindlichen Meßgefäß die berechnete Menge 60grädiger H_2SO_4, mit geringem Überschuß von 2—5%, durch die gleiche Öffnung. Die Masse wird gut durchmischt und das Fülloch geschlossen. Es tritt sofort bei mäßiger Temperatur eine lebhafte Salzsäureentwicklung ein. Nachdem die Masse zu einem dicken Brei geworden ist, wobei etwa 70% HCl durch den Gasabzug (Pfannengase) entwichen sind, wird sie mit etwa 4 m langen Eisenkrücken auf den in heller Rotglut befindlichen Herd gekrückt. Die Reaktionsmasse besteht nun aus einem Gemenge von Natriumbisulfat, Sulfat und Kochsalz, welches in dünner Schicht auf der Herdsole ausgebreitet wird. Die Masse wird von Zeit zu Zeit mit Eisenstangen (Gezähe genannt) umgearbeitet. Die hierbei entweichenden Salzsäuregase (Herdgase) werden meist getrennt von den Pfannengasen zur Absorption gebracht. Wenn keine Dämpfe mehr aus der Masse entweichen, wird das fertige Sulfat in Eisenkarren ausgezogen.

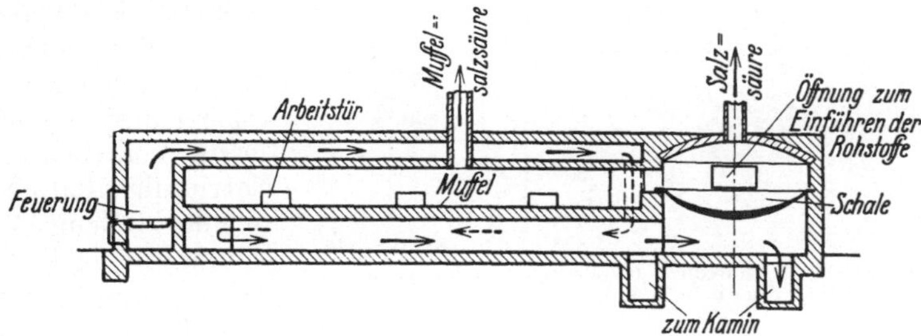

Abb. 205. Salzsäure-Muffelofen für Handbetrieb.

Der Betrieb verläuft ohne Unterbrechung. Der Ofen setzt bis 12 Ladungen (Chargen) von 400—600 kg in 24 Stunden um, eine Charge dauert gewöhnlich 2 Stunden. Das Natriumsulfat der Sulfatöfen ist nicht sehr rein, es enthält als Verunreinigungen 1% SO_3, 0,80% NaCl und 0,3% $Fe_2(SO_4)_3$.

Der mechanische Salzsäureofen (Mannheimer Salzsäureofen) bedeutete einen großen Fortschritt gegenüber dem Handofen, er machte von der Geschicklichkeit des Arbeiters unabhängig und nahm diesem die schwere, ungesunde Arbeit ab. Die erste, einigermaßen gelungene Lösung eines mechanischen Salzsäureofens brachte 1879 der Mactear-Sulfatofen. Diese Konstruktion hatte ein feststehendes Rührwerk und einen beweglichen Drehherd, welcher direkt mit den Feuergasen in Berührung kam. Heute ist fast überall der mechanische Ofen des Vereins chemischer Fabriken in Mannheim (1907) eingeführt. Bei demselben ist im Gegensatz zu den vorher beschriebenen Öfen der Herd feststehend angeordnet und die notwendige Durchmischung und Fortbewegung der Reaktionsmasse geschieht durch ein Rührwerk. In der beifolgenden Skizze (Abb. 206) ist dieser mechanische Sulfatofen dargestellt. Der Reaktionsraum ist von der feststehenden gußeisernen Schale a mit Mantel c und Deckel d gebildet. Die Sulfatschale hat einen Durchmesser von 2,5—3,5 m bei 40—70 cm Tiefe. Der Deckel trägt das Einfüllrohr g und das Gasabzugsrohr g_1. Die Schale hat eine Stopfbüchse h, durch welche eine Rührwelle i, an der das Rührwerk sitzt, hindurchgeht. Das Rührwerk wird mit einem eigenen Motor angetrieben. Es besteht aus den beiden Rührarmen l und den Kratzern m, welche dicht über dem Boden der Schale laufen. Der Weg der Feuergase ist durch die Pfeile angedeutet. Sie bestreichen, von dem Rost kommend, Deckel und Schalensole und gelangen durch den Kamin s ins Freie. In diesem Ofen wurde zunächst nur mit Kochsalz und Natriumbisulfat gearbeitet. Das Gemisch wird in erbsen- bis nußgroßen Stücken oben in den Trichter eingefüllt und gelangt kontinuierlich in den Ofen. Das Rührwerk durchmischt in langsamer Bewegung das Beschickungsgut, welches nach etwa 1³/₄ Stunden als fertiges Produkt von den Kratzern an die Peripherie der Schale geschafft wird, wo es kontinuierlich durch den Auslauf p in einen Transportwagen fällt. Dieser Ofen liefert bei verhältnismäßig niederer Temperatur (800—850° im Ofen, 450° im auslaufenden Sulfat) sehr konzentrierte Salzsäuregase (Salzsäure von 24° Bé = 39% HCl). Der Mannheimer Ofen, welcher ursprünglich nur für die Verarbeitung des Natriumbisulfat - Natriumchlorid - Gemisches bestimmt war, ist dann noch etwas geändert worden, so daß jetzt auch der

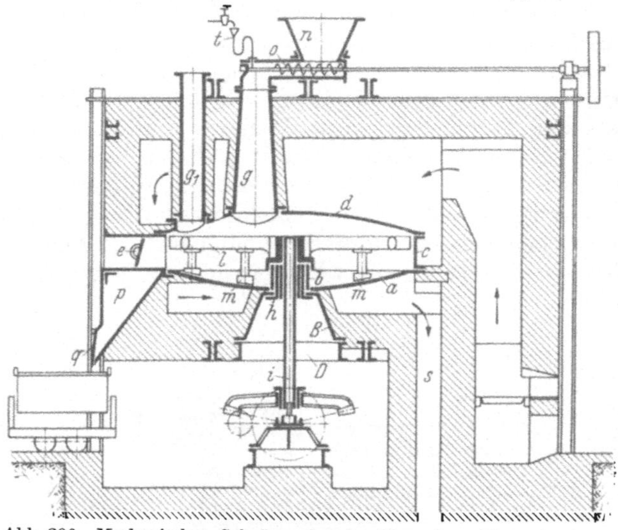

Abb. 206. Mechanischer Salzsäureofen des Vereins Chemischer Fabriken in Mannheim.

mechanische Ofen direkt Kochsalz und Schwefelsäure auf Sulfat und Salzsäure verarbeitet wie der Handofen. Salz und Schwefelsäure werden, wie die Abb. 207

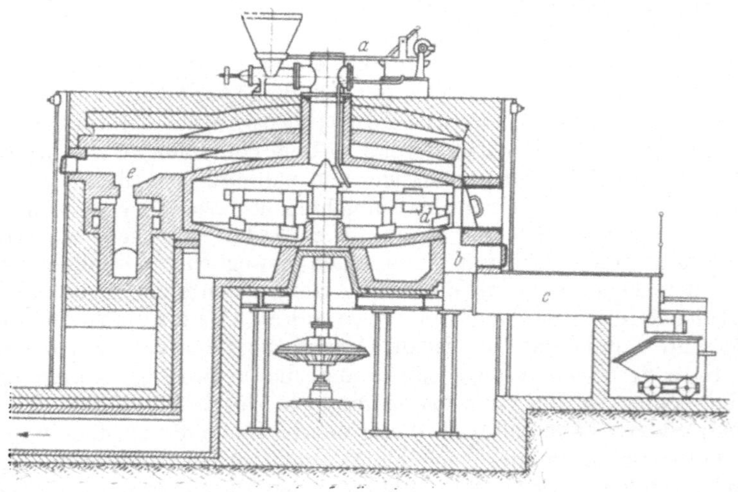

Abb. 207. Mechanischer Salzsäureofen (Zahn & Co.).

an einem solchen Ofen der Bauart der Firma Zahn & Co. zeigt, getrennt aufgegeben. Bei der Verarbeitung von Salz und Schwefelsäure muß aber die gußeiserne Muffel durch eine solche aus Schamotte-Formsteinen ersetzt werden und das Rührwerk muß ebenfalls durch Schamotteplatten geschützt werden. An dem Ofen ist bei c noch eine Sulfatkühl- und -mahlanlage angebaut. Das Salzsäuregas entweicht durch Öffnung d aus der Muffel. Der Ofen liefert in

24 Stunden 7000 kg Sulfat. Die Konzentration der Salzsäuregase ist bei Verwendung von Bisulfat etwa 50%, bei Verwendung von konzentrierter Schwefelsäure (mit 92—94%) etwa 80%. Man erhält nach dem ersten Verfahren etwa 4300 kg, bei der Schwefelsäurezersetzung 10 t Salzsäure von 33% (20/21° Bé).

Man hat auch noch andere mechanische Salzsäureöfen konstruiert. Bemerkenswert ist hierbei eine Konstruktion von VETTERLEIN-ZIEREN, die das gleiche Prinzip wie die mechanischen Kiesröstöfen verwendet. Dieser Ofen ist 10 m hoch und 5,3 m weit, hat eine stehende Achse mit Rührarmen und Kratzern, welche 5 übereinanderliegende Arbeitsetagen und eine Aufgabeetage bestreichen. Die beiden untersten Etagen werden mit Generatorgas beheizt. Die Leistung ist 12 t Sulfat in 24 Stunden. Die Salzsäuregase sind ärmer an HCl (10—12%) als beim Mannheimer Ofen.

Die MEYER-ZAHNsche Salzsäure-Retorte (Berliner Salzsäuresystem). Nach den Beobachtungen von TH. MEYER geht die Salzsäureentwicklung aus einem Gemisch von Kochsalz und Schwefelsäure auch ohne mechanische Umarbeitung vor sich, wenn die Komponenten in ein auf 300° erhitztes Schmelzbad von Natriumbisulfat eingetragen werden. Die Reaktion erfolgt schon auf der Oberfläche des Schmelzbades, es bildet sich Bisulfat und fast reines, hochprozentiges Salzsäuregas. (Dieses Verfahren führt also die vorher unter 1a angeführte Umsetzung aus und liefert nicht neutrales Sulfat, sondern nur Bisulfat als Endprodukt.) Das Verfahren wurde ursprünglich in einer kugeligen eisernen Retorte ausgeführt. Die Firma Zahn & Co. benutzt jetzt eine langgestreckte Retorte oder einen halbkugeligen Kessel (Abb. 208), in welche aus einem Fülltrichter a Salz und durch Rohr b Schwefelsäure

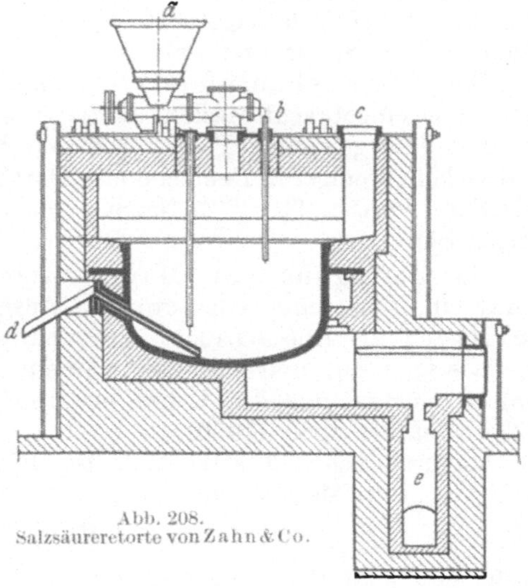

Abb. 208.
Salzsäureretorte von Zahn & Co.

eingetragen wird, und zwar verwendet man starke Schwefelsäure in geringem Überschuß. Der Austrag des gebildeten Bisulfats geschieht durch ein bis auf den Boden reichendes, schräg liegendes Austragsrohr d, wodurch immer das Bisulfatbad auf bestimmter Höhe in der Retorte gehalten wird. Das Salzsäuregas zieht oben bei c aus der Pfanne ab; es hat 80—90% HCl. Dieses Verfahren wird auch zur Zerlegung von Kaliumchlorid mit Schwefelsäure verwendet.

Das Hargreaves-Verfahren verwendet zur Zersetzung des Kochsalzes nicht fertige Schwefelsäure, sondern ein Gemisch von schwefliger Säure (Röstgas), Luft und Wasserdampf. Diese wirken bei 500° auf das Kochsalz unter Bildung von Natriumsulfat ein und setzen sämtliche Salzsäure in Freiheit. Die Umsetzung geht praktisch also genau so vor sich, als ob fertig gebildete Schwefelsäure verwendet wird, es spielt hier aber nicht etwa eine Kontaktwirkung eine Rolle, sondern der eigentliche Vorgang besteht darin, daß sich zunächst Sulfit bildet, welches sich sofort zu Sulfat oxydiert:

$$SO_2 + H_2O + 2\,NaCl = Na_2SO_3 + 2\,HCl$$
$$Na_2SO_3 + {}^1/_2\,O_2 = Na_2SO_4\,.$$

Zur Ausführung des Verfahrens sind meist 10 große gußeiserne Zylinder von 5,5 m Durchmesser und 3,7 m Höhe in zwei Reihen zu einer Batterie vereinigt.

Die Beschickung derselben geschieht vorteilhaft mit einem Gemisch von $^3/_4$ Siedesalz und $^1/_4$ Steinsalz, welches durch ein mechanisches Verfahren in Ziegelform gebracht wird. Das Salzgemisch wandert auf einem eisernen Transportbande durch einen viele Meter langen Ofen, sintert etwas und verläßt ihn in Form poröser Ziegel. Diese werden in die Zylinder gestürzt. Die gefüllte Batterie wird mit Kiesröstgasen (SO_2) und Wasserdampf behandelt und zwar so, daß im Gegenstrom der fertige Zylinder das stärkste Schwefligsäuregas, der Zylinder mit dem frischen Salz die Abgase zugeführt bekommt. Bei 500° vollzieht sich langsam die gewünschte Umsetzung (1 Zylinder faßt etwa 50 t, die Füllung verweilt 3 Wochen darin). Sorgfältige Beaufsichtigung des Prozesses ist notwendig, da bei höherer Temperatur das Kochsalz schmilzt und reaktionsunfähig wird. Die Bewegung der Gasmassen geschieht durch einen Ventilator, welcher ein Gas mit etwa 10 Vol.-% Chlorwasserstoff nach der Kondensation führt. (1 Vol. SO_2 gibt 2 Vol. HCl). Das Verfahren wird durch Umschaltung der Zylinder kontinuierlich durchgeführt. Es eignet sich nur zur Herstellung ganz großer Mengen von Sulfat und Salzsäure.

Die I. G. Farbenindustrie benutzt Drehrohröfen, in welche die Salzformlinge eingebracht werden. Die Gase werden den Öfen vorgewärmt zugeführt.

Der Hargreaves-Prozeß hat sich besonders in England und Frankreich entwickelt, weniger in Deutschland (Stolberg und Rheinau). Das gewonnene Na_2SO_4 enthält 96—97% Na_2SO_4, etwa 0,8% NaCl, 0,08% Fe und 0,3% freies SO_3.

Die Zerlegung von Magnesiumchlorid mit Wasserdampf ergibt zwar eine sehr reine Salzsäure, das Ausgangsmaterial liefert die Kaliindustrie in Massen als Abfall-Lauge, die praktische Ausführung bietet aber so viel Schwierigkeiten, und das Eindampfen der Magnesiumchloridlösungen macht solche Kosten, daß das Verfahren größtenteils wieder aufgegeben worden ist (Neu-Staßfurt 1899—1909).

Magnesiumchlorid setzt sich bei höherer Temperatur mit Wasserdampf vollständig in Magnesiumoxyd und Salzsäure um:

$$MgCl_2 + H_2O = MgO + 2\,HCl\,;$$

unter 500° geht aber die Umsetzung nur bis zum Oxychlorid

$$MgCl_2 + H_2O = Mg(OH)Cl + HCl$$

und erst oberhalb dieser Temperatur bis zum Oxyd

$$Mg(OH)Cl = MgO + HCl\,.$$

Die Solvay-Werke vermischen eingedickte Magnesiumchloridlauge mit Magnesiumchlorid zu Oxychlorid und behandeln die stückige Masse in Muffeln mit Wasserdampf. Man treibt nur einen Teil der Salzsäure ab, vermischt wieder mit $MgCl_2$-Lösung usw. Die Menge der nach diesem Verfahren erzeugten Salzsäure ist unbedeutend.

Synthetische Salzsäure aus Wasserstoff und Chlor. Daß Wasserstoff und Chlor sich im Sonnenlicht oder durch den Funken explosionsartig vereinigen, ist bekannt; für die Technik handelt es sich aber darum, die Vereinigung gefahrlos zu bewerkstelligen und zwar so, daß kein Chlor unverbunden als Überschuß bleibt. Ein solches Verfahren schlug 1905 ROBERTS vor. Molekulare Mengen von Chlor und Wasserstoff wurden in getrennten Rohren einer Verbrennungskammer zugeführt, wo sie unmittelbar nach dem Ausströmen durch Entzündung zur Vereinigung gebracht wurden. Seit 1914 sind auch in Deutschland Anlagen für synthetische Salzsäure entstanden. Heute arbeitet man allgemein mit einem besonderen Brenner, der aus Quarzgut hergestellt ist und eigentlich nur aus zwei ineinander gesteckten Rohren besteht. Durch das innere Rohr strömt das Chlor, durch den Mantelraum der Wasserstoff, beide unter Druck,

Wasserstoff etwas im Überschuß. Chlor brennt ganz ruhig im Wasserstoff. Vielfach hat man noch stückige Massen vor der Ausströmungsöffnung angeordnet, um Rückschlag zu vermeiden, diese Vorsicht ist aber nicht unbedingt notwendig.

Nachstehend ist eine bewährte, gut durchkonstruierte Anlage zur Herstellung synthetischer Salzsäure beschrieben. Sie wird von der Berliner Quarzschmelze in verschiedenen Größen von 30—125 kg/h Chlor hergestellt. Alle Teile bestehen aus Quarzgut. Die Anlage setzt sich zusammen aus der Verbrennungskammer, einer Kühlanlage und der Absorptionsbatterie. Die senkrecht stehende Verbrennungskammer ist aus mehreren Quarzgutmuffen aufgebaut, sie hat 3 m Höhe und 0,3 m inneren Durchmesser. Im Unterteil ist am Boden der aus zwei konzentrischen Quarzrohren bestehende Brenner

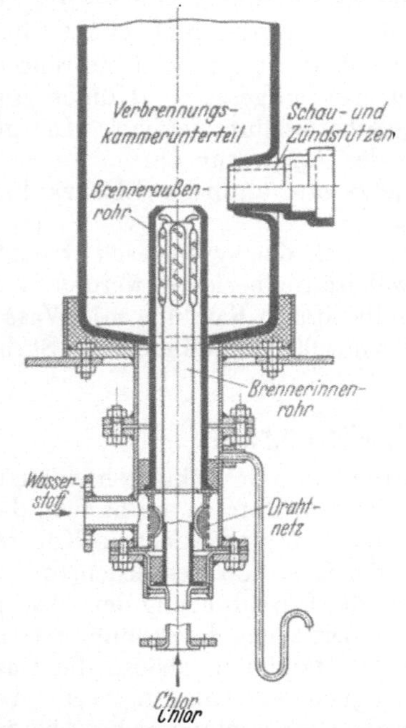

Abb. 209. Brenner zur Herstellung synthetischer Salzsäure (Berliner Quarzschmelze).

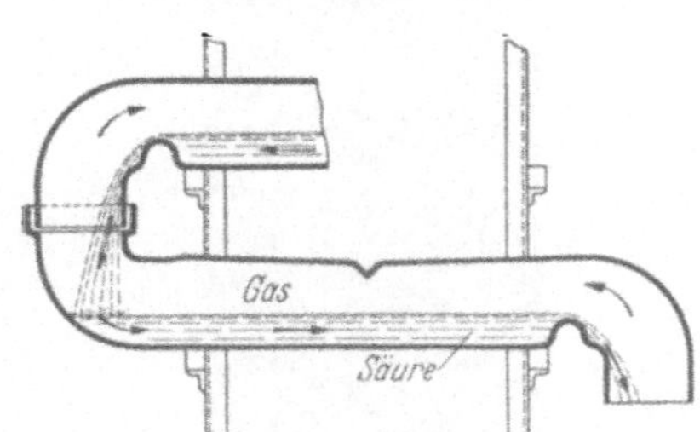

Abb. 210. S-förmiger Quarzgut-Absorber (Berliner Quarzschmelze).

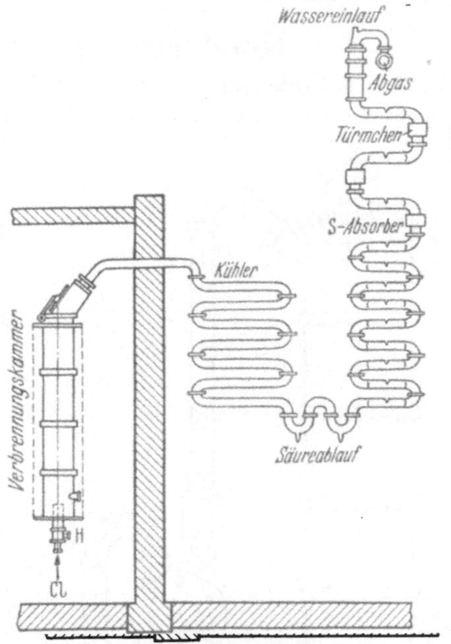

Abb. 211. Anlage für synthetische Salzsäure aus Quarzgut (Berliner Quarzschmelze).

eingesetzt (Abb. 209). Durch dessen Innenrohr wird das Chlor, durch das Außenrohr der Wasserstoff zugeführt. An der Verbrennungskammer ist seitlich der Schau- und Zündstutzen angeordnet und am oberen Ende ist der Sicherheit halber eine Explosionsklappe vorgesehen (Abb. 211). Die ganze Verbrennungskammer ist außerdem mit einem doppelten Schutzmantel aus Maschendraht umgeben, sie befindet sich in einem besonderen Raume, der durch eine Mauer von den Kühl- und Absorptionsanlagen getrennt ist. Die heißen, vom Ofen kommenden HCl-Gase ziehen durch eine aus glatten S-Röhren aufgebaute Kühlschlange nach unten und treten dort zur Absorption in die Absorptionsbatterie, die aus einzelnen S-förmigen Absorbern besteht, in denen den aufsteigenden Gasen ein Wasserstrom bzw. Wasserregen entgegen fließt. Diese in Abb. 210 im Schnitt wiedergegebenen S-förmigen Quarzgut-Absorber sind für diesen Sonderzweck von TYLER entwickelt, sie sind sehr wirksam. Die Abb. 211 zeigt den Zusammenbau der einzelnen Teile der Anlage, der Deutlichkeit halber ist aber die Kühl- und Absorptionsanlage hintereinander gezeichnet, während sie in der Praxis, der Platzersparnis wegen, nebeneinander gebaut sind. Die Quarzgutanlagen bauen sich senkrecht auf und haben Höhen von 8—10$^{1}/_{2}$ m, während die Steinzeuganlagen sich waagerecht ausbreiten und viel Grundfläche erfordern. Auf die eigentliche Absorptionsbatterie ist noch ein röhrenförmiger, mit Rieselkörpern gefüllter Schlußturm aufgesetzt. Kühler und Absorptionsbatterie werden durch äußere Wasserberieselung gekühlt. Die gebildete Salzsäure fließt an der tiefsten Stelle der Apparatur ab.

Auch für Sulfat-Salzsäureanlagen kommen jetzt ganz ähnliche S-Rohrkühler und S-Absorber aus Quarzgut in Anwendung.

Die I. G. Farbenindustrie trocknet jetzt auch das synthetisch erzeugte Salzsäuregas in Trockentürmen, die mit Schwefelsäure berieselt werden, verdichtet das Gas auf 60 Atm., verflüssigt dasselbe durch Kühlung mit Wasser und bringt flüssigen Chlorwasserstoff von 99,9% Reinheit in Stahlflaschen in den Handel.

Kondensation der Salzsäuregase.

In der Technik spricht man von Kondensation, in Wirklichkeit handelt es sich aber um eine Absorption des HCl-Gases in Wasser. Daraus ergibt sich, daß die Temperatur und auch die Konzentration der Gase von wesentlichem Einfluß für die Durchführung der Absorption sind. Die ziemlich verdünnten Gase der Sulfat-Handöfen, ebenso die Gase der Hargreaves-Anlagen, verlangten außerordentlich umfangreiche Absorp-

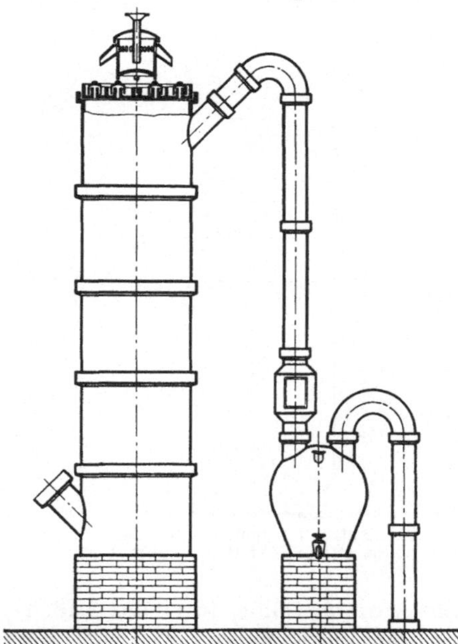

Abb. 212. Steinzeug-Schlußturm.

Abb. 213. Raschig-Ringe.

tionseinrichtungen; die jetzt erzeugten hochprozentigen Salzsäuregase (synthetische HCl, Meyer-Retorte, Pfannengase) absorbiert man in wesentlich kleineren Anlagen, die mit Cellarius-Turills, Ringgefäßen, Meyer-Absorbern usw. ausgerüstet sind. Diese neueren Absorptionsgefäße bieten größere Absorptionsflächen und lassen sich besser kühlen als die früheren Turills.

Die für die Salzsäureabsorption verwendeten Absorptionseinrichtungen sind folgende:

Türme. Die früher aus geteerten Sandsteinplatten zusammengebauten, mit Koks gefüllten und mit Wasser berieselten Türme, sind heute größtenteils ersetzt durch Steinzeugtürme, die aus einzelnen Schüssen bestehen und mit Steinzeugfüllkörpern (Raschig-Ringen usw.) gefüllt sind. Abb. 212 zeigt einen Steinzeug-Schlußturm mit der Berieselungseinrichtung. In demselben werden die letzten Reste von Salzsäuregas, welche der vorherigen Absorption entgangen sein könnten, beseitigt; die entsäuerten Gase treten dann durch die sog. Laterne in den Schornstein.

Die Füllkörper bestehen meist aus Steinzeug und werden in den verschiedensten Formen benutzt: Röhrchen, Voll- und Hohlkugeln, Kegel usw.; am meisten werden heute wohl Raschig-Ringe (Abb. 213) ver-
wendet, das sind kurze Rohrabschnitte, die aus Steinzeug, Porzellan, Metall, je nach Verwendungszweck hergestellt werden; sie werden regellos in die Türme geschüttet, bieten eine außerordentlich große Oberfläche und sind, wenn nötig, leicht zu reinigen.

Neben den Türmen sind vielfach Ton-
flaschen, sog. Turills oder Bombonnes, in der Praxis in Anwendung (Abb. 214).

Es sind dies große Steinzeugballons von etwa 300 l Inhalt, welche bis zur Hälfte mit Wasser bzw. verdünnter Salzsäure gefüllt sind. Untereinander sind sie durch eingedichtete Glasröhrchen verbunden. Die zu absorbierenden Gase gehen nicht durch die

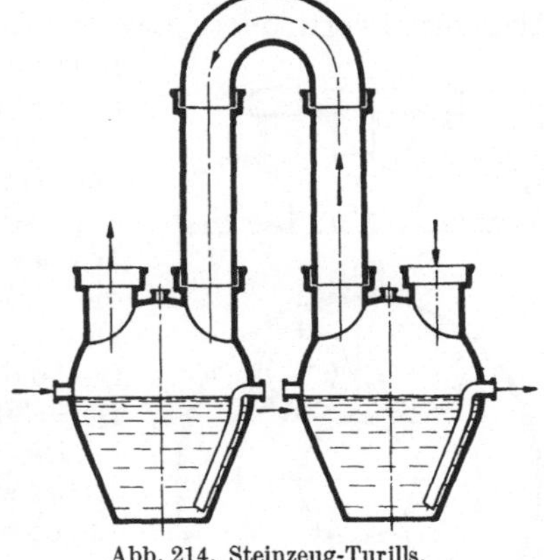

Abb. 214. Steinzeug-Turills.

Flüssigkeit, welche durch die seitlichen Stutzen fließt, sondern streichen, der strömenden Flüssigkeit entgegen, nur über die Flüssigkeitsoberfläche hin.

Cellarius-Turills sind sehr wirksame Absorptions- und Kühlgefäße von eigenartiger Form Abb. 215. Bei der meistgebrauchten Form a tritt die Absorptionsflüssigkeit (für Salzsäure Wasser) an der Vorderseite durch einen Stutzen ein, füllt das Gefäß bis fast zur Hälfte, läuft in breitem Bande über den von unten gekühlten Sattel, tritt an dem Aus-
gangsstutzen an der Vorderseite wieder aus, geht durch kurze Verbindung zum nächsten Turill und so weiter. Die Turills sind in einem von Kühlwasser durchflossenen Kasten ein-
gebaut. Das zu absorbierende Gas macht den umgekehrten Weg wie der Strom der absor-
bierenden Flüssigkeit (Gegenstrom), es tritt durch die weiten Stutzen oben ein, streicht

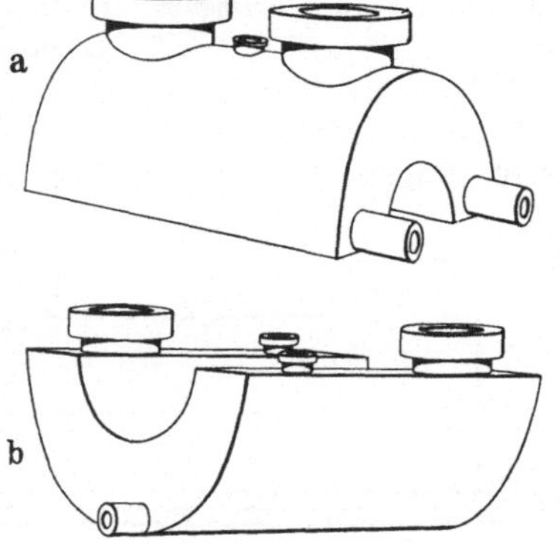

Abb. 215. Cellarius-Turills.

über die Oberfläche des Absorptionsmittels von einem Ende zum andern, tritt dort durch einen Krümmer in das nächste ebensolche Gefäß usw. Die Cellarius-
Turills bieten eine im Verhältnis zum Flüssigkeitsinhalt sehr große Kühlober-
fläche. Ein Cellarius-Turill ersetzt 2—3 gewöhnliche Turills. Die Ausbeute steigt auf fast das Doppelte und die Säure ist (statt 20° Bé) leicht stärker (23° Bé) zu erhalten.

Neben dieser üblichen Form a der Cellarius-Turills kommt noch eine umge-
kehrte Form b vor, die in Fällen angewandt wird (z. B. für Salpetersäure), wo es nicht auf die Erzielung möglichst großer Flüssigkeitskühlung, sondern nur auf möglichst große Gaskühlfläche ankommt.

Die Friedrichsfelder Steinzeugfabriken fertigen seit mehreren Jahren außerordentlich wirksame liegende Ringgefäße an, die genau wie

Cellarius-Turills verwendet werden (Abb. 216). Zu dieser Klasse der Groß-
oberflächen-Absorptionsgefäße gehören auch die aus Vitreosil-Quarzgut hergestellten Meyer-Absorber (Abb. 217).

Abb. 218 zeigt den Zusammenbau von gewöhnlichen Cellarius-Turills und umgekehrten Cellarius-Turills. Abb. 219 eine Batterie Meyer-Absorber.

Die S-förmigen Quarzgutabsorber von Tyler sind in Abb. 210, S. 313
schon beschrieben.

Bei den älteren Kondensationsanlagen wurden nur Türme und Turills für die
Absorption verwendet. Das Salzsäuregas ging vom Ofen durch lange Steinzeugrohre zur Kühlung in einen Koksturm (Vorturm),
durchströmte eine lange Reihe von Turills und
gelangte schließlich in die Schlußtürme (Kokstürme).
Die Turills waren in 4—8 Strängen nebeneinander
angeordnet. Als Berieselungsflüssigkeit floß reines
Wasser von dem letzten Koksturm selbsttätig durch
die vielen Turills dem Salzsäuregasstrom entgegen.
Die aus der Kondensationsanlage schließlich abfließende Säure hatte eine Stärke von 19—21°
Bé = 30% HCl.

Die neueren, wirksameren Großoberflächen-Ab-
sorber sind meist batterieweise in Kühlwasserkästen
eingebaut, vielfach auch etagenweise übereinander
angeordnet, so daß der Platzbedarf ein verhältnismäßig geringer ist. Die Gase hinter den Cellarius-
Batterien oder den andern Absorbern gehen aber
gewöhnlich auch noch zur Beseitigung der Salzsäure-
reste durch einen mit Raschig-Ringen oder Kugeln
ausgesetzten Turm, bevor sie in den Kamin treten.

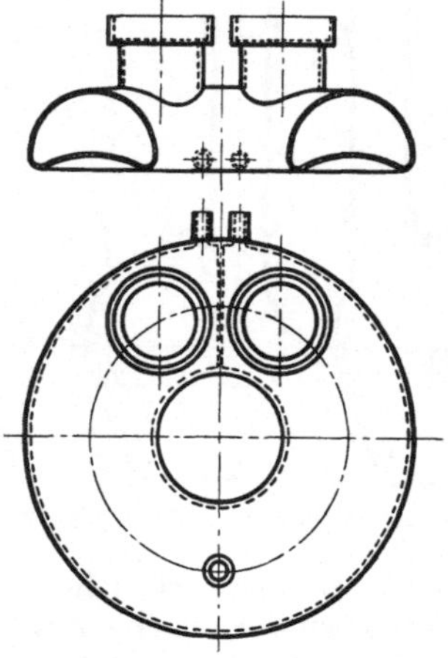

Abb. 216.
Friedrichsfelder Ringgefäße.

42 Cellarius-Turills liefern am Tage 4000—5000 kg Salzsäure von 20° Bé.

Eine andere, sehr wirksame, neue Absorptionsapparatur für Salzsäuregas
ist in jüngster Zeit auf mehreren großen Werken in den Vereinigten Staaten
zur Einführung gekommen. Das Kern-
stück der Apparatur ist ein 2,85 m
langes, 15 cm weites, stehendes hohles
Rohr aus Tantalmetall, welches
von Salzsäure nicht angegriffen wird.
Das Rohr ist umschlossen von einem
Kühlmantel, d. h. das Rohr wird von
mehreren übereinanderliegenden Kühl-
wasserleitungen beliebig stark gekühlt.
Im oberen, längeren Teile, der Absorp-

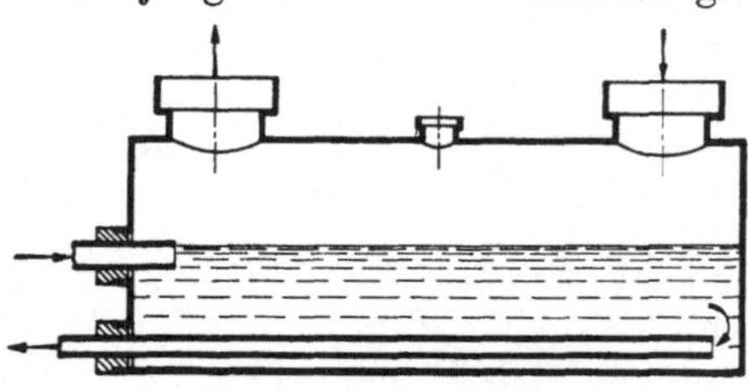

Abb. 217. Meyer-Absorber.

tionskammer, kühlt man, um die Absorptionswärme wegzunehmen, im unteren,
um die Säure abzukühlen. Mit reichen Salzsäuregasen läßt sich eine Salzsäure
von 35—40% herstellen. In der Regel arbeitet man aber so, daß man die von
dem dahinterliegenden Waschturme ablaufende verdünnte Säure oben auf das
Tantalrohr aufgibt (statt Wasser) und nur eine Säure von etwa 30% herstellt.
Das von unten aufsteigende HCl-Gas wird von dem dünnen, an der Innenwand
des Tantalrohres gebildeten Flüssigkeitsfilme rasch absorbiert. Eine solche
Säule liefert in der Stunde 1500 kg Salzsäure von 20° Bé. Die Säure ist rein
weiß und eisenfrei. Die Apparatur beansprucht nur 3×3 m Grundfläche.

Bei den Salzsäureapparaturen wird in der Praxis ein Asbest-Wasserglaskitt
oder Teertonkitt (dicker Steinkohlenteer mit feingepulvertem, feuerfesten Ton
oder Pfeifenton plastisch geknetet) zur Dichtung der Verbindungsstücke benutzt.

Die meisten Gefäße für die Salzsäurefabrikation bestehen aus braunem, salzglasierten Steinzeug. Da dieses von heißen Salzsäuregasen aber auch etwas angegriffen wird, werden vielfach diejenigen Teile, welche mit heißen Gasen in Berührung kommen, aus Quarzgut oder Vitreosil angefertigt, ebenso Turills und andere Absorber. Für die Salzsäure-Industrie sind einige neuere salzsäurebeständige Materialien, wie Haveg und Prodorit, von großer Wichtigkeit geworden. Haveg ist eine aus Bakelit und Asbest bestehende Masse. Prodorit

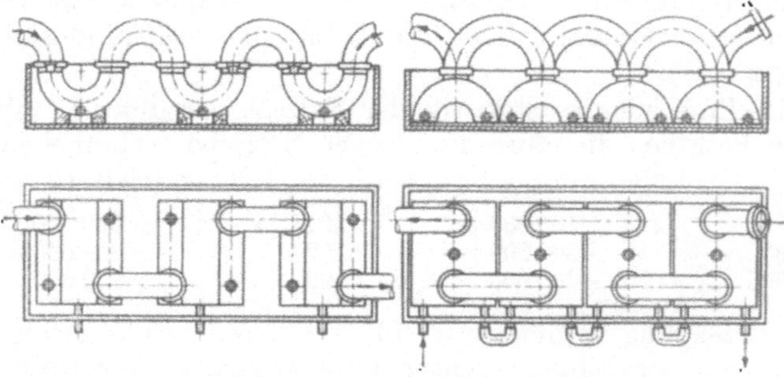

Abb. 218. Batterie von Cellarius-Turills.

ist ein säurebeständiges undurchlässiges Material mit größerer Festigkeit als Beton. Zur Herstellung wird eine aus Quarzstückchen und einer Hartpechmasse bestehende Mischung heiß in Formen gegossen, worin sie erstarrt. Man stellt daraus Behälter für Salzsäure und Behälterauskleidungen her.

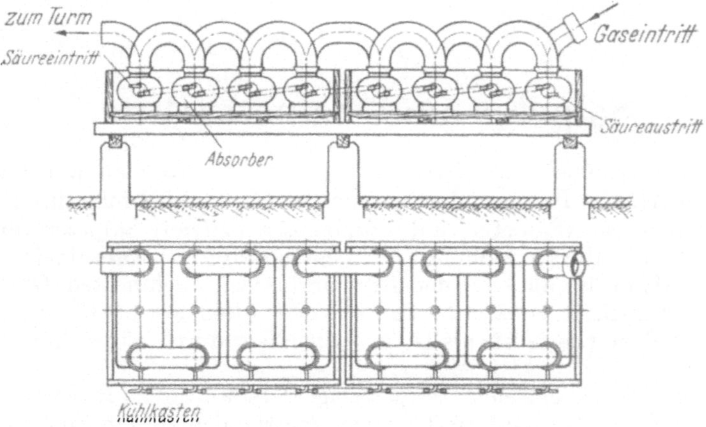

Abb. 219. Batterie von Meyer-Absorbern.

Die Aufspeicherung der Salzsäure geschieht in großen Steinzeuggefäßen oder in Behältern, die mit Porzellanplatten oder Prodoritplatten ausgekleidet sind. Der Versand erfolgt zum großen Teil in Glasballons (etwa 60 l Inhalt), welche mit Stroh in geteerten Weidenkörben oder eisernen Vollmantel- oder Bandkörben eingebettet sind. Zum Eisenbahntransport benutzt man in Deutschland große Gefäße aus Ton (1000, 2500, 5000 l Inhalt). Bis 12 solcher Gefäße mit einem Inhalt von etwa 10 t Säure, werden in 2 Reihen auf einem gewöhnlichen Eisenbahnwagen montiert, mit Filzunterlagen und einem hölzernen Rahmenwerk versehen, um bei Stößen einem Bruch vorzubeugen. Die Töpfe bleiben auf dem Wagen und werden mittels Heber gefüllt und entleert. In Amerika verwendet man auch Holztanks als Kesselwagen, welche mit Kautschuk ausgekleidet sind.

Die Reinigungsverfahren spielen heute nur eine untergeordnete Rolle. Die Verunreinigungen stammen in der Hauptsache aus der verwendeten Schwefelsäure. Bei den Verfahren, welche keine Schwefelsäure verwenden, wie z. B. bei der Synthese, aus Magnesiumchlorid, aus Bisulfat, erhält man direkt reine Salzsäure.

Verwendung. Die wäßrige Salzsäure wird in der Farbenindustrie, Bleicherei, Färberei, Druckerei, für metallurgische und hüttenmännische Zwecke und in der Zuckerfabrikation verwendet. Auch die Leim- und Seifenindustrie brauchen größere Mengen.

Statistik. Eine genaue Statistik der Salzsäureproduktion gibt es nicht, da die meisten Fabriken die Säure im eigenen Betriebe verbrauchen.

Die deutsche Salzsäureproduktion wird wie folgt geschätzt:

1882	150 000 t	1913/14	300 000 t
1901	300 000 t	1925	225 000 t
1906	350—400 000 t	1928	250 000 t

Von dieser Erzeugung stammen etwa 100000 t aus der Chlorierung organischer Substanzen und aus der Salzsäuresynthese, die andere größere Hälfte aus Steinsalz. England produziert rund 200000 t, die Vereinigten Staaten 250000 t.

Neuere Literatur.

LAURY: Hydrochloric Acid and Sodium Sulfate. 1927. — WAESER: Schwefelsäure, Sulfat, Salzsäure. 1927.

Salpeter und Salpetersäure.

Nach dem Sammelbuche VITALIS DE FURNO muß man annehmen, daß bereits gegen 1150 in Italien Salpeter bekannt war und daß man durch Destillation von Sal petrae (Salpeter) mit Corpo rossa (Vitriol) Salpetersäure herzustellen verstand. Die Herstellung der Salpetersäure aus Kalisalpeter, Kupfersulfat und Alaun ist auch in den dem arabischen Alchimisten GEBER zugeschriebenen Schriften erwähnt. RAYMUNDUS LULLUS (im 13. Jahrhundert) kannte die Salpetersäure ebenfalls, er erhielt sie durch Einwirkung von Salpeter auf Ton.

Nachdem die chilenischen Salpeterlager 1809 durch HAENKE entdeckt waren und von 1830 an die Verschiffungen stattfanden, begann die industrielle Herstellung der Salpetersäure durch Zersetzung des Chilesalpeters mit Schwefelsäure. Bis zu Beginn des Krieges war diese Art der Salpetersäuregewinnung die allgemein übliche. 1901 verbrannte W. OSTWALD Ammoniak im größeren Maßstabe an einem Platinkontakt mit Luft zu Salpetersäure. Das Verfahren kam 1908 in Gerthe bei Bochum in Betrieb. Dieses Verfahren der Ammoniakoxydation liefert seit dem Kriege bei uns in Deutschland sämtliche, in anderen Ländern eine großen Teil der Salpetersäure. Luftsalpetersäure nach dem Flammbogenverfahren wurde 1905 von BIRKELAND und EYDE in Notodden (Norwegen) zuerst großtechnisch erzeugt. Die Luftsalpetersäureverfahren sind aber inzwischen bis auf ein einziges (Nitrum) wieder verschwunden, da sie nur bei äußerst billigen Energiepreisen konkurrenzfähig gegenüber der Ammoniakverbrennung sind.

Die Salpetersäure findet sich in der Natur in freiem Zustande wahrscheinlich nicht, oder nur in sehr geringer Menge. Dagegen ist ihr Vorkommen in

Gestalt von salpetersauren Salzen (Nitraten des Ammoniaks, Kaliums, Natriums, Kalks, Magnesiums, Aluminiums und Eisens) auf der Erdoberfläche sehr verbreitet. Diese bilden sich besonders bei der Verwesung organischer Stoffe in Gegenwart von Kalk und Alkalien. Die Nitrate werden von den Pflanzen aus dem Boden aufgenommen und bilden für sie ein wichtiges Nahrungsmittel. Auch die Ausscheidungen des Tierkörpers (Urin, Schweiß) enthalten Nitrate.

Salpetersäure entsteht auf chemischen Wege aus Stickstoff, Sauerstoff und Wasser unter dem Einfluß elektrischer Entladungen oder bei lebhafter Verbrennung, ferner in Form von Nitraten durch Oxydation des Ammoniaks oder stickstoffhaltiger organischer Substanzen, und auf biologischem Wege durch die Tätigkeit der Salpeter-Bakterien. Diesen biologischen Vorgang der Salpeterbildung im Boden bezeichnet man als „Nitrifikation". Die Leguminosen (Klee, Lupinen usw.) haben die Fähigkeit, unter Mitwirkung der Knöllchen-Bakterien den Stickstoff der Luft direkt in ihren Organismus aufzunehmen und zu verarbeiten.

Salpeter.

Der Name Salpeter ist ein Sammelname für die salpetersauren Salze des Natriums (Chilesalpeter), Kaliums (Bengalsalpeter, Konversionssalpeter) Calciums (Mauersalpeter) und des Ammoniums (Ammonsalpeter). Im Mittelalter kam aller Salpeter (wahrscheinlich Kalisalpeter) aus Indien nach Europa, und zwar ausschließlich durch den Handel von Venedig. Nach Einführung des Schießpulvers versuchte man bei uns den Salpeter selbst herzustellen, man kratzte Mauersalpeter ab, befreite denselben von erdigen Bestandteilen durch Waschen und brachte die Lauge durch Versieden zur Krystallisation. Die Herstellung des künstlichen Salpeters ist schon in KYESERS Kriegsbuch Bellifortis 1405 beschrieben. Seinem Ursprung entsprechend wurde dieser Salpeter auch als Harnstein, Jauchenstein, Agstein bezeichnet. Mit der Einfuhr des chilenischen Salpeters verschwanden die Salpeterplantagen und Salpetersiedereien in Europa.

Das wichtigste, in der Natur vorkommende Nitrat ist das Natriumnitrat, der Chilesalpeter. Natronsalpeter, $NaNO_3$, findet sich zwar auch in kleinen Lagern in Ägypten, Kleinasien, Columbien, Kalifornien, von technischer Bedeutung sind aber nur die chilenischen Vorkommen. In den Provinzen Tarapaca und Antofagasta sind auf einer etwa 800 km langen Zone 5 größere getrennte Salpeterlager vorhanden. Sie liegen am Ostabhange der regen- und vegetationslosen Küstenkordilliere. Das Rohmaterial der Salpetergewinnung sind Salzschollen, die ein Gemisch von Nitrat mit Chloriden und Sulfaten, sowie erdigen und steinigen Substanzen vorstellen, das man mit dem Sammelnamen Caliche bezeichnet. In Wirklichkeit liegen mehrere verschieden zusammengesetzte salpeterhaltige Schichten übereinander. Die wichtigste Schicht, der eigentliche Caliche, 0,5—1,5 m mächtig, liegt 0,5—3 m tief unter der Chuca- und Costra-Deckschicht, er wird durch Sprengen mit Schwarzpulver, auch maschinell, im Tagebau gewonnen. Der Caliche ist eine graue oder braune verkittete Salz- und Trümmergesteinsmasse, welche im Durchschnitt 25—35% $NaNO_3$, 20—30% NaCl, 1—2% KNO_3 neben Sulfaten und 0,2% Natriumjodat enthielt. Der Durchschnittsgehalt der Rohmasse ist aber immer mehr gesunken und betrug 1928 nur noch 17% $NaNO_3$. Die Verarbeitungsweise war bis zum Kriege recht primitiv. Die Salzmasse wurde in einer Batterie schmiedeeiserner Kästen mit heißem Wasser im Gegenstrom ausgelaugt. Man zog dann die heißgesättigte Natriumnitratlösung, nachdem sich Tonschlamm und ausgefallenes Kochsalz abgesetzt hatten, in eiserne Krystallierkästen ab, ließ 5 Tage abkühlen, trennte die Mutterlauge ab, schaufelte den Salpeter aus und ließ ihn im Freien trocknen.

Der erhaltene Handels-Chilesalpeter hatte etwa 95% $NaNO_3$ und 2% NaCl. Die Mutterlaugen enthielten 1—4 g Jod im Liter als Natriumjodat, sie wurden mit Natriumbilsulfit umgesetzt und ergaben ein Rohjod mit 70—75% J (vgl. „Jod“). Nach dieser primitiven Methode wurden nur 40—63% des Salpetergehaltes aus dem Salpetergestein ausgebracht.

Starker Absatzrückgang zwang dann zur Einführung von Verbesserungen. Da der Kochprozeß die Schlammbildung erhöht und die Filtrierbarkeit erschwert, so nimmt man heute das Auslaugen bei weniger hoher Temperatur vor und arbeitet nicht mehr auf volle Sättigung in den Kesseln hin, sondern engt lieber die ungesättigten Lösungen, nach dem Filtrieren oder nach der Trennung vom Schlamm in Dekantationsrührwerken (vgl. „Ätznatron“), in Vakuumverdampfern ein und gibt die konzentrierte Lösung in die Krystallisierkästen. Durch diese Verbesserungen der Laugerei ist das Ausbringen aus dem (jetzt ärmeren) Caliche auf 87—90% gestiegen.

Eine grundlegende Änderung in der Salpetergewinnung hat das Guggenheim-Verfahren gebracht. Man laugt bei etwa 35° die Salpetermasse (Caliche) aus und erhält dabei eine Lösung von 440 g $NaNO_3$ im Liter. Die Lauge wird durch mechanische Filter (Moore-Filter) filtriert und durch Tiefkühlung zur Krystallisation gebracht. Der Guggenheim-Salpeter kommt in kleinen, hohlen Perlen in einer Reinheit von $98^1/_2$% in den Handel. Die Ausbeute steigt auf 90—94%. Das Verfahren ist auch für ärmeres Rohmaterial verwendbar. Die Verbesserung, die das Guggenheim-Verfahren erreicht, beruht auf der wissenschaftlichen Beobachtung, daß im Rohsalpeter oder beim Lösen desselben ein Doppelsalz $Na_2SO_4 \cdot NaNO_3 \cdot H_2O$ (Darapskit) auftritt, welches namentlich in NaCl-haltigen Lösungen ziemlich unlöslich ist. Die gewöhnliche Laugerei bei niederer Temperatur ist also schlecht. Zersetzt man jedoch durch Zugabe von Kalk, Magnesium und Kaliumsalzen den Darapskit, so bildet sich $CaSO_4$, $CaSO_4 \cdot K_2SO_4 \cdot H_2O$ (Syngenit) oder $Na_2SO_4 \cdot MgSO_4 \cdot 4 H_2O$ (Astrakanit), und das gebundene $NaNO_3$ wird frei und geht in Lösung. Der Darapskit zerfällt zwar bei 58° in seine beiden Bestandteile und diese gehen in Lösung; bei den höheren Temperaturen tritt aber schon die unerwünschte Schlammbildung auf; deshalb laugt man jetzt bei gewöhnlicher oder einer wenig höheren Temperatur.

Die Zusammensetzung und der Unterschied von Handelssalpeter und Guggenheim-Salpeter (Perlsalpeter) ist folgender:

	$NaNO_3$	NaCl	Na_2SO_4	$KClO_4$	Unlöslich	Feuchtigkeit
Handelssalpeter . .	95,5—97,1	0,56—2,14	0,12—0,85	0,06—0,78	0,06—0,24	1,24—2,11
Guggenheim-Sal- peter	98,45	0,55	0,19	0,45	0,09	0,32

Den größten Teil des Chilesalpeters nahm die Landwirtschaft als Düngemittel auf, einen anderen Teil brauchte die chemische Industrie zur Salpetersäureherstellung und zur Herstellung von Kalisalpeter für Schwarzpulver. Die Verwendung des Chilesalpeters für die letztgenannten Zwecke hat bei uns seit dem Kriege vollständig aufgehört. Auch die für Pökelzwecke, für Glas usw. gebrauchten Mengen werden bei uns durch künstlich hergestelltes Natriumnitrat ersetzt.

Synthetischen Natronsalpeter erzeugt seit dem Kriege in großem Maßstabe die I. G. Farbenindustrie durch Absorption der nitrosen Endgase der Ammoniakoxydation in Sodalösung. Man erhält dabei eine Lösung von Nitrat und Nitrit, die nach dem Ansäuern mit HNO_3 durch Luft in eine schwachsaure Nitratlösung übergeführt wird. Diese wird mit Soda neutralisiert und in Vakuumverdampfern eingedampft. 1928 wurden bei uns rund 150000 t Natronsalpeter erzeugt.

Die Norsk Hydro stellt große Mengen künstlichen Natriumnitrats in der Weise her, daß sie zunächst, wie später angegeben, eine Calciumnitratlösung erzeugt und diese mit NaCl umsetzt. Da das nicht ohne weiteres möglich ist, so führt sie Permutit mit Seewasser in Natriumpermutit über und tauscht dann dieses Natrium bei der Filtration der Calciumnitratlösung gegen das Calcium aus, sie erhält so eine Natriumnitratlösung, die eingedampft wird.

Die Belieferung der Welt mit Chilesalpeter hat bis zum Kriege dauernd zugenommen. Der Haupteinfuhrhafen war Hamburg. Im Kriege und in den folgenden Jahren ging die Hauptmenge des Chilesalpeters nach Nordamerika. Die Salpetersäureerzeugung durch Ammoniak-Oxydation hat den Salpeterverbrauch gewaltig vermindert. Die Produktion von Chilesalpeter in 1000 t betrug

1850 . . .	23	1920 . . .	1114	1932/33 . . .	455
1870 . . .	132	1929 . . .	2755	1933/34 . . .	543
1890 . . .	1035	1930 . . .	1980	1934/35 . . .	1155
1910 . . .	2356	1931 . . .	1500	1935/36 . . .	1234
				1936/37 . . .	1329

Die Einfuhr an Chilesalpeter verschob sich in den Hauptindustrieländern wie folgt (in 1000 t)

	1913	1930	1937		1913	1930
Deutschland	774	153	105	England	146	49
Vereinigte Staaten . .	572	890	534	Frankreich	302	340

Kalisalpeter (Bengalsalpeter, Indischer Salpeter), KNO_3, kommt im Boden einiger Länder (Indien, Persien, Guatemala) vor. Man laugt mit Wasser und etwas Holzasche (K_2CO_3), dampft die filtrierte Lösung ein, läßt krystallisieren und reinigt das Rohsalz durch Umkrystallisieren. Die erzeugten Mengen sind unbedeutend. Britisch-Indien lieferte 1905 rund 15000 t, 1920 21000 t, die Menge sank bis 1928 auf 4000 t, sie betrug 1935 9300 t, 1936 8800 t.

Kalisalpeter (Konversionssalpeter) wurde bis zum Kriege für Zwecke der Schwarzpulvererzeugung ausschließlich durch Umsetzung von Chilesalpeter mit Chlorkalium hergestellt:

$$NaNO_3 + KCl = KNO_3 + NaCl.$$

Das Verfahren ist bei „Kalisalzen" S. 253 beschrieben. Kalisalpeter läßt sich ebenso wie Natronsalpeter durch Waschen der nitrosen Abgase der Ammoniak-Oxydation mit Kalicarbonatlösungen gewinnen. Er wird aber technisch in der Hauptsache auf andere Weise hergestellt. Man gibt bei der Zersetzung von Kalkstickstoff Kaliumsulfat hinzu, es bildet sich Monokaliumcyanid, welches bei der Druckkochung mit Salpetersäure direkt in Kalisalpeter übergeht:

$$2 KHCN_2 + 4 H_2O + 2 HNO_3 = 2 KNO_3 + 4 NH_3 + 2 CO_2.$$

Auf diesem Wege werden jetzt erhebliche Mengen von „synthetischem Kalisalpeter" hergestellt.

Kalksalpeter (Norgesalpeter) wurde seit 1905 von der Norsk-Hydro hergestellt durch Einwirkung der erhaltenen verdünnten (30%igen) Lichtbogen-Luftsalpetersäure auf Kalkstein. Die Calciumnitratlösung wurde eingedampft, geschmolzen und in eiserne Trommeln gefüllt, später wurde das in Krystallwasser geschmolzene Salz auf Kühltrommeln zur Erstarrung gebracht, abgeschabt, gesiebt (0,25 mm) und in Säcken verpackt. Das Produkt hatte 13% Stickstoff und entsprach etwa der Formel $Ca(NO_3)_2 \cdot 3 H_2O$. Norwegen lieferte 1912/13: 77500 t, 1919/20: 147500 t, 1928/29: 173000 t Norgesalpeter. Mit Stilllegung der Luftsalpetersäureherstellung hörte die eigentliche Norgesalpeterfabrikation auf und heute wird aller Kalksalpeter mit Salpetersäure der

Ammoniakoxydation erzeugt. Die I.G. Farbenindustrie verwendet eine 45%
Salpetersäure der Ammoniakoxydation und reinen Kalkstein (bzw. den Kalkschlamm der Umsetzung von Gips mit Ammoncarbonat zu Ammonsulfat).
Die schwachsaure $Ca(NO_3)_2$-Lösung wird neutralisiert, filtriert und in Vakuumverdampfern soweit eingedampft, daß auf 1 Mol $Ca(NO_3)_2$ nur noch 1 Mol
H_2O kommen. Nach Zusatz von 5% NH_4NO_3 wird der Salzbrei verspritzt,
die erstarrten Tröpfchen bilden ein weißes körniges Produkt. Dieser Kalksalpeter I.G. enthält 15,5% N, er kommt seit 1924/25 auf den Markt. Die
Erzeugungsmenge der I.G. betrug 1924/25: 3915 t, 1925/26: 248000 t, 1927/28:
407000 t. Die Welterzeugung an Kalksalpeter erreichte 1937 1,03 Mill. t.

Ammonsalpeter (Ammoniumnitrat), NH_4NO_3, wird in der Sprengstofftechnik
zur Herstellung von Sicherheitssprengstoffen gebraucht. Er zerfällt bei hohen

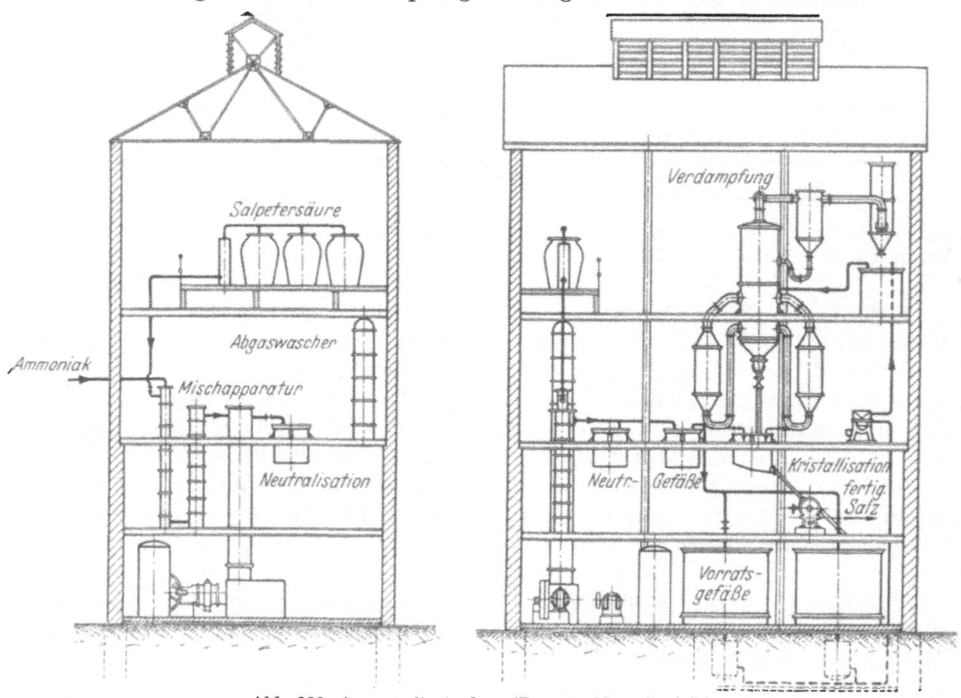

Abb. 220. Ammonnitratanlage (Bamag-Meguin AG.).

Temperaturen unter Wärmeentwicklung ohne Rückstand. Leider ist er stark
hygroskopisch. Große Mengen werden auch zur Herstellung von Düngemitteln
verbraucht, z. B. in Mischung mit Ammonsulfat als Ammonsulfatsalpeter
(vgl. „Düngemittel"). Alle technisch wichtigen Gewinnungsverfahren beruhen
auf einer Absättigung von verdünnter Salpetersäure mit Ammoniakwasser
oder Ammoniakgas:

$$NH_3 + HNO_3 = NH_4NO_3 + 34,8 \text{ kcal}.$$

Die Hauptschwierigkeit der Fabrikation besteht darin, die stark exotherme
Reaktion in den nötigen Grenzen zu halten, weil sonst starke Verluste auftreten.
Man nimmt jetzt meist die Kühlung der Reaktionsteilnehmer durch umlaufende
Kühllaugen vor, dampft die neutralisierte Salzlösung in Vakuumverdampfern
ein und bringt das fast wasserfrei gemachte, eingedickte Salz auf wassergekühlte
Walzen, von denen es kontinuierlich abgeschabt wird. In einigen Fabriken
wird die Ammonnitratschmelze in Kammern durch Düsen mittels Preßgas
verspritzt. Abb. 220 zeigt die Einrichtung einer Ammonnitratanlage der Bamag.

Salpetersäure.

Salpetersäure kann durch Zersetzung der Nitrate mit Schwefelsäure hergestellt werden. Das war bis zum Kriege das technisch am meisten angewendete Verfahren. Daneben erzeugte man durch Verbrennen von Luftstickstoff im elektrischen Flammenbogen etwas Salpetersäure. Erst im Kriege hat das jetzt bei uns allein angewandte Verfahren Bedeutung gewonnen, die Salpetersäure durch Oxydation von Ammoniak herzustellen.

Salpetersäure wird seit Mitte des 17. Jahrhunderts nach Angaben GLAUBERs aus Alkalinitrat und Schwefelsäure hergestellt. Sie führte früher allgemein den Namen Scheidewasser, weil sie in der Hauptsache zur Scheidung von Gold und Silber gebraucht wurde.

Die reine Salpetersäure ist eine farblose, bewegliche Flüssigkeit, welche sich am Licht leicht gelb bis rot (NO_2) färbt, bei 86° siedet und zu einem bei — 47° schmelzenden festen Körper gefriert. Die reine 100%ige Säure zerfällt bei der Destillation nach der Gleichung:

$$4\,HNO_3 \rightarrow 4\,NO_2 + 2\,H_2O + O_2$$

und färbt sich braun (NO_2). Bei wiederholter Destillation erhält man zuletzt eine Mischung von 68% Säure mit 32% Wasser, das von der Zersetzung herrührt. Die 68%ige Salpetersäure siedet bei 120,5°, sämtliche anderen Mischungen, ebenso die reine Säure, sieden bei tieferen Temperaturen und haben dementsprechend höhere Dampfdrucke.

Eine verdünnte Salpetersäure verliert beim Erhitzen zunächst Wasser, bis der Säuregehalt 68% beträgt. Die Vorstellung, daß die konstant siedende Salpetersäure eine bestimmte Verbindung ist, entbehrt, geradeso wie bei Chlorwasserstoffsäure, jeder Begründung, denn die Zusammensetzung der Mischung ändert sich mit dem Dampfdruck, unter dem sie siedet.

Konzentrierte Salpetersäure raucht an der Luft und zieht wie Schwefelsäure Wasser an. Die 92%ige Säure bildet die konzentrierte Salpetersäure des Handels. Die Salpetersäure ist ein starkes Oxydationsmittel, wirkt energisch auf Kohlenstoffverbindungen unter Bildung von Nitroderivaten oder Oxydationsprodukten. Sie färbt die Haut durch Entstehung von sog. Xanthoproteinsäure hellgelb.

Eisen wird von verdünnter Salpetersäure angegriffen, in konzentrierter wird es passiv. Reines Blei widersteht einer konzentrierten, weniger als 10% Wasser enthaltenden Salpetersäure auch beim Kochen. Kalte konzentrierte oder kalte verdünnte Salpetersäure greifen Aluminium nicht an. Auch V 2 A-Stahl und Eisen-Silizium-Legierungen werden von Salpetersäure nicht angegriffen; die letztgenannten Stoffe dienen deshalb als Baustoffe für Salpetersäureapparaturen.

Die Herstellung der Salpetersäure aus Chile-Salpeter.

Die Herstellung von Salpetersäure aus Chilesalpeter geschah bei uns und geschieht in verschiedenen Ländern heute noch in der Weise, daß man den Salpeter in liegende oder stehende Kessel aus Gußeisen einschaufelt und die Zersetzung desselben mit 78- bzw. 96%iger Schwefelsäure (60- bzw. 66grädiger H_2SO_4) vornimmt. Beim Erhitzen gehen nitrose Dämpfe und Wasser über. Diese werden in Kühlschlangen, Turills und Türmen (vgl. Salzsäure S. 315) kondensiert und ergeben direkt eine konzentrierte Salpetersäure. Man arbeitet dabei nicht nach der Gleichung

$$2\,NaNO_3 + H_2SO_4 = 2\,HNO_3 + Na_2SO_4,$$

weil das entstehende neutrale Natriumsulfat zu unbequem aus den Kesseln zu entfernen ist und weil bei der anzuwendenden hohen Temperatur ein Teil der gebildeten Salpetersäure wieder zersetzt würde. Man nimmt deshalb doppelt soviel Schwefelsäure, erhitzt nur auf 300° und erhält neben Salpetersäure als Endprodukt das leicht schmelzende Natriumbisulfat $NaHSO_4$, welches in anderen Industriezweigen, z. B. für Salzsäureherstellung, gute Verwendung findet.

$$NaNO_3 + H_2SO_4 = HNO_3 + NaHNO_3 .$$

Zum Unterschiede gegen die Salzsäuregewinnung werden bei der Salpetersäureherstellung die Gase allein durch Abkühlung, also durch Kondensation, in Salpetersäure übergeführt und zwar direkt in einer für die Technik brauchbaren Stärke (Grädigkeit). Diese Kondensation erfolgt in Turills, in Türmen, besonders aber in Rückflußschlangenkühlern aus Steinzeug, jetzt auch aus

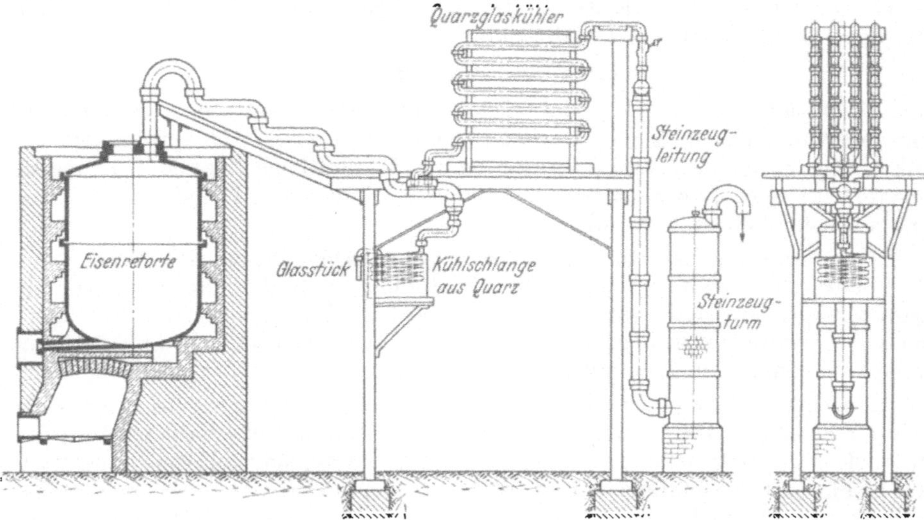

Abb. 221. Salpetersäureanlage aus Quarzgut (Berliner Quarzschmelze).

Quarzgut. Für Pumpen kommt heute als Baumaterial Aluminium oder Siliziumeisen zur Verwendung. Die erzeugte Salpetersäure ist bei modernen Einrichtungen fast chemisch rein.

Die Abb. 221 zeigt eine einfache Salpetersäureanlage mit einer aus Quarzgut bestehenden, von der Berliner Quarzschmelze hergestellten Kondensationseinrichtung. Die Kondensation wird hier in der Hauptsache durch 4 parallel geschaltete Kühlrohrschlangen bewirkt. Der Zersetzungskessel mißt 2 m im Durchmesser und 2,7 m in der Höhe.

Bei uns in Deutschland waren zuletzt, solange noch Chilesalpeter als Ausgangsmaterial für die Salpeterherstellung diente, fast ausschließlich kontinuierlich arbeitende Verfahren in Anwendung, wie z. B. das Dreikesselverfahren von Übel und das Verfahren der Badischen Anilin- und Sodafabrik mit 5 hintereinander geschalteten Kesseln. Viel in Gebrauch war auch das Vakuumverfahren von VALENTINER, bei welchem die Destillation zwar in der üblichen Apparatur, aber unter vermindertem Druck durch eine am Ende der Apparatur aufgestellte Vakuumpumpe vorgenommen wurde. Durch die Erniedrigung der Destillationstemperatur wird die Zersetzung der gebildeten Salpetersäure vermieden. (Diese Verfahren sind in der 2. Auflage dieses Buches S. 248—251 näher beschrieben.)

Die Herstellung von Salpetersäure aus Luft.

CAVENDISH beobachtete schon 1785, daß beim Durchschlagen eines elektrischen Funkens durch feuchte Luft geringe Mengen Stickoxyde bzw. Salpetersäure sich bilden. Erst 1897 wurde durch RAYGLEIGHs Versuche, Salpetersäure auf diese Weise herzustellen, die Aufmerksamkeit wieder auf diese Umsetzung gelenkt.

Das erste technisch brauchbare Verfahren war das der Schweden BIRKELAND und EYDE (1905). Neben diesem Verfahren wurden auch noch andere Verfahren technisch ausgeführt, z. B. das von SCHÖNHERR (Badische Anilin- und Sodafabrik), das der Gebrüder PAULING (Salpetersäure-Industrie AG.) und das von SIEBERT (Nitrum AG.). Diese Luftsalpetersäureverfahren sind in den letzten Jahren alle der Konkurrenz der Ammoniak-Oxydation erlegen, da sie mit sehr schlechten Ausbeuten und sehr hohem Energieverbrauch arbeiten. Nur das Nitrumverfahren ist zur Zeit noch in Betrieb.

In der Luft sind rund 78 Vol.% Stickstoff und 21 Vol.-% Sauerstoff nebeneinander vorhanden. Erhitzt man das Luftgemisch auf 2000—3000°, so tritt nach der Gleichung $N_2 + O_2 \rightleftarrows 2\,NO$ unter Wärmeabsorption Stickstoff mit Sauerstoff zu Stickoxydul zusammen, die Umsetzung ist aber nur eine geringe, und nach den verschiedenen technischen Verfahren erreicht man keine größeren Konzentrationen als 2—3 Vol.-% NO. Mit steigender Temperatur nimmt die Reaktionsgeschwindigkeit zu, damit zwar auch die NO-Bildung, gleichzeitig aber auch der NO-Zerfall.

NERNST hat die Gleichgewichtskonstante für verschiedene Temperaturen berechnet und die erreichbare Höchstkonzentration an NO wie folgt gefunden:

bei 1227°	. . . .	0,10 Vol.-% NO
„ 1727°	. . . .	0,61 Vol.-% NO
„ 2227°	. . . .	1,79 Vol.-% NO
„ 2727°	. . . .	3,57 Vol.-% NO
„ 3227°	. . . .	5,8 Vol.-% NO
„ 3727°	. . . .	8,0 Vol.-% NO

Temperaturen von etwa 3000° sind nur mit dem Lichtbogen zu erzielen. Da bei den hohen Temperaturen aber auch der Zerfall des NO lebhafter wird, so ist man gezwungen, das Gasgemisch nach der Bildung des NO sofort auf tiefe Temperaturen abzukühlen, wenigstens auf 1000°, um dem Wiederzerfall möglichst Einhalt zu tun. Theoretisch lassen sich mit 1 kWh 93,5 g HNO_3 erzeugen. Dieser große Stromverbrauch zeigt schon, daß für die Luftsalpetersäureindustrie das Vorhandensein sehr billiger Wasserkräfte erste Bedingung ist.

Als Begründer der Luftsalpeterindustrie müssen BIRKELAND und EYDE angesehen werden. Sie konstruierten den ersten technisch brauchbaren Ofen für Luftoxydation. Alle Luftsalpetersäureverfahren laufen darauf hinaus, dem Lichtbogen eine möglichst große Flächenentwicklung zu geben, um große Luftmengen auf die erforderliche Temperatur zu bringen. BIRKELAND und EYDE erreichten dies in ihrem Ofen dadurch, daß sie durch einen Magneten den Lichtbogen zu einer mächtigen Flammenscheibe von 3 m Durchmesser auseinanderzogen. Die Badische Anilin- und Soda-Fabrik (SCHÖNHERR-HESSENBERGER) erzeugten in einem stehenden Rohre eine 7 m hohe brennende Luftsäule, die Gebrüder PAULING zwischen Hörnerelektroden einen fächerförmig ausgebildeten Flammbogen. (Diese Verfahren sind in der 2. Auflage dieses Buches S. 255—259 näher beschrieben.) Die Norsk Hydro, welche nach dem Verfahren von BIRKELAND und EYDE arbeitete, besaß in Notodden (Norwegen) die größte Luftsalpeteranlage der Welt. Die Leistungsfähigkeit dieses Werkes betrug 100000—120000 t Salpetersäure von 96—98% oder 160000 t Norgesalpeter

(Kalksalpeter). Sie hat aber schließlich auch stillgelegt werden müssen und der Betrieb ist auf Ammoniakoxydation umgestellt worden.

Von den Lichtbogenverfahren ist zur Zeit nur noch das Nitrumverfahren der Nitrum A G. in Rhina (Baden) in Betrieb, welches von W. Siebert ausgebildet worden ist. Es lassen sich mit demselben höhere Konzentrationen an NO, nämlich 3—3,5 %, und Salpetersäureausbeuten von 80—90 g HNO_3/kWh (statt 60—70 g HNO_3 bei den vorhergenannten Verfahren) erzielen. Aber auch hier sind es besondere billige Strompreisverhältnisse, welche die wirtschaftliche Durchführung noch ermöglichen. Das Prinzip dieses Verfahrens lassen die beiden Schnitte der Abb. 222 deutlich erkennen. In einem aus feuerfesten Steinen hergestellten runden, flachen Ofen O, der bei 3000—3500 kW Stromaufnahme 4 m Durchmesser und 2—3 m Höhe hat, sind etwa in halber Höhe 3 wassergekühlte eiserne Elektroden E eingebaut, die von einem Drehstromnetz gespeist werden. Die zu verbrennende Luft wird durch 3 Düsen L tangential eingeblasen; dadurch wird zunächst die Ofenwand gekühlt und ein kreisender Flammenring erzeugt, sobald sich durch Kurzschluß ein Flammenbogen zwischen den Elektroden gebildet hat. Der Flammenwirbel bewegt sich kreisend vom Rande nach der Mitte zu, und die Gase gehen im Zentrum des Ofens unten ab; sie durchstreichen ein wassergekühltes Rohr, die sog. „technische Kapillare" A, die eine außerordentlich abschreckende Wirkung auf die heißen Gase ausübt und dadurch den Zerfall stark vermindert, so daß leicht Konzentrationen von 3—3,5 Vol.-% NO erreicht werden. Hinter der „Kapillare" folgt noch

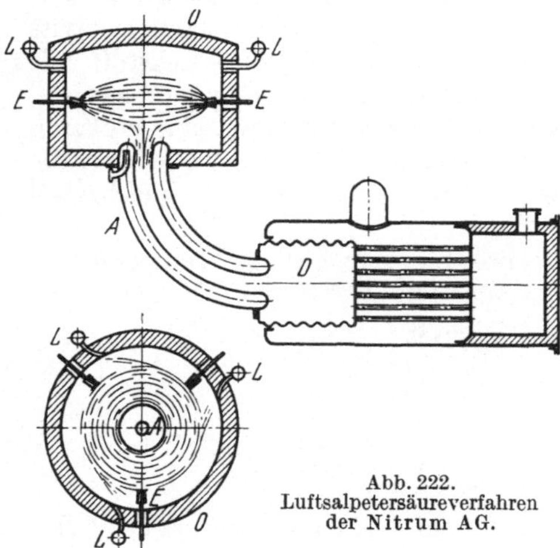

Abb. 222.
Luftsalpetersäureverfahren
der Nitrum AG.

ein Röhrenkessel zur weiteren Abkühlung der Gase. Diese werden dann in großen weiten Oxydationstürmen zu Stickoxyd aufoxydiert.

$$2\,NO + O_2 = 2\,NO_2\,.$$

Zur Absorption der Stickoxyde treten die Gase dann in Absorptionstürme, die mit Wasser oder dünner Säure berieselt werden. Zunächst wird dabei nur eine schwache Salpetersäure gewonnen, die noch weiter konzentriert werden muß.

Man gewinnt auch außer hoch konzentrierter Salpetersäure direkt flüssiges Stickstofftetroxyd (N_2O_4), indem man die den Röhrenkessel verlassenden Gase zunächst noch weiter auf 40° abkühlt, dann in Oxydationsräumen in NO_2 überführt und schließlich im Gegenstromkühler und Kondensator durch Äthan-Kältemaschinen bis auf — 70° herunterkühlt, wobei sich das NO_2 als Tetroxyd N_2O_4 in Form einer schneeigen Masse abscheidet. Das aufgetaute Stickstofftetroxyd von 98% N_2O_4 läßt sich in schmiedeeisernen Gefäßen versenden. Es kann sehr bequem zur Erzeugung 70—80%iger Salpetersäure benutzt werden, wenn man es in einer Sauerstoffatmosphäre in kleinen Steinzeugtürmen mit Wasser im Gegenstrom zur Reaktion bringt. Die den Gasen durch die Abscheidung von N_2O_4 entzogenen Mengen an N_2 und O_2 werden dem Gasstrom als solche wieder zugesetzt; dadurch erreicht man Ausbeuten bis zu 90 g HNO_3 für 1 kWh.

Die Herstellung der Salpetersäure durch Oxydation von Ammoniak.

Schon 1839 hatte KUHLMANN beobachtet, daß beim Erhitzen von Ammoniak mit Luft auf wenigstens 300°, bei Gegenwart von Platin als Katalysator, Salpeter- und salpetrige Säure entsteht. Von 1900 ab hat sich WILHELM OSTWALD wieder mit der Sache beschäftigt und die weitere Entwicklung der Dinge veranlaßt. Seit dem Kriege wird alle Salpetersäure in Deutschland durch Oxydation von Ammoniak hergestellt.

Werden Ammoniak und Luft auf über 300° erhitzt, so erscheinen rotbraune Dämpfe von Stickoxyden, denen bei höheren Temperaturen mehr und mehr Stickstoff und Wasserdampf beigemischt ist. Die Oxydation des Ammoniaks führt nämlich über verschiedene unbeständige Zwischenphasen (Stickoxyde) schließlich zu Stickstoff und Wasserdampf. In der Hauptsache treten folgende Reaktionen nebeneinander auf:

$$
\begin{aligned}
&(1) &\quad 4\,NH_3 + 3\,O_2 &= 2\,N_2 &+ 6\,H_2O + 302{,}0\ \text{cal,} \\
&(2) &\quad 4\,NH_3 + 5\,O_2 &= 4\,NO &+ 6\,H_2O + 215{,}6\ \text{cal,} \\
&(3) &\quad 4\,NH_3 + 6\,O_2 &= 2\,N_2O_3 &+ 6\,H_2O + 258{,}4\ \text{cal,} \\
&(4) &\quad 4\,NH_3 + 7\,O_2 &= 4\,NO_2 &+ 6\,H_2O + 269{,}5\ \text{cal,} \\
&(5) &\quad 4\,NH_3 + 6\,NO &= 5\,N_2 &+ 6\,H_2O + 431{,}6\ \text{cal.}
\end{aligned}
$$

Bei der Ammoniakverbrennung bildet sich als Zwischenprodukt Nitroxyl HNO.

$$ NH_3 + O_2 = HNO + H_2O\,. $$

Das Zwischenprodukt wird durch Sauerstoffüberschuß zu Stickoxyd oxydiert. Bei Ammoniaküberschuß kommt es zur Bildung von molekularem Stickstoff.

$$
\begin{aligned}
HNO + O_2 &= HNO_3 \\
HNO + NH_3 &= N_2 + H_2 + H_2O\,.
\end{aligned}
$$

Läßt man die Gase langsam über Schichten sehr wirksamer Katalysatoren (z. B. Platinschwamm, Platinmoor) streichen, so tritt auch bei verhältnismäßig niedriger Temperatur die völlige Oxydation des Ammoniaks nach Gleichung (1) zu Stickstoff und Wasser ein. Man muß also, wenn man Stickoxyde erhalten will, außerordentlich kurze Berührungszeiten, d. h. große Durchströmungsgeschwindigkeiten, wählen, was OSTWALD schon richtig gefunden hatte, oder man muß andere Kontaktsubstanzen benutzen. Haupt- reaktion ist die Umsetzung nach Gleichung (2). Bei Verwendung eines Platinnetzes liegt das Optimum der Stickoxydausbeute bei rund 500°. Ober- halb und unterhalb 500° ist die Ausbeute schlechter; bis zu dieser Tempe- ratur verschwindet alles Ammoniak aus den Gasen; merkwürdigerweise wird aber auch beim Optimum ein Teil Ammoniak zu Stickstoff oxydiert; dessen Menge wächst sowohl mit der Abnahme, als auch mit der Zunahme der Temperatur. Die Entstehung ist aber in beiden Fällen eine verschiedene: Bei höheren Temperaturen wird die Umsetzung nach Gleichung (1) immer lebhafter; bei den niederen Temperaturen, wo eben die Bildung von NO beginnt, setzt sich dieses nach der Gleichung (5) mit Ammoniak um. Mit Platin lassen sich bis 95% des angewandten Ammoniakstickstoffs in Stick- oxyde umsetzen; es sind aber auch noch andere Substanzen als Katalysatoren brauchbar, ganz besonders das von der Badischen Anilin- und Sodafabrik vorgeschlagene Gemisch von Eisenoxyd mit etwas Wismutoxyd, womit bei 550—600° ebenfalls bis zu 95% Umsetzung erzielt werden kann. Die ge- eignetste Konzentration des Gasgemisches ist 7—9% Ammoniak.

In der Praxis sind verschiedene Verfahren zur Ausführung gekommen.

Das eigentliche Pionierverfahren war das Verfahren von W. OSTWALD, welches zuerst 1908 auf der Zeche Lothringen in Gerthe bei Bochum in Gang gesetzt wurde. Später folgten Anlagen in Villvorde (Belgien) und in England. OSTWALD verwendete als Katalysator zunächst dünne Platinscheibchen, später Streifen aus $^1/_{1000}$ mm starker Platinfolie, die in zickzackförmige Faltung gebracht war. Die Reaktionsapparatur bestand in der Hauptsache aus zwei konzentrisch ineinander geschobenen Rohren, von denen das innere die Platinelemente enthielt. Das Gasgemisch stieg im äußeren Rohre auf, wärmte sich durch die im Innenrohr entstandene Reaktionswärme an und trat von oben in das Innenrohr ein. Man arbeitete bei 600°. Das Verfahren hat keine größere Verbreitung gefunden, weil diese Platinelemente keine wesentliche Vergrößerung der Einheiten zulassen, also für Massendurchsatz nicht recht geeignet sind.

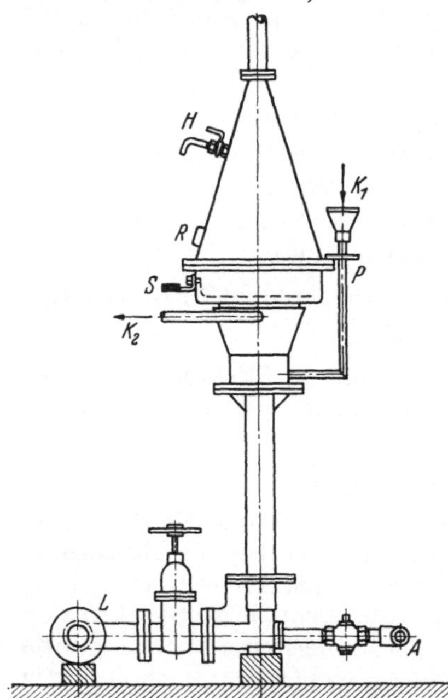

Abb. 223. Ammoniak-Verbrennungselement (Bamag-Meguin AG.).

Die größte Verbreitung über die ganze Welt haben die Apparaturen mit Platinnetzen gefunden. Die Anregung ging von FRANK und CARO aus. Das von diesen im Verein mit der Bamag konstruierte Verbrennungselement ist über alle Länder verbreitet. Die Konstruktion hat im Prinzip ihre ursprüngliche Einrichtung im Laufe der Zeit kaum verändert. Abb. 223 erläutert die Einrichtung an einem Element für kleinere Leistungen. (Eine größere Ausführung ist in Abb. 226 zur Darstellung gebracht.) Man benutzt ein ganz feines Platindrahtnetz, durch welches das Gasgemisch hindurchgeführt wird. Die Größe des Platinnetzes schwankt zwischen 15 × 15 cm bis 1 × 2 m. Dem Netze wurde anfangs Strom zur Anheizung zugeführt, das geschieht jetzt durch eine Stichflamme. Die Elemente bestehen, wie Abb. 223 zeigt, aus zwei viereckigen, konischen Aluminiumteilen, zwischen denen das Platinnetz P eingespannt ist. Der Unterteil des Gehäuses wird gekühlt, bei K_1 ist der Kühlwassereintritt, bei K_2 der Kühlwasseraustritt. Am Fuße des Mischrohres tritt bei A Ammoniak, bei L die Luft ein. Der obere konische Aufsatz hat ein Schauloch R zur Beobachtung der Temperatur des Platinnetzes und einen Hahn H zur Entnahme von Proben. Die Stickoxyde ziehen oben durch einen Aluminiumkrümmer ab. Die Oxydationstemperatur am einfachen, flach liegenden Platinnetz wird in der Praxis auf etwa 600° gehalten, wobei Umsetzungen von 95—96% erreicht werden; die Berührungszeit beträgt dabei etwa $^1/_{100}$ s. Man benutzt aber jetzt vielfach auch mehrfach übereinandergelegte oder (Amerika) zylindrisch aufgerollte Platingazen, ebenso auch statt reinem Platin Netze aus Platinrhodium, und arbeitet dann bei kürzerer Berührungszeit von $^1/_{1000}$ s bei 900 bis 1000°. Die Drahtnetze haben im allgemeinen 3600 Maschen je cm² bei einer Drahtstärke von 0,05 mm. Blankes Platin wirkt zunächst weniger gut; nach einiger Zeit rauht aber die Oberfläche der Drähte stark auf und das Netz erreicht von selbst das Maximum der katalytischen Wirksamkeit. Die Ausbeute läßt sich auch noch durch Anwendung sauerstoffreicherer Luft steigern, auch mit reinem Sauerstoff kann man arbeiten. Die Ausbeuten lassen sich hierdurch bis auf 98,5% bringen. Platin-Rhodiumnetze steigern gegenüber reinem Platin die Ausbeuten um 2—4%. Die Bamag-Meguin AG. baut Verbrennungselemente in 5 Typen mit Leistungen von 30—3600 kg NH₃ in 24 h. Die I.G.-Werke in

Leuna benutzen ebenfalls mehrere Platinnetze und verbrennen Ammoniak unter Druck bei 1000°.

Ein anderes, namentlich in Amerika viel verwendetes Ammoniakverbrennungsverfahren, welches ebenfalls Platindrahtnetze verwendet, ist das von JONES-PARSONS. Der sog. Parsons-Konverter ist ein Kontaktofen, der in Abb. 224 angegebenen Form; er mißt 0,8 m in der Höhe und hat 0,61 m Durchmesser. Im Innenraum des aus feuerfestem Material bestehenden Ofens ist der als Katalysator dienende Zylinder aus vierfach übereinander liegendem Platindrahtnetz angeordnet, er ist an Nickelhaltern aufgehängt und ist am Boden mit einer Quarzplatte verschlossen. Das vorgewärmte Gasgemisch strömt von oben aus einer Aluminiummischkammer unter Atmosphärendruck durch die Drahtnetze, wobei sich am Katalysator eine Temperatur von 1025° einstellt. Man saugt die Reaktionsgase durch die Absorptionstürme mit schwachem Unterdruck hindurch. Ein solcher Parsons-Konverter hat eine Leistung von 2,5 Tagestonnen, weist eine Umsetzung von 94—96% auf und erzeugt eine Salpetersäure von 45—55%.

Die Chemical Construction Corporation betreibt in ihren Chemico-Anlagen die Parsons-Konverter auch noch in anderer Weise, indem sie nämlich die Oxydation, oder wenigstens die Absorption der Reaktionsgase, unter Druck von 3,5—7 kg/cm² vornimmt. Man erzielt dabei 93% Um-

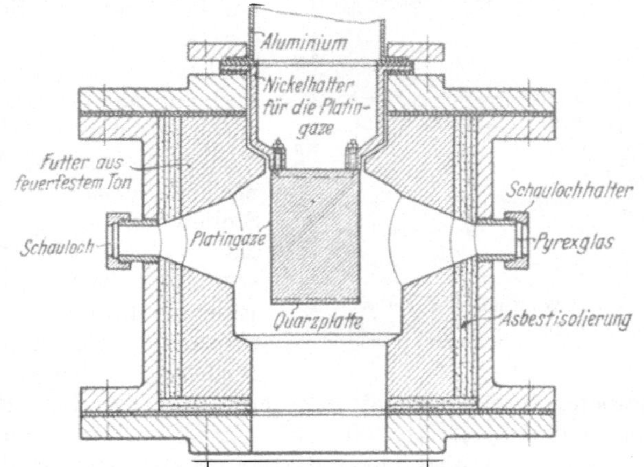

Abb. 224. Ammoniak-Verbrennungselement PARSONS.
(Nach Waeser: Luftstickstoffindustrie.)

satz und erhält eine Säure von 55—60% HNO₃. Für das Druckverfahren muß man aber Absorptionsapparaturen aus Chromstahl verwenden. Die Leistungsfähigkeit dieser Einzelapparate ist sehr groß. Eine Anlage mit einer Tageserzeugung von 25 t 100%iger HNO₃ braucht beispielsweise nur einen Parsons-Konverter und einen einzigen Absorptionsturm von 12 m Höhe und 1,55 m Durchmesser, der in den einzelnen Böden mit Wasserkühlung ausgerüstet ist. Beim Arbeiten unter Atmosphärendruck sind hierfür 4 Konverter und 10 Absorptionstürme nötig.

Die I.G. Farbenindustrie übt noch ein anderes Verfahren aus, bei welchem nicht Platin, sondern ein körniges, mit Wismutoxyd versetztes Eisenoxyd als Katalysator dient. Es werden sehr große Apparatureinheiten benutzt. Der verwendete Kontaktofen, den die Abb. 225 schematisch darstellt, hat 6 m Höhe und 5,4 m Durchmesser, er weist im Innern 2 durchlochte Zwischenböden auf, von denen der obere nur zur gleichmäßigen Verteilung des oben eintretenden, in einem Wärmeaustauscher auf 250—350° vorgewärmten Ammoniak-Luftgemisches dient. Der untere Zwischenboden trägt auf einer etwa 15 m² betragenden Fläche die 10—15 cm hoch aufgeschichtete Kontaktmasse, die ihrerseits auf groben Schamottebrocken ruht. Das Gasgemisch streicht durch die Kontaktschicht und erhöht deren Temperatur auf 680—750°, auf der sie während des ganzen Verlaufs gehalten wird. Die heißen Reaktionsgase durchstreichen dann einen Abhitzedampfkessel und den Wärmeaustauscher, der wieder neue Frischgase anwärmt, und gehen von da durch einen Kühlturm zur Absorption

in mehrere hintereinander geschaltete Absorptionstürme von 18 m Höhe und 6 m
Durchmesser, die aus Granit, Sandstein oder anderem säurefestem Steinmaterial
bestehen. Die Türme sind mit Füllkörpern (Quarzbrocken) angefüllt und werden
mit Wasser bzw. mit verdünnter Salpetersäure berieselt. Man erhält so eine
40—50%ige Salpetersäure, die direkt zur Herstellung von Nitraten für Düngemittel verwendet wird oder auch hochkonzentriert werden kann. Die letzten

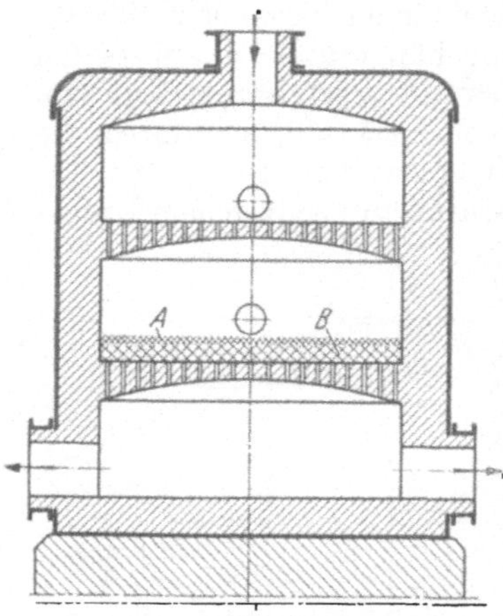

Abb. 225. Ammoniak-Verbrennungs-
ofen der I. G. Farbenindustrie.
(Nach EUCKEN-JACOBS.)

Reste der nitrosen Gase werden in einem mit
Sodalösung oder Kalkmilch berieselten Turme
absorbiert. Pumpen und Kühler bestehen aus
V 2 A-Stahl oder hochsiliziertem Eisen (Thermisilid), die Rohrleitungen aus Quarzgut oder
Steinzeug. Die Umsetzung beträgt 94—97%.
Die Leistung wird für eine frühere kleinere Anlage mit 7 m² Kontaktfläche zu 2—2,5 t HNO_3
für 1 m²/24 h angegeben. Großanlagen dieser Art
sind auf den Werken der I.G. in Oppau, Leverkusen, Höchst und Wolfen in Betrieb.

Um die großen Absorptionsanlagen für die
Stickoxyde zu vermeiden, ist man an einzelnen
Stellen dazu übergegangen, die Ammoniak-Oxydation einerseits mit Sauerstoff oder sauerstoffreicherer Luft durchzuführen oder
andererseits das Verfahren unter Druck vorzunehmen. Durch beide Mittel wird nicht die
Ausbeute verbessert, aber es werden höhere
Salpetersäurekonzentrationen erhalten (bis 66% HNO_3). Der Ersparnis an
Raum und Material stehen aber größere Baukosten und ein höherer Energieaufwand gegenüber, so daß diese Modifikationen des Ammoniak-Oxydations-
prozesses nur an bestimmten Stellen ausgeführt werden. Die Druckoxydation

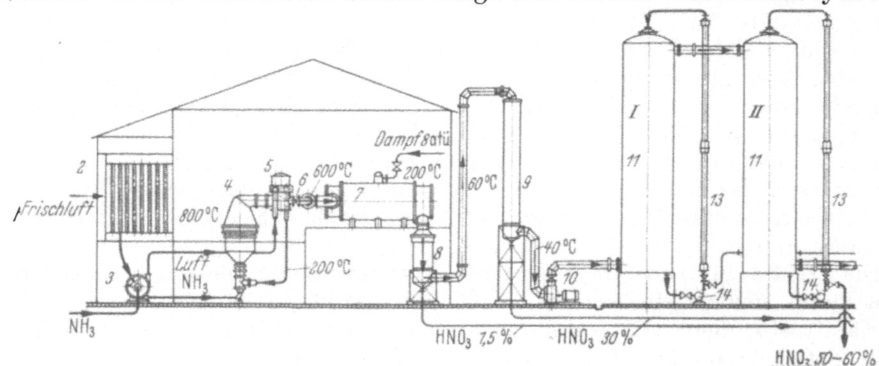

Abb. 226. Salpetersäureanlage der Bamag-Meguin AG.

nach FAUSER wird in Nowara mit 5 Atm. Überdruck ausgeführt; die I.G.
Farbenindustrie arbeitet in Merseburg ebenfalls mit 5 Atm. Druck, die
vorher erwähnten amerikanischen Chemico-Anlagen mit 7 Atm.

Die vorher beschriebenen Salpetersäure-Herstellungsverfahren der Bamag,
welche die Ammoniakoxydation an Platin-Rhodiumnetzen ohne Druck vornehmen, sind von der genannten Gesellschaft in verschiedener Weise weiter
entwickelt worden.

Nach einem dieser neueren Verfahren der Bamag-Meguin AG. gelingt es
jetzt direkt, eine noch höher konzentrierte Salpetersäure von 58—60%

herzustellen. Das wird erreicht durch Befreiung der NO-haltigen Gase von mitgebrachtem Wasser in Spezialkühlern und durch Verwendung von Kälte, die durch Verdampfen von flüssigem Ammoniak gewonnen wird. Der Arbeitsgang läßt sich an Hand der schematischen Zeichnung einer moderneren Anlage dieser Gesellschaft (Abb. 226) gut erläutern. Verbrennungsluft, die durch ein Spezialfilter *2* von allen mechanischen Verunreinigungen befreit und durch einen Vorwärmer *5* auf 180—200° vorgewärmt ist, und gasförmiges Ammoniak werden durch ein Gebläse *3* in die Mischkammer im Fuße des Verbrennungselementes *4* gedrückt. Das Gasgemisch steigt im Verbrennungselement auf und verbrennt an dem Platin-Rhodiumnetz zu NO. Die Reaktionsgase gehen dann durch den Vorwärmer *5*, wo sie die Luft anwärmen, in den Abhitzekessel *7*, wo die mitgeführte Eigenwärme zur Dampferzeugung ausgenutzt wird. Dann folgt ein Kondensatfänger *8*, in welchem das Verbrennungswasser zur Abscheidung kommt, und ein Gaskühler *9*. Diesen Gaskühler verläßt das Gas mit 40° und wird nun durch ein Gebläse *10* in die Absorptionsanlage gedrückt, die aus neun großen Türmen besteht, von denen die ersten als Oxydationstürme, die letzten als Absorptionstürme arbeiten. (In der Abbildung sind nur zwei Türme gezeichnet.) Jeder Turm ist mit einem Kühler und mit Umlaufsberieselung versehen. Von der Einstellung der Verdampfungskälte des verdampfenden Ammoniaks hängt es nun ab, welche Konzentration der Säure erreicht werden kann. Die stärkste Säure läuft hinter dem ersten Oxydationsturm ab. Sie wird vorgewärmt und in einem Entgasungsturm entgast. Das Kondensat aus dem Kondensatfänger und die schwächeren Säuren werden zur Konzentration wieder auf die Türme gegeben und fließen sozusagen im Gegenstrom den nitrosen Gasen entgegen. Die Umsetzung beträgt nach diesem Verfahren bei ausgeführten Anlagen 94%.

Die **Bamag-Meguin AG.** hat auch noch ein anderes Verfahren in mehreren Anlagen in Deutschland und im Auslande zur Ausführung gebracht, nämlich **die Herstellung hochkonzentrierter 98%iger Salpetersäure durch Verbrennung des Ammoniaks mit reinem Sauerstoff.** Diese Anlagen leisten bis 100 t Salpetersäure täglich. Der Arbeitsgang ist dabei folgender. Gasförmiges, reines, synthetisches Ammoniak wird mit der entsprechenden Sauerstoffmenge in der vorher angegebenen Weise dem mit Platin-Rhodiumnetzen ausgerüsteten Verbrennungselemente zugeführt. Dieses Element hat aber für die Verbrennung mit Sauerstoff der Explosionsgefahr wegen eine Umgestaltung zu dem sog. **Wasserschichtelemente** erfahren. In diesem ist unterhalb des Platinnetzes eine Wasserschicht angeordnet, durch·welche das Gasgemisch hindurchperlen muß. Außerdem ist über dem Netz ein Wärmeaustauscher eingebaut, der Dampf liefert, von dem eine bestimmte Menge dem Ammoniak-Sauerstoffgemisch zugefügt wird. Hinter dem Wärmeaustauscher folgt der Kondensatfänger, ein Gaskühler, ein Oxydationsturm und ein Solekühler. In der Kühlapparatur werden die Gase zu N_2O_4 oxydiert. Ein Teil davon scheidet sich mit der vorhandenen Feuchtigkeit in Form einer 60%igen Salpetersäure ab, das übrige Tetroxyd wird im Solekühler bei mäßiger Kälte verflüssigt. In einem besonderen Mischgefäß stellt man aus dem verflüssigten Tetroxyd und der 60%igen Salpetersäure ein sog. Rohgemisch her, das hinterher eine 98%ige Salpetersäure liefern kann. Das Rohgemisch wird in eine Autoklavenapparatur gepumpt, wo ihm der noch fehlende Sauerstoff durch Kompressoren zugeführt wird. Die im Autoklaven erhaltene Säure hat einen Überschuß an N_2O_4. Dieser wird in einer Entgasungskolonne mit indirektem Dampf abgetrieben und in die Kühlapparatur zurückgeführt. Die klare, fertige Säure geht mit einem Gehalt von über 98% in einen Vorratsbehälter. Der Umsatz beträgt 92%. Man braucht für 1 t N_2 etwa 4000 m³ Sauerstoff.

Von der Bamag-Meguin AG. ist aber auch noch ein drittes Verfahren zur Herstellung konzentrierter 98%iger Salpetersäure ausgebildet worden, welches als eine Kombination der beiden eben besprochenen Verfahren aufgefaßt werden kann, und mit welchem man mit wesentlich weniger Sauerstoff (700 m³/t N) auskommt. Das Verfahren arbeitet im ersten Teile genau so, wie beim Luftverbrennungsverfahren angegeben ist. Die aus dem Gaskühler kommenden, vom Verbrennungswasser befreiten Gase werden, schwach komprimiert, in die Oxydationstürme gedrückt. Zur vollständigen, 100%igen Oxydation werden die Gase dann noch in einer Nachoxydationskolonne mit konzentrierter Salpetersäure gewaschen. Von hier gehen sie durch einen Solekühler hindurch in die eigentliche Absorptionskolonne, wo ihnen von konzentrierter Salpetersäure die N_2O_4-Gase entzogen werden. Diese mit Tetroxyd beladene Säure wird in einer Entgasungskolonne vom Tetroxyd befreit und fließt als gebleichte konzentrierte Säure in den Säurespeicher. Die aus der Entgasungskolonne kommenden N_2O_4-Gase werden wie bei dem besprochenen Sauerstoff-Verbrennungsverfahren verflüssigt und dann in Rührgefäßen mit der aus der Nachoxydationskolonne ablaufenden Waschsäure zu einem Rohgemisch zusammengesetzt. Das Rohgemisch wird schließlich im Hochdruckautoklaven behandelt, wie vorher angegeben. Die Umsetzung beträgt 92—93%. Anlagen dieser Art sind in Deutschland und in Frankreich in Größen von 15—200 t Tagesleistung in Betrieb.

Die Hochkonzentration der Salpetersäure.

Solange die Herstellung der Salpetersäure aus Chilesalpeter und konzentrierter Schwefelsäure geschah, war die Salpetersäure für die meisten technischen Zwecke konzentriert genug. Erst durch Einführung der Luftsalpeterverfahren, die normal nur eine 35%ige Salpetersäure liefern, und der Ammoniakoxydation, die gewöhnlich 50%ige, höchstens 55%ige Salpetersäure liefert, wurde es nötig, Verfahren anzuwenden, die diese verdünnten Säuren auf etwa 95%ige Säure konzentrierten. Durch einfache Destillation gelingt das nicht, denn, wie schon erwähnt, geht bei der Rektifikation verdünnter Säure bis zu einem Gehalte von 68% zwar die entsprechende Menge Wasser weg, bei diesem Punkte aber sind die flüssige Phase und die Dampfphase und Wasser vollständig ineinander mischbar; die weitere Destillation treibt nicht mehr Wasser, sondern Salpetersäuredämpfe ab. Im Kriege hat man sich so geholfen, daß man aus den verdünnten Säuren Natriumnitrat herstellte und dieses mit konzentrierter Schwefelsäure zersetzte. Dieses Verfahren ist unter normalen Verhältnissen zu teuer.

Die Hochkonzentration geschieht am besten durch Verwendung wasserentziehender Mittel, am besten konzentrierter Schwefelsäure. In dem ternären System H_2O—HNO_3—H_2SO_4 wird die Tension des Wasserdampfs durch die Schwefelsäure stark erniedrigt, die Salpetersäure kann dann infolge ihres hohen Partialdruckes leicht abgetrieben werden.

Das geschieht heute in der Hauptsache in Kolonnen. Man gibt oben auf die Kolonne das Salpetersäure-Schwefelsäuregemisch auf und läßt Wasserdampf von unten dem Säuregemisch entgegenströmen; es entsteht dabei ein hochprozentiges Salpetersäuredestillat; am unteren Ende der Kolonne läuft eine auf etwa 70% verdünnte Schwefelsäure ab. Statt Wasserdampf verwendet man jetzt auch Salpetersäuredämpfe, d. h. die heißen Abgase aus der Ammoniakoxydation. Die Konzentrationsapparaturen arbeiten überall nach dem gleichen Prinzip, wenn auch die Konstruktionseinzelheiten etwas verschieden sind.

Bei uns und auch in Amerika ist die Konzentrationseinrichtung System PAULING viel in Anwendung. Das Kernstück einer solchen Anlage ist der

Konzentrationsturm; das ist eine Kolonne, in die von oben die zu konzentrierende 50%ige Salpetersäure und gleichzeitig eine 97%ige Schwefelsäure einfließt, und die von unten mit Dampf beheizt wird. Abb. 227 zeigt schematisch die Einrichtung einer solchen Salpetersäurekonzentrationsanlage, wie sie von der **Bamag-Meguin AG.** vielfach gebaut worden ist. Die aus der Kolonne abziehenden Salpetersäuredämpfe werden in einem Kühler zu einer 96—98%igen Salpetersäure kondensiert. Unten läuft aus der Kolonne die salpeterfreie Schwefelsäure ab, sie hat aber nur noch etwa 70% H_2SO_4 und muß wieder in besonderen Apparaten auf 96—97% konzentriert werden, was in verschiedener Weise geschehen kann. PAULING nimmt diese Konzentration in einem Eisenkessel aus Spezialguß vor, der mit

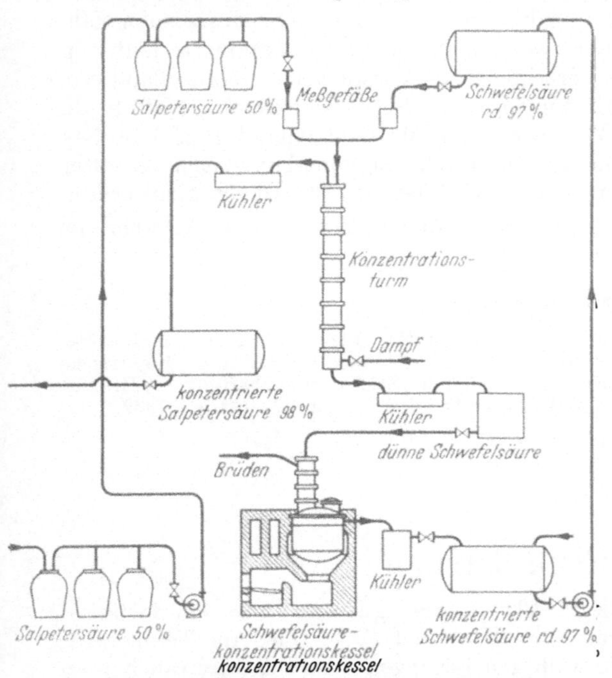

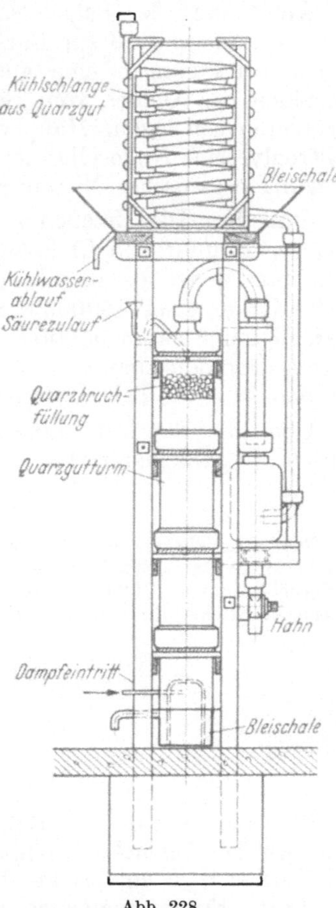

Abb. 227. Hochkonzentration der Salpetersäure nach PAULING (Bauart Bamag-Meguin AG.).

Abb. 228. Denitrieranlage aus Quarzgut (Berliner Quarzschmelze).

einer kurzen Rektifikationskolonne versehen ist und der mit direktem Feuer beheizt wird. Die in der Kolonne aufsteigenden Säuredämpfe werden von der zufließenden Dünnsäure gewaschen, so daß die Abgase (Brüden) hinter dem Dephlegmator fast nur aus Wasserdampf bestehen. Die I.G. Farbenindustrie benutzt zur Hochkonzentration Ferrosiliziumkolonnen.

Denitrierung von Abfallsäuren. In der Sprengstoffindustrie und in der Farbenindustrie braucht man große Mengen Mischsäure, das sind Gemische von konzentrierter Schwefelsäure und starker Salpetesärure, zu den Nitrierungen. Nach der Nitrierung enthalten die zurückbleibenden Säuren, die sog. Abfallsäuren, bis zu 10% oder mehr Salpetersäure neben Schwefelsäure und Wasser. Aus diesen muß die Salpetersäure wieder gewonnen werden. Wenn angängig, verwendet man die Abfallsäure direkt im Glover bei der Schwefelsäurefabrikation oder man denitriert sie. Zu diesem Zwecke berieselt man einen Turm, der aus

Quarzgut oder Volvic-Lava hergestellt und mit Quarzstücken gefüllt ist, mit der zu denitrierenden Säure. Dem Flüssigkeitsstrom entgegen wird gespannter Wasserdampf und heiße Luft eingeblasen. Die abdestillierende Salpetersäure wird aufgefangen. Abb. 228 zeigt den Aufbau einer Denitrieranlage aus Quarzgut der Berliner Quarzschmelze.

Anwendung der Salpetersäure. Salpetersäure findet als Oxydationsmittel beim Kammerprozeß zur Darstellung von Schwefelsäure und bei vielen chemischen Umsetzungen eine ausgedehnte Verwendung. Man benutzt sie zum Scheiden des Goldes vom Silber, zum Ätzen von Kupferdruckplatten, zum Brünieren von Eisen. Hauptverbraucher sind vor allem die Sprengstofftechnik (Nitroglycerin, Nitrocellulose, Nitrotoluol usw.) und die Farbenindustrie (Erzeugung organischer Nitroprodukte).

Statistik. Die Erzeugung von Salpetersäure konnte man früher ungefähr aus der Einfuhr von Chilesalpeter, wenn man die in der Landwirtschaft verbrauchte Menge davon abzog, berechnen. So produzierte Deutschland vor dem Kriege etwa 150000 t Salpetersäure im Jahr, Frankreich 15000 t, die Vereinigten Staaten 90000 t. Man berechnet für Deutschland 1928 eine Salpetersäureproduktion von 558000 t, die durch Ammoniakoxydation erhalten worden ist. Die Salpetersäureerzeugung wird bei uns statistisch nicht erfaßt.

Über die Statistik salpetersaurer Salze finden sich nähere Angaben im Abschnitt „Düngemittel".

Neuere Literatur.

Cotrell: The manufacture of nitric acid and nitrates. 1923. — Hackspill: L'azote. 1922. — Pascal: Synthèses et catalyses industrielles. 1930. — Pauling: Elektrische Luftverbrennung. 1929. — Schmitt: Deutschlands Stickstoffbeschaffung. 1918. — Waeser: Stickstoffindustrie. 1924. — Waeser: Die Luftstickstoffindustrie. 1932.

Flußsäure.

Fluorwasserstoffsäure, kurz **Flußsäure** genannt, ist ein farbloses Gas, welches bei hoher Temperatur der Formel HF, bei niederer Temperatur der Formel H_2F_2 entspricht. Die wäßrigen Lösungen der Flußsäure rauchen an der Luft. Erhitzt man eine konzentrierte Flußsäurelösung, so gibt sie Fluorwasserstoff ab, der Siedepunkt steigt, bis bei 111° konstant eine Lösung mit 43,2% HF (spezifisches Gewicht 1,138) überdestilliert.

Flußsäure wurde 1771 von **Scheele** zuerst hergestellt, er erhielt sie durch Erhitzen von Flußspat mit Schwefelsäure.

$$CaF_2 + H_2SO_4 = CaSO_4 + 2\,HF.$$

Die technische Erzeugung erfolgt heute noch genau so. Man arbeitet sowohl im Laboratoriumsmaßstabe, als auch im großen bis vor kurzer Zeit in der Hauptsache periodisch (diskontinuierlich), d. h. man bringt gemahlenen Flußspat (Calciumfluorid) vermischt mit konzentrierter Schwefelsäure in Platin- oder Bleigefäße, im großen in einen Gußeisenkessel mit verbleitem Deckel und erhitzt. Es destilliert Fluorwasserstoffgas über und wird in Kühlschlangen, in welche verdünnte Flußsäure einfließt, kondensiert. Die in der Schlange gebildete Säure fließt in mehrere Bleivorlagen, die gekühlt werden und die halb mit Wasser gefüllt sind. Am Ende der Apparatur stehen Waschzylinder, die mit Natronlauge zur Aufnahme der sauren Gasreste berieselt werden.

(Eine solche diskontinuierlich arbeitende Anlage ist in der vorigen Auflage S. 266 näher beschrieben).

Da technischer Flußspat immer mit Quarz, Carbonaten usw. verunreinigt ist, so gehen beim Abtreiben der Flußsäure auch Fluorsilizium, Kieselfluorwasserstoffsäure und etwas Schwefelsäure mit über. Das sind die Verunreinigungen, die in technischer Flußsäure stets mehr oder weniger anzutreffen sind (2,5—15% H_2SiF_6, 0,5—4% H_2SO_4). Eine Reinigung kann durch nochmalige fraktionierte Destillation erreicht werden, wobei die Kieselfluorwasserstoffsäure und Fluorsilizium in die Vorläufe gehen. Chemisch reine Flußsäure erhält man nur durch Erhitzen von Kaliumhydrofluorid (MOISSAN).

$$KHF_2 = KF + HF.$$

Schließt man Flußspat mit einer 78%igen Schwefelsäure (Gloversäure) auf, so kann man eine Flußsäure mit 60—65% HF, mit konzentrierter 96%iger Schwefelsäure eine noch konzentriertere Flußsäure mit über 70%, spezifisches Gewicht 1,21, erhalten. Der größte Nachteil bei dem älteren diskontinuierlichen Verfahren lag in der Schwierigkeit, den festgebrannten Calciumsulfatrückstand nachher aus der Schale zu entfernen.

Von den verschiedenen Vorschlägen für eine kontinuierliche Arbeitsweise hat sich besonders ein Verfahren von BISHOP in der Technik bewährt. Hier wird die Zersetzung des Gemisches von Flußspat und Säure in einem 4 m langen, 1 m weiten, etwas schrägliegenden gußeisernen Drehrohr, das von außen geheizt wird, vorgenommen. Das Material wandert von der Eintrittsseite nach dem Austragsende, wobei die Temperatur von 120 auf 320° steigt und der Rückstand in körniger, stückiger Form kontinuierlich ausgetragen wird. Man verwendet zum Aufschluß konzentrierte Schwefelsäure. Die Gase werden mit etwas Unterdruck in die Absorptionsanlage gesaugt, die aus 3 mit Wasser bzw. verdünnter Flußsäure berieselten Türmen besteht. Aus dem obersten, mit Wasser berieselten Turme fließt eine etwa 10%ige HF ab, sie geht auf den 2. Turm, läuft dort mit 30—50% ab und gelangt auf den 1. Turm, wo sie auf 60—65%, bei kaltem Wetter sogar auf 75—80% gebracht werden kann. Zwischen die Absorptionstürme sind noch Kühler eingeschaltet. Dieses kontinuierliche Verfahren vermeidet die Handarbeit und liefert leicht austragbare körnige Rückstände mit geringerem Brennstoffaufwand bei kürzerer Reaktionsdauer.

Aufbewahrung und Transport der Flußsäure geschieht bei kleinen Mengen in Flaschen aus Hartgummi, Paraffin oder Ceresin, der Versand technischer Säure erfolgt in Bleigefäßen oder verbleiten Eisengefäßen, auch in Holzfässern, die mit einer Harz- oder Paraffinschicht ausgekleidet sind.

Gasförmige Fluorwasserstoffsäure wirkt äußerst schädlich auf die Atmungsorgane; die wäßrige Säure erzeugt auf der Haut sehr schmerzhafte, schlecht heilende Entzündungen.

Die älteste und ausgedehnteste Anwendung der Flußsäure ist die Verwendung zum Ätzen von Glasgegenständen. Gasförmige Säure ätzt matt, ist aber unbequem. Man verwendet zum Mattätzen Gemische von Flußsäure und flußsauren Salzen des Kaliums, Natriums, Ammoniums, am besten letzteres. Die flüssige Säure ätzt glatt. Man nimmt für Bleiglas Säure von 45—48%, für Kalkglas solche von 52%; die Temperatur darf nicht unter 15° sein. Stellen, welche ungeätzt bleiben sollen, müssen mit Asphalt, Wachs, Paraffin oder Harzgemischen geschützt werden. Weitere Mengen Flußsäure braucht indirekt die Färberei durch Verwendung von Antimondoppelfluoriden an Stelle von Brechweinstein. Ein Großkonsument für Flußsäure ist auch die Elektrochemie geworden. Sehr erhebliche Mengen erfordert die Herstellung künstlicher Kohlen zur Entfernung der Asche. Weiter wird Flußsäure hergestellt zur Erzeugung von **Fluoraluminium** und **künstlichem Kryolith** für die Aluminiumfabrikation. In diesem Falle stellt man am besten eine Säure von 38% her und sättigt diese ab. Bei der Erzeugung von Fluoraluminium sättigt man Flußsäure mit soviel Tonerdehydrat, daß sich das basische Salz AlOF bildet, welches getrocknet und schwach geglüht wird; auch beim Glühen des neutralen Salzes entsteht das basische. Zur Herstellung von künstlichem Kryolith ($AlF_3 \cdot 3\,NaF$) stellt man am zweckmäßigsten erst saures Aluminiumfluorid $AlF_3 \cdot 3\,HF$ her und mischt diesem soviel Kochsalz zu, daß auf 1 Mol Tonerde 3 Mol Chlornatrium kommen; das Doppelsalz Aluminium-Natriumfluorid fällt sofort aus und braucht nur getrocknet und geglüht zu werden. Die Absättigung der Flußsäure mit Tonerde oder Soda geschieht in allen Fällen so, daß man die Säure unter Umrühren zur Base fließen läßt und nicht umgekehrt, weil dann Säuredämpfe entweichen. Durch Behandeln von Zinkcarbonat mit Flußsäure erhält man **Zinkfluorid**, welches zur Holzkonservierung (Tränken von Telegraphenmasten, Bauhölzern usw.) verwendet wird. — Weiter wird Flußsäure hergestellt zur Gewinnung des Elektrolyten für die elektrolytische Bleiraffination nach BETTS, bestehend aus einer Lösung von Kieselfluorblei und freier Kieselfluorwasserstoffsäure. Die **Kieselfluorwasserstoffsäure** stellt man her, indem man einen mit Blei ausgeschlagenen Kasten, der am Boden einen Ablauf hat, zu $^1/_3$ mit reinem Sand oder Quarzstücken füllt, den Inhalt mit kochendem Wasser oder Dampf anwärmt, dann 30—35%ige Flußsäure aufgießt und immer nur so viel Wasser zusetzt, um das Verdampfen der Säure zu vermeiden, die fertige Kieselfluorwasserstoffsäure läuft dann beständig unten ab. Kieselfluorwasserstoffsäure gewinnt man auch als Nebenprodukt bei der Superphosphaterzeugung, indem man die aus den Aufschlußkammern entweichenden Gase, hauptsächlich Siliziumfluorid- und Fluorwasserstoff, in einfachen Absorptionsanlagen auffängt.

Phosphorsäure. Phosphor.

Phosphorsäure findet sich in Form von Salzen ziemlich häufig im Tier- und Pflanzenreiche. Die Knochen enthalten reichliche Mengen von phosphorsaurem Calcium, das Blut phosphorsaure Alkalien; die Samen der Leguminosen und Cerealien enthalten ebenfalls Phosphate. Im Mineralreiche tritt Phosphorsäure sehr häufig auf und zwar nicht nur in winzigen Apatitkörnchen, sondern auch in gewaltigen Phosphatablagerungen. Der Apatit ist die Quelle für die Phosphorsäure der Phosphatlager; zwar können auch tierische Exkremente und Skelette Phosphorsäure liefern, diese stammt aber schließlich auch aus der genannten Quelle. Wo Phosphorsäure, welche durch Vermittlung von kohlensäurehaltigem Wasser gelöst wurde, mit Kalk, Eisenoxyd oder Tonerde zusammentraf, bildeten sich die Ablagerungen der betreffenden phosphorsauren Salze (Mineralphosphate), die heute das Ausgangsmaterial für die industrielle Herstellung von Phosphorsalzen für die Düngemittelindustrie bilden (vgl. „Düngemittel".)

Die **Phosphorsäure** (Orthophosphorsäure), H_3PO_4 oder $PO(OH)_3$, wurde zuerst von MARKGRAF 1740 aus den im Harn enthaltenen Salzen isoliert und 1769 von SCHEELE aus Knochen hergestellt. Knochenasche hat auch später noch lange Zeit technisch als Ausgangsmaterial für Phosphor und Phosphorsäure gedient, während heute in der Hauptsache hochprozentige Mineralphosphate verwendet werden. Die technische Phosphorsäure wird auch heute noch aus natürlichen Mineralphosphaten mit verdünnter Schwefelsäure hergestellt.

$$Ca_3(PO_4)_2 + 3\,H_2SO_4 + 6\,H_2O = 3\,CaSO_4 \cdot 2\,H_2O + 2\,H_3PO_4.$$

Chemisch reine Phosphorsäure kann man dagegen nur durch vorsichtige Oxydation von Phosphor oder aus Phosphorsäureanhydrid P_2O_5, welches auf besondere Weise direkt aus dem Rohmaterial erhalten wird, gewinnen.

Für die **Herstellung technischer Phosphorsäure** sind heute drei verschiedene Arbeitsweisen in Anwendung.

1. Behandlung gemahlenen Mineralphosphats mit verdünnter Schwefelsäure, Filtration zur Beseitigung des entstandenen Gipses und unlöslichen Materials, Konzentration der verdünnten Phosphorsäure. Bei diesem sog. „nassen Aufschluß" ist es schwierig, in den üblichen Verdampfapparaten mit der Konzentration der Phosphorsäure über 50% herauf zu kommen.

2. Verschmelzen von Mineralphosphat mit Koks und Kieselsäure im Gebläse-Schachtofen (Hochofen), Beseitigung des Staubes aus den entstandenen Gasen, Verbrennung des Phosphors und des Kohlenoxyds, Hydratisierung des Phosphorpentoxyds zu Phosphorsäure, Auffangen der Phosphorsäure in einem Hydrator und einem elektrischen Cottrell-Scheider. Man erhält direkt eine konzentrierte Phosphorsäure von 85—90%.

3. Verschmelzen von Mineralphosphat mit Koks und Kieselsäure im elektrischen Ofen, Verbrennung der entstandenen Gase, Hydrieren des Phosphorpentoxyds, Auffangen der Phosphorsäure im Hydrator und dem Cottrell-Scheider. Dieses Verfahren liefert ebenfalls direkt konzentrierte Phosphorsäure.

Die verdünnte Phosphorsäure vom nassen Aufschluß ist nicht sehr rein, sie wird in der Hauptsache zur Herstellung von Düngemitteln verwendet. In Amerika ist aber ein großer Bedarf an reinerer Phosphorsäure für Genußzwecke vorhanden, hierfür ist die Säure vom Hochofen- und Elektroofenverfahren besser geeignet, nur ein Bruchteil dieser Säure wird zur Düngemittelherstellung verwendet.

Herstellung technischer Phosphorsäure aus Calciumphosphaten und Schwefelsäure. GRAHAM hatte schon beobachtet, daß eine 5%ige Schwefelsäure in feinem Phosphatmehl alle Phosphorsäure frei macht, während die Sesquioxyde (Eisenoxyd und Tonerde) fast unangegriffen bleiben. Seit 1872 wurde das Verfahren von H. und E. ALBERT in Biebrich fabrikmäßig durchgeführt und zwar zur Aufbereitung der armen, eisenreichen Lahnphosphate, die für die Superphosphatfabrikation nicht verwendbar sind. Die so gewonnene dünne Phosphorsäure wurde zur Herstellung phosphorsaurer Düngesalze und namentlich zur Herstellung von Doppelsuperphosphat verwendet. Man schloß das Lahnphosphat mit verdünnter Schwefelsäure (Kammersäure) auf, preßte den Calciumsulfatschlamm ab und erhielt eine 6—8%ige gelbliche Phosphorsäurelösung, die durch Verdampfen auf 45—55% gebracht werden konnte.

Heute verfährt man im Großbetrieb anders. Das von der Dorr-Gesellschaft ausgearbeitete Dekantationsverfahren erzielt direkt Phosphorsäurelösungen von 22,5%. Rohphosphate werden mit einer verdünnten Phosphorsäurelösung, die aus dem Waschbetriebe stammt, in einer Naßrohrmühle fein gemahlen. Dabei tritt eine Umsetzung des Phosphates zu Monocalciumphosphat ein. Das aus der Mühle kommende Schlammgemisch wird in einem Anteigwerk mit weiterer Waschsäure und der nötigen Schwefelsäure versetzt und geht dann in drei hintereinander geschaltete Dorr-Rührwerke (vgl. „Soda"), in denen sich die völlige Umsetzung zu Phosphorsäure und Gips vollzieht. In den nun folgenden Dorr-Eindickern (vgl. „Soda") geschieht die kontinuierliche Trennung in Dickschlamm (Gips und etwas unaufgeschlossenes Rohmaterial) und fertige Phosphorsäure (mit geringen Überschuß von Schwefelsäure).

Zur Umgehung der riesigen Apparatur der Dorr-Einrichtungen hat man die sog. Intensivverfahren erfunden, bei denen die Trennung von Säure und Schlamm durch Filtration geschieht. Das ist aber nur durchführbar, wenn man durch besondere Aufschlußbedingungen (Verhältnis von $H_2SO_4 : H_2O$) das anfallende Calciumsulfat in leicht filtrierbarer Form (als Halbhydrat $CaSO_4 \cdot {}^1/_2\,H_2O$, oder Anhydrit) erhalten kann. Nordengren hat nun gefunden, daß sich bei bestimmter Temperatur und gewisser höherer Säurekonzentration Semihydrat und Anhydrit in einer Form herstellen läßt, die nicht mehr die Fähigkeit hat, beim Filtrieren und Waschen Wasser aufzunehmen. Hieraus erklären sich die großen Filterleistungen seines Verfahrens und die hohen Konzentrationen der erhaltenen Phosphorsäure (45—48%, mit Pebble-Phosphat sogar 58%). Dorr-Anlagen erzielen Phosphorsäurelösungen von 20—25%, bei doppelter Filtration 30—21%. Nordengren-Anlagen baut die Lurgi. Auch die Dorr-Gesellschaft arbeitet jetzt teilweise mit mechanischen Filtern zur Trennung des Halbhydrats von der Säurelösung.

Herstellung der Phosphorsäure im Hochofen. Brisons hat schon 1868 vorgeschlagen, Phosphorsäure im Hochofen herzustellen, aber erst 1924 nahmen die Victor Chemical Works in Chicago-Heights diese Methode für die technische Gewinnung von Phosphorsäure in Angriff. 1929 wurde dann eine Großanlage in Nashville errichtet. Der Hochofen ist 28,5 m hoch und hat besondere Einrichtungen für die Phosphatschmelzung, er kann 34 t P_2O_5 täglich liefern. Rohphosphat wird gemahlen und mit der Hälfte der zur Reduktion nötigen Menge Kohle brikettiert. Briketts, Koks und Sand werden kontinuierlich auf den Ofen gegeben. Man sticht alle Stunden aus dem Tiegel des Ofens die weniger als 2% P_2O_5 enthaltende Schlacke ab und alle 12 Stunden eine Phosphoreisenlegierung (Ferrophosphor mit 24% P), die auf Natriumphosphat verarbeitet wird. Die Umsetzung ist folgende:

$$Ca_3(PO_4)_2 + 3\,SiO_2 + 5\,C = 3\,CaSiO_3 + 5\,CO + 2\,P.$$

An der Gicht treten Phosphordampf, Kohlenoxyd und Stickstoff aus, sie gehen durch eine große Staubkammer in besondere Staubsammler. Das von Staub gereinigte Gas teilt sich nun in drei Teile. Der eine Teil geht in eine Anlage zur Kondensation von Phosphor und Phosphorpentoxyd, der zweite Teil durchströmt eine Kesselanlage zur Dampferzeugung und der dritte Teil verbrennt in 4 Winderhitzern zur Erzeugung des Heißwindes für die Verbrennung des Heizkokses im Hochofen. Die Verbrennungsgase aus den Kesseln und den Winderhitzern, welche das Phosphorpentoxyd in Form von Rauch enthalten, werden in Hydratationskammern geleitet, gekühlt und einer Cottrellschen elektrischen Niederschlagsanlage zugeführt, wo sich die flüssige Phosphorsäure abscheidet.

$$2\,P + 2^1/_2\,O_2 = P_2O_5, \qquad P_2O_5 + 3\,H_2O = 2\,H_3PO_4.$$

Die erhaltene Phosphorsäure hat 85—90% Orthophosphorsäure und ist außerordentlich rein. Sie wird in großen, mit Kautschuk ausgekleideten Kesselwagen verschickt. Von dem im Rohphosphat enthaltenen P_2O_5 werden bis zu 95% verflüchtigt.

Herstellung der Phosphorsäure im elektrischen Ofen. In Amerika arbeiten 3 Anlagen in dieser Weise, eine in Anniston (Ala), eine in Wilson Dam (Ala) und eine kleine in New Jersey, bei uns arbeitet die IG. in Bitterfeld und in Piesteritz mit elektrischen Öfen (vgl. weiter unten „Phosphor"). Die Wilson Dam-Anlage ist erst 1935 in Betrieb gesetzt worden. Der rechteckige elektrische Ofen mißt innen $3 \times 5{,}8$ m, der runde hat 4,6 m Durchmesser, die Tiefe beträgt 2,5 m. Die Ofensohle besteht aus Kohleblöcken, 3 Elektroden hängen von oben in den Ofenschacht hinein. Die Charge wird um die Elektroden herum eingeführt, sie besteht aus 200 Teilen Mineralphosphat, 72 t Kieselsäure und 32 t Koks. Man nimmt einen Koksüberschuß (10% mehr als zur Reduktion von $P_2O_5 + Fe_2O_3$

nötig ist) und hält das Verhältnis CaO : SiO₂ = 1,33. Die aus dem Ofen austretenden Gase (Phosphor und Kohlenoxyd, etwa im Verhältnis 1 : 10) gehen durch einen Staubfänger in einen Turm, in dessen Oberteil die Gase mit Luftüberschuß verbrannt werden. Sie werden im Unterteil mit einem Wasserregen gekühlt und hydratisiert, treten dann weiter mit Luft gekühlt in einen elektrischen Niederschlagsapparat zur Abscheidung der Phosphorsäure und gehen durch einen Waschturm zum Schornstein. Die Schlacke fließt kontinuierlich ab. Abb. 229 zeigt schematisch einen Schnitt durch die Wilson-Dam-Anlage.

Nach Liljenroth kann man den Phosphor auch mit überhitztem Wasserdampf verbrennen, wobei neben Phosphorpentoxyd gleichzeitig Wasserstoff gewonnen wird:

$$2\,\mathrm{P} + 5\,\mathrm{H_2O} = \mathrm{P_2O_5} + 5\,\mathrm{H_2}.$$

Die I.G. Farbenindustrie hat das Verfahren längere Zeit im großen ausgeführt, technische Schwierigkeiten bei der Reinigung des Wasserstoffs haben aber die allgemeine Einführung gehindert.

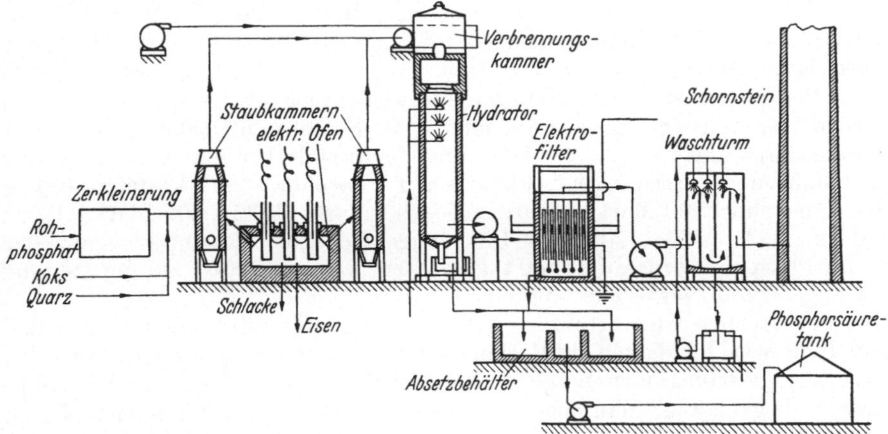

Abb. 229. Herstellung von Phosphorsäure mit Hilfe des elektrischen Ofens (Wilson-Dam-Anlage).

Nach einem Verfahren der I.G. Farbenindustrie benutzt man nicht Wasser zur Lösung des P₂O₅, sondern heiße, etwa 50%ige Phosphorsäure, welche in einem Absorptionsturme den aus dem elektrischen Ofen kommenden Dämpfen entgegenrieselt. Dabei gewinnt man eine 80—90%ige H₃PO₄.

Herstellung reiner Phosphorsäure aus Phosphor. Die Oxydation von Phosphor mit Salpetersäure wird technisch nicht mehr ausgeführt. Bis zur Einführung der Verfahren zur direkten Erzeugung von Phosphorpentoxyd im elektrischen Ofen wurde die reine Phosphorsäure durch Verbrennen von Phosphor an der Luft erhalten. Diese Verbrennung erfordert aber viel Erfahrung, die in der Hauptsache die richtige Luftzuführung betrifft; tritt zu wenig Sauerstoff zu, so bilden sich flüchtige Produkte, die leicht verloren gehen, bei zu viel Sauerstoff bildet sich roter Phosphor. Durch richtige Apparatkonstruktion gelingt es, den Phosphor fast vollständig in Säure umzuwandeln. Ein Teil der Säure ist dabei direkt in chemisch reiner Form gewinnbar, ein anderer Teil wird noch einer weiteren Reinigung mit Schwefelwasserstoff (zur Ausfällung von Arsen und Metallen) und einer Oxydation (der niederen Oxydationsstufen des Phosphors) mit Salpetersäure unterworfen.

Die Phosphorsäure geht in den Handel als „sirupförmige" Säure von 88,85% H₃PO₄, spezifisches Gewicht 1,750, und als Säure mit 84,63%, spezifisches Gewicht 1,700. Eine stärker konzentrierte Säure als die erstgenannte, würde sich nicht mehr mit dem Heber abziehen lassen. Die Säure vom spezifischen Gewicht, 1,700 erstarrt leicht beim schnellen Abkühlen und scheidet Krystalle der Formel $H_3PO_4 \cdot H_2O$ ab.

Verwendung. Reine Phosphorsäure, die sich in allen Verhältnissen mit Wasser mischt, wird in England und Amerika vielfach zum Säuern von Limonaden an Stelle von Citronensäure benutzt. Technische Phosphorsäure wird in größtem Maßstabe gebraucht zur Herstellung phosphorhaltiger Düngemittel (Nitrophoska, Doppelsuperphosphat) und zur Herstellung phosphorsaurer Salze (besonders Natriumphosphat für Waschzwecke und als Wasserenthärtungsmittel).

Phosphor.

Phosphor wird etwa seit 1850 technisch hergestellt. Die früher auch bei uns ausgeführte Gewinnung des Phosphors aus Knochen wurde in den 80er Jahren ganz aufgegeben und Deutschland war von dem Kartell der drei europäischen Phosphorfabriken Oldbury bei Birmingham, Lyon und Perm (Rußland) vollständig abhängig. Durch Einführung der Herstellung von Phosphor im elektrischen Ofen (1893), die jetzt allein noch zur Anwendung kommt, wurde auch die Phosphorgewinnung in Deutschland wieder möglich; sie wird seit 1900 in Bitterfeld (Griesheim - Elektron, jetzt I. G. Farbenindustrie) in großem Maßstabe ausgeführt, seit dieser Zeit ging die fremde Einfuhr zurück, in den letzten Jahren exportiert Deutschland sogar Phosphor. 1861 kosteten 100 kg weißer Phosphor 700 Mark, 1900: 275—290 Mark, 1902: 203 Mark, 1912: 360 Mark, 1931: 160—170 Mark. Die jetzige Höhe der Gesamterzeugung der Welt an Phosphor wird auf 15000 t geschätzt, wovon 12000 t zur Herstellung von Düngemitteln verwendet werden.

Bei der technischen Ausführung geht man von Mineralphosphaten aus (bei Philadelphia wird lokal auch ein Vorkommen von Aluminiumphosphat, Wavellit, verarbeitet); die früher notwendige, vorherige Aufschließung, das lästige Eindampfen usw. fällt ganz weg. Man mischt etwa 100 Teile Phosphat mit etwa 28 Teilen Sand und 18 Teilen Koks, bringt das Gemisch kontinuierlich in einen elektrischen Ofen, wo es auf die bei 1300—1450° liegende Reaktionstemperatur gebracht wird.

$$Ca_3(PO_4)_2 + 3\,SiO_2 + 5\,C = 3\,CaSiO_3 + 5\,CO + 2\,P.$$

Die für die Phosphorgewinnung benutzten Öfen sind jetzt allgemein elektrische Schachtöfen mit einer leitenden Bodenelektrode aus Kohle und einer verschiebbaren hängenden Kohlenelektrode. Zum Betrieb benutzt man Wechselstrom oder Drehstrom. Die großen Drehstromöfen der I.G. Farbenindustrie, welche 12000 kW aufnehmen, haben 20 m Höhe. Ein mit feuerfesten Steinen ausgemauerter Eisenblechmantel bildet den Schacht, dessen Boden und untere Seitenpartien mit Elektrodenmasse (Kohle) ausgefüttert sind. Der isoliert aufgeschraubte Eisendeckel weist gasdichte, verschließbare Einfüllöffnungen für das Beschickungsgemisch auf und stopfbüchsenartig konstruierte Öffnungen zum Durchtritt der auf und ab beweglichen Kohlenelektroden. Oben seitlich ist die Austrittsöffnung für die abziehenden Gase Phosphor und Kohlenoxyd. In dem angeheizten Ofen geht zwischen den Elektroden ein Lichtbogen über. Es wird kontinuierlich in kurzen Abständen Phosphat-Koks-Quarzbeschickung nachgesetzt und ebenso etwa alle Stunden die Calciumsilicatschlacke abgestochen. Die aus dem Ofen abziehenden Phosphordämpfe gehen durch eine Staubkammer und treten dann in mehrere hintereinander geschaltete, mit Wasser gefüllte Kondensationsgefäße, in denen sich Phosphor in geschmolzenem Zustande und Phosphorschlamm abscheiden. Der Phosphorschlamm ist ein mit Staubteilchen verunreinigter, an sich reiner Phosphor, der nicht zusammenfließt. Der Phosphor wird noch dadurch gereinigt, daß man den in warmem Wasser geschmolzenen Phosphor durch ein dickes Tuch (mit Vakuum) filtriert. Der Schlamm wird für sich aufgearbeitet.

Die Abscheidung des Phosphors aus dem Dampfgemisch wird jetzt auch in elektrischen Staubreinigungsanlagen vorgenommen. Der Stromverbrauch soll 10—13 kWh für 1 kg Phosphor betragen.

Der so gewonnene Phosphor ist der sog. gelbe Phosphor. Er dient zur Herstellung von rotem Phosphor, Phosphoresquisulfid, Phosphortri- und Oxychlorid, auch zur Herstellung von Phosphorkupfer und Phosphorzinn, ferner zur Raucherzeugung für Leuchtspurmunition und für Rattengift. Soll der gelbe Phosphor gebleicht werden, so geschieht das mit Natriumbichromat und Schwefelsäure in verdünnter Lösung. In den Handel kommt der Phosphor in Form von Stangen oder keilförmigen Stücken, er wird unter Wasser stehend, in Blechbüchsen verlötet, verschickt.

Roten Phosphor erhält man durch Erhitzen des gelben Phosphors auf 240°. Bei dieser Umwandlung wird aber eine erhebliche Menge Wärme frei. In einem eisernen Autoklaven werden 200 kg gelben Phosphors ganz langsam (20 bis 30 Stunden) auf die Umwandlungstemperatur erhitzt, wenn die Wärmeentwicklung nachgelassen hat, steigert man die Temperatur auf 300—350°. Durch geringe Mengen Jod wird der Vorgang außerordentlich beschleunigt. Der violettrote, spröde Phosphorkuchen wird nach dem Erkalten herausgenommen, in einer Naßmühle in Rauchgasatmosphäre gemahlen, dann mehrere Stunden mit Natronlauge gekocht, um anhängende Teile gelben Phosphors zu entfernen.

$$2\,P + NaOH + H_2O = PH_3 + NaPO_2.$$

Die Masse wird dann in Filterpressen ausgewaschen, im Vakuumtrockenschrank getrocknet, gemahlen und in Blechdosen verpackt. Der rote Phosphor dient hauptsächlich zur Herstellung der Zündmasse auf den Reibflächen der Zündholzschachteln, ferner für Vernebelungszwecke (Phosphormunition). Der rote Phosphor ist ungiftig.

Neuere Literatur.

KAUSCH: Phosphor, Phosphorsäure und Phosphate. 1929. — SCHÄTZEL: Umsetzung von Phosphor mit Wasserdampf. 1929. — WAGGAMANN: Phosphoric acid, Phosphats- and Phosphatic Fertilizers. 1927. — WAGGAMANN, EASTERWOVA, TURLEG: Investigations of the manufacture of phosphoric acid by the volatilation prozess. 1923.

Chlor. Chloralkali-Elektrolyse. Chlorkalk.

Chlor.

Chlor wurde 1774 von SCHEELE entdeckt, als er Salzsäure auf Braunstein einwirken ließ. Der Entdecker beobachtete auch die bleichende Wirkung des Chlors auf Pflanzenfarben, die technische Verwendbarkeit dieser Eigenschaft erkannte aber erst 1785 BERTHOLLET. Sein Bleichverfahren, bestehend in der Herstellung und Anwendung von Chlorwasser, wurde in einer Fabrik in Javel bei Paris ausgeübt; dort leitete man seit 1789 das Chlor nicht mehr in Wasser, sondern in Pottaschelösung und erzeugte so die ersten Hypochloridlösungen. Solche Lösungen sind auch heute noch unter dem Namen „Eau de Javel" im Haushalt usw. in Anwendung. Ein weiterer Fortschritt war der Ersatz der teuren Alkalien durch Kalkmilch, die TENNANT 1798 in seiner Bleicherei in Darnley einführte. Den bedeutendsten Schritt für die technische Verwendung des Chlors machte TENNANT jedoch erst im nächsten Jahre (1799), indem er die Kalkmilch durch trockenen Ätzkalk ersetzte; durch die Herstellung von Chlorkalk war das bleichende Chlor in eine haltbare, gut transportable Form übergeführt und damit die Grundlage für die großartige Entwicklung der industriellen Bleicherei geschaffen. TENNANTs Fabrik in St. Rollox bei Glasgow war lange Zeit die größte Chlorfabrik der Welt. Im Jahre 1800 kostete die Tonne Chlorkalk 2800 Mark, 1805 noch 2240 Mark, 1820 1200 Mark; durch Einführung der Salzsäure als Ausgangsmaterial sanken die Herstellungskosten weiter, der Chlorkalkpreis betrug 1825 nur noch 540 Mark, 1861 420 Mark, 1870 330 Mark, 1882 200 Mark. Chlorkalk ist das Hauptchlorprodukt des Handels bis zu Beginn dieses Jahrhunderts geblieben. Während anfänglich nur rein chemische Prozesse (Weldon- und Deacon-Prozeß) das Chlor lieferten, tritt seit 1898 die Chloralkali-Elektrolyse als mächtiger Chlorlieferant auf, der bereits in der zweiten Hälfte der 90er Jahre seine Bedeutung dadurch bewies, daß durch seine Konkurrenz die 1880—95 auf 250—260 Mark gehaltenen Chlorkalkpreise 1898 auf 180—190 Mark heruntergesetzt werden mußten. Die Preise sind dann noch weiter gesunken: 1900 110—120 Mark, 1910 90 Mark. Diesem Wettkampf der Chlorverbilligung zwischen den drei verschiedenen Verfahren ist zuerst der seit 1866 in Anwendung stehende Weldon-Prozeß erlegen und Anfang dieses Jahrhunderts verschwunden. Nach dem Kriege ist auch der Deacon-Prozeß durch die Elektrolyse konkurrenzunfähig geworden. Dem Chlorkalk sind aber auch wieder einige kräftige Konkurrenten erwachsen, hauptsächlich im flüssigen Chlor und in den elektrolytischen Bleichapparaten, welche das bleichende Chlor an Ort und Stelle aus Kochsalz erzeugen.

Wie groß die Erzeugung der Welt an Chlor ist, ist nicht bekannt.

Der Anteil an Chlor, welchen früher die chemischen Verfahren zur Herstellung von Alkalichloraten liefern mußten, kommt jetzt in Wegfall, da alles Chlorat durch Elektrolyse an Plätzen mit billigen Wasserkräften hergestellt wird.

Chlor kommt in der Natur in gebundenem Zustande in ungeheuren Mengen in Form von Chlornatrium vor (s. „Kochsalz", S. 223), ihm schließt sich hinsichtlich der technischen Wichtigkeit das Chlorkalium (s. Kalisalze S. 236) an. Chlormagnesium (s. S. 247), welches in großen Mengen als Nebenprodukt bei der Herstellung der Kalisalze erhalten wird und die bei der Ammoniaksodafabrikation abfallenden Chlorcalciummengen scheiden für die Chlorgewinnung aus.

Eine direkte Gewinnung von Chlor aus den Alkalichloriden ist nur durch Elektrolyse möglich. Diese Art der Chlorgewinnung ist die wichtigste Chlorerzeugungsmethode. Sie gestattet unbegrenzte Chlormengen zu liefern. Da gleichzeitig äquivalente Mengen Chlor und Ätzkali bzw. Ätznatron gewonnen werden, so hängt die Chlorerzeugung eng mit den Absatzverhältnissen der Ätzalkalien zusammen. Aus Chlormagnesium läßt sich direkt durch Erhitzen mit Sauerstoff bzw. Luft auf 450° Chlor freimachen: $MgCl_2 + O = MgO + Cl_2$. Diese Methode ist jedoch bisher technisch ohne Erfolg geblieben.

Die in der Praxis angewandten chemischen Verfahren, welche aus Salzsäure Chlor herstellen, haben heute nur noch historisches Interesse; sie sollen hier nur kurz im Prinzip erörtert werden. (Genauere Beschreibungen finden sich in der 2. Auflage S. 273f.)

Das Weldon-Verfahren bezog sich eigentlich nur auf die Regeneration des Mangansuperoxyds in den bei der Zersetzung von Salzsäure durch Braunstein erhaltenen Manganchlorürlaugen. Zersetzt man in der Wärme Salzsäure mit Braunstein, so entstehen unter Zwischenbildung von Mangantetrachlorid, Chlor und Manganchlorür

$$MnO_2 + 4\,HCl = MnCl_4 + 2\,H_2O\,, \qquad MnCl_4 = MnCl_2 + Cl_2\,.$$

Man neutralisierte die sauren Manganchlorürlaugen, fällte das Mangan in den neutralen Manganlaugen mit überschüssigem Kalk, ließ die entstandene Chlorcalciumlauge ablaufen und oxydierte in der auf 55° erwärmten Flüssigkeit das ausgeschiedene, anfangs weiße $Mn(OH)_2$ durch Einblasen von Luft bis zum braunen $Mn(OH)_3$ und schließlich bis zum schwarzen Superoxydhydrat $Mn(OH)_4$. Der fertig geblasene Turminhalt, der sog. Weldonschlamm (mit 65—75 g MnO_2 im Liter), ging dann wieder zurück in den Chlorentwickler zur Zersetzung einer neuen Menge Salzsäure.

Das Deacon-Verfahren. Dem Deacon- wie dem Weldon-Verfahren liegt die Reaktion

$$4\,HCl + O_2 \rightleftarrows 2\,H_2O + 2\,Cl_2$$

zugrunde. WELDON erreichte die Oxydation der Salzsäure mit Hilfe der Mangansalze als Zwischensubstanz. DEACON aktivierte den Sauerstoff auf katalytischem Wege. Obige Reaktion verläuft nicht ohne weiteres in der Richtung von links nach rechts, oder etwa nur in dieser Richtung; es handelt sich vielmehr um eine umkehrbare Reaktion, die immer nur bis zu bestimmten Gleichgewichtsverhältnissen zwischen unzersetztem Chlorwasserstoff und Sauerstoff einerseits, und Wasserdampf und Chlor andererseits, führt. Die Gleichgewichtsverhältnisse liegen so, daß bei etwa 600° Gleichgewicht herrscht, unterhalb 600° überwiegt die Chlorbildung, oberhalb die Salzsäurebildung. Bei tieferer Temperatur hat also der Sauerstoff, bei höherer Temperatur das Chlor die größte Affinität zum Wasserstoff. Für praktische Zwecke, d. h. für die Chlorerzeugung müßte man also bei möglichst tiefen Temperaturen zu arbeiten versuchen, das hat aber seine Grenzen. Die Reaktion beginnt zwar bei 310° merklich zu werden, die Reaktionsgeschwindigkeit ist aber unter 400° zu gering, man muß also bis etwa 430° heraufgehen, um eine genügende Reaktionsgeschwindigkeit zu erzielen; erhitzt man höher, so wird die Umsetzung, die bei dieser Temperatur noch 75—80% beträgt, wieder schlechter. Die Temperatur von 430—440° ist also das Temperaturoptimum des Deacon-Verfahrens. Als Kontaktsubstanz verwendete man Kupferchlorid, mit welchem Kugeln aus gebranntem Ton oder Brocken von feuerfesten Ziegeln getränkt wurden. Man benutzte in der Technik Gasgemische von etwa 30% Salzsäuregas und 70% Luft, die, getrocknet und in einem Erhitzungsapparat auf etwa 430° vorgewärmt, in den „Zersetzer'' geleitet wurden. Letzterer war ein 5—6 m hoher und ebenso weiter Ofen aus feuerfesten Steinen, dessen Innenraum bis zu etwa $^2/_3$ Höhe mit Kontaktmaterial gefüllt war. Das Gasgemisch konnte abwechselnd von oben nach unten und in umgekehrter Richtung durch den Kontakthaufen geführt werden. Kupferchlorid beginnt nämlich bei 400° flüchtig zu werden, deshalb wechselte man die Richtung des Gasstromes periodisch (vgl. Abb. 153, S. 277 der vorigen Auflage). Das austretende Gasgemisch enthält Chlor, Wasserdampf, Luft und unzersetzte Salzsäure. Die Gase gingen zum Herauswaschen der Salzsäure durch Turills (wie bei der Salzsäureabsorption), dann zur Trocknung durch einen mit Schwefelsäure berieselten Koksturm. Das Chlor wurde verflüssigt oder auf Chlorkalk verarbeitet. Der Deacon-Prozeß lieferte durch die Beimengung der großen Mengen Luftstickstoff nur ein sehr verdünntes Chlorgas mit etwa 7—8% Chlor.

Chloralkali-Elektrolyse.

Leitet man einen elektrischen Strom durch eine Kochsalzlösung unter Benutzung von unangreifbaren Elektroden, so wandern die in der Lösung vorhandenen Natriumionen nach der Kathode und setzen sich dort mit Wasser zu Natronlauge um, wobei Wasserstoff frei wird und entweicht; die Chlorionen dagegen wandern nach der Anode, entladen sich dort und treten als gasförmiges

Chlor aus. Diese Erscheinungen wurden zwar gleich am Anfang aller elektrolytischen Studien beobachtet: CRUIKSHANK bemerkte 1800 die alkalische Reaktion an der Kathode, und SIMON fand 1801 die Chlorentwicklung an der Anode, aber auch trotz der später von FARADAY aufgefundenen quantitativen Beziehungen dachte niemand an eine technische Verwendung dieser Zersetzung. Den Anstoß zur technischen Alkalichlorid-Elektrolyse gab 1884 HÖPFNER; sein Verfahren erwies sich zwar als undurchführbar, die Idee griff aber STROOF in Griesheim auf, der im Verein mit den Gebrüdern LANG schließlich das technische Verfahren unter Verwendung des BREUERschen Zementdiaphragmas (1885) ausbildete, welches als „Griesheimer Verfahren" vor dem Kriege allein etwa $^1/_3$ der gesamten Chlorproduktion der Welt lieferte. Später sind auch andere Verfahren erfunden worden, die sich teils auf ähnlicher, teils auf ganz anderer Grundlage aufbauen, die sich in der Praxis ebenfalls bewährt und vielfach auch das Griesheimer Verfahren noch übertroffen haben.

Da bei der Elektrolyse von Chloralkalien Chlor und Alkalilauge entstehen, so muß man, falls man diese Produkte einzeln weiter zu verwenden gedenkt, eine Vermischung der Kathodenlauge mit dem Chlor des Anodenraums zu verhindern suchen, weil sonst durch rein chemische Einwirkung der beiden Produkte aufeinander Hypochlorit oder bei höherer Temperatur Chlorat entsteht. Je nach der Art nun, wie die verschiedenen Verfahren die Trennung der Kathoden- und Anodenprodukte bewirken, unterscheiden sich die verschiedenen Zellen oder Verfahren:

a) Zellen mit vertikaler Anordnung der Elektroden und Diaphragmen (Zelle Griesheim-Elektron, Hargreaves-Bird, Nelson, Townsend, Krebs).

b) Zellen mit horizontaler Anordnung der Elektroden.

α) Zellen mit Diaphragmen (Carmichael, Billiter, Siemens-Billiter).

β) Zellen ohne Diaphragmen (Aussiger Glockenzelle).

γ) Zellen ohne Diaphragmen mit Gasschirm (Johanns, Billiter-Leykam).

c) Zellen mit Quecksilberkathoden (Castner-Kellner, Wildermanns, Solvay-Krebs).

a) Diaphragmenverfahren.

Theoretisches. Beschickt man eine elektrolytische Zelle mit einer Chlorkalium- oder Chlornatriumlösung und trennt man die Zelle durch ein Diaphragma d. i. eine Scheidewand, welche zwar die Diffusion des Elektrolyten, nicht aber den Stromdurchgang verhindert, in zwei Abteilungen, einen Kathoden- und einen Anodenraum, bringt außerdem im ersteren eine Eisenkathode, im letzteren eine Kohlenanode unter, so werden beim Stromdurchgang zunächst Chlorionen nach der Anode wandern, sich dort entladen und als Chlorgas entweichen, während gleichzeitig Kalium- bzw. Natriumionen nach der Kathode wandern. Sie können sich aber unter den angegebenen Umständen nicht entladen, sondern setzen sich mit Wasser um:

$$2\,K^{\cdot} + 2\,H_2O = 2\,KOH + 2\,H^{\cdot}.$$

Es bildet sich also an der Kathode Kalilauge und Wasserstoffgas, welches entweicht. Sobald sich etwas Alkalilauge gebildet hat, sind im Elektrolyten neben Cl-Ionen auch noch OH-Ionen vorhanden. Würden letztere nicht auch wandern, sondern der Stromtransport könnte allein von den Cl-Ionen aus dem Kathodenraum nach dem Anodenraum besorgt werden, dann würde man eine 100%ige Stromausbeute an Alkali erwarten können; das ist aber nicht der Fall, die OH-Ionen wandern sogar viel schneller und nehmen in erheblichem Umfange an dem Stromtransport teil. Da außerdem mit steigender Dauer der Elektrolyse die Konzentration an Chlor-Ionen geringer, an OH-Ionen größer wird, so sinkt mit der Zeit die Stromausbeute an Alkali und Chlor mehr und mehr. Man elektrolysiert deshalb praktisch niemals so lange, bis alles Chlorid in Hydroxyd verwandelt ist, sondern stellt nur Laugen mit einigen Prozenten Ätzkali her, wobei die Stromausbeuten noch hoch bleiben, und trennt das Hydroxyd vom Chlorid durch Eindampfen. Im Anodenraume gelangen gleichzeitig Cl-Ionen und OH-Ionen an die Anode; die OH-Ionen setzen sich einerseits zu Wasser und Sauerstoff um:

$$2\,OH = H_2O + O\,,$$

andrerseits bildet sich auch in der Nähe der Anode Hypochlorit:

$$Cl_2 + OH' = HOCl + Cl'\,.$$

Bei der Verwendung von Kohlenanoden oxydiert naszierender Sauerstoff die Kohle und das Anodengas enthält neben Chlor und Sauerstoff auch noch Kohlensäure, wodurch es für die Chlorkalkherstellung minderwertig und schwierig verwendbar wird. Verwendet man an Stelle der Kohle als Anoden Eisenoxyduloxyd-Elektroden, die durch Schmelzen von Eisenoxyd (Abbränden) in elektrischen Öfen hergestellt werden und die so gut wie ungreifbar sind (sog. Magnetit-Elektroden), so kommt keine Kohlensäure mehr in das Anodengas.

Apparate mit stehenden Diaphragmen. Der Hauptvertreter dieser Art Zersetzungsapparate ist die Diaphragmenzelle der Chemischen Fabrik Griesheim-Elektron, welche 1890 in Griesheim in einer kleinen Anlage zuerst erprobt wurde. Das Griesheimer Verfahren hat sich dann zum bedeutendsten Chlorkaliverfahren entwickelt, es wird aber jetzt mehr und mehr von anderen Verfahren verdrängt. Charakteristisch für das Griesheimer Verfahren sind die Zementdiaphragmen, die Magnetitelektroden und der periodische (diskontinuierliche) Betrieb. Für die Ausbildung dieses Verfahrens und für den Erfolg war wesentlich die Erfindung des Zement-Diaphragmas durch Breuer. Ihm gelang es, ein brauchbares Zementdiaphragma dadurch herzustellen, daß er 1000 Teile Zement mit 720 Teilen Kochsalzlösung (von 24° Bé) und 320 Teilen Salzsäure (von 20° Bé) mischte, den dicken Brei in Formen 24 h stehen ließ und die Platten bei 70° trocknete. Beim Abbinden scheiden sich Salzkrystalle aus, die beim Auslaugen feine Poren in dem Zementdiaphragma zurücklassen. Auch heute noch stellt man die Diaphragmen in dieser Weise her, nur verwendet man etwas andere Mischungsverhältnisse. Gute Diaphragmen halten 1—2 Jahre.

Die heute noch benutzten Griesheimer Zellen bestehen aus einem Eisenblechkasten von 4,8 m Länge und 3,8 m Breite bei 1 m Höhe, dessen Innenfläche als Kathode dient. In dieser Wanne M sind 12 Anodenzellen in 2 Reihen zu je 6 Stück, die 1,1 m lang, 0,75 m breit und 1 m hoch sind, eingesetzt. Zwischen den Anodenzellen sind noch Eisenbleche K als Kathoden aufgehangen, zwischen ihnen läuft auch die Heizleitung H, welche das Bad auf einer Temperatur von 90° erhält. Abb. 230 zeigt schematisch die Einrichtung dieser Anodenzellen. Sie bestehen aus einem Gestell aus Winkeleisen W, in welches die Zementdiaphragmen D wie Fensterscheiben eingesetzt sind, Gestell und Zwischenräume sind mit Zement verschmiert. Die Zellen sind oben mit einem zementierten Eisendeckel verschlossen, durch welchen die Köpfe der längs der Wand angeordneten Magnetitelektroden A, welche hier nur einseitig beansprucht werden, hindurchtreten. Durch den Deckel geht auch noch das Abzugsrohr für das Chlor. In der Mitte ist ein großer Salztopf S untergebracht.

Beim Betriebe wird die Anodenzelle mit fast gesättigter Chlorkalium- oder Chlornatriumlösung beschickt und durch Nachfüllen von Salz in den Salztopf möglichst gesättigt gehalten. Ist das Salz, welches zur Herstellung der gesättigten Anodenlauge dient, nicht ganz rein, so geht in der Regel zur Beseitigung von Kalk und Magnesia eine chemische Reinigung vorher. Diese geschieht durch berechnete Sodamengen; ist Sulfat zugegen, so wird dieses vor dem Sodazusatz durch Chlorbarium entfernt. Man läßt absetzen und filtriert.

Die Bäder werden mit einer Chlorkaliumlösung von 280 g KCl im Liter beschickt. Die Temperatur wird auf 90° gehalten. Die mittlere Klemmspannung eines Bades beträgt bei einer Strombelastung von 2500 A 3,65 V.

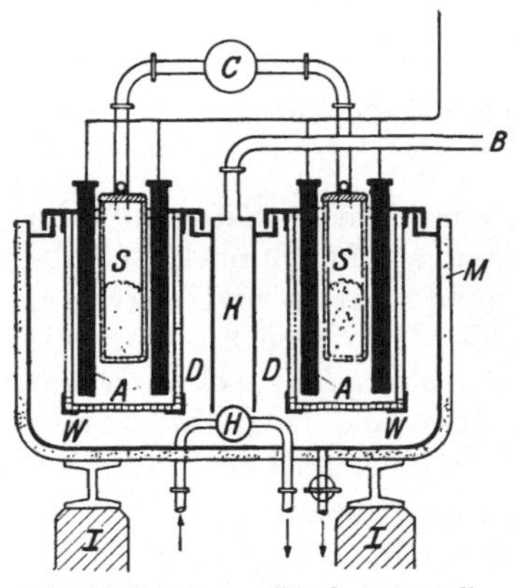
Abb. 230. Griesheimer Diaphragmenzelle.
(Nach MÜLLER: Elektrochemie.)

Es ist nun aus praktischen Gründen nicht möglich, alles Chlorkalium oder -natrium in Ätzkali überzuführen, man begnügt sich damit, eine Lauge im Kathodenraum von 6—7% Kaliumhydroxyd (oder 4,5—5% Natrumhydroxyd) neben 20—25% unzersetztem Kaliumchlorid in etwa dreitägigem Betriebe zu erreichen. Dann zieht man die Lauge aus dem Kathodenraume ab und beschickt diesen neu. Die Lauge wird in Vakuumverdampfapparaten auf rund 50° Bé eingedampft, dabei fällt das unzersetzte Chlorkalium aus, es wird unten ständig ausgesoggt, in Nutschen ausgewaschen und geht wieder in den Betrieb zurück. In der Abb. 231 ist A der Vakuumverdämpfer, B die Austragsvorrichtung, C die Nutsche. Bei dieser Konzentration der Lauge fällt das Chlorkalium und Chlornatrium soweit aus, daß weniger als 1% in der Lauge verbleibt. Kalilauge geht vielfach in dieser Konzentration von 50° Bé in den Handel

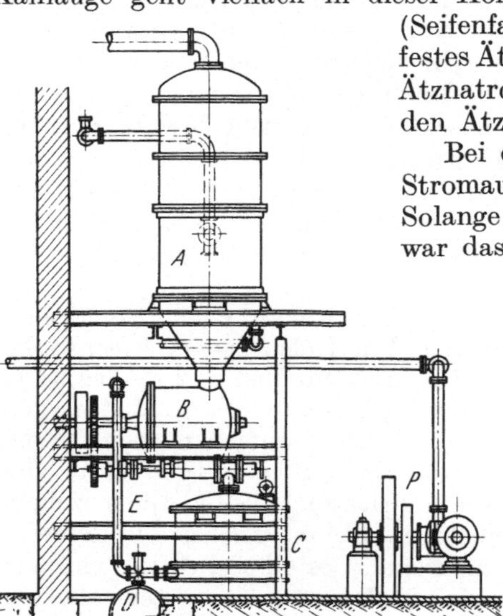
Abb. 231. Vakuumverdampfer.

(Seifenfabriken) oder wird in Nickelkesseln auf festes Ätzkali mit 90% KOH verschmolzen (vgl. Ätznatron S. 389); ebenso verfährt man mit den Ätznatronlaugen in Nickelstahlkesseln.

Bei dem Griesheimer Verfahren erreicht die Stromausbeute im Durchschnitt nur etwa 80%. Solange man mit Kohlenelektroden arbeitete, war das Anodenchlor mit 8—10% Kohlensäure verunreinigt, das Anodengas an den Eisenoxyduloxydelektroden ist kohlensäurefrei. Der an der Anode auftretende Sauerstoff liefert mit dem Chlor unter den gegebenen Bedingungen Kaliumchlorat, welches sich in der Anodenzelle ausscheidet. Der früher als Stromverlust zu wertende Anteil des Stromes arbeitet bei Verwendung von Magnetitelektroden auf Chlorat. Die Badspannung ist allerdings um etwa 0,4 V höher als mit Kohlenanoden.

Der Vorteil des Griesheimer Verfahrens war die einfache Konstruktion der Zellen, der Nachteil war der diskontinuierliche Betrieb, die geringe Stromausbeute und die niedrige Konzentration der erzeugten Laugen.

Kontinuierlich arbeitende Zellen mit stehenden Elektroden und Diaphragmen konstruierten zuerst HARGRAEVES und BIRD. Sie gaben dem Anodenraum die Form eines langgestreckten schmalen Parallelepipeds, in welchem die Anode angeordnet ist; die breiten Seitenflächen werden von sog. Filterdiaphragmen gebildet, an welche die Kathoden von außen angedrückt werden. Nur das Innere des Anodenkastens ist mit Elektrolyt gefüllt. Bei der Elektrolyse dringt der Elektrolyt durch das Filterdiaphragma, bespült die Kathode und tropft als Lauge ab.

Die Hargreaves-Bird-Zelle hat zwar keinen großen Erfolg gehabt, aber einige andere auf diesem Prinzip beruhende, besser durchkonstruierte Zellen wie die von ALLEN, MOORE, NELSON, KREBS u. a. haben große Verbreitung gefunden. HARGREAVES-BIRD benutzten als Diaphragma eine Zement-Asbest-Komposition, als Anode Kohle, jetzt benutzt man besonders präparierte Asbestpappe, als Anoden Graphitblöcke, als Kathoden perforierte Eisenbleche. In der in Amerika viel verwendeten Nelson-Zelle ist der als Anode dienende Graphitklotz von einer sackförmigen Eisenblechkathode, die innen mit Asbestpapier ausgekleidet ist, umgeben. Diese ist in eine Eisenwanne eingebaut, welche Dampf-Ein- und -Auslässe zur Erwärmung der Lauge besitzt. Die Zelle arbeitet mit 90% Stromausbeute und liefert Konzentrationen von 10% NaOH. KREBS hat die der Nelson-Zelle noch anhaftenden Mängel dadurch beseitigt, daß er den Anodenraum als

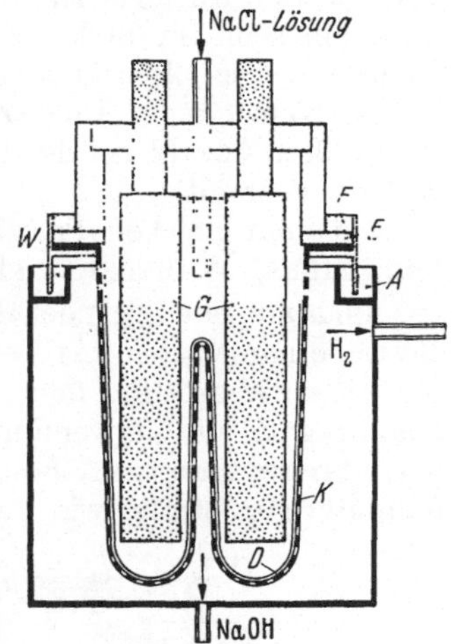

Abb. 232.
Krebs-Zelle. (Nach ENGELHARDT: Technische Elektrochemie.)

vollständig geschlossenen Kasten ausbildete, der sich aus dem Kathodenraum herausheben läßt, und daß er in einem doppelt U-förmig gestalteten Kathodenkasten aus perforiertem Eisenblech 2 Graphitplatten als Anoden nebeneinander unterbrachte. Abb. 232 zeigt einen Schnitt durch eine Krebs-Zelle. K ist die Eisenblechkathode, D das anliegende Diaphragma aus Asbestpapier, G sind Graphitanoden. Durch den Deckel über den Anoden tritt die Alkalichloridlösung ein, durch eine andere Öffnung das Chlor aus. Bei A ist der hydraulische Abschluß des Kathodenraums. Der Wasserstoff entweicht bei H_2, die Natronlauge am Boden. Eine solche Zelle nimmt 2000 A auf. Die Spannung beträgt 3,7 V, die Temperatur des Elektrolyten 60—70°, die Anodenstromdichte 600 bis 700 A/m², die Stromausbeute 95%. Die Konzentration der Natronlauge erreicht 125 g NaOH/l. Der CO_2-Gehalt des Chlorgases bleibt auf etwa 1,2%, der Wasserstoff ist 99,5% rein. Die Krebs-Zellen haben schon ziemlich weite Verbreitung in der Industrie gefunden.

Zu dieser Art Zellen gehört auch noch die Townsend-Zelle, welche mit großen Stromdichten (bis 500 A/m² Diaphragmenfläche) arbeitet, 4,6—5,2 V Spannung braucht und 94—96% Nutzeffekt erzielt. Die ablaufende Kathodenlauge hat 15—20% Ätznatron. Das abgesaugte Chlor enthält aber 15—20%

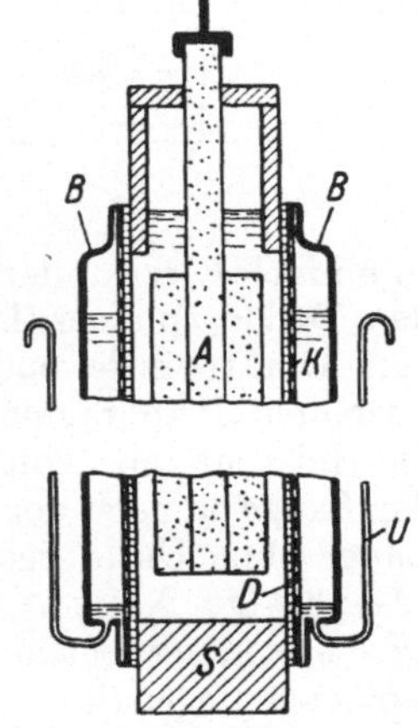

Abb. 233.
Townsend-Zelle.
(Nach MÜLLER:
Elektrochemie.)

Luft und 2% CO_2. Wie aus Abb. 233 zu ersehen ist, besteht die Zelle aus einem U-förmigen Betonrahmen, auf den auf beiden Seiten ausgebauchte Eisenbleche B aufgeschraubt sind, die ihrerseits wieder die flach aufeinander liegenden Asbestdiaphragmen D und die aus perforierten Eisenblechen bestehenden Kathoden K fest an den Betonrahmen anpressen. Der Mittelraum ist die Anodenzelle, in welche von oben die aus Graphitmasse bestehende Anode A hineinhängt. Der Anodenraum wird mit Elektrolyt gefüllt, dagegen sind die beiden Kathodenräume, welche sich zwischen Kathode K und Blechwand B bilden, mit Petroleum beschickt. Der Elektrolyt sickert durch das Diaphragma, wird an der Kathode zu NaOH und H_2 umgesetzt, die Natronlaugentröpfchen sammeln sich am Boden der Zelle unter dem Petroleum an, der Wasserstoff steigt auf. Das Chlor entweicht aus dem Anodenraume. Die Townsend-Zellen haben 2,5 m Länge. Diese Zellen sind hauptsächlich in Amerika in Verwendung (in größter Anzahl bei der Hooker Electrochem. Co., daher auch Hooker-Zellen genannt).

Auf dem gleichen Prinzip beruhen die in Amerika viel gebrauchten Zellen von GIBBS, WHEELER und VORCE.

Apparate mit liegenden Diaphragmen. Von diesen hat sich im praktischen Betriebe namentlich das Verfahren von BILLITER als ein ganz besonderer Fortschritt erwiesen. Bei dem Billiter-Verfahren kommt ein sehr eigenartiges Diaphragma zur Verwendung. Auf einem als Kathode dienenden Eisendrahtnetze breitet man ein Asbesttuch aus, auf welches eine Beschüttung unlöslicher feinpulvriger Stoffe, wie Bariumsulfat mit etwas Asbestwolle, kommt. Dieses

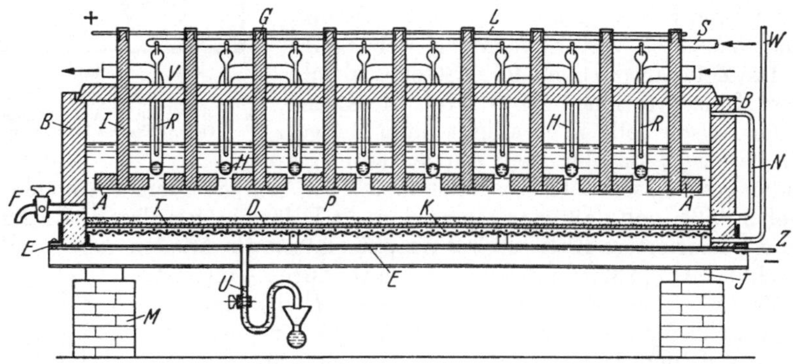

Abb. 234. Billiter-Zelle.

so einfach herzustellende Diaphragma liegt horizontal, mit etwas Abstand über dem Boden, in einer flachen Eisenblechwanne, die als Kathode dient und die mit dem Drahtnetz leitend verbunden ist. Durch den Deckel gehen die Stiele der über dem Diaphragma horizontal liegenden Graphitelektroden hindurch, ferner die Heizrohre aus Ton. Man hat nur den Zufluß der Salzlösung und den Abfluß der Lauge je nach der gewünschten Konzentration einzustellen, dann gehen die Bäder ohne Unterbrechung monatelang. Man arbeitet bei 85—90° und erzielt 12—16%ige Natron- bzw. 18—20%ige Kalilaugen bei 95% Stromausbeute. Die Spannung beträgt 3,4—3,5 V bei Anodenstromdichten von 460 A. Der Kohlensäuregehalt des abziehenden Chlors ist kleiner als 1,5% CO_2. Der Wasserstoff wird durch vertikale Eisenrohre in der Stirnwand abgeleitet. Die gegen die Anode wandernden OH'-Ionen werden durch die gleichmäßige Gegenbewegung des nachfließenden Elektrolyten ziemlich stark aufgehalten, so daß die Oxydationswirkung an den Anodenkohlen sehr gering ist.

Abb. 234 zeigt einen Längsschnitt durch eine Billiter-Zelle in der Ausführung der Firma Siemens & Halske. Die Zelle besteht aus einer langen, flachen Eisenwanne E, in der nicht weit vom Boden horizontal das als Kathode dienende Eisendrahtnetz K eingebaut ist; es ruht auf niederen Stützen und ist mit der Eisenwanne leitend verbunden. Die Stromzufuhr erfolgt bei Z. Auf der Kathode liegt ein dichtes Asbestgewebe, auf welchem das Gemisch von Asbestwolle und Bariumsulfat ausgebreitet wird. Oberhalb des so hergestellten Diaphragmas D befindet sich der Anodenraum, welcher seitlich zum Schutze der Eisenwanne mit

Zement oder Platten ausgekleidet und der oben durch einen Zement- oder Steinzeugdeckel gasdicht abgeschlossen ist. Das Diaphragma ist mit Zement dicht an den Wänden befestigt. Durch die Decke werden die aus Graphit (bisweilen auch Magnetit) bestehenden Anoden A, die von der Leitung L ihren Strom erhalten, eingeführt. Die Salzlösung tritt aus der Leitung S durch die Verteilungsrohre R in den Anodenraum. Die Erhitzung des Bades geschieht durch U-förmige Steinzeugrohre H. Das Rohr N zeigt die Badhöhe an; durch Rohr W entweicht der Wasserstoff, durch ein seitlich angebrachtes Rohr C im Deckel das Chlor. Der Kathodenraum ist leer; es tropft durch das Diaphragma die entstandene Lauge hindurch, sammelt sich am Boden und läuft durch Rohr U ab. Die Zellen werden für Stromaufnahmen von 200—12000 A gebaut, meist verwendet man solche für 2000—4000 A. Die Diaphragmenfläche beträgt bei letzteren 1×5 m.

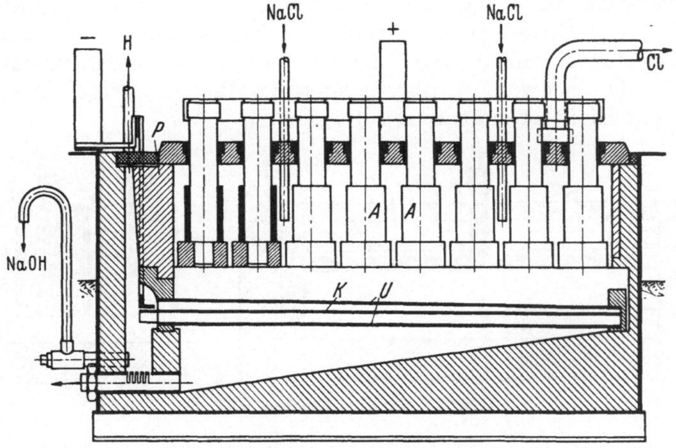

Abb. 235. Siemens-Pestalozza-Zelle.

Das Billiter-Verfahren verdrängt nicht nur das Griesheimer Verfahren, sondern auch die anderen; es ist zur Zeit das günstigste der verschiedenen Chlorkaliverfahren.

Als eine konstruktive Weiterentwicklung der Billiterzelle ist die Siemens-Pestalozza-Zelle anzusehen (Abb. 235). Sie ist nach demselben Prinzip gebaut, die Kathoden K bestehen aber aus Fassoneisenstäben, die mit gasundurchlässigen Asbestschläuchen überzogen sind. Der an der Kathode entwickelte Wasserstoff wird durch die Schläuche in einen Seitenraum (links) geführt, von wo er austritt. Die Anodenanordnung ist die gleiche wie bei der Billiter-Zelle. Die an den Kathoden gebildete Lauge wird teils durch die Schläuche, teils aus dem darunter befindlichen Raume kontinuierlich abgeführt.

b) Glockenverfahren.

Wie eben angegeben, kann man bei Zellen mit horizontalen Diaphragmen durch die Bewegung der Salzlösung von der Anode nach der am Boden befindlichen Kathode hin den der Anode zuwandernden Hydroxylionen entgegenwirken; das Diaphragma dient also nur zur Verhütung einer mechanischen Vermischung der dem spez. Gewicht nach verschiedenen Schichten. Sorgt man dafür, daß durch zweckmäßige Wasserstoffableitung die Schichtenbildung nicht gestört wird, so gelingt es auch, die Elektrolyse ohne Diaphragma durchzuführen. Dies ist das Prinzip des Glockenverfahrens, welches bisher nur in der vom Österreichischen Verein für chemische und metallurgische Produktion in Aussig ausgearbeiteten Weise in der Praxis zur Anwendung kommt.

Die Glocken sind rechteckige Zementkästen von 1,50 m Länge, 30 cm Breite und 15—20 cm Höhe, von der Form, wie sie Abb. 236 zeigt; etwa 25 solcher Glocken sind parallel nebeneinander liegend in einer gemeinsamen Wanne W eingebaut. Eine horizontal liegende Kohlenplatte A, die fast den ganzen Glockenquerschnitt ausfüllt, bildet die Anode; sie ist siebartig durchbohrt, um das an der Unterseite auftretende Chlor hindurchzulassen. Ein Halter B geht in der Deckelmitte durch die Glocke und ist mit der Stromleitung verbunden. Rings um die Seitenflächen der Glocke schließt sich ein Eisenblech K an, welches als Kathode dient. Um jede Flüssigkeitsbewegung im Innern zu verhüten, muß die Salzlösung sehr vorsichtig zugeführt werden; das geschieht durch ein Glasrohr G, welches mit vielen feinen Löchern versehen ist und welches längs oberhalb der Anode verläuft; die Laugenzufuhr geschieht durch eine Bohrung in dem Anodenhalter. Die Öffnungen O dienen zur Verbindung aller Anodenräume untereinander, durch welche das Chlor aus dem ganzen Glockensystem abgesaugt wird. Die schwere Kalilauge sinkt zu Boden, steigt außerhalb der Glocke auf und fließt ständig durch Rohr I ab.

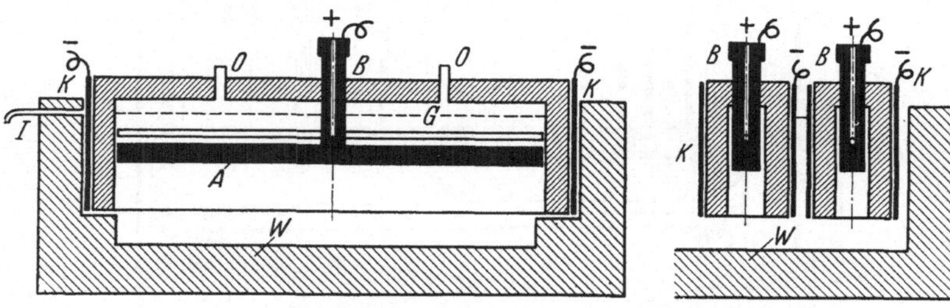

Abb. 236. Aussiger Glocken-Zelle.

Das charakteristische Merkmal des Aussiger Glockenverfahrens ist die Ausbildung und die Aufrechterhaltung der sog. neutralen Schicht, die sich bei durchsichtigen Gefäßen, auch äußerlich dem Auge deutlich erkennbar, zwischen Anode und Glockenrand einstellt. Elektrolysiert man bei nicht zu hoher Temperatur eine Zeitlang eine Chlorkaliumlösung, so sinkt die schwere Kalilauge zu Boden; um die Kohlenanode wird die Lösung, wie vorher ausgeführt, schwach sauer, und etwas Chlor löst sich. Mit zunehmendem Alkaligehalt der Kathodenlauge beteiligen sich immer mehr OH'-Ionen neben Cl'-Ionen an der Wanderung nach der Anode. Von der Anode aus wandern H'-Ionen den Anionen entgegen, sie treffen an bestimmter Stelle auf die OH'-Ionen, neutralisieren sich und bilden die neutrale Schicht, gleichzeitig bildet das gelöste Chlor mit dem Alkali etwas Hypochlorit. Bei ruhendem Elektrolyten würde sich die Grenzschicht bei dem Überschuß von OH'-Ionen gegen die Anode hin bewegen, bei ständigem Salzzufluß strömen aber soviel Chlorionen von oben ein, daß die Beteiligung der OH'-Ionen an der Stromleitung nach oben zu immer geringer wird, man erreicht also schon bei geringen Geschwindigkeiten des Zuflusses ein Stehenbleiben der neutralen Schicht. Die Lage der neutralen Schicht, d. h. der Abstand von der Anode, ist abhängig von der Alkalikonzentration der abfließenden Lauge und diese wieder von der Schnelligkeit des Chlorkaliumzuflusses.

Man stellt in der Praxis Laugen mit nur 10—15% Alkalihydroxyd her, bei einer Stromausbeute von 85—95%; die Badspannung beträgt 4 V, die Anodenstromdichte etwa 400 A. Da aber eine Glocke nur etwa 30 A aufnehmen kann, so sind riesige Mengen von Glocken für eine Großproduktion nötig. Die Aussiger Fabrik arbeitet mit 2000—3000 PS, danach muß sie etwa 18000—20000 Glocken in Betrieb haben. Der Betrieb mit Glocken ist sehr empfindlich.

Es waren zeitweilig auch noch andere diaphragmenlose Zellen in Anwendung, z. B. solche von JOHANNS und von BILLITER-LEYKAM, sie hatten sog. Gasschirme über den Kathoden.

c) Quecksilberverfahren.

DAVY benutzte bei seinen Versuchen bereits Quecksilber als Kathodenmaterial zur Aufnahme von Alkalimetall und zum Schutze desselben vor unerwünschter Oxydation. An eine Verwendung dieser Beobachtung für technische Zwecke dachte lange Zeit niemand. NOLF nahm zwar 1882 ein darauf abzielendes Patent, ihm folgten andere, aber erst der Erfindungsgabe CASTNERs gelang es 1892 eine technisch brauchbare Methode auszuarbeiten. Er setzte die erste 100-PS-Versuchsanlage 1894 in England in Gang. In dem gleichen Jahre nahm auch KELLNER verschiedene Patente, darunter ein solches für eine besondere Schaltung der Zelle (Anwendung der Hilfselektrode). Beide Erfinder vereinigten sich später und so entstand die CASTNERsche Zelle mit der KELLNERschen Schaltung, die als Castner-Kellner-Apparat vielfach im Großbetriebe in Anwendung gekommen ist. 1898 nahm SOLVAY auf ein ähnliches Verfahren Patente, nach denen ebenfalls einige Fabriken arbeiteten.

Die Arbeitsweise der Quecksilberapparate ist prinzipiell sehr einfach. Bei der Elektrolyse einer Alkalichloridlösung mit einer Quecksilberkathode bildet, wie bekannt, das Alkalimetall mit dem Quecksilber eine Legierung, welche sich, dank der hohen Überspannung, die für die Wasserstoffentwicklung am Quecksilber aufzuwenden ist, bei Berührung mit dem Elektrolyten unzersetzt hält. Bringt man in einer zweiten Phase das gebildete Alkaliamalgam mit Wasser zusammen, so zersetzt sich das Amalgam unter Wasserstoffentwicklung, aus dem Alkalimetall entsteht Hydroxyd, also Kali- oder Natronlauge. Die Zersetzung durch Berührung mit Wasser allein geht aber zu langsam, man nimmt deshalb in der Praxis die KELLNERsche Schaltung zu Hilfe, d. h. man bildet aus Quecksilber-Alkaliamalgam und Eisen ein galvanisches Element. Während nämlich bei einer Zusammenstellung eines Elementes aus Fe/NaOH/Hg das Eisen die Lösungselektrode ist, ändert sich die Stromrichtung vollständig, sobald Alkaliamalgam an Stelle des reinen Quecksilbers tritt, es tritt dann nur das Potential des Alkalimetalls in Erscheinung; Kalium oder Natrium gehen also rasch in Lösung, am Eisen tritt Wasserstoff auf.

In der angegebenen Weise arbeiteten die Solvay-Apparate. Die eigentliche Elektrolysierzelle ist von der Amalgamzersetzungszelle getrennt. Sie besteht aus einem 14 m langen und $^1/_2$ m breiten, mit Zement ausgefütterten Kasten, welcher schwach geneigt aufgestellt ist. Das Quecksilber fließt in der Elektrolysierzelle langsam über die geneigte Fläche und nimmt bei der Elektrolyse, bei welcher sternförmig ausgebildete Platindrahtelektroden die Anoden bilden, Natrium auf. Das Amalgam mit $1—1^1/_2\%$ Na tritt unten aus, durchfließt einen Zersetzer, in welchem das Amalgam mit reibeisenartigen Eisenplatten in Berührung kommt, während gleichzeitig Wasser in umgekehrter Richtung strömt. Durch die Wirkung dieser Lokalelemente tritt das Natrium leicht mit dem Wasser in Reaktion, das Quecksilber kommt natriumfrei am unteren Ende an und wird durch ein Schöpfrad wieder in die Elektrolysierzelle gehoben.

Die Apparate arbeiten mit 5 V Spannung und 6000—12000 A. Das abgesaugte Chlorgas ist bei Verwendung von Platinelektroden sehr rein und enthält 99,6—99,7% Chlor. Aus den Amalgamzersetzern läuft die Natronlauge mit einer Stärke von 30° Bé ab, sie wird nachher auf 50° Bé eingedampft und auf festes Ätznatron verschmolzen. In einem solchen Apparat sind 1200—1500 kg Quecksilber im Umlauf. Die Stromausbeute soll 95% betragen. Die Solvay-Zelle hat vor dem Kriege ausgedehnte Anwendung gefunden.

Während des Krieges gingen die Quecksilberverfahren, weil das Quecksilber zu anderen Zwecken notwendig gebraucht wurde, in der Mehrzahl ein. Jetzt steigt die Nachfrage nach chlorfreiem Ätznatron wieder durch die Kunstseidenfabrikation und deshalb führen sich die Quecksilberverfahren von neuem ein. Abb. 237 zeigt in einigen schematischen Schnitten die Einrichtung der Quecksilberzelle von KREBS, die das Prinzip der Solvay-Zelle mit einigen Abänderungen übernommen hat, statt der teuren Platinanoden aber Graphitelektroden verwendet.

Die KREBSsche Quecksilberzelle besteht wie die Solvay-Zelle aus zwei getrennten Abteilungen, nämlich einer Elektrolysierzelle, die 14 m lang und 1 m breit ist, und einer schwächeren Zersetzungszelle. Das Quecksilber fließt in ersterer langsam in der Richtung auf die Pumpe zu, über dem Quecksilber fließt

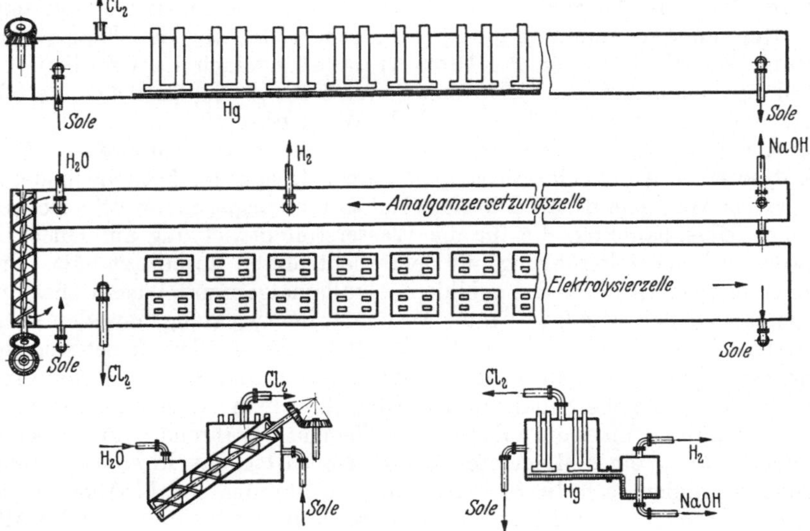

Abb. 237. Quecksilberzelle von KREBS.

in umgekehrter Richtung die zu zersetzende Chloridlösung (Sole). Durch die über dem Quecksilber angebrachten vielen Graphitelektroden, die als Anoden dienen, tritt nun Strom zum Quecksilber über, Chlorgas scheidet sich an den Graphitanoden aus und wird abgesaugt. Das abgeschiedene Na oder K amalgamiert sich mit dem Quecksilber. Das gebildete Amalgam tritt unten aus der Elektrolysierzelle aus und läuft in die Zersetzungszelle, die ganz aus Eisen besteht, es kommt hier nur mit Wasser in Berührung. Dadurch zersetzt sich das Amalgam, es bildet sich Natronlauge und Wasserstoff, wobei das Quecksilber rein zurückgewonnen wird. Dieses wird dann durch die Pumpe (archimedische Schnecke) wieder der Elektrolysierzelle zugeführt. Je nach dem Wasserzulauf im Zersetzer kann man Laugen mit 20—50% NaOH bzw. 25 bis 65% KOH erhalten (im Durchschnitt 42%ige NaOH-Lauge). Die Spannung an der Elektrolysierzelle beträgt 4,2 V. Die Zelle besteht aus Zement und ist am Boden mit ganz ebenen, glatten Platten ausgelegt, um das Fließen des Quecksilbers zu erleichtern und um mit der dünnsten, gerade eben noch zusammenhängenden Quecksilberschicht auszukommen. Hierdurch ist der Quecksilber-Umlauf (etwa 685 kg in einer Zelle) wesentlich geringer geworden. Die normale Strombelastung der Zelle beträgt 9000 A, die Stromausbeute nach mehrmonatigem Betriebe 92,4%. Das Chlorgas enthält 0,3% CO_2 und 0,2—0,4% H_2.

Eine andere Art der Quecksilberzelle, in welcher jedoch die Zerlegung des gebildeten Amalgams nicht außerhalb der Elektrolysierzelle, sondern in einer besonderen Abteilung derselben Zelle vorgenommen wird, ist die Castner-Kellner-Zelle, die heute noch in Amerika in Anwendung ist. Die Zerlegung des Amalgams geschieht hier auf elektrolytischem Wege. Abb. 238 zeigt schematisch die Einrichtung der Castner-Kellner-Zelle. Der Apparat besteht aus einem auszementierten, geteerten Eisenkasten E und ist durch Einbau von zwei Scheidewänden V und V' in drei Abteilungen zerlegt. Die Scheidewände reichen nicht ganz bis zum Boden, sondern lassen unten einen schmalen Spalt frei, durch welchen das Quecksilber S aus einer Abteilung in die andere zirkulieren kann; das Quecksilber dient als Elektrode und als Sperrmittel, um die in beiden Abteilungen befindlichen Elektrolyten, nämlich Kochsalzlösung in der Elektrolysierabteilung C, Wasser bzw. verdünnte Natronlauge in der Amalgamzerlegungsabteilung L, auseinanderzuhalten. In die erstgenannte Kammer C und in die dritte C', welche durch einen Deckel, durch den das Chlorabzugsrohr R geht, verschlossen sind, führt seitlich je eine Kohlen- bzw. eine Graphitelektrode G. Diese dient bei der Zerlegung der Kochsalzlösung als Anode; das kathodisch gebildete Amalgam wird durch Hebung der einen Apparatseite in den Mittelraum übergeführt, in welchem eine Eisengitterelektrode K in den Elektrolyten taucht. Durch schaukelnde Bewegung gelangt das Quecksilber aus beiden Seitenkammern in die Mittelkammer. Castner verband zunächst die Kohlenelektroden mit dem Pluspol, die Eisenelektrode mit dem

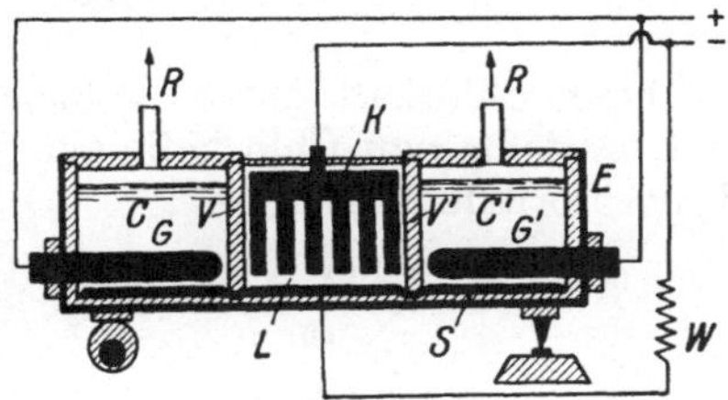

Abb. 238.
Quecksilberzelle von Castner-Kellner.

Minuspol der Stromquelle und ließ das Quecksilber ohne leitende Verbindung, benutzte es also als Mittelleiter. Hierbei oxydiert sich das Quecksilber und überzieht sich mit schwarzbraunem Quecksilberoxydul. Die von Kellner gefundene einfache Schaltungsweise, die in der Abb. 238 ebenfalls eingezeichnet ist, vermeidet das. Das Quecksilber wird direkt mit dem negativen Pol der Stromquelle verbunden, außerdem stellt man eine leitende Verbindung zwischen Eisenelektrode und Quecksilber her. In der Amalgamzerlegungskammer entsteht also ein galvanisches Element Na(Hg)/NaOH/Fe, wodurch Natrium in Lösung geht und Wasserstoff sich am Eisen entwickelt. Eine Oxydation des Quecksilbers kann bei dieser Schaltung nicht mehr eintreten. Die Castner-Kellner-Apparate sind 1,00—1,60 m lang, 0,70—1,00 m breit und etwa 15 cm hoch; sie nehmen 600—900 A auf und haben eine Betriebsspannung von 4,1 V. Die Bewegung des Quecksilbers geschieht durch eine Schaukeleinrichtung, bei größeren Castner-Kellner-Apparaten, welche 3400—12000 A aufnahmen, durch Druckluft oder durch auf- und niedergehende Stempel (Jajce). Die Quecksilberzirkulation ist eine ziemlich rasche, das Natriumamalgam nimmt nur etwa 0,2% Natrium auf. Die Castner-Kellner-Apparate arbeiten mit 95% Stromausbeute, sie geben chemisch reine konzentrierte Alkalilaugen (30° Bé). Die austretenden Chlorgase weisen bei Kohlenanoden 1% Kohlensäure auf. Die Castner-Kellner-Zellen sind aber aus den europäischen Anlagen verschwunden.

Chlorkalk.

Der Chlorkalk war früher die einzige Form, in welcher die Chlorerzeugungsindustrie ihr Produkt in den Handel bringen konnte. Durch Einführung des flüssigen Chlors ist die Bedeutung des Chlorkalks stark zurückgegangen, er wird aber immer noch in erheblichen Mengen hergestellt.

Die Herstellung des festen Chlorkalks wurde, wie S. 341 angegeben, 1799 von TENNANT eingeführt. Man stellt zwar auch heute noch sog. flüssigen Chlorkalk durch Einleiten von Chlor in Kalkmilch her, dieses Produkt läßt aber keine große Konzentration an wirksamem Chlor zu (höchstens 10%, dann entsteht Chlorat); es wird nur an Orten hergestellt, wo es direkt verbraucht werden kann, z. B. in Zellstoffabriken.

Leitet man feuchtes Chlor auf unreines, technisch erzeugtes Kalkhydrat, so erhält man Chlorkalk, d. h. ein Produkt, in welchem Calciumhypochlorit, Calciumchlorid bzw. Kalkhydrat angetroffen wird. Da diese Bestandteile aber niemals auf eine chemische Formel stimmen wollten, so hielt man den Chlorkalk bis vor kurzer Zeit für ein Gemisch. B. NEUMANN und HAUCK haben nachweisen können, daß, wenn man chemisch reines Kalkhydrat mit reinem Chlor bei Gegenwart von etwas Wasser richtig chloriert und das adsorbierte Chlor abbläst, immer ein Chlorkalk einer ganz bestimmten Formel entsteht, nämlich:

$$3\,Ca \!\!<^{Cl}_{OCl} \cdot CaO \cdot 6\,H_2O.$$

Dieser Chlorkalk hat 39% bleichendes Chlor.

Übergießt man Chlorkalk mit Salzsäure (oder Schwefelsäure), so wird das Hypochloritchlor frei.

$$3\,Ca \!\!<^{Cl}_{OCl} \cdot CaO \cdot 6\,H_2O + 8\,HCl = 4\,CaCl_2 + 3\,Cl_2 + 10\,H_2O.$$

Das frei werdende Chlor wird als bleichendes oder wirksames Chlor bezeichnet, und nach diesem Gehalte richtet sich der Handelswert des Produktes. Technischer Chlorkalk ist in diesem Sinne 35—36%ig.

Das Auftreten von $CaCl_2$ in länger aufbewahrtem Chlorkalk ist eine sekundäre Erscheinung, hervorgerufen durch nasse Kohlensäure (auch ohne Einwirkung von Licht und Luft), sei es, daß man schlecht gebrannten, carbonathaltigen Kalk verwendet hat, oder kohlensäurehaltiges Chlor. Hierdurch geht der Gehalt an bleichendem Chlor im Chlorkalk bei längerem Aufbewahren unaufhaltsam rückwärts.

Zur Herstellung von Chlorkalk verwendet man möglichst reinen, gut gebrannten Kalk, den man vorsichtig ablöscht und nachher siebt. Arbeitet man mit ganz trocknem Chlor, so läßt man etwa 4% Feuchtigkeit im Kalk, bei feuchten Gasen entsprechend weniger. Die Einwirkung von Chlor auf den Kalk geschieht in großen Chlorkalkkammern oder in mechanischen Apparaten. Die Kammern stellt man aus 2—3 cm starkem Bleiblech oder aus Beton her, sie sind 10—20 m lang, 7—12 m breit, 1,2—2,5 m hoch, werden meist, der bequemeren Entleerung und der besseren Kühlung wegen, auf etwa 2 m hohen Pfeilern aufgebaut und sind mit gut schließenden Türen und fensterartigen Löchern zur Beobachtung des Vorganges versehen. Der Boden wird asphaltiert. Man breitet auf ihm das Kalkhydrat in Schichten von etwa 20 cm Stärke aus und läßt das Gas durch die Decke eintreten; das schwere Chlor setzt sich zu Boden und wird absorbiert. Der Chlorüberschuß wird, da man zweckmäßig mit etwa vier Kammern und im Gegenstrom arbeitet, durch einen Tonventilator weiter geleitet. Die Kammern bleiben je nach den Umständen 20—60 h in Betrieb, bis man an der Farbe des Gases erkennt, daß nichts mehr absorbiert wird. Das Chlor wird dann aus der Kammer getrieben und der Chlorkalk durch trichterförmige Öffnungen im Boden direkt in Fässer gefüllt. Wesentlich beim Betrieb ist die Einhaltung einer bestimmten Temperatur in der Kammer, diese soll 45° nicht übersteigen, weil sonst das Hypochlorit in Chlorat übergeht. 100 Teile Kalk geben 160 bis 165 Teile Chlorkalk.

Um die ungesunde und unangenehme Handarbeit in den Kammern zu vermeiden, hat man mechanische Apparate ersonnen, von denen der HASEN-CLEVERsche mechanische Chlorkalkapparat am meisten verbreitet war, solange man nur das verdünnte Chlorgas des Deacon-Prozesses auf Chlorkalk verarbeitete. (Eine Beschreibung des Hasenclever-Apparates findet sich in der früheren Auflage S. 288). Für konzentriertes Elektrolytchlor war dieser aus mehreren übereinander liegenden engen Gußeisenzylindern bestehende Apparat, in welchem durch eine Art von Transportschnecken das Kalkhydrat von oben nach unten im Gegenstrom zum Chlor befördert wurde, nicht recht geeignet. Hierfür hat sich jetzt allgemein die von BACKMANN konstruierte mechanische Chlorkalkkammer, die in ihrem Prinzip einem Kiesröstofen weitgehend ähnelt, eingeführt. Abb. 239 zeigt eine solche mechanische Chlorkalkkammer in der Ausführung der Firma Krebs & Co.

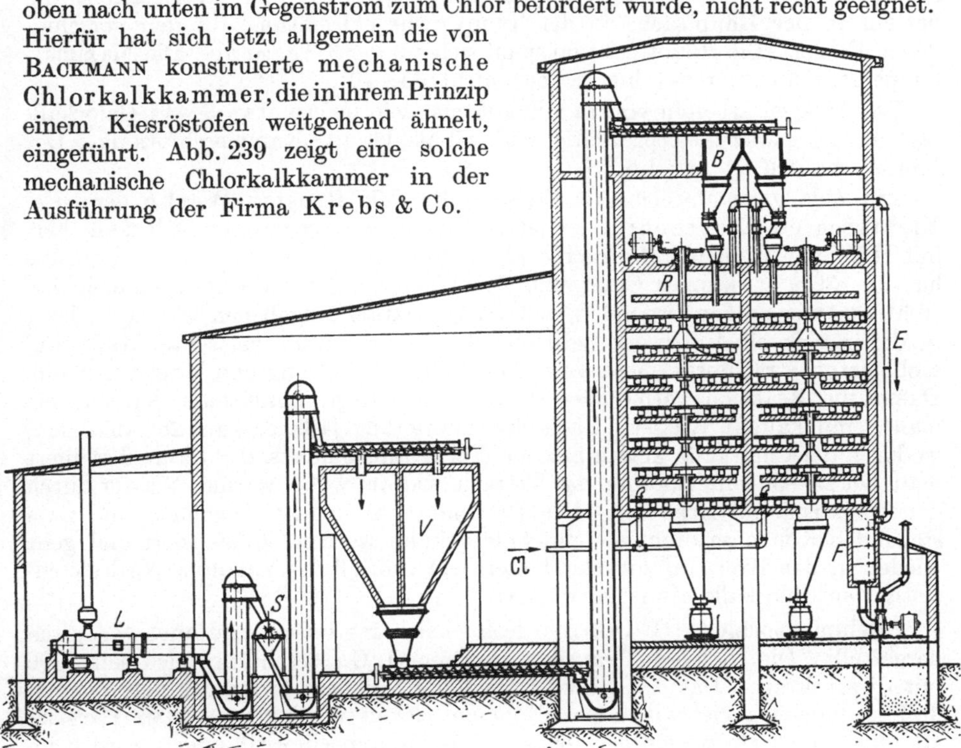

Abb. 239. Mechanische Chlorkalkkammer (Bauart Krebs & Co.).

Die mechanische Chlorkalkkammer besteht aus einem in Eisenbeton ausgeführten turmartigen Bau, dessen innere Wände zum Schutze gegen Chlorangriff mit einem Asphaltanstrich überzogen sind. Es sind 2 oder auch 4 Kammern nebeneinander gebaut. Jede Kammer weist mehrere Etagen (meist 8) übereinander auf, durch deren Mitte eine Königswelle geht, welche ähnlich, wie bei den Kiesröstöfen, Rührarme, an denen Kratzer befestigt sind, trägt. Der auf die oberste Etage aufgebrachte gelöschte Kalk durchwandert den Turm von oben nach unten, Chlor wird unten eingeführt, die Sättigung erfolgt also im Gegenstrom. Durch die Stellung der Kratzer wird das Kalkmaterial einmal nach der Peripherie, auf der nächsten Etage wieder nach der Mitte geschoben, so daß es unter beständiger Umwendung auf langem Wege dem Chlor entgegengeführt, und dadurch eine vollständige Chlorabsorption erreicht wird. Wie in der Abbildung angegeben, geht der gebrannte Kalk zuerst durch eine Kalklöschtrommel L, in der das Kalkhydrat mit einem Wasserüberschuß von höchstens 0,5% hergestellt wird, dieses wird durch einen Elevator einer Sichtmaschine S zugeführt und gelangt in den Vorratsbehälter V für das Kalkhydrat, von wo es auf den Turm in einen kleineren Behälter B befördert wird. Von hier nimmt es den Weg über die 7 Etagen und fällt als fertiger Chlorkalk unten in die Abfüllbunker. Entstehender Staub wird oben in eine Staubkammer abgesaugt. Zur Beseitigung und Regulierung der Reaktionswärme sind Kühlschlangen in die Etagenböden eingebaut. In die Chlorkalkbunker bläst man zur Beseitigung des adhärierenden Chlors Luft ein, die gleichzeitig zur Verdünnung des in die 2. oder 3. Etage eingeführten Chlors dient. Ein Exhaustor am Schlusse sorgt für schwachen Unterdruck in der ganzen Apparatur. Die Betriebskontrolle besteht in der Hauptsache in der Temperaturbeobachtung auf den verschiedenen Etagen. Die Hauptreaktion spielt sich auf der 3. Etage ab. Die Maximaltemperatur überschreitet hier jedoch nicht 35—40°.

Die Anlagen arbeiten vollständig automatisch, liefern etwa 3—4 t Chlorkalk täglich, der etwas höherprozentig sein soll als der alte Kammerchlorkalk. Der Kraftverbrauch ist nur 1,5 PS.

Auf eine ganz abweichende Weise stellen die Brescia-Werke der Soc. Elettrica ed Elettochimica jetzt einen Siclor genannten Chlorkalk her, mit Hilfe von Kohlenstofftetrachlorid, in welchem Chlor gelöst wird. Derselbe hat 38—39% wirksames Chlor und 6% Wasser. Die Fabrikationsanlage besteht aus vier großen liegenden, mit Wassermantel umgebenen Eisenzylindern, in denen sich ein Rührwerk befindet. In dieses kommt gelöschter Kalk und Kohlenstofftetrachlorid. Man setzt das Rührwerk in Gang und leitet Chlor ein. Damit die Reaktionswärme 35—40° nicht übersteigt, kühlt man den Wassermantel mit kaltem Wasser. Nach der Chlorierung läßt man auf 20° abkühlen, wodurch der Chlorkalk krystallinische Form annehmen soll. Dann destilliert man bei 25—30° im Vakuum das Tetrachlorid ab, wobei warmes Wasser durch den Wassermantel zirkuliert. Das Destillat wird in zwei liegenden und zwei stehenden Kondensatoren, die mit Sole gekühlt werden, kondensiert und geht wieder in den Kreislauf zurück. Unter dem Einfluß des Vakuums wird gleichzeitig der Chlorkalk etwas entwässert.

Calciumhypochlorit, $Ca(OCl)_2$, in fester haltbarer Form, wird auch technisch hergestellt. Die chemische Fabrik Griesheim (I. G.) beschäftigt sich seit 1906 mit dieser Frage. Das reine Hypochlorit hat vor dem Chlorkalk den Vorzug, daß es doppelt soviel wirksames Chlor entwickelt wie letzterer. Der Preis ist allerdings auch ein wesentlich höherer. Calciumhypochloritlösungen werden im Vakuum eingedampft; dabei scheiden sich zunächst basische Hypochlorite $Ca(OCl)_2 \cdot 2\,Ca(OH)_2$ und $Ca(OCl)_2 \cdot 4\,Ca(OH)_2$ aus, die, mit Chlor weiter behandelt, reines Hypochlorit liefern, welches durch verschiedene Mittel haltbar gemacht wird. Die Gehalte an wirksamem Chlor gehen bis 70—80%. Diese Präparate sind unter den Namen Perchloron, Hyporit, Caporit und Griesogen im Handel, letzteres früher als Acetylenreinigungsmittel. Auch die Mathieson Alkali Works stellen ein Kaliumhypochlorit mit etwa 63% wirksamem Chlor her.

Jetzt wird in Amerika nach einem ganz neuen Verfahren von MacMullin und M. Taylor ein hochprozentiges Calciumhypochlorit, das sog. High Test Hypochlorite (H.T.H.) hergestellt, und zwar auf dem Wege über ein eigenartiges Tripelsalz $Ca(OCl)_2 \cdot NaOCl \cdot NaCl \cdot 12\,H_2O$. Dieses Salz erhält man, wenn man ein Gemisch von 40 Teilen NaOH, 37 Teilen $Ca(OH)_2$ und 100 Teilen H_2O bei 10° chloriert.

$$4\,NaOH + Ca(OH)_2 + 3\,Cl_2 + 9\,H_2O = Ca(OCl)_2 \cdot NaOCl \cdot NaCl \cdot 12\,H_2O + 2\,NaCl.$$

Das Tripelsalz scheidet sich in großen hexagonalen Krystallen aus, die abgeschleudert werden. Zur Umwandlung des NaOCl des Tripelsalzes in $Ca(OCl)_2$ stellt man gleichzeitig ein besonderes Calciumchlorid her, indem man in eine

Kalkmilch aus 74 Teilen $Ca(OH)_2$ und 213 Teilen Wasser bei 25° 71 Teile Chlor einleitet.

$$2\,Ca(OH)_2 + 2\,Cl_2 \rightleftharpoons Ca(OCl)_2 + CaCl_2 + 2\,H_2O\,.$$

Diese Lösung kühlt man auf 10° ab und trägt soviel von dem Tripelsalz ein, daß dessen Menge für die Umsetzung

$$2\,NaOCl + CaCl_2 = 2\,NaCl + Ca(OCl)_2$$

ausreicht. Beim Erwärmen auf 16° geht dann die Umsetzung in der gewünschten Weise vor sich, wobei das ganze Gemisch zu einer festen Masse erstarrt. Das Tripelsalz geht dadurch in das Dihydrat $Ca(OCl)_2 \cdot 2\,H_2O$ über.

$$Ca(OCl)_2 \cdot NaOCl \cdot NaCl \cdot 12\,H_2O + {}^1/_2\,CaCl_2 = 1{}^1/_2\,Ca(OCl)_2 \cdot 2\,H_2O + 2\,NaCl + 10\,H_2O.$$

Man trocknet die Masse im Vakuum und erhält so ein Produkt mit 65—70% $Ca(OCl)_2$. Das beigemengte Kochsalz wird nicht entfernt.

Die Welterzeugung an Chlorkalk betrug 1799: 52 t, 1852: 13100 t, 1886: 136000 t, 1900: 200000 t, 1905: 260000 t, 1909: 300000 t (das Chlor lieferte zur Hälfte das Elektrolytchlor, zur Hälfte das Weldon- und Deacon-Chor). Deutschland erzeugte 1900: 50000 t, 1905: 85000 t, 1911: 100000 t (70% aus Elektrolytchlor). Die Chlorkalkproduktion ist weiter nicht zu ermitteln, sie ist überall zugunsten des flüssigen Chlors zurückgegangen. Man schätzt die Welterzeugung an Chlorkalk für 1936 auf 350000 t. Ein lebhaftes Bild dieser Verschiebung ergibt sich aus der amerikanischen Statistik:

	Chlorkalk t	Flüssiges Chlor t	Natriumhypochlorit t
1923	146 975	62 700	10 939
1925	115 438	83 200	15 392
1927	110 527	117 500	14 697
1929	91 116	199 500	26 772
1931	59 603	184 000	32 323
1935	—	139 000	—

Flüssiges Chlor. Die Verflüssigung von Chlor ist schon S. 47 beschrieben. Die Gesamterzeugung der Welt an Chlor wird für 1936 zu 600000—700000 t angenommen, davon sind 500000 t flüssiges Chlor.

Hypochloritbleichlaugen.

Die von BERTHOLLET eingeführte Kaliumhypochloritlauge (Eau de Javel) war die älteste Form einer zum Bleichen geeigneten Chlorverbindung. LABARRA-QUE benutzte die entsprechende Natriumverbindung. Diese Verbindung entsteht sehr leicht auf chemischem Wege durch Einleiten von Chlor in Natronlauge.

$$Cl_2 + 2\,NaOH = NaOCl + NaCl + H_2O.$$

Verwendet man einen Chlorüberschuß, so entsteht freie unterchlorige Säure

$$NaOCl + Cl_2 + H_2O = NaCl + 2\,HOCl\,.$$

Man muß jedoch bei der Herstellung von Natriumhypochlorit die Temperatur ziemlich niedrig halten, sonst findet eine Umsetzung zu Chlorat statt.

$$3\,NaOCl \rightarrow NaClO_3 + 2\,NaCl\,.$$

Leitet man Chlor in Sodalösung, so entsteht freie unterchlorige Säure

$$Na_2CO_3 + Cl_2 + H_2O = NaCl + NaHCO_3 + HOCl\,.$$

Natriumhypochloritlösungen erhält man auch durch Umsetzung von Chlorkalk mit Soda- oder besser Natriumbicarbonatlösungen.

Diese chemischen Methoden der Gewinnung von Hypochloritlaugen sind im technischen Bleichereibetriebe durch die elektrolytische Herstellung von Bleichlaugen ersetzt worden.

Die ersten Versuche zur elektrolytischen Erzeugung solcher Bleichflüssigkeiten machte HERMITE 1883; er zerlegte zuerst Lösungen mit 5% Chlormagnesium, später solche mit 5% Chlornatrium und 1% Chlormagnesium, und zwar zwischen Platinanoden und Zinkkathoden. Das Hermite-Verfahren war bis in die 90er Jahre in Gebrauch, wurde dann aber durch bessere Verfahren verdrängt. Später sind eine große Anzahl verschiedener Apparatkonstruktionen bekannt geworden, von denen aber nur drei eine größere Bedeutung erlangt haben und noch gebaut werden; es sind dies die Systeme Siemens & Halske (Kellner & Thiele), Schuckert & Co., Haas & Oettel und Kellner (das System Schoop ist eingegangen), die entweder mit Platinelektroden, oder mit Platin und Kohle, oder nur mit Kohleelektroden arbeiten. Elektrolytisch hergestellte Bleichlaugen haben den Vorzug, daß sie keinen Alkaliüberschuß enthalten, der auf die Faser schädlich wirkt, sie lassen sich aber technisch nur in beschränkter Konzentration mit Aufwendung eines großen Salzüberschusses herstellen. Diese Laugen sind für Wäschereien, Baumwollbleichereien sehr geeignet, auch für Strohstoff, wo nur Konzentrationen bis etwa 10 g Chlor im Liter nötig sind; bei größeren Anforderungen an die Konzentration, 50—80 g/l, wie sie z. B. die Papierfabrikation bei Zusätzen im Holländer verlangt, erzeugt man besser Chlor und leitet dieses in Absorptionstürmen in Kalkmilch.

Die Vorgänge bei der elektrolytischen Herstellung von Natriumhypochloritlösungen sind folgende: Man elektrolysiert eine 10—15%ige Kochsalzlösung ohne Diaphragma. Im ersten Moment treten Chlorionen an die Anode und Natriumionen bilden an der Kathode unter Wasserstoffentwicklung Natronlauge.

$$\text{Na}^{\cdot} + \text{H}^{\cdot}\text{OH}' = \text{Na}^{\cdot}\text{OH}' + \text{H}^{\cdot}.$$

Das an der Anode entwickelte Chlor wirkt nun auf die Natronlauge

$$\text{Cl}_2 + \text{Na}^{\cdot}\text{OH}' = \text{Na}^{\cdot}\text{Cl}' + \text{HOCl}$$

unter Bildung fast undissoziierter unterchloriger Säure; diese wieder gibt mit Natronlauge dissoziiertes Natriumhypochlorit und Wasser

$$\text{HOCl} + \text{Na}^{\cdot}\text{OH} = \text{Na}^{\cdot}\text{OCl}' + \text{H}_2\text{O}.$$

Bei fortschreitender Dauer der Elektrolyse gelangen natürlich nicht nur Cl'-Ionen an die Anode, sondern auch Hypochlorit- und Hydroxylionen, diese sind sogar leichter entladbar als die Chlorionen, sie drücken, wenn man ihre Entladung nicht erschwert oder verhindert, die Stromausbeute, die nur auf die Entladung von Chlorionen berechnet ist, stark herunter. Diese Verluste versucht man durch hohe Salzkonzentration, durch Erhöhung der anodischen Stromdichte, auch durch Ausbildung ruhender Schichten an der Anode (Siemens & Halske) einzuschränken. Hierdurch wird bewirkt, daß in der Umgebung der Anode freies Chlor auftritt, welches die Hypochloritionen in undissoziierte unterchlorige Säure überführt.

$$\text{Cl}_2 + \text{Na}^{\cdot}\text{OCl}' + \text{H}_2\text{O} = \text{Na}^{\cdot}\text{Cl}' + 2\,\text{HOCl}.$$

Beträchtliche Hypochloritverluste treten noch infolge der Reduktion durch Wasserstoff an der Kathode ein:

$$\text{Na}^{\cdot}\text{OCl}' + 2\,\text{H}^{\cdot} = \text{Na}^{\cdot}\text{Cl}' + \text{H}_2\text{O}.$$

Um den Zutritt des Hypochloritions zur Kathode zur erschweren, macht man Zusätze von Kalksalzen oder Natronharzseife (Schuckert), wodurch man dünne Ablagerungen von Kalkhydrat bzw. Harz auf der Kathode erzielt. Bei höherer Temperatur entstehen auch noch Hypochloritverluste dadurch, daß sich dieses mit unterchloriger Säure zu Chlorat umsetzt

$$Na\cdot OCl' + 2\,HOCl = Na\cdot ClO_3' + 2\,H\cdot Cl'.$$

Man muß also bei der praktischen Durchführung auch für gute Kühlung sorgen.

Von typischen Bleichapparaten sollen hier nur die von Siemens & Halske und von Schuckert kurz beschrieben werden. Der von Siemens & Halske nach Patenten von KELLNER gebaute Bleichelektrolyseur zeichnet sich durch horizontale Anordnung der Elektroden aus, die aus Platin-Iridium-Drahtnetz bestehen. Wie Abb. 240 zeigt, ist eine langgestreckte Beton- oder Sandsteinzelle g

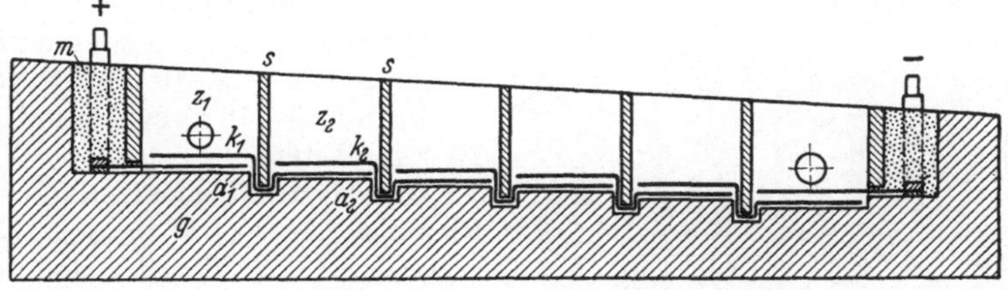

Abb. 240. Bleich-Elektrolyseur von Siemens & Halske.

durch eine Anzahl Glasplatten s in mehrere Abteilungen zerlegt. In der ersten Zelle z_1 liegt am Boden, verbunden mit der Stromzuleitung m, die Anode a_1, über derselben breitet sich, getrennt durch Glasstäbe, die Kathode k_1 aus, diese geht unter der Glasplatte s hindurch und bildet in Zelle z_2 die Anode usw., die letzte Kathode ist dann wieder mit der Stromleitung verbunden. Die zu zersetzende Salzlösung setzt durch die in Zelle z_1 sichtbare Öffnung rechts (von oben gesehen) ein, fließt nach links, tritt dort durch seitliche Krümmer oder durch Ausschnitte in der Glasplatte in das 2. Abteil, durchfließt dieses, tritt

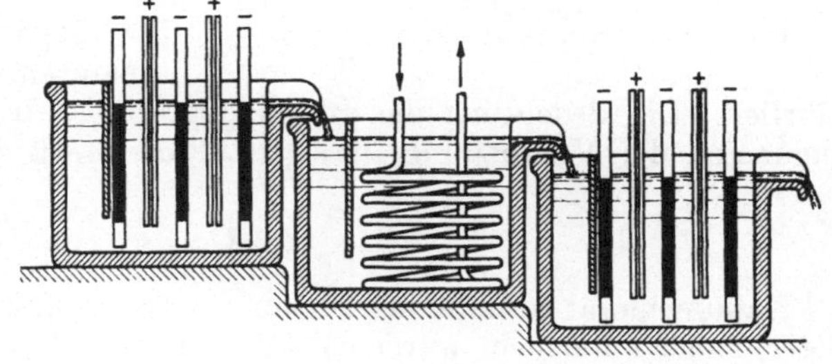

Abb. 241. Bleich-Elektrolyseur, System Schuckert.

rechts ebenso aus und gelangt in das 3. Abteil usw. Schließlich fließt die Lauge in ein mit Kühlschlangen ausgerüstetes Kühlbassin, wird von dort wieder in den Apparat gepumpt und durchfließt diesen, bis die gewünschte Konzentration erreicht ist.

Der Bleich-Elektrolyseur, System Schuckert, gehört zu den Platin-Kohleapparaten; die Kathoden bestehen aus Kohle, die Anoden aus Platinfolie. Diese dünnen Folien sind seitlich durch je zwei Kohlenstäbe festgeklemmt. Abb. 241 zeigt eine Ausführung für größere Leistungen von 500 A aufwärts. Die Salzlösung fließt links oben ein, wird gezwungen, durch die Scheidewand und Ausschnitte in den Kohlen schlangenförmig auf- und abzusteigen, tritt dann in ein Kühlgefäß usw.; bei kleineren Apparaten sind Kühlschlangen zwischen die einzelnen Elemente eingebaut. — Das System Haas-Oettel wird nur für kleinere Leistungen gebaut, es arbeitet ausschließlich mit Kohleelektroden (Abb. 242). In einem länglichen Troge liegt vorn und hinten eine Kühlschlange, in der Mitte findet sich ein aus Kohleplatten bestehender Körper, in welchem durch dünne Kanäle am Boden die Lauge eintritt, diese wird durch die aufsteigenden

Wasserstoffbläschen mit nach oben geführt und fließt durch dünne Kanälchen wieder ab. Der Apparat nimmt nur 60 A auf, die Abnutzung soll bei längerem Betriebe ziemlich groß sein.

Man arbeitet allgemein mit Salzlösungen von 10—15 kg in 100 l und stellt meist Hypochloritlösungen mit etwa 10 g wirksamem Chlor im Liter her, obwohl es keine Schwierigkeiten macht, in den beiden erstgenannten Apparaten Laugen mit 20 g Chlor und mehr zu erhalten; bei Herstellung von Bleichlaugen mit 20 g Chlor ist der Salzverbrauch für 1 kg bleichendes Chlor rund 6 kg, der Kraftverbrauch 6—6,7 kWh; die Zellenspannung beträgt rund 6 V, die Stromausbeute 65—75%. Reine Kohlenapparate arbeiten ungünstiger.

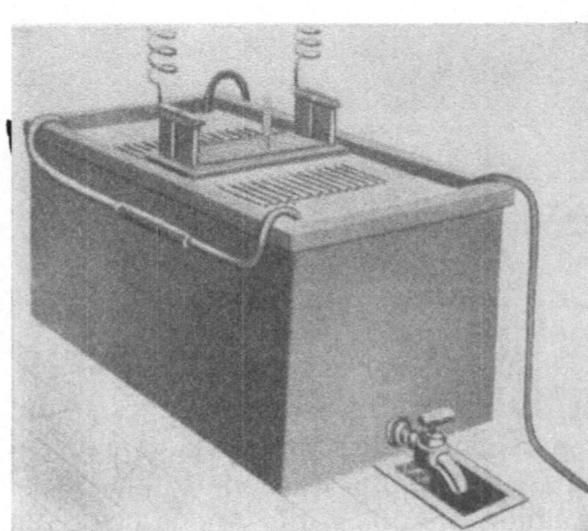

Abb. 242.
Bleich-Elektrolyseur von Haas & Oettel.

Die Textilbleiche verwendet Bleichlaugen mit 2—6 g, die Zellstoffbleiche solche mit 9—12 g, selten mit 18 bis 20 g im Liter.

Die elektrolytische Herstellung von Bleichlaugen hatte großen Umfang angenommen. In Wäschereien, Spinnereien, Webereien usw. werden Hypochloritlösungen zum Bleichen von Geweben, Spitzen, Tüll, Kunstseide, Leinen und Baumwollstoffen, in der Papier- und Zellstoffindustrie für Baumwoll- und Leinenhalbstoffe, Sulfit- und Natroncellulose gebraucht. Die Hypochloriterzeugung in Bleichapparaten ersetzt 15000 t Chlorkalk jährlich. Die Bedeutung der Bleichapparate ist in den letzten Jahrzehnten zugunsten der Verwendung flüssigen Chlors stark zurückgegangen.

Chlorat.

Kaliumchlorat kannte man schon zu GLAUBERS Zeit, hielt es aber für Salpeter, näher untersucht wurde es 1786 von BERTHOLLET. Als Methode zur Herstellung sättigte man nach GAY-LUSSAC Kalilauge mit Chlor, wobei sich Hypochlorit bildet:

$$6\ KOH + 3\ Cl_2 = 3\ KOCl + 3\ KCl + 3\ H_2O,$$

welches sich dann beim Erhitzen in Chlorat umwandelt

$$3\ KOCl = KClO_3 + 2\ KCl.$$

Bei dieser Darstellungsweise erhält man $^5/_6$ des Kaliums als wertloses Kaliumchlorid. LIEBIG arbeitete ein besseres Verfahren aus, welches 1847 in England eingeführt wurde und welches überall in Anwendung war, bis die elektrolytische Herstellung von Chlorat dieses Verfahren verdrängte. Nach dem LIEBIGschen Verfahren leitet man Chlor in Kalkmilch; das zunächst entstehende Hypochlorit setzt sich beim Erhitzen auf 60—70° vollständig in Chlorat um.

$$6\ Ca(OH)_2 + 6\ Cl_2 = Ca(ClO_3)_2 + 5\ CaCl_2 + 6\ H_2O.$$

Die klare, Calciumchlorat und Calciumchlorid enthaltende Lauge dampft man etwas ein und setzt sie mit überschüssigem Kaliumchlorid um:

$$Ca(ClO_3)_2 + 2\ KCl = CaCl_2 + 2\ KClO_3,$$

konzentriert auf 40° Bé und läßt das Rohchlorat auskrystallisieren, welches durch nochmaliges Umkrystallisieren raffiniert wird. WIDNES und ST. HELENS in

England waren 1870—1890 die Zentren der Chloratherstellung. Durch Einführung der Elektrolyse haben sich die Verhältnisse aber ganz verschoben, die Fabrikation zog sich nach Orten mit billigen Wasserkräften hin (Schweiz, Savoyen, Norwegen). Heute wird fast das ganze erzeugte Chlorat durch Elektrolyse gewonnen. Daneben wird die chemische Umsetzung aber auch noch in geringem Umfange ausgeübt, nämlich zur Beseitigung und Verwertung von Chlor-Restgasen aus Elektrolysenbädern, Chlorkalkkammern und Chlorkompressoren.

Die Bildung von Chlorat durch Elektrolyse einer heißen Kalimchloridlösung beobachtete zuerst WATT 1851, zu einem industriellen Verfahren bildeten aber erst 1884 GALL und MONTLAUR diese Herstellungsmethode aus, welche 1886 in Villers-Sainte-Sepulcre (Schweiz) zur praktischen Ausführung kam. Man arbeitete anfänglich mit Platiniridiumanoden und Eisenkathoden, die horizontal eingebaut waren, auch verwendete man Diaphragmen; seit etwa 1897 ist das Diaphragma weggefallen (CARLSON), die Elektroden hängen vertikal in den Bädern.

Man verwendet jetzt allgemein offene Zellen mit stehenden Elektroden, an Stelle des früher stets als Anode dienenden Platins kommen Acheson-Graphitanoden und Magnetitelektroden in Anwendung, die sich in der chromathaltigen Lauge ganz gut halten sollen; als Kathodenmaterial benutzt

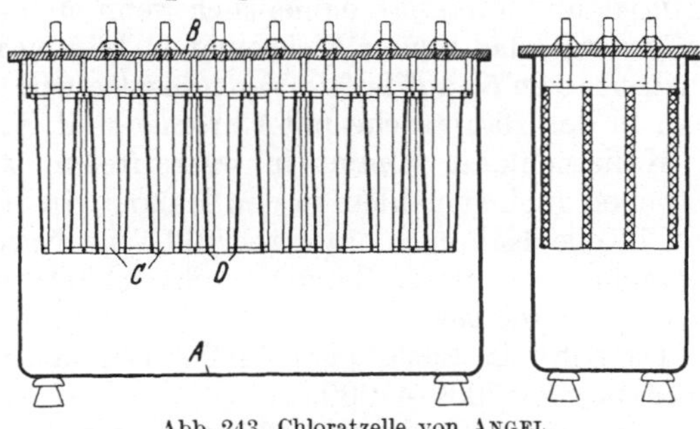

Abb. 243. Chloratzelle von ANGEL.
(Nach ENGELHARDT: Technische Elektrochemie.)

man Eisen oder Nickel. Man verwendet in der Regel Lösungen mit 25% Chlorkalium, elektrolysiert, bis die Lösungen nahezu mit Chlorat gesättigt sind, zieht die Laugen ab, läßt Chlorat auskrystallisieren (200—250 g/l), sättigt die Mutterlauge wieder mit Chlorkalium und führt dieses wieder in den Betrieb. Bei der Natriumchloratgewinnung muß man wegen der großen Löslichkeit dieses Salzes im Bade Natriumchlorid nachsetzen und solange elektrolysieren, bis die Lauge bei der hohen Temperatur (70°) etwa 75 g im Liter hält. In neueren Chloratbädern, z. B. in der vorstehend im Schnitt abgebildeten Zelle von ANGEL (Abb. 243), arbeitet man auch mit kontinuierlichem Zu- und Abfluß des Elektrolyten.

Die Bäder bestehen aus Eisenblech A und sind kathodisch angeschlossen. Als Anodenmaterial verwendet man nur noch Graphit oder Magnetit C, als Kathodenmaterial Eisen. ANGEL verwendet Eisendrahtnetze D, die unten näher an die Graphitelektroden herantreten als oben, um die Stromdichte gleichmäßiger zu gestalten. Die Bäder sind durch einen Deckel aus Steinzeug B geschlossen.

Die Anodenstromdichte betrug bei Platin bis 5000 A/m², bei den Graphitelektroden geht man der Haltbarkeit wegen bei einer Badtemperatur von 40 bis 55° auf 300—500 A, bei Magnetitanoden auf 200—300 A herunter. Bei Magnetit- (und Platin-) Elektroden verwendet man Badtemperaturen von 60—80°. Die Spannung an den Bädern betrug bei Platin 4,5—5,5 V, sie ist bei Graphit- und Magnetitelektroden im Mittel 6,3 V. Die Stromausbeuten schwanken zwischen 75 und 95%. Die Erwärmung der Bäder geschieht durch den Strom. Der Energieverbrauch für 1 kg $KClO_3$ beträgt etwa 6 kWh, ist also sehr hoch, daher ist die Großfabrikation an billige Wasserkräfte gebunden.

Die Firma Krebs & Co. baut jetzt ebenfalls elektrolytische Chloratanlagen und hat größere Betriebe in Legnano (Italien) und in Chesterfield (England) in Gang gesetzt. In den Zellen werden Eisenbleche als Kathoden, Magnetitrohre oder imprägnierte Graphitelektroden als Anoden verwendet. Die Zellen sind mit 10000—12000 A belastet, die Badspannung beträgt 3,2 V, die Temperatur ist 44°, die Laugenkonzentration wird bei Natriumchloratherstellung auf 300 g NaCl/l eingestellt, das Kilogramm $NaClO_3$ erfordert 7 kWh.

Die elektrolytische Bildung von Chlorat geht auf dem Wege über Hypochlorit vor sich; infolgedessen muß die Gegenwart freier unterchloriger Säure für die Chloratlösung sehr günstig wirken. Ein Säurezusatz befördert daher die Chloratbildung dadurch, daß er unterchlorige Säure aus dem Hypochlorit frei macht und die anodische Sauerstoffentwicklung herabsetzt; die Stromausbeute steigt bis über 90%. (Merkwürdigerweise wirkt ein geringer Alkalizusatz ganz ähnlich.) Die Stromausbeute wird auch verbessert durch Erzeugung einer dünnen Kalkmembran auf der Kathode (OETTEL), wodurch die kathodische Reduktion zurückgeht; noch günstiger wirkt ein Zusatz von Kaliumchromat (IMHOFF und MÜLLER), namentlich wenn man durch Salzsäurezusatz (LEDERLIN) dafür sorgt, daß immer Bichromat in Lösung ist. Durch diese Zusätze stieg die Ausbeute von 50 auf 90%. Vanadinsalze wirken ähnlich. In der Praxis arbeitet man in der Hauptsache mit Chromat und Salzsäurezusatz.

Kaliumchlorat kommt in wasserfreien, weißen, durchsichtigen Täfelchen, bisweilen auch gemahlen, in den Handel. In 100 Teilen Wasser lösen sich bei 20° nur 7 Teile Kaliumchlorat, aber 99 Teile Natriumchlorat. Kaliumchlorat wird verwendet zur Herstellung von Streichhölzern und von Sprengstoffen, in der Feuerwerkerei usw.

Die Schweiz erzeugt etwa 40000 t Chlorat, Schweden 10000 t, Savoyen 3500 t, Nordamerika 3000—4000 t.

Perchlorat.

Kaliumperchlorat entsteht beim Schmelzen von Kaliumchlorat, technisch wird es aber nur durch Elektrolyse gewonnen. STADION beobachtete zuerst 1816 die Bildung von Perchlorat bei der Elektrolyse einer Chloratlösung, näher studiert wurden die Verhältnisse von HABER, FÖRSTER und WINTELER. Aus Chloridlösungen ist kein Perchlorat zu erhalten, diese müssen erst in Chlorat übergeführt sein. Chlorationen gehen an der Anode unter Aufnahme von zwei positiven Ladungen in Perchlorat über.

$$2\,ClO_3' + H_2O = HClO_4 + HClO_3.$$

Man verwendet als Anodenmaterial Platin, als Kathoden am besten Eisen, und elektrolysiert konzentrierte Chloratlösungen bei tiefer Temperatur mit Stromdichten an der Anode von 40—70 A/dm², an der Kathode von 10—20 A/dm². Die Elektrolyseure sind denen der Chloratherstellung ähnlich. Durch Ansäuerung oder Chromatzusatz kann man, wie bei der Chloratherstellung, die Ausbeuten bis auf 90% bringen. Kaliumperchlorat ist schwer löslich und wird durch Zusatz von Kaliumchlorid aus der Lauge ausgefällt; Natriumperchlorat ist zerfließlich und wird für sich nicht gewonnen. Man elektrolysiert aber $NaClO_3$ und setzt nachher die Perchloratlösung mit KCl bzw. NH_4Cl zu Kalium- bzw. Ammonperchlorat um. Perchlorate werden in ziemlichen Mengen für die Sprengstoffindustrie und Feuerwerkerei erzeugt.

Perchlorat wird in der Hauptsache in Schweden, Frankreich und Deutschland hergestellt, die ganze Produktion beträgt nur ein paar 1000 t.

Neuere Literatur.

BILLITER: Technische Elektrochemie, Bd. 2. 1924. — BILLITER: Die technische Chloralkali-Elektrolyse. 1924. — ENGELHARDT: Handbuch der technischen Elektrochemie, Bd. II/1 u. II/2. 1933. — FÖRSTER: Elektrochemie wäßriger Lösungen, 3. Aufl. 1922. — MÜLLER: Elektrochemie nichtmetallischer Stoffe. 1937. — MUSPRATT-NEUMANN: Enzyklopädisches Handbuch der technischen Chemie, Erg.-Bd. II/1: Chlor, Chlorkalk, Chloralkali-Elektrolyse. 1926. — ULLMANN: Enzyklopädie der technischen Chemie, 2. Aufl., Bd. 3: Chlor, Chloralkali-Elektrolyse, Chlorkalk. 1929. — WAESER: Alkalien und Erdalkalien (Chlorkalk). 1931.

Soda. Ätznatron. Natriummetall.

Soda.

Natürliche Soda.

Kohlensaures Natrium findet sich in verschiedenen Mineralien und als Auswitterungsprodukt in vulkanischen Gesteinen, ferner in manchen Mineralwässern (Karlsbad, Vichy, Aachen), es sammelt sich in großen Mengen in Natronseen und scheidet sich in deren Nähe vielfach in Krusten ab, oder die ganzen Seen vertrocknen und hinterlassen Salzkrusten eines stark verunreinigten Produktes. Diese „natürliche Soda", bekannt unter dem Namen: Natron, Trona, Urao, ist stets ein mehr oder weniger mit erdigen, teilweise auch roten organischen Substanzen verunreinigtes Gemenge von Natriumcarbonat mit Bicarbonat, Sulfat und Chlorid. Die reine Trona ist eine Soda der Formel $Na_2CO_3 \cdot NaHCO_3 \cdot 2\,H_2O$ (sog. Vierdrittelcarbonat $3\,Na_2O \cdot 4\,CO_2 \cdot 5\,H_2O$). Einige dieser Vorkommen waren ehemals für den Handel von großer Wichtigkeit, da sie in früheren Jahrhunderten die einzige Bezugsquelle für Soda bildeten. Das älteste bekannte Sodavorkommen dieser Art ist das von Wady Atrun oder Natrun in Unterägypten, es liegt 40 km westlich vom Nil in einer Bodensenkung, unter dem Meeresspiegel, und besteht aus 11 einzelnen Seen mit einer Seefläche von 1200 ha, die keinen Abfluß haben. Das zufließende sodahaltige Wasser (mit 0,0377% Soda) verdunstet, wodurch ein jährlicher Zuwachs von etwa 15000 t Soda erfolgt. Die im Wadygebiet aufgespeicherten Natriumsalze („gem natron" oder „Sultani" mit 37% Na_2CO_3 und 29% $NaHCO_3$ und „Kortay" mit 36% Na_2CO_3 und 17% $NaHCO_3$) schätzt man auf $2^1/_2$ Mill. t. Dieses Sodavorkommen hat den alten Ägyptern schon vor 4000 Jahren den Rohstoff für ihre Glaserzeugung geliefert. Auch heute noch werden große Mengen davon exportiert. Ähnliche Vorkommen finden sich in Armenien, in der Mandschurei, in Tibet, in Indien, im ungarischen Steppengebiet, in Südafrika, in Mittel- und Südamerika. Besonders in Nordamerika gibt es einige ganz gewaltige Natronseen, so der Mono-Lake und namentlich der Owens-Lake, beide in Kalifornien. Letzterer hat eine Fläche von 28500 ha, ist 15 m tief und hält etwa 50 Mill. t Soda. Der Sodagehalt des Mono-Lakes ist noch größer, etwa 90 Mill. t. Das Wasser des Owens-Lakes enthält 27,9 g Soda und 4,4 g Bicarbonat neben 11 g Sulfat und 31,4 g Chlorid im Liter; es wird zum Zwecke der Sodagewinnung in Verdunstungsbecken bis zur Krystallisation eingeengt und gibt eine Ware mit 49% Na_2CO_3 und 30,6% $NaHCO_3$, welche geglüht eine etwa 70%ige Soda liefert. 1902 wurden schon 22000 t dieser natürlichen Soda in den Handel gebracht. Auch heute noch geht ein Teil dieser unreinen Soda nach San Franzisko in die Erdölraffinerien. Man stellt aber auch reine Soda her, indem man die Salzkrusten in Seewasser löst, an der Sonne bis zu einer gewissen Konzentration eindampfen läßt, Kohlensäure einleitet, das gebildete Bicarbonat abfiltriert und dieses im Drehrohrofen calciniert. Der Owens- und Searles-See lieferten 1920: 25392 t, 1925: 45910 t, 1929: 102900 t, 1931: 78530 t, 1934: 88325 t Soda, die größtenteils in die Glasindustrie ging. Das bedeutendste Vorkommen von Natursoda jedoch ist der Magadi-See in Britisch-Ostafrika, nicht weit von der Grenze von Deutsch-Ostafrika. Der Magadi-See wurde 1904 entdeckt, man schätzt den Sodavorrat auf 200 Mill. t. Die Salzkrusten liegen direkt auf dem Grundschlamm auf, sie enthalten neben Soda (Trona) noch Natriumchlorid und Natriumsulfat. Das Natrium stammt aus mächtigen Nephelinablagerungen (Natriumaluminiumsilicate), aus denen durch Kohlensäure und Wasser das Natrium herausgelöst wurde. Die Sodagewinnung und die Ausfuhr begann 1916 (2163 t), sie stieg

1920/21 auf 12 829 und erreichte 1930: 42 270 t, 1931: 44 170 t. Der größte Teil davon geht nach Japan und Indien; merkwürdigerweise wird jetzt aber auch Magadi-Soda in Deutschland angeboten, und zwar zu billigeren Preisen als Solvay-Soda. Die Salzkrusten werden nur sorgfältig gewaschen und dann calciniert; sie ergeben eine Soda von etwa 96% mit weniger als 0,7% Kochsalz. Im Moschi-Distrikt in Deutsch-Ostafrika soll sich ein ähnlicher Sodasee befinden, dessen Sodavorrat auf 70 Mill. t geschätzt wird. Bei Prätoria in Südafrika wurde auch eine Natursoda-Lagerstätte ausgebeutet, die 1912: 21 000 t Soda lieferte, das Vorkommen soll aber seit 1919 erschöpft sein.

Soda aus Pflanzenaschen.

Die meisten Landpflanzen enthalten vorwiegend Kali und hinterlassen beim Verbrennen Pottasche, gewisse Arten jedoch hauptsächlich Salsola- und Salicorniaarten, auch Chenopodien, die in der Nähe von Salzsteppen oder am Meeresstrande wachsen, enthalten größere Mengen Natrium in Form von Oxalat und Tartrat, und liefern beim Einäschern Natriumcarbonat. Diese Art der Sodagewinnung durch Einäschern der an der Sonne getrockneten Pflanzen in Gruben wurde namentlich an den Küsten des Mittelmeeres (Sizilien, Sardinien, Spanien, Marokko), auch in den Steppen Südrußlands und in Armenien in größerem Maße betrieben. Die Pflanzen wurden zu diesem Zwecke eigens angebaut. Die beim Verbrennen in der Grube verbleibende geschmolzene Masse wurde in Stücken ausgebrochen und ging so in den Handel. Die beste Sorte war die spanische von Alicante, Barilla genannt. Der Name Barilla wurde aber später ganz allgemein als Bezeichnung für Pflanzensoda üblich. Diese harten, gesinterten, graublauen Massen hatten etwa 30% Natriumcarbonat, französische Salicor von Narbonne hielt nur 14—15%, die nordfranzösischen und schottischen Sorten, die durch Verbrennen von Tangen (Fucus- und Laminariaarten) hergestellt waren und unter dem Namen Varek- bzw. Kelpsoda gingen, waren noch ärmer (4—10% Soda). Spanien hatte in der ersten Hälfte des vorigen Jahrhunderts noch eine ziemlich bedeutende Ausfuhr (1834: 11 000 t) an Barilla, diese hat aber in den 60er Jahren aufgehört. Pflanzensoda war vom 15. Jahrhundert bis Anfang des 19. Jahrhunderts in Europa die hauptsächlichste Sodaquelle. Die berühmte venezianische Glasindustrie verwendete ausschließlich Pflanzensoda. Heute findet Pflanzensoda nur noch örtliche Verwendung.

Künstlich hergestellte Soda.

Schon im Altertum war ein größerer Bedarf an Alkali für Zwecke der Seifenfabrikation, später auch für die Glaserzeugung, vorhanden. Dieser Bedarf wurde einerseits durch Pottasche, andererseits durch die natürliche Soda gedeckt. Ägypten versah das römische Reich sowohl mit milder (Carbonat), wie mit ätzender (kaustischer) Soda. Die um Memphis blühende Industrie ging aber später zurück und Europa verwendete nur noch Barilla (Pflanzensoda) und Pottasche, am meisten letztere, weil ihre Gewinnung aus Holzasche viel billiger war. Schließlich aber genügten diese Quellen den wachsenden Ansprüchen der Technik nicht mehr. 1775 setzte die französische Akademie der Wissenschaften einen Preis von 12 000 Livres aus für die Lösung der Frage, wie man am besten das überall billig zu beschaffende Kochsalz in Soda umwandeln könne. Die Preisaufgabe gab die Anregung zu mehreren Verfahren, die sich aber nicht als lebensfähig erwiesen. MALHERBE schlug vor, Kochsalz mit Schwefelsäure in Natriumsulfat zu verwandeln und dieses mit Kohle und Eisen zu glühen. DE LA MÉTHERIE wollte durch Glühen von Glaubersalz mit Kohle Soda herstellen, das Reaktionsprodukt sollte in Acetat übergeführt und dieses durch Glühen in Soda verwandelt werden. Dieser undurchführbare Vorschlag gab 1787 NICOLAUS LEBLANC die Anregung zu seinem Verfahren, durch Zusatz von Kalkstein das Ziel zu erreichen. 1791 erhielt er ein Patent und setzte eine Fabrik in Betrieb, die täglich 250—300 kg Soda lieferte; sie wurde aber während der Revolution auf Befehl des Wohlfahrtsausschusses 1794 geschlossen, das Inventar verkauft und das Verfahren öffentlich preisgegeben; aus Verzweiflung legte 1806 LEBLANC, der Begründer der chemischen Großindustrie, völlig verarmt, Hand an sein Leben. Das LEBLANCsche Sodaverfahren entwickelte sich zu einem der erfolgreichsten chemischen Verfahren; es hat ein Jahrhundert lang den größten Teil des Weltbedarfs an Soda und Alkali, Salzsäure und Chlor geliefert. 1806 kam in Payen bei Paris eine Leblanc-Sodafabrik in Betrieb und in den nächsten Jahren folgten einige weitere in Frankreich, 1814 ging das Verfahren nach England, wo es später zur größten Blüte gelangte. Erst 1843 wurde die Hermania in Schönebeck bei Magdeburg als erste Sodafabrik in Deutschland erbaut, der bald die Rhenania in Aachen folgte. Diese war in Deutschland die letzte Fabrik, die nach dem Leblanc-Sodaverfahren (1913) noch etwas Soda herstellte. 1880 waren bei uns 21 Leblanc-Sodafabriken in Betrieb, 1906 nur noch 3, die Hermania hörte 1904 auf, Soda zu fabrizieren, 1906 wurde die große Sodafabrik in Aussig stillgelegt. In England, dem klassischen Lande der chemischen Großindustrie, wurden zwischen 1890 und 1918 alle Leblanc-Sodafabriken abgerissen, da das Verfahren gegen die Ammoniaksoda nicht mehr konkurrenzfähig war.

Der Leblanc-Prozeß kann, wenn man den Chance-Claus-Prozeß noch dazu rechnet, als idealer Kreisprozeß angesehen werden, in den nur Kochsalz, Kohlensäure (in Form von Kalk) und Wasser eingeführt werden und bei dem als Endprodukte nur Soda und Salzsäure erscheinen:

$$2\,NaCl + H_2SO_4 = Na_2SO_4 + 2\,HCl$$
$$Na_2SO_4 + 2\,C = 2\,CO_2 + Na_2S$$
$$Na_2S + CaCO_3 = CaS + Na_2CO_3$$
$$CO_2 + H_2O + CaS = CaCO_3 + H_2S$$
$$\underline{H_2S + 2\,O_2 = H_2SO_4}$$
$$2\,NaCl + CO_2 + H_2O = 2\,HCl + Na_2CO_3$$

In der Praxis weist der Leblanc-Prozeß aber allerlei Nachteile auf. Mit der Erzeugung der Soda ist untrennbar die Erzeugung einer äquivalenten Salzsäuremenge verbunden. Als der Sodabedarf der Industrie größer wurde, war der Salzsäureüberschuß nicht mehr abzusetzen. Man ließ die Salzsäure in die Luft, das wurde aber 1863 in England wegen Beschädigung der Vegetation verboten. Ende der 60er Jahre veranlaßte die entstehende Farbindustrie einen größeren Bedarf an Chlor, den die Salzsäure durch Einführung der Chlorerzeugungsverfahren von WELDON und DEACON deckte, wodurch dem Leblanc-Prozeß das Leben noch einige Zeit verlängert wurde. Als Ende der 80er Jahre die Chloralkali-Elektrolyse größeren Umfang annahm und direkt Chlor und Ätznatron lieferte, verschlechterten sich die Aussichten des Leblanc-Sodaprozesses ganz außerordentlich. Inzwischen hatte, seit 1870, die Erzeugung von Soda nach dem Ammoniaksodaverfahren einen rapiden Aufschwung genommen; dieses Verfahren lieferte eine reinere Soda mit weniger Kosten, obwohl es das Chlor des Chlornatriums nicht ausnutzen konnte. Das Leblanc-Verfahren braucht, vom Schwefelkies, Steinsalz und Kalkstein ausgehend, für 100 kg Soda rund 400 kg Kohlen, der Ammoniaksodaprozeß 100 bis 106 kg; der Lohnanteil am Gestehungspreis beträgt im ersten Falle 19%, im zweiten Falle 11%. Beim Leblanc-Sodaprozeß entstehen auf 100 kg Soda etwa 150 kg Rückstände, in der Hauptsache Schwefelcalcium und Calciumcarbonat, die sich zu ungeheueren Mengen anhäuften, sich zersetzten, die Luft verpesteten und die Vegetation schädigten. Die Verarbeitung der Rückstände auf Schwefel ist nur in geringem Umfange erfolgt.

Vom Leblanc-Sodaprozeß hat sich nur noch ein Rest vom Salzsäure-Sulfatbetrieb in unsere Zeit gerettet, und zwar auch nur in abgeänderter Form.

Es hat natürlich nicht an Versuchen gefehlt, dem Leblanc-Verfahren Konkurrenz zu machen. So wurde in den 50er Jahren in Deutschland (Goldschmieden bei Breslau), Dänemark und Nordamerika die Fabrikation von Soda aus Kryolith aufgenommen und mit Erfolg betrieben; da Kryolith aber nur an einer Stelle in Grönland vorkommt, so blieb die Fabrikation beschränkt und war mit Einführung des Ammoniaksodaprozesses nicht mehr rentabel. Nach dem Verfahren von J. Thomsen wurde der Kryolith mit Kalkstein verschmolzen

$$Na_3AlF_6 + 3\,CaCO_3 = 3\,CaF_2 + 3\,CO_2 + Al(ONa)_3$$

und die ausgelaugte Natriumaluminatlösung mit Kohlensäure zersetzt.

$$2\,Al(ONa)_3 + 3\,CO_2 + 3\,H_2O = 2\,Al(OH)_3 + 3\,Na_2CO_3.$$

Das Verfahren wird heute nur noch für die Tonerdefabrikation benutzt (vgl. „Tonerde"). Der gefährlichste Gegner des Leblanc-Sodaverfahrens war das Ammoniaksodaverfahren, auch Solvay-Verfahren genannt nach dem Manne, dem die größten Verdienste um die praktische Durchführung des Verfahrens gebühren. Die Grundreaktion des Verfahrens, nämlich die Einwirkung von Kochsalz auf Ammonbicarbonat und die Aufspaltung des entstehenden Natriumbicarbonats in Soda und Kohlensäure war schon lange bekannt. Ein deutscher Chemiker A. Vogel hatte sie schon 1822, der Engländer J. Thom 1837, zur Erzeugung von Soda zu benutzen versucht. 1838 erhielten Dyar und Hemming ein Patent, in welchem nicht nur die Grundreaktion

$$NaCl + (NH_4)HCO_3 = NH_4Cl + NaHCO_3$$

enthalten ist, sondern in dem auch schon technische Mittel zur Ausführung des Verfahrens angegeben sind. Dyar und Hemming sowohl, als auch nach 1840 Muspratt, Kuhnheim, Gossage, Deacon, Schlössing, richteten in verschiedenen Ländern ihre Verfahren ein, ein dauernder Erfolg blieb aber überall aus. Das Verdienst, den Ammoniaksodaprozeß zu einem technisch sehr vollkommenen und dauernd gut rentierenden Betriebe gemacht zu haben, gebührt dem Belgier Ernest Solvay, er ist der industrielle Begründer der Ammoniaksoda-Industrie. Die ersten Versuche machte Solvay 1863 in Couillet bei Brüssel; sie mißglückten ebenso wie die seiner Vorgänger. In fünfjähriger zäher Arbeit überwand er aber die großen Schwierigkeiten und verbesserte seine Apparaturen weiter, bis ein regelmäßiger Betrieb erreicht wurde. 1874 wurden die beiden Fabriken in Dombasle und in Northwich in Betrieb gesetzt, die jetzt die größten Ammoniaksodafabriken der Welt sind. Die erste Solvay-Fabrik in Deutschland wurde 1880 in Whylen errichtet, von ausschlaggebender Bedeutung war aber erst die Errichtung der Fabrik in Bernburg 1883, welche schon 1886 pro Tag 200 t Soda erzeugte. Hierdurch stieg die deutsche Erzeugung in einiger Zeit auf das doppelte und Deutschland führte keine Soda mehr ein, sondern exportierte von da ab Soda. Bis 1894 war die Ammoniaksodaerzeugung bei uns auf 210000 t angewachsen, während die Leblanc-Sodafabriken nur rund ein Viertel soviel lieferten. Bei dem erbitterten Konkurrenzkampfe fielen die Sodapreise so herunter, daß alle Leblanc-Sodafabriken, eine nach der andern, erlagen.

Neben dem Solvay-Verfahren sind auch andere Systeme zur Herstellung von Ammoniaksoda in Betrieb gekommen. In Deutschland hat Moritz Honigmann zuerst ein eigenes Verfahren entwickelt; er gründete seine erste Sodafabrik 1870 in Grevenberg bei Aachen, in den nächsten Jahren entstanden Fabriken nach diesem System in Duisburg, Nürnberg, Staßfurt, Heilbronn usw.

Der Unterschied gegen das Solvay-Verfahren beruht weniger in der Fabrikationsweise, als in der verwendeten Apparatur.

Heute wird die Soda der ganzen Welt, abgesehen von der nicht ins Gewicht fallenden Menge Natursoda, nach dem Ammoniaksodaverfahren hergestellt.

Der Ammoniaksodaprozeß ist kein idealer Kreisprozeß, da vom Kochsalz nur das Natrium ausgenutzt werden kann, während das Chlor in den wertlosen Chlorcalciumlösungen verloren gegeben werden muß:

$$2\,NaCl + 2\,NH_3 + 2\,CO_2 + 2\,H_2O = 2\,NH_4Cl + 2\,NaHCO_3$$
$$2\,NaHCO_3 = H_2O + CO_2 + Na_2CO_3$$
$$2\,NH_4Cl + CaO = 2\,NH_3 + H_2O + CaCl_2$$
$$CaCO_3 = CaO + CO_2$$
$$\overline{2\,NaCl + CaCO_3 = Na_2CO_3 + CaCl_2}$$

Praktisch geht beim Ammoniaksodaverfahren alles Chlor restlos verloren, vom Kalk mindestens 50% und auf 100 kg Soda noch 65 kg Kochsalz, das im Überschuß angewandt werden muß. Grundbedingung für das Verfahren ist also billigste Versorgung mit Salz (Sole) und Kalk.

Chemische Zusammensetzung verschiedener Sodasorten.

	Trona von Wady-Atrun	Magadi-Soda		Owens Lake-Soda raffiniert	Leblanc-Soda		Solvay-Soda	
		Krusten	calciniert		englische Sekunda	Prima-soda	leichte	schwere
Na_2CO_3 . .	35,6—42,7	45,5	91,8	88,4	98,2	77,1	98,2	99,1	99,0
$NaHCO_3$ . .	17,2—33,8	33,8	—	—	0,9	—	—	—	—
NaOH . . .	—	—	—	—	—	4,9	—	—	—
NaCl . . .	1,8— 8,4	2,3	0,1	0,5	0,1	7,1	1,0	0,9	0,8
Na_2SO_4 . .	1,9— 6,6	—			0,3	5,1	0,4	—	0,1
Unlöslich .	3,2—18,3	1,7	0,4	0,4	0,3	3,7	0,1	0,1	0,1
Wasser . .	14,8—16,6	16,7	7,5	10,9	—	2,1	0,4	—	—

Welterzeugung an Soda. Die Entwicklung der Sodaerzeugung und die steigende Bedeutung der Ammoniaksoda zeigt nachstehende Zusammenstellung (in 1000 t).

	Welt-produktion jährlich	Davon Ammoniaksoda		Welt-produktion jährlich	Davon Ammoniaksoda
1864—1868 . .	375	0,3	1889—1893 . .	1023	485
1869—1873 . .	550	2,6	1894—1898 . .	1250	680
1874—1878 . .	525	20,0	1899—1900 . .	1500	900
1879—1883 . .	675	90,5	1900—1903 . .	1750	1600
1884—1888 . .	800	285,0	1908	2000	1900

Die Gesamterzeugung der Welt betrug kurz vor dem Kriege (1913) rund 2,8 Mill. t, dazu lieferte Deutschland 400000 t (davon waren nur noch 10000 t Leblanc-Soda). Nach dem Kriege entwickelte sich die Welterzeugung wie folgt:

1924 . . . 3,1 Mill. t		1929 . . . 4,25 Mill. t	
1926 . . . 3,5 Mill. t		1931 . . . 3,1 Mill. t	
1927 . . . 4,1 Mill. t		1935 . . . 4,8 Mill. t	

Zur Welterzeugung steuerten die verschiedenen Länder bei (in 1000 t):

	1884	1911	1927	1930	1936
England	432	700	800	1050	—
Deutschland	100	400	600	575	—
Frankreich	127	200	500	500	—
Vereinigte Staaten .	1	250	1500	1475	2522
Rußland			205	253	491
Italien				101	140

Die Vereinigten Staaten sind jetzt die größten Sodaerzeuger, sie stellten her (in 1000 t):

	Ammoniaksoda	Natursoda	Gesamtsoda
1927	1402	67,2	1528
1929	1718	95,9	1814
1931	1423	86,1	1509
1935	2425	83,9	2509
1937	2946	104,7	3051

Die Erzeugung an Natursoda ist in den Vereinigten Staaten wie folgt weiter gewachsen (in 1000 t): 1932: 49,9, 1933: 63,5, 1934: 79,5, 1935: 83,9, 1936: 102,9, 1937: 104,7.

Die Weltausfuhr betrug 1930: 600000 t, 1931: 420000 t, 1932: 480000 t. Deutschland exportierte 1932: 94654 t Soda im Werte von 9,65 Mill. Mark.

Sodapreise: Welchen Einfluß die Ammoniaksoda auf die Preisbildung ausübte, zeigen folgende Zahlen (für 1 t 98% Soda):

1869—1873 . . . 224 Mark		1889—1892 . . . 92 Mark
1874—1878 . . . 224 ,,		1893—1896 . . . 88 ,,
1879—1883 . . . 146 ,,		1897—1900 . . . 80 ,,
1884—1888 . . . 96 ,,		1900—1910 . . . 80 ,,

Großhandelspreise für deutsche calcinierte Soda (1000 kg) nach der Inflationszeit:

1924 . . . . . 121,1 Mark		1932 . . . . . 99,5 Mark
1926 . . . . . 113,5 ,,		1934 . . . . . 95,0 ,,
1928 . . . . . 116,5 ,,		1936 . . . . . 100—110 ,,
1930 . . . . . 115,5 ,,		1938 . . . . . 100—110 ,,

Leblanc-Soda. Da der Leblanc-Sodaprozeß heute nur noch historisches Interesse hat, so kann auf eine eingehende Besprechung verzichtet werden. (Nähere Ausführungen vgl. 2. Aufl., S. 300—308.) Das Verfahren bestand darin, daß Natriumsulfat, erzeugt aus Kochsalz und Schwefelsäure, mit genügender Menge von Kalkstein (oder Kreide) und Kohle auf 900—950° erhitzt wurde, bis die Masse schmolz und dickflüssig wurde:

$$Na_2SO_4 + 2\,C = Na_2S + 2\,CO_2$$
$$Na_2S + CaCO_3 = Na_2CO_3 + CaS\,.$$

Dabei bildet sich Soda und Schwefelcalcium. Bei zunehmender Temperatur erfolgt auch noch die Zersetzung von Kalkstein:

$$CaCO_3 + C = CaO + 2\,CO\,.$$

Das Erhitzen geschah im einfachen Flammofen (Handsodaofen) oder in liegenden kurzen, drehbaren Zylinderöfen (Revolver). Das dickflüssige Schmelzgut, die Rohsoda, ließ man in Form von „Broten" erstarren und laugte diese mit Wasser in Gegenstrom-Löseapparaten aus. Die Rohsodalauge, welche 17 bis 20% Soda, 3—6% Ätznatron und andere Verunreinigungen enthielt, wurde zur Reinigung einem Oxydations- und Carbonisationsprozeß unterworfen, indem man die Lauge in Kokstürmen mit Luft und Kohlensäure behandelte. Die Laugen wurden dann in der offenen Thelenpfanne eingedampft, wobei in der Siedehitze Soda mit 1 Mol H_2O ausfiel, die dann in derselben Pfanne entwässert und calciniert wurde. Das Produkt war wasserfreie, calcinierte Soda. Die beim ersten Calcinieren erhaltene Soda (Sekundasoda) war meist nicht rein weiß und enthielt neben anderen Verunreinigungen einige Prozente Ätznatron; sie wurde nochmals gelöst, die Lauge geklärt, eingedampft und die ausgeschiedene Soda calciniert. Diese Soda war die raffinierte oder Primasoda des Handels.

Ammoniaksoda.

Der Ammoniaksodaprozeß besteht darin, daß man Kochsalz, Ammoniak, Kohlensäure und Wasser miteinander in Reaktion treten läßt, wobei sich Natriumbicarbonat und Chlorammonium bilden. Das Natriumbicarbonat ist in der Chlorammonlösung schwer löslich und fällt aus. Das abfiltrierte Natriumbicarbonat wird geglüht, wobei es in Soda übergeht. Die Bruttoformel ist also:

$$NaCl + NH_3 + CO_2 + H_2O = NaHCO_3 + NH_4Cl.$$

In Wirklichkeit handelt es sich um eine umkehrbare Reaktion zwischen Natriumchlorid und Ammonbicarbonat einerseits und Natriumbicarbonat und Ammonchlorid andererseits.

$$NaCl + NH_4HCO_3 \rightleftarrows NaHCO_3 + NH_4Cl.$$

Das Gleichgewicht ist gegeben durch die Löslichkeit der 4 Salze in der vorhandenen Salzlösung. Da das Natriumbicarbonat das am schwersten lösliche der 4 Salze ist, so fällt es aus, da es aber nicht ganz unlöslich ist, so kann die Reaktion nicht vollständig nach der rechten Seite der Gleichung ablaufen. Das technische Bemühen läuft also darauf hinaus, den Prozeß so zu leiten, daß das Natriumbicarbonat in möglichst großer Menge und in möglichster Reinheit anfällt.

Das Chlornatrium wird in gelöster Form am besten als gesättigte Sole in den Fabrikationsgang eingeführt. Das Ammonbicarbonat bildet sich bei dem Fabrikationsgange aus Kohlensäure, Ammoniak und Wasser, die von der Sole begierig aufgenommen werden, wobei zuerst Ammoniumcarbonat, dann Bicarbonat entsteht

$$2\,NH_3 + CO_2 + H_2O = (NH_4)_2CO_3$$
$$(NH_4)_2CO_3 + CO_2 + H_2O = 2\,NH_4HCO_3.$$

Dann setzt sich Chlornatrium mit dem Ammonbicarbonat, wie schon oben angegeben, um

$$NaCl + NH_4HCO_3 \rightleftarrows NaHCO_3 + NH_4Cl.$$

Die Kohlensäure erhält man durch Brennen von Kalkstein

$$CaCO_3 = CaO + CO_2$$

und durch Zerlegung des Natriumbicarbonats durch Glühen

$$2\,NaHCO_3 = Na_2CO_3 + CO_2 + H_2O,$$

das Ammoniak durch Zersetzung des Ammonchlorids mit Kalkmilch

$$2\,NH_4Cl + Ca(OH)_2 = CaCl_2 + 2\,NH_3 + 2\,H_2O.$$

Das Ammoniak wird also immer wieder in den Kreislauf zurückgeführt, so daß bei der Fabrikation nur die unvermeidlichen Verluste zu decken sind. Der Prozeß scheint nach den Formeln sehr einfach zu sein, in Wirklichkeit aber ist die Einhaltung ganz bestimmter Temperatur- und Konzentrationsverhältnisse für die technische Durchführung von ausschlaggebender Bedeutung. Der Verlauf der Umsetzung in obiger Gleichung ist nämlich stark von der Temperatur abhängig; bei niederer Temperatur verläuft die Reaktion in der Richtung des nach rechts weisenden Pfeiles, bei höherer Temperatur in umgekehrtem Sinne. Der Anwendung einer zu niederen Temperatur ist eine Grenze gesetzt durch die Ausscheidung fester Salze aus der Lösung. Man kann in der Praxis auch nicht mit molekularen Verhältnissen auf der linken Seite der Gleichung arbeiten, wenn die Umsetzung auf der rechten Gleichungshälfte nicht zu unvollständig ausfallen soll. Praktisch arbeitet man mit einem Salzüberschuß, der verloren geht.

Ausgangsmaterialien für den Ammoniaksodaprozeß sind: Kochsalz, Kalkstein und Ammoniak, außerdem Brennstoff; das Ammoniak wird fast vollständig wiedergewonnen. Der Verbrauch an Kohle ist wesentlich geringer als beim Leblanc-Verfahren; der Brennstoff wird hier eigentlich nur zum Brennen des Kalkes, zur Bewegung der Kohlensäure und zur Regeneration des Ammoniaks verbraucht. Der Ammoniakverlust ist in modernen Fabriken bis auf $^1/_4$% heruntergebracht worden. Der Kochsalzverbrauch ist um wenigstens 20—50% größer als beim Leblanc-Verfahren; billiges Salz, auch in Form von Sole, ist deshalb eine Hauptbedingung für die wirtschaftliche Durchführung des Verfahrens. Nächst dem Salze ist ein Kalklager in nicht zu großer Entfernung von der Ammoniaksodafabrik notwendig. Nach Schreib verbrauchten 1905 rationell arbeitende Fabriken für 100 kg Soda 180—200 kg Salz, 150—170 kg Kalkstein, 90—100 kg Kohle, 16 kg Koks und 1 kg Ammoniak, nach Kirchner kommen (1930) moderne Solvay-Anlagen mit 152 kg Salz, 120 kg Kalkstein, 38 kg Kohle, 11,5 kg Koks und 0,25 kg Ammoniak für 100 kg Soda aus.

Die einzelnen Phasen des Betriebes sind:

1. Herstellung der ammoniakalischen Salzlösung, bestehend in Herstellung einer gesättigten Salzsole und Einleiten von Ammoniak in diese.

2. Fällung des Natriumbicarbonats durch Sättigen der ammoniakalischen Salzlösung mit Kohlensäure (Carbonisieren).

3. Zerlegung des Bicarbonats in Soda (Calcinieren).

4. Wiedergewinnung des Ammoniaks.

Herstellung der ammoniakalischen Salzlösung.

Die Herstellung einer gesättigten Salzsole ist die erste Operation. Hierzu kann Salz in fester Form oder in Form von Sole verwendet werden. Da das Salz in letzter Form jedoch stets am billigsten ist, so ist das Vorkommen von geeigneter Sole meist ausschlaggebend für die Wahl des Platzes zur Anlage einer Ammoniaksodafabrik. Die meisten großen Ammoniakfabriken verarbeiten konzentrierte Sole aus Bohrlöchern oder Schächten, die in einem Salzlager stehen (Bernburg, Heilbronn, Staßfurt, Montwy, Ebensee, Varangeville, Northwich und Middlewich). Verdünntere Sole muß noch mit Steinsalz angereichert werden (Trotha), nur in Ausnahmefällen arbeitet man ganz mit festem Salze (Duisburg) und stellt hieraus erst Sole her. Welchen wirtschaftlichen Vorsprung die Verwendung von Sole mit sich bringt, zeigen die Unterschiede im Salzpreise. Den Werken, welche ihre Sole selbst pumpen, kosteten vor dem Kriege 100 kg Salz nur 5—10 Pf., bei Bezug von Salinen 20—40 Pf., während festes Steinsalz mindestens 60—80 Pf. kostete. Die natürlichen Solen und auch die besonders hergestellten Salzlösungen sind jedoch nie so rein, daß sie direkt verwendet werden können; namentlich Kalk- und Magnesiasalze, auch Eisen wirken im späteren Verlaufe des Prozesses störend. Die Magnesiasalze kann man durch Kalk, diesen wieder durch Sodazusatz ausfällen. Viel einfacher und billiger ist es, die Ausfällung der genannten Verunreinigungen durch Ammoniak und Ammoncarbonat vorzunehmen, wodurch keine fremden Stoffe in die Lauge kommen; dabei muß man allerdings, um Ammoniakverluste zu vermeiden, in geschlossenen Gefäßen arbeiten. Moderne Fabriken reinigen nur noch in letztgenannter Weise, und zwar in Kolonnengaswäschern. Der sich absetzende und abgesaugte Schlamm wird zur Gewinnung der Ammoniakreste später mit destilliert. Dort, wo Steinsalz gelöst wird, nimmt man die Lösung in terassenförmig aufgestellten Kästen vor. Man erstrebt bei der Herstellung der Laugen einen Salzgehalt von rund 300 g Kochsalz im Liter. (Eine völlig gesättigte Kochsalzlösung würde einen Salzgehalt von 318,4 g/l bei 15° C haben.)

Einleiten von Ammoniak in die Sole. Diese Operation wird in verschieden konstruierten Apparaten ausgeführt. Man benutzt entweder mehrere einfach konstruierte Absorptionskessel, welche man zur Gewinnung eines Ammoniaküberschusses noch mit einer Absorptionskolonne verbindet, oder man verwendet Absorptionsgefäße, welche als Absorptionskolonnen konstruiert sind. Alle

Solvay-Fabriken arbeiten mit Absorptionskolonnen, die andern, nach HONIG-MANN oder ähnlichen Systemen arbeitenden Fabriken benutzen Absorptionskessel. In allen Fällen muß man Sorge tragen, daß die durch die Absorption des Ammoniaks, durch Bindung von Kohlensäure und durch Kondensation von Dampf auftretende Temperaturerhöhung durch Kühlung beseitigt wird, was in einzelnen Fällen durch äußere Berieselung, meist jedoch durch eingebaute Kühlkörper, vielfach auch durch besondere Laugenkühler erreicht wird.

In denjenigen Fällen, wo zur Absorption von Ammoniak Kessel benutzt werden, wählt man Kessel der in Abb. 246 wiedergegebenen Form, welche zwar meist nicht die dort eingezeichneten Siebböden, sondern anders gestaltete Einsätze aufweisen. Die Kessel sind etwa 5 m hoch und 3 m weit, sie sind im Inneren mit einer Kühlschlange oder einer anderen Form eines Innenkühlers ausgerüstet, der letzte Kessel steht mit einer kleinen Kolonne in Verbindung. Die Sole tritt oben durch einen Stutzen ein, das Ammoniakgas wird durch ein fast bis zum Boden reichendes Rohr eingeführt.

Die Solvay-Fabriken verwenden statt der Kessel eine einzige Absorptionskolonne. Die früheren Kolonnen waren so eingerichtet, daß zwischen die acht übereinander gelagerten Absorptionsringe zwei Kühlringe zwischengeschoben waren. Die Sole trat mit 20° oben in die Kolonne ein, die von der Destillation kommenden Ammoniakdämpfe wurden unten in die Kolonne eingeführt, die in der Kolonne herabfließende Sole sättigte sich beim Durchgang durch die verschiedenen Glockenböden (Pasetten) mit Ammoniak und floß unten mit 40° ab. Die Beseitigung der auftretenden Reaktionswärme erfolgte hier durch die Kühlwasserwirkung der beiden Kühlringe innerhalb der Absorptionskolonne. Bei neueren Anlagen ist vielfach die Sättigungskolonne mit einer besonderen Kühlanlage zusammengebaut, die Kolonne besorgt nur die Absorption, die Kühlung der Sole geschieht in besonderen Laugenkühlern außerhalb der Kolonne. Zu der durch die Absorption des Ammoniaks und der Kohlensäure und durch Kondensation des Dampfes entstehenden Wärme kommt auch noch die Eigenwärme der von der Destillation kommenden Gase hinzu, die etwa auf 65° warm gehalten werden müssen, um einerseits eine Abscheidung von Ammoncarbonat zu verhindern und um andererseits das Gas möglichst trocken herüberzubekommen.

Die Abb. 244 zeigt die Einrichtung eines modernen Kolonnengaswäschers bzw. -Sättigers (Pasettenapparat) nach KIRCHNER, wie sie in Solvay-Fabriken jetzt Verwendung finden. Die Kolonnen werden gebildet aus einzelnen aufeinandergesetzten, 1 m hohen gußeisernen Ringen, welche nach oben gewölbte Böden oder Stutzen mit einer 40—60 cm weiten Öffnung besitzen, über welche eine breite Haube angeordnet ist. Von Boden zu Boden führt ein Überlaufrohr, dessen oberes Ende etwas tiefer liegt als der Zentralstutzen. Das untere Ende des Überlaufrohres taucht in die Flüssigkeit des nächst tieferen Glockenbodens ein. Die oben in die Kolonne eingeführte Flüssigkeit, hier also die Sole, kann nicht durch die Öffnung der Zentralstutzen, sondern nur durch die Überlaufrohre von Kolonnenring zu Kolonnenring herunterfließen; umgekehrt kann aber das unten in die Kolonne eintretende Gas nur durch die zentralen Stutzenöffnungen aufsteigen, aber nur jedesmal von einem Glockenboden zum andern, denn das Gas muß, gelenkt durch die Haube, stets den Weg in breiter Fläche durch die Waschflüssigkeit nehmen. Hierdurch wird bei dem niedrigen Flüssigkeitswiderstand (geringe Tauchtiefe der Glocke) eine viel bessere Sättigungswirkung bei geringerem Kraftbedarf erreicht als bei gewöhnlichen Sättigungstürmen mit hoher Flüssigkeitssäule. Selbstverständlich ist der Gesamtwiderstand der Kolonne gleich der Summe der einzelnen Flüssigkeitssäulen in den zahlreichen aufeinandergesetzten Glockenböden. (Einen noch geringeren

Kraftbedarf als Sättiger haben nur die Skrubber; das sind Berieselungsapparate, in denen die Flüssigkeit in fein zerstäubter Form dem Gasstrom entgegengeführt wird, und die zur Vergrößerung der Oberfläche meist noch mit Füllkörpern, wie Raschig-Ringe oder Koks, beschickt sind. In den Skrubbern ist also keine Flüssigkeitssäule, sondern nur der Reibungswiderstand in der Apparatur zu überwinden.) Die Kolonnen sind reine Gegenstromapparate; oben fließt ungesättigte kalte Sole zu, unten strömt ein mit Ammoniak beladener Gasstrom

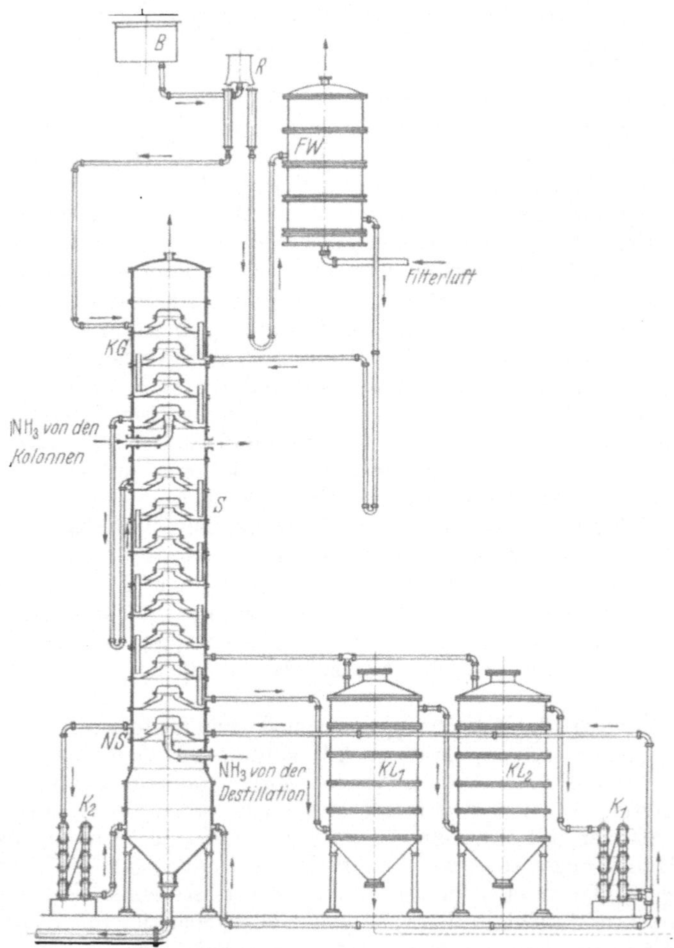

Abb. 244. Kolonne zur Sättigung der Sole mit Ammoniak. (Nach KIRCHNER: Sodafabrikation.)

ein; beim Aufsteigen wird der Gasstrom immer ärmer an Ammoniak, die herabfließende Sole an Ammoniak reicher, unten kommt die fast gesättigte Sole immer mit dem frischen Gasstrome zusammen, oben nimmt frische aufnahmefähige Sole die letzten Reste von Ammoniak weg. (Kolonnen können prinzipiell nicht nur als Sättiger, sondern auch als Entgaser benutzt werden. In letzterem Falle wird eine mit flüchtigen Stoffen beladene Flüssigkeit aufgegeben, die durch einen von unten aufsteigenden Gas- oder Dampfstrom erhitzt wird. Dieser nimmt die flüchtigen Stoffe auf und oben zieht der betreffende gas- oder dampfförmige Stoff rein ab, während unten die entgaste Flüssigkeit abläuft. Vgl. die nachfolgende Ammoniakdestillation, die Bromgewinnung usw.)

In der Abb. 244 abgebildeten Absorptionskolonne sind eine ganze Anzahl Glockenböden übereinander eingebaut, die jedoch sehr verschiedene Funktionen haben. Der Unterteil des Turmes V dient als Vorratsgefäß für gesättigte Sole; der unterste Glockenboden NS wird zum Nachsättigen der Sole benutzt, die 8 darüberliegenden Glockenböden bilden die eigentliche Sättigungsapparatur S, die obersten 4 Böden KG wirken als Gaswäscher und besorgen die Wegnahme der vorher nicht aufgenommenen Ammoniakreste. Die in der Abb. 244 neben der Absorptionskolonne stehenden beiden zylindrischen Kessel Kl_1 und Kl_2 von 5 m Höhe und 3 m Durchmesser sind Klärer. Die hochgepumpte Sole fließt von einem Hochbehälter B durch einen Flüssigkeitsregler R entweder direkt oder durch den Frischluftwäscher FW auf die obersten Glockenböden der Kolonne, also in die als Gaswäscher dienende Abteilung; von hier läuft sie mit etwa 15 g Ammoniak (im Liter) beladen, mit einer Temperatur von 32° durch einen Syphon auf den obersten Sättiger-Glockenboden und verläßt den Sättiger unten mit etwa 54 g NH_3 und einer Temperatur von 65°. Sie geht von dem untersten Sättiger-Boden durch die Klärer zu einem Laugenkühler K_1; von hier fließt die eine Hälfte, auf 34° abgekühlt, in den Vorratsbehälter des Turmes, die andere Hälfte geht erst noch zur Nachsättigung in den untersten Glockenboden, wo sie sich mit Ammoniak bis auf etwa 103 g anreichert und eine Temperatur von 61° annimmt, sie wird dann beim Durchgang durch einen zweiten Laugenkühler K_2 auf 38° abgekühlt und ebenfalls dem Vorratsbehälter zugeführt. Der Durchschnittsgehalt der gesättigten Sole an Ammoniak im Vorratsgefäß beträgt rund 83 g/l bei 36°.

Die Ammoniaksättigung ist durch diese neueren Einrichtungen offenbar vollkommener geworden als früher, wo die Laugen in der Praxis nach F. Fischer 1900: 270 g NaCl und 65 g NH_3/l, nach Ost 1907: 265 g NaCl und 81,6 g NH_3/l, nach Mason 1910: 265 g NaCl und 75 g NH_3/l enthielten, welche zur Fällung gingen. Nach Versuchen von Hempel und Tedesko enthält 1 l gesättigte Sole bei 30°, wenn das Verhältnis NaCl:NH_3 = 1:1 ist, neben 278,1 g NaCl 79,26 g NH_3. In der Praxis arbeitet man immer mit geringem Ammoniaküberschuß, weil beim nachfolgenden Carbonisieren ziemlich viel Ammoniak durch Verflüchtigung entführt wird. Früher hat man die gesättigte Sole, weil sie durch das von der Destillation kommende feuchte Ammoniak etwas verdünnt wurde, in geschlossenen Behältern nochmals mit Kochsalz nachgesättigt, das geschieht heute nicht mehr.

Für eine Tageserzeugung von 10 t Soda müssen in der Kolonne 70 m³ Sole mit Ammoniak gesättigt werden. Beim Einleiten von trocknem Ammoniakgas nimmt das Volumen der Lösung um etwa 10% zu.

Das Carbonisieren der ammoniakhaltigen Sole. a) Erzeugung der Kohlensäure. Die beim Verbrennen von Brennstoffen entstehenden Rauchgase enthalten praktisch nur etwa 15% Kohlensäure, sie sind für vorliegenden Zweck ungeeignet. Man erzeugt die notwendige Kohlensäure durch Brennen von Kalkstein, wobei leicht Gase mit 35—40 Vol.-% Kohlensäure erhalten werden können. Die Fabrikation benötigt auch den beim Kalkbrennen gewonnenen Ätzkalk zur Zerlegung des Chlorammoniums. Außerdem entstehen bei der Umwandlung des Bicarbonats in Soda sehr kohlensäurereiche Glühofengase mit etwa 85% Kohlensäure, die, mit Kalkofengasen vermischt, mit 65—70% CO_2 in die Fällkolonnen gedrückt werden.

Theoretisch würde man zur Fabrikation von 100 kg Soda 100 kg Kalkstein mit etwa 95% $CaCO_3$-Gehalt aufwenden müssen. Infolge unvermeidlicher Kohlensäureverluste muß man praktisch mehr Kalkstein brennen. Schreib rechnete 1905 noch 170 kg, wobei selbstverständlich ein Überschuß an gebranntem Kalk anfällt; jetzt kommt man bei sehr günstigen Verhältnissen mit 110—125 kg Kalkstein aus. Der Koksverbrauch in modernen Kalköfen beträgt für 100 kg Kalkstein 8—11 kg Koks. Der Dissoziationsdruck von reinem Calciumcarbonat erreicht bei 898° (JOHNSTON) eine Atmosphäre, praktisch muß man aber im Kalkofen eine Brenntemperatur von rund 900—1000° anwenden.

Das Brennen des Kalkes kann an sich in ganz verschiedenen Öfen erfolgen (vgl. „Mörtel"); meist verwendet man Schachtöfen, und zwar offene für die Herstellung von Baukalk, oder geschlossene für chemische Zwecke, wenn nämlich auch die abgehende Kohlensäure gewonnen werden soll. Auch Drehrohröfen sind zuweilen in Gebrauch („Carbid"). Für Ammoniaksodafabriken kommen nur geschlossene, gemauerte Schachtöfen in Frage und zwar im allgemeinen solche von erheblicher Größe und Leistungsfähigkeit. Sie haben in der Regel 3,6—3,8 m Durchmesser, eine Schachthöhe von 14—15 m und eine Gesamthöhe von 18—20 m, sie setzen 180—200 t Kalkstein in 24 h durch. Man hat aber auch schon Riesenöfen mit 6 m Durchmesser und 50 m Höhe gebaut, welche 800 t Kalkstein durchsetzen können.

Nach KIRCHNER verwenden S o l v a y - Fabriken Kalköfen folgender Konstruktion. Der Ofen besteht aus einem gemauerten, nach oben sich verjüngenden Ofenschachte, der mit bestem feuerfesten Schamottematerial, möglichst fugenlos, ausgemauert ist. Oben ist der Ofen (Abb. 245) mit einer gußeisernen Deckplatte abgeschlossen, welche vier Eintragsöffnungen aufweist und in der Mitte ein in den Ofen reichendes Abzugsrohr für das Kohlensäuregas trägt. (Bei den sog. belgischen Öfen in Zuckerfabriken usw. wird die Kohlensäure durch einen Kranz von Öffnungen unterhalb der Gichtöffnung in eine Ringleitung abgezogen. Abbildung im Abschnitt „Kalk", S. 501.) Der Ofen hat am Boden vier Ziehlöcher, aus denen der fertiggebrannte Kalk herausgezogen wird. Etwa $1^1/_2$ m über den Ziehlöchern sind radial im Mauermantel Luftdüsen eingesetzt. Den Boden des Ofens bildet in allen Kalköfen ein Kegel, welcher im beistehenden Ofen an seiner Spitze auch noch eine Luftdüse trägt. Man kann nun entweder von der Galerie aus den gebrannten Kalk aus den Ziehlöchern in Förderwagen bringen, oder man läßt ihn durch Rutschen in die Sammelgasse im Unterteil des Ofens und von hier auf ein Transportband fallen. Es gibt auch Kalköfen mit selbsttätiger Austragung. Koks und Kalk werden in faustgroße Stücke zerkleinert, gemischt und auf der Ofengicht durch die Eintragsöffnungen in den Ofen geschüttet. Bei richtigem Betriebe wird oben ständig beschickt und unten die entsprechende Menge gebrannten Materials ausgezogen. Die Kalkofengase gehen mit etwa 150° aus dem Ofen; sie werden in einem Skrubber durch Wasserberieselung von Flugstaub und Asche befreit und gehen dann noch zur Trocknung durch einen Wasserabscheider, bevor sie verwendet werden.

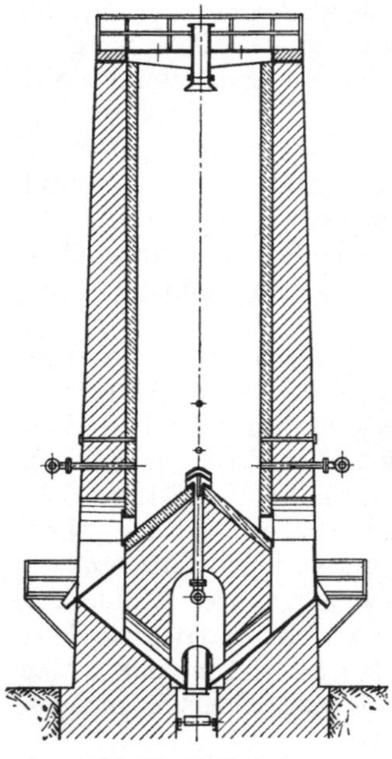

Abb. 245. Kalkofen.
(Nach KIRCHNER: Sodafabrikation.)

b) Einleiten von Kohlensäure. (Carbonisieren, Saturieren) und Fällung des Natriumbicarbonats. Die in den Fällapparaten durchzuführende Reaktion ist die folgende:

$$NH_4HCO_3 + NaCl \rightleftarrows NaHCO_3 + NH_4Cl;$$

sie ist die Hauptreaktion des ganzen Ammoniaksodaprozesses. Benutzt man Solen, die bei der vorherigen Behandlung einen Ammoniaküberschuß erhalten haben, so sättigt die eintretende Kohlensäure erst diesen ab:

$$NH_3 + CO_2 + H_2O = NH_4HCO_3.$$

Meist kommen die ammoniakalischen Solen auch schon mit einem gewissen Gehalte an Ammoncarbonat und geringen Mengen Bicarbonat in die Fäll- apparate. Beim Einleiten von Kohlensäure in ammoniakalische Sole wird anfangs die Kohlensäure begierig aufgenommen, es bildet sich zunächst unter starker Wärmeentwicklung normales Ammoncarbonat, bei weiterem Zutritt von Kohlensäure entsteht Ammoniumbicarbonat, und es setzt die oben angegebene Reaktion unter Abscheidung von Natriumbicarbonat ein. Die zu benutzenden Fällapparate müssen also einerseits so konstruiert sein, daß sie den Überschuß der entstandenen Wärme durch Kühlung wegnehmen können, andererseits darf die Ausscheidung des festen Salzes, welches der Sole eine ziemlich breiige

Konsistenz erteilt, der weiteren Einwirkung des Gases keine Schwierigkeiten durch Verstop- fung entgegensetzen. Letztere Schwierigkeit war praktisch so groß, daß hierauf in der Haupt- sache der Mißerfolg vieler Fa- briken zurückzuführen war; auch der Erfolg SOLVAYs beginnt erst eigentlich mit der Erfindung und Einführung seiner Carbonisier- kolonne (Fällturm) 1872, die den genannten Übelstand wesentlich verringerte. Neben dem Sol-

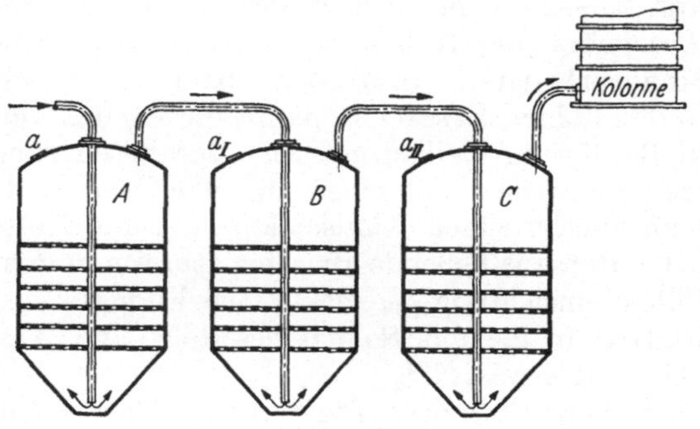

Abb. 246. Fällkesselbatterie.

vay-Turm finden auch heute noch andere Apparatkonstruktionen Anwendung, welche denselben Zweck, allerdings etwas unvollkommener, auch erreichen.

Die Fällung des Natriumbicarbonats wird heute in der Praxis in der Haupt- sache in zwei verschiedenen Arten von Apparaturen vorgenommen. Es sind in Verwendung:

1. Batterien von mehreren miteinander verbundenen, stehenden, zylindrischen Fällkesseln mit konischem Boden.

2. SOLVAYsche Fällkolonnen (Kolonnentürme), welche das charakte- ristische Kennzeichen aller Solvay-Sodafabriken sind.

Fällkesselbatterie. Die nicht zum Solvay-Konzern gehörigen Fabriken wenden meist zum Ausfällen des Bicarbonats Batterien von stehenden, zylin- drischen Fällkesseln mit konischem Boden an. Diese sind wohl zuerst von HONIGMANN in Betrieb genommen worden. Die Kolonne ist theoretisch der bessere Apparat, sie verstopft sich aber auch. Schaltet man eine Reihe ge- schlossener Einzelkessel hintereinander, so läßt sich praktisch in horizontaler Richtung derselbe Erfolg erzielen, wie bei der Kolonne in den übereinander liegenden Kolonnenringen, jedoch mit etwas schlechterer Kohlensäureausnutzung.

Die Fällkessel (Absorber), haben die Form, wie sie die Abb. 246 ver- anschaulicht. Es sind in der Regel 4 oder 6 Kessel zu einer Batterie vereinigt. Am Schluß der Batterie steht eine kleine Kolonne, in welcher die nicht ab- sorbierten Gase vollständig aufgenommen werden. Die Kesselbatterie arbeitet nach dem Gegenstromprinzip wie die Kolonne. Man verwendet nicht mehr treppenförmig aufgestellte Systeme, sondern man schaltet die Kessel in gleicher Höhe so hintereinander, daß das reichste Kohlensäuregas (aus den

Bicarbonatzersetzern) in dem ersten Kessel A auf 'die schon fast gesättigte Sole trifft und hier die Reaktion zu Ende führt. Das nicht absorbierte Gas tritt in den nächsten Kessel usw. Aus dem letzten Kessel entweicht nur noch Stickstoff und Ammoniak; letzteres wird mit Resten von Kohlensäure in der Schlußkolonne absorbiert. Nur der erste Kessel erhält die reiche Bicarbonatkohlensäure, in den zweiten Kessel leitet man Kalkofen-Kohlensäure. Wenn der erste Kessel fertig gemacht ist und entleert wird, tritt der zweite Kessel an die Stelle des ersten, und ein frisch beschickter Kessel wird als Schlußkessel eingeschaltet. Dieses Umschalten geschieht durch eine besondere Rohrverbindung. Die Fällkessel hatten früher einen Durchmesser von 3 m und eine Höhe von 5 m, man hat auch später Kessel von 5 m Durchmesser und 8—12 m Höhe gebaut. Die Sole im Kessel steht nur so hoch, daß über ihr etwa 1 m Höhe freier Raum bleibt. Eine Charge braucht etwa 18 h zur Füllung, Sättigung und Entleerung. Der Kompressor hat zum Durchpressen der Gase einen Gegendruck von 2,5—2,6 Atm. je nach der Höhe der Kessel zu überwinden. Zur besseren Absorption der Kohlensäure, namentlich in der Periode der Überführung des Monocarbonats in Bicarbonat, baut man Siebböden oder andere Einrichtungen in den hohlen Kessel ein, damit die Kohlensäureblasen längere Zeit mit der Sole in Berührung bleiben müssen. Zur Beseitigung der Reaktionswärme, begnügte man sich früher mit einer Außenberieselung der Kessel mit Wasser, jetzt baut man auch vielfach Kühlschlangen in die Kessel ein. Bei der Entleerung wird der unten ausfließende Bicarbonatbrei von dem Kohlensäurekompressor auf die Filtriereinrichtung gedrückt. Die Endgase aus dem letzten Kessel haben beim Eintritt in die mit Sole berieselte kleine Waschkolonne gewöhnlich noch 5% CO_2 und etwas NH_3.

Solvay-Türme. Die Solvay-Türme sind Kolonnenapparate, die jedoch für den speziellen Fall ganz wesentliche konstruktive Veränderungen erfahren mußten; sie sind speziell passend für große Betriebe. Die Solvay-Kolonne bestand von vornherein aus einer großen Anzahl einzelner gußeiserner Ringe (15—25), von denen alle, mit Ausnahme der obersten, eine Bodenplatte mit einer weiten zentralen Öffnung hatten, über welcher auf Stegen eine kugelig gewölbte Siebplatte befestigt war, die gegen den Mantel hin einen ringförmigen Spalt zum Durchgang der breiigen Flüssigkeit freiließ. Die Ringe der Kolonne hatten 1,5, später 2 m Durchmesser, die Höhe der Kolonne betrug anfangs 15, später bis 20 m. Die Sole wird im obersten Drittel des Turmes eingelassen, die Kohlensäure wird unten eingepreßt, steigt durch die Mittelöffnungen auf, verteilt sich durch die Siebhauben usw. Anfangs verwendete man nur Außenkühlung durch Berieselung. Später wurden durch die einzelnen Ringe zum Zwecke der Kühlung Röhrenroste gelegt, jetzt sind unterhalb der eigentlichen Kolonne eine Anzahl Kühlringe mit einer riesigen Anzahl Kühlrohrbündeln angeordnet. Man muß nämlich so kühlen, daß die Temperatur auf 30° erhalten bleibt. Die zu beseitigenden Wärmemengen sind in den einzelnen Stadien verschieden. Am meisten Wärme entsteht beim Zusammentreffen von CO_2 und NH_3 unter Bildung des normalen Carbonates $(NH_4)_2CO_3$. Aber auch beim Übergang dieses Salzes in das Bicarbonat tritt noch Wärme auf; ebenso entstehen im oberen Teile bei der Absorption von Ammoniak und Kohlensäure durch die Waschsole Temperaturerhöhungen.

Die jetzt in den Solvay-Fabriken verwendeten Fällkolonnen haben nach KIRCHNER folgende Einrichtungen (Abb. 247). Der Kolonnenturm, welcher täglich 50—60 t Soda leistet, hat eine Gesamthöhe von 21 m und besteht aus einzelnen 1,8 m weiten Eisenringen. Über einem Fußringe sind 9 Kühlringe von je 1,1 m Höhe übereinander gebaut, zwischen ihnen ist je ein Glockenboden eingeschoben. Auf die Kühlringe folgen nach oben hin 28 Glockenböden von je 38 cm Höhe, die obersten 4 Ringe haben keine Glockenböden. Alle Glockenböden laufen nach unten konisch zu und haben eine zentrale Öffnung von 80 bis 100 cm Weite; über dem Boden befindet sich eine fast bis zum Rande gehende Glocke oder Haube (Überlaufrohre fehlen hier). Beim Betrieb müssen sowohl die Gase, als auch die Lauge denselben Weg durch die Zentralöffnung nehmen. Die Lauge bildet im Turme eine einzige Flüssigkeitssäule. Das sich ausscheidende Bicarbonat rutscht infolge der konischen Form der Böden nach unten, wo es abgezogen und den Filtern zugeführt wird. Eine Verstopfung durch Bicarbonatanhäufung, wie sie bei den früheren Fällapparaten eintrat, findet nicht statt, wohl aber tritt auch jetzt noch Verkrustung ein, so daß Reservetürme vorhanden sein müssen. In die einzelnen Kühlringe sind je 70 Kühlrohre eingebaut, die in Wasserkammern endigen, welche dann wieder unter sich verbunden sind, so daß das unten eintretende Kühlwasser sämtliche Kühlrohre durchfließt und aus dem obersten Kühlringe wieder austritt.

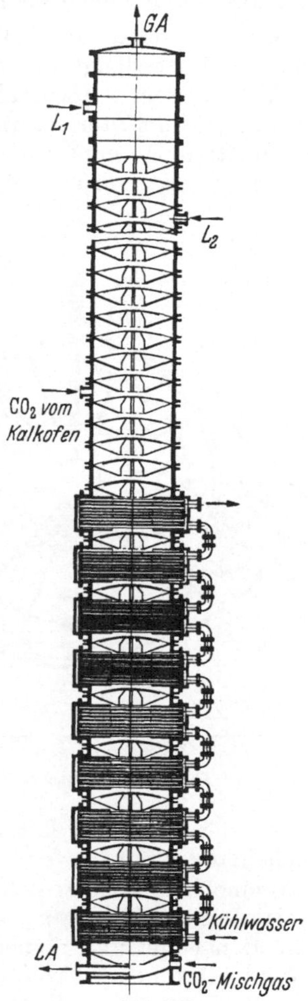

Neuzeitliche Fällanlagen arbeiten mit zwei oder mehreren Fälltürmen. Der erste Turm dient als Carbonisator, er führt das gelöste Ammoniak in Carbonat über; der zweite Turm ist der Fällturm, in ihm wird die vorcarbonisierte Sole in Ammonbicarbonat verwandelt und hier geht auch die Umsetzung des Ammonbicarbonats mit dem Kochsalz zu Natriumbicarbonat und Ammonchlorid vor sich, wobei sich das Natriumbicarbonat ausscheidet. Dient der erste Turm als Carbonisator, dann läßt man die ammoniakalische Sole durch den obersten Stutzen an der linken Seite des Turmes einfließen, arbeitet der Turm als Fällkolonne, dann fließt die vorcarbonisierte Lauge in den tiefer gelegenen Stutzen auf der rechten Seite ein. Der Austritt erfolgt in beiden Fällen im Fußringe.

Die in die Carbonisierkolonne gepumpte Lauge tritt mit 30° ein, sie erwärmt sich durch die Kohlensäureaufnahme auf 32—40°. Man kühlt sie aber absichtlich nicht, weil die warme Lauge eine gute Löseflüssigkeit für die ausgeschiedenen Bicarbonatkrusten ist. Die aus der Carbonisierkolonne ausfließende Lauge erwärmt sich in der Fällkolonne durch neue Kohlensäureaufnahme weiter bis auf 60—65°. Bei dieser Temperatur muß sich das Salz-

Abb. 247.
Fällkolonne von SOLVAY. (Nach KIRCHNER: Sodafabrikation.)

gleichgewicht wieder nach rückwärts verschieben, deshalb muß hier, um das zu verhindern, die Lauge sorgfältig gekühlt werden. Kühlt man zu stark, dann fällt das Bicarbonat schleimig aus und läßt sich schwer waschen, kühlt man zu wenig, dann scheidet sich zu wenig Bicarbonat ab. Am zweckmäßigsten hält man die Lauge beim Ablaufen auf einer Temperatur von 26—27°; die richtige Temperaturregulierung ist also von größter praktischer Wichtigkeit.

Die Zufuhr der Kohlensäure zur Fällkolonne erfolgt an zwei verschiedenen Stellen; durch den Fußring wird Mischgas mit 65—70% CO_2 eingedrückt, in den Stutzen oberhalb der Kühlringe Kalkofengas mit ungefähr 40% CO_2. Die Kompressoren müssen mindestens mit 2—3 Atm. CO_2/Druck arbeiten. Die

Endgase enthalten nur noch 3—4% CO_2, die Kohlensäureausnutzung ist also sehr gut.

Nach etwa 6 Tagen verkrustet die Fällkolonne, sie wird dann 2 Tage lang als Carbonisierkolonne geschaltet, wodurch, wie schon erwähnt, die Verkrustung durch die vorcarbonisierte warme Lauge wieder gelöst und beseitigt wird; es sind also immer mehrere Fällkolonnen wechselweise in Betrieb.

Das Filtrieren des Natriumbicarbonats. Die Trennung des Bicarbonats von der Mutterlauge geschah früher in dreh- oder kippbaren Nutschen oder in Filterpressen, manchmal auch in Zentrifugen, jetzt verwendet man wohl allgemein Vakuumfilter, hauptsächlich rotierende Zellenfilter. Die Abtrennung der Mutterlauge muß sehr vollkommen geschehen, weil sonst NaCl und NH_4Cl im Bicarbonat zurückbleiben und weil dann beim Glühen die entstehende Soda mit Kochsalz verunreinigt wird, da sich ja auch das NH_4Cl rückwärts mit dem Natriumbicarbonat zu NaCl und Ammonbicarbonat umsetzt. Beim Auswaschen muß man versuchen, mit möglichst wenig Wasser das ausgefällte Bicarbonat rein zu waschen, weil andernfalls größere Mengen des leicht löslichen Bicarbonats gelöst werden und in das Filtrat gehen, aus dem es nicht mehr zurückzugewinnen ist.

Die Abb. 248 zeigt die Einrichtung eines WOLFFschen Zellenfilters im Schnitt. Eine Filtertrommel mit einer Anzahl Abteilungen im Inneren ist von einem durchlochten Blechmantel umgeben und mit Filtertuch bespannt. Sie taucht unten in einen Trog, der mit dem breiigen Filtergut beschickt ist. Die einzelnen

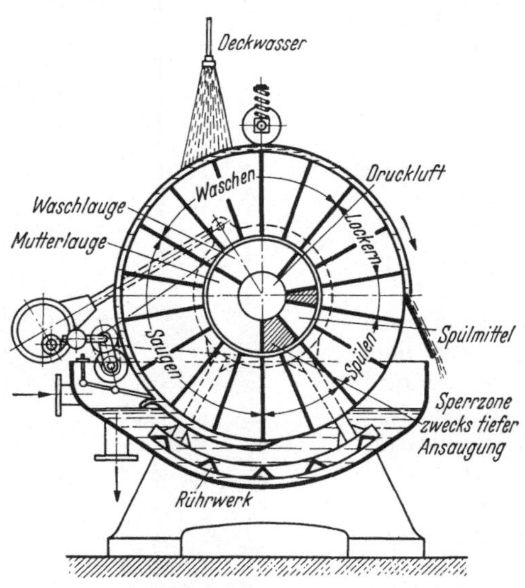

Abb. 248. WOLFFsches Zellenfilter.

Zellen der Trommel können durch eine Steuereinrichtung bei der Drehung nacheinander mit der Vakuumleitung in Verbindung gesetzt werden. Im Troge wird eine Bicarbonatschicht auf das Filtertuch angesaugt, die Mutterlauge wird in das Innere abgezogen; bei der Drehung der Trommel kommt die Bicarbonatschicht nachher unter einen Regen von Waschwasser, der die Mutterlauge auswäscht. Darauf wird von innen aus Preßluft gegen die ausgewaschene Carbonatschicht geblasen, um die Schicht zu lockern, und schließlich wird das Bicarbonat durch ein Abstreifmesser von dem Trommelmantel abgehoben und in einen Sammeltrichter geworfen, von dem es mit etwa 14—16% Feuchtigkeit auf einer Transportvorrichtung zum Calcinierofen geht. Man arbeitet zweckmäßig mit Schichtdicken von 5—10 cm.

Das Calcinieren des Bicarbonats. Fast alles Bicarbonat wird in Soda umgewandelt, wobei die Zersetzung in folgender Weise vor sich geht:

$$2\,NaHCO_3 = Na_2CO_3 + H_2O + CO_2.$$

Diese Umwandlung kann auf trockenem und nassem Wege geschehen, wird aber in der Praxis fast nur durch Glühen vorgenommen. An sich ist diese Operation sehr einfach, praktisch entstehen aber Schwierigkeiten dadurch, daß man das Glühen nicht in offenen Öfen vornehmen kann, weil das Bicarbonat ziemlich viel Ammoniak enthält, welches wiedergewonnen werden muß, und weil man anderer-

seits auch die Kohlensäure zurückgewinnen und verwenden will. Man muß
also in geschlossenen Apparaten arbeiten. Das feuchte Bicarbonat neigt leider
stark dazu, anzubacken und verursacht dadurch Störungen. Das Glühen des
Rohbicarbonats erfolgt heute immer noch in den schon 1882 von STRIBECK
eingeführten geschlossenen Thelen-Pfannen oder in Drehrohröfen. Letztere
sind 16—18 m lange, 2—2,5 m weite, gefütterte, eiserne Trommeln, die auf
Rollen liegen und langsam gedreht werden. Die Trommeln sind von außen von
einer Feuerungseinrichtung umgeben. Die Drehöfen sind an sich leistungsfähiger als die Thelenpfannen, das Anbacken des Bicarbonats im Drehrohrofen
ist aber ein starker Nachteil. SOLVAY hatte seinerzeit zur Vermeidung dieses
Übelstandes eine Schleifkette in der Trommel eingebaut.

Die Thelen-Pfanne ist ursprünglich erfunden zum Eindampfen von Sodalösungen. Die Pfanne war offen, hatte in der Längsrichtung eine durchgehende
Welle, an welcher mit Schabern versehene Rührarme befestigt waren; die Welle
drehte sich vollständig um ihre Achse. Die für die Calcination von Bicarbonat
umgebaute Pfanne hat 2,5 m Breite und eine Länge von 10 m, sie ist oben

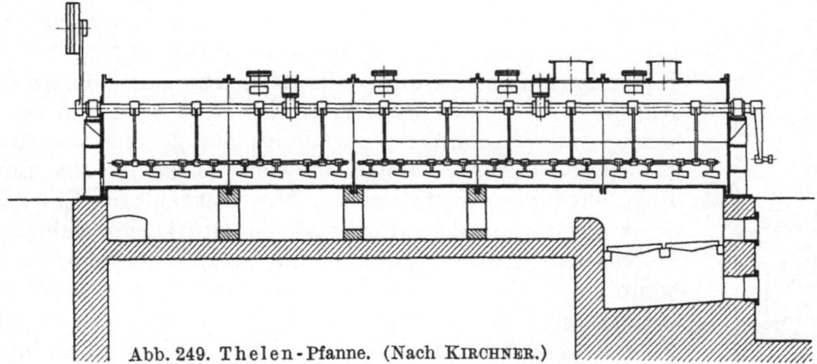

Abb. 249. Thelen-Pfanne. (Nach KIRCHNER.)

geschlossen, besitzt am linken Ende einen Fülltrichter zum Eintragen des Bicarbonats und ist mit einem Gasabzugsrohr versehen. Die Beheizung geschieht
von außen durch eine Rost- oder Halbgasfeuerung. Die Einrichtung dieser Art
Thelen-Pfanne zeigt im Schnitt die Abb. 249. Das Rührwerk macht hier
keine vollständige Umdrehung, sondern nur eine hin- und hergehende Bewegung,
durch welche die entstehenden Salzkrusten von der Wand abgekratzt und die
Salzmassen (von links nach rechts), in der Richtung auf die Feuerung zu, weiter-
bewegt werden. Der Austrag erfolgt selbsttätig an dem über der Feuerung gelegenen Ende der Pfanne. Eine solche Thelen-Pfanne leistet in 24 h 20—25 t
Soda mit einem Brennstoffaufwande von 18—20 kg Kohle für 100 kg calcinierte
Soda. Die abgehende Kohlensäure kann bei sorgfältiger Dichtung der Deckel
und der Verschlüsse auf 80—90% gebracht werden.

Die beim Calcinieren von Bicarbonat gewonnene Soda ist außerordentlich
locker und leicht (0,7—0,8). Anfangs stießen sich die Verbraucher an diese
Beschaffenheit; heute kann man auch dichtere, sog. schwere Ammoniaksoda
(1—1,2) herstellen.

Die Zersetzung des Bicarbonats durch Kochen wird nur dann in der Technik
vorgenommen, wenn man direkt Krystallsoda herstellen will. Schon bei 80°
zerfällt das Natriumbicarbonat in wäßriger Lösung in Monocarbonat und Kohlensäure. Man verwendet zur Zersetzung eine Reihe hintereinander geschalteter
Kocher, die Gase treten von einem in den anderen Kocher und lassen sich bis
zu 90% CO_2 anreichern. Da die Ammoniaksoda beim Auskrystallisieren wegen
eines geringen Bicarbonatgehaltes nur kleine, spießige Krystalle liefert, so macht

man die Lauge ein wenig kaustisch; zur Erzeugung harter Krystalle setzt man auch etwas Sulfat zu.

Die Zersetzung des Bicarbonats nimmt man auch dann in wäßriger Lösung vor, wenn die Sodalösung auf Ätznatron verarbeitet werden soll.

Die Wiedergewinnung des Ammoniaks. Die beim Filtrieren des Bicarbonats erhaltenen Mutterlaugen und Waschwasser enthalten fast alle Ammoniak,

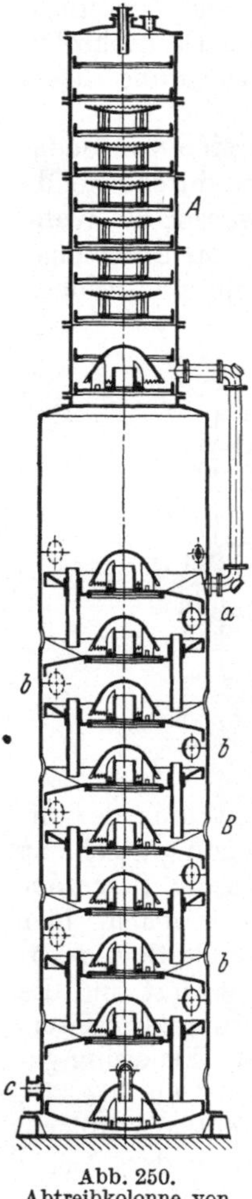

welches in den Fabrikationsgang hineingekommen ist, und zwar hauptsächlich in Form von Ammonchlorid, neben 15—20% Ammonbicarbonat und etwas Sulfat. Die Destillation dieser Ablaugen hat den Zweck, die flüchtigen Ammonverbindungen auszutreiben und aus dem Chlorid (und Sulfat) durch Umsetzung mit Kalkmilch das Ammoniak frei zu machen und wieder in den Betrieb zu geben:

$$2\,NH_4Cl + Ca(OH)_2 = 2\,NH_3 + 2\,H_2O + CaCl_2.$$

Diese Destillation der Ablaugen geschieht in der Praxis heute nur noch in Kolonnen. Die zur Regeneration des Ammoniaks im Ammoniaksodabetriebe gebrauchten Kolonnen sind etwas anders konstruiert als die sonst üblichen Ammoniakdestillationskolonnen der Kokereien und der Gaswerke. Die Kolonne ist zweifellos der geeignetste Apparat für diesen Zweck, einige Schwierigkeiten macht nur die Regulierung des Kalkzusatzes. Abb. 250 zeigt die Einrichtung einer älteren, in der Ammoniaksodafabrikation gebrauchten Mondschen Abtreibkolonne. Sie setzt sich aus zwei getrennten Teilen zusammen, von denen der obere einen geringeren Durchmesser hat als der untere. Die von den Filtern kommende Lauge tritt oben in die Haube ein, läuft über die 6 Tellerböden, wird dabei durch den aufsteigenden Dampf vorgewärmt und gibt alles Ammoncarbonat in Form von Ammoniak und Kohlensäure ab. Die von flüchtigen Ammonsalzen befreite Lauge tritt nun in den Unterteil, wo die Zersetzung des Chlorammons durch Kalkmilch, welche bei a eingeführt wird, vor sich geht. Die Konstruktion des Unterteils ist wesentlich anders als die des Oberteils. Der Unterteil ist eine wirkliche Kolonne, bestehend aus einzelnen Glockenböden mit zentralem Durchgang für aufsteigenden Dampf und Gas; die Durchgänge sind mit Hauben oder Glocken bedeckt, Überlaufrohre stellen die Verbindung von Glockenboden zu Glockenboden für die herabfließende Lauge her. Der Dampf tritt in den Fußring ein, dort erfolgt auch bei c der Ablauf der Endlauge. Auch wenn die Böden der Kolonne für einen guten Durchgang der Kalkmilch bemessen

Abb. 250.
Abtreibkolonne von
MOND.

sind, so setzen sich doch mit der Zeit Verkrustungen an, und eine Reinigung wird notwendig. Derartige Kolonnen haben Höhen von 20—27 m und Durchmesser von $2\frac{1}{2}$—3 m; bisweilen ist an Stelle der Haube noch ein Kühler aufgesetzt, durch welchen man die Abgangstemperatur besser regulieren und das Ammoniakgas beliebig trocken in den Sättiger schicken kann. Die Temperatur muß aber auf alle Fälle zwischen 70 und 75° bleiben, weil sonst Verstopfungen durch Ausscheidung von Ammoncarbonat eintreten. In der Ammoniaksodafabrikation werden auch noch andere Formen von Destillationskolonnen verwendet. Abb. 251 zeigt nach KIRCHNER eine ganz moderne Destillationskolonne einer Solvay-Anlage, zu welcher noch eine Anzahl Nebenapparate gehören. Die eigentliche Destillationskolonne hat eine Höhe von 15 m, die einzelnen Ringe haben einen Durchmesser von 2,80 m. Der untere Teil der Kolonne besteht aus 13 Glockenböden besonderer Konstruktion. Auf diesen, Destillator genannten, Unterteil D ist dann noch der sog. Entgaser E von 12 m Höhe aufgesetzt, der nicht als Kolonne, sondern als Skrubber ausgebildet ist. Die Kalkmilch fließt in ein mit Rührwerk ausgestattetes Mischgefäß M, in welches auch die aus dem Entgaser abfließende Lauge eingeführt wird. Die mit Kalkmilch vermischte Salzlösung geht dann auf den obersten Glockenboden des Destillators und fließt am Boden mit 110—120° aus. Der Dampf tritt in den Fußring

des Destillators ein und steigt durch die Glockenböden auf. Die oben aus der Kolonne mit 75—80° entweichenden Gase gehen nicht direkt wieder zum Sättiger, sondern durchstreichen erst einen Kühlturm, bestehend aus 8 Kühlringen. Durch die Rohrbündel der oberen 6 Kühlringe fließt, von unten aufsteigend, Filterlauge, die vorgewärmt werden muß, bevor sie ganz oben in den Entgaser des Destillationsturms tritt. Der obere Teil des Kühlturms ist also gleichzeitig ein Gegenstrom-Laugenvorwärmer. Nur die beiden untersten Kühlringe dienen als Kühler für die abgehenden Destillationsgase. Die Kühlung dieser aus NH_3 und CO_2 bestehenden Gase darf jedoch nur bis auf 55—60° getrieben werden, da sich sonst Ammoncarbonat ausscheidet und Verstopfungen hervorruft. Die Filterlauge wärmt sich beim Durchgang durch diesen Gegenstromkühler auf 60—70° an und tritt mit dieser Temperatur in den Entgaser.

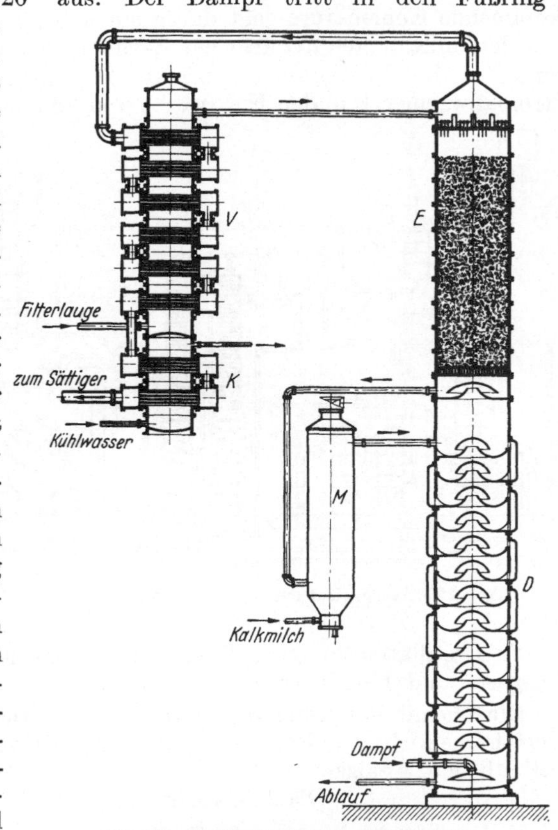

Abb. 251. Destillationskolonne von SOLVAY.
(Nach KIRCHNER: Sodafabrikation.)

Bei einer Tageserzeugung von 10 t Soda fallen rund 80 m³ Ablaugen an, die mit rund 25 m³ Kalkmilch der Destillation zu unterwerfen sind.

Die Chlorcalcium-Endlaugen enthalten 75—85 kg $CaCl_2$, 39—48 kg NaCl, etwa 1—3 kg $CaSO_4$, 3—18 kg CaO und 5—20 kg $CaCO_3$ im Kubikmeter. Bei einer Erzeugung von 10 t Soda gehen rund 6—8 t Salz in das Abwasser. Eine nützliche Verwendung dieser Chlorcalcium-Endlaugen hat sich leider noch nicht gefunden; man läßt sie in große Klärbecken laufen, wo der suspendierte Kalkniederschlag sich absetzt; die klaren Laugen läßt man versickern oder führt sie in die Flußläufe.

Eine schematische Darstellung einer Ammoniaksodafabrik nach dem Kesselsystem ist in der zweiten Auflage auf S. 319 mitgeteilt. Die nachstehende Abb. 252 gibt nach KIRCHNER den schematischen Übersichtsplan über die Anlage einer modernen Solvay-Sodafabrik. Die hauptsächlichsten Apparaturteile in der Zeichnung sind die folgenden: S ist die Sättigungskolonne, welche von einem Frischluftwascher FW und dem Kolonnengaswascher KG die Sole zugeführt erhält. Die NH_3-haltigen Destillationsgase treten durch den Nachsättiger NS in den Sättiger. Die Kühlung der Sättigerlauge findet in besonderen Kühlern K_1, K_2 statt, die außerhalb der Kolonne liegen. Die ammoniakalische Sole tritt nun in die Carbonisierkolonne KT und von dieser in die Fällkolonne. Die Trennung des Bicarbonats von der Mutterlauge erfolgt im Zellenfilter F, das Glühen des Bicarbonats in der Thelen-Pfanne TH. Die von der Thelen-Pfanne kommende Kohlensäure geht durch einen Kühler und einen Wäscher und wird, mit den im Kalkofen KO über den Skrubber SK kommenden Kalkofengasen vereinigt, in die Fällkolonnen gedrückt. Die Filterablauge fließt durch die Gegenstromanwärmer V in den Entgaser E und von da über den Kalkmilchmischer M

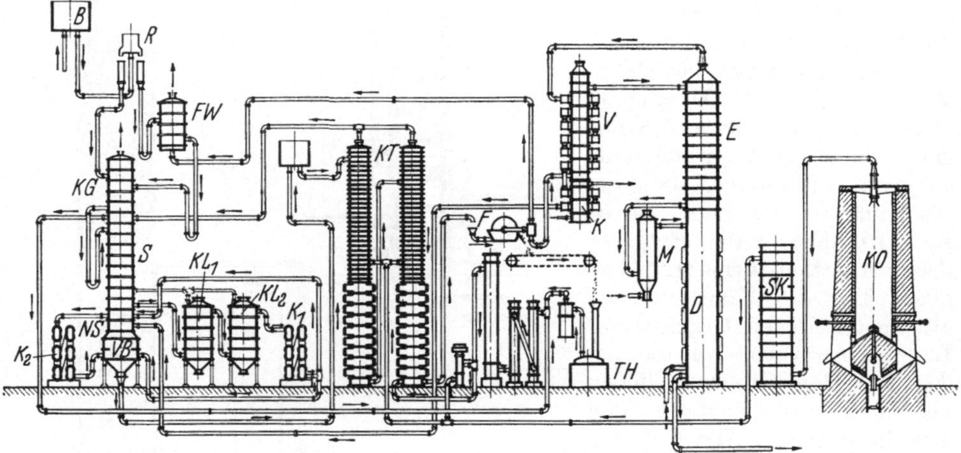

Abb. 252. Anlage einer modernen Solvay-Sodafabrik. (Nach KIRCHNER: Sodafabrikation.)

in die Destillationskolonne D zum Abtreiben des Ammoniaks. Bisweilen sind Entgaser und Destillierkolonne voneinander getrennt.

Die Chemie des Ammoniaksodaprozesses. Die für das Ergebnis des ganzen Verfahrens wichtigste Reaktion ist die Art der Umsetzung zwischen den in Lösung befindlichen 4 Salzen:

$$NaCl + NH_4HCO_3 \rightleftarrows NaHCO_3 + NH_4Cl.$$

Es handelt sich hier um ein Gleichgewicht, dessen endgültige Einstellung von den Löslichkeitsverhältnissen der 4 Salze abhängt; die Löslichkeit der Salze wird aber ihrerseits durch Temperatur- und Mengenverhältnisse beeinflußt. Für die Praxis handelt es sich darum, möglichst viel Natriumbicarbonat zur Abscheidung zu bringen, und zwar nur Natriumbicarbonat, d. h. der ausfallende Bodenkörper soll möglichst wenig durch mitfallende andere Salze verunreinigt sein.

Betrachtet man die Löslichkeiten der 4 Salze bei 30°, also der Temperatur, bei welcher die Umsetzung in der Praxis vor sich geht, so lösen sich von den 4 Salzen, wenn sie allein vorhanden sind, im Liter Wasser 360 g NaCl, bzw. 416 g NH_4Cl, bzw. 270 g NH_4HCO_3, bzw. 110 g $NaHCO_3$; letzteres ist das schwer löslichste Salz. Die Löslichkeitsverhältnisse ändern sich jedoch wesentlich, sobald mehrere dieser Salze oder alle zusammen in Lösung sind. Die Löslichkeitsverhältnisse dieser Salze bei gleichzeitiger Anwesenheit aller vier, sind zuerst von FEDOTIEFF, allerdings bei 15° und bei gewöhnlichem Druck, also unter Bedingungen, wie sie in der Praxis nicht verwendet werden, untersucht worden.

B. NEUMANN und DOMKE haben dann die Löslichkeitsverhältnisse bei 20, 30 und 40° und unter Kohlensäuredrucken von 1,2 und 2,5 Atm. untersucht. Hiernach betragen die theoretisch zu erreichenden Maximalausbeuten bei 1,2 Atm. Kohlensäureüberdruck bei 20° 79,7%, bei 30° 83,0%, bei 2,5 Atm. Kohlensäureüberdruck bei 20° 79,9%, bei 30° 82,5%. Der Ausdruck Ausbeute bedeutet hier „Umwandlung" des eingebrachten $NaCl$ in $NaHCO_3$. In der Praxis sind so hohe Umwandlungsziffern nicht zu erreichen, da zunächst keine gesättigten Solelösungen herzustellen sind und da ferner die Sättigung mit Kohlensäure auch nicht vollständig ist, dabei wird auch etwas Ammoniak mit fortgeführt. Bei der praktischen Abtrennung des Natriumbicarbonats entstehen durch das Waschwasser noch weitere Verluste, so daß das wirkliche Ausbringen in der Praxis nicht mehr wie 71% beträgt. Man versucht deshalb durch Verwendung von Solen mit etwas überschüssigem Ammoniak, welche beim Carbonisieren noch genügend Ammonbicarbonat liefern, die Ausbeuten zu heben.

Wenn man $NaCl$ und NH_4HCO_3 in wechselnden Molmengen in 1000 cm³ Wasser bei verschiedenen Temperaturen und Drucken bis zur Sättigung löst, so gibt es immer 2 Punkte, bei welchen 3 Salze als Bodenkörper vorhanden sind, und zwar das stabile Salzpaar $NaHCO_3 + NH_4Cl$, einerseits neben NH_4HCO_3, andererseits neben $NaCl$. Im ersten Falle ist die Ausbeute bezogen auf Natrium am günstigsten, im andern Falle bezogen auf Ammonium. Zwischen diesen beiden Punkten findet sich nun ein ausgezeichneter Punkt, bei welchem die Ausbeuten für Natrium und Ammonium gleich groß sind, dieser liegt für 1,2 Atm. Kohlensäureüberdruck bei 25,9° und gibt 81,3% Ausbeute, für 2,5 Atm. bei 27,8° und gibt 81,5% Ausbeute, in diesen Fällen sind je 5,55 Mol $NaCl$ und NH_4HCO_3 bzw. 5,59 Mol von beiden Salzen in Lösung. Das sind theoretisch die optimalen Temperaturen für den Ammoniaksodaprozeß. Unterhalb dieser Temperaturen ist neben $NaHCO_3$ und NH_4Cl noch $NaCl$, oberhalb derselben noch NH_4HCO_3 vorhanden, während bei den genannten Temperaturen nur Natriumbicarbonat und Ammonchlorid auftreten.

Der Temperatureinfluß beim Ammoniaksodaprozeß ist demnach ein sehr beträchtlicher. Temperatursteigerung setzt die Menge des Bodenkörpers und das Ausbringen aus dem angewandten Kochsalz herunter, Temperaturerniedrigung wirkt ebenfalls verschlechternd auf das Ergebnis, jedoch weniger auf die Erzeugungsmenge, als vielmehr auf die Qualität, indem das Bicarbonat kochsalzhaltig ausfällt. Das Verfahren verlangt also eine ständige außerordentlich sorgfältige Überwachung.

Das **Handelsprodukt** ist calcinierte Soda und Krystallsoda.

Die calcinierte Soda des Handels muß mindestens einen Gehalt von 98,6% Na_2CO_3 haben, und der Kochsalzgehalt soll unter 0,7% bleiben, der Glühverlust unter 0,5%. Die Ammoniaksoda (Solvay-Soda) ist eine leichte Soda (Dichte 0,7—1,0), während die schwere geglühte Soda eine Dichte von 1,2 bis 1,5 hat. Die wasserfreie Soda schmilzt bei 853°.

Krystallsoda wird nur für Haushaltszwecke hergestellt. Soweit sie nicht durch Kochen von Bicarbonatlösung gewonnen wird, löst man calcinierte Soda in geschlossenen, zylindrischen mit Rührwerk versehenen Gefäßen auf, erhitzt bis zur Sättigung und macht Zusätze von Natriumsulfat und Ätznatronlauge; dann läßt man nach der Klärung die Soda in flachen Eisenkästen auskrystallisieren. Die Krystalle werden in Zentrifugen von der Mutterlauge getrennt. Da die Krystallsoda mit 10 Mol Wasser krystallisiert, so hat sie nur einen Sodagehalt von 37,1%, während der Wassergehalt 62,9% beträgt. Sie schmilzt bei 34° in ihrem eigenen Krystallwasser.

Im Handel bewertet man die Soda vielfach noch nach „Grädigkeit". Die deutschen Grade geben den Prozentgehalt an Na_2CO_3, die englischen an Na_2O an.

Natriumbicarbonat.

Das rohe Natriumbicarbonat der Ammoniaksodafabrikation ist nicht direkt Handelsprodukt, denn es riecht nach Ammoniak und enthält einige Prozent Ammonsalz. Diese rohe Bicarbonat löst man in warmem Wasser, filtriert, sättigt bei 65° unter Druck mit Kohlensäure und läßt erkalten. Reines Bicarbonat krystallisiert aus. Das feuchte Bicarbonat wird in Trockenstuben auf Horden bei 40—45° in einer Kohlensäureatmosphäre getrocknet, vermahlen und verpackt. Die Hauptmenge des Natriumbicarbonats wird als Backpulver und zur Brotbereitung verbraucht (namentlich in England und Amerika), ferner zur Entschälung von Seide und als Arzneimittel (BULLRICHs Salz).

Die Solvay-Sodafabriken von Brunner, Mond & Co. stellen auch ein Vierdrittelcarbonat ($NaHCO_3 \cdot Na_2CO_3 \cdot H_2O$) her, welches nicht verwittert und welches hauptsächlich zum Waschen von Wollstoffen (Flanell) gebraucht wird.

Ätznatron, kaustische Soda.

Die Erfindung der technischen Herstellung kaustischer Soda gebührt einem Deutschen, WEISSENFELD, die Entwicklung dieses Fabrikationszweiges erfolgte aber in England. Beim Verdampfen von Rohsodalaugen der Leblanc-Sodafabrikation fiel fast alle Soda aus und es hinterblieb eine rote, hauptsächlich aus Ätznatron bestehende Mutterlauge; nach weiterer Konzentration schmolz 1844 WEISSENFELD die Masse, oxydierte mit Salpeter und stellte so weißes Ätznatron her. Zunächst war kein Bedarf für Ätznatron vorhanden, später interessierten sich Seifen- und Papierfabriken für diesen Artikel. Von 1853 an erschien Ätznatron im Handel. In Deutschland wird seit 1859 kaustische Soda fabriziert, und zwar in rasch steigender Menge, veranlaßt durch den großen Bedarf der Alizarinfabriken. 1880 war das Maximum des Einfuhrüberschusses mit 9373 t zu verzeichnen. Nach 1886 kehrte sich das Verhältnis um, und Deutschland führt seit dieser Zeit wachsende Mengen aus: 1900: 3884 t, 1905: 5920 t, 1925: 8997 t, 1928: 15910 t, 1929: 14042 t. Die Preise konnten ständig verbilligt werden: 1880: 29,50 Mark; 1910: 18 Mark; 1937: 20,9 Mark für 100 kg.

Während man zunächst nur die roten Mutterlaugen der Leblanc-Sodafabrikation auf kaustische Soda verarbeitete, ging man bald dazu über, die Rohsodalaugen als Ausgangsmaterial zu benutzen und diese mit Ätzkalk kaustisch zu machen. Auch heute noch wird etwa $^2/_3$ des gesamten erzeugten Ätznatrons durch Kaustizierung von Soda mit Ätzkalk hergestellt. Das andere Drittel liefert die Chlorkali-Elektrolyse (S. 343). Außer diesen beiden Verfahren liefert nur noch das Löwig-Verfahren unbedeutende Mengen von Ätznatron.

Die Welterzeugung an Ätznatron schätzt WAESER für 1929/30 auf 1,17 Mill. t (auf 100%iges NaOH gerechnet). Davon wurde durch Kaustizierung von 1,1 Mill. t Soda 820000 t Ätznatron, durch Elektrolyse nur 350000 t hergestellt. Die Vereinigten Staaten erzeugten (in 1000 t):

	Kalk-Sodaverfahren	Elektrolyse	Gesamtmenge
1921	147	68	215
1925	320	127	447
1929	473	211	684
1933	439	248	687
1936	456	394	850
1937	485	446	931

Die Elektrolyse macht hier noch wesentlich schnellere Fortschritte als die Kaustizierung.

Von andern Ländern sind ähnlich genaue Statistiken nicht bekannt.

Man schätzt für 1931 die Weltproduktion auf 1,3 Mill. t, davon entfallen auf Amerika 650000 t, England 150000 t, Deutschland 125000 t, Frankreich 110000 t, Italien 80000 t, Rußland 64000 t.

Herstellung von Ätznatron durch Kaustizierung mit Ätzkalk.

Bringt man eine Sodalösung mit Ätzkalk zusammen, so geht folgende Umsetzung vor sich:

$$Na_2CO_3 + Ca(OH)_2 \rightleftarrows 2\,NaOH + CaCO_3.$$

Es handelt sich hier um eine umkehrbare Reaktion, welche in der Hauptsache von links nach rechts verläuft, weil Calciumcarbonat schwerer löslich ist als Calciumhydroxyd. Die Löslichkeit dieser beiden Substanzen ist aber nicht unveränderlich, sondern wird beeinflußt vom Massenwirkungsgesetz, d. h. von der Menge der vorhandenen OH- und CO_3-Ionen. Das Verhältnis $\dfrac{OH'}{CO_3''}$ ist bestimmend für die Ausbeute an Ätznatron, sie ist um so kleiner, je größer die Anfangskonzentration an Na_2CO_3 bzw. die Gesamtkonzentration von Na_2CO_3 + NaOH ist. Die Abhängigkeit der Umsetzung von der Konzentration der Sodalösung ist aus nachstehender Tabelle zu ersehen.

g Na_2CO_3 in 100 g Lösung . .	4,8	9,0	10,3	13,2	15,0	18,8
Umsetzung in %	99,1	97,2	95,0	93,7	91,2	84,8

Drucksteigerung ist ohne Einfluß, dagegen beschleunigt hohe Temperatur, gutes Rühren und Kalküberschuß die Reaktion.

Man geht bei der Kaustizierung von 10—12%igen Sodalösungen aus; der erreichte Kaustizierungsgrad beträgt 86—90%. Die Kaustizierung geschieht in zylindrischen Eisengefäßen, in denen die Lösung durch ein Rührwerk oder durch Einblasen von Luft oder Dampf in Bewegung gehalten wird. Man bringt die Lauge zum Kochen und trägt gebrannten, ungelöschten Kalk ein. Der Kalk löscht sich sofort und steigert durch seine Reaktionswärme die Temperatur. Nach 1—1$^1/_2$ h ist die Operation beendet. Ammoniaksodafabriken lösen meist nicht calcinierte Soda auf, sondern das vom Filter kommende Rohbicarbonat, treiben durch Erhitzen mit Dampf den größten Teil der Kohlensäure aus und kaustizieren die Lösung mit Kalk. Man läßt den Kalkschlamm in Klärgefäßen absetzen, saugt ihn in Filterpressen, bzw. jetzt in WOLFFschen Zellenfiltern, ab, wäscht ihn aus und gibt die Waschwässer zur Auflösung von Soda wieder in den Betrieb zurück. Der abgesaugte Kalkschlamm enthält 38—40% Wasser, er findet nur schwer Verwendung. In neuerer Zeit ist es gelungen, Kalkschlamm und Natronlauge in kontinuierlichem Betriebe in Dorr-Eindickern zu trennen.

Dieses kontinuierliche Verfahren der Sodakaustizierung mit Kalk, d. h. die Trennung der Natronlauge vom Kalkschlamm bezeichnet man als Gegenstromdekantation. Sie wird ermöglicht durch zwei von DORR konstruierte Apparate, den Dorr-Rührer und den Dorr-Eindicker, die auch sonst zur kontinuierlichen Extraktion und Auswaschung feinverteilter fester Stoffe in der Industrie weite Verbreitung gefunden haben. Der Dorr-Rührer (Abb. 253) dient dazu, den zu extrahierenden feinverteilten festen Stoff in der Löseflüssigkeit durch Rühren in Suspension zu halten, bis er extrahiert ist, in unserem Falle feingemahlenen Ätzkalk und Sodalösung so lange zu rühren, bis die Umsetzung erreicht ist. Zweck des Dorr-Eindickers (Abb. 254) ist, die Trennung und Scheidung der Extraktionslösung vom feinverteilten Feststoff, hier also der entstandenen Natronlauge vom Kalkcarbonatschlamm durchzuführen.

Wie Abb. 253 zeigt, hat der Dorr-Rührer einen flachen Boden. Er besitzt ein als Welle dienendes zentrales Steigrohr A, in welchem ein Druckluftheber eingebaut ist. Der in Abb. 253 abgebildete Rührer ist auch noch mit einer an die Wand verlegten Heizschlange ausgerüstet. Auf der Welle A sind oben (B), wie auch unten (C) Rührarme befestigt. Die unteren tragen Kratzer, die in bestimmtem Winkel stehen, so daß sie das auf dem Boden sich absetzende Material nach der Mitte zu dem Steigrohr schieben. Die Suspension wird durch Druckluft gehoben, läuft in den Rinnen der oberen Arme, die mit Löchern versehen sind, aus, so daß die Suspension bei der Rotation über die ganze Oberfläche des Behälters verteilt wird. Die Mischung von Ätzkalk und Sodalösung tritt

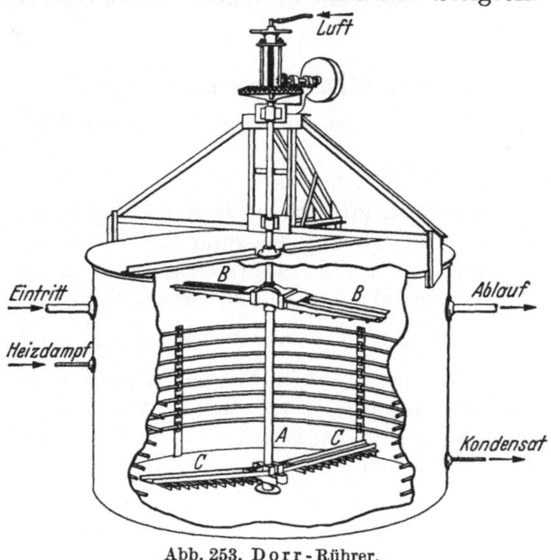

Abb. 253. Dorr-Rührer.
(Nach BADGER-McCABE: Ingenieur-Technik.)

oben seitlich ein. Man rührt solange, bis die Umsetzung beendet ist, bzw. regelt bei kontinuierlichem Betriebe den Zu- und Abfluß entsprechend.

Der Dorr-Eindicker (Abb. 254) besorgt die Trennung von Feststoff und Lösung. Es ist ein Behälter mit flachem Boden und von sehr großem Durch-

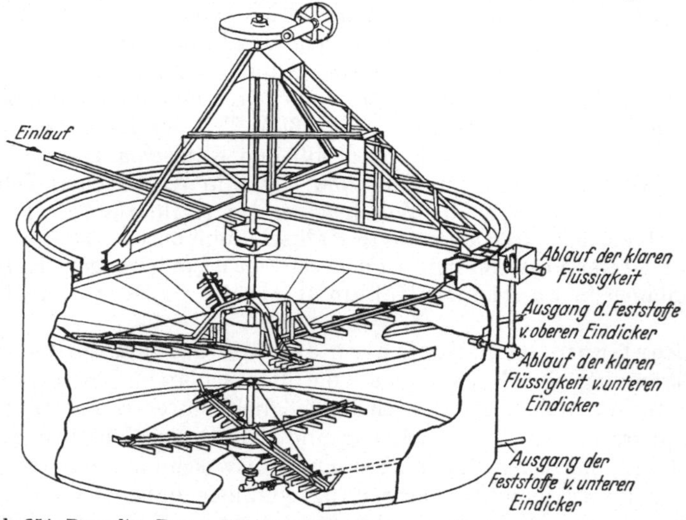

Abb. 254. Doppelter Dorr-Eindicker. (Nach BADGER-McCABE: Ingenieur-Technik.)

messer im Verhältnis zu seiner Tiefe, er ist mit einer langsam rotierenden Mittelwelle ausgerüstet, auf welcher eine Anzahl Arme mit schräg gestellten Kratzern sitzen, welche die abgesetzten Feststoffe nach der Mitte befördern. Der in Abb. 254 abgebildete Eindicker ist ein Doppeleindicker mit zwei übereinander angeordneten, voneinander unabhängigen Eindickern. Die vom Dorr-Rührwerk kommende Suspension wird in ein zentral angeordnetes Gefäß aufgegeben, so daß der Inhalt des Hauptbehälters möglichst wenig beunruhigt wird. Der Durchmesser des Eindickers ist deshalb so groß gewählt, damit die Verweilzeit für jedes Flüssigkeitsteilchen lang genug ist, um die Feststoffe abzusondern. Die klare Flüssigkeit fließt oben über den Rand in eine rund herumlaufende Rinne.

Die langsam bewegten Rührarme schieben die abgesetzten Feststoffe unten nach der Mitte, von wo sie durch eine Diaphragmenpumpe abgezogen werden. Der aus dem Eindicker abgezogene Schlamm besteht zu ungefähr gleichen Teilen aus Feststoff und Wasser.

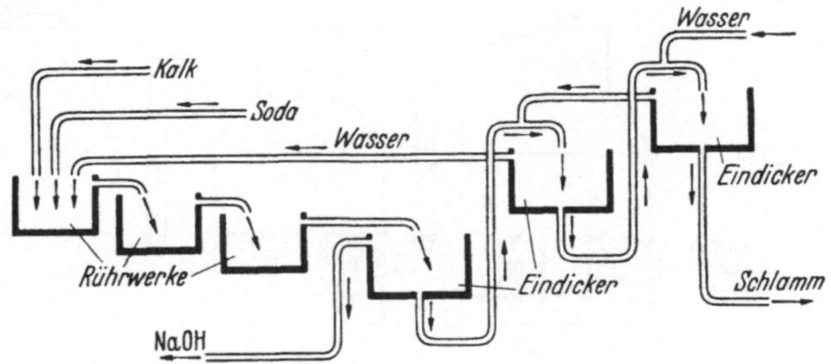

Abb. 255. Kaustizierung durch Gegenstromdekantation.

Die Ausführung der Kaustizierung der Sodalösung durch Gegenstromdekantation wird durch das Schema der Abb. 255 erläutert. Es sind drei Dorr-Rührer und drei Dorr-Eindicker hintereinander geschaltet. Aus dem 3. Rührwerk läuft die Mischung von Schlamm und Ätznatronlösung in den 1. Eindicker. Der Überlauf dieses Eindickers ist die entstandene sehr schwache Natronlauge. Der aus dem 1. Eindicker unten abgezogene Schlamm wird zur weiteren Auswaschung in den 2. Eindicker gepumpt und mit dem Überlauf aus dem 3. Eindicker vermischt. Die aus dem 2. Eindicker ablaufende Waschlauge wird dem 1. Rührwerk zugeführt; der abgezogene Schlamm wird im 3. Eindicker mit Frischwasser ausgewaschen. Der Ätznatronverlust im Schlamm beträgt nur 0,1 %.

Die so erhaltene geklärte verdünnte Natronlauge (mit etwa 10 % NaOH) muß nun durch Verdampfen konzentriert werden, das geschieht bis zu einer Konzentration von etwa 30 % NaOH (35° Bé) in schmiedeeisernen Vakuumverdampfapparaten, dann bis 50 % NaOH (50° Bé) in gußeisernen Fertigverdampfern oder in KESTNERschen Kletterverdampfern (bis 60° Bé), dann erst läßt man die Lauge in die Schmelzkessel ab. Da sich beim Eindampfen Fremdsalze, sog. Fischsalze,

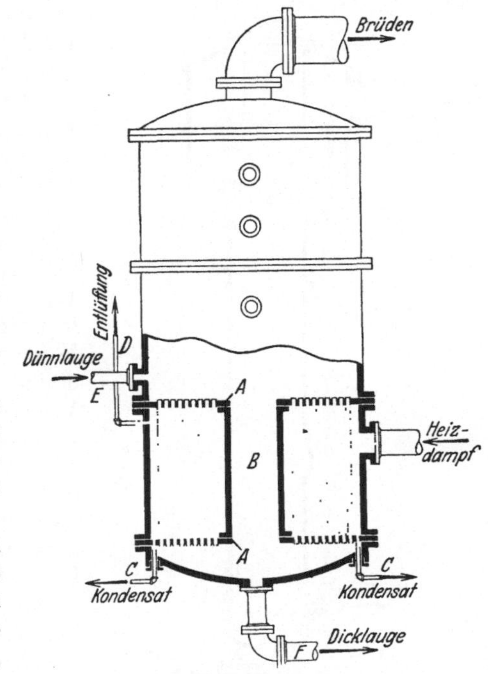

Abb. 256. Vakuumverdampfer.
(Nach BADGER-McCABE: Ingenieur-Tech

aus der Lauge abscheiden, so sind die Verdampfapparate unt abscheidern versehen, ähnlich wie die Verdampfapparate in (S. 245) oder wie bei der Konzentration der Ätzlaugen Elektrolyse (S. 346).

Die Verdampfapparate bestehen, wie die Abb. 256 zeigt, körper, in welchem im Unterteil zwei Rohrböde ι ange

eine große Anzahl Verdampfrohre eingewalzt sind. Der Raum unterhalb des
Rohrbodens und in den Rohren ist der Laugenraum, oberhalb des Rohrbodens
der Brüdenraum; zwischen beiden Rohrböden, um die durchgehenden Rohre

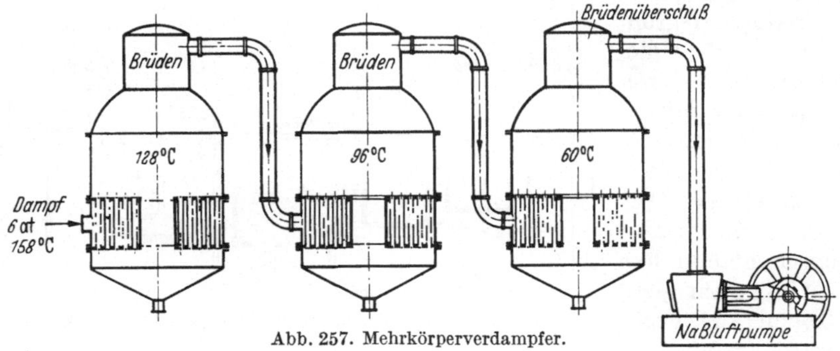

Abb. 257. Mehrkörperverdampfer.

herum, befindet sich der Heizraum. In der Regel sind mehrere solcher Verdampfer zu einem System zusammengebaut und arbeiten mit Unterdruck
(Abb. 257). Das Rohrbündel des ersten Verdampfers wird mit direktem Dampf
beheizt, der abziehende Brüden tritt in den zweiten Verdampfer und beheizt

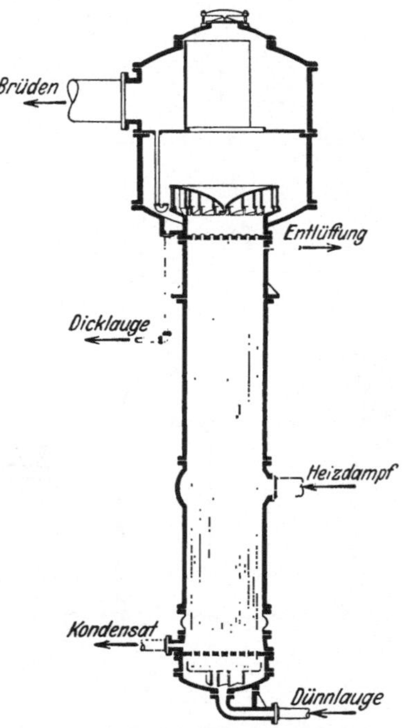

258. Kletterverdampfer von Kestner.
DGER-McCabe: Ingenieur-Technik.)

das Rohrbündel dieses Apparates, der Brüden
aus dem zweiten Verdampfer das Rohrbündel
des dritten Verdampfers. Die Brüdenräume
der letzten beiden Apparate sind an einen
Kondensator und an eine Vakuumpumpe
angeschlossen. Der Vorteil der Verwendung
von Mehrkörperverdampfern besteht in
einer beträchtlichen Ersparnis an Heizdampf.
1 kg Frischdampf verdampft in offenen
Gefäßen praktisch nur 0,9 kg Wasser. Im
Vakuumverdampfer führen aber die Brüden
fast die gesamte ursprünglich aufgewandte
Wärme mit sich. Werden diese Brüden in
einen zweiten, bei Unterdruck kochenden
Verdampfer als Heizdampf eingeleitet, so
vermag bei dieser zweistufigen Verdampfung
1 kg Frischdampf etwa 1,75 kg Wasser, bei
dreistufiger Verdampfung sogar 2,5 kg zu
verdampfen. Die Ersparnisse an Wärmeaufwand sind also beträchtlich. Die Mehrkörperverdampfer brauchen nun nicht die
Form zu haben, wie sie in der Abb. 256
angegeben ist. Schon bei der Verdampfung
der Ätznatron- und Kalilaugen der Chloralkali-Elektrolyse sind andere Verdampfer
beschrieben (S. 346); eine noch andere Form
der Verdampfer zum Eindampfen von Ätz-
Aluminatlaugen, auch für Zuckersäfte, ist der Kestnersche
von welchem die Abb. 258 die Inneneinrichtung und
Verdampfers zeigt, die ebenfalls zu Mehrkörperapparaten

Mehrkörperverdampfern eingedickte Lauge wird auf
ausgeschiedenen Fremdsalzen (Ausfischsalze: Na_2CO_3,

Na_2SO_4) getrennt. Die aus dem letzten Verdampfer abgezogene Lauge ist schon so konzentriert, daß sie in die eisernen Schmelzkessel abgelassen werden kann, in denen die vollständige Verdampfung des restlichen Wassers durch direkte Feuerung erfolgt. Man setzt zur Zerstörung und Oxydation organischer Stoffe Salpeter oder Chlorat zu. Nach etwa 30stündiger Beheizung hört das Wallen und Schäumen auf; in der nun folgenden 6—7 h dauernden Schmelzperiode bringt man den Kesselinhalt bis auf 500° und nimmt den Überschuß der Oxydationsmittel durch Schwefel, Thiosulfat oder Schwefelnatrium weg. Dann läßt man etwa 24 h absetzen und füllt die Schmelze durch Ausschöpfen mit eisernen Schöpflöffeln oder durch eine Ätznatronpumpe in eiserne Trommeln,

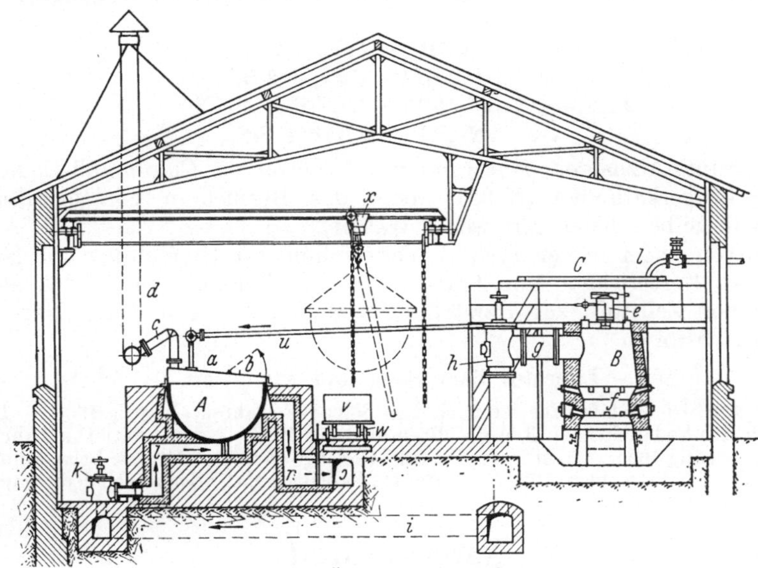

Abb. 259. Ätznatronschmelzanlage.

die etwa 350 kg fassen. Das erhaltene Ätznatron hat bestenfalls 95% NaOH und 3—4% Na_2CO_3. Im Handel wird aber auch Ätznatron, die sog. kaustische Soda, auch mit weniger hohen Gehalten, nämlich von 45—95% NaOH, also als sog. 60, 80, 100, 120, 125 und 128grädige Ware, geliefert. Die schuppige Form des Ätznatrons für Laboratoriumszwecke wird durch Aufgießen auf gekühlte Walzen hergestellt.

Eine Ätznatronschmelzanlage mit Generatorgasfeuerung ist in Abb. 259 dargestellt. Die halbkugeligen Schmelzkessel A bestehen meist aus Gußeisen, bisweilen auch aus Nickel, sie fassen 10—20 t Schmelze. B ist der Generator.

Ätznatronverfahren von Löwig.

Dieses Verfahren wird deshalb noch auf einigen Sodafabriken ausgeführt, weil es sofort eine konzentrierte Natronlauge liefert. Man erhitzt ein inniges Gemisch von reiner, calcinierter Soda mit möglichst reinem, kieselsäure- und tonerdefreiem Eisenoxyd (Roteisenstein, Eisenglanz, Pyritabbrände) auf helle Rotglut, es bildet sich unter Austritt von Kohlensäure Natriumferrit $NaFeO_2$:

$$Na_2CO_3 + Fe_2O_3 = 2\,NaFeO_2 + CO_2.$$

Das Natriumferrit wird durch heißes Wasser in Natronlauge und Eisenhydroxyd zerlegt:

$$2\,NaFeO_2 + H_2O = Fe_2O_3 + 2\,NaOH.$$

Die Erhitzung geschieht in einem Drehrohrofen mit Wassergasheizung. Man wäscht aus dem grobgepulverten Ferrit zuerst mit kaltem Wasser die Verunreinigungen (Soda, eventuell Sulfat und Kochsalz) aus und zersetzt darauf das Ferrit mit heißem Wasser, wobei direkt eine konzentrierte Ätznatronlauge von 29—30% erhalten wird.

Außer diesen Ätznatronverfahren sind noch eine große Reihe anderer vorgeschlagen worden. In größerem Versuchsmaßstabe ist kürzlich ein von BUCHNER, MEYER und DE HAËN vorgeschlagenes Verfahren, das sog. „Flußsäureverfahren" oder „Kieflu"-Verfahren, durchgeführt worden, es ist aber nicht zur Einführung gekommen. Hiernach sollte Ätznatron nach folgendem Ringprozeß erhalten werden:

$$2\,NaF + Ca(OH)_2 = CaF_2 + 2\,NaOH$$
$$CaF_2 + 2\,HCl = CaCl_2 + 2\,HF$$
$$2\,HF + 2\,NaCl + SiF_4 = Na_2SiF_6 + 2\,HCl$$
$$Na_2SiF_6 = 2\,NaF + SiF_4.$$

Ganz reines Ätznatron liefern nur die Verfahren der Chloralkali-Elektrolyse mit Quecksilberkathoden (S. 351) (oder das Befeuchten von metallischem Natrium in Silberschalen mit wenig Wasser).

Ätznatron findet in der Technik Verwendung zur Herstellung von Natronseifen, zum Mercerisieren von Baumwolle, zum Reinigen von Erdöl, zur Gewinnung von Zellstoff, zur Herstellung von Kunstseide und zur Herstellung von Teerfarbstoffen.

Literatur über Soda und Ätznatron.

KIRCHNER: Die Sodafabrikation nach dem Solvay-Verfahren. Leipzig 1930. — LUNGE: Handbuch der Sodaindustrie, 3. Aufl. Braunschweig 1909. — MOLITOR: Die Fabrikation der Soda. Leipzig 1925. — NEUMANN-DOMKE: Gleichgewichtsverhältnisse beim Ammoniaksodaprozeß. Z. Elektrochem. 1928. — SCHREIB: Fabrikation der Soda nach dem Ammoniakverfahren. Berlin 1905.

Natriumsulfat.

Natriumsulfat wurde zuerst von GLAUBER in seiner Schrift „de natura salium" (1658) erwähnt und daher als „Glaubersalz" bezeichnet. Allerdings behauptet KUNKEL (1716), es sei schon 100 Jahre vor GLAUBER bekannt gewesen. Im großen wurde es zuerst aus den Salzsolen zu Friedrichshall seit 1707 gewonnen und führte die Bezeichnung Friedrichsalz. Das normale Natriumsulfat (Na_2SO_4) findet sich gelöst im Seewasser, in den Salzsolen und den meisten natürlichen Wässern. Das wasserfreie Salz kommt als Thenardit in den ozeanischen Ablagerungen vor. In isomorpher Mischung mit Kaliumsulfat heißt es Glaserit, als Doppelsalz mit Magnesiumsulfat Astrakanit, $Na_2SO_4 \cdot MgSO_4 \cdot 4\,H_2O$ oder Vanthoffit, $3\,Na_2SO_4 \cdot MgSO_4$. Als natürliches Vorkommen findet sich Glaubersalz (Mirabilit) in 1,5 m mächtigen Schichten in der 18000 km² großen Karabugasbucht am Kaspischen Meer; das Salz ist sehr rein und enthält nur Spuren von Fe, Al und Ca. Man ist in Rußland bemüht, innerhalb des Fünfjahresplanes das Vorkommen zur Gewinnung von billigem reinem Sulfat auszubeuten; 1930 wurden dort 11500 t Sulfat gewonnen. Auch in Kanada sollen in der Provinz Saskatschewan riesige Mengen von Glaubersalz gefunden worden sein. Bei Wabusa, Nevada, wird ein Lager von natürlichem Na_2SO_4 ausgebeutet, dessen Rohsalz 98,2% Na_2SO_4 neben 0,13% Na_2CO_3 und 0,23% NaCl enthält. Durch einfaches Umlösen erhält man ein Salz mit 99,6%. In Amerika wurden 1933 46500 t, 1937 80000 t Na_2SO_4 als Nebenprodukt aus den Salzseen gewonnen. Das technische Produkt führt im wasserfreien Zustande die Bezeichnung „Sulfat"; als Hydrat mit 10 Mol H_2O heißt es Glaubersalz ($Na_2SO_4 \cdot 10\,H_2O$).

Technisches Natriumsulfat wurde, solange man Leblanc-Soda herstellte, fast ausschließlich durch Einwirkung von Schwefelsäure auf Steinsalz gewonnen. Später sind andere Verfahren: Umsetzung von Steinsalz mit Natriumbisulfat, (Verfahren der Mannheimer Chemischen Fabriken), Einwirkung von SO_2 und Luft auf Steinsalz (Hargreaves-Prozeß) hinzugekommen, die alle bei der Herstellung der „Salzsäure" (S. 310/311) schon beschrieben sind. Im Auslande wird immer noch Sulfat und Salzsäure aus Steinsalz und Schwefelsäure gewonnen, während in Deutschland diese Herstellungsweise mengenmäßig immer mehr durch die Umsetzung von Magnesiumsulfat (Kieserit) mit Steinsalz ersetzt wird.

Das bei dem Salzsäurebetriebe anfallende technische Sulfat ist, wenn es aus dem Ofen gezogen wird, in der Hitze citronengelb, in der Kälte gelblich bis rein weiß. Es ist aber ziemlich unrein und enthält 1% SO_3, 0,80 NaCl und 0,3% Fe_2O_3. Dieses Sulfat ist das Rohmaterial zur Herstellung gewöhnlichen Glases. Die Weiß-, Hohlspiegel- und Tafelglasfabrikation verlangt aber ein sehr reines Sulfat, das nur 0,009—0,029% Eisen enthalten darf.

Unreines Sulfat kann durch Krystallisation oder Aussoggen gereinigt werden. Wasserfreies Sulfat wird aus Glaubersalz nach dem Verfahren von PÉCHINEY erhalten. Man schmilzt Glaubersalz im eigenen Krystallwasser bei 40—50° und setzt $MgSO_4$ oder NaCl zu. Das sich ausscheidende wasserfreie Sulfat wird durch Filtrieren oder Zentrifugieren getrennt.

In der Kaliindustrie hat man schon immer die von der Chlorkaliumgewinnung aus Carnallit oder Hartsalz stammenden, kieserithaltigen Löserückstände durch Umsatz mit Steinsalz auf Natriumsulfat verarbeitet. Die Reaktion

$$MgSO_4 + 2\,NaCl \rightleftarrows Na_2SO_4 + MgCl_2$$

verläuft aber nur in der Kälte in der Richtung von links nach rechts, und zwar steigt die Ausbeute an Na_2SO_4 mit fallender Temperatur (bei —12° 84%). Die auf die Halde geworfenen Löserückstände enthalten etwa 10% $MgSO_4$ und 55% NaCl, neben etwas KCl, $CaSO_4$ und Na_2SO_4. Man bespritzte sie mit warmem Wasser, ließ die entstandene Salzlösung klären und in der Winterkälte in eisernen Kästen das rohe Natriumsulfat auskrystallisieren, wobei etwa 40 bis 60%· des vorhandenen Glaubersalzes ausfielen. Als mit dem Rückgange der Salzsäureherstellung aus Kochsalz und Schwefelsäure die Nachfrage nach Natriumsulfat stieg, hat man sich in der Kaliindustrie durch Einführung von Kältemaschinen von dem Winterbetriebe frei gemacht (Kaliwerk Aschersleben) und betreibt jetzt die Natriumsulfatgewinnung als laufende Fabrikation. Man stellt aus Kieserit eine Magnesiumsulfatlösung her, bespritzt mit dieser auf 40° angewärmten Lösung die Haldenrückstände und reichert mit frischen Rückständen die erhaltene Lösung bis zur Sättigung an. Die geklärte Salzlösung wird dann in Kühlkästen gebracht, welche bis auf —4° heruntergekühlt werden, wobei sich ein Roh-Glaubersalz (87% $Na_2SO_4 \cdot 10\,H_2O$, 5% NaCl, 1% $MgCl_2$, 7% H_2O) ausscheidet, welches durch Zellenfilter von der Mutterlauge getrennt wird. Das Rohsalz wird durch Umkrystallisieren gereinigt, das auskrystallisierte Salz in Zentrifugen geschleudert und mit Wasser gedeckt und schließlich bei 25° zu Handelsware mit 99% $Na_2SO_4 \cdot 10\,H_2O$ getrocknet.

Der größte Teil des Natriumsulfats geht in calcinierter Form in den Handel. Die Entwässerung geschieht entweder in Vakuumkochkörpern oder durch Aussalzen aus dem geschmolzenen Glaubersalz nach PÉCHINEY, oder man salzt mit Steinsalz und Astrakanit aus, wodurch man in einem Gange das ganze Glaubersalz erhalten kann.

Handelsprodukt ist in der Hauptsache das calcinierte Natriumsulfat, welches einen Na_2SO_4-Gehalt von über 99% hat. Es wird hauptsächlich in der Glasindustrie an Stelle von Soda verwendet, ferner bei der Darstellung von Ultramarin, Schwefelnatrium, Sulfatzellstoff und zum Verschneiden von Farbstoffen. Glaubersalz braucht in großen Mengen auch die Textilindustrie.

Glaubersalz fällt auch noch als Nebenprodukt in großen Mengen in den Ablaugen der chlorierenden Röstung von Kupfererzen an. Bei der chlorierenden Röstung von Schwefelerzen mit Kochsalz werden die Sulfide zu Sulfaten oxydiert, und diese setzen sich mit $NaCl$ zu Na_2SO_4 und Metallchlorid um. Aus den Laugen fällt man das Kupfer mit Eisen aus und gewinnt das Natriumsulfat nach der Konzentration der Laugen durch Ausfrieren oder in Verdampfern.

Die Welterzeugung an Natriumsulfat kann man für 1937 auf 650000 t schätzen. Deutschland ist der größte Erzeuger und liefert seit 1932 stark ansteigende Mengen (in 1000 t): 1932 118,9; 1935 152,7; 1936 214,2; 1937 292,1.

Natriumsulfid (Schwefelnatrium).

Schwefelnatrium wird heute in großen Mengen für Zwecke der Farbstoffindustrie, der Kunstseidenfabrikation und der Gerberei hergestellt. Als Ausgangsmaterial dient Natriumsulfat, welches mit Kohle (Magerschrot) reduziert wird.

$$Na_2SO_4 + 3\,C = Na_2S + 2\,CO + CO_2\,.$$

Die Reduktion geschah früher im Handflammofen bei Dunkelrotglut, jetzt werden kurze Drehrohröfen benutzt. Besonders lästig ist der zerstörende Angriff der Schmelze auf alle Ofenfutter. Praktisch muß man ein Vielfaches der theoretischen Kohlenmenge verwenden; das beste Verhältnis von Sulfat zu Kohle ist 2:1 in Gewichtseinheiten. Bei kurzer Schmelzdauer von etwa 1 h bei 750—900° werden in der Praxis bis zu 73% Ausbeute erhalten. Die Rohschmelze erstarrt in Form schwarzbrauner, grobkörniger poröser Kuchen mit etwa 60% Schwefelnatrium, welche einer Auslaugung mit Wasser unterworfen werden. Man erhält eine schwarzgrüne Flüssigkeit, die man klären läßt. Es scheidet sich als Rückstand eine braunschwarze Masse aus, welche Sulfat, Kochsalz, Schwefeleisen und etwas Schwefelnatrium enthält. Die geklärten Laugen gehen mit etwa 900 g Na_2S im Liter zur Krystallisation; Schwefelnatrium schießt in großen braungelben Krystallen aus, welche einen Gehalt von etwa 30% Na_2S aufweisen; sie werden in Zentrifugen geschleudert und gehen so in den Handel. Ein Teil der Krystalle wird aber auch geschmolzen; dieses in Stücke zerschlagene Produkt von rotbrauner Farbe hat 60% Na_2S und ist in dieser Form ebenfalls Handelsprodukt. Sowohl das krystallisierte, als auch das geschmolzene Schwefelnatrium ist nicht rein, sondern enthält außer Wasser etwas Sulfat, Eisen, Thiosulfat usw. Bei der Krystallisation sinkt der Salzgehalt der Lauge aber nur so weit, daß die Mutterlauge noch etwa 60 g Na_2S im Liter hat. Diese braune Mutterlauge geht entweder in den Betrieb zurück, oder sie wird auf Thiosulfat verarbeitet.

Die Größe der Welterzeugung an Schwefelnatrium schätzt man auf 177000 t, wovon Deutschland etwa 40% liefert. Deutschland führte 1928: 14765 t, 1929: 14255 t, 1930: 9233 t aus.

Thiosulfat (Antichlor).

Thiosulfat, unterschwefligsaures Natrium, $Na_2S_2O_3 \cdot 5\,H_2O$, in der Technik auch Antichlor genannt, wird in ziemlich bedeutenden Mengen hergestellt, die teilweise von der Chromlederfabrikation aufgenommen, teilweise in der Papierfabrikation und Bleicherei als Antichlor verwendet werden. Große Mengen verbraucht auch die Photographie als Fixiersalz.

Thiosulfat ist durch Einleiten von schwefliger Säure in Natriumsulfidlösungen leicht herzustellen,

$$2\,Na_2S + 3\,SO_2 = 2\,Na_2S_2O_3 + S.$$

Als Schwefelnatriumlösungen verwendet man die vorher erwähnten Mutterlaugen, welche bei der Krystallisation von Schwefelnatrium übrigbleiben. Man leitet schweflige Säure in geschlossenen Gefäßen ein, bis eben saure Reaktion einzutreten beginnt. Bei Überschuß von schwefliger Säure bildet sich Polythionsäure. Die gesättigte Lösung wird durch Zusatz von etwas Schwefelnatrium neutralisiert, dann geklärt, filtriert, auf 50—52° Bé (mit rund 1300 g $Na_2S_2O_3 \cdot$ 5 H_2O im Liter) eingedampft und schließlich in Krystallisierkästen übergeführt, wo sich in der Ruhe große Krystalle abscheiden. Man bringt auch die Krystallisierlauge in BOCKschen Schüttelrinnen oder Krystallisierwiegen (Abb. 260) zur Krystallisation, um ein kleinkrystallinisches, für photographische Zwecke gewünschtes Mittelkorn zu erzielen. Die Krystalle werden geschleudert, bei 30—40° getrocknet und gehen als wasserhelle, farblose Krystalle mit 98% $Na_2S_2O_3 \cdot 5\,H_2O$ in den Handel.

Diese Fabrikationsmethode ist aber immer unlohnender geworden, seit Thiosulfat in großen Mengen bei der Herstellung von Schwefelfarben, besonders bei

Abb. 260. Krystallisierwiege von WULFF und BOCK (MAKO).

Schwefelschwarz, als Nebenprodukt anfällt. Kocht man Dinitrophenol mit Natriumpolysulfidlösungen, so geht letzteres völlig in Natriumthiosulfat über. Da der gebildete Schwefelfarbstoff unlöslich ist, so kann das Thiosulfat direkt aus den Laugen gewonnen werden. Die anfallenden Mengen sind so groß, daß man sich nach weiteren Verwendungsmöglichkeiten umsieht. So läßt sich aus dem Thiosulfat z. B. durch Einleiten von schwefliger Säure in der Hitze Sulfat unter Abscheidung von Schwefel gewinnen.

$$2\,Na_2S_2O_3 + SO_2 = 2\,Na_2SO_4 + 3\,S.$$

Natriummetall.

Die Anregung zur industriellen Herstellung von Natriummetall gab 1854 die von DEVILLE eingeführte Aluminiumgewinnung. Schon den Verbesserungen DEVILLES gelang es, den Preis für 1 kg Natrium (1854—59) von 1600 Mark auf 160 Mark herunter zu bringen; einen weiteren großen Fortschritt machte die Herstellung des Natriums durch H. Y. CASTNER 1886, welcher Ätznatron mit Eisencarbid in Stahltiegeln zersetzte und so eine billige und gefahrlose Massenproduktion ermöglichte.

$$3\,NaOH + Fe \cdot C_2 = 3\,Na + Fe + CO + CO_2 + 1\tfrac{1}{2}\,H_2.$$

Die Kosten der Herstellung sanken dadurch auf 2 Mark. Noch einfacher war ein Verfahren von NETTO, welcher geschmolzenes Ätznatron auf glühenden Koks tropfen ließ; der Prozeß war kontinuierlich, die Natriumdämpfe wurden in Vorlagen verdichtet, die gebildete Sodaschlacke von Zeit zu Zeit abgezogen.

Diese Schmelzreduktionsverfahren wurden jedoch bald verdrängt durch ein von H. Y. CASTNER 1890 erfundenes elektrolytisches Verfahren, welches schon 1891 an den Niagarafällen und auch in Europa zur Anwendung kam. 1898 begannen die Höchster Farbwerke, 1899 die Elektrochemische Fabrik „Natrium" in Rheinfelden nach diesem Verfahren zu arbeiten. CASTNER elektrolysiert eine Ätznatronschmelze. Nach diesem Verfahren wird auch heute noch die größte Menge des Natriums gewonnen, und die Apparatur hat, abgesehen von der Vergrößerung, nur unwesentliche Veränderungen erfahren.

Natriummetall läßt sich sowohl durch Elektrolyse von geschmolzenem Ätznatron als auch von geschmolzenem Kochsalz durchführen. Die industrielle Gewinnung hat bis vor kurzer Zeit ausschließlich nach der CASTNERschen Methode stattgefunden. Die Ätznatronelektrolyse läßt sich nämlich bei Temperaturen von 310—330° durchführen und es kann Eisen als Gefäßmaterial verwendet werden. Bei der Elektrolyse einer Kochsalzschmelze verdampft bei der hohen Schmelztemperatur des Natriumchlorids (900°) Natrium schon merklich, und weiter wird das abgeschiedene Metall von der Schmelze als Subchlorid oder als Pyrosol aufgenommen. Wenn es auch gelungen ist, durch Beimengung anderer Salze zum Natriumchlorid den Schmelzpunkt des Elektrolyten herunter zu drücken, so bleiben noch erhebliche technische Schwierigkeiten übrig, weil einerseits das Natrium bei Rotglut Tonzeug und Porzellan angreift, andererseits das entwickelte Chlor Metalle, wie Eisen, zerstört. Trotzdem sind einige Verfahren der Chlornatriumelektrolyse großtechnisch in Gang gekommen.

Der Vorgang bei der Elektrolyse geschmolzenen Ätznatrons ist folgender. Die Schmelze enthält nur Na·- und OH′-Ionen. Natrium wandert nach der Kathode und scheidet sich dort (flüssig) ab. An der Anode treten die entladenen OH′-Ionen zu Wasser zusammen unter Freiwerden von Sauerstoff

$$2\,NaOH = 2\,Na + 2\,OH' \qquad 2\,OH' = H_2O + O.$$

Das an der Anode entstehende Wasser wird sofort von der Schmelze aufgenommen und die nasse Schmelze setzt sich mit dem einen Atom Natrium wieder zu Ätznatron unter Entwicklung von Wasserstoff um.

$$Na + H_2O = NaOH + H.$$

Theoretisch sind also nur 50% der Natriummenge, die nach dem FARADAYschen Gesetz abgeschieden werden könnten, gewinnbar. In der Praxis beträgt die Ausbeute nur 40—45%. Eine Steigerung wäre zu erreichen, wenn man das entstehende Wasser zu beseitigen vermöchte. Das soll bei dem noch zu erwähnenden Aussiger-Verfahren soweit gelungen sein, daß Natriumausbeuten bis zu 80% erhalten werden. Da innerhalb des Elektrolysiergefäßes, wie gezeigt, Sauerstoff und Wasserstoff frei werden, so treten unvermeidlich im Schmelzapparat kleine Knallgasexplosionen auf, sobald verbrennende Natriumkügelchen die Entzündung des Knallgasgemisches verursachen.

Bei der Elektrolyse von geschmolzenem Chlornatrium müßte theoretisch, wenn man die Abscheidungsprodukte Chlor und Natrium völlig auseinander halten könnte, eine Stromausbeute von 100% zu erreichen sein. Im praktischen Betriebe werden, infolge der oben erwähnten Verlustquellen, jedoch auch nur 75% erreicht.

Ätznatronelektrolyse. Das älteste und praktisch am meisten ausgeübte Natriumgewinnungsverfahren ist das von H. Y. CASTNER. Der Schmelz- und Elektrolysierapparat besteht, wie Abb. 261 zeigt, aus einem zylindrischen Gußeisenkessel, der sich unten konisch verengt und in einen engen zentralen Fortsatz ausläuft. Durch letzteren wird die Kathode aus Eisen von unten eingeführt. Der Kathodenkopf K, der etwa 20 cm hoch ist und 10 cm Durchmesser hat, ist nicht immer zylindrisch, sondern auch nach oben etwas verjüngt. Als Material verwendet man Eisen oder Kupfer. In etwa 5 cm Abstand ist die Kathode von einer zylindrischen Anode A aus Stahl oder Nickel umgeben und innerhalb derselben ist über der Kathode eine Sammelglocke G für das gebildete Natrium angebracht. Am unteren Ende derselben ist ein

Nickeldrahtnetz D isoliert befestigt, welches verhindern soll, daß Natriumkügelchen in den Anodenraum übertreten. Das geschmolzene Ätznatron S wird in den Schmelzkessel bei F gefüllt und zwar so hoch, daß die Oberkante der Kathode überdeckt ist. Im Fußteil des Kessels bringt man durch Kühlung das Ätznatron zum Erstarren, das erstarrte Ätznatron bildet den Abschluß des Kessels nach unten. Ältere Apparate waren noch mit einer Außenheizung versehen, in neueren Apparaten wird die notwendige Temperatur durch JOULEsche Stromwärme aufrecht erhalten. Bei der Elektrolyse steigen die Natriumkügelchen nach oben und vereinigen sich in dem Sammelgefäße, von wo das flüssige Metall von Zeit zu Zeit mit einem siebartig durchlochten Eisenlöffel ausgeschöpft wird. Die früheren Schmelzgefäße waren nur 60 cm hoch und 65 cm weit, sie faßten 70—100 kg Schmelze, sie waren mit 1200 A belastet, die Spannung betrug 4—5 V. Jetzt verwendet man auch größere Schmelzapparate von 250 und 400 kg Fassung. Wegen der unvermeidlichen Explosionen benutzt man anstatt weniger großer Schmelzkessel lieber viele kleine. Da die Zersetzungsspannung des Ätznatrons nur 2,2 V beträgt, so wird ersichtlich, daß fast die Hälfte der Betriebsspannung zur Wärmeerzeugung im Schmelzbade verbraucht wird. Die Temperatur bei der Ätznatronelektrolyse muß in den Grenzen von 310—330°

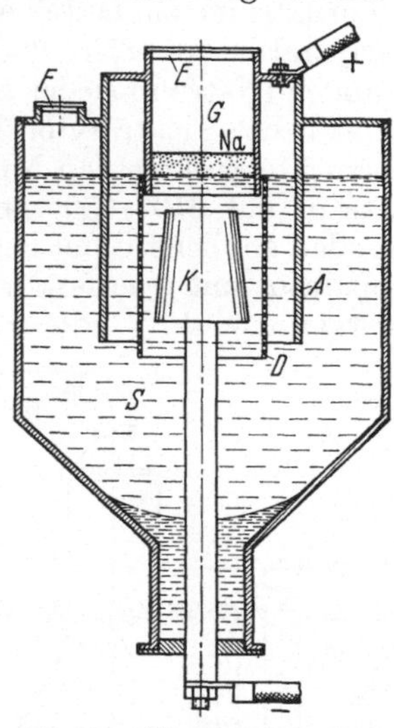

Abb. 261. Ätznatronelektrolyse nach CASTNER.

gehalten werden. Unterhalb dieser Temperatur friert die Schmelze ein, oberhalb löst sich Metall in der Schmelze auf und die Stromausbeute sinkt. Am zweckmäßigsten verwendet man möglichst reines Ätznatron, z. B. das aus den Quecksilberbädern der Chloralkali-Elektrolyse stammende Produkt. 1 kg Natrium erfordert rund 14,5 kWh.

Nach dem Castner-Verfahren arbeiten die Fabriken in Runcorn und New Castle, am Niagara, in Rheinfelden, Lechbruck und Vadheim. Es sind auch Abarten dieses Verfahrens in Anwendung, z. B. in Bitterfeld. Bemerkenswert ist eine von der AG. für Chem. und Metallurg. Produktion in Aussig verwendete Konstruktion. Wie die schematische Skizze Abb. 262 zeigt, umschließt eine weitere ringförmige Anode a eine ebenfalls ringförmige, nach oben konisch sich erweiternde Kathode b; beide tauchen nur wenig in die Schmelze ein. Zwischen Kathode und Anode ist ein Kühlring eingelegt, der sich mit erstarrter Schmelze umkleidet; diese Erstarrungskruste d bildet eine Art Scheidewand zwischen Anoden- und Kathodenraum und verhindert, daß Natriumkügelchen nach der Anode gelangen, auch soll hierdurch das Vordringen der nassen Schmelze in dem Kathodenraum

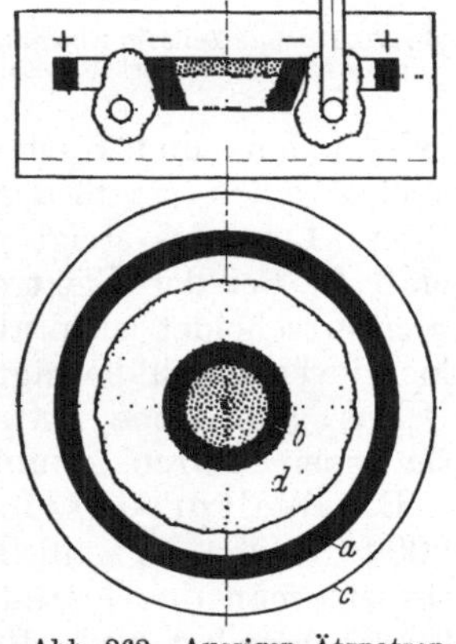

Abb. 262. Aussiger Ätznatronelektrolyse. (Nach MÜLLER: Elektrometallurgie.)

verhindert werden. Das Natrium scheidet sich innerhalb des Kathodenringes ab und wird ausgeschöpft. Bei der technischen Ausführung sind 20—24 kleine kathodische Zersetzungsringe an dem Rande eines großen Schmelzkessels angeordnet, und die Mittelfläche des Schmelzkessels bildet den Anodenraum. Die Betriebsspannung beträgt hier allerdings 8 V. Die Stromausbeute soll dagegen bis auf 80% gesteigert werden können, womit der Stromaufwand für 1 kg Natrium auf ungefähr 10 kWh heruntergeht; damit wäre das Aussiger Verfahren das wirtschaftlichste aller Natriumherstellungsprozesse.

Chlornatrium-Elektrolyse. Die Versuche, die Elektrolyse mit reinem Chlornatrium zu betreiben, scheiterten zunächst daran, daß bei einer Badtemperatur von 850—900° zu große Natriumverluste durch Verdampfen entstanden (Natrium siedet bei 889°). Man hat deshalb versucht, die Schmelztemperatur des Elektrolyten herunter zu drücken. DANNEEL (bei der AG. Lonza) versuchte Zusätze von Natrium- und Kaliumchlorid, wodurch die Schmelztemperatur auf 610—650° herunterging. Die Ges. für Chem. Ind. Basel verwenden ähnliche Gemische in einer der CASTNERschen Zelle ähnlichen Schmelzapparatur mit feuerfesten und chlorbeständigen Scheidewänden. Die Spannung beträgt 9,5—10 V, die Stromausbeute 97,5%. Die von DOWNS konstruierte

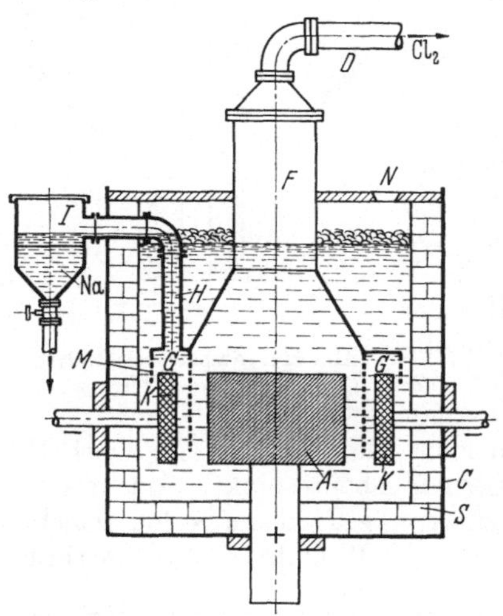

Abb. 263. Downs-Zelle für Kochsalzelektrolyse.
(Nach MÜLLER: Elektrometallurgie.)

und am Niagara von der Roeßler und Haßlacher Chem. Co. und in Knappsack bei Köln von der Deutschen Gold- und Silberscheideanstalt in größeren Anlagen verwendete Zelle ist auch eine Art Umbildung der Castner-Zelle für Kochsalzelektrolyse. DOWNS benutzt als Elektrolyt ein Gemisch von Chlornatrium und Chlorcalcium. Die Downs-Zelle besteht, wie Abb. 263 zeigt, aus einem mit feuerfesten Steinen ausgemauerten Kessel, in welchen von unten her ein zylindrischer Kohlenblock A als Anode eingeführt ist, welcher von einer ringförmigen, aus Eisen oder Kupfer bestehenden Kathode K umgeben wird. Die Stromzuführungen sind gekühlt, die Dichtung besorgt auch hier die erstarrte Schmelze. Über der Anode ist eine weite Glocke F für die Abführung des Chlors angebracht, an welcher unten zur Trennung der Anoden- und Kathodenprodukte ein ringförmiges Netz M befestigt ist, welches einen ringförmigen Sammelraum G für das geschmolzene Natrium bildet. Letzteres steigt durch ein Steigrohr H auf und fließt in ein Sammelgefäß J. Bei der Elektrolyse geht zwar etwas Calcium in das Natrium, das Calcium scheidet sich aber beim Erkalten wieder bis auf Spuren aus. Der Energieverbrauch beträgt 14—15 kWh für 1 kg Natrium.

Das gewonnene Natriummetall wird in eiserne Formen gegossen. Die erhaltenen Barren kommen in Blechdosen, luftdicht verlötet, zum Versand.

Die Weltproduktion an Natriummetall betrug vor dem Kriege etwa 4000 t, wovon 70% in Europa, 30% in Amerika hergestellt wurden. 1927 schätzte man die Gesamterzeugung auf 25000 t, woran Deutschland mit rund 10000 t beteiligt war. 40% der Welterzeugung werden für die Herstellung von Natriumsuperoxyd und Natriumcyanid verbraucht, 25% dienen für Reduktionszwecke in der organisch-chemischen Industrie. Ein anderer Teil wird in Natriumamid zur Herstellung künstlichen Indigos übergeführt. Auch zum Entwässern und für Legierungszwecke wird Natrium gebraucht.

Literatur über Natrium.

BECKER: Elektrometallurgie der Alkalimetalle. Halle 1903. — BILLITER: Elektrochemische Verfahren, Bd. 3. Halle 1918. — BILLITER: Fortschritte der technischen Elektrolyse. Halle 1930. — GRUBE: Elektrochemie. Leipzig 1930. — MÜLLER: Elektrometallurgie. Berlin 1932.

Ammoniak.

Von Ammoniaksalzen waren im Altertum bei den Ägyptern der Salmiak (das Ammonchlorid) und bei den Arabern auch das Carbonat bekannt. Wäßrige Ammoniaklösungen haben die Alchemisten wahrscheinlich in der Hand gehabt. Rein hergestellt wurde Ammoniakgas erst 1774 von PRISTLEY. Der Name Salmiakgeist und Ammoniak stammt von dem Chemiker BERGMANN 1782.

In der Natur kommt Ammoniak fast nur in Form seiner Salze vor. Man findet an Vulkanen Ammonchlorid und -sulfat, in den Soffionen Toskanas Ammonsulfat. Größere Mengen Ammoniak entstehen bei der Zersetzung stickstoffhaltiger organischer Substanzen; so findet man z. B. Ammonchlorid- und -sulfat an brennenden Steinkohlenlagern und Bergwerkshalden. Technische Bedeutung hat nur die Ammoniakgewinnung durch trockne Destillation fossiler Brennstoffe gewonnen, und so haben die Leuchtgasfabriken und die Kokereien von etwa 1850—1910 fast allein die ganze Menge des technisch verbrauchten Ammoniaks geliefert. Seit der Durchbildung der Verfahren zur synthetischen Herstellung des Ammoniaks geht die Bedeutung des durch Entgasung oder Vergasung von Brennstoffen erzeugten Ammoniaks sehr stark zurück. Außer diesen beiden Quellen ist im Kriege noch die Zersetzung von Calciumcyanamid (Kalkstickstoff) mit Wasser zur Gewinnung von Ammoniak herangezogen worden.

Ammoniak ist bei gewöhnlicher Temperatur ein farbloses, stechend riechendes, alkalisch reagierendes Gas von der Dichte 0,5962 (Luft = 1), welches von Wasser heftig und unter starker Wärmeentwicklung aufgenommen wird. 1 g Wasser absorbiert bei 0° 1146 cm³ = 0,899 g Ammoniakgas. Der gewöhnliche Salmiakgeist des Handels ist eine 25%ige Lösung von Ammoniakgas in Wasser. Ammoniakgas läßt sich verhältnismäßig leicht verdichten und kommt vielfach auch als flüssiges Ammoniak in den Handel (s. S. 47).

Ammoniak aus Gaswasser der Gaswerke und Kokereien.

Steinkohlen enthalten etwa 1—2% Stickstoff (schlesische 1—1,7%, westfälische 1,4—1,8%, englische 1,1—1,94%). Dieser Stickstoff ist in der Kohle in Form komplizierter organischer Verbindungen vorhanden. Bei der Entgasung der Kohle, d. h. der Destillation ohne Luftzutritt, tritt Zerfall ein, und in den Destillationsprodukten findet sich der Stickstoff in Form von Stickstoffbasen, Ammoniak, Cyanverbindungen und als freier Stickstoff wieder. Wieviel von dem vorhandenen Stickstoff als Ammoniak gewonnen werden kann, hängt von mancherlei Bedingungen, hauptsächlich von den Temperaturverhältnissen ab, da Ammoniak über 800° wieder zerfällt. Man erhält also bei der bei 1000—1100° durchgeführten Destillation nur 11—25% des vorhandenen Stickstoffs in Form von Ammoniak. Einführung von Wasserdampf wirkt dem Zerfall entgegen und erhöht die Ausbeute. Sehr augenfällig wird das bei der Kraftgaserzeugung nach MOND, wo die Entgasung und Vergasung mit überhitztem Wasserdampf vorgenommen wird. Hierbei werden 70—80% des Stickstoffs in Ammoniak umgesetzt. Aus den Destillationsgasen der Leuchtgasfabriken und der Kokereien wird das Ammoniak durch Wasser ausgewaschen und dieses, nur etwa 1—3% Ammoniak enthaltende Gas- oder Ammoniakwasser ist das Ausgangsmaterial für die Herstellung von Ammonsulfat, verdichtetem Gaswasser, Salmiakgeist und flüssigem Ammoniak.

Das Ammoniakwasser ist von gelblicher Farbe, wird an der Luft braun und riecht stark nach Schwefelammonium und Teer. Es enthält neben geringen Mengen freien Ammoniaks fast nur Ammoniumsalze und zwar sowohl leicht

flüchtige, die schon beim Kochen zerfallen (Carbonate, Sulfhydrate und Cyan-
ammonium), als auch schwer zersetzliche (Sulfat, Sulfit, Thiosulfat, Chlorid,
Rhodanid, Ferrocyanid), die mit Kalk zerlegt werden müssen. Die Zersetzung
dieser Ammonsalze geschieht durch „Auskochen", d. h. durch Zerlegung mit
Wasserdampf, jedoch in zweierlei Weise. Erhitzt man das Gaswasser zum
Sieden, so zerfallen nur die Carbonate und Sulfide, die sog. fixen Ammonsalze
aber nicht; diese müssen erst durch eine starke Base, wozu man in der Technik
immer Ätzkalk in Form von Kalkmilch verwendet, aufgespalten werden, um das
Ammoniak frei zu machen. Die Zerlegung der Ammonsalze des Gaswassers und die Austreibung des Ammoniakgases geschieht heute ausschließlich in Kolonnenapparaten, den sog. Gaswasserabtreibern.

Die Einrichtung eines sehr einfachen Abtreibapparates der Bamag-Meguin AG. zeigt die Abb. 264. Es ist eine Kolonne mit einer Anzahl übereinander angeordneter Glockenböden. Das oben seitlich in die Kolonne eintretende, vorgewärmte Ammoniakwasser füllt den obersten Boden, läuft schließlich durch einen Überlaufstutzen auf den nächst tieferen Boden usw. Von unten wird Dampf eingeführt, er steigt auf, tritt durch die Dampfstutzen unter die einzelnen Glocken (Hauben), kocht die auf dem Glockenboden befindliche Salzlösung auf, durchstreicht, beladen mit Ammoniakgas, den darüberliegenden Boden, immer dem herabfließenden Ammoniakwasser entgegen, bis er schließlich oben aus der Kolonne austritt. Im oberen Teil der Kolonne werden nur die Carbonate und Sulfide des Gaswassers zerlegt. Man führt deshalb in der Mitte oder etwas darunter zur Zerlegung der sog. fixen Ammonsalze Kalkmilch in die Kolonne ein, welche sich mit dem von den flüchtigen Bestandteilen befreiten Ammoniakwasser mischt und mit diesem

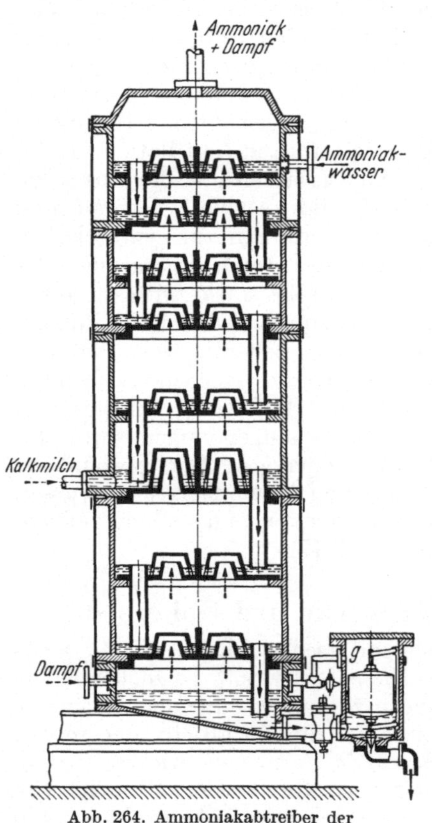

Abb. 264. Ammoniakabtreiber der
Bamag-Meguin AG.

zusammen über die untersten Glockenböden dem Dampfstrome entgegen
herunterfließt. Hierdurch wird auch das Ammoniak der fixen Ammonsalze
ausgekocht. Das ausgekochte, von Ammoniak bis auf 0,005% befreite, mit
Kalksalzen beladene, etwa 100° warme Abwasser fließt dann unten durch
ein Schwimmerventil ab und zwar durch einen Röhrenvorwärmer, in welchem
neues Gaswasser auf 70—80° vorgewärmt wird, bevor es in die Kolonne
eintritt. Am oberen Ende der Kolonne entweicht das mit Dampf beladene
Ammoniakgas mit einer Temperatur von 90—95°. Den größten Teil des
Dampfes kondensiert man in einem Rückflußkühler (UHLMANNscher Wärmeaustauscher). Dieser Rückflußkühler wird durch das aus dem Vorwärmer
ablaufende frische Gaswasser gekühlt. Das im Kühler gebildete Kondensat
läuft wieder in den Abtreiber zurück.

Abtreibkolonnen werden in außerordentlich verschiedener Form gebaut,
fast immer sind aber die beiden Abteilungen für die Zerlegung der leicht

zersetzlichen und der schwer zersetzlichen Ammonsalze gesondert ausgebildet; meist sind sie in ein und derselben Kolonne übereinander angeordnet, bisweilen sind sie aber auch nebeneinander gesetzt (KOPPERS). Solche Ammoniakkolonnen anderer Konstruktion sind schon bei „Kokerei" (S. 177—179) und bei „Ammoniaksoda" (S. 380 und 381) beschrieben.

Die aus der Kolonne austretenden Ammoniakdämpfe kann man in verschiedener Weise weiter verarbeiten. Verdichtet man sie einfach durch Kühlung, so erhält man sog. verdichtetes Gaswasser mit etwa 18% Ammoniak. Um stärkeres Gaswasser zu gewinnen, entfernt man zuvor einen Teil des Wasserdampfes durch Rückflußkühlung, man muß aber den Ammoniakdampf von Kohlendioxyd befreien, sonst treten Rohrverstopfungen durch Ammoncarbonatabscheidung ein. Das Gaswasser wird bei Anwendung von Rückflußkühlern bis auf 25% Ammoniak angereichert. Die Abscheidung von Kohlensäure und Schwefelwasserstoff erreicht man in einer kleinen vorgeschalteten Kohlensäureausscheidungskolonne mit wenig Glockenböden. Durch Anwärmung des Gaswassers mit Dampf auf 90—95° gehen CO_2 und H_2S aus dem Gaswasser größtenteils heraus, während die mitgeführten geringen Ammoniakmengen von dem herabfließenden kalten Gaswasser wieder aufgenommen werden. Das Ammoniakwasser tritt dann mit Kalkmilch vermischt in die Abtreibkolonne. Die übelriechenden Abgase (CO_2, H_2S, HCN, organische Stoffe) aus dieser sog. Dissoziationskolonne dürfen nicht ins Freie gelassen werden, sie werden meist verbrannt, ebenso die Gase, welche entstehen, wenn das Rohgas zur Herstellung von Ammonsulfat direkt in Schwefelsäure geleitet wird. Die Lurgi-Gesellschaft hat aber jetzt ein Verfahren von SIEKE in die Praxis eingeführt, das den Schwefelwasserstoff dieser Abschwaden auf Schwefelsäure zu verarbeiten gestattet (vgl. S. 303). Zur Herstellung von reinem Salmiakgeist reinigt man die Dämpfe durch Waschen mit Kalkmilch und Natronlauge von den Resten von Kohlendioxyd und Schwefelwasserstoff, scheidet den Wasserdampf durch Kühlung ab und beseitigt pyridinartige empyreumatische Körper durch Behandeln des Gases mit Holzkohle und mit Paraffinöl, dann absorbiert man das Ammoniakgas mit destilliertem Wasser zu Salmiakgeist mit 25% NH_3 oder zu Eissalmiak mit 35% NH_3. Flüssiges Ammoniak wird durch Verdichten des reinen Gases in einstufigen Kompressoren erhalten (s. S. 47). Bei den verschiedenen Verfahren der Ammoniaksynthese fällt direkt flüssiges Ammoniak an.

Synthetisches Ammoniak.

Eines der glänzendsten Beispiele, wie sich auf rein wissenschaftliche Erkenntnis eines der großartigsten industriellen chemischen Verfahren aufgebaut hat, ist die Synthese des Ammoniaks aus seinen Komponenten $N_2 + 3\,H_2 \rightleftarrows 2\,NH_3$.

Temperatur °C	$Kp = \dfrac{p_{NH_3}}{p_{N_2}^{1/2} \cdot p_{H_2}^{3/2}}$	% NH_3 im Gleichgewicht bei einem Druck von Atm.			
		1	30	100	200
200	0,660	15,3	67,6	80,6	85,8
300	0,0070	2,18	31,8	52,1	62,8
400	0,0138	0,44	10,7	25,1	36,3
500	0,0040	0,129	3,62	10,4	17,6
600	0,00151	0,049	1,43	4,47	8,25
700	0,00069	0,0223	0,66	2,14	4,11
800	0,00036	0,0117	0,35	1,15	2,24
900	0,000212	0,0069	0,21	0,68	1,34
1000	0,000136	0,0044	0,13	0,44	0,87

F. Haber untersuchte 1903/04 mit van Ordt das Ammoniakgleichgewicht bei
gewöhnlichem Druck. Es ergab sich ein starkes Absinken der erzielbaren
Ammoniakkonzentration mit der Temperatur. 1906/07 untersuchten Nernst
und Jost, ebenso 1907/08 Haber und Le Rossignol das Gleichgewicht bei
stark erhöhtem Druck. Diese Versuche ergaben eine starke Zunahme der Gleich-
gewichtskonzentration mit wachsendem Druck. Nach der Haberschen Formel
ergeben sich für verschiedene Temperaturen und Drucke vorstehende Ammoniak-
prozente im Gleichgewicht mit dem stöchiometrischen Stickstoff-Wasserstoffgemisch.

Man müßte also, um möglichst große Umsetzungen zu erreichen, bei
tiefen Temperaturen und sehr hohen Drucken arbeiten. Wegen zu geringer
Reaktionsgeschwindigkeit verbietet sich die Verwendung von zu tiefen Temperaturen. Aber auch bei den praktisch in Frage kommenden Temperaturen
von etwa 500—600° ist der Umsatz auch bei großen Drucken noch sehr
gering. Haber führte deshalb das Gas unter erhöhtem Druck im Kreislauf
über den Katalysator, d. h. das gebildete Ammoniak wird aus dem Gasgemisch ausgeschieden und der Gasrest, ergänzt durch eine entsprechende
Menge neuen Gemisches, wieder über den Katalysator geführt. Das war
apparativ nicht ganz einfach. Auch mußten erst wirksame Katalysatoren
gefunden werden. 1908 verband sich Haber mit der Badischen Anilin-
und Sodafabrik, und im Oktober 1908 wurde bereits das grundlegende
Ammoniakpatent DRP. 235421 eingereicht. Haber fand in demselben Jahre
noch als sehr günstigen Katalysator das Osmium und das karbidhaltige Uran.
Von 1910 an nahm die Badische Anilin- und Sodafabrik die technische Durchbildung ganz in ihre Hand. Bosch überwand mit zäher Energie
die großen technischen Schwierigkeiten in apparativer Beziehung, und Mittasch fand im Eisenoxyd, in Verbindung mit sog. Aktivatoren, wie Tonerde, einen Katalysator, der nicht nur billiger und weniger empfindlich war
als Uran und Osmium, sondern der auch an Wirksamkeit und Lebensdauer
bisher nicht übertroffen worden ist. 1910 wurden schon die ersten Flaschen
mit flüssigem synthetischen Ammoniak erhalten. Es gelang, die Reaktion
durch Verbesserung der Wärmeaustauscher ohne zusätzliche Wärmezufuhr in
Gang zu halten. Sehr wesentlich für die Haltbarkeit der Druckapparatur war
die Einführung des wasserstoffbeständigen Futterrohrs in den drucktragenden
Stahlmantel durch Bosch. Die Kondensation des Ammoniaks erfolgte nicht
mehr durch Tiefkühlung, sondern durch Druckwassereinspritzung. Anfang 1912
lieferte die Anlage bereits 1000 kg Ammoniak täglich. 1913 kam die Anlage
in Oppau bei Ludwigshafen in Betrieb (30 t NH_3/Tag = 9000 t/Jahr). Von 1917
an begann auch das bei Leuna gelegene Ammoniakwerk Merseburg Ammoniak
zu liefern, und 1925 erzeugten Oppau und Leuna zusammen bereits 425000 t
Ammoniak.

Während des Krieges versuchte man eifrig in Amerika und England auf
Grund der beschlagnahmten und enteigneten deutschen Patente Anlagen zur
Herstellung synthetischen Ammoniaks in Gang zu bringen. Von 1917 an fing
in Frankreich Claude an, sein Verfahren mit „Hyperdrucken" von 1000 Atm.
auszubilden. Von weiteren Verfahren kam hinzu von 1920 an ein von Casale
in Italien zuerst entwickeltes, dann hauptsächlich in Frankreich angewandtes
Verfahren. In Italien kam 1921 ein Verfahren von Fauser in Anwendung.
1926 begann die Gewerkschaft Mont Cenis bei Herne-Sodingen nach eigenem
Verfahren unter Verwendung von Koksofengas die Ammoniakerzeugung.
Seit 1929 arbeiten auch einige Ammoniakwerke (auch in Deutschland)
nach den N.E.C.-Verfahren der amerikanischen Nitrogen Engineering
Corporation.

Die Produktionskapazität der verschiedenen Verfahren der Ammoniaksynthese für 1931/32 in Tonnen Stickstoff, wie in Prozent der Gesamterzeugung, wird wie folgt angegeben:

Haber-Bosch . . .	1 250 750 t	47,95 %
Casale	487 675 t	18,70 %
Fauser	269 495 t	10,33 %
Claude	246 995 t	9,46 %
Mont Cenis . . .	185 000 t	7,09 %
N.E.C.	168 845 t	6,45 %
	2 608 760 t	100,00 %

Beschaffung der Ausgangsgase.

Zur Erzeugung der ungeheuren Mengen von Ammoniak, wie sie eben angegeben wurden, sind selbstverständlich riesige Mengen von Wasserstoff und Stickstoff notwendig, welche nach besonderen Verfahren mit möglichst billigen Kosten hergestellt werden müssen, wozu die älteren Verfahren nicht ohne weiteres geeignet waren. Außer der Menge spielt auch noch die Reinheit dieser beiden Ausgangsgase, besonders des Wasserstoffs, eine bedeutende Rolle, weil bestimmte Verunreinigungen des Gases direkt als Kontaktgifte wirken. Ausschlaggebend sind die Kosten der Herstellung dieser Gase. Das betrifft besonders den Wasserstoff, weil sich ergeben hat, daß für die Konkurrenzfähigkeit des einzelnen Verfahrens der Ammoniaksynthese viel weniger die Arbeitsweise und die apparative Beschaffenheit, als vielmehr die Kosten für die Beschaffung der beiden Gase in ganz reinem Zustande ins Gewicht fallen.

Für die Herstellung des Wasserstoffs sind in der Hauptsache vier verschiedene Verfahren in Anwendung: Die Herstellung

1. nach dem Wassergasverfahren (Badische Anilin- und Sodafabrik, B.A.S.F.),

2. aus Kokereigasen durch Tiefkühlung (CLAUDE, Mont Cenis, N.E.C.),

3. aus Methan, bzw. aus Verkokungsgasen durch Krackung (N.E.C.),

4. durch Wasserelektrolyse (FAUSER, CASALE, N.E.C.).

Nach dem Wassergasverfahren wurden 1927 70%, 1929 52% der Gesamtmenge des Wasserstoffs gewonnen, aus Koksgas 1927 12%, 1929 27,9%, als Elektrolytwasserstoff 15 bzw. 16,7%, als Nebenprodukt-Wasserstoff und aus Erdgas 3, bzw. 0,5%. Die Zerlegung von Koksofengas hat also ganz bedeutende Fortschritte gemacht. Die U.S. Tariff Commission gibt für 1934 die Verteilung wie folgt an: 57 : 25 : 16 : 2%.

Für die Gewinnung des Stickstoffs kommen in der Hauptsache in Betracht:

1. das Generatorgasverfahren der B.A.S.F.,

2. die Verflüssigung von Luft (CLAUDE),

3. die Luftverbrennung mit Wasserstoff (CASALE),

4. die Verwendung der Restgase aus der Ammoniakverbrennung (FAUSER).

Als Katalysatoren verwendet man in der Technik überall Eisenoxydkatalysatoren und zwar in Form von Mischkatalysatoren, mit gewissen Verschiedenheiten bei den einzelnen Verfahren.

a) Das Haber-Bosch-Verfahren der Badischen Anilin- und Sodafabrik (I. G.).

An der Skizze einer Laboratoriumsapparatur soll zunächst das Prinzip des Verfahrens schematisch erläutert werden, zumal bei einigen ausländischen Verfahren das Prinzip fast ohne Änderungen übernommen worden ist.

Wie die Abb. 265 zeigt, wird durch eine Druck-Umlaufpumpe frisches Gasgemisch, bestehend aus $N_2 + 3 H_2$, und die nicht umgesetzten Restgase durch einen Wärmeaustauscher in das (liegend gezeichnete) Reaktionsrohr gedrückt. Das eigentliche Reaktionsgefäß ist ein dünnes Eisenrohr, auf welches, getrennt durch ein Asbestpapier, eine Widerstandsdrahtwicklung zur elektrischen Beheizung aufgezogen ist. Innerhalb des Eisenrohres befindet sich ein Quarzrohr, dessen verjüngtes Ende an die Stahlkapillare des Wärmeaustauschers angesetzt ist; dasselbe enthält den Katalysator. Das durch die Pumpe zugeführte Stickstoff-Wasserstoffgemisch umspült zuerst das Katalysatorrohr von außen, wird durch das erhitzte Eisenrohr auf die nötige Temperatur vorgewärmt und tritt dann (von links) in das Quarzrohr, durchstreicht den Katalysator und geht, beladen mit einigen Prozenten Ammoniak, durch die Stahlkapillare in den Kondensator. Hier wird das Ammoniak entweder direkt als flüssiges Ammoniak

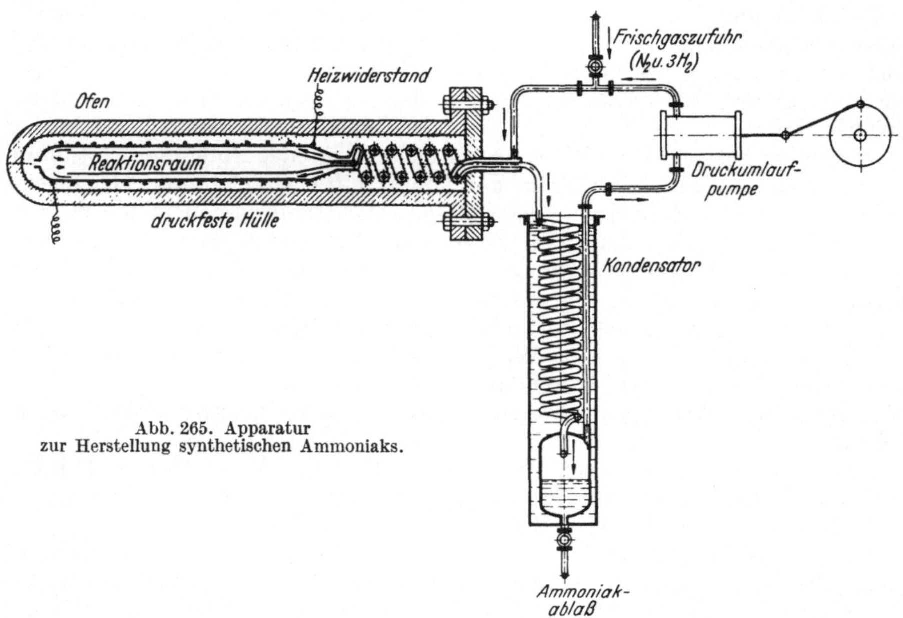

Abb. 265. Apparatur
zur Herstellung synthetischen Ammoniaks.

abgeschieden, oder es wird durch Wasser herausgewaschen. Das noch nicht umgesetzte Restgas kehrt in den Kreislauf zurück. Die Kontakteinrichtung ist in eine druckfeste Stahlbombe eingebaut. Dieser Kunstgriff ist ganz wesentlich für die Möglichkeit der Durchführung der Ammoniaksynthese. Es ist nämlich nicht möglich Stahlgefäße zu bauen, welche bei 500—600° und etwa 200 Atm. Druck dicht halten und vor allem der Zerstörung durch die heißen Gase widerstehen. Durch die angegebene Konstruktion steht das erhitzte Reaktionsrohr allseitig unter gleichem Druck, während der Druck von der Außenhülle aufgenommen wird, die kalt bleibt oder gekühlt werden kann. Auch bei der Großapparatur kommt dieses Prinzip zur Verwendung.

Abb. 266 zeigt schematisch die Einrichtung der Großapparatur des Haber-Bosch-Verfahrens, wie sie in der Technik benutzt wird.

Das Stickstoff-Wasserstoffgemisch wird nach diesem Verfahren wie schon erwähnt, nach dem Wassergasverfahren hergestellt, d. h. man erzeugt in einem WINKLERschen Generator (der in der Abb. 266 aber nicht mit eingezeichnet ist) aus Braunkohlenstaub Generatorgas (30% CO, 61% N_2, 3% CO_2, 6% H_2) und in einem Drehrostgenerator (a) Wassergas (50% H_2, 40% CO, 4—6% N_2, 4—6% CO_2). Ersteres liefert den Stickstoff, letzteres den Wasserstoff. Der genannte Winkler-Generator, Abb. 267, vergast vorgetrocknete feinkörnige

Braunkohle und zwar in schwebender, stark wallender Bewegung. Er hat durch die I. G. Farbenindustrie eine weitgehende Durchbildung erfahren. Wenn man als Vergasungsmittel nur Luft mit etwas Dampf verwendet, erhält man Generatorgas; nimmt man Sauerstoff-Stickstoffgemische mit 50% O_2, so erhält man direkt Stickstoff-Wasserstoffgemische für die Ammoniaksynthese; auch ein fast stickstoffreies Wassergas läßt sich erzielen (für die Methanol- und Benzinfabrikation) wenn man reinen Sauerstoff und große Dampfmengen verwendet. Auf den Leunawerken, sind Winkler-Generatoren in Betrieb, die je 75000 m³ Gas/h erzeugen können. In der Abb. 267 ist G der eigentliche Generator, D der Rost, über welchen sich ein Rührer zum Aschenaustrag bewegt. Die körnige Braunkohle wird dem Generator aus dem Vorratsbehälter B durch

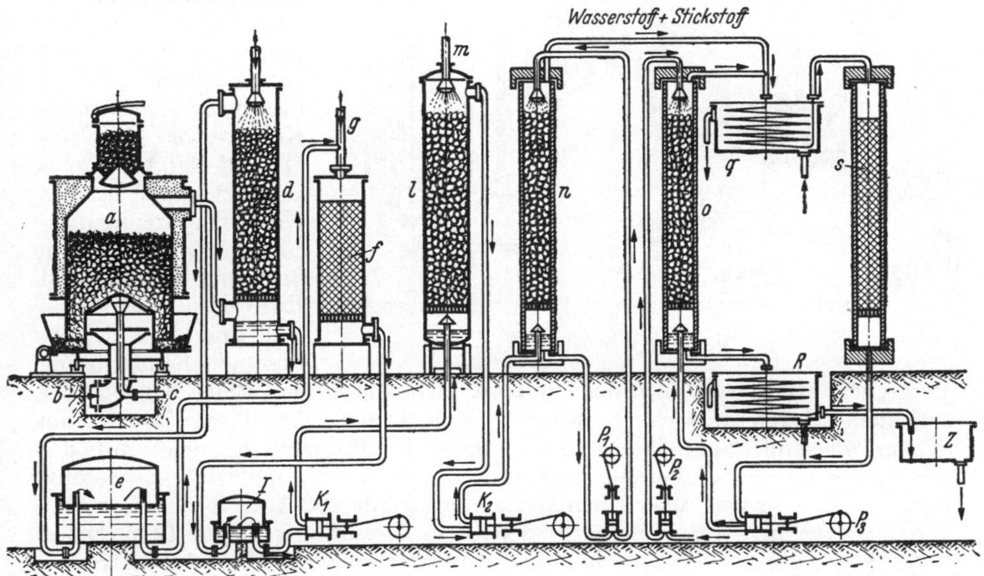

Abb. 266.
Schematische Darstellung einer Anlage zur Ammoniaksynthese nach dem Haber-Bosch-Verfahren.

eine Eintragsschnecke zugeführt. Ein Gebläse führt Luft und Sauerstoff ein, während der Dampf auf der anderen Seite eintritt. Die Wärme der abziehenden Gase (1000° Ofentemperatur) wird durch Abhitzekessel K ausgenutzt.

Das erzeugte Generatorgas und das Wassergas werden in Türmen (d) der Abb. 266 (auch mit rotierenden Waschern) gewaschen und in Gasbehältern (e) aufgefangen, dann wird 1 Teil Generatorgas mit 2 Teilen Wassergas gemischt, mit aktiver Kohle von Schwefelwasserstoff befreit und in dem sog. Kontaktofen (f) zur Beseitigung des Kohlenoxyds mit Wasserdampf behandelt. Hierdurch erfolgt bei 500° über Eisenoxydkontaktmassen die Umsetzung zu Kohlensäure und Wasserstoff:

$$CO + H_2O \rightleftarrows CO_2 + H_2 .$$

Die 17 m hohen Wasserstoffkontaktöfen werden mit 85° warmem Wasser berieselt, das Gasgemisch sättigt sich mit Wasserdampf und durchströmt die Kontaktkammern, in denen der Katalysator auf 5 übereinander angeordneten durchlochten Eisenblechen ausgebreitet ist. Der Dampf strömt oben bei g ein. Durch die Umsetzung sinkt der CO-Gehalt bis auf 1—1,6%, umgekehrt steigt der CO_2-Gehalt auf 30% an. Zur Beseitigung der Kohlensäure wird nun das Gas auf 25 Atm. komprimiert (K_1) und mit Wasser von gleichem Druck (m) im Kohlensäurereinigerturm (l), welcher 16 m hoch und mit Raschig-Ringen gefüllt ist, gewaschen. Das mit CO_2 beladene Wasser wird in einer Peltonturbine entspannt und die Kohlensäure zur Herstellung von Ammonsalzen oder Harnstoff verwendet. Das aus dem Reiniger kommende Gasgemisch enthält immer noch etwa 1% CO_2. Besonders wichtig ist es, die letzten Reste von Kohlenoxyd zu entfernen, was durch Absorption mit ammoniakalischer Kupferlösung unter 200 Atm. Druck geschieht. Zu diesem Zwecke wird im Kompressor (K_2) das Gas auf 200 Atm. komprimiert und in den Kohlenoxydreinigungstürmen (n), die 12 m hoch und ebenfalls mit Raschig - Ringen gefüllt sind, durch herabrieselnde Kupferlösung

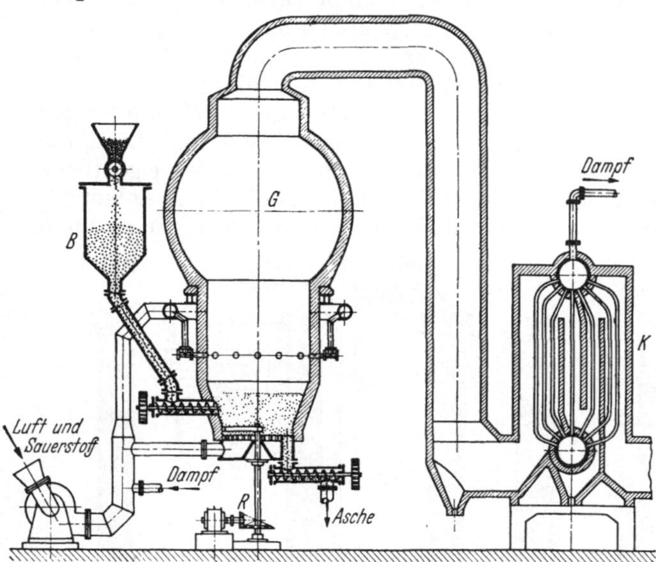

Abb. 267. Winkler - Generator.

gewaschen; dann wird auch noch durch Natronlauge die restliche Kohlensäure und der Schwefelwasserstoff entfernt. Man bringt nun durch Zusatz von reinem Stickstoff aus einer Linde - Anlage das Gasgemisch genau auf das Verhältnis 3 Teile H_2 : 1 Teil N_2 und drückt dasselbe über einen Gaskühler (q) mit 200 Atm. in den Kontaktofen (s). Dieser Ofen besteht aus einem 12 m hohen Stahlrohr von 1,1 m Durchmesser. Der äußere Stahlmantel hat eine Wandstärke von 12 cm. In denselben ist ein Futterrohr eingesetzt, in dessen Innerem konzentrisch im Abstand von 1—2 cm sich ein weiteres Stahlrohr befindet, welches getrennt durch eine Isolierschicht das eigentliche Kontaktrohr umschließt. Abb. 268 zeigt die Einrichtung des Kontaktofens. Im oberen Teile ist die Kontaktmasse, bestehend aus Eisenoxyd-Aluminiumoxyd und etwas Alkali untergebracht (2000 kg); der untere Teil ist als Wärmeaustauscher ausgebildet. Bei Inbetriebsetzung wird die Kontaktmasse durch elektrische Beheizung auf 500° angeheizt. Ist sie einmal auf dieser Temperatur, so ist bei der Katalyse keine Wärmezufuhr mehr nötig. Bei 500° und 200 Atm. Druck setzt die Katalysatormasse bei einmaligem Durchgange 10 bis 15% des ursprünglichen Stickstoff-Wasserstoffgemisches in Ammoniak um. Die austretenden Gase enthalten im allgemeinen 6—8% NH_3, sie werden durch eine Umlaufpumpe (p_3) in einen Adsorptionsturm (o) gedrückt, wo das Ammoniak unter Druck durch Wasser ausgewaschen wird. Das nicht umgesetzte Gasgemisch geht, nachdem die verbrauchte Menge durch Frischgas ersetzt ist, wieder in den Kreislauf zurück. Das Ammoniakwasser wird entspannt und wird als 20—25%iges Ammoniakwasser in große Vorratsbehälter gebracht.

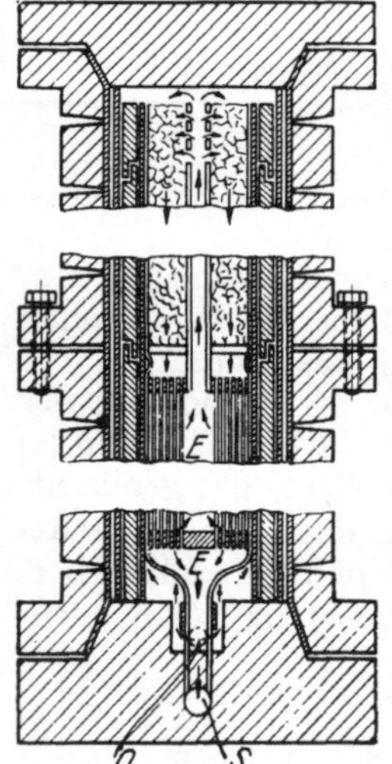

Abb. 268. Kontaktofen der I. G. Farbenindustrie.

Haber-Bosch-Anlagen im Auslande gewinnen direkt auch flüssiges Ammoniak.

Die Berührungszeit zwischen Kontaktmasse und Gas beträgt nur 20 s. Ein Kontaktofen der angegebenen Größe leistet in 24 h rund 18 t NH_3.

Da in den Kontaktrohren die Wärmeaustauschrohre beiderseits in Rohrböden eingewalzt sind, so entstehen bei den großen Temperaturunterschieden gefährliche Spannungen, die vorzeitig zum Bruche führen können. Man benutzt deshalb jetzt einen das ganze Ofeninnere ausfüllenden Einsatz, bei dem die Rohre nur im Boden eingewalzt sind und sich nach oben frei ausdehnen können. Die Kontaktmasse liegt außen um die Rohre herum. Abb. 269 zeigt schematisch die neue Anordnung.

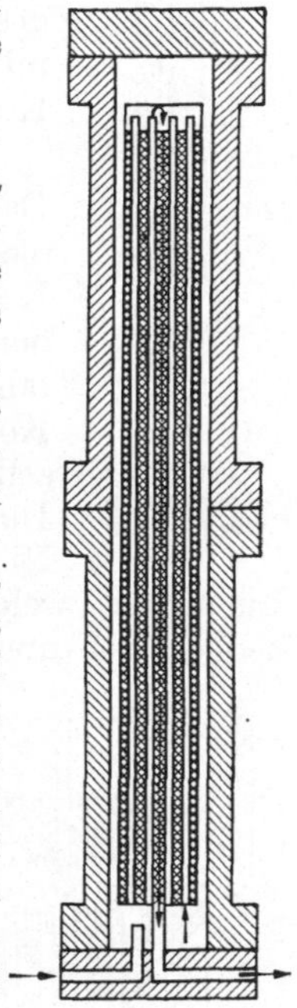

Wie schon angegeben, werden von einigen Ammoniaksyntheseverfahren auch in steigendem Maße Koksofengase, die etwa 45—50% H_2 enthalten, als Wasserstoffquelle benutzt. Die Gewinnung von Wasserstoff aus Kokereigasen durch fraktionierte Kondensation ist auf eine Anregung durch BRONN von LINDEs Gesellschaft für Eismaschinen bei uns entwickelt worden. Der Gang der Zerlegung ist in der Hauptsache folgender: Das Koksofengas wird auf 12 Atm. komprimiert und einer Druckwasserwäsche zur Entfernung von Kohlensäure, Benzol, Acetylen unterworfen. Die letzten Reste von CO_2 werden durch Natronlauge herausgewaschen. Dann kühlt man im Gegenstrom mit flüssigem Ammoniak auf —40 bis —50° ab und führt das Gas in einen Tiefkühler, wo durch verdampfenden flüssigen Stickstoff alle Gasbestandteile außer Wasserstoff verflüssigt werden. Durch Berieselung mit flüssigem Stickstoff wird noch besonders das CO entfernt. Der Stickstoff verdampft dabei soweit, daß man ein Gemisch von 3 Mol H_2 und 1 Mol N_2 erhält. Dieses Gemisch verläßt den Tiefkühler unter einem Druck von 10 Atm. und geht znr Ammoniaksynthese. Dieses Verfahren der Koksgaszerlegung nach BRONN-LINDE-Concordia ist ausführlich S. 193 erläutert.

Abb. 269. Neuer Kontaktofen der I. G. Farbenindustrie.

In ähnlicher Weise arbeitet auch das von CLAUDE in Frankreich ausgebildete Verfahren zur Wasserstoffgewinnung aus Koksofengasen durch fraktionierte Tiefkühlung. Den auf diese Weise durch Tiefkühlung hergestellten Koksgaswasserstoff verwenden die Verfahren von Mont Cenis, CASALE, FAUSER und CLAUDE.

b) Das Claude-Verfahren.

GEORGE CLAUDE hat sein sog. Hyperdruckverfahren, welches mit 1000 Atm. arbeitet, in Frankreich entwickelt. Wie später erläutert wird, steigen die Ammoniakausbeuten mit höheren Drucken sehr stark an (die Kompressionsarbeit nimmt aber über 200 Atm. Druck nur verhältnismäßig wenig zu). Die besten Ausbeuten werden nicht bei den höchsten Temperaturen erhalten, sondern bei etwa 500—550°, weil sich bei den höheren Temperaturen der Zerfall des Ammoniaks schon bemerkbar macht. Bei Drucken von 1000 Atm. müßte bei einmaligem Durchgang des Gasgemisches durch den Katalysator ein Ammoniakumsatz von etwa 40% zu erreichen sein; praktisch kommt man nicht ganz so hoch.

CLAUDE benutzt Wasserstoff aus Koksgas, die Gewinnung und Reinigung nimmt er aber etwas anders vor als LINDE. Komprimiertes Koksofengas wird durch Schweröl von Benzol, durch Wasser und Natronlauge von Kohlensäure befreit. Dann werden die Gase nach einer Trocknung in einem Gastrennungsapparat durch Fraktionierung getrennt. Man erhält einen Wasserstoff mit 20% Stickstoff und Nebenproduktgase, welche 50% Methan enthalten und abgeführt werden. Eine bestimmte Menge Luft wird nun in besonderen Brennern mit dem erhaltenen Wasserstoff zur Herstellung der richtigen Mischung von $3\,H_2 + 1\,N_2$ verbrannt. Das dabei entstandene Wasser wird durch Kühlung entfernt und das Gasgemisch in mehreren Stufen auf 1000 Atm. gepreßt. Zur Beseitigung des Kohlenoxydes schickt CLAUDE das Gas bei 400° durch ein mit gebrauchter Kontaktmasse gefülltes Vorkontaktrohr, wobei sich Kohlenoxyd und Wasserstoff zu Methan und Wasser umsetzen.

$$CO + 2\,H_2 \rightleftarrows CH_4 + H_2O.$$

Das Reaktionswasser wird wieder durch Kühlung entfernt und das kohlenoxydfreie, methanhaltige Gasgemisch in die eigentliche Kontaktapparatur geleitet. Das Methan soll nach CLAUDE für den Kontakt unschädlich sein. CLAUDE benutzt bei seinem Verfahren mehrere neben- und hintereinander geschaltete, sehr kleine Kontaktkörper. Abb. 270 zeigt einen solchen Kontaktkörper. Derselbe ist nur 1,50 m hoch, hat 24 cm äußeren und 10 cm inneren Durchmesser, der oben verstärkte Druckmantel besteht aus einer Nickel-Chrom-Wolframlegierung. Das konzentrisch angeordnete Innenrohr, welches mit einer nach unten stärker werdenden Isolierschicht bedeckt ist, umschließt die aus Fe_3O_4 und 1% Ca oder Mg bestehende Kontaktmasse.

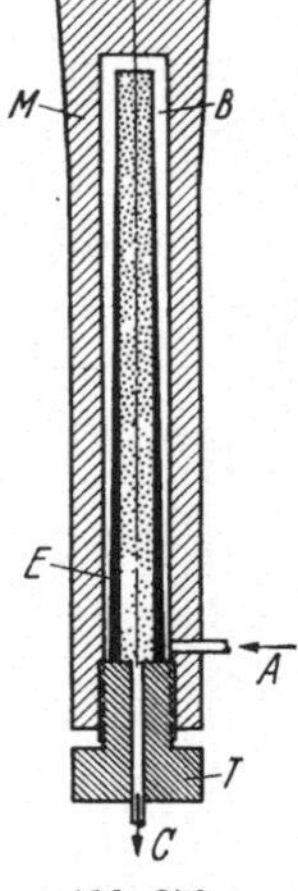

Abb. 270.
Kontaktrohr
von CLAUDE.

Das Gasgemisch tritt unten kalt durch den Außenmantel ein, erwärmt sich am Kontaktrohrmantel auf etwa 500°, durchstreicht von oben nach unten die Kontaktmasse und tritt unten aus. Die Strömungsgeschwindigkeit ist nur halb so groß wie beim Haber-Bosch-Verfahren. Jede dieser kleinen Kontaktkammern hat einen eigenen Kühler und Ammoniakabscheider. Das flüssige Ammoniak wird in einen Sammelbehälter abgezogen, die Gase werden auf 20—25 Atm. entspannt und in einem Wäscher von Ammoniak befreit; die Restgase gehen wieder in den Kreislauf. Die Claude-Anlagen sind nur klein; das Arbeiten mit so hohen Drucken ist für Großanlagen nicht recht geeignet.

c) Das Fauser-Verfahren.

Fauser-Anlagen finden sich hauptsächlich in Frankreich und Italien. Der wesentliche Unterschied des Fauser-Verfahrens gegenüber den vorher besprochenen liegt in der Verwendung von elektrolytisch hergestelltem Wasserstoff. Die Wasserstoffgewinnung geschieht in einer von FAUSER konstruierten besonderen Zelle (Abb. 15, S. 39). Er elektrolysiert eine 28%ige Natronlauge zwischen Eisenelektroden, die durch einen Sack aus Asbest als Diaphragma getrennt sind. Der Wasserstoff soll 99,9% rein sein. Auch das Verfahren von CASALE verwendet Elektrolytwasserstoff (Abb. 16, S. 39). Den Stickstoff für die Synthese liefern die Restgase bei der Oxydation des Ammoniaks zu Salpetersäure. Diese enthalten

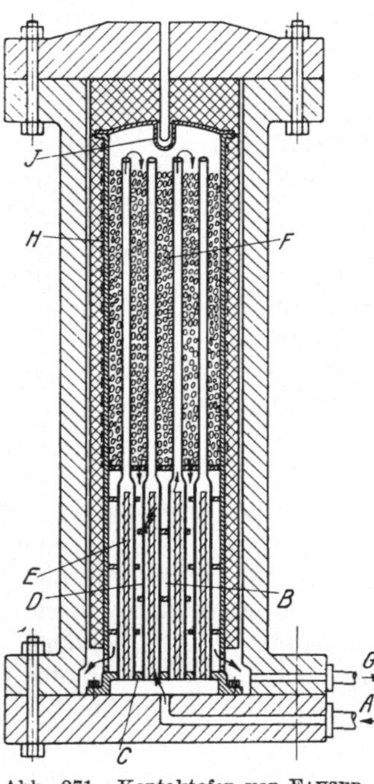

Abb. 271. Kontaktofen von FAUSER.
(Nach WAESER: Stickstoff.)

aber noch 2—3% Sauerstoff, der vor der Verwendung durch Überleiten über Kupfer bei 400° entfernt wird. Zur Erlangung der nötigen Menge Stickstoff muß etwa $^1/_5$—$^1/_4$ des erzeugten Ammoniaks auf Salpetersäure verarbeitet werden. In neueren Fauser-Anlagen verwendet man deshalb auch Stickstoff, der nach dem Linde-Verfahren gewonnen ist. Teilweise verwendet FAUSER jetzt auch Wasserstoff aus Koksofengas.

Die Einrichtungen der FAUSERschen Kontaktapparatur lehnen sich stark an das deutsche Vorbild an, wenn auch die Gasführung im Kontaktrohr eine etwas andere ist und eine spezielle Vorwärmung vorgenommen wird. Abb. 271 erläutert die Einrichtung der neueren Konstruktion des FAUSERschen Kontaktofens. Das Stickstoff-Wasserstoff-gemisch gelangt zuerst durch Rohr A in den Wärmeaustauscher B. Im Boden C des Austauschers sind Rohre, die sich nach oben verjüngen, so eingesetzt, daß sie sich nach oben frei ausdehnen können. Die Spiralen E sollen eine Durchwirbelung der durch D strömenden Gase bewirken. Die Kontaktmasse F, bestehend aus Eisenoxyd mit 4 bis 5% Aktivatoren, ist um die Kühlrohre herum angeordnet. Die Gasbewegung ist durch Pfeile ersichtlich gemacht. Die Reaktion geht bei 500° vor sich. Zur Einleitung derselben hat FAUSER noch eine elektrische

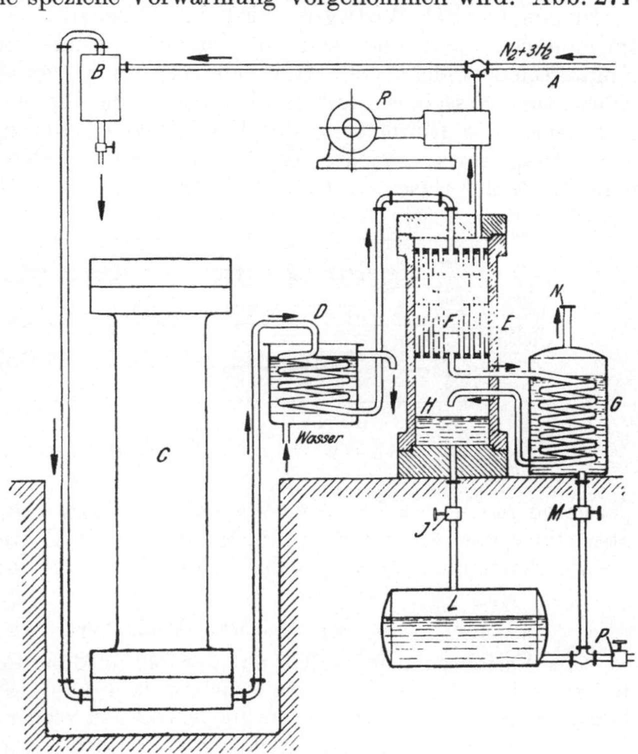

Abb. 272. Apparatur der Ammoniaksynthese von FAUSER.
(Nach WAESER: Stickstoff.)

Beheizung H im Oberteile des Ofens vorgesehen. Abb. 272 gibt ein Schema der FAUSERschen Arbeitsweise. Das angesaugte Stickstoff-Wasserstoffgemisch wird von einem Kompressor auf 200—250 Atm. gebracht, in B entölt und tritt dann in den eben beschriebenen Kontaktofen C ein. Das katalysierte Gasgemisch geht durch den Wasserkühler D in den Kondensator E, der in seinem oberen Teile als Wärmeaustauscher F ausgebildet ist. In G verflüssigt sich bei — 20° das Ammoniak und sammelt sich im Unterteil H des Kondensators. Die erforderliche Kälte wird dadurch erzeugt, daß man einen Teil des flüssigen Ammoniaks aus dem Behälter L in G zur Verdampfung bringt. Der nicht umgesetzte Anteil des Gasgemisches wird durch die Umlaufpumpe R wieder in den Kreislauf zurückgeführt. Der FAUSERsche Kontaktofen ist 8 m hoch.

d) Das Casale-Verfahren.

CASALE wendet bei seinem Verfahren Drucke bis 800 Atm. an und Temperaturen von 500—550°; da es aber bei den großen Drucken schwer ist, diese

Temperatur zu halten bzw. nicht zu übersteigen, so läßt er das Wasserstoff-
Stickstoffgemisch mit einem Zusatz von 3—5% Ammoniak in die Kontaktkammern treten, wodurch sich die Reaktionswärme bis zu gewissem Grade
regeln läßt. Der Katalysator ist ebenfalls ein Eisenkatalysator. CASALE verwandte zuerst Elektrolytwasserstoff und verbrannte zur Gewinnung des Stickstoff-Wasserstoffgemisches den Sauerstoff einer bestimmten Luftmenge mit
Wasserstoff. Neuerdings arbeitet er aber auch mit Wasserstoff aus Koksgasen
nach LINDE und mit Stickstoff aus der LINDEschen Luftverflüssigung.

In den Casale-Anlagen wird das Gasgemisch in 6 Stufen auf 800 Atm.
zusammengedrückt und geht über einen Ölscheider und einen Reiniger in den
Kontaktofen, welcher mit Heizwiderständen ausgerüstet ist (Abb. 273). Die
Einrichtung desselben braucht hier nicht näher beschrieben zu werden, da sie
fast genau der Einrichtung des Kontaktrohres der in Abb. 265 angegebenen
Versuchsapparatur gleicht. Im Kontaktrohre werden bei einmaligem Durchgange 20% des Gases zu Ammoniak umgesetzt. Die Gase treten mit 200° aus,

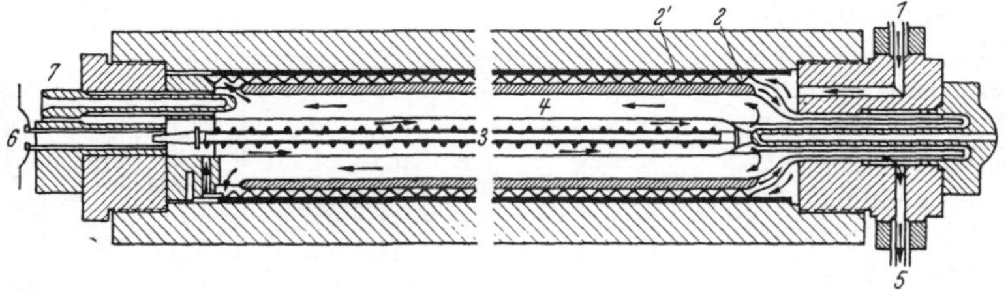

Abb. 273. Kontaktrohr von CASALE. (Nach ULLMANN: Enzyklopädie.)

passieren einen gewöhnlichen Wasserkühler und geben in einem Ammoniakabscheider das Ammoniak in flüssiger Form ab. Die Restgase, beladen mit
3—5% Ammoniak, gehen wieder in den Kreislauf zurück.

e) Das Mont-Cenis-Verfahren.

Das Verfahren wurde 1925 auf der Zeche Mont Cenis bei Sodingen (Westfalen) von FRIEDRICH UHDE entwickelt und kam 1926 in Betrieb. Das Verfahren wird vielfach, zum Unterschiede von den vorher genannten Verfahren, als
Niederdruckverfahren bezeichnet. Bei der Ausarbeitung war der leitende
Gedanke, zur Vermeidung von Patentschwierigkeiten ein Verfahren zu finden,
welches mit weniger als 100 Atm. Druck noch guten Umsatz lieferte. Dazu
gehört natürlich auch ein besonders wirksamer Katalysator. Es ist tatsächlich
gelungen, ein Verfahren zu schaffen, welches schon bei Drucken von 80—90 Atm.
und einer Arbeitstemperatur von 430° arbeitet, und bei einmaligem Gasdurchtritt
durch den Katalysator, je nach der Strömungsgeschwindigkeit, einen Ammoniakumsatz von 10—15% erreicht. Man verwendet einen sehr wirksamen und haltbaren Eisenaluminiumcyanid-Katalysator. Die niedrigen Drucke und die nicht
sehr hohen Temperaturen gestatten die Verwendung von Schmiedeeisen und
Siemens-Martin-Stahl für den Bau der Reaktionsgefäße an Stelle teurer Spezial-
legierungen. Das Mont-Cenis-Verfahren benutzt Wasserstoff aus Koksofengasen, hergestellt nach BRONN-LINDE (S. 193). Das nach dieser Arbeitsweise
erhaltene, auf 10 Atm. komprimierte Stickstoff-Wasserstoffgemisch wird in
einem Kompressor auf 100 Atm. gebracht, geht durch einen Wärmeaustauscher
und wird zur vollständigen Entfernung von Kohlenoxyd- und Sauerstoffresten
über einen Nickelkatalysator in einen Vorkontaktofen geführt und tritt dann
in den eigentlichen Kontaktofen ein, dessen innere Einrichtung aus Abb. 274
zu ersehen ist. Der Kontaktofen ist oben mit einem starken Deckel verschlossen.

In den Ofen ist ein zweiter Behälter eingesetzt, der ein Rohrsystem für den Wärmeaustausch bildet. Um die Rohre herum ist die Kontaktmasse aufgeschichtet. Das unten kalt eintretende Frischgas streicht am Mantel des Innenbehälters hoch, tritt oben in die inneren Wärmeaustauschrohre, strömt dann im Ringraum der äußeren Rohre wieder hoch und gelangt nun, auf etwa 320° vorgewärmt, durch Öffnungen in diesen Rohren in den Katalysatorraum. Nach Durchströmung der Kontaktmasse treten die katalysierten Gase durch Öffnungen im Boden in die Austrittsstutzen aus. Der Ofen ist ein sehr gut durchkonstruierter Wärmeaustauscher, mit dem es gelingt, die Temperatur auf der ganzen Länge des Katalysators auf etwa 430—450° zu halten. Das aus dem Kontaktofen austretende, im Mittel 12% NH_3 haltende Gasgemisch wird in Gegenstromkühlern heruntergekühlt und durch verdampfendes NH_3 kondensiert. Durch Unterdruck erzielt man dabei Temperaturen von — 50 bis — 60°, wodurch alles Ammoniak in flüssiger Form abgeschieden wird. Das nicht umgesetzte Stickstoff-Wasserstoffgemisch geht, mit Frischgas aufgefüllt, wieder in den Kreislauf zurück.

f) Das N.E.C.- (Nitrogen Engineering Corporation) Verfahren.

Das N.E.C.-Verfahren ist ein von DE JAHN etwas verändertes Haber-Bosch-Verfahren. Man geht ebenfalls vom Wassergas aus, setzt das Kohlenoxyd katalytisch mit Wasserdampf um, wäscht die gebildete Kohlensäure unter Druck mit Wasser heraus und entfernt den Kohlenoxydrest mit ammoniakalischer Cuprocarbonatlösung. Das mit Natronkalk und Natriumamid getrocknete Gas geht mit 90 Atm. Druck über eine aus Eisen bestehende mit Natriumamid aktivierte, auf Bimssteinträger aufgebrachte Kontaktmasse, wobei ein Umsatz von 6—9% Ammoniak erhalten wird. Das abgeschiedene Ammoniak wird verdichtet; der ammoniakhaltige Gasrest geht in den Kreislauf zurück.

Die N.E.C.-Ammoniaksynthese arbeitet jetzt aber auch mit Elektrolytwasserstoff bzw. bei den deutschen Anlagen mit Wasserstoff, welcher durch ein Krackverfahren aus Kokereigas gewonnen wird.

Dieses auch von der I.G. entwickelte Spalt- oder Krackverfahren zur Gewinnung von Wasserstoff bzw. Synthesengas soll hier kurz besprochen werden. Die Krackung bezieht sich auf den Methangehalt der Kokereigase, bzw. auf die Krackung der bei der Koksgastiefkühlung erhaltenen Methanfraktion. Man verbrennt entweder ohne Wasserdampfzuführung das Methan mit ungenügender Luft bzw. Sauerstoff über Nickel-Magnesiakontakten zu Kohlenoxyd und Wasserstoff; dieses Kohlenoxyd-Wasserstoffgemisch führt man katalytisch mit Wasserdampf, wie schon beim Haber-Bosch-Verfahren angegeben ist, in ein Kohlensäure-Wasserstoffgemisch über, aus dem die Kohlensäure entfernt wird.

$$CH_4 + O \rightleftarrows CO + 2 H_2, \qquad CO + H_2O \rightleftarrows CO_2 + H_2.$$

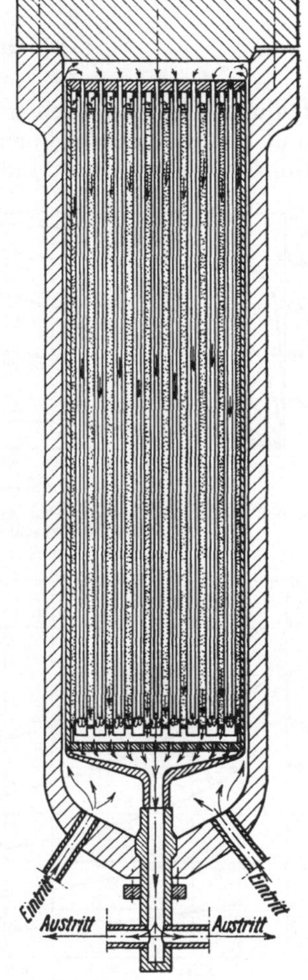

Abb. 274. Kontaktofen von UHDE.
(Hochdruckapparatebau, Dortmund.)

Oder man führt Methan mit Wasserdampf über Nickelkontakten bei 800—1000° in Kohlenoxyd und Wasserstoff über.

$$CH_4 + H_2O \rightleftarrows CO + 3\,H_2, \qquad CO + H_2O \rightleftarrows CO_2 + H_2.$$

Auf diese Weise kann der Wasserstoffgehalt des normalen Kokereigases (50% H_2, 25% CH_4) durch Krackung wesentlich gesteigert werden. Man bezeichnet dieses Krackgas auch als Koksofenwassergas.

g) Grundlage der Ammoniaksynthese.

Aus den vorher (S. 399) angegebenen Gleichgewichtszahlen der Ammoniakbildung bei verschiedenen Temperaturen und Drucken ergibt sich nach LARSON und ERNST folgendes übersichtliches Kurvenbild über die Ammoniakumsetzung (im Gleichgewichtszustande) bei Temperaturen von 200—700° und bei Drucken von 1—1000 Atm. (Abb. 275). Beim Durchleiten des Stickstoff-Wasserstoffgemisches durch die Katalysatormasse können selbstverständlich die Umsatzmengen nicht ganz erreicht werden, wie sie beim Gleichgewicht auftreten; mit zunehmender Strömungsgeschwindigkeit muß die Ammoniakausbeute sinken. Es werden sich zwischen der Raumgeschwindigkeit (= Quotient aus Abgasvolum in cm³/h und Volumen des Katalysatorraumes in cm³) und Ammoniakausbeute ganz bestimmte Verhältnisse einstellen, die jedoch noch durch andere Faktoren, wie Aktivität der Katalysatormasse, Reinheit der Gase usw. beeinflußt werden können. Abb. 276 zeigt ein von ERNST aufgestelltes Diagramm der Raumgeschwindigkeitskurven für die Temperatur von 475°. Die Kurven zeigen deutlich das Absinken der Ammoniakausbeuten mit zunehmenden Raumgeschwindigkeiten.

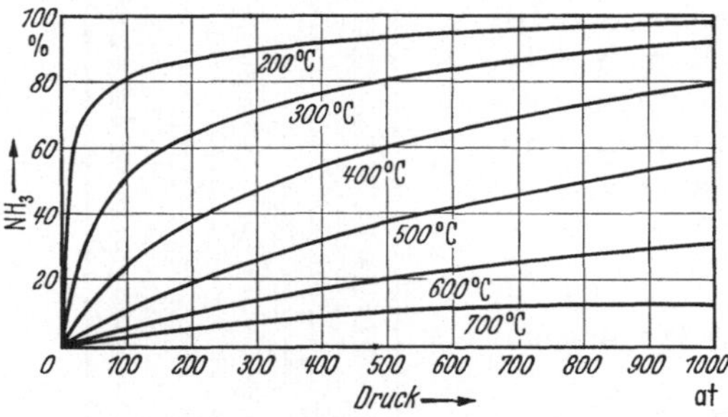

Abb. 275. Ammoniakumsatz bei verschiedenen Drucken und Temperaturen.

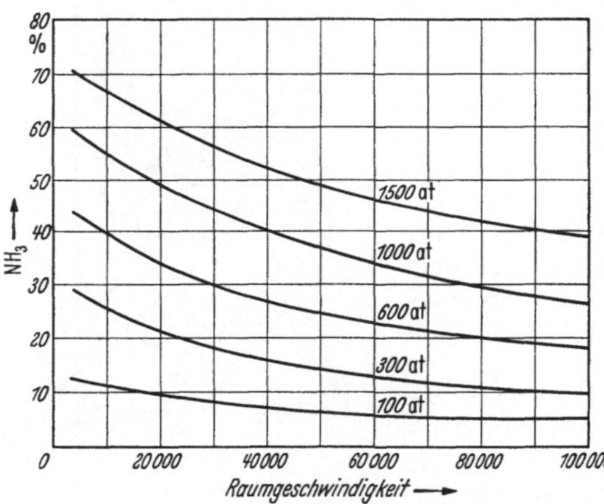

Abb. 276. Raumgeschwindigkeitseinfluß auf die Umsetzung.

Alle Kontaktmassen der Technik, so verschieden sie auch hergestellt sein mögen, enthalten Eisen als die eigentliche, wirksame Kontaktsubstanz. Man geht von Eisen oder Eisencarbonyl oder Eisenoxyden usw. aus, oxydiert diese Stoffe durch Glühen, wobei das Eisen hauptsächlich in Fe_3O_4 übergeht. Das Fe_3O_4 wird bei der Ammoniaksynthese zu metallischem Eisen reduziert. Die katalytische Wirkung des Eisens wird durch Zusätze von Aktivatoren (Promotoren), wozu in erster Linie Tonerde und Kaliumoxyd gehören, gesteigert. Diese Aktivatoren werden von den einzelnen Erfindern in ganz verschiedener Form benutzt und in der verschiedensten Weise eingeführt. Bewährte Katalysatormassen haben eine Beimischung von 0,5—0,6% K_2O und 2—4% Al_2O_3 zum Eisen. Die ebenfalls als Katalysatoren verwendeten Eisendoppelcyanide werden bei der

Ammoniaksynthese zuerst zu einem Gemisch von Eisen, Eisencarbid (Fe_3C), und Kohlenstoff abgebaut. Das Carbid katalysiert nicht, wird aber schließlich auch oberflächlich zu Eisen reduziert; also ist auch hier das Eisen der eigentliche Katalysator. Das zugesetzte Al_2O_3 ist im α-Eisen hochdispers verteilt (vermutlich als eine Art Spinell Al_2FeO_4), es verhindert das Zusammensintern und das Schrumpfen der Oberfläche des in feinster Verteilung vorhandenen Eisens. An der Oberfläche des Katalysators bilden sich Adsorptionsschichten, in denen die Aktivierung der Gase vor sich geht. Diese besteht beim Wasserstoff in einer Dissoziation in Atome, beim Stickstoff in der Bildung sehr labiler nitridartiger Verbindungen mit den aktiven Stellen des Metallkontaktes. Dieser Nitridstickstoff wird dann von den Wasserstoffatomen hydriert, und zwar zuerst zu NH, dann zu NH_2 und schließlich zu NH_3.

Ammoniak aus Kalkstickstoff.

Der Kalkstickstoff, das Calciumcyanamid, $CaCN_2$, läßt sich leicht mit Wasser unter Druck in Ammoniak überführen

$$CaCN_2 + 3\,H_2O = CaCO_3 + 2\,NH_3.$$

Diese Art der Ammoniakgewinnung ist heute nicht mehr rentabel, da die Ammoniaksynthese das Ammoniak erheblich billiger herstellt. Im Kriege hat man allerdings unter dem Zwange der Verhältnisse auf diese Weise noch größere Mengen Ammoniak gewonnen. Zur Zersetzung bringt man den entgasten Kalkstickstoff in einen Stahlautoklaven, der mit Wasser gefüllt ist, setzt etwas Soda zu und läßt Dampf ein. Der Druck steigt bis auf 12—15 Atm. Man läßt das Ammoniakgas abblasen und treibt nachher aus der Autoklavenflüssigkeit das gelöste Ammoniak mit Dampf aus. Den Kalkschlamm läßt man weglaufen.

Ammoniak aus Nitriden.

Die seit 1908 von SERPEK unternommenen Versuche, im Elektro-Drehrohrofen bei 1600° Aluminiumnitrid herzustellen

$$Al_2O_3 + 3\,C + N_2 = 2\,AlN + 3\,CO$$

und dieses durch Druckkochung mit Wasser zu zerlegen, um Ammoniak zu gewinnen (vgl. „Tonerde" S. 441).

$$2\,AlN + 6\,H_2O = 3\,NH_3 + 2\,Al(OH)_3,$$

sind trotz Aufwendung sehr erheblicher Mittel gescheitert und zwar an apparativen Schwierigkeiten. Die Herstellung von Ammoniak über die Nitride kommt heute, auch aus wirtschaftlichen Gründen, überhaupt nicht mehr in Frage.

Verwendung des Ammoniaks. Die größte Menge des erzeugten Ammoniaks wird heute auf Düngesalze verarbeitet (s. „Düngemittel"). Eine große Menge flüssigen Ammoniaks geht in die Kältetechnik, sehr beträchtlich sind auch die Mengen, welche zur Herstellung von Salpetersäure durch katalytische Oxydation gebraucht werden. Größere Mengen gehen auch in die Farbstoffindustrie, ferner zur Herstellung von Natriumamid für die Erzeugung künstlichen Indigos. Flüssiges Ammoniak ist ein ausgezeichnetes Lösungsmittel für allerhand Stoffe.

Statistik der Erzeugung von Ammoniak. Die Erzeugung Deutschlands an Ammoniak, ausgedrückt in 1000 t Stickstoff, wird wie folgt geschätzt.

Ammoniak	1913	1919	1923	1925	1929	1931	1937
Nebenprodukt. .	108,4	55,0	35,8	81,6	111,0	69,0	238,0
Synthetisches . .	0,8	143,0	273,9	374,7	602,0	410,0	—
Gesamt	109,2	198,0	309,7	456,3	713,0	479,0	—

Die Welterzeugung an Ammoniakstickstoff betrug nach englischer Schätzung in den letzten Jahren (ausgedrückt in 1000 t Stickstoff für Düngerjahre Mai/April):

		1924/25	1929/30	1932/33	1934/35	1935/36	1936/37
Ammonsulfat	Nebenprodukt	278	424	258	321	365	407
	Synthetisches.	255	442	560	533	630	654
Stickstoffverbindungen	Nebenprodukt NH_3	47	51	40	45	45	40
	Synthetisches NH_3	66	427	462	607	720	843
	Gesamterzeugung	646	1344	1320	1506	1760	1944

Ammonsalze.

Ammonsulfat $(NH_4)_2SO_4$. Dieses Ammonsalz steht der Erzeugungsmenge nach unter allen Ammonsalzen an erster Stelle, es wird ausschließlich zu Düngezwecken hergestellt. Die Leuchtgaswerke und die Kokereien haben von jeher den größten Teil ihres Ammoniakwassers auf Sulfat verarbeitet, indem das Ammoniak in Kolonnen aus dem schwachen Gaswasser abgetrieben und unter einer Bleiglocke in Schwefelsäure (78%, 60 Bé) eingeleitet wird. Die Kokereien arbeiten mit großen geschlossenen Sättigern. Das abgeschiedene Sulfat wird in Zentrifugen von der Mutterlauge getrennt und getrocknet. Verschiedene Kokereien arbeiten auch so, daß sie die zuvor entteerten heißen Kokereigase direkt in die Sättiger leiten (KOPPERS, OTTO). Die Säure fließt ununterbrochen zu, es scheidet sich fortlaufend Salz aus. Diese Verfahren sind schon bei „Kokerei" (S. 175f.) besprochen, ebenso das Katasulf-Verfahren der I. G. Farbenindustrie und das Verfahren der Gesellschaft für Kohlentechnik zur Gewinnung von Ammonsulfat aus Kokerei- und Leuchtgas unter Ausnutzung des im Gase enthaltenen Schwefels (S. 191), die beide schon im Großbetrieb arbeiten.

Man sättigt auch synthetisch hergestellte Ammoniaklösungen mit Schwefelsäure, die Sättigungsverfahren liefern aber immer nur feuchtes Salz. Deshalb hat man versucht, Ammoniakgas mit zerstäubter Säure zusammen zu bringen. Im Großbetrieb wird in dieser Weise ein Verfahren von FAUSER ausgeübt. Die Reaktion erfolgt in einer zylindrischen Kammer, in welche zentral von oben durch einen Zerstäuber (Pulverisator) die Säure eingeführt wird, während das Ammoniak unten am Boden durch Löcher in dem Mantel eintritt und aufsteigt. Das Salz fällt dabei trocken aus und wird durch Kratzer mechanisch entfernt.

Um die Schwefelsäure zu sparen, wird im Großbetriebe Gips mit Ammoncarbonat umgesetzt

$$CaSO_4 \cdot 2\,H_2O + 2\,NH_3 + H_2O + CO_2 = CaCO_3 + (NH_4)_2SO_4 \, .$$

In Oppau wurden zeitweilig täglich 1000 t Gips, in Leuna 3000 t Gips in dieser Weise verarbeitet. Der feingemahlene Gips oder Anhydrit wird mit Waschlauge zum Brei angerührt und in einen mit Rührwerk versehenen, hochstehenden geschlossenen Behälter gedrückt. Man sättigt diesen Brei mit Ammoniak und drückt Kohlensäure, aus der katalytischen Umsetzung des Wassergases stammend, bei 50—55° ein. Nach einigen Stunden ist die Umsetzung beendet, der Schlamm $(CaCO_3)$ wird in Tauch-Saugfiltern abfiltriert, das Filtrat in Vakuumverdampfern eingedampft, das Salz abgeschleudert und in Drehrohröfen getrocknet. Es wurden folgende Mengen Ammonsulfat über Gips bei uns gewonnen: 1931 222800 t, 1933 459000 t, 1935 417500 t.

Ammonsulfat ist ein farbloses Salz ohne Krystallwasser, welches theoretisch 21,2% N_2 bzw. 25,8% NH_3 enthält. Der Gehalt des technischen Salzes ist etwas geringer.

Deutschland erzeugte folgende Mengen Ammonsulfat (in 1000 t):

1895 . . . 51,0	1922 . . . 1191,0	1933 . . . 873,0
1905 . . . 196,2	1927 . . . 1675,0	1935 . . . 892,6
1913 . . . 549,0	1929 . . . 2200,0	1936 . . . 946,2
1918 . . . 850,0	1930 . . . 1890,0	1937 . . . 1036,9

Davon waren synthetisches Ammonsulfat 1923: 825000, 1925: 1150000, 1927: 1217000, 1928: 1106800, 1933: 554800, 1937: 501000 t.

Die Welterzeugung an Ammonsulfat betrug (in 1000 t):

1895 . . . 330	1913 . . . 1379
1900 . . . 510	1918 . . . 1778
1909 . . . 951	1923 . . . 2246

Ammonsulfat	1924/25 Mill. t	1929/30 Mill. t	1931/32 Mill. t	1933/34 Mill. t	1935/36 Mill. t	1936/37 Mill. t
Nebenprodukt	1,325	2,021	1,270	1,462	1,738	1,938
Synthetisch	1,216	2,105	2,471	2,547	3,000	3,114
Gesamtsumme	2,541	4,126	3,741	4,009	4,738	5,052

Der Preis für 100 kg Ammonsulfat betrug 1882 40 Mark, er ging bis 1913 auf 27,8 Mark herunter und sank dann weiter Er betrug 1925/26: 20—23 RM., 1927/28 18—20 RM., 1929/30 17—19 RM., 1931/32 15,50 RM., 1934 14,18 RM., 1936 13,87 RM., 1937 9,80 RM. (verbilligt).

Ammonchlorid, Salmiak, NH_4Cl, läßt sich aus Ammoniak oder aus Ammonsalzen und Salzsäure herstellen; das Verfahren ist aber wegen der benötigten Salzsäure zu teuer. Man kann auch Ammonsalze mit KCl oder NaCl umsetzen, diese Verfahren sind aber großindustriell auch nicht von Erfolg gewesen. Am vorteilhaftesten ist die Gewinnung des Ammonchlorids beim Ammoniaksodaverfahren (S. 374), wo nach dem Vorgang:

$$NH_3 + CO_2 + H_2O + NaCl = NaHCO_3 + NH_4Cl$$

bei dem Abfiltrieren des Bicarbonats eine Chlorammonmutterlauge zurückbleibt, welche in Mehrkörperverdampfern eingeengt wird. Bei einer Konzentration von 35—40% NH_4Cl scheidet sich fast alles NaCl aus, man filtriert, kühlt unter vermindertem Druck und läßt das NH_4Cl auskrystallisieren. Der ausgeschiedene Salmiak wird durch Umkrystallisieren oder durch Sublimation gereinigt. Eine besondere grobe Form von Salmiakkrystallen, die in salzsaurer Lösung erhalten werden,

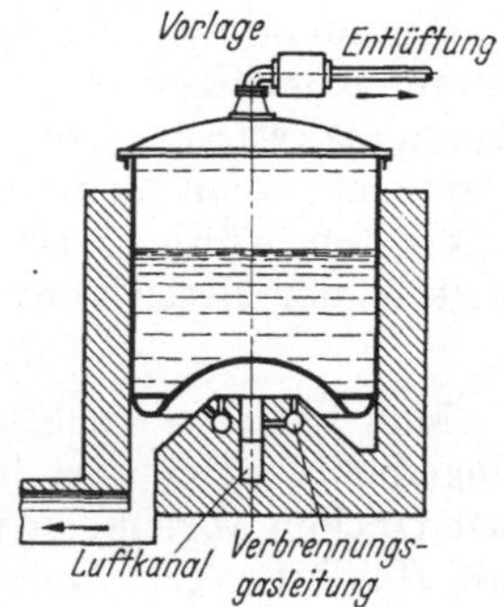

Abb. 277. Sublimationskessel für Salmiak.

nennt man Hundezähne. Salmiak in Stücken erhält man durch Sublimation. Die Sublimation führt man in halbkugeligen, mit Schamottesteinen ausgemauerten Kesseln aus (Abb. 277), die mit einem gewölbten ungeschützten Deckel aus Gußeisen verschlossen werden. Der untere Kessel wird durch direktes Feuer geheizt. Der Deckel hat in der Mitte eine Öffnung, durch welche anfangs Luft und eventuell etwas Feuchtigkeit entweichen; sobald Salmiakdämpfe auftreten, verschließt man die Öffnung und heizt vorsichtig weiter. Der Salmiak setzt sich in Schichten von 10—20 cm Stärke an den Deckel an, auf dem Boden bleiben bei Verwendung unreinen Rohmaterials die beigemengten Salze. Die Sublimation verlangt viel Erfahrung. Spuren von Eisen färben das ganze Produkt rot; bei zu starkem Feuer verkohlen organische Substanzen und verunreinigen ebenfalls das Produkt. Nach 5—10 Tagen läßt man erkalten, hebt den Deckel ab und schlägt die sublimierten Krusten ab. Guter Salmiak muß durchsichtig und rein weiß sein; er hat 98—100% NH_4Cl. Durch Aufnahme von Verunreinigungen (PbS, FeS) entstehen graue Sorten, diese verbraucht in der Hauptsache die Verzinkerei. Der Salmiak dient für Lötzwecke und wird sonst noch gebraucht in der Verzinkerei, der Färberei, der Kattundruckerei, als Elektrolyt in Leclanché-Elementen usw. Die Verwendung des Ammonchlorids als Düngemittel hat sich nicht eingeführt.

Ammoncarbonat. Man kennt mehrere Verbindungen von Kohlensäure mit Ammoniak, nämlich das neutrale Ammoncarbonat $(NH_4)_2CO_3$, das saure Bicarbonat NH_4HCO_3 und als älteste hergestellte Verbindung von Kohlensäure und Ammoniak, das sog. Hirschhornsalz, ein Gemisch aus Ammonbicarbonat und Ammoncarbamat, welches in 2 Formen vorkommt, nämlich als $2\,[(NH_4)_2CO_3]$ $+ NH_2 \cdot CO_2NH_4$ oder $(NH_4HCO_3 + NH_2 \cdot CO_2NH_4$ mit 28,8% NH_3 und 56% CO_2, bzw. 32,5% NH_3 und 56% CO_2. Im Handel war früher nur Hirschhornsalz; neuerdings tritt auch Ammonbicarbonat auf. Das Hirschhornsalz stellte man früher ausschließlich durch Sublimation eines Gemisches von Ammonsulfat und Kalkcarbonat (Kreide) unter Zusatz von Holzkohlenpulver her. Man destillierte aus Gußeisenretorten das Salz in 3 hintereinander liegende Bleikammern hinein, wo es sich in Krusten absetzte. Das Verfahren wird zum Teil heute noch so ausgeführt. Das Bicarbonat stellt man her durch Einleiten von CO_2 in einen geschlossenen gekühlten, mit Rührwerk versehenen Sättiger, welcher mit etwa 20% starkem Ammoniakwasser beschickt ist. Nach 10—12 h läßt man den Kesselinhalt ab und schleudert das ausgeschiedene Salz. Die Ammoncarbonate riechen stark nach Ammoniak, sie gehen in großen Mengen in die Bäckerei als Treibmittel (Backpulver), auch die Wollwäscherei und die Färberei brauchen Ammoncarbonate.

Ammonnitrat, Ammonsalpeter, NH_4NO_3, läßt sich leicht herstellen durch Absättigen von wäßriger Salpetersäure mit Ammoniakgas oder mit Ammoniakwasser. Der Ammoniaksalpeter würde ein geeignetes Düngemittel vorstellen, wenn nicht seine explosible Eigenschaft und seine große Zerfließlichkeit stören würden. Die Schwierigkeit bei der Herstellung aus HNO_3 und NH_3 liegt in der Beseitigung der starken Reaktionswärme.

$$NH_3 + HNO_3 = NH_4NO_3 + 34{,}8 \text{ kcal.}$$

Man hat jetzt auch kontinuierlich arbeitende Anlagen. Die in Verdampfern eingedickte Salzmasse läuft auf wassergekühlte Walzen, von denen das Salz fast trocken abgehoben wird; eventuell nimmt man dann noch eine Trocknung mit Heißluft vor. Eine Ammonsalpeter-Anlage der Bamag-Meguin AG. ist in Abb. 220, S. 322, dargestellt.

Die Umsetzung von Chilesalpeter mit Ammonsalzen wird bei uns nicht mehr ausgeführt.

Der Ammonsalpeter ist ein farbloses, bei 166° schmelzendes, bei 185° zerfallendes Salz, welches in der Hauptsache zur Herstellung von Sicherheitssprengstoffen und Mischdüngern dient. Zu diesem Zwecke verleibt man dem Ammonsalpeter Zuschläge ein, welche seine Explosionsgefährlichkeit und seine Zerfließlichkeit einschränken oder beseitigen und den Dünger streufähig machen; solche Stoffe sind Ammonsulfat, Kalk, Gips, Kalksalpeter, Phosphate usw. Zur Herstellung des Leuna-Salpeters, des Ammonsulfatsalpeters, werden z. B. Lösungen von Ammonnitrat mit festem Ammonsulfat innig gemischt und die breiige Masse durch Düsen direkt in das Lagersilo gespritzt.

Ammonphosphat. Es gibt drei Ammonphosphate. Unter diesen spielt das Diammonphosphat $(NH_4)_2HPO_4$, die Hauptrolle. Das Triammonphosphat geht an der Luft in das Diammonphosphat über, das Monosalz ist zu stickstoffarm.

Die Herstellung des Diammonphosphates besteht in einer Neutralisation von Phosphorsäure, welche auf nassem Wege durch Aufschluß von Phosphaten mit Schwefelsäure oder durch trockenen Aufschluß und Umsetzung des Phosphors mit Wasserdampf bei 1000° erhalten worden ist, mit Ammoniak. Man benutzt eine etwa 54%ige Phosphorsäure und leitet in verbleiten Kesseln NH_3 ein; zuerst bildet sich Monoammonphosphat, dann unter Kühlung Diammonphosphat; dieses fällt aus und wird getrocknet, es enthält 53,4% wasserlösliche Phosphorsäure und 21% Stickstoff. Das Diammonphosphat spielt die Hauptrolle in den von der I.G. hergestellten Mischdüngern, die unter dem Namen Nitrophoska in den Handel kommen und bei „Düngemitteln" näher beschrieben sind. In dem amerikanischen Ammo-Phos überwiegt Monoammonphosphat.

Literatur.

BASCAL: Syntheses et catalyses industrielles. 1924. — BRÄUER-D'ANS: Fortschritte in der anorganischen chemischen Industrie, Bd. II, 1. 1925. — DAMMER: Technologie der Neuzeit, Bd. I. 1925. — HACKSPILL: L'Azote. 1922. — MITTASCH: Gegenwärtiger Stand der Industrie des synthetischen Am- moniaks. Naturw. Monatsh. 1925. — MOSSNER: Handbuch der internationalen Stickstoff- und Superphosphatindustrie. 1927. — MUSPRATT-NEUMANN: Ammoniak. In Enzyklopädisches Handbuch der technologischen Chemie, Erg.-Bd. II, 1. 1926. — ULLMANN: Enzyklopädie der technologischen Chemie, Bd. I. 1928. — WAESER: Die Stickstoffindustrie. 1924. — WAESER: Die Luftstickstoffindustrie, 1. Aufl., 1922; 2. Aufl., 1933.

Cyanverbindungen.

In der Natur kommen Cyanverbindungen in einigen Pflanzensäften (Bittermandeln, Kirschlorbeerblätter) als Nitrilglukoside vor. Bei technischen Prozessen treten Cyanverbindungen bisweilen als Nebenprodukte auf, z. B. im Eisenhochofen, besonders aber bei der trocknen Destillation der Steinkohle (Kokerei, Leuchtgasfabrikation). Die in den Destillationsgasen vorhandenen Cyanverbindungen werden durch Waschen mit Ferrosulfatlösung oder durch Eisenhydroxyd-Gasreinigungsmasse entfernt. Die Gasreinigungsmasse war längere Zeit das Ausgangsmaterial für die Gewinnung der verschiedenen Cyansalze. Auch aus Schlempegasen werden heute noch Cyanverbindungen gewonnen, wenn auch wesentlich weniger als früher.

Von den Cyanverbindungen sind technisch wichtig: das Cyankalium und Cyannatrium, das Ferro- und Ferricyankalium, das Berlinerblau, Rhodankalium und die Blausäure.

Cyankalium und Cyannatrium. Früher verwendete man Ferrocyankalium als Ausgangsmaterial für Cyankalium. Das entwässerte Salz wurde mit metallischem Natrium verschmolzen:

$$K_4Fe(CN)_6 + 2\,Na = 4\,KCN + 2\,NaCN + Fe,$$

wobei neben Eisenschwamm ein Gemisch von Kalium- und Natriumcyanid entstand.

Große Mengen Cyanid wurden früher aus der Schlempe hergestellt nach einem Verfahren von REICHARDT und BUEB. Das Verfahren hat früher bis zu 9000 t Cyannatrium jährlich geliefert, die Erzeugung ist aber stark zurückgegangen, einerseits wegen der abnehmenden Melasseverarbeitung, andererseits wegen des allgemeinen Rückganges des Cyanidverbrauchs. Die nach der Entzuckerung bei der Rübenzuckerherstellung anfallende Melasse enthält neben Kalisalzen reichlich organische Stickstoffverbindungen wie Betain, Asparagin,

Trimethylglykokoll. Beim Verbrennen der eingedickten Melasseschlempe bei
1000—1100° entsteht Blausäure, welche zur Entfernung von Ammoniak mit
Schwefelsäure gewaschen und in Kali- oder Natronlauge aufgefangen wird. Die
40—50% KCN oder NaCN haltende Lösung wird im Vakuum eingedampft und
die Masse geschmolzen, sie ergibt direkt das Handelsprodukt. Das Verfahren
wird nur noch auf zwei deutschen Werken ausgeführt.

Technisch sehr wichtig ist auch heute noch das Verfahren von CASTNER,
welches die Deutsche Gold- und Silberscheideanstalt im Großbetrieb
ausübt. Die Herstellung des Natriumcyanids geschieht über das Natriumamid.
Man schmilzt Natriummetall in einer mit Scheidewänden versehenen Gußeisen-
retorte und leitet bei 300—400° trocknes Ammoniak hindurch, es bildet sich
Natriumamid, welches zu Boden sinkt und ausgetragen wird.

$$2\,NH_3 + 2\,Na = 2\,NH_2Na + H_2.$$

Dann schmilzt man das Natriumamid und rührt fein verteilten Kohlenstoff in
die geschmolzene Masse ein unter Erhöhung der Temperatur auf 400—600°,
wobei Natriumcyanamid entsteht.

$$2\,NH_2Na + C = Na_2CN_2 + 2\,H_2.$$

Dieses geht bei weiterem Kohlenstoffzusatz bei 600—700° in Natriumcyanid über.

$$Na_2CN_2 + C = 2\,NaCN.$$

Praktisch wird die Sache so ausgeführt, daß man das Natriumamid in einen
mit Holzkohle gefüllten, auf 600—700° erhitzten Behälter laufen läßt, aus
welchem das gebildete Natriumcyanid unten abläuft. Das so erhaltene Cyanid
ergibt eine sehr reine Handelsware. Ein großer Teil des Bedarfs wird nach diesem
Verfahren hergestellt. Früher sollen 10000—12000 t NaCN auf diesem Wege
gewonnen worden sein.

Die Studiengesellschaft der Cyanidgesellschaft, welche seinerzeit das
Calciumcyanamidverfahren (vgl. „Kalkstickstoff") entwickelt hatte, hatte auch
schon gefunden, daß durch Schmelzen von Kalkstickstoff mit Kochsalz ein
niedrigprozentiges Cyanid gewonnen werden kann. Das Verfahren wurde durch
LANDIS bei der American Cyanamid Company soweit verbessert, daß ein
marktfähiges Produkt erhalten wurde. Der Vorgang geht nach folgender
Gleichung vor sich:

$$CaCN_2 + C + NaCl = 2\,NaCl + Ca(CN)_2 \quad \text{oder} \quad CaCl_2 + 2\,NaCN.$$

Man schmilzt 1 Teil Kochsalz mit 2 Teilen Kalkstickstoff im elektrischen
Widerstandsofen bei 1200° zusammen unter Zusatz von 1—2% Calciumcarbid
zur Vermeidung des Schäumens. Der Kohlenstoffzusatz erübrigt sich, da
der freie Kohlenstoff des Kalkstickstoffs ausreicht. Die heiße Schmelze wird auf
kalten Metallflächen abgeschreckt, weil bei langsamer Abkühlung das Gleichgewicht sich wieder nach der Seite des Cyanamids verschiebt. Das Produkt fällt
in grauschwarzen Plättchen an und enthält fast 50% Cyanid. Im Schmelzprodukt finden sich Ca(CN)$_2$ und NaCN nebeneinander.

$$Ca(CN)_2 + 2\,NaCl \rightleftarrows CaCl_2 + 2\,NaCN.$$

Mit steigender Temperatur bildet sich beim Schmelzprozeß mehr Ca(CN)$_2$;
umgekehrt bildet sich um so mehr NaCN, je mehr NaCl im Verhältnis zu Ca(CN)$_2$
vorhanden ist. Das Schmelzprodukt wird unter dem Namen „Surrogat" oder
„Aerobrandcyanid" technisch zur Laugerei von Gold- und Silbererzen und
zur Stahlhärtung, auch unter dem Namen „Cyanogas" zur Schädlingsbekämpfung verwendet. Die erzeugte Menge dieses Produktes ist sehr bedeutend,
es kann aber nicht für Zwecke verwendet werden, für welche reines Cyannatrium gebraucht wird, z. B. in der Galvanotechnik.

In geringerem Umfange werden auch Verfahren ausgeführt, bei denen aus
den Elementen, meist im Lichtbogen, Blausäure erzeugt wird.

Die Gesellschaft L'Azot arbeitete eine Zeitlang nach einem Verfahren von Moscicki, bei welchem Stickstoff und Erdöldämpfe durch einen kreisenden Lichtbogen geblasen wurden. Nach einem ähnlichen Verfahren von Andriessen arbeitet die Gesellschaft für Chemische Industrie Basel in Monthey, nach welchem ein Gemisch aus Linde-Stickstoff und Kohlenwasserstoffen in einem eigenartigen Kreislaufverfahren durch einen im heiß-kalten Raum brennenden Flammbogen geschickt wird; die erzeugte Blausäure wird auf NaCN verarbeitet.

Bucher hat ein Verfahren ausgearbeitet, nach welchem Stickstoff mit anorganischen Basen und Kohle zur Gewinnung von Cyanalkalien erhitzt wird. Man brikettiert ein Gemisch aus Soda, Kochsalz und Eisenpulver und setzt dieses in Eisenretorten bei 920—950° einem Stickstoffstrom aus. Die Umsetzung geht relativ gut (90—92%). Das Verfahren hat sich aber im Großbetrieb nicht durchsetzen können; ebensowenig ein Verfahren von Thorsell, welches jahrelang bei Göteburg versucht wurde, und nach welchem eine agglomerierte Mischung von Soda, Holzkohle und Eisenschwamm im elektrischen Widerstandsofen mit Stickstoff behandelt wurde. In ähnlicher Weise arbeitet heute nur noch eine Anlage in Dortrecht in geringem Umfange und stellt aus Soda, Holzkohle, Stickstoff und einem Eisenkatalysator Cyanide, bzw. Natriumferrocyanid her.

Die I. G. Farbenindustrie erzeugt in Ludwigshafen aus Ammoniak und Kohlenoxyd Blausäure unter Verwendung von Eisenkatalysatoren mit Alkali- und Magnesiumoxydzusatz:

$$NH_3 + CO \rightleftharpoons HCN + H_2O.$$

Man gelangt bei 400—800° direkt zu Alkalicyaniden. Man kann auch von Ammoniak und Formaldehyddämpfen ausgehen. Das Verfahren wird zwar großtechnisch ausgeführt, konnte sich aber bisher wegen der schlechten Marktverhältnisse nicht voll entwickeln.

Die Reaktion verläuft (Drucker) nach der Bruttogleichung:

$$Na_2CO_3 + 2\,NH_3 + 3\,CO = 2\,NaCN + 2\,H_2O + CO_2 + H_2.$$

Die Einzelvorgänge sind

$$2\,Na_2CO_3 + 2\,NH_3 = 2\,NaCNO + 2\,NaOH + 2\,H_2O$$
$$2\,NaCNO + 2\,CO = 2\,NaCN + 2\,CO_2$$
$$2\,NaOH + CO_2 = Na_2CO_3 + H_2O$$
$$CO + H_2O = CO_2 + H_2$$

Bei 580° (für K_2CO_3 bei 560°) beginnt die Cyanat-Cyanidbildung, bei 600° bzw. 580° rückt die Cyanidbildung in den Vordergrund. Bei 620° werden mit einem Gemisch von 30% NH_3 und 70% CO über 90% Cyanid erhalten. (Bei 630° beginnt die Ammoniakzersetzung.)

Einen anderen Weg der Blausäuresynthese hat Andrussow eingeschlagen. Er erhält durch eine ähnliche Oxydationsreaktion wie bei der Ammoniakverbrennung aus Ammoniak, Methan und Sauerstoff Blausäure:

$$NH_3 + CH_4 + \tfrac{1}{2}\,O_2 = HCN + 3\,H_2O.$$

Das Verfahren wird erprobt.

Kaliumcyanid ist ein farbloses, wasserfrei krystallisierendes Salz, das bei 635,5° schmilzt, leicht wasserlöslich und zerfließlich ist. Natriumcyanid krystallisiert mit 2 Mol H_2O und schmilzt bei 563,7°. Die Alkalicyanide dienen hauptsächlich zur Golderzlaugerei in Transvaal, Australien, den Vereinigten Staaten und zum Auslaugen von Silbererzen in Mexiko. Wichtig geworden ist die Stahlhärtung in Cyansalzbädern. Große Mengen werden auch in der Galvanoplastik verbraucht.

Bis 1886 war die Galvanoplastik die einzige Großverbraucherin. Die Einführung der Goldlaugerei durch MacArthur-Forrest 1889/90 brachte der

Cyanidindustrie einen gewaltigen Aufschwung. Unsere Ausfuhr, die bis 1899 1600 t betrug, ging bis 1909 auf 6300 t, bis zu Kriegsbeginn auf 6700 t herauf. Die Cyanidlaugerei verbrauchte allein 1895 3500 t, 1900 8500 t. 1887 beginnt die Schädlingsbekämpfung mit Cyan (Baumbegasung), die jetzt mehrere 1000 t NaCN verbraucht. Die Welterzeugung wurde 1914 auf 24000 t geschätzt, sie hat 1926 etwa 15000 t betragen.

Anfang der 90er Jahre kostete das ausschließlich aus Ferrocyankalium hergestellte Cyankalium 350 Mark/100 kg. Der Preis sank bis zu Kriegsbeginn 1914 auf 130 Mark und beträgt jetzt 150 Mark.

Ferrocyankalium, gelbes Blutlaugensalz, $K_4Fe(CN)_6 + 3 H_2O$, stellt man heute aus dem im Steinkohlengas enthaltenen Cyanwasserstoff her. In den Destillationsgasen finden sich 200—400 g HCN in 100 m³ (1—5% vom N_2 der Kohle). Man läßt die Gase über die trockene Gasreinigungsmasse gehen oder wäscht sie mit Eisenvitriollösung. Die Gasreinigungsmasse enthielt früher bis 15% Cyan als Berlinerblau, jetzt (infolge der Großraumöfen) noch etwa 4%, neben Ammon- und Rhodansalzen. Man extrahiert mit Schwefelkohlenstoff den Schwefel, zieht mit Wasser die Ammon- und Rhodansalze aus, trocknet und vermischt die Masse mit pulverförmigem Kalk und laugt mit Wasser das entstandene Ferrocyancalcium aus.

$$Fe_4[Fe(CN)_6]_3 + 6 Ca(OH)_2 = 3 Ca_2Fe(CN)_6 + 4 Fe(OH)_3 .$$

Man kocht und fällt mit Chlorkalium das Doppelsalz $K_2CaFe(CN)_6$. Dieses geht durch Kochen mit Pottasche in Kaliumferrocyanid über

$$K_2CaFe(CN)_6 + K_2CO_3 = K_4Fe(CN)_6 + CaCO_3 .$$

Der durch Waschung der Destillationsgase mit Eisenvitriollösung gewonnene blaue Schlamm enthält 18—20% Cyan, vorwiegend als unlösliches $(NH_4)_6Fe[Fe(CN)_6]_2$, daneben auch als lösliches $(NH_4)_4Fe(CN)_6$. Man kocht den Schlamm mit Eisenvitriol, um alles Cyan unlöslich zu machen, und preßt in Filterpressen ab, die Preßkuchen haben etwa 40% Cyan, als $K_4Fe(CN)_6 \cdot 3H_2O$ berechnet. Man schließt sie durch Kochen mit Kalkmilch auf und verfährt wie bei der Verarbeitung der Reinigungsmasse.

Das gelbe Blutlaugensalz dient hauptsächlich zur Herstellung von Berlinerblau und wird in der Zeugdruckerei und der Sprengtechnik benutzt. Deutschland erzeugte früher jährlich 3000 t Ferrocyankalium. Die Bedeutung des Ferrocyankaliums ist aber so zurückgegangen, daß die Cyangewinnung aus den Destillationsgasen heute kaum noch die Kosten deckt.

Ferricyankalium, rotes Blutlaugensalz, $K_3Fe(CN)_6$, hat nicht annähernd die Bedeutung wie das gelbe Salz. Man leitet über gepulvertes Ferrocyankalium Chlor oder leitet Chlor in eine Lösung von 1,09 spezifischem Gewicht ein:

$$2 K_4Fe(CN)_6 + Cl_2 = 2 K_3Fe(CN)_6 + 2 KCl .$$

Das Ferricyankalium muß man vom Chlorkalium durch fraktionierte Krystallisation trennen. Auch elektrolytisch wird Ferrocyansalz zum Ferrisalz aufoxydiert, wobei man statt Ferrocyankalium das Calciumsalz verwendet. Rotes Blutlaugensalz wird in der Färberei und beim Zeugdruck gebraucht. Es dient hauptsächlich zur Herstellung der blauen Lichtpausen. Belichtet man ein Papier, welches mit einer wäßrigen Lösung von Eisenoxyd-Ammoniumoxalat (oder -citrat) getränkt ist, so tritt an den belichteten Stellen eine Reduktion zum Eisenoxydulsalz ein. Wird nun das belichtete Papier in eine Ferricyankalium-lösung gebracht, so entsteht an den belichteten Stellen Turnbullblau, die unbelichteten Stellen bleiben weiß.

Berlinerblau, $Fe_7(CN)_{18}$, ist die erste bekannte Cyanverbindung, sie wurde 1704 von DIESBACH entdeckt. Dieses Blau kommt in mehreren Arten in den

Handel. Man muß unterscheiden· Berlinerblau, $Fe_7(CN)_{18}$, das Ferrisalz des Ferrocyanwasserstoffs, und Turnbullblau, $Fe_5(CN)_{12}$, das Ferrosalz des Ferricyanwasserstoffs. Um Berlinerblau - Sorten herzustellen, wird eine Ferrocyanverbindung (Kalium-, Natrium-, oder Calciumferrocyanid) mit einem Ferrosalz, am besten Eisenchlorür, versetzt. Dabei entsteht der sog. „Weißteig", $Fe_2[Fe(CN)_6]$, bzw. $K_2Fe[Fe(CN)_6]$, dieser wird durch Kochen mit Salzsäure und Kaliumchlorat zu $Fe_7(CN)_{18}$ oxydiert. Der Niederschlag wird in Filterpressen ausgewaschen, bei 60—70° getrocknet und gemahlen. Für Handelszwecke wird das Produkt häufig mit Gips oder Schwerspat vermischt. Das feinste Blau geht unter dem Namen Pariserblau und dient als Malerfarbe. Etwas unreinere Sorten von Berlinerblau werden für Tapetendruck verwendet, die schlechteste Sorte, das Mineralblau (mit etwa 10% $Fe_7(CN)_{18}$) als Anstrichfarbe. Durch Vermischen mit Chromgelb erhält man Chromgrün. Wasserlösliches Berlinerblau erzeugt man durch Vermischen von Berlinerblau-Teig mit 2% Oxalsäure und 10% Gelbkali, es wurde früher für blaue Tinten verwendet.

Calciumcyanamid (Kalkstickstoff) wird später (S. 425) besonders besprochen.

Schwefelcyanverbindungen, Rhodansalze, werden aus Gasreinigungsmasse gewonnen. Die deutschen Kokereien könnten etwa 20000 t gewinnen, es ist aber dafür kein Absatz da. Man laugt die Gasreinigungsmasse mit warmem Wasser aus und erhält Lösungen von Ammonsulfat und Rhodanammonium, beim Eindampfen krystallisiert das Sulfat aus, aus der Mutterlauge gewinnt man durch Krystallisation das Rhodanammon-Rohsalz. Zur Herstellung des reinen Rhodanammons, NH_4CNS, krystallisiert man um und fällt die Rhodanreste als Kupferrhodanid aus. Rhodankalium, KCNS, kann man durch Kochen von Rhodanammon mit Kaliumcarbonat herstellen, oder man setzt Rhodankupfer mit Bariumsulfid um und trägt Kaliumsulfat in die kochende Bariumrhodanidlösung ein. Rhodanverbindungen finden Verwendung in der Färberei. Die sog. Pharaoschlangen bestehen aus Rhodanquecksilber.

Literatur über Cyanverbindungen.

BERTELSMANN: Technologie der Cyanverbindungen. 1906. — KÖHLER: Industrie der Cyanverbindungen. 1914. — MUHLERT: Industrie der Ammoniak- und Cyanverbindungen. 1915.

Calciumcarbid, Kalkstickstoff, Ferrosilizium, Carborundum, Elektrographit.
Calciumcarbid.

Das erste Calciumcarbid hat wahrscheinlich DAVY (1836) in Händen gehabt, welcher bei seinen Versuchen zur Herstellung der Alkalimetalle auch Kalk mit Kohle reduzieren wollte und dabei eine Masse erhielt, die mit Wasser ein übelriechendes Gas entwickelte. Die technische Carbiderzeugung nahm ihren Ausgang von einer Mitteilung MOISSANs im Dezember 1892 über die Herstellung dieses Produktes im elektrischen Ofen. Gleichzeitig hatte auch WILLSON unabhängig von MOISSAN bei Versuchen, aus Kalk mit Kohle Calciummetall zu gewinnen, Calciumcarbid erhalten. Er meldete Ende August 1892 ein amerikanisches Patent an. Das von BULLIER, dem Assistenten MOISSANs, 1894 genommene deutsche Reichspatent wurde 1898 wieder vernichtet. Das deutsche Reichspatent war erteilt worden, trotzdem MOISSANs Versuche bekannt waren und

der Kanadier WILLSON sein Patent bereits am 21. Februar 1893 erhalten hatte.
Die Aufrechterhaltung des Bullier-Patentes würde die Entwicklung der Carbidfabrikation in Deutschland und einigen anderen Ländern bedeutend gehemmt
haben.

Technisches Calciumcarbid wird heute nur im elektrischen Ofen hergestellt.
Grade die Carbidfabrikation war es, welche die Entwicklung des elektrischen
Ofens vom Laboratoriumsgerät zum industriellen Großofen, der heute bis zu
25000 kW aufnimmt, verursacht hat.

Die Umsetzung bei der Carbiderzeugung ist folgende:

$$CaO + 3\,C \rightleftarrows CaC_2 + CO - 111{,}8 \text{ kcal.}$$

Es handelt sich dabei um eine umkehrbare Reaktion. Die Carbidbildung beginnt
nach ROTHMUND bei 1620°, nach RUFF und FÖRSTER bei 1640°. Diese Temperatur ist die Schmelztemperatur des eutektischen Gemisches CaO—CaC_2. Dieses
Eutektikum löst auch Kohle auf. Technisch arbeitet man bei 2200—2300°
und erhält eine Schmelze, in welcher CaO, CaC_2 und C gelöst sind. Bei höherer
Temperatur tritt ein Zerfall des Carbids in CaO und C ein. Überhitzt man über
2500, so kann der Zerfall des Carbides auch noch nach der Gleichung $CaC_2 \rightleftarrows Ca +$
2 C vor sich gehen. Die gelegentlich im Carbid auftretenden Kugeln von Calciummetall sind auf diesen Zerfall zurückzuführen. Diese Art des Zerfalles macht
sich durch das sog. Ofendampfen bemerkbar.

Als Rohmaterial für die Carbidfabrikation sind nur Kalk und Kohle
nötig. Man verwendet einen möglichst hochprozentigen Kalkstein (mit 95—96%
$CaCO_3$), brennt ihn im Schachtofen oder Drehrohrofen und benützt als Kohle
Koks, Anthrazit oder Holzkohle. In den meisten Fällen wird Koks verwendet,
obwohl sein hoher Aschengehalt etwas stört. Holzkohle liefert das reinste
Carbid, wird aber nur ziemlich selten verwendet. Die später im Carbid auftretenden Verunreinigungen (Phosphor-, Arsen- und Schwefelverbindungen)
stammen aus den Rohmaterialien; bei der Wahl des Rohmaterials ist darauf
Rücksicht zu nehmen. Betreffs der Korngröße, in der das aufzugebende Material
vorzubereiten ist, ist man heute allgemein zu Mischungen, die etwa auf Nußgröße gebrochen sind, übergegangen. Fein gemahlene Kalk-Kohlemischungen,
welche man anfangs verwendete, verursachten im Betriebe soviel Unannehmlichkeiten, Schwierigkeiten und Kosten, daß man davon vollständig abgegangen ist.

Die Herstellung erfolgt im elektrischen Ofen unter dem Einfluß der
strahlenden Hitze des Lichtbogens. Das entstehende Calciumcarbid wird dabei
ganz dünnflüssig, und die heute verwendeten Öfen arbeiten alle in der Weise,
daß man oben in den offenen Ofen immer neue Mischung einträgt und unten
von Zeit zu Zeit das flüssige Carbid absticht. Im Gegensatz zu diesem kontinuierlichen Abstichbetrieb war früher auch ein diskontinuierlicher Blockbetrieb in Anwendung, bei welchem die untere Elektrode als fahrbares Wagen-
gestell ausgebildet war, auf welchem man das geschmolzene Carbid zu Blöcken
erstarren ließ. Der Blockbetrieb war teuer und leistete wenig. Das Abstich-
verfahren machte jedoch anfangs auch große Schwierigkeiten, weil das Carbid
leicht breiig wird und im Stichloch zu steinharten Krusten erstarrt. Erst durch
die Einführung des elektrischen Abstiches, bei welchem mit einer Hilfselektrode
das Aufschmelzen des Stichloches durch Kurzschluß bewirkt wird, ist das lästige
Aufbrechen des Stichloches mit Eisenstangen beseitigt und der regelmäßige
Abstichbetrieb ermöglicht worden.

Die zur Erzeugung des Lichtbogens zu verwendende Stromart, nämlich
Gleichstrom, Wechselstrom oder Drehstrom, ist für die Stromausbeute und die
Güte des Carbids gleichgültig. Die Auswahl richtet sich nach anderen Gesichts-
punkten. Bei den kleinen Öfen nahm man Gleichstrom, häufiger aber Wechsel-

strom, dagegen ist für die Großöfen der Drehstrom allein die gegebene Stromart. Die Transformatoren setzt man zur Ersparung an dicken Kupferleitungen ziemlich nahe an den Ofen.

Die Öfen bestanden bei WILLSONs ersten Versuchen aus einem ausgehöhlten Kohlenblock, der von Mauerwerk umgeben war und der mit der einen Stromleitung in Verbindung stand, während die andere Elektrode senkrecht von oben, verschiebbar, in den Ofen hing. Auch die später gebauten technischen Öfen hatten einen gemauerten Ofenschacht und eine mit der Stromleitung verbundene Bodenplatte, auf die eine leitende Kohlenmasse aufgestampft war. Abb. 278 zeigt schematisch die Einrichtung eines älteren Matreier Ofens für 300—400 kW. Die Öfen waren und sind heute meist noch alle oben offen. Das Eintragen der Beschickung erfolgt bei kleinen Ofeneinheiten mit der Schaufel, bei Großöfen automatisch. Auf die Öfen mit Stromanschluß an der Bodenplatte, der immer Schwierigkeiten machte, folgten die mit Wechselstrom gespeisten „Serienöfen", bei welchen der mit Kohlenmasse ausgekleidete Ofenraum nicht mehr an die Stromquelle angeschlossen war, sondern bei denen zwei Elektroden vorhanden waren, die „in Serien" geschaltet waren, so daß der Stromweg nicht mehr zwischen oberer Elektrode und Herd, sondern von der Spitze der einen Elektrode durch die Schmelze zur andern Elektrode ging. Die weitere Entwicklung führte zur Verwendung von Mehrphasenstrom (Drehstrom), der in verschiedener Beziehung dem Gleich- und dem einphasigen Wechselstrome überlegen ist. Heute werden alle Großöfen mit Drehstrom betrieben. Der Fortschritt der Carbiderzeugung prägt sich deutlich in der außerordentlich schnellen Vergrößerung der Ofeneinheiten aus. Die Serienöfen hatten eine Energieaufnahme bis zu etwa

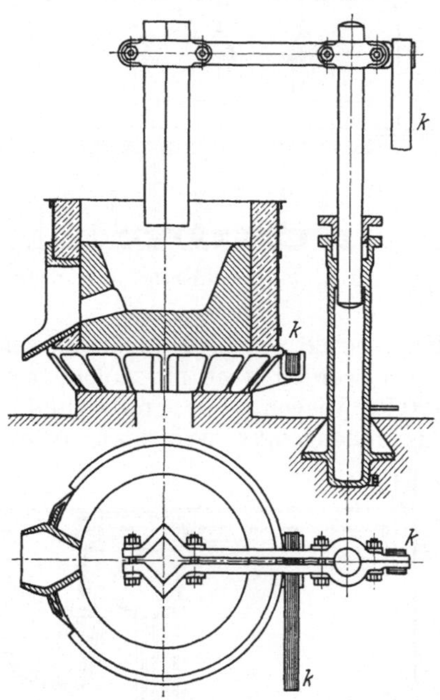

Abb. 278. Älterer Matreier Carbidofen.

3600 kW. HELFENSTEIN konstruierte 1906 schon einen Ofen mit 8000 kW (JAJCE), die großen Helfenstein-Öfen mit Drehstrom erreichten später (HAFSLUND) 18000 kW; jetzt nimmt der in Trostberg dauernd in Betrieb befindliche größte Drehstromofen 25000—27000 kW auf.

Die Abb. 279 und 280 zeigen in zwei Schnitten schematisch die Einrichtung eines mittelgroßen modernen Drehstromofens für etwa 6000 kW. In dem länglichen Ofenschachte aus feuerfesten Steinen, dessen Boden und Wände mit Kohlenstampfmasse ausgekleidet sind, hängen von oben drei an je eine Phase des Drehstromtransformators angeschlossene Elektrodenpakete in den Ofen hinein, die in ihrer Höhenlage verschiebbar sind. Die Herde für die drei Elektroden sind leitend miteinander verbunden, man benutzt Sternschaltung. In der Abb. 280 ist T der Transformator, W sind die Hubwinden für die Elektroden; die Abbildung zeigt auch noch die auf Rädern laufende Abstichvorrichtung A, welche am Ende einer 6 m langen Stange die Abstichelektrode trägt. Dieser führt man durch Kupferkabel einen Zweigstrom zu, welcher in wenigen Minuten das Stichloch aufschmilzt. Man betreibt moderne Carbidöfen vielfach auch mit zwei Elektrodenpaketen, indem man zwar auch Drehstrom, aber in SCOTTscher

Schaltung, verwendet. Bei Dreiphasenstrom-Öfen kann man auch jede einzelne der drei Phasen in einem Einzelschachte unterbringen.

Da bei der Herstellung von Carbid große Mengen Kohlenoxyd (auf 1000 kg Carbid etwa 370 kg CO) gebildet werden, die bisher nutzlos entweichen, so ist vielfach schon versucht worden, das entwickelte Kohlenoxyd abzufangen. Das ist aber ohne apparative Schwierigkeiten nicht möglich und gelingt nur unvollkommen. HELFENSTEIN hat zu diesem Zwecke die sog. „gedeckten" Carbidöfen konstruiert.

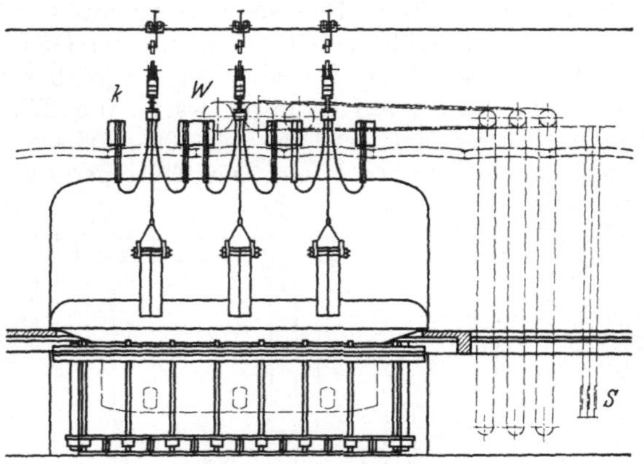
Abb. 279. Drehstromofen für Carbiderzeugung.

Die Ofenhöhe der Carbidöfen schwankt zwischen 1,2 und 3,5 m. Rückt man die Ofenwände 1 m von den Elektroden ab, so sind sie vor Zerstörung geschützt.

Die Elektroden sind große, künstlich hergestellte Kohlenelektroden. Man kann solche von 2000 × 500 × 700 mm herstellen, meist werden aber nur solche von 1800 × 500 × 800 mm verwendet, die etwa 700 kg wiegen. Für große Öfen werden 3—4, auch 6—8 Stück zu Paketen zusammengefaßt, weil man so große Elektroden nicht herstellen kann. Seit einigen Jahren tritt nun aber die selbstbrennende „Stampfelektrode" von SÖDERBERG auf, welche für die Elektrodenfrage eine umwälzende Neuerung ist. Die SÖDERBERG-Elektrode wird hergestellt dadurch, daß man in einem Zylinder aus dünnem Eisenblech, der mit nach innen gerichteten Rippen versehen ist, eine auf 100° angewärmte breiartige Stampfmasse aus Anthrazit, Koks, Teer und Pech mit Drucklufthämmern einstampft. In dem Maße, wie beim Betriebe die Elektrode unten ab-

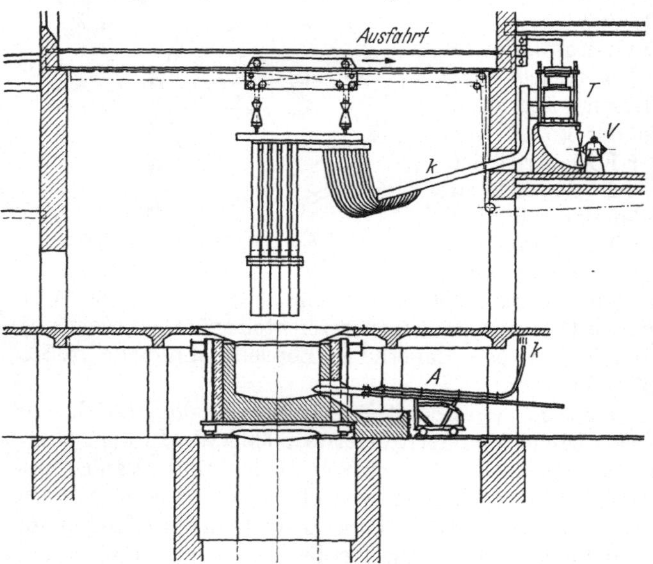

Abb. 280. Drehstromofen für Carbiderzeugung.

brennt, senkt man die Elektrode nach; durch die in der Elektrode unten aufgespeicherte Hitze wird die oben eingestampfte Masse fortlaufend in eine feste Elektrode verwandelt. Die Elektrode brennt sich selbst. Der Strom wird durch eine ziemlich weit unten sitzende, mit Wasser stark gekühlte Fassung der Elektrode zugeführt. Abb. 281 zeigt schematisch eine SÖDERBERG-Elektrode. Die Elektrode ist umgeben von sechs Kontaktbacken, die von einem Preßring gehalten werden; die Kontaktbacken werden von Druckzylindern gegen die Elektrode gepreßt, sie hängen, wie die Stromzuführungsschienen, an einem schmiedeeisernen Rahmen, der durch Ketten und Winden gehoben werden kann. SÖDERBERG-Elektroden haben bis zu 1,3 m Durchmesser. In Norwegen sind drei Stück nebeneinander in einem Dreiphasencarbidofen untergebracht und mit 16000—20000 kW belastet. Diese Elektroden werden auch in Öfen für die Herstellung von Elektrostahl, Ferrosilizium und Aluminium verwendet.

Die Strombelastung der Elektroden darf 8—10 A/cm² nicht überschreiten, da hierdurch die Elektroden schon rotglühend werden. Die untere Grenze andererseits ist 1—2 A/cm², wobei nur bei ganz geringer Spannung von 30—35 V noch Carbidbildung eintritt. Früher bewegten sich in der Praxis die Spannungen zwischen 50 und 90 V, heute betragen sie bei den Großöfen 100—160 V. Die Elektroden werden, zum Teil automatisch, durch Flaschenzüge gesenkt und gehoben; das Gewicht großer Elektrodenpakete geht bis zu 10000 kg.

Die Elektrodenfassungen sind immer mit guter Wasserkühlung versehen. Die Abmessungen eines 12000 kW-Ofens sind: 7,5—8 m Länge, 3,8—4,2 m Breite und 2,5 bis 3,5 m Tiefe.

Abstichöfen über 1000 kW brauchen für die Tonne Carbid 600—700 kg Koks (oder 640—700 kg Anthrazit oder 800—950 kg Holzkohle), 920 bis 1050 kg Kalk und 10—40 kg Elektroden.

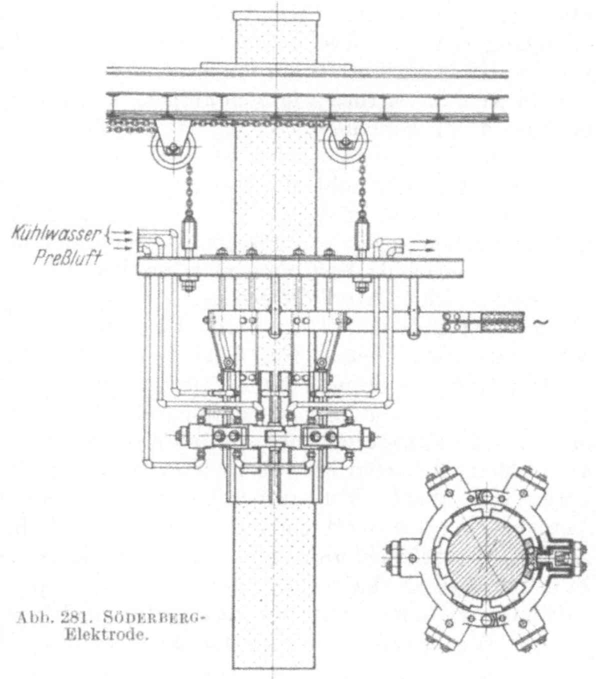

Abb. 281. SÖDERBERG-Elektrode.

In großen Öfen über 6000 kW kann man 1 kg Carbid mit 4 kWh herstellen; kleinere Blocköfen brauchten 6,9 kWh, kleine Abstichöfen 12,7 kWh, mittlere 4,3 kWh. Ein 12000 kW-Ofen von Siemens & Halske brauchte für die Tonne Carbid 1000 kg Kalk, 600 kg Koks, 20—25 kg Elektrodenkohle und 3,5—3,75 kWh/1 kg Carbid. Der größte Ofen in Trostberg (27000 kW) stellt 1 kg Carbid (87%ig) sogar mit 2,83 kWh her. Bei der SÖDERBERG-Elektrode sinkt der Elektrodenverbrauch auf 16—18 kg, und ein 22000 kW-Ofen stellt das Kilogramm Carbid mit 2,9 kWh her. Da der Energiebedarf für 1 kg 85%iges Carbid sich zu 2,53 kWh berechnet, so haben die modernsten Öfen einen Energieumsatz von fast 90% erreicht.

Im allgemeinen ist Calciumcarbid ein Kraftfresser und kann in der Regel nur mit großen Wasserkräften billig hergestellt werden. Bei uns muß Braunkohle, in Piesteritz mitteldeutsche, in Knapsack rheinische, in Hirschfelde lausitzer Braunkohle aushelfen; in Beuthen und Chorzow wird oberschlesische Steinkohle zur Stromerzeugung verwendet.

Um den Elektrodenverbrauch möglichst tief zu halten, muß man dafür sorgen, daß der untere Teil der Elektrode nicht zu stark glüht, man schützt die

Elektrode vor zu starkem Abbrand durch eine Umhüllung mit dünnem Eisenblech. Beim Betriebe muß die Elektrode mit einer so großen Stromdichte belastet werden, daß die Elektrode sich in der Masse „frei brennt", d. h. die Spitze der Elektrode muß durch einen glühenden Gasmantel von der Beschickung getrennt bleiben, weil sonst die Masse die Elektrizitätsleitung übernimmt und kein Lichtbogen mehr auftritt. Ist andererseits die Belastung zu groß, so wird die Masse überhitzt, kocht auf, und die Folge ist eine schlechte Carbidausbeute und großer Elektrodenabbrand. Um jede Elektrode herum findet sich also eine glühende Gashülle, unter der Elektrode ein Sumpf von geschmolzenem Carbid. Ist zu viel Kohle in der aufgegebenen Mischung, so erhält man zwar ein reiches, aber sehr zähflüssiges Carbid; zu viel Kalk ergibt umgekehrt einen ruhigen Ofengang, ein sehr flüssiges, aber armes (unverkäufliches) Carbid, welches jedoch für die Kalkstickstoffabrikation besonders hergestellt wird. Das abgestochene Carbid wird in eisernen Pfannen aufgefangen und nach dem Erkalten gebrochen oder eventuell gemahlen.

Technisches Calciumcarbid ist ein grauschwarzer Körper, häufig mit krystallinem Gefüge; es besteht nie aus reinem CaC_2, sondern enthält noch meist 1—2% freien Kohlenstoff und 12—15% CaO, daneben noch geringe Mengen von Calciumverbindungen des Phosphors, Schwefel und Silizium. Zur Bewertung des Calciumcarbids bestimmt man im Handel die Acetylenausbeute, die sog. Litrigkeit. 1 kg Carbid liefert bei der Zersetzung mit Wasser theoretisch bei 15° und 760 mm 363,3 l Acetylen. Von einem mittleren Handelscarbid verlangt man nur einen Gehalt von 300 l (was einem 82,5%igen Carbid entspricht).

Der Hauptverbraucher des Calciumcarbids war zuerst die Acetylenbeleuchtung. Diese Verwendung ist heute ganz unbedeutend geworden, nur Bergmannslampen und Fahrradlaternen werden noch so beleuchtet. Dagegen werden heute große Mengen Carbid bzw. Acetylen zur autogenen Metallverarbeitung (Schweißerei) verbraucht. Von großer technischer Bedeutung ist auch die chemische Verarbeitung des Acetylens auf Essigsäure, Alkohol (Carbidsprit), Acetaldehyd, Aceton, Acetylenchloride und besonders jetzt auf synthetischen Kautschuk. Zum größten Carbidverbraucher hat sich jedoch die aufblühende Kalkstickstoffindustrie entwickelt, wie das später noch gezeigt werden wird.

Die Welterzeugung an Carbid wird wie folgt angegeben (in 1000 t):

1907 . . . 165	1917 . . . 800	1929 . . . 1700—1800
1911 . . . 250	1927 . . . 558	1933 . . . 1200—1300
1913 . . . 375	1928 . . . 604	1935 . . . 1900—2000

Deutschland erzeugte 1928: 110000 t, 1934: 600000 t (Wert 120 Mill. Mark).

Deutschlands Aus- und Einfuhr an Carbid.

	Ausfuhr				Einfuhr			
	1929	1934	1935	1936	1929	1934	1935	1936
Menge (t) . . .	9954	8771	10207	11468	1907	65	65	31
Wert (Mill.Mark)	2,51	1,33	1,34	1,48	0,222	0,009	0,004	0,004

Von den in Deutschland erzeugten Carbidmengen werden schätzungsweise verbraucht: 50—60% für Kalkstickstoff, 15—20% für organische Synthesen, 20% für Schweißzwecke, der Rest für Beleuchtung und andere Zwecke.

Die größten Carbiderzeuger sind Deutschland, Japan und Italien, sie erzeugten 1935 mehr als die Welterzeugung 1929 betrug. Außerdem liefern noch Kanada, die Vereinigten Staaten und Frankreich größere Mengen Carbid. Diese sechs Länder bringen zusammen 80—85% der Welterzeugung auf.

Literatur.

CONRAD: Große elektrische Öfen zur Fabrikation von Calciumcarbid. Stahl u. Eisen 1908. — HELFENSTEIN: Calciumcarbid. In ASKENASY: Technologische Elektrochemie, Bd. 1. 1910. — SCHLUMBERGER: Energie und Stoffbilanz moderner Carbid- und Ferrosiliziumöfen. Angew. Chem. 1927. — TAUSSIG, R.: Industrie des Calciumcarbids. 1930. — VOGEL: Acetylen. 1923. — VOGEL u. SCHULZE: Carbid und Acetylen. 1924. — WANGEMANN: Carbidindustrie. 1904.

Kalkstickstoff, Calciumcyanamid.

Calciumcyanamid, $CaN \cdot CN$, wurde 1878 zuerst von G. MEYER auf chemischem Wege hergestellt. Die Beobachtung, daß bei der Einwirkung von reinem Stickstoff auf Calciumcarbid sich Cyanamid bildet

$$CaC_2 + N_2 = CaCN_2 + C,$$

machte 1898 F. ROTHE. MOISSAN hatte bei seinen Untersuchungen über das Calciumcarbid 1894 angegeben, daß dasselbe bis zu 1200° keinen Stickstoff aufnimmt, und FRANK und CARO, die sich von 1895 an mit der Einwirkung von Stickstoff auf die Carbide der alkalischen Erden befaßten, glaubten, wie beim Bariumcarbid auch beim Calciumcarbid zu Cyaniden gelangen zu können. Die Idee, das ungiftige Calciumcyanamid als Düngemittel zu verwenden, hatte zuerst H. FREUDENBERG. Anfangs wollte es technisch nicht gelingen, die Herstellung des Calciumcyanamids im Großbetrieb durchzuführen. Bei der in Piano d'Orta 1905 zuerst errichteten Kalkstickstoffabrik erfolgte die Azotierung in Retorten aus Gußeisen oder Schamotte, die von außen beheizt wurden. Überhitzung des Materials, Zerstörung des Gefäßmaterials, Umkehrung des Prozesses $CaC_2 + N_2 \rightleftarrows CaCN_2 + C$ unter Rückbildung von Carbid usw. erschwerten und verhinderten den fabrikmäßigen Großbetrieb. Noch ehe diese Anlage in Betrieb kam, erschien (1905) Kalkstickstoff auf dem Markte, welcher nach einem andern, von POLZENIUS (DRP. 163120) erfundenen Verfahren hergestellt war. POLZENIUS hatte festgestellt, daß es durch Zusatz von Calciumchlorid gelingt, die Azotierungstemperatur erheblich herunter zu drücken. Die Studiengesellschaft der Cyanidgesellschaft fand dann für das unvermischte Carbid eine neue Azotierungsmethode, das sog. Initialzündungsverfahren, welches 1908 in Trostberg zur Einführung kam und welches auch heute noch unter dem Namen Frank-Caro-Verfahren in größtem Maßstabe ausgeführt wird.

Die Cyanamidbildung ist eine umkehrbare Reaktion

$$CaC_2 + N_2 \rightleftarrows CaCN_2 + C.$$

Das Calciumcarbid beginnt bei 800° Stickstoff aufzunehmen, technisch brauchbare Geschwindigkeiten der Aufnahme werden aber erst bei 1000—1100° erreicht. Bei höheren Temperaturen findet ein wachsender Zerfall des Cyanamids, d. h. ein Rückwärtsverlauf der Reaktion statt. Bei einer Beimischung von 10% $CaCl_2$ geht die Azotierung schon lebhaft und rasch bei 800° vor sich, bei Zusatz von 10% Calciumfluorid bei 850°. Reines Calciumcyanamid ist weiß, das technische Erzeugnis ist aber stets durch beigemengten graphitischen Kohlenstoff grau bis schwarz gefärbt.

Die Hauptmenge des Kalkstickstoffs wird heute nach den beiden Verfahren von FRANK-CARO und von POLZENIUS-KRAUSS hergestellt, obwohl auch in den letzten Jahren einige andere Verfahren zur praktischen Einführung gekommen sind. Das erstgenannte Verfahren wird von den Bayrischen Stickstoffwerken in Trostberg und von den Mitteldeutschen Stickstoffwerken Piesteritz ausgeführt, das Polzenius-Verfahren von der AG. für Stickstoffdünger in Knapsack und von den Lonza-Werken in Waldshut. Kleinere Anlagen mit eigenen Verfahren betreiben die Gräfl. Schaffgotsch'sche

Carbidfabrik in Bobrek und die Elektrochemische Gesellschaft in Hirschfelde (Sa.).

Das Frank-Caro-Verfahren. Das Kennzeichen dieses Verfahrens ist die „Initialzündung" (DRP. 227854). Erhitzt man die ganze Carbidmasse auf eine so hohe Temperatur, daß die Stickstoffaufnahme flott vonstatten geht, dann steigt durch die Reaktionswärme die Temperatur in der Masse auch gleich so hoch an, daß schon wieder Zersetzung erfolgt. Durch die Initialzündung wird nun erreicht, daß nur ein Teil der Carbidmasse auf die Reaktionstemperatur gebracht wird; beim Einleiten von Stickstoff setzt sich dann die entstehende Reaktionswärme ohne Wärmezufuhr durch die ganze Masse fort. Dieser Kunstgriff war für die technische Durchführung der Carbidazotierung von ausschlaggebender Bedeutung. Man verfuhr zunächst jahrelang so, daß man das Carbidpulver in einen Eisenblechzylinder, dessen Wand und Boden von zahlreichen Löchern durchbrochen war, einfüllte, jedoch so, daß man vor der Füllung den Zylinder mit Wellpappe auskleidete und zentral ein Papprohr aufstellte. In den durch das Papprohr gebildeten Hohlraum wird ein langer, nur etwa 1 cm starker Kohlenstab eingesetzt, welcher durch Anschluß an den Boden und den Deckel elektrischen Strom zugeführt erhält und dadurch auf eine Temperatur von über 1000° gebracht wird. Hierdurch verkohlt das Papprohr, und die in der Nähe des Heizstabes befindlichen Partien des Carbids kommen auf die Reaktionstemperatur und nehmen lebhaft Stickstoff auf. Bei den früheren kleinen Eisenblechzylindern von etwa 1 m³ Fassung schaltete man nach 6 h den Strom aus und leitete noch 12 h lang Stickstoff weiter ein, wobei die Azotierung von der Mitte aus bis zum Außenrande der Masse fortschritt. Die Stickstoffzufuhr geschah in umgekehrter Richtung wie der Wärmefluß, nämlich von außen durch die Löcher des Mantels nach innen zu. Der Eisenblechzylinder wurde vor Beginn der Erhitzung in einen zylinderförmigen Ofen, welcher mit feuerfesten Steinen ausgemauert war, eingesetzt. Ein gußeiserner Deckel schloß den Ofen oben luftdicht ab, die Stickstoffzuleitung befand sich am Boden. Der entstehende Kalkstickstoff sintert bei der Azotierung zusammen. Die Eisenblecheinsätze wurden mit dem azotierten Carbid, wenn keine Stickstoffaufnahme mehr erfolgte, aus dem Ofen gehoben, um zu erkalten. Da der Kalkstickstoffblock oft mit dem Eisenbehälter zusammenklebte und der Verschleiß an Einsatzgefäßen sehr groß wurde, so ist man zu folgender Abänderung gekommen. Man kleidet einen geschlossenen Blechzylinder, der einen abnehmbaren Boden hat, mit Wellpappe aus, stellt das zentrale Papprohr zur Aufnahme der Heizelektrode auf, füllt das gemahlene Carbid ein und bringt das Einsatzgefäß in den Ofen. Beim Aufsetzen löst sich der Boden ab, man zieht dann den Zylindermantel heraus; die Carbidsäule bleibt, ohne auseinander zu fallen, stehen. Nach beendigter Azotierung führt man durch den Mittelkanal eine mit Haken versehene Eisenstange, die bis zum Boden reicht, ein und hebt den ganzen Block heraus. Man kann auch den mit Wellpappe ausgekleideten Blechzylinder von einem über den Ofen fahrbaren Bunker aus mit dem gemahlenen Carbid füllen.

Abb. 282 zeigt die Einrichtung eines solchen Azotierofens. O ist der gemauerte Ofenmantel, E der geschlossene Einsatzzylinder, der oben durch eine Stromschiene mit der elektrischen Leitung verbunden ist. Der isolierte Deckel trägt den andern Stromanschluß. K ist der als Heizelektrode dienende Kohlenstab, umgeben von dem Papprohrzylinder. Der Stickstoff tritt unter schwachem Drucke unten bei N ein, oben unterhalb des Deckels aus. Der Boden des Zylinders besteht aus zwei übereinander liegenden, durchlochten Eisenplatten B, zwischen denen sich eine Zwischenlage von Koksstückchen od. dgl. findet, die den Durchgang des Stickstoffs leicht gestattet, den Durchfall des Carbidpulvers der Füllung F aber verhindert.

Der verwendete Stickstoff wird in riesigen Linde-Anlagen durch Luftverflüssigung gewonnen.

Das für die Herstellung von Kalkstickstoff erzeugte Carbid ist nicht besonders hochwertig, sondern wird absichtlich mit einem niederen Gehalte von 85—90% hergestellt. Es wird vor der Einfüllung in die Einsätze bzw. in den Ofen in Rohrmühlen, die zur Verhütung von Explosionen mit Stickstoff oder Rauchgasen gefüllt sind, fein gemahlen. Die Weiterverarbeitung der aus dem Ofen kommenden steinharten Kalkstickstoffblöcke erfolgt in Brechern, dann in Rohrmühlen, die ebenfalls mit Stickstoff oder Rauchgas gefüllt sind. Weiter wird das Produkt zur Entfernung von Carbidresten, von Phosphiden usw. in sog. Hydromixern mit feinem Wasserstaub behandelt und außerdem wird dann noch das staubfeine Pulver zur Vermeidung des lästigen Stäubens mit 3% Teeröl geölt, d. h. mit einem unmeßbar dünnen Ölhäutchen überzogen.

Die früheren kleinen Einsätze lieferten nur einen Kalkstickstoff mit etwa 18% gebundenem Stickstoff (52% $CaCN_2$, 21% CaO, 14% C), die späteren größeren Öfen einen solchen mit 20—22% N_2 (63% $CaCN_2$, 20% CaO, 13% C), jetzt bis 23,5% N_2 (69% $CaCN_2$). Als Syndikatsqualitäten wird der Kalkstickstoff heute mit 20—21% N_2 und 23—24% N_2 gehandelt. Die früheren kleinen Öfen sind deshalb in Trostberg schon seit 1916 auf 8—10 t Einsatz gebracht worden, die Anheizung dauert 1 h, die Azotierung 24—30 h. Der Prozeß ist aber bis heute diskontinuierlich. Infolge der kleinen Einheiten sind auf den beiden großen Werken mehrere hundert Einzelöfen vorhanden (in Muscle Shoals 1536 Stück).

Die Leistungsfähigkeit der Anlage der Bayerischen Stickstoffwerke AG. in Trostberg ist auf etwa 225000 t Kalkstickstoff/

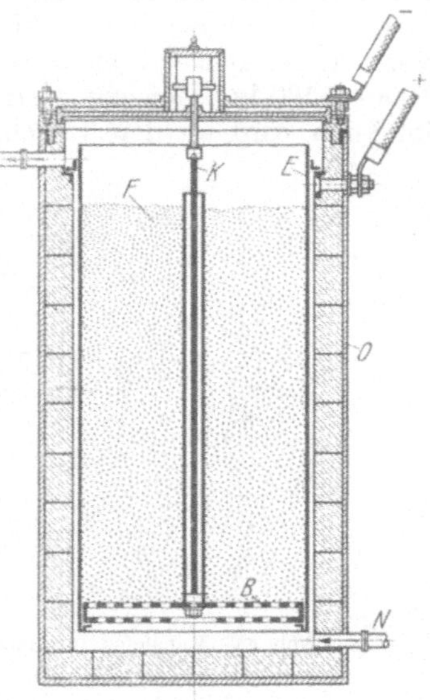

Abb. 282. Azotierofen zur Herstellung von Kalkstickstoff von FRANK und CARO.

Jahr gesteigert worden, auf ebensoviel die Anlage der Mitteldeutschen Stickstoffwerke in Piesteritz. Die Krafterzeugung geschieht in Trostberg durch die Wasserkraft der Alz, in Piesteritz durch mitteldeutsche Braunkohle, in Chorzow (jetzt zu Polen gehörig) mit oberschlesischer Steinkohle.

Der Energieaufwand für die Herstellung von Kalkstickstoff beträgt, bezogen auf 1 kg Stickstoff, ungefähr 12 kWh.

Das Polzenius-Verfahren. Die technische Ausgestaltung dieses Verfahrens ist KRAUSS zu verdanken, das Verfahren wird deshalb auch als POLZENIUS-KRAUSS-Verfahren bezeichnet.

Das Verfahren arbeitet mit Zusatz von 10% $CaCl_2$ oder 10% CaF_2 zum Carbid und wird in Kanalöfen ausgeführt. Das Carbid wird mit dem stark calcinierten Chlorcalcium in Rohrmühlen vermahlen und das Gemisch dann in Eisenkästen, die auf Wagengestelle gesetzt sind, durch einen langen rohrförmigen Kanalofen gefahren. Früher benutzte man 30—40 cm hohe Eisenkästen mit durchlochtem Boden, von denen etwa 30 Stück über- und nebeneinander auf die Wagen gesetzt wurden. Jetzt verwendet man 1 m hohe zerlegbare Eisenkästen, bei denen der Boden ebenfalls durchlocht ist, von denen aber nur einer auf einem Wagen steht. Das Rohr des Kanalofens ist zur Hälfte von Mauerwerk umgeben. Zwischen Mauerwerksmantel und Rohr ist ein Raum freigelassen, der abteilungsweise teils zum Heizen, teils zum Kühlen des Rohres benutzt wird. In dem Ofenrohre gehen nämlich an verschiedenen Stellen verschiedene Phasen der Reaktion vor sich, die teils Wärme abgeben, teils Wärme zugeführt bekommen müssen. Das Carbid tritt auf der einen Seite ein, der Stickstoff strömt von der andern Seite ein, der Bewegung des Carbids entgegen. Das Carbid wird im vordersten Teile von den heißen, strömenden Gasen vorgewärmt und geht dann durch eine von außen beheizte Erhitzungszone, wo es auf Reaktionstemperatur gebracht wird. Sobald die Reaktion mit dem Stickstoff beginnt, wird Wärme frei und man müßte außerordentlich viel kalten Stickstoff zuführen, wenn die Temperatur nicht zu hoch steigen soll; deshalb kühlt man die Zone des Reaktionsraumes im Außenmantel mit kalter Luft. Schließlich kommen die Wagen in das hintere Ende des Rohres, den Kühlraum, welcher ebenfalls von außen gekühlt wird, von wo sie ausgefahren werden. Der entstandene Kalkstickstoff (Blöcke von 1000—1500 kg Gewicht) wird gebrochen und vermahlen. Die Temperatur im Ofen wird an den verschiedenen Stellen genau kontrolliert und reguliert.

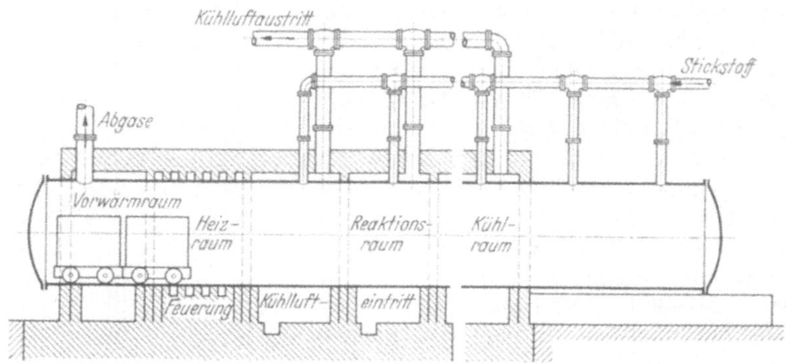

Abb. 283. Kanalofen zur Herstellung von Kalkstickstoff von POLZENIUS und KRAUSS.

Abb. 283 zeigt schematisch die Einrichtung des Kanalofens für die Kalkstickstofferzeugung. Der Kanalofen, welcher 45—65 m lang und 1,70—1,80 m hoch ist, setzt in 24 h 25—30 t Kalkstickstoff durch. Das Verfahren ist seit 1910 bei der Gesellschaft für Stickstoffdünger in Knapsack in Betrieb. Es sind dort acht solcher Kanalöfen vorhanden. Es ist gelungen, die Temperatur, die für den Chlorcalciumzusatz 750—800°, für einen Flußspatzusatz 800—850° betrug, auf 650—700° bzw. 700—750° herunterzusetzen. Die Krafterzeugung in Knapsack geschieht mit Braunkohle des Kölner Beckens. Der heute erzeugte Polzenius-Kalkstickstoff hat ebenfalls 21—23% Stickstoff (60% $CaCN_2$, 13% C, 5% $CaCl_2$ und 18% CaO). Die Anlage in Knapsack kann 75000 t Kalkstickstoff herstellen. Nach dem Polzenius-Verfahren arbeiten auch die Elektrizitätswerke Lonza in Waldshut (Baden), in Gampel und Martigny (Schweiz), und zwar mit Flußspatzusatz.

Kalkstickstoff wird heute ausschließlich als Düngemittel und als Unkraut- und Schädlingsvertilgungsmittel verwendet. Die Ammoniakgewinnung aus Kalkstickstoff (S. 411) ist unrentabel geworden, auch die Herstellung von Harnstoff durch Einwirkung von Wasser und Kohlensäure auf Kalkstickstoff:

$$CaCN_2 + H_2O + CO_2 = CaCO_3 + CN \cdot NH_2$$
$$CN \cdot NH_2 + H_2O = NH_2 \cdot CO \cdot NH_2$$

ist nicht mehr konkurrenzfähig.

Es muß hier noch auf eine neue von FRANCK und HEIMANN ausgearbeitete Darstellungsweise von Calciumcyanamid, von sog. weißen Kalkstickstoff, hingewiesen werden. Läßt man Blausäure in Gegenwart von Wasser auf CaO einwirken, so entsteht kein Calciumcyanid, weil das Gleichgewicht

$$CaO + 2\,HCN \rightleftarrows Ca(CN)_2 + H_2O$$

ganz auf der Seite der Blausäure liegt. Bei 200—300° erhält man jedoch ein Produkt mit etwa 35% Calciumcyanid; bei Steigerung der Temperatur nimmt zwar der Stickstoffgehalt zu, aber er ist oberhalb 500° in Form von Cyanamid vorhanden.

$$CaO + 2\,HCN = Ca(CN)_2 + H_2O$$
$$Ca(CN)_2 = CaCN_2 + C$$
$$C + H_2O = CO + H_2$$
$$\overline{CaO + 2\,HCN = CaCN_2 + CO + H_2}$$

Wenn man vom $CaCO_3$ ausgeht und der Blausäure kleine Mengen Ammoniak beimengt und zweckmäßig bei 700—850° arbeitet, erhält man einen weißen Kalkstickstoff von über 99,5% Reinheit mit fast 35% N_2. Das Verfahren wird vorläufig noch nicht großtechnisch durchgeführt.

Die Welterzeugung und die Erzeugung Deutschlands an Kalkstickstoff betrug (in 1000 t):

Jahr	Welt	Deutschland	Jahr	Welt	Deutschland
1929	1235	451	1933	886	404
1930	1249	508	1934	1047	492
1931	608	292	1935	1287	605
1932	746	344	1936	1408	678
			1937	1525	603

Literatur.

ARNDT: Kalkstickstoff. In MUSPRATT-NEUMANN: Technologische Chemie, Erg.-Bd. II, 1. 1926. — ERNST: Fixation of atmospheric Nitrogen. 1928. — FRANCK: Chemie des Kalkstickstoffs. 1931. — FRANCK, MAKKUS u. JANKE: Der Kalkstickstoff in Wissenschaft, Technik und Wirtschaft. 1931. — KRAUSS, POHLAND, ULLMANN: In ULLMANN: Enzyklopädie, 2. Aufl., Bd. 3. 1929. — MANGÉ: Les Industries de l'Azote. 1929. — TAUSS: In HONCAMPS: Handbuch der Pflanzenernährung, Bd. 2. 1931. — WAESER: Luftstickstoffindustrie. 1922, 1933.

Ferrosilizium.

In denselben Öfen, und fast in der gleichen Weise wie Carbid, wird auch Ferrosilizium hergestellt. Das erste Ferrosilizium hat BERZELIUS 1810 durch Zusammenschmelzen von Quarz, Eisenspänen und Kohlenpulver erhalten. Auch im Hochofen wird schon lange hochsiliziertes Roheisen hergestellt, aber man kommt hier mit dem Si-Gehalte nicht über 15% hinaus. Die Herstellung von Ferrosilizium im elektrischen Ofen wurde durch die Arbeiten von MOISSAN angeregt. Die technische Erzeugung von Ferrosilizium in größerem Maßstabe wurde jedoch erst durch die Krise auf dem Carbidmarkte um die Jahrhundertwende herum veranlaßt, wo viele unbeschäftigte Carbidöfen auf Ferrosiliziumbetrieb umgestellt wurden. Als Rohmaterialien benutzt man möglichst reinen Quarz (96—98%ig), Stahl- oder Schmiedeeisenabfälle (Späne) und Reduktionskohle in Form von Koks, Anthrazit oder Holzkohle. Am besten würde sich Holzkohle eignen. Quarz und Kohle werden in faustgroßen Stücken gemischt und schichtenweise mit den Eisenspänen zusammen in den Ofen geschaufelt. Man erzeugte zunächst nur ärmere Sorten, jetzt stellt man auch solche mit 50 und 75% Si, bisweilen auch ein Silizium mit 97—99% Si her (in diesem Falle bleibt der Eisenzusatz weg). Man arbeitet entweder bei 50—60 V und 5—6 A/cm² oder bei 70 bis 90 V mit 6—8 A/cm² Elektrodenbelastung. Die Elektroden und die Öfen sind dieselben wie beim Carbid. Beim Ferrosiliziumbetrieb kommt nur Abstich-entleerung (in Kohle gefütterte Behälter) in Frage, da Ferrosilizium in geschmolzenem Zustande (über 1800°) ganz dünnflüssig ist. Bei unreinen Materialien kann auch Schlackenbildung (Kalksilicat) eintreten.

Abb. 284 zeigt einen Schnitt durch einen modernen Ferrosiliziumofen mit SÖDERBERG-Elektrode. Ferrosiliziumöfen nehmen 3000—12000 kW auf.

Der Rohmaterialienverbrauch beträgt in großen Öfen für 1 t 50%iges Ferrosilizium bei

	Holzkohlen-betrieb kg	Koks-betrieb kg	Gemischten Betrieb kg
Quarz	1100	1200	1100
Eisen	560	560	560
Holzkohle	750	—	210
Koks	—	750	70
Anthrazit	—	—	400
Elektroden	10—25	30—50	60
1 kW/Tag liefert Ferrosilizium . .	4,6—4.8	3,4—3,6	4,1

1 kg Ferrosilizium mit 45% Si erfordert theoretisch 4,26 kWh praktisch 5,5. Bei Herstellung von Ferrosilizium mit 75% Si sind 10 kWh, bei 90% Si 15 kWh erforderlich. Die Energieausbeute bei Herstellung eines 45%igen Ferrosiliziums beträgt also etwa 77%. Die Stoffausbeuten betragen beim Silizium 88%, beim Eisen 98% und beim Kohlenstoff 67%.

Ferrosilizium dient hauptsächlich als Desoxydationsmittel bei den verschiedenen Stahlerzeugungsverfahren, ferner in der Gießerei-

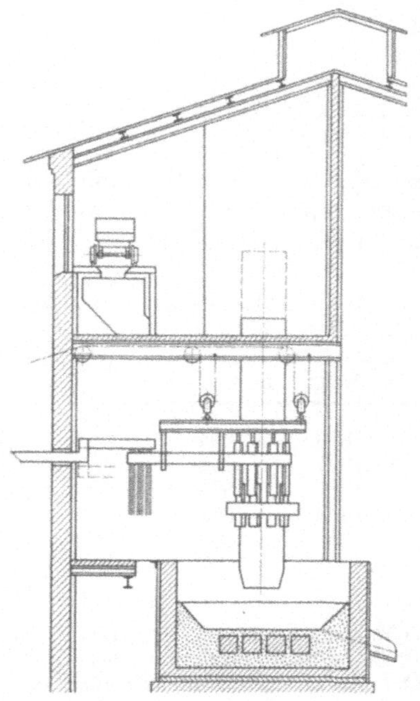

Abb. 284. Ferrosiliziumofen.

technik zur Herstellung verschieden hochsilizierter Gußeisensorten, vor allem aber zur Herstellung von siliziumreichem Eisenguß mit 12—18% Si, welcher unter dem Namen Neutraleisem, Thermisilid, Kieselguß, Tantiron, Duriron usw. für Apparaturen zum Konzentrieren von Schwefelsäure und bei der Salpetersäureherstellung gebraucht wird.

In den Sorten mit 35—50% ist $FeSi_2$ und FeSi enthalten, in den siliziumreicheren neben $FeSi_2$ auch Si. Manche Abstiche mit 40—55% Si zerfallen aus noch nicht aufgeklärter Ursache zu sandigem Pulver.

Literatur.

PICK u. CONRAD: Herstellung von hochprozentigem Ferrosilizium. 1909.

Carborundum.

Carborundum, Siliziumcarbid, SiC, ist ein im elektrischen Ofen hergestelltes, wegen seiner Härte in der Hauptsache als Schleifmittel dienendes Produkt, welches, wie MOISSAN 1893 feststellte, beim Auflösen von Kohlenstoff in geschmolzenem Silizium, oder beim Erhitzen von Kohlenstoff mit Silizium im elektrischen Ofen, oder bei der dampfförmigen Einwirkung dieser Stoffe aufeinander, entsteht. Technisch wird Carborund hergestellt durch Reduktion von Kieselsäure mit Kohle im elektrischen Ofen

$$SiO_2 + 3\,C = SiC + 2\,CO\,.$$

Diese Substanz, welche in prächtigen, blauschwarzen, hexagonalen Tafeln krystallisiert, hatte Cowles schon 1895 in den Händen, ohne ihre wahre Natur zu erkennen. 1891 operierte Acheson mit Kohle und Ton zwischen Kohlenelektroden und erhielt glänzende, harte Krystalle vom Siliziumcarbid; er hielt sie aber für eine Verbindung von Kohle und Tonerde und bezeichnete diese Substanz fälschlich mit dem Namen Carborund

(aus Carbo und Korund). Er erkannte jedoch sofort die ausgezeichnete Verwendbarkeit der Substanz als Schleifmittel und er fand auch schon die noch heute übliche Ofenform mit den Vorzügen der Widerstandserhitzung. 1895 gründete er an den Niagarafällen die Carborundum Comp., die auch heute noch den Markt in Carborund beherrscht. Der Ofen besteht (Abb. 285) aus 2 feststehenden gemauerten Ofenköpfen, in denen Kohlenblöcke eingesetzt sind, an welche die Stromkabel angeschlossen sind. Zwischen beiden Köpfen wird der eigentliche Heizwiderstand, der Kohlenkern *1*,

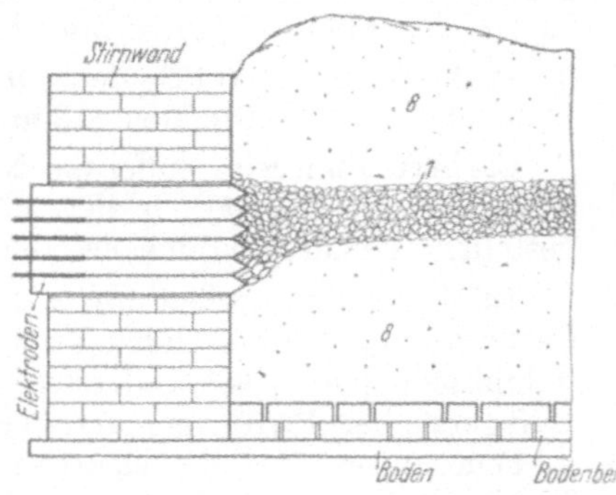

Abb. 285. Carborundofen. (Nach Ullmann: Enzyklopädie.)

bestehend aus 20 mm großen Kohlenstücken und feinem Kohlenpulver, eingebaut. Auf dem Boden aus Beton liegt zunächst eine Ziegelschicht. Die Mischung wird bis auf etwa die halbe Ofenhöhe eingeschüttet, der Kern mit etwa 0,5 m Durchmesser in einer Papphülle eingebracht und die Masse weiter konzentrisch um den Kern herum aufgeschüttet. 1000 kg des Rohmaterialgemisches bestehen aus 522 kg Sand (99% SiO_2), 354 kg Koks, 106 kg Sägemehl und 18 kg Kochsalz. Ein 1000 PS-Ofen ist etwa 6 m lang, 3 m breit und 1,7 m hoch. Die Seitenwände sind nur lose aus Ziegel aufgesetzt. Man verwendet Wechselstrom oder Drehstrom, die Durchschnittsstromstärke beträgt etwa 10000 A, die Spannung am Ofen wechselt von 250—275 V. Das reichlich entstehende Kohlenoxyd tritt an allen Mauerfugen aus und brennt in kleinen Flämmchen ab. Der Betrieb geht etwa 30 bis 36 h, dann läßt man erkalten. Zuerst räumt man vorsichtig die Kruste der unzersetzten Mischung ab, dann folgt eine Schicht von hellgrünlichem, mikrokrystallinen Siliziumcarbid, dann die wertvolle, etwa 40 cm starke Schicht von dem grobkrystallinen, blauschwarzen Siliziumcarbid.

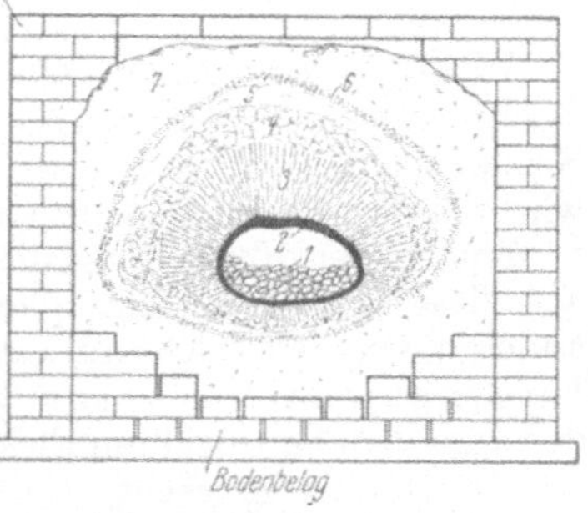

Abb. 286. Carborundofen. (Nach Ullmann: Enzyklopädie.)

Den Kern bedeckt eine 1—2 cm starke Graphitschicht, entstanden durch Zersetzung des zuvor gebildeten Siliziumcarbids. Die Krystalle werden durch Sieben in verschiedene Korngrößen sortiert.

Die Bildung des Siliziumcarbids beginnt nach Ruff bei 1635°, und zwar entsteht zuerst Silizium, dieses verdampft und bildet nun mit den Kohlenpartikelchen SiC. Oberhalb 1900° gehen die mikrokrystallinen Kryställchen in größere hexagonale Tafeln über und über 2200° beginnt dann die Zersetzung des SiC in Graphit und Silizium, wobei Silizium verdampft.

Ein Querschnitt durch den Ofen in Abb. 286 läßt die Lage der verschiedenen entstandenen Produkte nach Beendigung erkennen. In der Mitte sieht man den zusammengesunkenen Kern von Koksstücken (*1*), umgeben von der schwarzen Graphitrinde (*2*), um diese herum liegt eine Schicht von grobkrystallinem SiC (*3*), darüber eine feinkrystalline hellere Schicht (*4*) und schließlich ein hellgrünes, amorph aussehendes Produkt (*5*), welches den Namen Siloxikon führt (dieses soll die Formel Si_2C_2O besitzen, ist aber wahrscheinlich ein Gemisch von SiC und SiO_2). Diese Schicht ist nach außen abgeschlossen durch eine Kruste geschmolzenen Kochsalzes (*6*). Um diese herum findet sich nur noch unverbrauchte Koks-Kieselsäuremischung (*7*).

Während ein 1000 PS-Ofen 8,5 kWh für das Kilogramm Carborund braucht, kommen die 2000 PS-Ofen (12 m lang, 4 m breit) mit 7,5 kWh aus.

Carborundum wird außer am Niagarafall auch in Deutschland (Rheinfelden), in Norwegen (Arendal), in der Schweiz (Gampel, Bodio) und in Savoyen hergestellt. Genaue Produktionszahlen sind nicht bekannt.

Infolge seiner großen Härte (fast Härte 10 der MOHRschen Skala) findet Carborundum hauptsächlich Verwendung für Schleifmaterial (Scheiben, Feilen, Schmirgelpapier usw.) und auch als feuerfestes Material (es verbrennt an der Luft erst bei 1370°) zur Herstellung von Carborundsteinen und Anstrichen in Feuerungen. Da der elektrische Widerstand 6mal so groß ist wie der von Kohle, so formt man auch aus Siliziumcarbid Erhitzungswiderstände für Heizapparate (Silundum, Silit) unter Zuhilfenahme keramischer Bindemittel und brennt diese bei hohen Temperaturen. Carborund ist auch unter dem Namen Carbosilit und Crystolon im Handel.

Literatur.

AMBERG: Siliziumcarbid. In ASKENASY: Technologische Elektrochemie. 1910 und in MUSPRATT-NEUMANN: Technologische Chemie, Erg.-Bd. II, 1. 1926. — FITZ-GERALD: Carborundum. 1904.

Elektrographit.

Wie eben angegeben, bildet sich bei der Herstellung von Siliziumcarbid bei Temperaturen von über 2200° um den Kohlenkern herum durch Zerfall des Siliziumcarbids $SiC \rightleftharpoons C + Si$ eine Graphitschicht (s. Abb. 286). Dieser Graphit wird zur Herstellung von Graphittiegeln usw. benutzt. ACHESON hat aber bald nach der Herstellung des Siliziumcarbids auch schon gefunden, daß sich auf diese Weise jede amorphe Kohle unter Vermittlung von Kieselsäure oder anderen Oxyden leicht in Graphit umwandeln läßt. Die hierauf gegründete Internationale Acheson Graphite Co. am Niagarafall hat lange Zeit allein den künstlich hergestellten Elektrographit unter dem Namen Acheson-Graphit in den Handel gebracht. Die Öfen sind Widerstandsöfen von ganz ähnlicher Form wie die Siliziumcarbidöfen, sie sind etwa 9 m lang und arbeiten mit etwa 1000 PS. Um den Kern herum wird pennsylvanischer Anthrazit, welcher an sich schon 5—15% Asche enthält, vermischt mit Sand und Koks oder amorphem Carborund, aufgeschichtet. Das Verfahren dauert 20—24 h, in welcher Zeit ein Ofen etwa 6000 kg Graphit liefert. Zur Herstellung reinerer Graphitsorten geht man von Petrolkoks oder Holzkohle aus, mischt 3—5% Eisenoxyd bei und erhält einen Graphit, der bis zu 99,5—99,9% rein ist. Die aus dem Ofen kommenden lockeren oder zusammengebackenen Klumpen werden gemahlen und durch Windsichtung aufbereitet. Man benutzt den feinsten Graphit als Schmiermittel, stellt auch Emulsionen mit Wasser oder Öl für diesen Zweck her. Besonders wichtig für die ganze elektrochemische Industrie war die Herstellung geformter Graphitelektroden. Diese Elektroden aus Acheson-Graphit lassen sich mechanisch leicht bearbeiten und sind in bezug auf Widerstandsfähigkeit gegen Chlor in chloridhaltigen Elektrolyten unübertroffen. Man formt die Elektroden wie üblich aus Petrolkoks mit etwas Teer oder Pech, brennt sie vor und setzt sie in einen etwas kürzeren elektrischen Ofen ein, in welchen sie selbst sozusagen den Heizwiderstand bilden, wobei sie sich in Graphit verwandeln.

Die Erzeugung von künstlichem Graphit begann 1897. Sie erreichte 1913 etwa 4000 t. Nach 1915 wurde die Herstellung von Elektrographit auch in anderen Ländern aufgenommen. Bekannt sind aber nur die statistischen Zahlen der Vereinigten Staaten und zwar betreffen sie auch nur den amorphen künstlichen Graphit. Die Erzeugungsmengen schwanken von 1918—1927 ungefähr zwischen 4000 und 6000 t, nur in einzelnen Jahren, wie 1923 13380 t und 1926 10534 t wurden ausnahmsweise größere Mengen erzeugt. Die Menge des künstlichen Graphits machte noch nicht $^1/_{10}$ der Welterzeugung an Naturgraphit aus. Diese betrug 1925 an krystallinem Graphit 36293 t und an amorphem Naturgraphit 76293 t.

Literatur.

AMBERG: Künstlicher Graphit. In ASKENASY: Technische Elektrochemie, Bd. 1. 1910 und Elektrographit. In MUSPRATT-NEUMANN: Technologische Chemie, Erg.-Bd. II, 1. 1926.

Tonerde, Aluminium.

Aluminiumverbindungen sind zwar weit verbreitet auf der Erde, aber nur selten sind sie direkt zur industriellen Verwertung geeignet. Die Tonerde, das Aluminiumoxyd, findet sich in größeren Lagern in unreiner Form als Schmirgel oder auch bisweilen in reinem Zustande als Korund; einzelne krystallisierte Arten dienen für Schmuckzwecke als Edelsteine (Saphir, Rubin). Auch Tonerdehydrate (Hydrargyllit, Diaspor) finden sich in der Natur. Diese natürlichen Tonerdevorkommen können nicht direkt zur Herstellung von Tonerdesalzen oder für die Aluminiumfabrikation verwandt werden, sondern die reine Tonerde muß durch Aufschluß bestimmter Tonerdematerialien, in der Hauptsache des Bauxits, gewonnen werden.

Das gewöhnlichste Tonerdematerial ist der Ton, in reiner Form der Kaolin, ein Tonerdesilicat $Al_2O_3 \cdot 2\,SiO_2 \cdot 2\,H_2O$. Kaolin ist mit Schwefelsäure nicht schwer aufzuschließen, findet aber im Verhältnis zum Bauxit nur wenig Verwendung, weil der große Kieselsäuregehalt bei der Fabrikation stört. Früher bildeten der Alaunstein, die Alaunerde und der Alaunschiefer das Ausgangsmaterial für die Gewinnung des einzigen technisch verwendeten Tonerdepräparates, des Alauns. Seit den 80er Jahren ist die Bedeutung der letztgenannten Materialien stark zurückgegangen, bei einigen hat die Verwendung überhaupt aufgehört. Das technisch wichtigste Rohmaterial für die Tonerdegewinnung ist heute der Bauxit.

Der **Bauxit** ist ein mit Eisenhydroxyd, Titansäure und Kieselsäure stark verunreinigtes Aluminiumhydroxyd, welches zunächst in Südfrankreich bei Baux gefunden wurde, welches aber auch in größeren Mengen in Kalabrien, Istrien, Dalmatien, Steiermark, Krain, Ungarn, Irland, Indien, Guyana und in den Vereinigten Staaten (Akansas, Alabama, Georgia) vorkommt. Der größte Teil der in Deutschland gewonnenen Tonerde wird aus Bauxit hergestellt, welcher fast vollständig aus dem Auslande eingeführt werden muß. Deutschland besitzt nur ein einziges Bauxitlager bei Hadamar in Hessen (Vogelsberg), welches jedoch nur geringe Mengen liefert. In Verfolg des Vierjahresplanes ist aber

die deutsche Bauxitgewinnung, wie aus nachstehender Tabelle ersichtlich ist,
gewaltig gesteigert worden.

Die Welterzeugung an Bauxit und die Förderanteile der hauptsächlichsten Länder betrugen in den letzten Jahren (in 1000 t):

	1925	1929	1933	1935	1936	1937
Welt	1384	1868	1076	1747	2731	3670
Vereinigte Staaten . .	322	372	157	238	375	427
Frankreich	502	666	478	505	624	688
Guyana	264	396	141	223	221	306
Italien	195	193	95	170	272	387
Ungarn	0,4	115	66	250	360	452
Jugoslavien	79	103	81	190	279	358
Deutschland	—	7	12	41	63	93

Frankreich verbraucht nur einen Teil seiner Förderung. Es exportierte 1929
bzw. 1931 240400 t bzw. 167800 t. Deutschland ist so gut wie ganz auf fremde
Einfuhr angewiesen, sie betrug 1925: 286000 t, 1927: 538000 t, 1929: 383000 t,
1931: 209000 t, davon kamen 40% aus Frankreich, 30% aus Ungarn; 1936
betrug die Einfuhr 977800 t, 1937 1,31 Mill. t, wozu Ungarn 36%, Jugoslavien
31%, Niederl.-Indien 11%, Italien 9% und Frankreich nur noch 7% lieferten.
Auch Amerika muß für seine riesige Aluminiumproduktion zu der selbsterzeugten Bauxitmenge noch große Mengen fremden Bauxits einführen. Die
amerikanischen Lager an hochhaltigem Bauxit (Arkansas) scheinen der Erschöpfung entgegenzugehen.

Der Tonerde- und Eisengehalt der Bauxite schwankt in weiten Grenzen:
Al_2O_3 von 51—75%, Fe_2O_3 von 2—25%. Im Handel gilt als Preisgrundlage
ein Bauxit mit 58% Al_2O_3, 3% SiO_2 und 2% TiO_2. Der Bauxit findet hauptsächlich Verwendung zur Herstellung reiner Tonerde, welche für die Aluminiumfabrikation und für die Gewinnung von Aluminiumsulfat gebraucht wird, weiter
aber wird er auch für die Herstellung von Tonerdezement, von Schleifmitteln
und für feuerfeste Steine gebraucht.

Kryolith, das Natrium-Aluminiumfluorid, Na_3AlF_6, ist zwar ebenfalls ein
wichtiges Tonerdematerial, dient aber weniger zur Herstellung von Tonerdepräparaten, sondern wird hauptsächlich als Trübungsmittel in der Glasindustrie
(Milchglas) und in der Emaille-Industrie verwendet. Er übertrifft alle sonstigen
Trübungsmittel, wie Knochenasche, Zinnoxyd, Flußspat und ist fast unentbehrlich für die weiße undurchsichtige Emaille auf Küchengeschirren. Der
Kryolith kommt nur an einer Stelle bei Ivigtut an der Südküste Grönlands
vor. Grönland liefert nur ein paar Tausend Tonnen. Der von J. THOMSEN
1852 angeregte Aufschluß des Kryoliths mit Kalkstein zur Herstellung von
Tonerde und Soda:

$$Na_3AlF_6 + 3\,CaCO_3 = 3\,CaF_2 + 3\,CO_2 + Al(ONa)_3$$

und Zersetzung des ausgelaugten Natriumaluminats mit Kohlensäure:

$$2\,Al(ONa)_2 + 3\,CO_2 + 3\,H_2O = 2\,Al(OH)_3 + 3\,Na_2CO_3$$

wird in der Technik nicht mehr ausgeübt.

Kryolith dient zwar heute bei der Aluminiumgewinnung allgemein als
Lösungsmittel für die Tonerde, man kann hierzu aber nicht das natürliche
Mineral verwenden, weil der beigemengte Kieselsäuregehalt stört. Die Herstellung des künstlichen Kryoliths ist bei „Flußsäure" S. 336 beschrieben.

Deutschland führte 1936 3400 t, 1937 5800 t Kryolith ein.

Alaun.

Der Alaun, $KAl(SO_4)_2 \cdot 12\,H_2O$, das wasserhaltige Kalium-Aluminiumsulfat, ist das älteste, technisch verwendete Tonerdepräparat. Da der Tonerdegehalt des Alauns nur 10,7% beträgt und da man Aluminiumsulfat in immer größerer Reinheit herzustellen gelernt hat, so ist der Alaun durch das Aluminiumsulfat vom Markte so gut wie verdrängt.

PLINIUS kannte schon den Alaun als Beize zum Färben von Geweben. Bis zum 15. Jahrhundert kam der Alaun aus dem Orient nach Europa. Von 1460 ab entwickelten sich in Tolfa bei Civita Vecchia die päpstlichen Alaunsiedereien zu großer Bedeutung. Dort kommt ein basisches Kalium-Tonerdesulfat, der Alaunstein (Alunit), $KAl(SO_4)_2 \cdot 2\,Al(OH)_3$, vor, welcher in Haufen gebrannt und mit Wasser und etwas Schwefelsäure ausgelaugt wird. Dieser Alaun krystallisiert in Würfeln, es ist der sog. kubische oder römische Alaun. Er hat heute nur noch lokale Bedeutung.

In Deutschland begann die Alaungewinnung im 16. Jahrhundert, man verwendete als Material den Alaunschiefer, einen bitumen- und schwefelkieshaltigen Tonschiefer (Rheinland, Harz, Böhmen, Lüttich), oder die Alaunerde, einen bituminösen, mit Schwefelkies durchsetzten Ton (an der Oder, in der Lausitz). Verwittert das Material, so entsteht durch Oxydation des Schwefelkieses ($FeS_2 + 3^1/_2\,O_2 + H_2O = FeSO_4 + H_2SO_4$) Ferrosulfat und freie Schwefelsäure, welche den Ton aufschließt und Aluminiumsulfat bildet. Beim Eindampfen der durch Auslaugen erhaltenen eisenhaltigen Aluminiumsulfatlösung fällt das Eisen als basisches Sulfat aus, durch Zusatz von Kaliumsulfat entsteht dann der Alaun. Diese Fabrikation wurde in Deutschland in den 90er Jahren aufgegeben.

Für die Erzeugung von Alaun kommt heute als Rohmaterial nur eisenarmer, weißer Bauxit oder reiner, eisenarmer Kaolin in Betracht. Beide werden mit einer etwa 70%igen Schwefelsäure aufgeschlossen. Die Kieselsäure bleibt bei der Laugerei größtenteils im Rückstande, neben Aluminiumsulfat geht aber auch Eisen mit in Lösung, dessen Entfernung Schwierigkeiten macht. Die Laugen versetzt man mit der entsprechenden Menge Kaliumsulfat und läßt sie krystallisieren.

Durch Umkrystallisieren läßt sich der Alaun ziemlich leicht von Eisensulfat befreien. Der Kalialaun krystallisiert in schönen regulären Oktaedern.

Der Kalialaun, $KAl(SO_4)_2 \cdot 12\,H_2O$, ist der Hauptvertreter der Alaune. Deutschland verbraucht noch etwa 2000—3000 t Kalialaun. Ammoniakalaun, $(NH_4)Al(SO_4)_2 \cdot 12\,H_2O$, wird nur in ganz geringen Mengen hergestellt. Natriumalaun, der an sich billiger sein würde, stellt man nicht her, weil er sich schlecht, aus kochenden Lösungen überhaupt nicht, abscheidet und nicht vom Eisen befreien läßt.

Tonerdesulfat.

Tonerdesulfat, $Al_2(SO_4)_3 \cdot 8\,H_2O$, wird jetzt überall da verwendet, wo man früher Alaun benutzte. Das Aluminiumsulfat kann durch direkten Aufschluß von weißem eisenarmen Bauxit oder von kalk- und eisenarmem Kaolin mit Schwefelsäure von etwa 70% gewonnen werden. Man erhitzt auf 90—100° oder benutzt geschlossene Druckkessel, verdünnt dann den Brei auf ein spezifisches Gewicht von 1,26, läßt die Lauge einige Tage klären, wodurch zwar die Kieselsäure, aber nicht das Eisen entfernt wird. Die Entfernung des Eisens macht Schwierigkeiten. Meist oxydiert man das Eisen mit Chlorkalk und fällt dasselbe mit Ferrocyankalium als Berlinerblau; die Laugen gehen dann in Filterpressen oder Zentrifugen, eventuell auch noch durch eine Serie von Filterkerzen (gebrannte kieselsaure Magnesia) und werden dann auf ein spezifisches

Gewicht von 1,56 eingedampft und in Bleipfannen unter beständigem Rühren zur
Erstarrung gebracht. Die erkaltete Masse geht so in den Handel. Man dampft
auch nur bis auf ein spezifisches Gewicht von 1,41 ein, läßt in Krystallisierkästen
die Masse erstarren, preßt in hydraulischen Pressen ab und bringt die harten,
weißen Kuchen in Stücken oder gemahlen zum Verkauf. Aluminiumsulfat
krystallisiert sehr schwer, es gelingt aber nach einem Verfahren von BOCK
durch Eindampfen im Vakuum bei 50—70° unter ständiger Bewegung Krystalle
zu erzeugen und eine Reinigung von Eisen zu bewirken.

Das Tonerdesulfat, welches beim sauren Aufschluß gewonnen wird, hat
höchstens 0,05% Eisen, es findet in der Papierfabrikation Verwendung. Zum
Leimen des Papiers werden aber auch eisenärmere Produkte, bis zu 0,0005% Fe,
gebraucht, und diese reineren Produkte verlangt man auch zum Beizen in der
Färberei. Da der Schwefelsäureaufschluß diesen Anforderungen (höchstens
0,001% Eisen) nicht immer genügen kann, so muß man zum alkalischen Aufschluß greifen, d. h. man löst reines Aluminiumhydroxyd in konzentrierter,
auf 100° erwärmter Schwefelsäure bis zur Sättigung auf und läßt die Lösung
in flachen Pfannen unter Umrühren erstarren. Das normale Aluminiumsulfat,
$Al_2(SO_4)_3 \cdot 18\,H_2O$, enthält 14,3—14,5% Tonerde, man stellt jetzt auch noch
ein sog. konzentriertes Sulfat mit 17—18% Tonerde her. Der größte Teil
des Aluminiumsulfats geht in die Papierindustrie zum Leimen von Papier.
Ein anderer Teil des leicht löslichen Aluminiumsulfats dient auch als Ausgangsmaterial zur Herstellung anderer Aluminiumsalze durch Umsetzung mit
den betreffenden Bleisalzen (S. 444). Unreine Sorten werden zur Wasserreinigung benutzt.

Die Erzeugung an Tonerdesulfat in Deutschland betrug 1908: 54000 t,
1927 rund 160000 t, in Nordamerika 1925: 284700 t, 1936: 330000 t.

Tonerdehydrat und Tonerde.

Zur Herstellung reiner Tonerde wird ausschließlich Bauxit verwendet. Der
rote Bauxit enthält meist 20—25% Eisenoxyd und 1—5% Kieselsäure, der
weiße Bauxit dagegen nur 5% Eisenoxyd, aber bis zu 25% Kieselsäure. Für
vorliegenden Zweck eignet sich eigentlich nur der rote Bauxit. Der Aufschluß
beruht darauf, die Tonerde des Bauxits durch Alkali in wasserlösliches Aluminat
überzuführen. Das kann entweder durch Erhitzen des Bauxits mit Soda im
Flammofen oder Drehrohrofen geschehen (LE CHATELIER 1888) oder durch
Behandeln des Bauxits mit konzentrierter Natronlauge unter Druck (K. J. BAYER
1887). Eisenoxyd geht bei diesem alkalischen Aufschlusse nicht mit in Lösung.
Aus den filtrierten Laugen fällt man die Tonerde durch Kohlensäure (unter
Wiedergewinnung von Soda) oder durch „Ausrühren" (unter Wiedergewinnung
der Natronlauge). Beide Verfahren sind in Anwendung.

1. Das Schmelzverfahren. Der Bauxit wird von den Gruben meist in un-
regelmäßigen Brocken angeliefert und muß, bevor er feingemahlen werden kann,
gebrochen werden. Die Mahlvorrichtungen können verschieden sein, je nach
der Härte des Bauxits. Die zumeist verwendeten französischen Bauxite sind
weich, durch ganz besondere Härte zeichnet sich dagegen der ungarische Bauxit
aus. Die französischen Bauxite lassen sich in Kugelmühlen oder Schleudermühlen
(Abb. 35, S. 81 und Abb. 104, S. 162) zerkleinern, die ungarischen Bauxite (Ko-
mitat Bihar) verlangen schwere Brecher, Ringmühlen und Rohrmühlen. Zum
Brechen verwendet man Backenbrecher (Abb. 176, S. 276) oder Hammerbrecher.
Der gebrochene Bauxit wird vor der Weiterzerkleinerung in Drehrohröfen (Abb. 288)
durch eine Heizflamme getrocknet. Das Feinmahlen geschieht in Rohrmühlen;
das sind liegende rohrförmige Kugelmühlen (Abb. 287) (vgl. auch „Zement"),

welche innen mit besonders harten Stahlplatten ausgepanzert sind und in denen Stahlkugeln die Zerkleinerung besorgen. Alle Mahleinrichtungen in der Tonerde-Industrie sind jetzt mit Windsichtungseinrichtungen verbunden, in welchen durch einen Windstrom nur der feinste Staub weggeführt wird, während der gröbere Gries in die Mühle zurückfällt, bis alles staubfein gemahlen ist. Für harte Bauxite benutzt man zum Vermahlen Ringmühlen, wie sie zum Vermahlen von Rohphosphaten gebraucht werden. Ein Schnitt durch eine Ringmühle ist bei ,,Düngemittel'' wiedergegeben. Abb. 287 zeigt eine Rohrmühle mit Windsichteinrichtung. Das Rohmaterial gelangt aus einem Vorratsbehälter V in die Kugelmühle K. Das Feingemahlene geht am Austragsende der Kugelmühle durch ein Sieb, fällt in das Becherwerk E, wird nach oben gehoben und dort in den Sichter S entleert. Dabei fällt es auf eine rotierende Scheibe, die es zerstäubt. Der Antrieb der Scheibe betätigt gleichzeitig ein über der Scheibe befindliches Ventilatorrad, welches eine Luftströmung verursacht, durch welche die feinsten Partikelchen nach oben in der Richtung der Pfeile in den Außenraum gesaugt werden. Der feine Staub fällt nach unten und gelangt in die Transportschnecke T. Die gröberen Teilchen gehen wieder zurück in die Kugelmühle. Man mahlt auf Zementfeinheit (5000-Maschen-Sieb).

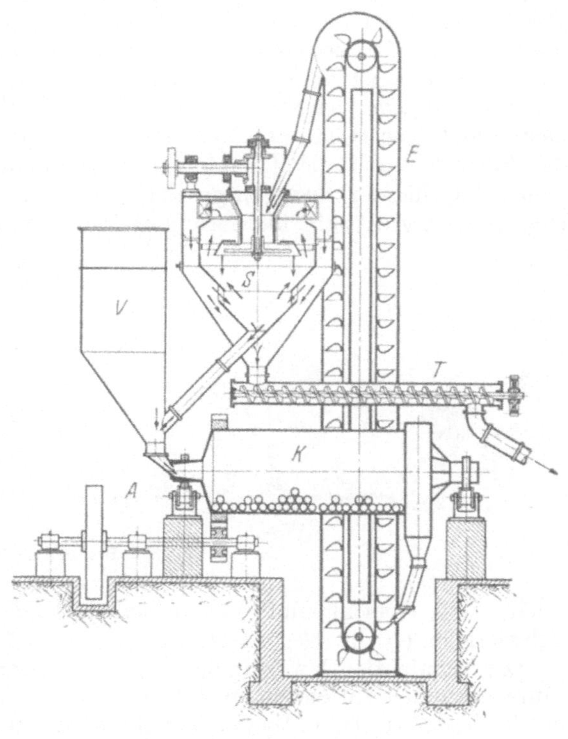

Abb. 287. Rohrmühle mit Windsichteinrichtung.

Nach dem Mahlen geht der staubfeine Bauxit über eine automatische Waage und wird mit der berechneten Menge calcinierter Soda in mechanischen Einrichtungen sorgfältig vermischt. Man würde auf 1 Mol Al_2O_3 eigentlich nur 1 Mol Na_2O brauchen, um alle Tonerde in Natriumaluminat überzuführen. Man muß praktisch aber mehr Soda verwenden, weil auch das vorhandene Eisenoxyd als Natriumferrit $Fe_2O_3 \cdot Na_2O$ gebunden werden muß, ebenso das Titanoxyd und die Kieselsäure. Man rechnet auf 1 Mol Al_2O_3 praktisch 1,2 Mol Na_2O. Zur Bindung der Kieselsäure macht man auch noch einen Zuschlag von Kalk, um die Kieselsäure in unlösliches Ca_2SiO_4 überzuführen.

Früher glühte man das Gemisch 2 h bei Rotglut in einem einfachen Flammofen, bis die krümelige, grünliche Aluminatmasse entstand.

$$Al_2O_3 + Na_2CO_3 = 2\,NaAlO_2 + CO_2.$$

Dieses Glühen wird als ,,Calcinieren'' bezeichnet. Heute verwendet man allgemein große Drehrohröfen (bis zu 100 m Länge) zum Calcinieren. Abb. 288 zeigt eine solche Drehrohrofenanlage. Die Bauxit-Sodamischung bewegt sich einer Generatorgasflamme entgegen, das fertiggeglühte Produkt tritt unten

aus der Calciniertrommel aus, wird in dem darunter liegenden, kürzeren Kühlrohre durch Luft abgekühlt und nachher möglichst rasch mit Wasser gelaugt.
Dabei geht das Natriumaluminat in Lösung und das Natriumferrit spaltet sich
quantitativ in Eisenhydroxyd und Natronlauge, die Kieselsäure fällt jedoch
nicht vollständig aus, sondern nur ein Teil in Form eines Natriumaluminium-
silicats $Na_2O \cdot Al_2O_3 \cdot 3\,SiO_2 \cdot 9\,H_2O$, ein anderer Teil bleibt in Lösung und
verunreinigt die Aluminatlauge bzw. die daraus gewonnene Tonerde. Man
verwendet deshalb schon von vornherein nur kieselsäurearme Bauxite. Die
Beseitigung der Kieselsäure beim Schmelzaufschluß bleibt eine Schwierigkeit,
die jede Fabrik in besonderer Weise zu überwinden sucht; der nasse Aufschluß
nach BAYER weist diese Schwierigkeit nicht auf.

Das Auslaugen der Schmelze geschieht in hintereinander geschalteten Eisenkästen im Gegenstrom unter Einblasen von Dampf oder in Rührwerksbottichen;
die Filtration und die Trennung der Aluminatlauge vom Eisenniederschlag,
dem „Rotschlamm", wird in geheizten Filterpressen vorgenommen, wobei man
eine ziemlich gesättigte, klare Aluminatlauge von etwa 1,32 spezifischem Gewicht

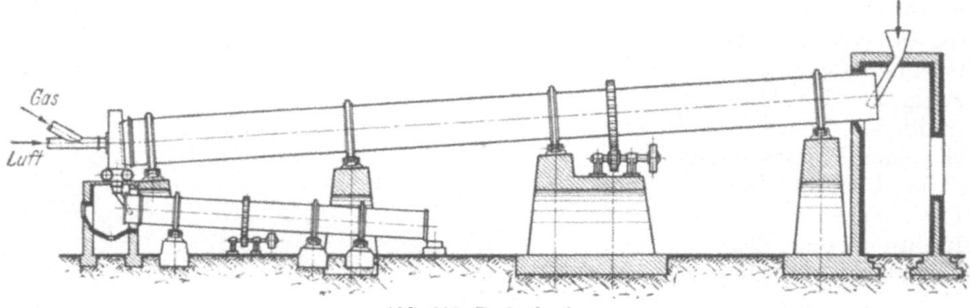

Abb. 288. Drehrohrofen.

erhält. Die Rotschlammfiltration macht beim trocknen Verfahren gar keine
Schwierigkeiten, im Gegensatz zum nassen Aufschluß nach BAYER.

Die Aluminatlauge wird in der Regel zur Gewinnung der Tonerde mit Kohlensäure behandelt (in einzelnen Fabriken rührt man aber auch die Hauptmenge
der Tonerde wie beim Bayer-Verfahren aus und fällt nachher nur den Rest
mit Kohlensäure). Die klare Lauge wird in etwa 3 m hohe Eisenzylinder, die
sog. Carbonatoren, gepumpt, in denen die Tonerde aus der Aluminatlösung
durch Kohlensäure, die man entweder durch Brennen von Kalkstein in Kalköfen
oder aus den Abgasen des Calcinierofens erhält, ausgefällt wird:

$$2\,NaAlO_2 + CO_2 + 3\,H_2O = 2\,Al(OH)_3 + Na_2CO_3.$$

Die Fällung geschieht unter Einleiten von Dampf bei etwa 70°. Von der Wahl
der richtigen Temperatur und der Konzentration der Lauge beim „Carbonisieren", hängt es wesentlich ab, ob die Tonerde in grob krystallinischer, leicht
filtrierbarer Form ausfällt, oder ob sie schleimig ist, so daß sie sich nicht auswaschen läßt. Das ausgefällte Tonerdehydrat wird in Filterpressen oder
rotierenden Vakuumfiltern (Abb. 248, S. 378) abfiltriert und gewaschen; das
pulvrige Hydrat hat noch etwa 15% hygroskopisches Wasser, neben 35%
Hydratwasser; in dieser Form wird es direkt auf andere Tonerdesalze verarbeitet,
in der Hauptsache auf Tonerdesulfat, indem man das Hydrat in verdünnter
Schwefelsäure löst. Die Tonerde jedoch, welche zur Gewinnung von metallischem
Aluminium dienen soll, muß vorher scharf geglüht werden, um das Hydrat in
das Oxyd Al_2O_3 umzuwandeln. Diese „Calcination" geschieht ebenfalls in großen
40—60 m langen Drehrohröfen, die mit Generatorgas oder Ölfeuerung geheizt
werden. Bei 500° beginnt das Krystallwasser zu entweichen, bei 900° ist die

Tonerde wasserfrei, sie ist aber trotzdem sehr hygroskopisch, man muß sie deshalb bei 1200° totbrennen, d. h. in krystallinische Form bringen. Dabei wird sehr viel Tonerdestaub vom Luftzug weggeführt; deshalb sind hinter dem Calcinierofen noch große Staubkammern, Wasserberieselungseinrichtungen und elektrische Entstaubungsanlagen (vgl. Abb. 181 und 182, S. 279 und 280) angeordnet.

Die bei der Kohlensäurefällung entstehende Sodalösung wird in Mehrkörperverdampfern (vgl. Abb. 257, S. 388) konzentriert, es scheidet sich Soda mit 1 Mol H_2O aus, welche calciniert wird, oder man benutzt in modernen Anlagen auch besondere Drehrohröfen, in denen Sodalösung oben einfließt und unten die Soda als calcinierte Soda ausläuft.

2. Der nasse Aufschluß nach Bayer. Das von Bayer Ende der 80er Jahre erfundene Aufschlußverfahren mit Natronlauge liefert heute die größte Menge der technisch hergestellten Tonerde.

Der vorgebrochene Bauxit wird vor dem Aufschluß in einem Calcinierofen geglüht, um die größte Menge des Wassers auszutreiben, um organische Substanzen zu zerstören und um den Bauxit besser fein mahlen zu können. Das

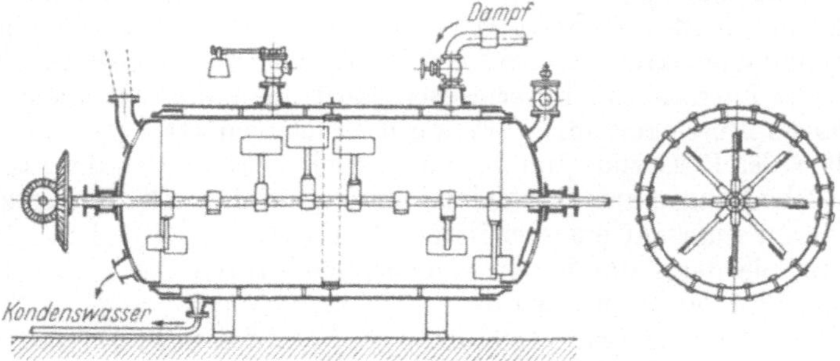

Abb. 289. Aufschlußautoklav.

Calcinieren geschieht in einer Art Drehrohrofen, bei welchem die beiden übereinander liegenden Drehrohre fast gleich lang sind. Der Calcinierofen besteht aus dem eigentlichen schräg liegenden Calcinierrohr (10 m lang, 1 m Durchmesser), in welchem der Bauxit den Feuergasen einer Kohlen- oder Gasfeuerung entgegengeführt wird. Die Temperatur wird nicht über 350—400° gesteigert. Dann fällt das geglühte Material in die obere Öffnung der in entgegengesetzter Richtung geneigten Kühltrommel, in welcher es durch einen entgegenstreichenden Luftstrom gekühlt wird. Hierauf folgt eine sehr feine Zerkleinerung in Schleudermühlen oder Kugelmühlen. Den feingemahlenen Bauxit vermischt man nun in einem Mischgefäß mit Ätznatronlauge bzw. mit der aus dem Betrieb zurückkehrenden Aufschlußlauge, die ein spezifisches Gewicht von 1,45 (42 %ige NaOH) hat und führt das Gemisch in den Aufschluß-Autoklaven ein. Dieser Autoklav ist wie Abb. 289 zeigt, ein liegender eiserner Druckkessel von 3,5 m Länge und 1,5 m Durchmesser, ausgerüstet mit einer liegenden Welle mit Flügelrührern zur Durchmischung des Bauxits mit der Lauge. Der Kessel muß mindestens Drucke bis 6 Atm. aushalten, denn man heizt durch einen Dampfmantel oder eine Dampfschlange den Inhalt auf 160—170°, wobei der Druck auf 3—5 Atm. steigt. Nach Untersuchungen von Neumann und Reinsch ist der Druck nicht das wesentliche, sondern die angegebene Temperaturhöhe, die sich jedoch am bequemsten auf die angegebene Weise erreichen läßt. Der Aufschluß selbst dauert nur 2—3 h, am Tage lassen sich einschließlich der Nebenarbeiten wenigstens 4 Aufschlüsse zu je 1,5 t machen. Die im Bauxit enthaltene Tonerde wird zu 95 % aufgeschlossen, d. h. als Natriumaluminat in lösliche Form gebracht.

Da man beim Aufschluß mit Natronlauge bei Berechnung der NaOH-Menge keine Rücksicht auf das Eisenoxyd zu nehmen braucht, weil hier keine Ferritbildung eintritt, so müßte man theoretisch mit einem Verhältnis von 1 Mol Na_2O auf 1 Mol Al_2O_3 auskommen. Praktisch ist das aber undurchführbar, denn aus einer Lösung 1 : 1 würde sich von selbst schon beim Filtrieren Tonerde ausscheiden, die im Rückstande natürlich verloren wäre; man wählt deshalb erfahrungsmäßig ein Verhältnis von 1,8 Mol Na_2O auf 1 Mol Al_2O_3. Bei dem Aufschluß mit Natronlauge geht das Fe_2O_3 nicht in Ferrit über, sondern scheidet sich wieder als $Fe_2O_3 \cdot 2\,H_2O$ ab. Dieser Rotschlamm ist nicht wie der Rotschlamm des trocknen Aufschlusses als „Luxmasse" oder „Lautamasse" zur Entschwefelung von Leucht- und Kokereigas verwendbar. Dieses Eisenoxyd bleibt in der Lösung äußerst fein suspendiert und geht leicht durch die Filtertücher, so daß die Filtration früher Schwierigkeiten machte. Rotschlamm und Aluminatlauge bläst man aus dem Druckkessel aus und verdünnt mit Waschlauge auf ein spezifisches Gewicht von 1,23. In der zu filtrierenden Lauge befinden sich als ungelöste Bestandteile außer dem Eisenrotschlamm noch Natriummetatitanat und Kieselsäure, letztere in Form einer Verbindung $Na_2O \cdot Al_2O_3 \cdot 3\,SiO_2 \cdot 9\,H_2O$; Titansäure und Kieselsäure binden einen Teil Ätznatron, die Kieselsäure auch noch Tonerde. Die Filtration in Filterpressen führt nur dann zum Ziele, wenn man die 60° warme Flüssigkeit mit geringem Druck von etwa $^1/_2$ Atm., was durch Höherstellen des Reservoirs um 5—6 m erreicht wird, durch die Pressen laufen läßt; sämtliche Laugen müssen zweimal filtriert werden. Die filtrierte Aluminatlauge verdünnt man auf ein spezifisches Gewicht von 1,19—1,21 (23—25° Bé) und zersetzt sie dann durch den eigenartigen Prozeß des „Ausrührens", der von BAYER 1892 eingeführt wurde.

Wenn man beim Bauxitaufschluß nach BAYER etwas Kochsalz zusetzt, so bildet sich ein Oxosalz und man kommt mit weniger Na_2O aus, nämlich mit 1,50 Mol auf 1 Mol Al_2O_3 statt 1,75—1,80 Mol.

Das Ausrühren geschieht in folgender Weise. Man stellt sich zunächst auf besondere Art bei 25—35° ein Tonerdehydrat bestimmter Feinkörnigkeit her, welches als „Erreger" dient. Mit diesem Erreger wird die zu zersetzende Aluminatlauge „geimpft". Später benutzt man richtig gefällte Tonerde aus dem Betriebe als Erreger. Die von den Filterpressen kommende verdünnte Lauge wird sofort in die Zersetzungszylinder (Abb. 290) gepumpt, welche mit einem Rührwerk ausgerüstet sind. Dasselbe macht 60 Umdrehungen in der Minute. Man impft mit dem genannten Tonerdehydrat, setzt das Rührwerk in Bewegung und rührt bei 40—60° 36—48 h. Sind alle Bedingungen richtig eingehalten, dann fällt soviel Tonerde aus, daß in der Lösung das Molverhältnis von Al_2O_3 zu Na_2O nur noch 1:5 bis 1:6 ist. Das spezifische Gewicht der Lauge, in welcher neben der freien Natronlauge noch ein Teil Natriumaluminat enthalten ist, sinkt dabei auf 1,17—1,18 (21—22° Bé). Unter den günstigsten Bedingungen können bis zu 70% der in Lösung befindlichen Tonerde ausgerührt werden. Wichtig ist dabei die Abwesenheit organischer Substanzen. Das ausgeschiedene Tonerdehydrat wird in Filterpressen oder in Vakuumzellenfiltern von der unzersetzten Lauge getrennt, und letztere in Mehrkörperverdampfapparaten (Abb. 257, S. 388) wieder bis zu einem spezifischen Gewicht von 1,45—1,47 (45—46° Bé) konzentriert. Nach dem Absetzen der unlöslichen Kieselsäureverbindung $Al_2O_3 \cdot Na_2O \cdot 3\,SiO_2 \cdot 9\,H_2O$ dient die Lauge wieder zu neuem Aufschluß von Bauxit.

Das ausgewaschene Tonerdehydrat ist blendend weiß und enthält nur 0,02% SiO_2 (während man beim Ausfällen mit CO_2 kaum unter 0,2% SiO_2 kommen kann). Das Tonerdehydrat wird, genau wie das vom trocknen Aufschluß, in Drehrohröfen bei 1200—1400° „totgebrannt", wenn das Aluminiumoxyd zur Aluminiumfabrikation dienen soll. Soll die Tonerde zur Herstellung von Aluminiumsalzen verwendet werden, dann wird das Tonerdehydrat in einer Dampftrommelanlage nur getrocknet.

Das Ausrührverfahren kann natürlich auch für Aluminatlaugen benutzt werden, welche durch irgendein trockenes Aufschließverfahren erhalten wurden.

Die Erklärung, für den eigenartigen Vorgang des Ausrührens ist folgende. Zuerst tritt Hydrolyse der Natrium-Aluminiumlösung in $Al(OH)_3$ und $NaOH$ ein, wobei sich das $Al(OH)_3$ kolloidal ausscheidet. Der Zersetzungsgrad durch die Hydrolyse allein würde aber nur ein geringer sein. Durch Impfen mit „krystallinischen" Tonerdeteilchen koagulieren die kolloidalen Tonerdeteilchen und gehen vom grobdispersen amorphen Zustande in einen krystallinen über. Wie FRICKE nach-gewiesen hat, entsteht zuerst durch intermolekulare Kondensationskräfte Böhmerit, $Al_2O_3 \cdot H_2O$, der sich in das nächste Alterungsprodukt, den Bayerit, $Al_2O_3 \cdot 3\,H_2O$, umwandelt; dieser geht dann langsam in das noch stabilere Hydrat gleicher Zusammen-setzung, den Hydrargillit, über. Die Löslichkeit dieser krystallinen Hydrate in Natronlauge nimmt mit zunehmender Alterung immer mehr ab.

Das Bayer-Verfahren ist billiger in der Anlage, an Brennstoffkosten und Arbeitskräften. Der Auf-wand für die Alkaliverluste ($NaOH$) ist allerdings höher als beim trocknen Aufschluß. Der trockne Aufschluß kann zwar ärmere und kieselsäure-reichere Bauxite verarbeiten und gewinnt als Neben-produkt Soda und Gasreinigungs-Rotschlamm, trotzdem nimmt er an technischer Bedeutung ab. Die Bayer-Tonerde hat in der Regel 0,15 bis 0,25% $Fe_2O_3 + SiO_2$, die Sodaaufschluß-Ton-erde 0,35% $Fe_2O_3 + SiO_2$. Nur mit der reinen Bayer-Tonerde läßt sich das reinste Handels-aluminium mit 99,5% Al herstellen.

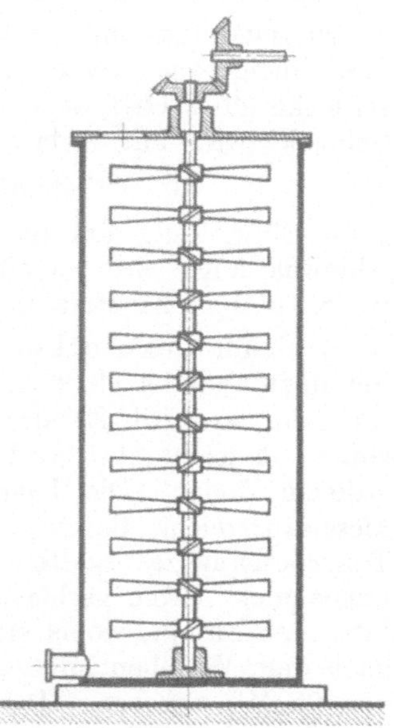

Abb. 290. Ausrührzylinder.

3. Andere Tonerdegewinnungsverfahren. Außer den beiden genannten Ver-fahren sind noch eine ganze Reihe anderer Tonerdegewinnungsmethoden in Vorschlag gebracht worden, von denen einige bereits wieder verschwunden sind, andere jedoch eben in Aufnahme kommen.

PÉNIAKOFF verwendete zum Aufschluß des Bauxits an Stelle von Soda Natriumsulfat und Kohle. Die Umsetzung vollzieht sich nach seiner Angabe in folgender Weise:

$$2\,(4\,Al_2O_3 \cdot Fe_2O_3) + 8\,Na_2SO_4 + 5\,C = 16\,NaAlO_2 + 4\,FeO + 5\,CO_2 + 8\,SO_2.$$

Die entstehende schweflige Säure soll nach dem Hargreaves-Verfahren (S. 311) auf Kochsalz wirken und Na_2SO_4 und HCl liefern. Nur bei ganz bestimmten Mengenverhältnissen der einzelnen Komponenten ist eine von Alkali-Eisensulfidverbindungen freie Aluminatlauge zu erhalten. Der Auf-schluß ist außerdem auf alle Fälle unvollkommener als beim Bayer-Ver-fahren. Das Péniakoff-Verfahren war in Deutschland und Belgien eine Zeitlang in Betrieb.

SERPEK wählte zur Gewinnung der Tonerde aus Bauxit den Weg über das Aluminiumnitrid

$$Al_2O_3 + 3\,C + 2\,N = 2\,AlN + 3\,CO.$$

Das Bauxit-Kohlegemisch wurde in elektrisch beheizten Drehrohröfen bei 1600° mit Stickstoff nitriert. Das Aluminiumnitrid wurde dann in Rührwerksdruckautoklaven bei 2—4 Atm. mit Wasser zersetzt.

$$2\,AlN + 6\,H_2O = 2\,NH_3 + 2\,Al(OH)_3\,.$$

Es entsteht also Ammoniak als Nebenprodukt. Da die Tonerde aber dabei mit dem Eisen zusammen ausfällt, so wurde die Zersetzung nicht mit Wasser, sondern nach BAYER mit Natronlauge bzw. einer Natriumaluminatlösung vorgenommen. Das Verfahren ist trotz Aufwendung riesiger Mittel nicht zum Großbetrieb gekommen, hauptsächlich wohl deswegen, weil kein Ofenmaterial im Dauerbetrieb haltbar genug war.

PEDERSEN schmilzt ein Gemenge von Eisenerz, Bauxit, Kalk und Koks zusammen, erhält dabei ein schwefelarmes Roheisen und eine Kalk-Aluminatschlacke (40% CaO, 48% Al_2O_3, 4% FeO, 5% SiO_2, 1,7% TiO_2, 0,8% S). Die Schlacke wird mit Soda zersetzt:

$$CaO \cdot Al_2O_3 + Na_2CO_3 = 2\,NaAlO_2 + CaCO_3\,.$$

Eine Einwirkung auf die Silicate und Titanate soll nicht stattfinden. Die Aluminatlauge wird wie üblich weiter behandelt. Das Verfahren wird in Norwegen und in Amerika in großen Versuchsbetrieben studiert.

Auch auf **elektrothermischem Wege** versucht man Tonerde zu gewinnen. Schmilzt man im elektrischen Ofen Bauxit mit der nötigen Menge Kohle zusammen, so wird Eisenoxyd, Titansäure und Kieselsäure reduziert und sie sinken als leicht flüssiges titanhaltiges Ferrosilizium in der geschmolzenen Tonerde zu Boden. Die Tonerdeschmelze ist ziemlich rein. Man kann so auch kieselsäurereiche Bauxite, sogar Tonerdesilicate verarbeiten. Läßt man die Tonerdeschmelze erkalten, dann ist sie zur Weiterverarbeitung auf Tonerde ungeeignet. HALL verbläst deshalb die geschmolzene Tonerdemasse mit Preßluft oder Dampf, wobei sich ganz dünnwandige Hohlkügelchen bilden, welche nach dem Waschen mit verdünnter 8%iger Schwefelsäure ein Aluminiumoxyd von 99,64% ergeben. Das Verfahren von HOOPES-HALL ist auf der neuen Aluminiumhütte in Arvida, Kanada, eingeführt und liefert täglich 50 t geschmolzene Tonerde.

HAGLUND umgeht die hohe Schmelztemperatur der Aluminiumoxydschmelze (über 2000°) dadurch, daß er der Schmelzmasse Schwefel in Form von Magnetkies oder Pyrit zusetzt; die Schlacke besteht dann aus Aluminiumsulfid, in welchem Aluminiumoxyd gelöst ist. Hierdurch sinkt die Schmelztemperatur um rund 500°. Dieses Verfahren wird auf den Lautawerken im Großbetrieb angewandt. Es wird Bauxit, Kohle und Schwefelkies im elektrischen Ofen kontinuierlich eingeschmolzen.

$$Al_2O_3 + 3\,C + 3\,FeS = Al_2S_3 + 3\,CO + 3\,Fe\,.$$

Es bildet sich eine Ferrosiliziumlegierung und eine leicht flüssige Schlacke (Al_2S_3 schmilzt schon bei 1100°), die ungefähr aus 20% Al_2S_3 und 80% Al_2O_3 besteht. Die Oxyd-Sulfidschlacke wird mit Wasser oder Salzsäure zersetzt

$$Al_2S_3 + 6\,H_2O = 2\,Al(OH)_3 + 3\,H_2S\,,$$

wobei Schwefelwasserstoff frei wird, welcher entweder im Clauß-Ofen auf Schwefel verarbeitet wird, oder zur Schwefelung von Bauxit dient. Die Verwendung von vorher geschwefeltem Bauxit erspart Schmelzenergie. Bei der Laugerei hinterbleibt ein Gemisch von krystallisiertem Al_2O_3 und Tonerdehydrat; beide werden durch mechanische Aufbereitung getrennt, mit verdünnter, warmer Schwefelsäure gewaschen und getrocknet. Das erhaltene Al_2O_3 soll jetzt sehr rein sein.

Von großer Wichtigkeit ist es für Deutschland, das ganz auf den Bezug ausländischen Bauxits angewiesen ist, Verfahren aufzufinden um reine Tonerde aus dem reichlich zur Verfügung stehenden Ton für die Aluminiumfabrikation herzustellen. In dieser Beziehung scheint ein von den Vereinigten Aluminiumwerken ausgebildetes Verfahren von GOLDSCHMIDT, nach welchem der Aufschluß mit schwefliger Säure erfolgt, erfolgreich zu sein. Man glüht den Ton bei 600—700°, um das Tonmolekül zum Zerfall zu bringen, wodurch sich die Tonerde unter Zurücklassung der Kieselsäure leicht in Säuren löst, und behandelt das Material mit einer wäßrigen Lösung von schwefliger Säure. In der Lösung findet sich dann neutrales Aluminiumsulfit. Durch Erhitzen auf 100° scheidet sich durch Hydrolyse basisches Aluminiumsulfit $Al_2O_3 \cdot 2\,SO_2 \cdot 6\,H_2O$ (mit nur 0,01% Fe_2O_3) aus (ohne daß man eindampfen muß). Durch Calcinieren dieses Salzes bei 550° und Abtreiben der SO_2 erhält man Tonerde, die auf dem Lautawerk dem Bayer-Verfahren unterworfen wird. Man führt dabei eine Sickerlaugung unter 9 Atm. Druck in turmartigen Gefäßen mit Filterplatten aus poröser Kohle unter Wärmeaustausch zwischen zu- und abgeführter Lauge durch.

Von den Vereinigten Aluminiumwerken wurde auch noch ein anderes Verfahren von BUCHNER, das sog. Nuvolan-Verfahren, erprobt, bei welchem man den Ton mit (einem Unterschuß von) konzentrierter Salpetersäure unter Druck behandelte. Aus der Aluminiumnitratlösung soll sich das Eisenoxyd kolloidal fast bis auf Null abscheiden lassen. Das Aluminiumnitrat wird im Vakuum unter Überleiten von Wasserdampf bei 200° zersetzt, wobei die Salpetersäure abgetrieben und zu 99% zurückgewonnen werden soll. Das Verfahren soll ein besonders leichtes, poröses Oxyd ergeben. In Norwegen hat man ebenfalls den Salpetersäureaufschluß versucht, um Tonerde aus Labrador herzustellen.

Die Nippon-Mandschukuo-Aluminium Co. hat ein Werk gebaut, was ganz auf die Verarbeitung von mandschurischen Tonen eingerichtet ist.

Vor einigen Jahren sind in Bitterfeld 600 t Aluminium aus Ton gewonnen worden (das Aufschlußverfahren ist nicht bekannt).

In Rußland gewinnt man Tonerde aus Nephelin. Nephelinkonzentrate (43—44% SiO_2, 29—30% Al_2O_3, 3—4% CaO, 13—14% Na_2O, 6—7% K_2O) werden nach der sog. Klinkerschmelze mit Kalkstein bei 1300° im Drehrohrofen verschmolzen. Die Schmelze, enthaltend $2\,CaO \cdot SiO_2 + (Na, K)_2O \cdot Al_2O_3$ wird zerkleinert und 30 min bei 70—80° mit Sodalösung im Dorrapparat (Abb. 255, S. 387) im Gegenstrom gelaugt. Die Aluminatlösung wird dann im Autoklaven unter Zusatz von Kalk bei 5—7 Atm. Druck von Kieselsäure befreit und das Filtrat bei 70° mit der aus dem Drehofen stammenden Kohlensäure zersetzt, wobei man Tonerde und Sodalösung erhält. Die Ausbeute an Al_2O_3 beträgt 80%. In Dniepropetrowsk ist eine Anlage für 40000 t Al gebaut.

Die Höhe der Welterzeugung an Tonerde ist nicht bekannt. Man kann aber die Mindestmenge aus der Welterzeugung an Aluminiummetall errechnen. Hiernach wurden allein für Aluminium verbraucht: 1910: 83000 t, 1918: 371000, 1929: 522000 t, 1932: 290000 t, 1936: 733000 t, 1937: 925000 t.

In diesen Zahlen sind aber die Tonerdemengen nicht erfaßt, welche auf Aluminiumsulfat verarbeitet werden, welche jährlich die Papierfabrikation verbraucht. Amerika erzeugte 1936 330000 t Aluminiumsulfat.

In Deutschland stellen 1937 4 Tonerdefabriken und 6 Aluminiumwerke 311800 t Tonerde her. Davon wurden 80% auf Aluminium verarbeitet, 66000 t auf Korund und Aluminiumsalze.

Aluminiumsalze.

Von den Aluminiumsalzen ist das Sulfat und der Alaun bereits besprochen. Andere Aluminiumsalze werden zum Teil aus dem Sulfat durch Umsetzung mit den entsprechenden Blei-, Kalk- oder Bariumsalzen hergestellt.

Das **Aluminiumnitrat** wird z. B. durch Umsetzen von Aluminiumsulfat mit Bleinitrat oder Kalksalpeter gewonnen, es dient als Beize beim Alizarindruck und wird bei der Herstellung der Gasglühlichtstrümpfe gebraucht.

Aluminiumacetat wird meist in Lösung verwandt und am Ort des Verbrauchs aus kolloidaler Tonerde und Essigsäure hergestellt oder durch Umsetzung von Aluminiumsulfatlösungen mit Barium- oder Calciumacetat erhalten. Technisch stellt man das Acetat meist dadurch her, daß man Aluminiumsulfat in 30%iger Essigsäure löst und aufgeschlämmtes Calciumcarbonat zusetzt.

$$Al_2(SO_4)_3 \cdot 18\,H_2O + CaCO_3 = 2\,Al(OH)_3 + CaSO_4 + CO_2 + 15\,H_2O$$

$$2\,Al(OH)_3 + 4\,CH_3COOH = 2\,Al\underset{(CH_3COO)_2}{\overset{OH}{<}} + 4\,H_2O\,.$$

Es gibt normale und basische Lösungen von essigsaurer Tonerde; die medizinisch verwendete Lösung ist die basische Acetatlösung.

Aluminiumchlorid wird als krystallwasserhaltiges Salz und als wasserfreies Salz verwendet. Das krystallwasserhaltige Salz kann man durch Auflösen von Hydrat in Salzsäure erhalten. Leitet man in die gesättigte Lösung noch Salzsäuregas ein, so fällt alles $AlCl_3$ aus, der größte Teil des Eisens bleibt in Lösung. Aluminiumchloridlösungen erhält man auch beim Aufschließen von Ton mit Salzsäure. Nach einem Verfahren von Blanc wird in Italien jetzt in größerem Umfange Leucit, ein Kalium-Aluminiumsilicat, aufgeschlossen:

$$K_2O \cdot Al_2O_3 \cdot 4\,SiO_2 + 8\,HCl + 8\,H_2O = 2\,AlCl_3 \cdot 12\,H_2O + 2\,KCl + 4\,SiO_2,$$

in der Hauptsache deshalb, um Chlorkalium dabei zu gewinnen. Aluminiumchloridlösungen dienen zum Carbonisieren von Wolle.

Das **wasserfreie Aluminiumchlorid** kann man durch Erhitzen von Aluminiumabfällen im Chlorstrom herstellen. In großtechnischem Maßstabe gewinnt jetzt die Gulf Refining Co. in Port Arthur (Texas) Aluminiumchlorid aus Bauxit. Der kieselsäure- und eisenarme Bauxit wird bei 1000° geglüht, mit Kohle 3:1 gemischt, fein gemahlen und mit kohlenwasserstoffhaltigen Bindemitteln brikettiert. Die Briketts werden auf 800° erhitzt und noch heiß in einen 6 m hohen, 1,5 weiten Chlorierungsofen gefüllt. Durch Einblasen von Luft bringt man zunächst die Temperatur auf 800° und läßt dann 8—10 h Chlor einwirken. Das Aluminiumchlorid zieht unten dampfförmig ab und geht durch einen Kühler in eine Kondensationseinrichtung. Der Ofen liefert täglich 20 t $AlCl_3$. Das wasserfreie $AlCl_3$ wird schon immer in großen Mengen in der organischen Chemie für Kondensationsreaktionen gebraucht, in den letzten Jahren ist aber der Verbrauch außerordentlich gestiegen, und zwar durch die Verwendung in der Petroleumindustrie zum Entschwefeln und zum Kracken.

Aluminiumfluorid und künstlicher Kryolith sind bei Flußsäure S. 366 besprochen.

Geschmolzene Tonerde.

Krystallinische Tonerde findet sich in der Natur in unreiner Form als Schmirgel; er kommt auf Naxos, in Kleinasien, Spanien, Amerika vor, besteht aus 55—80% Tonerde, 15—35% Eisenoxyd, etwas Kalk, Kieselsäure und Wasser und dient als Schleifmittel. Die Gewinnung von türkischem Schmirgel (Smyrna) betrug 1935 12000 t, die des härteren Naxos-Schmirgels 15000 t.

Reiner und härter ist der Korund, eine in großen Lagern in Kanada, Vereinigten Staaten, Indien vorkommende krystallisierte, 90—95%ige Tonerde, die jedoch wesentlich teurer ist. In neuerer Zeit werden nun eine Reihe künstlicher Schleifmittel hergestellt, welche den natürlichen Korund an Reinheit und Härte noch übertreffen. Bei diesen neueren, im elektrischen Ofen hergestellten Produkten sind jedoch zwei verschiedene Gruppen von Stoffen auseinanderzuhalten, die chemisch nichts miteinander zu tun haben, nämlich einerseits die geschmolzene Tonerde, der künstliche Korund, Al_2O_3, und andererseits das Carborund, das Siliziumcarbid, SiC (s. S. 430).

Die geschmolzene Tonerde wird erhalten durch Verschmelzen von scharf getrocknetem Bauxit mit Kohle im Flammbogen eines elektrischen Ofens. Eisenoxyd und Kieselsäure des Bauxits werden dabei zu Metall reduziert und setzen sich als Ferrosilizium zu Boden, die überstehende Schmelze besteht aus einer 95—98%igen Tonerde. Die Kohlenstoffmenge ist so zu begrenzen, daß kein Aluminiumcarbid entsteht, weil hierdurch die Festigkeit verloren geht. Es bleiben also immer kleine Mengen Eisenoxyd, Titanoxyd und Kieselsäure im Produkt. Die Farbe der gewöhnlichen geschmolzenen Tonerde ist graubraun, man stellt auch, ausgehend von reiner Tonerde, eine weiße Spezialmarke mit 99% Al_2O_3 her, welche noch höhere Schleifleistungen aufweist. Bei der Herstellung verwendet man als Ofensohle eine Kohlenwanne, die Ofenwände werden durch einen wassergekühlten Eisenmantel gebildet. Man verwendet Drehstrom und benutzt zwei oder drei senkrecht von oben in den Ofen hängende Elektroden und arbeitet, wie früher beim Calciumcarbid, mit Blockbetrieb. Die 2—3 t schweren, erkalteten Blöcke werden gebrochen und zerkleinert; das in verschiedene Korngrößen sortierte Material wird hauptsächlich für Schleifzwecke und für feuerfeste Steine verwendet und zu diesem Zwecke mit etwas Ton gebunden und gebrannt (Feilen, Schleifscheiben). Große Elektrokorundöfen nehmen 850 kW auf. Die Spannung beträgt 90—120 V, die Stromstärke 6000 A. Der Stromaufwand für 1 t geschmolzene Tonerde ist 2000 kWh.

Die geschmolzene Tonerde ist unter verschiedenen Namen im Handel: Alundum, Elektrokorund, Elektrorubin, Elektrit, Abrasit, Aldoxid, Diamantin, Coraffin.

Bei dem GOLDSCHMIDTschen Thermitverfahren (S. 450) fällt ebenfalls eine Korundschlacke an, die zu ähnlichen Zwecken verwandt wird, sie geht unter dem Namen Corubin oder Korundin. Der Schmelzpunkt der Tonerde liegt bei 2050°. Die geschmolzene Tonerde hat die Härte 9 (Diamant 10). Das spezifische Gewicht liegt um so näher an 4,1, je höher die Schmelztemperatur war.

Die **Herstellung künstlicher Edelsteine** aus der Gruppe des Korunds, welche schon seit einiger Zeit industriell betrieben wird, muß hier auch kurz besprochen werden. Seit den 80er Jahren, stellt man künstliche Türkise aus einem krystallinisch dichten Aluminiumphosphat her, welches durch Kupferoxyd blau gefärbt wird. Die ersten künstlichen Rubine waren aus Splittern natürlicher Steine zusammengeschmolzen. 1891 stellte FREMY künstliche Rubine aus Tonerde, Flußspat und etwas Bichromat her (Rubis scientifiques); die Herstellung der synthetischen Rubine gelang 1902 VERNEUIL, welcher in Boulogne die Fabrikation in großem Stiele in Gang setzte, so daß sie bald jährlich 1000 kg künstliche Rubine lieferte. Das Verfahren besteht darin, chromoxydhaltige Tonerde in feinster Staubform in minimalen Mengen in eine Knallgasflamme zu bringen und die Stäubchen so aufeinander zu schmelzen, daß ein klarer birnen- oder tropfenförmiger Körper entsteht. Diese Tropfen bestehen aus einem einzigen Krystall, welcher der Länge nach in zwei ganz gleiche Hälften zerfällt oder zerlegt wird. Die beiden Hälften werden nachher durch Schleifen in beliebige Form gebracht. Es gelingt etwa 1,5 cm dicke und

$2^1/_2$—3 cm lange Tropfen herzustellen. Seit 1910 stellt auch die Deutsche Edelsteingesellschaft, zunächst in Idar, jetzt in Gemeinschaft mit den Elektrochem. Werken in Bitterfeld (I.G.), nach einem ähnlichen Verfahren von Miethe alle möglichen korundähnlichen synthetischen Edelsteine her, hauptsächlich Rubine, daneben aber auch weiße, gelbe und blaue Saphire, Topase, gelbrote Padparadschahs, orientalische Amethyste, ferner rote und blaue Spinelle ($MgAl_2O_4$) und Alexandrite ($BeAl_2O_4$). Die Rubine finden außer zu Schmuckzwecken weitgehende Verwendung in der Uhrenindustrie und für elektrotechnische Meßinstrumente als Achseager.

Zeolithe und Permutite sind tonerdehaltige Silicate, welche in der Natur vorkommen, jetzt aber auch für besondere Zwecke künstlich hergestellt werden. Sie sind dadurch ausgezeichnet, daß die Basen (Alkalien) im Molekül an die Tonerde gebunden sind, und daß sich diese bei Berührung mit Salzlösung gegen andere Basen (alkalische Erden) leicht austauschen. Die künstlichen Zeolithe von der Idealzusammensetzung $Na_2O \cdot Al_2O_3 \cdot 2\,SiO_2 \cdot 2\,H_2O$ bezeichnet man als Permutite (R. Gans). Sie werden verwendet für Wasserreinigungszwecke, hauptsächlich zum Enthärten des Wassers (vgl. S. 19), wobei die Kalk- und Magnesiumsalze in Natriumsalze übergeführt werden, sie dienen aber auch zur Entfernung von Eisen und Mangan (Manganpermutit). Man stellt die Permutite her durch Schmelzen von 3 Teilen Kaolin, 6 Teilen Quarz und 12 Teilen Soda (oder Sulfat und Kohle), also $Al_2O_3 +$ $10\,SiO_2 + 10\,Na_2O$; die Schmelze laugt man mit Wasser aus (Riedel).

Literatur über Tonerde.

Berge: Fabrikation der Tonerde, 2. Aufl. 1926. — Gerber: Verarbeitung von Ton aus Tonerde. Diss. Karlsruhe. — Hill: Bauxit and Aluminium. 1926. — Hiller: Laboratoriumsbuch für Tonerdeindustrie. 1922. — Tilley, Millar and Ralston: Acid process for the extraction of alumina. 1923.

Aluminium.

Schon 1825 hat Oerstedt aus Aluminiumchlorid mit Kaliumamalgam Aluminiumamalgam hergestellt. Aluminiummetall erhielt zuerst 1827 Wöhler durch Zersetzung von Aluminiumchlorid mit Kalium, zunächst allerdings nur in der Form eines grauen Pulvers, 1845 gewann er aber auch das Metall als glänzende Kügelchen. Von 1854 an beschäftigte sich auch Deville mit der Herstellung des Aluminiums, er ersetzte aber das Kalium durch das billigere Natrium und wandte sich sofort, unterstützt von Napoleon III., der technischen Herstellung zu. Deville hat 1854/55 auf diese Weise etwa 20—30 kg Aluminium hergestellt, und die ersten Blöcke dieses „Silbers aus Lehm" waren 1855 auf der Weltausstellung in Paris zu sehen. Der Preis dieses ersten Metalls betrug etwa 2000 Mark/kg. Durch Verbesserung der Natriumherstellung sank der Aluminiumpreis 1857 bis auf 240 Mark, 1859 auf 160 Mark. 1855 stellten Rose und auch Percy Aluminium her durch Reduktion von Kryolith mit Natrium. 1 Jahr vorher hatte Bunsen sowohl, als auch Deville gezeigt, daß sich eine Natrium-Aluminiumchloridschmelze durch den elektrischen Strom zerlegen läßt; Deville benutzte hierfür 1856 ein Kryolith-Natriumchloridgemisch. An eine technische Ausnützung der elektrolytischen Aluminiumgewinnung war damals jedoch nicht zu denken. Die Aluminiumelektrolyse begann erst 1888 in Neuhausen am Rheinfall nach einem Verfahren von Héroult und 1889 in Pittsburg nach dem Verfahren von Hall. Alles Aluminium bis zu dieser Zeit wurde auf chemischem Wege durch Reduktion des Doppelchlorids mit Natriummetall in Gasflammöfen gewonnen. Nach dem Verfahren von Héroult verwendete man als Elektrolyt eine Schmelze von Kryolith, in welcher Tonerde aufgelöst war,

HALL verwendete denselben Elektrolyten, jedoch mit Zusätzen von Chloriden. Heute arbeitet man überall mit der Kryolith-Tonerdeschmelze. HÉROULT stellte zunächst nur Aluminium-Kupferlegierungen her, unter Verwendung einer Kupferanode. Das Verdienst, die Arbeitsbedingungen für die Elektrolyse zur Herstellung von reinem Aluminium ausfindig gemacht und als Elektrodenmaterial Kohle eingeführt zu haben, gebührt M. KILIANI, der als der eigentliche Begründer der neueren Aluminiumindustrie anzusehen ist.

Der Vorgang bei der Aluminiumelektrolyse ist folgender: Als Elektrolyt dient eine Auflösung von Tonerde in geschmolzenem künstlichem Kryolith. Da die Zersetzungsspannung des Aluminiumoxyds geringer ist als die der Fluoride, so besteht der eigentliche elektrolytische Vorgang nur in der direkten Zerlegung des Aluminiumoxyds in Al und O_2, der Kryolith ist nur Lösungsmittel. DROSSBACH behauptet allerdings jetzt, daß bei Stromdichten bis zu 0,6 A/cm² primär nur das NaF zerlegt wird, und daß die Abscheidung von Al und O_2 aus der Tonerde auf die Einwirkung des frei werdenden Natriums und Fluors

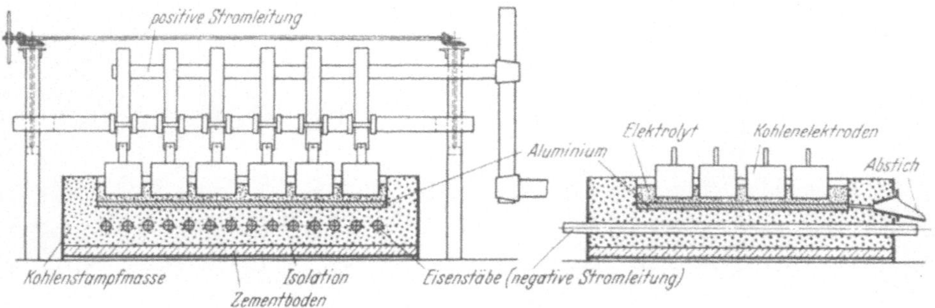

Abb. 291. Ofen für die Aluminiumelektrolyse.

zurückzuführen sei. An der Kathode scheidet sich Aluminiummetall ab, an der Anode Sauerstoff, welcher jedoch bei der hohen Temperatur mit dem Kohlenstoff der Elektrode reagiert und eine entsprechende Menge davon zu CO verbrennt: $Al_2O_3 + 3\,C = 2\,Al + 3\,CO$. Auf 1 kg Aluminium wären also rund 2 kg Tonerde und etwa 1,3 kg Anodenkohle erforderlich. Im allgemeinen braucht man bei der heutigen Praxis in den Öfen mit Einzelelektroden zur Erzeugung von 1000 kg Aluminium 2000 kg Tonerde, 80 kg Kryolith, 600 kg Elektrodenkohle, 150—175 h Arbeitskraft und etwa 22000 kWh Strom. Aus dem Schmelzdiagramm Kryolith-Tonerde ergibt sich, daß das eutektische Gemisch aus 81,5% Kryolith und 18,5% Al_2O_3 bei 935° schmilzt. Die Technik verwendet dementsprechend Badzusammensetzungen mit 15—20% Tonerde und eine Badtemperatur von etwa ·950°. Die Dichte der Schmelze bei dieser Temperatur ist etwa 2,15, die Dichte des geschmolzenen Aluminiums etwa 2,34, das Metall ist also bei der Betriebstemperatur schwerer als die Schmelze und sinkt zu Boden.

Die Bäder für die Elektrolyse bestehen aus runden oder aus viereckigen Eisenblechwannen, die durch Winkeleisen versteift sind. Sie sind meist 2 m lang und 1—1,5 m breit (Abb. 291). Auf dem Boden der Wanne, der an die negative Stromleitung angeschlossen ist, sind die als Kathode dienenden Kohlenblöcke leitend befestigt, oder es wird eine Kohlen-Teermischung aufgestampft und nachträglich gebrannt. Das abgeschiedene Aluminium darf nämlich nicht mit Eisen in Berührung kommen, da es sich sonst mit diesem verunreinigt. Die Seitenwände der Wanne sind mit feuerfesten Steinen ausgefüttert, wenn die Wanne so weit gewählt ist, daß die Seitenwände mit erstarrter Schmelze

bedeckt bleiben, andernfalls sind auch die Seitenwände von einem Kohlenfutter
bedeckt. Als Anoden dienen jetzt kurze Kohlenblöcke, die in größerer Anzahl,
meist in zwei oder wie in der Abb. 291, auch in vier Reihen, durch Vermittlung
von Kupferstangen an einem Traggerüst hängen, welches an die positive Stromleitung angeschlossen ist. Man verwendet meist kurze prismatische Kohlenblöcke von 25—30 cm im Querschnitt und 30—50 cm Höhe, nur selten werden
noch etwas längere, schwächere Kohlenblöcke benutzt. Der Abstand der
Elektroden voneinander beträgt 10 cm, von der Wand 25 cm, vom Boden
bzw. über der Aluminiumschicht 6 cm.

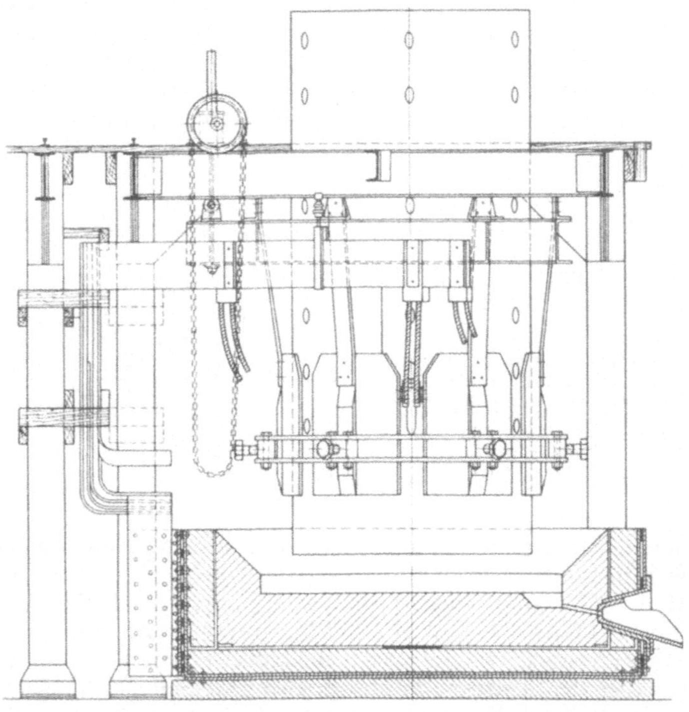

Abb. 292. Aluminiumofen mit Söderberg-Elektrode. (Nach TAFEL: Metallhüttenkunde.)

In Bitterfeld sind 40 bzw. 48 Öfen hintereinander geschaltet. Die kleineren,
mit 14000 A belasteten Öfen haben je 10 Anoden, die größeren, mit 26000 A
belasteten, je 20 Anoden. Runde Öfen weisen meist 10 Anoden auf. Bei ganz
großen Bädern kommt mehr und mehr auch in Aluminiumbetrieben die selbstbrennende Söderberg-Elektrode, die bei „Calciumcarbid“ näher beschrieben
ist, zur Anwendung. Söderberg-Elektroden sind in Deutschland (Bitterfeld,
Lautawerk), Amerika, Norwegen und Frankreich für die Aluminiumelektrolyse
in Verwendung. Für die Aluminiumherstellung muß selbstverständlich der
Eisenmantel der Elektrode durch einen Mantel aus Aluminiumblech ersetzt
werden, da kein Eisen mit dem Bade in Berührung kommen darf. Abb. 292
zeigt einen mit Söderberg-Elektrode ausgerüsteten Aluminiumofen. Solche
Öfen nehmen noch größere Strommengen auf als die Öfen mit Einzelelektroden.
In Riompéroux wird ein derartiger Ofen mit 50000 A betrieben, er verbraucht
für 1 kg Aluminium nur 18,0 kWh, ein anderer in L'Argentière mit 50000 A
betriebener Ofen kommt sogar mit 15,4 kWh aus. Auch in Amerika arbeiten
Öfen (Badin) mit 40000—60000 A. Man verwendet auch mehrere Söderberg-

Elektroden in einem Bade. Während die älteren Aluminiumöfen mit Einzelelektroden für 1 kg Aluminium 27—30 kWh brauchten, kommen die neueren mit 21—22 kWh aus, die neuen Söderberg-Elektrodenöfen haben den Stromverbrauch, wie eben angegeben, schon bis auf 15,4 kWh senken können.

Zum Einschmelzen des Kryolith-Tonerdegemisches klemmt man zwischen die Anode und den Boden Kohlenstäbchen oder Koksstücke und bringt diese durch Widerstandserhitzung zur Weißglut. Sobald eine größere Menge Schmelze flüssig geworden ist, nimmt man die Stäbchen heraus. Man gießt auch fertig geschmolzenen Elektrolyten in neue, vorher angewärmte Bäder. Zur Erniedrigung der Schmelztemperatur setzt man am Anfange etwas Kochsalz zu, was sich später verflüchtigt, ebenso verfährt man, wenn eingefrorene Bäder wieder in Gang gebracht werden müssen. Die Schmelze steht im Bade nur etwa 20 cm hoch.

Die Zersetzungsspannung des Aluminiumoxyds beträgt nur 2,2 V, praktisch muß man aber zur Überwindung der Widerstände im Bade und in den Elektroden eine Betriebsspannung von 6—7 V aufwenden. Diese Stromarbeit wird in Wärme umgesetzt und dient zur Heizung des Bades, und zwar wird das Bad ausschließlich durch Stromwärme flüssig gehalten, nicht durch irgendwelche Außenbeheizung. Um die Wärmeverluste durch Ausstrahlung des Bades nach oben zu verringern, bedeckt man in manchen Werken die Badoberfläche mit einer dicken Schicht von Tonerde. Man verwendet auch in zunehmendem Maße geschlossene Öfen, aus denen die Gase abgezogen werden. Rheinfelden hat Öfen mit elektrischer Gewölbebeheizung. Die Stromdichte an der Kathode soll 2,5 A/cm², an den Anoden 1 A/cm² nicht überschreiten.

Bei der Elektrolyse verringert sich die Menge der Tonerde im Bade mit der Dauer, hierdurch steigt die Spannung am Bade an, ein Zeichen für den Arbeiter, daß wieder Tonerde nachgefüllt werden muß. Das angesammelte geschmolzene Aluminium wird bei kleineren Öfen alle 1—2 Tage mit Löffeln ausgeschöpft oder bei größeren Öfeneinheiten (über 10 t) abgestochen und in eiserne Barrenformen gegossen. Dieses Rohaluminium wird aber erst nochmals umgeschmolzen bei einer Temperatur, die nicht viel über dem Schmelzpunkte des Aluminiums (658°) liegt. Hüttenaluminium ist heute mit 99,3—99,7% Al im Handel. Reinere Sorten werden als Leitaluminium mit 99,6—99,75% ohne Aufpreis geliefert. Als Verunreinigungen treten nur Eisen und Silizium auf. Diese großen Reinheitsgrade sind nur mit ganz reiner Tonerde und mit eisen- und aschefreien Elektrodenkohlen (aus Petrolkoks oder Braunkohlenteerkoks) zu erreichen.

Eine Raffination des Aluminiums findet nur in ganz seltenen Fällen statt. Nach Hoopes läßt sich zwar aus einer Kupfer-Aluminiumlegierung und einem mit Bariumfluorid versetzten Elektrolyten ein Reinaluminium mit 99,99% erhalten. Die Mehrkosten verhindern aber die allgemeine Einführung der Raffination. Eine solche Anlage ist in Saint Jean de Maurienne in Betrieb. Der Elektrolyt besteht aus 23% AlF_3, 17% NaF und 60% $BaCl_2$. Man elektrolysiert bei 700—750° mit 10000 A und 7 V am Bade bei einer Stromdichte von 40 A und erhält ein Aluminium von 99,99—99,9986%, was als „Reinstaluminium" im Handel ist.

Aluminium und Aluminiumlegierungen. Aluminium ist ein silberweißes Metall mit einem Schmelzpunkt von 658° und einem spezifischen Gewicht von 2,7, es läßt sich leicht gießen, füllt alle Feinheiten der Form aus, erstarrt aber sehr langsam und hat einen sehr großen Schwindungskoeffizienten (1,8%). Die Festigkeit des gegossenen Aluminiums ist 10—12 kg/mm² bei 3% Dehnung, kalt geschmiedetes oder gewalztes Aluminium weist dagegen eine Festigkeit bis zu 27 kg/mm² bei einer Dehnung von 4% auf, die Festigkeit geht aber beim Erwärmen sehr schnell und stark herunter. Bei etwa 600° nimmt Aluminium eine körnige Struktur an; bringt man die Masse dann in Schüttelmaschinen, so erhält man direkt das Metall in Grießform. Hieraus gewinnt man durch Stampfen und Verarbeitung in sog. Steigmühlen die im Buchdruck und für Anstrich viel gebrauchte sog. Aluminiumbronze (Aluminiumbrokat). Aluminium wird außer zu Gußzwecken sehr viel zur Herstellung von Blech und Draht verwendet. Papierdünnes Aluminiumblech wird heute vielfach an Stelle von Stanniol zur Verpackung von Genußmitteln benutzt. Aluminium läßt sich bei 400° mit Wasserstoff schweißen, auch die Lötung gelingt; die Aluminiumlote sind cadmium- oder zinkhaltige Aluminiumlegierungen. Die Hauptmenge des Aluminiums verbraucht die Stahlindustrie; bei jedem Stahlabstich wird Aluminium in Mengen von 0,02—0,05% in die Gießpfanne gegeben; das Aluminium wirkt als Desoxydationsmittel und reduziert gelöstes Eisenoxydul. Das bedeutende Reduktionsvermögen des Aluminiums wird auch benutzt zur Reduktion von Metalloxyden (Aluminothermie) zur Herstellung kohlenstoffreier Metalle wie Mangan, Chrom, Ferrovanadium, Ferrotitan ($Cr_2O_3 + 2 Al = Al_2O_3 + 2 Cr$), wobei die große Verbrennungswärme (7140 WE/kg) die Verflüssigung der Metalle und der schwer schmelzbaren Tonerde bewirkt. Die hierbei gewonnene geschmolzene Tonerde wird unter dem Namen „Corubin" für Schleifzwecke verwendet. Dieses von GOLDSCHMIDT brauchbar gemachte Verfahren wird jetzt überall zur bequemen Erzeugung flüssigen Eisens für das Verschweißen von Schienen, gebrochenen Wellen, zum Ausfüllen von Löchern im Guß usw. gebraucht. Die für diese Zwecke hergerichtete Eisenoxyd-Aluminiummischung ist unter dem Namen Thermit im Handel.

Aluminium findet ferner Verwendung in Form feinsten Pulvers zur Herstellung von Sprengstoffen und in der Feuerwerkerei. Eine Mischung von Aluminiumpulver mit Ammonnitrat ist der Sprengstoff Ammonal.

Das Metall wird nicht nur zur Anfertigung von Küchengeschirr benutzt, sondern es werden jetzt für die Brauerei, die Molkerei, die Spiritusfabrikation, die chemische Industrie (Salpetersäure, Ammoniak) riesige Gefäße wie Kessel, Gärbottiche, Lagerfässer usw. angefertigt. Trotzdem die elektrische Leitfähigkeit des Aluminiums nur 60% von der des Kupfers beträgt und der Querschnitt der Aluminiumleitung 1,66mal so groß sein muß, ist bei dem großen Unterschiede des spezifischen Gewichts das Gewicht der Aluminiumleitung für gleiches Leitvermögen nur halb so groß wie das der Kupferleitung; Aluminium wird deshalb vielfach für elektrische Leitungen verwendet.

Besondere Bedeutung besitzen die Aluminiumlegierungen. Es sind 2 Gruppen von Aluminiumlegierungen auseinanderzuhalten, nämlich einerseits solche, bei denen das Aluminium nur geringe Zusätze anderer Metalle erhält, welche seine Eigenschaften verbessern, und andererseits solche, wo das Aluminium nur Zusatz ist, wie bei den Aluminiumbronzen.

Zu der ersten Art der Legierungen gehört das Magnalium, eine Aluminium-Magnesiumlegierung mit 3—20% Magnesium, die sich leicht feilen, drehen und polieren läßt (im Gegensatz zum Aluminium). Guß weist Festigkeiten von 20—23,6 kg auf. Eine technisch noch wichtigere Legierung ist das Duralumin, eine Legierung mit 3,5—5,5% Cu, 0,5—1,5% Mg und 0,5—0,8% Mn; sie läßt sich kalt walzen, ziehen und schmieden, hat Festigkeiten bis 40 kg, gewalzt bis 53,5 kg/mm²; sie verbindet Leichtigkeit (spezifisches Gewicht 2,8) mit großer Festigkeit und wird vornehmlich im Luftschiffbau, ferner für Klanginstrumente verwendet. Die Zusammensetzung ändert sich je nach dem Verbrauchszwecke. Das von den Lautawerken hergestellte Lautal ist eine Legierung mit 4% Cu, 2% Si; sie schmilzt bei 650°, hat Zugfestigkeiten von 38—42 kg, bei 18—25% Dehnung, sie ist beständig gegen Seewasser. Eine andere gegen Seewasser beständige Aluminiumlegierung ist die Legierung „K.S.", sie enthält 3% Mg,

3% Mn, 0,5% Sb, schmilzt bei 620—640° und wird hauptsächlich für Guß verwandt. Viel verwendet wird jetzt auch eine Legierung Silumin, mit 12 bis 14% Si, welche schon bei 575° schmilzt und die für Armaturteile gebraucht wird. Außer diesen gibt es noch zahlreiche andere Al-Legierungen mit allen möglichen Zusatzmetallen, die unter allerlei besonderen Namen im Handel sind. Die Namen einiger dieser Legierungen mit Angabe der Legierungsmetalle sind nachstehend angegeben: Lautal, Allautal (Al-Cu), Aludur, Bondur, Dural, Duralumin W (Al-Cu-Ni), B.S.-Seewasser, Hydronalium (Al-Mg), Peraluman (Al-Mg-Mn), Aldrey, Pantal (Al-Mg-Si), Mangal, Aluman (Al-Man).

Zur anderen Gruppe der Legierungen gehören als wichtigste die Aluminiumbronzen, welche 5—8% Al enthalten, sie haben goldähnliche Farbe, große Härte und Festigkeit (wie Stahl, bis 65 kg/mm²), lassen sich gut verarbeiten und setzen (zum Unterschiede von den anderen Bronzen) keine Patina an.

Um Aluminiumgegenstände korrosionsbeständiger zu machen, überzieht man jetzt großtechnisch die Oberfläche des Metalles durch anodische Behandlung in besonderen Elektrolyten mit einer dünnen, harten Oxydhaut, wodurch das Aluminium weitgehend gegen Witterung, Seewasser, Säuren und Alkalien geschützt wird. Auf diese Weise gelingt es auch, Aluminiumdrähte elektrisch zu isolieren. Das von den Lautawerken ausgeführte Verfahren wird als „Eloxal-Verfahren" bezeichnet. Als Elektrolyt verwendet man Schwefelsäure oder Oxalsäure, im Auslande auch 3%ige Chromsäure. Es gibt auch ein brauchbares Tauchverfahren von BAUER-VOGEL, das M.B.V.-Verfahren; man taucht die Gegenstände in eine 90—95° warme Lösung von Soda und Natriummonochromat.

Die Welterzeugung an Aluminium entwickelte sich seit Einführung der Elektrolyse wie folgt (in 1000 t):

1888 . . . 0,04	1923 . . . 139,1	1933 . . . 142,0
1910 . . . 43,8	1929 . . . 276,8	1934 . . . 170,8
1914 . . . 84,0	1931 . . . 219,3	1935 . . . 259,6
1918 . . . 196,7	1932 . . . 153,8	1936 . . . 366,5
		1937 . . . 490,6

Zu der Welterzeugung steuerten folgende Länder die Hauptmengen bei (nach Angaben der Metallgesellschaft, Frankfurt) (in 1000 t):

	1929	1933	1936	1937		1929	1933	1936	1937
Vereinigte Staaten	103,4	38,6	102,0	132,8	Schweiz	20,7	7,5	13,4	25,0
Kanada	42,0	16,2	26,9	42,6	England	13,9	11,0	16,6	19,4
Deutschland . . .	33,3	18,9	97,4	127,5	Italien	7,0	12,1	15,9	22,9
Frankreich . . .	29,0	14,5	27,0	34,5	Rußland	—	4,4	37,9	45,0
Norwegen	29,1	15,5	15,5	23,0					

Am Verbrauch waren in der Hauptsache folgende Länder beteiligt (in 1000 t):

	1929	1933	1936	1937		1929	1933	1936	1937
Vereinigte Staaten	137,0	50,0	135,0	154,0	Frankreich . . .	25,0	14,0	27,0	28,0
Deutschland . . .	39,0	28,3	104,2	132,0	Rußland	6,0	15,0	38,0	47,0
England	30,0	19,0	35,0	49,0	Italien	9,3	7,3	17,0	26,0

Die Preise betrugen in Deutschland für 1 kg Aluminium:

1890 . . . 25,10 Mark	1913 . . . 1,70 Mark	1932 . . . 1,60 Mark
1891 . . . 9,80 „	1924 . . . 2,24 „	1935 . . . 1,44 „
1892 . . . 5,00 „	1927 . . . 2,10 „	1936 . . . 1,44 „
1911 . . . 1,15 „	1929 . . . 1,90 „	1937 . . . 1,39 „

In Deutschland bestand vor dem Kriege ein einziges Aluminiumwerk in Rheinfelden mit einer jährlichen Leistung von etwa 800 t. Während des Krieges sind mit Reichshilfe eine Anzahl großer Werke errichtet worden, von denen heute noch die Werke in Grevenbroich, in Bitterfeld und das Lautawerk in der Lausitz bestehen, die unter der Firma Vereinigte Aluminiumwerke zusammengefaßt sind. 1826 kam hierzu noch das von Bayern erbaute Innwerk bei Mühldorf. Die deutschen Werke (im Altreich) haben ein Leistungsvermögen von 40000 t Aluminium. Bei den Werken in Rheinfelden und dem Innwerk liefert Wasserkraft die notwendige Energie, bei den anderen Werken die Braunkohle.

Die sämtlichen Aluminiumwerke der Welt sind unter Kontrolle einiger großer Gesellschaften: In Amerika und Kanada die Aluminium Comp. of America, in England die British Aluminium Comp., in Frankreich Aluminium Français, in der Schweiz die Aluminium-A.G., in Deutschland die Vereinigten Aluminiumwerke. Die amerikanische Gesellschaft kontrollierte etwa 50% der Welterzeugung; seit 1926 haben sich auch die anderen Gesellschaften zu einem europäischen Kartell zusammengeschlossen, welches nun über die andere Hälfte verfügt.

Literatur über Aluminium.

ANDERSON: Metallurgy of Aluminium. 1925. — ASKENASY: Einführung in die technische Elektrochemie Bd. II, 1916. — BERG: Aluminium und Aluminiumlegierungen. 1924. — BILLITER: Die elektrochemischen Verfahren der Großindustrie, Bd. III. 1918. — BORCHERS: Metallhüttenbetriebe, Bd. III. 1921. — DEBAR (WINTELER): Aluminiumindustrie. 1925. — ESCART: L'Aluminium dans l'industrie. 1921. — GAUTSCHI: Die Aluminiumindustrie. 1925. — KRAUSE: Aluminium und seine Legierungen. 1921. — MÜLLER: Elektrometallurgie. 1932. — REGELSBERGER: Die chemische Technologie der Leichtmetalle und ihrer Legierungen. 1926. — TAFEL: Metallhüttenkunde Bd. II. 1929. — A. v. ZEERLEDER: Technologie des Aluminiums, 3. Aufl., 1938.

Ultramarin.

Mit Ultramarin bezeichnet man einen blauen Farbstoff, welcher schon im Altertume bekannt und sehr geschätzt war. Man bereitet ihn auf rein mechanischem Wege aus dem blauen Lasurstein (Lapis lazuli). Dieses Mineral kam immer schon aus Badakschan im Tale des Koscha, nördlich vom Hindukusch, wo auch heute noch die bedeutendsten Vorkommen anzutreffen sind. Dieser Lapis lazuli ist ein Tonerde-Natronsilicat mit geringem Schwefelnatriumgehalte, der durch Schwefeleisen verunreinigt sein kann und auch Kalk beigemengt enthält. Zur Herstellung der geschätzten Farbe wurden ausgesuchte Stücke zerkleinert, erwärmt, mit Essig abgeschreckt und das gemahlene Pulver unter Wasser mit Wachs, Terpentin, Leinöl geknetet, wodurch die Farbstoffteilchen in das Wasser übergingen. Die Verunreinigungen blieben in der Knetmasse zurück. (Eine Art Flotationsaufbereitung.) Die Ausbeute bei diesem Verfahren war ziemlich schlecht, das Erzeugnis teuer. In den 40er Jahren des 19. Jahrhunderts bezahlte man noch das Kilogramm Lasurstein mit 30 Mark. Das natürliche Ultramarin ist ganz ähnlich wie die ihm verwandten Mineralien Sodalith, Nosean und Hauyn zusammengesetzt und besteht nach neueren Untersuchungen zu $^4/_5$ aus Hauyn und Sodalith und nur zu $^1/_5$ aus wirklichem Ultramarin. Die Herstellung des künstlichen Produktes wurde dadurch angeregt, daß HERMANN, KUHLMANN und 1814 TESSAERT in Sodaöfen blaue Massen fanden, deren chemische Ähnlichkeit mit natürlichem Ultramarin VAUQUELIN feststellte. Die Société d'Encouragement in Paris setzte 1824 einen Preis von 6000 Fr. für die Auffindung eines billigen Verfahrens zur Herstellung künstlichen Ultramarins aus. Diesen

Preis erhielt 1828 GUIMET. Zu gleicher Zeit veröffentlichte GMELIN ein von ihm ausgearbeitetes Verfahren. Außerdem hatte KÖTTIG in der Meißner Porzellanmanufaktur in demselben Jahre selbständig ein Verfahren zur Ultramarinherstellung ausgearbeitet, so daß das Produkt schon Anfang 1829 von dort aus als „Lasursteinblau" in den Handel kam. 1834 gründeten LEVERKUS in Wermelskirchen, 1838 LEYKAUF und HEINE in Nürnberg, weitere Ultramarinfabriken.

Man kennt eine ganze Reihe Ultramarinverbindungen; die Natrium-Schwefel-Ultramarine sind davon die wichtigsten; unter diesen sind zwar Ultramarine in den Farben weiß, grün, blau, rot, gelb herstellbar, technische Bedeutung haben aber nur noch die blauen. Im Handel unterscheidet man drei Arten von Ultramarinblau:

1. **Sulfat-Ultramarin** liefert grünliche und ganz helle blaue Sorten mit geringer Deckkraft.

2. **Tonerdereiches Soda-Ultramarin** mit wenig Schwefel, gibt reinblaue, etwas dunklere, besser deckende Sorten.

3. **Kieselsäurereiches Soda-Ultramarin** mit viel Schwefel ist das dunkelste, feurigste Ultramarinblau, es hat einen Stich ins Rötliche, deckt am besten, wird von Alaunlösung am wenigsten angegriffen und ist das beste Produkt zum Bläuen von Papiermassen.

Ultramarin bildet sich stets, wenn man Tonerdesilicate mit Schwefelnatrium erhitzt, dabei entstehen zunächst grünliche Verbindungen, die erst beim weiteren Glühen unter dem Einfluß der Luft in das eigentliche Ultramarinblau übergehen. Das Schwefelnatrium setzt man nicht als solches zu, sondern reduziert Natriumsulfat mit Kohle.

Als Rohmaterialien werden verwendet:

1. **Kaolin**, China Clay, Amberger Erde, böhmische und französische Kaoline, mit 39—47% Tonerde, möglichst eisenfrei und pulverisiert.

2. **Soda**, calciniert (am besten etwas ätznatronhaltig).

3. **Sulfat** (Natriumsulfat), gut calciniert und säurefrei.

4. **Schwefel** (Block- oder Stangenschwefel), wird auf Kollergängen oder in Kugelmühlen fein gemahlen.

5. **Holzkohle**, gut getrocknet und fein vermahlen, auch **Kolophonium, Schwarzpech, Harz.**

6. **Kieselgur** (Infusorienserde), calciniert, seltener gewaschener, fein gemahlener **Quarz.**

Der Fabrikationsgang bei der Herstellung von Ultramarin zerfällt in eine Anzahl getrennte Operationen. Nach der mechanischen **Vorbereitung der Rohmaterialien** ist die erste Operation die **Herstellung der Brennmischungen**; dann folgt der für das Endergebnis wichtigste Teil der Fabrikation der **Rohbrand**. An diesen schließt sich das **Waschen, Mahlen, Schlämmen und Trocknen** an.

Für die Brennmischungen lassen sich etwa folgende Verhältnisse angeben:

Bevor die **Mischung** hergestellt wird, wird der Kaolin, die Erde, gebrannt. Die Materialmischung geht zur gleichmäßigen Vermischung und Feinzerkleinerung durch Kugelmühlen, nachher durch Feinmühlen (Trockenmühlen). Die Kugelmühlen sind die üblichen (Abb. 293). Die Feinmühlen (auch Mahlgänge genannt), sind nach dem Prinzip der alten Getreidemühlen gebaut. Zwei Steine von 1 m Durchmesser liegen horizontal über- bzw. aufeinander. Der obere A

	Sulfatblau	Sodablau	Kieselreiches Sodablau
Kaolin . .	100	100	100
Soda . . .	9	100	103
Sulfat . .	120	—	—
Kohle . .	25	12	4
Kieselgur .	—	—	16
Schwefel .	16	60	117

steht fest, der untere D ist als Läufer ausgebildet, er macht etwa 70 Umdrehungen/min (Abb. 294). (Ähnliche Mühlen, nur als Naßmühlen ausgebildet, werden nachher noch zum Mahlen des fertigen Ultramarins benutzt.) Die feingemahlene Mischung wird nun gebrannt.

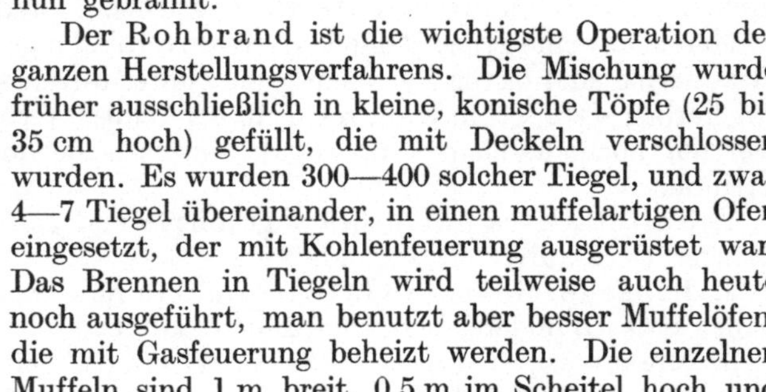

Abb. 293. Kugelmühle.

Der Rohbrand ist die wichtigste Operation des ganzen Herstellungsverfahrens. Die Mischung wurde früher ausschließlich in kleine, konische Töpfe (25 bis 35 cm hoch) gefüllt, die mit Deckeln verschlossen wurden. Es wurden 300—400 solcher Tiegel, und zwar 4—7 Tiegel übereinander, in einen muffelartigen Ofen eingesetzt, der mit Kohlenfeuerung ausgerüstet war. Das Brennen in Tiegeln wird teilweise auch heute noch ausgeführt, man benutzt aber besser Muffelöfen, die mit Gasfeuerung beheizt werden. Die einzelnen Muffeln sind 1 m breit, 0,5 m im Scheitel hoch und 5 m lang, sie fassen ungefähr 1500 kg Ultramarinmischung. Die Regulierung der Temperatur, sowie die richtige Einstellung des Sauerstoffzutritts, hat man jetzt besser in der Hand, die Muffeln geben ein schöneres, farbreicheres Ultramarin. Es sind auch Retortenöfen mit 13—14 Retorten in Gebrauch.

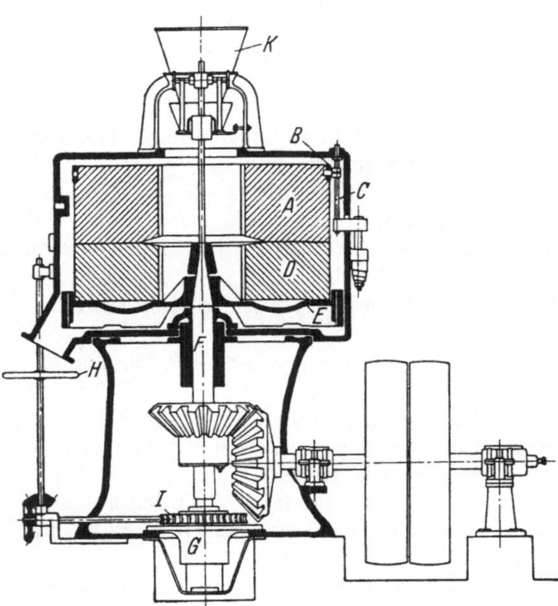

Abb. 294. Feinmühle (Mahlgang).

Die heutige Ultramarinfabrikation arbeitet nur noch nach dem Verfahren des direkten Blaubandes, d. h. man erzeugt in einem einzigen Arbeitsgange ein vollendetes Rohblau, während man früher zuerst Ultramaringrün herstellte, welches dann unter Zusatz von Schwefel in einem besonderen Ofen (in 2 m langen Muffeln oder liegenden Zylindern) zu Blau „feingebrannt" wurde.

Die Reaktion in der Ultramarinmischung beginnt bei etwa 500°; die Masse geht in Grün über, bei 700—730° tritt langsam Blaufärbung ein. Man hält 3—4 h bei dieser Temperatur und läßt dann innerhalb von 10 h die Temperatur auf 525—500° heruntergehen, wobei die Blaufärbung immer weiter fortschreitet. Dann wird der Ofen vollständig geschlossen und verschmiert und 8—10 Tage ganz langsam abgekühlt, wobei sich durch eine ganz allmähliche Oxydation (durch die Ofenporen) ein vollendetes Blau bildet.

Das kiesel- und schwefelarme Ultramarin durchläuft bis zur Blaubildung drei Stufen. Erst bildet sich Ultramarinweiß, dieses geht beim Erhitzen an der Luft in lebhaftes Grün über und verwandelt sich bei 300° mit SO_2 in Blau.

Das kiesel- und schwefelreiche Ultramarin weist nur zwei Umwandlungsstufen auf. Bei Luftabschluß gebrannt bildet sich Grün, welches durch Oxydation in Blau übergeht.

Der Rohbrand wird dann auf Handelsware weiter verarbeitet durch Waschen, Naßmahlen, Schlämmen, Trocknen und Sichten. Das Auslaugen bezweckt die Beseitigung des beim Glühen entstandenen Natriumsulfates; es geschieht in Holzkästen oder Fässern, über deren Boden sich eine mit Baumwollgewebe bedeckte hölzerne Siebplatte befindet, mit Wasser von 70 bis 80°. Dann folgt das Vermahlen in nassem Zustande in sog. Naßmühlen oder in Trommelmühlen. Bei den Naßmühlen liegen zwei Mühlsteine aus dichtem Quarz und 1—1,2 m Durchmesser horizontal übereinander, wobei der obere Stein etwa 20 Umdrehungen in der Minute macht. Ist ein genügender Feinheitsgrad der Farbe erzielt, so überläßt man die Farbflüssigkeit 4 h der Ruhe; ein Teil des Ultramarins setzt sich ab, die überstehende farbhaltige Flüssigkeit läßt man weiter absetzen. Der Niederschlag wird zur Trennung in verschiedene Feinheitsgrade in einen zweiten Bottich gepumpt, wo er 15—18 h stehen bleibt; die Flüssigkeit wird in den nächsten Bottich gezogen und dort 3—6 Tage der Ruhe überlassen; schließlich werden die Reste kolloidal gelösten Ultramarins mit Calciumchlorid, Aluminiumsulfat, Chlormagnesium usw. gefällt. Bisweilen wird absichtlich das kolloidale Ultramarin durch Zentrifugen als Ultramarinsol abgeschieden. Dann folgt noch ein Trocknen des Ultramarins auf Brettern in einem Trockenraum und ein Sieben und Sichten.

Die Ultramarine des Handels sind prachtvoll lasurblaue Pulver, die in Wasser und alkalischen Lösungen unlöslich sind, dagegen aber von unverdünnten Säuren und sauren Salzen unter Schwefelwasserstoffentwicklung zersetzt und entfärbt werden. Einigermaßen säurewiderstandsfähig sind nur die kieselsäurereichen Sorten; dagegen finden die kieselsäureärmeren Arten als „alkalifeste“ Ultramarine für die Seifenindustrie und die Kunststeinfabrikation Verwendung. Ultramarin wird für Buntpapier, Tapetendruck, Steindruck, Malerei verwendet, ferner dient es zum Weißmachen gelblicher Farbtöne, so z. B. als „Bläue“ für Wäsche, Stärke, Schwerspat, Zucker. Während zum Bläuen von Papier, Zucker und Wäsche ein möglichst kolloidales Blau am besten den Anforderungen entspricht, eignet sich für Buntpapier und Lithographie gerade das koagulierte Blau besser, weil es später an Wasser kein Blau mehr abgibt.

Die Zusammensetzung der Handels-Ultramarine schwankt in den Grenzen von 17—21,5% Na, 16—16,6% Al, 17—18% Si, 6,2—8,4% S und 38—41% O_2.

Die Konstitution der Ultramarine war bis in die neuere Zeit unaufgeklärt. Einen wesentlichen Fortschritt zur Aufklärung der Konstitution brachten die Untersuchungen über den konstitutionellen Zusammenhang zwischen künstlichen Zeolithen und Ultramarinen. Da zeigte sich, daß die Ultramarine den Aluminatsilicaten analog konstituiert sind und den Schwefel in Sulfidbildung enthalten. Man braucht z. B. nur in der Formel eines Zeoliths das chemisch gebundene Wasser durch $2\,Na_2S$ zu ersetzen, z. B. im Natrolith

$$Na_2O \cdot Al_2O_3 \cdot 3\,SiO_2 \cdot 2\,H_2O,$$

so kommt man zur Formel

$$Na_2O \cdot Al_2O_3 \cdot 3\,SiO_2 \cdot 3\,Na_2S$$

des schwefel- und kieselsäurereichen Ultramaringrüns. Kocht man künstlich hergestellten Natronzeolith, den „Permutit“, $Na_2O \cdot Al_2O_3 \cdot 2\,SiO_2 \cdot 2\,H_2O$, mit Natriumsulfidlösung, so erhält man direkt einen blaugrün gefärbten Körper mit denselben Eigenschaften wie das Ultramaringrün $3\,(Na_2O \cdot Al_2O_3 \cdot 2\,SiO_2)Na_2S$. Unter den Zeolithen gibt es „Tonerdedoppelsilicate“ (z. B. Analcim) und „Aluminatsilicate“ (z. B. Chabasit); in ersterem ist das Alkali größtenteils an Kieselsäure gebunden, in den Aluminatsilicaten, wozu auch die Permutite gehören, an Tonerde. In letzteren ist das Wasser leicht durch Sulfide austauschbar, dadurch gehen sie in Ultramarin über; die Tonerdedoppelsilicate zeigen diese Reaktion nicht, also müssen die Ultramarine die Konstitution der Aluminatzeolithe haben.

Die kieselarmen Ultramarine entsprechen also in ihrer Konstitution den künstlichen Zeolithen

$$Na_2O \cdot Al_2O_3 \cdot 2\,SiO_2 \cdot 2\,H_2O$$

(und damit auch den natürlich vorkommenden Mineralien Nephelin, Gismondin, Hauyn, Lapis lazuli). Sie weisen folgende Formeln auf:

Schwefelarmes Ultramaringrün $3\,(Na_2O \cdot Al_2O_3 \cdot 2\,SiO_2)\,Na_2S_2$
Schwefelarmes Ultramarinblau $6\,(Na_2O \cdot Al_2O_3 \cdot 2\,SiO_2)\,Na_2S_4$
Schwefelreiches Ultramarinblau $3\,(Na_2O \cdot Al_2O_3 \cdot 2\,SiO_2)\,Na_2S_4$

Die kieselreichen Ultramarine entsprechen in ihrer Konstitution dem Natrolith (Tonerdedoppelsilicat)

$$Na_2O \cdot Al_2O_3 \cdot 3\,SiO_2 \cdot 2\,H_2O,$$

Kieselsäure- und schwefelreiches Ultramarinblau hat die Formel

$$2\,(Na_2O \cdot Al_2O_3 \cdot 3\,SiO_2)\,Na_2S_4.$$

Daß der Schwefel das färbende Prinzip im Ultramarin ist, darüber ist kein Zweifel mehr, in welcher Form er aber die Färbung hervorbringt, das ist noch ungeklärt. Man hilft sich im allgemeinen mit der Erklärung: in kolloidaler Form. JÄGER und van MELLE haben Ultramarin röntgenographisch untersucht und kommen zu der Ansicht, daß der Schwefel in zweiwertiger Form (vermutlich als S″) vorhanden sein wird. Der Überschuß an Schwefel in höher geschwefelten Ultramarinen wird als vagabundierend angesehen. LESCHEWSKI hat nun nachgewiesen, daß die blaue Farbe nicht durch Schwefel allein hervorgerufen wird, sondern daß der volle Alkalibestand im Ultramarin vorhanden sein muß, andernfalls tritt die blaue Farbe nicht auf. Der im Gitter wandernde Schwefel muß also mit dem Alkali doch in sehr fester Bindung sein.

1872 waren in Deutschland 23, im Auslande 9 Ultramarinfabriken in Tätigkeit, wovon die einheimischen 6579 t Ultramarin im Werte von 7,3 Mill. Mark erzeugten. Der Höhepunkt der Entwicklung wurde Ende der 70er Jahre erreicht, dann ging der Verbrauch durch die Konkurrenz der Teerfarbstoffe stark rückwärts. 1923 bestanden noch 8 Fabriken in Deutschland. 1902 wurden bei uns 6500 t Ultramarin erzeugt, 1913 etwa 7000 t. 1933 bestanden nur noch 3 Ultramarinfabriken in Deutschland.

Die deutsche Ausfuhr belief sich zwischen

1880—1889 jährlich durchschnittlich auf	5385 t
1890—1899	,,	,,	,, 4357 t
1900—1909	,,	,,	,, 4406 t
1910—1913	,,	,,	,, 3670 t
1923—1927	,,	,,	,, 1027 t

Sie geht ständig rückwärts. Sie betrug 1925: 1228 t und 1926: 870 t, im Werte von 1,49 bzw. 1,06 Mill. Mark.

Die Erzeugung Amerikas betrug 1923: 3574 t, 1925: 4183 t, 1927: 4174 t, 1929: 4558 t.

Die Preise betrugen bei uns 1861: 121 Mark, 1872: 111 Mark, 1885: 65 Mark, 1893: 58 Mark, 1905: 50 Mark, 1933: 5—45 Mark für 100 kg je nach Qualität.

Literatur über Ultramarin.

BOCK: Ultramarin. 1918. — BOCK: Ultramarin. In MUSPRATT-NEUMANN, Bd. II, 2. 1927. — HOFFMANN: Ultramarin. 1902.

Magnesium, Calcium, Barium und Strontium.

Magnesium.

Magnesium findet sich als Chlor- und Bromverbindung in großen Mengen im Meerwasser, außerdem in den Staßfurter Abraumsalzen, im Carnallit $MgCl_2 \cdot KCl \cdot 6 H_2O$, als Sulfat im Kieserit $MgSO_4 \cdot H_2O$ und Kainit $K_2SO_4 \cdot MgCl_2 \cdot 6 H_2O$; als Carbonat im Magnesit $MgCO_3$ und im Dolomit $MgCO_3 \cdot CaCO_3$.

Metallisches Magnesium isolierte zuerst DAVY 1808 durch Reduktion von Magnesiumoxyd mit Kaliumdämpfen; später wurde, auch technisch, das Chlorid durch Kalium zersetzt. 1852 fand BUNSEN, daß Magnesium durch Elektrolyse des geschmolzenen Chlorids als Metall abgeschieden werden konnte, und MATTHIESSEN schlug vor, das Magnesiumchlorid durch das Doppelsalz mit Chlorkalium (Carnallit) zu ersetzen. Hierdurch wurde erreicht, daß das Entweichen von Salzsäure, welches beim Eindampfen von Magnesiumchlorid sehr bedeutend ist, stark verringert wurde. In dieser Weise arbeitete auch die Hemelinger Fabrik 1884, die nach dem Verfahren von GRÄTZEL die Magnesiumgewinnung in technischem Maßstabe aufnahm. Da natürlicher Carnallit zu unrein ist, so stellte man das Gemisch künstlich her (in Hemelingen 41,66% $MgCl_2$, 32,66% KCl, 25,66% NaCl). Man schmolz ein, entwässerte in Eisentiegeln bei 500—600° und setzte zur Umwandlung des entstandenen Magnesiumoxyds etwas Salmiak zu. Die Schmelze wurde in eisernen Tiegeln, die als Kathode dienten und von außen beheizt wurden, der Elektrolyse unterworfen. Als Anode diente ein senkrecht von oben in das Gefäß eingeführter Kohlenstab, welcher von einem feuerfesten Ton- oder Porzellanrohr umgeben war, aus welchem das entwickelte Chlor abgesaugt wurde. Das Magnesium sammelte sich in Kugeln in der Schmelze. Die Stromdichte war 1000 A/m², die Spannung 7—8 V, die günstigste Temperatur betrug 700—750°, die Ausbeute bestenfalls 70%. Die Magnesiumgewinnung ist längere Zeit in dieser Weise betrieben worden. Später haben die Chem. Fabrik Griesheim und die Elektrochem. Werke Bitterfeld die Magnesiumgewinnung fabrikmäßig aufgenommen. Soweit bekannt, wird ein Elektrolyt aus geschmolzenem Magnesiumchlorid, Kaliumchlorid, Natriumchlorid mit 1—5% Flußspat bei Temperaturen von 700—750° verwendet. Die Spannung beträgt 7,7 V, die Stromstärke 3000 A/m², die Stromausbeute 76,3%. In Amerika verwendet die Dow Chemical Co. Gemische von Magnesiumchlorid und Natriumchlorid (30 : 70), mit etwa 6% Fluoriden von Mg, Ba, Ca; (Schmelzpunkt 620°).

Die Magnesiumbäder dieser Gesellschaft sind Wannen aus Stahlguß von 3 m Länge und 1 m Breite, sie sind mit feuerfesten Steinen ausgekleidet, fassen 8000 kg Schmelze und nehmen 15000 A auf. Die Anoden bestehen aus Kohle bzw. Graphit und sind von haubenförmigen Porzellanhüllen umgeben, die nur wenig in den Elektrolyten eintauchen, durch diese wird das Chlor abgesaugt. Als Kathoden dienen Eisenbleche oder Eisenstäbe, die von unten oder von oben in die Schmelze hineinragen, an ihnen steigen die Magnesiumtröpfchen auf. Die Temperatur des Bades beträgt rund 700°, die Spannung 6 V, die Stromdichte an der Anode 500 A/m², an der Kathode 1000 A/m². Der Energieverbrauch für 1 kg Mg ist 20 kWh. Die Stromausbeute erreicht 90%. Das aufschwimmende Magnesium wird täglich mit Sieblöffeln abgeschöpft. Das Magnesium ist 99,9—99,95% rein. Es wird noch unter einem Fluß aus 60% $MgCl_2$ und 40% NaCl umgeschmolzen. Die Bäder arbeiten ohne äußere Erhitzung, wenn die Elektrolyse normal im Gange ist, es ist aber eine Heizung vorhanden zur Stromersparnis und zum Warmhalten des Bades, falls der Strom aussetzt.

Da man nur so lange elektrolysieren kann, bis der Gehalt an Magnesium auf 10% gesunken ist, so muß bei kontinuierlichem Betriebe von Zeit zu Zeit Magnesiumchlorid nachgesetzt werden. Dabei entsteht nun die Schwierigkeit, daß das $MgCl_2$ ganz wasserfrei sein muß, daß sich das $MgCl_2 \cdot 6\,H_2O$ aber nicht durch Erhitzung direkt wasserfrei machen läßt. Die ersten 4 Mol Wasser gehen schnell weg, dann tritt aber bei der Erhitzung Zersetzung ein unter Ausscheidung von Magnesiumoxyd oder Oxychlorid, welche bei der Elektrolyse Störungen hervorbringen. Man kann die Hydrolyse verhindern, wenn man beim Erhitzen im Endstadium Ammonchlorid oder Salzsäuregas zusetzt. Die Dow Chemical Co. hat beide Verfahren technisch verwendet, aber wieder aufgegeben, weil die Korrosionsschäden zu groß waren.

Zur Erzeugung eines wasserfreien Magnesiumchlorids und zur Verwertung des Anodengases hat die I. G. Farbenindustrie ein Verfahren ausgearbeitet, wonach man feingepulvertes Magnesiumoxyd mit Kohlenoxyd und Chlorgas (oder Phosgen) in erhitzte Reaktionsräume bläst

$$MgO + CO + Cl_2 = MgCl_2 + CO_2,$$

oder man läßt in geschmolzenem $MgCl_2$ aufgeschlämmtes MgO in Rieseltürmen über elektrisch erhitzten Koks herabrieseln, während gleichzeitig von unten Kohlenoxyd und Chlorgas oder Chlorwasserstoff entgegenströmt. Aus dem Rieselturm fließt unten reines geschmolzenes Magnesiumchlorid ab, welches sofort in dieser Form den Elektrolysierzellen zugeleitet wird. (Die Elektrolyse findet vermutlich ebenfalls in einem Gemisch von Magnesiumchlorid, Alkalichlorid und Erdalkalichlorid statt, da durch diese Zusätze der Schmelzpunkt erniedrigt und die Leitfähigkeit erhöht wird.) Über die Apparatur und die Arbeitsweise in Bitterfeld ist nichts öffentlich bekannt.

Da die Dichte einer Magnesium-Kaliumchloridschmelze ungefähr dieselbe ist wie die des geschmolzenen Magnesiummetalles, so sinken die abgeschiedenen Magnesiumkugeln nicht zu Boden, sondern bleiben in der Schmelze schwebend. Man hat deshalb eine Zeitlang durch Zugabe von Flußspat das spezifische Gewicht der Schmelze erhöht, wodurch die Metallkugeln leichter aufsteigen. In Weiterverfolg dieses Gedankens hat man auch schwere Schmelzen aus Fluoriden benutzt, z. B. Salzschmelzen aus Magnesiumfluorid und Bariumfluorid (DIEFFENBACH und WEBER), die, wie GRUBE gezeigt hat, bei etwa 850° schmelzen und bei 7—8 V Spannung Stromausbeuten bis 86% ergeben. Leider lösen diese Fluoridbäder nicht größere Mengen Oxyd auf wie die Aluminiumbäder. Mit solchen Fluoridbädern ist auch technisch gearbeitet worden, für die Magnesiumgewinnung haben sich jedoch solche Fluoridbäder als unwirtschaftlich erwiesen.

Die Herstellung von Magnesium auf thermischen Wege durch Reduktion von MgO mit Natrium-, Kalium- oder Calciummetall bei 1300 bis 1500° im Vakuum ist öfter, aber immer vergeblich versucht worden. Jetzt ist es der Österreichisch-amerikanischen Magnesit AG. in Radenthein gelungen, Magnesium aus Sintermagnesit oder gebranntem Dolomit technisch herzustellen. Die Gewinnung von Feinmagnesium geschah zunächst in zwei Stufen. Zuerst Herstellung eines Rohmagnesiums durch Reduktion von MgO mit Kohle (oder mit Aluminium, Silizium) im elektrischen Ofen und Abschrecken des über 2000° heißen Metalldampfes durch überschüssigen kalten Wasserstoff hinter der Reaktionszone; dann Vakuumdestillation des magnesiumreichen Staubes, Kondensation der Dämpfe und Eintropfenlassen des flüssigen Metalles in hochsiedendes Mineralöl. Jetzt geschieht die Herstellung in einem einzigen Gange. Magnesiumoxyd und Reduktionsmittel werden in einem indifferenten Gasstrome bis über den Siedepunkt des Magnesiums (1120°) erhitzt und die entwickelten Dämpfe werden durch ein reduzierend wirkendes Gas nach Durchgang durch einen Staubabscheider in einem Kondensator bis zur Verflüssigung des Magnesiums abgekühlt; das flüssige Metall läßt man in Kohlenwasserstofföl eintropfen. Das Magnesium ist 99,97% rein. Das thermische Verfahren soll billiger sein als die Schmelzflußelektrolyse.

Magnesium ist eine silberweißes, dehnbares Metall mit einem spezifischen Gewicht von nur 1,74 und einem Schmelzpunkt von 720°. Es ist ein sehr kräftiges Reduktionsmittel und verbrennt mit starker Lichterscheinung, weshalb es hauptsächlich für Feuerwerkerei (Signallicht, Magnesiumfackeln, Leuchtgeschosse) und photographische Zwecke (Blitzlicht) Verwendung findet. Es wird auch zum Entwässern von Äthern, Alkoholen, Ölen (Transformatorenöl) verwendet. In der Metallurgie dient Magnesium bisweilen als Desoxydationsmittel, besonders bei Nickel. Es geht hauptsächlich in der Form von Würfeln, Pulver, Draht und Band in den Handel. In den letzten Jahren hat die Magnesiumerzeugung überall, namentlich in Deutschland, einen überraschend großen Aufschwung genommen. Das ist weniger dadurch veranlaßt, daß sich neue Verwendungsmöglichkeiten für das reine Magnesium gefunden hätten, als dadurch, daß sich herausgestellt hat, daß Magnesiumlegierungen, vornehmlich mit Aluminium, Zink, Mangan, ausgezeichnete Eigenschaften für konstruktive Zwecke aufweisen. Für uns in Deutschland kommt noch als besonderer Vorteil hinzu, daß diese Legierungen ganz aus einheimischen Rohstoffen gewonnen werden können. Magnesium ist zwar der leichteste der praktisch verwertbaren metallischen Werkstoffe, aber seine Festigkeit, Wärmebeständigkeit und sein Widerstand gegen Wasserangriff sind nicht groß. Diese Eigenschaften lassen sich durch Legieren wesentlich verbessern. Schon lange stellt die Chemische Fabrik Griesheim-Elektron (jetzt I. G. Farbenindustrie) Elektronmetall her. Diese Elektronmetalle erhalten Zusätze von Al, Zn, Mn, Cu, Si bis zu 20% je nach dem Verwendungszwecke. (Das Magnewin von Wintershall und das amerikanische Dow-Metall sind ähnliche Legierungen.) Man stellt Gußlegierungen mit 10% Al und 0,3—0,5% Mn her (Elektron A 9 V) mit Zugfestigkeiten bis 27 kg/mm². Für Warmverformung durch Pressen, Schmieden, Walzen, Ziehen sind die sog. Knetlegierungen mit 8,5% Al besonders geeignet (Elektron AZ 855), die Zugfestigkeiten von 29—32 kg/mm² aufweisen. Für Automobil- und Flugzeugteile verwendet man eine Legierung mit 6% Al, 1% Zn und 0,5% Mn, für Kolben von Verbrennungsmaschinen solche mit 6—10% Al und 2—3% Si. Legierungen mit 1—2,5% Mn sind wasserbeständig. Durch Beizen in einem salpetersauren Chromatbade erzeugt man einen gelben schützenden Überzug. Das spezifische Gewicht steigt bei den Legierungen nur auf etwa 1,8 (Aluminium hat 2,7). Die nur wenig Magnesium enthaltenden Aluminiumlegierungen Magnalium und Duralumin sind bei „Aluminium" (S. 450) besprochen.

Vor dem Kriege versorgte Deutschland allein die ganze Welt mit Magnesium. Nach den Vereinigten Staaten gingen 1912—14 jährlich 16000 kg. Im Kriege haben aber in Amerika vier Fabriken die Magnesiumerzeugung aufgenommen und stellten 1916: 34000 kg, 1917: 52000 kg, 1918: 128000 kg her; auch Kanada lieferte 1918 52000 kg. Nach dem Kriege hat dann die Magnesiumerzeugung in Amerika wie in Deutschland weiter stark zugenommen. 1929 betrug die Weltproduktion rund 2000 t, wovon die Bitterfelder Werke der I. G. 1800 t lieferten. Für 1930 schätzt man die deutsche Erzeugung auf rund 3000 t, die amerikanische auf 2500—3000 t, 1935 lieferte die I. G. 6000 t, 1937 weit mehr als das Doppelte. Die Weltproduktion wird für 1937 auf 25000 t geschätzt. Außer Amerika stellen auch Frankreich, England, Japan bereits ansehnliche Mengen Magnesium her. Das größte Magnesiumwerk der Welt ist Bitterfeld.

Magnesit.

Magnesit, das Magnesiumcarbonat ($MgCO_3$), Magnesitspat, kommt als dichter amorpher und als krystallinischer Magnesit vor. Der dichte Magnesit ist nahezu reines Carbonat mit sehr geringen Beimengungen und sehr wenig Eisen, er findet sich hauptsächlich auf Euböa und anderen griechischen Inseln. Seiner Reinheit wegen wurde er zur Kohlensäuregewinnung verwendet; er wird heute noch in der Kunststeinerzeugung gebraucht. Infolge seines geringen Eisengehaltes ist er auch bei sehr hoher Temperatur nicht zum Sintern zu bringen; zur Herstellung von Magnesitsteinen eignet er sich nicht, man muß für diesen Zweck eisenhaltige Zusätze untermischen oder den eisenreicheren krystallinischen Magnesit verwenden.

Brennt man Magnesit in Schachtöfen, Drehrohröfen, Tunnelöfen usw., so geht schon bei etwa 520° sämtliche Kohlensäure weg und es hinterbleibt Magnesiumoxyd in pulvriger Form. In der Praxis muß man Temperaturen von 800—900° anwenden. Dieses bei niederer Temperatur erhaltene Magnesiumoxyd wird für Mörtelzwecke usw. verwendet, es hat, richtig gebrannt und rasch abgekühlt, beim Anmachen mit Wasser hydraulische Eigenschaften, es ist die kaustische Magnesia (die fälschlich auch als Magnesit bezeichnet wird). Erhitzt man stärker und länger, so nimmt die Magnesia gröber-krystalline Form an, bindet nicht mehr mit Wasser ab und ist für Mörtelzwecke unbrauchbar, diese bei sehr hohen Temperaturen gebrannte Magnesia bezeichnet man als Sintermagnesia (fälschlich Sintermagnesit).

Nachstehende Übersicht zeigt die Zusammensetzung typischer Magnesite:

Euböa-Magnesit	Steirischer Rohmagnesit	Sintermagnesia
92—98% $MgCO_3$	80—95% $MgCO_3$	70,1—91,7% MgO
3— 1% $CaCO_3$	5— 1% $CaCO_3$	6,5— 1,4% CaO
2— 0% Fe_2O_3	8— 2% $FeCO_3$	10,5— 2,9% Fe_2O_3
1— 0% Al_2O_3	2— 1% Al_2O_3	3,7— 2,0% Al_2O_3
2— 1% SiO_2	5— 1% SiO_2	9,2— 2,0% SiO_2

Magnesiasteine. Die Sinterbarkeit eines Magnesits wird durch die Höhe des Eisengehaltes bestimmt. Reines Magnesiumoxyd schmilzt erst über 2500°, MgO ist also einer der feuerfestesten Stoffe für Ofenauskleidungen usw. Durch einen Eisenoxydzusatz, d. h. Magnesioferritbildung ($MgFe_2O_4$) wird die Schmelzgrenze stark heruntergedrückt, durch 2% Eisen auf rund 1700°, durch 2,7% auf etwa 1400°. Die für die Herstellung hochfeuerfester Magnesiasteine besonders geeigneten, eisenhaltigen Magnesite trifft man vornehmlich in den österreichischen Alpen und in der Tschechoslowakei an. Am bekanntesten ist das Vorkommen im Veitschbachtale in Steiermark (150 m mächtig). Ein ähnlich bedeutendes Vorkommen ist auch das von Radenthein in Kärnten mit einer Mächtigkeit von 50—200 m.

Zur Herstellung der Magnesiasteine wird der Magnesit gebrannt, es entstehen unter Entweichen von Kohlensäure gelbbraune mürbe Stücke, die beim weiteren Erhitzen bis auf Weißglut zu zusammenhängenden Massen zusammensintern: Sintermagnesia. In Radenthein und in Amerika brennt man den Magnesit in Drehrohröfen bei 1600—1700°. Solche Drehrohröfen von 50—100 m Länge liefern täglich 65—200 t gesintertes Material. Die heiße, aus dem Ofen kommende Masse wird mit Wasser begossen, mehrere Wochen liegen gelassen, genau sortiert und vermahlen. Das Formen der Steine geschieht ohne Bindemittel; man mischt Mehl und körniges Produkt in bestimmten Verhältnissen, befeuchtet mit Wasser, preßt unter 150—300 Atm. Druck Steine und trocknet bei 25°. Das Brennen der Steine geschieht in MENDHEIMschen Kammeröfen (Vergl. „Tonwaren") oder jetzt auch in Tunnelöfen (Radenthein) bei 1500—1750°. Ein Mendheim-Ofen liefert täglich 20—24 t Steine, ein 120 m langer Tunnelofen 60—80 t.

Die Verwendung der Magnesia als feuerfestes Material begann 1885, jetzt beträgt der Gesamtbedarf an Magnesiasteinen über 300000 t jährlich. Die Steine werden namentlich in der Eisen- und Stahlindustrie, besonders in elektrischen Öfen verwendet. Man mauert die Öfen mit den Steinen aus und bringt vielfach auf diese Auskleidung noch eine Magnesia-Stampfmasse, bestehend aus 75% körniger und 25% mehliger Sintermagnesia, vermischt mit 8—12% heißem, wasserfreien Teer; die Masse wird mit rotwarmen Eisenstampfern aufgestampft.

Die Haupterzeugungsländer für Magnesit waren vor dem Kriege fast allein Österreich-Ungarn (1913: 201000 t) und Griechenland (1913: 118000 t). Seit Kriegsbeginn hat aber Amerika die Erzeugung ebenfalls aufgenommen (1913: 8700 t) und mächtig gefördert (Höchstleistung 1917 mit 287500 t), ferner haben auch Rußland (1916) und die Tschechoslowakei (1921) sich die Gewinnung angelegen sein lassen, so daß 1926 die Weltproduktion 630000 t betrug, sie stieg bis 1929 auf 1 Mill. t, sank dann ab, ist aber seit 1932 wieder in rapidem Aufstieg und beträgt 1937 rund 1,7 Mill. t. Es lieferten (in 1000 t):

	1926	1931	1934	1937
Österreich	163	179	254	572
Vereinigte Staaten .	121	67	90	188
Griechenland	96	69	19	116
Rußland	103	246	474	500
Tschechoslowakei . .	83	100	—	—
Mandschukuo	—	55	79	231

Literatur.

BANCO: Der Magnesit. 1932.

Magnesia carbonica und Magnesia usta.

Unter Magnesia carbonica des Arzneimittelbuches versteht man basische Magnesiumcarbonate von der Formel

$$3\,MgCO_3 \cdot Mg(OH)_2 \cdot 3\,H_2O \text{ bis } 4\,MgCO_3 \cdot Mg(OH)_2 \cdot 4\,H_2O.$$

Man fällte früher Magnesiumsulfatlösungen bei 60° mit Sodalösung, wobei sich unter Kohlensäureabspaltung das genannte basische Carbonat bildet. Heute leitet man in eine wäßrige Suspension von gebranntem oder ungebranntem Dolomit (Magnesium-Calciumcarbonat) unter Druck Kohlensäure ein; das Magnesium löst sich als Bicarbonat $MgH_2(CO_3)_2$, wird vom Kalkschlamm abfiltriert und durch Dampf in ein lockeres, leichtes, basisches Carbonat verwandelt. Manche Fabriken fällen auch Magnesiumchloridlösungen mit Ammoncarbonatlösungen verschiedener Zusammensetzung. Besonderen Wert legt man dabei auf leichte, lockere Beschaffenheit. Die Magnesia carbonica findet Verwendung in der Medizin, zu Zahnpulvern und Putzpulvern, hauptsächlich jedoch zum Füllen von Kautschuk, Papier und Farben.

Magnesia usta erhält man durch Glühen des Hydroxyds oder des basischen Carbonats. Sie ist sehr leicht. Glüht man Magnesiumcarbonat, welches aus kochender Magnesiumbicarbonatlösung gefällt ist, so erhält man eine dichte Magnesia, die „ponderosa"; technisches Magnesiumoxyd bzw. Hydroxyd entsteht bei der Salzsäuregewinnung aus Magnesiumchlorid (S. 312) und beim Fällen von Kali-Endlaugen mit Kalkmilch:

$$MgCl_2 + Ca(OH)_2 = CaCl_2 + Mg(OH)_2.$$

Geschmolzene Magnesia. Magnesiumoxyd schmilzt bei etwa 2550° zu einer durchsichtigen Masse zusammen. Die für Laboratoriumszwecke hergestellten Magnesiarohre, -tiegel und -schiffchen sind aus Mischungen von vorgeschmolzenem und nur vorgebranntem Magnesiumoxyd, oder nur aus letzterem hergestellt. (Degussa-Geräte der Deutschen Gold- und Silberscheideanstalt.)

Magnesiazement.

Magnesiazement oder Sorelzement, so genannt nach seinem Erfinder SOREL (1867), ist eine Mischung von gebrannter Magnesia mit konzentrierter Chlormagnesiumlösung. Dieses Gemisch erhärtet steinartig, besitzt aber nicht wie Zement hydraulische Eigenschaften. Der Magnesiazement entspricht etwa der Formel $MgCl_2 \cdot 5\,MgO \cdot x\,H_2O$. Praktisch benutzt man eine Chlormagnesiumlösung von spezifischem Gewicht 1,16—1,26 (21—26% $MgCl_2$) und ein Verhältnis von $MgO : MgCl_2 = 2,5$—4 : 1 Teilen. Diese Masse nimmt große Mengen fremder Stoffe auf, läßt sich streichen, gießen und formen. Zur Herstellung künstlicher Steine mischt man die gebrannte Magnesia mit der Chlormagnesiumlösung, mischt neutrale Stoffe und Farben ein, preßt die plastische Masse in Formen und läßt an der Luft erkalten. Man stellt auch künstliches Elfenbein, Knöpfe und andere polierte Gegenstände aus Magnesiazement her, ebenso sind Kunstmarmor, Steinholz oder Xylolith Magnesiazement mit Füllstoffen, die in Form von Platten als Fußbodenbelag dienen. Als Füllstoffe werden Sägespäne, Holzmehl, Korkgrieß, Asbest, Schamottemehl, Kieselgur, außerdem Farben verwendet. Die Masse wird 24 h lang einem Druck bis 300 Atm. ausgesetzt, dann wird das überschüssige $MgCl_2$ ausgelaugt und die Platten getrocknet und zerschnitten.

Magnesiazement wird vielfach auch direkt zur Herstellung fugenloser Fußböden verwendet, diese müssen aber, da der Magnesiazement nicht gegen Wasser widerstandsfähig ist, öfters geölt werden. Dagegen hat sich Magnesiazement ausgezeichnet bewährt zu Abdämmungsarbeiten in Bergwerken gegen Solenzuflüsse.

In Amerika hat man gefunden, daß durch Einmischen von 10% fein verteiltem Kupferpulver in den Sorelzement ein sehr fest erhärtendes Produkt entsteht, was von Wasser nicht angegriffen wird und was dem natürlichen Atacamit entspricht.

Chlormagnesium und Magnesia s. S. 247.

Magnesiumsilicate.

Magnesiumsilicate finden sich in der Natur in Form von Speckstein, Meerschaum, Serpentin, Olivin, Hornblende, Augit, Asbest.

Asbest ist ein Calcium-Magnesiumsilicat $CaMg_3(SiO_3)_4$. Der Talk, $3\,MgO \cdot 4\,SiO_2 \cdot H_2O$, wird für Pastellstifte, zum Sattinieren von Papier, als Füllmittel und in Appreturen verwendet. Die dichteste Form des Silicates ist der Speckstein, der in seiner besten Qualität nur in Göppergrün-Tiersheim im Fichtelgebirge vorkommt. Er wird besonders für Acetylenbrenner und Spinndüsen benutzt. In letzter Zeit wird Speckstein mit Ton und Feldspat vermahlen und wie keramische Erzeugnisse gepreßt und gebrannt. Diese Erzeugnisse sind unter dem Namen Steatit in Form von Zündkerzen und elektrotechnischen Artikeln im Handel. (Näheres hierüber findet sich im Abschnitt „Tonwaren".) Meerschaum ist das Silicat $2\,MgO \cdot 3\,SiO_2 \cdot 2\,H_2O$, Serpentin $3\,MgO \cdot 2\,SiO_2 \cdot 2\,H_2O$.

Ersterer dient in Einzelfällen wie der Asbest als Träger für Kontaktmassen, letzterer wird z. B. zu Laboratoriumsmörsern verarbeitet.

Calcium.

Calciummetall. Für die Gewinnung metallischen Calciums ist geschmolzenes Chlorcalcium das Ausgangsmaterial. Schwierigkeiten machen dabei die vollständige Entwässerung und der hohe Schmelzpunkt (780°) des Chlorcalciums. Bei hohen Temperaturen löst sich nämlich Calciummetall in der Calciumchloridschmelze unter Subchloridbildung: $Ca + CaCl_2 \gtrless 2\,CaCl$; das Subchlorid zerfällt aber unterhalb 800° wieder. Man bevorzugt deshalb einen Elektrolyten mit niedrigerem Schmelzpunkt, indem man dem Calciumchlorid 17% Calciumfluorid oder 15—25% Kaliumchlorid zusetzt, wodurch der Schmelzpunkt auf 630—690° heruntergeht.

Calciummetall wurde zuerst technisch von den elektrochemischen Werken in Bitterfeld gewonnen. Hierbei gelangte die von RATHENAU, SUTTER und REDLICH vorgeschlagene „Berührungselektrode" zuerst zur Verwendung. Man benutzt eine Calciumchloridschmelze, die man auf etwa 800° hält; bei niedrigerer Temperatur scheidet sich das Metall schwammig ab, bei höherer löst sich ein Teil des Metalles als Subchlorid. Die Schmelze wird in einem eisernen Gefäße, dessen Wandungen mit erstarrter Schmelze überzogen sind, elektrolysiert, als Anoden dienen große Kohlenplatten, als Kathode ein durch Schraubengewinde auf- und ab bewegbarer dünner Eisenstab. Man läßt die Spitze der Elektrode eben die Schmelze berühren; an der Spitze scheidet sich ein Tropfen geschmolzenen Calciums ab, welches erstarrt, sobald die Kathode ein wenig gehoben wird. Beim weiteren Heben der Kathode erzielt man so direkt eine Stange Metall von einem bis mehreren Zentimetern Dicke. Die Kathodenstromdichten betragen 100 A/cm², während sie an der Anode nur $1—1^1/_2$ A sein dürfen. Das abgeschiedene Metall enthält etwa 99% Ca. Die Verwendung des Metalles ist aber sehr beschränkt. Es findet eigentlich nur technisch Verwendung zu den seit dem Kriege als Lagermetall benutzten Blei-Calciumlegierungen, die bis zu 3% Ca oder neben weniger Ca noch etwa 2% Barium enthalten. Der Schmelzpunkt des Calciummetalls liegt bei 800°.

Calciumchlorid fällt bei der Ammoniaksodagewinnung als nahezu wertloses Produkt an, eine Verwendungsmöglichkeit für diese großen Mengen Calciumchlorid gibt es noch nicht. Da das geschmolzene Chlorcalcium sehr begierig Wasser anzieht, so benutzt man es nicht nur im Laboratorium, sondern auch in der Technik bisweilen zum Trocknen von Gasen, z. B. zur Trocknung des Gebläsewindes auf Hochofenwerken (Differdingen, Luxemburg).

Barium.

Die am längsten bekannte Bariumverbindung ist der Schwerspat, $BaSO_4$, das Sulfat des Bariums. Man wurde auf dieses Mineral aufmerksam, als der Schuster CASCIOROLUS in Bologna gefunden hatte, daß es, mit reduzierenden Substanzen geglüht, phosphoreszierend wird (Bologneser Leuchtsteine). Die Zusammensetzung des Schwerspates klärte 1774 SCHEELE auf.

Schwerspat ist die verbreitetste Bariumverbindung; er findet sich an vielen Orten in Deutschland (Harz, Thüringen, Sachsen, Westfalen). Neben dem Schwerspat hat nur noch das Bariumcarbonat $BaCO_3$, der Witherit, als Ausgangsmaterial für Bariumsalze Bedeutung (England, Steiermark, Tirol). England liefert heute 90% des gesamten Witherits der Welt (1926: 7500 t). Die Weltförderung an Schwerspat betrug vor dem Kriege 0,35—0,40 Mill. t, 1933: 0,46, 1934: 0,80 Mill. t. Die deutsche Förderung ist erst in den 80er

Jahren in Gang gekommen. Die Hauptmengen liefert Meggen a. d. Lenne (AG. Sachtleben). Deutschland förderte (in Mill. t):

1908 . . . 0,09   1923 . . . 0,26   1933 . . . 0,13   1936 . . . 0,42
1913 . . . 0,33   1927 . . . 0,30   1935 . . . 0,34   1937 . . . 0,45

Die Vereinigten Staaten lieferten 1927: 0,26, 1933: 0,13, 1935: 0,20 Mill. t. Schwerspat.

60% der Weltproduktion an Schwerspat werden auf Lithopone und nur zu 15% auf Bariumsalze verarbeitet. 25% werden als Mahlspat verbraucht.

Bariumsulfat findet Verwendung als Füllmaterial für Papiermassen, als weiße Farbe, zu Beschwerungen usw. Man verwendet vielfach direkt den natürlichen Schwerspat; ausgesuchte Stücke werden in Steinbrechern (S. 276) gebrochen, auf Quetschwalzen (S. 276) weiter zerkleinert und in Rohrmühlen (S. 510) mit Wasser fein gemahlen. Die Trübe gelangt in Setzbottiche, dann in die sog. Bleichbottiche, in denen der Inhalt unter Zusatz von Salzsäure zum Kochen gebracht wird, um das Eisen zu entfernen. Das so „gebleichte" Produkt wird in Drehrohröfen getrocknet und in Schleudermühlen gepulvert.

Künstlicher schwefelsaurer Baryt, d. h. chemisch gefälltes Bariumsulfat, fällt als Nebenprodukt an, wenn die Wasserstoffperoxydherstellung durch Zersetzung von Bariumperoxyd mit Schwefelsäure $BaO_2 + H_2SO_4 = BaSO_4 + H_2O_2$ vorgenommen wird. Zur Herstellung der weißen Malerfarbe Blancfixe fällt man Bariumchloridlösungen mit Schwefelsäure oder Magnesium- oder Natriumsulfat. Blancfixe kommt meist nicht getrocknet, sondern in Teigform mit 25—35% Wasser in den Handel.

Bariumsulfid wird durch Reduktion von Sulfat (Schwerspat) mit Kohle erhalten. Der gebrochene Schwerspat wird mit 30% geschleuderter Kohle gemischt und mit Wasser in Rohrmühlen vermahlen. Die gemahlene Mischung gelangt in Form eines dicken Breies in Drehrohrbrennöfen. Die Einwirkung der Kohle auf Schwerspat beginnt bei 600° und ist bei 800° beendet. Die Umsetzung verläuft bei niederer Temperatur nach der Gleichung $BaSO_4 + 2C = BaS + 2CO_2$, bei höherer Temperatur: $BaSO_4 + 4C = BaS + 4CO$. Das Schwefelbarium ist bis 1000° beständig. Man erhält beim Glühen ein Produkt mit etwa 70—75% wasserlöslichem Bariumsulfid, 20—25% säurelöslichen Anteilen (Carbonat, Silicat) und 5% Rückstand. Das Produkt wird noch rotwarm in Laugekästen gebracht, wo alles Bariumsulfid ausgelaugt wird. Um später farblose Krystalle zu bekommen, setzt man beim Lösen 1—2% einer 30%igen Natronlauge zu. Die Lauge wird filtriert und meist gleich auf Blancfixe, Carbonat, Lithopone, Nitrat, Hydroxyd oder Chlorid weiterbearbeitet. Der säurelösliche Anteil des Rückstandes wird in Rührwerken in Bariumchlorid übergeführt. Die Reduktion des Schwerspates geschieht auch in Flammöfen mit Generatorgasfeuerung.

Bariumchlorid stellt man jetzt her durch Umsetzen von Bariumsulfidlösungen mit Lösungen von Calciumchlorid oder Magnesiumchlorid unter Druck. Früher schmolz man Schwerspat und Staubkohle mit Calciumchlorid bzw. Magnesiumchlorid zusammen und laugte aus. Die Ausbeute war aber schlecht. Heute wird auch Bariumsulfid mit Salzsäure zersetzt, indem man das trockene Sulfid portionsweise in die Salzsäure einträgt und den entstehenden Schwefelwasserstoff weiter verwendet. Man kann dabei natürlich auch vom Witherit oder von gefälltem Bariumcarbonat ausgehen. Das Chlorbarium ist seinerseits Zwischenprodukt zur Herstellung anderer Bariumverbindungen.

Bariumnitrat stellte man früher durch allmähliches Eintragen von Natronsalpeter in eine siedende Chlorbariumlösung her. Heute gewinnt man das Nitrat fast ausschließlich durch Umsetzen von Bariumcarbonat mit der billigen synthetischen Salpetersäure. In Rührwerksbottichen aus Holz, die mit Dampfschlangen geheizt werden, trägt man das Carbonat in Salpetersäure ein, fällt (bei Verwendung von Witherit) Schwermetalle mit etwas Bariumhydrat aus, filtriert, dampft in Vakuumapparaten ein und läßt krystallisieren. Das Bariumnitrat findet hauptsächlich Verwendung in der Feuerwerkerei und in der Sprengtechnik.

Bariumcarbonat gewinnt man (soweit nicht natürlicher Witherit benutzt werden kann), durch Behandeln von Bariumsulfidlösungen mit Kohlensäure.

Bariumoxyd ist das Ausgangsmaterial für das viel gebrauchte Bariumperoxyd. Hierfür eignet sich aber nur ein ganz lockeres, poröses, reaktionsfähiges Material, was man bis 1906 fast ausschließlich durch Glühen von Bariumnitrat in Tiegeln oder Muffeln herstellte. Aus dem Carbonat durch Glühen das poröse Produkt herzustellen, gelang zunächst nicht. Jetzt zerlegt man künstlich hergestelltes Carbonat in ununterbrochenem Betriebe in $BaO + CO_2$, indem man feine Staubkohle oder Ruß beimischt (um zu verhindern, daß die Reaktion wieder rückwärts verläuft) und nach HEINZ in einem gasgeheizten Schachtofen das Gemisch unter allmählicher Steigerung der Temperatur glüht. Der Glühprozeß dauert 12 h, man gewinnt dabei ein BaO mit 95%, welches sich gut weiter verarbeiten läßt.

Bariumhydroxyd, Ätzbaryt, $Ba(OH)_2 \cdot 8 H_2O$, erhält man durch Behandeln von Bariumoxyd mit Wasser oder Wasserdampf. Das Verfahren von BRADLEY-JACOBS, im elektrischen Ofen Schwerspat mit Kohle zu verschmelzen, wobei das gebildete BaS auf Schwerspat weiter einwirken sollte: $3 BaSO_4 + BaS = 4 BaO + 4 SO_2$, wird nicht mehr ausgeführt. Ätzbaryt wird in manchen Ländern zur Melasse-Entzuckerung verwendet.

Bariumperoxyd ist eins der wichtigsten Bariumsalze. Es wird erhalten durch Überleiten von Luft bei Temperaturen von 500—600° über lockeres, poröses Bariumoxyd. Die Überführung des Oxydes in das Peroxyd geschieht in senkrechten oder schräg liegenden schachtförmigen Retorten durch Druckluft, die von Wasserdampf und Kohlensäure befreit ist. Das technische Peroxyd bildet eine harte, graugrünliche Masse mit etwa 90% BaO_2. Bei starkem Glühen über 700° zerfällt das Peroxyd in Bariumoxyd und Sauerstoff. Auf diese Weise wurde technisch längere Zeit Sauerstoff gewonnen, das Verfahren ist bei uns aber außer Gebrauch. Dagegen wird Bariumperoxyd auch heute noch neben der Elektrolyse zur Herstellung von Wasserstoffperoxyd benutzt. Mit Wasser liefert das Peroxyd ein Hydrat $BaO_2 \cdot H_2O$.

Die Menge des jährlich hergestellten Bariumperoxyds schätzt man auf 7500 t. Es dient in der Hauptsache zur Wasserstoffperoxydherstellung, daneben als Bleichmittel.

Bariumchlorat, $Ba(ClO_3)_2 \cdot H_2O$, stellt man her durch Elektrolyse einer 70- bis 80%igen, warmen, gesättigten Bariumchloridlösung unter Verwendung von Platinnetzanoden und Graphitkathoden. Man läßt nach der Elektrolyse das Salz aus der Lösung auskrystallisieren. Das Salz wird in der Feuerwerkerei verwendet, und zwar, ebenso wie das Bariumnitrat, für grüne Flammensätze.

Über die als Farben verwendeten Bariumverbindungen: Permamentweiß, Bariumchromat, Lithopone finden sich Angaben bei den „Mineralfarben“.

Lithopone (Zinksulfidweiß, Patentweiß usw.) wird erhalten durch Umsetzung von Bariumsulfid mit Zinksulfat. Diese weiße Anstrichfarbe ist der Hauptverbraucher von Bariumsulfid. Als Ausgangsmaterial für die Zinklösung dient rohes Zinkoxyd, in Schwefelsäure gelöst, oder chlorierend (mit NaCl) geröstete zinkhaltige Schwefelkiesabbrände ($ZnS + 2 NaCl + 2 O_2 = ZnCl_2 + Na_2SO_4$). Die Fällung der Lithopone aus sorgfältig gereinigten Lösungen geht also nach folgender Gleichung vor sich:

$$ZnSO_4 + BaS = ZnS + BaSO_4$$
$$ZnCl_2 + Na_2SO_4 + BaS = ZnS + BaSO_4 + 2 NaCl.$$

Hierdurch entsteht eine Lithopone mit 29,4% ZnS „Rotsiegel". Es werden aber auch Lithoponesorten mit höheren Zinksulfidgehalten nach anderen Gleichungen hergestellt z. B.:

$$BaS + Na_2S + 2\,ZnSO_4 = 2\,ZnS + BaSO_4 + Na_2SO_4\,.$$

„Grünsiegel" mit 40% ZnS. Der Niederschlag wird abfiltriert, getrocknet, bei Luftabschluß geglüht, in Wasser abgeschreckt und vermahlen.

In Deutschland sind 12 Lithoponefabriken tätig, die größten sind die der AG. Sachtleben und die der I. G., Werk Leverkusen.

Man schätzte die Lithoponeerzeugung der Welt 1929 auf rund 300000 t (vor dem Kriege 100000 t), wozu die Vereinigten Staaten 185000 t, Deutschland 70000 t, Niederlande 35000 t, Frankreich 18000 t, England 12000 t, Belgien 10000 t beisteuerten.

Strontium.

Die hauptsächlichsten Strontiummineralien sind der Strontianit, das Strontiumcarbonat, $SrCO_3$, mit 70,3% SrO, und der Cölestin, das Strontiumsulfat, $SrSO_4$, mit 56,5% SrO; von untergeordneter Bedeutung sind dagegen der Stromnit und Brewsterit. Abbauwürdige Strontiumlagerstätten finden sich nur in England, Deutschland und Amerika. Strontianit wird hauptsächlich bei Strontian in Schottland und bei Hamm in Westfalen gewonnen. Das letztgenannte Lager ist zur Zeit das einzige bedeutende Lager; es wird seit 1840 ausgebeutet, lieferte 1884 die Höchstmenge mit 7883 t, dann sank die Förderung bald herunter und betrug 1925 nur noch 800 t, 1930 365 t, 1932 65 t, dann wurden wieder größere Mengen gefördert: 1934 341 t, 1935 185 t, 1936 262 t. England fördert fast nur Cölestin, die Lager befinden sich bei Bristol, Hauptort ist Clifton. Die Förderung erreichte 1902 und 1912 Höhepunkte bis 32000 t bzw. 22000 t. Sie sank dann bis 1925 auf 1072 t herunter und beträgt von 1929—1936 5000—6000 t, die nur 1932 und 1934 überschritten wurden. Die amerikanischen Strontiumvorkommen waren nur während des Krieges abbauwürdig.

Strontiummetall läßt sich erhalten durch Elektrolyse geschmolzenen Strontiumchlorids. Der hohe Schmelzpunkt des Chlorids (848°) kann durch Zusatz von 16% KCl auf 628° heruntergedrückt werden. B. Neumann und Bergve gewannen auf diese Weise Strontium mit der Berührungselektrode (S. 463). Technisch findet Strontiummetall keine Verwendung.

Strontiumverbindungen werden in derselben Weise wie die Bariumverbindungen gewonnen. Die technisch wichtigste Verbindung ist das Strontiumoxyd bzw. Hydroxyd, aus dem die in der Feuerwerkerei (Rotfeuer) benutzten Salze: Chlorid, Nitrat, Oxalat hergestellt werden. Man schmilzt Cölestin mit Soda

$$SrSO_4 + Na_2CO_3 = SrCO_3 + Na_2SO_4\,,$$

laugt das entstandene Natriumsulfat aus, glüht das Carbonat zu Oxyd und verwandelt dieses durch Wasser in Hydroxyd. Man reduziert auch Cölestin mit Kohle zu Sulfid:

$$SrSO_4 + 2\,C = SrS + 2\,CO_2\,.$$

Bei Behandlung mit Wasser scheidet sich Strontiumhydroxyd aus, während das Sulfidhydrat in Lösung bleibt, es wird mit Kohlensäure zersetzt und in Carbonat übergeführt:

$$2\,SrS + 2\,H_2O = Sr(OH)_2 + Sr(SH)_2\,,$$
$$Sr(SH)_2 + CO_2 + H_2O = SrCO_3 + 2\,H_2S\,.$$

Strontiumnitrat stellt man durch Lösung von Strontiumcarbonat in Salpetersäure her.

Peroxyde und Persalze.

Von den technisch angewandten Peroxyden spielen Bariumperoxyd und Wasserstoffperoxyd die Hauptrolle. Von diesen tritt in der Natur nur Wasserstoffperoxyd auf, und zwar in äußerst geringen Mengen in der Luft nach Gewittern, im Regen und Schnee (0,04—1 mg im Liter). Wasserstoffperoxyd wird zwar schon seit einigen Jahren technisch hergestellt, hauptsächlich zu Bleichzwecken für Elfenbein, Federn, Seide, in der Kosmetik zum Blondmachen von Haar, zum Auffrischen von alten Stichen und Bildern, es kam aber ausschließlich in der Form einer nur 3%igen Lösung in den Handel, die nicht einmal besonders haltbar war. Deshalb konnte Wasserstoffperoxyd mit anderen Bleichmitteln wie Chlorkalk, Hypochlorit nicht konkurrieren. Gezwungen durch den scharfen Wettbewerb des Natriumperoxyds und die technische Verwendung anderer Peroxyde (des Zinks und Magnesiums), hat man auch die Herstellung des Wasserstoffperoxyds verbessert, es kommt jetzt in konzentrierter Form und mit größerer Haltbarkeit in den Handel. Wo Wasserstoffperoxyd am Orte der Herstellung auch gleich verbraucht werden kann, ist es die billigste Quelle für aktiven Sauerstoff. Im Kleinhandel, in der Technik, Kosmetik usw. treten sehr häufig Persalze, z. B. Perborate mit 10%, oder Natriumperoxyd mit 20% aktivem Sauerstoff an seine Stelle. Natriumperoxyd ist wegen seiner Herstellung aus metallischem Natrium immer etwas teuer, es wird zum Teil noch zur Herstellung konzentrierter Wasserstoffperoxydlösungen verwendet. Wasserstoffperoxydlösungen bilden das Ausgangsmaterial für die übrigen Peroxyde und Persalze.

Natriumperoxyd.

Natriumperoxyd, Na_2O_2, ist leicht in fast quantitativer Ausbeute zu erhalten, wenn man metallisches Natrium in trockener und kohlensäurefreier Luft verbrennt. Auch die technische Gewinnung geschieht in dieser Weise; man leitet bei etwa 300° Luft im Gegenstrom über das in einem Ofen auf Schalen verteilte Metall, d. h. man bringt die zuletzt mit frischem Natrium beschickten Schalen mit der sauerstoffärmsten Luft zusammen, während das fast fertige Produkt von frischer Luft bestrichen wird. Diese ganz allmähliche Oxydation ist sehr wichtig, weil sonst die Reaktionswärme zu groß wird und die Temperatur über den Punkt steigert, wo der Wiederzerfall einsetzt. In modernen Anlagen wird das auf Aluminiumschalen ausgebreitete Natrium auf Wagen durch zwei schmiedeeiserne Zylinder bei 300—400° dem Luftstrom entgegengeführt; das eine Rohr dient zur Voroxydation, das andere zur Nach- und Fertigoxydation. Der Deutschen Gold- und Silberscheideanstalt ist es gelungen, Natriumperoxyd auch in großen Drehtrommeln herzustellen, und zwar ein 98—99%iges Produkt. Der Drehtrommelofen (Abb. 295) besteht aus einer 4 m langen, 2 m weiten, geschlossenen Trommel mit einem Mannloch zur Füllung und Entleerung. Durch die eine hohle Achse wird dem Trommelinhalt Oxydationsluft zugeführt, welche durch die andere Achse wieder austritt. Die Trommel ist von einem dicht schließenden Gehäuse umgeben. Man füllt die Trommel zu $1/3$ oder $1/2$ mit feingepulvertem Natriumoxyd und erwärmt bis über den Schmelzpunkt des Natriummetalls, dann gibt man eine kleine Menge Natriummetall (bis 10%) in die Trommel und leitet die Reaktion mit einem Gemisch von Luft und Stickstoff ein. Man oxydiert bis alles Metall in Oxyd übergeführt ist. Während dieser Zeit kühlt man den Zwischenraum zwischen Gehäuse und Trommel mit Luft. Das erhaltene Natriumoxyd wird dann in

einer zweiten Stufe in derselben oder in einer zweiten Trommel mit Sauerstoff
bis zum Peroxyd weiter oxydiert, wobei die Temperatur auf 350° ansteigt.
In Rheinfelden leisten 6 Drehtrommelöfen soviel wie vorher 72 Kanalöfen. Die
Scheideanstalt verwendet aber auch noch ein anderes, noch ökonomischer
arbeitendes Verfahren, bei welchem die Oxydation des Natriums mit trockener
Luft in einer Misch- und Knettrommel vorgenommen wird. Die kräftige Durchmischung mildert die Heftigkeit der Reaktion.

Das Natriumperoxyd des Handels enthält meist nur 92—98% Peroxyd,
ist ein gelblichweißes Pulver, welches etwa 20% Sauerstoff enthält; es
ist ein ausgezeichnetes und viel verwendetes Bleichmittel für Wolle, Seide,
Stroh, Holz, Horn, Elfenbein, Wachs, Öle, Fette usw. Das Produkt ist aber
sehr hygroskopisch und in Mischung mit organischen Substanzen sehr feuer-
gefährlich. Für Bleichzwecke verwendet man $1/_2$%ige Lösungen, die mit Schwefelsäure neutralisiert und 40—50° warm sind. Das Salz gibt erst bei hoher Temperatur
seinen Sauerstoff ab (Ver-
wendung in der Analyse zum
Aufschließen). Mit Wasser
entwickelt es sehr lebhaft
Sauerstoff:

$$2\,Na_2O_2 + 2\,H_2O = 4\,NaOH + O_2$$

(beim Vermischen mit der
mehrfachen Menge Eis oder
Schnee erhält man das Hy-
drat $Na_2O_2 \cdot 8\,H_2O$). Natriumperoxyd war zeitweilig ein

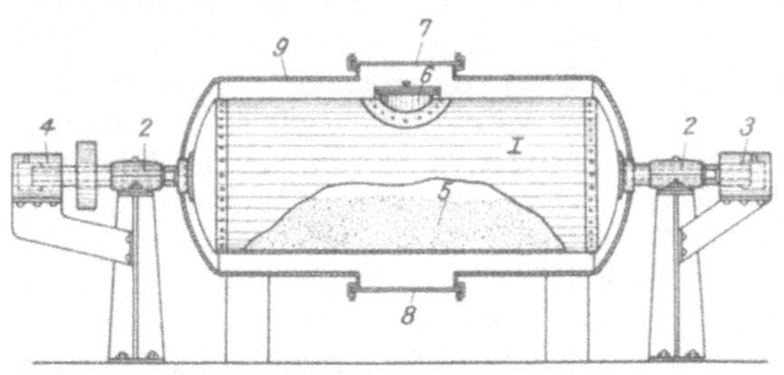

Abb. 295. Drehtrommelofen zur Herstellung von Natriumperoxyd.
(Nach MACHU: Wasserstoffsuperoxyd.)

Bestandteil einiger moderner Waschmittel. Natriumperoxydhaltige Wasch-
mittel dürfen bei uns aber nicht mehr hergestellt werden. „Oxon“ ist ein in
Würfelform gepreßtes Natriumperoxyd, zur Füllung von Atmungsapparaten für
Taucher und Feuerwehr; ebenso Pneumatogen. Oxylith ist ein gepreßtes
Gemisch von Chlorkalk und Natriumperoxyd, welches mit Wasser Sauerstoff
entwickelt. Natriumperoxyd ist neben Wasserstoffperoxyd das hauptsächlichste
Ausgangsmaterial für die Herstellung anderer Peroxyde und Persalze.

Wasserstoffperoxyd.

Für die verdünnten 3%igen Wasserstoffperoxydlösungen ist das leicht
herzustellende Bariumperoxyd das billigste Ausgangsmaterial. Die Herstellung geschieht meist durch Zersetzung mit Schwefelsäure oder Salzsäure.
Die Verwendung des Bariumperoxyds geht aber in letzter Zeit stark zurück
zugunsten der unten beschriebenen elektrolytischen Verfahren.

Zur Herstellung konzentrierter Lösungen, zersetzte man früher in der Hauptsache Natriumperoxyd mit berechneten Mengen Schwefelsäure, ein Teil des
gebildeten Natriumsulfates krystallisierte aus. Durch Vakuumdestillation erhält
man sog. 100%iges Wasserstoffperoxyd, welches von Merck (1904) unter dem
Namen Perhydrol in den Handel gebracht wird. Es enthält jedoch nicht 100%
H_2O_2, sondern nur 30%, es gibt aber bei der Zersetzung 100 Volumina wirksamen Sauerstoff. Es ist nun zwar auch gelungen, durch Destillation im Vakuum
noch höherprozentige Lösungen herzustellen und ferner durch Abkühlen eines
96%igen Präparates auf —8° und durch Impfen Krystalle von wasserfreiem
wirklich 100%igem Wasserstoffperoxyd zu erhalten; im Handel sind aber nur
Lösungen mit 30 und 40 Vol.-%. Die Wasserstoffperoxydlösungen sind sehr
empfindlich gegen jede Verunreinigung, wie Staub, Metalle usw., welche stets
eine katalytische Zersetzung verursachen, die häufig explosionsartig verläuft.

Wasserstoffperoxyd wird heute im großen fast nur aus Perschwefelsäure und aus Persulfaten gewonnen.

Die freie Säure, Überschwefelsäure, Perschwefelsäure, $H_2S_2O_8$, wird
erhalten durch Elektrolyse einer Schwefelsäure vom spezifischen Gewicht 1,35
bis 1,5 bei niederer Temperatur (5—6°), mit Stromdichten von 200 A/dm²
an Platinanoden und Bleikathoden in einer Diaphragmenzelle. Die Badspannung ist 6—7 V, die Stromausbeute 60—70%. Schwefelsäure dieser Konzentration enthält H·- und HSO_4-Ionen, von denen zwei der letzteren an der
Anode zu Überschwefelsäure zusammentreten. Die freie Säure kommt nicht
in den Handel. In Weißenstein und einigen anderen Fabriken wird die Perschwefelsäure sofort durch Wasser zerlegt:

$$H_2S_2O_8 + 2\,H_2O = 2\,H_2SO_4 + H_2O_2\,,$$

indem man in der Wärme und im Vakuum das Wasserstoffperoxyd aus der
Anodenlauge abdestilliert. Die Destillation ist durch Anwendung von Riesel-
verdampfern wesentlich verbessert worden. Man kann durch fraktionierte
Kondensation im Vakuum ein Wasserstoffperoxyd bis zu 40% H_2O_2 erreichen.
Das Verfahren steht in Rheinfelden, am Niagara und in Frankreich in An-
wendung.

Aus Persulfaten stellt man Wasserstoffperoxyd her, indem man zuerst
eine Ammonpersulfatlösung durch Elektrolyse einer sauern Ammonsulfatlösung
erzeugt. Nach PITSCH und ADOLPH setzt man das Ammonpersulfat mit Kalium-
bisulfat um

$$(NH_4)_2SO_4 + H_2SO_4 + {}^1\!/_2\,O_2 = (NH_4)_2S_2O_8 + H_2O$$
$$(NH_4)_2S_2O_8 + 2\,KHSO_4 = (NH_4)_2SO_4 + H_2SO_4 + K_2S_2O_8\,,$$

zersetzt das ausgeschiedene Kaliumpersulfat mit Schwefelsäure und destilliert
im Vakuum H_2O_2 ab, wobei $KHSO_4$ zurückbleibt, was wieder in die Elektrolyseure zurückfließt.

$$K_2S_2O_8 + H_2SO_4 = 2\,KHSO_4 + H_2SO_4 + H_2O_2\,.$$

In dieser Weise arbeitet man in Höllriegelskreuth bei München, bei Henkel
& Co. in Düsseldorf, in Aarau, Mailand und Buffalo.

Einen weiteren Fortschritt stellt das Verfahren von LÖWENSTEIN-RIEDEL
vor, nach welchem es gelingt, die elektrolytisch hergestellten Lösungen von
Ammonpersulfat direkt mit Schwefelsäure zu zersetzen und das Wasserstoffperoxyd in einer besonderen Vakuumapparatur abzudestillieren. Die 20- bis
30%ige Ammonbisulfatlösung geht dann unmittelbar zu den Elektrolysierzellen zurück. 1 kg H_2O_2 erfordert 4—5 kWh. Das Verfahren ist bei uns
und in einigen anderen Ländern in Anwendung.

Die Stromausbeuten bei der Perschwefelsäureherstellung betragen 60—70%,
bei der Ammonpersulfatherstellung 85—95%, bei 5—6 V Spannung; die Ausbeuten bei der Destillation sind bei der Perschwefelsäure 70—80%, bei den
Persulfaten 80—90%. Die Gesamtausbeute beträgt also bei der Perschwefelsäure etwa 50%, bei den beiden Persulfatverfahren 70—75%; der Gesamt-
energieaufwand für 1 kg H_2O_2 (100%ig gerechnet) 20 bzw. 15 kWh. Die genannten drei elektrolytischen Verfahren liefern zur Zeit etwa 80% der rund 4000 t
betragenden Welterzeugung an Wasserstoffperoxyd.

Die verdünnten Wasserstoffperoxydlösungen kommen meist nur mit 3%
(jetzt auch 6, 9, 15%) entsprechend 10 (bzw. 20, 30, 50) Vol.-% Sauerstoff in
den Handel. Außer als Bleichmittel wird Wasserstoffperoxyd wegen seiner
desinfizierenden und sterilisierenden Wirkung viel für medizinische und kos-
metische Zwecke gebraucht, die Hauptmenge wird auf Perborate verarbeitet.
Die Peroxyde von Magnesium und Zink, die als Magnesiumperhydrol

(mit 25% MgO_2) und als **Zinkperhydrol** (mit 50% ZnO_2) in den Handel
gehen, stellt man jetzt durch einfaches Anrühren der trockenen Oxyde mit
der konzentrierten Lösung von Wasserstoffperoxyd her.

Persalze.

Von den Persalzen haben die **Percarbonate** wegen ihrer leichten Zer-
setzlichkeit keine technische Bedeutung gewonnen; wichtig sind dagegen die
Persulfate und Perborate geworden.

Das technisch zuerst hergestellte Persulfat war das **Ammonpersulfat**.
Ammonpersulfat erhält man durch Elektrolyse gesättigter saurer Ammon-
sulfatlösungen mit großen Kathodenstromdichten (300 A/dm²) bei guten Stromausbeuten. **Kaliumpersulfat** kann man ebenfalls direkt durch Elektrolyse
herstellen, man verwendet eine gesättigte Lösung von saurem Kaliumsulfat
oder setzt dem Bade freie Schwefel- und Flußsäure zu und erhält so, auch ohne
Diaphragma mit Stromdichten von 150 A/dm² sehr gute Stromausbeuten. Meist
setzt man jedoch, wie vorher schon angegeben, Ammonpersulfat mit Kalium-
bisulfat um. Das Kaliumpersulfat $K_2S_2O_8$ ist in trockenem Zustande längere
Zeit haltbar, es ist im Wasser ziemlich schwer löslich.

Natriumpersulfat, $Na_2S_2O_8$, ist leicht löslich, aber schwieriger direkt
herzustellen. Man gewinnt es wie Kaliumpersulfat. Die Persulfate gehören zu
den stärksten Oxydationsmitteln. Die Zersetzung mit Wasser erfolgt in folgender
Weise:

$$2\,K_2S_2O_8 + 2\,H_2O = 4\,KHSO_4 + O_2 .$$

Sie werden viel in der organischen Technik verwendet und dienen als Ausgangsmaterial für die Herstellung CAROscher Säure (Sulfomonopersäure H_2SO_5).

Perborate.

Die Industrie der Perborate hat im letzten Jahrzehnt einen großen Aufschwung genommen, weil man in ihnen ein sehr geeignetes Mittel gefunden hat,
um Wasserstoffperoxyd sozusagen aufzuspeichern und bequem in den Handel
zu bringen. Hauptverwendung finden Perborate als Bleich- und Waschmittel
in der Textilindustrie wie im Haushalte (Waschpulver). Am leichtesten herzustellen sind Natriumperborate, sie sind grobkrystallinisch und außerordentlich
lange haltbar; sie haben deshalb auch die weiteste Verbreitung gefunden.

Natriumperborat, $NaBO_3 \cdot 4\,H_2O$, ist theoretisch sehr einfach herzustellen. Man macht aus Borsäure und Natronlauge eine Metaboratlösung und
fügt Wasserstoffperoxyd hinzu.

$$H_3BO_3 + NaOH + H_2O_2 + H_2O = NaBO_3 \cdot 4\,H_2O .$$

Da das Natriumperborat nur zu 1—2% löslich ist, so ist die Ausbeute eine
sehr gute. Die Herstellung bietet technisch allerdings einige Schwierigkeiten.

Natriumperborat enthält etwa 10% aktiven Sauerstoff. Löst man das
Perborat in Wasser, so entsteht eine Lösung von Natriummetaborat und freiem
Wasserstoffperoxyd; die sehr geringe Löslichkeit des Salzes kann durch
Säurezusatz wesentlich vergrößert werden.

Die Deutsche Gold- und Silberscheideanstalt erzeugt in Rheinfelden jährlich
10 000 t Perborat.

Außer dem genannten Natriumperborat ist noch ein dem Borax ($Na_2B_4O_7$)
ähnliches Salz, der **Perborax**, $Na_2B_4O_8$, im Handel, entstanden durch Einwirkung von 1 Mol Natriumperoxyd auf 4 Mol Borsäure.

$$2\,Na_2O_2 + 8\,H_3BO_3 = 2\,NaBO_3 + Na_2B_6O_{10} + 12\,H_2O$$
$$2\,NaBO_3 + Na_2B_6O_{10} + 20\,H_2O = 2\,(Na_2B_4O_8 \cdot 10\,H_2O) .$$

Als Zwischenprodukt entsteht dabei Perborat und ein Polyborat, die sich mit Perborax umsetzen.

Die anderen Perborate haben neben Natriumperborat fast gar keine technische Bedeutung, nur Zink- und Magnesiumperborate werden noch für medizinische Zwecke hergestellt. Natriumperborat dient in großen Mengen in den Seifenfabriken zur Herstellung von Wasch- und Bleichpulvern, welche die gleichen guten Eigenschaften zeigen wie die Natriumperoxydwaschmittel, jedoch ohne deren Nachteile zu besitzen. Es werden perborathaltige Seifen hergestellt, häufiger aber Mischungen mit Seifenpulver. **Alle modernen Wasch- und Bleichmittel enthalten heute Perborat.** Zu den Mischungen mit Seifenpulver gehört z. B. das bekannte „Persil". Bei anderen ist das Bleichmittel (Perborat) mit Borax oder Soda usw. vermischt. In den früher verwendeten natriumperoxydhaltigen Mitteln war in der Regel das Bleichmittel vom Reinigungsmittel räumlich getrennt verpackt; die Herstellung natriumperoxydhaltiger Waschmittel ist in Deutschland von 1939 ab verboten. Die gewöhnlichen älteren Waschmittel enthalten nur Soda, Seife und Borax. Bahnbrechend gewirkt hat für die perborathaltigen Waschmittel besonders das **Persil der Firma Henkel & Co., Düsseldorf.**

Literatur.

v. Giersewald: Anorganische Peroxyde und Persalze. 1914. — Machu: Wasserstoffsuperoxyd. 1937.

Düngemittel.

Die grüne chlorophyllhaltige Pflanze braucht zum Wachstum und Gedeihen Licht, Luft, Wärme und Wasser. Aus der Luft bezieht sie Kohlensäure und Sauerstoff, die direkt von den Blättern aufgenommen werden. Wasser und auch Stickstoff entnimmt die Pflanze dem Boden, und zwar den Stickstoff meist in der Form von Salzen der Salpetersäure oder des Ammoniaks. Aus diesen Stoffen werden durch den Assimilationsprozeß, zu welchem Licht und Wärme notwendig sind, alle die komplizierten organischen Körper aufgebaut (Kohlehydrate, Eiweißstoffe, Amide usw.), die wir in grünen Pflanzen antreffen. Eine ganze Pflanzenfamilie, die Papilionaceen (Schmetterlingsblütler), wozu auch viele landwirtschaftliche Gewächse wie Bohnen, Erbsen, Klee, Lupinen, Luzernen usw. gehören, besitzt die besondere Fähigkeit, mit Hilfe von Knöllchenbakterien den Stickstoff der Luft direkt in organische Stickstoffverbindungen überzuführen.

Die Kohlensäureassimilation führt in folgender Weise zu Stärke:

$$6\,CO_2 + 5\,H_2O = C_6H_{10}O_5 + 6\,O_2,$$

die wir in allen chlorophyllhaltigen Pflanzen antreffen; die Stärke braucht aber nicht das Endassimilationsprodukt zu sein, es kann eine Zuckerart sein, wie ja auch die Stärke als Traubenzucker in der Pflanze von Zelle zu Zelle wandert. Zuerst bildet sich, wie jetzt experimentell erwiesen ist, als Zwischenprodukt Formaldehyd, der sich nachher zu Kohlehydraten polymerisiert:

$$CO_2 + H_2O + CH_2O + O_2, \qquad (CH_2O)_6 = C_6H_{12}O_6.$$

Zur Abspaltung des Sauerstoffs aus der Kohlensäure ist eine Energiemenge von 112,3 kcal erforderlich. Diese große Energiemenge kann nur durch das Licht geliefert werden, deshalb geht auch die Assimilation nur im Lichte vor sich. Der Reaktionsmechanismus ist zwar noch nicht ganz aufgeklärt, sicher ist aber, daß das Kalium in irgendeiner Weise an diesen photochemischen Vorgängen hervorragend beteiligt ist.

Nach Auffassung von STOKLASA bildet sich unter dem Einfluß des Lichtes zuerst Kaliumbicarbonat, aus diesem Ameisensäure und Sauerstoff. Die Ameisensäure wird in Formaldehyd und Sauerstoff zerlegt und der Formaldehyd bei Gegenwart von Kalium zu Hexosen kondensiert. Kaliumcarbonat geht mit CO_2 und H_2O wieder in Bicarbonat über:

$$KHCO_3 = HCOOK + \tfrac{1}{2} O_2$$
$$HCOOK + H_2CO_3 \rightleftarrows HCOOH + KHCO_3$$
$$HCOOH = HCHO + \tfrac{1}{2} O_2$$
$$nHCHO = (CH_2O)n.$$

Für die Umwandlung von Formaldehyd in Zucker, die auch im Dunkeln vor sich geht, kommt als Reaktionsbeschleuniger hauptsächlich das Magnesium des Chlorophylls (Magnesiumformiat) in Frage. STOKLASA hat nachgewiesen, daß das Kaliumion stets in chlorophyllhaltigen Zellen der Pflanzen vorhanden ist, daß sich das meiste Kali gerade in den Pallisadenzellen unter der obersten Blattepidermis findet, wo die Einwirkung der Lichtstrahlen am größten ist. Das Kalium ist in den einzelnen Zellen immer um die Chlorophyllkörner aufgehäuft. Kalium ist also sicher sehr stark an der Photosynthese der Kohlehydrate beteiligt. Dem Kalium kommt außerdem in spezifischer Weise die Kontrolle der Wasserführung zu. Die landwirtschaftliche Praxis kennt seit LIEBIG die günstige Wirkung der Kalidüngung bei allen Pflanzen, bei denen es auf Bildung von Kohlehydraten ankommt, wie Rüben, Kartoffeln, Obst, Baumwolle usw. Bei Rüben hat man direkt ein bestimmtes Verhältnis zwischen Zuckergehalt und aufgenommenem Kali feststellen können.

Außer den genannten Stoffen sind aber noch eine Reihe anderer Elemente für die Ernährung der Pflanze unentbehrlich, dazu gehören in erster Linie Stickstoff, Phosphorsäure und Kalk, daneben auch noch Eisen, Magnesium und Schwefel. Nicht unentbehrlich, aber nützlich sind auch noch Silizium, Chlor und Natrium.

Der Stickstoff ist ein unentbehrlicher Nährstoff, welcher zusammen mit Sauerstoff, Kohlenstoff, Wasser und Schwefel auf dem Wege über die Aminosäuren die Eiweißverbindungen liefert. Ohne letztere gibt es kein Plasma und damit auch keine Assimilation. Außer für die Bildung der verschiedenen Eiweißstoffe oder Proteine ist der Stickstoff auch noch für den Aufbau von Amiden, Alkaloiden usw. notwendig.

Eisen ist für die Sauerstoffatmung unbedingt notwendig.

Die Phosphorsäure ist für die Bildung und Umsetzung der Eiweißkörper ebenfalls unentbehrlich. Sie findet sich in verschiedenen Eiweißstoffen, speziell in den Nucleoproteiden des Zellkerns. Phosphorsäure beschleunigt die Reife der Pflanzen. Zucker- und Stärkebildung werden nicht beeinflußt.

Kalk ist für den normalen Verlauf der Assimilation unbedingt erforderlich. Er bindet die entstehenden organischen Säuren (Weinsäure, Äpfelsäure, Oxalsäure), und ist auch an der Umwandlung der Stärke in Zucker beteiligt; zusammen mit Kieselsäure macht er die Zellwände widerstandsfähiger. Namentlich Papilionaceen wie Bohne, Klee, Wicke, aber auch Gemüse und Ölpflanzen, Tabak und Obstbäume sind starke Kalkverbraucher.

Alle diese Mineralstoffe finden sich in dem durch Verwitterung der Gesteine entstandenen Ackerboden, häufig allerdings in unlöslicher Form. Das Mengenverhältnis der Stoffe im Boden ist nun natürlich nicht so, wie es die Pflanze gerade braucht; wenn auch Kieselsäure, Kalk, Magnesia, Eisen, Schwefelsäure usw. meist in ausreichender Menge vorhanden sind, so tritt sehr bald ein Mangel an Kali, Stickstoff und Phosphorsäure, bisweilen auch an Kalk, ein, weil diese Stoffe meist nur in geringen Mengen zur Verfügung stehen. Man rechnet, daß auf 1 ha Fläche bei 20 cm Tiefe der Ackerkrume durchschnittlich folgende Gehalte an Kali, Phosphorsäure und Stickstoff in den Böden vorhanden sind:

	Kali kg	Phosphorsäure kg	Stickstoff kg
Kalkarmer Landboden (Brandenburg)	450	1350	2040
Sandiger Lehmboden (Sachsen)	1 290	900	3450
Schwerer Lehmboden (Harz)	1 320	2790	3180
Moorboden	238	285	4223
Russische Schwarzerde	18 900	5400	9000

Es werden einem Hektar Ackerland bei kleiner (a), mittlerer (b), großer (c) Ernte (in kg) entzogen durch:

	Kali			Phosphorsäure			Stickstoff			Kalk
	a	b	c	a	b	c	a	b	c	b
Weizen	20	50	65	15	30	50	35	70	125	12
Roggen	25	60	85	15	36	50	25	50	100	15
Gerste	30	50	70	15	25	40	30	50	90	15
Hafer	45	75	105	15	25	40	35	60	100	15
Kartoffeln	90	160	220	25	40	60	60	90	130	50
Zuckerrüben	95	175	225	20	60	80	75	150	180	120
Tabak		160			30			100		120
Wiesenheu	30	120	230	10	25	60	30	90	190	80
Rotklee	70	111	173	20	33	55	75	120	190	120
Raps	50	130	150	25	60	90	55	110	175	120
Weißklee	170	200	580	10	60	140	70	185	240	180

Bei den erstgenannten 6 Nutzpflanzen ist bei dem Entzug aus dem Boden das Verhältnis $11 \, N_2 : 5 \, P_2O_5 : 13 \, K_2O$; durchschnittlich nimmt man für die Nutzpflanzen ein Verhältnis von $10 \, N_2 : 5 \, P_2O_5 : 10\text{—}12 \, K_2O$ an. Dementsprechend müßten auch dem Boden die Nährstoffe in diesem Verhältnis wieder zugeführt werden, und es ist einleuchtend, daß die jetzt bevorzugte Düngung mit Mischdüngern, welche einige oder alle der genannten Stoffe enthalten, richtiger ist als die einseitige Düngung mit einem Einzeldünger.

Bei intensiver Bewirtschaftung tritt also auf die Dauer ein Mangel an den drei genannten Nährstoffen ein, der nur durch künstliche Düngung wieder ausgeglichen werden kann.

Die alte empirische Landwirtschaft glaubte damit genug zu tun, einmal eine größere Menge natürlichen Düngers in Form von Stallmist zu geben und eine gewisse Fruchtfolge einzuhalten. Stallmist ist nun zwar auch für die Düngung von großer Bedeutung, insofern er dem Boden Nährstoffe (Kali), die ihm vorher entzogen wurden, wieder zuführt und indem durch die beigemengten Stoffe der Boden gelockert, erwärmt und mit Humus bereichert wird. Die Stallmistdüngung reicht jedoch nicht zum völligen Ersatze der verbrauchten Stoffe aus, weil nämlich größere Mengen an Phosphorsäure und Stickstoff mit den Ernteprodukten als menschliche und tierische Nahrung verbraucht werden und nicht wieder als Stalldünger dem Boden zurückgegeben werden. Durch die künstlichen Düngemittel hat man es in der Hand, die Stoffe, welche durch die vorhergehende Ernte entzogen wurden, wieder zu ergänzen.

Zu den natürlichen Düngemitteln gehören vor allen Dingen Stallmist, Jauche, menschliche Exkremente und Abfälle von Schlachthöfen und Abdeckereien.

Ein anderes Mittel, den Boden mit organischer Substanz anzureichern, ist die Gründüngung, die darin besteht, daß man grüne Pflanzenmassen, namentlich solche, welche mit Hilfe der Knöllchenbakterien Stickstoff zu sammeln imstande sind (Lupine, Serradella, Wicken), unterpflügt. Hierdurch werden dem Boden ziemlich große Mengen Stickstoff (je Hektar etwa 70 bis 170 kg) wieder zugeführt.

Die Anregung zur Herstellung künstlicher Düngemittel gab JUSTUS v. LIEBIG 1840. Er zeigte schon, daß die dem Boden bei landwirtschaftlicher Benutzung entzogenen Nährstoffe nicht durch Stalldünger wieder ersetzt werden können und er wies darauf hin, daß die dem Boden zuzuführenden Nährstoffe am besten in leichtlöslicher Form geboten werden sollten, daß also die früher viel benutzten Düngemittel wie Knochenmehl, Guano, eigentlich ziemlich unwirksam seien, die Wirksamkeit ließe sich aber erhöhen, wenn man die unlöslichen Phosphate mit Schwefelsäure aufschließen würde. Er sagte: „Das beste und zweckmäßigste Mittel wäre unstreitig, die Knochen fein gepulvert, mit ihrem halben Gewichte Schwefelsäure und 3—4 Teilen Wasser eine Zeitlang in Digestion zu stellen, den Brei mit etwa 100 Teilen Wasser zu verdünnen und mit dieser sauren Flüssigkeit (phosphorsaurem Kalk und Bittererde) den Acker vor dem Pflügen zu besprengen."

So arbeitet man heute zwar nicht mehr. Der Aufschluß von Phosphaten mit Schwefelsäure zum wasserlöslichen Monocalciumphosphat (Superphosphat) ist aber eine Weltindustrie geworden, als deren Begründer LIEBIG gelten muß.

Die künstlichen Düngemittel kann man in einige große Gruppen unterteilen: Stickstoffdünger, Phosphorsäuredünger, Kalidünger, Misch- und Volldünger, und Kalkdünger.

Unter Misch- und Volldünger versteht man heute Dünger, die durch besondere Misch- oder Umsetzungsverfahren großtechnisch aus Einzeldüngern hergestellt werden, obgleich eigentlich schon seit den Anfängen der künstlichen Düngung Düngemittel verwendet wurden, welche, wie z. B. Knochenmehl (2—6% N_2, 16—30% P_2O_5), Guanos (5—16% N_2, 8—13% P_2O_5, 1—3% K_2O), LIEBIGs Patentdünger 1845 ($K_2O \cdot P_2O_5 \cdot CaO$), zwei oder drei dieser Stoffe, daneben auch noch Kalk enthielten. Andererseits pflegt man auch heute beispielsweise den Kalkstickstoff oder den Kalksalpeter (Norgesalpeter), obwohl sie zwei Düngestoffe enthalten, nicht als Mischdünger zu bezeichnen. Die Mischdünger werden nachstehend in einer der vier großen Gruppen mit besprochen werden.

Stickstoffhaltige Düngemittel.

Eine gute Übersicht über die verschiedenen Stickstoffdünger bekommt man, wenn man sie nach der Art der Stickstoffverbindung gruppiert:

1. Ammoniakformen: Ammonsulfat, Ammonchlorid.

2. Nitratformen: Natriumnitrat (Chilesalpeter), Calciumnitrat (Norgesalpeter),

3. Ammoniak und Nitrat: Ammonsulfatsalpeter, (Leunasalpeter), Kaliammonsulfat.

4. Ammoniak und Nitrat mit Kali: Kaliammonsalpeter.

5. Amidform: Harnstoff.

6. Amid und Nitrat: Harnstoff-Kalksalpeter.

7. Cyanamidform: Kalkstickstoff.

8. Ammoniak-Phosphorsäure: Diammonphosphat, Leunaphos, Ammophos.

9. Volldünger mit Stickstoff, Phosphorsäure und Kali: Nitrophoska, Harnstoff-Kali-Phosphor.

Die Herstellung und Zusammensetzung dieser stickstoffhaltigen Düngemittel soll nun kurz besprochen werden, wobei jedoch die phosphorsäurehaltigen

Mischdünger bei der Gruppe der phosphorsäurehaltigen Düngemittel eingereiht werden.

Ammonsulfat, schwefelsaures Ammon, $(NH_4)_2SO_4$, enthält rund 20% Stickstoff und wird verwendet wie Chilesalpeter für stickstoffarme Böden. Das Ammonsulfat geht im Boden bei Gegenwart von Kalk und Luft bald in Nitrat über und wird in dieser Form von der Pflanze aufgenommen. Das Ammonsulfat gehört zu den „physiologisch sauren" Düngesalzen. Unter normalen Verhältnissen, d. h. bei Kulturböden, die genügend Kalk, Humus und Zeolithe enthalten, führt das aber zu keinen schädlichen Auswirkungen. (Gewinnung und Herstellung, Produktionsmengen usw. vgl. S. 175, 191 und 413).

Allgemein kann man über die Düngewirkung der Ammonsalze sagen, daß die höheren Pflanzen den Stickstoff nicht nur in der Salpeterform aufnehmen können; PRJANISCHNIKOW hat gezeigt, daß die Stickstoffaufnahme auch in Ammoniakform erfolgen kann. Viele Kulturpflanzen entwickeln sich mit Salpeterstickstoff besser (daher auch die etwas höhere geldliche Bewertung des Salpeterstickstoffs), bei Hafer und Kartoffeln ist jedoch der Ammoniakstickstoff überlegen, bei Roggen und Weizen sind beide in der Wirkung gleich.

Ammonchlorid, NH_4Cl, mit etwa 25% N_2 (s. S. 413) hat sich als Düngemittel wenig eingeführt. Für Tabak ist es unverwendbar. **Kalkammon** ist eine Mischung von Ammonchlorid mit Kalkcarbonat (17% N_2).

Natriumnitrat, Chilesalpeter, Natronsalpeter, $NaNO_3$. Der Chilesalpeter, dessen Gewinnung schon S. 319 eingehend besprochen ist, enthält etwa 15 bis 15,5% N_2, er wird bei uns seit Anfang der 60er Jahre in steigenden Mengen als Düngemittel verwendet. Seine Wirkung ist eine rasche, aber nicht anhaltende, er eignet sich besonders zur Düngung von Getreide, Rüben, Kartoffeln, Tabak usw. Namentlich Zuckerrüben bevorzugen Salpeterstickstoff. Er ist besonders günstig für Kopfdüngungen. Die Einfuhr von Chilesalpeter erreichte bei uns 1913 rund 800000 t im Werte von etwa 200 Mill. Mark. Durch den Krieg wurde die Zufuhr unterbunden und die Landwirtschaft mußte sich anderen Düngemitteln zuwenden. Die Einfuhr ist auf etwa 100000 t gesunken, weil inzwischen künstlich hergestellter Natronsalpeter von der I.G. Farbenindustrie in den Handel gebracht wird (s. S. 320), der die Verunreinigungen (Perchlorat, Jodat) des Chilesalpeters nicht enthält, etwas höher im Stickstoffgehalt ist (16% N_2) und in seiner Wirkung dem Chilesalpeter gleich kommt. **Kalisalpeter** kommt bei uns nur als Bestandteil in zusammengesetzten Düngemitteln zur Verwendung.

Kalksalpeter, Calciumnitrat, wurde von 1903—1925 ausschließlich in Norwegen mit Salpetersäure nach dem Lichtbogenverfahren hergestellt, daher auch der Namen **Norgesalpeter** (etwa 150000 t im Jahr). Der Norgesalpeter ist dunkelgrau und hatte etwa 13% N. Seit dieser Zeit stellt die I.G. Farbenindustrie mit Salpetersäure aus der NH_3-Oxydation einen weißen Kalksalpeter mit 15,5 N und 28% CaO her. Das Calciumnitrat ist immer etwas hygroskopisch. Die Wirkung ist gleich der des Natronsalpeters, der Kalkgehalt aber in manchen Fällen ein Vorteil. Er findet in steigenden Mengen Verwendung.

Ammonsulfatsalpeter, Leunasalpeter. Da Ammonnitrat wegen seiner hygroskopischen und explosiblen Eigenschaften als Düngemittel nicht ohne weiteres geeignet ist, so suchte man durch Beimengung anderer geeigneter wertvoller Stoffe diese unangenehmen Eigenschaften des sonst an sich sehr hochwertigen Salzes (35% N_2) zu beseitigen. Das geschieht in größtem Umfange durch Beimengung von Ammonsulfat. Die I.G. Farbenindustrie stellt den **Ammonsulfatsalpeter** oder **Leunasalpeter** in der Weise her, daß sie festes Ammonnitrat und festes Ammonsulfat mit wenig Wasser mischt. Der

Leunasalpeter ist ein Doppelsalz $(NH_4)_2SO_4 \cdot 2\,NH_4NO_3$ mit etwas Ammonsulfatüberschuß, mit 26% N_2, wovon $^2/_3$ in Ammonform, $^1/_3$ in Salpeterform vorhanden sind. Er verbürgt durch die beiden N-Formen eine ausgezeichnete Düngewirkung. Ammonsulfatsalpeter kommt von anderer Seite unter der Bezeichnung Montansalpeter auf den Markt.

Kaliammonsalpeter wird hergestellt, indem eine wasserhaltige Ammonnitratschmelze mit technischem Kaliumchlorid gemischt wird.

$$NH_4NO_3 + KCl = KNO_3 + NH_4Cl.$$

Im fertigen Dünger finden sich hauptsächlich Mischkrystalle von Kalisalpeter und Ammonchlorid neben Kaliumchlorid. Der Nährstoffgehalt besteht aus 8% Ammonstickstoff, 8% Nitratstickstoff und 28% K_2O. Kalkammonsalpeter ist ein Gemisch von Ammonnitrat mit Calciumcarbonat und hat 20,5% Stickstoff neben 33% kohlensaurem Kalk.

Harnstoff ist der höchstprozentigste Stickstoffdünger, er hat 46% N_2 und ist infolge seiner Unschädlichkeit und Wetterbeständigkeit ein ideales Düngemittel. Im Boden zerfällt der Harnstoff unter bakterieller Einwirkung in seine Komponenten Ammoniak und Kohlensäure. Harnstoff eignet sich besonders zur Düngung von Wiesen und Weiden, für Hopfen, Reben, Tabak, Feldgemüse. Man kann Harnstoff herstellen aus Calciumcyanamid (Kalkstickstoff) mit verdünnten Säuren. Dieses Verfahren wird im Auslande angewandt; bei uns stellt die I.G. Farbenindustrie Harnstoff durch Druckvereinigung von Ammoniak und Kohlensäure her, d. h. aus Ammoncarbonat oder Ammoncarbamat unter Wasserabspaltung in geschlossenen Gefäßen bei 120°. An Stelle von Harnstoff liefert die I.G. jetzt einen Kalkharnstoff für dieselben Zwecke; er hat 20% Stickstoff und 48% kohlensauren Kalk und übertrifft den reinen Harnstoff in bezug auf Wirkung und Handhabung.

Harnstoffkalksalpeter wird von der I.G. Farbenindustrie hergestellt, indem man in eine konzentrierte Kalksalpeterlösung solche Mengen Harnstoff einträgt, daß die Bildung eines Doppelsalzes $Ca(NO_3)_2 \cdot 4\,Ca(NH_2)_2$ oder eines Salzes anderer Mischungsverhältnisse (bis 1:1) entsteht. Die Mischung wird durch Verspritzen getrocknet. Das Verhältnis von Amid- zu Nitratstickstoff läßt sich beliebig einstellen, das Handelsprodukt hat 34% N_2.

Der **Kalkstickstoff** ist schon (S. 425) besprochen.

Organische Stickstoffdünger spielen heute nur noch eine untergeordnete Rolle. Hierzu gehören Knochenmehle, Horn- und Blutmehle, Fleischdüngemehl, Fischmehl, Poudrette, Wollstaub, Melasseschlempedünger; in Amerika auch: Tabakstaub, Kloakenschlamm, Baumwollsaatmehl usw.

Die meisten dieser Dünger mit organischem Stickstoff, dessen Wirksamkeit nur etwa 50—75% des Salpeterstickstoffs beträgt, sind eigentlich Mischdünger, da sie auch Phosphorsäure enthalten. Diejenigen Dünger mit organischem Stickstoff, bei dem die Gehalte an Phosphorsäure überwiegen, wie Knochenmehl, Fleischmehl (Tierkörpermehl), Fischmehl, Guano, werden bei den phosphorsäurehaltigen Düngemitteln mit erwähnt werden. Hier wären nur zu nennen Blutmehl aus Schlachthäusern und Abdeckereien mit 10—14% N_2 und wenig P_2O_5, und die durch Eindampfen von Fäkalien mit Torf oder Asche erhaltene Poudrette mit 6—8% N_2, 1—4% P_2O_2, 3—9% K_2O, die aber nur noch sehr wenig hergestellt wird.

Die verschiedenen Formen des Stickstoffs in den Düngemitteln sind in ihrer Düngewirkung nicht ganz gleich, infolgedessen findet auch im Handel eine etwas verschiedene Bewertung statt. So hat z. B. der Reichskommissar folgende Preise für Anfang 1938 für 1 kg Stickstoff in Mark festgesetzt: Ammonsulfat 0,47, Kalkammoniak 0,47, Ammonsulfatsalpeter 0,50, Kalkammonsalpeter 0,53, Kaliammonsalpeter 0,53, Kalksalpeter 0,67, Natronsalpeter 0,69, Kalkstickstoff 0,70—0,75.

Welterzeugung an Stickstoffverbindungen und Verbrauch für landwirtschaftliche Zwecke (in 1000 t Reinstickstoff).

	1926/27	1929/30	1931/32	1932/33	1933/34	1934/35	1935/36	1936/37	1937/38
Ammonsulfat:									
Nebenprodukt-	303	424	302	258	307	321	365	429	411
Synthetisches	300	442	522	560	535	533	630	688	765
Kalkstickstoff	180	264	135	169	195	232	270	291	305
Kalksalpeter	81	131	79	118	107	153	156	179	195
Sonstige Stickstoffverbindungen:									
Synthetische	133	427	348	462	516	607	720	851	931
Nebenprodukt-	40	51	30	40	48	45	45	53	49
Chilesalpeter	200	502	170	71	84	179	192	206	224
Gesamtproduktion . . .	1237	2241	1586	1678	1792	2070	2378	2697	2880
Verbrauch für landwirtschaftliche Zwecke . .	1200	1750	1412	1586	1673	1812	2084	2369	2492

Deutschlands Verbrauch an Stickstoffdünger (in 1000 t Reinstickstoff).

	1926/27	1929/30	1931/32	1932/33	1933/34	1934/35	1935/36	1936/37	1937/38
Ammoniakdünger	173	110	93	187	192	203	232	273	325
Salpeter und Ammonsalpeter	115	140	151	74	83	96	113	147	165
Kalkstickstoff	88	93	75	85	97	113	131	130	120
Chilesalpeter	16	44	7	7	11	15	15	20	23
Insgesamt	392	387	326	353	383	427	491	570	633

Aus der Aufstellung wird ersichtlich, daß der Gesamtverbrauch an stickstoffhaltigen Düngemitteln stetig ansteigt; innerhalb der verschiedenen Gruppen macht sich eine Verschiebung bemerkbar zugunsten der ammonsalpeterhaltigen Düngemittel und der Stickstoffdünger mit mehreren Nährstoffen (Mischdünger) auf Kosten der reinen Ammoniakdünger.

Kalihaltige Düngemittel.

Kalium ist einer der wichtigsten Nährstoffe der Pflanzen. Ein kalifreier Boden würde absolut unfruchtbar sein. In jedem Ackerboden sind nun Kaliumsilicate in ziemlichen Mengen vorhanden, sie sind aber schwer und nur schlecht ausnutzbar. Bei intensiver Bewirtschaftung des Bodens muß man also Kalisalze zuführen, wozu sich am besten die wasserlöslichen Kalirohsalze (s. S. 235) eignen, wie sie sich in geologischen Zeiten in den Kalisalzlagern aus dem Meerwasser abgeschieden haben oder wie sie die Kaliindustrie aus diesen Salzgemischen herstellt. Hauptsächlich kommen zur Verwendung Carnallit, Kainit und daraus hergestellt Chlorkalium und sog. Patent-Kalimagnesia. Der Handels-Carnallit ($KCl \cdot MgCl_2 \cdot 6\,H_2O$) enthält 9—12% K_2O, der Kainit ($KCl \cdot MgSO_4 \cdot 3\,H_2O$) 12—15%, die Kali-Magnesia 26%, Kaliumsulfat 42%, Chlorkalium 50—60% K_2O. Daneben spielen noch „Düngesalze" mit 18—42% K_2O im Handel eine große Rolle. Im allgemeinen zieht man die Sulfate den chlorhaltigen Salzen vor, da viele Pflanzen (z. B. Kartoffeln) empfindlich gegen die Wirkung von Chloriden sind. Kalisalze müssen zeitig ausgestreut und am besten eingepflügt werden, nur bei Wiesen und Klee gibt man sie als Kopfdüngung; man verwendet sie gern gleichzeitig mit Phosphorsäuredüngern. Besonders vorteilhaft ist Kalidüngung bei Klee, Gras, Tabak, Kartoffeln, Rüben. Auch die Kalisalze zählen zu den physiologisch sauren Düngemitteln, rufen aber keine Versäuerung des Bodens hervor.

Es gibt nun neben den eigentlichen „Staßfurter" Kalisalzen noch eine Reihe anderer kalihaltiger Substanzen, die ab und zu als Düngemittel gebraucht werden oder (z. B. im Kriege in anderen Ländern) gebraucht worden sind, dazu gehören Holzasche, Hochofenstaub, Zementofenstaub, Alunit, Seetange usw. Diese sind schon der Menge nach nicht genügend zu beschaffen, um den großen Kalibedarf der Landwirtschaft zu decken. Das öfter als kalihaltiges Düngemittel empfohlene Phonolithmehl ist so gut wie wertlos.

In neuerer Zeit werden auch kalihaltige Mischdünger hergestellt, wie Kaliammonsalpeter, Nitrophoska und Hakaphos. Diese sind bei den stickstoffhaltigen bzw. bei den phosphorhaltigen Düngemitteln besprochen.

Die deutschen Kalisalzablagerungen sind aber leider kein Monopol Deutschlands mehr, denn abgesehen von dem an Frankreich verlorenen Elsaß sind auch in anderen Ländern, wie Spanien, Polen, Nordamerika, Rußland, Kalisalzlager erschlossen worden, die ebenfalls Kalisalze liefern. Die Hauptkalilieferanten sind aber heute immer noch Deutschland und das französische Elsaß.

Die Weltproduktion an Kalisalzen betrug 1936: 2,4, 1937: 2,8 Mill. t Reinkali. Hierzu steuerten bei (in 1000 t K_2O):

	1936	1937			1936	1937
Deutschland . .	1441	1690	Spanien	120	...
Frankreich . . .	365	490	Amerika	224	258
Polen	84	100	Rußland	120	...

Die deutsche Kalisalzgewinnung begann 1861 mit 2293 t, sie überschritt 1890 bereits 1 Mill. t (1,28 Mill. t) und erreichte 1913: 11,6 Mill. t. Im Kriege und durch den Verlust des Elsaß sank die deutsche Kalisalzförderung bis auf 7,78 Mill. t im Jahre 1919. Von 1920—28 wurden 11—13 Mill. t gewonnen, 1929 war das Rekordjahr mit 14,8 Mill. t, auf welches in den nächsten Jahren ein sehr starker Abfall (bis auf 6,4 Mill. t 1932) folgte. Die Förderung stieg dann wieder an und erreichte 1936 11,8 Mill. t, 1937 14,5 Mill. t. (Näheres s. S. 248 bei „Kalisalzen").

Der Gesamtabsatz nach Kalisorten gestaltet sich wie folgt (in 1000 t K_2O):

	1913	1925	1929	1932	1936
Carnallitrohsalz	7	2	2	—	1
Rohsalz von 12—15%	457	236	220	180	275
Kalidüngesalz von 18—22%	48	108	93	36	35
„ „ 28—32%	19	44	52	23	20
„ „ 38—42%	265	555	640	356	738
Chlorkalium	245	205	266	142	91
Schwefelsaures Kali	54	64	107	34	81
„ Kali-Magnesium . . .	15	11	21	16	25

Verbrauch der deutschen Landwirtschaft an Kalisalzen (in 1000 t K_2O).

	Düngejahre						
	1929/30	1931/32	1933/34	1934/35	1935/36	1936/37	1937/38
Kalirohsalze	213,3	157,8	217,1	246,3	267,1	239,3	194,0
Kalidüngesalze . . .	499,8	341,2	425,3	501,8	601,1	636,3	858,6
Kalifabrikate	67,2	60,0	71,1	68,5	75,3	81.3	103,6
	780,3	559,0	713,5	816,6	943,5	956,9	1156,2

Phosphorsäurehaltige Düngemittel.

Zu den phosphorsäurehaltigen Düngemitteln sind eigentlich auch die früher viel benutzten Mischdünger zu zählen, die man genauer als Stickstoff-Phosphorsäuredünger bezeichnen sollte, nämlich Guano, Knochenmehl, Fleischmehl usw. Sie sind jetzt ziemlich bedeutungslos.

Die eigentlichen künstlichen phosphorsäurehaltigen Düngemittel kann man einteilen in solche:

1. mit wasserlöslicher Phosphorsäure: Superphosphat, Doppelsuperphosphat, Nitrophoska;

2. mit zitronensäurelöslicher Phosphorsäure: Thomasmehl, Dicalciumphosphat, Calciummetaphosphat und die Glühphosphate, wie Rhenaniaphosphat u. a.;

3. außerdem Mischdünger mit Superphosphat: Ammoniaksuperphosphat, Kalisuperphosphat, Kaliammonsuperphosphat.

Guano (Peruguano) ist eine erdige Ablagerung von Vogelexkrementen (Peru, Bolivia, Patagonien, Birds- und Falklandsinseln). Er wird nur selten in rohem Zustande verwendet, und wird meist ähnlich wie Superphosphat mit Schwefelsäure aufgeschlossen, er hat 5—7% N_2, 10% P_2O_5 und 2% K_2O.

Knochenmehl. Knochen bestehen aus rund 50% Knochensubstanz, 25% Knorpel (Leimsubstanz) und etwa 15% Mark (mit etwa 15% Fett). Im Knochenmehl ist die Phosphorsäure zu 90% als $Ca_3(PO_4)_2$ und zu 10% als $CaHPO_4$ enthalten, die Düngewirkung ist also schlecht. Man extrahiert mit Benzin oder Tetrachlorkohlenstoff das Fett und laugt nachher mit schwach gespanntem Dampf die Leimstoffe aus. Das so erhaltene entleimte Knochenmehl ist fast stickstoffrei und hat bis 35% P_2O_5, das nur mit Wasserdampf behandelte gedämpfte Knochenmehl hat etwa 4% N_2 und etwa 21,5% P_2O_5, es war früher ein beliebtes Düngemittel.

Fischmehl, Fischguano, wird in ähnlicher Weise in Norwegen aus Fischköpfen oder Abfällen aus Fischkonservenfabriken hergestellt (8—9% N_2, 13 bis 14% P_2O_5). Fleischmehl oder Tierkörpermehl stammt aus städtischen Abdeckereien, wo Tierkadaver oder Schlachthausabfälle in eisernen rotierenden Siebtrommeln mit gespanntem Dampf zerkocht werden. Fett und Leimbrühe werden für sich abgezogen und weiter verarbeitet; die restierenden Fleisch- und Knochenteile trocknet man und vermahlt das Produkt. Das Fleischmehl hat 7—9% N_2, 10—17% P_2O_5 und 1% K_2O.

Superphosphat.

Die Superphosphatherstellung begann auf LIEBIGs Vorschlag hin in den 40er Jahren, und zwar verarbeitete man zunächst nur die leicht aufschließbaren Knochenphosphate und Guanos. Zur Industrie wurde die Aufschließung von Phosphaten erst, als man an die Verarbeitung von Mineralphosphaten herantreten mußte. Koprolithe (Exkremente von Sauriern), Osteolithe (Skelette untergegangener Wirbeltiere) und Guanophosphat (Vogelexkremente) sind heute ohne Bedeutung. Das Rohmaterial für die Superphosphatindustrie bilden heute die riesigen Phosphatablagerungen, die sich in der ganzen Welt finden. Besonders wichtig sind die Mineralphosphate von Nordamerika, Nordafrika und von den Inseln des Stillen Ozeans. Die Urquelle für alle diese Phosphorsäurematerialien ist der Apatit, dessen Phosphorsäure, durch kohlensäurehaltiges Wasser gelöst, in den Pflanzen- und Tierkörper gelangte, oder beim Zusammentreffen mit Kalk, Eisenoxyd und Tonerde Phosphatlager bildete. Der Gehalt an Fluor in den Phosphaten rührt auch vom Apatit her.

Der Apatit hat zwar etwa 96% Tricalciumphosphat, er macht jedoch beim Aufschluß Schwierigkeiten und wird kaum noch zur Superphosphatfabrikation verwendet. Die Rohphosphate der verschiedenen Vorkommen bestehen in der Hauptsache aus wasserunlöslichem Tricalciumphosphat mit etwas Eisen- und Tonerdephosphat, Fluorcalcium und Silicaten.

Das früher beliebteste und heute noch als Standardphosphat geltende Mineralphosphat ist das Floridaphosphat (Hardrock und Pebble). Florida-Hardrock hat 76—78% $Ca_3(PO_4)_2$, 6—6% $CaCO_3$, 2—3% Al_2O_3 und Fe_2O_3, 5—6% F als CaF_2, Pebble etwa 70% $Ca_3(PO_4)_2$. In letzterer Zeit sind aber die afrikanischen Phosphate von Algier, Tunis und schließlich von Marokko stark in den Vordergrund getreten, die 58—63% (Marokko bis 75%) $Ca_3(PO_4)_2$, 10—20% $CaCO_3$, 3—7% F, 1,5% Fe_2O_3 enthalten. Reicher sind noch die Südsee-Phosphate, die vor dem Kriege auch bei uns viel Verwendung fanden: Christmas-Island, Ocean-Island, Nauru, Curaçao, welche 84–88% $Ca_3(PO_4)_3$, 5—7% $CaCO_3$, 1—2,5% F, und 0,5% Fe_2O_3 aufweisen.

Sehr arme Phosphate dagegen sind die belgischen Kreidephosphate von Lüttich und die französischen Somme-Phosphate mit etwa 50—60% $Ca_3(PO_4)_2$. Die deutschen Lahnphosphate waren ebenfalls sehr phosphorarm und enthielten viel Eisen; sie sind so gut wie abgebaut.

Deutschland verbrauchte 1913 an Phosphaten rund 1 Mill. t, 1934: 0,83 t, 1936: 1,06 Mill. t.

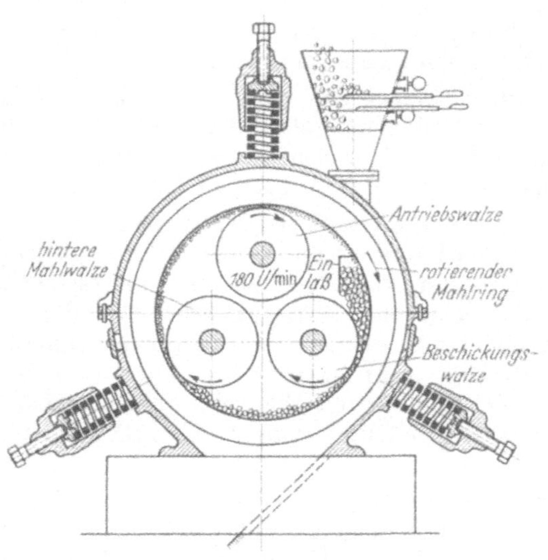

Abb. 296. Ringmühle.

Der Fabrikationsprozeß des Superphosphates zerfällt in drei Teile:
1. Zerkleinerung des Rohphosphates (Phosphatmüllerei),
2. Aufschließen des gemahlenen Phosphates mit Schwefelsäure (Aufschluß),
3. Verarbeitung des Superphosphates zu fertiger Ware.

Die Phosphatmüllerei bedient sich, da die Phosphate außerordentlich hart sind, etwas anderer Zerkleinerungsapparate, als sie sonst üblich sind. Das Vorbrechen wird in Backenvorbrechern (s. S. 276) vorgenommen; für die Weiter- und Feinzerkleinerung benutzt man Kugelmühlen, Ringmühlen und Pendelmühlen. Während die Kugel- und die Pendelmühlen mit Siebeinrichtungen versehen sind, müssen die Ringmühlen mit besonderen Separationseinrichtungen (Windsichter, Siebseparatoren) verbunden werden. Die Abb. 296 zeigt schematisch die Einrichtung einer Ringmühle (Kentmühle). Nach dem Prinzip der Kentmühle sind eine Reihe deutscher Ringmühlen (Neuß, Krupp, Luther) und die Maxeconmühle gebaut. Das Kennzeichen der Ringmühlen ist ein drehbarer, vertikal gelagerter Mahlring, der durch die oberste, von außen angetriebene Walze in Drehung versetzt wird; die beiden unteren Walzen werden durch den Mahlring in Bewegung gesetzt. Die drei Walzen sind nachgiebig (mit Hilfe starker Federn) gelagert. Das Material wird vorgebrochen in Nußgröße aufgegeben. Eine Mühle liefert stündlich von härtestem Phosphat (Florida) rund 3000 kg, von weichem (afrikanischem) rund 9000 kg Feinmehl.

Die **Pendelmühlen** kamen von Amerika zu uns; die **Griffinmühle** hatte **ein** Pendel, die weit verbreitete **Mörsermühle** der Maschinenfabrik Neuß hat zwei oder drei Pendel. Pendelmühlen und Kugelmühlen werden in der Phosphatmüllerei mehr und mehr von den Ringmühlen verdrängt.

Der Aufschluß. Das gemahlene und gesiebte Phosphat wird in bestimmtem Verhältnis mit Schwefelsäure in einem Mischkessel vermischt und fließt als dünner Brei in die Kammern, in denen die flüssige Masse zu Superphosphat erstarrt.

Das natürlich vorkommende Phosphat ist das Tricalciumphosphat $Ca_3(PO_4)_2$, welches in Wasser nahezu unlöslich ist. Der Aufschluß mit Schwefelsäure bezweckt die Überführung in das wasserlösliche **Monocalciumphosphat**: $Ca(H_2PO_4)_2$. Die Hauptgleichung ist folgende:

$$Ca_3(PO_4)_2 + 2\,H_2SO_4 + H_2O = Ca(H_2PO_4)_2 \cdot H_2O + 2\,CaSO_4 \,.$$

Tatsächlich ist, da man in der Praxis stets eine verdünnte Schwefelsäure von 53° oder 54° Bé (66,7—68,3% H_2SO_4) verwendet, mehr Wasser vorhanden; von diesem bindet der gebildete Gips, welcher das Erstarren des Breies bewirkt und das Skelett des Superphosphates bildet, im Laufe des Prozesses noch 2 Mol:

$$2\,CaSO_4 + 4\,H_2O = 2\,(CaSO_4 \cdot 2\,H_2O) \,.$$

Genau genommen verläuft der Prozeß der Aufschließung in 2 Phasen:

$$3\,Ca_3(PO_4)_2 + 6\,H_2SO_4 + 12\,H_2O = 4\,H_3PO_4 + Ca_3(PO_4)_2 + 6\,CaSO_4 \cdot 2\,H_2O \,,$$
$$4\,H_3PO_4 + Ca_3(PO_4)_2 + 3\,H_2O = 3\,Ca(H_2PO_4)_2 \cdot H_2O \,.$$

Nach anderer Ansicht bildet nicht der Gips das tragende Skelett, da sich unter den gegebenen Verhältnissen das Calciumsulfat als pulvriger Anhydrit abscheiden soll; die Verfestigung müßte demnach durch ein kolloidales Hydrat des Monocalciumphosphats bewirkt werden.

Bei unzureichender Schwefelsäure bildet sich nach und nach Dicalciumphosphat, welches in Ammoncitrat leicht, in Wasser aber schwer löslich ist:

$$Ca_3(PO_4)_2 + H_2SO_4 + 6\,H_2O = 2\,CaHPO_4 \cdot 2\,H_2O + CaSO_4 \cdot 2\,H_2O \,.$$

Mit überschüssiger Schwefelsäure entsteht freie Phosphorsäure:

$$Ca_3(PO_4)_2 + 3\,H_2SO_4 + 6\,H_2O = 2\,H_3PO_4 + 3\,(CaSO_4 \cdot 2\,H_2O) \,.$$

Da die Rohphosphate neben Kalkphosphat aber noch Eisen- und Tonerdephosphate, ferner Kalkcarbonat, -sulfat, -fluorid, -silicat usw. enthalten, so arbeitet man auf einen gewissen Überschuß an freier Phosphorsäure hin. In der Praxis berechnet man nach einer Analyse die Menge der nötigen Schwefelsäure, schlägt 5% Überschuß hinzu und macht dann Probeaufschlüsse mit wechselnden Säuremengen in der Kammer.

Zu den oben angegebenen chemischen Umsetzungen ist aber folgendes zu bemerken. Auch bei der Superphosphatfabrikation verlaufen die Umsetzungen nicht quantitativ in der angegebenen Weise von links nach rechts, sondern es wirken rückwärts auch wieder Gips auf Monocalciumphosphat und ebenso Tricalciumphosphat auf Monocalciumphosphat ein, so daß (NEUMANN und KLEYLEIN) bei Verwendung von 2 Mol H_2SO_4 auf 1 Mol $Ca_3(PO_4)_2$ höchstens 95% in Monocalciumphosphat umgewandelt werden können; durch Vergrößerung des Säureüberschusses läßt sich zwar der Aufschluß verbessern, aber auch bei größerem Säureüberschuß (in der Technik etwa 8%) bleiben etwa 2% Tricalciumphosphat unzersetzt, d. h. es stellt sich ein Gleichgewichtszustand ein, bei dem die Rückbildung von Tricalciumphosphat auf alle Fälle soviel wie angegeben beträgt.

Die Fabrikation des Superphosphates geschieht jetzt ausschließlich in sog. **Aufschließmaschinen** und **Aufschließkammern.** Das Mischen des gemahlenen Phosphates mit der durch Vorversuche bestimmten Menge Schwefelsäure erfolgt in einem aus Eisen gegossenen, mit einem mechanisch betriebenen

Rührwerk versehenen Mischkessel. Abb. 297 zeigt einen solchen Mischkessel. Er hat 160 cm Höhe, 120 cm Durchmesser und faßt 600—1000 kg
Phosphat. Der Austritt der breiigen Masse erfolgt durch zwei mit Klappen
verschlossene Öffnungen, und zwar in große, gemauerte Aufschließkammern von
$4^1/_2 \times 4^1/_2$ Grundfläche und 5 m Höhe. Es gibt Ein-, Zwei- und Vierkammersysteme; jede Kammer faßt 50—60000 kg. Das Abwägen des Phosphatmehles
und das Einfüllen in den Mischapparat geschieht heute automatisch, ebenso
das Abmessen der Säure in Meßkästen. Das Einfüllen von Phosphat und Säure
dauert $1^1/_2$ min, das Rühren je nach der Natur des Phosphates $1—1^1/_2$ min,
in einer weiteren halben Minute ist der Brei in die Kammer geflossen, wo erst
der eigentliche Aufschluß erfolgt. Die Operation wiederholt sich, bis die Kammer
zu $^3/_4$ Höhe gefüllt ist. In rund 3 h ist alles erstarrt und der Aufschluß beendet.
Das Entleeren der Kammer beginnt bei automatischer Entleerung schon nach
3—4 h. Die bei der Reaktion auftretende Wärme beträgt rund 130°.

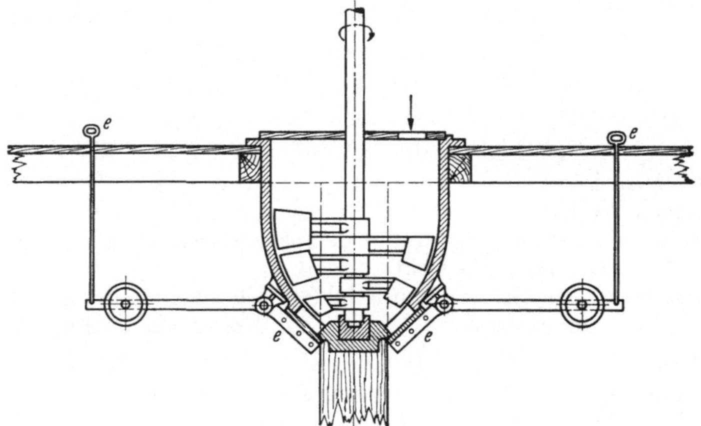

Abb. 297. Aufschließkessel.

Sowohl im Mischkessel, als auch in den Kammern treten saure Gase auf (CO_2,
SiF_4, H_2SiF_6, HCl, J, H_2O), die durch einen Gaskanal in Kondensationskammern
und wasserberieselte Absorptionsanlagen gesaugt werden, wobei der reichlich
auftretende Kieselfluorwasserstoff unschädlich gemacht und niedergeschlagen wird. Dieser Kieselfluorwasserstoff wird später durch Umsetzung
mit Kochsalz auf Kieselfluornatrium, Na_2SiF_6, verarbeitet, welches für
Emaillierzwecke und Milchglasfabrikation guten Absatz findet.

Das Superphosphat muß frisch aus der Kammer gefahren werden, damit
es noch mindestens 100° heiß ist, andernfalls verursacht die Kondensation von
Wasserdampf eine nasse Ware. Um das Superphosphat trocken zu bekommen,
wurden früher besondere Darren benutzt. Zur Kammerentleerung kommen
ausschließlich mechanische Entleerungsvorrichtungen in Anwendung.

Beistehende Abb. 298 zeigt eine Kammerentleerungsanlage nach
Hövermann. Die Abbildung erläutert die Einrichtung eines Zweikammersystems. Die Kammern sind hier rund, an einer vertikal verschiebbaren Welle
kreist das Ausräumewerk, ein mit pflugscharartigen Messern versehener Querbalken d. Durch ein seitliches Verschlußstück f, welches bei der Füllung der
Kammer in diese hineinragt, wird beim Herausrücken desselben ein Schacht e
erzeugt, durch welchen das abgeschabte Material auf ein Transportband h fällt.

Das bei uns am meisten gebrauchte System der Kammerentleerung ist das der
Anglo-Continental-Werke (Abb. 299). Man benutzt viereckige Kammern,

deren Vorderseite aus einer Holzwand besteht, die nach dem Erstarren des Blockes in die Höhe gezogen wird. Die eigentliche Entleerungsmaschine besteht

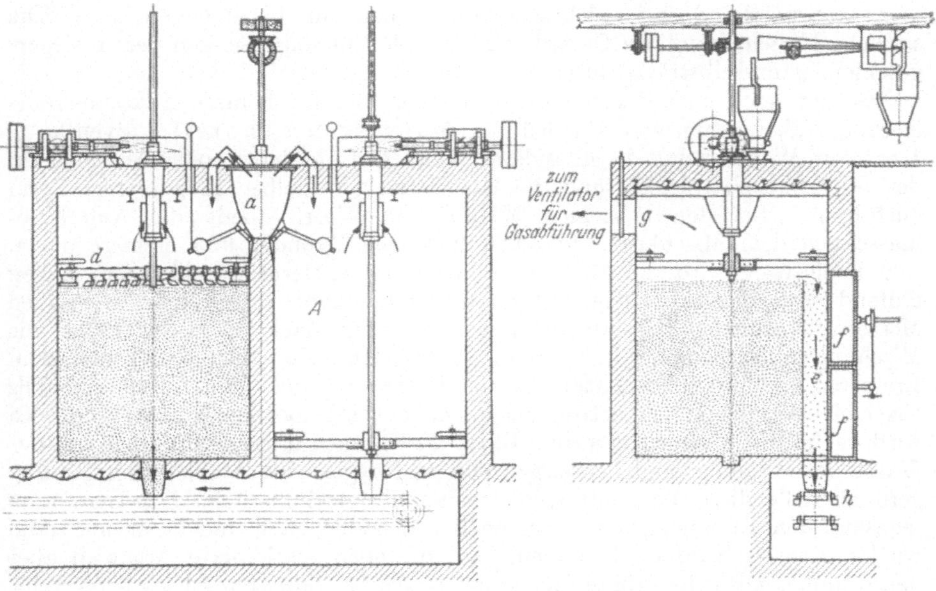

Abb. 298. Kammerentleerung, System HÖVERMANN.

aus einem turmartigen Gerüst, welches vor der Kammer auf Schienen hin- und herbewegt wird und welches einen waagerecht und senkrecht verschieb-

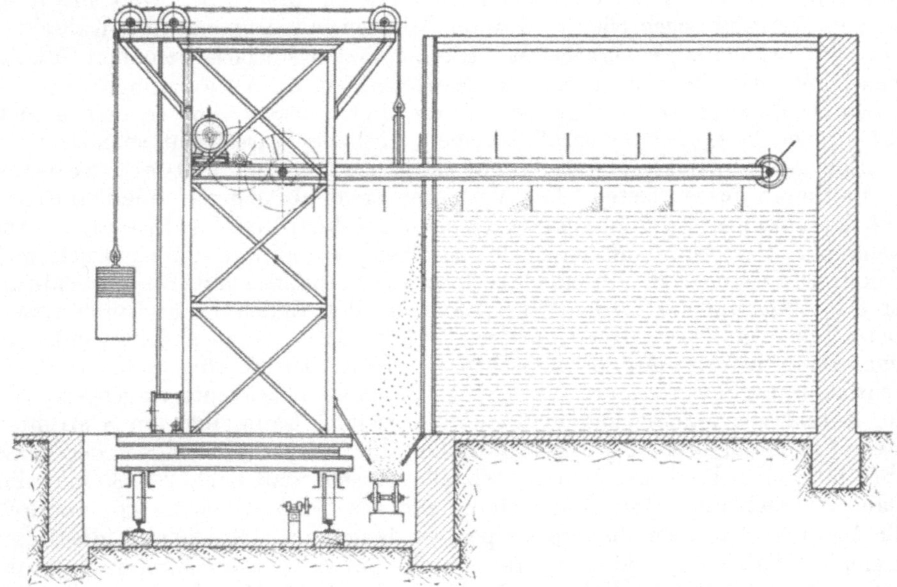

Abb. 299. Kammerentleerung der Anglo-Continental-Werke.

baren Ausleger trägt. Dieser Ausleger hat an beiden Enden Rollen, über die eine mit Kratzern versehene Kette ohne Ende läuft, die das Abschaben der festen Masse besorgt. Hierdurch wird eine sehr feine Verteilung und eine so starke Wasserverdunstung erreicht, daß das so gewonnene Superphosphat von dem Transportband, auf welches es fällt, direkt zum Lager gehen kann. Die seitliche Verschiebung des Gestells und das gleichmäßige Senken des Auslegers geschieht ganz selbsttätig durch einen Motor.

Es gibt noch eine Reihe anderer Systeme der mechanischen Kammerentleerung, z. B. diejenige von Milch & Co., Mallmsten & Thorell, (,,Svenska‘‘), Beskow, Wenk usw., die in anderer Weise das Abschaben oder Abschneiden des Superphosphatblockes und die Überführung desselben in pulverige Form ausführen. Bei den Systemen Milch und Wenk fließt die Aufschlußmasse aus dem Mischkessel in einen liegenden Zylinder und erstarrt darin. Zur Entleerung wird die hölzerne Vorderwand entfernt und der auf Rollen laufende Zylinder gegen eine feststehende Schneidvorrichtung aus rotierenden Messern gedrückt. Bei der Kammerentleerung nach Beskow fließt die Mischung in der Kammer in einen auf Rädern laufenden Kasten, der nach dem Erstarren des Superphosphatblocks und Entfernung der Seitenwände ebenfalls gegen eine rotierende Schabetrommel geschoben wird. Bei dem System Svenska wird der in der Kammer erstarrte Block durch einen eisernen Stempel von der Größe der Kammerwand herausgedrückt und gegen eine Abschabevorrichtung geführt. Alle diese Vorrichtungen arbeiten diskontinuierlich, d. h. man muß jedesmal den Kammerinhalt erstarren lassen, aufarbeiten und kann erst dann wieder dieselbe Kammer benutzen. Auf die eben geschilderte Art wird aber heute immer noch die größte Menge des erzeugten Superphosphats hergestellt. In jüngster Zeit beginnen sich aber einige kontinuierlich arbeitende Verfahren mit Erfolg einzuführen, die schließlich die bisherige Arbeitsweise verdrängen werden.

Das fertige Superphosphat wird direkt aus der Kammer auf das Lager gefahren, wo es in Hallen 6—8 m hoch aufgeschichtet wird. Dort bleibt es bis zum Versand liegen oder wird durch Mischen mit Ammonsulfat, Kalisalzen usw. auf Mischdünger verarbeitet. Hierbei finden vielfach besondere Mischmaschinen, wie die von Raps, die Mellensis u. a., Verwendung.

Gutes Superphosphat muß feinpulvrig und trocken sein, so daß es sich gut streuen läßt. Bei fehlerhafter Arbeit wird die Ware leicht schmierig.

Eine ganz abweichende Arbeitsweise hat in neuester Zeit die Ober & Sons Co. in Baltimore ausgearbeitet. Das Verfahren steht auf einigen amerikanischen und kanadischen Werken unter dem Namen Oberphos-Verfahren in Anwendung. Der Aufschluß geschieht in einem Autoklaven unter Druck und Vakuum. Der liegende Autoklav besteht aus Stahlblech mit Bleiauskleidung, ist 6 m lang und hat in der Mitte 1,8 m, an den Enden 1,6 m Durchmesser. Diese Trommeln fassen 6—8 t, neuere 10—12 t. Die neueren Autoklaven haben einen Dampfmantel. An der einen Seite werden mit Druck feingemahlenes Phosphatmehl und Schwefelsäure (50—55° Bé) durch ein Mischventil eingespeist und der Autoklav evakuiert und in Rotation versetzt. Dann gibt man gespannten Dampf in den Mantel (oder in den Autoklav), die Temperatur steigt in der Masse auf 150°. Die Reaktion geht so schnell vor sich, daß nach 20—30 min der Dampf ausgeblasen wird. Dann stellt man das Vakuum wieder an, wodurch die Masse austrocknet, die Trockenperiode dauert auch 20—30 min, die Masse granuliert dabei und die Temperatur sinkt auf 50°. Das Vakuum wird abgestellt und der Trommelinhalt in 3—5 min durch das Mannloch entleert. Die granulierte harte Masse wird nach 24 h gemahlen. Das Oberphos hat 8—9% Feuchtigkeit. Oberphos aus Floridaphosphat hat 20,8% Gesamt-P_2O_5 und 20,1% citratlösliche P_2O_5, aus Gafsa-Phosphat 16,7% Gesamt-P_2O_5 und 16,38% citratlösliche P_2O_5. Das Produkt soll lockerer sein als gewöhnliches Superphosphat, der Säureverbrauch ist geringer, es ist möglich, auch geringwertigere Phosphate aufzuschließen.

Von den kontinuierlich arbeitenden Superphosphat-Herstellungsverfahren sind zur Zeit die folgenden in Betrieb: die Verfahren von NORDENGREN, von BROADFIELD, von MORITZ-STANDAERT und von MAXWELL.

Das Nordengren-Verfahren ist seit einigen Jahren in Schweden (Landskrona) und Norwegen in Anwendung. Man stellt zuerst Phosphorsäure her und schließt das Rohphosphat mit Phosphorsäure und Schwefelsäure auf. Die Apparatur erinnert an einen schmalen Beskow-Wagen, dem kontinuierlich das Aufschließgemisch zugeführt wird und bei dem die erstarrte Masse durch einen rotierenden Boden langsam gegen die Schabemesser vorgetrieben wird.

Bei dem Verfahren von BROAD-FIELD kommt das Gemisch von Phosphatmehl und Säure in eine Mischkammer, die mit einer Knetkammer in Verbindung steht. In letzterer rotiert eine mit Rührschaufeln und Rückstauschaufeln besetzte, horizontal liegende Welle, die das Material kräftig mischt und durcheinander knetet. Die bei der innigen Durchmischung auftretenden Gase werden durch einen Luftstrom abgesaugt. Die Masse tritt dann vollständig entgast zur Nachreaktion in eine aus drei Förderbändern bestehende Transportvorrichtung, die den erhärteten Superphosphatblock langsam gegen eine Schneidvorrichtung drückt. Die drei Förderbänder, nämlich ein ebenes am Boden über Rollen laufendes und die beiden stehenden, seitlich dicht anschließenden Bänder bilden sozusagen eine stetig wandernde Kammer.

Abb. 300. Aufschließmaschine von MAXWELL.

Das Verfahren von MAXWELL, erfunden von A. WILSON, arbeitet in Silloth in England. Die eigenartig geformte Superphosphatkammer ist am besten aus der photographischen Außenansicht (Abb. 300) zu erkennen. Wenn man sich einen riesigen aufrechtstehenden Mantel eines Autoreifens von 6 m Durchmesser in der Höhe und 1,7 m in der Quere vorstellt, der aus einzelnen Gußeisensegmenten zusammengebaut ist, dann hat man ungefähr das Bild der Maxwell-Kammer. Dieser Ring ist auf Rollen gelagert und mit einem Zahnkranz versehen, durch welchen er in Drehung versetzt wird. Er macht in 4 h eine Umdrehung. Die innere Öffnung des Trogringes ist mit einer feststehenden Holzscheibe abgedichtet, die nur Öffnungen für die Zuführung des Aufschlußbreies, der Absaugung der Aufschlußgase und den Abtransport des abgeschabten Supers hat. Säure und Phosphatmehl werden automatisch abgemessen und in einen langen horizontalen Trog eingeführt, der (ähnlich wie der von BROAD-FIELD) mit zwei gegeneinander laufenden Wellen mit verschieden gestalteten Rührflügeln die Masse kräftig mischt und durchknetet. Der schon ziemlich steife Reaktionsbrei fließt am tiefsten Punkte des Troges ein und erstarrt völlig bei der Aufwärtsbewegung des Trogringes, so daß nichts mehr zurückfällt. Am Scheitelpunkte des Troges ist rechtwinklig zur Drehrichtung ein aus zwei Messern bestehender Schneidapparat eingebaut, der 42 Umdrehungen in der Minute

macht. Das abgeschnittene Superphosphat fällt auf eine Absperrplatte und
gelangt von da auf ein Transportband. Die beim Schneiden auftretenden Gase
werden abgesaugt. Abb. 301 erläutert die Einrichtung noch besser. Der Aufschluß bleibt im ganzen $2^1/_2$ h in der Kammer. Der Apparat leistet 5 t/h. Die
ganze Anlage beansprucht nur 8×12 m Grundfläche. Ein aus Gafsa-Phosphat
hergestelltes Superphosphat hatte nach einem Tage 16,04% wasserlösliche,
16,50% Gesamt- und 4,22% freie P_2O_5 und 13,75% Wasser.

Das Verfahren Moritz-Standaert, Erfinder Vélis, ist in Deutschland in
Oberhausen, in Coswig und in Stettin in Anwendung, außerdem im Auslande.
Die Apparatur besteht, wie aus dem Schnitt in der Abb. 302a ersichtlich ist,
in der Hauptsache aus einem mächtigen, auf Rollen laufenden, sich langsam
drehenden Betongefäß G von
6 m Durchmesser. In der Achse
dieses Gefäßes geht durch dasselbe ein feststehender Betonzylinder R, der gleichzeitig
als Träger für die Arbeitsbühne dient. Diese Plattform
ist zugleich der Abschluß
der drehbaren Kammer nach
oben. In diese ist ferner noch
eine feststehende halbrunde
Scheidewand Q (Abb. 302b)
eingebaut. Diese umfaßt etwa
zur Hälfte die von oben in den
Kammerraum hineinhängende Abschabeapparatur J. Auf
der Arbeitsbühne steht die
Antriebsvorrichtung für den
Abschaber, ferner der Mischtrog D mit der automatischen
Beschickung von Phosphatmehl und Säure. Der Gasabzugskanal für die Gase ist

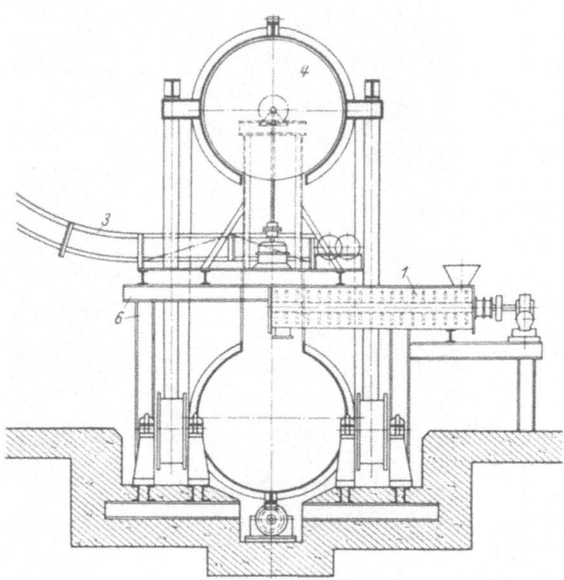

Abb. 301. Superphosphatmaschine, System MAXWELL.

mit P angedeutet. Aus dem Mischtrog, der ebenfalls mit zwei gegeneinander
laufenden Flügelwellen ausgerüstet ist, fällt die breiige Reaktionsmasse hinter
der halbrunden Scheidewand in den Ringraum zwischen Mittelpfeiler und der
Wand des Drehgefäßes und bildet bei der Erstarrung während der langsamen
Drehung einen ringförmigen Block von Superphosphat, der vollständig fest
vor der Schneidevorrichtung I ankommt. Das abgeschabte Produkt fällt über
eine Rutsche S auf ein Transportband L. Die große Betonwanne macht eine
Umdrehung in 4—10 h, je nach Menge der Produktion und der Phosphatqualität. Ein Apparat von 600 t Tagesleistung hat eine Höhe von 5 m und
beansprucht nur einen Platz von 13×8 m. Ein aus Florida-Phosphat hergestelltes Superphosphat hatte nach 6 Tagen 18,84% wasserlösliche, 19,34%
Gesamt- und 5,91% freie P_2O_5 und 10,55% Wasser.

In Deutschland stellte man bis zum Kriege in der Hauptsache Superphosphat
mit 18% wasserlöslicher Phosphorsäure her, was durch direkten Aufschluß von
Floridaphosphat ohne Zusätze zu erreichen war. In Skandinavien verlangte
man ein 20%iges Superphosphat, man mußte deshalb Christmas- oder Ocean-Island-Phosphate verarbeiten (oder Doppelsuperphosphat zum fertigen Produkte
geben), um den geforderten Gehalt zu erzielen. Bei uns wurde zunächst nur
die wasserlösliche Phosphorsäure bezahlt, die citratlösliche blieb unberücksichtigt,

seit dem Kriege wird aber im Superphosphat die Summe von wasserlöslicher und citratlöslicher Phosphorsäure bezahlt.

Bei Superphosphaten, die höchstens 2% Sesquioxyde ($Al_2O_3 + Fe_2O_3$) enthalten, entstehen im allgemeinen durch eine längere Lagerung keinerlei Nachteile, wohl aber tritt bei größerem Gehalt an Sesquioxyden oder Silicaten bisweilen ein Wiederunlöslichwerden der löslich gemachten Phosphorsäure ein, das ist das sog. „Zurückgehen des Superphosphates". Vorhandenes Eisenoxyd setzt sich mit der freien Schwefelsäure zu Ferrisulfat um, Kaolin zu Tonerdesulfat.

$$Fe_2O_3 + 3 H_2SO_4 = Fe_2(SO_4)_3 + 3 H_2O \cdot$$

Das so entstandene Eisen- und Aluminiumsulfat wirkt nun seinerseits auf das durch den Aufschluß erzeugte Monocalciumphosphat ein und bildet unlösliches Eisen- bzw. Aluminiumphosphat.

$$Ca(H_2PO_4)_2 \cdot H_2O + Fe_2(SO_4)_3 + 5 H_2O$$
$$= 2 (FePO_4 \cdot 2 H_2O)$$
$$+ (CaSO_4 \cdot 2 H_2O) + 2 H_2SO_4.$$

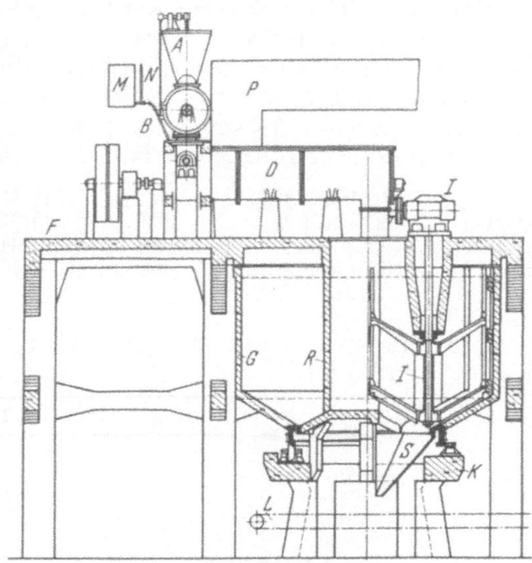

Abb. 302a. Rotierende Superphosphatkammer, System MORITZ-STRANDAERT. (Vertikalschnitt.)

Ist durch genügende Übersäuerung freie Phosphorsäure in ausreichender Menge vorhanden:

$$H_2SO_4 + Ca(H_2PO_4)_2 \cdot H_2O + H_2O = (CaSO_4 \cdot 2 H_2O) + 2 H_3PO_4,$$

so bildet sich bei kleinen Eisenmengen saures, wasserlösliches Ferriphosphat, so daß der Rückgang der wasserlöslichen Phosphorsäure bei der Untersuchung kaum in die Erscheinung tritt. Übersteigen die Eisenoxydmengen aber 2%, so nimmt die Bildung von unlöslichem Eisenphosphat schnell zu, weil die freie Säure nicht mehr ausreicht, alles Eisen in saures Phosphat zu verwandeln, der Gehalt an wasserlöslicher Phosphorsäure geht wieder zurück. Tonerdeverbindungen wirken wesentlich schwächer als Eisenoxyd. Dagegen wirken auch Silicate verschlechternd;

$$Al_2(SiO_3)_3 + 2 H_3PO_4 = 2 AlPO_4 + 3 H_2SiO_3.$$

Bei normalen Eisengehalten ist ein Zurückgehen der wasserlöslichen Phosphorsäure nur bei schlecht aufgeschlossenem Superphosphat zu beobachten.

Der Wert des Superphosphats ist bedingt durch den Gehalt an wasserlöslicher Phosphorsäure. Superphosphat eignet sich deshalb vor allen Dingen für schnellwachsende Pflanzen, welche ein starkes Bedürfnis für leicht aufnehmbare Phosphorsäure haben. Beim Ausstreuen des Superphosphats bleibt jedoch die Phosphorsäure nicht lange wasserlöslich, ein Teil wird durch Bodenbestandteile gebunden; enthalten die Böden Calciumcarbonat, so wird die Phosphorsäure als Dicalciumphosphat gebunden, sie bleibt wirksam. Vom Superphosphat werden im ersten Jahre etwa 70% ausgenutzt. Es eignet sich

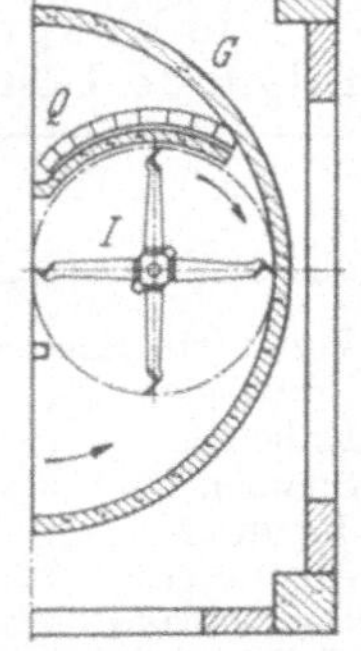

Abb. 302b. Kammer, System MORITZ-STANDAERT. (Horizontalschnitt.)

gleich gut für leichte, wie für schwere Böden (auf sauren Moorböden, nimmt man besser Thomasmehl). Superphosphat empfiehlt sich besonders zur Düngung von Rüben und Getreide, auch für Leguminosen; es ist ausgezeichnet zur Kopfdüngung geeignet.

Der Versand des Superphosphats geschieht von großen Lagerhaufen, da der Abruf nur im Herbst und Frühjahr erfolgt. Das Superphosphat wird dann nochmals durch eine Zerkleinerungs- und Siebeinrichtung (Expeditionsmaschinen) gegeben, bevor es in Säcke gefüllt oder verladen wird, damit nicht etwa Klumpen das Ausstreuen mit der Maschine erschweren.

Die Welterzeugung an Rohphosphaten betrug:

1913 . . . 7,23 Mill. t	1929 . . . 10,47 Mill. t	1933 . . . 8,1 Mill. t
1926 . . . 9,38 Mill. t	1930 . . . 11,77 Mill. t	1934 . . . 10,4 Mill. t
1927 . . . 9,99 Mill. t	1931 . . . 7,64 Mill. t	1935 . . . 12,0 Mill. t
1928 . . . 10,10 Mill. t	1932 . . . 7,10 Mill. t	1936 . . . 12,8 Mill. t
		1937 . . . 14,3 Mill. t

Die Hauptmengen an Mineralphosphaten lieferten folgende Länder (in 1000 t):

	1930	1934	1936	1937
Algier	846	532	532	631
Tunis	3326	1766	1476	1771
Marokko	1779	1199	1335	1479
Ägypten	313	438	531	517
Vereinigte Staaten	3989	2917	3518	4330
Nauru	512	640	966	...
Rußland	—	850	2214	...

Die Welterzeugung an Superphosphat betrug:

1905 . . . 6,08 Mill. t	1925 . . . 13,49 Mill. t	1932 . . . 10,5 Mill. t
1913 . . . 11,38 Mill. t	1927 . . . 13,74 Mill. t	1933 . . . 11,9 Mill. t
1919 . . . 6,80 Mill. t	1929 . . . 15,16 Mill. t	1934 . . . 12,8 Mill. t
1921 . . . 9,14 Mill. t	1930 . . . 15,58 Mill. t	1935 . . . 14,4 Mill. t
1923 . . . 10,81 Mill. t	1931 . . . 10,99 Mill. t	1936 . . . 15,6 Mill. t
		1937 . . . 17,0 Mill. t

Die Hauptmengen an Superphosphat lieferten und verbrauchten folgende Länder (in 1000 t).

	Erzeugung			Verbrauch		
	1930	1934	1936	1930	1934	1936
Vereinigte Staaten	4110	2602	3850	4050	2458	3850
Frankreich	1987	1324	1389	1761	1380	1447
Italien	1388	1083	1366	1286	1015	1337
Spanien	1148	1063	460	1105	1067	460
Japan	957	1083	1800	948	1053	1775
Australien	828	767	1128	720	816	1107
Deutschland	865	815	994	723	710	1021
Holland	659	558	474	270	362	135
England	569	534	587	674	567	601
Rußland	392	849	1256	414	824	1225
Belgien	368	229	288	134	118	139
Dänemark	322	363	358	399	362	363

Die Superphosphatfabrikation ist die größte Verbraucherin von Schwefelsäure, sie verbraucht 60% der Weltschwefelsäureerzeugung, in Deutschland allein rund 1 Mill. t.

Doppelsuperphosphat.

Die Herstellung von Doppelsuperphosphat ist an billige, niedrig prozentige Phosphate gebunden. Bei uns verarbeitete früher die Firma H. und E. Albert in Biebrich in dieser Weise die stark eisenhaltigen Lahn-Phosphate (12% Fe_2O_3 und Al_2O_3, 45—50% $Ca_3(PO_4)_2$ bzw. 20—23% P_2O_5), die sich nicht für Superphosphat eigneten. Heute wird diese Fabrikation nur noch in Amerika betrieben. Man stellt zunächst Phosphorsäure her, indem man das feingemahlene Phosphat mit kalter Schwefelsäure von 15—20 Bé zusammenmischt, bis die Schwefelsäure nahezu gebunden ist; die entstandene 6—8%ige Phosphorsäurelösung wird in Filterpressen von dem rückständigen Gips, Sand, Eisen- und Tonerdeverbindungen getrennt und auf 30—50% konzentriert. Diese Phosphorsäure dient nun zum Aufschließen carbonatreicher phosphorsäurearmer Phosphate.

$$Ca_3(PO_4)_2 + 4\,H_3PO_4 + 3\,H_2O = 3\,[Ca(H_2PO_4)_2 \cdot H_2O]$$
$$CaCO_3 + 2\,H_3PO_4 = [Ca(H_2PO_4)_2 \cdot H_2O] + CO_2.$$

Der Aufschluß geschieht in offenen hölzernen Rührwerken; die Mischdauer beträgt 20—30 min, das Erhärten geht aber, da der Gips fehlt, sehr langsam vor sich. Das Produkt muß getrocknet werden und wird dann in Schleudermühlen zerkleinert. Dieses Verfahren hat mehrere Nachteile: Das Konzentrieren der schwachen Phosphorsäure macht durch Abscheiden von Gips und durch Verkrustung Schwierigkeiten. Außerdem ist das Trocknen der schmierigen Masse sehr unangenehm. Man stellt daher in Amerika die Phosphorsäure im Dorr-Eindicker (S. 386) her, welcher im gewöhnlichen Betrieb eine Säure mit 20—25%, mit doppelter Filtration eine solche von 30—31% liefert. In Trail B. C. schließt man mit einer 39%igen Phosphorsäure bei 80—90° auf, rührt 1 h und vermischt die Masse in einer Mischmaschine mit großen Mengen fertigen feingemahlenen Doppelsuperphosphates. Die eingemengten Teile überziehen sich mit frischem Material, es entsteht ein rieselförmiges Produkt, welches nur noch in einer Trockentrommel getrocknet und gesiebt zu werden braucht. Das Doppelsuperphosphat hat bei 46% Gesamt-P_2O_5 35,2% wasserlösliche und 8,8% citratlösliche P_2O_5 neben 4,3% $Fe_2O_3 + Al_2O_3$ und 4,3% Wasser.

Die Tennessee Valley Authority Fertilizer Works stellen ein konzentriertes Superphosphat her durch Vermischen von feingemahlenem Phosphatmehl mit einer 76—80%igen Phosphorsäure, die in der S. 339 angegebenen Weise im elektrischen Ofen gewonnen wird. Man rührt $2^1/_2$ min, dann ist das Material schon halbsteif und transportabel, es wird vor der Abgabe gemahlen und gesiebt. Dieses konzentrierte Superphosphat hat 46—50% Gesamt-P_2O_5. Es weist z. B. bei 48,7% Gesamt-P_2O_5 40,2% wasserlösliche, 6,7% citratlösliche und 3,2% freie P_2O_5, neben 6,7% H_2O auf.

Das Doppelsuperphosphat dient in der Hauptsache als Exportdünger.

Leunaphos.

Leunaphos ist ein von der I. G. Farbenindustrie hergestellter Dünger, welcher Diammonphosphat $(NH_4)_2HPO_4$ enthält. Zuerst wird Diammonphosphat hergestellt, indem man Rohphosphate mit Schwefelsäure aufschließt, die Phosphorsäure vom gebildeten Gips abfiltriert und in das Filtrat Ammoniak einleitet, oder indem man Rohphosphate elektrothermisch mit Kohle zu Phosphor reduziert, diesen oxydiert und in die so gewonnene Phosphorsäure Ammoniak leitet. 40 Teile Diammonphosphat werden mit 60 Teilen Ammonsulfat gemischt und im Drehofen getrocknet. Leunaphos hat 20% N_2 und 20% P_2O_5.

In Amerika werden auch Düngesalze mit Monoammonphosphat, $(NH_4)H_2PO_4$, unter dem Namen Ammophos in den Handel gebracht.

Nitrophoska.

Nitrophoska der I.G. Farbenindustrie ist ein Volldünger, welcher N_2, P_2O_5 und K_2O enthält; er ist eigentlich ein ternäres Gemisch von Kalisalpeter, Ammonchlorid bzw. Ammonsulfat und Ammonphosphat, stellt aber keine einfache Mischung dieser Salze vor, sondern entsteht durch chemische Umsetzung. Man bringt Ammonnitrat zum Schmelzen, setzt Diammonphosphat und hochprozentiges Kaliumchlorid (oder Kaliumsulfat) zu, rührt das breiige Gemisch gut durch, kühlt in Kühltrommeln ab und vermahlt die Masse. Nitrophoska wird mit wechselnden Nährstoffmengen für verschiedene Verwendungszwecke hergestellt.

	N_2	P_2O_5	K_2O	$N_2 : P_2O_5 : K_2O$	
Nitrophoska I (schwarz)	17,5	13,0	23,0	$1 : {}^3/_4 : 1^1/_4$	für Getreide
„ II (blau) . .	15,0	11,0	26,5	$1 : {}^3/_4 : 1^3/_4$	„ Hackfrüchte
„ III (rot) . .	16,5	16,5	21,5	$1 : 1 : 1^1/_4$	„ P_2O_5-bedürftige Pflanzen
„ A (grün). .	15,0	30,0	15,0	$1 : 2 : 1$	„ Baumwolle
„ C (braun) .	15,5	15,5	19,0	$1 : 1 : 1^1/_4$	„ Tabak

Die Nitrophoska-Dünger entmischen sich nicht. Sie sind völlig wasserlöslich, ballastarm und praktisch neutral.

Ein anderer von der I. G. Farbenindustrie hergestellter ballastfreier, wasserlöslicher Volldünger ist der Harnstoff-Kali-Phosphor, hergestellt aus Harnstoff, Kalisalpeter und Diammonphosphat, mit 28% N_2, 14% K_2O und 14% K_2O_5. Er ist ein beliebter Blumen- und Gartendünger.

Calciummetaphosphat.

Die Tennessee Valley Authority Fertlizer Works stellen jetzt in der Wilson Dam-Anlage ein neues höchst phosphorreiches Düngemittel mit fast 66% P_2O_5, das Calciummetaphosphat, her. Die Herstellungsweise ist ebenfalls neu und eigenartig. Im elektrischen Ofen gewonnener flüssiger Phosphor (s. S. 340) wird durch eine Pumpe einem Brenner zugeführt und mit reichlich Luft in einer liegenden Verbrennungskammer zu P_2O_5 verbrannt. Die Gase gehen mit einer Temperatur von 1000—1100° in einen Absorptionsturm, der mit einer hohen Schicht von stückigem Rohphosphat gefüllt ist. P_2O_5 wirkt auf das Rohphosphat ein unter Bildung von Metaphosphat:

$$Ca_3 (PO_4)_2 + 2 P_2O_5 = 3 [Ca(PO_3)_2].$$

Das Calciummetaphosphat ist bei der hohen Temperatur eine zähflüssige Masse, sie sickert durch die Beschickung hindurch und tropft auf den Boden des Turmes. Man läßt sie von Zeit zu Zeit in eine rotierende Kühltrommel laufen, wo sie erstarrt und in Stücke zerspringt; sie geht auf das Lager. Bei einer Turmfüllung von 1,8 m Höhe wird alle P_2O_5 absorbiert. Das Metaphosphat hat 65,4% P_2O_5 in vollständig citratlöslicher Form.

Dicalciumphosphat.

Diese Verbindung wurde technisch zuerst als Nebenprodukt der Leimfabrikation gewonnen und ging als sog. Leimkalk- oder Präcipitat (36—40% citronensäurelösliche P_2O_5) in den Handel. Für die direkte Herstellung zersetzt man Knochenkohle oder Knochenasche mit Salzsäure und laugt das Chlorcalcium aus.

$$Ca_3(PO_4)_2 + 2 HCl = 2 CaHPO_4 + CaCl_2.$$

Besser jedoch stellt man eine Monocalciumphosphatlösung her, die man mit ungenügender Kalkmenge fällt.

$$Ca_3(PO_4)_2 + 4\,HCl = Ca(H_2PO_4)_2 + 2\,CaCl_2,$$
$$Ca(H_2PO_4)_2 + CaO + 3\,H_2O = 2\,[CaHPO_4 \cdot 2\,H_2O].$$

Man filtriert durch Pressen und trocknet bei 60°. Das Produkt hat 38 bis 42% citratlösliche Phosphorsäure. Wenn man Mineralphosphate mit Salzsäure aufschließen will, erhält man immer Gemische von Mono-, Di- und Tricalciumphosphat.

Thomasphosphatmehl.

Der 1879 von Thomas und Gilchrist erfundene basische Bessemerprozeß (s. „Eisen") hat sich namentlich in denjenigen Ländern eingeführt, die über sehr phosphorreiche Eisenerze verfügen; die Hauptentwicklung hat der Prozeß bei uns in Deutschland erfahren. Das dem Thomasprozeß zugeführte Thomasroheisen enthält in der Regel 1,8—2,2% Phosphor. Dieser Phosphor wird beim Verblasen oxydiert und mit überschüssigem Kalke verschlackt. Die aus dem Konverter abgegossene Thomasschlacke enthält 12—20% P_2O_5, 30—50% CaO, 2—20% SiO_2, 4—30% Fe_2O_3 + FeO, 3—15% MnO, 2—6% MgO, bis 0,6% S. Die Thomasschlacke galt anfangs als wertlos, weil man glaubte, daß die Phosphorsäure als Tricalciumphosphat vorhanden sei. Das wurde durch die Untersuchungen Hilgenstocks widerlegt, der annahm, daß die Phosphorsäure in der Thomasschlacke als Tetracalciumphosphat $Ca_4P_2O_6$ vorhanden sei. Dieses Phosphat ist zwar nicht wasserlöslich, aber löslich in verdünnten organischen Säuren. Auch heute noch gilt die Löslichkeit der Phosphorsäure des Thomasmehls in einer 2%igen Citronensäurelösung als Norm für die Bewertung des Thomasmehls. Geldmacher fand 1894 schon, daß Zusatz von Sand zur flüssigen Thomasschlacke die Citratlöslichkeit von etwa 60% auf 90% der Gesamtphosphorsäure heraufzusetzen vermag. Blome hat dann zuerst gezeigt, daß die citratlösliche Verbindung in der Thomasschlacke nicht Calciumtetraphosphat (4 CaO · P_2O_5), sondern ein Calciumsilicophosphat der Formel $Ca_4P_2O_9 \cdot Ca_2SiO_4$ ist, der sog. Silicocarnotit, welcher sich bei der Erkaltung der Thomasschlacke unter Abspaltung von Kalk ausscheidet.

Zur Verwendung als Düngemittel wird die Thomasschlacke nur höchst fein gemahlen, irgendwelche Aufschließoperation findet nicht statt. Die Vorzerkleinerung bis zur Grießfeinheit geschieht meist noch in Kugelmühlen, das Feinmahlen in 6 m langen Rohrmühlen; heute sind auch sog. Hartmühlen mit Windsichtern in Gebrauch, das sind Rohrmühlen mit Windsichtung, wie sie auf S. 437, Abb. 287, abgebildet sind. Auch Kent-Mühlen (s. S. 480, Abb. 296) sind in Anwendung. Die Mahlfeinheit ist so eingestellt, daß 80—95% durch das sog. Thomasmehlsieb mit 1600 Maschen/cm² gehen. Thomasmehl ist besonders geeignet als Dünger für kalkarme Sandböden, Wiesen und saure Moorböden. Da es nur durch Säuren aufgeschlossen wird, so ist es auch am Platze, auf Feldern, die zur Versäuerung neigen. Es wird namentlich von Leguminosen wie Klee und Luzerne gut ausgenutzt und eignet sich als Vorratsdünger auch für Weinberge und Obstkulturen.

Thomasmehlerzeugung. Deutschland erzeugte 1913: 2,29 Mill. t Thomasmehl und exportierte 0,3 Mill. t. Durch den Verlust von Lothringen (1925: 0,498 Mill. t) und Besetzung des Saargebiets (1926: 0,298 Mill. t) erzeugte Deutschland nur noch die Hälfte, 1924: 1,07, 1925: 1,30, 1926: 1,41 Mill. t und mußte 1925: 0,7, 1926: 0,886, 1927: 1,036 Mill. t einführen. Umgekehrt erzeugte Frankreich, welches vor dem Kriege nur 0,73 Mill. t lieferte, 1925 schon 1,17 Mill. t Thomasmehl. (Weitere Angaben liefert die untere Tabelle).

Die Welterzeugung an Thomasmehl betrug:

1900 . . . 1,56 Mill. t	1930 . . . 4,89 Mill. t	1935 . . . 4,50 Mill. t	
1912 . . . 4,14 Mill. t	1932 . . . 2,79 Mill. t	1936 . . . 4,87 Mill. t	
1920 . . . 2,60 Mill. t	1933 . . . 3,39 Mill. t	1937 . . . 5,30 Mill. t	
1926 . . . 4,73 Mill. t	1934 . . . 4,05 Mill. t		

An der Weltproduktion waren 1936 und 1937 beteiligt (in 1000 t):

	1936	1937		1936	1937		1936	1937
Deutschland .	2277	2312	England . . .	302	410	Schweden	15	...
Belgien . . .	673	...	Luxemburg . .	469	544	Tschechoslowakei .	125	160
Frankreich . .	1053	1217						

Deutschlands Erzeugung und Verbrauch an Thomasmehl (in 1000 t).

Jahr	Erzeugung	Verbrauch	Jahr	Erzeugung	Verbrauch
1922	—	1412	1933	1097	1883
1925	1300	2050	1934	1680	2405
1927	1410	2470	1935	2025	2519
1930	1623		1936	2277	2615
			1937	2312	—

Glühphosphate.

Es gelingt auch auf anderem thermischen Wege Rohphosphate, und zwar auch ziemlich arme, eisenhaltige, aufzuschließen, so daß die Phosphorsäure citratlöslich wird. MATTHESIUS hatte vorgeschlagen, das Calciumsilicophosphat $5\,CaO \cdot P_2O_5 \cdot SiO_2$ (vgl. Thomasmehl) aus Rohphosphaten, Kalk oder Calciumsilicat bei 1700° sozusagen künstlich herzustellen. Das Verfahren ist nicht in die Praxis gelangt. Ähnliche Kalk-Alkali-Phosphate haben vorher schon WOLTERS und auch WIBORG hergestellt, diese Produkte haben aber nur geringe Bedeutung erlangt.

Industriell gelang die Herstellung eines Glühphosphates, und zwar eines Alkali-Kalk-Phosphates, erst 1924 der Chem. Fabrik Rhenania und Messerschmitt. Sie erzeugten das sog. Rhenaniaphosphat durch Aufschluß von Phosphaten bzw. Kreidephosphaten mit Kalk und Soda und Alkalisilicaten, wie Phonolith oder Leucit, bei 1100—1200° im Drehrohrofen (s. Zement S. 513). Das feingemahlene Gemisch sintert dabei zusammen, läuft durch die Kühltrommel und wird gemahlen.

Die Umsetzung von Tricalciumphosphat mit Alkalisilicat erfolgt nach folgender Gleichung:

$$Ca_3(PO_4)_2 + Na_2CO_3 + SiO_2 = 2\,CaNaPO_4 + CaSiO_3 + CO_2.$$

Auf 1 Mol $Ca_3(PO_4)_2$ ist mindestens 1 Mol Alkalioxyd erforderlich. Da fast alle Phosphate noch andere Kalkverbindungen, z. B. Kalkcarbonat, $CaCO_3$, enthalten, so bildet sich beim Glühen neben dem Kalknatriumphosphat auch noch Orthosilicat Ca_2SiO_4.

$$Ca_3(PO_4)_2 + CaCO_3 + Na_2CO_3 + SiO_2 = 2\,NaCaPO_4 + Ca_2SiO_4 + 2\,CO_2.$$

Bedingung für den richtigen Aufschluß des Tricalciumphosphats durch Alkalisilicate ist es, daß soviel basischer Kalk (d. h. nicht an P_2O_5 gebundenes CaO) vorhanden ist, daß alle Kieselsäure (und Tonerde) gebunden wird. Dadurch ist es möglich, auch natürliche kalihaltige Silicate wie Leucit, $K_2O \cdot Al_2O_3 \cdot (SiO_2)_4$, oder Phonolit, $KNaO \cdot Al_2O_3 \cdot (SiO_2)_3$, zum Aufschluß heranzuziehen. Ein unter Zuschlag von Phonolit und Soda aus Kreidephosphat hergestelltes Rhenaniaphosphat hatte z. B. 18,5% P_2O_5, davon citronensäurelöslich 18,0%, citratlöslich 17,7%, ferner 2,5% K_2O. Kreidephosphat mit Leucit gesintert ergab ein Glühphosphat mit 8% K_2O und 12% citratlöslicher P_2O_5, bei Zuschlag von Soda 8% K_2O und 18% P_2O_5. Aus hochprozentigen Rohphosphaten erhält man Glühphosphate mit 25—30% citratlöslicher Phosphorsäure. Der Träger der Citratlöslichkeit ist das Calciumnatriumphosphat $CaNaPO_4$. Die Glühphosphate wirken nicht versäuernd auf den Boden wie Superphosphat, sie bringen im Gegenteil noch eine Menge basischen Kalk für Boden und Pflanze mit.

Bezüglich der Löslichkeit der Phosphorsäure steht das Rhenaniaphosphat zwischen Superphosphat und Thomasmehl. Zwei Werke in Brunsbüttelkoog und in Porz a. Rh. stellen das Rhenaniaphosphat her.

Die Wirksamkeit des italienischen Tetraphosphates, hergestellt durch Erhitzen von Rohphosphat mit 6% einer Mischung von Na_2CO_3, $MgCO_3$ und Na_2SO_4 auf 600°, ist umstritten.

Phosphorhaltige Mischdünger.

Im Handel sind auch Mischungen von Superphosphat mit stickstoff- und kalihaltigen Düngemitteln. Viel gebraucht ist das Ammoniaksuperphosphat. Beim Mischen von Superphosphat und Ammonsulfat tritt beim Lagern erst ein Schwitzen, dann eine Vergipsung (Abbinden) ein; die harte Masse wird geschleudert und gesiebt.

$$Ca(H_2PO_4)_2 \cdot H_2O + (NH_4)_2SO_4 = CaSO_4 + 2\,NH_4H_2PO_4 + H_2O\,.$$

Ammoniaksuperphosphat enthält 3—4% Stickstoff und 6% Phosphorsäure.

Für Rüben wird noch Salpeterammoniaksuperphosphat, als Wiesendünger Kalisuperphosphat, als Kartoffeldünger Kaliammoniaksuperphosphat verlangt.

An Stelle dieser Superphosphatmischungen treten in neuerer Zeit vielfach Volldünger der I. G. Farbenindustrie wie Stickstoffkalkphosphat (mit 16% N_2, 16% P_2O_5, 35% $CaCO_3$), das sich besonders für Böden eignet, die an Kali keinen Mangel leiden. Auch andere Nitrophoskasorten kommen hier in Betracht, z. B. eine solche mit 12% N_2, 12% P_2O_5, 21,5% K_2O und 8—10% Kalk.

Verbrauch der deutschen Landwirtschaft an Phosphordünger
(Reingehalt an P_2O_5 in 1000 t).

	1929/30	1931/32	1933/34	1934/35	1935/36	1936/37	1937/38
Thomasmehl	390,2	274,8	309,0	382,2	446,6	428,3	457,8
Superphosphat + Mischungen	156,8	120,3	152,6	162,8	189,4	202,5	232,5
	547,0	395,1	461,6	545,0	636,0	630,8	690,3

Kalkdünger.

Kalkdünger. Die Landwirtschaft verwendet vielfach Kalksteinmehl und gemahlenen Mergel, auch Scheideschlamm aus der Zuckerfabrikation ($CaCO_3$), aber auch gebrannten Kalk (Stückkalk, Körnerkalk, Branntkalk) (CaO) und Mischungen von Carbonat und Oxyd (Lüneburger Kalkdünger). Die Verwendung von Gips nimmt ständig ab.

Die Kalkdüngung gewinnt bei der stark gesteigerten Bodenausnutzung immer größere Bedeutung. Kalidüngung wirkt stark entkalkend auf den Boden. Dreiviertel aller Böden hungert heute nach Kalk. Kalk ist ein unentbehrlicher Baustoff für die Pflanze, kalkhaltige Pflanzen widerstehen besser dem Froste und Schädlingen. Der Kalk steigert auch die Bodentätigkeit chemisch und biologisch, beseitigt die Bodensäuren und macht schweren Lehmboden lockerer. Rüben werden zuckerreicher, Kartoffeln stärkereicher. Kalkreiches Rauhfutter steigert den Milchertrag und wirkt rhachitischen Erkrankungen der Tiere entgegen. Kalk im Boden ist geradezu die Voraussetzung für die Wirksamkeit von Phosphorsäure, Stickstoff und Kali. Die Kalkdüngung findet noch zu wenig Beachtung.

Verbrauch der deutschen Landwirtschaft an Kalkdünger (in 1000 t).

	1929/30	1931/32	1933/34	1934/35	1935/36	1936/37	1937/38
Branntkalk.	743,1	445 2	579,0	953,0	1191,1	1214,0	1432,1
Kohlensaurer Kalk .	981,4	380,0	495,0	493,4	522,3	459,8	578,1
	1724,5	825,2	1074,0	1446,4	1713,4	1673,8	2010,2

Kohlensäure. Man weiß seit 1885, daß die Assimilationsleistungen der Pflanze durch erhöhte CO_2-Zufuhr gesteigert werden. Seit 1917 hat die Dortmunder Union Düngungsversuche in Gewächshäusern und im freien Felde mit den kohlensäurereichen Abgasen der Gichtgasmaschinen ausgeführt und eine bedeutende Wachstums- und Ertragssteigerung erreicht. Letztere beträgt in Gewächshäusern bei Gurken, Tomaten, Blumenkohl, Erdbeeren, Wein 26 bis 30%; die Früchte werden 2—3 Wochen früher reif.

Gesamtverbrauch der Landwirtschaft an Düngemitteln.

Der Gesamtverbrauch der Welt, ausgedrückt in Tonnen Reingehalt an Stickstoff, Phosphorsäure und Kali, wird wie folgt geschätzt (in 1000 t):

Jahr	Stickstoff (N_2)	Phosphorsäure (P_2O_5)	Kali (K_2O)
1913/14	667	2952	1104
1925/27	1320	2920	1590
1929	1800	2980	2245
1933/34	1933		
1936/37	1673		

Der deutsche Düngemittelverbrauch (auf 1000 t Reinsubstanz: N_2, P_2O_5, K_2O, CaO bezogen) hat sich nach dem Kriege wie folgt entwickelt:

Jahr	Stickstoff	Phosphorsäure	Kali	Kalk
1913/14	185	555	490	—
1919/20	159	138	757	—
1922/23	288	295	695	768
1924/25	340	371	663	917
1928/29	430	553	783	1183
1930/31	357	451	700	884
1931/32	325	393	560	657
1933/34	383	461	718	1427
1934/35	425	561	819	1446
1935/36	491	652	944	1713
1936/37	571	631	957	1674
1937/38	633	690	1156	2010

Die Ausgaben der deutschen Landwirtschaft für künstliche Düngemittel (in Mill. Mark).

	1928/29	1930/31	1932/33	1933/34	1934/35	1935/36	1936/37	1937/38
Stickstoff . . .	408,4	313,6	276,5	286,1	310,7	367	343	346
Kali.	145,9	124,7	104,6	119,9	137,5	149	150	153
Phosphorsäure .	183,4	163,9	119,8	139,8	157,4	185	180	196
Kalk	37,1	33,8	21,3	25,8	30,5	39	38	44
	774,8	636,0	522,2	571,6	636,1	740	711	739

Es ist sehr interessant, den Düngemittelverbrauch der verschiedenen Länder, bezogen auf 1 ha, miteinander zu vergleichen. Es verbrauchten 1925/27 je Hektar:

	Stickstoff kg	Phosphorsäure kg	Kali kg
Deutschland	14,3	17,0	27,45
Vereinigte Staaten	1,4	3,4	1,2
Frankreich.	3,9	14,0	4,9
Holland	19,4	50,8	42,2
England	3,3	11,1	3,7

Hier zeigt sich deutlich, wo eine rationelle landwirtschaftliche Bewirtschaftung stattfindet. An der Spitze des Düngemittelverbrauchs für 1 ha Fläche steht Holland, dann folgt aber Deutschland.

Dem gesteigerten Verbrauch an Düngemitteln entspricht auch eine wesentliche Verbesserung der Ernteerträgnisse. Die Steigerung der deutschen Ernteerträgnisse wird durch die nachstehende Aufstellung deutlich veranschaulicht. Sie zeigt aber auch, wie durch die mangelnde Düngung in den Kriegs- und Nachkriegsjahren die Erträge wieder gesunken sind und sich allmählich erst wieder heben. Es wurden in Doppelzentnern (1 Doppelzentner = 100 kg) auf 1 ha in Deutschland geerntet.

	Roggen	Weizen	Gerste	Kartoffeln	Hafer	Zuckerrüben
1810	8,6	10,3	—	—	—	—
1850—1854	8,9	8,9	11,0	—	10,0	—
1860—1864	9,4	10,8	10,9	—	12,2	—
1870—1874	9,1	11,8	11,1	—	13,2	—
1879—1883	9,3	12,6	—	—	—	—
1886—1890	11,8	15,1	15,0	101,7	14,1	—
1896—1900	14,2	17,7	16,6	116,3	15,8	—
1906—1910	16,7	19,9	19,5	139,0	19,2	—
1913	19,2	23,5	22,2	158,6	21,9	—
1918/19	14,0	16,9	15,1	102,7	14,7	—
1920—1922	13,4	17,0	14,4	121,1	14,4	—
1924—1928	15,1	18,4	18,4	128,5	18,0	254,1
1930—1932	16,8	20,9	19,3	162,2	18,4	296,5
1934	16,9	20,6	19,6	156,1	19,3	282,3
1936	16,4	21,2	20,8	165,9	20,2	311,3
1937	16,3	21,7	20,7	188,4	20,2	336,9

Literatur.

BRENCK: Rhenaniaphosphat. 1925. — v. GRUEBER: Superphosphatfabrikation. 1905. — HONCAMP: Der Stickstoffdünger. 1920. — LINTER u. MÜNZINGER: Kalkstickstoff als Düngemittel. 1915. — MAYER: Lehrbuch der Agrikulturchemie, Bd. 2, 2: Düngerlehre. 1924. — MITTASCH: Misch- und Volldünger. Z. angew. Chem. 1928. — MOSSNER: Handbuch der internationalen Stickstoff- und Superphosphatindustrie. 1927. — v. NOSTIZ u. WEIGERT: Künstliche Düngemittel. 1928. — REIMAN: Kohlensäuredüngung. 1927. — SCHUCHT: Fabrikation des Superphosphates, 4. Aufl. 1926. — THAA u. MÜLLER: Die Phosphorsäure. 1926.

Mörtel.

Mörtel sind dem Mineralreich entnommene Bindemittel, welche mit Wasser angerührt, nach gewisser Zeit steinartig erhärten. Sie dienen zur Verbindung, d. h. Verkittung der einzelnen Steine eines Bauwerks oder zum Verputz von Mauerteilen. Zu diesem Zwecke werden die Mörtelstoffe mit Wasser zu einem plastischen Brei „angemacht"; dieser beginnt dann je nach der Natur des Mörtelstoffes mehr oder weniger schnell abzubinden und zu erhärten. Kalkmörtel bindet sehr langsam ab, Gips dagegen sehr schnell. Jeder Mörtel besteht aus Mörtelbildner und aus Zuschlagsstoffen, meist Sand oder Kies. Letztere sind notwendig, weil die Mörtelbildner für sich allein ohne solche Magerungsmittel beim Erhärten zu stark schwinden. Eine Ausnahme macht hiervon nur der Gips, welcher beim Abbinden nicht nur nicht schwindet, sondern sogar eine geringe Raumvergrößerung aufweist. Das Aufnahmevermögen für Zuschlagsstoffe (Magerungsmittel) ist bei den verschiedenen Mörteln verschieden; die weitgehendste Magerungsmöglichkeit weist der Portlandzement auf, worauf die große Wirtschaftlichkeit seiner Verwendung beruht. Abgesehen von der Natur der Mörtelbildner kann auch die mehr oder weniger feine Mahlung derselben, die Art der Vermischung mit den Magermitteln und die Beschaffenheit der letzteren von Einfluß auf die zu erzielende Festigkeit sein. Auch der Wasserzusatz muß der Natur des Mörtelbildners angepaßt werden. Zu wenig Wasser ist ebenso schädlich wie zu viel Wasser. Ein Teil des Wassers wird beim Abbinden des Mörtels chemisch gebunden. Mörtel mit zu geringem Wasserzusatz binden mangelhaft ab, weil der Mörtelbildner seine Kraft nicht völlig entfalten kann; bei überschüssigem Wasserzusatz erhärtet der Mörtel schlecht, er wird stark porös und der Abbindevorgang verzögert sich, bis das überschüssige Wasser verdunstet ist.

Mörtelstoffe gibt es eine sehr große Anzahl; sie lassen sich in verschiedene Gruppen teilen, die Abgrenzung ist aber nicht immer sehr scharf, da es zahlreiche Übergänge gibt. In der Praxis benutzt man in der Regel als Unterscheidungsmerkmal der einzelnen Gruppen ihre Widerstandsfähigkeit gegen den Angriff von Wasser auf die erhärteten Mörtel und unterscheidet danach:

1. Luftmörtel, die dem Angriff des Wassers nicht widerstehen, wozu die Lehmmörtel, Gips- und Kalkmörtel gehören.

2. Wassermörtel oder hydraulische Mörtel, welche nach der Erhärtung von Wasser nicht mehr angegriffen werden. Dazu gehören die hydraulischen Kalke, Romankalke, Portlandzement, Eisenportlandzement, Tonerdezement und die Mischzemente aus Kalk mit hydraulischen Zuschlägen.

Die im Altertum benutzten Mörtelstoffe sind Kalk und Gips, sie lassen sich bei den Ägyptern bis 2800 v. Chr. zurückverfolgen. Als wasserfesten Mörtel benutzten die Römer Kalk mit Ziegelmehl. Diese Mischung war aber schon in Palästina um 1000 v. Chr. in Gebrauch. Die Römer kannten aber und verwandten auch schon hydraulische Zuschlagsstoffe, nämlich vulkanische Aschen: Puzzolan-Santorinerde und Eifeltraß. Die planmäßige Herstellung von richtigen hydraulischen Mörteln, durch Brennen kieselsäure- und tonhaltiger Kalksteine begann erst im letzten Viertel des 18. Jahrhunderts. Nähere Angaben hierüber sind später beim Portlandzement mitgeteilt.

Luftmörtel.
1. Lehm.

Die Lehm- und Erdmörtel wendet man nur da an, wo Kalkmörtel usw. nicht zu haben sind. Lehm ist ein unreiner Ton; man kann nur sandige, magere Lehme als Mörtel benutzen, weil sonst die Schwindung beim Trocknen zu groß wird. Bei der Trocknung tritt nur eine Wasserverdunstung ein, von einer chemischen Umsetzung irgendwelcher Art ist keine Rede. Um eine bessere Festigkeit des Lehmmörtels zu erzielen, mischt man demselben gern Kälberhaare Strohhäcksel, Hanfabfälle usw. bei.

2. Gips.

Der natürliche Gipsstein ist ein schwefelsaurer Kalk und zwar das Dihydrat $CaSO_4 \cdot 2\,H_2O$; er tritt bei uns in großen Lagern am Südharz, in Württemberg, Bayern, Baden, Hessen, bei Lüneburg und bei Berlin (Sperenberg) auf. Er kann krystalline Form haben (Marienglas) oder in faseriger, erdiger oder körniger Form auftreten. Der körnige Gips ist der Alabaster, der für Bildhauerzwecke Verwendung findet (Castilinamarmor). Weiter kommt noch in der Natur (vgl. „Kalisalze S. 232") in großen Mengen der wasserfreie Gips, $CaSO_4$, der Anhydrit, vor; dieser kann nicht direkt als Mörtel verwendet werden, weil er viel zu träge mit Wasser reagiert. Man kann aber durch feine Mahlung und Anwendung von Katalysatoren (Ätzkalk) die Reaktionsfähigkeit erheblich steigern. Der unter dem Namen Leukolith hergestellte Gipsmörtel besteht aus gebranntem Anhydrit mit 1—3% Kalkhydrat; er erhärtet nach einigen Stunden. Anhydrit wird wegen seiner Härte als Baustoff benutzt.

Durch Brennen wird aus dem Rohgips, dem Dihydrat, je nach der angewandten Temperatur das Wasser mehr oder weniger vollständig ausgetrieben. Wasser beginnt schon bei 65° zu entweichen, und zwar spaltet sich, wenn man die Temperatur steigert, $1^1/_2$ Mol Wasser ab und das Dihydrat geht in das Halbhydrat $CaSO_4 \cdot {}^1/_2\,H_2O$ über.

$$CaSO_4 \cdot 2\,H_2O \rightarrow CaSO_4 \cdot {}^1/_2\,H_2O + 1^1/_2\,H_2O.$$

In der Technik verwendet man für diese Umwandlung sog. Gipskocher und Temperaturen von 120—170°. Das Produkt, das Halbhydrat, $CaSO_4 \cdot {}^1/_2\,H_2O$, ist der Stuckgips des Handels. Bei 190—200° entweicht aus dem Stuckgips der Rest des Wassers und es entsteht sog. wasserfreier Stuckgips, der jedoch so schnell abbindet, daß er praktisch nicht verwendet wird. Bei weiterer Erhitzung von 200 auf 500° büßt der Gips seine Abbindefähigkeit ein, erst bei höherer Temperatur, praktisch beim Brennen bei 800—900°, entsteht ein neuer Mörtelstoff, der Estrichgips, der in feinpulvriger Form mit Wasser langsam abbindet und schließlich hydraulische Eigenschaften aufweist, während der Stuckgips rasch abbindet und unter Wasser wieder langsam erweicht. Gips, welcher bei 1000—1200° gebrannt ist, geht in totgebrannten Gips über, der ähnlich wie der natürliche Anhydrit, sich nur äußerlich schwer mit Wasser hydratisiert. Oberhalb 1200° beginnt sich Schwefelsäure abzuspalten; der dabei entstehende basische Gips nimmt merkwürdigerweise wieder die Fähigkeit an, mit Wasser abzubinden. Technisch werden nur Stuckgips und Estrichgips hergestellt.

Stuckgips. Der Gipsstein wird zuerst fein zerkleinert und dann gebrannt. Die Zerkleinerung geschieht nach einer Vorzerkleinerung in Steinbrechern (s. Abb. 176, S. 276), hauptsächlich in Glockenmühlen (s. Abb. 156, S. 235) oder Walzwerken mit glatten oder Rippenwalzen; es werden aber auch Schlagkreuzmühlen und Schlagstiftmühlen (s. Abb. 157, S. 235), auch Mahlgänge (Abb. 294, S. 454) verwendet. Dann folgt das Brennen des mehlfeinen Gipssteins in sog. Gipskochern (Harzer Kocher). Das sind zylindrische Eisenkessel von etwa 2 m Durchmesser und 1 m Höhe, die meist mit einem Rührwerk ausgerüstet sind und die von unten und an den Seiten durch eine Rostfeuerung mit Steinkohle oder Braunkohle geheizt werden. Man rechnet auf 100 kg Stuckgips etwa 7,5 kg Steinkohle bzw. 14 kg Braunkohle. Das

„Brennen" besteht nur in einem Erhitzen auf 170—180°, d. h. einer Entwässerung. Durch die Wasserverdampfung gerät das feine Gipsmehl nach einiger Zeit in wallende Bewegung, was man als „Kochen" bezeichnet. Das Kochen wird fortgesetzt, bis bei genannter Temperatur kein Wasser mehr weggeht. Der Wasserdampf zieht durch eine auf den Kessel aufgesetzte Haube ab. Das fertig gebrannte Gipsmehl gelangt über eine Rutsche in den Kühlraum zur Abkühlung an der Luft. Für die Gipskocher hat man jetzt vielfach statt der direkten Beheizung eine indirekte Beheizung durch überhitzten Dampf eingeführt, bei der man Frederking-Kessel benutzt, das sind Kessel, bei denen Rohrschlangen in Wand und Boden eingegossen sind. Ein Überbrennen des Gipses ist bei der Dampfheizung ausgeschlossen. Das Brennen von Gips läßt sich auch in Drehöfen (Trommelöfen) mit Erfolg durchführen.

Modellgips und Alabastergips werden in derselben Weise aus ausgesucht feinen Gipssorten hergestellt. Das Brennen geschieht bisweilen auch noch in Backöfen (wie bei der Brotbäckerei) oder in Muffelöfen.

Estrichgips. Der Estrichgips muß bei etwa 950° gebrannt werden. Das geschieht in Schachtöfen, die denen beim Kalkbrennen ganz ähnlich sind. Es sind das die sog. Harzer Schachtöfen, in welche Gipsstein in Stücken und Koks schichtenweise eingetragen werden. Es ist für sehr starken Ofenzug zu sorgen, da sonst leicht Reduktion zu Calciumsulfid eintreten kann, was der Qualität des Estrichgipses sehr nachteilig ist. Besser ist der MEYERsche Schachtofen; er hat einen nach unten verjüngten Schacht mit zwei seitlich am unteren Schachtende angebrachten Feuerungen. Das zu brennende Gipsgestein kommt also nur mit den Flammengasen, nicht aber mit dem Brennstoff in Berührung. Der in groben Stücken gebrannte Estrichgips wird nach dem Abkühlen in Kugelmühlen, Rohrmühlen oder Pendelmühlen feingemahlen.

Eigenschaften und Verwendung des Gipses. Gips findet, wie Kalkstein, bisweilen ungebrannt Verwendung zu Bauzwecken. Große Mengen braucht auch die Portlandzementindustrie als Zusatz zum Regeln der Abbindezeit des Zements. In feingemahlenem Zustande verwendet ihn die Papierindustrie und die chemische Industrie. Die größte Menge Gips wird aber als gebrannter Gips verbraucht. Die Porzellan- und Steinzeugfabriken machen aus Stuckgips Formen aller Art, das Kunstgewerbe stellt Gipsabgüsse und Modelle her, für Bauzwecke werden billige schmückende Bauteile und Stuckarbeiten aus ihm angefertigt, ebenso Gipsdielen mit Einlagen von Rohr oder Rabitzwände mit Einlage von Drahtgeflecht. Gegen Einwirkung chemischer Stoffe ist Gips ziemlich unempfindlich, auch sein Verhalten im Feuer ist befriedigend. Er läßt sich leicht bearbeiten und in allerlei Farbtönen färben, weshalb er vielfach zur Herstellung von Kunstmarmor und Kunststeinen verwendet wird. Als Mörtelbildner verträgt Gips weniger Magerungsmittel als Kalk, er wird meist in reinem Zustande (ohne Sand) verwendet, da er im Gegensatz zu allen anderen Mörtelbildnern beim Abbinden nicht schwindet, sondern „wächst" (um etwa 1%). Dadurch füllt er beim Abgießen von Münzen und Medaillen die feinsten Vertiefungen der Formen aus und gibt alle Feinheiten wieder. Für Stuckgips braucht man zur Herstellung eines gießfähigen Breies 100 Teile Wasser auf 110—160 Teile Gips, und zwar bringt man den Gips in kleinen Portionen unter Umrühren in das Wasser und nicht umgekehrt.

Im Mittelalter wurden in manchen Gegenden, z. B. in Lüneburg, Gemische von Stuckgips und Estrichgips als Mauermörtel verwendet.

Stuckgips bindet rasch ab und erhärtet in 10—20 min; um die Abbindezeit zu verlängern, benutzt man in der Praxis schwaches Leimwasser zum Anmachen. Estrichgips ist dagegen direkt ein Langsambinder, er braucht 24 h und länger zum Abbinden.

Estrichgips wird hauptsächlich zur Herstellung von Fußböden benutzt. Man bringt auf Ziegel- oder Betonschichten eine schwache Sandauflage, feuchtet diese an und trägt hierauf in 3—4 cm Stärke den gießfähig angemachten Estrichbrei auf. Dann wird der Estrich nach einigen Tagen mit Klopfhölzern zusammengeschlagen und schließlich mit der Ziehklinge geglättet. Das vollständige Abbinden und Erhärten erfolgt erst in 10—12 Tagen. Während dieser Zeit muß der Estrich vor Ausstrocknung geschützt werden. Es entsteht dann eine harte, wetterfeste Masse. Estrichgips ist schon bei den Ägyptern, Römern und im Mittelalter auch bei uns als Mörtel benutzt worden. Estrichgips ist chemisch ein mehr oder weniger basisches Calciumsulfat; beim Erhärten entsteht wieder wasserhaltiges $CaSO_4$ und $Ca(OH)_2$ bzw. $CaCO_3$, beim Abbinden von Stuckgips nur $CaSO_4 \cdot 2\,H_2O$.

Die Druckfestigkeit von erhärtetem Stuckgips beträgt etwa 80 kg/cm², die von Estrichgips etwa 180, bisweilen sogar bis 300 kg/cm².

Jetzt wird auch aus Anhydrit ein Gipsmörtel unter dem Namen Leukolith hergestellt, der aus gebranntem Anhydrit mit 1—3% Kalkhydrat besteht; er erhärtet nach einigen Stunden.

3. Kalk.

Gebrannter Kalk, Calciumoxyd, CaO, wird erhalten durch Brennen des in der Natur reichlich vorkommenden kohlensauren Kalkes, $CaCO_3$, des Kalksteins. Der gebrannte Kalk wird seit den ältesten Zeiten für Mörtelzwecke benutzt, es wird aber jetzt auch in großem Maßstabe für die Bedürfnisse anderer Industriezweige hergestellt, z. B. für die Fabrikation von Carbid und Kalkstickstoff, Zucker, Ammoniak, als Dünger, zur Abwässerreinigung, zur Kohlensäuregewinnung, zur Kalksandsteinfabrikation usw.

Der Brennvorgang besteht im Austreiben der Kohlensäure:

$$CaCO_3 \rightleftarrows CaO + CO_2 .$$

Der Vorgang ist ein reversibler, er ist stark von der Temperatur und dem Gegendruck der Kohlensäure abhängig. Der Dissoziationsdruck wird bei 908° gleich dem Atmosphärendruck. 980° wäre also die Mindesttemperatur für das Brennen, wenn man nicht für die ständige Abführung der entstehenden Kohlensäure Sorge trägt. Praktisch beträgt im Ofen der Partialdruck der Kohlensäure in den abziehenden Gasen nur einige Zehntel Atmosphären, dementsprechend beginnt der Austritt der Kohlensäure schon bei etwa 900°, man verwendet aber zum schnelleren Garbrennen des Kalkes in der Praxis Brenntemperaturen von 900—1000°.

Die Dissoziation des kohlensauren Kalkes verlangt einen ziemlich großen Wärmeaufwand, nämlich für das Mol $CaCO_3$ 42,52 WE, das sind für 1 kg Kalkstein 425 WE, was theoretisch 6 kg guter Steinkohle für 100 kg Kalkstein (für 100 kg Ätzkalk 11 kg) entsprechen würde. Praktisch muß man mit 16 bis 18 kg Kohle für 100 kg gebrannten Kalk rechnen.

Beim Brennen von Kalkstein gibt dieser nach der Formel 44% Kohlensäure ab, es tritt dabei eine Raumverminderung von 10—12% ein. Der gebrannte Kalk wird jetzt vielfach im Handel mit dem Namen Branntkalk bezeichnet.

Der reinste, in der Natur vorkommende Kalkstein ist der Kalkspat und der Marmor; beide sind aber zu kostbar zum Brennen. Man verwendet technisch dichten Kalkstein, Muschelkalk, Kreide, die in zahlreichen geologischen Formationen in allerlei Arten und Färbungen und in sehr verschiedener Reinheit vorkommen. Die Farbe wechselt von weiß bis bräunlich oder bläulich. Die fremden Beimengungen: Magnesiumcarbonat, Tonerde- und Eisensilicat, freie

Kieselsäure beeinflussen die Eigenschaften des gebrannten Erzeugnisses sehr wesentlich. Die reinen Kalksteinsorten vertragen die höchste Brenntemperatur, da reines CaO auch bei Weißglut noch nicht schmilzt; sie löschen mit Wasser rasch unter starker Erwärmung zu einem lockeren voluminösen Kalkhydrat ab (sie „gedeihen") und geben mit mehr Wasser einen fetten, schlüpfrigen Brei, den „Fettkalk" oder „Weißkalk". Letzterer kann als Mörtel erhebliche Mengen Sand als Magermittel binden. Tonige, kieselige oder eisenoxydhaltige Kalksteine dürfen nicht so hoch gebrannt werden, da sie sonst sintern, weil die entsprechenden Kalksilicate, Kalkaluminate und -ferrite leichter schmelzbar sind. Bei vorsichtiger Brennarbeit entsteht aus solchen Kalksteinen ein dichtes Brennprodukt, welches langsamer ablöscht und nur ein graues, körniges Hydrat und ebensolchen wenig voluminösen Kalkbrei, den „Magerkalk" liefert. Bei zu hoher Temperatur kann man diese Kalksteine „tot" brennen, sie löschen dann überhaupt nicht mehr ab. Auch Alkaligehalte wirken sinternd. Organische Substanzen, welche häufig die dunkle Farbe bedingen, brennen heraus und sind ohne Einfluß. Ein geringer Magnesiumgehalt (dolomitischer Kalk) ist bei vorsichtigem Brande unschädlich. Nur Kalke mit hohem Gehalte an $CaCO_3$ liefern „Luftkalk"; übersteigt der Gehalt an Ton und Kieselsäure einige Prozente, so erlangen die Brennprodukte die Eigenschaft, auch unter Wasser zu erhärten, und wir haben dann sog. „hydraulischen Kalk" oder „Wasserkalk" vor uns. Hier gibt es nun allerlei Übergänge von schwach hydraulischen Kalken bis zu stark hydraulischen Kalken. Kalksteine mit einigen Prozenten Ton bezeichnet man als Mergel. Die verschiedenen Mergelarten können aber sehr verschieden im Tongehalt sein. Die Gehalte an Kalkcarbonat sind etwa folgende:

Reicher Kalkstein .	98—100% $CaCO_3$	Mergel	40—75% $CaCO_3$
Mergeliger Kalkstein	90— 98% $CaCO_3$	Tonmergel	10—40% $CaCO_3$
Kalkmergel	75— 90% $CaCO_3$		

Das Brennen des Kalkes geschah in den ältesten Zeiten in Meilern, später in einfachen Feldöfen ohne Ummauerung. Jetzt kommen für diesen Zweck nur Schacht- oder Ringöfen und Drehrohröfen in Betracht. Bei den Schachtöfen unterscheidet man Öfen mit unterbrochenem und Öfen mit ununterbrochenem Betriebe. Bei den ersteren werden Kalkstein und Brennstoff schichtenweise von oben in den trichterförmigen Schacht eingeführt, der Ofeninhalt wird von unten entzündet, die Flamme schreitet von unten nach oben langsam fort und bringt den Kalkstein zum Glühen. Nach dem Verlöschen des Feuers wird der Ofen entleert. Diese Art Schachtöfen werden wegen des hohen Brennstoffverbrauchs heute nur noch selten angewendet.

Bei den Kalkschachtöfen mit ununterbrochenem Betriebe füllt man den Kalkstein ebenfalls von oben in den Schachtraum ein, zieht jedoch während des Brennens den gargebrannten Kalk aus vorhandenen Ziehöffnungen im unteren Schachtteil ständig ab und füllt gleichzeitig oben den Ofen frisch nach. Man unterscheidet Schachtöfen mit kleiner und Öfen mit großer oder langer Flamme. Bei den Schachtöfen mit kleiner Flamme wird der Brennstoff, Steinkohle oder Koks, von der Gichtöffnung aus schichtenweise abwechselnd mit Kalksteinen aufgegeben. Abb. 303 zeigt in 2 Schnitten die Konstruktion eines Kalkschachtofens, eines sog. Trichterofens. Meist sind mehrere solche Öfen zu einem Block vereinigt. Die Höhe der Öfen beträgt 18 m, die Höhe der Beschickungssäule 11,5 m. Der obere Durchmesser des Schachtes ist 5,5 m, in der Rosthöhe noch 4,5 m. Unten sind 4 Doppelroste vorhanden, über die der Kalk abgezogen wird, während Asche und Staub hindurchfällt. Der Ofen leistet 40 t gebrannten Kalk in 10 h mit 24%

Kohlenverbrauch. Die Öfen sind innen mit feuerfesten Steinen, hinter diesen mit gewöhnlichen Ziegeln ausgefüttert, die Zwischenräume zwischen den Öfen werden mit Bruchsteinen ausgefüllt.

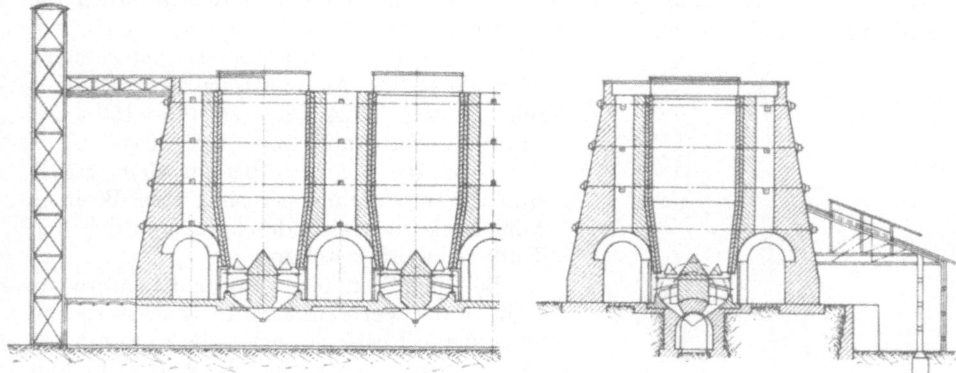

Abb. 303. Offener Kalkofen.

In Zucker-, Soda-, Tonerdefabriken usw. sind fast immer geschlossene Kalköfen in Verwendung, in welchen neben dem Ätzkalk auch die ausgetriebene Kohlensäure an der Ofengicht aufgefangen und verwendet wird. Abb. 304 zeigt einen solchen geschlossenen Kalkschachtofen, einen sog. belgischen Ofen, für ununterbrochenen Betrieb. Diese Öfen haben eine Schachthöhe von 14—16 m, sie brauchen etwa 17% Koks, bezogen auf die Menge des gebrannten Kalkes. Der unten offene Schacht ruht auf einem Kranze von Trägern,

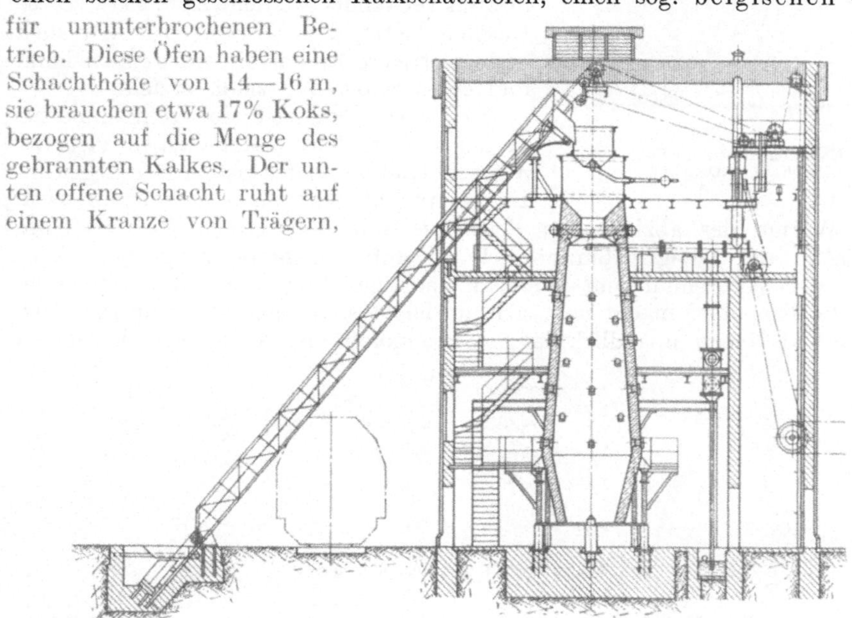

Abb. 304. Geschlossener Kalkschachtofen.

er verengt sich wieder etwas nach dem Ende zu. Das Mauerwerk besteht aus großen Schamottesteinen, es ist umschlossen von einem Eisenblechmantel, der in verschiedener Höhe zur Beobachtung des Ofenganges Schaulöcher aufweist. Die Ofengicht trägt einen gasdichten Gichtverschluß, in welchen das mit Schrägaufzug zugeführte Rohmaterial, Kalkstein und Koks, gestürzt wird. Der gebrannte Kalk wird unten kontinuierlich abgezogen und die Kohlensäure am Umfange des verengten Halses abgesaugt.

Ein wesentlicher Fortschritt im Kalkofenbau sind die aus der Zementindustrie übernommenen Öfen mit automatischem Betrieb, bei denen sowohl die Beschickung (durch rotierende Teller oder Trichter) als auch die Entleerung (durch Drehroste, Walzenroste) mechanisch vor sich geht (vgl. Abb. 313, welche einen automatischen Zementofen darstellt). Automatische Kalkschachtöfen leisten in 24 h bis zu 100—150 t gebrannten Kalk mit 13,5—17 % Koks.

Auch Drehrohröfen bis zu 40 m Länge und 2,5 m Durchmesser sind zum Brennen von Kalk in Anwendung, namentlich zur Kalkstickstoffherstellung.

Bei den Öfen mit langer Flamme geschieht die Verbrennung des Heizstoffs auf besonderen Rostfeuerungen, die rund um den Ofen angeordnet sind, der Brennstoff kommt also mit dem Kalkstein nicht in Berührung, sondern nur mit der Flamme (z. B. bei dem sog. Rüdersdorfer Ofen). Man geht jedoch mehr und mehr zu Schachtöfen über, bei denen an Stelle der Rostfeuerungen Generatoren verwendet werden (Abb. 305). Diese Gasöfen bieten den Vorteil, daß man auch geringwertigere Brennstoffe verwenden kann und einen reineren Ätzkalk erzielt.

Ein wärmetechnisch sehr vollkommener, in der eigentlichen Kalkindustrie viel benutzter Kalkbrennofen ist der Ringofen.

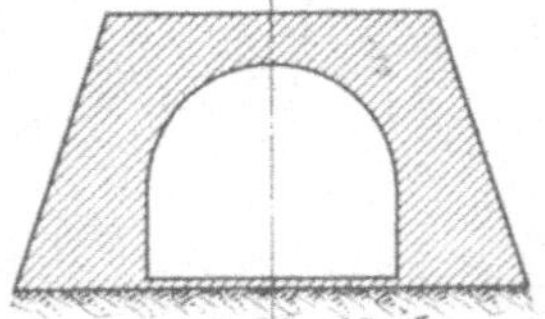

Abb. 305. Kalkschachtofen mit Gasfeuerung (Nach Burghardt.)

Er verbraucht sehr wenig Brennstoff, weil er die Wärme der abziehenden Feuergase zum Vorwärmen frischer Ware und die in der fertig gebrannten Ware aufgespeicherte Hitze zum Vorwärmen der Verbrennungsluft in sehr günstiger Weise ausnutzt. Mit dem Wesen des Ringofens macht man sich am leichtesten vertraut, wenn man sich denselben als einen unendlich langen Brennofen mit waagerecht liegendem

Abb. 306. Ringofen. Art der Beschickung.

Schacht vorstellt. Wir haben dann einen langen Kanal von etwa 3 m Breite und 3 m Höhe wie in Abb. 306 angedeutet ist. Dieser Kanal besitzt, wie im Längsschnitt ersichtlich ist, im unteren Teil gleichmäßig wiederkehrend, etwa alle 3 m kleine, verschließbare Seitenkanäle C_1, C_2, C_3 usw., die zu einem gut ziehenden Schornstein führen. Wir nehmen an, daß der Kanal an seinem Anfange eine Rostfeuerung a besitzt. Hinter der Feuerung werden die zu brennenden Kalksteine aufgesetzt, jedoch mit der Vorsicht, daß überall da, wo ein Seitenkanal C (Fuchs) angeordnet ist, ein freier Schlitz von etwa 20 cm bleibt. Der Raum von Schlitz zu Schlitz wird Abteil oder auch Kammer genannt. Sind 5 Abteile des Ofens voll gesetzt, so wird hinter das 5. Abteil ein Blatt gutes

Packpapier (der „Papierschieber") geklebt, welches dicht an die Ofenwand anschließt. Es wird dann das Abteil *6* gefüllt und am Ende wieder ein Papier eingeklebt. Wird auf dem Rost *a* ein Feuer angezündet und unterhalten, so durchziehen die Feuergase den Kalkstein *b* und gelangen durch den Fuchs C_1 zum Schornstein. Wenn die Glut vorwärts schreitet, gehen die Feuergase auch durch den nächstfolgenden Fuchs C_2 und C_3 usw. ab. Es kommt aber ein Zeitpunkt, in welchem die Glut nicht mehr fortschreitet, da das Feuer auf dem Rost *a* hierzu unzureichend ist. Dann beginnt man den Brennstoff in den Schlitz S_1 einzuwerfen. Er fällt zum Teil auf die vorstehenden Kalksteine, zum Teil auf den Boden und verbrennt in dem Schlitz (Heizschlitz genannt) ebensogut, wie auf dem Rost. Hierdurch gelingt es, die Glut entsprechend weiter, also beispielsweise bis zum Fuchs C_4 zu treiben. Nachdem dann der Heizschlitz S_1 einen halben oder einen ganzen Tag befeuert ist, und die Glut nicht mehr recht vorwärts dringt, geht man zum Beschütten des Schlitzes S_2 über und zieht die Feuergase bei C_5 ab usw. Der Papierschieber bietet kein Hindernis, weil er verbrennt. Bei dem Fortschreiten des Feuers beginnt der Anfang des Ofens abzukühlen. Die Abkühlung erfolgt durch kalte Verbrennungsluft, welche durch den Heizschlitz S_1 zum Brennstoff strömt. Sie wird dadurch stark vorgewärmt und sorgt für schnelle und gründliche Verbrennung des Brennstoffs in den Heizschlitzen. Nach und nach ist das Feuer soweit fortgelaufen, daß der gebrannte Kalk im Anfang des Ofens völlig abgekühlt ist und entfernt werden kann. In dem gleichen Maße, wie der gebrannte Kalk aus dem einen Ende des Ofens entfernt wird, erfolgt die Füllung mit Kalkstein am anderen Ende des Ofens. In der Ofenwand sind zum Ein- und Ausfahren des Kalkes Türöffnungen vorgesehen, die während des Brandes zugemauert sind. Damit nun nicht der Anfang des Ofens nach einiger Zeit unbenutzt leer steht, während nach der anderen Richtung der Ofen immer weiter verlängert werden müßte, gab Friedrich Hoffmann dem Ofen die Gestalt eines Ringes. Hierdurch wird der Vorteil erzielt, daß die entleerten Kammern wieder gefüllt werden können; denn in dem Maße, wie ein Abteil des Ofens entleert wird, wird ein anderes Abteil für frisch einzusetzende Kalksteine frei. Der Ringofen war ursprünglich im Grundriß kreisrund, nach und nach hat er die Form einer Ellipse oder eines Oblongums angenommen. Die Abb. 307—310 bringen die Einzelheiten des Baues und der Betriebsweise eines Ringofens deutlich zur Anschauung.

Abb. 307 stellt in der linken Hälfte einen waagerechten Schnitt durch den Brennkanal vor. Die rechte Hälfte zeigt eine Ansicht des Ringofens von oben. Man erkennt hier die reihenweise angeordneten Heizschachtöffnungen und den entweder in der Mitte oder außerhalb stehenden Schornstein, in welchen der Rauchsammler einmündet.

Der Querschnitt in Abb. 308 erläutert die Anordnung der Heizlöcher, der Rauchabzüge und des Rauchsammlers an einem Ringofen. Der Rauchsammler jeder Abteilung kann für sich durch die Glocke abgesperrt werden. An beiden Seiten sind die Ein- und Auskarrtüren zu sehen, durch die der Kalkstein eingesetzt bzw. nach dem Brande der gebrannte Kalk ausgefahren wird.

Die Abb. 309 und 310 machen die Betriebsweise des Ofens klar. Das Feuer schreitet in der Richtung der eingezeichneten Pfeile fort. Die einzelnen Abteile sind mit den Zahlen *1—18* bezeichnet. In Abb. 309 stehen die Abteile *8* und *9* im Vollfeuer, *10* und *11* in Nachglut, *6* und *7* in Vorglut. Die Abteile *12—17* sind abgebrannt, aus Abteil *17* wird der fertig gebrannte Kalk ausgefahren, Abteil *18* steht leer und in Kammer *1* werden frische Kalksteine eingesetzt. Die zum Brennen nötige Luft tritt durch die offenen Einkarrtüren von Abteil *12—17* ein und wärmt sich dann an dem in Nachglut stehenden Ofeneinsatz der Abteile *10* und *11* vor, indem sie gleichzeitig den Inhalt abkühlt. Die Abteile *2—4* sind durch Papierschieber abgeschlossen, zwischen Abteil *5* und *6* ist der Papierschieber schon abgebrannt und die Heizgase entweichen durch den Fuchs von Abteil *5* in den Rauchsammler, wie der Pfeil andeutet. Die Rauchglocke des Fuchses von Abteil *5* ist, wie auf der Zeichnung zu sehen, deshalb geöffnet, alle übrigen Rauchglocken sind geschlossen. Auf Abb. 310

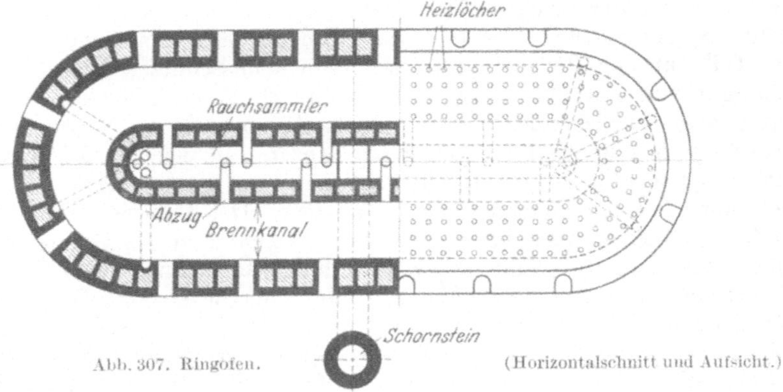

Abb. 307. Ringofen. (Horizontalschnitt und Aufsicht.)

ist das Fortschreiten des Feuers ohne weiteres zu erkennen. Hier stehen Abteil *7* und *8* im Vollfeuer, *5* und *6* im Vorfeuer und *9* und *10* in Nachglut, während Abteil *16* und *17* entleert und Kammer *18* zum Neubesetzen vorbereitet ist. Die Einrichtung der Ringöfen zum Brennen von Ziegeln ist genau die gleiche.

Kalkringöfen dieser Art brauchen 18—24% Steinkohle oder 27—36% Braunkohle. Es gibt auch Gasringöfen, die mit Generatorgas beheizt werden.

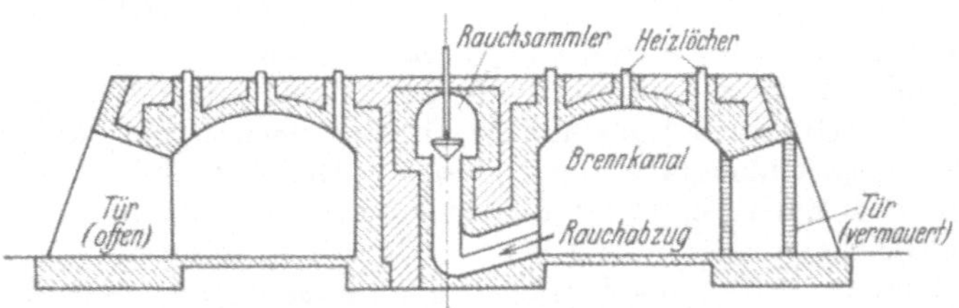

Abb. 308. Ringofen. (Vertikalschnitt.)

Der gebrannte Kalk geht in Stücken (Stückkalk), der gelöschte in Pulverform als Kalkhydrat (Sackkalk) in den Handel.

Das Ablöschen des Ätzkalkes erfolgt, um den gebrannten Kalk in die breiige Form überzuführen, in welcher er als Mörtel Verwendung finden kann. Durch Befeuchten mit Wasser geht der stückige Kalk in ein lockeres Pulver über:

$$CaO + H_2O = Ca(OH)_2,$$

wobei eine erhebliche Wärmeentwicklung (für 1 kg Ätzkalk 244 WE) auftritt. Durch weiteren Wasserzusatz entsteht ein rahmiger, speckiger Brei. Man läßt diesen Brei einige Zeit zur Vervollständigung des Löschens „eingesumpft" stehen, ehe man ihn verwendet. Jedoch nur reine, normal gebrannte Kalke löschen rasch und stürmisch ab und geben den richtigen speckigen Fettkalk, unreine oder überbrannte Kalke löschen langsam und unvollständig ab. Setzt man beim Ablöschen zu wenig Wasser zu, so zerfällt der Kalk zu einem grießigen, sandartig sich anfühlenden Pulver, er „verbrennt" und ist dann für Mörtelzwecke nicht mehr verwendbar. Bei zu starkem Wasserzusatz „ersäuft" der

Kalk. In beiden Fällen zeigt der Mörtel keine Bindekraft mehr. Bei den sog. Trockenlöschverfahren wird der Stückkalk in Draht- oder Rohrkörben so lange in Wasser getaucht, bis keine Luftblasen mehr aufsteigen, dann schüttet man den Kalk aus, wobei er zu Pulver zerfällt.

In einer ganzen Reihe chemischer Betriebe (Chlorkalk, Kalksandsteine, Zucker, Soda, Seife, Farben usw.) verwendet man Löschtrommeln zum Löschen des Kalkes. In einem liegenden Blechzylinder bewegt sich in der Regel ein Trommelsieb; Stückkalk und Löschwasser werden eingeführt, der

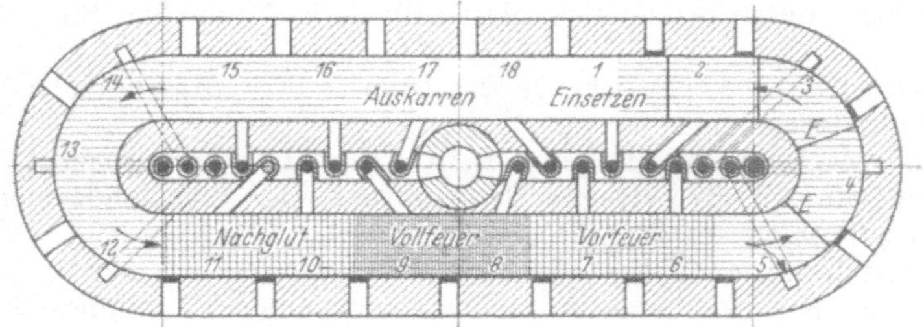

Abb. 309. Ringofen. (Betriebsweise.)

Kalk geht unter Erhitzung in ein sehr feines Pulver über, fällt durch die Löcher des Siebes und wird trocken ausgetragen. Man kann den Kalk auch direkt als Kalkmilch herausspülen.

Zu Mörtelzwecken kann man gutem Kalk drei Teile Sand beimengen, magerem weniger. Der Mörtel bindet in wenigen Stunden ab, die darauf folgende Erhärtung, d. h. die Umwandlung des Kalkhydrates in Carbonat durch die Kohlensäure der Luft kann jahrelang dauern, bei dicken Mauern Jahrzehnte.

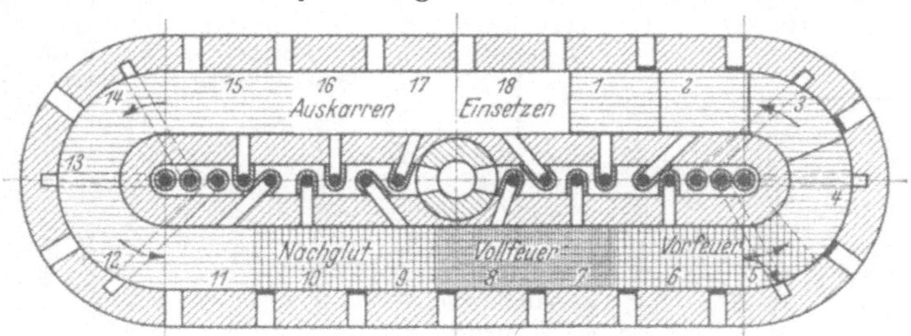

Abb. 310. Ringofen. (Betriebsweise.)

Mit dem Namen Graukalk bezeichnet man die dolomitischen (magnesiahaltigen) Weißkalkarten. Wenn diese Kalke richtig gebrannt werden, liefern sie einen geschätzten Putzmörtel.

Gebrannter Kalk wird außer für Mörtel- und Bauzwecke noch viel in anderen Industriezweigen gebraucht (Eisen- und Stahlindustrie, Chemische Industrie, Carbidwerke, Kalksandsteinfabriken, Landwirtschaft).

Die Kalkindustrie Deutschlands umfaßte 1936 1070 Betriebe, davon 661 Kalkbrennereien. Es waren 28275 Personen beschäftigt, die 46 Mill. Mark an Gehältern und Löhnen bezogen. Abgesetzt wurden 12 Mill. t roher Kalkstein, 5,4 Mill. t gebrannter Kalk, 0,36 Mill. t Sinterdolomit, 0,77 Mill. t Löschkalk und 1,5 Mill. t Kalkmergel. Deutschland erzeugte an Branntkalk in Mill. t:

1921 . . . 3,43   1929 . . . 3,52   1935 . . . 4,55   1937 . . . 7,44
1927 . . . 4,66   1934 . . . 3,94   1936 . . . 5,39

Der Wert der Gesamterzeugung betrug 1933: 72,4, 1934: 99,4, 1935: 115,9, 1936: 139,7, 1937: 157,8 Mill. Mark.

Wassermörtel.

Die Wassermörtel umfassen zahlreiche hydraulische Mörtelstoffe, die alle neben Kalk (und Magnesia) als notwendige Bestandteile Tonerde, Kieselsäure und Eisenoxyd enthalten. Diese Bestandteile, welche den an und für sich unhydraulischen Kalk hydraulisch machen, bezeichnet man auch als Hydraulefaktoren. Es gibt nun Stoffe, die an und für sich ein hydraulisches Erhärtungsvermögen besitzen, und solche, die dieses erst durch Mischung mit latent hydraulischen Stoffen bekommen. Man teilt die hydraulischen Bindemittel wie folgt ein:

1. Natürliche ungesinterte hydraulische Bindemittel (hydraulischer Kalk, Romankalk).

2. Gesinterte hydraulische Bindemittel (Portlandzement).

3. Gemischte hydraulische Bindemittel (Eisenportlandzement, Hochofenzement, Puzzolanzement).

4. Tonerdezemente.

Kühl und Knothe haben folgendes eingehendere Einteilungsschema aufgestellt.

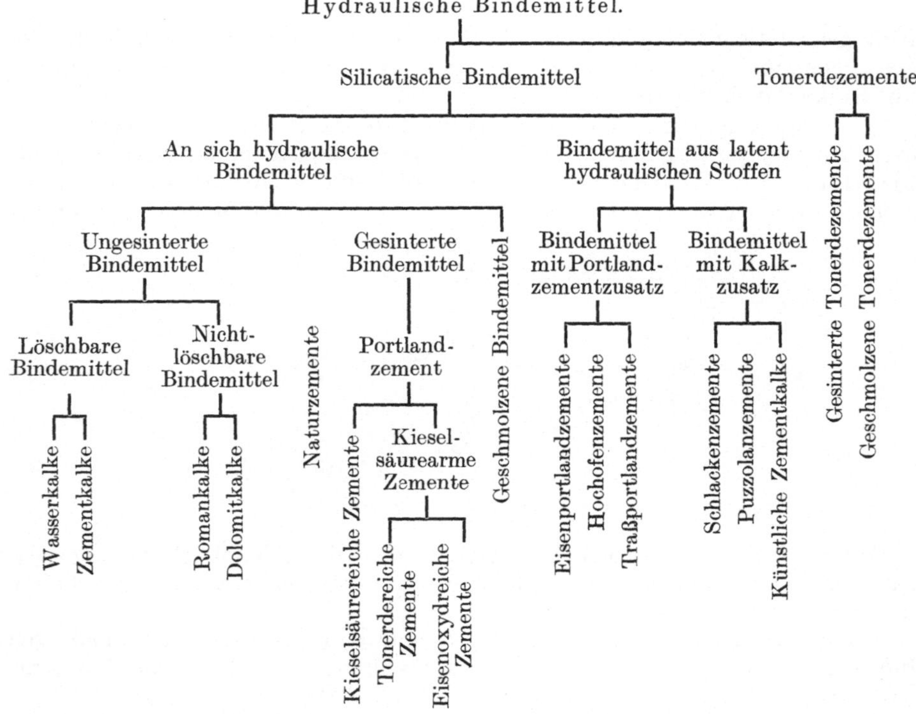

1. Wasserkalke, Zementkalke.

Während die Luft- oder Weißkalke unter Wasser nicht verwendet werden können, da zu ihrer Erhärtung Kohlensäure notwendig ist, erhärten die eigentlichen hydraulischen Kalke, die neben hohem Kalkgehalt immer aufgeschlossene Kieselsäure enthalten, auch unter Wasser. Die sog. Magerkalke weisen gewisse Tonerdegehalte auf, die die hydraulischen Eigenschaften bedingen. Man brennt Kalkmergel (mit mehr als 76—78% $CaCO_3$ und 10—20% Tongehalt) ähnlich wie Weißkalk und löscht mit Wasser ab. Kalksteine, Mergel, bei denen ein Teil des Kalkes durch Magnesit ersetzt ist (dolomitische Kalke), werden bei nur 600—750° gebrannt und liefern **Schwarzkalk**. Die Erhärtung dieser Mörtel wird auf eine Hydratation der beim Brennen gebildeten Calciumsilicate und Calciumaluminate zurückgeführt. Man unterscheidet stark hydraulische Kalke (die sog. Wasserkalke, in besseren Sorten „Zementkalke") und schwach hydraulische Kalke. Zwischen beiden Arten gibt es aber keine scharfe Grenze. Die schwach hydraulischen Kalke erhalten zur Verwendung für Wasserbauten Zusätze von Zement oder sog. hydraulischen Zuschlägen wie Traß, Hochofenschlacke, Ziegelmehl usw., wodurch ihre hydraulischen Eigenschaften sehr verbessert werden.

2. Romankalke.

Das Rohmaterial der Romankalke (früher **Romanzement** genannt) bilden tonreiche Kalkmergel und auch dolomitische Mergel, die etwa 25% Ton enthalten und deren Gehalt an Kalkcarbonat unter 76% liegt. Beim Brennen und Austreiben der Kohlensäure darf die Erhitzung nicht so weit getrieben werden, daß eine Sinterung eintritt. Der Gehalt an Tonerdesilicaten muß daher so groß sein, daß die gebrannten Stücke bei Netzung mit Wasser nicht schon ablöschen, vielmehr das Löschen erst dann erfolgt, wenn das Brenngut in gepulverten Zustand übergeführt ist. Die Menge der Tonerdesilicate kann dabei in ziemlich weiten Grenzen schwanken. Zur Herstellung von Romankalken geeignete Kalkmergel finden sich an vielen Orten. Ausgedehnte Verwendung fanden Romankalke in Frankreich, Österreich und Süddeutschland, aber auch hier wurden dieselben vom Portlandzement mehr und mehr verdrängt, da die Eigenfestigkeit des Romankalkes keine große ist und er keinen großen Zusatz von Magerungsmitteln verträgt.

Dolomitkalke, die außer Kalk in wechselnden Mengen Magnesit enthalten, müssen mit besonderer Vorsicht beim Brennen behandelt werden. Die richtige Innehaltung des Temperaturgrades ist gerade hier, wie beim Romankalk, äußerst wichtig. Es darf die Hitze immer nur soweit gesteigert werden, daß alle Kohlensäure entweicht. Dolomitkalke werden fast nur in Amerika hergestellt.

Die Romankalke des Handels haben eine gelbliche, braungelbe oder rötliche Farbe und stellen ein mehlfeines, sich mehr oder weniger scharf anfühlendes Pulver dar.

3. Portlandzement.

Die Bezeichnung **Zement** an sich ist ein Sammelbegriff für alle selbständig unter Wasser erhärtenden, hydraulischen Mörtelbildner. Maßgebend für diese Eigenschaft ist neben einem gewissen Kalk- oder Magnesiagehalt das Vorhandensein aufgeschlossener, verbindungsfähiger Kieselsäure oder deren Verbindungen (Tonerdesilicate). Die Zemente erhärten schneller und ihre Festigkeit ist größer als die der Wasserkalke. Der Portlandzement ist das wichtigste und beste Zementmaterial. Von den gewöhnlichen Zementen unterscheidet sich der Portlandzement hauptsächlich dadurch, daß das Rohmaterial, Mischungen aus Kalkstein und Ton (Kalkmergel, Tonmergel mit 76—77% $CaCO_3$), **bis zur Sinterung gebrannt** wird, wozu Temperaturen von 1400—1450° erforderlich sind. Der fertige feingemahlene Portlandzement besteht, wie später noch näher ausgeführt wird, aus basischen Kalksilicaten, Kalkaluminaten und -Ferriten. Einen Einblick in die Konstitutionsverhältnisse des Portlandzementes haben wir erst durch genaueres Studium des Systems Kalk-Tonerde-Kieselsäure gewonnen. Bis dahin begnügte sich der Praktiker mit der Feststellung des Kohlensäuregehaltes in der Rohmaterialmischung. Weiter half dann der von MICHAELIS eingeführte Begriff des „hydraulischen Monduls", d. h. des Verhältnisses der Gewichtsprozente von $\dfrac{CaO\%}{SiO_2\% + Al_2O_3\% + Fe_2O_3\%}$, welches heute gleich 2,2—2,3 : 1 sein soll. Eine weitere Verbesserung war die Einführung des „Silicatmoduls" durch Kühl: $\dfrac{SiO_2\%}{Al_2O_3\% + Fe_2O_3\%}$, der im Mittel 2—2,5 : 1 ist; er berücksichtigt besser das Verhältnis der Hydraulefaktoren untereinander, nämlich das der Kieselsäure zu Tonerde und Eisenoxyd. Zemente mit hohem Silicatmodul sind Langsambinder, mit niedrigem Modul Raschbinder. Magnesia darf im Zement nur in wenigen Prozenten vorhanden sein, da sie den Kalk nicht vertreten kann; Magnesiumsilicat hat nämlich keine hydraulischen Eigenschaften. Zu viel Kalk, ebenso zu viel Magnesia, ruft Treiberscheinungen hervor.

Nach den deutschen Normen von 1932 ist Portlandzement ein „hydraulisches Bindemittel, das in einem durch Brennen erzeugten Mineralgefüge auf 1,7 Gewichtsteile Kalk (CaO) höchstens 1 Gewichtsteil der Summe von löslicher Kieselsäure (SiO$_2$) + Tonerde (Al$_2$O$_3$) + Eisenoxyd (Fe$_2$O$_3$) enthält, d. h.

$$\frac{CaO\%}{SiO_2\% + Al_2O_3\% + Fe_2O_3\%} = 1,7 .$$

Ist Manganoxyd (Mn$_2$O$_3$) in beachtenswerter Menge vorhanden, so ist es zu der Summe von Kieselsäure, Tonerde und Eisenoxyd hinzuzurechnen.

Portlandzement wird hergestellt durch Feinmahlen und inniges Mischen der Rohstoffe, Brennen bis zur Sinterung und Feinmahlen des Brenngutes (Klinkers).

Der Glühverlust des Portlandzements darf zur Zeit der Auslieferung durch das Werk höchstens 5% betragen.

Der Gehalt an Magnesia (MgO) darf 5%, der an Schwefelsäureanhydrid (SO$_3$) 2,5% — alles auf den geglühten Portlandzement bezogen — nicht überschreiten.

Dem Portlandzement dürfen höchstens 3% fremde Stoffe zugesetzt werden."

Die chemische Zusammensetzung des Portlandzementes schwankt nicht sehr stark; sie bewegt sich etwa in folgenden Grenzen:

Kieselsäure	18—26%	Magnesia	1—5%
Tonerde	4—12%	Alkalien	0—2%
Eisenoxyd	2— 5%	Schwefelsäureanhydrid	0,5—2,5%
Kalk	58—66%	Schwefel	0—1%
Manganoxyd	0— 3%	Glühverlust	0,5—5%

Die Erfindung des Portlandzements.

Schon vor dem Jahre 1756 hatte Smeaton in England ein hydraulisches Bindemittel aus tonhaltigem Kalkstein hergestellt, und er hatte bereits erkannt, daß die Ursache der Wasserbeständigkeit seines Bindemittels dem Tongehalte zuzuschreiben sei. Mit dem daraus hergestellten Mörtel wurde 1756 der Leuchtturm von Eddystone erbaut. Dann nahm Parker im Jahre 1796 ein Patent auf Herstellung eines hydraulischen Kalkes durch Brennen von tonhaltigen Kalksteinnieren, welche in einigen Tonlagern an der Themse als Einsprengungen vorkamen; es gelang ihm so die Herstellung von Romanzement. Später ging er auch zum Brennen künstlicher Mischungen aus Kalkstein und Ton über und bereitete damit die Erfindung des Portlandzementes vor. Wenn dann 1824 der englische Maurer Joseph Aspdin auch noch ein Patent auf das Brennen von künstlich hergestellten Mischungen aus Kalkstein und Ton bis zur Sinterung nahm, so kann er eigentlich nicht mehr, wie das häufig geschieht, als Erfinder des Portlandzementes angesehen werden. Er nannte das Erzeugnis wegen der Ähnlichkeit mit dem in England verwendeten Portlandstein „Portlandzement", sein Erzeugnis blieb aber unzuverlässig. Erst 1848 ermittelte der Engländer Johnson, daß zum sicheren Erfolge ganz bestimmte Mengenverhältnisse eingehalten werden müßten. Er nahm kalkreiche Mischungen aus 5 Gewichtsteilen

Kreide und 3 Gewichtsteilen Ton. Die Fabrikation verbreitete sich in England schnell, kam dann Ende der 40er Jahre nach Boulogne sur mer und wurde durch BLEIBTREU 1852 nach Deutschland verpflanzt, wo die erste Anlage in Zülchow bei Stettin entstand. In Deutschland erfolgte dann auch, namentlich nach Gründung des Vereins deutscher Portlandzementfabrikanten 1877, die Erforschung der wissenschaftlichen Grundlagen der Zementfabrikation, wobei sich MICHAELIS besondere Verdienste erworben hat. In Amerika wurde die erste Portlandzementfabrik erst 1872 in Kalamazoo in Michigan errichtet.

Herstellung des Portlandzements.

Die Herstellung gliedert sich in drei Abschnitte: Aufbereitung der Rohmischung, Überführung der Rohmischung durch Brennen in Klinker und Vermahlen der Klinker in Zementmehl.

1. Die Aufbereitung der Rohmischung. Wenn natürliche Kalkmergel zur Verfügung stehen, die genau einen Kalkgehalt von 76—78% $CaCO_3$ haben, so kann das Material ohne weiteres zu Klinker gebrannt werden. Dieser Fall ist aber selten. In der Regel müssen Mischungen aus kalkreichen und kalkarmen Materialien (Kalkstein und Ton, oder Kalk- und Tonmergel) nach dem Ansatz des hydraulischen Moduls hergestellt werden. Die Mischung geschieht durch gemeinsames Feinmahlen, was jedoch in verschiedener Weise geschehen kann, je nachdem man nach dem Trockenverfahren, dem Naßverfahren oder dem Halbnaßverfahren arbeitet. Letzteres ist so gut wie außer Gebrauch.

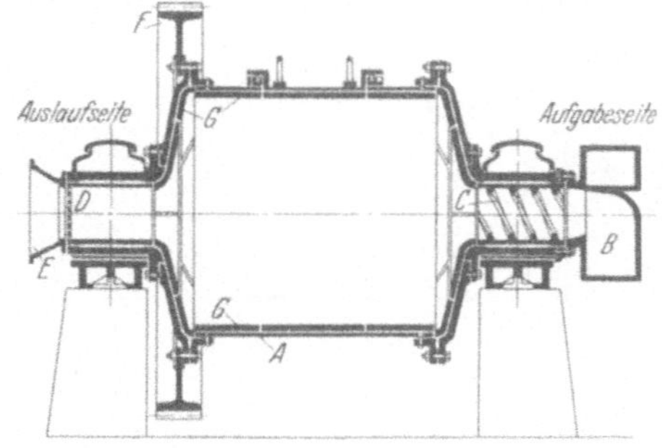

Abb. 311. Kugelmühle. (Nach BADGER-McCABE.)

Beim Trockenverfahren werden die aus dem Bruche kommenden Rohmaterialien, jedes für sich, grob zerkleinert und vorgetrocknet, dann erst folgt die gemeinsame Feinzerkleinerung. Für das Trocknen werden rotierende Trockentrommeln, mit Schaufeln im Innern, benutzt, in denen das zu trocknende Gut den Feuergasen entgegenläuft. Dann folgt die Feinzerkleinerung in der sog. Rohmühle (zum Unterschied von der späteren „Zementmühle" für den Klinker), die in den meisten Fällen aus einer Kugelmühle und einer Rohrmühle sich zusammensetzt. Die Kugelmühlen (Abb. 311) bestehen aus einem kurzen liegenden Zylinder A, der mit schweren Hartgußplatten G ausgepanzert ist. An der Aufgabeseite wird durch einen Schöpfer B durch die Förderschnecke C das Material eingetragen. Das gemahlene Gut verläßt die Trommel am anderen Ende durch das Sieb D. Die Rohrmühlen bestehen aus einer langgestreckten Mahltrommel mit einer Auspanzerung von Hartgußplatten oder Silexsteinen; sie werden, ebenso wie die Kugelmühlen, mit Stahlkugeln bzw. Flintsteinen gefüllt. Das Mahlgut wird der Mühle an der einen Seite zugeführt, es durchläuft die Trommel der Länge nach, wird hierbei durch die sich überstürzenden Stahlkugeln zerschlagen und tritt am anderen Ende durch Siebe feingemahlen aus. Die Rohrmühlen verlangen eine Vorzerkleinerung des Materials im Walzwerk oder in Kugelmühlen. Vielfach sind Kugel- und Rohrmühlen in einem Mahlgerät, der sog. Verbundmühle, vereinigt. Dabei dient die Kugelmühle zum Vorschroten (Vorschrotkammer) und die Rohrmühle zum Feinmahlen (Feinmahlkammer). Es werden auch Verbundmühlen mit drei Kammern gebaut. Abb. 312 zeigt einen Schnitt durch eine Dreikammer-Verbundmühle, Bauart Polysius.

Bei dem **Naßverfahren**, welches heute nur als **Dickschlammverfahren**
ausgeführt wird, werden die Rohmaterialien nach Analyse zusammengeworfen
und gehen durch Steinbrecher, Rundbrecher oder Walzenstühle mit Stachel-
und Glattwalzen zur Rohrmühle, die hier in der Regel eine Verbundmühle
(für Grob- und Feinmahlung) ist, aus der das mit wenig Wasser versetzte Rohmaterial direkt als feiner Schlamm mit 36—40% Wasser herauskommt. Der
Schlamm wird dann durch pneumatische Schlammförderung (Pressoren) in
große geräumige Schlammbehälter befördert, aus denen er, nach kräftiger
Durchmischung mit Preßluft, direkt in die Drehrohröfen läuft.

2. Das Brennen der Rohmasse zum Klinker. Durch das Brennen der Rohmasse wird zuerst bis Rotglut Wasser ausgetrieben, dann folgt von 900° ab die
Zerlegung des Kalkcarbonats, von 1000° an geht unter gelblicher Verfärbung
der Masse die Bildung von Calciumsilikaten und Calciumaluminaten vor sich,
damit kommt die Masse in einen Zustand, den man als Leichtbrand oder
Schwachbrand bezeichnet, bei etwa 1250° beginnt die Masse zu erweichen und

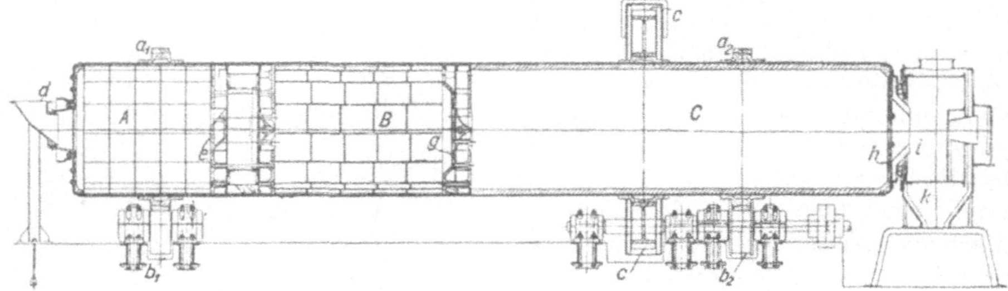

Abb. 312. Dreikammer-Verbundrohrmühle, Bauart Polysius.

führt zwischen 1400 und 1450° zum eigentlichen Sinterungsvorgange unter
Bildung des **Klinkers**. Gargebrannter Klinker hat eine dunkelgraue bis schwarz-
graue Farbe.

Das Brennen erfolgt heute auf modernen Werken nur in Schachtöfen oder
Drehrohröfen. In den früher benutzten Ringöfen und Schachtöfen können
nur verformte Massen, also nicht das feine Rohmehl, gebrannt werden, des-
halb muß das Rohmehl unter Wasserzusatz durch Strangpressen oder durch
Trockenpressen (Dorstener Stampfpressen) mit 8—10% Wasser in Ziegelform
gebracht werden. Die Ziegel werden dann direkt dem Schachtofen übergeben.
Der früher vielfach benutzte Etagenofen von DIETZSCH ist durch die neuen
automatischen, mit Drehrost oder anderen beweglichen Rosten ausgerüsteten
Schachtöfen verdrängt. **Automatische Schachtöfen** liefern 200—300 Faß
Zement in 24 h.

Abb. 313 zeigt einen **Drehrost-Zementschachtofen**, Bauart v. GRUEBER.
Rohmaterial und Koksgrus werden als Formlinge von *B* aus automatisch über
einen Verteiler in den Ofen gestürzt. Ein Ventilator bläst Druckluft zum Teil
von unten durch den Drehrost in den Schacht, zum Teil in halber Höhe in
die Sinterzone. Die Klinker fallen unten über eine Klinkerschleuse auf ein
Transportband. Die Öfen sind 10—14 m hoch, bei einem Durchmesser von
2,5—3 m.

Der **Drehrohrofen** ist eine amerikanische Erfindung; er ist bei uns unabhängig hiervon zuerst von C. v. FORELL in Lollar gebaut und eingeführt
worden. Er ist ein Hochleistungsbrennofen, der täglich bis 1200—1400 Faß
Zement liefern kann. Er besteht aus zwei übereinanderliegenden, auf Rollen
gelagerten, mit einem Zahnkranz für die Drehung versehenen Eisenblechrohren,
die auf der ganzen Länge eine feuerfeste Auskleidung tragen. Das obere 2—3 m

weite, 50—70 m lange Brennrohr macht alle 1—2 min eine Umdrehung, ist etwas geneigt gelagert und wird vom unteren Ende aus beheizt, und zwar bei uns meist mit Kohlenstaub, in Amerika und Rußland auch mit Rohöl. Die mit Preßluft eingeführten Brennstoffe treten als mehrere Meter lange Flamme in den Ofen. Auf dem höher liegenden Ende wird durch geeignete Zuführungsvorrichtungen entweder leicht angefeuchtetes Rohmehl oder der Dickschlamm aufgegeben. Diese trocknen zunächst zu Staub, bewegen sich durch die Drehung der Trommel der weiter unten liegenden heißesten Zone (Sinterzone) entgegen, backen zu kleinen Kugeln zusammen und sintern schließlich zu den graugrünen, Klinker genannten Brennerzeugnissen in Form 2—3 cm großer Klumpen zusammen. Diese fallen am unteren Ende in die darunter befindliche kürzere und engere, ebenfalls schrägliegende Kühltrommel. Hier streicht dem Klinker kalte Luft entgegen, kühlt ihn ab, wärmt sich selbst an und dient als heiße Verbrennungsluft für die Kohlenstaubfeuerung. Der Klinker fällt mit 70—100° aus der Kühltrommel. Die Abgase der Drehrohröfen gehen durch geräumige Staubkammern in den Schornstein. Die Brennrohre sind in der heißesten Zone mit Steinen aus hochfeuerfestem Schamottematerial oder vielfach auch mit Klinkerbeton (Klinker und Zement) oder Dynamidonsteinen (geschmolzene Tonerde enthaltend) ausgefüttert. Während die Drehrohröfen der verschiedenen Baufirmen (Krupp-Grusonwerk u. a.) ganz zylindrisch sind, hat die AG. Polysius ihrem Soloofen eine etwas erweiterte Sinterzone gegeben (vgl. Abb. 314).

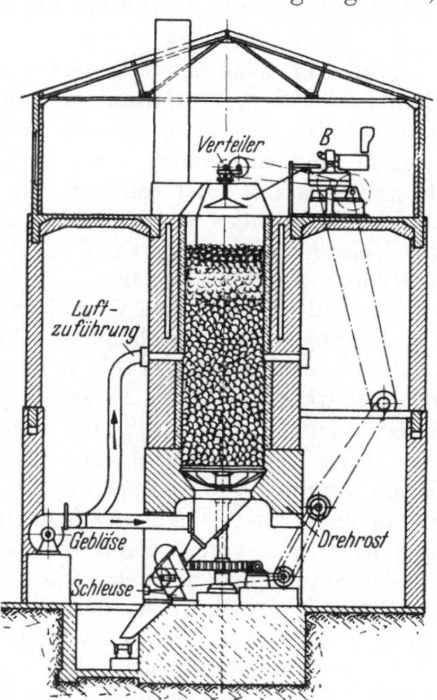

Abb. 313. Drehrost-Zementschachtofen, Bauart v. GRUEBER.

Der Kohlenstaub für die Brenner wird in Kohlenmühlen hergestellt. Nach dem Vorbrechen wird die Kohle in Trockentrommeln getrocknet und in Kugelrohrmühlen oder Verbundmühlen staubfein gemahlen.

So ideal der Drehrohrofen als Massenerzeugungsofen erscheint, so hat er in letzter Zeit in den neuen Schachtöfen, die mit automatischer Beschickung und Austragung, sowie mit Unterwindfeuerung ausgerüstet sind, einen beachtenswerten Konkurrenten erhalten. Der Drehrohrofen verbraucht nämlich mehr Kohle als der Schachtofen. Man rechnet im Drehrohrofen 1700—2000 WE, im modernen Schachtofen nur 1100—1400 WE für 1 kg Klinker, oder anders ausgedrückt, braucht der Drehrohrofen bei Aufgabe von Dickschlamm 27%, bei trockenem Rohmehl 23%, der Schneidersche Schachtofen 20%, ein Schachtofen mit automatischer Entleerung 18% Brennstoff.

3. Das Vermahlen des Klinkers. Der Drehofenbetrieb liefert meist einwandfrei gebrannten Klinker, während Schachtofenklinker immer etwas Leichtbrand (unvollständig gebrannte Partien) enthält. Man stürzt den Klinker deshalb zunächst auf das Klinkerlager, damit die im Leichtbrand vorhandenen freien oder unvollständig gebundenen Kalkteilchen Kohlensäure und Feuchtigkeit anziehen, und der freie Kalk nicht später zu Treiberscheinungen Anlaß gibt. Dann folgt der Mahlprozeß, der sich in Verschrotung und Feinmahlung gliedert, die getrennt in Kugelmühle und Rohrmühle oder zusammen in der Verbundmühle ausgeführt werden. Das Mehl muß durch ein Sieb mit 900 Maschen auf 1 cm² fast vollständig hindurchgehen und auf einem Siebe mit 4900 Maschen nur etwa 15% Rückstand hinterlassen. Vor dem Feinmahlen setzt man zur Regelung der Abbindezeit dem Klinker 2—3% Gips zu. Das Zementmehl wird durch Schnecken und Becherwerke dem Zementspeicher zugeführt, von wo es automatisch in Fässer (180 kg) oder in Papiersäcke (50 kg) verpackt wird. Überall sind umfangreiche Staubabsaugevorrichtungen angebracht (Filterschlauchentstaubung oder elektrische Entstaubung nach Lurgi oder Oski).

Abb. 314 zeigt einen Längsschnitt durch eine moderne Zementfabrik nach dem Dickschlammverfahren mit Drehrohröfen, System Polysius, und einen Querschnitt durch die Kohlentrocknerei und -Vermahlung. Die Schnitte I und II sind zusammengesetzt zu denken. Von rechts her (in II) kommt das Rohmaterial mit einer Seilbahn A an, wird in zwei Walzenbrechern B zerkleinert, durch ein Becherwerk in einen Vorratsbehälter C gebracht, von wo es durch die Naßrohrmühle D geht und als Schlamm in die Grube E läuft. Eine Pumpe F befördert den Schlamm in die beiden Dickschlammbehälter G und H. Der gut durchgerührte Schlamm wird dann aus der nebenliegenden Grube in den auf der Staubkammer I stehenden Vorratsbehälter K gehoben, aus dem der Dickschlamm in dünnem Strahle in den Drehrohrofen L fließt. Am unteren Ende des Drehrohrs gelangen die gebildeten heißen Klinker in das Kühlrohr M und fallen beim Austritt auf eine automatische Waage oder ein Transportband. Die Heizung des Drehrohrofens geschieht durch die Kohlenstaubfeuerung. Die Kohle kommt, wie Schnitt III zeigt, seitlich an, gelangt aus einem Silo P in die in einem Ofen eingebaute Kohlentrockentrommel Q, aus dieser in die Kohlenbehälter R und von diesen in die Kohlenrohrmühle S. T ist der Vorratsbehälter für die Staubkohle, aus dem die kleinen vor den Ofenköpfen befindlichen Kohlenbehälter N beschickt werden, welche den Kohlenstaub direkt in die Windleitung des Ventilators O abgeben. U ist der Schornstein, der an die Staubkammer I angebaut ist.

In Deutschland wird an einer Stelle (Leverkusen) Zement auch noch nach dem sog. Bayer-Verfahren aus Gips und Tonschiefer hergestellt. Will man Gips rein thermisch in CaO und SO_2 spalten zur Gewinnung schwefliger Säure für die Schwefelsäurefabrikation, so braucht man eine zu hohe Temperatur (1200°) und das Verfahren ist unwirtschaftlich. Setzt man aber dem Calciumsulfat Kohle und tonige Zuschläge zu, so geht die Dissoziation bei wesentlich niedrigerer Temperatur vor sich; wählt man außerdem das Mischungsverhältnis von Gips und Tonmaterial so, daß die Zusammensetzung dem Zementrohmaterial entspricht, so kann man ebenfalls einen Portlandzementklinker erzeugen, welcher die Kosten der thermischen Zerlegung des Calciumsulfates deckt. Man mischt in Leverkusen 100 Teile Anhydrit mit 18 Teilen eines Tonschiefers und mit 8 Teilen Koksabfall; diese Mischung brennt man in Drehrohröfen von 50 m Länge und 2,5 m Durchmesser mit Kohlenstaubfeuerung bei schwach oyxdierender Atmosphäre. Die abziehenden Gase gehen mit 4—5% SO_2 in eine Schwefelsäurekontaktanlage. Die Klinker werden durch Vermahlen mit Schlackensand auf Hochofenzement verarbeitet.

Auf den Moncada-Zementwerken bei Barcelona wird ein etwas verändertes Basset-Verfahren ausgeführt, bei welchem gleichzeitig Zement und Roheisen gewonnen wird. Ein feingemahlenes Gemisch von Eisenerz, Kalkstein und Kohle wird angefeuchtet am oberen Ende eines 45 m langen und 2,8 m weiten Drehrohrofen aufgegeben. In der heißesten Zone des Ofens ist die Abstichöffnung für das flüssige Eisen, der Klinker wird weiter im Rohre oxydiert

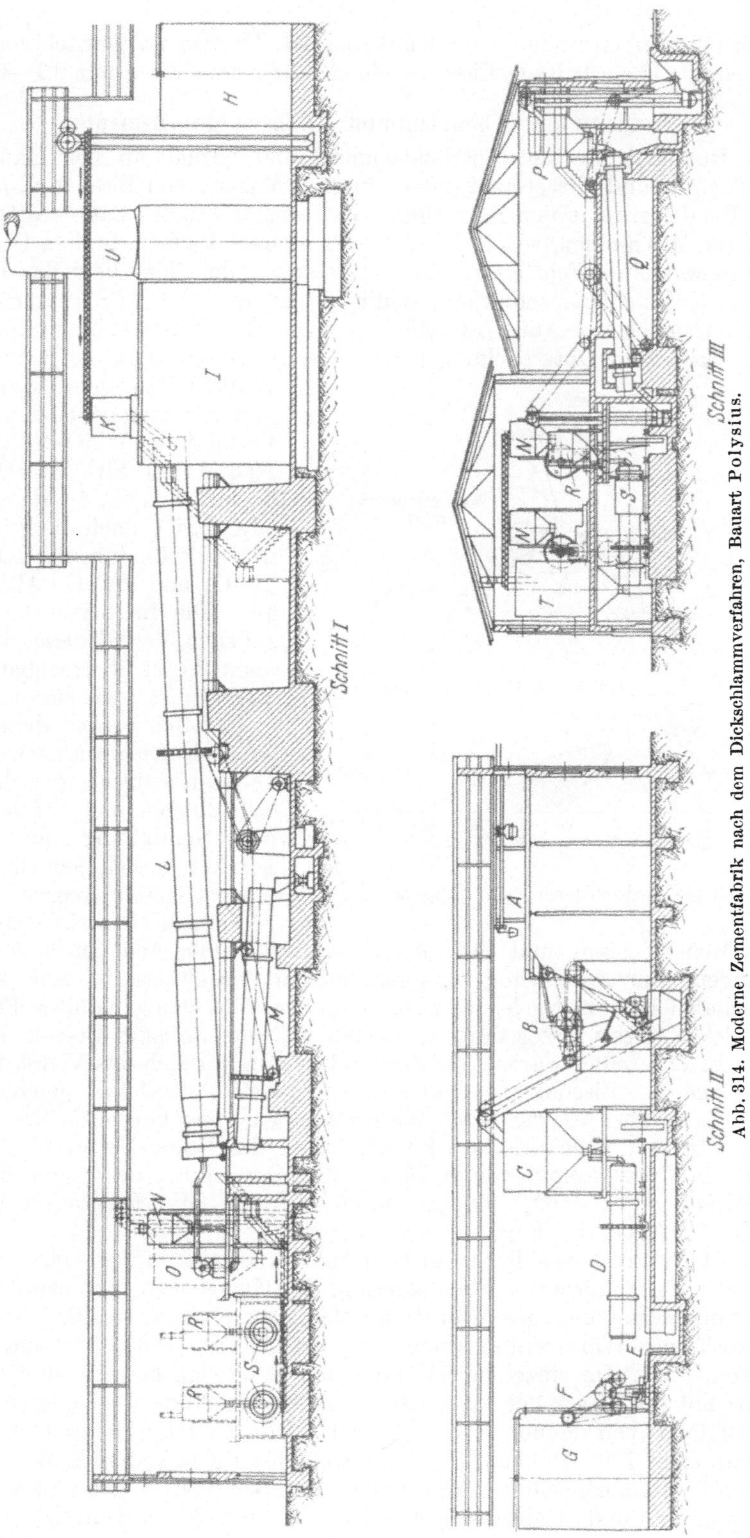

Abb. 314. Moderne Zementfabrik nach dem Dickschlammverfahren, Bauart Polysius.

und fällt am unteren Ende in eine Kühltrommel. Er wird magnetisch von Eisenteilen befreit. Das erhaltene Eisen ist ein siliziumarmes Eisen mit 0,1—0,2% Si.

Konstitution, Abbinden und Erhärten des Zements.

Das Rohmehl für den Portlandzementbrand enthält in der Hauptsache Kalk, Tonerde und Kieselsäure, neben kleinen Mengen von Eisenoxyd und Magnesia. Bei der graphischen Darstellung des Dreistoffsystems $CaO—Al_2O_3—SiO_2$ nehmen die Mischungen, welche hydraulisch erhärten können, in dem Diagramm nur ein ganz kleines Feld ein (Abb. 315). Ganz in der Nähe liegt das Feld der basischen Kokshochofenschlacken, ziemlich weit ab das Feld der sauren Holzkohlenofenschlacken. Abb. 316 zeigt genauer das Schmelzdiagramm dieses Systems nach den Untersuchungen der Amerikaner SHEPHERD, RANKIN und WRIGHT. In dem Schmelzdiagramm treten neben den binären Verbindungen $CaO \cdot SiO_2$, $2\,CaO \cdot SiO_2$, $3\,CaO \cdot SiO_2$, $3\,CaO \cdot Al_2O_3$, $5\,CaO \cdot 3\,Al_2O_3$, $5\,CaO \cdot 5\,Al_2O_3$, $Al_2O_3 \cdot SiO_2$ noch die beiden ternären Verbindungen $CaO \cdot Al_2O_3 \cdot 2\,SiO_2$ und $2\,CaO \cdot Al_2O_3 \cdot SiO_2$ auf. Die im Diagramm angegebenen Verhältnisse sind aber nicht direkt übertragbar auf die Verhältnisse, wie sie im Klinker angetroffen werden, denn die Angaben des Diagramms sind Gleichgewichtszustände zwischen Ausscheidungen und Schmelze, bei der Herstellung der Klinker handelt es sich jedoch nur um einen Sinterungsvorgang.

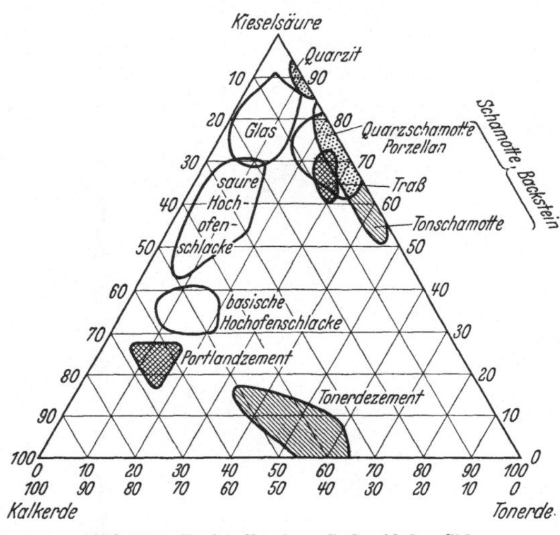

Abb. 315. Dreistoffsystem $CaO—Al_2O_3—SiO_2$.

Außerdem bewirken auch die kleinen Mengen Eisen (und auch Magnesia) nicht außer Acht zu lassende Veränderungen. Zur Aufklärung der einschlägigen Verhältnisse ist eine gewaltige wissenschaftliche Arbeit geleistet worden, an der außer den genannten Forschern namentlich NACKEN, DYCKERHOFF, JÄNECKE, COBB, FORSÉN, BOGUE, LEA und PARKER u. a. beteiligt waren. Letztere haben nun kürzlich das Vierstoffsystem Kalk—Tonerde—Eisenoxyd—Kieselsäure entwickelt, welches genauen Aufschluß über alle wichtigen Schmelzreaktionen der komplizierten Verbindungen mit den hochbasischen Bestandteilen des Rohmehls gibt. Abb. 317 zeigt die in Frage kommende Ecke aus der Darstellung des Vierstoffsystems $CaO—Al_2O_3—Fe_2O_3—SiO_2$ der genannten Autoren. (Im Diagramm bedeutet $C=CaO$, $A=Al_2O_3$, $F=Fe_2O_3$, $S=SiO_2$).

Beim Erhitzen des Rohmehls geht nun folgendes vor sich. Bei etwa 500° findet die endotherme Entwässerung des Tones statt, bei etwa 900° die endotherme Zersetzung des Kalksteins, dann setzt zwischen 1000 und 1200° eine exotherme Wärmeentwicklung ein, auf die bei 1280° ein eutektisches Schmelzen folgt. Im einzelnen hat man nun feststellen können, daß die Tonsubstanz mit dem Kalk bei 550—600° in festem Zustande zu reagieren beginnt unter Bildung von Monocalciumaluminat. Der Kieselsäureanteil des Tones wirkt dann bei 700—750° auf den von Kohlensäure befreiten Kalk unter Bildung von Calciumorthosilicat $2\,CaO \cdot SiO_2$ ein. Bei 1000° bildet sich aus Monocalciumaluminat und überschüssigem Kalk über die Zwischenstufe $5\,CaO \cdot 3\,Al_2O_3$

das für die Konstitution des Klinkers wichtige Tricalciumaluminat $3\,CaO \cdot Al_2O_3$. Als eigentlichen Träger der Erhärtungseigenschaften sieht man heute das Tricalciumsilicat $3\,CaO \cdot SiO_2$ an. Dieses bildet sich im festen Zustande für sich allein erst über 1350° und nur sehr langsam. Im Klinker aber treten beim Einsetzen der Schmelzphase bei 1280° sofort Dicalciumsilicat und freier Kalk zu Tricalciumsilicat zusammen. Praktisch muß sich das Bestreben darauf richten, möglichst allen Kalk in das Tricalciumsilicat überzuführen. Das Tricalciumsilicat ist zwischen 1200 bis 1900° stabil, zerfällt aber bei dauernder thermischer Behandlung unter und oberhalb dieser Temperatur in Dicalciumsilicat und freien Kalk.

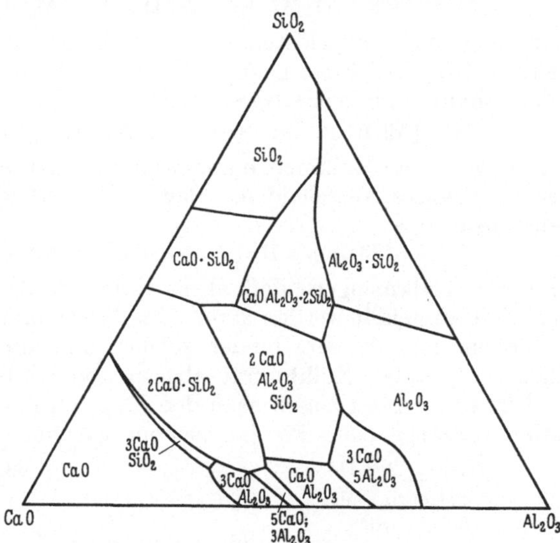
Abb. 316. Schmelzdiagramm des Dreistoffsystems $CaO\!-\!Al_2O_3\!-\!SiO_2$.

Im Zementklinker haben wir also nach unseren heutigen Kenntnissen folgende Verbindungen als vorhanden anzunehmen: Tricalciumaluminat, $3\,CaO \cdot Al_2O_3$, Tri- und Dicalciumsilicat, $3\,CaO \cdot SiO_2$ und $2\,CaO \cdot SiO_2$, Gips, $CaSO_4 \cdot 2\,H_2O$, und Tetracalcium-Aluminoferrit, $4\,CaO \cdot Al_2O_3 \cdot Fe_2O_3$.

Am Anfang der Zementforschung hat man versucht, durch Mikroskopie der Dünnschliffe die Mineralbestandteile in der Grundmasse zu ermitteln (Le Chatelier, Törnebohm). Einigen der hervorstechendsten Gebilde hat man die Namen Alit, Belit, Celit usw. gegeben. Wir wissen heute, daß der Alit in der Hauptsache mit dem Tricalciumsilicat identisch ist, der Belit mit dem Dicalciumsilicat und der Felit mit der β-Form derselben, die die Ursache des gefürchteten „Zerrieseln" schwachgebrannter Klinker ist. Der Celit, der in allen Klinkern anzutreffen ist, entspricht der Eisenverbindung Tetracalcium-Aluminoferrit $4\,CaO \cdot Al_2O_3 \cdot Fe_2O_3$.

Das Abbinden und das Erhärten des mit Wasser angemachten Zementmehls sind zwei aufeinander folgende, ohne Trennung ineinander übergehende Vorgänge der Hydratation. Dabei entstehen sowohl

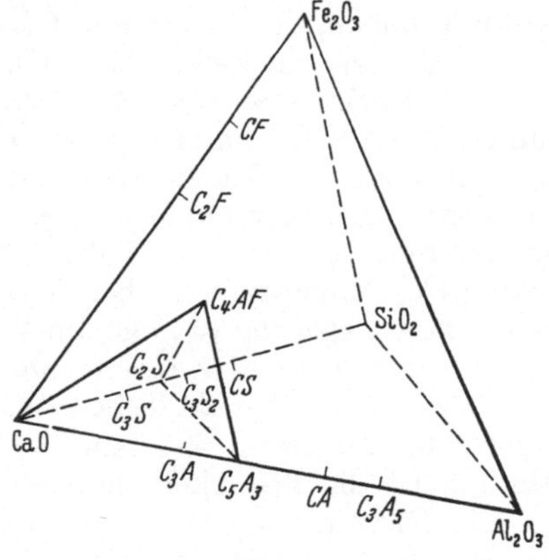
Abb. 317.
Vierstoffsystem $CaO\!-\!Al_2O_3\!-\!Fe_2O_3\!-\!SiO_2$.

krystalline als auch kolloidale Bildungen, auf deren Zusammenwirken die technischen Eigenschaften der Zemente zurückzuführen sind. Man nimmt an, daß die Festigkeit der Zemente in der Hauptsache auf die krystallinen Bestandteile Tetracalciumaluminat und Kalkhydrat zurückzuführen ist, während die kolloidale Gelmasse der Calciumhydrosilicate die Wasserbeständigkeit und die Undurchlässigkeit bedingt. Forsén gibt folgendes Bild von den Umsetzungen beim Anmachen feinstgepulverten Zementmehls

33*

mit Wasser. Tricalciumaluminat wird gelöst und zu Hexahydroxoaluminat hydratisiert:

$$3\,CaO \cdot Al_2O_3 + 6\,H_2O = Ca_3\,[Al(OH)_6]_2 \text{ (Lösung)}.$$

Von dem zugleich gelösten, abbindeverzögernden Kalksalz (im gewöhnlichen Zement Gips) wird das gelöste Aluminat als schwerlösliches Doppelsalz Tetracalciumhydroaluminat ausgeschieden:

$$Ca_3\,[Al(OH)_6]_2 + Ca(OH)_2 = 2\,Ca_2\,[OH]\,[Al(OH)_6] \text{ (krystallinisch)}.$$

Da die genannte Kalkmenge aber sehr klein ist, so kann sie nur geringe Mengen des Tetrasalzes ausscheiden. Dagegen liefert dann die Zersetzung des Tricalciumsilicates:

$$Ca_3(SiO_2) + 2\,H_2O = Ca(OH)_2 \text{ (kryst.)} + Ca_2H_2(SiO_5) \text{ (Gel)}$$

so große Kalkmengen, daß alles Aluminat als schwerlösliches Tetracalciumaluminat ausgefällt werden kann. Das Tricalciumsilicat reagiert, ohne in Lösung zu gehen, mit Wasser, bindet solches und quillt zu einem Dicalciumhydrosilicat auf, wobei Kalkhydrat abgespalten wird.

LEA und DESCH fassen nach den jüngsten Forschungsergebnissen die Hydratationsvorgänge beim Portlandzement wie folgt zusammen:

$$CaSO_4 \cdot 2\,H_2O \longrightarrow 3\,CaO \cdot Al_2O_3 \cdot CaSO_4 \cdot 31\,H_2O$$

$$
\begin{aligned}
&3\,CaO \cdot Al_2O_3 \longrightarrow 3\,CaO \cdot Al_2O_3 \cdot aq \searrow \\
&3\,CaO \cdot SiO_2 \searrow \qquad\qquad\qquad\qquad\qquad 4\,CaO \cdot Al_2O_3\,aq \\
&\qquad\qquad 3\,CaO \cdot 2\,SiO_2 + Ca(OH)_2 \nearrow \\
&2\,CaO \cdot SiO_2 \nearrow
\end{aligned}
$$

$$4\,CaO \cdot Al_2O_3 \cdot Fe_2O_3 \rightarrow 3\,CaO \cdot Al_2O_3\,aq + CaO \cdot Fe_2O_3\,aq.$$

Danach sind also im erhärteten Zement neben amorphen gelartigen Calciumhydrosilicaten und amorphem gelartigem Calciumferrit sehr feinkörniges Tetracalciumaluminat, großkrystallines Kalkhydrat und feinkrystallines Calciumsulfoaluminat vorhanden.

Die Normen des Vereins Deutscher Portlandzementfabriken regeln die Anforderungen, die in bezug auf Mahlfeinheit, Abbindezeit, Raumbeständigkeit und Festigkeit ein Zement des Handels erfüllen muß. Zur Festigkeitsprüfung werden Druckwürfel aus 1 Gewichtsteil Portlandzement und 3 Teilen Normensand (feinkörniger Sand aus der Gegend von Freienwalde) hergestellt. Diese müssen folgende Druck- und Zugfestigkeit aufweisen. Bei gewöhnlichem Zement (Langsambinder) nach 24stündiger Lagerung in wasserdampfgesättigtem Raume und 7 Tage Lagerung unter Wasser 180 kg/cm² Druck- und 18 kg Zugfestigkeit, bei 28 Tagen Wasserlagerung 275 bzw. 25 kg, bei gemischter Lagerung (6 Tage im Wasser, 21 Tage in der Luft) 350 bzw. 30 kg. Für hochwertigen Zement werden verlangt bei 3 Tagen Wasserlagerung 250 bzw. 25 kg, bei 28 Tagen Wasserlagerung 400 bzw. 30 kg, bei 28 Tagen gemischter Lagerung 500 bzw. 40 kg Druck- und Zugfestigkeit. Bei Schnellbindern ist die Festigkeit geringer.

Die Erzeugung an Portlandzement in verschiedenen Ländern betrug (in Mill. t):

	1913	1920	1925	1930	1933	1936	1937
Vereinigte Staaten	15,35	16,82	26,87	27,46	10,83	19,40	19,81
Deutschland	6,87	2,25	5,81	5,50	3,82	11,70	12,60
England	3,00	2,30	3,10	6,50	4,76	6,70	7,42
Frankreich	1,40	—	2,50	4,77	4,65	4,27	. . .
Belgien	1,49	0,60	2,20	3,30	1,95	2,35	. . .
Italien	—	1,00	2,50	3,30	3,58	3,86	4,26
Japan	0,60	1,50	2,58	3,91	4,78	5,46	. . .
Kanada	1,48	1,08	1,35	1,88	0,78	0,78	0,98
Rußland	2,00	—	1,00	4,30	2,71	5,92	5,61

Die deutsche Portlandzementindustrie wies 1937: 112 Betriebe auf, die 20408 Personen beschäftigten und 44,2 Mill. Mark Löhne bezahlten. Der Absatz belief sich auf 12,5 Mill. t im Werte von 269 Mill. Mark.

Die deutsche Erzeugung an Portlandzement betrug (in Mill. t):

1900 . . . 3,65	1925 . . . 5,81	1934 . . . 6,47
1905 . . . 4,17	1929 . . . 7,04	1935 . . . 8,80
1913 . . . 6,87	1933 . . . 3,82	1936 . . . 11,69
1920 . . . 2,25		1937 . . . 12,61

<table>
<tr><td colspan="2">Eisenportlandzement
(in 1000 t)</td><td colspan="2">Anderer hochwertiger Zement
(in 1000 t)</td></tr>
<tr><td>1910 . . . 374</td><td>1933 . . . 358</td><td>1925 . . . 219</td><td>1934 . . . 540</td></tr>
<tr><td>1916 . . . 357</td><td>1934 . . . 599</td><td>1929 . . . 362</td><td>1935 . . . 698</td></tr>
<tr><td>1920 . . . 110</td><td>1935 . . . 852</td><td>1933 . . . 351</td><td>1936 . . . 1273</td></tr>
<tr><td>1925 . . . 211</td><td>1936 . . . 1017</td><td></td><td>1937 . . . 1684</td></tr>
<tr><td>1929 . . . 455</td><td>1937 . . . 1086</td><td></td><td></td></tr>
</table>

4. Eisenportlandzement.

Daß Hochofenschlacke zementartige Eigenschaften haben kann, zeigte schon 1862 E. LANGEN. Die erste Ausnutzung geschah 1865 durch F. LÜRMANN, welcher granulierte Hochofenschlacke mit 10% gelöschtem Kalk in Pressen zu Mauersteinen, sog. Schlackensteinen (die noch heute in Anwendung sind) formte und diese mehrere Monate an der Luft erhärten ließ.

Vergleicht man die Zusammensetzung von basischer Hochofenschlacke mit der des Portlandzementes, wie sie nachstehende Tabelle zeigt, so ergibt sich, daß man durch Erhöhung des Kalkgehaltes zu einer ganz ähnlichen Zusammensetzung, wie sie der Portlandzement hat (vgl. auch das Diagramm Abb. 315) kommen kann. Wertvoll sind jedoch nicht alle Schlacken der Eisenindustrie, sondern in der Hauptsache nur die hochbasischen, wie sie bei der Erzeugung von Gießerei-Roheisen anfallen.

	Gießereiroheisen-schlacke %	Portlandzement %	Eisenportland-zement %	Hochofenschlacke %
SiO_2	27—35	18—26	20—26	24—30
$Al_2O_3 + Fe_2O_3$ . . .	8—20	6—17	9—15	10—17
CaO	44—52	58—66	54—60	46—55
MgO	0,5—5	1—5	0,6—5	0,5—5
S	1—2,8	0—1	0,2—1,3	0,8—2
SO_3	0—1,5	0,5—2,5	0,8—2,7	0,5—2,5

Läßt man Hochofenschlacke einfach an der Luft zerfallen, so ist das Schlackenmaterial zementtechnisch wertlos. Schreckt man aber die flüssige Schlacke durch Granulation mit Wasser oder Wasserdampf ab, so erstarrt sie glasig und es bleibt nicht genügend Zeit, daß sich krystalline Verbindungen absondern. Der glasige Körper ist nun, wie PASSOW gezeigt hat, noch kein Mörtelstoff und verhält sich gegen reines Wasser ganz indifferent; erst durch Einwirkung eines alkalischen Erregers (Hydroxylionen) entwickeln sich die hydraulischen Eigenschaften. Das wird praktisch erreicht durch Vermahlen mit Kalkhydrat oder durch Zusatz von Portlandzement, der ja beim Anmachen mit Wasser Kalkhydrat abspaltet. Bei den Schlacken kann, im Gegensatz zum Portlandzement, Magnesia den Kalk ziemlich weitgehend ersetzen.

Die basische Hochofenschlacke läßt man in der Regel flüssig in eine Rinne mit fließendem Wasser laufen, sie granuliert dabei zu Schlackensand oder Hüttensand, der aus der Absitzgrube gehoben, nach dem Abtropfen

in Trockentrommeln getrocknet wird. Man granuliert auch durch einen Luft-
oder Dampfstrom. Die Fabrikation des Eisenportlandzementes besteht dann
darin, daß man Schlacke und die entsprechende Kalkmenge nach dem Trockenverfahren genau wie Kalk und Tonmergel in derselben Apparatur wie bei
der Herstellung von Portlandzement auf Klinker brennt. Würde man diesen
Klinker für sich allein vermahlen, so entstünde ein dem Portlandzement
völlig gleiches Produkt. Der Eisenportlandzement ist jedoch eine Mischung
aus mindestens 70% des so hergestellten Portlandzements mit 30% granulierter Hochofenschlacke, die beim Vermahlen des Klinkers mit aufgegeben
wird. Hier ist die Schlacke nicht Verdünnungsmittel, wie etwa Sand, sondern
sie entwickelt selbst, in Verbindung mit dem Zement,
ihre hydraulischen Eigenschaften. Verwendung und Eigenschaften sind dieselben wie beim Portlandzement. Seit

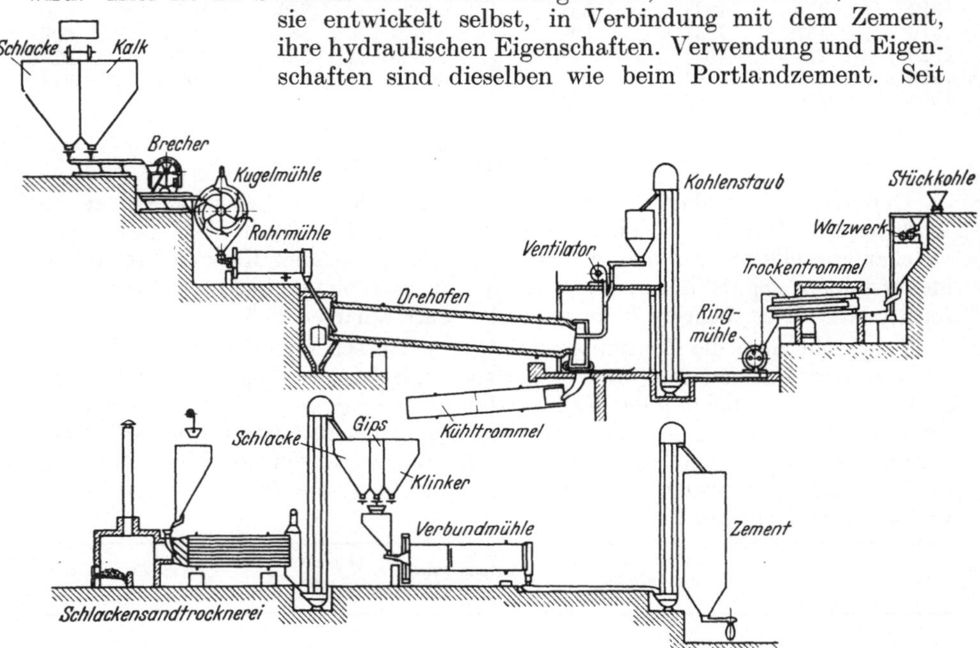

Abb. 318. Anlage eines Eisenportlandzementwerkes.

1911 ist die Gleichberechtigung des Eisenportlandzements und des Portlandzements staatlich anerkannt. Auch für Eisenportlandzement sind „Normen"
aufgestellt, die denen für Portlandzement fast genau gleichen.

Die Abb. 318 zeigt schematisch den Gang der Eisenportlandzement-
herstellung.

In Deutschland fallen unter 13 Mill. cm³ Hochofenschlacken jährlich etwa
3 Mill. m³ basische Schlacke. Die deutsche Erzeugung von Eisenportlandzement
ist auf S. 517 angegeben.

5. Hochofenzement und Schlackenpuzzolanzement.

Zur Herstellung von Hochofenzement stellt man zunächst aus Kalk- und
tonerdereichen Schlacken, wie oben angegeben, Portlandzement her und vermahlt Klinker mit Schlacken im Verhältnis von 30:70%. Nach den „Normen"
dürfen zur Herstellung von Hochofenzement nur Schlacken verwendet werden,
bei denen nachstehendes Verhältnis der Bestandteile größer als 1 ist:

$$\frac{\mathrm{CaO} + \mathrm{MgO} + {}^1\!/_3\,\mathrm{Al_2O_3}}{\mathrm{SiO_2} + {}^2\!/_3\,\mathrm{Al_2O_3}}.$$

Auch darf nicht mehr als 0,5% MnO vorhanden sein.   In Deutschland wurden vor dem Kriege 1,2 Mill. Faß Hochofenzement hergestellt.   Für die Gewinnung von **Schlackenpuzzolanzement** werden 70% granulierter Schlacke mit 30% Kalkhydrat vermahlen.

6. Puzzolanzemente.

Hierzu gehören alle Mischungen aus **Kalk mit hydraulischen Zuschlägen** wie Puzzolanerde, Traß, Ziegelmehl, Gichtstaub, Kieselgur, Si-Stoff, Santorinerde, Bimsstein usw., die dem Kalke hydraulische Eigenschaften erteilen.   Die natürlichen Puzzolanerden sind vulkanische Tuffe, die als Asche, oder in Bombenform aus früheren Vulkanen ausgeworfen und später mehr oder weniger erhärtet sind, so die Tuffe bei Puzzuoli und Bajae.   Die erloschenen Vulkane der Eifel haben den Tuffstein geliefert, einen harten Stein, der bei Andernach im Nette- und Brohltale bis 50 m mächtige Lager bildet, die schon zur Römerzeit und später seit dem 17. Jahrhundert wieder abgebaut wurden und jetzt in großen Mengen in gemahlenem Zustande als **Traß** in den Handel kommen.   Zu oberst liegt gewöhnlich lockerer ,,Bimssteinsand‘‘, sog. ,,wilder Traß‘‘, der bis über den Rhein nach Neuwied hinübergeweht ist und der mit Kalk angemacht, die leichten **rheinischen Schwemmsteine** liefert.   Die Santorinerde der griechischen Inseln ist ein ähnliches Erzeugnis vulkanischer Tätigkeit.   Sie übertrifft den Traß in mancher Beziehung und wird als Puzzolanzement in südlichen Ländern vielfach noch verwendet.   Diese natürlichen Stoffe verdanken ihre zementartigen Eigenschaften dem Gehalt an aufgeschlossenen Silicaten, d. h. neben freiem Kieselsäureanhydrid wirken jedenfalls auch die Hydrosilicate der Tonerde und des Eisens mit.

Der Si-Stoff ist ein künstlicher hydraulischer Stoff, ein kieselsäurereiches Abfallprodukt der Tonerdefabrikation.   Zur Herstellung der hydraulischen Kalke werden obige Zuschlagstoffe in Mengen von 70—80% mit 20—30% gelöschtem Kalke vermahlen.   Eine große Bedeutung haben diese Zemente nicht.

Feuerfester Mörtel besteht aus Schamottemehl und Ton, **säurefester Mörtel** aus Sand und Wasserglas.

7. Tonerdezemente.

Die jüngsten der Wassermörtel sind die **Tonerdezemente**.   Zwar war schon 1906 von Schott die Erhärtungsfähigkeit von Calciumaluminaten untersucht worden, die industrielle Verwertung dieser Erkenntnis führte aber erst im Kriege der Franzose Bied durch, welcher südfranzösischen Bauxit mit Calciumcarbonat zu Tonerdezement verschmolz.   Die ersten Tonerdezemente waren geschmolzen, sie führten deshalb zunächst den Namen **Schmelzzemente** (Ciment fondu) oder, wenn die Schmelzung im elektrischen Ofen ausgeführt wurde: **Elektrozemente** (Ciment électrique).

Jetzt beginnt man auch **gesinterte** Tonerdezemente zu fabrizieren.   Der ,,Alca‘‘-Zement der Elektroschmelze in Zschornewitz und der ,,Lumuit‘‘-Zement in Amerika sind Tonerdezemente.

Die Herstellung von Tonerdezement erfolgt im Gebläseschachtofen oder im Elektroofen; auch Drehrohröfen sind versuchsweise benutzt worden.   Als Schachtofen benutzt man Wassermantelöfen (vgl. ,,Kupfer‘‘), in diese wird die feingemahlene Mischung aus Bauxit und Kalk, vorher verziegelt, mit Koks aufgegeben.   Die Schmelzung erfolgt bei 1400—1500°.   Durch den Koks wird das Eisenoxyd des Bauxits größtenteils reduziert, so daß sich im Ofen der geschmolzene Zement über einer Eisenschicht ansammelt; beide werden wie im Eisenhochofen abgestochen und die Schmelzmasse wird nach dem Erkalten vermahlen. Bei Benutzung eines elektrischen Ofens (Abb. 319) ist darauf zu achten, daß keine Lichtbogenbildung eintritt, weil sich sonst Calciumcarbid bilden könnte, welches den Zement verdirbt. Für 1 t Tonerdezement braucht man im elektrischen Ofen 700—800 kWh, 7—8 kg Elektrodenkohle, 0,7—0,8 t Bauxit und 0,4—0,45 t gebrannten Kalk. Gesinterten Tonerdezement hat man auch im Ringofen (S. 502) erbrannt („Citadur", „Durapid").

Die Zusammensetzung der Tonerdezemente schwankt in folgenden Grenzen: CaO 35—40%, Al_2O_3 30—45%, Fe_2O_3 10—20%, SiO_2 10—12%.

Der wesentliche Bestandteil der Tonerdezemente ist das Calciumaluminat $CaO \cdot Al_2O_3$. Beim Anmachen mit Wasser entstehen aus einem kalkarmen Aluminat ein kalkreiches Hydroaluminat und freies Aluminiumhydroxyd, diese sind die Träger der Erhärtung. (Beim Portlandzement entsteht beim Anmachen mit Wasser gerade umgekehrt aus einem kalkreichen Silicat ein kalkarmes Hydrosilicat).

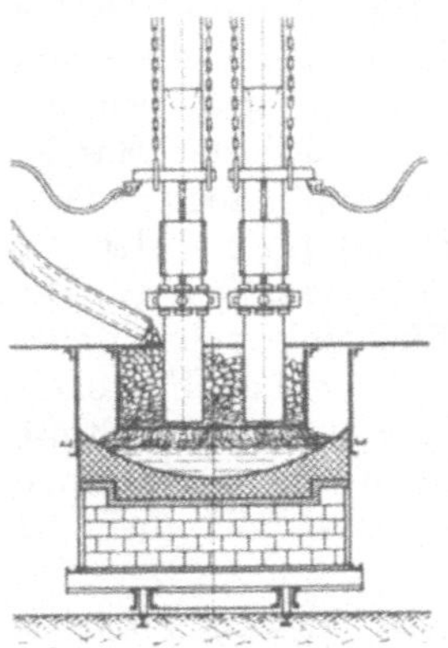
Abb. 319. Elektrischer Ofen für Schmelzzement.

Die Hydratationsvorgänge beim Tonerdezement hat man sich nach den neuesten Forschungsergebnissen (KOYANAGI) wie folgt vorzustellen. Beim Anmachen mit Wasser geht das Monocalciumaluminat in das Dicalciumhydroaluminat und Tonerdehydrat über:

$$2 (CaO \cdot Al_2O_3) + 10{,}5\,H_2O$$
$$= 2\,CaO \cdot Al_2O_3 \cdot 7{,}5\,H_2O + 2\,Al_2O_3 \cdot 3\,H_2O\,.$$

Diese Reaktion verläuft sehr langsam. Bei Gegenwart von Kalk gehen die Umsetzungen in etwas anderer Weise vor sich:

$$CaO \cdot Al_2O_3 + Ca(OH)_2 + 6{,}5\,H_2O = 2\,CaO \cdot Al_2O_3 \cdot 7{,}5\,H_2O\,,$$
$$CaO \cdot Al_2O_3 + 2\,Ca(OH)_2 + 3{,}8\,H_2O = 3\,CaO \cdot Al_2O_3 \cdot 5{,}8\,H_2O\,.$$

Beide Reaktionen verlaufen sehr schnell und machen den Zement schnell abbindend. Beim Anmachen mit Wasser steht nur eine ganz geringe Menge Kalk, welcher aus der Zersetzung von etwas Kalksilicat stammt, zur Verfügung, der Vorgang 2 geht deshalb nur ganz langsam vor sich. Mischt man aber Tonerdezement mit Portlandzement, dann werden reichliche Mengen Kalk durch Hydratation des Portlandzements frei, die beiden letztgenannten Reaktionen verlaufen sehr schnell und beschleunigen das Abbinden.

Die Tonerdezemente binden zwar ebenso langsam wie die Portlandzemente ab, die darauffolgende Erhärtung geht aber so schnell vor sich, daß in 12—24 h Festigkeiten erreicht werden (400 kg/cm²) wie beim Portlandzement in 28 Tagen. Die Druckfestigkeit kann bis 700 kg/cm² gehen, die Zugfestigkeit ist aber verhältnismäßig gering (40 kg).

Kalksandsteine.

Kalksandsteine werden aus einer Mischung von Kalk und Sand hergestellt. Auch früher schon hat man Steine aus einer Mischung von Kalk und Sand (1 Raumteil Kalk auf 4 Teile Sand) hergestellt; die Erhärtung durch Aufnahme von Kohlensäure aus der Luft dauerte aber mehrere Monate. MICHAELIS hat dann 1880 gezeigt, daß es gelingt, die Erhärtung solcher aus Kalkmörtel hergestellter Steine in wenigen Stunden zu bewirken, wenn man sie nach dem Formen in gespanntem Wasserdampf erhärten läßt. Durch das Dampfverfahren wird es möglich, auch ganz magere Kalkmörtel, in einen festen hellgrauen Mauerstein zu verwandeln. In Deutschland gibt es etwa 350 Kalksandsteinfabriken, welche zusammen weit über 1200 Mill. Steine herstellen.

Die Erhärtung der Kalksandsteine beruht auf der Umsetzung von Kalk mit der Kieselsäure des Sandes zu Calciumsilicat.

Zur Herstellung wird gebrannter Kalk mit Sand gemischt und das Mischgut auf Pressen in Ziegelform ($25 \times 12,5 \times 6,5$ cm) gebracht. Die Mischung geschieht auf zweierlei Weise. Nach dem Siloverfahren wird feuchter Sand und gemahlener gebrannter Kalk gemischt und das Gemisch in einem Silo gestürzt, wo die Ablöschung in 10—12 h vor sich geht. Nach nochmaliger Durchmischung wird die Masse auf Drehtischpressen geziegelt. Bei dem Löschtrommelverfahren wird Kalk in Stücken und Sand ($2^1/_2$ m³ Sand und 225 kg gebrannter Kalk für 1000 Steine) in einer rotierenden liegenden Blechtrommel unter Druck

abgelöscht und vermischt. Der Kalkzusatz beträgt nur 6—7%. Weiche, feldspathaltige Sande werden besser aufgeschlossen als reiner Quarzsand; am besten eignen sich gemischtkörnige Sande. Die von der Presse abgenommenen geformten Steine werden auf Plattformwagen, von denen jeder etwa 800 Formlinge faßt, abgesetzt und die beladenen Wagen in den Härtekessel gefahren, wo sie etwa

Abb. 320. Kalksandsteinfabrik, Bauart Komnick.

8—10 h einem Dampfdruck von ungefähr 8 Atm. ausgesetzt werden. Diese Härtekessel sind 2 m weit und haben Längen von 20—30 m. Durch die Einwirkung des Dampfes erfolgt eine chemische Umsetzung, in der Mörtelmasse. Es bildet sich ein Calciumhydrosilicat, welches als amorphe Gelmasse die Sandkörner verkittet. Dieses Silicat wird später mikrokrystallin, auch nimmt es teilweise Kohlensäure auf und geht in Carbonat über. Die Abb. 320 erläutert schematisch den Fabrikationsgang einer Kalksandsteinfabrik nach dem Löschtrommelverfahren in der Ausführung der Maschinenfabrik Komnick in Elbing. Der gebrannte Stückkalk wird in der Kugelmühle *1* gemahlen. Der zerkleinerte Kalk geht durch Aufzug *2* und Windsichter *3* in das Vorratssilo *4*, von wo das Kalkmehl über ein Meßgefäß *5* und Transportschnecke *6* in die Lösch- und Mischtrommel *10* gelangt. Der Sand fällt durch ein Siebwerk *8* in ein Meßsilo *9* und wird von da ebenfalls der drehbaren Löschtrommel *10* zugeführt. Diese wird geschlossen und die Mischung zur Ablöschung des Kalkes etwa 1 h mit Dampf behandelt. Dann wird die feuchtwarme Masse aus der Trommel in ein Silo *11* entleert und gelangt von da durch den Verteilungsapparat *12* und Elevator *13* in die Steinpresse *14*. Die Kalksandsteinformlinge werden von dem rotierenden Preßtische auf die Steinwagen *15* gestapelt, die dann auf der Schiebebühne *16* vor die Steinerhärtungskessel *17* und in diese eingefahren werden. In dem geschlossenen Härtungskessel werden die Preßlinge

8—10 h der Einwirkung von hochgespanntem Wasserdampf ausgesetzt. Die Steine sind dann sofort verwendungsfähig. Die Kalksandsteine haben eine garantierte Mindestdruckfestigkeit von 140 kg/cm^2, die Festigkeit erreicht 200—300 kg. Die Kalksandsteine sind ein wichtiges Baumaterial geworden.

Neuere Literatur.

BLOCK: Das Kalkbrennen, 2. Aufl. 1924. — DORSCH: Chemie der Zemente. 1932. — DORSCH: Erhärtung der Zemente. 1932. — GESSNER: Über das Abbinden des Zementes. 1929. — GRÜN: Der Hochofenzement, 4. Aufl. 1928. — GRÜN: Der Zement, 2. Aufl. 1937. — GRÜN, R.: Straßenzemente. — GRÜN, R.: Der Beton. — GUTTMANN: Die Verwendung der Hochofenschlacke, 4. Aufl. 1934. — KLEHE: Das Kalkwerk. 1927. — KÜHL: Die Zementchemie in Theorie und Praxis, 4. Aufl. 1929. — LEA and DESCH: Chemistry of Cement and Concrete. 1936. — LEA and DESCH: Chemie des Zementes und Betons. 1937. — NASKE: Die Portlandzementfabrikation, 4. Aufl. 1922. — PROBST: Handbuch der Zementwaren- und Kunststeinindustrie, 3. Aufl. 1927. — RIEPERT: Die deutsche Zementindustrie. 1927. — SCHÄFER: Kalkbrennen mit Gas, Öl, Kohlenstaub. Leipzig 1927. — SCHMATOLLA: Die Brennöfen für Tonwaren, Kalk, Magnesit, Zement, 4. Aufl. 1926. — SCHON: Die Mörtelbindestoffe Zement, Gips, Kalk, 4. Aufl. 1928. — WECKE: Handbuch der Zementliteratur. 1927.

Tonwaren.

Unter Tonwaren versteht man die verschiedenartigsten Erzeugnisse, welche als Hauptbestandteil Ton, d. h. Aluminiumsilicate, enthalten. Die Tonwarenindustrie heißt auch **Keramik** (von Keramos = Ton). Die keramischen Erzeugnisse sind, ebenso wie die Gläser, Silicate; unter den Basen herrscht aber die Tonerde stark vor, während Kalk und Alkalien zurücktreten; bei den Gläsern liegen die Verhältnisse fast umgekehrt. Keramische Erzeugnisse werden beim Brennen niemals so hoch erhitzt, daß sie schmelzen. Das „Brennen" der geformten und getrockneten Massen hat den Zweck, die Gegenstände hart und fest und gegen Wasser widerstandsfähig zu machen. Unter den Begriff Tonwaren fallen sehr verschiedene Erzeugnisse wie Ziegel, Töpferwaren, Rohre, Schamottewaren, Majolika, Steingut, Steinzeug, Porzellan usw.

Geschichtliches. Die Tonwaren gehören neben den Geweben zu den ältesten gewerblichen Erzeugnissen der Menschheit. Wir finden bei den alten Ägyptern bereits verschiedenartig geformte Geschirre und Ziegel, teilweise mit verschiedenen Farben und mit Glasur versehen. Von den Assyrern sind uns bemerkenswerte bunte Mosaikziegel erhalten. Auch die Etrusker kannten die Kunst, Töpferwaren zu glasieren. Bei Griechen und Römern gelangte die Töpferkunst zu außerordentlicher Blüte. Nach der Völkerwanderung sehen wir eine neue Periode künstlerischer keramischer Betätigung zuerst bei den Mauren in Spanien wieder einsetzen, die ihre Moscheen (Alhambra) mit wundervollen, glasierten und bemalten, teilweise auch vergoldeten Ziegeln und Fließen schmückten. Sie verpflanzten die Töpferkunst im 9. Jahrhundert nach der Insel Majorka und betrieben hier die Herstellung glasierter Tonwaren. Später wurden alle Tonwaren, die eine undurchsichtige weiße Zinnglasur trugen, nach der Insel Majorka „Majolika" genannt. Die Auffindung dieser weißen, glänzenden, undurchsichtigen Zinnglasur ist das Verdienst von LUCCA DELLA ROBBIA (um 1438), der in Italien Terrakotta mit allerlei farbigen Glasuren (weiß, blau, grün, braun, gelb, violett) verzierte. Seine Kunstwerke, meist mit weißer Glasur auf blauem Grunde, sind auch heute noch außerordentlich geschätzt. Majolika wurde in dem folgenden Jahrhundert auch in Deutschland (HIRSCHVOGEL) und Frankreich (PALISSY) hergestellt. Für Geschirre,

die mit Zinnglasur bedeckt sind, wird öfter auch die Bezeichnung „Fayence"
gebraucht (nach der Stadt Faenza); die ursprünglichen Fayencen zeichneten
sich jedoch durch eien besonderen metallischen Lüster aus. In Holland
erwarb sich Ende des 16. Jahrhunderts Delft einen großen Ruf für seine
Tonerzeugnisse, die meist ebenfalls mit weißer Zinnglasur bedeckt und blau
bemalt waren. Zunächst waren es hauptsächlich Flur- und Wandplatten,
später (Anfang des 18. Jahrhunderts) Gefäße, die asiatisches Porzellan nach-
ahmen wollten.

In Deutschland stellte man schon seit dem 13. Jahrhundert durchsichtige
Glasuren her. Zu besonderer Blüte gelangte die Verzierung der Tonwaren am
Rhein und in Thüringen, wo man hellgraues Steinzeug mit völlig gesintertem
Scherben herstellte, welches eine Salzglasur erhielt. Die künstlerische Blüte-
zeit dieses deutschen Steinzeugs (Krüge, Kannen usw.) fällt in die Jahre 1440
bis 1620.

Von verschiedenen Seiten wurden immer wieder Anstrengungen gemacht,
das asiatische Porzellan nachzuahmen. Ein wesentlicher Schritt in dieser
Richtung war die Verwendung von gebranntem und gemahlenem Feuerstein,
die ASTBURY 1720 einführte. Ganz besondere Leistungen, auch in künstlerischer
Beziehung, brachte WEDGWOOD zustande, der 1759 aus weißem Dorsetshire-Ton
und Feuerstein ein milchweißes Steinzeug-Geschirr herzustellen begann, welches
mit einer glänzenden Glasur bedeckt war. Er verstand auch, die Masse durch
und durch mit Metalloxyden zu färben („Jaspistöpferei"); auf gefärbtem Grunde
brachte er weiße Flachreliefs an.

Wirkliches Porzellan wurde seit dem 6. Jahrhundert schon in China hergestellt; es wurde in Europa im 15. und 16. Jahrhundert mehr und mehr bekannt. 1704 gelang es JOH. FRIEDRICH BÖTTGER aus einem roten Meißner
Ton ein rotes steinzeugartiges Geschirr, das sog. rote Böttgerporzellan, zu erhalten, und 1709 glückte es ihm, aus einem weißen Kaolin von Schneeberg
weißes Porzellan zu erzeugen; die Fabrikation dieses weißen Porzellans
begann 1710 auf der Albrechtsburg in Meißen. Damit war der Anstoß zu einem
neuen Aufschwunge der Keramik in Europa gegeben. Bald entstanden auch
andere Porzellanfabriken in Wien (1720), Höchst (1740), Fürstenberg (1743),
Berlin (1750), Frankenthal (1755), Nymphenburg (1758), Petersburg (1750),
Kopenhagen (1772), Sèvres (1774) usw. 1695 erfanden RÉAUMUR und MORIN
das milchglasartige Frittenporzellan, 1752 CHAFFERS das glasähnliche
Knochenporzellan. Zu den eigentlichen Porzellanen kam 1880 noch das
von SEGER eingeführte durchscheinende, sehr verzierungsfähige Weichporzellan (Segerporzellan) hinzu.

Die Tonmassen.

Bei der Herstellung von Tonwaren sind als Ausgangsmaterial immer zweierlei
Bestandteile zu unterscheiden: Das plastische Tonmaterial (Ton, evtl.
Kaolin) und die unplastischen Magerungs- und Flußmittel. Mischungen
beider, mit etwas Wasser angerührt, geben bildsame Massen, die sich beliebig
formen lassen. Trocknet man solche geformte Gegenstände (Formlinge), so
entweicht das hygroskopische Wasser, die Formlinge behalten zwar ihre Gestalt,
aber es tritt dabei eine Raumverminderung, Schwindung (Trockenschwin-
dung), ein. Getrocknete Formlinge lassen sich wieder mit Wasser aufweichen
und in eine bildsame Masse zurückführen. Brennt man aber die getrockneten
Formlinge bei höherer Temperatur, so entweicht das chemisch gebundene
Wasser und es treten chemische Umsetzungen in der Masse ein; dabei macht
sich eine weitere Schwindung (Brennschwindung) bemerkbar, die Massen

nehmen große Festigkeit an und sind gegen Wasser vollständig widerstandsfähig.

Der wichtigste Bestandteil aller Tonwaren ist der Ton. Ton allein ist
aber nicht zur Herstellung von Tonwaren geeignet, da er, wenn er verhältnismäßig rein (fett) ist, beim Brennen zu stark schwindet und reißt.
Man vermindert die Schwindung durch Vermischung mit Magermitteln,
wozu gebrannter Ton in Körnern oder Pulver (Schamotte), Sand, Quarzpulver, oder zur Erhöhung der Feuerfestigkeit auch Korund, geglühte Tonerde, Tonschiefer, Chromoxyd, Graphit usw. zu rechnen sind. In manchen
Fällen bezweckt man aber auch eine Erniedrigung des Schmelzpunktes, was
durch Zusatz von Flußmitteln (Kalk, Eisenoxyd, Feldspat, Alkalien) erreicht wird. Die Zusatzstoffe können aber auch den Zweck einer Färbung
der Masse haben (Metalloxyde) oder dazu dienen (z. B. bei Porzellan), die
Masse durchscheinender zu machen (Feldspat). Flußmittel bewirken, daß
die Gegenstände beim Brennen schon bei niedriger Temperatur sintern, d. h.
wasserundurchlässig und dicht werden.

Ton.

Tone sind Tonerdehydrosilicate der Idealformel $Al_2O_3 \cdot 2\,SiO_2 \cdot 2\,H_2O$ (39,6%
Tonerde, 46,5% Kieselsäure, 13,9% Wasser). Die Menge an diesem Tonerdesilicat in einem Ton oder einer keramischen Masse bildet den Gehalt an „Tonsubstanz". Diese Tonsubstanz ist in allen Tonen mit großen Mengen Fremd-
stoffen (Feldspat, Quarz, Glimmer) vermischt und damit ändern sich die Eigenschaften der Tone ganz außerordentlich stark. Es existieren eine ganze Menge
verschiedener Tonmineralien, es gibt aber nur ein Tonmineral, welches obiger
Normalformel nahekommt, das ist der Kaolin. Die anderen Tonmineralien
sind nicht alle für die Keramik brauchbar, sie sind teilweise aber für andere
Zwecke sehr wertvoll. Die Tonmineralien lassen sich in folgende Gruppen
unterteilen.

1. Die Kaolingruppe (Hauptvertreter der keramisch bedeutsamen Ton-
minerale)

$$\text{Kaolin } Al_2O_3 \cdot 2\,SiO_2 \cdot 2\,H_2O$$
$$\text{Anauxit-Kaolin mit } SiO_2\text{-Überschuß.}$$

2. Die Gruppe Montmorillonit-Beidellit-Nontronit (Hauptvertreter
der praktisch wichtigen Bleicherden)

$$\text{Montmorillonit } Al_2O_3 \cdot 4\,SiO_2 \cdot H_2O \cdot n\,H_2O$$
$$\text{Beidellit } Al_2O_3 \cdot 3\,SiO_2 \cdot H_2O \cdot n\,H_2O$$
$$\text{Nontronit etwa } (Al,\ Fe)_2O_3 \cdot 3\,SiO_2 \cdot n\,H_2O$$

($n\,H_2O$ drückt die Erscheinung der innerkrystallinen Quellung aus).

3. $$\text{Halloysit } Al_2O_3 \cdot 2\,SiO_2 \cdot 2\,H_2O + 2\,H_2O$$
$$\text{Metahalloysit } Al_2O_3 \cdot 2\,SiO_2 \cdot 2\,H_2O.$$

Für praktische Zwecke der Keramik teilt man die Tone in folgende Arten.

1. Der Kaolin, Porzellanton, China clay. Er stellt in geschlämmtem
Zustande die reinste Form des Tones vor und besteht fast ganz aus Tonsubstanz
(z. B. Zettlitzer Kaolin zu 99%; er gilt deshalb als „Normalton"). Seine Farbe
ist meist weiß oder geblich, er ist wenig plastisch, brennt völlig weiß und ist
sehr feuerfest.

2. Plastische Tone. Die bildsamen Tone enthalten neben der Tonsubstanz
noch mehr oder weniger große Mengen Verunreinigungen: Kieselsäure, Eisen-

oxyd, Kalk- und Mangancarbonat, Kalk- und Alkalisilicate, organische Substanzen usw. Letztere verleihen den Tonen dunkle Farben (braun, bläulich bis schwarz), die beim Brennen jedoch verschwinden.

Tonerdereiche Tone mit wenig fremden Beimengungen bezeichnet man als feuerfeste Tone, hierzu zählen auch vielfach die wenig bildsamen Schiefertone und Tonschiefer. Tonerdereich und eisenarm sind die Pfeiffen- und Steinguttone, sie brennen sich weiß. Eisenreiche, aber tonerdearme Tone, wie Ziegelton (Lehm) brennen sich rot. Töpferton ist ein meist ziemlich stark mit Eisen gefärbter, viel Flußmittel enthaltender Ton, der, ebenso wie der Ziegelton, nicht sehr feuerfest ist. Tonerdearme Tone mit viel Kalkcarbonat bezeichnet man als Tonmergel, hierzu gehören auch die gelbbrennenden Ziegeltone.

Eigenschaften des Tones. Über die Verwendbarkeit eines Tones kann die chemische Analyse nicht viel aussagen; hier spielen andere Eigenschaften wie die Reinheit des Tones an mechanischen Beimengungen, die Feuerfestigkeit, die Bildsamkeit, das Bindevermögen für Magerungsmittel und das Verhalten beim Verarbeiten, Trocknen und Brennen eine weit größere Rolle.

Die Prüfung auf Reinheit geschieht durch Schlämmen, am einfachsten durch engmaschige Siebe. Auch technisch wird z. B. Kaolin in Schlämmanlagen gereinigt; wirksamer noch ist das Elektroosmose-Verfahren von Graf Schwerin, bei welchem der Kaolin zur Anode, die anderen Verunreinigungen zur Kathode wandern.

Sehr wichtig für die Verwendbarkeit des Tones ist der Grad der Feuerfestigkeit. Hierunter versteht man die Höhe des Schmelzpunktes. Da aber

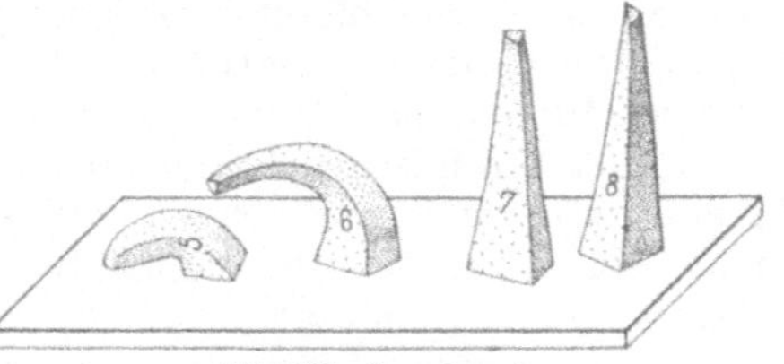

Abb. 321. Segerkegel.

Silicatverbindungen keinen eigentlichen Schmelzpunkt im physikalischen Sinne (wie die Metalle) haben, sondern nur ein Schmelzintervall aufweisen, so muß man richtiger von einem Erweichungspunkte sprechen. Hieraus ergibt sich schon, daß die Feuerfestigkeit eines Tones oder einer keramischen Masse nicht mit dem Pyrometer gemessen werden kann, weil ein scharfer Schmelzpunkt nicht vorhanden ist. Man kann deshalb für die Feuerfestigkeit eigentlich auch keine genauen Temperaturgrade angeben. Je nach der Menge der fremden Beimengungen wird der Schmelz- bzw. Erweichungspunkt der reinen Tonsubstanz verändert; aber auch ein und derselbe Ton wird nicht immer genau bei derselben Temperatur niederschmelzen, je nach der Größe der Probe, der Art des Versuchsofens, der Dauer der Erhitzung und der Schnelligkeit der Temperatursteigerung. Also nur unter Einhaltung ganz bestimmter Bedingungen sind die Erweichungstemperaturen eines Tones oder einer keramischen Masse reproduzierbar und vergleichbar. Infolge der großen Zähflüssigkeit (Viscosität) von Silicatschmelzen kann das Niederschmelzen eines Tones oder eines keramischen Erzeugnisses auch bei niederer Temperatur erreicht werden, wenn die Erhitzungsdauer sehr lange ausgedehnt wird. Aus diesen Gründen bestimmt man in der Praxis die Feuerfestigkeit keramischer Stoffe, d. h. ihre Schmelzbarkeit, durch Vergleich mit der Schmelzbarkeit von Segerkegeln.

Segerkegel sind keramische Schmelzkörper in Form 6 cm hoher, dreiseitiger Pyramiden (Abb. 321); sie stellen eine Reihe systematisch zusammengesetzter, an Schwerschmelzbarkeit stetig zunehmender Silicatmischungen bzw. Silicate vor, deren Temperaturskala in Abstufungen von etwa 20° von rund 600—2000° reicht.

Die einzelnen Nummern der Segerkegel entsprechen ungefähr folgenden
Schmelztemperaturen:

022	. . . 600°	07a	. . . 960°	9	. . . 1280°	29	. . . 1650°
021	. . . 650°	06a	. . . 980°	10	. . . 1300°	30	. . . 1670°
020	. . . 670°	05a	. . . 1000°	11	. . . 1320°	31	. . . 1690°
019	. . . 690°	04a	. . . 1020°	12	. . . 1350°	32	. . . 1710°
018	. . . 710°	03a	. . . 1040°	13	. . . 1380°	33	. . . 1730°
017	. . . 730°	02a	. . . 1060°	14	. . . 1410°	34	. . . 1750°
016	. . . 750°	01a	. . . 1080°	15	. . . 1435°	35	. . . 1770°
015a	. . . 790°	1a	. . . 1100°	16	. . . 1460°	36	. . . 1790°
014a	. . . 815°	2a	. . . 1120°	17	. . . 1480°	37	. . . 1825°
013a	. . . 835°	3a	. . . 1140°	18	. . . 1500°	38	. . . 1850°
012a	. . . 855°	4a	. . . 1160°	19	. . . 1520°	39	. . . 1880°
011a	. . . 880°	5a	. . . 1180°	20	. . . 1550°	40	. . . 1920°
010a	. . . 900°	6a	. . . 1200°	26	. . . 1580°	41	. . . 1960°
09a	. . . 920°	7	. . . 1230°	27	. . . 1610°	42	. . . 2000°
08a	. . . 940°	8	. . . 1250°	28	. . . 1630°		

Als Kegelschmelzpunkt bezeichnet man die Temperatur, bei welcher ein
Segerkegel so weich geworden ist, daß seine nach der einen Seite niedersinkende
Spitze gerade die Bodenebene berührt. Abb. 321 zeigt eine Reihe Segerkegel,
die zur Temperaturkontrolle in einem keramischen Ofen gestanden haben. Kegel 5
ist vollständig geschmolzen, Kegel 6 läßt die beginnende Erweichung erkennen;
die Erweichungstemperatur von Kegel 7 ist noch nicht erreicht. Die Brenntemperatur entspricht also Segerkegel 6.

In der keramischen Praxis gibt man nicht die Schmelztemperatur in Celsiusgraden an, sondern die Nummer des gleichzeitig geschmolzenen Segerkegels;
man sagt also: Der Schamottestein ist bei Segerkegel 10, das Porzellan bei
Segerkegel 14 gebrannt.

Nachstehende Übersicht zeigt, welche Brenngrade für die verschiedenen
keramischen Erzeugnisse in Frage kommen.

Porzellanfarben und Lüster	Segerkegel 022	bis	010a
Ziegel aus kalk- und eisenoxydreichen Tonen, Ofenkacheln u. dgl.	„ 010a	„	01a
Ziegel aus Kalk- und eisenoxydarmen Tonen, Klinker, Fuß- bodenplatten und ähnliche Erzeugnisse	„ 1a	„	10
Steinzeug mit Salz- oder Lehmglasur	„ 3a	„	12
Steingut (Rohbrand).	„ 3a	„	10
Steingut (Glattbrand)	„ 010a	„	6a
Schamottewaren, Porzellan und Zement	„ 10	„	20
Silica- (Dinas-) Ziegel und Schmelzen schwerflüssiger Gläser .	„ 18	„	20
Feuerfeste Tone, feuerfeste Erzeugnisse	„ 26	„	42

Zur Ermittlung der Feuerfestigkeit eines Tones formt man aus ihm kleine
Kegel von 1 cm Grundfläche und 2 cm Höhe, bringt diese Kegel mit zwei Ver-
gleichs-Segerkegeln in einen Tiegel und erhitzt in einem Gasofen oder elektrischen Ofen.

Die Bildsamkeit des Tones, d. h. seine Fähigkeit, mit wenig Wasser
einen Teig zu bilden, der jede beliebige Form annimmt, steht in direktem Zu-
sammenhange mit der kolloidalen Natur der Tonsubstanz. Treibt man durch
Brennen das Hydratwasser aus, so verliert der Ton seine Bildsamkeit (Schamotte). Die Bildsamkeit kann durch Einsumpfen oder Faulen (Einmauken)
erhöht werden.

Tonwaren.

Die aus Ton gefertigten Erzeugnisse scheidet man zweckmäßig in zwei Hauptgruppen, in solche mit wasserdurchlässigem (porösem) Scherben und in solche
mit wasserundurchlässigem (dichtem) Scherben. Für die erste Gruppe wendet
man die Endbezeichnung „— — — gut" an, z. B. Irdengut, Tongut, Steingut,

für die zweite die Endung „——— zeug", z. B. Steinzeug, Sinterzeug. Ferner ist die Scherbenstärke ein zweckmäßiges Unterscheidungsmerkmal. Tonwaren mit geringer Scherbenstärke nennt man, entsprechend ihrem Verwendungszweck, Geschirr, dickwandige Tonwaren Baustoffe. Endlich kann noch zur Unterscheidung die Farbe des gebrannten Scherbens herangezogen werden, je nachdem diese vorwiegend weiß oder wenigstens hellfarbig oder aber nicht weiß (rot, braun usw.) ist. Wir erhalten so die folgende Übersicht. Zu bemerken ist jedoch, daß eine strenge Scheidung der einzelnen Gruppen wegen der zahlreich vorhandenen Übergänge von der einen zur anderen nicht möglich ist.

I. Irdengut (Tongut)

(durchlässig, porös, Scherben nicht durchscheinend).

1. Baustoffe.

a) nicht weiß brennend	**Ziegeleierzeugnisse:** Mauerziegel, Verblender, Hohlziegel, poröse Ziegel, Dachziegel, Drainröhren, Bauterrakotten.	b) weiß oder hellfarbig brennend	**Feuerfeste Erzeugnisse:** Schamotteziegel und Werkstücke, feuerfeste Ziegel aus besonderen Stoffen, feuerfeste Hohlware.

2. Geschirr.

a) nicht weiß brennend	**Töpfereierzeugnisse:** Töpfergeschirr, Blumentöpfe, Schmelzware, Majolika, Fayence, Ofenkacheln.	b) weiß brennend	**Steingut:** Tonsteingut, Tonzellen und Tonpfeifen, Kalksteingut, Feldspat- oder Hartsteingut, Sanitätsware, Feuertonware.

II. Sinterzeug (Tonzeug) (undurchlässig, dicht).

A. Scherben nicht durchscheinend (Steinzeug).

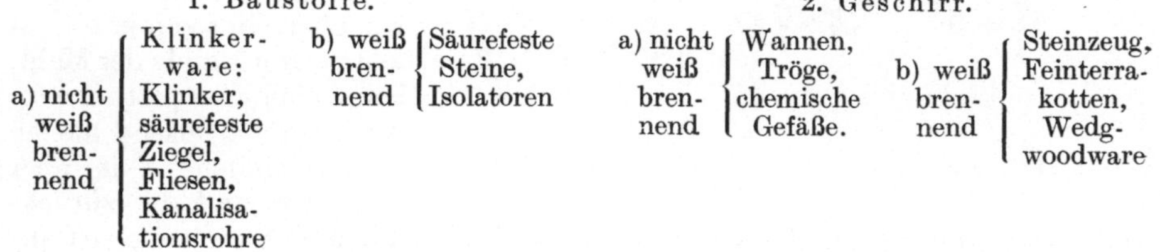

1. Baustoffe.			2. Geschirr.		
a) nicht weiß brennend	**Klinkerware:** Klinker, säurefeste Ziegel, Fliesen, Kanalisationsrohre	b) weiß brennend: Säurefeste Steine, Isolatoren	a) nicht weiß brennend	Wannen, Tröge, chemische Gefäße.	b) weiß brennend: Steinzeug, Feinterrakotten, Wedgwoodware

B. Scherben durchscheinend (Porzellan).

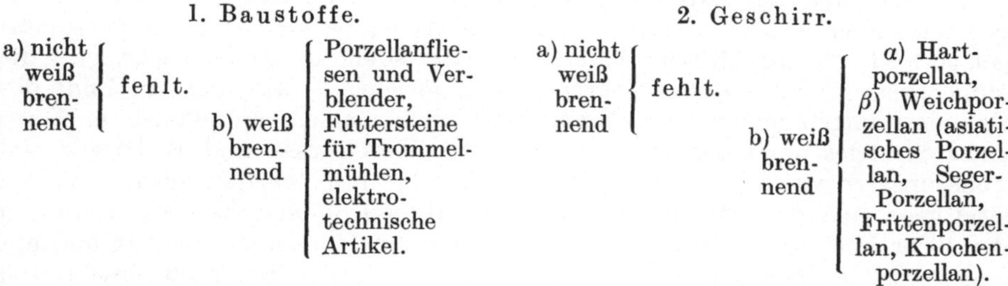

1. Baustoffe.			2. Geschirr.		
a) nicht weiß brennend	fehlt.		a) nicht weiß brennend	fehlt.	
b) weiß brennend	Porzellanfliesen und Verblender, Futtersteine für Trommelmühlen, elektrotechnische Artikel.		b) weiß brennend	α) Hartporzellan, β) Weichporzellan (asiatisches Porzellan, Seger-Porzellan, Frittenporzellan, Knochenporzellan).	

III. Steatit.

Scherben dicht und weiß, schwach transparent, Oberfläche weiß oder hellgelb.

IV. Hochfeuerfeste Stoffe.

Scherben dicht und weiß, transparent.

Sinter-Tonerde, Sinter-Spinell, Sinter-Beryllerde, -Zirkonerde, -Thorerde, Sinter-Magnesia, Sinter-Zirkonsilicat, Simensit.

I. Irdengut (Tongut).

Hierzu gehören in der Hauptsache Ziegeleierzeugnisse, feuerfeste Stoffe, Töpferwaren und Steingut.

1. Ziegeleierzeugnisse.

Für **Mauerziegel** verwendet man als Rohmaterial Lehm oder unreinen Ton, dem man, wenn er nicht schon genügend Sand enthält, solchen als Magermittel beimengt. Die Mischung wird unter Zusatz von etwas Wasser so lange durchgearbeitet, bis ein gleichmäßiger Teig, das Ziegelgut, entsteht. Die Durcharbeitung geschieht auf größeren Ziegeleien durch Kollergänge, Walzwerke oder Tonschneider. Der in der keramischen Industrie zum Zerkleinern von allerlei Materialien viel verwendete Kollergang besteht aus zwei schweren Läufern (Kollern, Kollersteinen), die auf einer waagerecht liegenden Achse drehbar angeordnet sind. Sie laufen auf einer kreisrunden Mahlbahn, dem Mahlteller und zerquetschen durch ihr Gewicht das Mahlgut. Es gibt Kollergänge, bei denen die Kollersteine laufen und die Mahlbahn feststeht und auch (häufiger) solche, bei denen der Mahlteller rotiert und die Koller mit ihren Achsen in den Seitenständern festgehalten werden (Abb. 322). Der Antrieb kann von oben oder von unten erfolgen. Am Rande der Mahlbahn sind Siebplatten eingebaut. Scharreisen schieben das gemahlene Gut über die Siebe und die zurück-

Abb. 322. Kollergang mit umlaufender Mahlbahn. (Esch-Werke.)

bleibenden gröberen Stücke wieder unter die Koller. Letztere bestehen meist aus einem Gußeisenkern, der einen Läuferring aus Manganhartstahl trägt. Es gibt auch Kollergänge für Naßvermahlung. Der Tonschneider besteht aus einem liegenden eisernen Zylinder, in welchem eine Welle, die sog. Schnecke, horizontal gelagert ist, die mit Messern besetzt ist. Bei Drehung der Schnecke wird die aufgegebene Tonmasse durchgearbeitet und gleichzeitig aus dem am Ende des Zylinders angebrachten viereckigen (oder auch runden) Mundstück in Form eines Stranges herausgepreßt. Bei der sog. Ziegelpresse sind Walzwerk und Tonschneider vereinigt. Das Ton- und Sandgemisch gelangt oben zwischen zwei gegeneinanderlaufende Walzen, dann auf zwei Speisewalzen und von da in den Tonschneider, aus dem der Strang durch ein Mundstück austritt und auf einer Abschneidevorrichtung mit Drähten in die richtige Ziegelgröße geschnitten wird. Die Formlinge werden auf Gerüsten an der Luft oder auch auf den Ringöfen getrocknet und dann in diesen, deren Einrichtung und Betrieb schon S. 502 (Abb. 306—310) beschrieben ist, bei Segerkegel 010 gebrannt.

Das deutsche Reichsmaß der Ziegel ist $25 \times 12 \times 6{,}5$ cm. Das Gewicht beträgt etwa 3,5 kg. Die Brennfarbe der Ziegel ist im allgemeinen rot, wenn sie aus stark eisenoxydhaltigem, aber kalkfreiem Ton hergestellt sind, blaßgelb bis ledergelb bei Verwendung von mäßig eisenoxydhaltigem, kalkfreiem Ton, und schmutzig gelb bei Herstellung aus kalk- und eisenoxydreichem Ton.

Mauerziegel sollen eine Druckfestigkeit von 100—150 kg/qcm aufweisen, Hartbrandziegel, d. h. scharf gebrannte Ziegel eine solche von mindestens 250 kg/cm² und Klinker (S. 541) eine solche von mindestens 350 kg/cm².

Andere Ziegeleierzeugnisse. Dazu gehören Verblender, Hohlziegel, Dachziegel, poröse Ziegel und Drainröhren. Diese werden ganz ähnlich hergestellt, nur sind die Tone im allgemeinen besser und ihre Aufbereitung sowie die Formgebung des Ziegelgutes und das Brennen geschieht sorgfältiger. Bei der Formgebung von Dachziegeln und Drainrohren in Pressen wird an Stelle des Mundstückes von rechteckigem (Ziegel-) Querschnitt ein solches, welches dem Querschnitt der zu formenden Erzeugnisse entspricht, angewendet. Es gibt Mundstücke für Drainröhren, Hohlziegel, Dachziegel usw. Die Hohlräume bei Hohlziegeln oder Drainröhren werden durch einen Dorn im Innern des Mundstücks hergestellt. Flache Dachziegel (Biberschwänze) erzeugt man auch durch Handstrich in flachen eisernen Formen (Formrahmen), Falzziegel (Dachfalzziegel) auf Schlittenpressen oder Revolverpressen, Bauterrakotten meist in Gipsformen von Hand. Hohlziegel mit durchgehenden Lochungen werden für leichte Bauteile, namentlich für Decken verwendet. Zur Herstellung besonders leichter Ziegel setzt man der Masse organische Stoffe (Sägespäne, Kohlenklein usw.) zu, die beim Brennen zerstört werden und dafür Poren hinterlassen.

Verblender und Dachziegel erhalten mitunter Überzüge, die entweder stumpf, matt oder aber glänzend sind. Im ersten Falle heißen sie Begüsse (Engoben), im zweiten Glasuren. Die Begüsse bestehen aus einer reinfarbig (meist rot) brennenden Tonmasse ohne größeren Gehalt an Flußmitteln. Glasuren sind glasige Überzüge, die eine erhebliche Menge von Flußmitteln, ähnlich wie das Glas, enthalten. Die Glasuren für Verblender und Dachziegel sind meist bleihaltig, bei schwer schmelzbarem Ziegelgut werden auch bleifreie sog. Erdglasuren verwendet. Beide Arten von Überzügen werden durch Begießen des „lederharten“, d. h. nicht mehr weichen, aber auch noch nicht völlig trockenen Formlings mit der breiförmigen Überzugsmasse hergestellt. Grundbedingung für das tadellose Haften aller Überzüge auf Tonwaren ist, daß der Scherben, d. h. die gebrannte Tonmasse, und der Überzug annähernd dieselbe Ausdehnung beim Trocknen und Brennen besitzen.

2. Feuerfeste Erzeugnisse.

Unter „feuerfesten“ Stoffen versteht man in der Keramik allgemein Stoffe, welche eine Temperatur von 1600° ohne Deformation ertragen können. Da reiner gebrannter Kaolin, $Al_2O_3 \cdot 2 SiO_2$, einen Erweichungspunkt von Segerkegel 35 (= 1770°) hat, so ist mit diesem besten feuerfesten Ton nur eine Temperatur von etwa 1750° als oberste Grenze der Verwendungsmöglichkeit zu erreichen. Man bezeichnet deshalb alle Massen, die erst oberhalb 1750° erweichen, als „hochfeuerfest“. Diese können dadurch erhalten werden, daß man zu reinem Ton Tonerde in steigender Menge zusetzt, oder daß man andere feuerfeste Oxyde wie Magnesia oder Zirkonoxyd oder auch Kohle verwendet.

Betrachten wir das Schmelzdiagramm des Systems Al_2O_3—SiO_2 (Abb. 323), wie es von BOWEN und GREIG aufgestellt ist, und verfolgen wir den obersten Kurvenzug, welcher die Erstarrungspunkte der verschiedenen Al_2O_3—SiO_2-Mischungen verbindet, so finden wir ein einziges Eutektikum bei 1545° und einer Zusammensetzung von 94,5 SiO_2 und 5,5 Al_2O_3. Das früher von RANKIN bei 1810° angenommene Eutektikum ist nicht vorhanden, ebensowenig das daneben liegende, wenig hervortretende Maximum bei 1816°, welches der Verbindung $Al_2O_3 \cdot SiO_2$, dem Sillimanit (62,8% Al_2O_3, 37,2% SiO_2), entsprechen sollte. Die bei der genannten Temperatur auftretende Verbindung ist nicht der Sillimanit, sondern der Mullit, $3 Al_2O_3 \cdot 2 SiO_2$ (71,8% Al_2O_3, 28,2% SiO_2).

Vorhandener Sillimanit wandelt sich schon von 1300° ab in Mullit und Kieselsäure um; die in allen hochgebrannten keramischen Massen angetroffenen Kryställchen sind deshalb nicht Sillimanitkrystalle, sondern Mullitkrystalle. Die technisch hergestellten sog. „Sillimanit"-Erzeugnisse führen also, wie wir heute wissen, ihre Bezeichnung zu unrecht.

Faßt man die Erstarrungskurve in dem Diagramm als Schmelzpunktskurve der verschiedenen Tonerde-Kieselsäure-Mischungen auf und macht man bei der Zusammensetzung von 46% Al_2O_3 und 54% SiO_2 durch eine Senkrechte die Lage der gebrannten Tonsubstanz (Kaolin) $Al_2O_3 \cdot 2SiO_2$ kenntlich und nimmt man an, daß die Schmelzverhältnisse von Mischungen aus Kaolin und Quarz bzw. Kaolin und Tonerde annähernd die gleichen sind wie die der reinen Substanzen, so sieht man sofort, daß auch bei Verwendung reinster

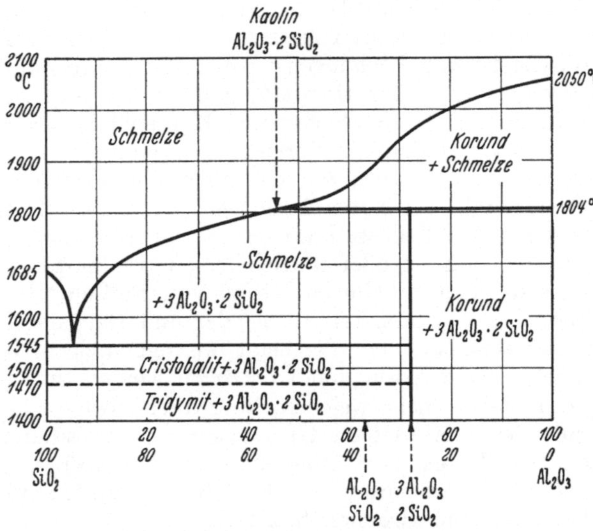

Abb. 323. Schmelzdiagramm des Systems Al_2O_3—SiO_2.

Tonsubstanz die Feuerfestigkeit der hieraus hergestellten keramischen Produkte nicht über etwa 1750° hinausgehen kann. Zusatz von Quarz zur Tonsubstanz drückt die Schmelzbarkeit herunter und nur durch Vermehrung des Tonerdegehaltes bzw. durch Zusatz von anderen hochschmelzenden Oxyden kann die Feuerfestigkeit gesteigert werden. Bei der· eingezeichneten Linie liegt also die Grenze zwischen feuerfesten (Segerkegel 26—35) und hochfeuerfesten Erzeugnissen (über Segerkegel 35).

Für die Prüfung der Feuerfestigkeit feuerfester Produkte hat es sich als zweckmäßig herausgestellt, nicht nur die Temperatur des Erweichungsbeginnes zu bestimmen, sondern auch das Verhalten der Baustoffe bei beginnender Erweichung unter gleichzeitiger Belastung zu unterscheiden. Man erhält so bei steigender Temperatur charakteristische Druckerweichungskurven. Bei Schamotte- und Magnesiasteinen ergibt sich ein langes Erweichungsintervall, bei Silicasteinen setzt die Erweichung erst spät, dann aber plötzlich ein.

Die technisch erzeugten feuerfesten Massen sind in der Hauptsache solche, die sich einerseits aus möglichst reiner Tonsubstanz (Bindeton und schon vorher stark gebrannter Ton, Schamotte) zusammensetzen: Schamottesteine, auch basische Steine genannt; andererseits werden solche hergestellt, die fast ganz aus reinem Quarz bestehen, der nur mit 1—2% Kalk gebunden ist: Dinassteine, Silicaziegel, auch saure Steine genannt. Außerdem finden auch noch Zwischenstufen zwischen beiden Grenzfällen Verwendung, nämlich Steine, die aus Ton und Quarz bzw. Ton, Schamotte und Quarz bestehen, die Tonquarzsteine bzw. Quarzschamottesteine.

Nachstehend sind die in der Technik hergestellten feuerfesten und hochfeuerfesten Erzeugnisse kurz aufgeführt.

1. Reine Schamottesteine. Schamotte ist ein keramisches Material, bestehend aus einer Mischung aus plastischem Bindeton mit stark gebranntem,

grobkörnig zerkleinertem, feuerfestem Ton (der eigentlichen Schamotte), welches bei 1450° gebrannt ist und ein Konglomerat grober Körner in einer dichten Einbettung vorstellt. Die handelsüblichen Schamottesteine können keinen höheren Erweichungspunkt als Segerkegel 35 (= 1770°) haben, sie weisen meist 1710—1750° als Erweichungspunkt auf; ebenso kann der Tonerdegehalt nicht über 46% herausgehen, er bleibt in der Regel in den Grenzen von 38—43%.

Anerkannt gute feuerfeste Tone, deren Schmelzpunkt über Segerkegel 26 liegt, liefern die folgenden Fundstätten: In der Rheinprovinz Mülheim, Kaerlich bei Koblenz; im Westerwalde Siershahn, Ebernhahn, Ransbach, ferner Großalmerode (besonders für Schmelztiegel und Glashäfen); in Schlesien Saarau (auch Kaolin), Waldenburg (Schieferton), Neurode (Tonschiefer); in der Provinz Sachsen Lissen bei Osterfeld, Salzmünde bei Halle (auch Kaolin); in der Rheinpfalz Grünstadt, Hettenleidelheim (auch Kaolin), in Bayern Passau (für Schmelztiegel), Klingenberg; in Sachsen Crosta bei Bautzen, Meißen (Löthain), Mügeln, Kemmlitz (meist auch Kaolin).

Vor der Mischung wird der Bindeton oder Blauton auf Kollergängen oder auch in Schleudermühlen (Desintegratoren) (vgl. Abb. 35, S. 81) oder Schlagkreuzmühlen zerkleinert, die gebrannte Schamotte und der Kapselbruch aus Porzellan- oder Steingutfabriken in Steinbrechern vorgebrochen und in Kugelmühlen oder auch auf dem Kollergange oder zwischen Walzen vermahlen. Dann erfolgt die Mischung nach Analyse und Feuerfestigkeitsproben, meist im Verhältnis 1 Teil Ton zu 2 Teilen Schamotte (für Hochofensteine auch $2^1/_2$—3 Teile) unter Zusatz von etwas Wasser (etwa 20%); die Masse geht dann durch einen Tonkneter oder Tonschneider (einem ganz ähnlichen Apparat wie die Ziegelpresse), aus dem die gleichmäßig durchgeknetete Masse als Strang austritt und in Stücken (Ballen) abgeschnitten wird. Die Ballen läßt man bei besseren Qualitäten 24 h mauken, d. h. man läßt die fertige Formmasse liegen, damit das Wasser Zeit hat, die feinsten Tonteilchen aufzuschließen. (Ein ähnlicher Vorgang ist das Sumpfen des mit Wasser angemachten Tones oder der Rohmischung vor der Verarbeitung). Die aus dem Tonschneider kommende Masse wird entweder wie Ziegel in das gewünschte Steinformat zerschnitten, oder die gemaukte Masse wird in Drehtischpressen verformt oder bei großen Formaten, wie Hochofengestellsteine, mit der Hand in Formen geschlagen, ebenso werden z. B. Leuchtgas-Retorten und Glashäfen ganz mit der Hand gefertigt, jetzt auch vielfach nach dem Gießverfahren (S. 543) hergestellt. Die Steine werden dann sorgfältig mit der Abhitze der Brennöfen oder auch mit der Abhitze der Kanal-Brennöfen getrocknet und dann gebrannt. Die angewendeten Öfen werden nachher noch besprochen.

Den Schamottesteinen zuzurechnen sind noch einige andere feuerfeste Steine: Der Bauxitstein, ein Schamottestein, bei dem der Tonerdegehalt durch Zusatz von gebranntem Bauxit vermehrt wird (Schmelzpunkt 1600 bis 1830°), der Glenboigstein, ein englischer Schamottestein aus Schieferton, der Dynamidonstein, ein Schamottestein mit Zusatz von geschmolzenem Korund (aus Bauxit vgl. S. 445), der erst bei 1880° (Segerkegel 39) weich wird, nicht schwindet und außerordentliche Druckfestigkeit aufweist. Er wird als Futter in Zement-Drehrohröfen verwendet, ist aber sehr teuer.

Der Hauptvorzug der Schamottesteine besteht neben ihrer Feuerbeständigkeit in dem großen Widerstande gegen schroffen Temperaturwechsel und gegen Angriff von Schlacken. Unangenehm ist ihre Eigenschaft, im Feuer ziemlich stark nachzuschwinden, weshalb sie für Gewölbe nicht benutzt werden können.

2. Dinassteine oder Silikasteine. Sie haben ihren Namen von dem in England natürlich vorkommenden Dinassandstein. Als Rohmaterial für die Herstellung dieser sauren Steine dient vornehmlich (rheinischer) Findlingsquarzit,

34*

da sich durchaus nicht alle Quarze eignen. Es ist dabei nicht der Gehalt an SiO_2 (96—98%) entscheidend, sondern das Verhalten beim Brennen. Während Schamottemassen im Feuer schwinden, „wächst" der Quarz, d. h. er geht bei 870° in Tridymit, bei 1470° in Cristobalit über, bei 1713° erfolgt Schmelze. Beide haben nur eine Dichte von 2,32 bzw. 2,21, während Quarz eine solche von 2,65 hat; es tritt dabei eine Volumzunahme von 14% ein. Zur Herstellung der Quarzsteine wird gewaschener Quarzit gebrochen und auf Kollergängen zerkleinert, die Masse, bestehend aus $^1/_3$ mehlförmigem Quarz, $^1/_3$ Körnern von 1—3 mm, $^1/_3$ Körnern von 3—7 mm, mit 1—2% Kalk in Form von Kalkmilch angemacht, in einem Tonschneider oder Mischkollergang durchgearbeitet, zu Steinen gepreßt, getrocknet und bei Segerkegel 16—17 (1460 bis 1480°) gebrannt. Diese sog. Kalkdinas haben etwa 96—98% Kieselsäure. Die Erweichung der Kieselsäure erfolgt erst bei 1685°. Dinassteine sind nicht besonders fest, sie werden in Apparaten für saure Prozesse verwendet (Bessemerbirnen, saure Martinöfen) und infolge ihrer Eigenschaft, nicht zu schwinden, besonders häufig für Gewölbe von Siemens-Martinöfen, Glasöfen usw. benutzt.

Nimmt man als Bindemittel für den Quarz nicht Kalk, sondern Ton, so entstehen die sog. Tondinas-Steine. Ist der Quarz sehr feingepulvert, so tritt beim Brennen leicht Versinterung mit dem Ton ein, man erhält dann säurefeste Steine für Glover- und Gay-Lussac-Türme. Grobes Quarzkorn liefert dagegen poröse Steine, die aber Temperaturwechsel gut vertragen.

3. **Quarzschamottesteine** sind ein Mittelding zwischen Schamotte- und Dinassteinen. Die hessischen Großalmeroder Tiegel haben z. B. das Verhältnis von Quarz zu Ton wie 1:1.

Zu den feuerfesten Steinen aus besonderen Stoffen gehören weiter:

4. **Dolomitsteine.** Dolomitische Kalksteine werden in Drehrohröfen bei 1700° bis zum Sintern gebrannt, gemahlen, mit Teer zu Steinen gepreßt und ungebrannt vermauert. Auch werden die Böden von Thomasbirnen mit solcher Masse direkt ausgestampft und nachher gebrannt. Der Rohdolomit hat etwa 30% CaO und 20% MgO.

5. **Magnesiasteine.** Man brennt Magnesit ($MgCO_3$) meist in Schachtöfen, jetzt auch in Drehrohröfen, und zwar den einen Teil tot, den anderen nur schwach; letzterer hat etwas hydraulische Eigenschaften und bildet das Bindemittel, so daß sich die Masse auf hydraulischen Pressen unter starkem Druck zu Steinen formen läßt. Diese werden bei etwa 1600° gebrannt; sie weisen einen Erweichungspunkt von mehr als Segerkegel 36 (1800°) auf, sie sind als hochfeuerfest und hochbasisch bekannt, sind aber sehr empfindlich gegen schroffen Temperaturwechsel. Da reine Magnesia (MgO) erst bei 2800° schmilzt, so sind die reinen Magnesitsorten nicht für die Steinfabrikation geeignet; besonders brauchbar dagegen ist der steirische und Kärntner Magnesit (Veitsch, Rathentein), der etwa 2,5—4,5% Eisenoxyd enthält, wodurch beim Brennen Magnesioferrit ($MgO \cdot Fe_2O_3$) entsteht, dem die Versinterung der braunschwarzen Magnesiaziegeln zuzuschreiben ist. Magnesiasteine finden in Siemens-Martinöfen, Elektrostahlöfen und Mischern Verwendung; auch als Stampfmasse (mit Teer) wird Sintermagnesit (bei 1750° gebrannt) in Elektrostahlöfen verwendet. Druckfestigkeit der Steine etwa 1000 kg/cm².

6. **Forsteritsteine.** Forsterit ist ein Magnesiumsilicat, $2 MgO \cdot SiO_2$ bzw. Mg_2SiO_4, er hat einen Erweichungspunkt von 1910°, findet sich aber selten rein. Die Technik stellt deshalb in jüngster Zeit Forsteritsteine dadurch her, daß sie Olivin (in Norwegen), Dunit (in Amerika) oder Serpentin (in Deutschland) in Mischung mit Magnesit brennt:

$$[18 Mg_2SiO_4 + 2 Fe_2SiO_4] + 6 MgO + O_2 = 20 Mg_2SiO_4 + 2 MgFe_2O_4 \,.$$

$$\text{Olivin} \qquad\qquad \text{Magnesia} \qquad \text{Forsterit} \qquad \text{Magnesioferrit}$$

Forsteritsteine halten Temperaturen von 1675° aus, sie werden in keramischen Brennöfen, als Futter in Zement-Drehrohröfen und für Flammöfengewölbe usw. verwendet. Sie widerstehen dem Angriff eisenhaltiger Schlacken.

7. **Chromitsteine.** Chromeisenstein, $Cr_2O_3 \cdot FeO$, wird vermahlen, geschlämmt, mit 10% Kalkmilch und Teer vermischt, gebrannt, wieder gemahlen und mit denselben Bindemitteln zu Steinen gepreßt, die dann bei 1700° gebrannt werden. Chromsteine enthalten bis 64% Cr_2O_3; sie werden als neutrale Trennungsschicht zwischen basische und saure Steine in hüttenmännischen Öfen eingebaut, ebenso bei Mischern in der Höhe der Schlackenlinie, da sie unempfindlich gegen den Angriff von Basen und Säuren sind.

Es werden jetzt auch **magnesiahaltige Chromsteine** hergestellt, z. B. der **Chromazil**-Stein von KOPPERS. Die **Stein- und Tonindustrie Brohltal** bringt folgende Steine in den Handel: **Forsteritstein** (8% Cr_2O_3, 55% MgO), **Chromerzstein** (38% Cr_2O_3, 18% MgO), **Chrommagnesitstein** (30% $Cr_2O_3 \cdot$ 30% MgO).

8. **Kohlenstoffsteine** bestehen aus aschefreiem Koks, mit 20% Teer angemacht, zu Steinen gepreßt, die umhüllt von Kohlenstaub, unter Luftabschluß bei Segerkegel 10 (1300°) gebrannt werden. Sie finden im Gestell des Hochofens Verwendung. In Fällen, wo Temperaturen von etwa 1600° überschritten werden sollen, war man bisher auf **Kohle** und **Graphit** als Gefäßmaterial angewiesen.

Graphittiegel bestehen aus feuerfestem Ton (Klingenberg, Großalmerode), der mit Ceylongraphit (1 Graphit auf 1—3 Ton) gemischt, geformt und unter Luftabschluß gebrannt ist. Infolge der Billigkeit des Materials werden Graphittiegel auch in Zukunft ihre Bedeutung behalten. Für das Erschmelzen kohlenstofffreier Metalle und Legierungen, für das Schmelzen von Gläsern, Schlacken, Oxyden und sauerstoffhaltigen Verbindungen, für Gasreaktionen usw. kommen jedoch Kohlenstoffgefäße nicht in Frage.

Hier springen nun die neuen **hochfeuerfesten,** in der Hauptsache aus **hochfeuerfesten Oxyden** bestehenden Massen (**Degussa**-Massen der **Deutschen Gold- und Silber-Scheideanstalt, Frankfurt a. M.**) ein, die später in einem besonderen Abschnitte besprochen werden.

Es gibt aber auch höher feuerfeste Massen auf Kaolinbasis, das sind Carborundsteine, Korundsteine und Sillimanit- bzw. Mullitsteine.

9. **Karborundsteine** zeichnen sich durch gute Feuerfestigkeit (1750°), sehr gute Wärmeleitfähigkeit und sehr große Beständigkeit gegen Temperaturwechsel und Widerstandsfähigkeit gegen chemische Einflüsse aus. Zur Herstellung wird Carborundum (S. 430) gemahlen und die Mischung verschiedener Korngrößen mit wenig feuerfestem plastischen Ton (etwa 10%) in eisernen Pressen zu Steinen verformt, getrocknet und bei 1400° gebrannt. Es werden auch Steine, Muffeln, Ofenteile usw. mit solcher Carborundmasse, evtl. mit Wasserglaszusatz, überzogen.

Der wegen seiner mechanischen, thermischen und chemischen Widerstandsfähigkeit zu Stäben für elektrische Widerstandsheizung von Gebr. Siemens & Co. hergestellte Silit, wird (DRP. 257468) aus einem geformten Gemenge von Siliziumkarbid, Silizium und Kohlenstoff durch Brennen erst bei 1500°, dann bei 1600—1700° erhalten; der Körper besteht aus reinem Siliziumcarbid.

10. **Korundsteine.** Man stellt erst durch Schmelzen von Bauxit im elektrischen Ofen geschmolzene Tonerde (vgl. S. 444) her, formt aus dem gemahlenen Produkt mit 10% Ton als Bindemittel Steine und brennt. Sie haben hohe Druckfeuerfestigkeit, gute Wärmeleitfähigkeit und sind sehr temperaturwechselbeständig; sie halten Temperaturen von 1850° aus (**Dynamidonsteine**). — Die **Bauxit-** und **Diasporsteine** mit 45—80% Tonerde haben nur einen

Kegelschmelzpunkt von Segerkegel 36—38, sie sind nicht viel besser wie beste Schamottesteine.

11. Sillimanit- bzw. Mullitsteine. Alle natürlichen Tonerde-Silicate (Andalusit, Cyanit, Sillimanit), zerfallen bei höheren Temperaturen in Mullit ($3\,Al_2O_3 \cdot 2\,SiO_2$) und ein Glas. Für die genannten Steine verwendet man meist als Rohmaterial den Cyanit, den man mit wenig Ton verformt. Erweichungsbeginn Segerkegel 38. Die Steine sind dicht und glatt und haben ausgezeichnete

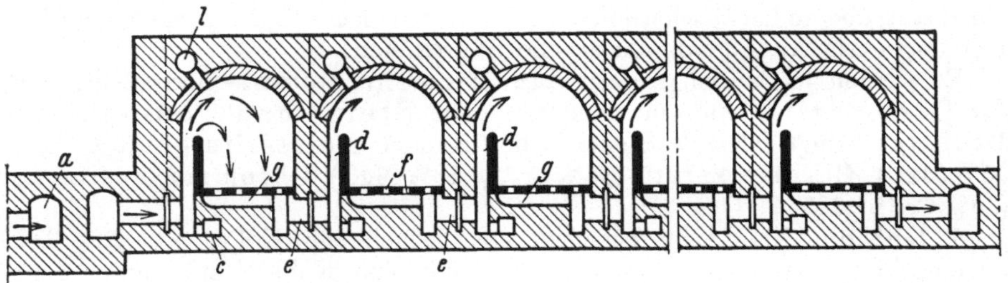

Abb. 324a. Kammerofen mit Gasfeuerung von MENDHEIM (Längsschnitt).

Widerstandsfähigkeit gegen Angriff basischer Schlacken. Es sind eigentlich Schamottesteine mit künstlich angereichertem Mullitgehalte. Die Koppers Sillimanit-Gesellschaft stellt in großen Mengen Spezialsteine für Metallschmelzöfen, Glaswannen, Brennersteine für Glasschmelzöfen, für Sodaschmelzen usw. her. Die Steine sind bis 1700° verwendbar und zeichnen sich durch Raumbeständigkeit bis zu den höchsten Temperaturen aus.

Für Laboratoriumsgeräte verwendet man vielfach HECHTsche, MARQUARDTsche Masse, die Massen E_2, D_3, D_4 der Porzellanmanufaktur Meißen und

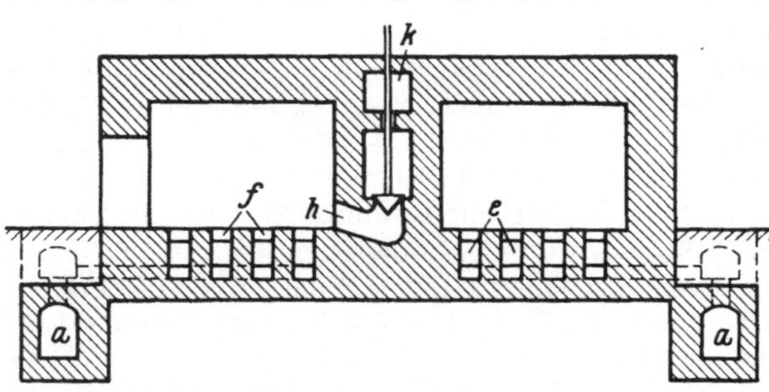

Abb. 324b. Gaskammerofen von MENDHEIM (Querschnitt).

Pythagorasmasse von HALDENWANGER. Das sind Porzellane bzw. feingemahlene Schamottemassen mit höherem Tonerdegehalt. Bei den erstgenannten Massen ist die Gasdichtigkeit nur durch Glasuren erreicht, die HALDENWANGERschen Massen sind aber durch Sinterung gasdicht. Das Pythagorassuper ist bis 1750° feuerfest und dicht, das neue Alsint genannte Material bis 2000°. Das amerikanische Alundum ist eine ähnliche hochfeuerfeste aber ziemlich poröse Masse (Filtertiegel). Die vorher genannten Massen werden hauptsächlich für Pyrometerschutzrohre, Verbrennungsrohre usw. verwendet.

Das Brennen der feuerfesten Erzeugnisse geschieht in Rundöfen (vgl. Steingut S. 538, Porzellan S. 544), in ringofenartigen Kammeröfen und in Tunnel- oder Kanalöfen.

Viel verbreitet ist der Kammerofen mit Gasfeuerung von MENDHEIM (Abb. 324a u. b). Derselbe stellt eine Art Ringofen vor, bei dem die einzelnen (beim Kalk- und Ziegel-Ringofen mit Papierschieber abgetrennten) Abteilungen durch gemauerte Wände als selbständige Ofenkammern ausgebildet sind. Es sind 8—24 Kammern in zwei parallelen Reihen zu einem Block zusammengebaut. Die Beheizung geschieht mit Generatorgas, welches in Kanälen a um die ganze Ofenbatterie herumgeführt wird. Von der Hauptleitung kann das Gas durch absperrbare Kanäle c jeder einzelnen Kammer zugeführt werden. Es steigt mit der aus der vorhergehenden Kammer durch Kanal e kommenden Verbrennungsluft gemischt als Heizflamme in dem Verbrennungsschacht d hoch und erhitzt als überschlagende Flamme den Kammerinhalt. Die Heizgase fallen dann durch die Öffnungen f im Boden in den Sohlkanal g und ziehen durch den Kanal e in die folgenden Kammern zur Vorwärmung des Inhalts der nächsten Kammern. Durch Öffnung eines der Fuchskanäle h können die verbrannten Gase in den Schornstein abgezogen werden. Ist die erste Kammer fertig gebrannt, dann beheizt man die nächste. Zur Abkühlung des Kammerinhalts der ersten Kammer läßt man nun kalte Luft aus l über die fertig gebrannte Ware streichen. Diese wärmt sich an den heißen Steinen oder Kapseln an und tritt als vorgewärmte Verbrennungsluft durch Kanal e zu dem Generatorgas, welches zur Beheizung der zweiten im Vollfeuer stehenden Kammer aus Kanal c einströmt. Die Abhitze der Verbrennungskammer dient wieder zur Vorwärmung des Inhalts der nächsten 3—5 Kammern. Es wird also ein stetiger, umlaufender Betrieb aufrecht erhalten, wie das beim Ringofenbetrieb schon beschrieben ist. Bei großen Kammerräumen verwendet man von zwei Seiten kommende überschlagende Flammen, wie das die Abb. 325 zeigt. Das Einsetzen der Ware geschieht wie beim Ringofen durch Seitentüren, die während des Brandes vermauert

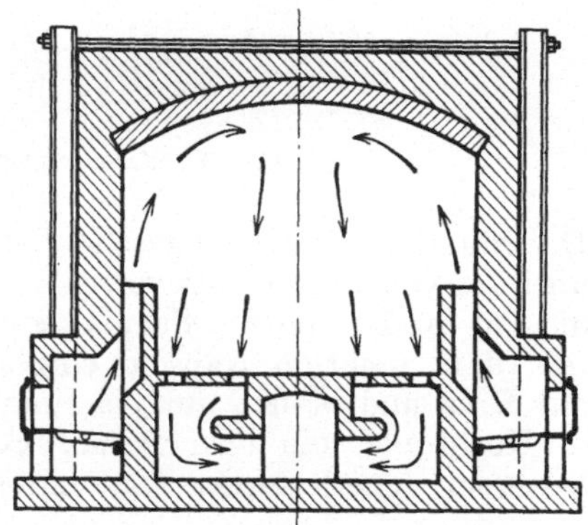

Abb. 325. Kammerofen mit zweiseitig überschlagender Flamme.

sind. Die Ersparnis an Brennstoff ist durch diese Betriebsweise sehr erheblich. Ein Rundofen braucht 20—30% an Kohle, der Gaskammerofen kommt mit 10—12% aus, der Tunnelofen sogar mit 7%.

3. Töpfereierzeugnisse.

Zu dem Töpfergeschirr zählt man das glasierte Haushaltungs-Tongutgeschirr, die unglasierten Blumentöpfe, die Schmelzware (Majolika) und die Ofenkacheln. Der Scherben ist porös, erdig, nicht weißbrennend.

Das **gemeine Töpfergeschirr** besteht aus gewöhnlichem Töpferton, der gelb, rot, braun, grau brennt, leicht schmelzbar ist und deshalb nur bei niedriger Temperatur gebrannt werden darf. Die Formgebung erfolgt auf der Töpferscheibe. Henkel, Knöpfe usw. werden an die etwas getrockneten (lederharten) Gegenstände mit einer breiförmigen Tonmasse (Schlicker) angesetzt (angarniert). Meist erfolgt dann auch sofort die Glasierung des Gegenstandes durch Begießen oder Eintauchen des lederharten Geschirrs in eine Bleiglasur. Als bleihaltige Stoffe verwendet man Glätte, Mennige, Glasurerz (Bleiglanz), meist mit Sand fein vermahlen. Es bilden sich beim Brennen leichtschmelzige Bleisilicate. Auch Begüsse aus weißbrennendem Ton (für die Innenseite von Küchengeschirr) kommen für sich oder unter der Glasur zur Verwendung. Für farbige Begüsse setzt man dem Begußton Braunstein (braun bis schwarz), Kobaltoxyd (blau), Kupfer- oder Chromoxyd (grün) zu. Das Brennen geschieht vielfach noch in den einfachen sog. Kasseler Öfen, von dem Abb. 326 einen schematischen Schnitt zeigt.

Wärmetechnisch viel vollkommener ist der in Abb. 327 abgebildete Töpferofen. Von drei Feuerungen in der Stirnwand zieht die Flamme in waagerechter

Richtung unter der Ofensohle hin, tritt dann durch den sog. Ständer in den Ofen, umspült den Einsatz, tritt schließlich oben in einen über dem Gewölbe liegenden Kanal ein und geht von da zum Schornstein. Der Ständer besteht im oberen Teil aus einer Ziegelmauer mit zahlreichen Öffnungen für den Durchtritt der Flamme, während der unterste Teil nur die Öffnungen für die fast durch den ganzen Ofen gehenden Schürgänge (Feuergassen) hat.

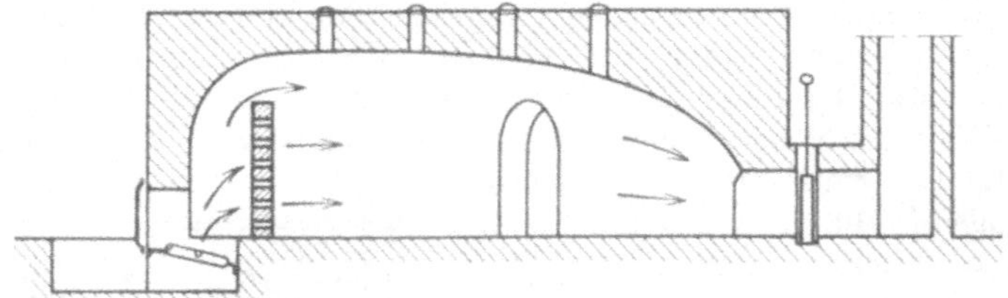

Abb. 326. Kasseler Ofen. (Nach BERL: Ingenieurtechnik.)

Der Ständer soll die Flugasche von dem Brenngut fernhalten und die Flamme über den Ofenquerschnitt verteilen. Das Einsetzen des Brenngutes erfolgt durch die Tür an der anderen Schmalseite des Ofens. Das Brennen wird in der Regel frei, d. h. nicht in Kapseln eingeschlossen, vorgenommen. Man heizt meist mit Holz und brennt nur bei rund 900° (Segerkegel 010).

Kochtöpfe, die über freiem Feuer benutzt werden sollen, bestehen aus besserem, feuerfesterem Ton und sind höher (bei etwa 1100°) gebrannt; sie haben innen meist einen weißen Beguß oder eine Zinnglasur, außen eine kastanienbraune Glasur (Eisenoxyd und Braunstein), wodurch der farbig brennende Scherben ganz verdeckt wird. Bunzlauer Geschirr ist aus einem feuerfesten Ton hergestellt und so scharf gebrannt, daß er schon als Übergang zum Steinzeug gelten muß. Die Außenglasur ist eine (mit Ocker versetzte) Lehmglasur. Auch bleifreie, leichtschmelzende Feldspatglasuren kommen zur Verwendung.

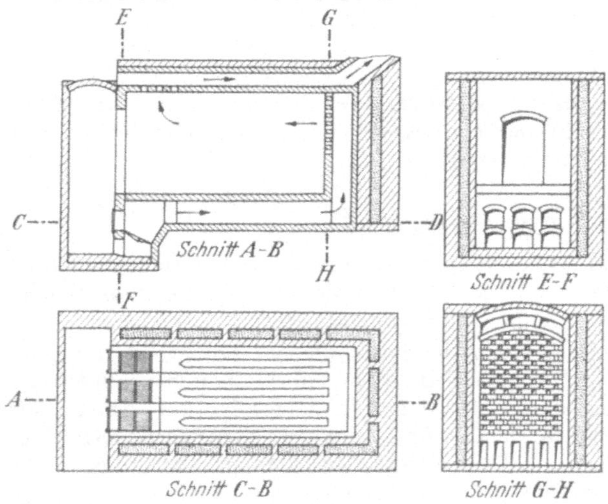

Abb. 327. Töpferofen.

Die Verzierung (Bemalung, Schrift) mancher Töpfereierzeugnisse geschieht mit farbigen Begußmassen mit der Gieß- oder Malbüchse, seltener mit dem Pinsel. Töpfergeschirr wird nur in einem Feuer gebrannt. Blumentöpfe werden aus kalkarmen, meist mit Sand gemagerten, eisenhaltigen Töpfertonen hergestellt.

Schmelzware, Majolika. Kennzeichnend ist ein stark kalkhaltiger Scherben, der mit einer undurchsichtigen, die Farbe des Scherbens verdeckenden zinnoxydreichen Bleiglasur (Schmelzglasur) überzogen ist. Hierzu gehören die Delfter Fliesen und Teller und auch die Majolika der Renaissance.

Der zur Herstellung der Schmelzware dienende Ton enthält neben Sand eine beträchtliche Menge von fein verteiltem, kohlensaurem Kalk, etwa 30—35%, und etwa 5% Eisenoxyd. Der hohe Kalkgehalt macht den Scherben porös und vermindert die Trocken- und Brennschwindung, was für ein rissefreies Haften der Schmelzglasur notwendig ist. Die Aufbereitung und Formgebung der Masse geschieht wie bei dem Töpfergeschirr, nur verwendet man meist Gipsformen. Das Brennen ist jedoch ein doppeltes. Die getrockneten Formlinge werden zunächst bei 900—1000° (Segerkegel 010—05) vorgebrannt (geschrüht) und sodann nach dem Aufbringen der Schmelzglasur in einem zweiten Feuer bei etwa 900° (Segerkegel 010) fertiggebrannt (glattgebrannt). Das Glasurgemisch besteht im wesentlichen aus dem sog. Äscher (Asche), einem innigen Gemisch von Bleioxyd und Zinnoxyd, aus Sand und Kochsalz, die im Glasurschmelzofen (Fritteofen) zusammengeschmolzen werden. Der geschrühte Formling wird in das feingemahlene, mit Wasser aufgeschlämmte Glasurgemisch getaucht und im zweiten Feuer „glatt" gebrannt.

Ofenkacheln. Der Schmelzware sehr nahe stehen die mit Zinnglasur versehenen Ofenkacheln (Schmelzkacheln); neben diesen werden aber auch noch Begußkacheln hergestellt, bei denen eine hellfarbig brennende Begußmasse die Farbe des Kacheltons verdeckt. Schmelzkacheln bestehen aus einem ähnlichen Ton wie der für Schmelzware verwandte; Begußkacheln, auch Schamottekacheln genannt, sind aus feuerfesterem, kalkärmerem Tone hergestellt, der evtl. noch mit Schamotte gemagert wird. Zu den bekannteren Kacheln gehören die Veltener Kacheln („Berliner" Kacheln), die Meißner, die schlesischen und süddeutschen Kacheln. Die Formgebung erfolgt mit der Hand oder auf Pressen (Kachelpressen). Nach dem Schrühen werden die Formlinge auf Kachelschleifmaschinen geschliffen, hierauf durch Begießen glasiert und glattgebrannt.

Außer durch Schmelzglasur kann die weiße Oberfläche der Kachel auch dadurch erzielt werden, daß die Oberfläche mit einer dünnen weißen Tonschicht und diese mit einer farblosen, zinnfreien und daher durchsichtigen Bleiglasur, ähnlich der Steingutglasur, überzogen wird. Die weiße Tonschicht wird erhalten entweder (bei glatten Kacheln) durch Begießen mit breiförmiger Masse (Begußkacheln), oder (bei Reliefkacheln) durch Überziehen (gewissermaßen Furnieren) des fertig geformten Kachelblattes mit der weißen Masse (Behauben, Behauten).

Die dunkel (grün oder braun) glasierten sog. altdeutschen Kacheln erhalten eine durch Kupferoxyd, Chromoxyd oder Braunstein gefärbte Bleiglasur, die auf den Formling wie beim Töpfergeschirr aufgebracht wird.

4. Steingut.

Steingut hat einen fast weißbrennenden, erdigen Scherben, der jedoch porös ist; der Bruch ist feinkörnig. Steingut ist nicht durchscheinend wie Porzellan. Die Glasur ist durchsichtig und im allgemeinen bleihaltig, auch hierdurch bleibt aber der Scherben noch porig und durchlässig. Es wird aber auch Steingut mit fast dichtem Scherben hergestellt und mit einer bleifreien Feldspatglasur überzogen, wodurch Übergänge zum Porzellan erreicht werden. Man unterscheidet deshalb nach der Art und Beschaffenheit ein leichteres und weicheres Kalk-Steingut, und ein schwereres und härteres Feldspat- oder Hart-Steingut. Zu letzterem gehört die sog. Sanitätsware (Spülbecken, Badewannen, Klosetts, Waschtische); hierfür ist auch die Bezeichnung Halbporzellan in Gebrauch.

Die Masse des Steingutes besteht aus einem feuerfesten, fast weiß brennenden, bildsamen Ton (Steingutton), aus Quarz oder Feuerstein (Flint) und Flußmitteln. Letztere bestehen bei dem gewöhnlichen leichten Kalksteingut aus Kalkspat oder Kreide, bei dem Hartsteingut aus Feldspat oder Pegmatit.

Zur Erzielung eines weißeren Scherbens setzt man auch noch geschlämmten Kaolin (china clay) zu. Die Zusammensetzung der Massen für Kalksteingut schwankt zwischen 40—55 Gewichtsteilen Tonsubstanz, 5—20 Kreide und etwa 40 Quarz, die von Hartsteingut zwischen 35—40 Tonsubstanz, 45—55 Quarz und 3—5 Feldspat. Solche eisenarme, weißbrennende Steinguttone finden sich bei Löthain, Oberjahna (Meißen), Vallendar, Ebernhahn (Westerwald), Grünstadt, Hettenleidelheim (Pfalz), Großalmerode (Hessen) und an anderen Orten. Sand und Kaolin werden vor der Verwendung durch Schlämmen gereinigt. Für besseres Steingut nimmt man aber nicht Sand, sondern Quarz, der meist vorher geglüht und mit Wasser abgeschreckt wird. Zur Herstellung der Massen werden zuerst Feldspat und Quarz grob zerkleinert, dann auf Kollergängen oder in Kugelmühlen (Trommelmühlen, die mit Porzellanziegeln ausgekleidet sind und in denen Feuersteine [Flintsteine] die Kugeln bilden) unter Zusatz von Wasser naß vermahlen. Dann wird aufgeschlämmter Ton oder Kaolin zugemischt und der Massebrei entweder durch Filterpressen in eine formbare, auf der Drehscheibe zu verarbeitende Masse verwandelt, oder man versetzt den Massebrei mit etwas Soda und bringt ihn so in gießfähige Form. Man gießt in Gipsformen oder formt aus der plastischen Masse mit Schablonen, in Gipsformen oder in Pressen die gewünschten Gegenstände.

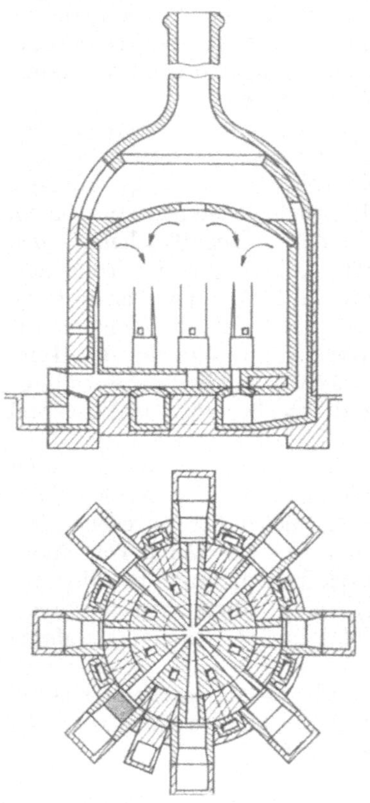

Abb. 328. Steingutofen mit überschlagender Flamme.

Die Formlinge werden langsam getrocknet und dann zweimal gebrannt: zuerst unglasiert bei hoher Temperatur, und zwar Kalksteingut bei 1100—1200° (Segerkegel 1—5), Feldspatsteingut bei 1200—1300° (Segerkegel 5—10); das ist der Rohbrand oder Biskuitbrand. Das Rohbrennen geschieht im reduzierenden Feuer, um Eisenoxyde in Oxydul zu verwandeln, um also hellere Färbung zu erzielen. Dann folgt die Glasierung; darauf werden die Gegenstände bei niedrigerer Temperatur von 900—1000° (Segerkegel 010—1) fertig, gebrannt, das ist der Glasurbrand oder Glattbrand. Beim Brennen werden die Formlinge sowohl beim Rohbrand als auch beim Glattbrand nicht frei, sondern in Kapseln aus feuerfester Schamotte in den Ofen gesetzt. Bei Steingut kann man für den Rohbrand die Formlinge auf- und ineinander setzen, für den Glattbrand dagegen müssen sie durch Tonstifte (Pinnen) voneinander getrennt werden, da sonst die schmelzende Glasur die Gegenstände aneinanderklebt. Man braucht aber nicht wie beim Porzellan die Glasur an einzelnen Stellen zu entfernen. Die Masse schwindet weniger und erweicht nicht. Das Steinzeuggeschirr zeigt an den Stellen, wo die Tonstützen sich berührt haben, „Narben" (das Porzellan nicht).

Die Glasur ist meist eine farblose, durchsichtige Bleiglasur. Man stellt erst durch Zusammenschmelzen von Feldspat (Pegmatit), Quarz, Borax, Mennige oder Bleiweiß, Kreide, Soda, Kaolin, ein Glas (Fritte) her, mahlt dieses auf Naßmühlen fein und versetzt dieses, ebenfalls in Naßmühlen, mit

Feldspat, Sand, Kaolin, Kreide usw. (Versatz). Das Glasieren erfolgt durch Eintauchen der Gegenstände in den aufgeschlämmten Glasurbrei. Sanitätssteingut erhält auch bleifreie Baryt-Borsäureglasuren. Für farbig verziertes Steingut sind Bleiglasuren unentbehrlich.

Die farbige Verzierung des Steinguts geschieht meist durch Unterglasurmalerei, d. h. man bringt die Farben auf den rohgebrannten Scherben auf, glasiert und brennt im Glattfeuer; die Farben liegen unter der Glasur („Unterglasurfarben"), sie lassen sich nicht abreiben oder beschädigen. Es kommen auch Verzierungen auf der Glasur vor. Die Farben sind in der Hauptsache Metalloxyde; die Art und Weise des Aufbringens ist die gleiche wie bei Porzellan und wird dort näher beschrieben.

Aus einer Art Steingutmasse bestehen auch die PUKALLschen Tonzellen, Tonfilter, Diaphragmen, ebenso die Tonpfeifen; diese Tonwaren bestehen hauptsächlich aus sandhaltigem Ton oder Kaolin und gehören zu der Klasse des Tonsteinguts, welches jetzt nicht mehr für Gebrauchsgeschirr benutzt wird.

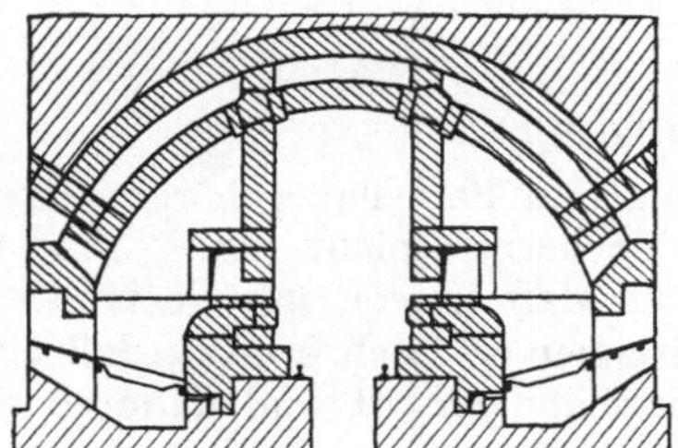
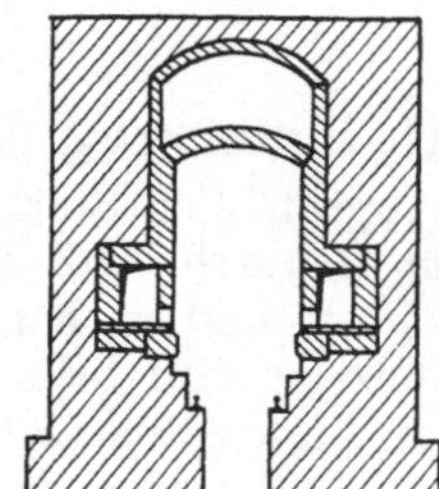
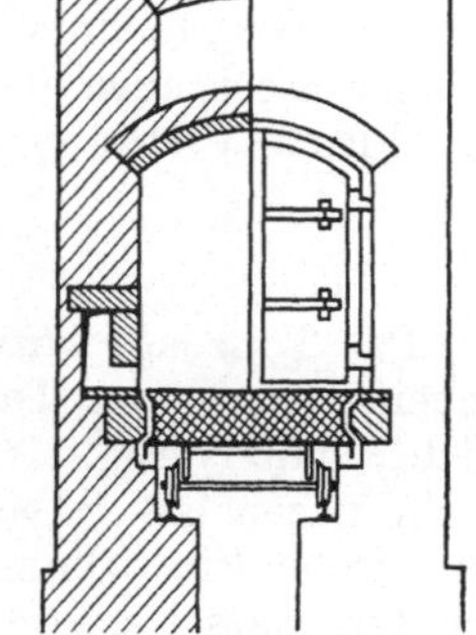

Abb. 329. Tunnelofen von FOUCHERON, Schnitt durch die Feuerstelle und das Ausfahrtsende.

Abb. 330. Tunnelofen, Ofeneinfahrt.

Das Brennen des Steinguts geschieht meist in einetagigen Rundöfen „mit überschlagender Flamme". Abb. 328 zeigt den Schnitt durch einen solchen Ofen. Die Öfen haben 4,5—7 m Durchmesser, eine Höhe von 5—7 m, und sind mit 6—12 Feuerstellen eingerichtet. Von den Rostfeuerungen steigen die Heizgase durch Taschen an der Innenseite der Wandung, ebenso durch eine zentrale Öffnung im Fußboden, auf, kehren, wie die Pfeile es andeuten, unterhalb des Gewölbes um, ziehen durch einen Kranz von Öffnungen im Fußboden ab, steigen durch Kanäle in der Wandung auf und gehen zum Schornstein. Für Großbetrieb verwendet man auch zum Brennen MENDHEIMsche Kammeröfen (S. 534) oder in neuerer Zeit auch Tunnelöfen (Abb. 329 u. 330).

Nachstehend ist die Einrichtung und Arbeitsweise eines Tunnelofens, System FOUCHERON, erläutert, wie er bei uns in Deutschland vielfach in Anwendung steht. Der Tunnelofen ist ein 65—80 m langer Kanal, der nur in der Mitte eine Feuerzone hat, von welcher Abb. 329 einen Querschnitt zeigt. Auf beiden Seiten sind Feuerstellen (Rostfeuerungen) angeordnet. Das Feuer tritt teils direkt in den Brennkanal, teils zieht es durch Längskanäle, die zahlreiche Öffnungen nach dem Brennkanal hin aufweisen, dem Einfahrtsende des Ofens entgegen (Abb. 330). Das Brenngut (getrocknete Schamottesteine oder Steingut bzw. Porzellan in Kapseln) wird etwa 1,5 m hoch außerhalb des Ofens auf die Wagen aufgebaut. Der Wagen ist im Schnitt Abb. 330 zu erkennen. Die Wagen fahren am Eintrittsende kalt ein, wandern der Feuerzone entgegen und werden je nach der gewünschten Brenndauer mehr oder weniger schnell durch den Ofen gezogen. Der 65-m-Ofen faßt 40 Wagen, die 20—80 h zum Durchgang durch den Ofen brauchen. Das Brenngut gibt nach Durchschreiten der Feuerungszone seine Wärme an das Mauerwerk bzw. an die einziehende Luft ab; diese gelangt in Seitenkanälen als vorgewärmte Verbrennungsluft in die Feuerung. Das Wagenuntergestell ist den Feuergasen dadurch entzogen, daß die ausgemauerte Wagenplatte seitlich gegen die Backen gut schließt, außerdem sind noch Bordleisten an den Rändern der Wagenplatte vorgesehen, die in eine mit Sand gefüllte Rinne hineinragen. Der einmal angeheizte Tunnelofen bleibt dauernd in Betrieb; die Brennmaterialersparnis gegenüber den intermittierenden Rundöfen beträgt 50—70%. Man kann im Tunnelofen mit überhitzter Verbrennungsluft völlig rauchlos brennen; das Qualmen der alten Porzellan- und Steingutöfen ist vermieden. Die Abhitze des Ofens wird zur Beheizung von Trockenräumen ausgenutzt. Solche Tunnelöfen sind in Anwendung zum Brennen von Schamottesteinen, Porzellan, Steingut und Mosaikplatten.

Aus Steingut besteht ein großer Teil des gewöhnlichen, im Haushalte benutzten Gebrauchsgeschirrs; es ist einfacher herzustellen als Porzellan, deshalb billiger, aber auch weniger fest. Besonderen Ruf haben sich die Erzeugnisse der Firma Villeroy & Boch, Mettlach und Dresden, erworben.

II. Sinterzeug (Tonzeug).

Das Tonzeug, wozu hauptsächlich Steinzeug und Porzellan gehören, unterscheidet sich von Tongut dadurch, daß der Scherben nicht porös, sondern dicht, halb verglast (gefrittet) und so hart ist, daß er sich mit dem Messer nicht ritzen läßt. Das Tonzeug wird beim Brennen so hoch erhitzt, daß eine chemische Einwirkung der Bestandteile aufeinander eintritt und dadurch ein dichter, wasserundurchlässiger Scherben entsteht.

1. Steinzeug.

Unter dem Steinzeuggeschirr finden sich hellfarbige und dunklere Scherben. Zu dem hellfarbigen Geschirr gehört das bekannte, schon im Mittelalter berühmte, rheinische Steinzeug (Siegburg, Raeren, Frechen), es ist klingend hart, hat einen gesinterten grauen Scherben, muscheligen Bruch, und ist überzogen mit einer Salz- oder Erdglasur. Auch heute noch sind die Erzeugnisse des Krug- und Kannenbäckerlandes Nassau (Höhr, Grenzhausen) und der Koblenzer Gegend sehr geschätzt. Es sind das die bekannten grauen Bierkrüge, Einmachtöpfe mit blauer Bemalung, Mineralwasserkrüge usw.

Der Rohstoff für Steinzeug ist ein hellfarbig brennender Ton, Klinker- oder Steingutton, der an sich genügend Flußmittel enthält oder dem solche zugesetzt werden. Für das bessere Feinsteinzeug wird er noch geschlämmt. Gewöhnliche Gegenstände werden wie Töpfergeschirr geformt, evtl. mit Unterglasurfarben (Schmalte für blau, Braunstein für violett) versehen und in einem Töpferofen ohne Kapseln bei 1150—1250° (Segerkegel 4—8) gebrannt, wobei durch das Gewölbe zur Herstellung der Glasur Kochsalz eingestreut wird. Die Salzglasur ist eine Aachener Erfindung aus dem 12. Jahrhundert. Das verdampfende Kochsalz zersetzt sich mit dem Wasserdampf im Ofen, es bildet sich Salzsäure und Natriumoxyd; letzteres verbindet sich mit den Silicaten des Scherbens und bildet einen dünnen Überzug von Natriumaluminiumsilicat, das ist die Salzglasur.

Für feineres Steinzeug wird der Steinzeugton sorgfältig aufbereitet, wie bei Steingut, es werden Zusätze von Kaolin, Fluß- und Magerungsmitteln gemacht. Graue Massen bestehen aus rund 58 Teilen Ton, 25 Sand und 17 Feldspat, gelbliche aus 33 Ton, 25 Sand, 25 Feldspat, 17 Kaolin. Die Formgebung geschieht in Gipsformen, die Glasur ist eine Feldspatglasur, gebrannt wird in

Kapseln. Die Öfen sind dieselben wie beim Steingut. Auch Steinzeug wird zweimal gebrannt, und zwar wird zunächst bei niederem Feuer verglüht und dann nach dem Bemalen und Glasieren, evtl. Begießen, glatt gebrannt. Feinsteinzeug hat einen völlig dichten, feinkörnigen, silbergrauen oder hellblaugrauen, nicht durchscheinenden Scherben. Hierher gehört auch das durch PUKALL eingeführte Bunzlauer Feinsteinzeug. Das Steinzeug wird mit allerlei farbigen, auch farblosen Glasuren (Feldspatglasuren) überzogen. Das bekannte Bunzlauer Braun ist eine Feldspatglasur mit Eisenoxyd und Rutil. Auch Laufglasuren, Mattglasuren, Lüster- und Krystallglasuren kommen vor.

Man stellt jetzt auch weißes Steinzeug aus weißbrennenden Tonen, Quarz und Feldspat her. Die geformten Gegenstände werden mit der Glasur zusammen nur einmal gebrannt, und zwar bei 1300—1450°. Die Glasur ist dieselbe wie bei Porzellan. In diesem Falle sehen die Gegenstände auch äußerlich rein weiß aus. Benutzt man dagegen Salzglasur, wie bei den farbigen Steinzeugen (mit 2—3% Eisengehalt), so erscheint die Oberfläche hellbraun getönt. Das weiße Steinzeug wird hauptsächlich zur Herstellung technischer Gegenstände von großen Abmessungen benutzt, wofür Porzellan nicht verwendbar ist.

Zum Feinsteinzeug gehört auch das Wedgwood-Geschirr, es ist meist unglasiert; dagegen ist der Scherben vielfach gefärbt und zur Verzierung sind andersfarbige Reliefs aufgelegt. Auch die sog. Feinterrakotten (Vasen, Schalen für Gärten) sind Steinzeugmassen (Kopenhagener Terrakotten).

Grobes Steinzeuggeschirr mit nicht weiß brennenden Scherben wird in großer Menge für Wirtschaftszwecke und für die chemische Industrie hergestellt (säure- und alkalifeste Gefäße, Turills, Druckfässer, Chlorentwickler, Kondensationsrohre für Salz- und Salpetersäure, Wannen, galvanische Bäder, Spülwannen, Viehtröge usw.). Man benutzt wie bei den Steinzeugrohren Massen mit geringer Schwindung, denen man Bruch als Magerungsmittel zusetzt; an Stelle von Feldspat kommen billigere feldspatreiche Mineralien (Trachyt, Phonolith) in Anwendung. Man formt mit der Hand, oder auf der Drehscheibe; große Stücke setzt man aus Platten zusammen, auch das Gießverfahren kommt in Anwendung. Als Glasur wird eine Erd- oder Salzglasur benutzt. Gebrannt wird bei etwa 1250° (Segerkegel 8—9).

Steinzeugrohre für Kanalisation werden aus derselben Masse wie das Steinzeuggeschirr hergestellt, auf Strangpressen stehend gepreßt, bei 1200 bis 1300° (Segerkegel 6—10) gebrannt. Als Glasur dient geschlämmter Lehm, der auf den getrockneten Scherben aufgebracht wird, oder man erzeugt Salzglasur.

Klinker sind Ziegel mit völlig dichten, gesinterten (geklinkerten) Scherben, die wegen ihrer großen Festigkeit und Härte für Pflaster, Wasserbauten, Pfeiler usw. benutzt werden. Bei den sog. Hartbrandziegeln ist die völlige Sinterung noch nicht erreicht. Klinker wiegen im Reichsmaß 4 kg (Mauerziegel 3,5 kg), die Druckfestigkeit ist mindestens 350 kg/cm und steigt bis 3000 kg (Granit 1800—2000 kg/cm²). Als Masse verwendet man kalkarme Tone mit 5—8% Eisenoxyd. Die Aufbereitung ist sorgfältiger, die Herstellung die gleiche wie bei Mauerziegeln. Man brennt in Gaskammeröfen bei 1150—1250° (Segerkegel 4—9). Klinker dienen auch als säurefeste Ausmauerung in Glover- und Gay-Lussac-Türmen.

Fußbodenplatten, Fliesen, wozu auch die bekannten Mettlacher Platten gehören, werden aus Steinzeugton mit feldspat- und quarzreichen Gesteinen, mit oder ohne Zusatz von Farboxyden hergestellt, und zwar werden sie aus dem ziemlich trocken gehaltenen Pulver (5—6% Wasser) unter hydraulischen Pressen mit 250 Atm. Druck geformt, frei oder in Kapseln wie Klinker, aber mit oxydierendem Feuer, gebrannt. Bisweilen besteht auch nur die Oberfläche aus farbig brennendem Ton.

Die vorher schon einmal genannte Spezialmasse Sillimanit, die hauptsächlich für elektrotechnische Isolationszwecke dient, ist zwischen Feinsteinzeug und Porzellan einzugruppieren. Sie besteht aus normalen Steinzeugmaterialien bester Qualität, die sehr sorgfältig nach den Naßaufbereitungsmethoden des Porzellans aufbereitet werden. Trocknen und Brennen erfolgt wie üblich. Die Masse ist dicht und homogen wie Porzellan. Aus Sillimanitmasse werden Isolatoren von ungewöhnlicher Größe (bis 4 m) hergestellt (Deutsche Ton- und Steinzeugindustrie), was aus Porzellan nicht möglich ist.

2. Porzellan.

Das Porzellan ist die vornehmste Tonware; sie besitzt einen wasserundurchlässigen, dichten, durchscheinenden, weißen Scherben mit muscheligem Bruch und ist gewöhnlich mit einer durchsichtigen, meist stark glänzenden Glasur versehen. Unglasiertes Porzellan bezeichnet man als Biskuitporzellan. Durch den durchscheinenden (lichtdurchlässigen) Scherben unterscheidet sich das Porzellan von allen übrigen Tonwaren, von den meisten auch durch seine reinweiße Farbe. Es gibt nur Porzellan von weißer Farbe (das rote BöttcherPorzellan und die im Kriege hergestellten roten Porzellan-Notgeldmünzen gehören zum Feinsteinzeug). Porzellan ist härter und widerstandsfähiger gegen Temperaturwechsel und chemischen Angriff als Glas.

In der Hauptsache stellt man aus Porzellan Geschirr her. Nur in wenigen Fällen werden starkwandige Baustoffe wie Verblender, Futtersteine für keramische Trommelmühlen aus Porzellan gefertigt; dagegen findet Porzellan ausgedehnte Verwendung für elektrische Isolatoren und Schaltwiderstände.

Das Porzellan teilt man in zwei Gruppen: in Hartporzellan und in Weichporzellan. Der Unterschied besteht hauptsächlich darin: Das Hartporzellan enthält weniger Flußmittel und muß daher höher gebrannt werden, um einen durchscheinenden Scherben zu liefern. Das Weichporzellan dagegen enthält mehr und sehr verschiedenartige Flußmittel und kann daher bei niedriger Temperatur gebrannt werden. Ein zweites Unterscheidungsmerkmal bildet die Glasur. Das Hartporzellan besitzt eine harte, widerstandsfähige Erdglasur (Kalk- oder Feldspatglasur), während das eigentliche Weichporzellan (Fritten- und Knochenporzellan) mit einer Bleiglasur versehen ist.

Hartporzellan. Um die rein weiße Farbe des Porzellans zu erhalten, darf man nur Rohmaterialien von ausgesuchter Reinheit verwenden. Die Masse des Hartporzellans besteht aus geschlämmtem, rein weiß brennendem Kaolin, welchem Quarz und Feldspat als Flußmittel zugesetzt werden. Die Massen für chemische Zwecke enthalten mehr Tonsubstanz als die Geschirrmassen, sie werden auch höher gebrannt.

Rohmaterialien. Der wichtigste Rohstoff ist der Kaolin. Die Porzellanmanufaktur zu Berlin verwendet (außer Zettlitzer Kaolin) Kaolin aus der Gegend von Halle a. S., die Sächsische Porzellanmanufaktur zu Meißen solchen aus der Umgegend von Meißen, die böhmischen und viele deutschen Fabriken Kaolin von Zettlitz bei Karlsbad, manche deutschen Fabriken auch englischen china clay, die französischen Fabriken besonders den Kaolin von Saint-Yrieux bei Limoges. Der Feldspat (Orthoklas), den unsere Porzellanfabriken verwenden, findet sich leider bei uns nicht in genügender Reinheit und muß aus Norwegen bezogen werden, ebenso der Quarz, der auch in Form von reinem Sand oder Feuerstein Verwendung findet. Als Rohstoffe werden auch noch Kalkspat (Kreide) und Porzellanscherben mit verwendet, nämlich für die Glasurherstellung.

Nach SEGER enthalten die europäischen Hartporzellanmassen 42—66% Tonsubstanz (reinsten Kaolin), 12—30% Quarz und 17—37% Feldspat, im großen Durchschnitt also etwa 50% Tonsubstanz, 25% Quarz und 25% Feldspat.

Die Zusammensetzung der Hartporzellanmassen schwankt schon je nach dem verwendeten Rohmaterial etwas, ganz besonders aber ändert sich die Zusammensetzung der Masse bei derselben Fabrik je nach dem Verwendungszwecke, wie folgende Übersicht verschiedener Massen der Berliner Manufaktur (nach RIEKE) zeigt:

	Älteste Masse	Masse für chemische Zwecke	Isolatorenmasse	Servicemassen (für kleinere Geschirre)	
Tonsubstanz	49	54	53	55	60
Quarz	28	28	29	22,5	22,5
Feldspat	23	18	18	22,5	17,5

Die Rohstoffe werden vor der Herstellung der Masse sorgfältig aufbereitet oder vorbehandelt, der Kaolin geschlämmt, der Quarz geglüht und abgeschreckt. Die Massebestandteile werden, wie bei Steingut (S. 538) angegeben, naß zusammen vermahlen, in Rührbottichen gut durchgerührt; die flüssige Masse geht dann durch ein Sieb (900 Maschen/cm²) und nach dem Absetzen wird die breiige Masse in Filterpressen abgepreßt. Dann wird die Masse auf der Masseschlagmaschine tüchtig durchgeknetet und geht so zum Verformen, was in der Hauptsache auf der Drehscheibe oder durch Gießen geschieht. Das Verflüssigen der Masse beim Gießen geschieht bei Porzellan ebenso wie bei Steingut durch Zusatz von etwa 0,5—1% Soda. Gegossen wird in Gipsformen (Kaffee- und Teekannen, Saucieren usw.). Die Schwindung bei gegossenen Gegenständen ist größer als bei den mit der Hand geformten, da das Gefüge weniger dicht ist. Die geformten oder gegossenen Gegenstände werden einige Zeit in warmen Räumen getrocknet, dann die Nähte beseitigt und verputzt, Henkel und Verzierungen angesetzt (angarniert). Mehrteilige Stücke setzt man in derselben Weise mit Schlicker zusammen. Kleine elektrotechnische Gegenstände werden (wie bei Steingut) aus der fast trockenen Masse gestanzt. Dann folgt der erste Brand, das Verglühen bei rund 900° (Segerkegel 010). Hierauf werden die meisten Porzellangegenstände durch Eintauchen in den dünnflüssigen Glasurbrei mit einer dünnen Glasurschicht überzogen und in einem zweiten stärkeren Feuer bei etwa 1400—1500° (Segerkegel 14—18) fertig gebrannt (Garbrand, Glattbrand).

Die Glasuren. Hartporzellan erhält eine Erdglasur, bestehend aus Feldspat, Marmor, Quarz und Kaolin, bisweilen mit etwas Magnesit; fast immer wird noch etwas Glüh- und Glattscherbenmehl zugesetzt. Chemisch ist die Glasur ein kieselsäurereiches, tonerdehaltiges (aber bleifreies) Glas, in der Regel von der molekularen Zusammensetzung $1\ K_2O : 1\ Al_2O_3 : 8$—$10\ SiO_2$. Die Glasur der Berliner Manufaktur weist z. B. das molekulare Verhältnis $(0,11\ K_2O + 0,67\ CaO + 0,22\ MgO) : 1\ Al_2O_3 : 10\ SiO_2$ auf.

Das Brennen des Porzellans. Das Verglühen dient nur dazu, die Masse genügend fest für die Weiterbehandlung zu machen. Das verglühte Erzeugnis ist porös und saugt leicht Glasur auf. Das Garbrennen oder Glattbrennen hat den Zweck, im Scharffeuer die Geschirre dicht und durchscheinend zu machen. Dabei tritt eine weitere Schwindung ein, die im ganzen bei Porzellan bis 15% betragen kann.

Das Brennen erfolgt in den meisten Porzellanfabriken in mehretagigen Rundöfen mit überschlagender Flamme. Meist sind zwei, manchmal auch drei Stockwerke übereinander angeordnet. Einen solchen Rundofen oder Etagenofen im Schnitt und im Grundriß zeigt die Abb. 331. Der Grundriß läßt erkennen, daß am Außenkreise des Ofens gleichmäßig verteilt 10 Feuerungen angeordnet sind. Von diesen steigt die Flamme vor einem Schirm oder einer Feuerbrücke an der Innenwand hoch bis zum Gewölbe, nimmt von dort die Richtung nach unten und tritt durch Öffnungen in der Sohle in Kanäle, die in der Wand aufsteigen. So gelangt die Wärme der Flamme in den oberen Raum, steigt hier wieder auf und zieht, falls ein dritter Raum noch vorhanden ist, in diesen oder sonst direkt in den Schornstein. Im untersten Raume findet der Garbrand statt, in dem darüber liegenden Raume der Verglühbrand; ist noch ein dritter Raum darüber, so werden in diesem die zum Einsetzen des Porzellans in den Verglüh- bzw. Garbrandraum notwendigen Kapseln aus Schamottemasse vorgebrannt. Die Rundöfen werden ausschließlich mit Steinkohle, Braunkohle oder Mischungen beider beheizt. Der Ersatz der Rostfeuerungen durch Gasfeuerung hat sich bei den Rundöfen nicht eingeführt. Beim Brennen unterscheidet man eine 5—10 bzw. bei großen Öfen 10—15 h dauernde Anheizperiode, das Vorfeuer, und das daran anschließende Scharffeuer, welches je nach Ofengröße und Einsatz 18—28, bei großen Öfen 30—45 h dauert. Das Vorfeuer geschieht mit schwachem Zuge (durch Öffnen der Steine in den Gewölben). Durch Abkühlung der Flamme durch den kalten Einsatz, scheidet sich feiner Kohlenstoff ab, der bei Rotglut durch oxydierende Flamme verbrannt werden muß. Das eigentliche Brennen des Porzellans muß bei reduzierender Flamme geschehen, um die geringen Eisenoxydmengen in Oxydul überzuführen. Setzt die reduzierende Flamme zu zeitig ein, so sintert der feine Kohlenstoff unverbrannt mit der Glasur zusammen und es entsteht verrauchtes, graues Porzellan; brennt man mit zu großem Luftüberschuß in den Feuergasen, so erhält man ein gelblich (durch Fe_2O_3) gefärbtes Porzellan. Nach dem Abkühlen des Ofens wird die vermauerte Tür geöffnet, die Kapseln aus dem Ofen herausgenommen und das Brenngut nach der Güte sortiert (1., 2. und 3. Wahl, Ausschuß

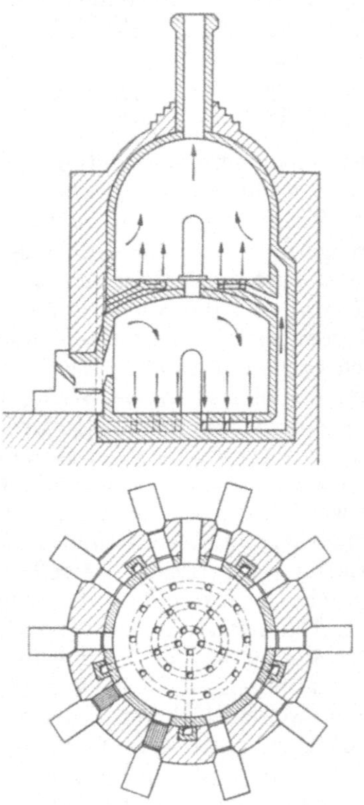

Abb. 331. Porzellan-Brennofen.

und Bruch.) Da Porzellan beim Brennen bis zu einem gewissen Grade erweicht, so muß jedes Stück (im Gegensatz zu Steingut) in eine besondere Kapsel aus grober Schamottemasse eingesetzt werden, auch muß an den Stellen, wo das Stück aufliegt, z. B. an den unteren Rändern der Teller und Tassen, um das Anbacken des Stückes an die Unterlage beim Schmelzen der Glasur zu verhindern, die Glasurschicht vor dem Brennen entfernt werden (Unterschied vom Steingut). Von Brennfehlern treten häufig auf: Verbiegungen und Verziehungen, Risse in Glasur oder im Scherben, Rußflecke, Blasen usw.

An Stelle der Rundöfen werden in großen Werken sowohl MENDHEIMsche Gas-Kammeröfen (S. 534), z. B. in der Berliner Manufaktur, oder in jüngster Zeit auch FOUCHERONsche Tunnelöfen (S. 539, Abb. 329 u. 330) zum Brennen von Porzellan benutzt. Im letzteren Falle werden die Wagen mit den Kapseln besetzt; die Öfen haben stets dieselbe Temperatur an den verschiedenen Stellen, das Qualmen beim Anheizen fällt weg, man kann fast rauchlos brennen.

Die Vorgänge bei der Porzellanbildung. Bei 1450° scharfgebranntes Feldspatporzellan (Hartporzellan) besteht aus einer glasigen Grundmasse, die erfüllt ist von nadelförmigen Mullitkrystallen (3 $Al_2O_3 \cdot 2\,SiO_2$) und die auch noch stark angegriffenen Quarz und Luftbläschen aufweist. Bei Porzellanen, die nur bis 1350° gebrannt werden, Weichporzellanen, weist die Masse neben geschmolzenem Feldspat und teilweise angegriffenem Quarz nur ein amorphes Silicat, nämlich die entwässerte Tonsubstanz ($Al_2O_3 \cdot 2\,SiO_2$) auf; Mullitkrystalle fehlen. Beim Brennen der Massen beginnt nach KRAUSE und KEETMAN der Feldspat sich schon bei 1100° zu verflüssigen, indem sich ein Eutektikum aus Feldspat und der Kieselsäure, die aus der Tonsubstanzzersetzung stammt, ausbildet. (Albit schmilzt bei 1100°, Orthoklas bei 1200°, Feldspat mit 70% Orthoklas bei 1150°). Über 1200° schmilzt der Feldspat und löst den vorhandenen Quarz auf. Die Feldspatverflüssigung und die Quarzauflösung ergeben die Gesamtmenge der glasig-amorphen Phase. Die gesamte Menge der im Zettlitzer Kaolin enthaltenen Tonerde bildet Mullit, der rund 31% im gebrannten Erzeugnis ausmacht. Ein kleiner Teil davon kann sich kolloidal in der glasig-amorphen Phase lösen. Über 1200° erfahren die Mullitkrystalle eine Krystallvergröberung.

Um ein möglichst weißes Porzellan zu erzielen, ist eine hohe Brenntemperatur und schwach reduzierende Atmosphäre erforderlich. Der „Durchschein" (Transparenz) ist bedingt durch die Feldspatverflüssigung und die Quarzlösungsvorgänge. Im Temperaturgebiet von 1100—1300° nimmt der Durchschein mit der Verglasung der Masse und mit der Brenndauer zu, bei höherer Temperatur, 1300—1400°, nimmt der Durchschein mit längerer Brenndauer ab, da das „Gasen" des Feldspats eine gewisse Porosität verursacht.

Physikalische Eigenschaften des Hartporzellans. Schmelzpunkt 1670°, Beginn der Erweichung 1400°, Beginn der Erweichung der Glasur 1200°. Druckfestigkeit 4000—8000 kg/cm², Zugfestigkeit 150—400 kg/cm², Biegefestigkeit 400—900 kg/cm². Dichte 2,3—2,6. Elastizitätsmodul 6000—9000. Spezifische Wärme zwischen 20 und 100°: 0,19, 600°: 0,23, 1000°: 0,3. Hartporzellan ist gasundurchlässig bis 1400°, die Hartporzellanmasse F 38 Meißen mit 27% Al_2O_3 bis 1620°. Ausdehnungskoeffizient ist $3—4 \cdot 10^{-6}$.

Die Verzierung des Hartporzellans ist ebenso vielseitig wie die des Steingutes und erfolgt in derselben Weise durch Färbung der Masse (Elfenbein-Porzellan), durch Begüsse, durch farbige Glasuren und Farben. Die im Glattbrand (Scharffeuer) entstehenden farbigen Verzierungen (Scharffeuerverzierungen) sind jedoch nicht so mannigfaltig wie beim Steingut mit niedrigerem Garbrande, da der hohen Brenntemperatur des Hartporzellans nur verhältnismäßig wenig färbende Metalloxyde standhalten. Hierzu gehören vor allem das Kobaltoxyd für Blau (Meißner Zwiebelmuster), Chromoxyd für Grün, und das Gemisch beider für Blaugrün, Uranoxyd für Schwarz, Eisenoxyd für Braun, ferner Urangelb und Kupferrot. Das Weichporzellan ist dagegen infolge der niedrigeren Brenntemperatur wesentlich verzierungsfähiger, fast wie Steingut. Da die farbigen Scharffeuerverzierungen meist oxydierendes Feuer verlangen, so werden sie häufig in besonderen Muffeln (Scharffeuermuffeln) eingebrannt. Ein weißer Beguß auf farbiger Masse ist die schwierig auszuführende Schlickermalerei, die sog. pâte sur pâte-Malerei, die wie geschnittene Steine (Gemmen) wirkt. Zu den farbigen Glasuren gehören auch die netzartig krakelierten oder Krackglasuren (nach chinesischem Vorbilde), sowie die Krystallglasuren (mit Ausscheidungen von Zink- oder Titankrystallen).

Die Scharffeuerfarben zerfallen wieder in Unterglasurfarben und Aufglasurscharffeuerfarben (die letzteren sind die Scharffeuerfarben im engeren Sinne). Die Unterglasurfarben werden auf den vorgebrannten Scherben (Steingut) aufgetragen, dann wird das Stück glasiert und gebrannt; diese Farben liegen also unter der Glasur und sind dadurch vor mechanischen Angriffen (Abreiben usw.) geschützt. Die Aufglasurscharffeuerfarben werden wie die Muffelfeuerfarben auf den fertig glasierten und gebrannten Gegenstand aufgebracht und im Scharffeuer eingebrannt. Beim Brennen sinken die Scharffeuerfarben in die schmelzende Glasur ein und sind dadurch, wie die Unterglasurfarben, geschützt und in der Wirkung sehr weich. Die bekannteste Unterglasurfarbe für Porzellan ist das Kobaltblau, reines Kobaltoxyd oder ein geglühtes Gemisch von diesem mit Tonerde (Al_2O_3), z. B. Meißner Zwiebelmuster. Das Auftragen der Unterglasurfarben auf den verglühten Scherben erfolgt wie bei Steingut. Auch Unterglasurfarblösungen, d. h. Lösungen von färbenden Metallsalzen in Harzen oder Glycerin werden benutzt und mit dem Pinsel oder durch Preßluft (Aerograph) aufgetragen (Kopenhagener Malerei). Scharffeuerfarben auf Glasur werden auf das fertige Stück wie Schmelzfarben aufgebracht.

Die Schmelz- oder Muffelfeuerfarben sind zum Unterschiede von den Scharffeuerfarben als Bleigläser mit fein verteilten oder gelösten Metalloxyden anzusehen. Sie werden auf den fertig gebrannten Gegenstand aufgetragen und in besonders schwachem Feuer bei 600—900° (Segerkegel 022—010) in der Muffel (daher Muffelfeuerfarben) eingebrannt. Als Muffelfeuerfarben sind eine wesentlich größere Anzahl von Farben verwendbar, die im Scharffeuer nicht standhalten würden. Die verwendeten Schmelzfarben (Porzellanfarben) bestehen aus dem Farbkörper (dem färbenden Metalloxyd mit gewissen Zusätzen, wie Tonerde, Quarz, Zinkoxyd usw.) und dem sog. Fluß, einem Bleiglase, das im Feuer leicht schmilzt, dadurch die Farbe auf der Glasur anheftet („festklebt") und ihr zugleich Glanz verleiht. Die Schmelzfarben liegen daher nur oberflächlich auf der Glasur (ohne die innige Verbindung wie die Scharffeuerfarben) und sind infolgedessen leicht abnutzbar. Die wichtigsten Farboxyde sind im allgemeinen dieselben wie für die Steingut-Unterglasurfarben, nämlich: Kobaltoxyd für Blau, Nickeloxyd für Braun, Kupferoxyd für Grün und Blaugrün, Manganoxyd für Braun und Violett, Eisenoxyd für Braun, Gelb und Rot, Uranoxyd für Gelb, Chromoxyd für Grün und Rot (Pinkrot, Nelkenfarbe), Platin- und Iridiumoxyd für Grau und Schwarz. Purpurrote Farben (für Rosen usw.) liefert der Cassiussche Goldpurpur, gelbe das Antimonoxyd, das mit dem Bleioxyd des Flusses antimonsaures Bleioxyd (Neapelgelb) bildet. Die Flüsse bestehen hauptsächlich aus Bleioxyd, Quarz und Borsäure bzw. Borax. Die fein gemahlenen Bestandteile werden sorgfältig gemischt, zu einem Glase geschmolzen, dieses wird naß fein gemahlen, getrocknet und mit dem gleichfalls feingemahlenen Farbkörper vermischt. Auf 1 Teil Farbkörper kommen durchschnittlich etwa 3 Teile Fluß. Vor dem Auftragen werden die Schmelzfarben (wie auch die Metallfarben) mit Terpentinöl und etwas verharztem Terpentinöl, dem sog. Dicköl, auf einer Glasplatte (Palette) vermischt und mit dem Pinsel, auch durch Preßluft (Aerograph) oder durch Druck (Abziehbilder) aufgetragen. Da aber das glasierte Porzellan nicht saugt, wie der poröse Steingut-Biskuitscherben, so muß ein Klebemittel (Lack, Abziehlack) benutzt werden, damit das Abziehbild auf dem Geschirr haftet.

Als Metallfarben kommen hauptsächlich Gold, seltener Silber und Platin in Frage. Man unterscheidet Poliergold und Glanzgold. Das Poliergold („echte" Vergoldung) wird durch Vermischen von chemisch reinem Gold in feinster Verteilung (durch Reduktion auf nassem Wege entstanden) mit einem Fluß aus basisch salpetersaurem Wismutoxyd erhalten, im wesentlichen wie die Schmelzfarben behandelt und aufgetragen, und nach dem Einbrennen in der Muffel mit Achat oder Blutstein poliert bzw. für Mattgold mit Seesand abgerieben. Das Glanzgold besteht aus einer Lösung von etwa 15% Gold in schwefelhaltigen ätherischen Ölen (Auroterpensulfid) nebst etwas Fluß und kommt malfertig als bräunliche Flüssigkeit in den Handel. Beim Einbrennen in der Muffel bei schwacher Rotglut (Glanzgoldfeuer) wird das Öl zerstört und das Gold als glänzender Überzug, der nicht poliert zu werden braucht, erhalten.

Die Lüster sind den Glanzedelmetallen in mancher Beziehung verwandt und bestehen gleichfalls aus einer Lösung von Metallen oder Metalloxyden in ätherischen Ölen (Resinate). Sie erhalten auch nach dem Einbrennen ohne weiteres Glanz und liefern einen hauchartig dünnen, mitunter prächtig schillernden Überzug.

Zu den Hartporzellanen rechnen noch einige Spezialmassen, wie die HECHTsche, die MARQUARDTsche und die Pythagoras-Masse, die als sehr tonerdereiche Porzellane anzusehen sind (vgl. S. 534).

Weichporzellan. Das Weichporzellan unterscheidet sich vom Hartporzellan durch einen größeren Gehalt an Quarz und Flußmitteln, aber durch einen geringeren Gehalt an Tonerde. Die niedere Brenntemperatur bedingt eine wesentlich größere Verzierungsfähigkeit.

Man muß zwei Arten von Weichporzellanen auseinanderhalten:

1. Solches, welches in bezug auf die Art der Masse und die Glasur besonders durch seinen Kaolingehalt, auch durch die Brenntemperatur als wirkliches Porzellan anzusehen ist. Hierzu gehören das chinesische und das japanische Porzellan und deren europäische Nachbildungen, nämlich das dem chinesischen nachgebildete „neue Sèvresporzellan" und das dem japanischen nachgebildete „deutsche Segerporzellan".

2. Solches, welches in seiner Zusammensetzung ganz vom Hartporzellan abweicht und welches schon einen Übergang zu den Gläsern vorstellt, nämlich das französische Frittenporzellan und das englische Knochenporzellan, die übrigens auch beide noch eine Bleiglasur aufweisen.

Asiatisches Porzellan. Den äußeren Unterschied zwischen asiatischem Porzellan und europäischem Hartporzellan bildet der schwach grünlich gefärbte, stärker durchscheinende Scherben, sowie die Verzierungen mit hauptsächlich durchsichtigen, erhabenen, farbigen, oft bleihaltigen Glasuren (Emails) an Stelle unserer Schmelzfarben. Die japanischen Porzellanmassen und auch die meisten chinesischen unterscheiden sich von dem europäischen Hartporzellan durch den wesentlich größeren Gehalt an Kieselsäure und den geringeren an Tonerde. SEGER fand 25—30% Tonsubstanz, 20—35% Feldspat, 40—45% Quarz. Gebrannt wird nur einmal bei niedriger Temperatur. Die Gegenstände sind meist äußerst dünnwandig.

Segerporzellan. Zur Nachbildung japanischer Porzellanmassen, deren Flußmittelgehalt (Quarz und Feldspat) größer ist als der Gehalt von Tonsubstanz, benutzte SEGER bei der Herstellung des nach ihm benannten Weichporzellans weiß brennenden, bildsamen Ton (Steingutton) an Stelle von Kaolin. Er setzte die Masse seines (zuerst 1880 in der chemisch-technischen Versuchsanstalt bei der Königl. Porzellanmanufaktur zu Berlin hergestellten) Porzellans zusammen aus 31 Teilen Löthainer Ton, 39 Teilen Sand und 30 Teilen Feldspat (entsprechend 25% Tonsubstanz, 45% Quarz und 30% Feldspat). Die Masse wird wie die weniger bildsame des Hartporzellans behandelt, verglüht, glasiert (die Glasur besitzt die Zusammenstezung von Segerkegel 4, S. 526) und bei etwa 1250 bis 1300° (Segerkegel 8—10) in oxydierendem Feuer gargebrannt. Dadurch erhält das Segerporzellan, das durchscheinender als Hartporzellan ist, einen gelblichen Farbton. Wie alle Weichporzellane ist auch das Segerporzellan sehr verzierungsfähig. Das Segerporzellan ist das Vorbild für alle neueren Weichporzellane geworden.

In Frankreich stellten LAUTH und VOGT etwas später als SEGER, aber durchaus unabhängig von diesem, gegen 1881 das „Neue Sèvresporzellan" her, dessen

Masse und Glasur dem chinesischen Porzellan nachgebildet und der des Segerporzellans grundsätzlich ähnlich ist, nur mehr Tonsubstanz und weniger Quarz enthält (40% Tonsubstanz, 24% Quarz, 36% Feldspat). Dieses Porzellan kann mit leicht schmelzbaren Bleiglasuren versehen werden, die man farblos als Glasurüberzug und gefärbt als Reliefglasuren (Emails) benutzt.

Parian ist eine Weichporzellanmasse, welche im wesentlichen aus Kaolin und Feldspat, mitunter auch unter Zusatz einer Fritte, hergestellt wird und nach dem Brennen einen mattglänzenden Scherben von leicht gelblichem Ton, ähnlich dem parischen Marmor, aufweist. Die Masse dient hauptsächlich zur Herstellung von unglasiertem Biskuitporzellan. Eine ähnliche Masse für Biskuitporzellan, bestehend aus 45 Teilen Feldspat, 54 Teilen Zettlitzer Kaolin und 1 Teil Marmor, hat SEGER angegeben.

Frittenporzellan. Das alte französische Frittenporzellan diente gegen Ende des 17. Jahrhunderts als Nachahmung des in seiner Zusammensetzung damals noch unbekannten chinesischen Porzellans. Es ist kaum noch zu den Tonwaren zu rechnen, weil der bildsame Grundstoff aller Tonwaren, der Ton bzw. Kaolin fehlt, es steht bezüglich der Zusammensetzung seiner Masse dem Glase sehr nahe. Das Frittenporzellan ist ein schwer schmelzbares Glas (Alkalikalksilicat), das jedoch nicht bis zu seinem Schmelzpunkte erhitzt wird und hierdurch eine milchglasartige Beschaffenheit annimmt. Die Masse des älteren Frittenporzellans besteht im wesentlichen aus einer alkalireichen (bleifreien) Fritte, die mit Kreide und geschlämmtem Kalkmergel versetzt wird. Sie ist sehr unbildsam. Man brennt zuerst in stärkerem Feuer, glasiert mit bleihaltiger Glasur und brennt in schwächerem Feuer glatt. Frittenporzellan ist jetzt ohne Bedeutung.

Knochenporzellan. Das in England um 1800 entstandene Knochenporzellan hat seinen Namen von der Beimengung von Knochenasche zu der Masse; es diente ursprünglich als Nachahmung chinesischen Porzellans. Auch heute noch wird es in England als Luxuserzeugnis hergestellt. Die Wertschätzung ist begründet durch seine völlig weiße Farbe, die von keinem anderen Porzellan erreicht wird, und durch den außerordentlich stark durchscheinenden Scherben. Die Zusammensetzung schwankt zwischen 20—45% Kaolin (china clay), 7—30% Pegmatit (cornish stone) und 30—60% Knochenasche. Die Masse wird behandelt wie Hartsteingut, ebenso gebrannt, und ebenfalls mit einer Bleiglasur versehen.

III. Steatit.

Das Rohmaterial für den Steatit liefert der Speckstein. (Dieser zeigt keinen tonigen Charakter).

Speckstein ist ein Magnesiumhydrosilicat ($3\,\mathrm{MgO} \cdot 4\,\mathrm{SiO_2} \cdot \mathrm{H_2O}$ bis $4\,\mathrm{MgO} \cdot 5\,\mathrm{SiO_2} \cdot \mathrm{H_2O}$) mit 32—33,5% MgO, 63,5—62,5% $\mathrm{SiO_2}$ und 3,7—4,7% $\mathrm{H_2O}$. Das beste Specksteinvorkommen Deutschlands ist das von Göpfersgrün-Thiersheim im Fichtelgebirge. Dieses weiche dichte Material wurde durch Sägen in Platten geschnitten und dann durch Schneiden, Fräsen, Drechseln, Bohren auf Brenner für Gas- und Acetylenbeleuchtung verarbeitet. Die so aus Naturspeckstein hergestellten Waren wurden dann noch bei 900° gebrannt, um sie zu härten. Bei dieser Fabrikation fiel eine große Menge unverwendbarer Abfall ab, der höchst lästig war. Schließlich hat man gefunden, denselben nutzbringend zu verwerten, indem man das gepulverte Naturprodukt mit Versatzstoffen vermischt, in Stahlformen preßt und die geformten Gegenstände brennt. Die so erzeugte Ware führt den Namen Steatit. Man vermahlt den Speckstein mit Ton und Feldspat, entweder trocken oder naß; in letzterem Falle wird das Gemisch aber wieder getrocknet, denn das Verformen durch Pressen in Stahlmatrizen erfolgt völlig trocken, ohne Zusatz von Wasser, Öl oder Petroleum. Die gestanzten Artikel werden verputzt und in Porzellanöfen, Tunnelöfen oder

Gaskammeröfen bei Segerkegel 14—16 gebrannt. Manche Stücke überzieht man nachher noch mit einer Bleiglasur oder auch mit bleifreier Glasur (farblos, weiß, schwarz). Man stellt aus Steatit hauptsächlich Zündkerzen für Motoren und Isoliermaterial für elektrotechnische Zwecke her. Steatitgegenstände zeichnen sich aus durch größte Genauigkeit der Form, größte mechanische Festigkeit, schlechte Wärmeleitung und elektrische Isolierung. Für Zündkerzen kommt noch hinzu: Hohe Feuerfestigkeit und Temperaturwechselbeständigkeit. Diese Eigenschaften besitzt Steatit in höherem Maße als andere keramische Materialien. Die Fabrikation von Zündkerzen und Schaltern aus Steatit hat so zugenommen, daß der Abfallspeckstein nicht mehr ausreicht, so daß man heute gute Specksteinstücke vermahlt und auch anderes Magnesiumsilicatmaterial für die Fabrikation heranzieht. Die Druckfestigkeit des gebrannten Steatits beträgt 7500 kg/cm², die Biegefestigkeit 981 kg/cm², die Skleroskop-Härte 60, der Isolationswiderstand 2 Mill. Megohm. Die Dichte ist 2,785, die Porosität null. Die Brennschwindung beträgt nur 1%. Die heutige Sende- und Empfangstechnik ist ohne Steatitmassen undenkbar.

Für Hochspannungsisoliergegenstände größerer Abmessung stellt man auch aus Speckstein und Porzellanrohmaterial eine zwischen Porzellan und Steatit stehende Masse Melalith her. Die Hermsdorf-Schomburg-Isolatorengesellschaft bringt noch zwei andere aus Magnesiumsilicat bestehende Massen, Calit und Calan, auf den Markt, die ebenfalls trocken gepreßt und bei 1400° gebrannt werden; sie zeichnen sich durch außerordentlich geringe dielektrische Verluste aus und finden ebenfalls in der Hochspannungstechnik Verwendung.

IV. Hochfeuerfeste Stoffe.

Es ist längst allgemein bekannt, daß es eine ganze Reihe Oxyde gibt, die sehr hohe Schmelzpunkte haben, also sehr große Feuerfestigkeit aufweisen, z. B. Aluminiumoxyd 2050°, Spinell (MgO · Al₂O₃) 2135°, Berylliumoxyd über 2500°, Zirkonoxyd 2700°, Magnesiumoxyd 2800°, Thoroxyd 3000°. Diese Oxyde sind aber völlig unplastisch. Andererseits eignen sich aber auch noch nicht alle hochschmelzenden Oxyde für den gewünschten Zweck, so ist z. B. Calciumoxyd ungeeignet, weil es nicht luftbeständig ist, es nimmt an der Luft Wasser und Kohlensäure auf und verliert seine Formfestigkeit. Ein Fortschritt von ganz besonderer Bedeutung ist es, daß man diese feuerfesten unplastischen Oxyde jetzt zu Geräten zu verarbeiten gelernt hat. Man stellt Tiegel, Rohre, Steine usw. mit völlig dichtem Scherben her, die nicht nur durch ihre Feuerfestigkeit, sondern auch durch ihre Widerstandsfähigkeit gegen Angriff von Säuren, Alkali, Schlacken usw. ausgezeichnet sind.

Sinter-Tonerde, Sinterkorund. Die Gegenstände aus Sintertonerde bestehen zu 99,8% aus Al₂O₃ und 0,2% SiO₃ und Fe₂O₃. Die Sinterung geschieht bei Segerkegel 40—41. Die Körper aus Sintertonerde sind absolut dicht und bestehen aus innig miteinander verwachsenen Korundkörnchen. Sie enthalten also keinen glasigen Anteil und unterscheiden sich grundsätzlich von allen den anderen keramischen Tonerdeprodukten, bei denen Tonerde mit Ton, Kaolin oder anderen Bindemitteln eingebunden ist; diese können nur bei etwa 1400° gebrannt werden und stellen Alumo-Silicatgläser vor. Die früher mit Hilfe von organischen oder anderen flüchtigen Bindemitteln hergestellten kieselsäurefreien Tonerdegegenstände waren porös. Die Formgebung der Sinter-Tonerdegeräte geschieht jetzt nach dem Gießverfahren, aber in saurer Suspension (die sonstigen keramischen Massen in alkalischer Suspension), bei kleinen Gegenständen auch nach dem Preßverfahren. Trocken- und Brennschwindung sind kleiner als beim Hartporzellan, daher lassen sich bestimmt geformte Körper mit überaus großer Meßgenauigkeit herstellen. Sintertonerdegefäße sind widerstandsfähig gegen

Flußsäure und Fluoride, gegen Alkalien, gegen Schmelzen von Gläsern, Schlakken und Metallen. Sie sind gasdicht bis über 1720°. Spezifisches Gewicht 3,78, Druckfestigkeit 5140 kg/cm². Auffallend ist die außerordentliche Wärmeleitfähigkeit 16,8 kcal/m/h/Grad bei 17° (Porzellan 0,9, Quarz 0,72). Der Ausdehnungskoeffizient zwischen 20—800° ist $8,0 \cdot 10^{-2}$. Die Temperaturwechselbeständigkeit ist größer als beim Steatit und Porzellan, gleich mit Sillimanit. Ungewöhnlich hoch ist der elektrische Widerstand bei hohen Temperaturen. Verwendung findet Sintertonerde deshalb für chemische Geräte, Pyrometerschutzrohre, Zündkerzen, Ziehdüsen für Metalldrähte, als Isolierstoff für die Elektrotechnik.

Andere Massen mit hochfeuerfesten Oxyden sind als Degussageräte (hergestellt von der Deutschen Gold- und Silberscheideanstalt Frankfurt a. M.) im Handel. Dazu gehören:

Sinter-Spinell. $Al_2O_3 \cdot MgO$. Der Schmelzpunkt ist noch etwas höher (2135°), die Härte und mechanische Festigkeit ist aber etwas kleiner als bei der Sinter-Tonerde, die Verwendung ist die gleiche.

Sinter-Beryllerde. Schmelzpunkt über 2500°. Geräte völlig gasdicht, vorzügliche Wärmeleitfähigkeit und Temperaturwechselbeständigkeit, daher Verwendung in Hochfrequenzöfen.

Sinter-Zirkonerde. Der Schmelzpunkt liegt zwar bei 2700°, das reine Oxyd ist aber ohne geringe Zusätze nicht verarbeitbar. Die Geräte können deshalb nur bis 2500° benutzt werden. Die Widerstandsfähigkeit gegen alkalischen und sauren Angriff, gegen Schlacken und Gläser, auch gegen Kohlenstoff ist sehr groß, die Gefäße sind aber gegen Temperaturwechsel ziemlich empfindlich.

Sinter-Magnesia. In neutraler und oxydierender Atmosphäre können Magnesiageräte bis 2500° benutzt werden. In Gegenwart von Kohlenstoff ist MgO bei hohen Temperaturen leicht flüchtig. Temperaturwechselbeständigkeit ist sehr gut.

Sinter-Thorerde. Gefäße sind bis 2500° verwendbar. Kohlenstoff bildet oberflächlich Carbid. Gefäße sind gegen basische Stoffe sehr widerstandsfähig, aber gegen Temperaturwechsel empfindlich.

Sinter-Zirkonsilicat. Gefäße sind nur bis 1750° benutzbar, springen nicht, sind gegen saure Stoffe beständig, basische greifen an, sind für alle Metallschmelzen sehr geeignet.

Siemensit ist der jüngste hochfeuerfeste Baustoff, hergestellt durch reduzierendes Schmelzen im elektrischen Ofen von Chromit, Bauxit und Magnesit. Die geschmolzene Masse besteht aus etwa 20—40% Cr_2O_3, 25—45% Al_2O_3, 18—30% MgO und 8—14% restlichen Bestandteilen. Sie wird in Formen gegossen und getempert. Siemensit verwendet man als Ofenbaustein und als Stampfmasse. Das Material ist widerstandsfähig gegen jeden Schlackenangriff. Die Feuerbeständigkeit liegt über 2000°.

Die chemischen und physikalischen Eigenschaften der keramischen Massen.

Die Verwendungsmöglichkeit der keramischen Erzeugnisse in der Industrie hängt von deren chemischen und physikalischen Eigenschaften ab, diese aber werden weitgehend beeinflußt von der Zusammensetzung der Rohmassen, deren Aufbereitung, durch den Brennvorgang hinsichtlich Temperatur und Dauer. Die an die Erzeugnisse gestellten Anforderungen sind sehr verschieden, besonders wichtig sind aber folgende Eigenschaften:

1. Die chemische Widerstandsfähigkeit, 2. Die mechanische Festigkeit, 3. Die Feuerfestigkeit, 4. Die Temperaturwechselbeständigkeit, 5. Die Dichte bzw. Porosität.

Die chemische Widerstandsfähigkeit betrifft in der Hauptsache den Widerstand gegen Angriff von Säuren und Alkalien. Hier ist es namentlich das Steinzeug, welches in der Industrie in Form von Behältern, Rohren, Kühlschlangen, Schalen, Turills, Ventilatoren usw. Verwendung findet, aber auch Porzellan, die Sinteroxyde und auch Quarz sind in Gebrauch. Letzterer ist absolut säurebeständig (mit Ausnahme gegen Flußsäure und konz. Phosphorsäure über 300°). Die keramischen Tonerdesilicatmassen sind gegen Alkalien nicht ganz so beständig wie Sinteroxyde (Quarz natürlich gar nicht). Der Widerstand gegen Angriff wächst mit der Dichte (Steinzeug, Porzellan, Steatit, Sinteroxyde). Poröse Massen verbessert man durch Glasurüberzüge.

In bezug auf die mechanische Festigkeit spielt die Druck- und Zugfestigkeit die Hauptrolle. Die Druckfestigkeit geht beim Porzellan bis auf 4000—5000, beim Feinsteinzeug bis auf 6000, beim Steatit auf 6500—7500 kg/cm² herauf. Die Zugfestigkeit liegt beim Porzellan bei 160—320, beim Feinsteinzeug bei 163—178 kg/cm².

Die Feuerfestigkeit der gewöhnlichen feuerfesten Erzeugnisse, wie sie für Stahlöfen, Martinöfen, Koksöfen, Zinköfen, Glasöfen usw. gebraucht werden, erreicht für Schamottesteine und Schamottehafenmasse 1700—1775°, für Sintermagnesit 1790°, für Silicasteine 1725—1775°, für Kohlenstoffsteine über 2000°. Der Schmelzpunkt ist aber kein ausreichendes Kennzeichen für alle Fälle, namentlich nicht für Steine, welche in Öfen in hohen Schichten aufgemauert sind. Hier spielt die Druckfeuerfestigkeit noch eine wesentliche Rolle, d. h. die Erweichungstemperatur bei Belastung des Probekörpers mit 2 kg/cm². Die Feuerfestigkeit der hochfeuerfesten Sintermassen ist oben schon angegeben.

Die Temperaturwechselbeständigkeit hängt von dem Ausdehnungskoeffizienten ab. Ist dieser groß, so entstehen bei plötzlichem Temperaturwechsel Sprünge und Risse. Den kleinsten Ausdehnungskoeffizienten hat geschmolzener Quarz mit $0{,}55 \cdot 10^{-6}$, Porzellan hat $3—4 \cdot 10^{-6}$, Feinsteinzeug $4{,}1—4{,}9 \cdot 10^{-6}$.

Die Dichte ist abhängig vom Porenraum. Die scheinbare Porosität wird durch das Wasseraufnahmevermögen bestimmt, die wirkliche aus Raumgewicht und spezifischem Gewicht.

Die keramische Industrie teilt sich in drei große Gewerbegruppen: Ziegelindustrie, grobkeramische Industrie und feinkeramische Industrie. Nach der letzten Gewerbezählung 1933 weist die Ziegelindustrie 4532 Betriebe mit 103108 beschäftigten Personen auf, davon sind 3943 Mauer- und Dachziegelbetriebe, 141 Kalksandsteinfabriken, 113 Schlackensteinbetriebe und 335 Bimsbaustoffbetriebe. Die grobkeramische Industrie umfaßt 208 Werke mit 13025 Personen, davon fabrizieren 164 Werke feuer- und säurefeste Steine, 44 Steinzeugrohre. Die feinkeramische Industrie zählt 2591 Werke mit 71715 Personen, nämlich 740 Porzellanfabriken, 158 Betriebe, die Steinzeugwaren, 73 die Steingut und Majolika, 1544 die Kachel- und Töpferwaren und 76 die Boden- und Wandplatten herstellen.

Neuere Literatur.

BAUER: Keramik 1923. — BENISCHKE: Porzellanisolatoren. 1923. — BISCHOFF: Die feuerfesten Tone. 4. Aufl. 1923. — COHN: Auftreten des plastischen Zustandes. 1928. — DÜMMLER: Handbuch der Ziegelfabrikation. 1926. — HECHT: Lehrbuch der Keramik. 1923—1930. — JAKÓ: Keramische Materialkunde. — JÜRGEL: Herstellung der Klinker. 1928. — KOEPPEL: Feuerfeste Baustoffe. 1938. — LITINSKY: Schamotte und Silica. 1925. — NIEDERLEUTHNER: Unbildsame Rohstoffe keramischer Massen. 1928. — RIEKE: Porzellan. 1928. — SINGER: Die Keramik im Dienste von Industrie und Volkswirtschaft. 1923. — SINGER: Das Steinzeug. 1929. — STEGER: Wärmewirtschaft in der keramischen Industrie. 1927. — URBSCHAT: Feinkeramik 1927. — WERNICKE: Fabrikation feuerfester Steine. 1921.

Glas.

Glas wird in tausenderlei Formen täglich im häuslichen Gebrauch, in der Industrie, für wissenschaftliche Zwecke usw. benutzt, es kommt aber nicht fertig gebildet in der Natur vor. Nur in vulkanischen Auswürfen findet sich bisweilen ein schwarzes, glasig erstarrtes Mineralprodukt, der Obsidian, die sog. Glaslava, welche im Altertum gelegentlich wie Stein geschnitten und im alten Rom zu Spiegeln verwendet wurde. Alles von den Menschen benutzte Glas ist also ein Produkt menschlichen Erfindungsgeistes. Glas läßt sich zwar aus einfachen Naturstoffen wie Sand, Kalk und Soda durch Zusammenschmelzen erhalten, es bleibt aber doch erstaunlich, daß es schon vor 5500 Jahren gelang, ein solches Produkt, für welches die Natur kein Vorbild lieferte, herzustellen. Ägyptische Glasfunde reichen bis etwa 3500 v. Chr. zurück, die eigene Erzeugung der Ägypter scheint aber nicht viel vor 1600 v. Chr. begonnen zu haben. Wir nehmen jetzt als sicher an, daß die Glaserzeugung ihren Ursprung im Euphrat-Tigris-Gebiete hatte und von Babylonien (den Sumerern) aus ihren Ausgang genommen hat. Auf keinen Fall sind die Phönizier die Erfinder des Glases, ihre Lehrmeister waren die Ägypter. Kurz vor Beginn unserer Zeitrechnung war die Stadt Alexandria das Zentrum einer großartig entwickelten Glasindustrie. Von hier kam die Glastechnik unter AUGUSTUS nach Rom. Inzwischen hatte eine bedeutsame Änderung auf dem Gebiete der Glasherstellung eingesetzt. Bis zu dieser Zeit waren alle erzeugten Gläser undurchsichtig, opak, getrübt und meist (absichtlich) gefärbt (hellblau, dunkelbau, rot, gelb) und das Glas fand, wie die Halbedelsteine Lapis lazuli, Türkis, Karneol für Schmuckzwecke Verwendung. Es gelang zwar auch schon, kleine kostbare Gefäße herzustellen, diese waren aber nicht geblasen, sondern mußten mühsam aus einzelnen Glasfäden über einem Tonkern aufgebaut werden. Hierin brachte die Erfindung der Glasmacherpfeife einen völligen Umschwung, denn jetzt wurde es möglich, auf einfache Weise durch Blasen Hohlgefäße für den täglichen Gebrauch herzustellen. Das führte zur Herstellung von farblosem, durchsichtigem Glase. KISA nimmt an, daß in Rom die Glasmacherpfeife nicht vor dem Jahre 20 v. Chr. bekannt war. B. NEUMANN hat aber festgestellt, daß babylonische Gläser (Nippur) schon um 250 v. Chr. durch Blasen hergestellt worden sind.

Von Rom aus gelangte in den ersten Jahrhunderten die Kunst der Glaserzeugung nach Gallien und an den Rhein (Köln, Trier). In der Völkerwanderungszeit ging diese Technik in Europa überall fast völlig ein und nur einige Reste retteten sich einerseits nach Byzanz, andererseits in die Klöster der römischen Nordprovinzen. In letzteren wurde etwa um das Jahr 800 die Tafelglasherstellung aus geblasenen Hohlkörpern erfunden, diese gab dann weiter Anlaß zur Herstellung der künstlerisch mit Bildern geschmückten, bunten Kirchenfenster.

Bis zu Beginn des 18. Jahrhunderts war Holz das einzige Brennmaterial für die Glaserzeugung. Die riesige Waldverwüstung erzwang dann von selbst die Einführung der Steinkohlenfeuerung, sie kam zuerst in England zur Anwendung und gelangte 1724 nach Saarbrücken, 1789 nach Oberschlesien. Die neuzeitliche Glasindustrie mit ihrer Massenerzeugung und der maschinellen Verarbeitung des Glases wäre ohne die Einführung der SIEMENSschen Regenerativfeuerung 1856 nicht möglich gewesen. Hierdurch gelang es, außerordentlich hohe Temperaturen zu erzielen, bessere Glasqualitäten herzustellen, die Schmelzdauer abzukürzen und den Ofenbetrieb leistungsfähiger zu gestalten; man konnte mehrere Glashäfen auf einmal erhitzen, und schließlich gelangte man dahin, den ganzen Ofenraum sozusagen zu einem einzigen großen Glashafen, der Schmelzwanne, auszugestalten, die heute Fassungen bis 600000 kg aufweist.

Rohstoffe.

Zu den Rohstoffen gehören zunächst die glasbildenden Substanzen, weiter aber auch Färbungsmittel, Entfärbungs- und Läuterungsmittel. Glasbildende Rohstoffe sind die Oxyde von Kalium, Natrium, Kalk und Blei, und als Säure Kieselsäure, seltener Borsäure und Phosphorsäure.

1. Glasbildende Rohstoffe.

Kieselsäure. Das wichtigste Kieselsäurematerial ist heute der Sand (die Aufbereitung von Quarz und Feuerstein ist zu teuer, mehlfeine Kieselgur schmilzt schlecht). Bekannte Marken von Glassand sind bei uns der Hohenbockaer Sand und der Dörrentruper Krystallsand, welche einen Kieselsäuregehalt von 99,85% und nur 0,07—0,015% Eisenoxyd aufweisen. Der Eisengehalt spielt eine große Rolle, wenn ganz farbloses Glas hergestellt werden soll. Die beste Korngröße des Sandes für Krystallglas ist im Hafenofen $^1/_2$ mm, im Wannenofen bis $1^1/_2$ mm. Für Grünglas verwendet man Sande, wie sie sich gerade in der Nähe der Hütte finden.

Soda und Natriumsulfat. Steinsalz kann nicht als Natronsalz verwendet werden, weil es mit Kieselsäure nicht verglast. Für Glassorten, bei denen es nicht besonders auf Farblosigkeit ankommt (Fensterglas), verwendet man das billigere wasserfreie Natriumsulfat. Man setzt in diesem Falle dem Gemenge etwas Kohle zu, weil das durch Reduktion entstehende Sulfit durch Kieselsäure leichter zersetzt wird. Ein besonders eisenarmes Sulfat ist das nach dem Hargreaves-Verfahren (S. 311) gewonnene, es enthält nur 0,01—0,03% Fe_2O_3. Als Soda findet heute bei uns nur die sehr reine Ammoniaksoda, die sog. Solvay-Soda (S. 396), Verwendung. In jüngster Zeit wird bei uns auch afrikanische Magadi-Soda (S. 363) den Glashütten angeboten, die ebenfalls verhältnismäßig sehr rein (meist aber ziemlich naß) ist. Die Glasschmelzer unterscheiden zwischen leichter und schwerer Soda (Volumgewicht 0,7—1,5 kg); die schwere Soda schmilzt bei gleicher chemischer Zusammensetzung besser. Für gewöhnliches Flaschenglas verwendet man auch Gesteine wie Granit, Phonolith, Basalt, Porphyr, Diorit, Pegmatit usw., deren Alkaligehalt ausreicht, man bringt damit aber viel Verunreinigungen (SiO_2, Al_2O_3, Fe_2O_3 und andere Oxyde) in die Schmelze.

Kali wird in Form von Pottasche als kohlensaures Kalium in das Glas eingeführt. Am besten verwendet man die calcinierte Pottasche, welche die Chloralkalielektrolyse liefert (S. 343), sie ist 97—99% rein und enthält nur etwas KCl als Verunreinigung.

Kalk wird fast ausschließlich als Carbonat in Form von Kalkstein, Kreide oder Marmor verwendet. Am reinsten sind Kreide und Marmor (unter 0,1% Fe_2O_3), unreiner sind Kalkspat und die verschiedenen Kalksteine. Letztere können nicht für feine Glassorten verwendet werden.

Bleioxyd wird für Krystallglas und optische Gläser benötigt. Zu diesem Zwecke muß es außerordentlich rein sein (höchstens 0,005—0,008% Eisen). Man benutzt meist nicht Bleiglätte (PbO), sondern Mennige (Pb_3O_4), welche leichter rein (frei von Cu, Mn, Fe) erhalten werden kann und welche nicht leicht zu Bleimetall reduziert wird wie die Glätte, wodurch das Glas trübe und „rauchig" wird.

Von anderen Basen werden seltener zugesetzt Bariumoxyd (als $BaCO_3$), welches das Glas schwerer und glänzender macht, Zinkoxyd für Geräteglas und Thermometergläser und **Tonerde** in Form von Kaolin oder Feldspat, welche in kleinen Mengen das Glas chemisch widerstandsfähiger machen.

Borsäure in Form von calcinierter Borsäure oder Borax macht das Glas leichter schmelzbar und verleiht ihm größeren Glanz (Straß). Borsäure-Gläser verwendet man für Glasmalerfarben, für Überfangglas, für Emails und als Glas für optische Zwecke.

Fluorhaltige Materialien, in der Hauptsache Flußspat und Kryolith, setzt man dem Glase zur Erreichung bestimmter optischer Eigenschaften zu. Flußspat wird auch noch vielfach als Fluß- und Läuterungsmittel gebraucht, die Vorteile dieses Zusatzes werden aber überschätzt. Fluorsalze dienen, wie später noch näher beschrieben wird, als Trübungsmittel für Gläser.

2. Färbungsmittel.

Färbungsmittel für Glas sind: kolloide Metalle, Metalloxyde und Metallsalze. Zu den gebräuchlichsten Färbungsmitteln gehören:

Eisen-, Mangan- und Kobaltverbindungen. Von Eisenverbindungen benutzt man Eisenoxydrot Fe_2O_3 und -braun $Fe(OH)_3$, Eisenhammerschlag Fe_3O_4 und Eisenvitriol $FeSO_4$. Zweiwertige Eisenverbindungen färben blaugrün, dreiwertige gelbgrün bis rotbraun. Von Manganverbindungen wird hauptsächlich Braunstein MnO_2 gebraucht; MnO_2 färbt Kaliglas blauviolett, Natronglas rotviolett; Kobaltoxyd färbt schon bei 0,1% Co_2O_3 tiefblau.

Chrom-, Nickel- und Antimonverbindungen. Chromoxyd und Chromate färben Glas gelbgrün, Nickelverbindungen färben Kaligläser blauviolett, Natrongläser braun bis grau. Antimonoxyd färbt schwere Bleigläser gelb (Bleiantimoniat).

Kupfer-, Silber-, Goldverbindungen. Kupfer, als Oxyd CuO oder $CuSO_4$ oder als Kupferhammerschlag zugesetzt, färbt in oxydierender Flamme Kalkgläser blaugrün, durch Zusatz von Reduktionsmitteln (wie Zinn, Eisenoxydul) erhält man durch Bildung von Kupferoxydul Cu_2O oder Cu rotes Glas, Kupferrubinglas. Silberverbindungen färben gelb (Gelbätze), Goldverbindungen ($AuCl_3$) liefern Goldrubinglas von Rosa bis Purpurrot.

Schwefel, Selen. Schwefel und Sulfide färben gelbbraun, Selen oder das Natriumsalz Na_2SeO_3 bei Gegenwart reduzierender Substanzen rot.

Uranverbindungen in der Oxydulform färben schwarz (für Schmelzfarben), in der Oxydform gelb, mit grüner Fluorescenz; Ceroxyd färbt gelb, Neodym, Nd_2O_3, rosa, Didym, Di_2O_3, blau (Schutzbrillen).

3. Trübungsmittel.

Trübungsmittel braucht man zur Herstellung von Beinglas, Milchglas, Opalglas, Alabasterglas. Meist verwendet man Phosphate (Knochenasche, gefälltes Tricalciumphosphat, Präcipitat). Ein sehr wichtiges Trübungsmittel ist Zinnoxyd SnO_2 (Zinnasche), wird aber weniger bei Gläsern als bei Emaillen gebraucht. Als Ersatz hierfür verwendet man auch Zirkonoxyd ZrO_2 und Titanoxyd TiO_2. Sehr wichtig als Trübungsmittel sind noch die Fluoride (natürlicher und künstlicher Kryolith, auch Natriumsiliziumfluorid und NaF).

4. Entfärbungsmittel.

Zur Verdeckung schwacher Eisenfärbungen des Glases greift man zu Entfärbungsmitteln (Glasmacherseifen), die entweder durch Bildung von Komplementärfarben oder durch Oxydation die Beseitigung der grünlichen Eisenfärbungen besorgen sollen. Am meisten gebraucht wird der Braunstein, manchmal auch Nickeloxyd; neuerdings werden neodymhaltige Cerpräparate empfohlen.

5. Läuterungsmittel.

Läuterungsmittel sollen teils mechanisch, teils chemisch dahin wirken, daß die Glasschmelze klar, blasen- und steinfrei wird. Flußspat wirkt kräftig durchmischend, da sich das F des CaF_2 mit Si des Sandes zu SiF_4 umsetzt, welches unter lebhafter Durchmischung entweicht. Salpeter oxydiert und zerfällt, die Gase wirken zum Teil rein mechanisch läuternd. Arsenik verdampft und wirkt in der Hauptsache ebenfalls durch starke Gasentwicklung.

Zusammensetzung und Einteilung der Gläser.

Ein Glas kann ein chemisch einheitlicher Stoff sein, z. B. Quarzglas. Die gewöhnlichen Gebrauchsgläser sind aber kieselsäurehaltige Alkalisilicatschmelzen, die noch eine zweite Base (Kalk oder Bleioxyd) gelöst enthalten. Alkalisilicate mit nur einer Base (Wasserglas) schmelzen zwar leichter, krystallisieren aber viel zu leicht und sind glastechnisch unbrauchbar, weil sie nicht widerstandsfähig gegen Wasser sind. Also erst durch den Eintritt erdalkalischer (CaO) oder metallischer Basen (PbO, ZnO, Al_2O_3, Fe_2O_3) wird das Alkalisilicat zum technisch brauchbaren Glase. Diese Gläser sind aber keine einheitlichen chemischen Verbindungen mit bestimmter Formel, sondern Gemische von ineinander gelösten Körpern. Die aus den glasbildenden Stoffen gewonnenen glasigen Massen vermögen nämlich andere glasige Silicate, Salze, Oxyde, aufzulösen. Die so entstandenen Gläser haben demnach auch keinen scharfen Schmelzpunkt wie chemische Verbindungen; bei der Entglasung scheidet sich ein Gemenge verschiedener Krystalle aus. Die im Schmelzfluß gelösten Verbindungen bleiben bei der Abkühlung gelöst. Glas ist also eine erstarrte Lösung, deren Zähigkeit krystallinische Ausscheidungen verhindert; den amorphen Glaszustand kann man somit als eine stark unterkühlte Lösung, als eine starre Flüssigkeit definieren.

Läßt sich auch für das Glas keine chemische Formel aufstellen, so müssen die Bestandteile doch in einem bestimmten Verhältnisse zueinander stehen, wenn das Glas den technischen Ansprüchen (meist Festigkeit und chemische Widerstandsfähigkeit) genügen soll. Im allgemeinen setzen Flußmittel (Alkalien, Bleioxyd, Bariumoxyd) die Schmelztemperatur herunter, sie vermindern aber auch die Härte und Widerstandsfähigkeit; in umgekehrtem Sinne wirken Kalk und Kieselsäure.

Das Natron-Kalkglas, aus welchem Fenster- und Spiegelscheiben angefertigt werden, wurde früher im wesentlichen als ein Doppelsilicat von der Formel $Na_2O \cdot CaO \cdot 6\,SiO_2$ angesehen, das trifft aber nicht zu. Die Zusammensetzung des Silicatgemisches nähert sich nur dieser Molekularformel. Gute, d. h. chemisch genügend widerstandsfähige Natron-Kalkgläser sollen in ihrer Zusammensetzung nach TSCHEUSCHNER der Gleichung

$$z = 3\left(\frac{x^2}{y} + y\right) = 3\,(x^2 + 1)$$

entsprechen. Darin bedeutet z die Molekülzahl der Kieselsäure, x die Moleküle Alkali und y, das $= 1$ gesetzt wird, ein Molekül Kalk. Die Gleichung trägt der Tatsache Rechnung, daß für Gläser mit guter Haltbarkeit der Kieselsäureanteil größer gemacht werden muß, wenn das Molekularverhältnis Alkali zu Kalk größer genommen wird. Das Molekularverhältnis $Na_2O \cdot CaO \cdot 6\,SiO_2$ ist nach der Formel ein Sonderfall. Das Alkali-Kalkverhältnis der in der Technik hergestellten Gläser bewegt sich ungefähr in den Grenzen $x = 0{,}6 - 1{,}8\,Na_2O$

auf 1 CaO. Die Glasigkeit der darüber hinausgehenden Schmelzen nimmt bald so ab, daß sie für die Technik keine Bedeutung mehr haben. Enthalten die Gläser mehr Alkali als die Gleichung zuläßt, so wird ihre Haltbarkeit entsprechend der Vermehrung des Alkalis geringer.

Da die Kaligläser von Wasser leichter angegriffen werden als die Natrongläser von gleichem Molekularverhältnis, hat KEPPELER für diese die Formel in

$$.4\,(x^2 + 1)$$

geändert, und für Gläser, welche beide Alkalien enthalten, hat KÖRNER die Formel

$$z = \left(3 + \frac{x_k}{x}\right) \cdot (x^2 + 1)$$

aufgestellt, worin x_k die anteiligen Moleküle Kali und x die Summe der Alkalimoleküle bedeuten; der Kalkanteil y ist in beiden Gleichungen $= 1$ gesetzt worden. Die Formeln gelten auch noch annähernd, wenn an Stelle von Kalk andere Metalloxyde von gleicher Wertigkeit eingeführt werden.

Die Einteilung der gewöhnlichen Gläser erfolgt nach ihrer Zusammensetzung zunächst in die zwei Gruppen Kalkgläser und Bleigläser. Je nach der Art des verwendeten Alkalis unterscheidet man weiter: Natronkalkgläser (Fensterglas, Spiegelglas), Kalikalkgläser (böhmisches Krystallglas) und Kalibleigläser (Bleikrystall), außerdem Aluminiumkalkalkaliglas) (gewöhnliches Bouteillenglas). Wenn Kalk oder Blei durch andere Oxyde ersetzt sind, so spricht man auch von Zink- und Barytgläsern usw.

Je nach der Herstellung, der Form und Verwendung unterscheidet man: Guß-, Preß-, Tafel-, Hohlglas- optisches Glas, chemisches Geräteglas usw.

In bezug auf die chemische Widerstandsfähigkeit gegen Angriff von Wasser, Säuren und Alkalien ist eine weitere Unterteilung der Gläser für chemische Zwecke notwendig geworden und man unterscheidet: Beständige Gläser (Klasse I), resistente Gläser (Klasse II), härtere Apparategläser (Klasse III), weichere Apparategläser (Klasse IV) und mangelhafte Gläser (Klasse V).

Zur Prüfung des Glases auf seine Widerstandsfähigkeit gegen die zersetzende Wirkung des Wassers wird die Jodeosinprobe nach MYLIUS angewendet, die auch quantitative Bestimmungen ermöglicht. Es werden frische Bruchflächen von Glas in feuchte ätherische Jodeosinlösung gelegt. Das aus dem Glas hydrolytisch abspaltbare Alkali bindet den Farbstoff zu einem in Wasser löslichen, in Äther unslöslichen Alkalisalz des Farbstoffs, das auf dem Glase als roter Überzug erscheint. Nach dem Ablösen mit Wasser wird dessen Farbstoffgehalt, der dem Alkali äquivalent ist, kolorimetrisch ermittelt.

Die Zersetzungsvorgänge sind besonders von KOHLRAUSCH, MYLIUS und FÖRSTER untersucht worden. Die hauptsächlichsten Ergebnisse dieser Arbeiten sind folgende: Der Zersetzungsvorgang ist am einfachsten beim Wasserglase, welches im Sinne der Gleichung

$$Na_2O\,(SiO_2)_x + H_2O = 2\,NaOH + x\,SiO_2$$

zerlegt wird. Die dabei entstehende Alkalilösung ist niemals frei von Kieselsäure zu erhalten; es löst sich davon um so mehr, je länger die Digestionsdauer, je höher die Temperatur und je konzentrierter die Lösung ist. Durch Kochen mit wenig Wasser gelingt es, Wasserglas vollständig aufzulösen.

Alle sonstigen alkalihaltigen Gläser werden durch Wasser in gleichem Sinne zersetzt. Bei widerstandsfähigeren Gläsern beschränkt sich die Alkaliabgabe auf die äußerste Schicht und ist nur sehr gering. Es geht infolgedessen kaum Kieselsäure in Lösung. Die äußerste Schicht wird alkaliärmer, weitere Mengen von Wasser können kaum noch eine Wirkung ausüben. Daher kommt die

Verbesserung von Glasgeräten durch Auskochen und Ausdämpfen und die größere Widerstandsfähigkeit gebrauchter Gläser.

Die Verwitterung des alkalihaltigen Glases wird durch die Feuchtigkeit der Luft verursacht. Verwittertes Glas ist immer mit einer Feuchtigkeitsschicht bedeckt, welche mit der Temperatur und dem Feuchtigkeitsgehalt der Luft wechselt. Sie wird von hygroskopischem Alkali, das durch den Verwitterungsvorgang frei gemacht wird, gebildet. Kohlensäure wirkt nicht unmittelbar auf das Glas ein. Der Verwitterungsvorgang und die Zersetzung durch Wasser sind ihrem Wesen nach dasselbe. Temperaturerhöhung vergrößert den zersetzenden Angriff des Wassers.

Wäßrige Säurelösungen, mit Ausnahme von Flußsäure, wirken auf gewöhnliche Gläser durch ihren Wassergehalt. Die Säure neutralisiert das entstehende Alkali; die Gesamtwirkung ist also, da eine alkalische Flüssigkeit, welche beschleunigend auf den Hydratationsvorgang wirkt, nicht vorhanden ist, eine schwächere. Gläser mit hohem Gehalt an Calcium-, Barium-, Bleioxyd und ähnlichen Oxyden werden durch Säuren verhältnismäßig leicht zersetzt. Siedende Schwefelsäure greift schwächer an als siedendes Wasser, wäßrige Alkalien wirken stärker als reines Wasser. Von Salzlösungen greifen diejenigen am stärksten an, welche hydrolytisch abgespaltenes Alkali enthalten.

KEPPELER hat die Grenzzusammensetzungen von haltbaren Natronkalkgläsern wie folgt festgestellt (in Gew.-%):

Resistente Gläser Klasse II			Härtere Apparategläser Klasse III			Weichere Apparategläser Klasse IV		
Na_2O	CaO	SiO_2	Na_2O	CaO	SiO_2	Na_2O	CaO	SiO_2
—	—	—	16,4	7,1	76,5	19,5	9,9	70,6
13,7	7,3	79,0	16,2	10,3	73,5	18,6	12,8	68,6
13,7	9,9	76,4	15,2	13,3	71,5	17,4	15,6	67,0
13,1	12,5	74,4	13,9	16,2	69,9	16,0	18,3	65,7
12,1	14,9	73,0	12,5	19,1	68,4	15,2	19,9	64,9
11,1	17,3	71,6	11,7	20,7	67,6	—	—	—
9,9	19,6	70,5	—	—	—	—	—	—
9,1	21,3	69,6	—	—	—	—	—	—

Eigenschaften des Glases.

Glas hat keinen scharfen Schmelz- und Erstarrungspunkt, beim Erhitzen wird es weich und geht allmählich in den flüssigen Zustand über, umgekehrt nimmt beim Abkühlen die Zähigkeit rasch zu und erreicht bald einen solchen Grad, daß eine Krystallisation nicht mehr eintreten kann. Durch schnelle Abkühlung des Glasflusses entstehen die gefürchteten Spannungen (Verdichtungen und Dehnungen), die bei der geringsten Beanspruchung, bei schroffem Temperaturwechsel oder auch ohne äußeren Anlaß von selbst Zertrümmerung bewirken können (Glastränen, Bologneser Fläschchen). Diese Spannungszustände können nur durch eine geregelte Kühlung auf ein unschädliches Minimum heruntergebracht werden.

Glas ist fast undurchlässig für Gase; erweicht läßt es aber Gase hindurch.

Das spezifische Gewicht gewöhnlicher Alkalikalkgläser ist 2,5; der Alkalibleigläser 3,5—4,8. Die Zugfestigkeit schwankt zwischen 3,5—8 kg/mm², die Druckfestigkeit zwischen 60 und 125 kg/mm² (wichtig für Champagner und Mineralwasserflaschen), die Härte ist ungefähr die des Orthoklases (6). Die spezifische Wärme ist 0,08—0,25. Der kubische Ausdehnungskoeffizient für gewöhnliche Gläser ist 0,00004—0,00003, der von Jenaer Geräteglas 0,0000137.

Die Vorgänge beim Glasschmelzen.

Über die Reaktionen im festen Zustande bei der Erzeugung der Glasschmelze ist einiges schon aufgeklärt. Erhitzt man ein Gemisch von Kalkstein, Quarzsand und Soda, also das Glasgemenge, bis zur klaren Glasschmelze, so werden eine ganze Anzahl Reaktionsstufen durchlaufen. Zunächst bildet sich eine Doppelverbindung $Na_2O \cdot CaO \cdot 2 CO_2$, welche schon im Temperaturgebiet von 600—830° im festen Zustande mit dem Quarzkorn unter Abspaltung von Kohlensäure reagiert. (Reine Soda reagiert erst von 720—900°.) Reiner Kalkstein dissoziiert bei 900°, in dem Gemenge nimmt die Umsetzung zwischen dem Kalkcarbonat und der Kieselsäure aber schon zwischen 600 bis 700° merkliche Geschwindigkeit an. Bei 1000° geht dann die Umsetzung

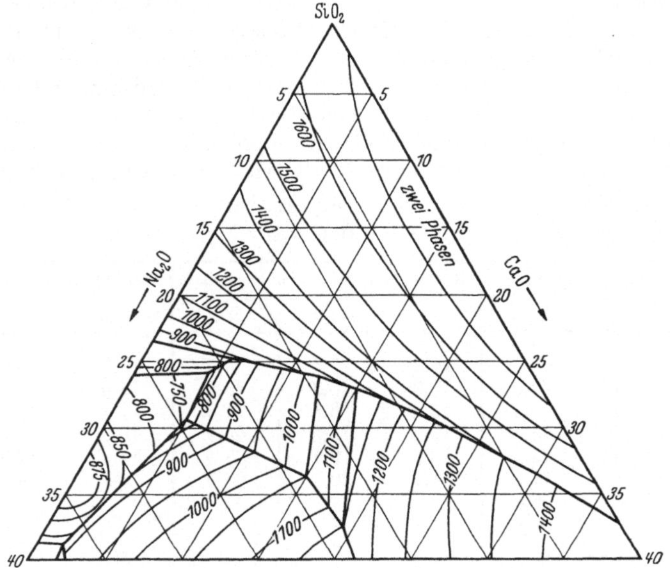

Abb. 332. Schmelzdiagramm des Dreistoffsystems CaO—Na₂O—SiO₂.

zwischen dem Quarz und der Schmelze mit großer Geschwindigkeit vor sich. Diese Verhältnisse werden außerordentlich stark beeinflußt von der Korngröße der Gemengebestandteile. Bei der Sinterung des Gemisches zwischen 750 bis 775° ist die vorherrschende Reaktion die Zersetzung des Calciumcarbonats, während die Umsetzung zwischen Kieselsäure und Alkalicarbonat noch sehr langsam verläuft. Wasserdampf begünstigt die Bildung des leicht schmelzenden Carbonateutektikums und verkürzt das Sintern und den Einschmelzprozeß. In der Praxis verwendet man deshalb nicht trockne sondern angefeuchtete Gemenge. Die relativ lange Beständigkeit des freien Carbonats in den Teilschmelzen wirkt sich als Vorteil aus, da die späte Gasentwicklung für die Läuterung der Glasschmelze notwendig ist. Nach KEPPELER brikettiert man das Glasgemenge und unterwirft es einer Vorsinterung, wodurch das Ofenbaumaterial sehr geschont wird. Hierbei wird aber schon Kohlensäure ausgetrieben, die später bei der Läuterung fehlt. Man kann aber durch Zusatz geringer Mengen von schwerer zersetzbaren Salzen bei der Fertigschmelze die Gasentwicklung noch bewirken.

Bei Kali-Bleiglas-Gemengen tritt zuerst eine Abspaltung von Sauerstoff aus der Mennige ein, dann erst folgt die Einwirkung der Kieselsäure auf das gebildete Bleioxyd und das Kaliumcarbonat. Da sich aber PbO nicht in der Schmelze von Kaliumcarbonat löst, so muß man eine Zwischenreaktion mit neugebildetem Bleisilicat annehmen.

Über die Schmelzverhältnisse der verschiedenen Zusammensetzungen des Dreistoffsystems CaO—Na_2O—SiO_2 gibt das beistehende Schmelzdiagramm (Abb. 232) von MOREY und BOWEN übersichtlich Auskunft.

Die Herstellung des Glases.

Die nach bestimmten Gewichtsverhältnissen zusammengesetzte Mischung der Rohstoffe nennt man Glassatz. Die Durchmischung geschieht durch Umschaufeln oder im Großbetriebe durch Mischmaschinen. Dem Glassatze setzt man zur Erleichterung des Schmelzens Glasbrocken (Bruchglas, Herdglas, das ist aus zersprungenen Häfen ausgelaufenes Glas) zu. Beim Einschmelzen hält man einzelne Abschnitte auseinander: Das Gemengeschmelzen und das Lauterschmelzen. Da das trockene Glassatzgemenge wesentlich voluminöser ist als das geschmolzene Glas, so darf man in die Glashäfen das Gemenge nur portionsweise eintragen und muß vor jedem weiteren Zusatze warten, bis die vorhergehende Portion vollständig heruntergeschmolzen ist, andernfalls wird das Glas steinig durch kleine Stücke von Gemenge, welches nur oberflächlich zusammengesintert ist. Beim Gemengeschmelzen geht schon eine Menge Gas heraus, aber erst durch das Lauter-

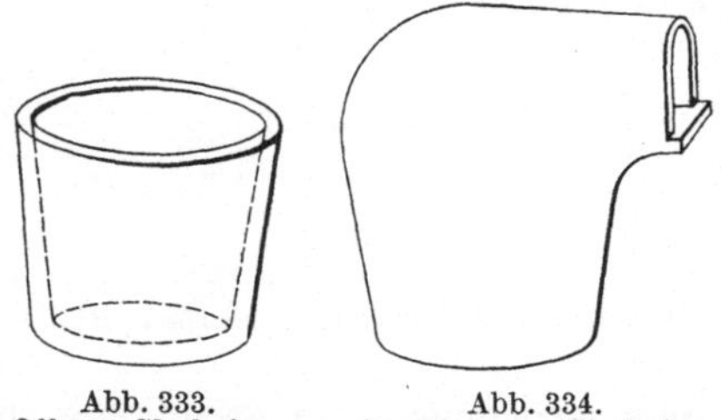

Abb. 333.
Offener Glashafen.

Abb. 334.
Geschlossener Glashafen.

schmelzen bei erhöhter Temperatur wird das Glas so dünnflüssig, daß es blasenfrei wird. Um Schlierenbildung auszuschließen, verursacht man eine lebhafte Durchmischung durch künstliche Gasentwicklung (Zusatz von Arsenik oder Einführung einer Kartoffel), Verunreinigungen wie Glasgalle (unzersetztes Natriumsulfat oder Gips) schwimmen oben auf und werden abgezogen. Eine Schmelzung dauert 12—30 h.

Die Schmelzgefäße. Das Schmelzen des Glases geschieht in großen Tonwannen, Häfen genannt, oder im Wannenofen. Die Häfen werden aus bestem feuerfesten Rohton mit reichlich Zusatz von gebranntem Ton (Schamotte, Scherben gebrauchter Häfen) zur Verminderung der Schwindung hergestellt. Sie werden vielfach noch mit der Hand geformt, vielfach aber auch nach dem WEBERschen Gießverfahren gegossen, d. h. man setzt der steifen, knetbaren Tonmasse eine ganz geringe Menge Soda zu, wodurch die Masse sich so weit verflüssigt, daß sie fließt, ohne daß indes selbst größere Schamottekörner absetzen. Der verflüssigte Tonbrei wird in Gipsformen gegossen, der Gips saugt das Wasser aus den Randpartien auf, bald wird die Masse fest, so daß die Gipsform nach wenigen Tagen entfernt werden kann. Die Häfen werden dann langsam getrocknet und sind in 6 Monaten gebrauchsfertig. Sie werden in einem Vorwärmofen langsam auf Rotglut erhitzt, bevor sie in den Schmelzofen kommen, wo sie zunächst dicht brennen. Man verwendet zwei Arten von Häfen, nämlich offene (Abb. 333) und mit einer Haube versehene, geschlossene Häfen (Abb. 334). Sie sind 60—80 cm hoch, etwa 1 m weit und fassen 400—800 kg Glasfluß. Glashäfen müssen hitzebeständig sein und ein so dichtes Gefüge haben, daß die Schmelze nicht in die Hafenmasse eindringen kann.

Die Schmelzöfen. Man hat zwei verschiedene Arten zu unterscheiden: Hafenöfen und Wannenöfen. Die Hafenöfen sind runde oder längliche backofen-

ähnliche Öfen aus feuerfesten Schamottesteinen, sie bestehen aus einem Oberofen, dem Schmelzraum, und einem Unterofen, welcher die Gitterschächte der
Regeneratoren umschließt. Auf der Sohle des Oberofens stehen innen an den
Seitenwänden die Häfen, und zwar auf Sandsteinbänken. Diese Bänke sind nach der Ofenwand hin etwas geneigt damit aus den Häfen ausfließendes Glas, das Herdglas, nach der kälteren Wand zu abfließt, wenn nicht besondere Taschen hierfür vorgesehen sind. Das Gewölbe des Ofens, die Kappe, wird aus Dinassteinen (S. 351) hergestellt, weil diese in der Hitze nicht schwinden. Oberhalb der Häfen H in Abb. 335 sind runde Arbeitsöffnungen in der Wand a ausgespart, durch welche aus den Häfen von außen mit der Pfeife Glas entnommen werden kann.

Als Heizstoffe werden solche verwendet, welche eine lange Flamme geben. Hinsichtlich der Flammbarkeit steht das Holz obenan; es wurde früher ausschließlich verwendet. Später war

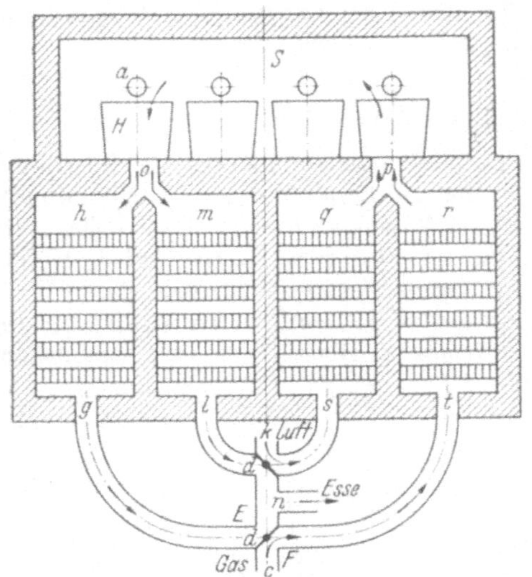

Abb. 335. Regenerativglasschmelzofen. Hafenofen.

man gezwungen, zur Steinkohle zu greifen, obwohl diese keine reine ruß- und
aschenfreie Flamme gab. Durch Einführung der SIEMENSschen Regenerativfeuerung hat sich auch das geändert, man erhält reine Gase, und zwar sind

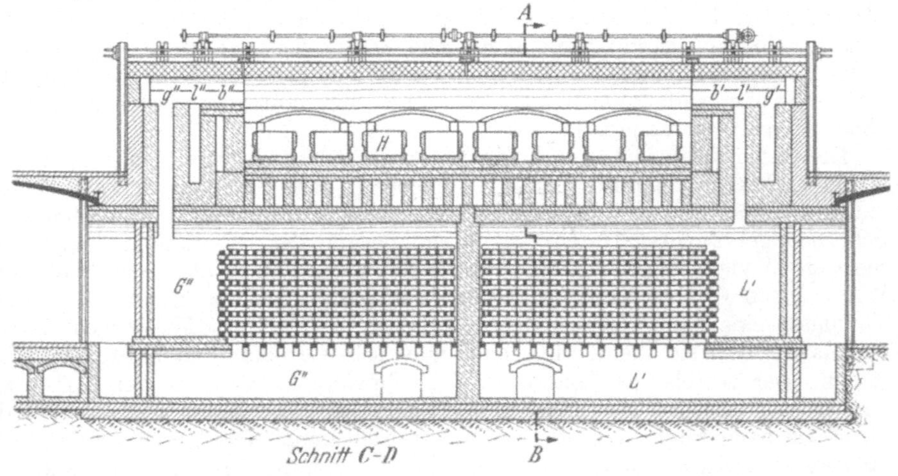

Abb. 336. Großer Hafenofen (Längsschnitt). (Nach MUSPRATTs Enzyklopädie, Erg.-Bd. I.)

bei der Gegeneratorgasfeuerung auch minderwertige Brennstoffe wie Rohbraunkohle und Torf verwendbar; die Beheizung ist ökonomischer und leichter
regulierbar geworden und es lassen sich wesentlich höhere Temperaturen erzielen.

Abb. 335 zeigt schematisch die Einrichtung eines SIEMENSschen Regenerativglasschmelzofens und zwar eines Hafenofens. H sind die Häfen, a
sind Arbeitsöffnungen. Das Generatorgas tritt unten bei c, die Luft bei k in je
einen Kanal ein, der zu den mit Gittersteinen ausgesetzten Regeneratoren führt.

Gas und Luft werden an dem Gitterwerk der Kammern r und q vorgewärmt und treten von da vermischt bei p als Flamme mit geringem Überdruck in den eigentlichen Ofenraum S. Die verbrannten Gase treten, durch den Essen-

zug angesaugt, durch o mit ihrer großen fühlbaren Wärme in die Wärmespeicher h und m, geben hier die Hauptmenge ihrer Wärme an das Gitterwerk ab und ziehen durch die Kanäle g und l, nachdem sie sich bei n vereinigt haben, in die Esse ab. Nach Ablauf einer bestimmten Zeit werden die Wechselklappen d umgelegt; nun nehmen Gas und Luft den umgekehrten Weg und die verbrannten Gase geben jetzt ihre Wärme in den Wärmespeichern q und r ab usw. Die Abb. 336 und 337 zeigen zwei Schnitte durch einen großen industriellen Hafenofen mit 16 Häfen, dessen Einrichtung nach dem eben Gesagten jetzt ohne weiteres verständlich ist. Die Luft- und Gas-Wärmespeicher sind mit L und G bezeichnet, die Häfen H sind nicht rund sondern oblong.

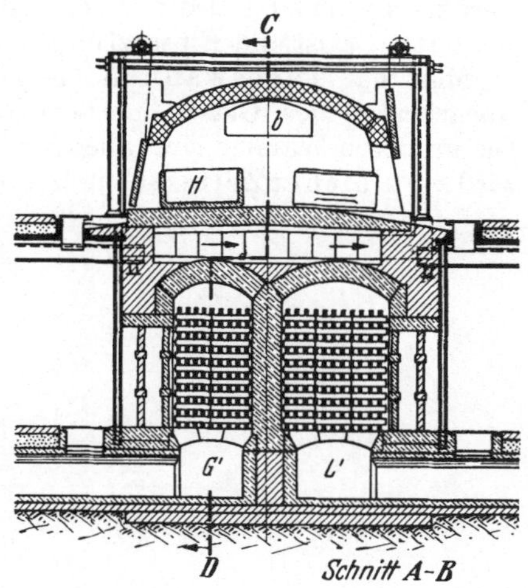

Abb. 337. Großer Hafenofen (Querschnitt).

Einen großen Fortschritt bedeuteten die um 1860 von SIEMENS eingeführten kontinuierlichen Wannenöfen. Hierin wird das Glas nicht in Häfen, sondern direkt auf der Sohle des Wannenofens geschmolzen. Der ganze Brennraum ist als Schmelzgefäß ausgebildet. Die Abb. 338 und 339 zeigen

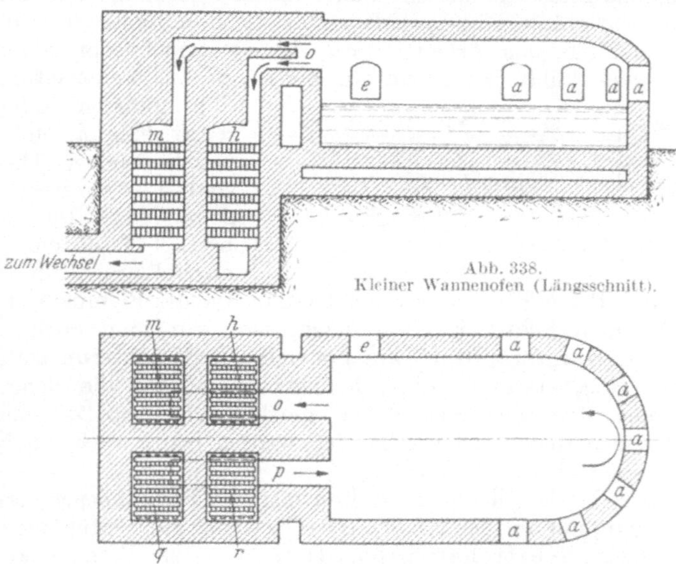

Abb. 338.
Kleiner Wannenofen (Längsschnitt).

Abb. 339. Kleiner Wannenofen (Horizontalschnitt).

schematisch den Längsschnitt und den Grundriß eines kleinen Wannenofens. Einrichtung und Arbeitsweise sind ohne weiteres verständlich. Die Öfen bestehen aus einem dicken Schamottestein-Mauerwerk, sie bleiben an der Außenseite so kalt, daß Schmelze, welche in die Fugen eindringt, darin erstarrt. Wo die freie Luft die Wände nicht unmittelbar bespülen kann, z. B. an der

Ofensohle, sind Kanäle eingebaut, durch welche kalte Luft (durch Essenzug) hindurch gesaugt wird. Boden und Seitenwände sind stets mit zäherem Glase in Berührung, sie sind also vor der auflösenden Einwirkung der Schmelze ziemlich geschützt. *e* ist die Einsatztür für den Glassatz, *a* sind die Arbeitsöffnungen.

Man hat Tageswannen, bei denen innerhalb 24 h das Schmelzen und Ausarbeiten des Glases hintereinander erfolgt, wie bei den Hafenöfen. Die größeren Wannen sind aber für kontinuierlichen Betrieb eingerichtet, es wird zu gleicher Zeit geschmolzen und ausgearbeitet (Abb. 340). Das Gemenge

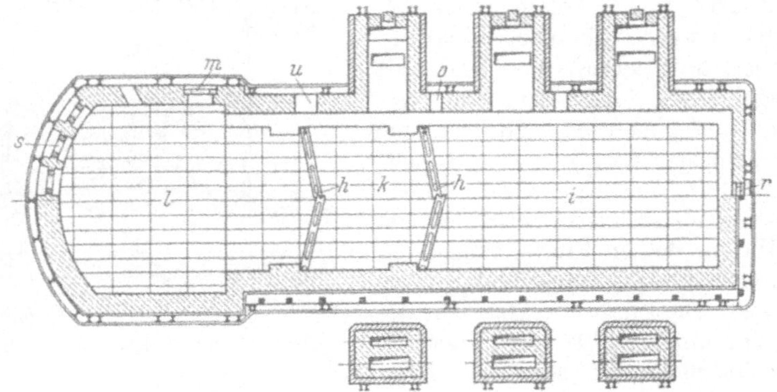

Abb. 340. Großer Wannenofen mit querziehender Flamme. (Nach DRALLE-KEPPELER: Glasfabrikation.)

wird am hinteren Ende bei *r* beständig eingetragen, es schmilzt, und das geschmolzene Glas fließt allmählich in eine andere Abteilung, den Läuterungsraum *k*, wo es die größte Hitze erhält und ganz dünnflüssig wird; dann tritt es in die 3. Abteilung, den Arbeitsraum *l*, der nicht mehr von Flammen bestrichen wird, hier kühlt es soweit ab, bis es die zur Verarbeitung nötige, d. h. günstige Zähigkeit erreicht hat. *h* sind schwimmende Brücken. Die Wannen sind 3—5 m breit und bis 20 m lang. Der Glasstand beträgt 60—75 cm. Amerikanische Wannen mit 6 m Breite,

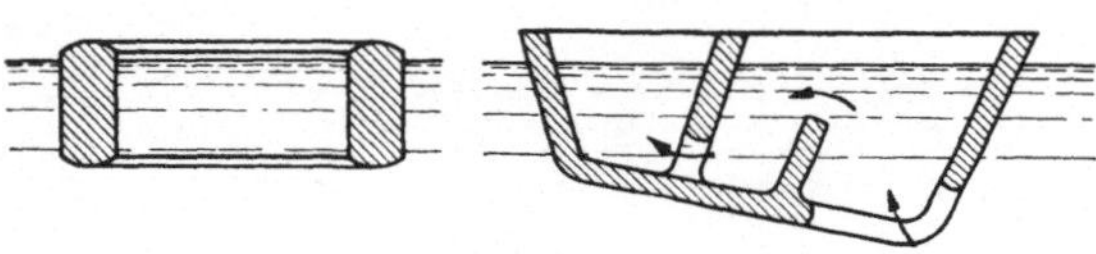

Abb. 341 u. 342. Kranz und Schiffchen.

24 m Länge und $1^1/_2$ m Tiefe fassen 300 t Glas. Da die Flammenführung bei den langen Wannen Schwierigkeiten macht, so baut man auch Öfen mit querziehender Flamme, d. h. am Schmelz- und Läuterungsraume sind an drei Stellen Regeneratoren seitlich angebaut, so daß die Beheizung an drei Stellen quer über das Schmelzbad möglich ist. Abb. 340 zeigt einen Schnitt durch einen solchen Ofen. Glasöfen werden heute auch mit Naturgas, Roherdöl und auch elektrisch beheizt.

Da die Oberfläche der Glasschmelze immer durch Fremdkörper verunreinigt ist, so benutzt man, um mit der Pfeife stets reines Glas zur Verfügung zu haben, sog. Kränze bzw. Schiffchen (Abb. 341 u. 342), bei Wannen auch einen sog. Stiefel (eine Art verdeckter Hafen), die auf dem Glase schwimmen; aus deren Mitte nimmt man das Glas frei von Verunreinigungen mit der Pfeife heraus.

Verarbeitung des Glases.

Das Blasen des Glases an der Pfeife. Die Eigenschaft der Glasschmelze, beim Erkalten allmählich immer zäher zu werden, bis völliges Erstarren eingetreten ist, hat die eigenartige Verarbeitungsweise des Aufblasens an der

Glasmacherpfeife ergeben. Die Pfeife ist ein eisernes, 1—1½ m langes Rohr, welches oben mit einem Holzgriff, unten mit einem Knopf (Nabel) versehen ist. Es wird an dem einen Ende durch Hineinstecken in den Ofen glühend gemacht, damit die Glasmasse beim Hineintauchen am Eisen haftet. Der Glasmacher berührt nun mit dem Pfeifenende die Oberfläche der zähflüssigen Masse, wickelt unter Drehen etwas Glas auf die Pfeife, verteilt dieses auf einer kalten Platte oder in einem ausgehöhlten angefeuchteten Holze ganz gleichmäßig und bläst die Masse zu einem Rotationskörper, dem „Külbel" auf. Erforderlichenfalls wird „der Posten" durch nochmaliges oder auch wiederholtes Eintauchen vergrößert. Die Formgebung geschieht dann durch weiteres Aufblasen unter geschickter Benutzung der Schwerkraft und der Fliehkraft bei fortwährendem Drehen und Schwenken der Pfeife. Es entsteht so ein Hohlkörper (dem später andere Teile wie Henkel, Stiele, Füße usw. angesetzt werden können). Dieser wird schließlich durch einen kurzen Schlag von der Pfeife getrennt, nachdem vorher die Trennungsstelle mit einem kalten Eisen „geschränkt" worden war. Auf diese Weise werden Flaschen und andere Gefäße, Beleuchtungsgegenstände usw. hergestellt. Der scharfkantige Rand der Trennungsstelle wird abgesprengt oder wieder erweicht, erweitert oder verengt und abgerundet, je nach dem Zwecke.

Es werden aber nicht alle Gegenstände freihändig geblasen, sondern man benutzt zur Erhöhung der Arbeitsleistung und zur Herstellung von Gegenständen in vorgeschriebenen genauen Maßen Formen, in die das Glas hineingeblasen wird (Abb. 343).

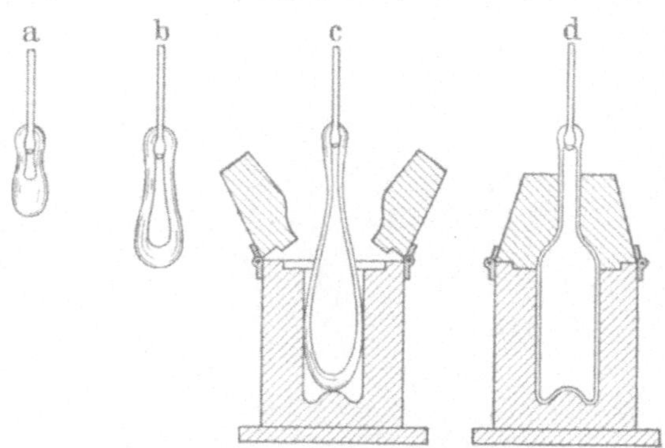

Abb. 343. Blasen einer Flasche in einer Form.

Sie sind meist aus Holz oder Metall gefertigt. Im ersten Falle werden sie bei der Benutzung naß gehalten, damit sie nicht zu schnell verbrennen, wogegen die Metallformen mit verbrennenden Stoffen eingeschmiert (z. B. mit einem Gemisch von Öl und Mehl) oder belegt werden (Papier, Holzspäne). Das heiße Glas verschafft sich durch die Vergasung und Verbrennung dieser Stoffe ein Gaspolster, das die unmittelbare Berührung mit der Formwandung bis zu einem gewissen Grade verhütet. Rotationskörper dreht man während des Einblasens, um bei einer geteilten Form die Ausbildung einer Naht zu verhindern. Die meisten Gegenstände, die dem Massenverbrauch unterliegen, werden in Formen geblasen. Sie werden dann vielfach nicht am Ofen fertig gemacht, sondern die Kappen, das sind die Teile, die nicht zum fertigen Gegenstand gehören, die ihn aber mit der Pfeife verbunden haben, werden mit Diamanten und Stichflamme abgetrennt und dann verschmolzen oder abgeschliffen.

Abb. 344 zeigt den Gang der Herstellung eines Weinglases. a ist der Glasposten, b das Külbel, der flache Boden c ist durch Aufstoßen auf eine ebene Platte erhalten worden. Um den Hohlkörper von der Platte absprengen zu können, befestigt man ihn mit Hilfe von weichem Glase an das „Hefteisen" h, sprengt dann ab, erweitert nach vorherigem Anwärmen die entstandene Öffnung, beschneidet den Rand mit der Schere und bringt das Glas in die gewünschte Form. Das fertige Stück wird dann auf der Gabel oder Gerte in den Kühlofen getragen. Im Kühlofen werden die Gegenstände wieder angewärmt und dann langsam (je dickwandiger das Stück ist, um so langsamer) abgekühlt.

Der Glasmacher bedient sich ganz einfacher Werkzeuge: Scheren, Zangen, Plätteisen, Nabel- oder Hefteisen und des Glasmacherstuhls, einer Bank mit zwei geraden Armen, auf der er die Pfeife hin und her rollen kann, um die Wirkung der Schwerkraft auf die weiche Glasmasse aufzuheben und um die zentrische Form der Gegenstände zu erzielen.

Die Fensterglasscheiben wurden bis in die jüngste Zeit hinein aus großen geblasenen Hohlzylindern (Walzen) hergestellt, „gestreckt". Jetzt verdrängt

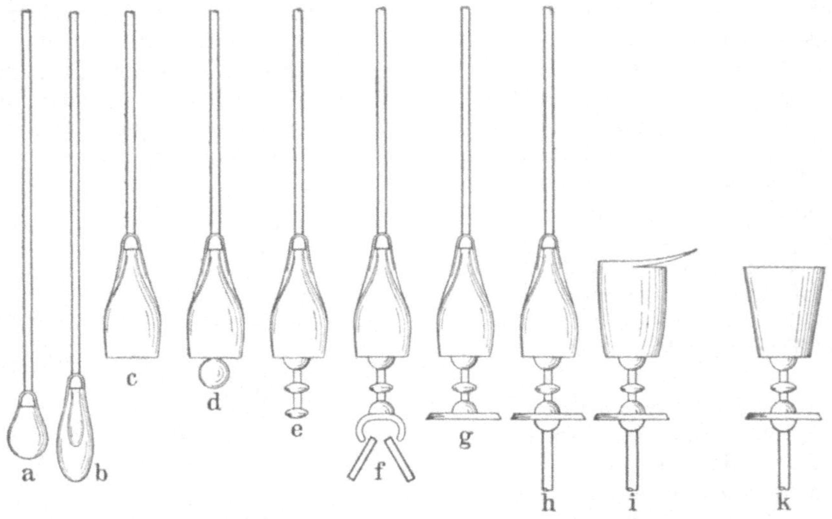

Abb. 344. Herstellung eines Weinglases.

die nachher beschriebene maschinelle Herstellung die Handerzeugung unaufhaltsam. Abb. 345 zeigt die Art und Weise der Herstellung der Walzen. Man verarbeitet Glasposten bis zu 20 kg und bläst etwa 30 cm weite und 2—3 m lange Walzen. Dann wird die Spitze der Walzen geöffnet und die Öffnung erweitert; die an der einen Seite offene Walze wird kalt von der Pfeife abgesprengt und die Kappe abgetrennt. Der so entstandene Zylinder wird der Länge nach aufgeschnitten (durch Sprengen), im Streckofen bis zum Erweichen angewärmt, mit einer eisernen Stange auf dem Streckstein (eine polierte Schamotteplatte) zu einer Tafel ausgebreitet und mit dem Polierholz geglättet. Die erstarrte Tafel durchwandert dann einen langen Kühlofen.

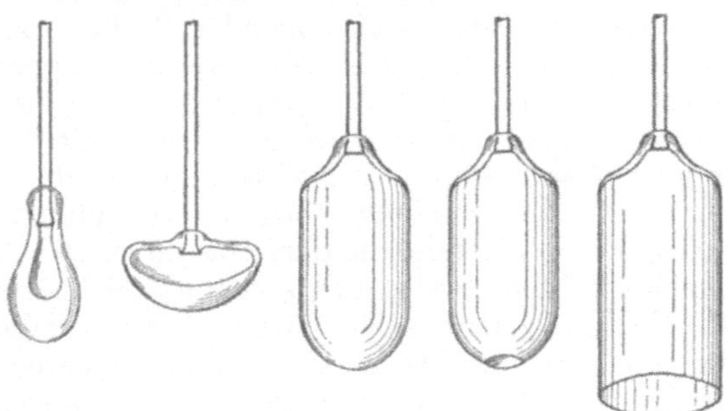

Abb. 345. Herstellung von Fensterglas.

Die älteste Methode zur Gewinnung von kleinen Glastafeln war die Herstellung von Mondglas oder Kronglas durch Schleudern (Abb. 346). Das zur Kugel aufgeblasene Külbel wurde auf der entgegengesetzten Seite mit dem Hefteisen gefaßt (b) und von der Pfeife abgesprengt. Die entstandene Öffnung wurde erweitert und durch rasches Drehen des Hefteisens um seine Achse nach wiederholtem Anwärmen zu einer Scheibe ausgeschleudert. Die Scheibe lieferte beim Zerschneiden zwei halbmondförmige Stücke Fensterglas (daher der Name

Mondglas), in der Mitte blieb ein verdicktes Stück, das Ochsenauge, übrig, welches zu Butzenscheiben verwendet wurde. Diese Methode dient heute nur noch zur Herstellung der in der Mikroskopie gebrauchten Deckgläschen.

Zur Herstellung von Glasröhren bläst der Glasbläser einen Glasposten mit der Pfeife zu einem dickwandigen Külbel auf (Abb. 347). Der Gehilfe heftet das Hefteisen durch Vermittlung einer flach gedrückten Scheibe weichen Glases am Boden des Külbels an. Während der Bläser Luft nachdrückt, entfernt sich der Gehilfe eilig und zieht so das Kölbchen zum Rohre aus. Die Glasrohre sind das Ausgangsmaterial für alle Gegenstände, die vor der Lampe geblasen werden: Kunstgläser, Thermometer, chemische Apparate, Perlen, Christbaumschmuck usw. Bläst man den Posten an der Pfeife nicht auf, sondern zieht denselben genau so wie die Glasrohre, so erhält man Glasstäbe. Aus diesen stellt man nach Erwärmung vor der Lampe kleinere Gegenstände, wie Glasknöpfe usw. durch Pressen her. Die Glaswolle wird durch Ausziehen eines erweichten Stabes zu ganz dünnen Fäden über einen Haspel hergestellt.

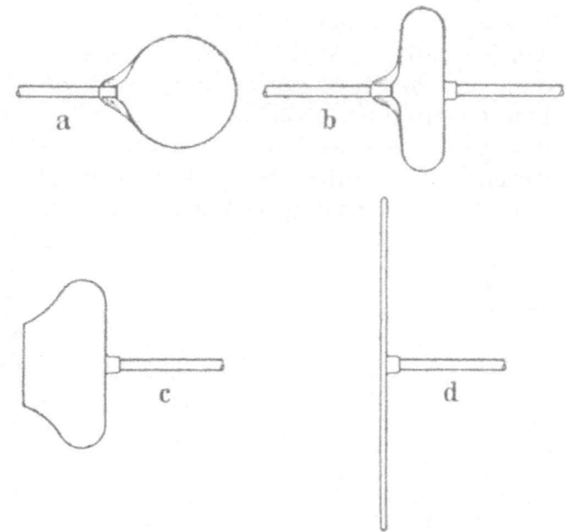

Abb. 346. Herstellung von Mondglas.

Alle Glasgegenstände nehmen beim Erhärten an der Luft eine glatte, glänzende Oberfläche, die sog. Feuerpolitur an. Am schönsten tritt dieselbe hervor an Glaskörpern, welche ganz ohne Form gearbeitet sind. Man vermeidet deshalb möglichst die erhärtende Glasmasse mit festen Gegenständen in Berührung zu bringen.

An Stelle der mit der Lungenluft des Bläsers betriebenen Pfeife ist öfter auch die mit Preßluft betriebene pneumatische Pfeife getreten; die alte Glasmacherpfeife und der Handbetrieb ist aber bei der Anfertigung der meisten kleineren Gegenstände (Weingläser, Vasen, Beleuchtungsartikel usw.) auch heute noch die Regel.

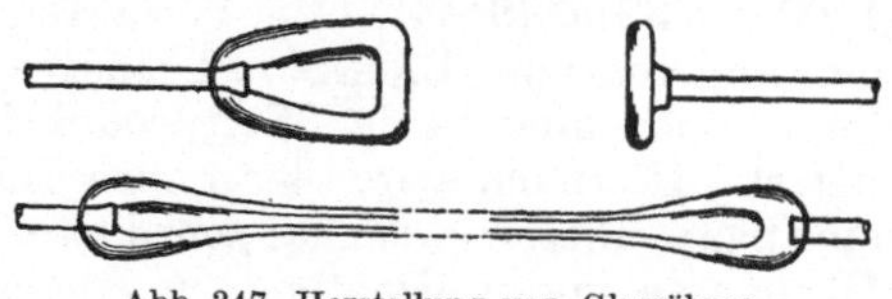

Abb. 347. Herstellung von Glasröhren.

Die Verarbeitung mit mechanischen Einrichtungen. In neuerer Zeit versucht man immer mehr die Arbeit des Aufblasens mit dem Munde durch mechanische Einrichtungen zu ersetzen und Maschinenbetrieb einzuführen. Der Ersatz der Handarbeit durch die der Maschine macht auch in der Glasfabrikation mächtige Fortschritte. Die Schwierigkeiten, die sich der maschinellen Verarbeitung entgegenstellen, liegen einmal in der Temperatur des zu verarbeitenden weichen Glases, dann in dessen Zähflüssigkeit und darin, daß das erstarrende Glas die Berührung mit festen Körpern schlecht verträgt und auch dann nur auf Kosten der glatten Oberfläche.

Gießen in Formen läßt sich das Glas nicht; es würde die Form nicht ausfüllen. Man spricht allerdings von einem Gießverfahren bei der Herstellung großer Spiegelscheiben (für Schaufenster), überhaupt bei der Fabrikation dicker Glastafeln. Hierbei hat das Glas aber keine Form auszufüllen, die zähe

Masse wird vielmehr nach dem Ausgießen durch schwere Walzen ausgebreitet. Für das Gießverfahren wird ein voller Hafen geschmolzenen Glases mit einem Kran über den Gießtisch, der aus einer Platte aus glatt gehobelten Gußeisenschienen besteht, gehoben, die Glasmasse auf die Tischplatte gegossen und mit einer Walze, die in ganz bestimmtem Abstande über die Tischplatte geführt wird, zu einer Tafel ausgewalzt. Die entstandene Platte geht sofort in den Kühlofen. Auf diese Weise läßt sich aber kein Tafelglas mit glatten Flächen herstellen, Spiegelglas muß deshalb noch beiderseitig geschliffen und poliert werden. Mit der Walze können zugleich Muster eingepreßt werden, was besonders dann geschieht, wenn der ungebrochene Durchgang des Lichtes und damit die Durchsichtigkeit beseitigt werden soll (Ornamentglas, Rippenglas, Prismenglas, Kathedralglas); die mangelnde Feuerpolitur ist dann auch kein wesentlicher Fehler mehr. Für besondere Zwecke, z. B. für Dachbedeckungen hat sich das Drahtglas bewährt, das beim Auswalzen eine Einlage von Drahtgeflecht erhält und deshalb, wenn es brechen sollte, nicht in Stücken abfällt.

(Im Anschluß an das Drahtglas soll bemerkt werden, daß das jetzt für Automobil-Windschutzscheiben viel verwendete nicht splitternde Glas aus zwei Glasscheiben mit einer Zwischenschicht aus Celluloid, Gelatine, Bakelit usw. besteht; die Zwischenschicht wird erst aufgeweicht und dann durch Druck mit dem Glase vereinigt.)

Das Auswalzen von Glas führte L. DE NEHOUS 1688 ein. Die Verbesserungen des Verfahrens zeigten sich im Wachsen der Plattengröße. 1806 konnte man nur Platten von 4 m² walzen, 1855 von 20 m²,

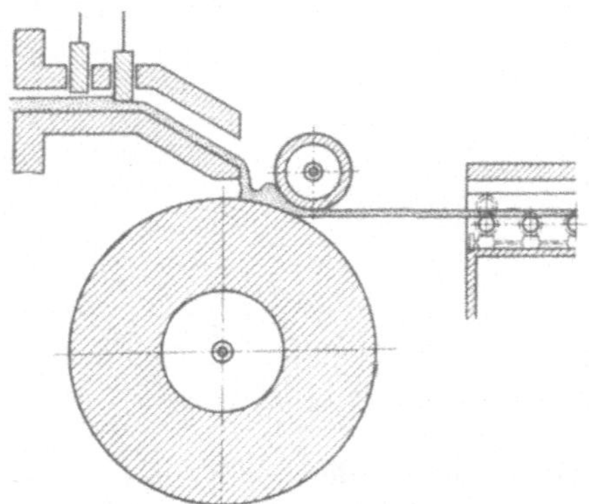

Abb. 348. Auswalzen von Glas.

1900 von 32 m² (8 × 4). Dem Verfahren hingen aber noch Nachteile an. 1921 kam ein anderes von BICHEROUX ausgearbeitetes Verfahren in Betrieb, welches jetzt schon über $^1/_3$ der Weltproduktion an Spiegelglas (Schaufensterscheiben) liefert. Hiernach wird der ganze Inhalt eines Glashafens (etwa 850 l) über ein paar übereinander angeordnete Walzen ausgekippt. Diese erfassen die Glasmasse und walzen sie zu einem 4,2 m breiten, 19 m langen Glasbande (rund 80 m²) aus und zwar auf einen wandernden Ablegetisch. Ähnlich arbeitet das von der Ford-Motor Co. benutzte Verfahren von AVERY und BROWN, bei welchem Glas ununterbrochen aus einer 24 m langen, 5 m breiten, $1^1/_2$ m tiefen Wanne ausläuft, von zwei verschieden großen Walzen erfaßt und zu einem (in diesem Falle nur 1 m breiten Bande) (für Automobilscheiben) gestreckt wird und ohne Unterlage direkt in einen Kanalkühlofen läuft, von wo es auf eine kontinuierliche Schleifstraße gelangt, auf der es sofort klar geschliffen wird (Abb. 348).

Beim Pressen in Formen wird das Glas mit der Pfeife oder dem Schöpflöffel aus dem Hafen geholt, die nötige Menge in die eiserne Form gegeben und schließlich mit dem Preßstempel ausgepreßt. Die fertigen Gegenstände werden bisweilen nochmals in das Feuer gehalten, bis ihre Oberfläche sich etwas geglättet hat. Unebenheiten, die durch die Berührung mit der Formwand entstehen, sucht man dadurch für das Auge verschwinden zu lassen, daß man, den Schliff nachahmend, vertiefte oder erhabene Muster in dichter Anordnung einpreßt. Durch Pressen werden besonders massive und dickwandige Hohlgegenstände wie Teller, Schüsseln, Bierseidel, Glasbuchstaben, Glasdachziegel usw. hergestellt.

Mechanische Herstellung von Tafelglas. Da die Herstellung von dünnem Tafelglas (Fensterglas) aus den großen, mit dem Munde geblasenen Walzen große Anforderungen an Kraft, Geschicklichkeit und Lungentätigkeit der Arbeiter stellt, so hat es nicht an Versuchen gefehlt, den Gasbläser durch mechanische Einrichtungen zu ersetzen. SIEVERT führte 1904 eine Maschine ein, die mit Preßluft große Walzen herzustellen gestattete. Die weiche Glasmasse wird auf eine gelochte Platte aufgebracht und ausgebreitet. Dreht man die Platte um, so hängt das Glas beutelförmig nach unten (Abb. 349). Hierauf setzt man von unten eine Hohlform mit ihren Rändern gegen die Glasmasse und bläst Preßluft durch die Löcher der Platte ein,

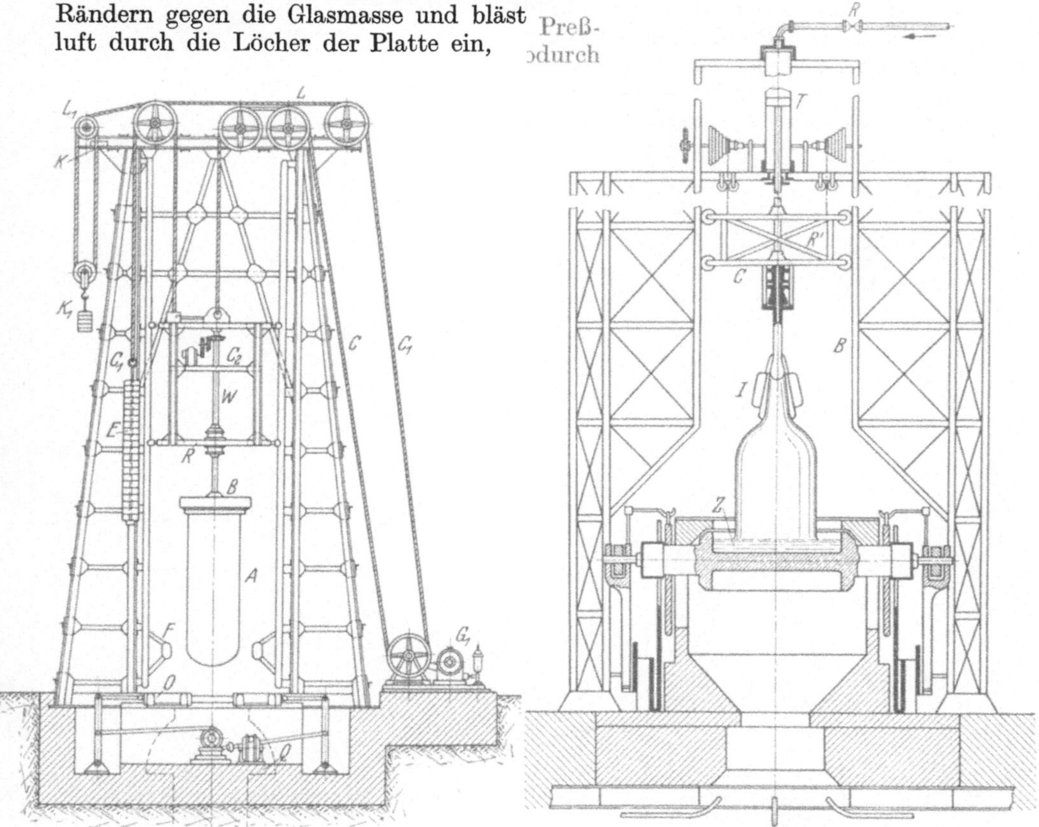

Abb. 349. Herstellung von Glaswalzen nach SIEVERT.

Abb. 350. Herstellung von Glaswalzen nach LUBBERS.

sich die Glasmasse aufbläst und an die Ränder der Form anlegt. Dieses Verfahren hat sich für die Fensterglaserzeugung nicht durchsetzen können, da es nur die Mundbläserei ersetzt, die anderen umständlichen Manipulationen aber beibehält. Das SIEVERTsche Verfahren ist aber heute noch in Anwendung zur Herstellung großer starkwandiger Glasgefäße, wie Akkumulatorengläser, photographische Schalen, Badewannen usw.

Einen anderen Gedanken der mechanischen Herstellung der Walzen verfolgte LUBBERS. Das Verfahren wurde in Amerika viel benutzt und lieferte 1923 mehr als 60% der Fensterglaserzeugung (1930 aber nur noch 22%). Taucht man einen Stab in flüssiges Glas ein und hebt ihn, wenn die Schmelze daran haftet, wieder heraus, so zieht sich ein Glasfaden mit hoch. Benützt man ein ringförmiges Fangstück, so läßt sich ein Rohr aus der Schmelze

herausziehen, das freilich seinen Durchmesser nur dann beibehält, wenn der Oberflächenspannung, die das Rohr immer mehr zusammenschrumpfen läßt, ent-
gegengewirkt wird. Das geschieht am einfachsten durch Einblasen von soviel
Luft, daß das Innere immer etwas Überdruck aufweist. Das LUBBERSsche
Walzenaushebeverfahren (Abb. 350) benutzt einen schwenkbaren Doppel-
hafen (Ziehhafen) Z, der gerade die für eine Walze notwendige Menge Glas
faßt. Die in Führung laufende Ziehpfeife taucht mit einem glühend gemachten
Fangmundstück, bedeckt vom Schirm I,
in die Wanne ein und wird unter
Einblasen von Preßluft hochgezogen;
es resultiert dabei ein Zylinder von
6—10 m Höhe. Durch rasches Anheben
unter Abstellung der Preßluft schließt

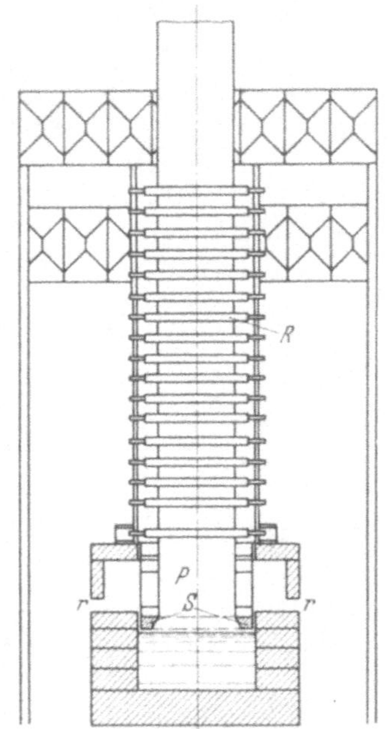

Abb. 351. Plattenziehverfahren von FOURCAULT.
(Nach ZSCHAKE: Glas.)

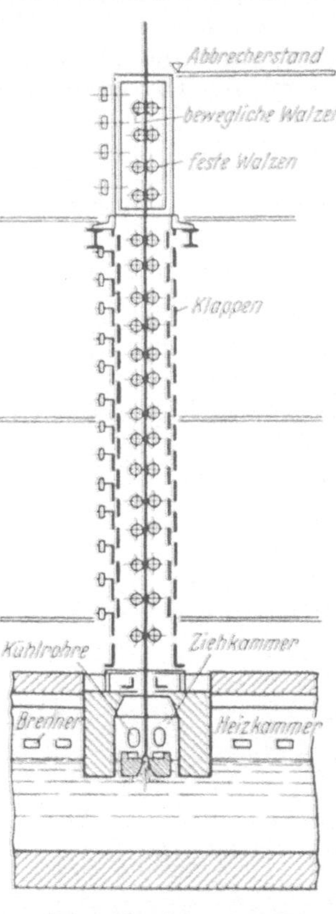

Abb. 352. Plattenziehverfahren von FOURCAULT.
(Nach ZSCHAKE: Glas.)

sich die Walze. Nach Absprengen der Walze von der Pfeife und Absprengen
des Hinterendes wird die Walze zerschnitten und gestreckt.

Die Verfahren von SIEVERT und LUBBERS ersetzen nur den Glasbläser, das
kostspielige Aufschneiden und Strecken der Walze bleibt. Das Ideal wäre ein
Verfahren, aus dem Schmelzgefäße direkt Glastafeln zu ziehen. Das gelang
dem Belgier FOURCAULT (1925) und dem Amerikaner LIBBEY-OWENS 1926.

Benutzt man ein gradliniges Fangstück, so müßte sich unmittelbar eine
Glastafel aus der Schmelze herausziehen lassen, wenn nicht wiederum die
Oberflächenspannung ein Zusammenschrumpfen verursachte. Den Übelstand
beseitigt FOURCAULT dadurch, daß er das Glas aus einem Schlitz herauspreßt
und das hervorquellende Glas mit Hilfe des Fangstücks in dem Maße des
Hervorquellens während des Erstarrens hochzieht (Abb. 351 u. 352). Zur
praktischen Ausführung wird ein länglicher, viereckiger Kasten aus Ton (S),
der inmitten eine Erhöhung und dort einen Schlitz aufweist, wie die Abb. 353

veranschaulicht, verwendet. Der unten offene Kasten schwimmt auf der Schmelze und wird in diese soweit hineingedrückt, daß das Glas mit der gewünschten Geschwindigkeit aus dem Schlitz hervorquillt. Die von Wasser durchströmten Kühlrohre bringen das Glas schnell zum Erstarren. Das Glasband wird durch ein System von Rollen, die mit Asbestpapier umkleidet sind, emporgezogen, dabei gleichzeitig gekühlt und dann in passenden Längen abgeschnitten. Während bei dem FOURCAULTschen Plattenziehverfahren das Glasband in vertikaler Richtung durch einen Kühlkanal geht, wird beim Libbey-Owens-System das Glasband in 1 m Höhe über eine Walze umgelegt und horizontal durch den Kühlofen gezogen. Es können Glastafeln von 2 bis 11 mm Stärke hergestellt werden. Die Breite der Tafeln beträgt 1,95 m. Eine Libbey-Owens-Maschine liefert in 24 h 20000 m² Glas. Die Plattenziehverfahren von FOURCAULT und LIBBEY-OWENS verdrängen überall die LUBBERS-schen Walzenzieheinrichtungen. 1930 waren in Europa 410 Fourcault- und 31 Libbey-Owens-Maschinen aufgestellt, welche zusammen 160 Mill. m² Fensterglas erzeugten.

Abb. 353. Schiffchen.

Die mechanische Fensterglasherstellung ist natürlich der Ruin der Mundbläserei. 1913 lieferten 70 deutsche Mundblasebetriebe 20 Mill. m² Fensterglas, 1927 36 Betriebe nur noch 15,5 und 1928 7 Mill. m² mundgeblasenes Tafelglas. Umgekehrt stellten 1927 8 Ziehglashütten schon 7 Mill. m², 1928 15 Mill. m² Ziehglas her.

Mechanische Herstellung von Hohlglas und Preßglas.

Zur Herstellung feinerer Weißhohlglasware ist heute immer noch die Handarbeit mittels Glasmacherpfeife in Anwendung, daneben hat sich aber überall auch die mechanische Herstellung für Flaschen, Konservengläser, Glühlampenkolben usw. durchgesetzt. Die Konstruktionen der Blasemaschinen sind nun prinzipiell verschieden, je nachdem Hohlkörper mit unverdickter, dünnwandiger Mündung (Becher, Zylinder) oder Hohlkörper mit Mundstück oder starkwandiger Mündung (Flaschen, Konservengläser) hergestellt werden sollen. Bei letzteren kann dann wieder das Külbel durch Gießen (Gießblasemaschinen) oder durch Pressen (Preßblasemaschinen) gewonnen werden. (Letztere sind nicht zu verwechseln mit den eigentlichen Glaspressen, S. 566). Bei den Preßblasemaschinen wird das Glas zunächst in einer Vorform vorgepreßt und dann in einer besonderen Blaseform fertig geblasen. Bei den Gieß- oder Flaschenblasemaschinen wird Glas in die Form hineingelassen, in einer Vorform der Kopf gebildet und die Masse aufgeblasen und dann in einer Fertigform zu dem gewöhnlichen Gefäß ausgeblasen.

Das erstaunlichste Beispiel einer Flaschenblasemaschine ist die Konstruktion von OWENS, die, in Amerika erfunden, auch bei uns verwendet wird, sie hat das Problem in hervorragender Weise gelöst. Eine solche Owens-Maschine (fünfzehnarmig) kann an einem Tage 60000 Bierflaschen oder 115000 weithalsige Einmachgläser herstellen. Diese Maschinen können auch größere Flaschen und selbst Ballons von 20—50 l Inhalt formen. Die Maschine besteht aus einem drehbaren Karussell mit senkrechter Achse, an welcher 6, 10 oder 15 bewegliche Arme angeordnet sind, von denen jeder eine Einrichtung zum Aufnehmen und Aufblasen des Glases trägt und bei jeder Umdrehung eine fertige Flasche liefert. Das Glas wird nicht der Schmelzwanne direkt entnommen, sondern einer kleineren vorgelegten Drehwanne, damit immer frisches Glas zur Stelle ist. Kommt ein Arm über die Drehwanne, so senkt

sich die Vorform soweit in die Schmelze, daß sie sich beim Ansaugen mit Glas
füllt (Abb. 354). Die gefüllte Form wird gehoben und das überschüssige, am
Formboden hängende Glas mit einem Messer abgeschnitten (b). Ein Stift
springt nun vor und drückt sich in die Glasmasse, wodurch die Halsöffnung
der werdenden Flasche vorgebildet wird. Gleichzeitig dient diese Öffnung zur
späteren Einführung der Druckluft. Nun öffnet sich die Vorform (c). Das
lange Kölbchen hängt frei an der Kopfform, von unten steigt die Fertigform
auf, welche das Kölbchen umschließt (d). Dann wird durch Druckluft das
Kölbchen zur Flasche aufgeblasen (e). Die Form öffnet sich (f), die Flasche
fällt nach unten und wird zum Verschmelzofen geführt, wo der Grat am
Kopfe der Flasche glatt geschmolzen wird. Die Fertigform senkt sich wieder
und die Vorform schließt sich wieder mit der Kopfform zusammen, die Vorform gelangt wieder über die Wanne und das Spiel beginnt von neuem. Infolge
der Drehung des Hafens taucht die Vorform jedesmal an einer anderen Stelle
der Schmelze ein, damit das durch die Form abgekühlte Glas sich wieder erwärmen
und den früheren Zähigkeitsgrad annehmen kann. Die fertig gemachten Flaschen gelangen dann in einen Kühlkanalofen.

Die Owenssche Karussellmaschine hat einen Durchmesser von 5 m; es sind
3 Arbeitsetagen übereinander angeordnet. Auf der obersten Etage liegen die

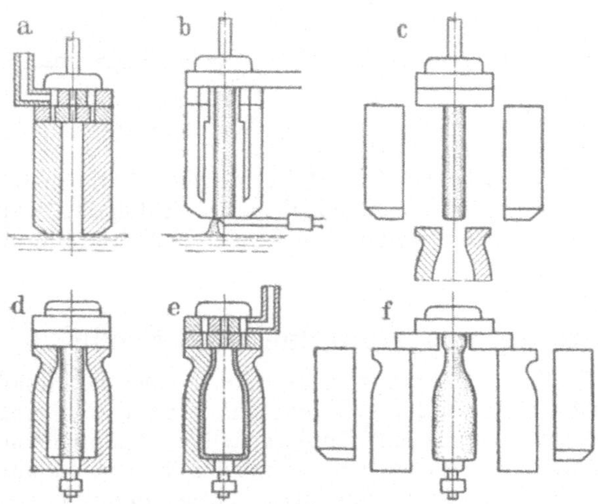

Abb. 354. Arbeitsweise der Flaschenblasemaschine von OWENS.

Beschickungsformen, auf der mittleren befinden sich die Vorformen, während
die Fertigformen auf der untersten angebracht sind. Die Owens-Maschine
eignet sich nur für ganz große Erzeugungsmengen.

Ebenso wie die Flaschenfabrikation drängte auch die gewaltig entwickelte
Glühlampenfabrikation zur maschinellen Massenherstellung. Auch hier sind
staunenswerte Leistungen erzielt worden. An der Spitze steht hierbei die
Westlake-Maschine. Es ist eine weiter entwickelte Owenssche Flaschen-
maschine. Sie wird ebenfalls als Karussellmaschine gebaut und arbeitet mit
einem Saugkopf, welcher das Glas aus der Wanne entnimmt und auf die
Mündung von 24 Pfeifen abgibt. Die Osramgesellschaft in Berlin hat drei
solche Maschinen in Betrieb. Jede derselben macht in 24 h 50000 Glühlampenkolben. Diese gehen nach der Fertigstellung automatisch über eine
Maschine zum Abschmelzen der Kappen durch den Kühlofen und von da
direkt zur Verpackung. Zur Bedienung der Maschine ist nur 1 Mann notwendig. Zur Bewältigung derselben Leistung würden 300 Mund-Kolbenbläser
erforderlich sein.

Auch für die Herstellung der Glasröhren sind mechanische Einrichtungen
erfunden worden. Hier ist in erster Linie die Dannersche Röhren- und Stab-
Ziehmaschine zu nennen, welche aus Amerika zu uns gekommen ist und auch
in Deutschland in Anwendung steht.

Bearbeitung der Glasoberfläche.

Die Bearbeitung der Glasoberfläche geschieht auf mechanischem Wege durch Schleifen oder durch Mattieren mit dem Sandstrahlgebläse oder aber auf chemischem Wege durch Ätzen mit Flußsäure.

Beim Schleifen handelt es sich in der Hauptsache um Spiegelglasschliff und um Krystallschliff.

Die rohen, gegossenen Spiegelglasplatten sind auf beiden Seiten rauh und uneben, sie müssen beiderseitig geschliffen und nachher poliert werden, um die gewünschte ebene und glänzende Oberfläche zu erlangen. Das geschieht heute auf großen Schleifapparaten. Man unterscheidet beim Schleifen drei Abschnitte: Das Rauhschleifen, das Feinschleifen und das Polieren. Spiegelglas (Flachglas), und zwar das gegossene wie das geblasene, muß beider-

seitig planparallel geschliffen werden. Abb. 355 zeigt den Schnitt durch eine Schleifanlage für gegossenes Spiegelglas. Auf einem gußeisernen Tisch *A* von 6 oder 10 m Durchmesser, der auf einer Königswelle befestigt ist, werden die zu schleifenden Scheiben durch Eingipsen befestigt. Der Tisch ist auswechselbar, um abwechselnd eine neue Belegung aufzunehmen. Auf dem Tische ruhen mit ihrem vollen Gewichte zwei eiserne Schleifscheiben B_1 und B_2, die auf

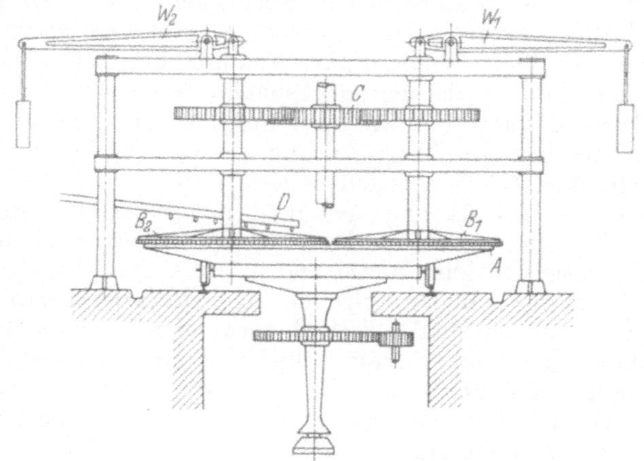

Abb. 355. Schleifen von Spiegelglasplatten.

ihrer Unterseite mit eingekerbten Eisenschienen versehen sind. Der Schleifdruck läßt sich durch die Hebel W_1 und W_2 und die Ausgleichgewichte regeln. Die beiden Schleifscheiben (Rundläufe) werden ebenfalls während des Schleifens in Rotation versetzt. Durch eine Rinne *D* bringt man den mit Wasser angemachten Schleifsand zwischen die beiden Rundläufe auf den Tisch. Zum Rauhschleifen benutzt man scharfkantigen Quarzsand, zum Feinschleifen oder Klarschleifen Schmirgelpulver, das in immer feineren Korngrößen zur Anwendung kommt. Hieran schließt sich das Polieren mit Scheiben aus weicherem Material (Holz, Zink, Filz) unter Benutzung von Poliermitteln wie Eisenoxyd, Zinnasche usw. Das Schleifen dauert $^1/_2$ h; dabei wird von den Spiegelglasscheiben auf jeder Seite etwa $1^1/_2$ mm heruntergeschliffen.

Die Facettenschleiferei geschieht mit Schmirgel- oder Sandsteinen.

In der Krystallschleiferei unterscheidet man einerseits den Eckenschliff und den Kuglerschliff, andererseits den Flachschliff für Beleuchtungs- und Wirtschaftsgegenstände und den Tiefschliff für Luxusartikel wie Vasen, Tischgeräte usw. in schwerem Bleikrystall. Eckenschliff wird auf horizontal laufenden Scheiben ausgeführt, Kuglerschliff an vertikal laufenden Scheiben oder Rädern. Beim Tiefschliff werden die Schliffmuster mit einer keilförmig geschliffenen Eisenscheibe unter Zugabe von Sand und Wasser vorgeschnitten, dann folgt ein Schleifen mit einem Sandsteinrad oder einer Kunststeinscheibe, woran sich das Polieren mit einer Holzscheibe unter Verwendung von Poliermitteln wie Tripel, Bimsstein, Zinnasche, Polierrot anschließt. In

der Bleikrystallschleiferei wendet man auch vielfach die später zu besprechende
Säurepolitur mit Flußsäure an.

Die Glasgravur oder Glasschneidekunst ist eine Abart der Krystallschleiferei. Damit werden Monogramme, Arabesken, Blumen und feine Linien
eingeschliffen. Die Arbeit wird mit kleinen Kupferrädchen und staubfeinem
Schmirgel in Öl ausgeführt. Auch das Einritzen von Zeichnungen mit dem
Diamanten wird als Gravieren bezeichnet.

Das Zersägen dickwandiger Glasplatten ist ein Durchschleifen mit einem
hin- und hergehenden Metallsägeblatt ohne Zähne, unter dauernder Zufuhr
von Wasser und Sand.

Das Mattieren auf mechanischem Wege geschieht durch das Sandstrahlgebläse. Mittels eines starken Luftstromes wird ein Strahl feinen Sandes
gegen die Glasoberfläche geschleudert, wodurch aus der Oberfläche kleine
Teilchen herausgerissen werden. Es gibt auch Sandstrahlapparate, welche nicht
mit Preßluft, sondern mit Vakuum arbeiten. Durch aufgelegte Schablonen
oder durch Bedecken mit Asphaltlack kann man auch in einfacher und billiger
Weise Figuren in Mattierung auf dem Glase erzeugen, die jedoch an Schönheit
hinter handgravierter Zeichnung weit zurückstehen. Löcher werden ebenfalls
mit dem Sandstrahlgebläse hergestellt.

Die Glasätzerei geschieht mit Fluorwasserstoff. Dieser wirkt auf Glas
heftig ein. Gasförmiger Fluorwasserstoff bildet mit der Kieselsäure
flüchtiges Siliziumfluorid und liefert matte Ätzflächen; verdünnte wäßrige
Flußsäure bildet Salze der Kieselfluorwasserstoffsäure und liefert blanke
Ätzflächen. In der Technik verwendet man zum Mattätzen meist konzentrierte
Lösungen von sauren Alkalifluoriden. Säurepolitur ist ein Ätzen mit
verdünnter Flußsäure, die man einige Zeit auf rauhgeschliffene Oberflächen
einwirken läßt. Die Säurepolitur arbeitet schneller und billiger als das Polieren
mit dem Polierrad.

Sollen Zeichnungen eingeätzt werden, so wird die Glasfläche mit einem
gegen die Wirkung der Säure widerstandsfähigen Deckgrunde versehen und in
diesen die Zeichnung mit einer Spitze eingeritzt, so daß das Glas an dieser
Stelle freigelegt und der Säure zugänglich wird. Soll ein Muster in vielmaliger
Wiederholung geätzt werden, so bedient man sich mechanischer Umdruckver-
fahren, indem man flußsäurebeständige Farbe mit dem betreffenden Muster auf
Papier druckt und von diesem nach Art der Abziehbilder auf das Glas überträgt.

Regelmäßig verlaufende und wiederkehrende Linienführungen werden durch
mechanische Vorrichtungen in den Deckgrund eingeritzt (Guillochieren,
nach dem Erfinder GUILLOT).

Sandstrahlmattierung und Ätzverfahren werden auch kombiniert, um matte
Flächen verschiedenen Grades zu erhalten. Die durch das Sandstrahlgebläse
erzeugte Mattierung wird um so mehr durch die Ätzung aufgehellt, je länger
die Ätzung dauert.

Die Veredelung der Glasoberfläche fertiger Gegenstände läßt sich in der
Weise vornehmen, daß man diese durch Einwirkung verschiedener Stoffe auf
das erhitzte Glas, oder durch Auftragen oder Aufschmelzen von Metallen oder
Farbglas verziert.

Trägt man eine Silberverbindung verteilt in Ton auf das Glas auf und erhitzt
bis zu Beginn der Erweichung, so wandert das Silber in die Glasmasse unter
Gelbfärbung ein. Das Verfahren wird als Gelbätzen oder als Lasieren bezeichnet. Auch Kupferoxyd wandert, in ähnlicher Weise aufgetragen, in das
Glas ein; durch nachfolgende Reduktion kann es in rotfärbendes kolloidales
Kupfer übergeführt werden. Das Rotätzen mit Kupfer findet man vielfach
bei böhmischen Kaligläsern.

Eine irisierende Oberfläche wird Glasgegenständen dadurch erteilt, daß man sie in erhitztem Zustande den Dämpfen flüchtiger Metallsalze aussetzt. Besonders die Chloride des Zinns, Bariums, Strontiums und arsenige Säure werden dazu verwendet.

Lüsterfarben sind Metallresinate, die in Lavendelöl gelöst auf die Glasgegenstände aufgetragen und in Muffeln eingebrannt werden. Sie erteilen den Glasgegenständen einen perlmutterartigen, farblosen oder farbigen Glanz. Besonders gebräuchlich sind Wismut- und Uranlüster. Eisenresinat gibt eine gelbbraune, glänzende Oxydhaut, die durch Wismutresinat auf dem Glase befestigt wird. Kupferresinat erzeugt im reduzierenden Feuer eine kupferglänzende Schicht. Durch Vermischen farbloser Lüster mit Glanzgold und Einbrennen können Glasgegenständen Farben erteilt werden, die alle Übergänge zwischen Rot, Blau und Grün und einen metallischen Glanz aufweisen.

Glanzgold, Glanzplatin sind Lösungen von Salzen dieser Metalle in organischen Flüssigkeiten (Schwefelbalsam), die auf Glas eingebrannt werden, wobei das Metall in zusammenhängender, stark glänzender Schicht zurückbleibt.

Verspiegelung des Glases. Der Spiegelbelag bestand früher aus Zinnamalgam. Zinnfolie wurde auf ebenen Platten mit Quecksilber abgerieben, Quecksilber noch darüber gegossen und die Glasplatte vorsichtig darüber geschoben. In einigen Tagen erhärtete das Amalgam.

Wegen der Gefährlichkeit des Quecksilbers für die Gesundheit der Arbeiter ist man vollständig zur Fabrikation der Silberspiegel übergegangen, die zudem weniger Licht verschlucken. Der Silberbelag wird aus ammoniakalischer Silbernitratlösung mittels eines Reduktionsmittels (weinsaures Kalium) erzeugt. Die Versilberungsflüssigkeit wird auf die gut gereinigte Scheibe aufgegossen. Dem Silberniederschlag gibt man nach dem Trocknen noch einen Lacküberzug. Verkupferung und Vergoldung findet seltener statt.

Glasmalerei. Soweit die Glasmalerei zur Herstellung gemalter Glasfenster in Frage kommt, kann man drei Arten der Arbeitsweise unterscheiden: 1. Die mussivische Arbeit, bei der das Bild aus verschiedenfarbigen Gläsern zusammengesetzt wird und nur Umrisse und Schatten (mit sog. Schwarzlot) mit dem Pinsel aufgemalt werden. 2. Die eigentliche Glasmalerei, bei der mit Glasmalerfarben Figuren und Dekor auf das Glas aufgebracht und eingebrannt werden. 3. Die kombinierte Methode, bei der das Bild, namentlich bei Kirchenfenstern aus farbigen Gläsern und bemaltem Glase zusammengesetzt wird.

Die eigentlichen Glasmalerfarben sind leichtflüssige, viel Bleioxyd und Borsäure enthaltende Gläser (Fluß oder Email), denen färbende Metalloxyde und andere Metallverbindungen zugesetzt sind. Ein solcher Fluß besteht z. B. aus 80 Teilen Mennige, 30 Teilen Sand und 20 Teilen Borax. Als Farbkörper können alle färbenden Stoffe verwendet werden, die sich in dem leicht schmelzenden Glasflusse nicht zersetzen, z. B. Eisenoxyd, das je nach seiner Behandlung gelb, rot, braun oder violett erhalten werden kann, ferner Chromoxyd (grün), Kobaltaluminat (Thenards Blau), Bleiantimoniat (gelb), Uranoxyd (gelb), Kobaltoxyd + Kupferoxyd + Iridiumoxyd (schwarz) usw. Auch kann der Fluß mit in der Schmelze löslichen Oxyden (s. Farbgläser) gefärbt werden. Die sehr fein gepulverten Glasmalerfarben, werden mit Terpentinöl, Dicköl usw. angerieben und für feine Dekore mit dem Pinsel aufgetragen. Für Massenartikel verwendet man durch Umdruck hergestellte Abziehbilder. Für größere Flächen zerstäubt man auch die Farbe durch Luftdruck mittels des Aerographen. Die Farben werden auf den bemalten Gläsern nach dem Trocknen in Glasmalermuffeln eingebrannt. Bei Surrogaten der Glasmalerei werden auch Farben nur mit Lack aufgetragen (also nicht eingebrannt).

Glasarten.

Je nach Zusammensetzung, Herkunft, Verwendung, besonderen Eigenschaften oder Herstellungsverfahren werden verschiedene Glasarten unterschieden, von denen die wichtigsten kurz besprochen werden sollen.

Flaschen- oder Grünglas. Das zu Wein- und Bierflaschen benutzte Glas weicht in seiner Zusammensetzung von den Gläsern, die der sog. Normalformel annähernd entsprechen, weit ab. Neben Kalk enthält es oft beträchtliche Mengen Tonerde und Eisenoxyd als wesentliche Bestandteile. Der Alkaligehalt ist der Kosten wegen nur klein; man begnügt sich meist mit dem, der durch Gesteine eingeführt wird. Es werden die billigsten Rohstoffe verschmolzen, und zwar möglichst solche, die in der Nähe der Produktionsstätte gefunden werden wie gewöhnlicher Sand, Kies, Mergel, Lehm, Basalt, feldspathaltige Gesteine usw. Die braunen Flaschen enthalten Mangan.

Bei zu hohem Kalkgehalt können Flaschengläser in ihrer Widerstandsfähigkeit gegen die Einwirkung saurer Flüssigkeiten zu wünschen übrig lassen. Aus solchem Glase hergestellte Flaschen sind z. B. zur Aufbewahrung von Wein unbrauchbar.

Fensterglas ist ein Natronkalkglas, das angenähert der sog. Normalformel entspricht. Es wird meist mit Natriumsulfat erschmolzen.

Spiegelglas ist dem Fensterglas ähnlich zusammengesetzt, nur werden reinere Rohstoffe benutzt. Die großen Spiegelscheiben werden gegossen, dann geschliffen und poliert. Die großen gebogenen Schaufensterscheiben werden nach dem Polieren in besonderen Öfen in erweichtem Zustande gebogen.

Weißhohlglas, das zu besseren Trinkgläsern, Karaffen, Ziergläsern usw. verarbeitet wird, ist ein möglichst farbloses Natronkalkglas. Ein besonders geschätztes Weißhohlglas, das aber statt Natrium Kalium enthält, ist das böhmische Krystallglas, das zu feineren, namentlich geschliffenen Gegenständen Verwendung findet. Auch chemische Geräte werden daraus angefertigt, z. B. die schwerschmelzbaren Verbrennungsröhren. Vom Jenaer Geräteglas und Verbrennungsröhrenglas, die von ganz anderer Zusammensetzung sind, wird es aber weit übertroffen.

Thüringer Glas ist leicht schmelzbar und enthält sowohl Kalium als auch Natrium. Aus ihm werden ebenfalls chemische Geräte angefertigt, deren chemische Widerstandsfähigkeit nicht den höchsten Anforderungen genügt, die aber wegen ihrer Wohlfeilheit weitgehende Anwendung finden. Die auf dem Thüringer Wald vor der Lampe angefertigten chemischen und physikalischen Glasapparate und der gläserne Christbaumschmuck gehen in die ganze Welt.

Bleikrystallglas enthält anstatt Calcium Blei und als Alkali Kalium. Es ist sehr stark lichtbrechend und wird deshalb gern zu geschliffenen Gebrauchs- und Luxusgläsern benutzt. Es wird in der Regel mit Mennige, statt mit Bleioxyd erschmolzen. Beim Einschmelzen verwendet man verdeckte Häfen, damit nicht die Flamme reduzierend wirkt und das Glas durch Abscheidung metallischen Bleies schwarz getrübt wird. Es ist leichter schmelzbar als Kalkglas. Da dem Bleiglase durch färbende Oxyde feurigere Farben erteilt werden als dem gewöhnlichen Kalkglase, wird es zu Farbgläsern gern gebraucht. Vor der Glasbläserlampe läßt es sich verarbeiten, wird aber in der reduzierenden Flamme schwarz und muß daher mit besonders konstruierten Brennern, die reichliche Luftzuführung gestatten, erhitzt werden. Ein Bleikrystallglas ist auch der Straß, genannt nach STRASSER, der dieses stark lichtbrechende Glas zuerst zu Edelsteinimitationen benutzte. Es ist bleireicher als das Bleikrystallglas, alkaliärmer und enthält etwas Borsäure. Es kommt farblos oder mit den üblichen Oxyden (s. Farbgläser) gefärbt zur Anwendung (Theaterschmuck).

Apparateglas und technische Spezialgläser. Durch die bahnbrechenden Studien und Versuche Schotts über den Zusammenhang zwischen Zusammensetzung und Eigenschaften des Glases sind eine ganze Reihe Spezialgläser für besondere technische Zwecke aufgefunden worden, von denen hier zunächst nur folgende genannt seien: Supraxglas für Gasglühlichtzylinder, Durobaxglas für Wasserstandsrohre, Fiolaxglas für medizinische Flüssigkeiten, Glas für Grubenlampenzylinder, Thermometergläser, Geräteglas für chemische Zwecke usw.

Das gewöhnliche Thüringer Geräteglas besteht aus 68,5% SiO_2, 3,2% Al_2O_3, 7,1% CaO; 14,2% Na_2O; 6,3% K_2O, das eigentliche chemische Apparateglas von Schott und Gen., Jena, aus 74,5% SiO_2, 4,6% B_2O_3, 8,5% Al_2O_3, 0,8% CaO, 3,9% BaO, 7,7% Na_2O. Das Jenaer Normalthermometerglas für gewöhnliche Thermometer und Aräometer hat 67,3% SiO_2; 2% B_2O_3, 2,5% Al_2O_3, 7% ZnO, 7% CaO und 14% Na_2O, das Borosilicat-Thermometerglas für Thermometer für höhere Temperaturen (500°) und Stickstofffüllung 72% SiO_2, 12% B_2O_3, 5% Al_2O_3 und 11% Na_2O. Diese Thermometergläser beseitigen die bei mehrmaliger Erhitzung eintretende Depression des Nullpunktes, die alle anderen Gläser aufweisen. Auch von anderen Werken sind später Spezialgläser aufgefunden worden. Genannt sei hier das amerikanische Pyrexglas für Küchengeräte, die direkt auf offenem Feuer benutzt werden können; es besteht aus 80,7% SiO_2, 10,5% B_2O_3, 3,5% Al_2O_3, 0,7% CaO, 0,6% MgO und 4,1% Na_2O. Weniger gut bewährt hat sich das böhmische Silexglas und Restistaglas. Demselben Zwecke dienen Nonsol, Durax u. a. Den Chemikern ist allgemein bekannt das von Schott und Gen. hergestellte vorzügliche Supremaxglas für Verbrennungsrohre und chemische Apparate, welches hohen Temperaturen (bis 800°) ausgesetzt werden kann. Supremaxglas besteht aus 56,4% SiO_2, 8,9% B_2O_3, 20,1% Al_2O_3, 4,8% CaO, 8,7% MgO, 0,6% K_2O und 0,6% Na_2O. Dieselbe Firma stellt auch ein ganz alkalifreies Baryt-Kalkborosilicatglas für Isolatoren her.

Diese Übersicht zeigt, daß durch Einführung der früher im Glase nicht benutzten Oxyde BaO, ZnO, Sb_2O_3, B_2O_3 und P_2O_5 eine ganze Reihe Gläser für besondere technische Ansprüche erhalten werden können. Das erkannt und zuerst erfolgreich durchgeführt zu haben, ist das große Verdienst von Schott und Gen. in Jena. Namentlich die Einführung der Borsäure hat sich in verschiedener Beziehung (z. B. zur Verminderung des Ausdehnungskoeffizienten) als sehr günstig erwiesen.

Optisches Glas. Optische Gläser müssen physikalisch und chemisch homogen, namentlich frei von Spannungen und Schlieren sein. Die Beseitigung der Spannungen und Schlieren (Streifen verschiedener Zusammensetzung und Brechbarkeit) bildet die Hauptschwierigkeit der Fabrikation.

Ihrer optischen Wirkung nach kannte man früher nur zwei Hauptgruppen: 1. die bleifreien Krongläser (ein Alkalikalkglas) von geringer Brechbarkeit und geringer Farbenzerstreuung und 2. die bleihaltigen Flintgläser mit hoher Brechbarkeit und hoher Farbenzerstreuung. Durch die Versuche von Schott und Abbe ist es durch Einführung von Alkalien, Barium, Calcium, Zink, Blei in die Gläser und Verwendung von Gemischen von Silicaten, Boraten und Phosphaten gelungen, heute Gläser mit jedem gewünschten Verhältnis von Brechung und Lichtzerstreuung herzustellen. Zu den gewöhnlichen Silicat-Kron- und Silicat-Flintgläsern sind noch Barium-Zink-Silicat-Kron-, Baryt-Kron-, Baryt-Flint-, Borosilicat-Kron-, Borosilicat-Flint-, Antimon-Flint- und Phosphatgläser getreten.

Zur Herstellung von Gläsern für Präzisionsoptik geht man von den reinsten Rohmaterialien aus. Nach dem Läutern wird die Schmelze mit einem Rührer bis zum Steifwerden gerührt, um die Schlieren zu beseitigen. Dann wird der Hafen mit einer fahrbaren Zange aus dem Ofen geholt und in einem anderen vorher angewärmten Ofen einige Tage lang abgekühlt. Beim Erkalten springt das Glas in größere Stücke. Die gut erscheinenden Glasstücke werden ausgelesen, in eine Senkform aus Schamotte gebracht und mit dieser in den Senkofen geschoben, wo sie nach langsamer Anwärmung zusammensinken und die Form ausfüllen. Aus dem Senkofen kommen die Formen in einen vorher auf Rotglut angeheizten Kühlofen, in welchem sie mehrere Wochen verbleiben, um zwischen 465 und 370° abzukühlen. Große Linsen für Riesenfernrohre werden direkt in entsprechende Formen gesenkt.

Brillengläser werden aus reinem farblosen Spiegelglas, welches zur Erhöhung des Brechungsindex etwas BaO oder MgO enthält, durch Ausschneiden mit dem Diamanten hergestellt. Zu Schutzbrillen benutzt man Euphosglas, ein mit Cr_2O_3 schwach grünlich gefärbtes Glas, welches sehr geringe Durchlässigkeit für ultraviolette Strahlen aufweist. Umgekehrt wird von den Jenaer Werken ein Uviolglas hergestellt, welches für ultraviolette Strahlen besonders gut durchlässig ist (für Quecksilberdampflampen, Astrophotographie). Tageslichtglas ist ein blaugrünes, opakes Überfangglas, welches ein bläulichweißes Licht liefert.

Getrübte Gläser.

Trübungen im Glase beruhen auf der Einlagerung kleiner Teilchen von anderer Lichtbrechung in der glasigen Grundmasse, die entweder krystallinisch oder amorph sein können. In diesem Falle ist das Glas als eine erstarrte Emulsion anzusehen, in welcher die trübenden Teilchen wie das Fett in der Milch tröpfchenartig in der Grundmasse verteilt sind.

Man kann drei Gruppen von Trübungen unterscheiden:

1. Stoffe, welche einfach mechanisch suspendiert sind, ohne daß sie chemische oder physikalische Umwandlungen erleiden. Stoffe dieser Art sind Zinnoxyd, Talkum (Federweiß) und Zirkonoxyd.

2. Stoffe, die bei der Schmelzung in Lösung gehen und beim Abkühlen sich krystallinisch ausscheiden; hier handelt es sich um Entglasungserscheinungen. Trübungsmittel dieser Art sind die Phosphate (Calciumphosphat, Knochenasche), Kieselsäure und Silicate.

3. Stoffe, welche bei der Schmelzung in Lösung gehen, in der Schmelze aber mit anderen Glasbildnern reagieren und sich zum Teil verflüchtigen. Zu diesen Trübungsmitteln gehören vornehmlich die Fluorverbindungen, speziell Flußspat und Kryolith.

Entsprechend dieser Einteilung unterscheidet man bei getrübten Gläsern:

1. Alabastergläser, Trübung mit Federweiß, Knochenasche, Zinnoxyd.

2. Beingläser, wenig getrübt, mit rötlichbrauner Farbe durchscheinend. Die Trübung wird durch Knochenasche hervorgebracht.

3. Spat- und Kryolithgläser, wenig durchscheinend, das Licht in natürlicher Farbe durchlassend. Trübung mit Feldspat oder Kaolin und Flußspat oder Kryolith.

4. Emailgläser. Trübung mit Arsenik.

Getrübtes Glas wird zu Beleuchtungsgegenständen verarbeitet, um den grellen Glanz der Lichtquellen zu dämpfen und das Licht gleichmäßiger im Raume zu verteilen. Getrübtes Glas findet auch Verwendung zu Ziergläsern usw. Sehr dicht getrübtes Glas bezeichnet man als Milchglas oder Alabasterglas, weniger dichtes als Opalglas, Nebelglas usw.

Farbgläser.

Färbungen in Gläsern werden durch gewisse Metalloxyde, Sulfide und Selenide und in einigen Fällen auch durch kolloidale Metallausscheidungen hervorgerufen. Als färbende Oxyde kommen solche in Betracht, deren Salze an und für sich gefärbt sind. Sie lösen sich im Glasflusse in der Regel unter Bildung von Silicaten auf. Die Farbe des Glases hängt nicht allein vom Gehalt an färbendem Oxyd, ab, sondern auch von der Zusammensetzung des Glases, bei kolloidal gelösten Stoffen auch von der Behandlung der Schmelze beim Abkühlen.

Man kann zwei Arten der Glasfärbung unterscheiden:

1. Oxydfärbung oder direkte Färbung, bei welcher die färbenden Oxyde während des Schmelzprozesses als Glasbildner mit den übrigen Glasbildnern eine klare Lösung ergeben.

2. Anlauffärbung, bei welcher sich die färbenden Substanzen in elementarer Form in allerfeinster Verteilung im Glase, und zwar kolloidal gelöst finden, also größer als in molekularen Abmessungen, aber noch nicht so groß, daß sie mit dem Mikroskop erkennbar wären. Zur Erzielung dieser Feinverteilung ist ein einmaliges oder öfteres Anwärmen des abgekühlten Glases notwendig.

Nicht zur Klasse der Anlauffarben gehört die sulfidische Gelbfärbung; sie ist wahrscheinlich auch auf kolloidal im Glase verteilte Substanz zurückzuführen, sie entsteht aber nicht durch Anlaufenlassen, sondern unmittelbar in der Schmelze.

1. Oxydfärbung liefern folgende Oxyde:

Chromoxyd löst sich schwer im Glase auf, es wird deshalb in der Regel als Chromat eingeführt. Die leicht schmelzbaren Bleigläser färben sich damit gelb (Chromatfärbung), schwerer schmelzende Gläser gelbgrün bis grün, wobei das Chromat zersetzt wird. Im Überschuß zugesetzt, scheidet sich Chromoxyd beim Erkalten der Schmelze krystallinisch in farbig schillernden Blättchen wieder ab. Es entsteht so das Chrom-Aventuringlas. Mit geringen Mengen reduzierender Stoffe geschmolzen wird das Glas rein grün, bei starker Reduktion dagegen erhält man schön violett gefärbtes Glas.

Eisenoxydul färbt blau bis blaugrün, Eisenoxyd gelb. Beim Schmelzprozeß entstehen, gleichgültig in welcher Form man das Eisen einführt, beide Oxydformen nebeneinander und man erhält ein Graugrün, wie wir es an Weinflaschen sehen. Will man gelbe bis braune Färbungen erzielen, muß man stark oxydierend schmelzen und Braunstein zusetzen.

Manganoxyd wird in der Regel als Braunstein eingeführt. Mangan färbt Natrongläser rötlichviolett, Kaligläser bläulichviolett. Man weiß aber nicht sicher, welche Oxydationsstufe färbt, man nimmt an, daß es das Manganoxyd Mn_2O_3 ist; Manganoxydul MnO färbt nicht. Wenn Mangan dem Glase zur Verdeckung einer geringen Eisenfärbung zugesetzt wird, entsteht ein schwaches Grau.

Nickeloxyd färbt Kaligläser violett, Natrongläser gelbbraun, es wird aber weniger zur Färbung als zu Entfärbungszwecken benutzt.

Kobaltoxyd geht bei Einführung in die Schmelze in das Oxydul CoO über, und dieses ist es, welches das Glas schon in Mengen von 0,5% intensiv blau färbt. Schmalte ist ein gepulvertes Glas, hergestellt durch Zusammenschmelzen von Kobalterz mit Pottasche und Quarz.

Kupferoxyd färbt bleifreie Gläser himmelblau, Borosilicatgläser gelbgrün, die Blaufärbung ist aber viel weniger intensiv als durch Kobaltoxyd. Alle antiken ägyptischen und römischen blauen Gläser sind Kupfergläser.

Uranoxyd in Mengen von 1—2% färbt gelb mit lebhafter grüner Fluorescenz, größere Mengen geben tiefgelbe, orange bis braune Farbtöne.

Neodymoxyd gibt ein schönes Blauviolett.

2. **Anlauffarben** entstehen nicht in der geschmolzenen Glasmasse, diese ist farblos, erst wenn man den geblasenen Gegenstand nochmals auf 450—480° anwärmt, kommt in etwa 28—30 min die Anlauffarbe zum Vorschein, „das Glas läuft an".

Im roten **Goldrubinglas** ist kolloidales Gold enthalten, das dem Glassatz in Form eines beliebigen Goldsalzes zugegeben wird. Die Größe und die Farbe der Goldteilchen kann je nach der Behandlung der Schmelze sehr verschieden sein. Im guten Goldrubinglase, das sowohl in der Durchsicht als auch im auffallenden Licht rot und vollkommen klar erscheint, sind die Teilchen äußerst klein. Werden sie größer, so leuchtet ein durch das Glas geschickter Lichtkegel grün auf, das Glas selbst ist in der Durchsicht rot, in der Aufsicht getrübt. Noch größere Teilchen geben ein blau durchscheinendes, braun getrübtes Glas.

Das Goldrubinglas wird gewöhnlich aus einem bleioxydhaltigen Gemenge erschmolzen; sein Goldgehalt ist ein äußerst geringer; es genügen 0,01 g Gold auf 100 g Glas, um die rote Färbung hervorzurufen. Goldrubinglas ist zuerst von LIBAVIUS 1595 und NERI 1614 erwähnt. Besondere Kunstleistungen erzielte nach 1680 KUNKEL, der Leiter der Glashütte des Großen Kurfürsten auf der Pfaueninsel bei Potsdam.

Die **Kupferrubingläser** sind dem Goldrubin ganz ähnlich. Die Schmelze erstarrt, wenn sie schnell erkaltet, farblos, das Glas läuft jedoch beim Anwärmen rot an; es kann, wenn die Teilchen größer werden, in der Aufsicht getrübt erscheinen und in der Durchsicht rot und schließlich auch blau durchscheinen. Zu seiner Herstellung werden dem Glassatz etwa 0,25% Kupferoxydul oder -oxyd zugesetzt, außerdem zur Reduktion etwas Zinnasche, Zinnfeile oder Eisenhammerschlag. Beim Schmelzen ist der Zutritt oxydierender Luft möglichst zu vermeiden. Die Färbung ist äußerst intensiv, so daß es in der Regel in dünner Schicht auf farblosem Grundglas nach dem Überfangverfahren verarbeitet wird. Kolloidales Kupfer ist das wichtigste Glasfärbungsmittel für rote Gläser.

Kupferrubinglas ist bereits im Mittelalter zu Glasmalereien verwendet worden; die Kenntnis seiner Herstellung ging aber mit dem Verfall dieser Kunst verloren, erst 1826 gelang es ENGELHARDT, das Verfahren wieder zu finden.

Den Römern war ein **undurchsichtiges**, zinnoberrotes kupferoxydulhaltiges Kupferglas, das Hämatinon oder Porporino, bekannt, das zu Trinkgefäßen und Mosaiken Verwendung fand. In Murano bei Venedig wurde zuerst das **Aventuringlas**, das mit glänzenden **Kupferkrystallen** durchsetzt ist, zu Schmucksteinen u. dgl. verarbeitet.

Silberglas. Schmilzt man ein leicht schmelzendes Bleiglas mit einem Zusatz eines Silbersalzes, so erhält man gelb anlaufendes Silberglas, es gelingt aber nicht, jedes Glas so zu färben. Gelbes, mit Silber gefärbtes Glas ist in der Regel durch **Lasieren** (S. 572) hergestellt.

Selen und Selenide färben rosenrot, und zwar ist auch hier der färbende Bestandteil metallisches, im Glase kolloidal gelöstes Selen.

Schwefel und Schwefelverbindungen, aber auch organische Stoffe wie Kohle, Holzkohle, Graphit, Kleie, Weizenmehl färben Glas gelb bis braun. Die Farbe entsteht aber bei den Schmelzen nicht durch Anlaufen. Freier Schwefel kommt im Glase nicht vor, die färbenden Substanzen sind die Sulfide. In der Regel geht man von Sulfat aus, setzt Reduktionsmittel zu und arbeitet mit reduzierender Flamme. Die dunkelbraunen Medizinflaschen sind in dieser Weise hergestellt.

Cadmiumsulfid, als solches in das Glas eingeführt, gibt eine intensiv gelbe Anlauffarbe; mit Selen zusammen entsteht eine eigenartige dunkelorange bis rote Färbung (Selenrubin).

Durch Mischen verschiedener Farbzusätze lassen sich mannigfaltige Abänderungen in der Färbung erzielen. Eine graue Färbung (für Schutzbrillen verwendet) erhält man z. B., indem man das Violett des Mangans durch Eisenoxyd und Kupferoxyd neutralisiert oder Nickeloxyd verwendet. Schwarzes (Hyalith-) Glas wird erhalten durch Verwendung eines Gemisches kräftig färbender Oxyde wie Mangan, Kobalt, Eisenoxyd, wovon größere Mengen in das Glas eingeführt werden.

Die gesamte Deutsche Glasindustrie umfaßte nach der letzten großen Gewerbezählung im Jahre 1933 4215 Betriebe mit 58891 beschäftigten Personen. Von diesen Betrieben waren 143 Weißhohlglashütten, 88 Flaschenglashütten, 47 Flachglashütten, 2505 Glasbläsereien, 40 Glasperlenfabriken, 260 Hütten zur Verarbeitung von Hohlglas und 1112 solche für Flachglas.

Die deutsche Glasausfuhr belief sich nach Menge und Wert auf

	1926	1928	1930	1932	1934	1936	1937
Menge in 1000 t	173,7	160,9	170,7	108,8	102,4	121,8	143,6
Wert in Millionen Mark .	188,2	211,9	232,6	123,6	71,8	76,0	84,1

Quarzglas und Quarzgut.

Quarz läßt sich nach dem gewöhnlichen, sonst in der Industrie üblichen Verfahren nicht verschmelzen, da er erst oberhalb 1600° in den glasigen Zustand übergeht und bei dieser Temperatur und auch darüber hinaus so zähe bleibt, daß eine Läuterung wie bei gewöhnlichen Glasschmelzen ausgeschlossen ist. Überdies beginnt Quarz oberhalb seines Schmelzpunktes (1720°) zu verdampfen. In Gefäßen aus feuerfesten basischen Stoffen läßt er sich nicht schmelzen, da er mit diesen Verbindungen von niederen Schmelzpunkten eingeht; an dem kostspieligen Iridium haftet die Schmelze nach dem Erkalten fest an, durch Kohle wird sie leicht unter Bildung von Silizium und Siliziumcarbid verunreinigt; nur Zirkonoxyd und Thoriumoxyd gelten als Stoffe, die zu Tiegeln geeignet sind. Die Technik arbeitet deshalb nicht mit Schmelzgefäßen.

Technisch wird hergestellt: Quarzglas durch Schmelzen von Bergkrystall und Quarzgut (Vitreosil, Dioxsil, Sidio, Siloxyd) aus Quarzsand. Das Quarzglas liefert hauptsächlich durchsichtige Gegenstände, das Quarzgut ist undurchsichtig und von zahlreichen Luftbläschen durchsetzt, silberweiß, mit eigenartigem Glanze (Kieselsilber). Aus Quarzglas fertigt man Tiegel, Kolben, Röhren, Quecksilberdampflampen, Thermometer, Thermostaten, Muffeln usw. In noch höherem Maße wird Quarzgut verwendet, und zwar zur Herstellung chemischer Großapparaturen, z. B. zur Schwefelsäurekonzentration, Salzsäurefabrikation, zur Denitrierung und Konzentration von Salpetersäure, für Isolatoren, für elektrische Gasentstaubungsapparate usw.

Um die Herstellung von Gegenständen aus durchsichtigem Quarzglas hat sich die Firma Heräus und um die Herstellung von Quarzthermometern die Firma Siebert & Kühn große Verdienste erworben. Ausgesuchte Stücke reinsten Bergkrystalls werden langsam auf 600° vorgewärmt und dann ein Stück nach dem andern vor dem Knallgasgebläse schnell auf die Verglasungstemperatur gebracht. Das erste Stück Bergkrystall muß erst vollständig niedergeschmolzen sein, ehe ein zweites hinzugefügt werden darf. Nur so kann man Luftblasen im Quarzglase ausschließen. Die Hohlgefäße aus Quarzglas wurden früher so aus einzelnen Bergkrystallstückchen vor der Lampe aufgebaut und verglast. Heräus stellte dann dickwandige Hohlkörper her, indem er in ein erweichtes Quarzstück einen Hohlraum mittels eines Stempels eindrückte und das Stück im Knallgasgebläse nach Art der Lampenbläserei weiter verarbeitete.

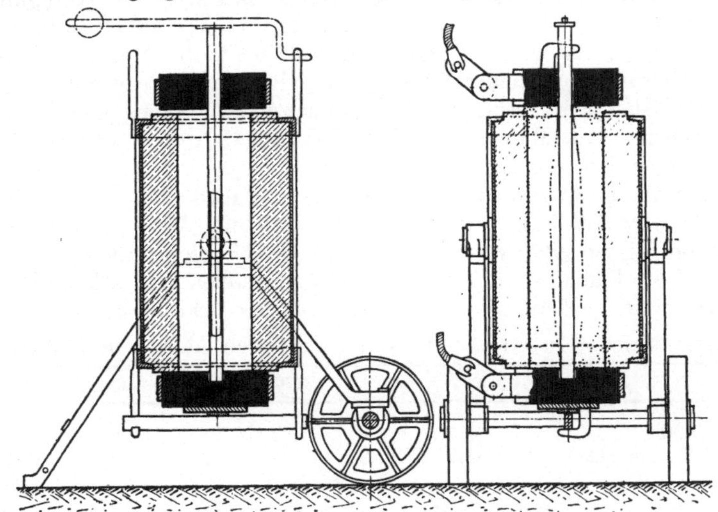

Abb. 356. Elektrischer Ofen zum Schmelzen von Quarzgut. (Nach MUSPRATTS Enzyklopädie. Erg.-Bd. II.)

Anders verfährt man bei der Herstellung großer Gegenstände aus Quarzgut, die nicht durchsichtig zu sein brauchen und bei denen auf Blasenfreiheit (Luftblasen) kein Wert gelegt wird. Nach BOTTOMLEY und PAGET schichtet man um einen Kohlenstab, der nachher durch den elektrischen Strom sehr hoch erhitzt werden kann, Quarzsand; dieser schmilzt zu einem Rohr zusammen, welches durch ein Gaspolster vom Kohlenstabe getrennt gehalten bleibt. Dann zieht man den Kohlenstab heraus und bearbeitet das noch weiche Quarzrohr durch Ziehen und Pressen sofort weiter. Abb. 356 zeigt im Schnitt die Einrichtung eines Ofens zum Schmelzen von Quarzgut, Abb. 357 die Formung von Gegenständen durch Blasen, wobei auch zwei- oder mehrteilige Formen benutzt werden. Überflüssige Teile werden nach dem Erkalten mit der Carborundscheibe weggeschnitten. Aus dicken Rohren werden, nach nochmaligem Erwärmen in einem elektrischen Ofen, wie beim Glas, dünnere Rohre gezogen. Man benutzt Wechsel- oder Drehstrom von 1000—3000 A und 15—60 V für die Widerstandserhitzung.

Einige physikalische Eigenschaften des Quarzgutes sind nachstehend im Vergleich mit Glas und Porzellan zusammengestellt.

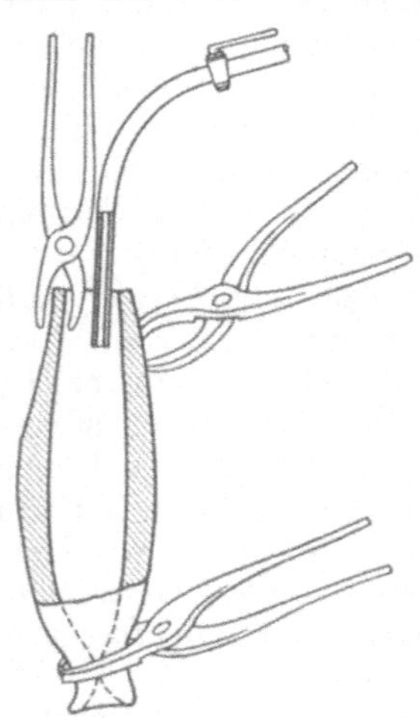

Abb. 357.
Formung von Quarzgut.

	Quarzgut	Glas	Porzellan
Spezifisches Gewicht	2,21	2,3—3,8	2,42
Druckfestigkeit kg/cm²	19800	6000—12600	etwa 5000
Zugfestigkeit kg/cm²	über 700	über 350	160—360
Härte nach MOHS	4,9	5—7	7—8
Schmelzpunkt	1720°	1000—1500°	1650 · 1700°
Ausdehnungskoeffizient zwischen 0 bis 1000°	$0{,}55 \cdot 10^{-6}$	$11{,}2 \cdot 10^{-6}$	$3—4 \cdot 10^{-6}$

Geschmolzener Quarz besitzt den kleinsten Ausdehnungskoeffizienten von allen bekannten Körpern. Man kann deshalb kleine Quarzgegenstände, die rotglühend gemacht sind, sofort auf sehr tiefe Temperaturen abkühlen, ohne daß sie springen.

Quarz verliert beim Übergang in den amorphen Zustand seine Doppelbrechung; er läßt alle Strahlen bis 229 μ Wellenlänge leicht durch. Bei wiederholter längerer Erhitzung über etwa 1200° geht der Quarz in den Geräten in seine anderen Modifikationen (Cristobalit) über, es tritt die sog. Entglasung ein, wodurch die mechanische Festigkeit stark zurückgeht. Schwefelsäure, Salpetersäure, Salzsäure und Chlor greifen Quarzgegenstände nicht an, wohl aber Flußsäure, Phosphorsäure und Alkalien.

Wasserglas.

Man bezeichnet mit dem Namen Wasserglas glasig erstarrte Schmelzen von Alkalisilicaten wechselnder Zusammensetzung, jedoch auch die wäßrigen Lösungen dieser Schmelzen führen im Handel den Namen Wasserglas. In der Hauptsache werden technisch Natriumsilicate oder Natronwassergläser hergestellt, weniger Kaliwassergläser. Die Wassergläser sind zwar auch echte Gläser, sie unterscheiden sich aber von jenen durch ihre mehr oder weniger große Wasserlöslichkeit. Das Verhältnis von Na_2O zu SiO_2 schwankt stark, es läßt sich also kein bestimmtes Molekularverhältnis $Na_2O : SiO_2$ angeben, jedes beliebige Verhältnis kann erhalten werden.

Wasserglaslösungen waren schon den Alchimisten bekannt. Systematisch untersucht und in praktischen Gebrauch eingeführt wurde Wasserglas erst 1819 durch v. Fuchs. Größere Wasserglasfabriken entstanden bei uns in den 60er Jahren. Die erste Verwendung (1823) war die Benutzung als Feuerschutzmittel für Holz und Theaterdekorationen; später tränkte man damit poröse Steine zur Härtung, und zu Beginn der 60er Jahre erkannte man den Wert des Wasserglases als Wasch- und Reinigungsmittel und als Seifenzusatz und Seifenersatz. Diese Verwendungsmöglichkeit hat den großen Aufschwung der Wasserglaserzeugung verursacht. Deutschland erzeugte 1925: 72 000 t festes Wasserglas.

Die jetzt im Handel befindlichen festen Wassergläser haben folgende Zusammensetzung:

Bezeichnung	Farbe	Molverhältnis	Zusammensetzung		
			SiO_2	Na_2O	$Fe_2O_3 \cdot Al_2O_3 \cdot CaO \cdot MgO$
1. „Neutrales" Sulfatglas	blaugrün	3,2—3,5	75	23	2
2. „Neutrales" Sodaglas .	hellgelb	3,2—3,5	76	23	1
3. Alkalisches Glas . . .	braun	2,0—2,2	66	32	2
4. Kaliwasserglas	hellbraun	3,5—3,8	70	1 Na_2O + 28 K_2O	1

Die Herstellung der Wasserglasschmelze geschieht in der Weise, daß man die Rohstoffe Sand und Soda (etwa 100 Teile Sand und 52 Teile calcinierte Soda), oder Sand, Natriumsulfat und Kohle (etwa 100 Teile Sand, 75 Teile calciniertes Sulfat und 8 Teile Holzkohle) zusammenmischt und den „Glassatz" in einen Ofen einträgt, in welchem er bei 1300—1400° in einigen Stunden zu einer gleichmäßigen Masse zusammenschmilzt, die dann abgestochen wird. Die dabei auftretenden Umsetzungen sind ungefähr folgende:

$$Na_2CO_3 + 3,5\ SiO_2 = Na_2O \cdot 3,5\ SiO_2 + CO_2$$

bzw. $$Na_2SO_4 + 3,5\ SiO_2 + C = Na_2O \cdot 3,5\ SiO_2 + SO_2 + CO\ .$$

Die erkalteten Wasserglasblöcke zerspringen von selbst in Stücke. Bisweilen wird auch das glühende Glas zur Zerkleinerung mit Wasser abgeschreckt.

Die Öfen, in welchen heute das Schmelzen vorgenommen wird, sind ausnahmslos SIEMENSsche Regenerativöfen, welche fast genau wie die Wannenöfen für Fenster- und Flaschenglas eingerichtet sind. Sie fassen bis zu 50 t Glas und liefern täglich etwa 26 t Schmelze. Das Ofenmauerwerk (Schamottesteine) wird beim Schmelzen sehr stark angegriffen.

Die Herstellung der Wasserglaslösungen, d. h. die Auflösung der Wasserglasschmelzen kann je nach der Art der Schmelze verschieden geschehen. Alkalisches Wasserglas läßt sich in einfachen stehenden Rührzylindern in der entsprechenden Wassermenge unter Einleiten von Dampf von 2—3 Atm. lösen und nach dem Absetzen filtrieren. Kali- und Neutralwasserglas muß dagegen in rotierenden Trommeln von 2 m Durchmesser und 5 m Länge, denen durch die hohe Achse Dampf zugeführt wird, bei einem Druck von 3 Atm. gelöst werden, was einige Stunden in Anspruch nimmt. Der Wasserzusatz wird so bemessen, daß eine Lösung von 38° Bé entsteht. Die Filtration der zähen Lösungen in Filterpressen macht oft Schwierigkeiten. Wasserglaslösungen mit anderen Molverhältnissen von $Na_2O : SiO_2$ werden durch Mischen von Neutralglas mit alkalischem Wasserglas erhalten. Eine Konzentration durch Eindampfen kommt eigentlich nur bei Herstellung von Wassergläsern mit mehr als 40% Bé in Frage.

Zusammensetzung handelsüblicher Wasserglaslösungen. (Nach H. MAYER.)

Beschaffenheit	Dichte	Zusammensetzung			Molekular-verhältnis
		SiO_2	Na_2O	H_2O	
Natronwasserglas:					
36 bis 38° Bé, flüssig	1,34	26,5	7,9	65,6	3,3
40 bis 42° Bé, flüssig	1,41	29,0	8,9	62,1	3,3
50° Bé, dickflüssig	1,53	35,0	13,5	51,5	2,6
60° Bé, zähflüssig	1,71	37,0	18,0	45,0	2,1
70° Bé, sehr zähflüssig	1,92	37,0	23,0	40,0	1,6
Kaliwasserglas:					
31° Bé, flüssig.	1,27	21,0	0,4 K_2O 8,2 Na_2O	70,4	3,6
Krystallisiertes Wasserglas:					
Kristallin	—	21,0	21,0	58,0	1,0

Die wichtigste Handelssorte ist das erstgenannte Wasserglas, von dem etwa 10mal soviel hergestellt wird, wie von den anderen.

Von der Gesamtmenge des bei uns erzeugten Wasserglases verbraucht $^1/_5$ die Seifen- und Waschmittelindustrie, $^1/_5$ die Tonindustrie, $^2/_5$ die Papierindustrie und das letzte Fünftel verteilt sich auf die Bauindustrie, die chemische Industrie und einige andere Zwecke.

Wasserglas wird direkt als Waschmittel, aber auch als wasserenthärtendes, seifesparendes Mittel für Hauswäsche verwendet. Vielfach findet Wasserglas als Waschmittelzusatz Verwendung. Henkels Bleichsoda ist ein Gemisch von 23% Wasserglas (38° Bé), 57% krystallisierter und 20% entwässerter Soda. Als Füllmittel in Seifen hatte das Wasserglas im Kriege große Bedeutung. Wasserglas wird auch als Klebmittel bei der Herstellung von Pappen und für Furnierhölzer benutzt; in der Textilindustrie und Färberei dient es als Beschwerungsmittel, beim Zeugdruck als Beiz- und Fixierungsmittel, auch als Appreturmittel, in der Zement- und Kunstseidenindustrie als Verkieselungs- und

Erhärtungsmittel. Viel verwendet wird auch Wasserglas zu Kitten und zur Konservierung von Eiern.

Silica-Gel (Porenkiesel, Kiesel-Gel). Bei Zersetzung von Wasserglaslösungen mit Mineralsäuren scheidet sich Kieselsäure aus, und zwar je nach den Bedingungen flockig, körnig oder kolloidal. Die Technik hat es nun verstanden, aus dem ausgewaschenen und getrockneten Kieselsäure-Gel ein sehr wertvolles, hochporöses Produkt in körniger oder feinpulveriger Form herzustellen, das Silica-Gel. Brauchbare, stark aktive Massen sind aber nur schwierig zu erhalten, da die Konzentration der Lösungen, die Art des Säurezusatzes, die Fällungstemperatur, die Art des Auswaschens und des Trocknens von wesentlichem Einfluß auf die Capillarstruktur sind. Man stellt leichteres grobporiges (milchig aussehendes) und schwereres feinporiges (transparent erscheinendes) Silica-Gel her. Die innere Oberfläche guten Silica-Gels kann bis 450 m²/g betragen. Silica-Gel ist ein vorzügliches Adsorptionsmittel für Gase und Dämpfe (Benzin, Benzol, Äther, Alkohol usw. aus der Luft von Celluloid-, Kunstseide-, Lack-, Sprengstoffabriken), ebenso für Feuchtigkeit (es nimmt 40% seines Eigengewichtes an Wasser auf) und dient deshalb zum Trocknen von Luft und Gasen (z. B. von Hochofenwind in einer schottischen Anlage).

Emaillen.

Schon im Altertum verstand man es, die Oberflächen von Edelmetallen durch leichtflüssige gefärbte Gläser zu verzieren (Persien, Indien). Das ist die älteste Emaillierungsart. Diese Kunst kam 527 nach Byzanz und von dort durch Vermählung des Kaisers OTTO II. mit THEOPHANO 972 nach Deutschland, wo sie in den Klöstern gepflegt wurde. Vom Kloster Siegburg gelangte sie nach Frankreich (Kloster Limousin Grandmot in Limoges), wo ganz besondere Kunstleistungen erzielt wurden. Um 1820 herum begann man im Schwarzwalde und in der Französischen Schweiz kupferne Zifferblätter der Uhren mit weißem Email zu überziehen. Die Emaillierung von Gußeisen (Kessel) gelang nach 1840, die von Eisenblech (Kochtöpfe) um 1860 (Böhmen, Erzgebirge, Hamburg, Lübeck).

Emaillen (Email[1], Schmelz, Schmelzglas) sind leichtflüssige, meist undurchsichtige, seltener durchsichtige, gefärbte oder ungefärbte Glasflüsse, die zum Schutze oder zu Dekorationszwecken auf Metallen (oder auch auf Glas, Porzellan) aufgeschmolzen werden. Es sind entweder den Bleigläsern ähnliche bleihaltige Flüsse oder für die Eisenemaillierung Alkali-Borsäure-Tonerdegläser. Während Kali, Natron, Kalk, Tonerde, Kieselsäure die Emaillierbildner sind, dienen Borsäure und Bleioxyd als Aufschmelzmittel (Flußmittel). Weiter gehören auch zur Emaille deckende oder färbende Oxyde wie Zinn-, Antimon-, Zirkon-, Titanoxyd, ferner Kobalt-, Nickel-, Eisen-, Chromoxyd und Fluß- und Phosphorsäure. Auch Oxydationsmittel wie Mennige, Salpeter, Braunstein sind notwendig.

Ausgangsmaterialien sind Feldspat, Quarz, Ton, Soda, Borax, Borsäure, Mennige, Bleioxyd, Flußspat, Kryolith, Kieselfluornatrium, Knochenasche, Salpeter und Braunstein.

Die Emaillebereitung und das Emaillieren. Die feingepulverten Rohstoffe werden wie bei der Glasbereitung zusammengeschmolzen (gefrittet), die Schmelze läßt man in Wasser einlaufen und das abgeschreckte Glas wird in der Glasurmühle zusammen mit Wasser zu einem Brei vermahlen. Hierzu gibt man einen Zusatz von Ton, der den Glasurbrei seimig macht und das spätere

---

[1] Das französische Wort Email kommt vom mittelalterlichen Wort smaltum, esmaltum, deutsch Smalte, Schmelz.

Auftragen erleichtert; ferner werden gegebenenfalls die Trübungsmittel und die Farbkörper zugegeben. Mit dem Brei werden nun die zu emaillierenden Gegenstände, die vorher gut gereinigt und gebeizt worden sind, durch Eintauchen oder durch Aufspritzen überzogen, oder man siebt oder stäubt das trockne Emaillepulver auf. Nach dem sorgfältigen Trocknen kommen sie in den glühenden Emailliermuffelofen, wo die pulverige Schicht in kurzer Zeit zu einem glänzenden Überzug zusammenschmilzt. Sobald der Überzug gleichmäßigen Glanz zeigt, wird der Gegenstand aus dem Ofen genommen.

Man unterscheidet Blechemaille, Gußemaille und Schmuckemaille.

Blechemaille ist die wichtigste Emaille. Man überzieht das Eisenblech zunächst mit einer festhaftenden Grundglasur, und erst auf diese kommt die eigentliche Emaille, die Deckglasur. Es ist nämlich technisch nicht möglich, weiße und farbige Emaillen direkt auf das Blech zu bringen, weil die reduzierende Einwirkung des Kohlenstoffs im Eisen auf das Oxyd Blasenbildung hervorruft.

Der Borsäuregehalt ist wesentlich, eine haltbare borfreie Emaillierung auf Eisen ist noch nicht gelungen. Geringe Mengen der Oxyde des Kobalts, Nickels, Kupfers und Mangans bewirken, daß die Glasur fest auf dem Eisen ohne Blasenbildung aufschmilzt; sie sind in der Grundglasur nicht zu entbehren. Die glasbildenden Bestandteile müssen im richtigen Verhältnis zueinander stehen, damit Emaille und Unterlage in ihrem Wärmeausdehnungsverhältnis übereinstimmen.

EYER gibt für die Zusammensetzung einer Grundglasur und einer Deckemaille folgendes Beispiel an:

Grundemaille		Deckemaille	
Quarz	20,1%	Quarz	13,5%
Feldspat	25,1%	Feldspat	47,2%
Borax	45,2%	Soda	0,9%
Flußspat	4,0%	Borax	23,0%
Natronsalpeter	5,0%	Kryolith	15,4%
Nickeloxyd	0,3%	*dazu als Mühlenzusatz:*	
Kobaltoxyd	0,2%	Wasser	40,0%
		Ton	8,0%
		Zinnoxyd	7,0%

Unter den Deckglasuren ist die wichtigste die Weißglasur. Von den Mühlenzusätzen, welche die weiße Trübung verursachen, ist Zinnoxyd das am längsten verwendete und wirksamste Mittel. Daneben kommen Antimonverbindungen, besonders das metaantimonsaure Natrium (Leukonin) in Frage und ebenso Zirkonoxyd. Die färbenden Stoffe werden meistens in der Mühle mit zugesetzt, es sind dieselben Metalloxyde, die bei den Schmelzfarbengläsern aufgeführt sind.

Die Säurebeständigkeit der Kochgeschirremaille (gegen verdünnte Essigsäure zu prüfen) wird durch hohen Quarzgehalt und Vermehrung von Kalk und Tonerde erreicht.

Gußemaille für gußeiserne Kessel, Badewannen usw. besteht ebenfalls aus Grundglasur und Deckemaille. Die Grundemaille hat hier einen so hohen Schmelzpunkt, daß sie zwar einen festhaftenden, aber noch sehr porösen Überzug bildet, welcher auch beim späteren Einbrennen der Deckemaille nicht mehr zum Sintern gebracht werden kann. Die Deckemaille ist eine etwas leichter schmelzende Blech-Deckemaille.

Schmuckemaillen. Bei den Goldschmiedeemaillen sind zwei Arten auseinanderzuhalten: Grubenschmelz und Zellenschmelz. Beim Grubenschmelz (Émail champ-levé) werden in die Metallflächen Vertiefungen mit dem Grabstichel, durch Tiefätzung, durch Pressen oder Prägung eingearbeitet.

In die entstandenen Gruben wird verschiedenfarbige Emaille eingefüllt und die Oberfläche nach dem Brennen geschliffen. Beim Zellenschmelz (Émail cloisonné) liegt die Emaille auf der Oberfläche des Edelmetalls, die Abgrenzung der einzelnen Farbfelder (Zellen) wird durch Metallstreifen oder Metalldrähte erreicht, welche auf dem Metallgrunde aufgelötet sind. Eine selten ausgeführte Technik ist die Fensteremaille; ein Filigrangitter bildet hier den Rahmen, dessen Maschen die Emaille ohne Unterlage ausfüllt, so daß das Licht durch die Emaille wie durch ein Fenster hindurchscheint.

Die sog. Maleremaillen sind bleihaltige Emaillen zum Überziehen großer Flächen wie z. B. kupferner Zifferblätter von Uhren oder gußeiserner Öfen usw. mit einer weißen oder farbigen Emailleschicht.

Die zum Einbrennen der Emaille dienenden Öfen sind Muffelöfen, die mit direkter Feuerung, mit Naturgas-, Generatorgas- oder auch mit Ölfeuerung ausgerüstet sind; sie werden bisweilen auch elektrisch beheizt.

Die Emailleindustrie ist ein volkswirtschaftlich wichtiger Industriezweig. In Deutschland bestehen 250 Emaillierwerke, welche 100000 t Feinblech und 25000 t Chemikalien verbrauchen; sie liefern über 100 Mill. Kochgeschirre, Eimer, sonstige Küchengeräte, Schilder usw. Der Gesamtumsatz beträgt etwa 150 Mill. Mark.

Neuere Literatur.

Glas: DRALLE-KEPPELER: Die Glasfabrikation. 2. Aufl., 1926. — HESSE: Die Glasveredlung. 1928. — JEBSEN-MARWEDEL: Schmelzen und Formgebung. 1929. — MAURACH: Wärmefluß in einer Schmelzofenanlage für Tafelglas. 1923. — MILLER: Die Glasätzerei. 1928. — MÜLLER, B.: Die Glasverzierung. 1922. — SCHULZ: Das Glas. 1923. — SCHULZ: Geschichte der Glaserzeugung. 1926. — SPÄTE: Weiß-, Hohl- und Geräteglas. 1931. — SPRINGER: Glasmalerei und Glasätzerei. 1923. — SPRINGER: Fortschritte der Glastechnik. 1925. — STAHL: Kunstgläser und Glasspezialitäten. 1925. — THIEME: Glas. I. 1931. — Wärmetechnische Beratungsstelle: Glasschmelz-Hafenöfen und -Wannenöfen. 1927. — WENDLER: Maschinelle Glasverarbeitung. 1929. — WOYTACEK: Lehrbuch der Glasbläserei. 1924. — TSCHACKE: Glas, Herstellung und Verwendung. 1930. — ZSCHIMMER: Die Glasindustrie in Jena. 1909. — ZSCHIMMER: Theorie der Glasschmelzkunst. 1923/24.

Quarzglas: ALEXANDER-KATZ: Quarzglas und Quarzgut. 1919. — SCHUEN: Quarzglas- und Quarzgut in MUSPRATT: Erg. II, 2. 1927. — SINGER: Keramik. 1923. — SOSMAN: Proporties of Silica. 1927. — ZSCHIMMER: Das System Kieselerde, Quarzgut und Quarzglas, Silicatsteine. 1933.

Wasserglas: BRAGG: The Structure of Silicates. 1930. — MEYER, H.: Das Wasserglas. 1925. — SOSMAN: Proporties of Silica. 1927. — VAIL: Soluble Silicates in Industry. 1928.

Emaille: EYER: Emaillierfehler. 1925. — EYER: Das Weißtrüben der Emailglasuren. 1925. — EYER: Entwurf und Berechnung eines Emaillierwerks. 1927. — LINKE: Anlage und Betrieb eines modernen Emaillierwerks. 1924. — STUCKERT: Emaillefabrikation. 1929. — VIELHABER: Emailversätze. 1925.